U0170306

作者简介

王正明, 1962 年 2 月生, 湖南长沙人, 理学硕士, 工学博士. 国防科技大学教授, 博士生导师, 国家百千万人才工程第一、二层次人选, 全国优秀博士学位论文作者, 享受国务院特殊津贴. 出版专著 6 部, 发表论文 170 余篇（含合作）, 获军队科技进步奖一等奖 3 项, 二等奖 4 项, 获解放军图书奖 1 项. 获国家教学成果奖二等奖 1 项, 军队教学成果一等奖 3 项. 主要从事测量数据建模与参数估计、导弹精度分析与评估、SAR 图像提高分辨率技术、体系对抗与试验评估的科学研究和教学工作.

卢芳云, 1963 年 5 月生, 湖南临武人, 工学博士. 国防科技大学教授, 博士生导师, 全国优秀科技工作者, 享受国务院特殊津贴. 出版教材、专著共 9 部, 发表论文 200 余篇（含合作）, 获军队科技进步奖一等奖 1 项、二等奖 2 项, 军队教学成果奖一等奖 1 项, 培养研究生 6 人获省部级优秀学位论文. 主要从事材料动态力学性能实验、武器毁伤效应与评估的科学研究和教学工作.

段晓君, 1976 年 4 月生, 江西武宁人, 理学硕士, 工学博士. 国防科技大学教授, 博士生导师, 入选教育部"新世纪优秀人才支持计划", 湖南省及军队优秀博士学位论文作者. 出版专著、教材 4 部, 合作发表论文 80 余篇, 获军队科技进步一等奖 1 项, 二等奖 1 项. 国家教学团队骨干教师, 省级优秀教学团队负责人, 获省部级教学成果一等奖 3 项. 主要从事试验设计与评估、不确定性量化、复杂系统建模的科学研究和教学工作.

导弹试验的设计与评估

(第三版)

王正明　卢芳云　段晓君　著

科学出版社

北京

内 容 简 介

本书以导弹试验的设计与评估为主线，结合作者多年从事相关科研工作的体会，从数学方法、导弹精度评估、毁伤效应分析与评估三个方面，系统梳理和研究相关的科学理论、试验设计与评估方法、试验数据的获取渠道与应用途径，力图把试验系统、试验设计、小子样的现场试验、精度评估方法、毁伤效应分析与评估方法五大要素融为一体，提供高效的试验设计与试验评估方法，为导弹研制、定型、采办和作战应用等服务.

本书可供导弹或复杂装备的研制、试验鉴定单位和相关部队的工程技术人员、试验管理人员参考，也可供高等学校导弹工程、控制工程、管理工程、系统科学、应用数学、工程力学等专业的教师和研究生阅读.

图书在版编目(CIP)数据

导弹试验的设计与评估/王正明，卢芳云，段晓君著. —3 版. —北京: 科学出版社, 2022.3
ISBN 978-7-03-071513-5

I. ①导… Ⅱ. ①王… ②卢… ③段… Ⅲ. ①导弹试验-试验设计②导弹试验-评估 Ⅳ. ①TJ760.6

中国版本图书馆 CIP 数据核字 (2022) 第 030826 号

责任编辑: 李 欣 / 责任校对: 邹慧卿
责任印制: 吴兆东 / 封面设计: 陈 敬

科 学 出 版 社 出版
北京东黄城根北街 16 号
邮政编码：100717
http://www.sciencep.com

北京中科印刷有限公司 印刷
科学出版社发行 各地新华书店经销
*

2010 年 10 月第 一 版 开本：720 × 1000 B5
2022 年 3 月第 三 版 印张: 54 3/4
2023 年 1 月第五次印刷 字数: 1 105 000
定价: 268.00 元
(如有印装质量问题，我社负责调换)

第三版前言

《导弹试验的设计与评估》，分别于 2010 年、2019 年出版了第一版和第二版，受到读者的欢迎和有关单位的重视. 有些单位作为岗位培训教材，有些单位作为导弹研制、试验训练、鉴定评估的主要参考书之一. 国防科技大学在试验鉴定培训班、试验鉴定研修班中，选用本书作为教材之一.

因为导弹技术发展快，导弹作战应用的范围不断拓展，虽然《导弹试验的设计与评估》已经有 102 万字，仍然有许多的重要内容没有涉及或者涉及太少. 一些热心的专家，特别是研修班的学员建议，增加一定数量的案例思考题. 通过案例思考题，拓展研究内容和教学内容，构造一个同行学术交流环境.

第三版新增的内容，除涉及导弹试验设计与试验评估外，也涉及作战应用. 第三版每篇增加 20 多个案例思考题，分别放在每篇的最后一章之后，每篇案例思考题单列参考文献. 受《统计与真理》(C.R.Rao 著) 和《女士品茶》(David Salsberg 著) 两部专著的启发，案例思考题摆事实、提问题、给一个初步的参考答案. 把更多的空间留给读者，结合导弹结构、弹目关系、试验条件、作战需求，去深入、细化、完善.

感谢中央军委装备发展部试验鉴定局的领导和同志们，给我们悉心的指导和需求的牵引. 感谢参考文献的作者和出版单位，这些内容对我们增加系统性和可读性，提供了很多帮助. 感谢试验研修班、试验鉴定培训班的所有教员和学员，这些案例是大家的智慧结晶. 感谢火箭军研究院周宏潮研究员，仔细审阅了书稿，提出了很好的意见建议.

第三版新增的内容，主要由十位作者完成. 第一篇王正明牵头，王正明、易泰河、贾错完成. 第二篇段晓君牵头，段晓君、陈璇、晏良、肖意可完成. 第三篇卢芳云牵头，卢芳云、张舵、谢美华完成. 第三版的修改，王正明定稿.

限于作者水平，限于实践的时间和检验的条件，书中的疏漏、不当之处在所难免，请读者批评指正.

作 者

2022 年 3 月于长沙

第二版前言

导弹试验的设计与评估,对于导弹的研制、生产、采办、作战使用的所有环节,都是一项意义重大的工作.试验分析与评估,对于造价昂贵的复杂武器系统,作用越来越突显.国防科技大学系统科学和工程力学团队30多名师生,长期从事相关研究和教学工作.2010年,我们根据部队的需求并结合我校研究生教育的需求,在系统学习并总结国内外相关领域专家的成果的基础上,结合我们团队的研究成果和经验教训,写成《导弹试验的设计与评估》第一版,得到学校领导和自然科学基金的支持,2010年由科学出版社正式出版.其出版后,在涉及导弹研制、试验、采办、使用的相关单位的科研人员、教学人员中有不少读者,有的单位还作为岗位培训教材,有的作为主要参考书.应该说,本书的第一版达到了预期目的,为导弹试验的设计与评估提供了一本有价值的参考书,也为复杂武器系统的试验分析与评估提供了一个全面系统、实实在在的案例.

第一版已经出版9年,导弹技术得到了长足的发展,导弹的跟踪测量体制全面更新,数据分析技术得到很好的普及,大数据和人工智能飞速发展,高性能计算环境得到了很大改善.这些发展变化,对导弹试验的设计与评估提出了更高的要求,同时提供了更多可能.

在第二版,我们主要做了几个方面的修改:一是加强先进性,注意吸纳国内外先进的科学研究成果,也注意从具体工作的经验教训中学习积累;二是加强系统性,调整了结构,增加了内容,充实了参考文献,力图使本书的体系更加完善;三是改正了一些错误,包括文字、图表的个别错误,删去了一些不必要的内容;四是对于内容编排、表述方式、部分图表进行了调整,突出主线,尤其是加强了三篇之间的呼应,方便读者阅读本书或者查阅书中的参考文献.

基于对导弹试验全过程进行一体化设计与评估的构想,我们规划了本书的三个模块:基本数学方法、导弹精度评估和毁伤效应分析与评估.三个模块对应第一、二、三篇,分别侧重介绍支撑导弹试验设计与评估的共性理论与方法、导弹精度评估的方法与实例,以及武器毁伤效应的相关知识和研究方法.第一版、第二版都是这样三篇,篇名不变,但章、节内容有些修改,具体如下.

第二版第一篇各章的次序不变,重点是对内容进行了调整,主要涉及三个方面的调整:一是把第一版第4章中有关建模的内容,调整到第3章,第3章标题改为"试验数据的建模与分析",使体系更加完善,内容更加连贯;二是第4章增加了因子设计的内容,调整了结构,修改后的第4章的线条是:试验设计的基本原则、因子设计、最优回归设计、计算机试验设计, 主线和逻辑更加清楚; 三是对第 5 章的内容进行了梳理, 对理论公式进行了精简和调整, 增加了一个有限元算例; 四是在第 6 章专门增加了 "MC 方法在 Bayes 计算中的应用", 这方面的内容在第二篇、第三篇中用得上, 在试验设计与评估中有广泛的应用.

第二版第二篇的章节目录和内容均进行了调整. 主要包含以下三个方面: 一是删去了与本篇知识结构体系相关性不大的内容, 如第一版中的 7.3 节虚拟靶场和第一版第 12 章精度分析与评估软件系统, 因为其主要介绍的是系统软件方面的知识, 并没有涉及导弹精度评估的具体方法与应用; 二是补充了近年来新取得的研究成果, 如第二版增加了 9.3.1.3 小节, 介绍制导工具误差系数求解的自适应正则化方法; 增加了 10.3 节融合过程信息的复合制导导弹精度评估, 介绍了利用不同试验状态下过程信息对精度模型进行校验, 从而进行精度指标的等效折合及融合评估方法; 增加了第 12 章导弹精度评估的试验设计与参数优化, 从优化试验资源和试验方案的角度介绍基于精度指标的一体化试验设计与评估方法, 并结合具体应用实例进行了说明; 三是进一步完善内容体系, 第二版添加了部分与导弹精度评估相关知识的介绍, 如新增了 7.1.3 节关于导弹基本分类的介绍、7.3 节关于导弹试验预报、分析与评估的概述、8.6 节导弹残骸的落点预报方法等.

第二版第三篇, 篇、章名称不变, 重点是对内容进行了调整, 主要有三方面: 一是毁伤基本知识更加集中, 目前将毁伤相关的基本原理、毁伤参数的试验测试和目标易损性集中放在第 13 章, 使内容更紧凑和连贯; 二是特别注重了融合导弹飞行精度与终点毁伤效应的一体化评估, 将第一篇的数学方法和第二篇的精度评估融入武器毁伤评估中, 在进行试验设计和建立评估方法的基础上, 实现了导弹毁伤效能的科学评估, 并给出了相关实例; 三是补充了这些年新取得的研究成果, 如第 17 章展示了最新研究的大场景毁伤效应快速计算和可视化软件, 兼顾了目标物理毁伤与功能毁伤的评估, 突出了毁伤研究对实战运用的技术支撑.

我们力图通过本次修订, 使第一篇的数学方法更加系统、全面, 更加贴合精度评估、毁伤效应分析评估的实际需要; 使第二篇的导弹精度评估的知识结构体系更加趋于完整、合理, 使内容体系进一步得到优化, 能够更为直观地体现导弹试验全过程的一体化设计与评估方法; 使第三篇内容体系的逻辑性更合理, 并且在方法和应用上有新突破, 对导弹试验全过程一体化设计与评估有更直接的体现, 对于指导导弹作用全过程 (从发射、飞行到终点效应) 效能评估有更明确的应用价值.

本书的修改, 征得了所有原作者的同意, 没有参加本次修改的作者也提出了很好的建设性意见. 主要工作是由以下同志完成的:

全书由王正明牵头策划、设计、汇总、定稿, 三篇分别由王正明、段晓君、卢芳云牵头.

第一篇由王正明确定内容布局, 易泰河、蒋邦海、黄寒砚初步修改, 王正明补充、完善并审稿.

第二篇由段晓君确定内容布局, 段晓君、陈璇执笔修订, 段晓君审稿.

第三篇由卢芳云确定内容布局, 卢芳云修订第 13 章和第 14 章, 谢美华和张舵修订第 15 章与第 16 章, 张舵和卢芳云修订第 17 章, 李翔宇参加了部分修图与文稿格式工作, 卢芳云审稿.

感谢读者, 是读者的需求、事业的需要, 催生了新的版本; 感谢所有参考文献的作者及这些年我们科研工作的合作者, 正是因为有各位同行的工作, 本书才能够成为一个比较完整的体系; 感谢装备发展部领导和试验鉴定局对我们相关科研工作的指导; 感谢国家自然科学基金 (No.11771450, No. 61573367, No.11672328) 和国防科技大学领导的支持; 感谢周宏潮和林华令研究员, 两位专家抽出大量时间仔细审阅了书稿, 提出了很好的修改意见; 感谢各位老作者、新作者的通力合作.

导弹试验的设计与评估, 涉及的科学问题多、工程领域广, 尽管我们写了 100 万字, 引用推荐了数百篇参考文献, 但还有难点甚至重点 (例如电磁频谱) 没有触及. 我们仍将在试验设计与评估领域持续深耕细作, 力图在未来做出更系统更深入的工作.

由于作者的能力水平所限, 书中难免疏漏、不当, 恳请读者批评指正.

作 者

2019 年 5 月于长沙

第一版前言

　　导弹精度和毁伤效能的准确分析与评估, 是导弹研制、定型、采购和作战应用的重要环节. 应用科学的试验系统、试验设计和试验评估方法, 既可以减少导弹试验的次数, 节省大量的人力、物力和财力, 又可以缩短导弹研制周期、减少设计风险. 因此, 构建行之有效的试验设计和试验评估方法, 充分应用导弹试验的相关数据, 是国家靶场和研制单位共同关心的问题.

　　本书以导弹精度评估和毁伤评估问题为背景, 结合大量试验信息和数值模拟分析, 针对现场试验的小子样特点, 对导弹精度和毁伤效能的试验设计与试验评估问题进行了系统研究. 在制导机理、毁伤机理物理建模的基础上, 挖掘精度评估和毁伤评估过程中所包含的各种数学问题, 针对导弹精度试验和毁伤评估试验的小子样特点, 利用统计方法、优化方法及武器试验方法设计合理的试验, 针对导弹精度和毁伤效能评估研究中所涉及的测量参数的获取、融合及应用等问题进行研究. 利用系统工程的思想, 对各类精度评估相关的试验数据 (阵地测试数据、飞行试验数据、历次类似型号数据、仿真数据等)、各类毁伤评估相关的试验数据 (静态毁伤试验、飞行毁伤试验及数值仿真试验等) 的试验结果进行综合运用, 完成对导弹精度和毁伤效能的量化评估.

　　本书将 Bayes 统计、序贯分析、数据建模与回归分析、最优化试验设计、Monte Carlo 方法、爆炸力学、战斗部毁伤效应知识等多种现代数学方法和物理、力学知识综合应用于导弹精度和毁伤效能评估. 在导弹精度评估方面, 为达到在试验发数少的情况下得到满意的鉴定结论的目标, 始终贯穿多源信息融合的理念, 充分利用多类试验信息, 在特殊试验弹道折合为全程飞行试验弹道的基础上, 建立基于遥外弹道差和落点数据的一体化 Bayes 多参数融合模型及配套的理论、方法和算法; 重点对射前预报、事后评估的精度指标进行了评估, 相应对试验发数的确定方法进行了研究; 并结合对数据、模型、先验的信息度量, 分析不同信息源对试验评估结论的贡献; 构建更符合面目标特性的命中精度指标; 介绍精度评估软件系统的总体框架设计. 在导弹毁伤效能评估方面, 将爆炸力学、战斗部毁伤物理机理的研究看作是对模型先验的开发, 将模爆试验、数值试验看作试验信息的补充, 将试验设计、数据融合等数学方法作为承载二者到达目标的工具, 以试验设计和参数模型统揽全局, 通过建立现场试验、模爆试验和数值模拟试验这三种试验的参数化模型及相互差异模型, 研究和应用最优化试验设计技术, 从而科学定量地建立获取毁伤响应函数的理论方法体系, 并形成配套的仿真与可视化方法.

本书主要针对导弹精度评估和毁伤效能评估的要求开展研究, 在写作过程中, 特别注意在理论、模型、方法上的提炼. 本书的理论、方法、算法, 对于许多大型工程中提出的试验设计和试验评估问题也是适用的.

本书的读者对象主要是导弹及相关试验系统的研制单位、鉴定部门、应用单位的工程技术人员和导弹工程、控制工程、应用数学、工程力学等专业的研究生、高年级本科生, 本书也可供其他领域从事大型工程项目设计和评估的技术或管理人员参考. 要求读者具有数学分析、线性代数、概率统计、数值分析、微分方程、回归分析、试验设计、最优化方法的基本知识, 部分内容还需要用到泛函分析、爆炸力学、战斗部毁伤效应、软件工程的一些知识. 为便于读者理解, 本书配有大量图、表和案例.

全书共三篇十七章, 由王正明策划, 王正明、卢芳云、段晓君分别对三篇内容把关, 青年教师和研究生执笔, 由王正明汇总、统稿和定稿. 其中, 第一篇由王正明统稿, 第 1、2、4 章由黄寒砚执笔, 第 3 章由黄石生执笔, 第 5 章由蒋邦海执笔, 第 6 章由孙蒙、王菖和吴福强共同执笔; 第二篇由段晓君统稿, 第 7、10 章由段晓君执笔, 第 8、9 章由段晓君、陈璇、王刚、吴建业共同执笔, 第 11 章由王刚执笔, 第 12 章由段晓君、陈璇共同执笔; 第三篇由卢芳云统稿, 第 13 章由田占东、李翔宇共同执笔, 第 14 章由张舵、林玉亮执笔, 第 15 章由张舵、黄寒砚执笔, 第 16 章由谢美华执笔, 第 17 章由龙汉执笔.

全书内容安排如下:

第一篇为数学方法, 共六章. 第 1 章为 Bayes 统计方法, 介绍 Bayes 理论的研究现状及相关统计方法; 第 2 章为序贯分析方法, 研究序贯概率比检验及其衍生方法、结尾序贯检验的优化分析以及序贯方法的实际应用等; 第 3 章为数据建模与回归分析, 主要针对毁伤响应函数和最优试验设计中的数据建模问题的需要, 介绍函数逼近、回归分析的相关理论和方法; 第 4 章为试验设计方法, 简要介绍最优设计和计算机试验设计的相关研究情况, 同时对多源试验的一体化最优设计、一般的回归设计、考虑因素分布信息的最优设计和序贯试验设计方法进行研究; 第 5 章为武器毁伤效应数值模拟的数学基础, 介绍毁伤效应的数学描述及求解方法; 第 6 章为 Monte Carlo 方法, 结合导弹精度评估和毁伤效能评估的需要介绍 Monte Carlo 方法的思想、特点及其应用.

第二篇为导弹精度评估, 共六章. 第 7 章为精度评估概述, 介绍了小子样试验评估的背景和研究现状; 第 8 章为射前预报, 主要基于案例数据和仿真数据等, 介绍并研究发射可靠性、飞行可靠性、精度、最大射程、试验发数等战术技术指标的预报方法; 第 9 章为弹道精度分析与精度折合, 对战略导弹弹道落点偏差分析与折合的方法进行了系统的研究; 第 10 章为全程的精度评估, 根据落点数据及先验、遥外测弹道跟踪数据、制导工具误差系数的测试值及先验三类信息用于融合, 研究小子样试验全程评估模型; 第 11 章为射击面目标精度评定, 研究了制导武器系统射击面目标的精度评定指标设计及瞄准点选取的问题; 第 12 章为评估软件系统, 设计了评估软件系统的总体框架及其中可能包含的子模块, 并展示了几个相关案例.

第三篇为毁伤效应分析与评估, 共五章. 第 13 章为常规战斗部及其毁伤效应, 介绍了典型常规战斗部的原理、毁伤效应和典型目标的易损性分析等相关知识; 第 14 章为毁伤效应的试验测量和数值模拟, 给出了毁伤效应的典型测试技术, 并以 LS-DYNA 和 AUTODYN 为例介绍了毁伤效应数值模拟中常用的材料模型、流固耦合算法和数值模拟结果的分析; 第 15 章为毁伤试验设计, 介绍了毁伤试验设计的基本原理、方法和研究现状, 特别研究了量纲分析在毁伤试验设计中的应用; 第 16 章为毁伤评估方法, 研究了典型目标毁伤效果的度量方法, 建立了毁伤效能评估指标体系和毁伤等级划分的标准, 研究了侵爆战斗部毁伤形式的量化分析、动静试验差异建模、毁伤评估方法等方面的内容, 重点介绍了基于毁伤响应函数的毁伤评估方法; 第 17 章为导弹毁伤视景仿真与可视化, 介绍了毁伤效应及评估的仿真与可视化方法, 给出了侵爆弹打击建筑物和侵彻弹打击跑道的可视化仿真案例.

迄今为止, 导弹精度评估和毁伤评估的方法仍在不断发展完善. 本书力图在前人的基础上, 将有关工作进行初步的系统化, 同时, 介绍一些我们的研究工作和体会.

本书引用了许多学者的工作 (见每章参考文献), 在此, 特别对有关作者和出版单位表示衷心感谢. 为使本书内容完整, 书中还引用了作者在有关刊物上待发表的一些文章, 作者特别对这些刊物及其出版单位表示诚挚的谢意.

本书的研究工作得到国防科技大学领导的大力支持, 得到了国家自然科学基金和国防科技大学研究生院的资助. 汪浩教授、张金槐教授、张若棋教授三位前辈提出了重要修改、补充意见, 使书稿质量有了明显的提高. 吴翊教授、朱炬波教授、易东云教授、周海银教授、汤文辉教授和张震宇副教授等提供了有益的帮助, 课题组的部分博士、硕士研究生提供了有价值的资料和程序. 本书的部分软件编制、仿真计算和实测数据的计算分析是在国防科技大学高性能计算中心完成的. 在此, 作者一并表示诚挚的谢意.

因为技术原因, 书中某些例题和图标的数据没有详细列出.

鉴于作者的能力有限, 疏漏、不当和错误难免, 恳请读者批评指正.

作 者

2010 年 5 月于长沙

目　录

第一篇　数　学　方　法

第二篇　导弹精度评估

第三篇　毁伤效应分析与评估

第一篇　数学方法

通过对工程和物理模型的研究, 可以将导弹试验的设计与评估转化为数学问题, 进而利用数学建模和数据分析的方法解决相应的问题. 本书第一篇介绍了试验设计、试验评估、数据分析中最常用、最基本、最重要的方法, 这些也是第二篇、第三篇中有关内容的基础.

第一篇分为 6 章.

第 1 章为 Bayes 方法. Bayes 方法可广泛应用于精度评估、毁伤效应分析与评估中. 首先介绍 Bayes 方法的形成背景、理论根基和应用条件, 而后结合工程案例, 对先验信息的获取途径和可信度的度量进行了介绍, 进而介绍了 Bayes 统计推断方法. 在介绍 Bayes 方法带来的益处的同时, 也指出应用中需要注意的事项. 特别提醒读者注意比较不同先验信息导致的参数估计结果的差异.

第 2 章为序贯分析. 导弹成败试验评估、精度试验评估、终点毁伤效应评估的现场试验大多是小子样试验. 因而, 应用序贯方法的重要性和优势就突显出来. 尤其在试验次数很少 (如 2~10 次) 的情况下, 有效的截尾方案是非常有意义的. 本章从 Wald 的经典理论出发, 继而介绍序贯网图检验法、截尾序贯检验方法. 在介绍方法的同时, 注意通过理论分析和仿真计算, 对比分析这些方法的优劣.

第 3 章为试验数据的建模与分析. 本章的基本思路是: 通过建立相关问题的参数化模型, 利用参数估计方法得到结果并对其精度进行评价. 导弹试验的设计与评估中数学模型的建立可采用多种途径实现. 其一是从实际问题中归纳出的机理模型或经验模型, 如第二篇中的惯性制导导弹的制导工具系统误差模型, 第三篇中的毁伤效应折合的物理公式等. 其二是利用待建模型的连续、可微等信息, 借助于多项式、样条等函数表示工具, 通过逼近、拟合、插值等数据处理方法建立数学模型. 其三是采用简单的数学模型来 "代理" 系统输入输出之间的关系, 以达到快速计算和预测的目的, 此类模型称为代理模型 (或元模型), 在计算机试验数据建模中有着广泛的应用. 得到数据并建立了相关问题的参数化模型后, 回归分析方法是十分有效的, 本章还介绍了回归分析的基础和核心的内容.

第 4 章为试验设计方法. 首先简单介绍试验设计的基本原则与概念. 4.2 节介绍因子设计的基本概念, 一方面, 因子设计是仅含定性因子试验的必选设计方法; 另一方面, 因子设计可用于筛选重要的定量因子, 以便于建立回归模型进行精确分析. 4.3 节在假定建立了回归模型的基础上, 研究和介绍试验设计方法. 这样做的好处是: 在第二、三篇的内容涉及试验设计时, 读者不仅能够有效地选择试验设计方法和设计方案, 也能在已有一定试验的基础上, 依据可能的试验次数, 自行建立某一工程意义下的最优准则, 并由该准则导出最优的试验设计方案. 4.4 节介绍计算机试验的序贯设计. 不同于现场试验的小子样, 计算机试验可以有足够的样本, 这在一定意义上是对现场试验的一种补充.

第 5 章为毁伤效应数值模拟的数学基础. 主要针对常规战斗部毁伤效应数值

模拟, 数值模拟主要是采用商业软件 LS-DYNA(在第三篇介绍), LS-DYNA 在国家靶场得到了广泛的应用. 为了保证准确有效地用好该软件, 该章主要介绍连续介质的基本概念、运动描述、基本控制方程组, 介绍求解连续介质力学方程组的数值方法.

　　第 6 章为 Monte Carlo 方法. 导弹精度评估、导弹毁伤效应分析与评估都涉及大型的参数模型或非参数模型. 对这些模型无论是进行理论分析还是工程应用, 都需要结合参数的工程背景确定其取值范围, 然后在相应的取值范围内变动参数进行仿真计算. 这些仿真计算能否说明问题, 主要取决于模型的准确性、参数的有效性以及数值计算的可行性. Monte Carlo 方法就是对仿真计算进行设计、分析和评价的有效手段之一. 该章主要介绍了一些最为基本的内容和应用案例.

　　与一般的数学专著、教材不同, 本书第一篇围绕导弹试验的设计与评估展开, 更多地结合应用案例讲数学方法, 设法增强读者对数学方法的直观理解, 同时方便读者掌握应用技巧及注意事项. 因篇幅所限, 本篇只介绍最重要的内容, 需深入研究相关应用数学分支的学者, 建议进一步阅读相关章节所列的参考文献.

第1章　Bayes 方法

1.1　概　　述

1.1.1　引论

基于总体信息和样本信息进行的统计推断被称为经典统计学, 基本观点是将数据 (样本) 视为来自具有一定概率分布的总体, 研究的对象是这个总体而不局限于数据本身. 基于抽样的统计方法一般被称为经典学派, 也称频率学派. 从 19 世纪末期到 20 世纪上半叶, 经 K. Pearson, R. A. Fisher, J. Neyman 等的杰出工作, 已形成一套系统的理论体系. 以参数点估计、区间估计、假设检验等方法为代表的经典统计学在工业、医学、经济、管理、军事等领域得到了广泛的应用. 但是随着经典统计学的广泛应用, 其不足也逐渐暴露, 部分学术观点受到质疑. 如区间估计中, 将参数看作一个常数, 却使用了置信度的提法; 又如经典统计方法是基于大样本统计的结果, 而实际上样本量通常是有限的.

正是由于经典学派的这些不足, 在统计学界出现了 Bayes 学派, 该学派基于总体信息、样本信息和先验信息进行统计推断. Bayes 学派很重视先验信息的收集、挖掘和加工, 使它数量化, 形成先验分布, 参与到统计推断中. 此外, Bayes 学派重视样本的观察值, 而不考虑尚未观测到的样本值.

Bayes 方法起源于英国学者 Tonas Bayes 辞世后发表的一篇论文《论有关机遇问题的求解》[1]. 在此论文中他提出一种归纳推理方法, 成为 Bayes 统计推断的思想精髓. P. C. Laplace 于 1774 年明确给出了 Bayes 公式. 之后虽有一些研究和应用, 但由于其理论尚不完整, 观念难以被广泛接受, 实际应用中计算问题未能有效解决, 致使 Bayes 方法长期未被普遍接受. 直到第二次世界大战后, Wald 提出了统计决策理论, Bayes 解被认为是一种最优决策, 很多人对 Bayes 方法又产

Tomas Bayes (1702~1761)

生了兴趣. 在众多学者的努力下, Bayes 方法得到了完善. 而今, Bayes 学派已发展成为一个有影响的统计学派, 打破了经典统计学一统天下的局面.

在工程实际中, 由于受试验条件、成本等因素限制, 小子样问题普遍存在[31]. 此时, 经典统计方法的应用受到了严重的限制, 而 Bayes 方法通过综合运用样本信息以及各种历史的、经验的先验信息, 某些情况下能够有效解决小子样问题. 由此可见, Bayes 方法在小子样场合应用中的关键问题在于合理先验信息的获取. 本章结合高性能制导武器的小子样试验鉴定问题, 对 Bayes 方法的思想、理论与应用进行了介绍. 特别在武器系统的性能 (包括射程、命中精度、射击密集度等) 评定中, 对于实际涉及的 Bayes 估计及检验方法、先验信息的获取与先验分布确定方法、先验信息可信度度量、Bayes 决策等, 均从相应的角度进行了分析研究并有所侧重.

1.1.2　Bayes 公式

Bayes 公式可分为事件形式、密度函数形式和离散形式等. 本节将详细介绍 Bayes 公式的密度函数形式, 进而得出其他两种形式的描述.

Bayes 分析中常用三种信息:

(i) **总体信息**. 总体分布或总体所属分布族提供的信息.

(ii) **样本信息**. 从总体抽取的样本提供的信息.

(iii) **先验信息**. 在抽样之前有关统计问题的一些信息. 先验信息一般来源于专家经验和历史资料. 参数空间 Θ 中的未知量 θ 可看作一个随机变量. 在抽样前关于 θ 的先验信息的概率分布被称为**先验分布**, 或简称为先验 (prior), 常记为 $\pi(\theta)$.

例 1.1.1[5]　"免检产品" 是怎样决定的? 某厂的产品每天都要抽检几件, 获得不合格品率 θ 的估计. 经过一段时间后就积累大量的资料, 根据这些历史资料对过去产品的不合格率构造分布

$$P(\theta = i/n) = \pi_i, \quad i = 0, 1, \cdots, n \tag{1.1.1}$$

对先验信息进行加工获得的分布即为先验分布, 该先验分布综合了该厂过去产品的质量情况. 如果先验分布的概率绝大部分集中在 $\theta=0$ 附近, 那该产品可认为是 "信得过产品". 假如以后的多次抽检结果与历史资料提供的先验分布是一致的, 使用单位就可以对它作出 "免检产品" 的决定, 或者每月抽检一二次就足够了, 这就省去了大量的人力与物力. 可见历史资料在统计推断中应加以利用.

独立同分布样本 $\boldsymbol{x} = (x_1, \cdots, x_n)$ 的产生可分两步进行, 首先从先验分布 $\pi(\theta)$ 产生一个样本 θ'; 然后给定 θ', 从条件分布 $p(\boldsymbol{x}|\theta')$ 产生样本 $\boldsymbol{x} = (x_1, \cdots, x_n)$, 样本 $\boldsymbol{x}$ 发生的概率与如下联合密度函数成正比,

$$p(\boldsymbol{x}|\theta') = \prod_{i=1}^{n} p(x_i|\theta') \tag{1.1.2}$$

这个联合密度函数综合了总体信息和样本信息, 常称为似然函数. 由于 θ' 按先验分布 $\pi(\theta)$ 产生, 带一定的随机性, 不能只考虑 θ', 而应对 θ 的一切可能值加以考虑,

故要用 $\pi(\theta)$ 参与进一步综合. 因此, 样本 $\boldsymbol{x}$ 和参数 θ 的联合分布为

$$h(\boldsymbol{x}, \theta) = p(\boldsymbol{x}|\theta)\pi(\theta) \tag{1.1.3}$$

统计分析的目的是基于样本 $\boldsymbol{x}$ 对参数 θ 作出推断. 在样本 $\boldsymbol{x}$ 给定后, 称 θ 的条件分布为 θ 的后验分布, 记为 $p(\theta|\boldsymbol{x})$, Bayes 学派根据后验分布来对 θ 进行统计推断. 为求 $p(\theta|\boldsymbol{x})$, 把 $h(\boldsymbol{x}, \theta)$ 作如下分解:

$$h(\boldsymbol{x}, \theta) = m(\boldsymbol{x})p(\theta|\boldsymbol{x}) \tag{1.1.4}$$

其中

$$m(\boldsymbol{x}) = \int_{\Theta} h(\boldsymbol{x}, \theta)\mathrm{d}\theta = \int_{\Theta} p(\boldsymbol{x}|\theta)\pi(\theta)\mathrm{d}\theta \tag{1.1.5}$$

是 $\boldsymbol{x}$ 的边缘密度函数, 不含 θ 的任何信息. 结合 (1.1.4) 和 (1.1.5) 式得

$$p(\theta|\boldsymbol{x}) = \frac{p(\boldsymbol{x}|\theta)\pi(\theta)}{\int_{\Theta} p(\boldsymbol{x}|\theta)\pi(\theta)\mathrm{d}\theta} \tag{1.1.6}$$

这就是 Bayes 公式的密度函数形式.

如果 $\boldsymbol{x}$ 和 θ 都是离散的, 将 (1.1.6) 式离散化, 可得 Bayes 公式的离散形式:

$$p(\theta_i|\boldsymbol{x}) = \frac{\pi(\theta_i)p(\boldsymbol{x}|\theta_i)}{\sum_{i=1}^{l} \pi(\theta_i)p(\boldsymbol{x}|\theta_i)}, \quad i = 1, 2, \cdots, l \tag{1.1.7}$$

其中 θ_i 是待估参数 θ 的离散值, $\pi(\theta_i)$ 是 θ_i 的先验分布, $p(\theta_i|\boldsymbol{x})$ 是参数 θ_i 的后验分布. 关于 Bayes 公式的事件形式, 在初等概率论中就有叙述: 假定 $A_1, \cdots, A_k$ 是互不相容的事件, 且 $\bigcup_{i=1}^{k} A_i$ 是必然事件, 则对任一事件 B, 有

$$P(A_i|B) = \frac{P(A_i)P(B|A_i)}{\sum_{i=1}^{k} P(A_i)P(B|A_i)}, \quad i = 1, 2, \cdots, k. \tag{1.1.8}$$

1.1.3　Bayes 方法与经典统计方法的比较

从一个案例出发说明对 Bayes 方法与经典统计方法的不同理解.

例 1.1.2　一人打靶 n 次, 命中 r 次, 试估计打靶命中概率 θ.

频率学派以频率 $\hat{\theta} = r/n$ 估计概率. 因而当 $n = r = 1$ 时, θ 的估计为 1, 而当 $n = r = 100$ 时, θ 的估计还是 1. 但从直觉上讲, 百发百中应当比一发一中的射击水平要高一些, 而频率学派给出的估计结果却是一样的, 这很难让人信服. 下面介绍 Bayes 估计的结果.

1.1.3.1 Bayes 估计

从概率论的独立试验序列知道, 已知某人打靶命中概率是 θ, 则打靶 n 次命中 r 次的概率是 $g(r|\theta) = \mathrm{C}_n^r \theta^r (1-\theta)^{n-r}$. $g(r|\theta)$ 可看成给定 θ 的条件下, r 的条件概率. 如果还知道 θ 的边缘密度 $q(\theta)$, 则由 Bayes 公式可求出 θ 对 r 的条件密度:

$$f(\theta|r) = \frac{q(\theta)g(r|\theta)}{\displaystyle\int_0^1 q(\theta)g(r|\theta)\mathrm{d}\theta} \tag{1.1.9}$$

其中 $q(\theta)$ 为先验分布密度函数, 反映的是对 θ 的先验认识. $f(\theta|r)$ 为后验分布密度函数, 它可看作是得到样本信息 $g(r|\theta)$ 后对先验分布密度函数 $q(\theta)$ 的一种修正.

通常假定对打靶者没有任何了解, 即 θ 在 $[0,1]$ 中取哪个值是等可能的, 则 $q(\theta)$ 为 $[0,1]$ 上的均匀分布, 即

$$q(\theta) = \begin{cases} 1, & \theta \in [0,1] \\ 0, & \theta \notin [0,1] \end{cases} \tag{1.1.10}$$

把 (1.1.10) 式中的 $q(\theta)$ 代入 (1.1.9) 式, 就求出

$$f_1(\theta|r) = \frac{\theta^r(1-\theta)^{n-r}}{\displaystyle\int_0^1 \theta^r(1-\theta)^{n-r}\mathrm{d}\theta}, \qquad 0 \leqslant \theta \leqslant 1 \tag{1.1.11}$$

是 Beta 分布, (1.1.11) 式右端的分母就是 Beta 函数 $\mathrm{Be}(r+1, n-r+1)$. 如用后验分布的期望去估计 θ, 就得估计量

$$\begin{aligned}\hat\theta &= \mathrm{E}[\theta|r] = \frac{1}{\mathrm{Be}(r+1, n-r+1)}\int_0^1 \theta \cdot \theta^r(1-\theta)^{n-r}\mathrm{d}\theta \\ &= \frac{\mathrm{Be}(r+2, n-r+1)}{\mathrm{Be}(r+1, n-r+1)} = \frac{r+1}{n+2}\end{aligned} \tag{1.1.12}$$

当 $n = r = 1$ 时, $\hat\theta = 2/3$; 当 $n = r = 100$ 时, $\hat\theta = 101/102$. 这个估计比 r/n 更合理.

如果对打靶者有一定了解, 例如已知其命中概率在 $[a,b](0 \leqslant a < b \leqslant 1)$ 上, 可设其先验分布为 $[a,b]$ 上的均匀分布:

$$\pi(\theta) = \begin{cases} \dfrac{1}{b-a}, & \theta \in [a,b] \\ 0, & \theta \notin [a,b] \end{cases} \tag{1.1.13}$$

根据 Bayes 公式, 参数 θ 的后验密度函数

$$f_2(\theta|r) = \begin{cases} \dfrac{\theta^r(1-\theta)^{n-r}}{\displaystyle\int_a^b \theta^r(1-\theta)^{n-r}\mathrm{d}\theta}, & \theta \in [a,b] \\ 0, & \theta \notin [a,b] \end{cases} \tag{1.1.14}$$

当 $n = r$ 时, 后验期望

$$\hat{\theta} = \mathrm{E}[\theta\,|\,r] = \int_a^b \theta f_2(\theta\,|\,r)\mathrm{d}\theta = \frac{(r+1)(b^{r+2} - a^{r+2})}{(n+2)(b^{r+2} - a^{r+1})} \tag{1.1.15}$$

1.1.3.2　方差的计算

仍以打靶问题为例, 从方差的角度比较经典统计方法与 Bayes 方法.

1) 频率学派方法

(i) 若 $n = 100, r = 80$, 则命中概率 $p = 0.8$, 方差为

$$\mathrm{Var}(p) = p(1-p)/n = 0.8 \cdot (1 - 0.8)/100 = 0.0016 \tag{1.1.16}$$

(ii) 若 $n = r$, 则命中概率 $p = r/n = 1$, 方差为

$$\mathrm{Var}(p) = p(1-p)/n = 0 \tag{1.1.17}$$

如果样本量 n 较小, 式 (1.1.17) 显然是不准确的.

2) Bayes 方法

(i) 若 $\theta \sim \mathrm{U}[0,1]$, 则估计的后验方差为

$$\mathrm{Var}(\hat{\theta}) = \int_0^1 (\theta - \hat{\theta})^2 f_1(\theta\,|\,r)\mathrm{d}\theta = \int_0^1 \left(\theta - \frac{r+1}{n+2}\right)^2 f_1(\theta\,|\,r)\mathrm{d}\theta$$

$$= \frac{(r+2)(r+1)}{(n+3)(n+2)} - \left(\frac{r+1}{n+2}\right)^2 \tag{1.1.18}$$

若 $n = 100, r = 80$, 则命中概率 $\hat{\theta} = 81/102$, 方差 $\mathrm{Var}(\hat{\theta}) = 0.0016$. 这个结果与经典方法下的结果 (1.1.16) 式基本一致.

(ii) 若 $\theta \sim \mathrm{U}[0.8, 1]$, 则估计的后验方差为

$$\mathrm{Var}(\hat{\theta}) = \int_{0.8}^1 (\theta - \hat{\theta})^2 f_2(\theta\,|\,r)\mathrm{d}\theta \tag{1.1.19}$$

当 $n = r$ 时, 简化得到

$$\mathrm{Var}(\hat{\theta}) = \frac{r+1}{n+3}\frac{1 - 0.8^{r+3}}{1 - 0.8^{r+1}} - \left(\frac{r+1}{n+2}\right)^2 \cdot \left(\frac{1 - 0.8^{r+2}}{1 - 0.8^{r+1}}\right)^2 \tag{1.1.20}$$

因此, 当 $n = r = 1$ 时, $\mathrm{Var}(\hat{\theta}) = 0.0033$; 当 $n = r = 10$ 时, $\mathrm{Var}(\hat{\theta}) = 0.0026$; 当 $n = r = 100$ 时, $\mathrm{Var}(\hat{\theta}) = 9.4251 \times 10^{-5}$.

与 (1.1.17) 式相比, (1.1.20) 式显得更为合理. 其方差值会随着样本量的增大而迅速减小并趋于 0.

由表 1.1.1 可知, 先验分布越准确, Bayes 方法估计值的后验方差越小, 尤其在小样本时方差减少的幅度更为明显. 因此, 在能够给出较为准确的先验信息时, 利用 Bayes 方法可以在小子样情形下给出精度较高的估计.

表 1.1.1   不同先验分布下 Bayes 估计的方差比较

Var($\hat{\theta}$)	$n = r = 1$	$n = r = 10$	$n = r = 100$
$\theta \sim \mathrm{U}[0, 1]$	0.0556	0.0059	9.4251×10^{-5}
$\theta \sim \mathrm{U}[0.8, 1]$	0.0033	0.0026	9.4251×10^{-5}

以上的算例表明, 经典方法与 Bayes 方法都不能单纯以方差的大小来评价方法的优劣, 而应该根据实际情况选择合适的方法.

1.1.4 Bayes 学派观点分析

Bayes 学派最基本的观点是 [2]: 将未知量 θ 视为随机变量, 应用一个概率分布去描述 θ. 这个概率分布是在抽样前就有的关于 θ 的先验信息的概率陈述. 对 Bayes 学派观点的分析主要集中于以下两点: ①参数 θ 看成是随机变量是否妥当; ②先验分布是否存在、如何构造.

关于第一点, 以打靶问题为例进行说明. 如果对打靶者的技术事先一无所知, 则只能凭 n 次打靶的结果来估计. 此时把每次命中的概率 θ 看成是随机变量, 似乎有些勉强. 然而正因为无法对每次命中的概率给出确切的推断, 即它在 [0,1] 取哪一个值的可能性完全相同, 因此可以认为 θ 是不确定的, 可看作随机变量. 这样一来, 便可以将打靶者以前的打靶记录作为先验信息, 进而使后验估计更精确.

关于第二点, 通常假定先验分布是存在的. 它启发人们要充分挖掘周围的各种信息使统计推断更为有效. 先验分布信息可以来自历史记录或专家意见; 如果没有上述先验信息, 则可以考虑使用 "Bayes 假设", 但必须十分谨慎. 关于先验分布的进一步分析将在 1.2 节和 1.3 节给出.

1.2 先验分布的确定

先验分布的确定是一项十分复杂的工作. 本节将介绍最常用的方法, 希望能帮助读者建立基本的认识, 从而合理使用先验信息以发挥 Bayes 方法的优势.

1.2.1 确定先验分布的方法分类

如果在试验之前已对参数 θ 有一定的认识, 不论这些认识是主观的还是客观的, 都有助于确定 θ 的先验分布. 即使不能完全确定先验分布的具体形式, 对确定先验分布的类型、特征, 以及它的某些参数值 —— 分位点的值、期望、方差等, 也都是有意义的 [2]. 主观 Bayes 方法, 或称为专家咨询法, 是根据专家的经验作出一个比较合理的推断. 比如, 技术人员告诉指挥员 "导弹命中目标的可能性是 90%". 这不是一个频率的解释, 而是一种个人信念. 这种信念来自于技术人员的经验. 主观 Bayes 方法已在很多领域得到了广泛的应用, 比如医学上使用的 "心脏病专家咨询系统", 还有灾害预报等. 尤其值得一提的是, 主观 Bayes 方法在导弹的小子样试验问题中得到了重要应用 [26]. 当无历史资料可查、无其他经验可借鉴时, 无信息先验分布就是一种客观的、易被大家认可的先验分布, 在 Bayes 方法中占有特殊的地位. 如果对参数的分布有一定了解, 可考虑 1.2.3 节介绍的共轭分布法、最大熵原则、Bootstrap 方法和随机加权法. 其他常用的方法还有直方图法、定分度与变分度法、先验选择的矩方法等 [5].

1.2.2 无信息先验分布的确定

所谓参数 θ 的无信息先验分布是指除参数 θ 的取值范围 Θ 和 θ 在总体分布中的地位之外, 再也不包含 θ 的任何信息的先验分布. 因为我们至少知道正态分布 $N(\mu, \sigma^2)$ 的参数 μ 的取值范围是 $(-\infty, \infty)$, σ^2 的范围是 $(0, \infty)$. 我们还知道从 Bayes 方法的观点来看, 参数 θ 与样本 $\boldsymbol{x} = (x_1, x_2, \cdots, x_n)$ 的联合分布密度 $p(\boldsymbol{x}; \theta)$ 就是已知 θ 时 $\boldsymbol{x}$ 的条件密度 $p(\boldsymbol{x}|\theta)$.

1.2.2.1 Bayes 假设

可将 "不包含 θ 的任何信息" 理解为对 θ 的任何可能值都 "同样无知". 因此, 很自然地把 θ 的先验分布取为 Θ 上的 "均匀" 分布:

$$\pi(\theta) = \begin{cases} c, & \theta \in \Theta \\ 0, & \theta \notin \Theta \end{cases} \tag{1.2.1}$$

其中 c 是一个常数. 例如, 假设一位孕妇将怀有一个男孩 $P(\theta = 1)$ 和一个女孩的概率 $P(\theta = 0)$ 相等, 这里 $\Theta = \{0, 1\}$, 由 $\int_{\Theta} \pi(\theta) \mathrm{d}\theta = 1$ 知 $c = 1/2$.

上述观点通常被称为 Bayes 假设. 使用 Bayes 假设可能会遇到一些麻烦, 主要体现在以下两个方面 [5]:

(1) 当 Θ 为无限区间时, 在 Θ 上无法定义一个正常的均匀分布.

例 1.2.1 设总体 $X \sim N(\theta, 1)$, 其中 $\theta \in \mathbb{R}$. 那么 θ 的无信息先验是 $\mathbb{R}$ 上的均匀分布, 即 $\pi(\theta) = c$, $-\infty < \theta < \infty$. 此时 $\int_{\theta \in \mathbb{R}} \pi(\theta) \mathrm{d}\theta = \infty \neq 1$, 但这并不影响后验分布密度的计算:

$$\pi(\theta|x) = \frac{f(x|\theta)\pi(\theta)}{\displaystyle\int_{\theta \in \mathbb{R}} f(x|\theta)\pi(\theta)\mathrm{d}\theta} = \frac{1}{\sqrt{2\pi}} \exp\left\{ -\frac{1}{2}(\theta - x)^2 \right\}$$

这是一个正常的概率密度函数. 若用后验均值来估计 θ, 则有 $\hat{\theta} = x$. 这与经典方法的结果是一样的.

在应用中常取 $\pi(\theta) = 1$ 作为实数集 $\mathbb{R}$ 上的均匀密度, 由于它并非一个正常的概率分布, 为了把这种不正常的均匀分布纳入先验分布的行列, Bayes 统计学家引入了广义先验分布的概念.

定义 1.2.1　设总体 $X \sim f(x|\theta)$, $\theta \in \Theta$. 若 θ 的先验分布密度 $\pi(\theta)$ 满足下列条件: ①$\displaystyle\int_{\Theta} \pi(\theta)\mathrm{d}\theta = \infty$, $\pi(\theta) \geqslant 0$; ②由此决定的后验密度 $\pi(\theta|x)$ 为正常的密度函数, 则称 $\pi(\theta)$ 为 θ 的广义先验分布.

(2) Bayes 假设不满足变换下的不变性.

例 1.2.2　考虑正态标准差 σ, 其参数空间为 $\mathbb{R}^+$, 定义变换 $\eta = \sigma^2$, 则 η 为正态方差, 在 $\mathbb{R}^+$ 上的映射为一一映射, 不会损失信息. 若 σ 是无信息参数, 那么 η 也是无信息参数, 且参数空间都为 $\mathbb{R}^+$. 根据 Bayes 假设, 它们的无信息先验分布都为常数, 应该成比例. 另一方面, 按概率运算法则, 若 $\pi(\sigma)$ 为 σ 的密度函数, 那么 η 的密度函数为

$$\pi^*(\eta) = \left|\frac{\mathrm{d}\sigma}{\mathrm{d}\eta}\right| \pi(\sqrt{\eta}) = \frac{1}{2\sqrt{\eta}}\pi(\sqrt{\eta})$$

因此, 若 σ 的无信息先验被选为常数, 为保持数学上的逻辑推理一致性, η 的无信息先验应与 $\eta^{-1/2}$ 成比例, 这与 Bayes 假设矛盾.

从例 1.2.2 可以看出, 不能随意设定一个常数为某参数的先验分布, 即不能随意使用 Bayes 假设. 如果不能使用 Bayes 假设, 无信息先验分布该如何确定, 这些问题将在下面进行讨论.

1.2.2.2　尺度参数与位置参数的无信息先验

从上一节的讨论可以看出, 对于分布参数在无信息先验条件下, 采用均匀分布的假设并非总是可取的. 实际上, 从熵最大 (见 1.2.3.2 小节) 和对称性 (也即参数 θ 在其取值范围内, 取各个值的概率都相同) 出发都可以解释 Bayes 假设. 而本节所讨论的是从 "在群的作用下具有不变性" 这一角度理解 Bayes 假设.

称密度函数形如

$$p(x; \mu, \sigma) = \frac{1}{\sigma} f\left(\frac{x - \mu}{\sigma}\right), \quad \mu \in (-\infty, \infty), \quad \sigma \in (0, \infty) \tag{1.2.2}$$

的分布为位置–尺度参数族, 其中, $f(x)$ 是一个完全确定的函数, μ 称为位置参数, σ 称为尺度参数. 正态分布、指数分布、均匀分布都属于这一类.

(1) 当 σ 已知时, 不妨取 $\sigma = 1$, 对观测样本 x 作平移 $y = x + a$, 则 y 的密度函数为 $f(y - a - \mu)$, 它相当于将参数 μ 进行了平移. 显然对样本 $x_1, x_2, \cdots, x_n$ 估计 μ, 与对 $y_1, y_2, \cdots, y_n$ 估计 $\mu + a$ 等价. 因此 μ 的先验分布与 $\mu + a$ 的先验分布

相同, 即 μ 的无信息先验在各点上取值相同, 此即为 $(-\infty, \infty)$ 上的均匀分布, 这正好是 Bayes 假设.

(2) 当 μ 已知时, 不妨设 $\mu = 0$, 对观测样本 x 作变换 $y = cx$, 则 y 的密度函数为 $c^{-1} f\left(\dfrac{y}{c\sigma}\right)$, 它相当于将参数 σ 换为 $c\sigma$. 在 $(0, \infty)$ 上该变换是一个乘法群, 相应的不变测度是唯一的, 该测度对应的密度函数的核为 $1/\sigma$.

(3) 当 μ 和 σ 均未知时, 在样本空间作变换 $y = cx + a, c > 0$, 则 y 的密度函数为 $\dfrac{1}{c} f\left(\dfrac{y - a - c\mu}{c\sigma}\right)$, 它相当于将参数作变换

$$\begin{pmatrix} \mu \\ \sigma \end{pmatrix} \rightarrow \begin{pmatrix} c & 0 \\ 0 & c \end{pmatrix} \begin{pmatrix} \mu \\ \sigma \end{pmatrix} + \begin{pmatrix} a \\ 0 \end{pmatrix} \tag{1.2.3}$$

该变换对应的不变测度的密度函数的核为 $1/\sigma$, 即 μ 和 σ 的先验分布是相互独立的.

综上, 在无信息先验情况下, 尺度参数和未知参数的无信息先验选取原则为:

(i) 对于位置参数 μ, $\pi(\mu)$ 可取作

$$\pi(\mu) \propto 1 \tag{1.2.4}$$

(ii) 对于尺度参数 σ, $\pi(\sigma)$ 可取作

$$\pi(\sigma) \propto \frac{1}{\sigma}, \quad \sigma > 0 \tag{1.2.5}$$

1.2.2.3 Jeffreys 准则

根据上述讨论, Bayes 假设不满足变换下的不变性. 为克服这一矛盾, Jeffreys 提出了不变性的要求. 他认为一个合理的决定先验分布的准则应具有不变性. 从这一思想出发, Jeffreys(1961 年) 提出了不变原理 ——Jeffreys 准则, 较好地解决了 Bayes 假设中的这个矛盾. Jeffreys 准则由两个部分组成: ①给出了对先验分布的合理要求; ②给出了合于要求的先验分布的具体求取方法.

设 θ 的先验分布为 $\pi(\theta)$, 若以 θ 的函数 $g(\theta)$ 作为参数, 且 $\eta = g(\theta)$ 的先验分布为 $\pi_g(\eta)$, 则

$$\pi(\theta) = \pi_g(g(\theta)) \left| g'(\theta) \right| \tag{1.2.6}$$

如果选出的 $\pi(\theta)$ 合于条件 (1.2.6), 则导出的先验分布不会互相矛盾. 所以问题是如何找出满足 (1.2.6) 的 $\pi(\theta)$.

为了解决这个问题, Jeffreys 巧妙地利用了 Fisher 信息阵的不变性. 从经典方法知道, 若 $(x_1, x_2, \cdots, x_n)$ 与 θ 的联合分布密度是 $p(x_1, x_2, \cdots, x_n; \theta)$, 则考虑

$\ln p(x_1, x_2, \cdots, x_n; \theta)$ 对 θ 的偏微商, 参数 θ 的信息量:

$$I(\theta) = \mathrm{E} \left(\frac{\partial \ln p\,(x_1, x_2, \cdots, x_n; \theta)}{\partial \theta} \right)^2 \tag{1.2.7}$$

如果 $x_1, x_2, \cdots, x_n$ 是独立同分布的, $x_i \sim f(x_i; \theta)$, $i = 1, 2, \cdots, n$, 则

$$p\,(x_1, x_2, \cdots, x_n; \theta) = \prod_{i=1}^{n} f(x_i; \theta)$$

代入 (1.2.7) 得

$$I(\theta) = \mathrm{E} \left(\sum_{i=1}^{n} \frac{\partial \ln f(x_i; \theta)}{\partial \theta} \right)^2 = \sum_{i=1}^{n} \mathrm{E} \left(\frac{\partial \ln f(x_i; \theta)}{\partial \theta} \right)^2 = n \cdot \mathrm{E} \left(\frac{\partial \ln f(x_1; \theta)}{\partial \theta} \right)^2 \tag{1.2.8}$$

(1.2.8) 式表明, n 个独立样本提供的关于参数 θ 的信息量是一个样本的 n 倍. 如果参数 $\boldsymbol{\theta}$ 是一个向量, 相应于(1.2.7)的信息量就是一个信息矩阵, 记 $\boldsymbol{\theta} = (\theta_1, \theta_2, \cdots, \theta_k)^{\mathrm{T}}$, 则

$$\left(\frac{\partial \ln p(x_1, x_2, \cdots, x_n; \boldsymbol{\theta})}{\partial \boldsymbol{\theta}} \right) = \left(\frac{\partial \ln p(x_1, x_2, \cdots, x_n; \boldsymbol{\theta})}{\partial \theta_1}, \cdots, \frac{\partial \ln p(x_1, x_2, \cdots, x_n; \boldsymbol{\theta})}{\partial \theta_k} \right)^{\mathrm{T}} \tag{1.2.9}$$

$$\boldsymbol{I}(\boldsymbol{\theta}) = \mathrm{E} \left(\frac{\partial \ln p(x_1, x_2, \cdots, x_n; \boldsymbol{\theta})}{\partial \boldsymbol{\theta}} \right) \left(\frac{\partial \ln p(x_1, x_2, \cdots, x_n; \boldsymbol{\theta})}{\partial \boldsymbol{\theta}} \right)^{\mathrm{T}} \tag{1.2.10}$$

Jeffreys 准则指出, θ 的先验分布应以信息阵 $\boldsymbol{I}(\boldsymbol{\theta})$ 的行列式的平方根为核, 即

$$\pi(\boldsymbol{\theta}) \propto |\boldsymbol{I}(\boldsymbol{\theta})|^{1/2} \tag{1.2.11}$$

由于 $\boldsymbol{I}(\boldsymbol{\theta})$ 为非负定矩阵, 即 $|\boldsymbol{I}(\boldsymbol{\theta})| \geqslant 0$, 上式有意义.

由 (1.2.11) 所确定的先验分布满足 (1.2.6) 定义的不变性.

定理 1.2.1[2]   若以 $\boldsymbol{\theta}$ 的函数 $g(\boldsymbol{\theta})$ 作为参数, $\boldsymbol{\eta} = g(\boldsymbol{\theta})$ 与 $\boldsymbol{\theta}$ 同维, 则有

$$|\boldsymbol{I}(\boldsymbol{\theta})|^{1/2} = |\boldsymbol{I}(\boldsymbol{\eta})|^{1/2} \, |g'(\boldsymbol{\theta})|$$

总之, Jeffreys 准则就是用 $|\boldsymbol{I}(\boldsymbol{\theta})|^{1/2}$ 作为先验分布的核. 构造 Jeffreys 先验的具体步骤如下:

Step 1   得出样本的对数似然函数 $l(\boldsymbol{\theta}|\boldsymbol{x}) = \ln \left[\prod\limits_{i=1}^{n} p(x_i|\boldsymbol{\theta}) \right] = \sum\limits_{i=1}^{n} \ln p(x_i|\boldsymbol{\theta})$;

Step 2   求样本的信息阵 $\boldsymbol{I}(\boldsymbol{\theta}) = \mathrm{E}^{\boldsymbol{x}|\boldsymbol{\theta}} \left(-\dfrac{\partial^2 l}{\partial \theta_i \partial \theta_j} \right)$, $i, j = 1, 2, \cdots, k$;

Step 3 $\boldsymbol{\theta}$ 的无信息先验密度为 $\pi(\boldsymbol{\theta}) \propto |\boldsymbol{I}(\boldsymbol{\theta})|^{1/2}$.

例 1.2.3 设 $\boldsymbol{x} = (x_1, x_2, \cdots, x_n)$ 为来自正态分布 $\mathrm{N}(\mu, \sigma^2)$ 的样本, 求 (μ, σ^2) 的 Jeffreys 先验.

令 $D = \sigma^2$, 容易写出对数似然函数:

$$L(\mu, \sigma^2) = \frac{1}{2}\ln(2\pi) - \frac{n}{2}\ln D - \frac{1}{2D}\sum_i (x_i - \mu)^2 \tag{1.2.12}$$

其 Fisher 信息阵为

$$\boldsymbol{I}(\mu, D) = \begin{pmatrix} \mathrm{E}\left(-\dfrac{\partial^2 L}{\partial \mu^2}\right) & \mathrm{E}\left(-\dfrac{\partial^2 L}{\partial \mu \partial D}\right) \\ \mathrm{E}\left(-\dfrac{\partial^2 L}{\partial \mu \partial D}\right) & \mathrm{E}\left(-\dfrac{\partial^2 L}{\partial D^2}\right) \end{pmatrix} = \begin{pmatrix} \dfrac{n}{D} & 0 \\ 0 & \dfrac{n}{2D^2} \end{pmatrix} \tag{1.2.13}$$

$$\det \boldsymbol{I}(\mu, D) = \frac{n^2}{2D^3} \tag{1.2.14}$$

所以 (μ, σ^2) 的 Jeffreys 先验为

$$\pi(\mu, D) = D^{-\frac{3}{2}} \tag{1.2.15}$$

同理, 可得出:

(1) 当 σ^2 已知时, $\pi(\mu) = 1$, $\mu \in \mathbb{R}^1$.

(2) 当 μ 已知时, $\pi(\sigma) = 1/\sigma$, $\sigma \in \mathbb{R}^+$.

(3) 当 μ 与 σ 独立时, $\pi(\mu, \sigma) = \sigma^{-2}$, $\mu \in \mathbb{R}^1$, $\sigma \in \mathbb{R}^+$.

一般而言, 无信息先验不是唯一的, 并且它们对 Bayes 统计推断的影响不大. 因此, 在无先验信息的情况下, 可以尝试上述方法导出的各种先验分布.

1.2.3 有信息先验分布的确定

当参数 θ 是离散时, 对参数空间 Θ 中的每个点, 可以根据专家经验给出主观概率; 当 θ 是连续时, 可采用直方图方法、相对似然法和选定密度函数形式的方法来确定 $\pi(\theta)$. 本节将不对此进行讨论, 详细可参考 [2-5]. 下面介绍在导弹试验的设计与评估中较为常用的几种方法.

1.2.3.1 共轭分布法

H. Raiffa 和 R. Schlaifer 提出先验分布取共轭分布是比较合适的.

定义 1.2.2 设样本 $x_1, x_2, \cdots, x_n$ 对参数 θ 的条件分布为 $p(x_1, x_2, \cdots, x_n | \theta)$, 先验分布 $\pi(\theta)$ 称为 $p(x_1, x_2, \cdots, x_n | \theta)$ 的共轭分布, 是指 $\pi(\theta)$ 决定的后验分布密度 $h(\theta | x_1, x_2, \cdots, x_n)$ 与 $\pi(\theta)$ 是同一个类型的.

应着重指出的是, 共轭先验分布是对某一分布中的参数而言, 如正态均值、正态方差、泊松均值等. 以下给出三种情况的共轭分布:

(1) 设 $x_1, x_2, \cdots, x_n$ 来自正态总体 $\mathrm{N}(\mu, 1)$, 使用充分统计量 $\bar{x}$, 则得

$$l(\mu|\bar{x}) \propto e^{-\frac{n}{2}(\bar{x}-\mu)^2} \tag{1.2.16}$$

如用正态 $\mathrm{N}(\mu_0, \sigma_0^2)$ 作为参数 μ 的先验分布密度 $\pi(\mu)$, 于是相应的后验分布密度:

$$h(\mu|\bar{x}) \propto \pi(\mu)e^{-\frac{n}{2}(\bar{x}-\mu)^2} = \exp\left\{-\frac{1}{2}\left(\frac{1}{\sigma_0^2}+n\right)\left(\mu - \frac{\mu_0/\sigma_0^2 + n\bar{x}}{1/\sigma_0^2 + n}\right)^2 + c\right\} \tag{1.2.17}$$

其中 c 为与 $\bar{x}$ 有关的常数, 与 μ 无关, 因此有

$$h(\mu|\bar{x}) \propto \exp\left\{-\frac{1}{2}\left(\frac{1}{\sigma_0^2}+n\right)\left(\mu - \frac{\mu_0/\sigma_0^2 + n\bar{x}}{1/\sigma_0^2 + n}\right)^2\right\} \tag{1.2.18}$$

它也是正态分布, 于是 $\mathrm{N}(\mu, 1)$ 的共轭分布是正态分布.

(2) n 次独立试验中, 事件 A 发生的次数 r 的分布是二项分布

$$\binom{n}{r}\theta^r(1-\theta)^{n-r} \tag{1.2.19}$$

其中 θ 是每次试验 A 发生的概率. 若选 Beta 分布 $\mathrm{Be}(a, b)$ 作为先验分布 $\pi(\theta)$, 于是可得后验分布

$$h(\theta\,|r) \propto \pi(\theta)l\,(\theta\,|r) = \frac{\theta^{a-1}(1-\theta)^{b-1}}{\mathrm{Be}(a,b)}\binom{n}{r}\theta^r(1-\theta)^{n-r} \propto \theta^{a+r-1}(1-\theta)^{n+b-r-1} \tag{1.2.20}$$

可见 $h(\theta\,|r)$ 是 Beta 分布 $\mathrm{Be}(a+r, b+n-r)$. 因此, 二项分布的共轭分布是 Beta 分布.

(3) 设 $x_1, x_2, \cdots, x_n$ 是来自指数分布的样本, 它们对参数 θ 的条件分布密度是

$$p(x_1, x_2, \cdots, x_n; \theta) = \left(\frac{1}{\theta}\right)^n e^{-\frac{1}{\theta}\sum\limits_{i=1}^{n} x_i}, \quad x_i > 0, \quad i = 1, 2, \cdots, n \tag{1.2.21}$$

如果取先验分布密度 $\pi(\theta)$ 是逆 Γ 分布, 即

$$\pi(\theta) \propto \left(\frac{1}{\theta}\right)^{\alpha+1} e^{-a/\theta}, \quad \theta > 0 \tag{1.2.22}$$

于是

$$h(\theta|x_1, x_2, \cdots, x_n) \propto \left(\frac{1}{\theta}\right)^{\alpha+1} e^{-a/\theta}\left(\frac{1}{\theta}\right)^n e^{-\frac{1}{\theta}\sum\limits_{i=1}^{n} x_i} = \left(\frac{1}{\theta}\right)^{\alpha+1+n} e^{-\frac{1}{\theta}\left(a+\sum\limits_{i=1}^{n} x_i\right)} \tag{1.2.23}$$

它仍是逆 Γ 分布, 因此逆 Γ 分布是指数分布的共轭分布.

从上面的例子可以看出, 给出了样本 $x_1, x_2, \cdots, x_n$ 对参数 θ 的条件分布后, 根据似然函数 $p(x_1, x_2, \cdots, x_n \,|\, \theta)$, 选取与似然函数具有相同核的分布作为先验分布 $\pi(\theta)$, 就可能找到合适的共轭分布. 表 1.2.1 给出了常用的共轭先验分布.

表 1.2.1 常用的共轭先验分布表

总体分布	参数	共轭先验分布
二项分布	成功概率	Beta 分布 $\mathrm{Be}(\alpha, \beta)$
泊松分布	均值	Γ 分布 $\mathrm{G_a}(\alpha, \lambda)$
指数分布	均值的倒数	Γ 分布 $\mathrm{G_a}(\alpha, \lambda)$
正态分布 (方差已知)	均值	正态分布 $\mathrm{N}(\mu, \sigma^2)$
正态分布 (均值已知)	方差	逆 Γ 分布 $\mathrm{IG_a}(\alpha, \lambda)$
正态分布 (均值、方差均未知)	方差、均值	正态–逆 Γ 分布

例 1.2.4 设 $x_1, x_2, \cdots, x_n$ 来自正态总体 $\mathrm{N}(\mu, \sigma^2)$, 其中 σ^2 已知, μ 未知, 取 $\pi(\mu) = \mathrm{N}(\mu_0, \sigma_0^2)$, 求 μ 的估计.

由 Bayes 公式可得后验分布 $h(\mu | \bar{x}) = \mathrm{N}(\mu_n, \sigma_n^2)$. 其中, $\mu_n = \dfrac{\sigma^2}{n\sigma_0^2 + \sigma^2} \mu_0 + \dfrac{n\sigma_0^2}{n\sigma_0^2 + \sigma^2} \bar{x}$, $\sigma_n^{-2} = \sigma_0^{-2} + n\sigma^{-2}$. 这表明: 后验均值 μ_n 是样本均值 $\bar{x}$ 与先验均值 μ_0 的加权平均. 其中, σ_0^{-2} 表示了先验分布的精度, 样本分布的精度可用 $n\sigma^{-2}$ 表示, 那么后验分布的精度是先验分布的精度与样本均值的精度之和, 则增加样本量 n 或减少先验分布的方差都有利于后验分布的精度的提高.

综上所述, 共轭分布在很多场合被采用, 主要是因为它有如下两个优点:

(i) 对后验分布的参数给出了很好的解释;

(ii) 方便计算, 且从共轭分布导出的估计量具有明确的统计意义.

从 Bayes 公式可以看出, 后验分布既反映了参数 θ 的先验信息, 又反映了 $x_1, x_2, \cdots, x_n$ 提供的样本信息. 共轭型分布要求先验分布与后验分布属于同一类型, 就是要求经验的知识和现在样本的信息有种同一性. 如果把得到的后验分布作为进一步试验的先验分布, 则获得新样本后, 新的后验分布将还是同一类型的.

正是因为这些优点, 共轭分布法在工程实际中得到了广泛的使用.

1.2.3.2 最大熵原则

信息论的产生, 形成了描述事物不确定性的概念 —— 熵. 通过熵可以导出一种确定先验分布的方法. 最大熵方法的出发点是在有一部分先验信息可以利用, 但对于先验分布的形式未知时, 希望能找到含最少信息的分布.

定义 1.2.3 设 Θ 为离散的未知参数集, 随机变量 x 的熵为 $-\displaystyle\sum_i p_i \ln p_i$, 其中

p_i 为 x 取可列个值的概率, 记 x 的熵为 $H(x)$; 对连续型参数空间 Θ, 若 $x \sim f(x)$, 且积分 $-\int f(x) \ln f(x) \mathrm{d}x$ 有意义, 则称它为 x 的熵, 也记为 $H(x)$.

从上面的定义可以看出, 两个随机变量具有相同的分布时, 它们的熵就相等, 因此熵只与分布有关. 有下列常用的不等式:

(1) 若离散随机变量 x 取有限个值的概率为 $p_1, p_2, \cdots, p_n$, 则 $H(x)$ 最大的充要条件是 $p_1 = p_2 = \cdots = p_n = 1/n$.

(2) 对分布密度 $f_i(x), i = 1, 2$, 当下式两端有意义时有

$$\int f_1(x) \ln f_1(x) \mathrm{d}x \geqslant \int f_1(x) \ln f_2(x) \mathrm{d}x \tag{1.2.24}$$

类似于 (1.2.24) 可得出离散型相应的结果.

考虑在 $(0, T)$ 上的随机变量 ξ, 它有连续的密度函数 $f_1(x)$, 取 $f_2(x)$ 为 $(0, T)$ 上的均匀分布, 即

$$f_2(x) = \begin{cases} 1/T, & 0 < x < T \\ 0, & \text{其他} \end{cases}$$

由 (1.2.24) 得 $\int f_1(x) \ln f_1(x) \mathrm{d}x \geqslant \int f_1(x) \ln f_2(x) \mathrm{d}x = -\ln T$, 即 $H(\xi) \leqslant \ln T$. 这说明在 $(0, T)$ 上的均匀分布是熵最大的分布.

上述结果表明, 在有限范围内取值的随机变量, 它的分布在均匀分布时熵达到最大值, Bayes 假设就相当于选最大熵相应的分布作为无信息先验分布. 如果 "无信息" 意味着不确定性最大, 那么无信息先验分布应是最大熵所相应的分布. 所以最大熵原则可以概括为: **无信息先验分布应取为参数 θ 的变化范围内使熵最大的分布**.

最大熵原则比 Bayes 假设前进了不少, 但是并非在各种情况下都存在最大熵的分布, 尤其是在无限区间上. 下面的定理说明了最大熵存在的条件 [5].

定理 1.2.2   设随机变量 ξ 满足条件 $\mathrm{E}g_i(\xi) = \mu_i$, $i = 1, 2, \cdots, k$, 其中 $g_i(x)$ 与 μ_i 为已知的函数和常数, 使 ξ 的熵达到最大的分布密度 $f^*(x)$ 存在时, 它一定有下述表达式:

$$f^*(x) = \exp\left[\sum_{i=1}^{k} \lambda_i g_i(x)\right] \Bigg/ \int \exp\left[-\sum_{i=1}^{k} \lambda_i g_i(x)\right] \mathrm{d}x \tag{1.2.25}$$

其中 $\lambda_1, \lambda_2, \cdots, \lambda_k$ 使得等式:

$$\int g_i(x) f^*(x) \mathrm{d}x = \mu_i, \quad i = 1, 2, \cdots, k \tag{1.2.26}$$

都成立.

定理 1.2.2 说明, 对无限范围内取值的参数, 如果对它的先验分布的矩有一定的了解, 则可用 (1.2.25) 获得相应的最大熵分布. 特别值得注意的是, 如果知道了先验分布的若干分位点, 同样可用 (1.2.25) 求出最大熵分布. 在实际工作中, 凭借过去的经验估计几个分位点往往是不困难的, 例如说 "某试验成功的可能性大于 1/4, 小于 3/4".

例 1.2.5 设参数 $\theta \in \mathbb{R}$, 且 θ 的先验期望为 μ_0, 方差为 σ_0^2. 考虑先验分布集合

$$\mathcal{P} = \left\{ p(\theta) : p(\theta) \geqslant 0, \int_{-\infty}^{\infty} \theta p(\theta) \mathrm{d}\theta = \mu_0, \int_{-\infty}^{\infty} (\theta - \mu_0)^2 p(\theta) \mathrm{d}\theta = \sigma_0^2 \right\}$$

中的最大熵分布. 以 $p_0(\theta)$ 表示正态分布 $\mathrm{N}(\mu_0, \sigma_0^2)$ 的密度函数, 显然 $p_0(\theta) \in \mathcal{P}$. 根据 (1.2.24) 式, 对任一 $p_1(\theta) \in \mathcal{P}$, 有

$$\int p_1(\theta) \ln p_1(\theta) \mathrm{d}\theta \geqslant \int p_1(\theta) \ln p_0(\theta) \mathrm{d}\theta = \ln \frac{1}{\sigma_0 \sqrt{2\pi}} - \frac{1}{2} = \int p_0(\theta) \ln p_0(\theta) \mathrm{d}\theta$$

因此, 最大熵先验为 $\mathrm{N}(\mu_0, \sigma_0^2)$, 即期望、方差均为指定常数时, 相应的最大熵分布就是正态分布.

1.2.3.3 Bootstrap 方法和随机加权法

Bootstrap 方法, 是美国 Stanford 大学统计系教授 Efron 在总结归纳前人研究成果的基础上提出的一种新的统计推断方法. 该方法只依赖于给定的观测信息, 而不需要其他假设和增加新的观测. 由于其无先验性和可产生任意数量的数据样本的特性, Bootstrap 方法在小子样问题中也受到了关注 [41].

设随机子样 $X = (X_1, X_2, \cdots, X_N)$ 来自未知的总体分布 F, $R(X, F)$ 是某个预先选定的随机变量. Bootstrap 方法的基本思想和步骤如下:

Step 1 由子样观测值 $x = (x_1, x_2, \cdots, x_N)$ 构造子样经验分布函数 $F_N(x)$, $F_N(x)$ 在每点 $x_i (i = 1, 2, \cdots, N)$ 具有权重 N^{-1};

Step 2 在 $F_N(x)$ 中重新抽样得 Bootstrap 样本 $X_i^* \sim F_N(x)$, $X_i^* = x_i^*$, $i = 1, 2, \cdots, N$, 称 $X^* = (X_1^*, X_2^*, \cdots, X_N^*)$ 为再生样本;

Step 3 分布 $R^* = R(X^*, F_N)$ 称为 Bootstrap 分布, 用来逼近 $R(X, F)$ 的分布.

Bootstrap 方法的核心是利用再生样本 (或称为自助样本) 来估计未知概率测度的统计量的统计特性. 关键环节就是再生样本的获取. 该方法不假定观测数据符合某一分布形式, 而是直接由经验分布进行抽样, 属于非参数法范畴. 在实际中常采用 Monte Carlo 方法来实现, 下面介绍其中两种:

(1) 直接利用原始数据, 构造随机的函数产生 1 到 m 内的整数, 利用此函数产生的 N 个随机整数作为下标, 再生样本取为对应这些下标的原始数据, 即间接利用了经验分布函数.

(2) 对经验分布进行抽样. 设 U(0, 1) 可以产生 0~1 的任意小数, 取 $U = \mathrm{U}(0, 1)$, 定义 $p = (n-1)U$, $I = [p] + 1$, 则第一个再生样本为 $X_1^* = X_I + (P - I + 1)(X_{I+1} - X_I)$, 如此循环直到获得 N 个再生样本.

从非参数统计的观点看, $F_N(x)$ 是 $F(x)$ 的非参数极大似然估计, 它为离散分布, $X^* \sim F_N$, 其可能的值为 $\{x_1, x_2, \cdots, x_N\}$, 均值、方差分别是

$$\mathrm{E}(X^*) = \frac{1}{N}\sum_{i=1}^{N} x_i = \overline{x}, \quad \mathrm{Var}(X^*) = \frac{1}{N}\sum_{i=1}^{N}(x_i - \overline{x})^2 = S^2$$

可以看出, 样本观测 X 一旦给定, $F_N(x)$ 便可确定, 从而可得到 Bootstrap 子样, 进一步便可获得 Bootstrap 分布, 然后进行统计推断. 实际上, Bootstrap 的应用效果在很大程度上取决于经验分布的选取和样本数的大小 [34].

注 1.2.1   有限样本下直接估计分布密度及其参数是一个不适定的问题. 但在大样本情形下可以有很好的估计. 小样本情形下难以估计准确, 所以才求助于 Bootstrap 方法来求出估计的偏差. 另外, Efron 指出, Bootstrap 方法所指的小样本数目一般在 10 左右. 样本太少时, 该方法并不适合.

与 Bootstrap 方法相仿的是随机加权法, 它与 Bootstrap 方法在采样策略上不同, 其采样过程如下: 先产生 N 组 Dirichlet $D(1, 1, \cdots, 1)$ 的随机向量序列 $V_{(1)}$, $V_{(2)}, \cdots, V_{(N)}$, 每一组序列如下生成: 设 $v_1, v_2, \cdots, v_{n-1}$ 是 $[0, 1]$ 上均匀分布的独立同分布序列, 将它们从小到大次序重新排列得到的次序统计量: $v_{(1)}$, $v_{(2)}, \cdots, v_{(n-1)}$. 记 $v_{(0)} = 0$, $v_{(n)} = 1$, 则 $V_i = v_{(i)} - v_{(i-1)}$ $(i = 1, 2, \cdots, n)$ 的联合分布为 $D_n(1, 1, \cdots, 1)$, $V = (V_1, V_2, \cdots, V_n)$ 就是所需要的 $D_n(1, 1, \cdots, 1)$ 随机向量. 再利用出现概率作为加权因子得到待估参数的估计值, 这就得到了一组估计样本, 重复这个过程生成其他再生样本.

下面给出一个数值例子来说明, 小子样下 Bootstrap 模拟的分布与实际样本取值的相关性是很大的.

例 1.2.6   利用 Bootstrap 方法获取导弹密集度 σ^2 的先验分布.

导弹落点偏差的数据为 $x_1, x_2, \cdots, x_n$. 假设有 $x_i \sim \mathrm{N}(\mu, \sigma^2)$, $i = 1, 2, \cdots, n$, 则 $\boldsymbol{X} = (x_1, x_2, \cdots, x_n)$ 的经验分布 F_n 也是正态的. 用经验分布 F_n 的方差 $\hat{\sigma}^2$ 来估计 σ^2, 则有估计误差 $R_n = \hat{\sigma}^2 - \sigma^2$, 构造 Bootstrap 统计量 $R_n^* = \hat{\sigma}^{*2} - \hat{\sigma}^2$, 其中 $\hat{\sigma}^{*2} = \dfrac{1}{n-1}\sum_{i=1}^{n}(X_i^* - \bar{X}^*)^2$, $\bar{X}^* = \dfrac{1}{n}\sum_{i=1}^{n} X_i^*$; 而 $(X_1^*, X_2^*, \cdots, X_n^*)$ 是从 F_n 中

独立抽取的子样. 这样就可以用 R_n^* 的分布去模拟估计误差 R_n 的分布. 具体步骤如下:

Step 1 由落点偏差 $\boldsymbol{X} = (x_1, x_2, \cdots, x_n)$ 求出 $\hat{\mu} = \dfrac{1}{n} \sum\limits_{i=1}^{n} x_i$, $\hat{\sigma}^2 = \dfrac{1}{n-1} \cdot$

$\sum\limits_{i=1}^{n} (x_i - \hat{\mu})^2$, 由此确定经验分布 F_n 的均值和方差.

Step 2 从 F_n 产生 N 组 Bootstrap 子样 (N 足够大)

$$\boldsymbol{X}^*(1), \boldsymbol{X}^*(2), \cdots, \boldsymbol{X}^*(N)$$

其中 $\boldsymbol{X}^*(k) = (x_{k1}^*, x_{k2}^*, \cdots, x_{km}^*), k = 1, 2, \cdots, N$, 这里 m 为每组样本的容量, 可大于或等于 n, 但用于 Bootstrap 统计量的样本数则必须等于 n.

Step 3 对每组 $\boldsymbol{X}^*(k)$, 求出 Bootstrap 统计量 $R_n^*(k)$, $k = 1, 2, \cdots, N$.

Step 4 以 $R_n^*(k)$ 作为 R_n 的估计, 于是得到 σ^2 的一组估计: $\hat{\sigma}_1^2, \hat{\sigma}_2^2, \cdots, \hat{\sigma}_N^2$, 其中 $\hat{\sigma}_k^2 = \hat{\sigma}^2 - R_n^*(k)$, $k = 1, 2, \cdots, N$.

Step 5 由估计值 $\hat{\sigma}_1^2, \hat{\sigma}_2^2, \cdots, \hat{\sigma}_N^2$ 作直方图, 从而得到 σ^2 的先验分布的密度函数 $\pi(\sigma^2)$.

假设导弹落点纵向偏差 $\boldsymbol{X} \sim \mathrm{N}(0, 1)$, 单位为 1km. 取四组小子样样本, 每组采样数为 8, 在每组 8 个样本点的基础上进行 Bootstrap 仿真估计方差的分布. 结果如下:

第一组采样: $X_1 =$ [−0.1293, 1.3374, 0.4223, −0.7646, 0.4322, 0.0511, −0.0621, −0.7862], $\hat{\mu}_1$=0.0626, $\hat{\sigma}_1^2$=0.4783.

第二组采样: $X_2 =$ [1.0781, 1.4725, −0.9072, 0.0798, 1.7558, −0.2215, −0.8213, −1.3594], $\hat{\mu}_2 = 0.1346$, $\hat{\sigma}_2^2$=1.3814.

第三组采样: $X_3 =$ [−0.0682, 0.4951, −1.8268, −2.1485, 0.2072, −1.2181, 1.8959, −0.5351], $\hat{\mu}_3 = -0.3998$, $\hat{\sigma}_3^2$=1.7616.

第四组采样: $X_4 =$ [1.7734, −1.1130, 0.3571, −1.0964, 0.2499, 1.0541, 0.5231, 0.5650], $\hat{\mu}_4$=0.2891, $\hat{\sigma}_4^2$=0.9730.

每组样本各取 500 组共 4000 个 Bootstrap 样本进行仿真, 方差密度估计结果见图 1.2.1. 从图 1.2.1 中可以看到, 第 l 组 ($l = 1, 2, 3, 4$) 样本经由 Bootstrap 方法得到方差估计密度函数图峰值对应的横轴坐标值与 $\hat{\sigma}_l^2$ 比较接近, 与真实 σ^2 之间没有本质联系. 由此可见, 小子样下 Bootstrap 方法得到的方差估计是与实际样本取值密切相关的, 与真实的方差可能相差较大.

Bootstrap 方法的本质是 "将样本替代总体", 其优点是可以在分布形式未知的情形下得到分布参数的估计, 其缺点是严重依赖初始采样的结果.

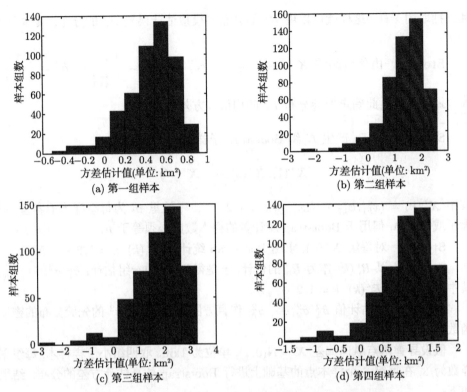

图 1.2.1   用 Bootstrap 方法得到方差估计的密度函数直方图

1.3   先验信息可信度的度量

1.3.1   概述

近年来, 小子样试验评估技术受到了国防科研部门的广泛关注, Bayes 方法的运用, 使得各种来源的先验信息得到了充分的利用, 故而定型所需的原型试验次数明显下降. 然而, 各种来源的先验试验样本与现场试验的样本未必属于同一总体, 且相对于现场试验样本而言, 先验样本数一般较大, 先验信息可能会淹没现场试验信息, 使现场信息不起作用. 另外, 当先验信息失真或先验信息与现场信息存在显著的差异时, 融合结果将会出现较大的偏差 [9]. 因此不同来源的试验信息不能直接使用, 引入信息可信度可以在一定程度上改善这个问题. 它包括两个方面的研究内容: ①如何度量信息的可信度; ②如何提高结果的可信度. 根据研究内容的不同, 可信度研究又分为实物试验的可信度和仿真可信度.

在仿真技术发展的初期, 仿真的可信度就受到了极大的关注. 早在 1962 年, Biggs 和 Cawthorne 就对 "警犬" 导弹仿真进行过全面评估. 美国计算机仿真学会

(SCS) 于 20 世纪 70 年代中期成立了模型可信度技术委员会 (TCMC), 任务是建立与模型可信度相关的概念、术语和规范. 这是仿真可信度研究的一个重要里程碑. 在此基础上, 逐步形成和发展了模型与仿真 (M&S) 的校核、验证与确认 (VV&A) 技术. 美国国防部建模与仿真办公室 (DMSO) 于 1993 年春天成立了一个基础任务小组, 具体负责研究 VV&A 的工作模式, 该小组于 1996 年提交了研究报告, 建议将 VV&A 的实践指南作为 DIS 系列标准之一, IEEE 计算机协会于 1998 年 7 月发表了关于 DISVV&A 的标准. VV&A 规范就是仿真可信度一个完整的保证体系, 其基本出发点是保证仿真具有较高的可信度[10]. 这样, 如果在所有仿真系统的开发过程中都严格遵照 VV&A 规范, 则不需要进行专门的仿真可信度评估. 与国外关注仿真可信度的提高相比, 我国原有大多数仿真系统的开发没有遵循 VV&A 规范, 因此可信度的度量成为我国仿真工作者主要关注的问题[11]. 仿真是利用计算机将描述原型系统的数学模型实现的过程, 因此可信度度量了原型系统与仿真系统之间的相似性. 在对仿真系统的模型建立、校验和确认等方面严格的分析与研究的基础上, 根据组成仿真各层面的相似性度量, 可综合得到总的可信度[12]. 其中相似度方法[13]、层次分析方法[14]、模糊综合评判法、CLIMB 法和评价树方法等都可以用来进行综合. 张淑丽[15] 对这些方法进行了比较, 并指出层次分析法比较适合导弹武器系统仿真的可信度评估. 在这些度量方法中, 主观判断的成分很多, 这必然影响可信度度量本身的可信程度, 高德荫[16] 研究了主观判断的可信度传播问题. 上述研究是从仿真系统的相似度展开的可信度度量. 还有一种思路是直接从数据出发来度量可信度, 这些方法的基础是仿真数据与原型试验数据的分布差异, 如张金槐[17] 提出利用数据相容性检验 (包括动态一致性和静态一致性检验[18-19]) 来度量可信度, 李鹏波和谢红卫[20] 利用现代谱估计方法对系统动态性能进行分析, 从而定量描述仿真可信性.

对实物等效的可信度研究, 目前研究的重点是关于可信度的提高, 例如针对制导精度, 广泛地开展误差分析[21]、误差分离[22]、误差折合[23-24] 和误差补偿[25] 的研究. 这些研究的共同目的是通过分析归纳出等效试验与原型试验之间的差异或相似性, 从而将等效试验的结果折算到原型试验状态下. 在常用的 Bayes 小子样试验鉴定方法中, 对折合后的结果进行相容性检验后, 即认为补充信息是完全可信的[26]. 如果补充信息完全不可信, 则在后验分布中屏蔽补充信息的作用. 然而, 受认识的局限, 这种折合是存在误差的[27], 且很难精确分析. 张金槐[28] 提出在相容性检验的基础上, 必须进一步研究先验子样的可信度, 在一定可信度下, 再将先验信息与现场信息进行融合 (而非简单混合). 原则上讲, 对实物试验的可信度度量与仿真可信度的度量思路类似, 但目前对实物等效试验信息可信度的度量本质上都是从数据出发, 如数据相容性检验、信息散度[29] 等. 另一方面, 张湘平等[30] 提出根据试验费用来度量可信度, 即如果先验费用很大, 则先验信息可信度接近 1; 如果无先验费用, 则先验信息可信度为 0, 但是试验的各种费用很难统一描述.

　　关于先验信息可信度的度量, 我们认为有两种思路: 一种是基于数据层面的度量方法, 如现在广泛使用的基于数据相容性检验的方法; 另一种则是基于数据的物理来源的方法, 关于这种思路的研究很少. 本节将分别从这两种思路展开讨论, 介绍一种基于信息散度的度量方法和一种物理可信度度量方法, 同时分析在小子样情况下这两种方法的优缺点和适用情况.

1.3.2　基于数据层面的可信度度量

1.3.2.1　基于相容性检验的度量方法

　　基于数据一致性检验方法运用秩和检验法或其他检验法对数据进行相容性检验, 并定义可信度为相容性检验水平的函数: $1 - \alpha$.

　　1) 数据相容性检验

　　记 $X = (X_1, \cdots, X_{n_1})$ 为先验子样, $Y = (Y_1, \cdots, Y_{n_2})$ 为现场定型条件下的试验获得的子样. 要求验证 X 和 Y 是否属于同一总体, 为此引入备择假设:

$$H_0: X \text{ 和 } Y \text{ 属于同一总体} \leftrightarrow H_1: X \text{ 和 } Y \text{ 不属于同一总体}$$

运用秩和检验法, 先计算 X 的秩和为 T, 则可建立如下关系:

$$P\{T_1 < T < T_2 | H_0\} = 1 - \alpha$$

$$P\{T \leqslant T_1 \text{ 或 } T \geqslant T_2 | H_0\} = \alpha$$

其中 α 为检验水平 (弃真概率). 于是在获得子样 X, Y 之后, 计算秩和 T, 在检验水平 α 之下, ①如果 $T_1 < T < T_2$, 则采纳 H_0; ②如果 $T \leqslant T_1$ 或 $T \geqslant T_2$, 则拒绝 H_0.

　　为了引入先验子样的可信度, 记 $A \equiv$ 采纳 H_0 的事件, $\bar{A} \equiv$ 拒绝 H_0 的事件, 则有 $P(A|H_0) = 1 - \alpha$, $P(\bar{A}|H_0) = \alpha$.

　　定义 1.3.1　当采纳 H_0 时, H_0 成立的概率称为先验子样 X 的可信度, 即可信度为 $P(H_0|A)$.

　　由 Bayes 公式可得可信度 p 的计算公式 [9]:

$$
\begin{aligned}
p = P(H_0|A) &= \frac{(1 - P(\bar{A}|H_0))P(H_0)}{(1 - P(\bar{A}|H_0))P(H_0) + (1 - P(H_0))P(A|H_1)} \\
&= \frac{(1 - \alpha)P(H_0)}{(1 - \alpha)P(H_0) + (1 - P(H_0))\beta}
\end{aligned}
\tag{1.3.1}
$$

其中, β 为采伪概率, 其计算较复杂, 可使用 Bootstrap 方法估计分布, 并通过 Monte Carlo 仿真计算. $P(H_0)$ 为先验概率, 如果没有其他先验信息可利用, 可取 $P(H_0) = 1/2$, 则可信度可简化为

$$p = \frac{1-\alpha}{1-\alpha+\beta} \tag{1.3.2}$$

如果 X 是仿真子样, 则在仿真建模验模之中获得关于 $P(H_0)$ 的知识, 至少 $P(H_0) > 50\%$.

2) 正态分布下采伪概率 β 的计算

在检验水平 α 之下的临界区域为

$$D = \left\{T \leqslant T_1 \ \text{或} \ T \geqslant T_2\right\}$$

因此, $\beta = P\{T_1 < T < T_2|H_1\}$.

要一般地给出 β 的解析表达式是困难的. 不过, 如果知道 X, Y 所属的分布, 例如 X, Y 是脱靶量 (纵向或横向), 那么 X, Y 属正态分布, 此时一致性检验问题转化为正态总体下的均值和方差的相等性检验, 这时可以进行 β 的计算.

在本问题中, X, Y 属正态分布, 于是对 β 的计算可以转换到正态总体下均值和方差的相等性检验的采伪概率. 主要考虑方差, 则检验问题变为

$$H_0 : D_1/D_0 = 1 \quad \leftrightarrow \quad H_1 : D_1/D_0 = \lambda^2 > 1$$

样本函数 $F^* = \dfrac{s_A^2/D_0}{s_B^2/D_1}$ 服从自由度为 $(n_A - 1, n_B - 1)$ 的 F 分布. 其中,

$$s_A = \sqrt{\frac{\sum X_i^2 - \left(\sum X_i\right)^2/n_A}{n_A - 1}} \tag{1.3.3}$$

计算步骤如下:

Step 1 选择检验的显著性水平 α;

Step 2 查找自由度为 $(n_A - 1, n_B - 1)$ 的 $F_{\alpha/2}$ 和自由度为 $(n_B - 1, n_A - 1)$ 的 $F_{\alpha/2}$;

Step 3 分别由 A 和 B 的观测值计算 S_A^2 和 S_B^2, $F = S_A^2/S_B^2$;

Step 4 如果 $F > F_{\alpha/2}(n_A - 1, n_B - 1)$, 或 $F < \dfrac{1}{F_{\alpha/2}(n_B - 1, n_A - 1)}$, 则判定两个产品的方差是不同的; 否则认为相同.

所以 $P\{F_{1-\alpha/2} < F < F_{\alpha/2}|H_1\} = \beta$ 为采伪概率. 定义检出比 λ, 即

$$\beta = P\left\{F_{1-\alpha/2} < F < F_{\alpha/2} \,\middle|\, \frac{D_1}{D_0} = \lambda\right\} = P\left\{F_{1-\alpha/2}/\lambda < F^* < F_{\alpha/2}/\lambda\right\} \tag{1.3.4}$$

所以, $F_{1-\beta} = \dfrac{F_\alpha}{\lambda}$.

3) 先验概率 $P(H_0)$ 的计算

如果可以通过物理机理分析获得分布方差的先验信息, 则将检验问题转化为

$$H_0:\ \sigma_1 = \sigma_0 \ \leftrightarrow\ H_1:\ \sigma_1 = \lambda\sigma_0, \quad \lambda > 1$$

下面以落点纵向偏差为例介绍如何综合阶段先验信息获得 P_{H_0}.

首先由第一阶段仿真结果 $x_1^{(0)}, x_2^{(0)}, \cdots, x_n^{(0)}$, 应用 Bootstrap 方法、随机加权法和共轭分布法可以获得先验概率, 记它为 $P_{H_0}^{(0)}$. 当第二阶段获得折合的落点信息 $x_1^{(1)}, x_2^{(1)}, \cdots, x_n^{(1)}$ 后, 则由 $P_{H_0}^{(0)}$ 及子样 $x_1^{(1)}, x_2^{(1)}, \cdots, x_n^{(1)}$ 可以计算第二阶段试验后的后验概率 P_{H_0}, 以此概率作为武器系统全程飞行试验之前的先验概率.

4) 仿真算例

例 1.3.1　从正态分布 $N(0,1)$ 生成两组数:

$X = [-0.433,\ -1.666,\ 0.125,\ 0.288,\ -1.147]$; $X_0 = [1.191,\ 1.189,\ -0.038,\ 0.327,\ 0.175,\ -0.187,\ 0.726,\ -0.589,\ 2.183,\ -0.136]$;

Step 1　计算得先验概率 $P(H_0)$ 为 96.7%;

Step 2　相容性检验, x 方向服从同一分布, $\alpha = 0.025$;

Step 3　在置信水平 $\alpha = 0.025$ 下, 计算 β: $F_\alpha(9, 4) = 8.9047$, 这里取检出比 $\lambda^2 = 2.25$, 由 $8.9047/2.25 = 3.9576$, 该点所对应累积概率为 0.90, 所以 $\beta = 0.90$;

Step 4　可信度为 $P(H_0|A) = \dfrac{1}{1 + \dfrac{(1 - P(H_0))}{P(H_0)} \cdot \dfrac{\beta}{1-\alpha}} = 0.96$.

由于在计算先验信息可信度 $P(H_0|A)$ 时, 先验概率 $P(H_0)$ 的计算和正态分布下 β 的计算较为烦琐, 且 $P(H_0)$ 的确定也有一定的主观因素, 因此, 在做两子样的相容性检验后, 也可以直接用相容性检验得到的置信水平 α 来计算 $P(H_0|A)$, 即 $P(H_0|A) = 1 - \alpha$, 此为 (1.3.1) 式的特殊情形. 亦即取 $P(H_0) = 0.5$, 且 $\alpha = \beta$, 即认为弃真和采伪的风险相同.

1.3.2.2　基于信息散度的可信度度量

除相容性检验外, 文献 [34] 定义可信度为: $p = \displaystyle\int_\Theta \min(\pi(\theta), f(\boldsymbol{X}|\theta))\,\mathrm{d}\theta$, 即 $\pi(\theta)$ 与 $f(\boldsymbol{X}|\theta)$ 在 Θ 上半平面的重叠面积. 从本质上讲, 它与相容性检验的可信度度量都是基于数据的分布差异, 即试图从两种样本之间的分布差异来度量可信度. 相比之下, 信息散度更适合描述两个分布之间的结构差异 [38-39], 于是很自然的想法是使用信息散度来度量可信度 [29].

1) 分布差异的度量

设 f 是一维密度函数, g 是一维标准正态分布密度函数, f 对 g 的相对熵为

$$d(f \| g) = \int_{-\infty}^{+\infty} g(x) \cdot \log \frac{f(x)}{g(x)} \mathrm{d}x \qquad (1.3.5)$$

信息散度指标定义为

$$Q(f, g) = |d(f \| g)| + |d(g \| f)| \qquad (1.3.6)$$

当 $f = g$ 时, $d(f \| g) = 0$; 若 f 偏离 g 越远, 那么 $d(f \| g)$ 的值就越大, 因此 $d(f \| g)$ 刻画了 f 对 g 的偏离程度. 根据样本估计密度函数 f 和 g 较为复杂. 首先, 需要分析 f 和 g 的分布密度函数的准确表达形式; 其次, 在估计分布参数时需要利用优化算法. 因此, 在一定的逼近精度条件下, 直接用离散化的概率分布 p 和 q 分别代替连续的密度函数 f 和 g 更为简便有效.

若用离散概率分布 p 和 q 计算分布差异的信息散度值, 则指标变为

$$Q(p, q) = D(p \| q) + D(q \| p) \qquad (1.3.7)$$

式中, $D(p \| q) = \sum q \cdot \log \left(\dfrac{p}{q} \right)$. 信息散度指标的值越大, 意味着两个分布之间的差别越大.

2) 信息散度的计算

设原型试验样本服从的分布密度函数为 f_1, 补充样本的为 f_2. 考虑到补充样本分布应该是实际样本分布的近似, 可认为 f_2 为 f_1 的污染分布 $f_2 = f_1 + \eta$.

如果信息散度指标 $Q(f_1, f_2)$ 大于一定的门限值, 此时由于补充样本服从的分布与实际样本服从的分布相差太大, 不应加入补充样本; 如果信息散度指标 $Q(f_1, f_2)$ 为 0, 说明补充样本服从的分布与实际样本服从的分布完全相同, 这是理想情形.

计算信息散度 $Q(f_1, f_2)$ 的步骤如下:

Step 1　根据实际样本、补充样本分别估计对应的离散概率分布 p 和 q(其连续密度函数为 f_1 和 f_2), 直接对样本进行频数统计即可. 一般而言, 先验补充样本的数量较大, 而实际样本数量较小. 在计算实际样本的离散概率分布时, 如果样本量非常小, 可在计算时采用 Bootstrap 或随机加权法进行重采样来获得离散分布的估计.

Step 2　根据离散概率分布 p 和 q 的估计, 计算 $D(p \| q) = \sum q \cdot \log \left(\dfrac{p}{q} \right)$ 和 $D(q \| p) = \sum p \cdot \log \left(\dfrac{q}{p} \right)$.

Step 3　得到 $Q(p, q) = D(p \| q) + D(q \| p)$ 作为 $Q(f_1, f_2)$ 的估计值.

通常考虑的情形为 $0 < Q(f_1, f_2) < \eta$, 其中 η 为门限. 此时补充样本的加入会对参数估计有一定的贡献, 但也存在着一定的污染.

3) 基于信息散度的可信度度量

基于信息散度的可信度定义为

$$w = \frac{1}{1 + Q(f_1, f_2)} \qquad (1.3.8)$$

实际计算过程中, 由于给出的通常是离散样本点, 采用相应的离散概率分布形式 $w = \dfrac{1}{1 + Q(p, q)}$, 则有 $0 < w \leqslant 1$. 若补充样本服从的分布与实际样本服从的分布完全相同, 则 $Q(p, q) = 0$, 可知此时补充样本的可信度权重 $w = 1$, 将其视为与实际样本地位等同. 一般而言, $Q(p, q) > 0$, 补充样本的可信度权重 $w = \dfrac{1}{1 + Q(p, q)}$ 会随着 $Q(p, q)$ 的增大而逐渐减小, 这说明补充样本服从的分布与实际样本服从的分布差异越大, 则融合过程中补充样本的可信度权重越小. 这是符合直观认识的.

例 1.3.2   假定导弹落点精度试验中, 3 个实际纵向、横向落点偏差样本如下: $x = \{17.5, 651, 385\}$, $z = \{-166.6, -497, -238\}$; 另有 10 个补充样本为: $x_0 = \{700, 567, 917, 231, 455, 322, 336, -742, -616, -749\}$, $z_0 = \{168, -336, -371, -154, -420, -119, -728, 497, 525, 504\}$, 这里补充样本服从的分布与真实试验的分布有一定差异. 各组数据对应的均值和方差分别为

$$\bar{x} = 351.1667, \quad \sigma_x = 318.1023; \quad \bar{z} = -300.5333, \quad \sigma_z = 173.8501$$

$$\bar{x}_0 = 142.1000, \quad \sigma_{x_0} = 616.3009; \quad \bar{z}_0 = -43.4000, \quad \sigma_{z_0} = 444.8266$$

根据上述计算 $Q(f_1, f_2)$ 的方法, 可得 x 方向的信息散度为 $Q_x = 2.6476$, 可信度为 $w_x = 0.2742$; z 方向的补充样本分布与实际样本分布的信息散度为 $Q_z = 3.6494$, 得补充样本可信度为 $w_z = 0.2151$.

1.3.2.3   基于数据层面可信度度量的不足

以上方法纯粹是从数据层面来度量可信度, 无论是从相容性检验, 还是从分布差异来定义可信度, 其本质都是一样的. 在大子样情况下, 这些方法对描述分布的差异比较有效; 而在小子样情况下, 由于抽样的随机性, 抽样分布与总体分布很可能存在较大的差异. 因此, 即使是源于同一个分布, 不同抽样数据描述的分布差异也可能很大, 于是对可信度的度量将会不准确. 下面通过例子说明这点.

例 1.3.3   从正态分布 $N(0, 1)$ 抽取两组数, 并对它们进行数据相容性检验.

$$\boldsymbol{X} = [0.4282, 0.8956, 0.7310, 0.5779]$$

$\boldsymbol{X}_0 = [0.0403,\ 0.6771,\ 0.5689,\ -0.2556,\ -0.3775,\ -0.2959,\ -1.4751,\ -0.2340]$

检验得这两组数据的相容性很差, 按传统方法得出的可信度会很低, 不应使用这组先验样本.

例 1.3.4   从分布 $N(0,1)$ 和分布 $N(1,2^2)$ 分别抽取一组数, 并对它们进行数据相容性检验.

$$\boldsymbol{X} = [-0.3210, 1.2366, -0.6313, -2.3252]$$
$$\boldsymbol{X}_0 = [-1.4633, 3.1113, 0.7736, 1.7584, 2.8884, -3.2409, -0.2894, -0.4086]$$

检验得这两组数据相容性较好, 基于数据相容性检验的可信度为 0.46.

上述两个例子说明: 在小样本情况下, 即使是同一分布的数据, 相容性也可能会很差; 另一方面, 即使不是同一分布的数据, 相容性也可能较好.

此外, 小样本下对于信息散度的计算, 常借助随机抽样法 (Bootstrap 等) 来获得的两种样本的分布. 这些方法的本质是采用再生样本的分布来拟合总体的分布. 而再生样本的分布密度函数对样本的依赖性很大 [40], 即便在同一总体中的不同抽样得出的 Bootstrap 重采样分布也会有极大的不同 [41].

因此, 纯粹从数据层面度量可信度在小子样下不太合理. 在没有数据来源信息的情况下, 这些方法在一定程度上可以度量数据的可信度. 但是在有数据物理来源信息的情况下, 仍只从数据层面去度量可信度, 则使结论过于片面. 一般而言, 或多或少的会知道些数据的物理来源信息.

1.3.3 基于数据物理来源的可信度度量

一般而言, 仿真试验和历史试验是先验样本最主要的来源. 由于仿真是在相似原理上进行建模和试验的理论, 它是基于模型而非真实对象本身进行试验的, 根据实际系统与模型在各个层面上的相似性, 可以进行仿真样本可信性研究. 因此, 仿真系统的校核、验证与确认 (VV&A) 与可信度研究关系密切 [12,37], 现有的仿真可信性研究大都是定性的, 相关的定量研究工作还需根据实际系统展开. 实际中, 历史试验样本与等效试验样本是大家较为信赖的信息来源.

1.3.3.1 现有的度量方法

文献 [32] 将 "先验费用" c 与 "先验信息的可信度" 联系起来, 并认为它们之间的关系是: 无先验费用, 则先验信息的可信为 0; 先验费用很大, 则先验信息的可信度接近 1. 可用对数函数来近似表示为

$$p = 1 - e^{-c} \tag{1.3.9}$$

其中 p 即为先验信息的可信度. 除了经济成本之外, 先验费用还包含时间成本等很多方面. 因此, 很难对先验费用以及先验信息可信度进行量化. 然而, 这种观点为可信度度量提供了一种新的思路.

1.3.3.2　等效折合及其误差分析

由于试验环境等各种试验条件的差异, 利用等效试验样本进行 Bayes 评估, 一般需要进行等效和折合研究. 先从物理机理上对影响先验样本与实际样本的因素信息进行分析, 并建立起相应的关系, 据此对不同类型试验之间的等效折合关系进行研究, 如制导精度 [35] 和雷达探测距离 [36] 的折合等. 以导弹精度分析中不同试验环境下的样本为例, 系统误差和随机误差可能均不同. 而根据 Bayes 估计的优良性, 均值必须相同 [8]. 所以, 必须首先进行不同类型试验落点偏差的均值折合; 其次可以根据物理背景分析出方差的差异, 然后相应进行折合.

以雷达最大探测距离为例 [36], 由雷达的信号检测原理可知, 在发现概率与虚警概率均相同时, 不同的雷达实现可靠检测所必需的信噪比是一样的, 由此可以得出

$$(S/N)_{\min} = \frac{P_{rs}}{P_n} = \frac{P_t G_t G_r \sigma \lambda^2 D_j}{(4\pi)^3 R_{\max}^4 \cdot P_n L_r L_t L_{Atm}} \tag{1.3.10}$$

其中 P_t 为雷达发射机的峰值功率, G_t 为雷达天线在目标方向的增益; G_r 为接收天线增益, σ 为目标的有效散射截面积 (RCS); λ 为雷达工作波长; D_j 为雷达抗噪声干扰综合改善因子; R 为目标与雷达之间的距离; L_r 为雷达接收综合损耗; L_t 为雷达发射综合损耗; L_{Atm} 为电磁波在大气中的传播损耗 (双程); $P_n = kT B_s F_n$ 为系统热噪声; B_s 为雷达接收机中频带宽; F_n 为雷达接收机噪声系数.

于是, 对于两种状态的雷达, 有

$$(S/N)_{\min} = \frac{P_t^1 G_t^1 G_r^1 \sigma \left(\lambda^1\right)^2 D_j^1}{(4\pi)^3 \left(R_{\max}^1\right)^4 \cdot P_n^1 L_r^1 L_t^1 L_{Atm}^1} = \frac{P_t G_t G_r \sigma \lambda^2 D_j}{(4\pi)^3 R_{\max}^4 \cdot P_n L_r L_t L_{Atm}} \tag{1.3.11}$$

其中带上标 1 的为待试新雷达的各工作参数, 不带下标的为某一已试雷达的各工作参数, 将 (1.3.11) 式进行整理可得 (记 L 为 L_r, L_t 及 L_{Atm} 的总和)

$$R_{\max}^1 = \left(\frac{P_t^1 G_t^1 G_r^1 \sigma^1 \left(\lambda^1\right)^2}{P_t G_t G_r \sigma \lambda^2} \cdot \frac{B_s F_n D_j^1 L}{B_s^1 F_n^1 D_j L^1}\right)^{1/4} \cdot R_{\max} \tag{1.3.12}$$

此为从已试雷达探测距离向待试新雷达探测距离进行折算的公式.

替代等效试验所依据的是两种试验之间的相似性. 在两种试验状态下 (记为 A, B) 所有的影响因素与指标之间的关系分别为

$$\begin{aligned}
y^A &= f(z_1^A, \cdots, z_k^A, \beta_1^A, \cdots, \beta_m^A) + \varepsilon_1 \\
y^B &= f(z_1^B, \cdots, z_k^B, \beta_1^B, \cdots, \beta_m^B) + \varepsilon_2
\end{aligned} \tag{1.3.13}$$

由于系统十分复杂, 为简化分析, 只能定量描述出部分因素的影响, 记这些参数为 $z_1, \cdots, z_k$, 其他的次要的因素称为环境因素或次要因素, 记为 $\beta_1, \cdots, \beta_m$. 于是实际中常将系统模型描述为

$$
\begin{aligned}
y^{\mathrm{A}} &= g_1(z_1^{\mathrm{A}}, \cdots, z_k^{\mathrm{A}}) + \delta(z_1^{\mathrm{A}}, \cdots, z_k^{\mathrm{A}}; \beta_1^{\mathrm{A}}, \cdots, \beta_m^{\mathrm{A}}) + \varepsilon_1 \\
y^{\mathrm{B}} &= g_2(z_1^{\mathrm{B}}, \cdots, z_k^{\mathrm{B}}) + \delta(z_1^{\mathrm{B}}, \cdots, z_k^{\mathrm{B}}; \beta_1^{\mathrm{B}}, \cdots, \beta_m^{\mathrm{B}}) + \varepsilon_2
\end{aligned}
\tag{1.3.14}
$$

在实际中, 认为等式右后半部分为随机影响项, 于是将上式简记为

$$
\begin{aligned}
y^{\mathrm{A}} &= g_1(z_1^{\mathrm{A}}, \cdots, z_k^{\mathrm{A}}) + \delta_1 + \varepsilon_1 \\
y^{\mathrm{B}} &= g_2(z_1^{\mathrm{B}}, \cdots, z_k^{\mathrm{B}}) + \delta_2 + \varepsilon_2
\end{aligned}
\tag{1.3.15}
$$

等效折合或者说等效推算是基于两种试验状态下的相似性, 可简化表示为

$$
\frac{\varPhi\left[g_1(z_1^{\mathrm{A}}, \cdots, z_k^{\mathrm{A}})\right]}{\varPhi\left[g_2(z_1^{\mathrm{B}}, \cdots, z_k^{\mathrm{B}})\right]} = C
\tag{1.3.16}
$$

其中 $\varPhi$ 为一组映射, C 为常向量.

在上例中 $\varPhi$ 为求解信噪比 $(S/N)_{\min}$ 的过程. 对于缩比试验, $\varPhi$ 为无量纲解算变换, 两种试验在无量纲量之间相等. 对于惯导精度, 一般认为制导工具误差系数是不变的.

根据 (1.3.16) 就可以建立两个系统之间的联系. 根据该映射关系以及 y^{A} 和两种试验状态下的相关参数, 求解 y^{B} 即完成了折合过程. 但是, 在实际中, 折合试验的结果并不完全可信, 这是因为整个折合存在显著的误差. 它来源于两个方面: ①折合过程中无法计算及量化的误差; ②折合模型推算的误差.

首先考虑折合过程的误差, 它一般是由对折合模型的简化或忽视了一些很难量化的参数导致的. 在实际中所进行的是下式两个量之间的折合:

$$
\begin{aligned}
\tilde{y}^{\mathrm{A}} &= y^{\mathrm{A}} - (\delta_1 + \varepsilon_1) \\
\tilde{y}^{\mathrm{B}} &= y^{\mathrm{B}} - (\delta_2 + \varepsilon_2)
\end{aligned}
\tag{1.3.17}
$$

把 (1.3.16) 的折合过程表述成映射:

$$
\tilde{y}^{\mathrm{B}} = F(z_1^{\mathrm{A}}, \cdots, z_s^{\mathrm{A}}; z_1^{\mathrm{B}}, \cdots, z_s^{\mathrm{B}}; \tilde{y}^{\mathrm{A}}), \quad s \leqslant k
\tag{1.3.18}
$$

则

$$
\begin{aligned}
y^{\mathrm{B}} &= F\left[z_1^{\mathrm{A}}, \cdots, z_s^{\mathrm{A}}; z_1^{\mathrm{B}}, \cdots, z_s^{\mathrm{B}}; y^{\mathrm{A}} - (\delta_1 + \varepsilon_1)\right] + (\delta_2 + \varepsilon_2) \\
&= F\left[z_1^{\mathrm{A}}, \cdots, z_s^{\mathrm{A}}; z_1^{\mathrm{B}}, \cdots, z_s^{\mathrm{B}}; y^{\mathrm{A}}\right] - \frac{\partial F}{\partial \tilde{y}^{\mathrm{A}}} \cdot \theta(\delta_1 + \varepsilon_1) + (\delta_2 + \varepsilon_2) \\
&= F\left[z_1^{\mathrm{A}}, \cdots, z_s^{\mathrm{A}}; z_1^{\mathrm{B}}, \cdots, z_s^{\mathrm{B}}; y^{\mathrm{A}}\right] + \varepsilon_{\mathrm{process}}
\end{aligned}
\tag{1.3.19}
$$

可认为 $\varepsilon_{\text{process}} \sim N(0, \sigma_{\text{process}}^2)$，它表示整个折合过程中无法计算及量化的误差. 一般而言，折合方法不同，这部分误差也不同. 随着认识的深入，可以建立更为精确的折合模型.

另一方面，由于各种因素也会存在误差，根据误差传播公式，若系统模型为

$$y = F(x_1, x_2, \cdots, x_n) \tag{1.3.20}$$

则

$$\sigma_y^2 = \left(\frac{\partial F}{\partial x_1}\right)^2 \cdot \sigma_{x_1}^2 + \left(\frac{\partial F}{\partial x_2}\right)^2 \cdot \sigma_{x_2}^2 + \cdots + \left(\frac{\partial F}{\partial x_n}\right)^2 \cdot \sigma_{x_n}^2 \tag{1.3.21}$$

这一部分误差记为 $\varepsilon_{\text{model}} \sim N(0, \sigma_{\text{model}}^2)$，它是可以量化的误差. 例如，对于雷达探测距离，模型误差 $\sigma_{R_{\max}^1}$ 由下式给出

$$\left(\frac{\sigma_{R_{\max}^1}}{R_{\max}^1}\right)^2 = \frac{1}{16}\left\{\left(\frac{\sigma_{P_{\text{t}}^1}}{P_{\text{t}}^1}\right)^2 + \left(\frac{\sigma_{G_{\text{t}}^1}}{G_{\text{t}}^1}\right)^2 + \left(\frac{\sigma_{G_{\text{r}}^1}}{G_{\text{r}}^1}\right)^2 + \left(\frac{\sigma_{\sigma^1}}{\sigma^1}\right)^2 + 4\left(\frac{\sigma_{\lambda^1}}{\lambda^1}\right)^2 + \left(\frac{\sigma_{B_{\text{s}}^1}}{B_{\text{s}}^1}\right)^2 \right.$$
$$\left. + \cdots + \left(\frac{\sigma_{L^1}}{L^1}\right)^2\right\} \tag{1.3.22}$$

总误差为 $\varepsilon_{\text{process}}$ 与 $\varepsilon_{\text{model}}$ 的和，记为 $\varepsilon_{\text{total}} \sim N(0, \sigma_{\text{total}}^2)$.

1.3.3.3   基于折合精度的可信度度量

如果不存在折合误差，则认为可信度为 1，可先对数据进行异常值剔除，再进行 Bayes 融合评估. 但是，由于误差影响因素复杂，这种误差折合是受认识限制的，肯定会存在折合误差. 如何将折合误差范围转化为物理可信度是很重要的问题. 于是定义基于数据物理来源的可信度 (物理可信度) 为

$$p = \frac{1}{1 + \tau(\sigma_{\text{process}}/\sigma_{\text{total}})^\gamma} \tag{1.3.23}$$

其中 σ_{process} 为折合过程中无法计算及量化的误差，可以根据工程背景估计一个大概范围，σ_{total} 为折合后的总误差.

例如，导弹落点偏差问题中，制导工具误差占 80%~90%，这部分误差可通过模型量化折合 [35]，其他很难折合的误差即无法量化的误差.

参数 τ 和 γ 为衡量变化速率的参数，其值可以考虑根据不同类型试验的折合值进行拟合. 如果 σ_{process} 为 0，则物理可信度 p 为 1；如果 $\sigma_{\text{process}} = \sigma_{\text{total}}$，则 $p = 1/(1+\tau)$. 在实际应用中取一个工程部门公认的值，再根据另一组折合误差对应的工程部门都认可的可信度值就可以给出 (1.3.23) 式的表达式.

例如 $\sigma_{\text{process}}/\sigma_{\text{total}} = 0.5$ 时，p 取值 p_1，即 $1/(1+\tau/2^\gamma) = p_1$. 结合 $1/(1+\tau) = p_0$，可求得变化速率参数 τ 和 γ 的值.

可信度度量的准确性对接下来的估计结果的影响很大, 精确的误差分析模型是可信度度量的基础, 因此可信度度量的重心也应放在对误差机理和折合模型的深入研究上. 工程研制方和使用方可以通过协商得到一个公认的可信度度量模型.

1.3.3.4 复合可信度

在实际应用中, 物理可信度度量可能很难精确获得, 这时可以利用数据层的可信度修正物理可信度, 从而得出综合的可信度. 有两种思路:

(1) 将物理可信度看作两类试验数据相容的先验概率, 即 $P(H_0) = p_{\text{physics}}$, 于是有

$$p_{\text{composite}} = P(H_0|A) = \cfrac{1}{1 + \cfrac{1 - p_{\text{physics}}}{p_{\text{physics}}} \cdot \cfrac{\beta}{1 - \alpha}} \tag{1.3.24}$$

(2) 对物理等效可信度和数据层的可信度进行加权 [42]:

$$p_{\text{composite}} = \omega \cdot p_{\text{physics}} + (1 - \omega) \cdot p_{\text{data}} \tag{1.3.25}$$

其中 ω 为物理等效可信度在复合等效可信度中所占的比例, 它可根据对数据物理来源信息的可靠程度的来取值, 一般可取 0.5.

从 (1.3.24) 和 (1.3.25) 可以看出, 即使是同样的数据, 如果来源于不同类型的试验, $p_{\text{composite}}$ 也将不同. 在实际中, 常认为物理等效试验样本比仿真试验的样本价值更高, 这时可定义不同的 p_{physics} 来区分.

综上所述, 小子样试验情况下, 直接从数据层面度量先验信息的可信度是一种思路, 而基于模型的相似性和数据物理来源度量可信度更有实际意义. 本节提供的物理可信度度量方法是一种理论探讨, 结合具体问题进行可信度度量仍有待进一步研究.

1.4 Bayes 统计推断

由 Bayes 公式可知, 后验分布包含了未知参数的先验信息、样本信息和总体信息. 在 Bayes 统计推断方法下, 关于参数的点估计、区间估计和假设检验等将按照一定方式从后验分布提取信息. 本节将介绍 Bayes 统计推断原理, 并以导弹落点精度评估为应用背景, 重点介绍正态分布、逆 Γ 分布下的 Bayes 统计推断方法和案例.

1.4.1 Bayes 估计原理与方法

估计问题分为点估计和区间估计, 两者的处理方法在经典学派中并不相同, 但在 Bayes 学派中却是统一的 [2]. 经典学派通过寻找样本 x 的统计量 $T(x)$ 来进行

估计, 并且常使用无偏性作为估计的原则. 在区间估计中, 更是遇到了难以解释的问题. 而 Bayes 估计更为直接. 由于它只考虑已经出现的样本, 而不考虑没出现的情况, 因此不使用无偏性原则. 当获得参数 θ 的后验分布 $\pi(\theta|\boldsymbol{x})$ 后, 选用 $\pi(\theta|\boldsymbol{x})$ 的中位数或期望值作为 θ 的点估计, 并直接给出 θ 落在某区间内的后验概率作为 θ 的区间估计.

1.4.1.1   点估计

定义 1.4.1[5]   使后验密度 $\pi(\theta|\boldsymbol{x})$ 达到最大值的 θ_{MD} 称为 θ 的最大后验估计; 后验分布的中位数 $\hat{\theta}_{\mathrm{Me}}$ 称为 θ 的后验中位数估计; 后验分布的期望值 $\hat{\theta}_E$ 称为 θ 的后验期望. 这三个估计也都称为 θ 的 Bayes 估计, 记为 $\hat{\theta}_B$, 在不引起混淆时也记为 $\hat{\theta}$.

定义 1.4.2[5]   设参数 θ 的后验密度为 $\pi(\theta|\boldsymbol{x})$, Bayes 估计为 $\hat{\theta}$, 则 $(\theta - \hat{\theta})^2$ 的后验期望

$$\mathrm{MSE}(\hat{\theta}|\boldsymbol{x}) = \mathrm{E}^{\theta|\boldsymbol{x}}(\theta - \hat{\theta})^2 \tag{1.4.1}$$

称为 $\hat{\theta}$ 的**后验均方差**, 其平方根称为 $\hat{\theta}$ 的**后验标准误差**, 其中符号 $\mathrm{E}^{\theta|\boldsymbol{x}}$ 表示用条件分布 $\pi(\theta|\boldsymbol{x})$ 求期望. 当 $\hat{\theta}$ 为 θ 的后验期望估计 $\hat{\theta}_E = \mathrm{E}(\theta|\boldsymbol{x})$ 时, 则

$$\mathrm{MSE}(\hat{\theta}|\boldsymbol{x}) = \mathrm{E}^{\theta|\boldsymbol{x}}(\theta - \hat{\theta}_{\mathrm{E}})^2 = \mathrm{Var}(\theta|\boldsymbol{x}) \tag{1.4.2}$$

称为**后验方差**, 其平方根称为**后验标准差**.

后验均方差和后验方差有如下关系:

$$\mathrm{MSE}(\hat{\theta}|\boldsymbol{x}) = \mathrm{E}^{\theta|\boldsymbol{x}}(\theta - \hat{\theta})^2 = \mathrm{E}^{\theta|\boldsymbol{x}}(\theta - \hat{\theta}_E + \hat{\theta}_E - \hat{\theta})^2 = \mathrm{Var}(\theta|\boldsymbol{x}) + (\hat{\theta}_E - \hat{\theta})^2 \tag{1.4.3}$$

当 $\hat{\theta}$ 为后验均值 $\hat{\theta}_E$ 时, 后验均方差达到最小, 因此常取后验均值作为 Bayes 估计值.

由 (1.4.2) 看出, 后验方差只依赖样本 $\boldsymbol{x}$, 不依赖于 θ. 从而不必像在经典统计方法中那样先用统计量 $T(\boldsymbol{x})$ 估计 θ, 获得其近似值 $\hat{\theta}$ 后才能计算方差. 更为重要的是, Bayes 估计不涉及寻求抽样分布的问题, 并且计算方便.

1.4.1.2   区间估计

经典统计中认为参数 θ 为常量, 因此对置信区间的解释只能采用频率的观点, 这限制了其应用意义. 此外, 寻求置信区间通常要构造一个随机变量 $\xi(T(\boldsymbol{x}), \theta)$, 使 ξ 的分布不含有 θ. 这不是一件十分容易的事情. 相比之下, Bayes 方法将 θ 看作变量, 因而对区间估计的解释更为直接, 并且只需通过后验分布来进行相关计算.

定义 1.4.3[5]   设参数 θ 的后验密度函数为 $\pi(\theta|\boldsymbol{x})$, 对给定的样本 $\boldsymbol{x}$ 和概率 $1 - \alpha(0 < \alpha < 1)$, 若存在这样的两个统计量 θ: $\hat{\theta}_L = \hat{\theta}_L(\boldsymbol{x})$ 与 $\hat{\theta}_U = \hat{\theta}_U(\boldsymbol{x})$, 使得

$$P(\hat{\theta}_L \leqslant \theta \leqslant \hat{\theta}_U|\boldsymbol{x}) \geqslant 1 - \alpha \tag{1.4.4}$$

则称区间 $\left[\hat{\theta}_L, \hat{\theta}_U\right]$ 为参数 θ 的可信水平为 $1-\alpha$ 的 Bayes **可信区间**. 而满足

$$P(\theta \geqslant \hat{\theta}_L|\boldsymbol{x}) \geqslant 1-\alpha \qquad (1.4.5)$$

的 $\hat{\theta}_L$ 称为 θ 的 $1-\alpha$(单侧)**可信下限**. 满足

$$P(\theta \leqslant \hat{\theta}_U|\boldsymbol{x}) \geqslant 1-\alpha \qquad (1.4.6)$$

的 $\hat{\theta}_U$ 称为 θ 的 $1-\alpha$(单侧)**可信上限**.

对给定的可信水平 $1-\alpha$, 从 $\pi(\theta|\boldsymbol{x})$ 获得的可信区间通常不只一个, 常用的方法是用 $\alpha/2$ 和 $1-\alpha/2$ 的分位数来获得 θ 的可信区间. 而最理想的可信区间应使得区间长度最短, 这样的区间称为最大后验密度 (highest posterior density, HPD) 可信区间. 它的一般定义如下 [5].

定义 1.4.4 设参数 θ 的后验密度函数为 $\pi(\theta|\boldsymbol{x})$, 对给定的概率 $1-\alpha$ $(0 < \alpha < 1)$, 若在直线上存在这样个子集 C 满足下列条件:

(i) $P(C|\boldsymbol{x}) = 1-\alpha$;

(ii) 对任给 $\theta_1 \in C$ 和 $\theta_2 \notin C$, 总有 $\pi(\theta_1|\boldsymbol{x}) \geqslant \pi(\theta_2|\boldsymbol{x})$,

则称 C 为 θ 的可信水平为 $1-\alpha$ 的**最大后验密度可信集**, 简称 $(1-\alpha)$**HPD 可信集**. 如果 C 是一个区间, 则 C 又称为 $(1-\alpha)$ **HPD 可信区间**.

下面以单峰后验密度函数为例, 给出求解 $(1-\alpha)$HPD 可信区间的数值算法:

Step 1 对给定的 k, 建立子程序, 解方程

$$\pi(\theta|\boldsymbol{x}) = k \qquad (1.4.7)$$

得 $\theta_1(k)$ 和 $\theta_2(k)$, 从而组成一个区间

$$C(k) = [\theta_1(k), \theta_2(k)] = \{\theta : \pi(\theta|\boldsymbol{x}) \geqslant k\} \qquad (1.4.8)$$

Step 2 计算概率

$$P(\theta \in C(k)|\boldsymbol{x}) = \int_{C(k)} \pi(\theta|\boldsymbol{x}) \mathrm{d}\theta \qquad (1.4.9)$$

Step 3 若 $P(\theta \in C(k)|\boldsymbol{x}) \approx 1-\alpha$, 则 $C(k)$ 即为所求. 若 $P(\theta \in C(k)|\boldsymbol{x}) > 1-\alpha$, 则增大 k, 转入 Step 1 与 Step 2. 若 $P(\theta \in C(k)|\boldsymbol{x}) < 1-\alpha$, 则减小 k, 转入 Step 1 与 Step 2.

从定义 1.4.4 和上述数值算法可知, 当 $\pi(\theta|\boldsymbol{x})$ 为单峰时, 一般总可找到 HPD 可信区间. 尤其当 $\pi(\theta|\boldsymbol{x})$ 为单峰对称时, 经常可以得到 HPD 可信区间的解析表达. 而当 $\pi(\theta|\boldsymbol{x})$ 为多峰时, 可能得到几个互不连接的区间组成的 HPD 可信集.

1.4.2 正态总体参数的 Bayes 估计

设 $\boldsymbol{x} = (x_1, x_2, \cdots, x_n)$ 是服从正态总体 $N(\mu, \sigma^2)$ 的独立同分布样本.

1.4.2.1 σ^2 已知, μ 未知时的估计

结论 1.4.1   正态分布总体均值参数的共轭分布是正态分布.

假设 μ 的先验分布为 $N(\mu_\pi, \sigma_\pi^2)$, 记 $\bar{X} = \dfrac{1}{n}\sum\limits_{i=1}^{n} x_i$, $S^2 = \dfrac{1}{n}\sum\limits_{i=1}^{n}\left(x_i - \bar{X}\right)^2$. 由结

论 1.4.1 可导出 μ 的后验密度 $\pi(\mu|\boldsymbol{x}) \propto \sigma_n^{-1}\exp\left[-\dfrac{1}{2\sigma_n^2}\left(\mu - \mu_n\right)^2\right]$, 仍是正态分布,
这里

$$\mu_n = \frac{n\sigma_0^2}{n\sigma_0^2 + \sigma^2}\bar{X} + \frac{\sigma^2}{n\sigma_0^2 + \sigma^2}\mu_0, \quad \sigma_n^2 = \frac{\sigma^2\sigma_0^2}{n\sigma_0^2 + \sigma^2} \tag{1.4.10}$$

μ 的 Bayes 点估计和估计误差分别为

$$\hat{\mu}_{\mathrm{E}} = \mathrm{E}(\mu|x) = \mu_n \tag{1.4.11}$$

$$\mathrm{MSE}(\hat{\mu}_{\mathrm{E}}|x) = \mathrm{Var}(\mu|x) = \sigma_n^2 \tag{1.4.12}$$

显然 $N\left(\mu_n, \sigma_n^2\right)$ 是单峰对称的, 根据 $(1-\alpha)$HPD 可信区间的定义得

$$P\{\mu_L \leqslant \mu \leqslant \mu_R\} = P\left\{\frac{\mu_L - \mu_n}{\sigma_n} \leqslant \frac{\mu - \mu_n}{\sigma_n} \leqslant \frac{\mu_R - \mu_n}{\sigma_n}\right\} = 1 - \alpha \tag{1.4.13}$$

其中, $\dfrac{\mu - \mu_1}{\sigma_1}$ 服从 t 分布, 可查表得其分位点 $t_{1-\alpha/2}$. 进而

$$\mu_L = \mu_n - t_{1-\alpha/2} \cdot \sigma_n, \quad \mu_R = \mu_n + t_{1-\alpha/2} \cdot \sigma_n \tag{1.4.14}$$

即 μ 的 $(1-\alpha)$HPD 可信区间为 $\left[\mu_n - t_{1-\alpha/2} \cdot \sigma_n \quad \mu_n + t_{1-\alpha/2} \cdot \sigma_n\right]$.

1.4.2.2 σ^2 未知, μ 已知时的估计

结论 1.4.2   正态分布总体方差的共轭分布是逆 Γ 分布.

假设 σ^2 的先验分布为逆 Γ 分布 $\mathrm{IG_a}(\alpha_0, \beta_0)$, 则由结论 1.4.2 知 σ^2 的后验分
布 $(\sigma^2|\boldsymbol{x})$ 亦服从 $\mathrm{IG_a}(\alpha_n, \beta_n)$, 其中

$$\begin{cases} \alpha_n = \alpha_0 + \dfrac{n}{2} \\[2mm] \beta_n = \beta_0 + \dfrac{1}{2}\sum\limits_{i=1}^{n}\left(x_i - \mu\right)^2 \end{cases} \tag{1.4.15}$$

σ^2 的 Bayes 点估计和估计误差分别为

$$\hat{\sigma}_{\mathrm{E}}^2 = \mathrm{E}(\sigma^2|\boldsymbol{x}) = \frac{\beta_n}{\alpha_n - 1} \tag{1.4.16}$$

$$\mathrm{MSE}(\hat{\sigma}_{\mathrm{E}}^2|\boldsymbol{x}) = \mathrm{Var}(\sigma^2|\boldsymbol{x}) = \frac{\beta_n^2}{(\alpha_n - 1)^2 (\alpha_n - 2)} \tag{1.4.17}$$

由于 $\mathrm{IG_a}(\alpha_n, \beta_n)$ 是单峰连续但不对称的密度函数, 故可采用相应的数值方法求解. 亦可求出可信区间的解析表达式:

$$[U_L, U_R] = \left[\frac{2\beta_n}{\chi_{\alpha/2}^2(2\alpha_n)} \,, \, \frac{2\beta_n}{\chi_{1-\alpha/2}^2(2\alpha_n)} \right] \tag{1.4.18}$$

1.4.2.3 σ^2 和 μ 均未知时的估计

结论 1.4.3 正态分布总体未知参数 μ, σ^2 的共轭分布是正态–逆 Γ 分布.

证明 记 (μ, σ^2) 的先验分布为正态–逆 Γ 分布 $\mathrm{N\text{-}IG_a}(k_0, \mu_0, \nu_0, \sigma_0^2)$, 即

$$(\mu|\sigma^2) \sim \mathrm{N}\left(\mu_\pi, \frac{\sigma^2}{k_\pi}\right), \; \sigma^2 \sim \mathrm{IG_a}\left(\frac{\nu_0}{2}, \frac{\nu_0\sigma_0^2}{2}\right) \tag{1.4.19}$$

即

$$\pi(\mu|\sigma^2) = \left(\frac{2\pi\sigma^2}{k_0}\right)^{-1/2} \exp\left[-\frac{k_0(\mu - \mu_0)^2}{2\sigma^2}\right] \tag{1.4.20}$$

$$\pi(\sigma^2) = \frac{\left(\nu_0\sigma_0^2/2\right)^2}{\Gamma(\nu_0/2)} (\sigma^2)^{-\left(\frac{\nu_0}{2}+1\right)} \exp\left[-\frac{\nu_0\sigma_0^2}{2\sigma^2}\right] \tag{1.4.21}$$

所以,

$$\pi(\mu, \sigma^2) \propto (\sigma^2)^{-\left(\frac{\nu_0+1}{2}+1\right)} \exp\left\{-\frac{1}{2\sigma^2}\left[\nu_0\sigma_0^2 + k_0(\mu - \mu_0)^2\right]\right\} \tag{1.4.22}$$

由此得 (μ, σ^2) 的后验密度为

$$\begin{aligned}
&\pi(\mu, \sigma^2|\boldsymbol{x}) \\
&= L(\boldsymbol{x}|\mu, \sigma^2) \cdot \pi(\mu, \sigma^2)/m(\boldsymbol{x}) \\
&\propto \sigma^{-n} \exp\left[-\frac{1}{2\sigma^2}\sum_{i=1}^n (x_i - \mu)^2\right] \cdot \pi(\mu, \sigma^2) \\
&= (\sigma^2)^{-\left(\frac{\nu_0+n+1}{2}+1\right)} \exp\left\{-\frac{1}{2\sigma^2}\left[\sum_{i=1}^n (x_i - \mu)^2 + \nu_0\sigma_0^2 + k_0(\mu - \mu_0)^2\right]\right\} \\
&= (\sigma^2)^{-\left(\frac{\nu_0+n+1}{2}+1\right)} \exp\left\{-\frac{1}{2\sigma^2}\left[nS^2 + n(\overline{X} - \mu)^2 + \nu_0\sigma_0^2 + k_0(\mu - \mu_0)^2\right]\right\} \tag{1.4.23}
\end{aligned}$$

其中

$$n(\overline{X} - \mu)^2 + k_0(\mu - \mu_0)^2 = (k_0 + n)\left(\mu - \frac{k_0\mu_0 + n\overline{X}}{k_0 + n}\right)^2 + \frac{nk_0(\mu_0 - \overline{X})^2}{k_0 + n} \tag{1.4.24}$$

记

$$\begin{cases} \mu_n = \dfrac{k_0\mu_0 + n\overline{X}}{k_0 + n}, \quad k_n = k_0 + n \\[2mm] \nu_n = \nu_\pi + n \\[2mm] \sigma_n^2 = \dfrac{1}{\nu_1}\left[\dfrac{nk_0(\mu_0 - \overline{X})^2}{k_0 + n} + nS^2 + \nu_0\sigma_0^2\right] \end{cases} \tag{1.4.25}$$

于是有

$$\pi(\mu,\sigma^2|x) \propto (\sigma^2)^{-\left(\frac{\nu_n+1}{2}+1\right)} \exp\left\{-\frac{1}{2\sigma^2}\left[\nu_n\sigma_n^2 + k_n(\mu - \mu_n)^2\right]\right\} \tag{1.4.26}$$

所以 $\pi(\mu,\sigma^2|\boldsymbol{x})$ 也是正态–逆 Γ 分布

$$(\mu,\sigma^2|\boldsymbol{x}) \sim \text{N-IG}_a(k_n, \mu_n, \nu_n, \sigma_n^2) \tag{1.4.27}$$

推论 1.4.1 μ 的后验边缘密度是自由度为 ν_1 的 t 分布 $t(\nu_1, \mu_1, \sigma_1/\sqrt{k_1})$.

考虑 μ 的 Bayes 估计. 由推论 1.4.1, $(\mu|\boldsymbol{x}) \sim t(\nu_1, \mu_1, \sigma_1/\sqrt{k_1})$, 所以其 Bayes 点估计值与点估计的误差分别为

$$\hat{\mu}_E = \text{E}(\mu|\boldsymbol{x}) = \mu_n = \frac{k_0}{k_0 + n}\mu_0 + \frac{n}{k_0 + n}\overline{X} \tag{1.4.28}$$

$$\text{MSE}(\hat{\mu}_\text{E}|\boldsymbol{x}) = \text{Var}(\mu|\boldsymbol{x}) = \frac{\nu_n\sigma_n^2}{k_n(\nu_n - 2)} \tag{1.4.29}$$

由 $(\mu|\boldsymbol{x}) \sim t(\nu_n, \mu_n, \sigma_n/\sqrt{k_n})$, 知 $t = \dfrac{\mu - \mu_n}{\sigma_n/\sqrt{k_n}}$ 服从标准 t 分布 $t(\nu_n, 0, 1)$, 因此根据 μ 的 $(1-\alpha)$HPD 可信区间 $[\mu_L, \mu_R]$ 的定义, 有

$$P\{\mu_L \leqslant \mu \leqslant \mu_R\} = P\left\{\frac{\mu_L - \mu_n}{\sigma_n/\sqrt{k_n}} \leqslant \frac{\mu - \mu_n}{\sigma_n/\sqrt{k_n}} \leqslant \frac{\mu_R - \mu_n}{\sigma_n/\sqrt{k_n}}\right\} = 1 - \alpha$$

$$P\left\{-t_{\alpha/2}(\nu_n) \leqslant t \leqslant t_{\alpha/2}(\nu_n)\right\} = 1 - \alpha$$

所以, μ 的 $(1-\alpha)$HPD 可信区间为 $\left[\mu_n - t_{\alpha/2}(\nu_n)\cdot\sigma_n/\sqrt{k_n},\ \mu_n + t_{\alpha/2}(\nu_n)\cdot\sigma_n/\sqrt{k_n}\right]$.

推论 1.4.2 σ^2 的后验边缘密度是逆 Γ 分布 $\text{IG}_a\left(\dfrac{\nu_n}{2}, \dfrac{\nu_n\sigma_n^2}{2}\right)$.

考虑 σ^2 的 Bayes 估计. 由 $(\sigma^2|\boldsymbol{x}) \sim \text{IG}_a\left(\dfrac{\nu_n}{2}, \dfrac{\nu_n\sigma_n^2}{2}\right)$ 知 σ^2 的后验期望估计和点估计的误差分别为

$$\hat{\sigma}_\text{E}^2 = \text{E}(\sigma^2|\boldsymbol{x}) = \frac{\nu_n\sigma_n^2}{\nu_n - 2} \tag{1.4.30}$$

$$\text{MSE}(\hat{\sigma}_E^2|\boldsymbol{x}) = \text{Var}(\sigma^2|\boldsymbol{x}) = \frac{2\nu_n^2\sigma_n^4}{(\nu_n-2)^2(\nu_n-4)} \tag{1.4.31}$$

因为 $(\sigma^2|\boldsymbol{x}) \sim \text{IG}_a(\alpha_n, \beta_n)$ 是单峰连续但不对称的密度函数. 可采用 1.4.1 节的数值方法获得. 亦可求得等尾可信区间为 $[U_L, U_R] = \left[\dfrac{2\beta_n}{\chi_{\alpha/2}^2(2\alpha_n)}, \dfrac{2\beta_n}{\chi_{1-\alpha/2}^2(2\alpha_n)}\right]$.

例 1.4.1 考虑 μ, σ^2 均未知时的 Bayes 估计. 记 (μ, σ^2) 的先验分布为正态–逆 Γ 分布: $\text{N-IG}_a(k_0, \mu_0, \alpha_0, \beta_0)$, 令 $D = \sigma^2$, 则

$$\pi(\mu, D) = \pi(\mu|D) \cdot \pi(D) = \frac{\alpha_0^{\beta_0}}{\Gamma(\beta_0)\sqrt{2\pi D/k_0}} \exp\left\{-\frac{(\mu-\mu_0)^2}{2D/k_0} - \frac{\alpha_0}{D}\right\} \left(\frac{1}{D}\right)^{\beta_0+1}$$

考虑得到了第一阶段的先验子样 $X^{(1)} = \left\{X_1^{(1)}, \cdots, X_{n_1}^{(1)}\right\}$ 后先验分布的超参数的估计值, 记

$$\begin{cases} \overline{X}^{(1)} = \dfrac{1}{n_1} \displaystyle\sum_{i=1}^{n_1} X_i^{(1)} \\[3mm] S_{(1)}^2 = \dfrac{1}{n_1} \displaystyle\sum_{i=1}^{n_1} (X_i^{(1)} - \overline{X}^{(1)})^2 \end{cases} \tag{1.4.32}$$

它为 (μ, D) 的充分统计量, 且 $\overline{X}^{(1)}$ 服从 $\text{N}\left(\mu, \dfrac{D}{n_1}\right)$ 的分布, 而 $\xi = \dfrac{n_1}{D} S_{(1)}^2$ 服从 $\chi^2(n_0-1)$ 分布. 先验分布运用无先验信息时的 $\pi(\mu, D) \propto 1/D$, 根据

$$\pi\left(\mu, D|\overline{X}^{(1)}, S_{(1)}^2\right) = \pi\left(\overline{X}^{(1)}, S_{(1)}^2|\mu, D\right) \cdot \pi(\mu, D)/\pi\left(\overline{X}^{(1)}, S_{(1)}^2\right) \tag{1.4.33}$$

可得正态–逆 Γ 的参数分别为

$$\begin{cases} \alpha_1 = \displaystyle\sum_{i=1}^{n_1} (X_i^{(1)} - \overline{X}^{(1)})^2/2 = n_1 S_{(1)}^2/2 \\[3mm] \beta_1 = (n_1-1)/2 \end{cases} \tag{1.4.34}$$

$$\begin{cases} \mu_1 = \overline{X}^{(1)} \\[2mm] k_1 = n_1 \end{cases} \tag{1.4.35}$$

同理, 当进行第二阶段试验后, 得样本 $(X_1^{(2)}, X_2^{(2)}, \cdots, X_{n_1}^{(2)})$, 记

$$\begin{cases} \overline{X}^{(2)} = \dfrac{1}{n_2} \displaystyle\sum_{i=1}^{n_1} X_i^{(2)} \\[3mm] u^{(2)} = \dfrac{1}{n_2} \displaystyle\sum_{i=1}^{n_1} (X_i^{(2)} - \overline{X}^{(2)})^2 \end{cases} \tag{1.4.36}$$

可得 (μ, σ^2) 的后验密度 $\pi(\mu, \sigma^2|X)$ 也是正态–逆 Γ 分布:

$$\pi(\mu, D|\overline{X}^{(2)}, u^{(2)}) \propto \mathrm{N}\left(\mu_2, \frac{D}{k_2}\right) \cdot \Gamma^{-1}(\alpha_2, \beta_2) \tag{1.4.37}$$

其分布参数为

$$\begin{cases} \mu_2 = \dfrac{k_1\mu_1 + n_2\overline{X}^{(2)}}{k_1 + n_2} \\ k_2 = k_1 + n_2 \end{cases} \tag{1.4.38}$$

$$\begin{cases} \alpha_2 = \alpha_1 + \dfrac{n_2 S_{(2)}^2}{2} + \dfrac{n_2 \cdot k_1(\overline{X}^{(2)} - \mu_1)^2}{2(n_2 + k_1)} \\ \beta_2 = \beta_1 + n_2/2 \end{cases} \tag{1.4.39}$$

考虑 (μ, D) 的边缘分布, 由于正态–逆 Γ 分布中 μ 的边缘分布 $\pi(\mu|X)$ 为自由度为 2β 的 t 分布 $t\left(2\beta, \mu, \dfrac{\sigma}{k}\right)$, D 的边缘分布 $\pi(D|X)$ 为逆 Γ 分布 $\Gamma^{-1}(\alpha, \beta)$. 于是就可以获得 Bayes 估计值:

$$\hat{\mu}_{\mathrm{Bayes}} = \mu_2, \quad \hat{D}_{\mathrm{Bayes}} = \frac{\alpha_2}{\beta_2 - 1} \tag{1.4.40}$$

例 1.4.2 考虑一个实际问题. 导弹的落点偏差服从正态分布, 根据落点样本来评估精度. 设有样本量为 n_0 的补充样本 $\left(x_1^{(0)}, z_1^{(0)}\right), \left(x_2^{(0)}, z_2^{(0)}\right), \cdots, \left(x_{n_0}^{(0)}, z_{n_0}^{(0)}\right)$. 参数 $\theta = \left(\mu_1, \mu_2, \sigma_1^2, \sigma_2^2\right)$ 的先验分布为正态–逆 Γ 分布. 概率密度函数为

$$g(\theta) = \frac{1}{\sqrt{2\pi}\sigma_1\sigma_2} \exp\left\{-\frac{1}{2}\left[\frac{(\mu_1 - a_1)^2}{\sigma_1^2} + \frac{(\mu_2 - a_2)^2}{\sigma_2^2}\right]\right\}$$

$$\cdot \frac{\beta_1^{\alpha_1}}{\Gamma(\alpha_1)\sigma_1^{2(\alpha_1+1)}} \exp\left\{-\frac{\beta_1}{\sigma_1^2}\right\} \frac{\beta_2^{\alpha_2}}{\Gamma(\alpha_2)\sigma_2^{2(\alpha_2+1)}} \exp\left\{-\frac{\beta_2}{\sigma_2^2}\right\}$$

其中

$$\begin{cases} a_1 = \dfrac{1}{n_0}\sum_{i=1}^{n_0} x_i^{(0)}, \quad a_2 = \dfrac{1}{n_0}\sum_{i=1}^{n_0} z_i^{(0)}, \quad \alpha_1 = \alpha_2 = 1 \\ \beta_1 = \dfrac{1}{2n_0}\sum_{i=1}^{n}(x_i^{(0)} - a_1)^2, \quad \beta_2 = \dfrac{1}{2n_0}\sum_{i=1}^{n}(z_i^{(0)} - a_2)^2 \end{cases}$$

在获得样本量为 n 的试验样本 $(x_1, z_1), (x_2, z_2), \cdots, (x_n, z_n)$ 后参数 θ 的后验分布亦为正态–逆 Γ 分布. 概率密度函数为

$$g_p(\theta) = \frac{\sqrt{n+1}}{\sqrt{2\pi}\sigma_1} \exp\left[-\frac{(n+1)(\mu_1 - a_{11})^2}{2\sigma_1^2}\right] \cdot \frac{\sqrt{n+1}}{\sqrt{2\pi}\sigma_2} \exp\left[-\frac{(n+1)(\mu_2 - a_{22})^2}{2\sigma_2^2}\right]$$

$$\cdot \frac{\beta_{11}{}^{\alpha_{11}}}{\Gamma(\alpha_{11})\sigma_1{}^{2(\alpha_{11}+1)}} \exp\left\{-\frac{\beta_{11}}{\sigma_1^2}\right\} \cdot \frac{\beta_{22}{}^{\alpha_{22}}}{\Gamma(\alpha_{22})\sigma_2{}^{2(\alpha_{22}+1)}} \exp\left\{-\frac{\beta_{22}}{\sigma_2^2}\right\}$$

其中 $a_{11} = \dfrac{a_1 + n\hat{\mu}_1}{n+1}$; $a_{22} = \dfrac{a_2 + n\hat{\mu}_2}{n+1}$; $\alpha_{11} = \alpha_1 + \dfrac{n+1}{2}$; $\alpha_{22} = \alpha_2 + \dfrac{n+1}{2}$;

$\beta_{11} = \beta_1 + \dfrac{nS_1^2}{2}$; $\beta_{22} = \beta_2 + \dfrac{nS_2^2}{2}$; $\hat{\mu}_1 = \dfrac{1}{n}\displaystyle\sum_{i=1}^{n} x_i$; $\hat{\mu}_2 = \dfrac{1}{n}\displaystyle\sum_{i=1}^{n} z_i$; $S_1^2 = \dfrac{1}{n-1} \cdot$

$\displaystyle\sum_{i=1}^{n}(x_i - \hat{\mu}_1)^2$; $S_2^2 = \dfrac{1}{n-1}\displaystyle\sum_{i=1}^{n}(z_i - \hat{\mu}_2)^2$.

1.4.3 Bayes 估计的优良性与误差分析

在先验信息正确的前提下, Bayes 估计要比无先验信息得到的估计优良. E. J. G. Pitman 提出了一种估计量 PC(posterior closeness) 优良性准则; 关于线性模型参数的 Bayes 估计的 PC 优良性, M. Ghosh 和 P. K. Sen 引入了 PPC (posterior pitman closenes) 准则. 在先验信息比较可靠的前提下, Bayes 估计相对于 LS 估计具有 PPC 优良性. 但是 Bayes 估计在实际中也存在一个非常明显的缺点, 那就是在许多情况下, 先验信息具有主观性. 主观给定的信息是不精确的, 不可避免地存在偏差. 这些偏差将不同程度地影响估计的结果, 有时这种估计不具有 PPC 优良性.

由 $\Gamma = \{\pi : \pi = (1-\varepsilon)\pi_0 + \varepsilon q,\ q \in \mathcal{D}\}$ 定义先验的 ε-污染分布族, 通过对 $\mathcal{D}$ 的选择, 可以保证 Γ 包含所有合理的先验.

把边缘分布看作先验分布的似然函数, 然后用极大似然估计选出的先验分布称为 ML-II 先验.

定理 1.4.1 (Berger & Selle) 在取上述先验分布族 Γ 之下, 先验分布密度函数的 ML-II 估计为

$$\hat{\pi}(\theta) = (1-\varepsilon)\pi_0(\theta) + \varepsilon\hat{q}(\theta) \tag{1.4.41}$$

其中 $\hat{q}$ 为均匀分布 $U(\theta_0 - k,\ \theta_0 + k)$ 密度函数, 此处 k 使

$$m(x|k) = \int_{\theta_0-k}^{\theta_0+k} \frac{1}{2k} f(x|\theta)\mathrm{d}\theta = \max \tag{1.4.42}$$

例 1.4.3[51] 设 $X \sim \mathrm{N}(\theta, \sigma^2)$, σ^2 已知, 用 ML-II 获得先验分布密度估计为 $\hat{\pi}(\theta) = (1-\varepsilon)\pi_0(\theta) + \varepsilon\hat{q}(\theta)$, 其中 $\pi_0(\theta)$ 为 $\mathrm{N}(0, \tau^2)$ 概率密度函数, $\hat{q}(\theta)$ 为 $(-k,\ k)$ 上的均匀分布, 下面作 $\hat{\pi}(\theta)$ 的稳健性分析.

对于现场子样 $X = (x_1, \cdots, x_n)$, 可计算 $\bar{x} = n^{-1}\displaystyle\sum_i x_i = t$, t 在 θ 给定时的分布密度函数为 $\mathrm{N}(\theta, \sigma^2/n)$, t 在 θ 的先验密度函数为 $\hat{\pi}(\theta)$ 情况下的边缘分布密度函

数是

$$m(t|\hat{\pi}) = (1-\varepsilon) \int_{-\infty}^{\infty} \pi_0(\theta) f(t|\theta) \mathrm{d}\theta + \varepsilon \int_{-k}^{k} \frac{1}{2k} f(t|\theta) \mathrm{d}\theta$$

上式右端第一项的积分为 $m(t|\pi_0)$, 它为 $\mathrm{N}(0, \tau^2 + \sigma^2/n)$ 分布密度,

$$\int_{-k}^{k} \frac{1}{2k} f(t|\theta) \mathrm{d}\theta = \Phi\left(\frac{k-t}{\sigma/\sqrt{n}}\right) - \Phi\left(\frac{-k-t}{\sigma/\sqrt{n}}\right)$$

于是

$$m(t|\hat{\pi}) = (1-\varepsilon) \frac{1}{\sqrt{2\pi\left(\frac{\sigma^2}{n} + \tau^2\right)}} \exp\left\{-\frac{1}{2\left(\frac{\sigma^2}{n} + \tau^2\right)} e^{-t^2/2}\right\}$$

$$+ \frac{\varepsilon}{2k}\left[\Phi\left(\frac{k-t}{\sigma/\sqrt{n}}\right) - \Phi\left(\frac{-k-t}{\sigma/\sqrt{n}}\right)\right]$$

此时,

$$[t|\hat{\pi}] = \frac{\varepsilon}{2k} \int_{-\infty}^{+\infty} t\left[\Phi\left(\frac{k-t}{\sigma/\sqrt{n}}\right) - \Phi\left(\frac{-k-t}{\sigma/\sqrt{n}}\right)\right]\mathrm{d}t$$

$$\mathrm{Var}\,[t|\hat{\pi}] = (1-\varepsilon)\left(\frac{\sigma^2}{n} + \tau\right) + \frac{\varepsilon}{2k} \int_{-\infty}^{+\infty} (t-\mu_t)^2\left[\Phi\left(\frac{k-t}{\sigma/\sqrt{n}}\right) - \Phi\left(\frac{-k-t}{\sigma/\sqrt{n}}\right)\right]\mathrm{d}t$$

上式积分可通过数值积分获得. 可以看出当 $\varepsilon = 0$ 时, 上述问题即为基于共轭先验分布的稳健性检验.

1.4.4　考虑先验信息可信度的 Bayes 估计[43]

在常用的 Bayes 小子样试验鉴定方法中, 对先验试验样本的可信度只做定性分析, 即对补充数据和试验数据做相容性检验, 通过相容性检验后, 即认为补充信息是完全可信的 [34]. 如果补充信息完全不可信, 则在后验分布中屏蔽补充信息的作用. 随着认识的逐渐深入, 研究把先验信息可信度融入 Bayes 统计推断和决策中的方法引起了较大的关注. 该问题的研究涉及两个方面: ①先验信息可信度的度量; ②如何在 Bayes 融合评估中考虑先验信息可信度.

关于考虑先验信息可信度的 Bayes 评估方法, 已有一些研究成果. 但这些方法在有些场合效果较好, 有些场合不太适合. 因此, 有必要给出可信度融合评估应该遵循的准则, 并进一步研究考虑先验信息可信度的 Bayes 估计方法.

1.4.4.1　可信度融合评估的必要性

1) 先验信息有偏时 Bayes 估计的优良性

下面分析补充样本个数与参数估计的关系. 以命中精度估计为例, 补充样本的

个数会影响参数的估计. 对均值而言,

$$\mu_2 = \frac{n_2 \overline{X}^{(2)} + \mu_1/\eta_1}{n_2 + 1/\eta_1} = \frac{n_1 \overline{X}^{(1)} + n_2 \overline{X}^{(2)}}{n_1 + n_2} \tag{1.4.43}$$

显然, 补充样本数 n_1 越大, 随机误差的影响越小, 但如果先验样本服从的分布与实际飞行样本服从的分布有一定差距, 即均值存在系统误差时, 系统误差的影响会随着先验样本数 n_1 的增多而增大. 假定先验样本与实际飞行样本之间的均值系统误差记为 d, 则估计 μ_2 的系统误差

$$\Delta\mu_2 = \frac{n_1}{n_1 + n_2} \cdot d \tag{1.4.44}$$

会随着 n_1 的增大而增大. 因此, 在工程实际中对补充样本的数目进行限制是有道理的. 根据文献 [8], 当先验均值有偏差时, Bayes 估计相对于先验信息不参加融合的估计不具有 PPC 优良性. 因此, 先验信息的不准确会造成 Bayes 估计不准确. 另外, 从均值表达式可以看出, 补充样本与实际飞行样本在此式中的地位是等价的, 即融合结果与样本的先后出现顺序无关. 这种情形下可以反过来交换补充样本和实际飞行样本的数据, 对最后的估计结果并无影响. 这显然是不合理的.

为降低补充样本可信度不高的影响, 在工程中, 常基于经验将 n_1 个补充样本等价为 1 个实际飞行样本, 即有

$$\mu_2 = \frac{n_2 \overline{X}^{(2)} + \overline{X}^{(1)}}{n_2 + 1} \tag{1.4.45}$$

但这种处理的理论依据不足. 文献 [59] 提出了一种基于代表点的 Bayes 估计方法, 界定了先验信息中偏差可能带来的污染, 分析了先验信息是否参与融合的理论边界条件. 在先验信息参与融合情况下, 设计了先验样本等价的代表点数目优化准则, 是一种合理的融合思路. 下面将从补充样本的信息可信度出发, 讨论多源信息的融合问题.

2) 可信度融合评估的原则

在展开可信度定义和 Bayes 融合评估之前, 有必要对可信度 Bayes 融合评估需要遵循的准则进行规范. 在定义可信度度量值 p 时, 应满足 [34]:

(1) $0 \leqslant p \leqslant 1$;

(2) 先验信息的可信度 p 不同时, 在评估中起的作用也应该不同, 直观上, 可信度越高则起的作用越大;

(3) $p = 0$ 时, 可信度 Bayes 分析相当于无补充先验信息的情形; $p = 1$ 时, 应相当于经典 Bayes 分析.

1.4.4.2 考虑信息可信度的 Bayes 估计

1) 现有的考虑信息可信度的 Bayes 估计分析

可信度 Bayes 融合评估中另一个很重要的问题是如何在 Bayes 融合评估中考虑先验信息可信度 p. 工程中可以采纳的方法是: 分别利用现场子样和先验子样作出 θ 的估计 $\hat{\theta}^{(0)}$ 和 $\hat{\theta}^{(1)}$, 作加权融合 $\hat{\theta} = \dfrac{p}{p+1}\hat{\theta}^{(0)} + \dfrac{1}{p+1}\hat{\theta}^{(1)}$. 但是这种估计并不是最小方差估计, 不具备估计优良性 [9].

在 Bayes 检验中, 文献 [9] 认为考虑可信度后的先验概率为 $\pi_0^* = p \cdot \pi_0$, 这种方法等价于取先验分布为 $\pi_p(\theta) = p \cdot \pi(\theta)$. 但是这种处理却使得 $\pi_1^* = 1 - \pi_0^*$ 变大了, 这对 H_0 是不公平的.

文献 [33] 考虑用现场试验子样的分布 $\pi_1(\theta)$ 对先验分布 $\pi(\theta)$ 进行修正, 即取 $\pi_p(\theta) = p \cdot \pi(\theta) + (1-p) \cdot \pi_1(\theta)$, 并获得后验分布:

$$\pi_p(\theta|\boldsymbol{x}) = \lambda \cdot \pi(\theta|\boldsymbol{x}) + (1-\lambda) \cdot \pi_1(\theta|\boldsymbol{x}) \tag{1.4.46}$$

其中 λ 为后验权重, 可以根据现场子样的分布获得. 当可信度为 0 时, 其 Bayes 估计的结果为: $\hat{D}'_{\text{Bayes}} = \dfrac{\alpha_2'}{\beta_2' - 1} = \dfrac{2\alpha_1}{\beta_1 + n/2 - 1} = \dfrac{2\alpha_1}{2\beta_1 - 1/2} \neq \dfrac{\alpha_1}{\beta_1 - 1}$, 与仅采用现场样本的估计值不同, 这与直观认识不相符.

文献 [34] 中取 $\pi_p(\theta) = (\pi(\theta))^p$, 在正态分布参数 (μ, σ^2) 的估计中效果较好, 当 $p = 0$ 时, 估计的均值与无信息先验相同, 但是方差并不收敛到无信息先验情况. 而在其他分布情况下, 这种处理计算也比较复杂.

以上分析说明, 可信度 Bayes 融合估计应尽量满足:

(1) 当 $p = 0$ 时, 估计效果与无信息先验一样;

(2) 当 $p = 1$ 时, 估计效果与经典 Bayes 方法一致;

(3) 在先验信息可信度不高时, 应降低先验信息的影响, 增强现场子样的权重.

2) 基于无信息先验的可信度 Bayes 估计

如果说补充样本 $\boldsymbol{X}^{(1)} = \{X_1^{(1)}, \cdots, X_{n_1}^{(1)}\}$ 对现场试验子样提供了先验信息, 那么可信度 p 则是补充样本 $\boldsymbol{X}^{(1)} = \{X_1^{(1)}, \cdots, X_{n_1}^{(1)}\}$ 的先验. 因此, 考虑信息可信度的 Bayes 估计的实质就是要将对补充样本的先验认识体现在先验分布中.

用 $\pi_0(\theta)$ 表示无信息先验时的先验分布, 事件 A 表示先验可信, 当其发生时, 先验分布为 $\pi(\theta)$; 事件 $\bar{A}$ 表示先验不可信, 当其发生时, 先验分布为无信息先验分布 $\pi_0(\theta)$. 于是定义考虑可信度时的先验分布 $\pi_p(\theta)$ 为

$$\begin{aligned}\pi_p(\theta) &= \pi(\theta, \boldsymbol{X}^{(1)}) = P(A)\pi(\theta|\boldsymbol{X}^{(1)}) + P(\bar{A})\pi_0(\theta) \\ &= p \cdot \pi(\theta) + (1-p) \cdot \pi_0(\theta)\end{aligned} \tag{1.4.47}$$

显然当 $p=0$ 时, 考虑可信度的 Bayes 分析相当于无先验信息的情形; 当 $p=1$ 时, 相当于经典 Bayes 分析的情形, 这符合直观认识.

根据 Bayes 公式, 获得现场子样 $\boldsymbol{X}$ 后, θ 的后验分布 $\pi_p(\theta|\boldsymbol{X})$ 为

$$\pi_p(\theta|\boldsymbol{X}) = f(\boldsymbol{X}|\theta) \cdot \pi_p(\theta)/m_p(\boldsymbol{X}) = \frac{p \cdot \pi(\theta) \cdot f(\boldsymbol{X}|\theta) + (1-p) \cdot \pi_0(\theta) \cdot f(\boldsymbol{X}|\theta)}{m_p(\boldsymbol{X})}$$

$$= \frac{p \cdot m(\boldsymbol{X}) \dfrac{\pi(\theta) f(\boldsymbol{X}|\theta)}{m(\boldsymbol{X})} + (1-p) \cdot m_0(\boldsymbol{X}) \dfrac{\pi_0(\theta) f(\boldsymbol{X}|\theta)}{m_0(\boldsymbol{X})}}{m_p(\boldsymbol{X})}$$

$$= \frac{p \cdot m(\boldsymbol{X}) \cdot \pi(\theta|\boldsymbol{X}) + (1-p) \cdot m_0(\boldsymbol{X}) \cdot \pi_0(\theta|\boldsymbol{X})}{m_p(\boldsymbol{X})} \tag{1.4.48}$$

因此,

$$\pi_p(\theta|\boldsymbol{X}) = \lambda_0 \cdot \pi(\theta|\boldsymbol{X}) + (1-\lambda_0) \cdot \pi_0(\theta|\boldsymbol{X}) \tag{1.4.49}$$

其中

$$\lambda_0 = \frac{p \cdot m(\boldsymbol{X})}{m_p(\boldsymbol{X})} = \frac{p \cdot m(\boldsymbol{X})}{p \cdot m(\boldsymbol{X}) + (1-p) \cdot m_0(\boldsymbol{X})}$$

$$= \frac{1}{1 + (1-p) \cdot m_0(\boldsymbol{X})/p \cdot m(\boldsymbol{X})} = \left[1 + \frac{(1-p) \cdot m(\boldsymbol{X}|\pi_0)}{p \cdot m(\boldsymbol{X}|\pi)}\right]^{-1} \tag{1.4.50}$$

于是可得考虑先验信息可信度时 θ 的 Bayes 估计. 对多阶段 Bayes 先验, 若第 $k+1$ 阶段数据的可信度为 p, 则该阶段 θ 的后验分布部分源自融合该阶段试验样本 $\boldsymbol{X}^{(k+1)}$ 后的分布, 部分直接为上一阶段的分布, 即不融合该阶段的试验数据, 可表示为

$$\boldsymbol{\pi}_p^{k+1}(\boldsymbol{\theta}|\boldsymbol{X}^{(k+1)}) = p \cdot \boldsymbol{\pi}^{k+1}(\boldsymbol{\theta}|\boldsymbol{X}^{(k+1)}) + (1-p) \cdot \boldsymbol{\pi}^k(\boldsymbol{\theta}|\boldsymbol{X}^{(k)}) \tag{1.4.51}$$

结合现场试验样本可得形如 (1.4.49) 的分布.

1.4.4.3 正态总体的 Bayes 后验加权估计

1) 后验权重的计算

对于 μ, σ^2 均未知时的 Bayes 估计, 获得现场试验样本 $\boldsymbol{X} = \{x_1, \cdots, x_{n_2}\}$ 后, 有

$$m(\boldsymbol{X}|\pi) = \iint \frac{\alpha_1^{\beta_1}}{\Gamma(\beta_1)\sqrt{2\pi D/n_1}} \exp\left\{-\frac{2\alpha_1 + n_1(\mu - \mu_1)^2}{2D}\right\} \left(\frac{1}{D}\right)^{\beta_1+1} \left[\frac{1}{\sqrt{2\pi D}}\right]^{n_2}$$

$$\cdot \exp\left\{-\frac{1}{2D} \sum_{i=1}^{n_2} (x_i - \mu)^2\right\} \mathrm{d}\mu \mathrm{d}D$$

$$= \int \frac{\alpha_1^{\beta_1} \sqrt{k_1}}{(\sqrt{2\pi})^{n_2+1} \Gamma(\beta_1)} D^{-[\beta_1+(3+n_2)/2]} \exp\left\{-\frac{\alpha_1}{D}\right\}$$

$$\cdot \left\{\int \exp\left\{-\frac{k_1(\mu-\mu_1)^2}{2D} - \frac{1}{2D}\sum_{i=1}^{n_2}(x_i-\mu)^2\right\} \mathrm{d}\mu\right\} \mathrm{d}D$$

$$= \left[\frac{1}{\sqrt{2\pi}}\right]^{n_2} \frac{\sqrt{n_1}}{\sqrt{n_1+n_2}} \frac{\alpha_1^{\beta_1}}{\Gamma(\beta_1)} \frac{\Gamma(\beta_1+n_2/2)}{\beta_2^{\beta_1+n_2/2}}$$

$$= \left[\frac{1}{\sqrt{2\pi}}\right]^{n_2} \frac{\sqrt{n_1}}{\sqrt{n_1+n_2}} \frac{\alpha_1^{\beta_1}}{\Gamma(\beta_1)} \frac{\Gamma(\beta_2)}{\alpha_2^{\beta_2}} \tag{1.4.52}$$

$$m(\boldsymbol{X}|\pi_0) = \iint D^{-1} \cdot \left[\frac{1}{\sqrt{2\pi D}}\right]^{n_2} \exp\left\{-\frac{1}{2D}\sum_{i=1}^{n_2}(x_i-\mu)^2\right\} \mathrm{d}\mu\mathrm{d}D$$

$$= \left[\frac{1}{\sqrt{2\pi}}\right]^{n_2} \int D^{-1-n_2/}\mathrm{d}D \cdot \int \exp\left\{-\frac{1}{2D}\left[n_2(\mu-\overline{X})^2 + n_2 S_{(2)}^2\right]\right\} \mathrm{d}\mu$$

$$= \left[\frac{1}{\sqrt{2\pi}}\right]^{n_2-1} \frac{1}{\sqrt{n_2}} \int D^{-(n_2+1)/2} \exp\left(-\frac{n_2 S_{(2)}^2}{2D}\right) \mathrm{d}D$$

$$= \left[\frac{1}{\sqrt{2\pi}}\right]^{n_2-1} \frac{1}{\sqrt{n_2}} \frac{\Gamma[(n_2-1)/2]}{(n_2 S_{(2)}^2/2)^{(n_2-1)/2}}$$

$$= \left[\frac{1}{\sqrt{2\pi}}\right]^{n_2-1} \cdot \frac{1}{\sqrt{n_2}} \cdot \frac{\Gamma(\beta_2')}{\alpha_2'^{\beta_2'}} \tag{1.4.53}$$

其中 α_2', β_2' 的取值见式 (1.4.56). 定义

$$d = \sqrt{2\pi} \frac{\sqrt{n_1+n_2}}{\sqrt{n_1 \cdot n_2}} \frac{\Gamma(\beta_2')}{\alpha_2'^{\beta_2'}} \frac{\alpha_2^{\beta_2}}{\Gamma(\beta_2)} \frac{\Gamma(\beta_1)}{\alpha_1^{\beta_1}} \tag{1.4.54}$$

于是可以得到后验权重的值 λ_0 为

$$\lambda_0 = \left[1 + \frac{(1-p)\cdot d}{p}\right]^{-1} \tag{1.4.55}$$

2) Bayes 融合估计

(1.4.49) 式中 $\pi(\theta|\boldsymbol{X})$ 分布参数的值由式 (1.4.38), (1.4.39) 给出; 与式 (1.4.34)、(1.4.35) 类似, 无信息先验时后验分布 $\pi_0(\theta|\boldsymbol{X})$ 的分布参数为

$$\alpha_2' = \sum_{i=1}^{n_2}(X_i^{(2)} - \overline{X}^{(2)})^2/2 = n_2 S_{(2)}^2/2, \quad \beta_2' = (n_2-1)/2 \tag{1.4.56}$$

$$\mu_2' = \overline{X}^{(2)}, \quad k_2' = n_2 \tag{1.4.57}$$

如果使用后验期望估计, 则 μ 与 D 的 Bayes 估计分别为

$$\hat{\mu} = \mathrm{E}\,[\mu|\boldsymbol{X}], \quad \hat{D} = \mathrm{E}\,[D|\boldsymbol{X}] \tag{1.4.58}$$

所以, 考虑先验信息可信度的 Bayes 估计为

$$\hat{\mu}_{p\text{-Bayes}} = \lambda_0 \cdot \mu_2 + (1 - \lambda_0) \cdot \mu_2', \quad \hat{D}_{p\text{-Bayes}} = \lambda_0 \cdot D_2 + (1 - \lambda_0) \cdot D_2' \tag{1.4.59}$$

其中, $D_2 = \dfrac{\alpha_2}{\beta_2 - 1}, D_2' = \dfrac{\alpha_2'}{\beta_2' - 1}$.

3) 估计精度比较分析

下面通过后验方差来比较本节方法与经典 Bayes 估计法的精度.

定理 1.4.2 当先验信息可信度为 $p(< 1)$ 时, 后验加权 Bayes 估计方法的估计精度要高于经典的 Bayes 估计方法.

证明 若真实的后验分布为 $f(\theta|\boldsymbol{X})$, 后验期望估计为 $\hat{\theta}$, 其他任一估计值 θ^* 的后验方差为

$$\mathrm{MSE}(\theta^*|\boldsymbol{X}) = \mathrm{E}^{\theta|\boldsymbol{X}}(\theta^* - \theta)^2 = \mathrm{E}^{\theta|\boldsymbol{X}}(\theta^* - \hat{\theta} + \hat{\theta} - \theta)^2$$

$$= \mathrm{Var}(\mu|\boldsymbol{X}) + (\theta^* - \hat{\theta})^2 \tag{1.4.60}$$

用 θ_2', θ_2 分别表示无信息先验和先验样本完全可信时 $\theta(\mu, D)$ 的后验期望估计, 则式 (1.4.59) 给出的本节方法的点估计值可表示为

$$\hat{\theta}_{p\text{-Bayes}} = \lambda_0 \cdot \theta_2 + (1 - \lambda_0) \cdot \theta_2'$$

其后验方差为

$$\mathrm{MSE}(\hat{\theta}_{p\text{-Bayes}}|\boldsymbol{X}) = \mathrm{E}^{\theta|\boldsymbol{X}}(\hat{\theta}_{p\text{-Bayes}} - \theta)^2$$

$$= \lambda_0 \int (\hat{\theta}_{p\text{-Bayes}} - \theta)^2 \pi(\theta|\boldsymbol{X})\mathrm{d}\theta + (1 - \lambda_0) \int (\hat{\theta}_{p\text{-Bayes}} - \theta)^2 \pi_0(\theta|\boldsymbol{X})\mathrm{d}\theta$$

$$= \lambda_0 \left[\mathrm{Var}(\theta|\boldsymbol{X}) + (\hat{\theta}_{p\text{-Bayes}} - \theta_2)^2 \right] + (1 - \lambda_0) \left[\mathrm{Var}_0(\theta|\boldsymbol{X}) + (\hat{\theta}_{p\text{-Bayes}} - \theta_2')^2 \right]$$

$$= \lambda_0 \mathrm{Var}(\theta|\boldsymbol{X}) + (1 - \lambda_0)\mathrm{Var}_0(\theta|\boldsymbol{X}) + (1 - \lambda_0)\lambda_0(\theta_2' - \theta_2)^2 \tag{1.4.61}$$

其中

$$\mathrm{Var}(\mu|\boldsymbol{X}) = \frac{\alpha_2}{(n_1 + n_2) \cdot (\beta_2 - 1)}, \quad \mathrm{Var}_0(\mu|\boldsymbol{X}) = \frac{\alpha_2'}{n_2 \cdot (\beta_2' - 1)},$$

$$\mathrm{Var}(D|\boldsymbol{X}) = \frac{\alpha_2^2}{(\beta_2 - 1)^2 \cdot (\beta_2 - 2)}, \quad \mathrm{Var}_0(D|\boldsymbol{X}) = \frac{\alpha_2'^2}{(\beta_2' - 1)^2 \cdot (\beta_2' - 2)}.$$

经典 Bayes 估计不考虑先验信息可信度, 点估计值为 $\theta_2(\mu_2, D_2)$, 则估计的后验方差为

$$\mathrm{MSE}(\hat{\theta}_{\mathrm{Bayes}}|\boldsymbol{X}) = \mathrm{E}^{\theta|\boldsymbol{X}}(\hat{\theta}_{\mathrm{Bayes}} - \theta)^2$$

$$=\lambda_0 \int (\hat{\theta}_{\mathrm{Bayes}} - \theta)^2 \pi(\theta|\boldsymbol{X})\mathrm{d}\theta + (1 - \lambda_0) \int (\hat{\theta}_{\mathrm{Bayes}} - \theta)^2 \pi_0(\theta|\boldsymbol{X})\mathrm{d}\theta$$

$$=\lambda_0 \mathrm{Var}(\theta|\boldsymbol{X}) + (1 - \lambda_0) \left[\mathrm{Var}_0(\theta|\boldsymbol{X}) + (\theta_2' - \theta_2)^2 \right] \tag{1.4.62}$$

对比 (1.4.61) 和 (1.4.62), 有 $\mathrm{MSE}(\hat{\theta}_{p\text{-}\mathrm{Bayes}}|\boldsymbol{X}) \leqslant \mathrm{MSE}(\hat{\theta}_{\mathrm{Bayes}}|\boldsymbol{X})$, 等号成立当且仅当 $\lambda_0 = 1$, 即先验可信度 $p = 1$. 证毕.

由此可见, 本节方法的估计精度高于经典的 Bayes 估计方法. 二者估计精度的差别为 $(1 - \lambda_0)^2(\theta_2' - \theta_2)^2$, 随着可信度降低, 这个差距越发明显, 这不仅表现在 λ_0 的减小上, 还体现在 $(\theta_2' - \theta_2)^2$ 的增大上. 特别地, 当先验信息可信度为 0 时, 实际分布为 $\pi_0(\theta|\boldsymbol{X})$, 二者精度的差距为 $(\theta_2' - \theta_2)^2$.

从 (1.4.61) 也可以看出由先验信息可信度导出的后验权重 λ_0 对估计精度的影响. λ_0 体现了试验样本对两种先验分布的归属度. 基于物理可信度的 Bayes 融合评估既考虑了先验信息的物理意义, 又兼顾了数据特点.

1.4.4.4 应用案例

例 1.4.4   武器落点精度试验中, 落点位置服从正态分布, 若获得现场试验子样和折合后补充的样本分别为 (单位: km)[33]

$\boldsymbol{X} = [3000.6465, 3000.3850, 2999.2739, 3001.6144, 3001.4049]$

$\boldsymbol{X}_0 = [3002.2678, 3002.5751, 2999.8821, 2999.4107, 2999.3466, 3001.6285,$

$\qquad 2997.9370, 3001.2090, 3000.8380, 3000.1627, 3000.3245, 2999.7684,$

$\qquad 3000.0607, 2999.3163, 3001.0427, 2999.0967, 2998.6764, 2999.8534,$

$\qquad 3000.2154, 3000.2819]$

不融合先验信息, 直接利用 5 个现场试验样本, 计算得到 $\mu = 3000.7, D = 1.7314$. 经典 Bayes 估计的结果为: $\mu = 3000.3, D = 1.3492$.

分析补充样本的物理可信度, 在 $p = \dfrac{1}{1 + \tau(\sigma_{\mathrm{process}}/\sigma_{\mathrm{total}})^\gamma}$ 中, 如果 $\sigma_{\mathrm{process}} = 4$, $\sigma_{\mathrm{total}} = 40$, 取 $\tau = 1, \gamma = 1$ 得物理可信度为 $p = 0.91$, 计算出后验加权比为 0.68, 得 Bayes 融合估计结果为: $\mu = 3000.4, D = 1.4717$.

例 1.4.5   分别从正态总体 $\mathrm{N}(0, D)$ 和 $\mathrm{N}(0, D_0)$ 中抽样产生较大子样的试验样本和先验样本, 考察可信度对估计结果的影响. 比较本节方法与经典 Bayes 方法的合理性, 部分仿真试验结果见表 1.4.1.

从表 1.4.1 可知: ①可信度越大, 先验信息的作用也越大, 本节方法与常用的 Bayes 方法估计结果的差距越小; ②先验样本与现场样本相容性很好时, 两种方法估计结果差异不大; ③在先验样本与实际样本分布差异较大时, 本节方法估计结果更接近真值. 可见考虑信息可信度的 Bayes 估计降低了不可信先验信息的影响, 结果更为合理.

表 1.4.1 两种方法的仿真结果比较

编号	D	D_0	p	λ_0	$\hat{D}_{\text{Bayes}}$	$\hat{D}_{p\text{-Bayes}}$
1	0.5	0.4	0.4	0.106	0.383	0.542
2	0.5	0.4	0.9	0.849	0.497	0.527
3	0.8	0.8	0.9	0.814	0.530	0.586
4	0.8	0.8	0.1	0.033	0.642	0.643
5	1.0	0.5	0.4	0.334	0.683	0.762
6	1.0	1.5	0.4	0.321	1.196	1.056

综上所述, 本节将可信度看作对数据的先验, 从而得出一种后验加权 Bayes 估计方法. 理论推导和仿真算例都说明了考虑先验信息可信度的 Bayes 估计方法的估计精度高于常用的 Bayes 估计方法.

1.4.5 Bayes 假设检验及决策

1.4.5.1 Bayes 假设检验

假设检验问题是统计推断中的一类重要问题. 如何利用样本值对一个具体的假设进行检验, 通常借助于直观分析和理论分析相结合的做法. 其基本原理是: 一个小概率事件在一次试验中几乎是不可能发生的.

经典假设检验的一般步骤如下:

Step 1 由实际问题提出原假设 H_0(与备择假设 H_1);

Step 2 选取适当的统计量, 并在 H_0 为真的条件下确定该统计量的分布;

Step 3 根据问题的要求确定显著性水平 α, 从而得到拒绝域;

Step 4 由样本观测值计算统计量的观测值, 看是否属于拒绝域, 对 H_0 作出判断.

在 Bayes 统计中处理假设检验问题更为直接: 在获得后验分布 $\pi(\theta|x)$ 后, 即可计算两个假设 (原假设 H_0 与备择假设 H_1) 的后验概率 α_0 与 α_1, 然后比较它们的大小, 当后验概率比 $\alpha_0/\alpha_1 > 1$ 时接受原假设 H_0; 当后验概率比 $\alpha_0/\alpha_1 < 1$ 时拒绝原假设; 当 $\alpha_0/\alpha_1 \approx 1$ 时, 不宜作判断, 需要进一步抽样或进一步搜集先验信息.

1.4.5.2 损失函数与效用函数

统计学家在作推断时是按统计理论进行的, 很少或根本不考虑推断结论在使用后的损失, 可决策者在使用推断结果时必须与得失联系起来. Wald 在 20 世纪 40 年代引入了损失函数这一概念, 把这一概念加入 Bayes 检验就形成了 Bayes 决策. 本节先介绍损失函数和效用函数的相关概念.

一个决策问题的构成必有如下三个基本要素 [5]:

(1) 状态集 $\Theta = \{\theta\}$, 其中每个元素 θ 表示自然界 (或社会) 可能出现的一种状态, 所有可能状态的全体组成状态集.

(2) 行动集 $\mathcal{A} = \{a\}$, 其中每个元素 a 表示人对自然界 (或社会) 可能采取的一个行动, 所有此种行动的全部就是行动集.

(3) 损失函数 $L(\theta, a)$. 其中 $\theta \in \Theta$, $a \in \mathcal{A}$, 函数值 $Q(\theta_i, a_j) = Q_{ij}$ 表示当自然界 (或社会) 处于状态 θ_i 而人们选取行动 a_j 时 (经济上) 的损失大小. 损失函数 (效用函数) 是构成决策的主要元素. 在实际中, 用于决策分析的是某些 "标准的" 损失函数. 其中有三个最为常用:

1) 平方误差损失 $L(\theta, a) = (\theta - a)^2$

研究 θ 的无偏估计量时会用到它, 因为 $R(\theta, \delta) = \mathrm{E}_\theta L(\theta, \delta(X)) = \mathrm{E}_\theta [\theta - \delta(X)]^2$ 是估计量的方差. 另外, 它与经典的线性回归理论有关. 还有, 对多数的决策分析来说, 应用平方误差可使计算工作相对地简单易懂.

但是, 平方误差损失并没有典型地反映出真实的损失函数, 尤其是平方误差损失的凸性干扰 (误差大时被惩处得太过). 不过在很多情形下, 损失函数的形式对结论并不十分重要, 这时平方损失函数是一个很好的近似.

2) 线性损失

当效用函数近似为线性时, 损失函数也将是趋于线性的. 一个重要的线性损失为

$$L(\theta, a) = \begin{cases} K_0(\theta - a), & \theta \geqslant a \\ K_1(a - \theta), & \theta < a \end{cases}$$

可选择常数 K_0, K_1 使之分别反映偏低和偏高估计的相对重要性, 它们一般是不等的; 若相等, 则等价于

$$L(\theta, a) = |\theta - a|$$

它被称为绝对误差损失. 若 K_0, K_1 为 θ 的函数, 则被称为加权线性损失.

3) "0-1" 损失

在两个行为的决策问题中 (例如假设检验), 典型情况是, 当 $\theta \in \Theta_0$, a_0 是正确的, 当 $\theta \in \Theta_1$, a_1 是正确的. 损失

$$L(\theta, a_i) = \begin{cases} 0, & \theta \in \Theta_i \\ 1, & \theta \notin \Theta_i \end{cases}$$

被称为 "0-1" 损失, 就是说, 若作出的决策正确, 损失为 0. 否则, 损失为 1. 这种损失之所以重要是因为, 在检验问题中, 决策法则 $\delta(X)$ 的风险函数正是

$$R(\theta,\ \delta) = \mathrm{E}_\theta L(\theta,\delta(X)) = P_\theta\left[\delta(X) \text{ is wrong}\right]$$

这是弃真或采伪的概率 (犯第 I 、II 类错误的概率), 它取决于 $\theta \in \Theta_0$ 或 $\theta \in \Theta_1$. 类似的损失函数还有

$$L(\theta,a_i) = \begin{cases} 0, & \theta \in \Theta_i \\ k_i, & \theta \notin \Theta_i \end{cases} \qquad \text{及} \quad L(\theta,a_i) = \begin{cases} 0, & \theta \in \Theta_i \\ k_i(\theta), & \theta \notin \Theta_i \end{cases}$$

其中 $k_i(\theta)$ 为 θ 真值与 Θ_i 的 "距离" 的增函数. 这种损失比较合理, 因为不正确决策带来的危害通常取决于所犯错误的严重性. 实际上, 即使所做决策是 "正确的", $L(\theta,a)$ 不必一定为 0.

在实际中所使用的损失函数多为上述三种或其中某种的变换. 因为它们的函数形式简单, 代表性强, 计算方便.

1.4.5.3 Bayes 决策

设 $\boldsymbol{x} = (x_1,x_2,\cdots,x_n)$ 是来自总体 $p(\boldsymbol{x}|\theta)$ 的样本, 设有原假设和备择假设:

$$H_0 : \theta \in \Theta_0; \quad H_1 : \theta \in \Theta_1$$

其中, $\Theta_0 \bigcup \Theta_1 = \Theta$, $\Theta_0 \bigcap \Theta_1 = \varnothing$, Θ 为参数空间.

这时决策函数的全体记为 $\mathcal{D}$, 若对给定的决策函数 $\delta(X) \in \mathcal{D}$, 考虑损失函数 $L(\theta,\delta)$, 它可看作 θ 为真时, 而采取行动 $\delta = \delta(\boldsymbol{x})$ 所引起的损失, 此种损失函数常采取 0-1 损失函数, 即

$$L(\theta,0) = \begin{cases} 0, & \theta \in \Theta_0, \\ 1, & \theta \notin \Theta_0; \end{cases} \qquad L(\theta,1) = \begin{cases} 0, & \theta \in \Theta_1 \\ 1, & \theta \notin \Theta_1 \end{cases}$$

在上述假设下, 似然比函数为

$$\eta = \frac{\lambda_0}{\lambda_1} = \frac{P(\Theta_0|X)}{P(\Theta_1|X)} = \frac{\displaystyle\int_{\Theta_0} \pi(\theta|X)\mathrm{d}\theta}{\displaystyle\int_{\Theta_1} \pi(\theta|X)\mathrm{d}\theta} = \frac{\displaystyle\int_{\Theta_0} f(X|\theta)\pi(\theta)\mathrm{d}\theta}{\displaystyle\int_{\Theta_1} f(X|\theta)\pi(\theta)\mathrm{d}\theta}$$

当 $\eta \geqslant 1$ 时, 接受原假设; 否则, 拒绝原假设.

令 W 表示拒绝域, 则决策的风险函数为

$$R(\theta,\ \delta) = \mathrm{E}^{\boldsymbol{x}|\theta} L(\theta,\delta(\boldsymbol{x}))$$

$$= \int_{\delta(\boldsymbol{x})=1} L(\theta, \delta(\boldsymbol{x})) p(\boldsymbol{x}|\theta) \mathrm{d}\boldsymbol{x} + \int_{\delta(\boldsymbol{x})=0} L(\theta, \delta(\boldsymbol{x})) p(\boldsymbol{x}|\theta) \mathrm{d}\boldsymbol{x}$$

$$= \begin{cases} P^{\boldsymbol{x}|\theta}, & \boldsymbol{x} \in W, \theta \in \Theta_0 \\ P^{\boldsymbol{x}|\theta}, & \boldsymbol{x} \notin W, \theta \in \Theta_1 \end{cases}$$

这表明, 当 $\theta \in \Theta_0$ 时, 其风险函数就是弃真概率; 当 $\theta \in \Theta_1$ 时, 其风险函数就是采伪概率.

1.4.5.4　应用案例

例 1.4.6　Bayes 检验的应用案例[26].

落点精度包括落点准确度和落点密集度, 落点准确度描述了落点的系统性偏差, 落点密集度描述了落点的随机散布特征. Bayes 综合检验方法可以实现对落点密集度的检验. 本方法假定落点的纵、横向偏差是独立的, 且落点的随机变量 (x, z) 具有圆散布, 即 $\sigma_x = \sigma_z = \sigma$, 一般情况下对于密集度的评定方案采用如下简单假设:

$$H_0 : \sigma = \sigma_0, \quad H_1 : \sigma = \sigma_1 = \lambda \sigma_0, \ \lambda > 1$$

设落点偏差为 $(\Delta X_i, \Delta Z_i)$, 其中 $\Delta X_i, \Delta Z_i$ 分别为第 i 次射击中纵横向落点偏差, 此处 $\Delta X_i \sim \mathrm{N}(0, \sigma^2)$, $\Delta Z_i \sim \mathrm{N}(0, \sigma^2)$, 并定义 $r_i = \sqrt{\Delta X_i^2 + \Delta Z_i^2}$ ($i = 1, 2, \cdots, n$). 如果纵横向相互独立. 可以推出 $r_i \sim$ Releigh 分布, 则 $P(r) = \dfrac{1}{\sigma^2} r e^{-\frac{r^2}{2\sigma^2}}$, $r \geqslant 0$, 于是获得后验加权似然比

$$\frac{P(H_1|r)}{P(H_0|r)} = \frac{L(r; \sigma_1) P(H_1)}{L(r; \sigma_0) P(H_0)}$$

其中, $L(r; \sigma_i) = r_1 \cdots r_n (\sigma_i^2)^{-n} e^{-\frac{S_n^2}{2\sigma_i^2}}$, $S_n^2 = \sum\limits_{i=1}^{n} r_i^2$, $i = 0, 1$.

如果定义常值损失函数

$$L(\theta, a_i) = \begin{cases} C_{i0}, & \theta \in \Theta_0 \\ C_{i1}, & \theta \in \Theta_1 \end{cases}$$

可以得到决策门限:

$$J = \frac{C_{1,0} - C_{0,0}}{C_{0,1} - C_{1,1}} \frac{P_{H_0}}{P_{H_1}}$$

于是可得检验拒绝域为

$$D = \{r : S_n^2 > J(\lambda, n, P(H_0))\}$$

其中, $J(\lambda, n, P(H_0)) \hat{=} \dfrac{2\lambda^2 \sigma_0^2}{\lambda^2 - 1} \ln J + 2n \ln \lambda$, 由于 $r_i \sim$ Releigh 分布, 故

$$S_n^2 \sim \frac{1}{D} k_{2n}(S_n^2/D), \quad D \hat{=} \sigma^2$$

其中, k_{2n} 为具有 $2n$ 个自由度的 χ^2 变量的密度函数, 检验的效函数为

$$P(\sigma) = P\{S_n^2 > J(\lambda, n, P(H_0))\} = \int_{J(\lambda, n, P(H_0))}^{+\infty} \frac{1}{D} k_{2n}(t/D)\mathrm{d}t$$

$$= 1 - K_{2n}\left(\frac{J}{D}\right) \hat{=} Q_{2n}(J/D)$$

于是定义检验中弃真和采伪概率分别为

$$\alpha = P(S_n^2 > J(\lambda, n, P(H_0)), H_0) = P(H_0) Q_{2n}(J/\sigma_0^2)$$

$$\beta = P(S_n^2 \leqslant J(\lambda, n, P(H_0)), H_1) = (1 - P(H_0)) K_{2n}(J/\sigma_1^2)$$

上面所述检验方法只需给定先验概率 $P(H_0)$, 就可以确定方案并计算两种风险的大小. 如果纵横向落点系统偏差不为零, $\Delta X_i \sim \mathrm{N}(\mu_x, \sigma^2)$, $\Delta Z_i \sim \mathrm{N}(\mu_z, \sigma^2)$, 则只需定义 $r_i = \sqrt{(\Delta X_i - \Delta \bar{X})^2 + (\Delta Z_i - \Delta \bar{Z})^2}$, 且 $S_n^2 \sim \chi_{(2n-2)}(S_n^2)$, 其他参数计算形式不变.

下面应用 Bootstrap 方法计算 P_{H_0}: 设 $x_1^{(0)}, x_2^{(0)}, \cdots, x_n^{(0)}$ 是通过仿真计算获得的落点纵向偏差, 假设已通过相容性检验, 即 $x_i^{(0)} \sim \mathrm{N}(\mu, \sigma^2), i = 1, 2, \cdots, n$, 则 $\boldsymbol{x}^{(0)} = (x_1^{(0)}, x_2^{(0)}, \cdots, x_n^{(0)})$ 的经验分布 F_n 也是正态的, 其均值 $\hat{\mu} = \dfrac{1}{n}\sum_{i=1}^{n} x_i$, 方差 $\hat{\sigma}^2 = \dfrac{1}{n-1}\sum_{i=1}^{n}(x_i - \hat{\mu}^2)$. 用 $\hat{\sigma}^2$ 估计 σ^2, 则有估计误差 $R_n = \hat{\sigma}^2 - \sigma^2$.

于是可构造 Bootstrap 统计量

$$R_n^* = \hat{\sigma}^{*2} - \hat{\sigma}^2$$

$$\hat{\sigma}^{*2} = \frac{1}{n-1}\sum_{i=1}^{n}(x_i^* - \bar{x}^*)^2, \quad \bar{x}^* = \frac{1}{n}\sum_{i=1}^{n} x_i^*$$

其中, $(x_1^*, x_2^*, \cdots, x_n^*)$ 是从 F_n 中独立抽取的子样. 于是由 R_n^* 的分布去模拟估计误差 R_n 的分布, 从而获得 σ^2 的分布或分布密度, 由此算得 $P_{H_0}^{(0)}$.

1.5　小　　结

本章从先验分布的确定、先验分布可信度的度量以及 Bayes 统计推断三个角度, 比较全面地介绍了 Bayes 统计推断的基本思想和方法. 本章没有详细介绍 Bayes

计算方法, 可参考文献 [53-56]. 需要指出的是, 因本书主要考虑参数化建模, 本章所有内容都是基于参数模型的, 而没有考虑非参数模型的 Bayes 方法. 武器装备系统十分复杂, 受经验和认识能力的限制, 精度与毁伤评估除涉及参数统计模型外, 还可能需要借助非参数和半参数模型. 关于非参数模型的 Bayes 方法, 可参考文献 [57-58].

参 考 文 献

[1] Bayes T R. An essay towards solving a problem in the doctrine of chances. Resonance, 2003, 8(4): 80-88.

[2] 张尧庭, 陈汉峰. Bayes 统计推断. 北京: 科学出版社, 1991.

[3] Berger J O. Statistical Design Theory and Bayesian Analysis. 2nd ed. New York: Springer-Verlag, 1985.

[4] Leonard T, Hsu J S J. Bayesian Methods: An Analysis for Statisticians and Interdisciplinary Researchers. Cambridge: Cambridge University Press, 1999: 333.

[5] 茆诗松. 贝叶斯统计. 北京: 中国统计出版社, 1999: 264.

[6] Doebling S W, Farrar C R, Cornwell P J. Comparison study of modal parameter confidence intervals computed using the Monte Carlo and Bootstrap techniques, NTIS: DE98003423/XAB, 28 Feb 98.

[7] Bernardo J M, Rueda R. Bayesian hypothesis testing: A reference approach. International Statistical Review, 2010, 70(3): 351-372.

[8] 王国富, 任海平, 彭伟锋. 先验信息有偏时 Bayes 估计的 PPC 优良性条件. 中南大学学报 (自然科学版), 2004, 35(4): 686-689.

[9] 张金槐, 张士峰. 先验大容量仿真信息 "淹没" 现场小子样试验信息问题. 飞行器测控学报, 2003, 9: 1-6.

[10] Sargent R G. Verification and validation of simulation models. Journal of Simulation, 2013, 7(1): 12-24.

[11] 张伟, 王行仁. 仿真可信度. 系统仿真学报, 2001, 13(3): 312-314.

[12] 查亚兵, 黄柯棣, 张金槐. 导弹系统仿真的可信性及其在试验鉴定中的应用. 系统仿真学报, 1997, 9(1): 10-17.

[13] 徐迪. 基于相似理论的系统仿真可信性分析. 系统工程理论与实践, 2001, (4): 19-52.

[14] 张淑丽, 杨遇峰, 关世义. 导弹仿真系统可信度评估的层次分析法. 战术导弹技术, 2005, (1): 23-28.

[15] 张淑丽, 叶满昌. 导弹武器系统仿真可信度评估方法研究. 计算机仿真, 2006, 23(5): 48-52.

[16] 高德荫. 专家系统中主观 Bayes 方法的可信度传播. 上海交通大学学报, 1990, 24(4): 89-94.

[17] 张金槐. 谱分析方法在仿真结果分析中的应用. 国防科技大学学报, 1998, 20(3): 1-4.

[18]   李鹏波. 仿真可信性分析与导弹系统的仿真可信性. 导弹与航天运载技术, 1999, (3): 7-15.

[19]   李鹏波, 张士峰, 蔡洪. 关于仿真可信性的度量. 计算机仿真, 2000, 17(1): 19-21.

[20]   李鹏波, 谢红卫. 现代谱估计方法在仿真可信性研究中的应用. 计算机仿真, 1999, 16(1): 45-48.

[21]   沙钰, 吴翊, 王正明, 等. 弹道导弹精度分析概论. 长沙: 国防科技大学出版社, 1995.

[22]   孙开亮, 段晓君, 周海银. 基于弹道解算的非线性误差分离方法. 飞行器测控学报, 2005, 24(4): 38-42.

[23]   贾沛然, 吴杰, 汤建国. 弹道导弹工具误差影响的折合方法研究. 杭州: 航天测控技术研讨会论文集, 1997.

[24]   段晓君, 周海银, 姚静. 精度评定的分解综合及精度折合. 弹道学报, 2005, 17(2): 42-48.

[25]   Zhu Z Q. Application of error compensation technology of inertial instruments in improvement of strategic ballistic missile accuracy. Aerospace Control, 1995, 03.

[26]   唐雪梅, 张金槐. 武器装备小子样试验分析与评估. 北京: 国防工业出版社, 2001.

[27]   陈璇, 孙开亮, 王正明. 惯导武器制导工具误差折合的落点偏差精度评估. 模糊数学与系统, 2005, 19(11): 126-129.

[28]   张金槐. 张金槐教授论文选集. 长沙: 国防科技大学出版社, 1999.

[29]   段晓君, 黄寒砚. 基于信息散度的补充样本加权融合评估. 兵工学报, 2007, 28(10): 75-79.

[30]   张湘平, 张金槐, 谢红卫. 关于样本容量、先验信息与 Bayes 决策风险的若干讨论. 电子学报, 2003, 31(4): 536-538.

[31]   张金槐, 唐雪梅. Bayes 方法. 长沙: 国防科技大学出版社, 1993: 1-3, 54-57.

[32]   张湘平, 张金槐, 谢红卫. 关于样本容量、先验信息与 Bayes 决策风险的若干讨论. 电子学报, 2003, 31(4): 536-538.

[33]   李鹏波, 谢红卫, 张金槐. 考虑先验信息可信度时的 Bayes 估计. 国防科技大学学报, 2003, 25(4): 107-110.

[34]   邓海军, 查亚兵. Bayes 小子样鉴定中仿真可信度研究. 系统仿真学报, 2005, 17(7): 1566-1568.

[35]   陈璇, 段晓君, 王正明, 等. 基于外测弹道数据的后效误差分析及折合. 飞行器测控学报, 2005, 24(5): 59-62.

[36]   王国玉, 汪连栋, 阮祥新, 等. 雷达 ECM 压制距离替代等效推算方法与模型. 系统工程与电子技术, 2001, 9(9): 63-66.

[37]   Law A M, McComas M G. How to build valid and credible simulation models. Proceedings-Winter Simulation Conference, 2001: 22-29.

[38]   Lee C, Landgrebe D A. Analyzing high-dimensional multispectral data. IEEE Trans. Geosci. Remote Sensing, 1993, 31(4): 792-800.

[39]   Carreira-Perpinan M A. Continuous Latent Variable Models for Dimensionality Reduction and Sequential Data Reconstruction. Sheffield: Department of Computer Science University of Sheffield, 2001.

[40] Hesterberg T, Monaghan S, Moore D S, et al. Bootstrap Methods and Permutation Tests. New York: W. H. Freeman and Company, 2003.

[41] 段晓君, 王正明. 小子样下的 Bootstrap 方法. 弹道学报, 2003, 15(3): 1-5.

[42] 段晓君, 王刚. 基于复合等效可信度加权的 Bayes 融合评估方法. 国防科技大学学报, 2008, 30(3): 90-94.

[43] 黄寒砚, 段晓君, 王正明. 考虑先验信息可信度的后验加权 Bayes 估计. 航空学报, 2008, 29(5): 1245-1251.

[44] 周荣喜, 邱菀华. 熵–Bayes 决策中的信息灵敏度分析. 统计与决策, 2006, (10): 13-14.

[45] Wong H, Clarke B. Improvement over Bayes prediction in small samples in the presence of model uncertainty. The Canadian Journal of Statistics, 2004, 32(3): 269-283.

[46] 王燕, 刘福升. 已知部分信息的先验确定. 山东科技大学学报 (自然科学版), 2002, (2): 3-6.

[47] 张金槐. 落点精度和密集度的 Bayes 估计问题. 飞行器测控学报, 2001, (2): 81-88.

[48] 张金槐. Bayes 试验分析中先验分布的表示. 国防科技大学学报, 1999, (6): 109-114.

[49] 冯蕴雯, 冯元生. 极小子样高可靠性成败型产品试验的贝叶斯评估方法研究: 机械科学与技术, 1999, (2): 198-200.

[50] 张金槐. Bayes 方法稳健性检验. 飞行器测控学报, 1999, 18(3): 1-6.

[51] 韦来生. 错误先验假定下回归系数 Bayes 估计的小样本性质. 应用概率统计, 2000, 16(1): 71-80.

[52] 张金槐. Bayes 方法稳健性检验. 飞行器测控学报, 1999, 18(3): 1-6.

[53] Chen M H, Shao Q M, Ibrahim J G. Monte Carlo Methods in Bayesian Computation. New York: Springer Series in Statistics, 2000.

[54] Andrieu C, Doucet A, Holenstein R. Partical Markov chain Monte Carlo methods. Journal of the Royal Statistical Society, Series B: Statistical Methodology, 2010, 71(3): 269-342.

[55] Robert C P. Bayesian computational tools. Annual Review of Statistics and Its Application, 2014, 1(1): 153-177.

[56] Craiu R V, Rosenthal J S. Bayesian computation via Markov chain Monte Carlo. Annual Reviw of Statistics and Its Application, 2014, 1(1): 179-201.

[57] Sturart A M. Inverse problems: A Bayesian perspective. Acta Numerica, 2010, (19): 451-559.

[58] Phadia E G. Prior Processes and Their Applications. Berlin: Springer, 2013.

[59] Liu B, Duan X, Yan L. A Novel Bayesian Method for calculating Circular Error Probability with Systematic-Biased Prior Information, Mathematical Problems in Engineering. 2018. https://doi.org/10.1155/2018/5930109.

第2章 序贯分析

2.1 引 言

2.1.1 历史概述

序贯分析 (sequential analysis) 方法是研究如何得到和利用序贯样本进行统计推断的数理统计学分支 [1]. 其名称源于统计学家 Wald 于 1947 年发表的一本同名著作, 它研究的对象是 "序贯抽样方案", 即如何用序贯抽样并进行统计推断.

美国统计学家 Dugué 和 Romig 的二次抽样方案是较早的一个序贯抽样方案. 1945 年, Stein 针对方差未知时估计和检验正态分布均值的问题, 也提出了一个二次抽样方案, 据此序贯抽样方案既可节省抽样量, 又可达到预定的推断可靠度和精确度. 第二次世界大战时, 为军需验收工作的需要, Wald 发展了一种一般性的序贯检验方法, 叫做**序贯概率比检验**(sequential probability ratio test, SPRT)[2], 此法在他 1947 年的同名著作中有系统的介绍. Wald 的这种方法提供了根据各次观测得到的样本值, 接受原假设或接受备择假设的临界值的近似公式, 也给出了这种检验法的平均抽样次数和功效函数, 并在 1948 年与 Wolfowitz 一起证明了在一切犯两类错误的概率不超过 α 和 β 的检验类中, SPRT 所需的平均抽样次数最少 [3]. Wald 在其著作中也考虑了复合检验的问题, 有许多统计学者研究了这种检验. Wald 的上述开创性工作引起了许多统计学者对序贯分析法的注意, 并继续进行研究和完善, 从而使序贯分析成为数理统计学的一个分支.

除了检验问题以外, 序贯方法在其他方面也有不少应用, 如在一般的统计决策、点估计、区间估计等方面都有不少工作. 相对于单阶段抽样, 序贯分析法具有很多优点, 它可以满足带有破坏性和危及安全性的试验要求: ①试验的样本数尽可能少; ②试验为序贯进行; ③有较高的准确率. 正是因为这些优点, 序贯分析在质量控制和药品研究等很多领域中被广泛应用. 在成本高昂且具有破坏性的军事武器论证领域, "试试看看, 看看试试" 的序贯试验论证方式更是拥有得天独厚的优势. 美国陆军部长代理在 1984 年就指出: 破坏性试验必须运用序贯分析方法或 Bayes 方法确定系统的可靠性, 进行精度鉴定; 最佳试验数的确定必须考虑试验耗费. 1984 年 2 月重新修订的用于评估导弹试验方案准则中, 也指出用序贯分析方法或 Bayes 方法进行精度分析. 同年 9 月, 分别用这两种方法对 "潘兴 II" 进行了精度和可靠性分析 [10].

2.1.2　序贯分析方法的引入

2.1.2.1　固定抽样方案的局限

通常的统计方法都是在抽样之前预先给定抽样量的大小, 这种事先确定抽样个数的抽样方案, 称为**固定抽样方案**. 实践表明, 固定抽样法能解决很多问题, 但在有些情况下, 却会导致不必要的浪费. 另外, 在很多情况下, 使用固定样本量方法, 即使样本量很大, 也可能解决不了问题.

例 2.1.1　现在考虑一个抽样验收问题, 用 p 表示这批被验产品的次品率, 特别地假定 $p_0=0.04$, $p_1=0.10$, $\alpha=0.05$, $\beta=0.10$. 最简单的验收方案是选定两个整数 $n > c \geqslant 0$, 从该批产品中随机抽取 n 件, 如果这 n 件中所含不合格品件数 $v_n > c$, 则拒收该批产品; 若 $v_n \leqslant c$, 则接收该批产品, 这种方案称为 (n, c) 抽样法. 很明显, 这个验收方案的样本量是固定的整数 n, 但是在抽样的过程中, 如果未抽到 n 件, 就已抽到 $c+1$ 件不合格品, 就没有必要再往下抽样. 换句话说, 在有些情况下事先固定样本量要造成浪费. 另一方面, 考虑两类风险 (弃真和采伪概率) 的限制, 可以证明, 对于 (n, c) 抽样方案, 需要检验的平均产品数为 $n=139$. 这说明应根据抽样过程中出现的情况来决定抽样量.

现在考虑 SPRT(详见 2.2 节). 可得检验准则

$$
\begin{cases}
v_n > 0.0657n + 2.946, & \text{停止试验, 拒绝} H_0, \\
v_n < 0.0657n - 2.293, & \text{停止试验, 接受} H_0 \\
v_n \in [0.0657n - 2.293, 0.0657n + 2.946], & \text{继续试验}
\end{cases}
$$

可得平均子样容量约为 70, 这仅为 (n, c) 抽样方法下的约 50%.

例 2.1.2[11]　研究一枚不匀称的硬币, 将有币值的一面叫正面, 另一面叫反面. 在桌上任意抛掷一次, 需要检验正面朝上的概率是否大于 $1/2$. 用随机变量 X 刻画这枚硬币. 当正面朝上时, $X = 1$; 反面朝上时 $X = 0$, 记 $p = P(X = 1)$. 显然有 $0 < p < 1$. 于是, 上述问题可化为检验零假设:

$$
H_0: 0 < p < 1/2; \qquad H_1: 1/2 < p < 1
$$

在进行检验时, 每一次抽样就是将硬币任意抛掷一次. 给定小正数 $\alpha\,(0 < \alpha < 1/2)$, 那么是否有固定样本量的检验法使得弃真和采伪的概率都小于 α 呢? 可以证明这个问题的答案是否定的, 也就是说无论预先固定的样本量有多大也无济于事.

例 2.1.3[3]　设 μ 和 σ^2 均未知, $x_1, x_2, \cdots, x_n$ 是来自于正态总体 $N(\mu, \sigma^2)$ 的独立同分布样本, 给定 $l > 0$, 对置信度 $1 - \alpha$, 问是否存在 μ 的长度不超过 $2l$ 的置信区间.

根据第 1 章的讨论知, 当 σ^2 已知, μ 的置信区间为

$$\left[\bar{x} - \frac{\mu_{\alpha/2} \cdot \sigma}{\sqrt{n}}, \ \bar{x} + \frac{\mu_{\alpha/2} \cdot \sigma}{\sqrt{n}}\right] \tag{2.1.1}$$

其中 $\mu_{\alpha/2}$ 使得 $\Phi(\mu_{\alpha/2}) = \alpha/2$, 由此可见, 如果选取 n 是满足下式的最小正整数

$$n \geqslant \frac{\sigma^2}{l^2}\mu_{\alpha/2}^2 \tag{2.1.2}$$

则用 $(\bar{x} - l, \ \bar{x} + l)$ 作为 μ 的置信区间, 其置信度不小于 $1 - \alpha$.

如果 σ^2 是未知的, 对于固定容量为 n 的子样和置信度 $1 - \alpha$, μ 的置信区间为 $\left(\bar{x} - \frac{S_n}{\sqrt{n-1}}t_{\alpha/2}, \ \bar{x} + \frac{S_n}{\sqrt{n-1}}t_{\alpha/2}\right)$, 其长度为 $\frac{2S_n}{\sqrt{n-1}}t_{\alpha/2}$, 由于 S_n 为统计量, 所以该长度为一个随机变量, 它可以取得很大. 因此当 σ^2 是未知时, 无论固定的样本量多大, 都不存在固定宽度的置信区间, 即基于固定抽样无法构造一个长度不超过 $2l$ 的置信区间. 采用两步序贯抽样方法可以解决这个问题, 方法如下:

先取一个容量为 m 的子样, 计算其均值和方差:

$$\bar{X}_m = \frac{1}{m}\sum_{i=1}^{m} x_i, \qquad S_m^2 = \frac{1}{m}\sum_{i=1}^{m}(x_i - \bar{X}_m)^2 \tag{2.1.3}$$

然后进一步取一个容量为 $N - m$ 的子样, 其中 N 是满足下式的最小正整数,

$$N \geqslant \frac{S_m^2}{l^2}t_{m-1,\alpha/2}^2 \tag{2.1.4}$$

并取 μ 的置信区间为

$$\left(\bar{X}_N - \frac{S_m}{\sqrt{N}}t_{m-1,\alpha/2}, \ \ \bar{X}_N + \frac{S_m}{\sqrt{N}}t_{m-1,\alpha/2}\right) \tag{2.1.5}$$

如果 $N < m$, 则由前 m 个样本确定的置信区间的长度小于 $2l$; 如果 $N > m$, 由 (2.1.5) 式所确定的置信区间的长度是 $\frac{2S_m}{\sqrt{N}}t_{m-1,\alpha/2}$, 根据 (2.1.4) 式, 其长度不超过 $2l$.

下面讨论该置信区间的置信度是否不小于 $1 - \alpha$. 考虑置信度

$$P_{\mu,\sigma}\left(\bar{X}_N - \frac{S_m}{\sqrt{N}}t_{m-1,\alpha/2} < \mu < \bar{X}_N + \frac{S_m}{\sqrt{N}}t_{m-1,\alpha/2}\right)$$

$$= P_{\mu,\sigma}\left(\frac{|\bar{X}_N - \mu|}{S_m/\sqrt{N}} < t_{m-1,\alpha/2}\right) \tag{2.1.6}$$

因为

$$\bar{X}_N = \frac{1}{N}\sum_{i=1}^{N} x_i = \frac{m}{N}\bar{X}_m + \frac{1}{N}\sum_{i=m+1}^{N} x_i \tag{2.1.7}$$

且 $\bar{X}_m$ 与 S_m^2 独立, 而 N 仅依赖于 S_m^2. 当给定 $N = k$ 时, $\bar{X}_N$ 的条件分布是 $\mathrm{N}(\mu, \sigma^2|k)$, 由此得到 $(\bar{X}_N - \mu)\sqrt{N}$ 的条件分布是 $\mathrm{N}(0, \sigma^2)$, 它与 N 无关, 所以 $(\bar{X}_N - \mu)\sqrt{N}$ 服从 $\mathrm{N}(0, \sigma^2)$ 分布, 且 $(\bar{X}_N - \mu)\sqrt{N}$ 与 S_m^2 独立, 因此

$$\frac{|\bar{X}_N - \mu|}{S_m/\sqrt{N}} \sim t(m-1) \tag{2.1.8}$$

$$P_{\mu,\sigma}\left(\frac{|\bar{X}_N - \mu|}{S_m/\sqrt{N}} < t_{m-1,\alpha/2}\right) = 1 - \alpha \tag{2.1.9}$$

上述三个例子说明了固定样本量方法的局限性. 例 2.1.1 表明固定样本量方法的效率有时不高, 例 2.1.2 和例 2.1.3 表明固定样本量方法对有的问题无能为力. 根据接下来的讨论, 将不难证明: 例 2.1.2 中存在基于序贯样本的检验方法, 其弃真和采伪概率均不超过 α; 例 2.1.3 中存在基于序贯样本的固定宽度的置信区间.

2.1.2.2   序贯分析方法的基本概念

序贯方法的特点是 [3]: 在抽样时不指定样本容量, 而是给出一组停止采样规则. 每新抽一组样本后立即考察一下, 按给定的停止规则决定是停止还是继续采样. 即样本量是一个随机变量, 这样得到的样本叫做**序贯样本**. 采样一旦停止, 就按此时所得到的全部样本作为一个固定样本容量的问题进行统计推断. 应用序贯方法进行的检验, 称为**序贯检验**. 同样, 应用序贯方法进行的参数估计称为**序贯估计**. 相对于序贯检验而言, 序贯估计的研究相对滞后.

采用序贯方法可在相同的精度要求下降低试验次数, 或者在给定的抽样费用下降低风险 [11]. 序贯检验方法可以在拒绝域和接受域之间划出一个缓冲区域, 避免因一次试验的成败而产生截然不同的结论, 这就在一定程度上弥补了传统假设检验的不足. 序贯估计可根据当前的估计效果调整样本量, 恰当地选取样本量从而节约费用.

序贯分析方法一般有两个要素: **停止法则与判决法则**. 停止法则告诉我们何时停止抽样, 判决法则告诉我们如何根据序贯样本对总体进行统计推断. 停止法则的定义如下: 设 $X_1, \cdots, X_n$ 是独立同分布的随机变量列. 称随机变量 τ 是停止法则, 若 τ 只取非负整数值 (可取值 ∞), 而且 $\tau \equiv 0$ 或 $\tau \geqslant 1$, 对一切 $n \geqslant 1$, 存在 Borel 集 B_n 使得

$$\{\tau \leqslant n\} = \{(X_1, \cdots, X_n) \in B_n\} \tag{2.1.10}$$

(2.1.10) 式的直观意义是: τ 是否大于 n 仅由现有样本 $X_1, \cdots, X_n$ 确定, 而不依赖于将来的样本. $\tau \equiv 0$ 表示不进行任何抽样.

在本章接下来的内容中, 2.2 节介绍 Wald 的 SPRT 方法, 2.3 节介绍 SPRT 的几种衍生方法, 2.4 节进行截尾方案的优化分析, 2.5 节给出序贯分析方法在导弹落

点精度鉴定中的应用案例.

2.2 序贯概率比检验

在 Neyman-Pearson 基本引理中, 一致最优检验的拒绝域有点过于绝对化. 为了克服这一点, Wald 引入了一种 SPRT[2].

2.2.1 Wald 的 SPRT 方法

设 $(x_1, x_2, \cdots, x_n)$ 是独立同分布的随机变量序列, x_i 表示母体 X 的一个观察. X 的分布依赖于某个参数 θ. 当 X 为连续型变量时, 以 $f(x; \theta)$ 表示其密度函数; 而当 X 为离散型变量时, 以 $f(x; \theta)$ 表示其概率分布.

考虑简单假设检验问题:

$$H_0 : \theta = \theta_0; \quad H_1 : \theta = \theta_1 \tag{2.2.1}$$

记 $(x_1, x_2, \cdots, x_n)$ 的联合分布密度 f_{jn} 及概率比 $\lambda_n(x)$ 的表达式如下:

$$f_{jn}(x) \triangleq f_{jn}(x_1, x_2, \cdots, x_n) = \prod_{i=1}^{n} f(x_i; \theta_j), \quad j = 0, 1 \tag{2.2.2}$$

$$\lambda_n(x) \triangleq \lambda_n(x_1, x_2, \cdots, x_n) \triangleq \frac{f_{1n}(x)}{f_{0n}(x)} = \frac{\prod\limits_{i=1}^{n} f(x_i; \theta_1)}{\prod\limits_{i=1}^{n} f(x_i; \theta_0)} \tag{2.2.3}$$

则 SPRT 的实施步骤是:

Step 1 令 $k = 1$, 按一定准则选取判决门限 A, B;

Step 2 由观测子样 $x_i (1 \leqslant i \leqslant k)$ 计算似然比 $\lambda_k(x_1, x_2, \cdots, x_k) \triangleq \lambda_k$, 若 $\lambda_k \geqslant A$, 则停止观察, 并拒绝原假设 H_0; 相对地, 如果 $\lambda_k \leqslant B$, 则也停止观察, 并接受假设 H_0; 最后, 如果 $B < \lambda_k < A$, 则继续下一观测, 并置 k 为 $k + 1$, 重复 Step 2.

这里两个边界 A 和 $B (A > B)$ 是常数, 确定这两个常数 A, B 使得这个序贯检验具有预先指定的强度 (α, β). 其中 α, β 分别表示弃真和采伪的概率:

$$\alpha \triangleq P_{H_0} \{\text{拒绝} H_0\}, \quad \beta \triangleq P_{H_1} \{\text{接受} H_0\} \tag{2.2.4}$$

如果用 N 表示停止随机变量, 则

$$\alpha = P_{\theta_0} \{\lambda_N(X) \geqslant A\}, \quad \beta = P_{\theta_1} \{\lambda_N(X) \leqslant B\} \tag{2.2.5}$$

以下定理给出了停止边界 A, B 与强度 (α, β) 之间的关系, 利用它可以决定检验的边界.

定理 2.2.1 如果一个 SPRT 以概率 1 终止, 其停止边界为 A, B, 强度为 $(\alpha, \beta), 0 < \alpha, \beta < 1$, 则

$$A \leqslant (1-\beta)/\alpha, \quad B \geqslant \beta/(1-\alpha) \tag{2.2.6}$$

在实际应用中, 常使用 $A' = (1-\beta)/\alpha, B' = \beta/(1-\alpha)$ 作为边界 A, B 的近似值. 对于以 A', B' 为边界的 SPRT, 有如下定理.

定理 2.2.2 如果一个 SPRT 以概率 1 终止, 其强度为 (α', β'), 其边界取为 $A = (1-\beta)/\alpha, B = \beta/(1-\alpha)$, 则

$$\alpha' \leqslant \frac{\alpha}{1-\beta}, \quad \beta' \leqslant \frac{\beta}{1-\alpha}, \quad \alpha' + \beta' \leqslant \alpha + \beta \tag{2.2.7}$$

定理 2.2.2 说明采用近似值作为停止边界所得的检验强于以 A, B 为停止边界所得的检验.

2.2.2 SPRT 的优缺点分析

考虑简单假设检验 (2.2.1), 并沿用上述记号, 记 $a = \log \dfrac{1-\beta}{\alpha}, b = \log \dfrac{\beta}{1-\alpha}$, $Z = \log \dfrac{f(X|\theta_1)}{f(X|\theta_0)}$, 则 SPRT 的平均试验次数为

$$\mathrm{E}_{\theta_0}(N) \approx \frac{\alpha a + (1-\alpha)b}{\mathrm{E}_{\theta_0}(Z)}, \quad \mathrm{E}_{\theta_1}(N) \approx \frac{(1-\beta)a + \beta b}{\mathrm{E}_{\theta_1}(Z)} \tag{2.2.8}$$

定理 2.2.3 设 $\mathrm{E}_{\theta_0}|Z| < \infty, \mathrm{E}_{\theta_0}(Z) \neq 0$, 则对任一以概率 1 终止的强度为 (α, β) 的序贯检验, 有

$$\mathrm{E}_{\theta_0}(N) \geqslant \frac{\alpha \log \dfrac{1-\beta}{\alpha} + (1-\alpha)\log \dfrac{\beta}{1-\alpha}}{\mathrm{E}_{\theta_0}(Z)} \tag{2.2.9}$$

如果序贯检验是 SPRT, 其边界由 (2.2.6) 式代替, 而 (2.2.9) 式右边就可近似地写为 $[\alpha a + (1-\alpha)b]/\mathrm{E}_{\theta_0}(Z)$. 因此, (2.2.8) 式给出了 $\mathrm{E}_{\theta_0}(N)$ 的近似下界, 这也说明了 SPRT 的平均样本容量是接近最少的. 从这个角度看, 序贯概率比是一种最优的方法, 它可以在保证检验的弃真和采伪概率不超过设定值的条件下, 使得在 θ_0, θ_1 处检验所需用的平均样本量最小. 但它也有两个不足之处 [6-7]:

(1) 实际抽样量没有上界, 其值可能很大, 应用时不知什么时候可结束试验;

(2) 参数的真值通常并不等于 θ_0 或 θ_1, 检验所用的平均样本量也不再是最小的.

实际上, 模型假设通常是有偏的, 此即研究 SPRT 方法的稳健性[8] 的原因. SPRT 方法的最优性只有在某些假设模型下才成立.

2.2.3 正态分布和二项分布的参数检验

武器装备系统的效能评估中最常见的两类分布是正态分布和二项分布, 下面就这两个分布中相关参数的检验问题进行讨论.

2.2.3.1 正态分布参数 σ^2 的检验

考虑服从正态分布 $N\left(0, \sigma^2\right)$ 的总体 X, σ^2 为未知参数. 简单假设检验问题:

$$H_0: \sigma = \sigma_0; \quad H_1: \sigma = \sigma_1 = \lambda\sigma_0, \ \lambda > 1 \tag{2.2.10}$$

其似然比

$$\lambda_n = \frac{L(r; \sigma_1)}{L(r; \sigma_0)} = \left(\frac{\sigma_0}{\sigma_1}\right)^n \exp\left\{\left(\frac{1}{2\sigma_0^2} - \frac{1}{2\sigma_1^2}\right)\sum_i X_i^2\right\} \tag{2.2.11}$$

如果序贯检验的停止边界为 $A = \dfrac{1-\beta}{\alpha}$, $B = \dfrac{\beta}{1-\alpha}$, 记 $a = \log A$, $b = \log B$. 令

$$s = \frac{\log\lambda}{\frac{1}{2\sigma_0^2} - \frac{1}{2\sigma_1^2}}, \quad h_1 = \frac{a}{\frac{1}{2\sigma_0^2} - \frac{1}{2\sigma_1^2}}, \quad h_2 = \frac{b}{\frac{1}{2\sigma_0^2} - \frac{1}{2\sigma_1^2}}, \quad S_n = \sum_i X_i^2.$$

考虑对数似然比 $\log\lambda_n$ 与停止边界的关系, 从而得到 SPRT 的决策过程如下: 从 $n = 1$ 开始, 若 $S_n \geqslant sn + h_1$, 则停止试验, 拒绝 H_0; 若 $S_n \leqslant sn + h_2$, 则停止试验, 接受 H_0; 若 $sn + h_2 < S_n < sn + h_1$, 则继续试验.

2.2.3.2 二项分布中参数 p 的检验

在成功率问题中, 以 $x_i = 1$ 表示该次试验成功, $x_i = 0$ 表示试验失败, p 表示成功率. 令 $S_n = \sum_{i=1}^n x_i$ 为试验到第 n 次时的成功次数, 则 S_n 服从二项分布 $B(n, p)$. 对检验问题

$$H_0: p = p_0; \quad H_1: p = p_1 = \lambda p_0 (\lambda < 1). \tag{2.2.12}$$

令 $d = (1-p_0)/(1-p_1)$, α, β 分别为弃真和采伪概率, 记 $A = (1-\beta)/\alpha$, $B = \beta/(1-\alpha)$, $s = \log d/(\log d + \log\lambda)$, $h_1 = \log B/(\log d + \log\lambda)$, $h_2 = \log A/(\log d + \log\lambda)$.

SPRT 的决策过程如下: 从 $n = 1$ 开始, 若 $S_n \geqslant sn + h_1$, 则停止试验, 接受 H_0; 若 $S_n \leqslant sn + h_2$, 则停止试验, 拒绝 H_0; 若 $sn + h_2 < S_n < sn + h_1$, 继续试验.

可以看出, α, β 和 p_0, p_1 是决定决策方案的参数, 其中 p_0, p_1 决定了停止边界直线的斜率. 当 p_0, p_1 确定时, α, β 决定了平行直线之间区域的宽度. 如果采用风险相当原则, 即 $\alpha = \beta$, 由 (2.2.8) 式可知:

$$\mathrm{E}_{p_0}(N) \approx \frac{(2\alpha - 1)\log A}{\mathrm{E}_{p_0}Z}, \quad \mathrm{E}_{p_1}(N) \approx \frac{(1 - 2\alpha)\log A}{\mathrm{E}_{p_1}Z}, \quad A \approx \frac{1 - \alpha}{\alpha} \qquad (2.2.13)$$

因为 $\mathrm{E}_{p_0}Z\,(< 0), \mathrm{E}_{p_1}Z(> 0)$ 由 p_0, p_1 决定, 与 α 无关. 而 α 较小时, $(2\alpha - 1)\log A < 0(\alpha < 0.5)$. 所以 α 增加时, $\mathrm{E}_{p_0}(N), \mathrm{E}_{p_1}(N)$ 均减少. 这与直觉也是一致的, 即试验区域越窄, 平均试验次数越少.

2.3　序贯概率比检验的衍生方法

2.3.1　序贯网图检验法

针对传统 SPRT 方法的不足, 濮晓龙等[6-7] 提出了一种序贯网图检验(sequential mesh test, SMT) 法, 并用试验说明了该方法可在风险相当情况下, 有效降低样本量. 该方法的思想是在给定 p_0, p_1 以及两类风险设定值 α, β 的条件下, 将原检验问题拆分为多组假设检验问题. 例如插入一个点的序贯网图检验法为引入 $p_2 \in (p_1, p_0)$, 拆分为如下二对假设检验问题

$$\begin{aligned}
H_{01} &: p = p_2; \quad H_{11} : p = p_1 \\
H_{02} &: p = p_0; \quad H_{12} : p = p_2
\end{aligned} \qquad (2.3.1)$$

分别采用 SPRT 法对每组问题进行检验, 这样可以使得停时取有限值. 图 2.3.1 描述了插入一个点的序贯网图检验方案. 从图 2.3.1 可以看出, 这种检验方法所需样本量有一个上界 n_0. 事实上, 该上界是两条直线的交点. 通过使上界 n_0 尽可能小, 可以获得最佳的序贯网图, 而通过计算可得当

$$p_2 = 1 - \frac{\log(p_0/p_1)}{\log \dfrac{p_0(1 - p_1)}{p_1(1 - p_0)}} \qquad (2.3.2)$$

时, n_0 取到最小值. 显然, p_2 的最优值与 α_0, β_0 无关.

图 2.3.1 不仅给出了插入一个点的序贯网图检验的示意, 也给出了原序贯检验问题的检验边界. 根据公式推导, 可以得出原序贯检验问题的斜率界于拆分后两个序贯检验问题的斜率之间, 而原截距则远小于后两者的截距. 所以两种检验方法的继续试验区域已经改变了. 文献 [6] 也给出了相应的截尾 SMT 法, 并比较了截尾 SMT 与传统序贯截尾检验的最大样本量, 发现前者远优于后者, 并将这归功于对原假设检验问题的拆分. 同时也指出插入多个点的 SMT 对插入一个点的方法结果的

改进微乎其微, 且计算量非常大, 建议在应用上不考虑插入多个点的序贯网图检验方法.

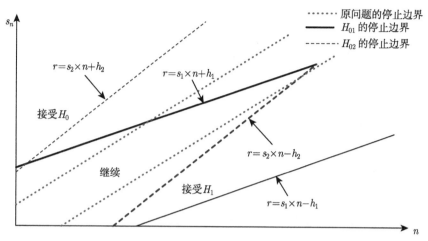

图 2.3.1 插入一个点的序贯网图检验

2.3.2 序贯截尾检验法

序贯截尾检验法是序贯检验方法的改进. 为了克服序贯检验方法试验数不确定的缺点, 在序贯检验方法的基础上, 选定试验数最大值 $N = n_f$, 称为截尾数. 如果试验一直进行到 n_f, 仍然无法作出判定, 也终止试验, 并且作出接受原假设或者拒绝原假设的结论. 采用序贯截尾方法的关键是如何选取合适的截尾数. 截尾数关系到试验数的最大值, 也关系到弃真和采伪概率的大小.

序贯截尾检验的截尾方案有很多, 图 2.3.2 给出三种基本形式 [4].

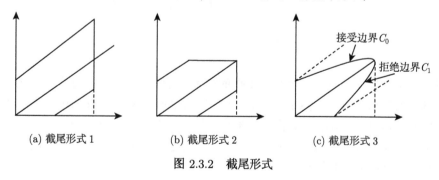

(a) 截尾形式 1　　　　(b) 截尾形式 2　　　　(c) 截尾形式 3

图 2.3.2　截尾形式

"形式 1" 的截尾方案, 从检验效果来说是不好的, 例如, 常出现这种情况: 若截尾数 $n_0 = 10$, "9 发 7 中" 不能接受 H_0, 而 "10 发 7 中" 却能够接受 H_0, 这显然是不合适的. 从截尾方案的渐变性考虑, "形式 3" 的截尾方案较为理想, 但实际操作起来较为复杂, 其核心是构造接受边界 C_0 和拒绝边界 C_1 的曲线形式. "形式 2"
的截尾方案, 检验效果有所改善, 因此工程中常常使用它. 但序贯截尾检验方法在
目前工程实际应用中带有较大的盲目性 [4], 并且完全是人为构造的, 这种盲目性体
现在决策方案中边界的选择和截尾样本的选择上.

2.3.3   Bayes 序贯方法

序贯检验方法没有考虑先验信息, 致使试验次数仍比较大. 序贯方法 (SPOT)
方法考虑了未知分布参数的先验信息, 是 SPRT 方法的一种改进 [9].

考虑假设检验问题

$$H_0 : \theta \in \Theta_0 \qquad H_1 : \theta \in \Theta_1 \tag{2.3.3}$$

其中, $\Theta_0 \bigcup \Theta_1 = \Theta$, Θ 为参数空间; $\Theta_0 \bigcap \Theta_1 = \varnothing$; 当 $\theta_0 \in \Theta_0$, $\theta_1 \in \Theta_1$ 时, $\theta_0 < \theta_1$.
对于独立同分布的样本 $(X_1, X_2, \cdots, X_n)$, SPRT 方法是作似然比. 而 SPOT 方法
是将似然比换作似然函数在 Θ_0 和上 Θ_1 的后验加权比:

$$O_n = \frac{\int_{\Theta_1} \prod_{i=1}^{n} f(X_i|\theta)\mathrm{d}F^\pi(\theta)}{\int_{\Theta_0} \prod_{i=1}^{n} f(X_i|\theta)\mathrm{d}F^\pi(\theta)} \tag{2.3.4}$$

其中 $F^\pi(\theta)$ 为 θ 的先验分布. 引入常数 $A, B, 0 < A < 1 < B$, 运用检验法则: 当
$O_n \leqslant A$ 时, 终止试验, 接受 H_0; 当 $O_n \geqslant B$ 时, 终止试验, 接受 H_1; 当 $A < O_n < B$
时, 不作决策, 继续试验. SPRT 的结论不能照搬入 SPOT 中. A 和 B 的确定、弃
真和采伪概率的计算、截尾方法等都必须重新建立.

根据 Wald 的工作, 可以取

$$A = \beta_{\pi_1}/(P_{H_0} - \alpha_{\pi_0}), \quad B = (P_{H_1} - \beta_{\pi_1})/\alpha_{\pi_0} \tag{2.3.5}$$

其中

$$P_{H_0} = \int_{\theta \in \Theta_0} \mathrm{d}F^\pi(\theta), \quad P_{H_1} = 1 - P_{H_0} \tag{2.3.6}$$

可以计算出考虑先验分布时弃真和采伪的概率. 它们的计算比较困难, 因为依赖于
总体分布及先验分布. 实际上, SPOT 方法在简单假设情况下与 SPRT 方法相同.
但考虑先验信息时, 就弃真和采伪的概率而言, SPOT 方法更小一些.

关于截尾 SPOT 方案, 若在第 $N-1$ 次试验之后仍未作出决策, 则将继续试验
区 $\{X : A < O_N < B\}$ 分割为两个部分:

$$D_1 = \{X : A < O_N \leqslant C\}, \quad D_2 = \{X : B > O_N > C\}$$

当子样 X 落入 D_1 时, 接受 H_0; 当 X 落入 D_2 时, 接受 H_1. 这样在第 N 次试验
之后必定终止试验且作出决策.

2.3.4 多假设 SPRT 方法

目前, 序贯假设检验中大量的研究都是针对二元假设问题, 但在实际应用中涉及多元假设问题, 尤其是在信号处理中十分常见[12]. 例如, 多分辨雷达的目标检测、统计模式识别等. 当假设数 $M \geqslant 3$ 时, 是否存在一个检验方法使得各种情况的平均试验数最少并不清楚[13]. 因此, 在多元序贯假设检验的发展过程中, 寻找次优的检验方法十分重要. 尽管通过改进后 N-P 准则对多元假设检验仍然适用, 但是在实际中却很少使用. 常使用最小 P_ε 准则或其推广 Bayes 风险准则[14]. 下面介绍这种方法.

假定要区分的 M 个假设为 $\{H_0, H_1, \cdots, H_{M-1}\}$, 其先验概率分别为 $p(H_0)$, $p(H_1), \cdots, p(H_{M-1})$, 其平均代价可表示为

$$\bar{C} = \sum_i \sum_j c_{ij} p(H_j) P(D_i | H_j) \tag{2.3.7}$$

式中 $P(D_i|H_j)$ 表示 H_j 假设为真而判为 D_i 的概率; c_{ij} 表示 H_j 假设为真而判为 D_i 的代价. 当 c_{ij} 取 "0-1" 损失函数时, $\bar{C} = P_\varepsilon$.

为了进行判决, 把观测空间 Z 划分为互不重叠的子空间 $Z_0, Z_1, \cdots, Z_{M-1}$, 如果观测值落入 Z_j 则判为 D_i, 由此平均代价又可写为

$$\bar{C} = \sum_i \sum_j c_{ij} p(H_j) \int_{z_j} P(z|H_j) \mathrm{d}z \tag{2.3.8}$$

Bayes 准则使得 $\bar{C}$ 达到最小. 为了便于理解, 以 $M = 3$ 进行分析. 此时, 判决域 $Z = Z_0 \bigcup Z_1 \bigcup Z_2$, 于是

$$\begin{aligned}\bar{C} =&p(H_0)c_{00} + p(H_1)c_{11} + p(H_2)c_{22} \\ &+ \int_{z_0} [p(H_2)(c_{02} - c_{22}) P(z|H_2) + p(H_1)(c_{01} - c_{11}) P(z|H_1)] \mathrm{d}z \\ &+ \int_{z_1} [p(H_0)(c_{10} - c_{00}) P(z|H_0) + p(H_2)(c_{12} - c_{22}) P(z|H_2)] \mathrm{d}z \\ &+ \int_{z_2} [p(H_0)(c_{20} - c_{00}) P(z|H_0) + p(H_1)(c_{21} - c_{11}) P(z|H_1)] \mathrm{d}z \end{aligned} \tag{2.3.9}$$

设被积函数分别为

$$I_0(z) =p(H_2)(c_{02} - c_{22}) P(z|H_2) + p(H_1)(c_{01} - c_{11}) P(z|H_1)$$
$$I_1(z) =p(H_0)(c_{10} - c_{00}) P(z|H_0) + p(H_2)(c_{12} - c_{22}) P(z|H_2)$$
$$I_2(z) =p(H_0)(c_{20} - c_{00}) P(z|H_0) + p(H_1)(c_{21} - c_{11}) P(z|H_1) \tag{2.3.10}$$

将观测值 z 代入被积函数, 得:

(1) 若 $I_0(z) < I_1(z)$, $I_0(z) < I_2(z)$, 则选择 H_0;

(2) 若 $I_1(z) < I_2(z)$, $I_1(z) < I_0(z)$, 则选择 H_1;

(3) 若 $I_2(z) < I_0(z)$, $I_2(z) < I_1(z)$, 则选择 H_2.

对 M 元假设问题, 其平均代价可表示为

$$\bar{C} = \sum_{i=0}^{M-1} p(H_i)c_{ii} + \sum_{j=0}^{M-1} \int_{z_i} \sum_{i=0,j\neq i}^{M-1} p(H_j)(c_{ij} - c_{jj})P(z|H_j)\mathrm{d}z \tag{2.3.11}$$

相对应的被积函数为

$$I_i(z) = \sum_{i=0,j\neq i}^{M-1} p(H_j)(c_{ij}c_{jj})P(z|H_j) \tag{2.3.12}$$

当 $I_i(z)$ 最小时, 选择 H_i. 特别地, 当 c_{ij} 取 "0-1" 损失函数且无信息先验时, $p(H_j) = 1/M$, 若

$$P(z|H_k) > P(z|H_j), \quad j \neq k \tag{2.3.13}$$

则判定 H_k 成立. 此即为 M 元最大似然决策准则. 当取其他先验时, 最大后验决策为使得

$$\ln P(z|H_k) + \ln P(H_k) \to \max \tag{2.3.14}$$

2.3.5 Bayes 序贯网图检验法

针对 SPRT 的不足, 上面介绍了 SMT 和 SPOT 两种思路可对 SPRT 进行改进, 它们均可降低平均试验次数或两类风险. 于是很自然的想法是结合两者的优点, 构造新的检验法, 称这种方法为 Bayes 序贯网图检验法. 关于 Bayes 序贯网图检验法, 又会产生一系列的问题: ①先验信息的获取及其合理性检验; ②先验信息如何拆分; ③Bayes 序贯检验的原则选择; ④最优的插入点位置选择; ⑤检验方法的风险分析; ⑥相应的截尾方案设计. 本节将对这些问题进行详细的讨论.

2.3.5.1 成功率检验的 Bayes 序贯网图法[15]

Bayes 方法的核心是先验信息的利用, 获取先验信息的途径一般有: 历史资料 (特别是以前的试验的折合信息)、仿真或理论分析、专家信息等. 对于成功率的检验问题, 这类先验信息最常见的体现形式有: 主观概率 P_{H_0}、先验样本 (n_0, s_0) (n_0 为试验总次数, s_0 为成功次数)、p 的分布形式 (通常为均匀分布 $U[a,b]$). 下面将从先验信息入手讨论该问题的 Bayes 序贯网图法.

1) 拆分方案先验概率的计算

考虑简单假设检验问题 (2.2.12). 先验样本为 (n_0, s_0), 利用 Bayes 公式, 记 $P_{H_0}^{(0)}$, $P_{H_1}^{(0)}$ 为 (n_0, s_0) 提供的先验信息, 则得先验概率 P_{H_0}(或 π_0) 为

$$\pi_0 = P\{H_0|(n_0, s_0)\} = \frac{P_{H_0}^{(0)} P\{(n_0, s_0)|H_0\}}{P_{H_0}^{(0)} P\{(n_0, s_0)|H_0\} + P_{H_1}^{(0)} P\{(n_0, s_0)|H_1\}} \tag{2.3.15}$$

若考虑无信息先验, 则取 $P_{H_0}^{(0)} = P_{H_1}^{(0)} = 50\%$, 令 $d = \dfrac{1-p_0}{1-p_1}$, $\lambda = p_1/p_0$, 于是

$$\pi_0 = \frac{C_{n_0}^{s_0} p_0^{s_0} (1-p_0)^{n_0-s_0}}{C_{n_0}^{s_0} p_0^{s_0} (1-p_0)^{n_0-s_0} + C_{n_0}^{s_0} p_1^{s_0} (1-p_1)^{n_0-s_0}} = \frac{1}{1 + \lambda^{s_0} d^{s_0-n_0}} \tag{2.3.16}$$

$$\pi_1 = 1 - \pi_0 \tag{2.3.17}$$

引入 $p_2 \in (p_1, p_0)$ 并将之拆分为如 (2.3.1) 所示的两对假设检验问题, 分别对每组假设检验问题计算 π_0, 令

$$\lambda_1 = \frac{p_1}{p_2} < 1, \quad d_1 = \frac{1-p_2}{1-p_1} < 1, \quad \lambda_2 = \frac{p_2}{p_0} < 1, \quad d_2 = \frac{1-p_0}{1-p_2} < 1$$

则拆分后的先验概率分别为

$$\pi_{01} = \frac{1}{1 + \lambda_1^{s_0} d_1^{s_0-n_0}} \tag{2.3.18}$$

$$\pi_{02} = \frac{1}{1 + \lambda_2^{s_0} d_2^{s_0-n_0}} \tag{2.3.19}$$

另一方面, 考虑 p 的分布形式的先验信息. 对于拆分方案 (2.3.1) 中的检验 H_{01} 和 H_{02}, 可以直接根据分布分别计算 π_{01} 和 π_{02}.

2) 停止准则

考虑检验问题 (2.3.1), SPRT 步骤为: 从 $n = 1$ 开始, 若 $S_n \geqslant s_1 n + h_1$, 则停止试验, 接受 H_0; 若 $S_n \leqslant s_2 n + h_2$, 则停止试验, 拒绝 H_0; 若 $s_2 n + h_2 < S_n < s_1 n + h_1$, 继续试验.

在 SPRT 方法中, 如果取 $\alpha = \beta$, 则只要给定 α 或 β 的值, 就可以得到唯一的 SPRT 方案. 但是, 若 Bayes 序贯检验方法也取 $\alpha = \beta$, 则与 SPRT 方法相同, 先验信息便起不到作用, 而且会出现 $B < 1$ 或 $A > 1$ 的情况, 与 $B > 1 > A > 0$ 的要求不符, 是不合理的 [7]. 为了既考虑先验信息又兼顾两类风险的相当性, 应该采用平均风险相当原则, 即 $\alpha_{\pi_0} = \beta_{\pi_1}$. 为与 SPRT 方法相协调, 当 $\pi_0 = 0.5$ 时选取 $\alpha(= \beta)$ 为某一值, 从而得到 $\alpha_{\pi_0} = \beta_{\pi_1} = R_0$. $\alpha_{\pi_0}(= \beta_{\pi_1})$ 值的确定如下 ($\pi_0 \neq 0.5$):

对于不同的 π_0, 采用继续试验区宽度不变的方法 [7], 计算出 $\alpha_{\pi_0}(=\beta_{\pi_1})$ 的值和 α, β 的值, 继而确定 Bayes 序贯概率比方案. 这种方法使得继续试验区随 π_0 的变化往上 ($\pi_0 < 0.5$) 或往下 ($\pi_0 > 0.5$) 移动. 对不同的先验 π_0, 采取继续试验区宽度不变的方法, 即

$$y = \frac{\alpha\beta}{(1-\alpha)(1-\beta)} = \frac{A_0}{B_0} \tag{2.3.20}$$

的取值不变, 若要求 $\alpha_{\pi_0} = \beta_{\pi_1}$, 则可计算出

$$\begin{cases} \alpha = \dfrac{-y + \sqrt{y^2 + 4y(1-y)\pi_0\pi_1}}{2(1-y)\pi_0} \\[3mm] \beta = \alpha\pi_0/\pi_1 \end{cases} \tag{2.3.21}$$

$$\alpha_{\pi_0} = \beta_{\pi_1} = \frac{-y + \sqrt{y^2 + 4y(1-y)\pi_0\pi_1}}{2(1-y)} \tag{2.3.22}$$

3) 插入点位置的选择

考虑插入一个点的 Bayes 序贯网图检验法, 同 SMT 类似, 检验所需样本量的上界 n_0 仍然是两条直线的交点, 由下式决定:

$$s_1 n_0 + h_{11} = s_2 n_0 + h_{22} \tag{2.3.23}$$

其中

$$h_{11} = \frac{\log\left(\beta_1/(1-\alpha_1)\right)}{\log\lambda_1 + \log d_1}, \quad h_{22} = \frac{\log\left((1-\beta_2)/\alpha_2\right)}{\log\lambda_2 + \log d_2}$$

$$s_1 = \frac{\log d_1}{\log\lambda_1 + \log d_1} > 0, \quad s_2 = \frac{\log d_2}{\log\lambda_2 + \log d_2} > 0$$

α_1, β_1 为假设 H_{01} 中弃真和采伪的概率, α_2, β_2 为假设 H_{02} 中弃真和采伪的概率, 根据 (2.3.21) 式, 它们由 $\pi_0 = 0.5$ 时的 α, β 和 π_0 所决定. 由 (2.3.23) 式可以解出所需样本量的上界 n_0, 得

$$n_0 = \frac{h_{11} - h_{22}}{s_2 - s_1} = \frac{a_1 \cdot (\log\lambda_2 + \log d_2) - b_2 \cdot (\log\lambda_1 + \log d_1)}{\log d_2 \log\lambda_1 - \log d_1 \log\lambda_2} \tag{2.3.24}$$

其中 $a_1 = \log\left(\beta_1/(1-\alpha_1)\right)$, $b_2 = \log\left((1-\beta_2)/\alpha_2\right)$, $\lambda = p_1/p_0$, $d = (1-p_0)/(1-p_1)$.

显然, 当 $\pi_0 = 0.5$ 时, n_0 的最小值点与 α, β 无关; 当 $\pi_0 \neq 0.5$ 时, n_0 取最小值的点与 α, β 有关, 其解析表达式不易得出. 但是可以通过求解数值问题得到插入点 p_2 及相应的 (n_0, s_0).

$$\min \quad n_0 = \frac{a_1 \cdot (\log\lambda_2 + \log d_2) - b_2 \cdot (\log\lambda_1 + \log d_1)}{\log d_2 \log\lambda_1 - \log d_1 \log\lambda_2} \tag{2.3.25}$$

对于插入多个点的 Bayes 序贯网图检验法, 可以结合上面的方法, 并参考文献 [6] 的插入点方法进行计算. 由于其计算量大, 且效果不太明显, 这里不详细讨论.

4) 两类风险的计算

考虑先验信息得出 Bayes 序贯网图检验的两类风险为

$$
\left\{
\begin{aligned}
&\alpha_{\pi_0} = \pi_0\Bigg[P_{p_0}(S_1 \leqslant s_2 + h_{22}) + \sum_{i=2}^{[n_0]} P_{p_0}(S_i \leqslant s_2 i + h_{22}, \\
&\qquad s_2 j + h_{22} < S_j < s_1 j + h_{11}, j = 1, \cdots, i-1)\Bigg] \\
&\beta_{\pi_1} = \pi_1\Bigg[P_{p_1}(S_1 \geqslant s_1 + h_{11}) + \sum_{i=2}^{[n_0]} P_{p_1}(S_i \geqslant s_1 i + h_{11}, \\
&\qquad s_2 j + h_{22} < S_j < s_1 j + h_{11}, j = 1, \cdots, i-1)\Bigg]
\end{aligned}
\right.
\tag{2.3.26}
$$

其中 $\pi_0 = 1/(1 + \lambda^{s_0} d^{s_0 - n_0})$, $\pi_1 = 1 - \pi_0$.

2.3.5.2 Bayes 序贯截尾网图检验

无论是序贯网图检验法还是 Bayes 序贯网图检验法, 其样本量上界是很大的. 为了控制样本量, 引入 Bayes 序贯截尾网图检验.

若采用形式 2 的截尾方法, 则其决策步骤为

Step 1 根据式 (2.3.24)、(2.3.25) 计算插入点 p_2 和最大样本量 n_0 及成功次数上界 r_0;

Step 2 截尾样本量 n_t 和判定数 r_t 的计算方法为: 让 n_t 从 1 变到 n_0, 让 r_t 从 r_0 变到 1, 对每一组 (n_t, r_t), 计算两类风险, 找出满足 $\alpha \leqslant 0.5 \cdot \alpha^*$, $\beta \leqslant 0.5 \cdot \beta^*$($\alpha^*, \beta^*$ 为不考虑先验信息时两类风险设定值) 时的最小的 n_t, 即为截尾样本量.

Step 3 从 $n = 1$ 开始, 当 $n < n_t$ 时, 依据上述停止准则进行决策; 当 $n = n_t$ 时, 必须作出判断, 对于判定数 r_t, 当 $S_{n_t} \geqslant r_t$ 时, 接受原假设, 否则, 拒绝原假设. 其实际的两类风险为

$$
\left\{
\begin{aligned}
&\alpha_{\pi_0} = \pi_0\Bigg[P_{p_0}(S_1 \leqslant s_2 + h_{22}) + \sum_{i=2}^{n_t-1} P_{p_0}(S_i \leqslant s_2 i + h_{22}, \\
&\qquad s_2 j + h_{22} < S_j < s_1 j + h_{11}, j = 1, 2, \cdots, i-1) \\
&\qquad + P_{p_0}(S_{n_t} < r_t, s_2 j + h_{22} < S_j < s_1 j + h_{11}, j = 1, 2, \cdots, n_t - 1)\Bigg] \\
&\beta_{\pi_1} = \pi_1\Bigg[P_{p_1}(S_1 \geqslant s_1 + h_{11}) + \sum_{i=2}^{n_t-1} P_{p_1}(S_i \geqslant s_1 i + h_{11}, \\
&\qquad s_2 j + h_{22} < S_j < s_1 j + h_{11}, j = 1, 2, \cdots, i-1) \\
&\qquad + P_{p_1}(S_{n_t} \geqslant r_t, s_2 j + h_{22} < S_j < s_1 j + h_{11}, j = 1, 2, \cdots, n_t - 1)\Bigg]
\end{aligned}
\right.
\tag{2.3.27}
$$

当无任何先验信息时, 上述方法得出的结果与序贯网图检验完全相同.

2.3.5.3　成败鉴定实例与分析

例 2.3.1　考虑成功率的检验问题, 若假设问题为

$$H_0: \ p = 0.8; \quad H_1: \ p = 0.6$$

设验前试验数为 10, 其中成功次数为 6, 不考虑先验信息时, 设定两类风险值为 $\alpha = \beta = 0.2$.

采用 SMT 计算出的插入点为 p_2=0.7067, 最大样本量 n_0=56, 成功次数上界 r_0=39, 实际的两类风险为 0.1053 和 0.1181; 采用 Bayes 序贯网图检验法计算出的插入点为 p_2=0.7067, 最大样本量 n_0=52, 成功次数上界 r_0=37, 先验概率 π_0=0.26, π_1=0.74, 考虑先验信息后实际的两类风险为 0.0419 和 0.0684. 由此可见, 与 SMT 相比, Bayes 序贯网图检验法不仅两类风险要小, 而且所需的试验样本也更少. 为了进一步说明这个问题, 对多组试验方案都进行计算, 并分别与序贯网图检验法和 SPRT 法作比较, 结果见表 2.3.1.

表 2.3.1　成败试验鉴定实例

序号	p_0	p_1	$\alpha_0 = \beta_0$	Bayes 序贯网图检验				序贯网图检验				SPRT	
				n_t	r_t	α'	β'	n_t	r_t	α'	β'	n_t	r_t
1	0.80	0.70	0.30	17	14	0.1379	0.1402	26	20	0.2533	0.2972	28	22
2	0.80	0.70	0.20	46	36	0.0936	0.0996	55	42	0.1967	0.1910	77	59
3	0.80	0.60	0.30	7	6	0.1100	0.1174	9	7	0.2597	0.2348	10	9
4	0.80	0.60	0.20	11	9	0.0994	0.0880	16	12	0.2014	0.1676	20	16
5	0.85	0.70	0.30	5	5	0.0929	0.1400	12	10	0.2609	0.2576	13	11
6	0.85	0.70	0.20	11	10	0.0848	0.0941	21	17	0.1972	0.1990	31	25
7	0.85	0.55	0.30	3	3	0.0556	0.1424	5	4	0.1648	0.2562	6	5
8	0.85	0.55	0.20	4	4	0.0688	0.0783	9	7	0.1396	0.1520	9	7
9	0.80	0.70	0.30	25	19	0.1240	0.1493	26	20	0.2533	0.2972	28	22
10	0.80	0.70	0.20	54	41	0.0999	0.0938	55	42	0.1967	0.1910	77	59
11	0.80	0.60	0.30	4	3	0.1291	0.1359	9	7	0.2597	0.2348	10	9
12	0.80	0.60	0.20	14	10	0.0919	0.0808	16	12	0.2014	0.1676	20	16
13	0.85	0.70	0.30	11	9	0.1193	0.1441	12	10	0.2609	0.2576	13	11
14	0.85	0.70	0.20	25	20	0.0872	0.0903	21	17	0.1972	0.1990	31	25
15	0.85	0.55	0.30	3	2	0.0476	0.1245	5	4	0.1648	0.2562	6	5
16	0.85	0.55	0.20	4	3	0.0858	0.0847	9	7	0.1396	0.1520	9	7
17	0.80	0.70	0.30	16	12	0.1389	0.1399	26	20	0.2533	0.2972	28	22
18	0.80	0.70	0.20	47	35	0.0899	0.0969	55	42	0.1967	0.1910	77	59
19	0.80	0.60	0.30	2	1	0.0348	0.1097	9	7	0.2597	0.2348	10	9
20	0.80	0.60	0.20	3	2	0.0904	0.0846	16	12	0.2014	0.1676	20	16

续表

序号	p_0	p_1	$\alpha_0 = \beta_0$	Bayes 序贯网图检验				序贯网图检验				SPRT	
				n_t	r_t	α'	β'	n_t	r_t	α'	β'	n_t	r_t
21	0.85	0.70	0.30	5	4	0.1222	0.1365	12	10	0.2609	0.2576	13	11
22	0.85	0.70	0.20	18	14	0.0893	0.0861	21	17	0.1972	0.1990	31	25
23	0.85	0.55	0.30	2	1	0.0212	0.0449	5	4	0.1648	0.2562	6	5
24	0.85	0.55	0.20	2	1	0.0212	0.0449	9	7	0.1396	0.1520	9	7

表 2.3.1 中序号 1~8 的先验信息为 (10, 6), π_0 依次为 0.31(序号 1, 2), 0.26(序号 3, 4), 0.17(序号 5, 6), 0.14(序号 7, 8); 9~16 的先验信息为 (10, 8), π_0 分别为 0.56, 0.71, 0.54, 0.78; 17~24 的先验信息为 (10, 9), π_0 分别为 0.69, 0.87, 0.74, 0.94. 从表 2.3.1 可以看出, 序贯网图检验法对传统 SPRT 方法的改进效果显著, 在风险相当情况下可以降低试验所需的截尾样本量约 30%. 而 Bayes 序贯网图检验对序贯网图检验法的改进也是全方位的. 当先验信息较强时, 不仅风险明显降低, 样本量也明显减少. 对比 17~24 或 9~16, 1~8, 发现随着先验信息相对越强 ($\pi_0 > 0.5$ 越大或 $\pi_0 < 0.5$ 越小), 截尾样本量越少的程度越大.

例 2.3.2 平均试验量的计算与比较. 继续例 3.2.1, 考虑平均试验数的计算. 通过 Monte Carlo 方法模拟打靶来计算平均试验数, 方法为: ①设定仿真次数 K; ②每次以概率 p 生成数 1, 表示成功, $1-p$ 的概率失败, 并根据停止准则判断试验是否进行, 统计所需试验数 N_i; ③平均试验数为 $\sum_{i=1}^{K} N_i$. 进行了 3000 次仿真, 计算得当 $p = 0.8$ 时, Bayes 序贯网图法的平均试验数为 13.89, SMT 的为 15.43; 当 p 取 0.6 时, Bayes 序贯网图法的平均试验数为 10.69, SMT 的为 13.94. 这进一步说明了本节方法降低了试验次数.

2.4 序贯截尾检验的优化分析

一般地, 在 SPRT 和序贯截尾检验中给定风险 α^*, β^*, 设定停止边界时取

$$A = (1 - \beta^0)/\alpha^0, \quad B = \beta^0/(1 - \alpha^0), \quad 且 \quad \alpha^0 = \alpha^*, \quad \beta^0 = \beta^*$$

其中 α_0 和 β_0 表示两类风险的初始设定值. 文献 [4] 指出, 这种近似会增加 SPRT 的平均试验次数. 但是现有文献中, 关于 α_0 和 β_0 的取值对截尾方案的影响却没有讨论. 本节将讨论这种影响, 并且对截尾 SMT 和序贯截尾检验进行比较与分析.

2.4.1 最优参数的存在性

2.4.1.1 序贯截尾方案分析

一般而言, 截尾问题的目标在于: 求使得 $\alpha' \leqslant \alpha^*$, $\beta' \leqslant \beta^*$ 成立的最小的截尾

样本 n_t. 对于已有的截尾方案, 可以得出序贯检验法的两类风险为

$$
\begin{cases}
\alpha' = P_{p_0}(S_1 \leqslant s + h_2) + \sum_{i=2}^{n_t-1} P_{p_0}(S_i \leqslant s \cdot i + h_2, sj + h_2 < S_j < s \cdot j + h_1, \\
\qquad j = 1, 2, \cdots, i-1) + P_{p_0}(S_{n_t} < r_t, s \cdot j + h_2 < S_j < s \cdot j + h_1, \\
\qquad j = 1, 2, \cdots, n_t - 1) \\
\beta' = P_{p_1}(S_1 \geqslant s + h_1) + \sum_{i=2}^{n_t-1} P_{p_1}(S_i \geqslant s \cdot i + h_1, s \cdot j + h_2 < S_j < s \cdot j + h_1, \\
\qquad j = 1, 2, \cdots, i-1) + P_{p_1}(S_{n_t} \geqslant r_t, s \cdot j + h_2 < S_j < s \cdot j + h_1, \\
\qquad j = 1, 2, \cdots, n_t - 1)
\end{cases}
\tag{2.4.1}
$$

在 2.2.4.2 小节中介绍了成败试验参数检验的 SPRT 方法. 该方法说明: 边界平行线的斜率由 p_0 和 p_1 直接确定; 在 p_0 和 p_1 给定后, 平行线的截距近似由弃真和采伪概率的初始设定值 α_0, β_0 决定. 国际公认的 IEC1123[5] 所建议的截尾 SPRT 忽视了 α_0, β_0 的值对截尾方案的影响, 这必然导致整个决策问题的效率降低.

为了说明这一点, 针对成功率检验问题, 采用图 2.3.2 中形式 2 的截尾方案, 试验了不同 α_0, β_0 对截尾方案和两类风险的影响. 表 2.4.1 给出了不同的初始 $\alpha_0 (= \beta_0)$ 所对应的截尾样本量和两类风险.

表 2.4.1 不同的 α_0 导致的截尾方案的区别

序号	p_0	p_1	$\alpha^* = \beta^*$	$\alpha_0 = \beta_0$	n_t	r_t	α'	β'
1				0.01	9	7	0.2618	0.2318
2				0.10	9	7	0.2618	0.2318
3				0.15	9	7	0.2618	0.2318
4				0.20	9	7	0.2613	0.2412
5				0.25	9	7	0.2632	0.2595
6				0.27	9	7	0.2549	0.2714
7				0.30	10	8	0.2502	0.3042
8	0.80	0.60	0.30	0.32	10	8	0.2703	0.2962
9				0.33	此时不存在满足条件的方案			
10				0.01	26	20	0.2526	0.2965
11				0.15	26	20	0.2528	0.2967
12				0.20	23	18	0.2532	0.2988
13				0.21	27	21	0.2834	0.2663
14				0.23	26	20	0.2612	0.2964
15				0.24	27	21	0.2822	0.2745
16				0.26	23	18	0.2986	0.2911

续表

序号	p_0	p_1	$\alpha^* = \beta^*$	$\alpha_0 = \beta_0$	n_t	r_t	α'	β'
17				0.28	27	21	0.2976	0.2782
18				0.30	28	22	0.2963	0.2908
19				0.31	36	28	0.2982	0.2974
20	0.80	0.70	0.30	0.32	此时不存在满足条件的方案			
21				0.01	55	42	0.1968	0.1899
22				0.10	55	42	0.1966	0.1926
23				0.13	55	42	0.1996	0.1952
24				0.14	59	45	0.1892	0.1950
25				0.16	63	48	0.1853	0.1959
26				0.18	68	52	0.1950	0.1908
27				0.19	72	55	0.1954	0.1962
28				0.20	77	59	0.1958	0.1986
29	0.80	0.70	0.20	0.21	此时不存在满足条件的方案			

试验中, 让 $\alpha_0 = \beta_0$ 从 0 开始变化. 比较截尾方案, 可以看出, $\alpha_0(=\beta_0)$ 变化时, 截尾方案或相应的两类风险会发生变化, 一般而言, 随着 $\alpha_0(=\beta_0)$ 的变大, 截尾试验样本量会变大, 相应的两类风险会变大. 另一方面, 随着 $\alpha_0(=\beta_0)$ 的变小, 平均试验样本量会逐渐增大. 因此, 对于形式 2 的截尾 SPRT 方案, 平均试验样本量和最优截尾样本量之间存在一个矛盾, 通过控制 $\alpha_0(=\beta_0)$ 可以对它们进行折中, 即使得 $\alpha_0(=\beta_0) = \max\{\alpha|$ 使相应的 n_t 最小$\}$. 从这个角度来看, 表 2.4.1 中第 6, 16, 23 号截尾方案是近似最优的.

从上面的分析可以看出: 在 SPRT 中, 停止边界 A, B 的值由预先设定的 α_0, β_0 给出, 通过调整 α_0, β_0 的值, 可获得不同的截尾方案. 另一方面也要注意到: 实际的弃真和采伪的概率已不是 α_0, β_0, 如果仍利用 α_0, β_0 的值控制停止边界 A, B 是不合适的. 所以寻找最优的 $\alpha_0(=\beta_0)$ 是合理的, 且更符合实际情况.

2.4.1.2 序贯截尾族

根据上面的观点, 即使是图 2.3.2 中形式 2 的截尾模式, α_0, β_0 的取法也是多种多样的. 对于形式 3 的截尾方案, 文献 [4] 通过将 A, B 的值从 A_0, B_0 渐变到 1 而构造了 C_0, C_1 曲线形式:

$$\begin{cases} A = A_0\left[1 - \left(\dfrac{n}{n_t}\right)^{k_1}\right] + \left(\dfrac{n}{n_t}\right)^{k_1} \\ B = B_0\left[1 - \left(\dfrac{n}{n_t}\right)^{k_2}\right] + \left(\dfrac{n}{n_t}\right)^{k_2} \end{cases} \tag{2.4.2}$$

$$\begin{cases} s_A = \dfrac{\ln d}{\ln d + \ln \lambda} n + \dfrac{\ln A}{\ln d + \ln \lambda} \\ s_B = \dfrac{\ln d}{\ln d + \ln \lambda} n + \dfrac{\ln B}{\ln d + \ln \lambda} \end{cases} \tag{2.4.3}$$

这进一步拓展了序贯截尾检验的形式, 于是称满足 $\alpha' \leqslant \alpha^*$, $\beta' \leqslant \beta^*$, 且 n_t 足够小的曲线或折线形式为**序贯截尾族**.

一个截尾方案除了要保证最大试验样本量尽可能小之外, 它还必须满足可操作性强, 即具有实用价值. 如果边界曲线 C_0, C_1 有显式表达, 那么在操作上就比较方便. 这样就可以在一个更大的范围内寻找序贯截尾检验的最佳截尾形式, 而不仅仅局限于形式 2.

2.4.2　截尾 SMT 分析

根据 2.2 节的介绍, 在传统序贯方法中, α_0, β_0 事先给定, 这样截尾 SMT 远优于序贯截尾检验, 濮晓龙等 [6-7] 将这归功于对原假设检验问题的拆分. 然而, 下面通过试验对这两种方法进行比较, 得出不太相同的结论: ①截尾 SMT 中插入多个点对仅插入一个点时的结果改进很小; ②SMT 节约试验样本量. 并解释了其原因.

2.4.2.1　截尾序贯网图与序贯截尾检验的比较

上一节指出, 传统的序贯截尾检验法中, 存在一组最优的 $\alpha_0 (= \beta_0)$. 下面将从这个观点出发, 对 SMT 与传统序贯检验问题进行比较.

1) 最优截尾样本量的比较

截尾 SMT 的两类风险为

$$\begin{cases} \alpha' = P_{p_0}(S_1 \leqslant s_2 + h_{22}) + \displaystyle\sum_{i=2}^{n_t-1} P_{p_0}(S_i \leqslant s_2 i + h_{22}, s_2 j + h_{22} < S_j < s_1 j + h_{11}, \\ \qquad j = 1, 2, \cdots, i-1) + P_{p_0}(S_{n_t} < r_t, s_2 j + h_{22} < S_j < s_1 j + h_{11}, \\ \qquad j = 1, 2, \cdots, n_t - 1) \\ \beta' = P_{p_1}(S_1 \geqslant s_1 + h_{11}) + \displaystyle\sum_{i=2}^{n_t-1} P_{p_1}(S_i \geqslant s_1 i + h_{11}, s_2 j + h_{22} < S_j < s_1 j + h_{11}, \\ \qquad j = 1, 2, \cdots, i-1) + P_{p_1}(S_{n_t} \geqslant r_t, s_2 j + h_{22} < S_j < s_1 j + h_{11}, \\ \qquad j = 1, 2, \cdots, n_t - 1) \end{cases} \tag{2.4.4}$$

对给定的假设检验问题 (2.2.12) 和风险限制 $\alpha^* = \beta^*$, 最优截尾样本即为使得 $\alpha' \leqslant \alpha^*$, $\beta' \leqslant \beta^*$ 成立的最小的截尾样本 n_t.

表 2.4.2 给出了不考虑 $\alpha_0 = \beta_0$ 变化时, 截尾 SMT 和序贯截尾检验的最优截尾样本量 n_t 和实际的两类风险的值. 将 $\alpha_0 = \beta_0$ 的值直接取为 $\alpha^* = \beta^*$. 表 2.4.2 列出了 8 组计算结果的对比, 类似地可以进行多组对比, 从中可以看出, 在这种前提下, 截尾 SMT 是明显优于序贯截尾检验的, 且截尾样本量越大, 优势越明显.

表 2.4.2　$\alpha_0 = \beta_0$ 不变化时截尾方案的比较

序号	p_0	p_1	$\alpha^* = \beta^*$	截尾 SMT				序贯截尾检验			
				n_t	r_t	α'	β'	n_t	r_t	α'	β'
1	0.80	0.40	0.30	4	3	0.1552	0.2368	3	2	0.2320	0.2560
2	0.80	0.40	0.20	4	3	0.1808	0.1792	5	4	0.1962	0.1907
3	0.80	0.60	0.30	9	7	0.2597	0.2348	10	8	0.2502	0.3042
4	0.80	0.60	0.20	16	12	0.2014	0.1676	23	17	0.1859	0.1903
5	0.80	0.70	0.30	26	20	0.2533	0.2972	28	22	0.2963	0.2908
6	0.80	0.70	0.20	55	42	0.1967	0.1910	77	59	0.1958	0.1986
7	0.85	0.60	0.30	6	5	0.2355	0.2333	6	5	0.2528	0.2782
8	0.85	0.60	0.20	10	8	0.1787	0.1691	12	10	0.2015	0.1928

接下来考虑调整 $\alpha_0(= \beta_0)$ 的值, 分别让 $\alpha_0(= \beta_0)$ 从 0 到 0.40 变化, 找出满足 $\alpha_0(= \beta_0) = \max\{\alpha|$ 使相应的 n_t 最小$\}$ 的值. 表 2.4.3 是序贯截尾检验的部分试验结果, 表 2.4.4 是截尾 SMT 法的部分试验结果, 其中第 5 列对应于最优的 $\alpha_0(= \beta_0)$

表 2.4.3　序贯截尾检验计算实例

序号	p_0	p_1	$\alpha^* = \beta^*$	$\alpha_0 = \beta_0$	n_t	r_t	α'	β'
1	0.80	0.40	0.30	0.33	3	2	0.2320	0.2560
2	0.80	0.40	0.20	0.20	4	3	0.1808	0.1792
3	0.80	0.60	0.30	0.27	9	7	0.2549	0.2714
4	0.80	0.60	0.20	0.18	16	12	0.1985	0.1906
5	0.80	0.70	0.30	0.26	23	18	0.2986	0.2911
6	0.80	0.70	0.20	0.13	55	42	0.1996	0.1952
7	0.85	0.60	0.30	0.33	6	5	0.2528	0.2782
8	0.85	0.60	0.20	0.19	10	8	0.1810	0.1929

表 2.4.4　截尾 SMT 法计算实例

序号	p_0	p_1	$\alpha^* = \beta^*$	$\alpha_0 = \beta_0$	n_t	r_t	α'	β'
1	0.80	0.40	0.30	0.39	3	2	0.2320	0.2560
2	0.80	0.40	0.20	0.29	4	3	0.1808	0.1792
3	0.80	0.60	0.30	0.37	9	7	0.2549	0.2714
4	0.80	0.60	0.20	0.28	16	12	0.1956	0.1951
5	0.80	0.70	0.30	0.37	23	18	0.2995	0.2947
6	0.80	0.70	0.20	0.25	55	42	0.1976	0.1979
7	0.85	0.60	0.30	0.39	6	5	0.2528	0.2782
8	0.85	0.60	0.20	0.30	10	8	0.1810	0.1929

的值. 从表 2.4.3 和表 2.4.4 的对比可以看出, 截尾 SMT 和序贯截尾检验的截尾方案几乎一样, 只是所对应的 $\alpha_0(=\beta_0)$ 的值不同, 前者的值要大于后者的值.

由此可见, 在同等 $\alpha_0(=\beta_0)$ 条件时, 就截尾样本量而言, 截尾 SMT 要优于序贯截尾检验; 而如果都考虑最优的 $\alpha_0(=\beta_0)$ 时, 序贯截尾检验与截尾 SMT 相当. 另一方面, 从图 2.3.1 可以看出, 在同等 $\alpha_0(=\beta_0)$ 时, 截尾 SMT 的继续试验区域拓展了, 而 $\alpha_0(=\beta_0)$ 越大, 序贯检验法的继续试验区域越窄, 这从一个侧面可以解释为什么 SMT 对应的最优 $\alpha_0(=\beta_0)$ 的值要大于直接检验法. 从而也不难说明在同等 $\alpha_0(=\beta_0)$ 条件下, 截尾 SMT 要优于序贯截尾检验.

因此可以认为: 影响最大截尾样本量的参数是 α_0, β_0, 而与是否插入检验点无关. 这也就是截尾 SMT 中, 增加 2 个以上试验点对结果改善不大的主要原因.

2) 平均试验次数的比较

例 2.4.1   考虑成功率的检验问题:

$$H_0: \quad p = 0.8; \quad H_1: \quad p = 0.6$$

设定两类风险值为 $\alpha^* = \beta^* = 0.20$, 根据表 2.4.3, 序贯截尾检验对应的最优 $\alpha_0 = \beta_0 = 0.18$, 根据表 2.4.4, 截尾 SMT 法对应的最优 $\alpha_0 = \beta_0 = 0.28$, 分别对两种方法计算平均试验次数. 进行了 3000 次仿真, 计算得 $p=0.8$ 时, 序贯截尾检验的平均试验数为 10.91, 截尾 SMT 为 10.50; 当 p 取 0.6 时, 序贯截尾检验的平均试验数为 9.96, 截尾 SMT 为 9.71. 类似地计算了几组情况下的平均试验样本量, 部分结果见表 2.4.5.

表 2.4.5   平均试验次数

p	p_0	p_1	$\alpha^* = \beta^*$	SMT	SPRT
0.80	0.80	0.70	0.30	15.39	16.17
0.80	0.80	0.70	0.20	40.18	41.92
0.60	0.80	0.70	0.30	11.11	11.80
0.60	0.80	0.70	0.20	23.89	24.39
0.80	0.85	0.60	0.30	3.23	3.24
0.80	0.85	0.60	0.20	6.66	6.68
0.60	0.85	0.60	0.30	2.76	2.77
0.60	0.85	0.60	0.20	5.65	5.78

由此可见, 在最优截尾条件下, 相对于序贯截尾检验, 截尾 SMT 的平均试验次数有所降低, 但是降低幅度不大.

3) 试验插入点位置对截尾样本量的影响

通过计算出插入点的值, 试验样本量的上界最小, 但是该插入点却不一定使得截尾 SMT 的截尾样本量 n_t 仍最小, 下面用试验来说明.

仍然是在最优的 $\alpha_0(=\beta_0)$ 的条件下, 针对表 2.4.4 中给出的几组试验, 试验了插入其他插入点时的截尾方案, 部分试验结果列于表 2.4.6, 其中 p_2 表示插入点的值. 对比表 2.4.4 和表 2.4.6 中相应的试验结果, 可以发现其他的插入点的计算结果不比根据 (2.3.2) 式计算出的插入点差, 无论是截尾样本量, 还是两类风险上 (截尾样本量相同时). 因此, 从使最大截尾样本量尽量小的角度而言, 根据 (2.3.2) 式计算出的插入点并非最优.

表 2.4.6　截尾序贯网图中插入点对截尾方案的影响

序号	p_0	p_1	$\alpha^*=\beta^*$	p_2	$\alpha_0=\beta_0$	n_t	r_t	α'	β'
1				0.72	0.32	22	17	0.2985	0.2919
2	0.80	0.70	0.30	0.74	0.34	22	17	0.2870	0.2998
3				0.75	0.34	26	20	0.2642	0.2957
4				0.78	0.29	23	18	0.2928	0.2864
5				0.65	0.23	10	8	0.1982	0.1592
6	0.85	0.60	0.20	0.70	0.26	10	8	0.1971	0.1610
7				0.75	0.29	10	8	0.1810	0.1929
8				0.80	0.21	10	8	0.1680	0.1920
9				0.65	0.35	5	4	0.2431	0.2851
10	0.85	0.60	0.30	0.70	0.37	5	4	0.2431	0.2851
11				0.75	0.39	6	5	0.2528	0.2782
12				0.80	0.29	6	5	0.2118	0.2540

2.4.2.2 小结

综上可以得出结论: ① 通过对参数 α_0, β_0 的调整, 可以获得最佳的最大截尾样本量; ② 通过插入检验点, 可以进一步降低平均试验样本量, 但幅度不大; ③ SMT 的最优插入点不再是相应截尾问题的最优插入点.

于是截尾 SMT 的思路也作相应调整, 要综合考虑 $\alpha_0(=\beta_0)$ 和插入点 p_2 的取值, 称之为基于参数优化的截尾 SMT, 计算步骤为:

Step 1　让插入点 p_2 按一定步长从 p_1 到 p_0 变化;

Step 2　让 $\alpha_0(=\beta_0)$ 从 0 到 $\alpha''(<0.5)$ 按一定步长变化;

Step 3　对每一组 $\alpha_0(=\beta_0)$ 和 p_2 计算相应的最优截尾样本量 n_t, 选出最小的 n_t, 并记录相应的 $\alpha_0(=\beta_0)$ 的值;

Step 4　选出插入点 p_2 变化中最优的 n_t 及对应的 $\alpha_0(=\beta_0)$ 的值, 记录插入点 p_2 的值;

Step 5　根据挑选出的最优的 p_2 和 $\alpha_0(=\beta_0)$, 以及相应截尾方案, 制订停止准则和判决准则.

因此, $\alpha_0(=\beta_0)$ 的值是影响序贯检验法截尾方案的最关键参数, 插入 SMT 检验点的思路虽然可以进一步降低平均试验样本量, 但是效果并不明显, 且计算相对复杂. 从某种意义上讲, SMT 方法可以看作一种折线形式的截尾方式, 也属于序贯截尾族, 而且也并非最佳, 所以下面将研究重点放在截尾形式的构造上.

2.4.3　对截尾模式的改进

2.4.3.1　基于参数优化的序贯截尾检验法

停止边界 A, B 决定了 SPRT 的继续试验区域的宽度, 换言之, 对任一试验 (n, s), 即使不采用截尾方式, 但只要改变 A, B 的值, 使得继续试验区域的宽度足够小, 则总可以作出拒绝或接受的判断. 因此对于截尾样本量 n_t, 可以计算出对其作判定相对应的停止边界值 A_t. 这时,

$$
\begin{aligned}
s \cdot n_t + \frac{\ln B}{\ln d + \ln \lambda} &\leqslant S_{n_t} \\
s \cdot n_t + \frac{\ln A}{\ln d + \ln \lambda} &\geqslant S_{n_t}
\end{aligned}
\quad (S_{n_t} = 0, 1, \cdots, n_t) \tag{2.4.5}
$$

如果 $\alpha_0 = \beta_0$, 则有

$$
\frac{\ln A_t}{\ln d + \ln \lambda} \geqslant |S_{n_t} - s \cdot n_t| \tag{2.4.6}
$$

$$
A \leqslant \exp\left[-|S_{n_t} - s \cdot n_t| \cdot (\ln d + \ln \lambda)\right] \tag{2.4.7}
$$

所以 A_t 的值为

$$
A_t = \min_{S_{n_t}=0,1,\cdots,n_t} \left\{ \exp\left[-|S_{n_t} - s \cdot n_t| \cdot (\ln d + \ln \lambda)\right] \right\} \tag{2.4.8}
$$

对应 $\alpha_0 = \dfrac{1}{1 + A_t}$.

图 2.4.1 给出了一系列截尾量所对应 α_0 的变化. 从 (2.4.8) 式可以看出 α_0 的值由 $|S_{n_t} - s \cdot n_t|$ 决定, 所以出现振荡现象是合理的.

曲线形式的截尾形式是较理想的, 下面构造形式如图 2.4.2 的截尾方案作为一种序贯截尾检验优化方案. A, B 值的构造方法是: 随着试验数增大至截尾数 n_t, A 的值由 A_0 逐渐增大到 A_t, B 的值由 B_0 逐渐减小到 B_t. 进行序贯截尾检验, 构造 A, B 的变化表达式为

$$
\begin{cases}
A = A_0 \left[1 - \left(\dfrac{n}{n_t}\right)^{k_A}\right] + A_t \left(\dfrac{n}{n_t}\right)^{k_A} \\
B = B_0 \left[1 - \left(\dfrac{n}{n_t}\right)^{k_B}\right] + B_t \left(\dfrac{n}{n_t}\right)^{k_B}
\end{cases} \tag{2.4.9}
$$

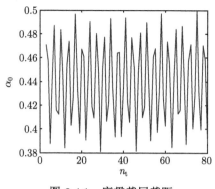

图 2.4.1　序贯截尾截距

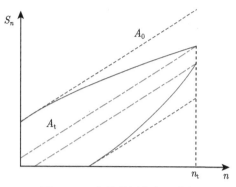

图 2.4.2　序贯截尾方案示意图

其中 k_A, k_B 的值决定了曲线的形状. 新的截尾序贯概率比的计算步骤如下:

Step 1　让 $\alpha_0(=\beta_0)$ 从 0 到 $\alpha''(< 0.5)$ 按一定步长变化, 计算相应的 A_0 和 B_0;

Step 2　让截尾样本量 n 从 1 到一定值变化, 对每个 n 根据 (2.4.8) 式求出 A_t 的值, 可得相应的检验方案, 如果 n 满足对应的 $\alpha' \leqslant \alpha^*, \beta' \leqslant \beta^*$, 则 n 为截尾样本量 n_t, 否则, 继续寻找;

Step 3　对 $\alpha_0(=\beta_0)$, 可以得出最小的截尾样本量 n_t, 并记录相应的 $\alpha_0(=\beta_0)$ 的值;

Step 4　根据挑选出的最优的 $\alpha_0(=\beta_0)$ 和 n_t, 可以确定截尾方案, 制订停止准则和判决准则.

2.4.3.2　算例

例 2.4.2　考虑假设问题:

$$H_0: \ p = 0.8; \quad H_1: p = 0.4$$

设定两类风险的值为 $\alpha^* = \beta^* = 0.30$, $k_A = 3$, $k_B = 1$, 采用本节的方法计算得截尾试验次数为 3, 为计算平均试验次数, 进行了 3000 次仿真, 计算得当 $p = 0.8$ 时, 平均试验数为 1.95; 当 p 取 0.4 时, 平均试验数为 1.85; 而采用式 (2.4.2) 中计算出截尾试验次数为 3, 平均试验次数分别为 1.97 和 1.66. 类似地计算了 6 组, 部分结果见表 2.4.7.

从表 2.4.7 可以看出, 本节的方法在计算结果上与传统序贯截尾检验方法计算结果相当, 而在形式上, 曲线形式更为合理, 并在最大试验样本量上较小. 事实上, k_A, k_B 的取法对结果也有一定的影响, 在计算中也可考虑对它们的调整优化.

表 2.4.7　试验结果

序号	p_0	p_1	$\alpha^* = \beta^*$	形式 2 的序贯截尾检验			(2.4.2) 式方法			本节方法		
				n_t	n_{p_0}	n_{p_1}	n_t	n_{p_0}	n_{p_1}	n_t	n_{p_0}	n_{p_1}
1	0.80	0.40	0.30	3	1.96	1.62	3	1.97	1.66	3	1.95	1.85
2	0.80	0.60	0.30	9	5.70	5.30	9	4.69	4.16	8	4.95	4.45
3	0.80	0.60	0.20	16	10.91	9.96	24	11.76	10.46	16	11.08	10.84
4	0.85	0.60	0.20	10	6.79	5.78	11	7.76	7.26	10	6.62	5.58
5	0.80	0.70	0.20	55	41.92	39.01	89	38.53	36.49	79	39.63	37.25
6	0.80	0.70	0.30	23	16.17	15.21	24	19.72	20.87	23	18.30	18.45

2.5　应用案例

2.5.1　落点精度鉴定的 Bayes 序贯检验法[10]

在例 1.4.6 考虑使用 SPRT.

假设停止边界分别为 A, B, 则有如下的 SPRT 决策方法: 从 $n = 1$ 开始, 若 $S_n^2 \geqslant sn + h_1$, 则停止试验, 接受 H_0; 若 $S_n^2 \leqslant sn + h_2$, 则停止试验, 拒绝 H_0; 若 $sn + h_2 < S_n^2 < sn + h_1$, 继续试验.

令 α, β 分别为弃真和采伪的概率, 记 $A = \dfrac{1 - \beta}{\alpha}, B = \dfrac{\beta}{1 - \alpha}$,

$$s = 4\lambda^2\sigma_0^2 \cdot \log\frac{\lambda}{\lambda^2 - 1}, \quad h_1 = 2\lambda^2\sigma_0^2 \cdot \log\frac{A}{\lambda^2 - 1}, \quad h_2 = 2\lambda^2\sigma_0^2 \cdot \log\frac{B}{\lambda^2 - 1}.$$

采用图 2.3.2 中形式 2 的截尾方案, 实际的两类风险为

$$\alpha' = P_{\sigma_0}(S_1 \geqslant s + h_1) + \sum_{i=2}^{n_t - 1} P_{\sigma_0}(S_i \geqslant s \cdot i + h_1, s \cdot j + h_2 < S_j < s \cdot j + h_1,$$

$$j = 1, 2, \cdots, i - 1) + P_{\sigma_0}(S_{n_t} \geqslant r_t, s \cdot j + h_2 < S_j < s \cdot j + h_1, j = 1, 2, \cdots, n_t - 1)$$

$$\beta' = P_{\sigma_1}(S_1 \leqslant s + h_2) + \sum_{i=2}^{n_t - 1} P_{\sigma_1}(S_i \leqslant s \cdot i + h_2, sj + h_2 < S_j < s \cdot j + h_1,$$

$$j = 1, 2, \cdots, i - 1) + P_{\sigma_1}(S_{n_t} < r_t, s \cdot j + h_2 < S_j < s \cdot j + h_1, j = 1, 2, \cdots, n_t - 1)$$

上述计算比较复杂, 使用 Monte Carlo 仿真方法计算两类风险.

Step 1　设定仿真次数 $N = 3000$, 记 N_α 为采伪次数, N_β 为弃真次数.

Step 2　对每次仿真, 依此以生成偏差为 σ_0 的纵横向落点偏差, 即 $\Delta X_i \sim$ $\mathrm{N}(0, \sigma^2)$, $\Delta Z_i \sim \mathrm{N}(0, \sigma^2)$. 采用 SPRT 决策方法, 一旦接受 H_1, 则判断失误, 为 $N_\alpha + 1$.

Step 3　实际的采伪概率 $\alpha' = N_\alpha / N$.

Step 4 对每次仿真, 依此以生成偏差为 σ_1 的纵横向落点偏差, 同 Step 2 统计其中接受 H_0 的次数, 并使弃真次数为 $N_\beta + 1$.

Step 5 实际的弃真概率为 $\beta' = N_\beta/N$.

设给定的截尾方案 T_N, 另一方面, 考虑 α', β' 的上界的计算.

记 $G_{(N)}^0$ 为 R_N 中的事件, 它表示在 T_N 中采纳 H_0 的事件, $G_{(N)}^1$ 为在 T_N 中采纳 H_1 的事件. 为讨论方便起见, 考虑 $G_{(N)}^0$ 和 $G_{(N)}^1$ 为 R_∞ 中的柱集, 这样, 总可以将事件考虑为 R_∞ 中的集. 则

$$P(G_{(N)}^1 | H_0) = \alpha_N = \alpha'$$

记 G^0, G^1 为 R_∞ 中的事件, 它们分别表示在非截尾方案中采纳 H_0 和 H_1 的事件, 则 $P(G^1 | H_0) = \alpha$, 为非截尾方案中弃真概率.

令 G^{1*} 为 R_∞ 中的事件, 它在截尾情况下采纳 H_1, 而在非截尾情况下不采纳 H_1, 则

$$G_{(N)}^1 \subset (G^1 \bigcup G^{1*})$$

此外, 令 I 为 R_∞ 中使 $C < \lambda_n < A$ 成立的事件, 则 $G^{1*} \subset I$. 因此,

$$G_{(N)}^1 \subset (G^1 \bigcup I)$$

$$\alpha' = \alpha_N = P(G_{(N)}^1 | H_0) < P(G^1 \bigcup I | H_0) = P(G^1 | H_0) + P(I | H_0) = \alpha + P(C < \lambda_n < A | H_0)$$

又因为

$$S_n^2 \sim \frac{1}{D} k_{2n}(S_n^2/D), \quad D \hat{=} \sigma^2$$

其中 k_{2n} 为具有 $2n$ 个自由度的 χ^2 变量的密度函数. 则

$$\begin{aligned} P(C < \lambda_n < A | H_0) &= P_{\sigma_0}(s \cdot N + h_3 < S_n^2 < s \cdot N + h_1) \\ &= K_{2n}\left(\frac{s \cdot N + h_1}{\sigma_0^2}\right) - K_{2n}\left(\frac{s \cdot N + h_3}{\sigma_0^2}\right) \end{aligned}$$

其中 $h_3 = 2\lambda^2 \sigma_0^2 \cdot \log C/(\lambda^2 - 1)$. 所以在正态分布情况下不难得出 α' 的上界. 同理可得采伪概率 β' 的上界:

$$\beta' < \beta + K_{2n}\left(\frac{s \cdot N + h_3}{\sigma_1^2}\right) - K_{2n}\left(\frac{s \cdot N + h_2}{\sigma_1^2}\right)$$

考虑截尾问题的优化, 在实际应用中, 通常制订弃真和采伪的概率的上界的容许值 α^*, β^*, 即令 $\alpha' \leqslant \alpha^*$, $\beta' \leqslant \beta^*$, 然后选定 $N_t^* = \min\{N_t : \alpha' \leqslant \alpha^*; \beta' \leqslant \beta^*\}$, 称 N_t^* 为最小 (截尾) 试验数. N_t^* 对制订序贯截尾检验方案十分重要, 它和截尾边界 C_t 一起确定了截尾方案.

2.5.2　落点精度鉴定的截尾 SMT

选一个 $\sigma_2(\sigma_0 < \sigma_2 < \sigma_1)$, 将检验问题例 1.4.6 转化为如下一对检验问题:

$$\begin{cases} H_{01} : \sigma = \sigma_2; & H_{11} : \sigma = \sigma_1 \\ H_{02} : \sigma = \sigma_0; & H_{12} : \sigma = \sigma_2 \end{cases}$$

对这两组假设检验问题, 同时使用序贯截尾检验, 由此给出计量型截尾 SMT. 整个检验可用图 2.5.1 表示.

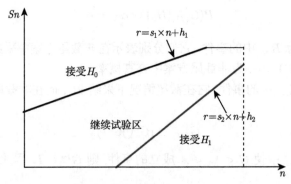

图 2.5.1　计量型截尾 SMT 法

令 $\lambda_1 = \dfrac{\sigma_1}{\sigma_2}$, $\lambda_2 = \dfrac{\sigma_2}{\sigma_0}$, 则 $\lambda = \lambda_1 \cdot \lambda_2$, 假定 $\alpha = \beta$, 则 $A = \dfrac{1-\beta}{\alpha}$, $s_1 = 4\lambda_1^2\sigma_2^2 \cdot \log\lambda_1/(\lambda_1^2-1)$, $s_2 = 4\lambda_2^2\sigma_0^2 \cdot \log\lambda_2/(\lambda_2^2-1)$, $h_{11} = 2\lambda_1^2\sigma_2^2 \cdot \log A/(\lambda_1^2-1)$, $h_{21} = 2\lambda_2^2\sigma_0^2 \cdot \log A/(\lambda_2^2-1)$, σ_2 的值可以通过对截尾样本量 n_0 的控制获得, n_0 正好为两条边界直线的交点, 即

$$n_0 = \frac{h_{11} + h_{21}}{s_2 - s_1}$$

当 $\alpha = \beta$ 时, 有

$$n_0 = \frac{(\lambda^2-1)\sigma_2^2 \cdot \log A}{2[\sigma_1^2 \cdot \log\lambda - \lambda^2\sigma_2^2 \cdot \log\lambda_1 - \sigma_2^2 \cdot \log\lambda_2]}$$

该项最小时,

$$\sigma_2 = \sqrt{\frac{2\log\lambda}{\lambda^2-1}} \cdot \sigma_1$$

考虑形式 2 的截尾模型, 对于实际的两类风险, 同样采用 Monte Carlo 方法获得. 进而可以得出相应的截尾样本量.

若 $\sigma_0 = 1.0, \sigma_1 = 1.5$, 风险限制为 $\alpha = \beta = 0.25$, 采用序贯截尾检验, 计算得 $s=2.9193$, $h=3.9550$, 截尾样本数为 4, $r_t = 10.10$, 两类风险为 0.2383, 0.2350. 而采用

截尾 SMT 法, 计算得插入点为 $\sigma_2 = 1.2082$, $s_1 = 3.5964$, $s_2 = 2.4020$, $h_1 = 9.1308$, $h_2 = 6.9772$, 截尾样本数为 4, $r_t = 10.92$, 两类风险为 0.2017, 0.2203.

参 考 文 献

[1] 陈家鼎. 序贯分析. 北京: 北京大学出版社, 1995.

[2] Wald A. Sequential Analysis. New York: Dover Publications, 1947.

[3] 陈希孺. 数理统计引论. 北京: 科学出版社, 1981.

[4] 孙晓峰, 赵喜春. 导弹试验中序贯检验及序贯截尾检验方案的优化设计. 战术导弹技术, 2001, (1): 9-16.

[5] IEC 1123. Reliability testing-Compliance test plans for success ratio, 1991.

[6] 濮晓龙, 闫章更, 茆诗松, 等. 计数型序贯网图检验. 华东师范大学学报 (自然科学版), 2006, 125: 67-71.

[7] 濮晓龙, 闫章更, 茆诗松, 等. 基于瑞利分布的计量型序贯网图检验. 华东师范大学学报 (自然科学版), 2006, (5): 87-92.

[8] 金振中, 贾旭山. 二项分布 Bayes 序贯检验的平均试验数. 战术导弹技术, 2006, (4): 44-46.

[9] 张金槐. 多元正态总体分布参数的 Bayes 序贯验后加权检验及估计. 飞行器测控学报, 2002, 21(4): 65-69.

[10] 张金槐, 唐雪梅. Bayes 方法 (修订版). 长沙: 国防科技大学出版社, 1992.

[11] 序贯试验设计. http://www.xbmu.edu.cn/kjxz/NCourse/huagongyuanli/54/1/ch4-03-4.htm.

[12] Dragalin V P, Tartakovsky A G, Veeravalli V. Multihypothesis sequential probability ratio tests, Part 1: Asymptotic optimality. IEEE Transactions on Information Theory, 1999, 45: 2448-2461.

[13] Dragalin V P, Tartakovsky A G, Veeravalli V. Multihypothesis sequential probability ratio tests, Part 2: Accurate asymptotic expansions for the expected sample size. IEEE Transactions on Information Theory, 2000, 46(4): 1366-1383.

[14] Kay S M. Fundamentals of Statistical Signal Processing. Upper Saddle River: Prentice-Hall PTR, 1998.

[15] 黄寒砚, 王正明. 成败型试验的 Bayes 序贯网图检验法. 系统工程与电子技术, 2008, 30(12): 2429-2433.

第3章　试验数据的建模与分析

导弹试验的设计与评估是通过数学方法最终实现的, 其中数学模型的建立可采用多种途径实现. 其一是从实际问题中提炼、归纳出的机理模型和经验模型, 如第二篇中的惯性制导导弹的制导工具误差系数模型, 第三篇中的毁伤效应折合的物理公式等. 其二是借助于函数逼近工具, 也即利用待建模型的信息 (如连续、可微等), 借助于多项式、样条等函数表示工具, 通过逼近、拟合、插值等数据处理方法建立数学模型. 其三是采用简单的数学模型来 "代理" 系统输入输出之间的关系, 以达到快速计算和预测的目的, 此类模型称为代理模型 (或元模型). 机理模型和经验模型一般为参数模型, 而借助函数逼近工具得到的数学模型通常为非参数模型. 代理模型则可能是参数模型, 也可能是非参数模型.

精度评估与毁伤效能评估均是导弹武器试验鉴定中的关键内容. 精度分析与评估涉及外测跟踪弹道和遥测弹道的精度比对, 需要结合函数逼近、回归分析、时间序列分析等多种方法对外测跟踪弹道和遥测弹道进行建模和准确的估计. 导弹对目标的毁伤是一个极为复杂的过程, 与多个性能参数、作用过程有关 [1]. 毁伤响应函数的获取是整个毁伤评估的关键环节, 它通过一系列的数学公式表述: 武器弹药以及所攻击目标的特征参数、弹目交汇状态、目标遭到破坏后的物理状态之间的影响关系. 将毁伤过程看作一个黑盒, 可以利用回归分析, 从数据分析的角度构造毁伤响应函数.

在航空航天、工业设计等领域, 受成本、资源等诸多因素的限制, 以物理试验为主的论证研究已不能适宜产品迅速更新换代的需要. 随着计算机技术的发展, 以仿真为核心的计算机试验逐渐成为分析和优化的主要工具. 复杂的系统模型要求较长时间的仿真, 尽管计算机越来越强大, 但仿真次数和规模始终受到计算资源的限制. 因此, 不可能对所有的输入都通过仿真来获得输出, 常需要根据一定量的试验数据建立简单的代理模型. Kriging 模型是一种常用的近似建模方法, 其本质是一个线性模型和一个随机过程模型的复合, 通过对随机过程相关函数的建模来刻画不同输入点对于输出点之间的相关性, 并利用这种相关性进行预测.

本章主要针对试验数据建模与参数估计问题等进行研究. 3.1 节介绍几种典型的数学模型. 3.2 节介绍建立数学模型的函数逼近方法, 包括多项式表示、样条表示、稀疏表示以及多元线性逼近等内容. 3.3 节介绍的回归分析既是建模的一种手段, 也是求解模型的一种方法. 3.4 节介绍计算机试验的近似建模方法, 重点介绍 Kriging 模型.

3.1 几种典型的数学模型

数学模型在许多领域有广泛的应用. 如描述宏观经济或某一特定经济行为的数学模型, 用于生产过程自动控制的数学模型等. 导弹毁伤效能评估, 需要借助数学模型描述各种影响效能指标的因素对目标的破坏程度, 如毁伤面积、毁伤概率等. Bender 给出了数学模型的定义: 数学模型是关于部分现实世界为一定目的而作的抽象、简化的数学结构, 或是用数学术语对部分现实世界的描述 [3].

建立一个好的数学模型通常需要一个往复循环的过程. 首先, 基于对现实问题的认识, 建立初步的模型; 其次, 经过各种检验和评价找到模型的不足之处, 改进得到新模型; 最后, 把新模型运用到具体问题, 再进行检验, 完善模型. 只有不断地对现实问题进行研究, 提取影响该问题的关键因素建模, 得到的数学模型才有应用价值 [3]. 现实问题往往十分复杂, 对其建模需要处理好模型真实性与复杂性之间的均衡. 有时即便通过数学手段对问题进行了刻画, 也没有或较少简化问题的复杂性. 需要对现实对象的信息进行提炼、分析、归纳, 利用数学模型来表述对象的内在特征. 下面介绍几种典型的模型.

例 3.1.1 Kepler 行星运动三定律 [4].

Kepler 定律从量的关系揭示了地球与落体、太阳与行星之间的相互作用关系. 从这个意义上说, 它本身就是重要的数学模型. Newton 进一步分析了力与这些现象之间的关系, 得出广泛存在于宇宙万物之间的万有引力定律. 万有引力定律的发现对科学技术的发展产生了深远的影响. 人们用万有引力定律更加精确地计算行星和彗星的轨道, 作出了哈雷彗星每 75 年回归地球一次的正确断言, 并且先后发现了太阳系两颗新的行星 —— 海王星和冥王星. 至今, 万有引力定律依然是人们计算卫星和其他宇航设施轨道的依据.

例 3.1.2 描述连续介质运动的基本控制方程组.

本篇 5.2 节给出了描述连续介质运动的基本控制方程组, 其中质量守恒方程

$$\frac{\partial \rho}{\partial t} + \boldsymbol{v} \cdot \nabla \rho + \rho \nabla \cdot \boldsymbol{v} = 0 \tag{3.1.1}$$

这里, ρ 为流体的密度, t 为时间, $\boldsymbol{v}$ 为流体的速度. (3.1.1) 式可写为积分形式

$$\int_V \frac{\partial \rho}{\partial t} \mathrm{d}V = -\oint_S \rho \boldsymbol{v} \cdot \boldsymbol{n} \mathrm{d}S \tag{3.1.2}$$

上式的物理意义可解释为流体微团内增加的质量等于外界流入的质量. 5.2 节中还列出了动量守恒方程、能量守恒方程以及一些本构、物态方程, 此处不详述.

以上两例中的模型均具有较强的物理背景和物理意义, 称此类模型为**机理模型**, 通常较难获得. 人们通过对实际问题的逐步认识, 得到描述问题的**经验模型**(有

时也称经验公式). 经验模型具有一定的主观性, 可能只在限定范围内适用. 本书 8.4 节分析影响地地导弹落点精度的因素时, 利用了大量经验公式. 另外, 15.1 节将指出目前计算弹体对脆性材料的侵彻深度的经验公式也多达 20 种. 总体而言, 经验模型的获取主要包括: 基于数理统计的回归型经验公式以及基于量纲分析的相似型经验公式. 这些方法在 15.1 节中均进行了详细描述.

例 3.1.3　人口模型 [5].

在数学建模的教学中, 人口模型 (包括传染病模型) 是最基本的数学模型. 随着对问题理解得逐渐深入, 从最初的 Malthus 模型到 Logistic 模型, 再到后来的偏微分方程模型, 描述人口增长的数学模型在不断地发展完善, 这充分说明经验型的数学模型需要通过对实际问题的逐步认识来修改完善.

例 3.1.4　Navier-Stokes 方程组 [6].

描述大气运动的 Navier-Stokes 方程组可以表示为

$$\begin{cases} \dfrac{\partial}{\partial t}u_i + \sum_{j=1}^{n} u_j \dfrac{\partial u_i}{\partial x_j} = v\Delta u_i - \dfrac{\partial p}{\partial x_i} + f_i(\boldsymbol{x},t) \\ u(\boldsymbol{x},0) = u_0(\boldsymbol{x}), \quad \boldsymbol{x} \in \mathbb{R}^n \quad (n=2 \text{ 或 } 3) \end{cases} \tag{3.1.3}$$

其中 $\boldsymbol{x}$ 表示描述物体 (水滴、空气等) 的空间坐标, u_i 表示不同方向的速度, p 表示压强, $f_i(\boldsymbol{x},t)$ 表示外力, 譬如说重力等. Navier-Stokes 方程组是数值天气预报、流体力学等问题中的基本方程组, 具有非常广泛的应用, 但是多因素的相互影响造成方程数目的增加, 给其求解带来困难, 通常需要借助巨型机来完成. Navier-Stokes 方程组的高效求解仍是需要进一步研究的课题.

例 3.1.5　C-D 生产函数 [7].

20 世纪 30 年代初, 美国经济学家 Cobb 和 Douglas 根据历史统计数据, 建立了计量经济学中熟知的 C-D 生产函数

$$y = AK^\alpha L^\beta \tag{3.1.4}$$

其中 y 为产出, K, L 为两个投入要素, 表示资本和劳力, $A > 0$ 为效率系数, α, β 为 K, L 的产出弹性. 该模型反映资本和劳动两要素对产出的影响关系, 对于指导生产实际具有重要意义. 模型中参数 A, α, β 均需通过实际统计数据估计得到.

例 3.1.6　回归模型 [8].

英国生物学家、统计学家 Galton 在研究人类遗传问题时指出子代的身高有回到同龄人平均身高的趋势, 并首次采用 "回归" 一词来描述这种现象, 开辟了数据分析的一个新的研究领域. Galton 及其学生 Pearson 在研究父母身高与其子女身高的遗传问题时, 观察了 1078 对夫妇, 以每对夫妇的平均身高作为 x, 而取他们的

一个成年儿子的身高作为 y, 将结果在平面直角坐标系上绘成散点图, 发现这些点大致分布在一条直线的两边. 通过数值拟合, 计算出的回归直线为

$$\hat{y} = 35 + 0.5x \tag{3.1.5}$$

分析该模型发现: 当父辈身高增加一个英寸时, 儿子身高仅增加半英寸; 反之, 当父辈身高减少一英寸时, 儿子身高仅减少半英寸. 高个父辈的平均身高将高于其儿子的平均身高, 矮个父辈的平均身高将低于其儿子的平均身高, 有一种向平均身高"回归"的趋势.

在毁伤效能评估中, 毁伤响应函数可用如下函数形式表示为

$$y = f(x_1, \cdots, x_p) + \varepsilon \tag{3.1.6}$$

其中 y 表征部件破坏状态的指标, 如毁伤面积、毁伤概率等, $\boldsymbol{x} = (x_1, \cdots, x_p)^{\mathrm{T}}$ 为影响效能指标的因素, 分别来自战斗部、环境、靶标三个方面. 可考虑用线性回归模型来表示毁伤响应函数

$$y = \boldsymbol{\beta}^{\mathrm{T}} \boldsymbol{f}(\boldsymbol{x}) + \varepsilon \tag{3.1.7}$$

其中向量 $\boldsymbol{\beta} = (\beta_1, \cdots, \beta_m)^{\mathrm{T}}$ 表示 $m \times 1$ 的待估参数向量, $\boldsymbol{f}(\boldsymbol{x}) = (f_1(\boldsymbol{x}), \cdots, f_m(\boldsymbol{x}))^{\mathrm{T}}$ 表示定义在 $\mathbb{R}^p$ 的紧子集 Ω 上的 m 个线性独立的回归基函数.

3.2　基于函数逼近的数学模型

以毁伤响应函数为例, 涉及的问题有: ① 响应函数 $f(\boldsymbol{x})$ 的形式选取要有利于数据分析, 兼具物理意义; ② 为降低试验次数, 应尽可能减少变量等, 这就给函数模型提出了要求. 通常, 一个好的模型是指用尽可能少的参数尽可能真实地描述实际对象. 实际上, 在精度评估的弹道建模时也会遇到类似问题, 即选择合适的基函数进行拟合, 以达到用较少参数可以高精度描述弹道轨迹的目的. 本节主要从数值逼近与插值的角度来建立函数型的数学模型.

为简单起见, 本节首先考虑一元函数的表示与逼近, 3.2.4 节再简单介绍多元函数的表示与逼近. 函数逼近问题可以表述为给定一个已知函数 $f(x)$, 在给定的函数空间 $\mathcal{F}$ 中找一个元素 $\phi(x)$, 使 $f(x) - \phi(x)$ 在某种意义下达到最小. $\mathcal{F}$ 中的元素可以是由多项式、样条, 或者更一般的函数构成的. 在函数空间 $\mathcal{F}$ 中引入范数来度量逼近误差, 可导出 $f(x)$ 的多种逼近形式.

对闭区间 $[a,b]$ 上的连续函数 $f(x)$, 分别称 $\|f\|_2 = \sqrt{\int_a^b f^2(x)\mathrm{d}x}$ 和 $\|f\|_\infty =$

$\displaystyle\max_{a\leqslant x\leqslant b}|f(x)|$ 为 $f(x)$ 的 2-范数和 ∞-范数. 若存在 $\tilde{\phi}(x)\in\mathcal{F}$, 使得

$$\left\|f-\tilde{\phi}\right\|_2^2=\min_{\phi\in\mathcal{F}}\int_a^b[f(x)-\phi(x)]^2\mathrm{d}x \tag{3.2.1}$$

则称 $\tilde{\phi}(x)$ 为 $f(x)$ 在 $[a,b]$ 上的**最佳平方逼近**. 若存在 $\breve{\phi}(x)\in\mathcal{F}$ 使得

$$\left\|f-\breve{\phi}\right\|_\infty=\min_{\phi\in\mathcal{F}}\max_{a\leqslant x\leqslant b}|f(x)-\phi(x)| \tag{3.2.2}$$

则称 $\breve{\phi}(x)$ 为 $f(x)$ 在 $[a,b]$ 上的**最佳一致逼近**.

插值问题描述为: 给定函数 $f(x)$ 在点 x_k 处的值 $f(x_k)$, $k=0,1,\cdots,n$, 求函数 $\phi(x)$ 满足

$$\phi(x_k)=f(x_k),\quad k=0,1,\cdots,n \tag{3.2.3}$$

设 $\mathcal{F}=\operatorname{span}\{\phi_0(x),\phi_1(x),\cdots,\phi_n(x)\}$, 其中 $\{\phi_k(x),k=0,1,\cdots,n\}$ 线性无关. 若 $\phi(x)\in\mathcal{F}$, 则只需要求出一组系数 $a_0,a_1,\cdots,a_n$, 使得

$$\sum_{i=0}^n a_i\phi_i(x_k)=f(x_k),\quad k=0,1,\cdots,n \tag{3.2.4}$$

这样得到的函数 $\phi(x)$ 称为 $f(x)$ 的**插值函数**. 若进一步考虑观测数据含有误差, 仍设观测数据为 $f(x_k)$, $k=0,1,\cdots,m$, $m>n$. 若存在函数 $\bar{\phi}(x)\in\mathcal{F}$, 使得

$$\left\|f-\bar{\phi}\right\|_2^2=\min_{\phi\in\mathcal{F}}\sum_{k=0}^m[f(x_k)-\phi(x_k)]^2 \tag{3.2.5}$$

则称 $\bar{\phi}(x)$ 为 $f(x)$ 的**最小二乘逼近**.

以上对函数逼近以及插值问题进行了简单的描述, 接下来针对 $\mathcal{F}$ 为多项式和样条空间两种情况讨论具体的函数型模型, 仅列举函数逼近中一些重要的结论, 其证明过程可参考有关专著 [9-16]. 事实上, 逼近论中还有许多重要内容, 如有理逼近和插值 [10]、Pade 逼近 [11]、Hermite 插值 [13] 等, 本章并未涉及这些内容.

3.2.1 多项式表示

本节考虑函数空间 $\mathcal{F}$ 由多项式函数构成, 即用多项式来逼近未知函数的问题, 内容包括用多项式逼近连续函数的可行性、最佳平方逼近以及最佳一致逼近多项式的存在唯一性、最佳一致逼近多项式的逼近阶的确定以及多项式插值等.

定义 3.2.1 设 $a_0,a_k,b_k(k=1,\cdots,N)$ 为实数, 分别称

$$P_N(x)=a_0+\sum_{k=1}^N a_k x^k,\qquad a_N\neq 0 \tag{3.2.6}$$

$$T_N(x) = a_0 + \sum_{k=1}^{N} (a_k \cos kx + b_k \sin kx), \qquad a_N^2 + b_N^2 \neq 0 \tag{3.2.7}$$

为 N 次代数多项式和三角多项式.

为方便叙述, 以 $C[a,b]$ 表示闭区间 $[a,b]$ 上连续函数的全体, 即连续函数空间, 以 $C_{2\pi}$ 表示以 2π 为周期的周期函数的全体, 以 $\mathcal{H}_n$ 和 $\mathcal{H}_n^*$ 分别表示次数不超过 n 的实系数代数多项式和三角多项式的全体.

Weierstrass 指出对于任意给定的闭区间上的连续函数, 利用多项式函数可获得该函数的一致逼近, 从而证明了多项式逼近连续函数的可行性. Bernstein 进一步给出了这样的多项式函数的构造方法, 详细过程参见文献 [13]. 需要说明的是, Bernstein 所给的逼近多项式并不是最佳的, 它在同阶多项式中不是逼近 $f(x)$ 精度最高的多项式 [17]. 下面分别介绍函数的最佳平方逼近以及最佳一致逼近.

设 $f(x) \in C[a,b]$, $\phi(x) \in \mathcal{F}$, 最佳平方逼近表现为求系数 $a_0, a_1, \cdots, a_n$, 使得

$$F(a_0, a_1, \cdots, a_n) = \int_a^b \left[f(x) - \sum_{k=0}^{n} a_k \phi_k(x) \right]^2 \rho(x)\mathrm{d}x \tag{3.2.8}$$

最小, 其中 $\rho(x) > 0$ 表示权函数. 由于 F 是关于 $a_0, a_1, \cdots, a_n$ 的二次函数, 令 F 关于 $a_0, a_1, \cdots, a_n$ 的偏导为零, 可得

$$\frac{\partial F}{\partial a_\ell} = -2 \int_a^b \left[f(x) - \sum_{k=0}^{n} a_k \phi_k(x) \right] \phi_\ell(x)\rho(x)\mathrm{d}x = 0, \quad \ell = 0, 1, \cdots, n \tag{3.2.9}$$

于是有

$$\sum_{k=0}^{n} \left(\int_a^b \phi_k(x)\phi_\ell(x)\rho(x)\mathrm{d}x \right) \cdot a_k = \int_a^b f(x)\phi_\ell(x)\rho(x)\mathrm{d}x, \quad \ell = 0, 1, \cdots, n \tag{3.2.10}$$

由于 $\phi_0(x), \phi_1(x), \cdots, \phi_n(x)$ 是线性无关的, 线性方程组 (3.2.10) 有唯一解. 可以验证, 通过求解 (3.2.10) 得到的多项式 ϕ 确实是 $f(x)$ 的最佳平方逼近多项式, 从而证明了最佳平方逼近多项式是唯一存在的 [13-15]. 记 $g_{k,\ell} = \int_a^b \phi_k(x)\phi_\ell(x)\rho(x)\mathrm{d}x$, 称矩阵 $\boldsymbol{G} = (g_{k,\ell})$ 为 **Gram 矩阵**.

例 3.2.1 取 $\phi_k(x) = x^k$, 则 $\mathcal{F} = \mathrm{span}\{1, x, \cdots, x^n\}$, 设 $f(x) \in C[0,1]$ 且 $\rho(x) = 1$, 此时 Gram 矩阵为

$$\boldsymbol{G} = \begin{bmatrix} 1 & 1/2 & \cdots & 1/(n+1) \\ 1/2 & 1/3 & \cdots & 1/(n+2) \\ \vdots & \vdots & & \vdots \\ 1/(n+1) & 1/(n+2) & \cdots & 1/(2n+1) \end{bmatrix}$$

称 G 为 Hilbert 矩阵.

由于 Hilbert 矩阵 G 高度病态, 因此在构造函数的最佳平方逼近时, 避免用次数很高的多项式, 这在利用多项式进行回归建模时具有重要的指导意义. 克服 Gram 矩阵病态的一种有效方法是对 $\mathcal{F}$ 的张成元素进行正交化处理.

例 3.2.2 设 $[a, b] = [-1, 1]$, $\rho(x) = 1$, 此时的正交多项式为 Legendre 多项式:

$$P_0(x) = 1, \quad P_k(x) = \frac{1}{2^k k!} \frac{\mathrm{d}^k}{\mathrm{d}x^k} \left\{ (x^2 - 1)^k \right\}, \quad k = 1, 2, \cdots$$

对 $P_k(x)$ 进行规一化处理, 将其化为首 1 多项式, 记为 $\tilde{P}_k(x)$. 由于 Legendre 多项式是正交的, 任意 $f(x) \in C[-1, 1]$ 都可以进行 Legendre 多项式展开, 即表示为

$$f(x) = \sum_k a_k P_k(x)$$

若取 $\mathcal{F} = \mathrm{span}\{P_0(x), P_1(x), \cdots, P_n(x)\}$, 则最佳平方逼近表示为

$$\phi(x) = \sum_{k=0}^{n} a_k P_k(x)$$

用 $\phi(x)$ 逼近 $f(x)$ 的误差项主要是 $a_{n+1} P_{n+1}(x)$. 可以证明, 在所有首项系数为 1 的 n 次多项式中, Legendre 多项式 $\tilde{P}_n(x)$ 在 $[-1, 1]$ 上与零的平方误差最小 [12]. 这说明利用 Legendre 多项式逼近连续函数的误差不会很大, 从而处理实际问题时, 可将函数在 Legendre 多项式上展开.

定义 3.2.2 对区间 $[a, b]$ 上的函数 $P(x), f(x)$, 称

$$\Delta(P) = \max_{a \leqslant x \leqslant b} |P(x) - f(x)|$$

为 $P(x)$ 与 $f(x)$ 的偏差, 称

$$E_n(f) = \inf_{P \in \mathcal{H}_n} \{\Delta(P)\} \tag{3.2.11}$$

为集合 $\mathcal{H}_n$ 对给定函数 $f(x)$ 的最佳一致逼近.

由定义 3.2.2 以及 Weierstrass 定理可知, $E_n(f)$ 是 n 的单调递减函数, 且 $\lim\limits_{n \to +\infty} E_n(f) = 0$. 集合 $\mathcal{H}_n$ 中满足 $\Delta(P) = E_n(f)$ 的多项式 P 称为 $f(x)$ 在 $\mathcal{H}_n$ 中的最佳一致逼近多项式, 简称最佳逼近多项式. 可以证明闭区间上的任意连续函数 f 在 $\mathcal{H}_n$ 中的最佳逼近多项式是唯一存在的 [13].

由 Weierstrass 定理可知, $E_n(f)$ 单调下降趋于 0, 但是 $E_n(f)$ 收敛于 0 的速度与函数 f 的性质有关. 可以证明, 对任意数列 $\{a_n\}$ 单调下降收敛于 0, 可以构造函数 $f(x) \in C[-1, 1]$, 使得 $E_n(f) \geqslant a_n (n = 1, 2, \cdots)$ [13]. 这说明 $E_n(f)$ 收敛于 0 的速

度可以很慢, 究竟函数的性质对逼近精度怎样影响? Jackson 在 1905 年的博士学位论文中获得了很好的结论.

定理 3.2.1 若 $f(x) \in C_{2\pi}$, 且 $f(x)$ 具有连续的 k 阶微商, 则

$$E_n \leqslant \frac{\pi}{2} \frac{1}{(n+1)^k} \left\| f^{(k)} \right\|_\infty \tag{3.2.12}$$

并且 $\pi/2$ 是不依赖于 f, k, n 的最佳系数.

通过将实区间上的连续函数转化为其诱导函数, 上述 Jackson 定理的条件满足, 可以得到与定理 3.2.1 类似的结论 [17]. 最佳逼近多项式需要满足一定的性质, 通常较难获取, 虽然现有一些近似计算方法, 如 Remez 方法、Stiefel 方法等, 但这些方法均较为复杂 [13].

例 3.2.3 区间 $[-1,1]$ 上权函数为 $\rho(x) = 1/\sqrt{1-x^2}$ 的正交多项式为 Chebyshev 多项式, 其表达式为 $T_n(x) = \cos(n \cdot \arccos x)$, $n = 0, 1, 2, \cdots$. 可以验证, 这样定义的函数是关于 x 的首项系数为 2^{n-1} 的 n 次多项式, 并且满足

$$\int_{-1}^{1} T_k(x) T_l(x)/\sqrt{1-x^2} \mathrm{d}x = \begin{cases} \pi, & k = l = 0 \\ \pi/2, & k = l \neq 0 \\ 0, & k \neq l \end{cases} \tag{3.2.13}$$

将 $T_n(x)$ 化为首 1 多项式, 不妨仍记为 $T_n(x)$. 可以证明, 所有首项系数为 1 的 n 次多项式中, 在区间 $[-1,1]$ 上与零偏差最小的多项式是 $T_n(x)$[12]. 对给定的连续函数 $f(x)$, 设其在正交系 $\{T_n(x)\}$ 中展开式的前 $n+1$ 项为

$$S_T(x) = \alpha_0 + \sum_{k=1}^{n} \alpha_k T_k(x), \quad x \in [-1, 1]$$

其中

$$\begin{cases} \alpha_0 = \dfrac{1}{\pi} \displaystyle\int_{-1}^{1} f(x)/\sqrt{1-x^2} \mathrm{d}x \\ \alpha_k = \dfrac{2}{\pi} \displaystyle\int_{-1}^{1} f(x) T_k(x)/\sqrt{1-x^2} \mathrm{d}x, \quad k = 1, 2, \cdots, n \end{cases}$$

一般来说, 当 k 很大时, 展开系数 α_k 减小得很快, 所以可用 $\alpha_{n+1} T_{n+1}(x)$ 来近似 $S_T(x)$ 与 $f(x)$ 之间的误差. 由于 $T_{n+1}(x)$ 是 $\mathcal{H}_{n+1}$ 中与零偏差最小的多项式, 所以在 $f(x)$ 的同阶多项式逼近情况下, $S_T(x)$ 具有较高的逼近精度, 从而在实际问题中, 人们通常采用 Chebyshev 多项式获得函数的近似最佳逼近.

例 3.2.4 Monte Carlo 方法在核临界安全计算中的应用 [2].

任何一个含有裂变物质的核系统, 由于其中的中子在发生裂变反应时存在增殖现象, 中子的增殖有无限制地继续下去而发生事故的可能. 因而需要考虑系统的安

全问题, 即核临界安全问题. 中子由于发生裂变反应而增殖和由于被吸收或跑出核系统而死亡, 是中子在核增殖系统中的最基本现象. 用来描述核系统状态的办法很多, 有效增殖因子是其中最常见的一种办法, 其定义为下一代的中子总数除以这一代的中子总数, 用符号 K_{eff} 表示. 当 $K_{\text{eff}} < 1$ 时, 核系统是次临界的; 当 $K_{\text{eff}} = 1$ 时, 核系统是临界的; 当 $K_{\text{eff}} > 1$ 时, 核系统是超临界的. 记 r 表示中子的位置, $S(r)\mathrm{d}r$ 表示由于裂变引起的在点 r 附近 $\mathrm{d}r$ 内发射的中子平均数, $K(r' \to r)\,\mathrm{d}r$ 表示在点 r 发生裂变反应而发射的一个中子由裂变引起的在点 r 附近 $\mathrm{d}r$ 内发射的中子平均数, V 表示核系统中含有裂变物质的全体. 根据 K_{eff} 的定义, 它因满足如下的齐次积分方程

$$K_{\text{eff}}S(r) = \int_V S(r')K(r' \to r)\,\mathrm{d}r' \tag{3.2.14}$$

从而计算 K_{eff}, 实际上就是计算求解齐次积分方程 (3.2.14) 的最大本征值.

为此, 选取正交函数序列 $\{f_i(r)\}_{i=1}^n$, 假设本征函数 $S(r)$ 可以近似地表示为

$$S(r) = \sum_{i=1}^n b_i f_i(r)$$

且对任意的 i, 下式近似成立

$$\int_V f_i(r')K(r' \to r)\,\mathrm{d}r' \approx \sum_{j=1}^n a_{i,j} f_j(r)$$

则有

$$K_{\text{eff}} \sum_{j=1}^n b_j f_j(r) = \sum_{j=1}^n \left(\sum_{i=1}^n a_{i,j} b_i \right) f_j(r)$$

于是齐次线性方程组

$$K_{\text{eff}} \begin{bmatrix} b_1 \\ b_2 \\ \vdots \\ b_n \end{bmatrix} = \begin{bmatrix} a_{1,1} & a_{1,2} & \cdots & a_{1,n} \\ a_{2,1} & a_{2,2} & \cdots & a_{2,n} \\ \vdots & \vdots & & \vdots \\ a_{n,1} & a_{n,2} & \cdots & a_{n,n} \end{bmatrix} \begin{bmatrix} b_1 \\ b_2 \\ \vdots \\ b_n \end{bmatrix}$$

的最大本征值近似等于齐次积分方程的最大本征值. 式中的 $a_{i,j}$ 通过建立中子的随机游动历史, 利用 Monte Carlo 方法计算得到.

限于篇幅, 本节不对函数插值的内容做具体描述, 读者可参考文献 [12-15] 中的有关章节. 下面给出函数插值应用中的两个例子.

例 3.2.5　考虑函数 $f(x) = 1/(1 + 25x^2)$ 在 $[-1, 1]$ 上等距节点 $x_k = -1 + 2k/n(k = 0, 1, \cdots, n)$ 上的插值多项式, 图 3.2.1 分别为 $n = 10$ 和 $n = 14$ 时

Lagrange 插值的结果. 从图 3.2.1 中可以看出, 在 $|x|$ 较小时, Lagrange 插值效果较好, 而当 $|x|$ 较大时, 插值曲线却远离 $f(x)$. 实际上在 $|x| > 0.726$ 时, $\phi(x)$ 不收敛于 $f(x)$, 这种现象称为龙格 (Runge) 现象. 因此对于插值问题, 当插值节点数 n 较大时, 一般不选用多项式作为插值基函数, 通常采用样条插值或用低次多项式作最小二乘逼近.

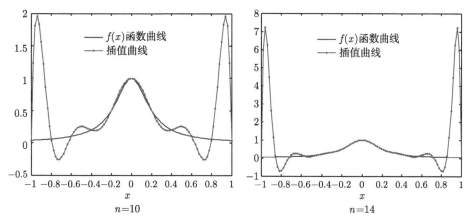

图 3.2.1 拉格朗日插值结果

例 3.2.6 光滑粒子法中的插值.

本书 5.3 节给出了导弹毁伤效应数值模拟的光滑粒子流体动力学方法 (SPH), 光滑粒子法的核心是插值计算. 对于任意的流场函数 $f(\boldsymbol{x})$, 可通过核函数近似地表示为 $\langle f(\boldsymbol{x}) \rangle$, 即

$$\langle f(\boldsymbol{x}) \rangle = \int_V f(\boldsymbol{x}^{\mathrm{T}}) W(\boldsymbol{x} - \boldsymbol{x}^{\mathrm{T}}, h) \mathrm{d}\boldsymbol{x}^{\mathrm{T}} \tag{3.2.15}$$

其中 V 为积分区域, $W(\boldsymbol{x} - \boldsymbol{x}^{\mathrm{T}}, h)$ 为核函数, $\boldsymbol{x}$ 为位置矢量, h 为光滑长度, 表示核函数的作用距离. 5.3 节还给出了几种常用的核函数以及核函数插值的计算步骤等, 在此不再详述.

针对实际问题, 还可以采用分段多项式进行逼近和拟合, 以更好地捕捉函数中变化剧烈的部分.

3.2.2 样条函数表示

3.2.1 节对多项式函数空间中的逼近、插值问题进行了描述, 本节主要介绍样条函数的定义、性质及其在逼近、插值问题中的应用 [18-19]. 由于样条函数既具有多项式的性质, 又可通过样条节点描述信号的跳跃变化, 所以在实际中具有广泛的应用.

定义 3.2.3   给定区间 $[a, b]$ 上的一个分划 $\Delta : a = x_0 < x_1 < \cdots < x_{n-1} < x_n = b$, 若分段函数 $S(x)$ 满足条件:

(1) $S(x)$ 在区间 $[a, b]$ 上具有二阶连续导数, 即 $S(x) \in C^2[a, b]$;

(2) $S(x)$ 在每个区间 $[x_k, x_{k+1}](k = 0, \cdots, n-1)$ 上为三次多项式.

则称 $S(x)$ 为三次样条函数, 记 $S(\Delta, 3)$ 为分划 Δ 上的全体样条函数组成的集合. 依此可定义 m 次样条函数.

引入记号 $x_+ = \max\{0, x\}$, 由定义 3.2.3 可以把三次样条函数表示为

$$S(x) = P_3(x) + \sum_{k=1}^{n-1} \alpha_k \left(x - x_k\right)_+^3 \tag{3.2.16}$$

其中 $P_3(x)$ 为三次多项式. 写为参数形式, 则三次样条函数可以表示为

$$S(x) = a_0 + a_1 x + a_2 x^2 + a_3 x^3 + \sum_{k=1}^{n-1} \alpha_k \left(x - x_k\right)_+^3 \tag{3.2.17}$$

由上述表达式可以看出, 给定分划 Δ, 函数系 $\{1, x, x^2, x^3, (x - x_1)_+^3, \cdots, (x - x_{n-1})_+^3\}$ 构成三次样条函数的一组基.

三次样条函数插值可以描述为: 给定区间 $[a, b]$ 上的一个分划

$$\Delta : a = x_0 < x_1 < \cdots < x_n = b$$

及 $y_0, y_1, \cdots, y_n$, 构造三次样条函数 $S(x)$, 使其满足条件

$$S(x_k) = y_k, \quad k = 0, 1, \cdots, n \tag{3.2.18}$$

对于插值问题 (3.2.18), 还需要补充两个边界条件, 通常选择如下:

$$\begin{cases} S'(x_0) = y_0', \quad S'(x_n) = y_n' \\ S''(x_0) = S''(x_n) = 0 \end{cases}$$

此时可以证明插值样条函数是唯一存在的, 并可通过三弯矩法求得插值样条函数 $S(x)$[12]. 下面对于等距分划的情况, 介绍样条函数插值的性质.

定理 3.2.2   设 $f(x) \in C^4[a, b]$, 等距分划 Δ 的节点间距为 h, $S_f(x) \in S(\Delta, 3)$ 为插值问题的解, 则

$$\left\| S_f^{(\alpha)}(x) - f^{(\alpha)}(x) \right\|_\infty \leqslant C_\alpha \left\| f^{(4)}(x) \right\|_\infty h^{4-\alpha} \tag{3.2.19}$$

其中 $\alpha = 0, 1, 2, 3$, $C_0 = \dfrac{5}{384}$, $C_1 = \dfrac{1}{24}$, $C_2 = \dfrac{3}{8}$, $C_3 = 1$, 并且 C_0 与 C_1 是最佳的.

定理 3.2.2 的证明可参考文献 [18], 定理指出, 当 $f(x) \in C^4[a, b]$, 其样条插值函数能同时很好地逼近 $f(x)$ 及其前若干阶导数.

B 样条在样条函数的理论、计算中具有非常重要的应用. 任何一个样条函数都可以表示成 B 样条的线性组合. 本节仅介绍 B 样条函数的定义, 未详述其性质. B 样条函数的定义如下.

定义 3.2.4 对给定一个分划 $\Delta : a = x_0 < x_1 < \cdots < x_n = b$, 定义

$$M_m(x) = \sum_{k=1}^{n-1} \frac{n (x_k - x)_+^{n-1}}{\omega'(x_k)} \tag{3.2.20}$$

其中 $\omega(x) = (x - x_1)(x - x_2) \cdots (x - x_{n-1})$, 则 $M_m(x)$ 为 $m - 1$ 次样条函数, 称为 B 样条函数.

9.2 节中讨论弹道数据处理时, 详述了基于 B 样条的等距节点模型和自由节点模型, 指出弹道一般利用三次 B 样条表示, 而遥测数据可利用二次 B 样条函数表示. 对于含有一些特征点的弹道, 利用自由节点样条模型也可很好地逼近弹道.

3.2.3 稀疏表示

好的数学模型能用较少的参数准确地反映观测数据所蕴涵的规律. 尽可能减少待估参数是有实际意义的, 一方面可以加快处理数据的速度; 另一方面, 能提高参数估计的精度. 例如, 考虑下面的函数逼近问题

$$f(x) = 2x + 5 \cos x, \quad x \in [-2\pi, 2\pi]$$

函数 $f(x)$ 的前一项可用代数多项式精确表示, 后一项可用三角多项式精确表示. 但无论是仅用代数多项式还是仅用三角多项式, 都不能用有限项精确表示 $f(x)$. 如果将代数多项式和三角多项式组合起来, 构成一个新的集合 $\mathcal{F} = \{1, x, x^2, \cdots, x^5, \cos x, \cos 2x, \cdots, \cos 5x\}$, 用 $\mathcal{F}$ 中元素的线性组合来逼近 $f(x)$, 就可以得到 $f(x)$ 的精确表示. 新的集合 $\mathcal{F}$ 可能是完备的, 也可能是超完备的; 其中的元素可能是相关的, 也可能是不相关的. 为描述方便起见, 当 $\mathcal{F}$ 是超完备时, 称之为超完备字典.

传统的信号表示是将信号在完备基上进行分解, 实现信号的唯一表示. 稀疏表示通过构造超完备字典, 利用信号在超完备字典上表示的不唯一性, 从多种表示中选取最适合的一种, 实现信号的最优分解. 通常我们采用稀疏性约束, 即利用 $\mathcal{F}$ 中最少的元素实现 $f(x)$ 的高精度逼近, 但是 $\mathcal{F}$ 的超完备性使得求解表示 $f(x)$ 的系数变得困难. 信号的稀疏表示已成为信号处理领域的研究热点, 本节只对其进行简单的介绍, 希望具体了解稀疏表示内容的读者可参考文献 [20-25].

通常称向量 $\boldsymbol{\alpha} = (\alpha_1, \alpha_2, \cdots, \alpha_n)^{\mathrm{T}}$ 为稀疏的, 是指其中非零元素的个数非常少, 即 $\{k : \alpha_k \neq 0\}$ 的元素个数远小于维数 n. 对 $f(x)$ 进行离散采样, 用向量 $\boldsymbol{y}$ 表

示其离散采样值, 相应地对 $\mathcal{F}$ 中的元素进行采样并按列排为矩阵 $\boldsymbol{D}$, 从而将逼近 $f(x)$ 的问题转化为

$$y = \boldsymbol{D}\boldsymbol{\alpha} \tag{3.2.21}$$

由于字典 $\boldsymbol{D}$ 一般非列满秩, 所以满足 $y = \boldsymbol{D}\boldsymbol{\alpha}$ 的表示系数 $\boldsymbol{\alpha}$ 不是唯一的, 稀疏表示旨在得到 $\boldsymbol{\alpha}$ 的最稀疏表示, 即

$$\min \|\boldsymbol{\alpha}\|_0 \quad \text{s.t.} \quad y = \boldsymbol{D}\boldsymbol{\alpha} \tag{3.2.22}$$

实际问题中所得到的信号 y 通常受噪声干扰, 因此考虑含噪信号的稀疏表示更具实际意义. 含加性噪声的信号模型可表述为

$$y = \boldsymbol{D}\boldsymbol{\alpha} + \boldsymbol{\varepsilon} \tag{3.2.23}$$

其中 $\boldsymbol{\varepsilon}$ 表示观测噪声, 通常假设为高斯白噪声. 采用稀疏性约束, 建立正则化模型为

$$J(\boldsymbol{\alpha}) = \|y - \boldsymbol{D}\boldsymbol{\alpha}\|_2^2 + \lambda \|\boldsymbol{\alpha}\|_0 \tag{3.2.24}$$

模型 (3.2.24) 的求解非常困难, 通常表现为 NP 问题. 实际处理时作如下近似

$$J(\boldsymbol{\alpha}) = \|y - \boldsymbol{D}\boldsymbol{\alpha}\|_2^2 + \lambda \|\boldsymbol{\alpha}\|_1 \tag{3.2.25}$$

对于模型 (3.2.25), 现在已经设计了一些快速求解算法, 包括伸缩/阈值方法 [17]、Bregman 迭代 [25] 等. 下面以一个说明稀疏表示优越性的例子作为本节的结束.

例 3.2.7[26]   制导工具误差系数线性模型求解问题. 由于有发射点初始位置和速度造成的常值偏差, 将发射系下的偏差转到惯性系后会形成常值偏差、与时间有关的三角函数偏差的形式, 但由于三角函数周期很大, 故误差形式接近线性函数的形式. 考虑其中主要的常值和线性项, 在制导工具误差系数模型中加入这些因素, 得到求解海基制导工具误差系数的表达式

$$\Delta \dot{X}(t) = S_g(t) C_g(t) + S_o(t) C_o(t) + \varepsilon(t)$$

其中 C_g 是原有的制导工具误差系数, C_o 是发射原点造成的六项相应的系数项. 将上式简记为 $Y = SC + \varepsilon$.

基于上述线性模型, 通过添加稀疏性约束, 构造正则化模型, 利用迭代算法计算制导工具误差系数, 并与主成分分析方法比较. 仿真流程为:

Step 1   利用理论弹道数据和环境函数公式, 产生环境函数矩阵 S;

Step 2   随机生成制导工具误差系数的仿真真值, $C_{1:27} \sim \mathrm{N}(0, 0.0001^2)$, $C_{28:33} \sim \mathrm{N}(0, 0.001^2)$;

Step 3   利用 $Y = SC + \varepsilon$, $\varepsilon \sim \mathrm{N}(0, 0.05^2)$, 得到观测数据;

Step 4   在同样的观测数据和模型下, 分别采用主成分方法和正则化迭代算法, 对应算得 $\hat{C}_{\mathrm{PCA}}$ 和 $\hat{C}_{\mathrm{RM}}$, 将它们与仿真真值 C 作差, 见图 3.2.2.

比较图 3.2.2 中纵轴的量级, 图 (a) 主成分方法中, 系数估计误差的最大量级是 0.01, 而图 (b) 正则化方法中, 系数估计误差的最大量级是 0.001. 可见对于系数 C 的估计, 正则化方法显然比主成分方法要好. 考虑拟合残差大小的比较, 有 $\|Y - S\hat{C}_{\mathrm{PCA}}\|_2^2 = 0.0047$, $\|Y - S\hat{C}_{\mathrm{RM}}\|_2^2 = 0.0027$, 正则化方法亦优于主成分方法.

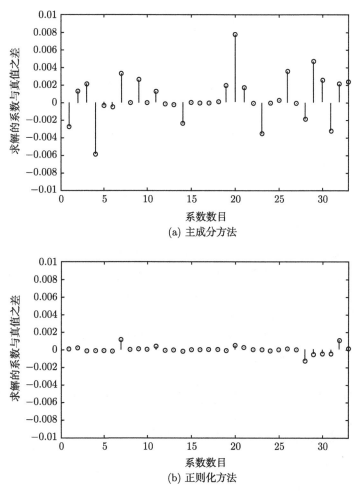

图 3.2.2 主成分方法与正则化方法计算的系数 C 与真值的差别图 [26]

3.2.4 多元线性逼近

当自变量 $\boldsymbol{x} = (x_1, \cdots, x_p)^{\mathrm{T}}$ 为 p 维向量时, 响应关系可以表示成

$$y = f(x_1, \cdots, x_p) + \varepsilon, \tag{3.2.26}$$

其中 ε 表示不可控随机因素带来的随机误差. 实际问题中, $f(x_1, \cdots, x_p)$ 可能十分复杂, 受数据等资源的限制, 通常采用简单的线性表示来逼近 $f(x_1, \cdots, x_p)$. 以毁伤响应函数为例, 设根据经验以及历史数据, 大概知道最优因素组合 $(x_1, \cdots, x_p)$ 的值应该在 $(a_1, \cdots, a_p)$ 附近, 将 $f(x_1, \cdots, x_p)$ 在 $(a_1, \cdots, a_p)$ 附近展开得到

$$\tilde{y} = f(a_1, \cdots, a_p) + \sum_{k=1}^{p} \left.\frac{\partial f}{\partial x_k}\right|_{x_k = a_k} (x_k - a_k) + e \tag{3.2.27}$$

从而用线性模型 (3.2.27) 来逼近原始非线性模型 (3.2.26), 这里 e 表示随机误差 ε 与模型截断误差的和. 由于函数 f 事先并不知道, 因此, 可以采用如下的回归模型来描述

$$\tilde{y} = \beta_0 + \beta_1(x_1 - a_1) + \cdots + \beta_p(x_p - a_p) + e \tag{3.2.28}$$

或者得到化简后的模型为

$$\tilde{y} = \alpha_0 + \alpha_1 x_1 + \cdots + \alpha_p x_p + \tilde{e} \tag{3.2.29}$$

从而利用多元线性逼近的方法得到了描述该问题的回归模型.

(3.2.27) 式是响应函数 $f(x_1, \cdots, x_p)$ 的一阶展开, 实际问题中还可根据具体情况展开至更高阶. 下面介绍常见的两种多元线性逼近方法: 响应曲面 (response surface, RS) 模型和多元自适应样条 (multivariate adaptive regression splines, MARS), 3.4 节中将介绍一些多元非线性逼近方法.

RS 模型 [27] 是 1951 年由 Box 和 Wilson 提出的. 一般的 RS 模型是一个多项式函数, 其中最常用的 d 阶多项式的形式为

$$\begin{aligned} f(\boldsymbol{x}; \boldsymbol{\beta}) =& \beta_0 + \sum_j \beta_j(x_j - a_j) + \sum_j \sum_{k>j} \beta_{jk}(x_j - a_j)(x_k - a_k) + \sum_j \beta_{jj}(x_j - a_j)^2 \\ &+ \sum_j \sum_{k>j} \sum_{l>k} \beta_{jkl}(x_j - a_j)(x_k - a_k)(x_l - a_l) \\ &+ \cdots + \sum_j \beta_{j,\cdots,j}(x_j - a_j)^d \end{aligned} \tag{3.2.30}$$

其中 $(a_1, \cdots, a_p)$ 是由先验信息确定的展开点位置. 式 (3.2.30) 关于参数 β 是一个线性模型, 因此 RS 模型比较容易操作, 适用于较平滑和简单的模型. RS 模型也有一些不足之处: 使用事先固定好的多项式模型拟合真实的响应曲面时弹性不足. 虽然低阶响应曲面易于操作, 但是对于任意形状的非线性模型的拟合精度不高. 而高阶响应曲面可以提高拟合精度, 但不稳定性会增加, 而且随着参数个数的增加, 估计参数所需要的试验数据也更多 [28].

MARS[29] 是 Fridman(1991 年) 引入的, 它是一个线性模型, 包含一个前向逐步回归来选择模型和一个后向回归来删除模型. MARS 兼具弹性和计算易操作性, 尤其是在基函数个数增加时优势明显. MARS 的预测模型为

$$f_M(\boldsymbol{x}; \boldsymbol{\beta}) = \beta_0 + \sum_{m=1}^{M} \beta_m B_m(\boldsymbol{x}) \qquad (3.2.31)$$

其中 $B_m(\boldsymbol{x})$ 为基函数, 由 (3.2.33) 式表示, M 为线性独立基函数的个数, β_m 为待估参数. 单变量基函数可表示为

$$b^+(x; k) = [+(x-k)]_+, \quad b^-(x; k) = [-(x-k)]_+ \qquad (3.2.32)$$

其中 $[q]_+ = \max\{0, q\}$, k 为单节点. 交互基函数通过对单变量截尾基函数相乘得到, 第 m 个基函数为

$$B_m(\boldsymbol{x}) = \prod_{l=1}^{L_m} [s_{l,m} \cdot (x_v(l, m) - k_{l,m})]_+ \qquad (3.2.33)$$

其中 L_m 为线性函数的个数; $x_v(l, m)$ 为第 m 个基函数中对应于第 l 个截尾线性函数的输入变量; $k_{l,m}$ 为对应于 $x_v(l, m)$ 的节点值, $s_{l,m}$ 为 $+1$ 或 -1. 于是寻找最优基就局限于最大序的交互.

3.3 回归分析简介

回归分析是研究事物间量变规律的一种科学方法, 具有广泛的应用. 对回归问题的研究起源于生物学界, "回归"(regression) 一词最初由英国生物学家、统计学家 Galton 在研究人类遗传问题时提出.

考虑函数关系

$$Y = f(X_1, \cdots, X_m), \quad (X_1, \cdots, X_m) \in D \qquad (3.3.1)$$

其中 D 表示定义域. 通常变量 $(X_1, \cdots, X_m)$ 与 Y 的关系可以通过 f 的性质研究. 但在许多实际问题中, 所考虑的变量之间不存在明显的函数关系, 只存在某种相关关系. 例如, 人的身高和体重, 这两个变量之间没有明确的函数关系, 但却有相关关系. 导弹对目标的毁伤效能与导弹的装药、目标的材料等因素有关, 但并不能根据这些因素确切地预测导弹对目标的毁伤效能. 回归分析是研究变量之间相关关系的一种有效方法.

毁伤响应函数可表示为

$$y = f(x_1, \cdots, x_p) + \varepsilon \qquad (3.3.2)$$

若用线性回归模型来表示毁伤响应函数, 则有

$$y = \boldsymbol{\beta}^{\mathrm{T}} \boldsymbol{f}(\boldsymbol{x}) + \varepsilon \tag{3.3.3}$$

在研究毁伤响应函数时, 涉及函数 $\boldsymbol{f}(\boldsymbol{x})$ 的形式选取以及变量 $\boldsymbol{\beta}$ 的选优. 这对应于回归分析中的设计矩阵的构造以及自变量的选择. 回归分析的相关内容较为完善, 国内已出版了多本专著, 本节仅引用其中较实用的部分. 本节所给结论均未具体证明, 有兴趣的读者可参考相关专著.

3.3.1 引言

假设现有两组变量: 自变量 $X_1, X_2, \cdots, X_m$ 以及因变量 Y, 回归分析就是根据自变量的变化来估计或预测因变量的变化情况. 观测误差的存在, 使得在给定自变量 $X_1, X_2, \cdots, X_m$ 的值后, Y 的取值仍为一个随机变量. 将 Y 对 $X_1, X_2, \cdots, X_m$ 的依赖关系分解为两部分:

$$Y = f(X_1, X_2, \cdots, X_m) + e \tag{3.3.4}$$

其中 e 为一个随机变量, 它表示 Y 中不能用 $X_1, X_2, \cdots, X_m$ 表示的部分, 满足

$$\mathrm{E}(e) = 0$$

模型 (3.3.4) 的导出也可从函数逼近的角度出发.

对模型 (3.3.4), $f(X_1, X_2, \cdots, X_m)$ 的函数形式通常未知, 可选用 $X_1, X_2, \cdots, X_m$ 的多元多项式来表示. 进一步假设 $f(\cdot)$ 是 $X_1, X_2, \cdots, X_m$ 的线性函数, 则分解式 (3.3.4) 可表示为

$$Y = \beta_0 + \beta_1 X_1 + \beta_2 X_2 + \cdots + \beta_m X_m + e \tag{3.3.5}$$

(3.3.5) 即为线性回归模型, 其中 $\beta_k (k = 0, \cdots, m)$ 为未知参数, 称为回归系数.

事实上, 若 $f(\cdot)$ 为 $X_1, X_2, \cdots, X_m$ 的非线性函数, 如

$$f(X_1, X_2) = \beta_0 + \beta_1 X_1 + \beta_2 X_2 + \beta_3 X_1^2 X_2$$

引入新的自变量 $X_3 = X_1^2 X_2$, 可将 $f(\cdot)$ 写为

$$\tilde{f}(X_1, X_2, X_3) = \beta_0 + \beta_1 X_1 + \beta_2 X_2 + \beta_3 X_3$$

它仍为线性函数. 由此可知 "线性回归模型" 中 "线性" 一词是对回归参数来说的, 而并不考虑其对自变量是否是线性的 [31]. 对于 $f(\cdot)$ 不能表示为 $X_1, X_2, \cdots, X_m$ 的线性形式 (3.3.5) 的情况, 将在 3.3.7 节中介绍.

假设对 Y 和 $X_1, X_2, \cdots, X_m$ 进行 $n(n > m)$ 次独立观测 (本书假设 Y 和 $X_1, X_2, \cdots, X_m$ 均已进行了中心标准化处理, 从而在模型 (3.3.5) 中就没有 β_0 项, 具体操作过程参考文献 [30]), 得到 n 组样本数据 $\{y_k, x_{k1}, x_{k2}, \cdots, x_{km} : k = 1, 2, \cdots, n\}$ 满足

$$y_k = \beta_1 x_{k1} + \cdots + \beta_m x_{km} + e_k, \quad k = 1, 2, \cdots, n \tag{3.3.6}$$

引入矩阵记号

$$\boldsymbol{Y} = \begin{bmatrix} y_1 \\ y_2 \\ \vdots \\ y_n \end{bmatrix}, \quad \boldsymbol{X} = \begin{bmatrix} x_{11} & x_{12} & \cdots & x_{1m} \\ x_{21} & x_{22} & \cdots & x_{2m} \\ \vdots & \vdots & & \vdots \\ x_{n1} & x_{n2} & \cdots & x_{nm} \end{bmatrix}, \quad \boldsymbol{\beta} = \begin{bmatrix} \beta_1 \\ \beta_2 \\ \vdots \\ \beta_m \end{bmatrix}, \quad \boldsymbol{e} = \begin{bmatrix} e_1 \\ e_2 \\ \vdots \\ e_n \end{bmatrix}$$

则 (3.3.6) 式可写为

$$\boldsymbol{Y} = \boldsymbol{X}\boldsymbol{\beta} + \boldsymbol{e} \tag{3.3.7}$$

其中 $\boldsymbol{Y}$ 为观测向量; $\boldsymbol{X}$ 称为设计矩阵, 并假设列满秩, 即 $\mathrm{rank}(\boldsymbol{X}) = m$; $\boldsymbol{\beta}$ 为待估计的回归参数向量; $\boldsymbol{e}$ 为随机误差向量 [31].

注 3.3.1 在模型 (3.3.7) 中, 假设观测样本数大于待估参数个数, 即 $n > m$. 实际问题可能存在 $n < m$ 的情况, 此时需要在模型 (3.3.7) 的基础上加入先验约束. 通常可以添加 $\boldsymbol{\beta}$ 的稀疏性约束, 此时的模型称为 Lasso[32]. 稀疏先验是合理的, 它要求回归系数中含有尽可能少的非零元素, 这对应于回归模型中起关键作用的变量尽量少. 考虑到本章的篇幅, 我们并不打算介绍 Lasso 模型, 因此假设 $n > m$ 条件成立.

对于模型 (3.3.7), Gauss-Markov 假设表述为: 观测误差的等方差性以及不相关性, 具体表述为:

等方差性: $\mathrm{Var}(e_k) = \sigma^2, k = 1, 2, \cdots, n, 0 < \sigma^2 < \infty$;

不相关性: $\mathrm{Cov}(e_k, e_l) = 0$, 当 $k \neq l, k, l = 1, 2, \cdots, n$.

3.3.2 线性模型的参数估计

3.3.2.1 回归系数的估计及其性质 [31]

假设 $\boldsymbol{e}$ 满足 Gauss-Markov 假设, 由最小二乘法可以得到回归系数的估计

$$\hat{\boldsymbol{\beta}} = (\boldsymbol{X}^{\mathrm{T}}\boldsymbol{X})^{-1}\boldsymbol{X}^{\mathrm{T}}\boldsymbol{Y} \tag{3.3.8}$$

令 $\boldsymbol{S} = \boldsymbol{X}^{\mathrm{T}}\boldsymbol{X}$, 则 $\hat{\boldsymbol{\beta}}$ 可表示为 $\hat{\boldsymbol{\beta}} = \boldsymbol{S}^{-1}\boldsymbol{X}^{\mathrm{T}}\boldsymbol{Y}$. 进一步, 当假设 $\boldsymbol{e}$ 服从 Gauss 分布时, 也可从极大似然估计中导出回归系数的估计式, 与 (3.3.8) 式相同. 因此, 当 $\boldsymbol{e}$ 服从 Gauss 分布时, 最小二乘估计为有效估计.

最小二乘估计有许多优良的性质, 本节列举其中几个重要的性质 [31]:

(1) $\hat{\boldsymbol{\beta}}$ 为 $\boldsymbol{\beta}$ 的线性无偏估计.

(2) $\hat{\boldsymbol{\beta}}$ 的协方差矩阵为 $\mathrm{Cov}(\hat{\boldsymbol{\beta}}) = \sigma^2 \boldsymbol{S}^{-1}$. 若记 $\boldsymbol{S}^{-1} = (C_{ij})$, $\hat{\boldsymbol{\beta}} = (\hat{\beta}_1, \cdots, \hat{\beta}_m)^{\mathrm{T}}$, 则有 $\mathrm{Var}(\hat{\beta}_i) = C_{ii}\sigma^2$, $\mathrm{Cov}(\hat{\beta}_i, \hat{\beta}_j) = C_{ij}\sigma^2$.

注 3.3.2 $\hat{\beta}_i$ 为 β_i 的无偏估计, 于是 $\mathrm{Var}(\hat{\beta}_i)$ 的大小可作为 $\hat{\beta}_i$ 好坏的标准. 由 (2) 可知, $\hat{\boldsymbol{\beta}}$ 的估计性能与设计矩阵有关, 若采集的样本数据较为合理, 就可以得到较稳定的回归系数的估计值. $\mathrm{Var}(\hat{\beta}_i)$ 也依赖于随机误差的方差 σ^2.

下述的最小二乘估计的方差最小性质, 即 Gauss-Markov 定理, 是 Markov 于 1900 年证明的, 奠定了最小二乘法在参数估计理论中的地位.

(3) Gauss-Markov 定理: 若 Gauss-Markov 假设成立, 则在 $\boldsymbol{\beta}$ 的任一线性函数 $\boldsymbol{d}^{\mathrm{T}}\boldsymbol{\beta}$ 的一切线性无偏估计的类中, 其 LS 估计 $\boldsymbol{d}^{\mathrm{T}}\hat{\boldsymbol{\beta}}$ 是唯一的一个最小方差无偏估计 (BLUE), 其中 $\boldsymbol{d}$ 是任意 m 维列向量.

注 3.3.3   需要说明的是, Gauss-Markov 定理并未断言 LS 估计与非无偏估计比较仍具有优越性.

3.3.2.2   误差方差 σ^2 的估计

得到 $\boldsymbol{\beta}$ 的估计 $\hat{\boldsymbol{\beta}}$ 后, 可以计算出因变量的回归值为

$$\hat{\boldsymbol{Y}} = \boldsymbol{X}\hat{\boldsymbol{\beta}} = \boldsymbol{X}\left(\boldsymbol{X}^{\mathrm{T}}\boldsymbol{X}\right)^{-1}\boldsymbol{X}^{\mathrm{T}}\boldsymbol{Y} \tag{3.3.9}$$

记 $\boldsymbol{H} = \boldsymbol{X}(\boldsymbol{X}^{\mathrm{T}}\boldsymbol{X})^{-1}\boldsymbol{X}^{\mathrm{T}}$, 可得 $\hat{\boldsymbol{Y}} = \boldsymbol{H}\boldsymbol{Y}$.

可以证明, $\boldsymbol{H}$ 是一个投影矩阵, 而 $\hat{\boldsymbol{Y}}$ 可以解释为观测向量 $\boldsymbol{Y}$ 向设计矩阵 $\boldsymbol{X}$ 生成的空间上的投影. 定义残差为: $\boldsymbol{\delta} = \boldsymbol{Y} - \hat{\boldsymbol{Y}} = (\boldsymbol{I} - \boldsymbol{H})\boldsymbol{Y}$, 则残差平方和 (RSS) 为

$$\mathrm{RSS} = \sum_{i=1}^{n}(y_i - \hat{y}_i)^2 = \left\|\boldsymbol{Y} - \hat{\boldsymbol{Y}}\right\|_2^2 \tag{3.3.10}$$

它是一个衡量 σ^2 大小的标准.

定理 3.3.1[31]   在 Gauss-Markov 假设下, $\hat{\sigma}^2 = \mathrm{RSS}/(n-m)$ 是 σ^2 的一个无偏估计. 进一步, 若正态假设成立, 则 $\mathrm{RSS}/\sigma^2 \sim \chi^2(n-m)$ 且 $\hat{\sigma}^2$ 与 $\hat{\boldsymbol{\beta}}$ 独立.

3.3.2.3   复共线性

在用 LS 估计求解回归系数时, 要求矩阵 $\boldsymbol{X}^{\mathrm{T}}\boldsymbol{X}$ 可逆, 并且 $\hat{\boldsymbol{\beta}}$ 回归系数估计值的稳定性也与 $\boldsymbol{S}$ 有关. 如果存在不全为 0 的常数 $k_1, \cdots, k_m$, 使得

$$k_1 x_{i1} + \cdots + k_m x_{im} \approx 0, \quad i = 1, 2, \cdots, n \tag{3.3.11}$$

此时称 $\boldsymbol{X}$ 存在复共线性 (multicollinearity), 它会使 $\hat{\boldsymbol{\beta}}$ 的稳定性发生变化.

定义 3.3.1 设 $\boldsymbol{\theta}$ 为 n 维未知参数向量, $\hat{\boldsymbol{\theta}}$ 为它的某种估计, $\hat{\boldsymbol{\theta}}$ 的均方误差 (mean square error, MSE) 定义为

$$\text{MSE}(\hat{\boldsymbol{\theta}}) = \text{E} \left\| \hat{\boldsymbol{\theta}} - \boldsymbol{\theta} \right\|^2 \tag{3.3.12}$$

均方误差度量了参数 $\boldsymbol{\theta}$ 与其估计值 $\hat{\boldsymbol{\theta}}$ 的差别. 可以验证, 一个估计的均方误差等于它的偏差的平方加上方差. 显然, 一个好的估计对应的均方误差应当小.

由 $\hat{\boldsymbol{\beta}} = \boldsymbol{S}^{-1} \boldsymbol{X}^{\text{T}} \boldsymbol{Y}$ 可知

$$\hat{\boldsymbol{\beta}} = \boldsymbol{\beta} + \boldsymbol{S}^{-1} \boldsymbol{X}^{\text{T}} \boldsymbol{e} \tag{3.3.13}$$

因 $\boldsymbol{e} \sim (\boldsymbol{0}, \sigma^2 \boldsymbol{I})$, 故

$$\text{MSE}(\hat{\boldsymbol{\beta}}) = \text{E} \left\| \hat{\boldsymbol{\beta}} - \boldsymbol{\beta} \right\|_2^2 = \text{E} \left\| \boldsymbol{S}^{-1} \boldsymbol{X}^{\text{T}} \boldsymbol{e} \right\|_2^2 \tag{3.3.14}$$

通过计算得

$$\text{MSE}(\hat{\boldsymbol{\beta}}) = \sigma^2 \text{tr} \left(\boldsymbol{S}^{-1} \right) \tag{3.3.15}$$

注意到 $\boldsymbol{S}$ 为正定阵, 故存在正交矩阵 $\boldsymbol{P}$, 使得

$$\boldsymbol{S} = \boldsymbol{P} \boldsymbol{\Lambda} \boldsymbol{P}^{\text{T}} \tag{3.3.16}$$

其中 $\boldsymbol{\Lambda} = \text{diag}(\lambda_1, \lambda_2, \cdots, \lambda_m)$. 这里 $0 < \lambda_1 \leqslant \lambda_2 \leqslant \cdots \leqslant \lambda_m$ 为 $\boldsymbol{S}$ 的特征值. 于是, 有

$$\text{MSE}(\hat{\boldsymbol{\beta}}) = \sigma^2 \text{tr} \left(\boldsymbol{S}^{-1} \right) = \sigma^2 \text{tr}(\boldsymbol{\Lambda}) = \sigma^2 \sum_{k=1}^{m} \lambda_k^{-1} \tag{3.3.17}$$

可以看出, 只要 $\boldsymbol{S}$ 有一个很小的特征值 λ, 则 $\lambda^{-1} \sigma^2$ 很大, 使得 $\text{MSE}(\hat{\boldsymbol{\beta}})$ 很大. 此时, LS 估计的效果不好.

LS 估计的性质变坏, 正是因为矩阵 $\boldsymbol{X}$ 的各列之间存在复共线性. 现有的一些降低复共线性影响的方法包括: 剔除一些不重要的自变量、增大样本容量、改进参数估计方法等[31]. 其中前两种方法试图通过降低 $\boldsymbol{S}$ 矩阵的病态性来提高参数估计的精度, 本质上仍采用最小二乘估计; 后者则从参数估计方法考虑, 如引入有偏估计, 通过降低估计的方差来减小均方误差. 实际上, 利用回归系数的一些先验信息也能得到参数的高精度估计. 例如, 如果假设回归系数是稀疏的, 建立正则化模型, 对模型求解即得到回归系数的估计[32-33]. 添加先验信息是求解病态问题时常用的处理手段, 同样适合当 $\boldsymbol{X}$ 存在复共线性的情况.

3.3.3　假设检验

对问题建立回归模型后, 需要对回归方程进行检验, 本节主要考虑回归系数的显著性检验. 在模型 (3.3.5) 中, 选用 $X_1, X_2, \cdots, X_m$ 的线性函数近似 $f(X_1, X_2, \cdots, X_m)$, 这种近似的合理性需要检验. 对回归方程的显著性检验就是要研究自变量从整体上对因变量是否有明显的影响, 为此提出假设

$$H : \beta_1 = \cdots = \beta_m = 0 \tag{3.3.18}$$

如果通过检验接受了假设 H, 则因变量 Y 与自变量 $X_1, X_2, \cdots, X_m$ 之间的关系由线性回归模型表示不合适, 此时线性回归模型 (3.3.5) 没有实际意义. 造成这种情况的原因可能有两种: 一是对 Y 有显著影响的自变量没有包含在 $X_1, X_2, \cdots, X_m$ 中; 二是回归函数并非线性的 [31]. 本节假设回归方程已经过显著性检验, 仅考虑其中的自变量的显著性检验.

事实上, 考虑自变量的显著性检验是有意义的. 若把对 Y 影响次要的自变量引入的话, 会增加待估参数的个数, 影响参数估计的精度. 因此, 在通过方程的显著性检验后, 需要对每个自变量进行检验, 从回归方程中剔除那些不重要的变量, 建立更简单的线性回归方程.

考虑若干个自变量组合的显著性检验问题, 也就是检验假设

$$H : G\beta = 0 \tag{3.3.19}$$

其中 G 为 $k \times m$ 矩阵, $k \leqslant m$, $\mathrm{rank}(G) = k$. 由矩阵论的知识, 存在 $(m - k) \times m$ 的矩阵 L, 使得

$$D = \begin{pmatrix} L \\ G \end{pmatrix}$$

为 n 阶非奇异矩阵. 令 $Z = XD^{-1}$, $\alpha = D\beta$, 则 $X\beta = Z\alpha$, 于是回归模型 $Y = X\beta + e$ 等价于

$$Y = Z\alpha + e, e \sim (0, \sigma^2 I) \tag{3.3.20}$$

记

$$Z = (z_1, z_2, \cdots, z_m), \quad \alpha = (\alpha_1, \alpha_2, \cdots, \alpha_m)^{\mathrm{T}}$$
$$Z^* = (z_1, z_2, \cdots, z_{m-k}), \quad \alpha^* = (\alpha_1, \alpha_2, \cdots, \alpha_{m-k})^{\mathrm{T}}$$

$$\hat{\alpha} = \left(Z^{\mathrm{T}} Z\right)^{-1} Z^{\mathrm{T}} Y, \quad \tilde{\alpha}^* = \left[(Z^*)^{\mathrm{T}} (Z^*)\right]^{-1} (Z^*)^{\mathrm{T}} Y, \quad \mathrm{RSS}_H = \|Y - Z^* \tilde{\alpha}^*\|^2$$

对于假设 $H : G\beta = 0$, 它等价于

$$\alpha_{m-k+1} = \alpha_{m-k+2} = \cdots = \alpha_m = 0 \tag{3.3.21}$$

有如下定理.

定理 3.3.2[34]   在 Gauss-Markov 假设下, 若进一步假设 $e \sim \mathrm{N}(\mathbf{0}, \sigma^2 \boldsymbol{I})$, 则当假设 $H : \boldsymbol{G\beta} = \mathbf{0}$ 成立时, 有

(1) $\dfrac{\mathrm{RSS}_H - \mathrm{RSS}}{\sigma^2} \sim \chi^2(k)$; RSS 与 $\mathrm{RSS}_H - \mathrm{RSS}$ 相互独立;

(2) $\mathrm{F}_H = \dfrac{n - m}{k} \cdot \dfrac{\mathrm{RSS}_H - \mathrm{RSS}}{\mathrm{RSS}} \sim \mathrm{F}(k, n - m)$.

3.3.4 自变量选择

3.3.3 节介绍了自变量显著性的假设检验方法, 本节将对这个问题进行更深入的理解. 通常可以被剔除的自变量具有以下三个特征 [31]: ①无关性, 该变量可能对问题的研究并不重要; ②异常性, 与其他变量相比, 该变量存在较大的差异, 可能是由测量误差形成的异常点; ③重叠性, 该变量与其他自变量存在重叠, 从而可能造成设计矩阵的复共线性.

但是, 回归变量选择所涉及的计算量是很大的, 实现起来也没有固定的准则. 对于一个实际问题, 一方面希望所选择的自变量要足够少, 以便降低成本、减小复共线性; 另一方面, 自变量又必须足够多, 才能精确地描述因变量的变化规律. 现实中, 根据回归分析的不同目的, 制订相应的变量选取准则, 选择该准则下的一组最优变量建立回归方程. 一般来说, 变量选取标准不一样, 导致所选择的自变量也是不同的. 本节主要介绍文献 [17, 31] 中的工作.

3.3.4.1 变量选择的后果

对于回归模型

$$\boldsymbol{Y} = \boldsymbol{X\beta} + \boldsymbol{e}, \quad \boldsymbol{e} \sim (\mathbf{0}, \sigma^2 \boldsymbol{I}) \tag{3.3.22}$$

将 $\boldsymbol{X}$ 写成分块形式 $\boldsymbol{X} = (\boldsymbol{X}_p, \boldsymbol{X}_r)$, $\boldsymbol{\beta}$ 进行相应的分块 $\boldsymbol{\beta} = (\boldsymbol{\beta}_p^{\mathrm{T}}, \boldsymbol{\beta}_r^{\mathrm{T}})^{\mathrm{T}}$. 于是模型 (3.3.22) 可以写为

$$\boldsymbol{Y} = \boldsymbol{X}_p \boldsymbol{\beta}_p + \boldsymbol{X}_r \boldsymbol{\beta}_r + \boldsymbol{e} \tag{3.3.23}$$

其中 $\boldsymbol{X}_p, \boldsymbol{X}_r$ 分别为 $n \times p, n \times r$ 的矩阵, $p + r = m$, 并且 $\boldsymbol{X}_p, \boldsymbol{X}_r$ 都是列满秩矩阵. 对于自变量选择问题, 可能存在的错误情况为

(1) 真实模型为 $\boldsymbol{Y} = \boldsymbol{X\beta} + \boldsymbol{e}$, 而选择了 $\boldsymbol{Y} = \boldsymbol{X}_p \boldsymbol{\beta}_p + \boldsymbol{e}$, 这时错误地丢掉一些自变量;

(2) 真实模型为 $\boldsymbol{Y} = \boldsymbol{X}_p \boldsymbol{\beta}_p + \boldsymbol{e}$, 而错误的认为 $\boldsymbol{Y} = \boldsymbol{X\beta} + \boldsymbol{e}$, 这时错误地把一些不必要的自变量引进来.

下面分别讨论这两种情况对参数估计的影响. 称 (3.3.23) 为全模型, 而称

$$\boldsymbol{Y} = \boldsymbol{X}_p \boldsymbol{\beta}_p + \boldsymbol{e} \tag{3.3.24}$$

为选模型.

在全模型下, β 和 σ^2 的估计分别为

$$\hat{\beta} = (\boldsymbol{X}^{\mathrm{T}}\boldsymbol{X})^{-1}\boldsymbol{X}^{\mathrm{T}}\boldsymbol{Y}, \quad \hat{\sigma}^2 = \frac{\boldsymbol{Y}^{\mathrm{T}}\left[\boldsymbol{I} - \boldsymbol{X}(\boldsymbol{X}^{\mathrm{T}}\boldsymbol{X})^{-1}\boldsymbol{X}^{\mathrm{T}}\right]\boldsymbol{Y}}{n - m} \tag{3.3.25}$$

而在选模型下, 有

$$\tilde{\beta}_p = (\boldsymbol{X}_p^{\mathrm{T}}\boldsymbol{X}_p)^{-1}\boldsymbol{X}_p^{\mathrm{T}}\boldsymbol{Y}, \quad \tilde{\sigma}^2 = \frac{\boldsymbol{Y}^{\mathrm{T}}\left[\boldsymbol{I} - \boldsymbol{X}_p(\boldsymbol{X}_p^{\mathrm{T}}\boldsymbol{X}_p)^{-1}\boldsymbol{X}_p^{\mathrm{T}}\right]\boldsymbol{Y}}{n - p} \tag{3.3.26}$$

记 $\boldsymbol{A} = (\boldsymbol{X}_p^{\mathrm{T}}\boldsymbol{X}_p)^{-1}\boldsymbol{X}_p^{\mathrm{T}}\boldsymbol{X}_R$, 假设全模型 (3.1.58) 正确, 记 $\hat{\beta} = \begin{pmatrix} \hat{\beta}_p \\ \hat{\beta}_R \end{pmatrix}$, 则有 [17]

(1) $\tilde{\beta}_p$ 作为 β_p 的估计, 一般是有偏的, 除非 $\boldsymbol{A}\beta_R = \boldsymbol{0}$.

(2) $\mathrm{Var}(\hat{\beta}_p) \geqslant \mathrm{Var}(\tilde{\beta}_p)$. 对同阶的方阵 $\boldsymbol{A}, \boldsymbol{B}$, $\boldsymbol{A} \geqslant \boldsymbol{B}$ 定义为 $\boldsymbol{A} - \boldsymbol{B} \geqslant \boldsymbol{0}$.

(3) 当 $\mathrm{Var}(\hat{\beta}_p) \geqslant \beta_R\beta_R^{\mathrm{T}}$ 时, 则 $\mathrm{Var}(\hat{\beta}_p) \geqslant \mathrm{E}(\tilde{\beta}_p - \beta_p)(\tilde{\beta}_p - \beta_p)^{\mathrm{T}}$.

注 3.3.4　结论 (2) 表明: 虽然全模型正确, 但丢掉一部分自变量之后, 会使剩下自变量的估计方差减小. 结论 (3) 表明: 虽然选模型不正确, 但是当 $\mathrm{Var}(\hat{\beta}_p) \geqslant \beta_R\beta_R^{\mathrm{T}}$ 时, 采用选模型估计出来的参数具有更小的均方误差矩阵.

由这些结论可知, 一个好的回归模型, 并不是考虑的自变量越多越好. 在建立回归模型时, 需要根据一定的准则来剔除一些自变量. 假若丢掉了一些对因变量有些影响的自变量, 则由此产生的参数估计是有偏的, 但是由选模型所估计的回归系数的方差, 要比全模型所估计的相应变量的回归系数的方差小, 并且当满足一定的条件时, 选模型参数估计的精度反而会得到提高. 因此, 自变量选择对回归参数的高精度估计是十分重要的, 下面介绍一些自变量选择的准则.

3.3.4.2　基于 RSS 的自变量选择准则

3.3.4.1 小节指出自变量选择的必要性, 对于 m 个自变量的回归建模问题, 一切可能的回归子集为 2^m 个, 需建立一个标准来判别究竟哪个回归子集是最优的.

从实用的角度考虑, 基于残差平方和 RSS 的准则使用得最多. 选模型的 RSS 为

$$\mathrm{RSS}_p = \left\|\boldsymbol{Y} - \boldsymbol{X}_p\tilde{\beta}_p\right\|_2^2 = \boldsymbol{Y}^{\mathrm{T}}(\boldsymbol{I} - \boldsymbol{H}_p)\boldsymbol{Y} \tag{3.3.27}$$

其中 $\boldsymbol{H}_p = \boldsymbol{X}_p\left(\boldsymbol{X}_p^{\mathrm{T}}\boldsymbol{X}_p\right)^{-1}\boldsymbol{X}_p^{\mathrm{T}}$. 如果在选模型 (3.3.24) 中再增加一个自变量, 则对应的设计矩阵为 $\boldsymbol{X}_{p+1} = \left(\boldsymbol{X}_p \vdots \boldsymbol{x}_{p+1}\right)$, 此时的残差平方和为

$$\mathrm{RSS}_{p+1} = \boldsymbol{Y}^{\mathrm{T}}(\boldsymbol{I} - \boldsymbol{H}_{p+1})\boldsymbol{Y} \tag{3.3.28}$$

其中 $\boldsymbol{H}_{p+1} = \boldsymbol{X}_{p+1}\left(\boldsymbol{X}_{p+1}^{\mathrm{T}}\boldsymbol{X}_{p+1}\right)^{-1}\boldsymbol{X}_{p+1}^{\mathrm{T}}$. 利用分块矩阵求逆公式, 可以证明 RSS_p $\geqslant \mathrm{RSS}_{p+1}$. 表明自变量个数越多, 残差平方和越小. 若使 RSS 最小, 显然应该包含所有的自变量, 为此定义平均残差平方和为

$$\mathrm{RMS}_p = \frac{1}{n-p}\mathrm{RSS}_p \tag{3.3.29}$$

分析可知: 起初, 随着 p 的增大, RSS_p 下降速度较快, RMS_p 随 p 的增大而减小. 当自变量增加到一定程度, 重要的自变量都已入选, 此时再增加自变量, RSS_p 减少的并不多, 而 $n-p$ 减少较快, 所以 RMS_p 将会增加, 从而可以依据 "RMS_p 越小越好" 的准则选择自变量.

3.3.4.3 基于 C_p 统计量的自变量选择准则

1964 年, Mallows 根据选模型相比于全模型可能具有更小的预测误差这一原理, 提出了用来选择自变量的 C_p 统计量.

假如选择最优模型的目的是给出 $\boldsymbol{X}\boldsymbol{\beta}$ 的最优估计, 那么应使

$$\mathrm{E}\left\|\boldsymbol{X}_p\tilde{\boldsymbol{\beta}}_p - \boldsymbol{X}\boldsymbol{\beta}\right\|^2 = p\sigma^2 + \left\|\boldsymbol{X}_{RR}\boldsymbol{\beta}_R\right\|^2 \tag{3.3.30}$$

最小, 其中 $\boldsymbol{X}_{RR} = \boldsymbol{X}_R - \boldsymbol{X}_p\left(\boldsymbol{X}_p^{\mathrm{T}}\boldsymbol{X}_p\right)^{-1}\boldsymbol{X}_p^{\mathrm{T}}\boldsymbol{X}_R$. 上式中的 $\sigma^2, \boldsymbol{\beta}$ 未知, 不能由此直接进行选择, 但可以用它们的估计值 $\hat{\sigma}, \hat{\boldsymbol{\beta}}$ 来代替, 并且利用

$$\hat{\boldsymbol{\beta}}_R = \left(\boldsymbol{X}_{RR}^{\mathrm{T}}\boldsymbol{X}_{RR}\right)^{-1}\boldsymbol{X}_{RR}^{\mathrm{T}}\boldsymbol{Y} = \boldsymbol{\beta}_R + \left(\boldsymbol{X}_{RR}^{\mathrm{T}}\boldsymbol{X}_{RR}\right)^{-1}\boldsymbol{X}_{RR}^{\mathrm{T}}\boldsymbol{e} \tag{3.3.31}$$

$$\mathrm{E}\left\|\boldsymbol{X}_{RR}\hat{\boldsymbol{\beta}}_R\right\|^2 = \left\|\boldsymbol{X}_{RR}\boldsymbol{\beta}_R\right\|^2 + (m-p)\sigma^2 \tag{3.3.32}$$

构造统计量

$$J_p = p\hat{\sigma}^2 + \left\|\boldsymbol{X}_{RR}\hat{\boldsymbol{\beta}}_R\right\|^2 - (m-p)\hat{\sigma}^2 = \left\|\boldsymbol{X}_{RR}\hat{\boldsymbol{\beta}}_R\right\|^2 + (2p-m)\hat{\sigma}^2 \tag{3.3.33}$$

若 J_p 达到最小, 则可以认为 (3.3.33) 式达到最小.

记 $C_p = \left\|\boldsymbol{Y} - \boldsymbol{X}_p\tilde{\boldsymbol{\beta}}_p\right\|^2 / \hat{\sigma}^2 + 2p - n$, 则可以证明

$$C_p = \frac{J_p}{\hat{\sigma}^2} = \frac{\left\|\boldsymbol{X}_{RR}\hat{\boldsymbol{\beta}}_R\right\|^2}{\hat{\sigma}^2} + 2p - n \tag{3.3.34}$$

由此得到一个选择变量的准则, 即 C_p 准则: 选择使 C_p 最小的自变量子集, 这个自变量子集所对应的回归方程就是最优回归方程.

3.3.4.4 基于 AIC 准则的自变量选择准则

AIC 准则是日本统计学家 Akaike 于 1974 年根据极大似然估计原理提出的一种模型选择准则, 具有相当广泛的应用.

对一般的情形, 设模型的似然函数为 $L(\boldsymbol{\theta}, \boldsymbol{x})$, $\boldsymbol{\theta}$ 为 p 维列向量, $\boldsymbol{x}$ 为观测样本, 则 AIC 定义为

$$\text{AIC} = -2\ln L\left(\hat{\boldsymbol{\theta}}_L, \boldsymbol{x}\right) + 2p \tag{3.3.35}$$

其中, $\hat{\boldsymbol{\theta}}_L$ 为 $\boldsymbol{\theta}$ 的极大似然估计.

AIC 准则选择最优子集的标准是使得 AIC 尽可能得小.

3.3.5 参数的有偏估计 [31]

由 3.3.1 节知道, 对于线性回归模型

$$\boldsymbol{Y} = \boldsymbol{X}\boldsymbol{\beta} + \boldsymbol{e}, \quad \boldsymbol{e} \sim (\boldsymbol{0}, \sigma^2 \boldsymbol{I}) \tag{3.3.36}$$

$\boldsymbol{\beta}$ 的 LS 估计 $\hat{\boldsymbol{\beta}} = (\boldsymbol{X}^{\mathrm{T}}\boldsymbol{X})^{-1}\boldsymbol{X}^{\mathrm{T}}\boldsymbol{Y}$ 具有一些很好的性质, 但是, 当 $\boldsymbol{X}^{\mathrm{T}}\boldsymbol{X}$ 接近奇异时, 呈现复共线性, LS 估计的性能变差.

定理 3.3.3 在线性模型 (3.3.36) 下, 有

$$\text{MSE}(\hat{\boldsymbol{\beta}}) = \sigma^2 \text{tr}(\boldsymbol{X}^{\mathrm{T}}\boldsymbol{X})^{-1} \tag{3.3.37}$$

若假定 $\boldsymbol{e} \sim \text{N}(\boldsymbol{0}, \sigma^2 \boldsymbol{I})$, 则

$$\text{Var}(\|\hat{\boldsymbol{\beta}} - \boldsymbol{\beta}\|^2) = 2\sigma^4 \text{tr}(\boldsymbol{X}^{\mathrm{T}}\boldsymbol{X})^{-2} \tag{3.3.38}$$

依据定理 3.3.3, 当 $\boldsymbol{X}^{\mathrm{T}}\boldsymbol{X}$ 呈现病态时, $\text{MSE}(\hat{\boldsymbol{\beta}})$ 和 $\text{Var}(\|\hat{\boldsymbol{\beta}} - \boldsymbol{\beta}\|^2)$ 的值都很大, 说明虽然 $\hat{\boldsymbol{\beta}}$ 是 $\boldsymbol{\beta}$ 的无偏估计, 但在具体取值上, $\|\hat{\boldsymbol{\beta}} - \boldsymbol{\beta}\|^2$ 的平均取值很大, 而且很不稳定, 所以 $\hat{\boldsymbol{\beta}}$ 常与 $\boldsymbol{\beta}$ 有较大的差距.

针对复共线性所引起的一系列问题, 许多学者相继提出了一些新的改进 LS 估计的方法. 例如, Stein 在 1960 年提出压缩估计; Massy 于 1965 年提出的主成分估计 [36]; Hoerl 和 Kennard 于 1970 年提出的岭估计 [35]; Weberster 等在 1974 年提出的特征根估计; 等等. 这些方法都是通过降低参数估计的方差来提高参数估计的精度, 均为有偏估计. 本节的有偏估计方法有时也称为方差降低技术.

3.3.5.1 岭回归

定义 3.3.2 设 $0 < k < \infty$, 称

$$\hat{\boldsymbol{\beta}}(k) = (\boldsymbol{X}^{\mathrm{T}}\boldsymbol{X} + k\boldsymbol{I})^{-1}\boldsymbol{X}^{\mathrm{T}}\boldsymbol{Y} \tag{3.3.39}$$

为 $\boldsymbol{\beta}$ 的岭回归估计, 记 $\boldsymbol{S} = \boldsymbol{X}^{\mathrm{T}}\boldsymbol{X}$, $\boldsymbol{W}_k = (\boldsymbol{S}+k\boldsymbol{I})^{-1}$, 则 $\hat{\boldsymbol{\beta}}(k) = \boldsymbol{W}_k\boldsymbol{X}^{\mathrm{T}}\boldsymbol{Y}$.

一般地, 假设 $\boldsymbol{X}^{\mathrm{T}}\boldsymbol{X}$ 的特征值为 $\lambda_1, \lambda_2, \cdots, \lambda_m$, 则 $\boldsymbol{W}_k^{-1}$ 的特征值为 $\lambda_1 + k, \lambda_2 + k, \cdots, \lambda_m + k$. 由于 $0 < k < \infty$, 所以当 $\boldsymbol{X}^{\mathrm{T}}\boldsymbol{X}$ 奇异时, $\boldsymbol{W}_k^{-1}$ 能有效地克服奇异性. 为了使岭估计 $\hat{\boldsymbol{\beta}}(k)$ 优于 LS 估计 $\hat{\boldsymbol{\beta}}$, 需要找到某个 $k > 0$, 使得

$$\mathrm{MSE}(\hat{\boldsymbol{\beta}}(k)) < \mathrm{MSE}(\hat{\boldsymbol{\beta}})$$

由于

$$\hat{\boldsymbol{\beta}}(k) = (\boldsymbol{X}^{\mathrm{T}}\boldsymbol{X} + k\boldsymbol{I})^{-1}\boldsymbol{X}^{\mathrm{T}}\boldsymbol{Y} = (\boldsymbol{I} + k\boldsymbol{S}^{-1})^{-1}\boldsymbol{S}^{-1}\boldsymbol{X}^{\mathrm{T}}\boldsymbol{Y}$$
$$= (\boldsymbol{I} + k\boldsymbol{S}^{-1})^{-1}\hat{\boldsymbol{\beta}} = \boldsymbol{Z}_k\hat{\boldsymbol{\beta}}$$

其中 $\boldsymbol{Z}_k = (\boldsymbol{I} + k\boldsymbol{S}^{-1})^{-1}$. 从而, 当考虑 k 为与 $\boldsymbol{Y}$ 无关的常数时, $\hat{\boldsymbol{\beta}}(k)$ 是 $\hat{\boldsymbol{\beta}}$ 的一个线性变换, 并且当 $k \neq 0$ 时, $\hat{\boldsymbol{\beta}}(k)$ 是 $\boldsymbol{\beta}$ 的有偏估计. 可以证明, 存在某个 $k > 0$, 使得 $\|\hat{\boldsymbol{\beta}}(k)\|_2 < \|\hat{\boldsymbol{\beta}}\|_2$. 表明 $\hat{\boldsymbol{\beta}}(k)$ 可看成是由 $\hat{\boldsymbol{\beta}}$ 进行某种向原点的压缩. 同时可以证明, 存在 $k > 0$, 使得 $\mathrm{MSE}(\hat{\boldsymbol{\beta}}(k)) < \mathrm{MSE}(\hat{\boldsymbol{\beta}})$ 成立.

定义 3.3.2 所定义的是狭义岭估计, 相应地可以引入广义岭估计, 为此将模型转化为典则形式

$$\boldsymbol{Y} = \boldsymbol{Z}\boldsymbol{\alpha} + e$$

其中 $\boldsymbol{Z} = \boldsymbol{X}\boldsymbol{P}^{\mathrm{T}}$ 称为典则变量, $\boldsymbol{\alpha} = \boldsymbol{P}\boldsymbol{\beta}$ 称为典则参数, $\boldsymbol{P}$ 为正交矩阵, 且满足

$$\boldsymbol{Z}^{\mathrm{T}}\boldsymbol{Z} = \boldsymbol{P}(\boldsymbol{X}^{\mathrm{T}}\boldsymbol{X})\boldsymbol{P}^{\mathrm{T}} = \boldsymbol{\Lambda}$$

则 $\boldsymbol{\alpha}$ 的 LS 估计为

$$\hat{\boldsymbol{\alpha}} = (\boldsymbol{Z}^{\mathrm{T}}\boldsymbol{Z})^{-1}\boldsymbol{Z}^{\mathrm{T}}\boldsymbol{Y} = \boldsymbol{\Lambda}^{-1}\boldsymbol{Z}^{\mathrm{T}}\boldsymbol{Y}$$

其狭义岭估计为

$$\hat{\boldsymbol{\alpha}}(k) = (\boldsymbol{\Lambda}+k\boldsymbol{I})^{-1}\boldsymbol{Z}^{\mathrm{T}}\boldsymbol{Y} = (\boldsymbol{\Lambda}+k\boldsymbol{I})^{-1}\boldsymbol{P}\boldsymbol{X}^{\mathrm{T}}\boldsymbol{Y} \tag{3.3.40}$$

而广义岭估计定义为

$$\hat{\boldsymbol{\alpha}}(\boldsymbol{K}) = (\boldsymbol{\Lambda}+\boldsymbol{K})^{-1}\boldsymbol{P}\boldsymbol{X}^{\mathrm{T}}\boldsymbol{Y} \tag{3.3.41}$$

其中 $\boldsymbol{K} = \mathrm{diag}(k_1, k_2, \cdots, k_m)$ 为对角矩阵. 事实上, 当 $\boldsymbol{K} = k\boldsymbol{I}$ 时, 广义岭估计就退化为狭义岭估计了.

可以证明, 当 $k_i = \sigma^2/\alpha_i^2, i = 1, 2, \cdots, m$ 时, 估计

$$\hat{\boldsymbol{\beta}}(\boldsymbol{K}) = \boldsymbol{P}^{\mathrm{T}}\hat{\boldsymbol{\alpha}}(\boldsymbol{K}) = \boldsymbol{P}^{\mathrm{T}}(\boldsymbol{\Lambda}+\boldsymbol{K})^{-1}\boldsymbol{P}\boldsymbol{X}^{\mathrm{T}}\boldsymbol{Y} \tag{3.3.42}$$

的 $\mathrm{MSE}(\hat{\boldsymbol{\beta}}(\boldsymbol{K}))$ 达到最小值. 最优的岭参数与待估参数 α_i 和 σ^2 有关, 因为 α_i 与 σ^2 事先并不知道, 因此最优岭参数需要利用迭代进行确定.

3.3.5.2　主成分估计

主成分分析 (PCA) 由 W. F. Massy 于 1965 年提出, 是多元统计分析的一个基本方法, 它通过对数据作一个正交旋转变换, 使变换后的变量正交. 主成分估计用一组新变量 $Z_1, Z_2, \cdots, Z_m$ 代替 $X_1, X_2, \cdots, X_m$, 有

$$Z_i = C_{i1}X_1 + C_{i2}X_2 + \cdots + C_{im}X_m, \quad i = 1, 2, \cdots, m$$

使得在这组新的变量中存在一些在试验中取值变化不大的变量, 从而可将其对应变量的影响忽略掉. 为方便描述, 不妨设 $Z_{r+1}, Z_{r+2}, \cdots, Z_m$ 可忽略.

对线性模型

$$\boldsymbol{Y} = \boldsymbol{X}\boldsymbol{\beta} + \boldsymbol{e}, \quad \boldsymbol{e} \sim (\boldsymbol{0}, \sigma^2 \boldsymbol{I})$$

自变量的任一线性组合

$$Z = C_1 X_1 + C_2 X_2 + \cdots + C_m X_m, \quad \sum_{i=1}^{m} C_i^2 = 1$$

视为一新变量. 设自变量 $X_1, X_2, \cdots, X_m$ 在第 i 次试验中的值为 $(x_{i1}, \cdots, x_{im})$, $i = 1, \cdots, n$, 则 Z 相应的取值为

$$z^{(i)} = C_1 x_{i1} + C_2 x_{i2} + \cdots + C_m x_{im}, \quad i = 1, \cdots, n$$

由于 $\boldsymbol{X}$ 已中心化, 则

$$\bar{z} = \frac{1}{n}\sum_{i=1}^{n} z^{(i)} = \frac{1}{n}\sum_{i=1}^{n}\sum_{j=1}^{m} C_j x_{ij} = \frac{1}{n}\sum_{j=1}^{m} C_j \sum_{i=1}^{n} x_{ij} = 0$$

若记 $\boldsymbol{C} = (C_1, C_2, \cdots, C_m)^{\mathrm{T}}$, 则

$$\sum_{i=1}^{n} (z^{(i)} - \bar{z})^2 = \boldsymbol{C}^{\mathrm{T}} \boldsymbol{X}^{\mathrm{T}} \boldsymbol{X} \boldsymbol{C}$$

上式的值表示自变量 $\boldsymbol{Z}$ 的重要性. 我们应该选择 $\boldsymbol{C}$, 使其值达到最大.

记 $\boldsymbol{X}^{\mathrm{T}}\boldsymbol{X}$ 的特征根为 $\lambda_1 \geqslant \lambda_2 \geqslant \cdots \geqslant \lambda_m$, 对应的特征向量为 $\boldsymbol{p}_1, \boldsymbol{p}_2, \cdots, \boldsymbol{p}_m$, 则上式最大值在 $\boldsymbol{C} = \boldsymbol{p}_1$ 时达到, 且最大值为 λ_1.

记 $\tilde{\boldsymbol{X}} = (X_1, X_2, \cdots, X_m)^{\mathrm{T}}$, 称 $Z_1 = \boldsymbol{p}_1^{\mathrm{T}}\tilde{\boldsymbol{X}}$ 为自变量 $X_1, X_2, \cdots, X_m$ 的第一主成分. 一般, 若已确定了 k 个主成分 $Z_i = \boldsymbol{p}_i^{\mathrm{T}}\tilde{\boldsymbol{X}}$, $i = 1, 2, \cdots, k$, 则第 $k+1$ 个主成分 $Z = \boldsymbol{C}^{\mathrm{T}}\tilde{\boldsymbol{X}}$ 满足条件:

(1) $\boldsymbol{C}^{\mathrm{T}}\boldsymbol{p}_i = 0, i = 1, \cdots, k$, $\boldsymbol{C}^{\mathrm{T}}\boldsymbol{C} = 1$;

(2) $\boldsymbol{C}^{\mathrm{T}}\tilde{\boldsymbol{X}}$ 达到最大.

容易知道, 第 $k+1$ 个主成分为 $Z_{k+1} = \boldsymbol{p}_{k+1}^{\mathrm{T}} \tilde{\boldsymbol{X}}$.

如果 $\lambda_r \neq 0, \lambda_{r+1} = \cdots = \lambda_m = 0$, 则实际上 $X_1, X_2, \cdots, X_m$ 只有 r 个主成分, 即只有 r 个新变量. 在一般情况下, $\lambda_1, \lambda_2, \cdots, \lambda_m$ 都不为 0, 但是存在 r, 使得 $\lambda_1, \lambda_2, \cdots, \lambda_r$ 显著的非零, 而 $\lambda_{r+1}, \cdots, \lambda_m$ 很接近于 0, 则主成分 $Z_{r+1}, \cdots, Z_m$ 在 n 次试验中取得值变化很小, 因而可以从模型中去掉. 这相当于把相应与这些变量的回归系数的估计为 0.

从模型来看, 设 $\boldsymbol{P} = (\boldsymbol{p}_1, \boldsymbol{p}_2, \cdots, \boldsymbol{p}_m)$, 则 $\boldsymbol{Z} = \boldsymbol{X}\boldsymbol{P}$ 为 m 个主成分. 在 n 次试验中, 设 m 个主成分构成的设计矩阵为 $\boldsymbol{Z}$, 记 $\boldsymbol{\alpha} = \boldsymbol{P}^{\mathrm{T}}\boldsymbol{\beta}$, 则原回归模型可以转化为如下的典则形式

$$\boldsymbol{Y} = \boldsymbol{X}\boldsymbol{\beta} + \boldsymbol{e} = \boldsymbol{Z}\boldsymbol{\alpha} + \boldsymbol{e}$$

其中 $\boldsymbol{Z}^{\mathrm{T}}\boldsymbol{Z} = \boldsymbol{P}^{\mathrm{T}}\boldsymbol{X}^{\mathrm{T}}\boldsymbol{X}\boldsymbol{P} = \boldsymbol{\Lambda} = \mathrm{diag}(\lambda_1, \lambda_2, \cdots, \lambda_m)$. 若此时有 $\lambda_{r+1}, \cdots, \lambda_m \approx 0$, 将 $\boldsymbol{\Lambda}, \boldsymbol{\alpha}, \boldsymbol{P}, \boldsymbol{Z}$ 分块为

$$\boldsymbol{\Lambda} = \begin{bmatrix} \boldsymbol{\Lambda}_1 & \boldsymbol{0} \\ \boldsymbol{0} & \boldsymbol{\Lambda}_2 \end{bmatrix}, \quad \boldsymbol{\alpha} = \begin{bmatrix} \boldsymbol{\alpha}_1 \\ \boldsymbol{\alpha}_2 \end{bmatrix}, \quad \boldsymbol{P} = \begin{bmatrix} \boldsymbol{P}_1 \vdots \boldsymbol{P}_2 \end{bmatrix}, \quad \boldsymbol{Z} = \begin{bmatrix} \boldsymbol{Z}_1 \vdots \boldsymbol{Z}_2 \end{bmatrix}$$

其中 $\boldsymbol{\Lambda}_1$ 是 r 阶对角阵, $\boldsymbol{\alpha}_1$ 是 r 维列向量, $\boldsymbol{P}_1$ 是 $n \times r$ 矩阵, $\boldsymbol{Z}_1$ 是 $n \times r$ 矩阵.

可知, $\boldsymbol{\alpha}_1$ 的 LS 估计为 $\hat{\boldsymbol{\alpha}}_1 = \boldsymbol{\Lambda}_1^{-1} \boldsymbol{Z}_1^{\mathrm{T}} \boldsymbol{Y}$, 而 $\boldsymbol{\alpha}_2$ 的估计取为 $\boldsymbol{0}$. 得到 $\boldsymbol{\beta}$ 的估计为

$$\tilde{\boldsymbol{\beta}} = \boldsymbol{P}_1 \hat{\boldsymbol{\alpha}}_1 \tag{3.3.43}$$

称 $\tilde{\boldsymbol{\beta}}$ 为 $\boldsymbol{\beta}$ 的主成分估计.

3.3.6 非线性回归分析简介

3.3.6.1 可化为线性回归的例子

实际问题中, 有许多回归模型的因变量与自变量之间的关系呈现非线性特性, 但是一些回归函数对自变量或因变量的函数变换可以转化为线性关系. 本节介绍几个直观的例子.

(1) C-D 生产函数. 模型 (3.1.4) 给出的 C-D 生产函数

$$y = AK^{\alpha}L^{\beta} \tag{3.3.44}$$

可通过两边取对数转化为线性模型

$$\ln y = \ln A + \alpha \ln K + \beta \ln L \tag{3.3.45}$$

(2) 考虑如下的非线性函数

$$Y = \beta_0 + \beta_1 \exp(X) + \varepsilon \tag{3.3.46}$$

$$Y = a \cdot \exp(b \cdot X) + \varepsilon \tag{3.3.47}$$

对于模型 (3.3.46), 可以引入一个新的变量 $\tilde{X} = \exp(X)$ 将该非线性模型转化为 Y 关于 $\tilde{X}$ 的线性模型. 但对于模型 (3.3.47), 误差项的存在使得我们不能对模型两边取对数来线性化, 因此一个非线性回归模型是否可以线性化, 不仅与回归函数的形式有关, 而且与误差项的形式有关.

3.3.6.2　非线性最小二乘估计

非线性回归模型一般可记为

$$y_i = f(\boldsymbol{x}_i, \boldsymbol{\theta}) + \varepsilon_i, \quad i = 1, 2, \cdots, n \tag{3.3.48}$$

其中 y_i 为因变量; 非随机向量 $\boldsymbol{x}_i = (x_{i1}, x_{i2}, \cdots, x_{ik})^{\mathrm{T}}$ 是自变量; $\boldsymbol{\theta} = (\theta_0, \theta_1, \cdots, \theta_p)^{\mathrm{T}}$ 为未知参数向量; ε_i 为随机误差项并且满足独立同分布假定, 即

$$\mathrm{E}(\varepsilon_i) = 0, \quad \mathrm{Cov}(\varepsilon_i, \varepsilon_j) = \sigma^2 \delta_{ij}.$$

如果 $f(\boldsymbol{x}_i, \boldsymbol{\theta}) = \theta_0 + x_1\theta_1 + x_2\theta_2 + \cdots + x_p\theta_p$, 则 (3.3.48) 式就是前面讨论的线性模型, 所以非线性模型更适用于实际问题.

对非线性回归模型 (3.3.48), 若使用最小二乘法估计参数 $\boldsymbol{\theta}$, 即求使得

$$Q(\boldsymbol{\theta}) = \sum_{i=1}^{n} (y_i - f(\boldsymbol{x}_i, \boldsymbol{\theta}))^2 \tag{3.3.49}$$

达到最小的 $\hat{\boldsymbol{\theta}}$, 称它为 $\boldsymbol{\theta}$ 的非线性最小二乘估计. 假设函数 f 关于参数 $\boldsymbol{\theta}$ 连续可微, 通过对 Q 求关于 $\boldsymbol{\theta}$ 的导数建立正规方程组

$$\left.\frac{\partial Q}{\partial \theta_j}\right|_{\boldsymbol{\theta}=\hat{\boldsymbol{\theta}}} = -2 \sum_{i=1}^{n} (y_i - f(\boldsymbol{x}_i, \hat{\boldsymbol{\theta}})) \left.\frac{\partial f}{\partial \theta_j}\right|_{\boldsymbol{\theta}=\hat{\boldsymbol{\theta}}} = 0, \quad j = 0, 1, 2, \cdots, p \tag{3.3.50}$$

非线性最小二乘估计 $\hat{\boldsymbol{\theta}}$ 就是上式的解. 由于上述正规方程组为非线性的, 通常很难求解, 一般需要用迭代数值法.

3.3.6.3　Gauss-Newton 算法

下面介绍的 Gauss-Newton 算法为线性化方法, 即用 Taylor 展开的线性项来近似非线性模型, 然后用普通的最小二乘法估计参数. 首先假设 $\boldsymbol{\theta}$ 的初值为 $\boldsymbol{\theta}^0$, 将 $f(\boldsymbol{x}_i, \boldsymbol{\theta})$ 在初值 $\boldsymbol{\theta}^0$ 附近展开得

$$f(\boldsymbol{x}_i, \boldsymbol{\theta}) \approx f(\boldsymbol{x}_i, \boldsymbol{\theta}^0) + \left[\frac{\partial f(\boldsymbol{x}_i, \boldsymbol{\theta})}{\partial \boldsymbol{\theta}}\right]_{\boldsymbol{\theta}=\boldsymbol{\theta}^0} (\boldsymbol{\theta} - \boldsymbol{\theta}^0) \tag{3.3.51}$$

此时简记 $\boldsymbol{y} = \left[y_i - f(\boldsymbol{x}_i, \boldsymbol{\theta}^0)\right]^{\mathrm{T}}$, $\boldsymbol{\beta} = \boldsymbol{\theta} - \boldsymbol{\theta}^0$, $\boldsymbol{D}$ 由 $\left[\dfrac{\partial f(\boldsymbol{x}_i, \boldsymbol{\theta})}{\partial \boldsymbol{\theta}}\right]_{\boldsymbol{\theta} = \boldsymbol{\theta}^0}$ $(i = 1, 2, \cdots, n)$ 作为行向量组成的矩阵. 则有

$$\boldsymbol{y} \approx \boldsymbol{D}\boldsymbol{\beta} + \boldsymbol{\varepsilon} \tag{3.3.52}$$

从而将非线性回归模型 (3.3.48) 转化为线性模型 (3.3.52), 可以采用线性最小二乘方法得到上述模型的解, 记为 $\hat{\boldsymbol{\beta}}^{(1)}$, 由此更新 $\boldsymbol{\theta}$ 为 $\hat{\boldsymbol{\theta}}^{(1)} = \hat{\boldsymbol{\beta}}^{(1)} + \boldsymbol{\theta}^0$, 再将 $f(\boldsymbol{x}_i, \boldsymbol{\theta})$ 在 $\hat{\boldsymbol{\theta}}^{(1)}$ 处进行 Taylor 展开建立线性回归模型, 如此反复, 直到迭代收敛为止.

本节只是介绍了求解非线性回归方程的最小二乘以及 Gauss-Newton 法, 关于这些方法的收敛性以及解的性质分析可参考文献 [37-38].

3.4　计算机试验的近似建模

一般而言, 计算机试验有三个基本目标 [39]: ①预测未训练点的响应; ② 优化函数的响应; ③ 根据物理数据校准计算机代码. 这些目标的实现依赖两个基本统计问题: 一是试验设计问题, 即应该在哪些位置收集数据; 二是数据分析问题, 即通过试验数据来建立一个近似模型. 计算机试验与物理试验有本质的不同, 它具有确定性, 即相同的输入对应唯一的输出. 本节讨论的近似建模属于代理模型 (surrogate model) 或元模型 (metamodel), 模型反映的不是输入输出之间的物理机理, 而是以相对简单的数学模型来 "替代" 输入输出之间函数关系, 以达到预测的目的.

考虑单指标的计算机试验, 以 y 表示响应变量, 假定试验因素 $\boldsymbol{x} = (x_1, \cdots, x_p)^{\mathrm{T}}$ 由 p 个定量因子组成. 设近似模型用解析式为 $y = \hat{f}(\boldsymbol{x})$, 给定阈值 $\delta > 0$, 一个好的代理模型应当满足

$$\left|\hat{f}(\boldsymbol{x}) - f(\boldsymbol{x})\right| < \delta, \quad \boldsymbol{x} \in C^p$$

其中 $f(\boldsymbol{x})$ 表示真实的响应关系, C^p 表示试验区间.

3.4.1　基本元模型

常见的元模型包括 RS 模型 [27]、MARS、空间相关模型 [39]、回归树 [40]、人工神经网络 [41]、小波 [42]、支持向量机 [43-44] 等. RS 模型与 MARS 已在 3.2.4 节中介绍, 下面简要介绍其他几类模型.

3.4.1.1　空间相关模型

空间相关模型也称 Kriging 模型 (Kriging model)[39], 它是 Sacks, Welch, Mitchell 等于 1989 年引入试验建模中的, 在计算机试验的建模中应用广泛. 该模

型假定输入点的响应值之间存在一定的相关性, 而预测点的响应值是现有观测点响应值的插值.

Kriging 模型的数学描述为

$$Y(\boldsymbol{x}) = \boldsymbol{f}^{\mathrm{T}}(\boldsymbol{x})\boldsymbol{\beta} + Z(\boldsymbol{x}) \tag{3.4.1}$$

其中 $\boldsymbol{f}(\boldsymbol{x}) = [f_1(\boldsymbol{x}), f_2(\boldsymbol{x}), \cdots, f_k(\boldsymbol{x})]^{\mathrm{T}}$ 为回归函数, $\boldsymbol{\beta} = [\beta_1, \beta_2, \cdots, \beta_k]^{\mathrm{T}}$ 为待估参数. 由此可见, Kriging 模型是一个线性回归模型 $\boldsymbol{f}^{\mathrm{T}}(\boldsymbol{x})\boldsymbol{\beta}$ 和一个随机过程 $Z(\boldsymbol{x})$ 的和. 前者提供了一个全局的模型, 而 $Z(\boldsymbol{x})$ 则表示了局部的偏离.

由于可灵活选取随机过程 $Z(\boldsymbol{x})$ 的相关函数来构建模型, Kriging 模型弹性很强, 它既可以通过精确的插值 "忠实于数据", 也可以通过不精确的插值 "平滑数据". Simpson 等 [45] 比较了 Kriging 模型和 RS 模型, 发现即使 Kriging 模型的全局项取常数, 仍可以获得与二阶 RS 模型同样的精度. 但是, Etman[46] 指出 Kriging 模型并不适合参数的优化研究. Simpson 等 [47] 比较了 MARS 和 Kriging 模型, 表明 MARS 的效果比较理想. Lin[48] 在序贯探索性建模中比较了 Kriging 和 MARS 的预测能力, 说明了对于非线性很强的模型, MARS 效果较好.

3.4.1.2　回归树

分类和回归树 (CART) 是由 Breiman 等 [40] 于 1984 年提出, 它是 MARS 的前身. 这种模型还没有应用到计算机试验中, 但它与 MARS 之间紧密的联系使得它具有较大的潜力. CART 使用回归分割法来分析观测数据, 与 MARS 一样, CART 也有一个前向逐步回归来选择模型和一个向后回归来删除模型. 其单变量基函数的形式为

$$b^+(x;k) = 1\{x > k\}, \quad b^-(x;k) = 1\{x \leqslant k\} \tag{3.4.2}$$

其中分割点 k 类似于样条节点, 最终的基函数为

$$B_m(\boldsymbol{x}) = \prod_{l=1}^{L_m} b^{s_{l,m}}\left(x_v\left(l,m\right); k_{l,m}\right). \tag{3.4.3}$$

3.4.1.3　人工神经网络

人工神经网络 (ANN) 在物理关系的建模中十分流行. 近年来, Sellar 和 Batill[49], Chen 和 Varadarajan[50] 以及 Simpson 等 [51] 都尝试过在计算机试验中使用 ANN. ANN 最初的目的是模仿人脑的学习过程, 通常用多层神经元图来表示, 实际上是一个非线性统计模型. 最常用的 ANN 为 S 形基函数之和, 每个基函数在变量空间沿不同方向, 产生的预测模型形式为

$$\hat{g}(\boldsymbol{x}_0) = \sum_{m=1}^{M}\left(\beta_m\sum_{j=1}^{p}\alpha_j\boldsymbol{x}_j\right) = \sum_{m=1}^{M}\left(\beta_m\boldsymbol{\alpha}^{\mathrm{T}}\boldsymbol{X}\right) \tag{3.4.4}$$

神经网络需要大量训练样本, 且存在训练速度缓慢或难以收敛等缺陷.

3.4.1.4　模型精度的评价

在获得观测数据并建立近似模型后, 可采用最小二乘估计 (LSE)、加权最小二乘、最大似然估计 (MLE)、交叉验证法 (Cross-Validation) 和 Bayes 方法估计模型中的参数. Simpson 等[51] 指出计算机试验和物理试验的曲线拟合思路不同. 对于物理试验, LSE 估计使得总偏差最小, 且假设存在服从正态分布的随机误差. 可以认为模型平滑掉了随机误差, 因而即使没有观测点位于拟合曲线上也是可以接受的. 但是对于计算机试验, 模型应该对每个观测点精确预测, 且其他点的预测值为现有值的插值. 见图 3.4.1.

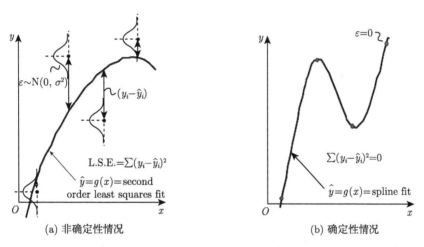

图 3.4.1　物理试验和计算机试验的模型拟合

对于物理试验, 由于存在随机偏差和系统偏差, 因此可以通过 F 统计量和 MSE 来验证模型的精度. 但这并不适用于计算机试验, 因为计算机试验仅存在系统误差而不含随机误差. 对于计算机试验, 当可以接受附加的验证点时, 最大绝对误差 (MAX) 和平方根误差 (RMSE) 是最常用的指标, 其表达式为

$$\text{MAX} = \max\left\{|y_i - \hat{y}_i|\right\}_{i=1,\cdots,n_{\text{error}}} \tag{3.4.5}$$

$$\text{RMSE} = \sqrt{\frac{1}{n_{\text{error}}} \sum_{i=1}^{n_{\text{error}}} \left(y_i - \hat{y}_i\right)^2} \tag{3.4.6}$$

其中 n_{error} 是随机验证点的数目, y_i 和 $\hat{y}_i$ 分别是验证点的响应值和预测值, MAX 和 RMSE 的值越小, 说明预测模型的精度越高. RMSE 度量了模型的全局精度, MAX 度量了模型的局部精度. 当归一化的 RMSE 小于 5%, 且归一化的 MAX 小于 10% 时, 模型是可以接受的[52].

实际应用中, 所能接受的验证样本数十分有限, 对计算量很大的试验, 为避免计算附加的检验点, 常采用交叉检验法 [54], 其中最常用的舍一交叉验证法为 [53]

$$\mathrm{ERMSE}_{-1} = \sqrt{\frac{1}{N} \sum_{i=1}^{N} (\hat{y}_{-1}(s_i) - y(s_i))^2}. \tag{3.4.7}$$

这样不需要计算任何附加的试验点, 而相关参数需要基于所有的 N 个观测, 如果预测基于足够多的试验点, 则删除任何一个点对预测影响不大. 但是, Lin 指出只有当真实的 $f(X)$ 非线性不是很严重, 且试验点在空间散布得足够广时才可以采用 "舍一" 检验法, 否则必须要通过附加验证点来验证 [52].

3.4.2　传统 Kriging 模型

3.4.2.1　基于平稳性假设的计算机试验建模

基本的 Kriging 模型形如

$$y(\boldsymbol{x}) = \boldsymbol{f}^{\mathrm{T}}(\boldsymbol{x})\boldsymbol{\beta} + Z(\boldsymbol{x}) \tag{3.4.8}$$

通常假定随机过程 $Z(\boldsymbol{X})$ 为 0 均值 Gauss 随机过程, 对空间中两点 $\boldsymbol{x}$ 与 $\boldsymbol{w}$, $Z(\boldsymbol{x})$ 与 $Z(\boldsymbol{w})$ 之间的协方差为

$$\mathrm{Cov}\,(z(\boldsymbol{w}), z(\boldsymbol{x})) = \sigma^2 R(\boldsymbol{w}, \boldsymbol{x}) \tag{3.4.9}$$

对于特定的试验点序列 $\boldsymbol{S} = [s_1, \cdots, s_N]$, 对应的观测为 $\boldsymbol{y_s} = [y(s_1), \cdots, y(s_N)]$, 根据这些试验数据, 对未知参数 β 和 σ^2 的最大似然估计 (MLE) 如下:

$$\hat{\boldsymbol{\beta}} = \left(\boldsymbol{F}^{\mathrm{T}}\boldsymbol{R}^{-1}\boldsymbol{F}\right)^{-1} \boldsymbol{F}^{\mathrm{T}}\boldsymbol{R}^{-1}\boldsymbol{y_s} \tag{3.4.10}$$

$$\hat{\sigma}^2 = \frac{1}{N} \left(\boldsymbol{y_s} - \boldsymbol{F}\hat{\boldsymbol{\beta}}\right)^{\mathrm{T}} \boldsymbol{R}^{-1} \left(\boldsymbol{y_s} - \boldsymbol{F}\hat{\boldsymbol{\beta}}\right) \tag{3.4.11}$$

其中回归设计矩阵 $\boldsymbol{F}$ 和相关函数矩阵 $\boldsymbol{R}$ 定义为

$$\boldsymbol{F} = [\boldsymbol{f}(\boldsymbol{s}_1), \cdots, \boldsymbol{f}(\boldsymbol{s}_N)]^{\mathrm{T}}$$

$$\boldsymbol{R} = [R(\boldsymbol{s}_i, \boldsymbol{s}_j)]_{i,j}, \quad 1 \leqslant i, j \leqslant N$$

$Z(\cdot)$ 的相关特性对于预测非常重要. 理论上, 任何一个满足 $R(\boldsymbol{x}, \boldsymbol{x}) = 1$ 的正定函数都可以作为相关函数. 在实际应用中, 为简化计算, 要求相关函数遵循乘积相关准则, 为一维相关的乘积, 且仅依赖于距离的大小, 使得随机函数的先验为平稳的高斯过程. 常用的相关函数见表 3.4.1, 它们都是距离 d 的某个相关函数.

表 3.4.1 常见的相关函数

名称	空间相关函数
线性相关	$1 - \dfrac{1}{\psi} d \;\; \psi \in \left(\dfrac{1}{2}, +\infty \right), \;\; d = \|\boldsymbol{w} - \boldsymbol{x}'\|$
立方相关	$1 - \dfrac{\psi_1}{2} d^2 + \dfrac{\psi_2}{6} d^3, \;\; \psi_i \in (0, +\infty), \;\; \psi_2 \leqslant 2\psi_1, \;\; \psi_2^2 - 6\psi_1\psi_2 + 12\psi_1^2 \leqslant 24\psi_2$
幂指数相关	$\exp\left(-\sum_j \psi_j \|w_j - x_j\|^{p_j} \right) \;\; \psi_j \in (0, +\infty), \;\; 0 < p \leqslant 2$
Matérn 相关	$\dfrac{(\psi \|d\|)^\nu}{\Gamma(\nu) 2^{\nu-1}} K_\nu(\psi \|d\|), \;\; \psi \in (0, +\infty), \;\; \nu \in (-1, +\infty)$

选取相关函数的基本原则是越简单越好, 即超参数的个数越少越好 [55]. 所以实际中 Gauss 相关函数 (幂指数中取 $p_j = 2$ 时) 最为常见, 为

$$R(\boldsymbol{w}, \boldsymbol{x}) = \exp\left(-\sum_j \psi_j \|w_j - x_j\|^2 \right). \tag{3.4.12}$$

对上述参数估计, 最佳线性无偏预测 (BLUP) 为

$$\hat{y}(\boldsymbol{x}) = \boldsymbol{f}^{\mathrm{T}}(\boldsymbol{x})\hat{\boldsymbol{\beta}} + \boldsymbol{r}^{\mathrm{T}}(\boldsymbol{x})\hat{\boldsymbol{\alpha}} \tag{3.4.13}$$

其中 $\hat{\boldsymbol{\alpha}}$ 定义为

$$\hat{\boldsymbol{\alpha}} = \boldsymbol{R}^{-1}(\boldsymbol{y}_s - \boldsymbol{F}\hat{\boldsymbol{\beta}}) \tag{3.4.14}$$

且 $\boldsymbol{r}$ 表示设计的试验点 S 与未训练的输入 $\boldsymbol{x}$ 之间的相关向量:

$$\boldsymbol{r} = [R(\boldsymbol{s}_1, \boldsymbol{x}), \cdots, R(\boldsymbol{s}_N, \boldsymbol{x})]^{\mathrm{T}} \tag{3.4.15}$$

式 (3.4.13) 中 $\boldsymbol{r}^{\mathrm{T}}(\boldsymbol{x})\hat{\boldsymbol{\alpha}}$ 实际上是回归模型 $\boldsymbol{f}^{\mathrm{T}}(\boldsymbol{x})\hat{\boldsymbol{\beta}}$ 的残差的插值, 因此, 上述求解过程可看作先获得模型参数的广义 LSE 估计, 再对残差进行插值, 该方法可以精确的预测所有数据的响应. 上述预测的均方误差 (MSE) 为

$$\begin{aligned}
\mathrm{MSE}(\hat{y}(\boldsymbol{x})) &= \sigma^2 \left\{ 1 - \begin{bmatrix} \boldsymbol{f}^{\mathrm{T}}(\boldsymbol{x}) & \boldsymbol{r}^{\mathrm{T}}(\boldsymbol{x}) \end{bmatrix} \begin{bmatrix} \boldsymbol{0} & \boldsymbol{F}^{\mathrm{T}} \\ \boldsymbol{F} & \boldsymbol{R} \end{bmatrix}^{-1} \begin{bmatrix} \boldsymbol{f}^{\mathrm{T}}(\boldsymbol{x}) \\ \boldsymbol{r}^{\mathrm{T}}(\boldsymbol{x}) \end{bmatrix} \right\} \\
&= \sigma^2 \Big[1 - \boldsymbol{r}^{\mathrm{T}}(\boldsymbol{x})\boldsymbol{R}^{-1}\boldsymbol{r}(\boldsymbol{x}) + \left(\boldsymbol{f}^{\mathrm{T}}(\boldsymbol{x}) - \boldsymbol{r}^{\mathrm{T}}(\boldsymbol{x})\boldsymbol{R}^{-1}\boldsymbol{F} \right) \\
&\quad \times \left(\boldsymbol{F}^{\mathrm{T}}\boldsymbol{R}^{-1}\boldsymbol{F} \right)^{-1} \left(\boldsymbol{f}^{\mathrm{T}}(\boldsymbol{x}) - \boldsymbol{r}^{\mathrm{T}}(\boldsymbol{x})\boldsymbol{R}^{-1}\boldsymbol{F} \right)^{\mathrm{T}} \Big]
\end{aligned} \tag{3.4.16}$$

式中, $\boldsymbol{r}^{\mathrm{T}}(\boldsymbol{x})\boldsymbol{R}^{-1}\boldsymbol{r}(\boldsymbol{x})$ 指由于 $\boldsymbol{x}$ 与现有采样点之间相关性导致的预测方差的减少, 最后一项表示模型的不确定性.

Kriging 模型是计算机试验中最常用的模型, 其优点包括:

(1) 可以精确预测试验点的响应值;

(2) 提供了响应预测值和度量模型不确定性的值 MSE;

(3) 对于 Gauss 相关函数, 可以通过调整超参数 ψ 的值来调整协方差矩阵, 进而改变采样策略.

3.4.2.2　关于超参数 ψ 的讨论

Kriging 模型中, 超参数 ψ 是影响预测效果的关键参数. 实际应用中估计 ψ 的方法有: 极大似然估计、限制极大似然估计 (RMLE) 和交叉验证法等 (详细介绍参考文献 [56]). 其中 ψ 的最大似然估计为使下式最小化

$$\frac{1}{2}\left(N\ln\hat{\sigma}^2 + \ln\det\boldsymbol{R}\right) \tag{3.4.17}$$

相关函数中 ψ 的取值越大, 则点之间的相关性越弱. 因此, 在不规则的区域, ψ 应该较大, 且应该有较多的试验点; 而在平滑的区域, ψ 应该较小, 且少布试验点. 但是在传统的 Kriging 方法中, 通常给定一个全局的 ψ, 这使得它并不适合平滑程度严重不一致的系统响应的建模. 因此, Lin[52] 建议使用 MARS 来拟合这一类函数, 但是 MARS 并不具备 Kriging 模型的许多优点.

下面以一个例子来说明 ψ 的取值对预测效果的影响, 考虑系统函数 [55]:

$$y(x) = (1 - e^{-2\sqrt{x}}) + 6xe^{-7x}\sin(10x) - 0.2e^{-2000(x-0.25)^2}$$
$$+ 60\min(0, |x - 0.14| - 0.08)^2\left[\ln(x + 0.2) + 1.5\sin^2(85x)\right] \tag{3.4.18}$$

其中参数的取值范围为 $x \in [0, 1]$. 该函数在 $[0, 0.4]$ 内非线性性十分严重, 在其他区间较为平滑. 若采用普通的拟合方法, 需要较多的均匀采样点, 才可以建立较为精确的模型 (图 3.4.2 中采样点数为 201 个). 首先考虑均匀分布在区间上的 13 点

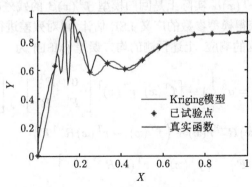

图 3.4.2　13 点均匀设计的 Kriging 模型[①]

----
①如无特殊说明, 3.4.3 节和 3.4.4 节中类似图中三种线表示的含义与图 3.4.2 相同.

设计, 所得 Kriging 模型见图 3.4.2, 以区间 [0,1] 上均匀分布的 201 个点作为验证点, 根据计算得预测模型的 RMSE 为 0.0821, MAX 为 0.4184.

另一方面, 以 Lin 提供的一组试验数据 [52] 来建模, 这组数据大部分试验点分布在 [0.09, 0.4] 内. 求得 ψ 的 MLE 值极大 (约为 145500). 一般而言, ψ 取值在 100 以内表示平滑性适中. 于是, 考虑测试 ψ 的值对 Kriging 模型的影响, 当 $\psi = 100$, 500, 2000, 5000 时的结果见图 3.4.3. 可见, 当 ψ 取值小于 1000 时, 拟合效果非常差 (图 3.4.3(a), (b)). 当 ψ 很大时, 不规则区域的拟合效果较好, 但是在平坦区域, 拟合值为常数项, 在试验点处预测值为真值, 所以使得 Kriging 模型出现了很多尖角, 见图 3.4.3(c), (d).

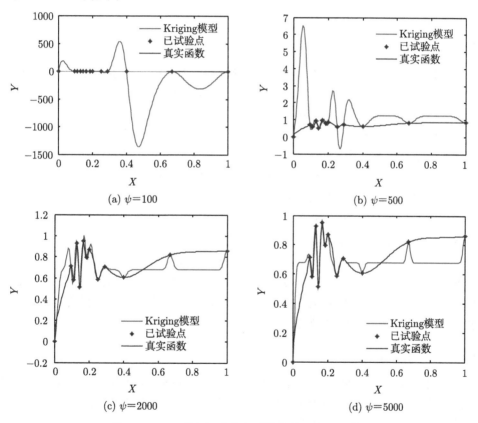

图 3.4.3 ψ 不同时, 非均匀采样点的 Kriging 模型

从模型的预测效果来看, 这种非均匀采样的效果并不优于简单的均匀采样. 以 ψ =2000 为例, 对 201 个均匀采样点, 可得 RMSE 为 0.1150, MAX 为 0.2707. 但直觉上, 平滑区域少采样, 崎变区域多采样似乎更为科学. 因此, 传统的 Kriging 模型并不适合平滑程度不一致的系统响应的建模. 在工程实际中, 平滑程度

不一致的情况常常发生, 而且实施序贯试验设计时, 常使得某些试验点的分布不均匀.

考虑 ψ 的最大似然估计, 从 (3.4.17) 式中不难看出, 当采样点数目变大时, ψ 的值会急剧变大. 换言之, 对于采样点比较密集的区域, 平滑参数 ψ 本身也要比点比较分散处所需的 ψ 大. 以函数 (3.4.18) 为例, 对均匀采样点, 11 点时, ψ 的 MLE 为 14.3, 13 点时为 72.7, 21 点时为 300.9. 对于不均匀的设计, 以上述 13 点设计为例, 直接估计可得 ψ 为 145500, 另一方面, 将这 13 点映射到 13 个均匀分布的点, 二者在对应点上的函数响应相同, 可求得 ψ 为 4850. 从原始函数的 72.7 到 4850, 以及 72.7 与 145500 的对比, 可得采样点的密集度、均匀性以及函数自身的不规则性是影响 ψ 取值的重要因素.

3.4.3   基于不平稳假设的 Kriging 模型

在传统的 Kriging 模型中, 假设系统响应是基于平稳的协方差函数的空间随机过程. 协方差函数的平稳性意味着响应函数的平滑性对输入空间的每个区域是相同的, 这种假设简化了分析过程, 却与很多实际情况相背. 在实际问题中, 响应函数的平滑程度往往是不一致的 [55], 这使得 Kriging 模型的全局预测效果不佳. 一个很自然的想法是更改平稳性假设, 但是相关的工作大都是用于改进采样策略, 极少涉及建模方面的研究. Xiong 等 [57] 提出了一种基于不平稳假设的 Kriging 方法, 该方法通过非线性变换, 将不平稳的输入空间映射到另一平稳的输入空间, 从而消除了平滑程度不一致的影响. 但是, 这种方法并没有利用区域规则程度的信息, 且含有较多的超参数, 影响了方法的稳健性和计算复杂度.

本节基于不平稳性假设, 对传统的 Kriging 方法进行改进, 根据局部极值点出现的频率来度量区域的不规则程度, 进而定义阶梯函数作为描述平滑性的密度函数, 将原始输入参数空间映射到另一平稳的输入空间, 从而建立了新的 Kriging 模型, 使得崎变区域和平滑区域都能获得较好的预测效果.

3.4.3.1   不平稳假设

定义 3.4.1[55]   平稳性假设是指如果不存在先验信息, 则假定先验的均值和方差在输入参数空间上处处相同, 并且任意两点之间的协方差仅为它们之间距离的函数, 而与点在空间所处的位置无关.

传统的 Kriging 模型是基于平稳性假设的, 两点之间的相关性强弱与点所在区域的特性无关, 不能反映局部的不规则性. 解决这一问题的一个自然想法是采用不平稳假设. 使得不规则区域的相关性较弱, 平滑的区域相关性较强. 最常见的基于不平稳假设的方法是直接对协方差函数进行调整, 方法有两种 [52], 一种方法是引入调节因子 α_i, 调整相关函数平滑参数 ψ_k, 即

$$R^{\text{adj}}\left(\|x_i - x_j\|\right) = \prod_{k=1}^{n} \exp(-\psi_k^{\text{adj}} |d_k|^2) = \prod_{k=1}^{n} \exp(-\alpha_i \alpha_j \psi_k |d_k|^2) \qquad (3.4.19)$$

其中, α_i, α_j 为表征点 x_i 和 x_j 附近的规则性或预测误差的系数. α_i 越大, 说明区域越不规则或预测误差越大, 一般取 $\alpha_i \geqslant 1$. 另一种方法是

$$R^{\text{adj}}\left(\|x_i - x_j\|\right) = \gamma_i \gamma_j R\left(\|x_i - x_j\|\right) \qquad (3.4.20)$$

其中 γ_i, γ_j 为调整因子, 一般取 $0 < \gamma_j \leqslant 1$. 其值越小, 说明区域越不规则或预测误差越大. 这些方法大多用于采样, 即通过调整协方差矩阵, 使某些区域的相关性变弱, 这样使得该区域的点的信息潜力越大, 从而使得更多的采样点产生于该区域, 但这些方法都是采用常规的 Kriging 方法来建模. 这种启发式的调整方法和最大熵采样相结合, 可以使得生成的点不再均匀, 不过它不能保证新的协方差矩阵 $R^{\text{adj}}\left(\|x_i - x_j\|\right)$ 的正定性 [57], 而这一点对 Kriging 模型来说十分重要, 因此这两种方法很少用于建模.

关于基于不平稳假设的 Kriging 建模的研究很少, Xiong 等 [57] 改进了 Gibbs 的非线性映射方法 [58], 采用分段的线性函数来描述区域不规则程度 (称为密度函数), 并基于密度函数将原始不平稳参数空间非线性映射到平稳的参数空间. 这种方法没有利用区域的平滑程度的信息, 采用均匀分段的方法, 如果分段的个数越多, 则模型越精确, 但是超参数的个数也越多, 会使得计算更复杂, 同时也影响了模型的稳健性. 因此, 尽可能减少超参数的个数, 尽可能利用先验信息和试验过程的信息, 是该方法值得改进的地方, 下文正是围绕这些展开的.

3.4.3.2 非线性映射

1) 基于阶梯函数的非线性映射

从上一节的讨论可以看出, 当系统响应对整个输入空间的平滑程度不一致时, 基于平稳性假设的 Kriging 模型的全局预测效果不佳. 非线性映射的基本思想是将原始的输入空间映射到另一输入空间, 使得系统响应对后者的一致平滑性较好. 图 3.4.4 给出了一个一维非线性映射的例子, 原始函数 $y(x)$ 的全局平滑性很不一致; 但是变换后的函数 $y(\tilde{x})$ 的全局平滑性较一致. 可见通过非线性映射 $g(x)$ 将 x 映射到 $\tilde{x}$, 可以将一个不平稳的协方差函数转成了一个平稳的协方差函数.

非线性映射 $g(\boldsymbol{x})$ 的定义为密度函数 $\delta(\boldsymbol{x})$ 的积分, $\delta(\boldsymbol{x})$ 表征了点 $\boldsymbol{x}$ 处的平滑程度, 其值越大, 说明该处越不规则. 为了保证转换后的协方差矩阵的正定性, 密度函数应该是正的且连续, 一般而言, 为保证各点的序, 映射还必须是一一映射. 对于多维问题, $\tilde{\boldsymbol{x}} = g(\boldsymbol{x}) = \left(g^1(\boldsymbol{x}), g^2(\boldsymbol{x}), \cdots, g^l(\boldsymbol{x})\right)$, 其中第 l 个映射可表示为 $\delta^l(\boldsymbol{x})$ 的

积分, 即

$$g^l(\boldsymbol{x}) = x_0^l + \int_{x_0^l}^{x^l} \delta^l(z)\mathrm{d}z \tag{3.4.21}$$

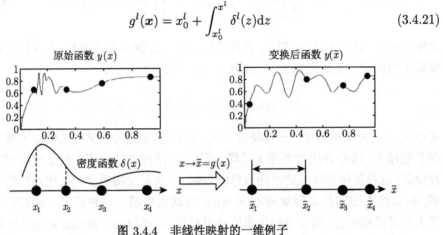

图 3.4.4　非线性映射的一维例子

其中 x_0^l 为起始点. Gibb 采用不相关的 Gauss 基来表示密度函数 $\delta^l(x^l)$, 这样使得超参数个数很多 [58]; Xiong 等 [57] 采用分段线性函数来表示 $\delta^l(x^l)$, 这不仅简化了计算, 也使超参数个数大大减少. 获得映射函数 (3.4.21) 后, 可以定义基于非平稳性假设的协方差函数为

$$
\begin{aligned}
C_{\text{non-stat}}(\boldsymbol{x}_m, \boldsymbol{x}_n; \Theta) &= \sigma^2 R_{\text{non-stat}}(\boldsymbol{x}_m, \boldsymbol{x}_n) = \sigma^2 R(\tilde{\boldsymbol{x}}_m, \tilde{\boldsymbol{x}}_n) \\
&= \sigma^2 \exp\left(-\sum_{l=1}^L \left(g^l(\boldsymbol{x}_m) - g^l(\boldsymbol{x}_n)\right)^2\right)
\end{aligned} \tag{3.4.22}
$$

其中 Θ 表示超参数, 它与密度函数有关. 在平稳性假设中它为 $\{\sigma^2, \psi\}$. 注意到, 通过转换后不存在参数 ψ. 为进一步减少超参数和引入区域规则度, 本节采用阶梯函数来表示密度函数, 假设区间被分成 K 段, 那么

$$\delta^l(x^l, \psi_k^l) = \begin{cases} \psi_k^l, & x^l \in [\xi_{k-1}, \xi_k), \\ 0, & x^l \notin [\xi_{k-1}, \xi_k), \end{cases} \quad k = 1, 2, \cdots, K \tag{3.4.23}$$

那么映射 $g^l(x)$ 可表示为

$$
\begin{aligned}
g^l(x) &= \xi_0 + \int_{\xi_0}^{x^l} \delta^l(x')\mathrm{d}x' \\
&= \xi_0 + \int_{\xi_0}^{\xi_1} \delta^l(x')\mathrm{d}x' + \cdots + \int_{\xi_{M-1}}^{\xi_M} \delta^l(x')\mathrm{d}x' + \int_{\xi_M}^{x^l} \delta^l(x')\mathrm{d}x' \\
&= \xi_0 + \sum_{k=1}^M \psi_k^l(\xi_k - \xi_{k-1}) + \psi_{M+1}^l(x^l - \xi_M)
\end{aligned} \tag{3.4.24}
$$

其中 M 为最靠近 x^l 的分段节点, 即 $\xi_M < x^l \leqslant \xi_{M+1}$. 显然当 $K = 1$ 时, 或者当 $\psi_i^l = \psi_j^l (l = 1, 2, \cdots, L)$ 时, 基于非平稳性假设的方法与基于平稳性假设的方法相同. 因此, 可以认为本节方法是根据平滑性程度对 ψ 的值进行了分段描述.

2) 超参数的估计

采用 MLE 来估计超参数 $\Theta = \{\sigma^2, \psi_k^l (k = 1, \cdots, K; l = 1, \cdots, L)\}$, 对数似然为

$$\ln L(\boldsymbol{\beta}, \Theta) = \ln L(\boldsymbol{\beta}, \psi_i^{(l)})$$

$$= -\frac{1}{2} \left[N \ln(2\pi) + N \ln \sigma^2 + \ln |\boldsymbol{R}_{\text{non-stat}}| \right.$$

$$\left. + \frac{1}{\sigma^2} \left(\boldsymbol{y}_s - \boldsymbol{F} \hat{\boldsymbol{\beta}} \right)^{\text{T}} \boldsymbol{R}_{\text{non-stat}}^{-1} \left(\boldsymbol{y}_s - \boldsymbol{F} \hat{\boldsymbol{\beta}} \right) \right] \tag{3.4.25}$$

于是, 在非平稳假设条件下, $\hat{\boldsymbol{\beta}}$ 和 $\hat{\sigma}^2$ 的估计形式与 (3.4.10), (3.4.11) 类似, 但是 $\boldsymbol{R}_{\text{non-stat}}$ 的形式不同. $\psi_k^l (k = 1, \cdots, K; l = 1, \cdots, L)$ 的 MLE 使下式最大

$$-\frac{1}{2} \left[N \ln(2\pi) + N \ln \hat{\sigma}^2 + \ln |\boldsymbol{R}_{\text{non-stat}}| + N \right] \tag{3.4.26}$$

在没有任何先验信息的情况下, 可采用均匀分段法. 很显然, K 的值越大, 分段越多, 则密度函数的分辨率越高, 密度函数越恰当, 但同时待估参数也越多. 可采用遗传算法、模拟退火算法等优化算法来获得 ψ 的 MLE 值.

另外, 上述预测的均方误差 (MSE) 的形式与 (3.4.19) 相同, 只是其中相应参数换成 $\hat{\sigma}^2$, $\boldsymbol{R}_{\text{non-stat}}$, $\boldsymbol{r}_{\text{non-stat}}$. 为区别, 下记非平稳 Kriging 方法的预测均方误差为 AMSE. AMSE 不仅与采样点有关, 还与区域的平滑程度有关.

3.4.3.3 算例比较

承接上文的例子, 对 (3.4.20) 所描述的函数, 采用基于非平稳假设的 Kriging 模型来建模. 对于上面提到的 13 个均匀散布点和 13 个非均匀散布点, 分别采用 2 段和 3 段阶梯函数来表示密度函数, 均采用均匀分段法, 所得结果见图 3.4.5 和图 3.4.6.

为对比预测效果, 选取 $[0, 1]$ 上均匀分布的 201 点作为验证点, 得到相应的 RMSE 和 MAX 的结果见表 3.4.2. 另一方面, 若已知 $[0, 0.4]$ 内函数不规则, 并以此为界, 采用 2 段阶梯函数来表示密度函数, 可得另一 Kriging 模型. 从表 3.4.2 可以看出: ①非平稳 Kriging 模型的预测精度一般优于平稳性 Kriging 模型, 且分段越多, 效果越好. ②以 0.4 为界的 2 段阶梯函数导出的 Kriging 模型的预测效果显然优于均匀分段时的结果, 它甚至优于 3 段阶梯函数的结果, 即对不规则区域的划分

越接近实际, 效果越好. ③对于均匀采样的设计点, 本节方法的优势并不明显, 但是当采样点在不规则区域较为密集, 在规则区域较少时, 本节方法的优势较为突出.

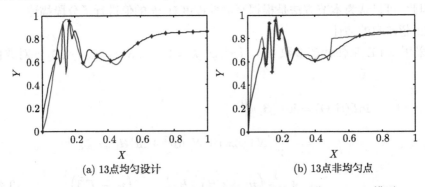

(a) 13点均匀设计　　　　　　　　　　　(b) 13点非均匀点

图 3.4.5　当 $K = 2$, 且密度函数为阶梯函数时的非平稳 Kriging 模型

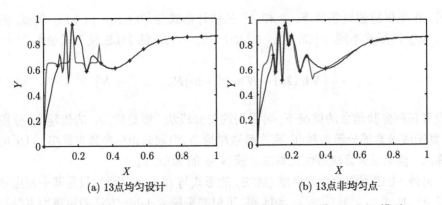

(a) 13点均匀设计　　　　　　　　　　　(b) 13点非均匀点

图 3.4.6　当 $K = 3$, 且密度函数为阶梯函数时的非平稳 Kriging 模型

为深入分析问题, 对 19 点均匀设计和 Lin 提供的 19 点探索设计 [52] 分别采用本节方法和标准 Kriging 方法进行建模, 其中密度函数为 2 段阶梯函数, 以 0.4 为界, 可以发现拟合效果与 MARS 相当, 且在突变处, 本节方法的细节处理更佳. 表 3.4.2 中最后列出的是从上面的 13 个非均匀点增加 5 个采样点后得到的 Kriging 函数的预测效果, 其拟合图见图 3.4.7, 它与真实函数十分接近. 而试验发现, 若采用普通的拟合方法, 当采样点少于 100 时, 在突变区域拟合效果仍很差.

从上面的比较可以看出: ① 基于非平稳假设的 Kriging 模型更适合对平滑性不均衡的函数进行建模, 且它更适合不均匀的采样点; ② 如果有区域的平滑特性的先验, 据此建立的分段密度函数更好; ③ Kriging 模型的拟合效果与采样点的个数和分布直接相关, 当采样点设计较好时, 可以获得较好的预测效果, 而通常这些点并不均匀. 可见试验设计是建立合适的 Kriging 模型重要的研究内容之一.

表 3.4.2 精度比较结果

采样点	协方差函数	K	RMSE	MAX
13 点均匀	平稳	1	0.0824	0.4607
	不平稳	2, 均匀分段	0.0817	0.4129
	不平稳	2, 非均匀分段	**0.0806**	0.4184
	不平稳	3, 均匀分段	0.0823	**0.3673**
13 点非均匀 [52]	平稳	1	0.1155	0.2707
	不平稳	2, 均匀分段	0.0647	0.2586
	不平稳	2, 非均匀分段	**0.0585**	**0.2469**
	不平稳	3, 均匀分段	0.0593	0.2501
19 点均匀	平稳	1	0.0569	0.2975
	不平稳	2, 非均匀分段	**0.0566**	**0.2878**
19 点探索 [52]	平稳	1	0.0799	**0.4296**
	不平稳	2, 非均匀分段	**0.0724**	0.4353
18 点重要度采样	平稳	1	0.0944	0.1908
	不平稳	2, 非均匀分段	**0.0295**	**0.1295**

注: 表中加粗项为最优值.

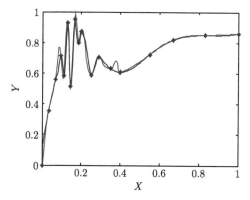

图 3.4.7 18 点非平稳 Kriging 模型

　　另一方面, 比较两种方法的预测效果, 对图 3.4.7 中的 18 点设计, 分别计算了基于平稳性假设的 Kriging 方法的 MSE 和基于不平稳性假设的 Kriging 方法的 AMSE, 见图 3.4.8. MSE 的大小反映了模型的不确定性, 在基于平稳性假设的 Kriging 方法中, MSE 的大小与点的分布直接相关, 在点比较密集处, MSE 较小, 这是因为一个点的信息包含在已试验点信息中, 在平稳性假设下, 已包含的信息量与距离直接相关, 于是离训练点越远的点, 其不确定性越大. 而在基于不平稳假设的 Kriging 方法中, 点的不确定性还与该区域的平滑性有关, 于是在 [0.4, 1] 内, 尽管试验点较少, 但是该处较平滑, 所以 AMSE 接近 0. 这从另一个侧面说明了本节方法的优势.

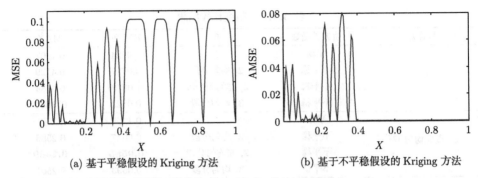

(a) 基于平稳假设的 Kriging 方法　　　　　　　(b) 基于不平稳假设的 Kriging 方法

图 3.4.8　18 点设计的均方预测误差

3.4.4　基于区域不规则性的密度函数

在没有平滑度信息时, 可以直接采用 3.4.3.2 小节的方法, 采用均匀分段的阶梯函数来表示密度函数, 进而通过非线性映射获得不平稳的协方差函数, 且分段越多, Kriging 模型越好. 但是, 尽管本节采用阶梯函数作为密度函数, 已减少了超参数的个数, 但是当因素个数和分段较多时, 超参数仍很多. 当影响因素为 L 个, 分为 K 段时, 超参数个数为 $L \cdot K$, 常用的优化算法也很难获得 ψ 的 MLE 的精确值.

定义密度函数的关键是确定分段的位置和密度值, 根据 3.4.3.3 小节的讨论, 如果分段位置与区域的平滑特征吻合, 则可以减少分段次数, 进而减少超参数的个数. 本节讨论如何根据区域不规则信息来建立密度函数.

3.4.4.1　不规则性与特征不确定宽度

围绕不规则性的度量有两个关键问题, 一是不规则程度的判定, 二是不规则性的度量. Farhang-Mehr 等将不规则性与局部极值联系起来, 认为局部极值点越多的区域, 越不规则. 他以任两个局部极值点为对角顶点, 得到一系列的超矩形, 对于试验区域的每一点, 将包含它的最小超矩形的对角线长定义为特征不确定宽度 (CCW), 以此来度量不规则性[55]. 对简单的一维问题, 某点的 CCW 为其左右相邻的两个极值点之间的距离, 距离越小, 说明两极值点间的区间越不规则. 这种方法直观地描述了不规则程度. 本节借鉴这种思想来定义密度函数.

系统响应不规则性的显在表现是原始函数的极值点分布不均匀, 如果能使极值点在整个区间上较为均匀的散布 (图 3.4.4), 那么响应对新的输入参数空间可视为平稳的, 该思想亦可推广到多维问题. 与 Farhang-Mehr 等的方法有别的是: 对于邻近边界区域, 定义 CCW 为边界与最邻近极值点的距离; 为便于高维问题的分析, 将 CCW 向每一维投影, 得 $L(x^l)$, 并就 $L(x^l)$ 定义密度函数.

根据不规则性的描述, $L(x^l)$ 的值越小, 则密度函数的值越大. 若 L_l 为第 l 个因素取值区间的长度, 当 $L(x^l)/L_l = 1$ 时, 密度值为 ψ^l, 那么定义

$$\delta^l(x^l) = \psi^l L_l / L(x^l) \tag{3.4.27}$$

如果区域内不存在极值点或者极值点分布均匀, 那么 $\delta^l(x^l) = c\psi^l (c$ 为常数), 则该系统响应可视为平稳的. 另外, 区域的极值点越多, 密度函数值也越大.

这样利用特征不确定宽度 $L(x^l)$ 来定义密度函数, 使得超参数的个数减至 L 个, 同时也能较好地描述区域的不规则性. 但是问题是真实的系统函数未知, 如何近似获得 CCW 的值, 可有两种可行的思路: 一是 Farhang-Mehr 等所采用的, 在序贯试验实施过程中, 通过分析上一阶段获得的 Kriging 预测模型来估计 CCW; 二是可以先分较少的段, 获得较粗糙的预测模型, 利用该模型来估计 CCW.

计算特征不确定宽度和估计 ψ_j 的步骤如下:

Step 1 建立较为粗糙的 Kriging 模型;

Step 2 根据现有的 Kriging 模型, 在试验区间上搜索本地极值点. 方法为对于 L 维问题, 以一定的步长生成 L 维的网格. 以采样点为据点, 定义 n 个升序动点和 n 个降序动点, 并朝 $2L$ 个方向沿网格移动, 每次移动一步, 并判断响应预测值是升还是降, 直至找到尽可能多的本地极值点;

Step 3 根据本地极值点, 对每一维计算每一点所对应的特征不确定宽度函数 $L(x_i^l)$;

Step 4 确定密度函数, 计算 ψ_j 的极大似然估计.

上述算法的核心是局部极值点的搜索, 能搜索到的局部极值点越多, 则定义的密度函数越合理. 尽管对于多维问题, 搜索局部极值点增加了计算量, 但是, 相对于均匀分段的密度函数, 超参数的个数仅为原来的 $1/K$, 从计算复杂性角度讲是值得的.

3.4.4.2 算例比较

承接上文的算例, 对于图 3.4.5 中 $K = 2$ 时所得的两个粗略的 Kriging 模型, 应用本节的方法建立新的模型. 对于 13 点均匀采样点, 见图 4.4.4(a), 可以找到 4 个极值点 0.15, 0.27, 0.36, 0.45, 于是密度函数取为

$$\delta^l(x) = \begin{cases} \psi/0.15, & x \leqslant 0.15 \\ \psi/0.12, & 0.15 < x \leqslant 0.27 \\ \psi/0.09, & 0.27 < x \leqslant 0.45 \\ \psi/0.55, & x > 0.45 \end{cases}$$

计算得 ψ 的估计值为 1.5, 于是建立 Kriging 模型见图 3.4.9(a), 对 201 个均匀验证点, 可得预测模型的 RMSE 为 0.0827, MAX 为 0.4430. 同理对图 3.4.5(b) 的

模型, 可以找到 11 个极值点, 建立 Kriging 模型见图 3.4.9(b), 对 201 个验证点的
预测模型的 RMSE 为 0.0417, MAX 为 0.1506. 与表 3.4.1 比较结果发现, 对于均匀
采样点, 结果并没有改善, 但是对于非均匀的采样点, 结果却大大改善.

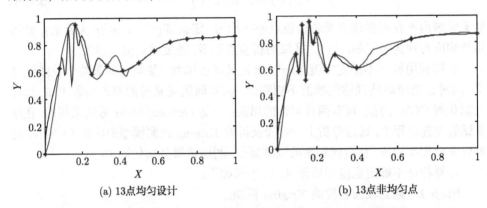

(a) 13点均匀设计 　　　　　　　　　　　　　　　(b) 13点非均匀点

图 3.4.9　对 $K = 2$ 时的粗略模型建立新的 Kriging 模型

考虑试验的序贯进行, 图 3.4.7 中采样点为图 3.4.5(b) 的采样点增加 5 点得到.
将前 13 点设计看作上一阶段设计, 利用这一粗糙模型判断区域规则性后 (同上),
根据 18 点估计 ψ 的值, 并建立 Kriging 模型, 见图 3.4.10. 对 201 个验证点的预测
模型的 RMSE 为 0.0252, MAX 为 0.1143, 它优于图 3.4.7 的结果.

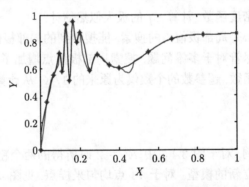

图 3.4.10　18 点时, 基于不平稳假设和区域规则程度的 Kriging 模型

本节所有的例子是围绕一个极不规则的函数展开的, 总结如下: ① 若采用普
通的拟合方法, 需要约 200 个均匀分布点才可以较精确地近似函数, 而当采样点
适当时, 采用本节方法, 仅用 18 个点就能获得较精确的近似函数; ② 采用传统的
Kriging 方法进行建模, 全局近似效果不佳, 且当点在不规则区域较为密集时, 情况
更差; 采用基于不平稳假设的 Kriging 方法进行建模, 效果较好, 尤其是当采样点比
较合适时, 优势明显; ③ 密度函数的选取会影响不平稳 Kriging 方法, 如能在试验

与建模过程中探索不规则信息, 并用于定义密度函数, 可以改进预测效果.

一般而言, 当采用传统的 Kriging 方法, 且 ψ 的估计值大于 100 时, 说明系统响应可能不规则, 这时可以考虑采用不平稳 Kriging 方法. 若 ψ 的估计值不大, 仍应采用传统方法建模. 单阶段的试验设计 (如最大熵采样、均匀设计等) 生成的试验点一般比较均匀, 不太适合对不规则函数进行采样点的设计, 应该采用序贯设计, 这时可结合本节方法建立近似模型. 当设计点很少时, 建议采用均匀分段阶梯函数来定义密度函数, 因为此时近似模型的极值点可能是建模过程导致的, 并不能说明系统函数的不规则性.

3.5 小   结

本章介绍试验数据的建模与分析的基本方法. 3.1 节介绍了几类简单的数学模型, 以期为读者提供数学模型的直观印象. 3.2 节介绍了基于函数逼近理论的数学建模方法, 包括基于多项式及样条基的函数逼近、插值方法, 以及稀疏表示、多元线性逼近等内容. 3.3 节简单介绍了回归分析的部分内容, 包括回归参数的估计以及自变量选择等. 回归分析在试验设计、弹道数据处理、毁伤响应函数建模等方面具有重要应用. 毁伤响应函数建模的具体流程在本书后续章节中都有提到. 本书第二篇大量用到回归分析中的方法求解和分析弹道数据处理与导弹精度评估中的问题.

对于复杂的计算机仿真, 常需要建立简单的代理模型, Kriging 模型是最常用的代理模型之一. 当输入与输出之间的关系在整个试验区域内的光滑程度不一致时, 基于平稳性假设的 Kriging 模型的全局预测效果不佳, 3.4 节基于不平稳性假设对传统的 Kriging 模型进行两步改进: 第一步用阶梯函数作为描述不平滑程度的密度函数, 通过非线性映射方法来建立 Kriging 模型; 第二步根据建立的较粗糙的模型, 探索不规则信息, 并根据特征不确定宽度来定义密度函数. 结果表明, 该方法可以减少超参数个数, 改进预测精度, 同时也非常适合序贯试验设计的建模.

近年来, 关于计算机试验数据建模取得很多新的进展, 包括构造新的相关函数 [59-61]、考虑不同的输入与输出 [62-64]、模型验证 [65]、物理试验数据与计算机试验数据的融合分析 [66] 等 [67-68] 方面.

参 考 文 献

[1] Zyskowski A, Sochet I, Mavrot G, et al. Study of the explosion process in a small scale experiment-structural loading. Journal of Loss Prevention in the Process Industries, 2004, 17: 291-299.

[2] 徐钟济. 蒙特卡罗方法. 上海: 上海科学技术出版社, 1985.

[3] 谭永基, 蔡志杰. 数学模型. 上海: 复旦大学出版社, 2005.

[4] 吴业明. 开普勒定律的数学解释及现代证明. 数学的实践与认识, 2005, 35(12): 219-223.

[5] 姜启源. 数学模型. 2 版. 北京: 高等教育出版社, 1987.

[6] 戴培良. Navier-Stokes 方程的集中质量非协调有限元法. 工程数学学报, 2007, 24(2): 249-253.

[7] 何晓群, 刘文卿. 应用回归分析. 2 版. 北京: 中国人民大学出版社, 2007.

[8] 王松桂, 陈敏, 陈立萍. 线性统计模型 —— 线性回归与方差分析. 北京: 高等教育出版社, 1999.

[9] 关治, 陆金甫. 数值分析基础. 北京: 高等教育出版社, 1998.

[10] 王仁宏, 朱功勤. 有理函数逼近及其应用. 北京: 科学出版社, 2004.

[11] Baker G A, Graves-Morris P. Pade Approximants, Part II: Extension and applications. Encyclopedia of Mathematics and its applications, Reading, Mass: Addison-Wesley, 1981.

[12] 李庆扬, 关治, 白峰杉. 数值计算原理. 北京: 清华大学出版社, 2000.

[13] 王仁宏. 数值逼近. 北京: 高等教育出版社, 1999.

[14] 蒋尔雄, 赵风光. 数值逼近. 上海: 复旦大学出版社, 1996.

[15] 徐利治, 王仁宏, 周蕴时. 函数逼近的理论与方法. 上海: 上海科学技术出版社, 1983.

[16] Cheney W, Light W. 逼近论教程 (影印版). 北京: 机械工业出版社, 2004.

[17] 王正明, 易东云. 测量数据建模与参数估计. 长沙: 国防科技大学出版社, 1996.

[18] 王省富. 样条函数及其应用. 西安: 西北工业大学出版社, 1989.

[19] 王仁宏. 多元样条函数及其应用. 北京: 科学出版社, 1994.

[20] Chen S, Donoho D L, Saunders M A. Atomic decomposition by basis pursuit. review, 2001, 43(1): 129-159.

[21] Mallat S G, Member IEEE, Zhang Z F. Matching pursuits with time-frequency dictionaries. IEEE Trans. on Signal Processing, 1993, 41(12): 3397-3415.

[22] Rao B D, Kreutz-Delgado K. An affine scaling methodology for best basis selection. IEEE Trans. on Signal Process., 1999, 47(1): 187-200.

[23] Candes E, Romberg J, Tao T. Robust uncertainty principles: Exact signal reconstruction from highly incomplete frequency information. IEEE Trans. Inf. Theory, 2006, 52(2): 489-509.

[24] Daubechies I, DeFrise M, De Mol C. An iterative thresholding algorithm for linear inverse problems with a sparsity constraint. Commun. Pure Appl. Math., Scie., 2004, 57(11): 1413-1457.

[25] Yin W, Osher S, Goldfarb D, et al. Bregman iterative algorithms for lell 1-minimization with applications to compressed sensing. SIAM J. Imaging Sci., 2008, 1(1): 143-168.

[26] 段晓君, 王正明. 参数模型的稀疏选择与参数辨识. 宇航学报, 2005, 26(6): 726-731.

[27] Box G E P, Wilson K B. On the experimental attainment of optimal conditions. Journal of the Royal Statistical Society, 1951, 13: 1-38.

[28] Barton R R. Metamodels for simulation input-output relations. Arlington: Proceedings of the 1992 Winter Simulation Conference: 289-299.

[29] Friedman J H. Multivariate adaptive regression splines. The Annals of Statistics, 1991, 19(1): 1-67.

[30] 茆诗松, 丁元, 周纪芗. 回归分析及其试验设计. 上海: 华东师范大学出版社, 1981.

[31] 陈希孺, 王松桂. 近代实用回归分析. 广西: 广西人民出版社, 1984.

[32] Tibshirani R. Regression shrinkage and selection via the Lasso. J.R.Statist.Soc.B, 1996, 58(1): 267-288.

[33] Larsson E G, Selén Y. Linear regression with a sparse parameter vector. IEEE Trans. on Signal Procss., 2007, 55(2): 451-460.

[34] 王正明, 易东云, 等. 弹道跟踪数据的校准与评估. 长沙: 国防科技大学出版社, 1999.

[35] Hoerl A E, Kennard R W. Ridge regression: biased estimation for non-orthogonal problems. Technometrics, 1970, 12(1): 55-67.

[36] Massy W F. Principal components regression in exploratory statistical research. J. R. Stat., 1965, 60: 234-256.

[37] 韦博成. 近代非线性回归分析. 南京: 东南大学出版社, 1989.

[38] Bates D M, Walts D G. 非线性回归分析及其应用. 韦博成等译. 北京: 中国统计出版社, 1997.

[39] Sacks J, Welch W J, Mitchell T J, et al. Design and analysis of computer experiments. Statistical Science, 1989, 4(4): 409-423.

[40] Breiman L, Friedman J H, Olshen R, et al. Classification and Regression Trees. Belmont: Wadsworth International Group, 1984.

[41] 蒋宗礼. 人工神经网络导论. 北京: 高等教育出版社, 2001.

[42] Mallet S G. A Wavelet Tour of Signal Processing. Elsevier: Academic Press, 1998.

[43] 邓乃扬, 田英杰. 数据挖掘技术中的新方法 —— 支持向量机. 北京: 科学出版社, 2004.

[44] Huang C M, Lee Y J, Lin D K J, et al. Model selection for support vector machines via uniform design. Computational Statistical & Data Analysis, 2007, 52: 335-346.

[45] Simpson T W , Mauery T M, Korte J J, et al. Comparison of response surface and kriging models for multidisciplinary design optimization. St. Louis: 7th AIAA/USAF/ NASA/ISSMO Symposium on Multidisciplinary Analysis and Optimization, 1998.

[46] Etman L F P. Design and analysis of computer experiments: The method of Sacks et al, 1994.

[47] Simpson T W, Lin D K J, Chen W. Sampling strategies for computer experiments:design and analysis. International Journal of Reliability and Applications. 2001.

[48] Lin Y, Mistree F, Allen J, et al. Sequential metamodeling in engineering design. Albany, New York: 10th AIAA/ISSMO Multidisciplinary Analysis and Optimization Conference, 2004.

[49] Sellar R S, Batill S M. Concurrent subspace optimization using gradient-enhanced neural network approximations. 6th AIAA/NASA/ISSMO Symposium on Multidisciplinary Analysis and Optimization 1, 1996: 319-330.

[50] Chen W, Varadarajan S. Integration of design of experiments and artificial neural networks for achieving affordable concurrent design. 38th AIAA/ASME/ASCE/AHS/ASC Structures, Structural Dynamics, and Materials Conference and AIAA/ASME/AHS Adaptive Structures Forum 2, 1997: 1316-1324.

[51] Simpson T W, Poplinski J D, Koch P N, et al. Metamodels for computer-based engineering design: Survey and recommendation. The Journal of Engineering with Computers, Special Issue Honoring Professor Steven J. Fenves, 2001, 17: 129-150.

[52] Lin Y. An efficient robust concept exploration method and sequential exploratory experimental design: PH. D. Dissertation, Georgia Institute of Technology, Atlanta, 2004.

[53] 江振宇. 虚拟试验理论、方法及应用研究. 长沙: 国防科技大学, 2007: 10.

[54] Hastie T, Tibshirani R, Friedman J. The Elements of Statistical Learning: Data Mining, Inference, and Prediction. New York: Springer Series in Statistics, 2009.

[55] Farhang-Mehr A, Azarm S. Bayesian meta-modeling of engineering design simulations: a sequential approach with adaptation to irregularities in the response behavior. International Journal for Numerical Methods in Engineering, 2005, 62(15): 2104–2126.

[56] Jones D R, Schonlau M, Welch W J. Efficient global optimization of expensive black-box functions. Journal of Global Optimization, 1998, 13: 455-492.

[57] Xiong Y, Chen W, Apley D, et al. A non-stationary covariance-based Kriging method for metamodeling in engineering design. International Journal for Numerical Methods in Engineering, 2007, 71: 733-756.

[58] Gibbs M N. Bayesian Gaussian Process for Regression and Classification. Cambridge: University of Cambridge, 1998.

[59] Fricker T E, Oakley J E, Urban N M. Multivariate Gaussian process emulators with nonseparable covariance structures. Technometrics, 2013, 55(1): 47-56.

[60] Montagna S, Tokdar S T. Computer emulation with nonstationary Gaussian processes. SIAM/ASA Journal on Uncertainty Quantification, 2016, 4(1): 26-47.

[61] Tuo R, Wu C F J, Yu D. Surrogate modeling of computer experiments with different mesh densities. Technometrics, 2014, 56(3): 372-380.

[62] Morris M D. Gaussian surrogates for computer models with time-varying inputs and outputs. Technometrics, 2012, 54(1): 42-50.

[63] Huang Y, Joseph V R, Melkote S N. Analysis of computer experiments with functional response. Technometrics, 2015, 57(1): 35-44.

[64] Deng X, Lin C D, Liu K W, et al. Additive Gaussian process for computer models with qualitative and quantitative factors. Technometrics, 2017, 59(3): 283-292.

[65] Tuo R, Wu C F J. Efficient calibration for imperfect computer models. The Annals of Statistics, 2015, 43(6): 2331-2352.

[66] Morris M D. Physical experimental design in support of computer model development. Technometrics, 2015, 57(1): 45-53.

[67] Kamiński B. A method for the updating of stochastic Kriging models. European Journal of Operational Research, 2015, 247(3): 859-866.

[68] Chen H, Loeppky J L, Sacks J, et al. Analysis methods for computer experiments: How to asses and what counts? Statistical Science, 2016, 31(1): 40-60.

第4章 试验设计方法

4.1 概　述

4.1.1 引言

　　试验是系统认知、分析、评估和改进的基础, 是为了查看某事的结果或某物的性能而从事的某种活动. 在装备工程中所涉及的试验多是在人为控制条件下进行的有意识的可观察行为, 即控制某些因素, 改变另一些因素, 并观察由此带来的变化. 一般而言, 试验的目的包括: ① 确定变量之间的因果关系; ② 为估计模型中感兴趣参数提供试验数据; ③ 证实有关的假设, 如关于期望函数的假设、关于随机扰动项的假设等. 科学的试验设计和数据分析方法是达到这些目标的重要工具.

　　试验设计首先关注如何保证重要和必要的信息能够体现在数据集中, 其次关注如何使得信息的提炼较为容易[1]. 自 20 世纪 20 年代 Fisher[2] 提出试验设计以来, 试验设计在理论和应用中得到了充分的完善和发展. 20 世纪 40 年代由日本统计学家田口玄一提出的正交设计 [3] 是试验设计中具有里程碑意义的方法 [4]. 以此为基础的三次设计法在工业领域迅速推广, 获得了极大的经济效益. 我国从 20 世纪 50 年代开始了试验设计的研究. 华罗庚在 60 年代曾在全国大力推广优选法 [4]. 1978 年, 为解决飞航导弹研制中的实际问题, 由方开泰和王元创立了均匀设计 [5]. 总之, 试验设计是一门由应用推动的统计学科. 在其发展过程中, 产生了因子设计、稳健设计、回归设计和计算机试验设计等众多有特色的分支. 受篇幅限制, 本章将重点讨论可应用于装备试验鉴定的因子设计、回归设计以及计算机试验设计.

　　装备试验鉴定是通过规范化的组织形式和试验活动, 对装备战术技术性能、作战效能和保障效能进行全面考核并独立作出评价的综合性活动. 试验鉴定贯穿于装备发展的全寿命过程, 是装备建设决策的重要支撑, 是装备采办管理的重要环节, 是发现装备问题缺陷、改进提升装备性能、确保装备实战适用性和有效性的重要手段, 属于检验考核装备能否满足作战使用要求的国家最高检验行为. 装备试验鉴定是一项十分复杂的系统工程, 试验目的包括: 生产过程中的质量控制、分析装备战技性能与各类因素之间的因果关系、验证装备是否具备完成某项任务的能力、分析装备与作战单元作战效能之间的因果关系等; 试验手段包括仿真试验、半实物仿真试验、实物仿真试验、技术阵地试验、现场试验等; 试验层次包括部件试验、分系统试验、系统试验、体系级试验; 因素包括定性、定量以及函数型等因素; 指标包括属性型、数量型和函数型等; 试验过程包括设定的流程式和动态博弈式等. 本章介绍的试验设计方法虽不能完全解决装备试验鉴定中的全部试验设计问题, 但是各类装备试验鉴定设计的基础.

4.1.2　试验设计的一般考虑

从试验手段来看, 物理试验和计算机试验是获取系统模型的两种主要试验. 物理试验是指直接通过可控的实物试验进行的观测, 它带有随机性. 经典设计的三大准则 "随机化、区组化和重复"[6], 即为针对这种随机性所采用的措施. 计算机试验是在计算机上运行程序代码所做的仿真试验, 为确定性试验, 即相同的输入导致相同的输出. Santner 等 [7] 提出选择计算机试验设计的原则: ①在任何输入处不应多于一次观测; ②设计应能拟合多种预测模型, 且提供试验区域中所有区间的信息, 即试验应该是充满空间的. 这就引出了经典设计和充满空间的设计两种设计思想. 前者使得试验点具有正交性、旋转性和方差最优性等性质 [7,67], 而后者使试验点尽量充满试验空间 [8], 参见图 4.1.1.

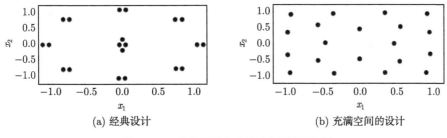

(a) 经典设计　　　　　　　　　　　(b) 充满空间的设计

图 4.1.1　经典设计和充满空间的设计 [8]

图 4.1.2 给出了计算机试验设计和分析的基本思路 [9]. 无论是经典设计还是充满空间的设计, 主要的研究内容都包括: ①选择一种合适的试验设计方法来生成数据; ②选择合适的模型来表示数据; ③根据数据拟合模型和验证模型. 其中, 关于计算机试验的综述可参考文献 [8-11], 试验数据的建模以及模型的拟合和验证参考本篇的第 3 章.

下面通过一个简单实例来说明试验设计的一些基本概念和术语.

例 4.1.1　在一个化工生产过程中, 考虑影响得率 (产量) 的三个因素: 温度 (A)、时间 (B) 和加碱量 (C). 为了便于试验的安排, 每个因素要根据以往的经验来选择一个试验范围, 然后在试验范围内挑出几个有代表性的值来进行试验, 这些值称为该因素的水平. 在该例中, 试验范围如下: 温度: 77.5~92.5℃; 时间: 75~165min; 加碱量: 4.5%～7.5%.

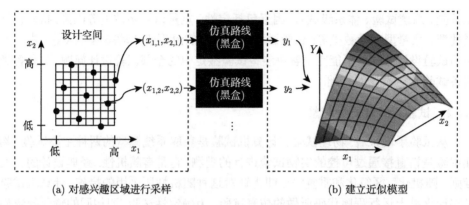

(a) 对感兴趣区域进行采样   (b) 建立近似模型

图 4.1.2   计算机试验设计和分析 [12]

1) 试验指标

在一项试验中, 用来衡量试验效果的特征量称为试验指标, 有时简称指标, 也称试验结果. 它对应于回归模型中的因变量, 因而也称为响应 (response). 指标分为定性指标、定量指标和函数型指标三种. 定性指标通常划分为几个等级来表示, 定量指标可以用数量表示, 如温度、重量、成本等. 一般而言, 定性指标可以转化为定量指标. 另一方面, 根据指标的数目, 试验可分为单指标试验和多指标试验.

2) 试验因素

试验中凡对试验指标可能产生影响的因素都称为试验因素 (factor), 也称因子, 能严格控制的因素称为可控因素, 难以控制的因素称为不可控因素. 试验中的因素都是可控因素, 未被选入的可控因素和不可控因素都称为条件因素. 因素也可分为定性因素 (qualitative factor) 与定量因素 (quantitative factor).

3) 因素水平

因素在试验中所处的各种状态或所取的不同值, 称为该因素的水平, 简称水平. 定量因素的水平可以取具体值, 而定性因素的水平则只能取大致范围或某个模糊概念.

因素和水平的选择是试验能否成功的关键, 有下列注意事项: ①在一个生产过程中, 相关的因素通常是很多的, 只有变化的因素才取为因素. ②因素的选取应当请有经验的工程师、技术员、工人共同讨论决定. 在一次试验中, 因素不宜选得太多 (如超过 10 个), 那样可能会造成主次不分, 因素也不宜选得太少 (如只选定 1, 2 个因素), 这样可能会遗漏重要的因素, 或遗漏因素间的交互作用, 使试验的结果达不到预期的目的. ③试验的范围应当尽可能大一些. 试验范围太小的缺点是不易获得比已有条件有显著改善的结果. 历史上有些重大的发明和发现, 是由于 "事故" 而获得的, 也就是说试验的范围应不同于有经验的范围. ④若试验范围允许大一些, 则每一因素的水平个数最好适当多一些. 水平的间隔大小和生产控制精度是密切相关的. ⑤水平也分定性和定量两种. 例如 "棉花品种" 可设定为一个因素, 五种棉花就是该因素下的五个水平. 在例 4.1.1 中, 若对每个因素各选三个水平, 组成如下的因素水平表. 实际上, 若温度的控制只能作到 ±3℃, 且设定控制在 85℃, 于是在生产过程中温度将会在 85±3℃, 即 82~88℃波动. 于是设定的三个水平 80℃, 85℃, 90℃之间太近了, 应当加大, 例如 80℃, 90℃, 100℃. 如果温度控制的精度可达 ±1℃, 则例 4.1.1 所设定的三个水平是合理的.

表 4.1.1　因素水平表

因素	1	2	3
温度/℃	80	85	90
时间/min	90	120	150
加碱量/%	5	6	7

4) 处理组合

所有试验因素的水平组合所形成的试验点称为处理组合 (也称组合处理). 对全部处理组合都进行试验称为**全面试验**. 在一项试验中若有 m 个因素, 它们分别有 $l_1, l_2, \cdots, l_m$ 个水平, 则全面试验至少需做 $l_1 \times l_2 \times \cdots \times l_m$ 次试验. 当因素的个数不多, 每个因素的水平数也不多时, 人们常用全面试验的方法, 并且通过数据分析可以获得较为丰富的结果, 结论也比较精确. 当因素较多, 水平数较大时, 全面试验要求较多的试验. 例如, 有六个因素, 每个因素都是五水平, 则至少需 $5^6 = 15625$ 次试验, 但对绝大多数场合, 做这么多次试验是不可能的. 因此, 需要一种试验次数较少, 效果又与全面试验相近的试验设计.

从全部处理组合中选择一部分处理组合进行试验称为**部分试验**. 试验设计所追求的目标之一就是要用尽量小的部分试验来实现全面试验所要达到的目的. 这样, 试验次数与获取全面信息之间产生了矛盾, 试验设计就是要解决这个矛盾.

5) 主效应和交互效应

多因素试验中常常碰到交互作用的问题, 交互作用是指因素间的联合搭配对指标的影响作用, 它是试验设计中的一个重要概念. 设有两个因素 A 和 B, 它们各取两个水平 A_1, A_2 和 B_1, B_2. 这时共有四种不同的水平组合, 其试验结果列于图 4.1.3(a). 当 $B = B_1$ 时, A_1 变到 A_2 使 Y 增加 $30 - 10 = 20$; 类似地, 当 $B = B_2$ 时, A_1 变到 A_2 使 Y 也增加 $40 - 20 = 20$. 这就是说 A 对 Y 的影响与 B 取什么水平无关. 类似地, 当 B 从 B_1 变到 B_2 时, Y 增加 $20 - 10 = 10$(或 $40 - 30 = 10$), 与 A 取的水平无关. 这时称 A 和 B 之间没有交互作用. 判断 A 和 B 之间有没有交互作用, 选用图 4.1.3(b) 的作图方法更为直观. 当图中的两条线平行 (或接近平行时), A 和 B 之间没有交互作用. 图 4.1.3(c) 和 (d) 给出了一个有交互作用的例子.

交互作用在实际中是大量存在的, 例如, 化学反应中催化剂的多少与其他成分的投入量通常是有交互作用的. 对于交互作用, 一般的处理原则是:

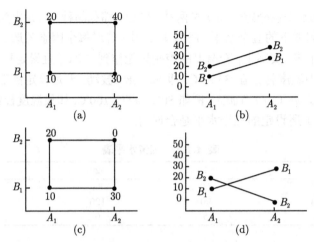

图 4.1.3   有交互作用的实例

(1) 高阶交互作用一般影响很小, 可以忽略.

(2) 因素间的交互作用不必全部考虑, 通常仅考虑那些作用效果较明显的.

(3) 应尽量选用二水平因素, 以减少交互作用所占的列数.

6) Fisher 三原则 —— 重复、随机化、区组

Fisher 提出应遵循以下三个原则管理 "现场试验":

(1) 重复 (replication), 控制试验误差.

为了评估因素的影响, 必须能得到精度的量度. 有些试验, 特别是在生物和农业研究中, 除试验数据外没有其他可提供恰当量度的来源. 重复还提供了一个抵消未受控因素影响的机会, 从而作为降低系统误差的方法. 一般而言, 重复次数越多, 系统误差就越小. 但试验的成本也会增加, 同时由材料、环境、操作等引起的试验误差反而增大.

(2) 随机化 (randomization), 把系统误差转化为偶然误差.

为从试验中排除偏差, 那些不能作为因素进行专门控制的试验变量或不能用区组化 "抵消的" 试验变量, 就应该随机化. 随机化也保证了对试验误差的正确估计, 以及进行统计的显著性检验和构造置信区间.

(3) 区组 (blocking), 或称局部控制 (local control), 消除系统误差.

通常称为 "区组设计". 区组的使用源于农业研究的比较试验, 其基本思想是 "把部分大的系统误差看作组间差异, 误差估计时, 使各区组尽可能做到均等". 区组化可以对材料、机器、时间等进行相似的分组, 并用这些办法来考虑在试验中不作为直接 "因素" 的背景变量. 例如, 当试验不同类型的塑料鞋底时, 自然区组为一个人的 2 只脚. 如果一台机器可以一次试验 4 个项目, 那么每次试验就可看作是一个 4 单元的区组, 每个项目就是一个单元. 统计学家已研究出几种有效的区组设计

结构, 包括随机区组、拉丁方、不完全区组、网格等.

4.2 因 子 设 计

因子设计 (factorial experimental design) 是一种多因子试验设计方法, 它可以量化各因子及其交互作用对指标的效应, 对于 "筛选" 大量因子研究的初级阶段, 因子设计具有显著的效果 [13]. 因子设计还有一个突出的特点, 就是既适用于定量因子, 也适用于定性因子. 本节简要介绍 2^k 因子设计、3^k 因子设计和正交设计. 2^k 因子设计、3^k 因子设计, 对应的是简明的模型. 对于因子和水平数较多的情况, 正交设计是一种不错的选择.

4.2.1 方差分析法简介 [15]

因子设计的数据分析方法主要是方差分析, 本节以三因子试验为例, 介绍方差分析法的基本思想.

设有三个因子 A, B, C, 分别有 a, b, c 三个水平, 共有 abc 个水平组合, 如果在每一个水平组合下重复 n 次试验, 则共需进行 $abcn$ 次试验, 这些试验按随机顺序进行. 三因子试验固定效应线性模型为 [15]

$$\begin{cases} y_{ijkl} = \mu + \tau_i + \beta_j + \gamma_k + (\tau\beta)_{ij} + (\tau\gamma)_{ik} + (\beta\gamma)_{jk} + (\tau\beta\gamma)_{ijk} + \varepsilon_{ijkl} \\ \quad i = 1, \cdots, a,\ j = 1, \cdots, b,\ k = 1, \cdots, c,\ l = 1, \cdots, n \\ \varepsilon_{ijkl} \overset{i.i.d.}{\sim} N(0, \sigma^2) \\ \sum_{i=1}^{a} \tau_i = 0, \quad \sum_{j=1}^{b} \beta_j = 0, \quad \sum_{k=1}^{c} \gamma_k = 0 \\ \sum_{i=1}^{a} (\tau\beta)_{ij} = 0, \quad j = 1, \cdots, b, \quad \sum_{j=1}^{b} (\tau\beta)_{ij} = 0, \quad i = 1, \cdots, a \\ \sum_{i=1}^{a} (\tau\gamma)_{ik} = 0, \quad k = 1, \cdots, c, \quad \sum_{k=1}^{c} (\tau\gamma)_{ik} = 0, \quad i = 1, \cdots, a \\ \sum_{j=1}^{b} (\beta\gamma)_{jk} = 0, \quad k = 1, \cdots, c, \quad \sum_{k=1}^{c} (\beta\gamma)_{jk} = 0, \quad j = 1, \cdots, b \\ \sum_{j=1}^{b} (\tau\beta\gamma)_{ijk} = 0, \quad i = 1, \cdots, a, \quad k = 1, \cdots, c \\ \sum_{i=1}^{a} (\tau\beta\gamma)_{ijk} = 0, \quad j = 1, \cdots, b, \quad k = 1, \cdots, c \\ \sum_{k=1}^{c} (\tau\beta\gamma)_{ijk} = 0, \quad i = 1, \cdots, a, \quad j = 1, \cdots, b \end{cases} \quad (4.2.1)$$

其中 $(\alpha\beta\gamma)_{ijk}$ 是水平组合 ijk 的交互效应, 所有这样的交互效应的全体称为三因子交互效应, 记作 ABC. 因子设计的方差分析法就是要检验如下七个假设:

$$
\begin{cases}
H_{01}: \tau_1 = \tau_2 = \cdots = \tau_a = 0 \\
H_{02}: \beta_1 = \beta_2 = \cdots = \beta_b = 0 \\
H_{03}: \gamma_1 = \gamma_2 = \cdots = \gamma_c = 0 \\
H_{04}: (\tau\beta)_{ij} = 0, \quad i = 1, \cdots, a, \quad j = 1, \cdots, b \\
H_{05}: (\tau\gamma)_{ik} = 0, \quad i = 1, \cdots, a, \quad k = 1, \cdots, c \\
H_{06}: (\beta\gamma)_{jk} = 0, \quad j = 1, \cdots, b, \quad k = 1, \cdots, c \\
H_{07}: (\tau\beta\gamma)_{ijk} = 0, \quad i = 1, \cdots, a, \quad j = 1, \cdots, b, \quad k = 1, \cdots, c
\end{cases}
\tag{4.2.2}
$$

由初等代数计算可以证明总的偏差平方和的分解公式

$$
S_T = S_A + S_B + S_C + S_{AB} + S_{AC} + S_{BC} + S_{ABC} + S_e
\tag{4.2.3}
$$

其中

$$
S_T = \sum_{i=1}^{a}\sum_{j=1}^{b}\sum_{k=1}^{c}\sum_{l=1}^{n} y_{ijkl}^2 - \frac{y_{....}^2}{abcn}
$$

$$
S_A = \sum_{i=1}^{a} \frac{y_{i...}^2}{bcn} - \frac{y_{....}^2}{abcn}, \quad S_B = \sum_{j=1}^{b} \frac{y_{.j..}^2}{acn} - \frac{y_{....}^2}{abcn}, \quad S_C = \sum_{k=1}^{c} \frac{y_{..k.}^2}{abn} - \frac{y_{....}^2}{abcn}
$$

$$
S_{AB} = \sum_{i=1}^{a}\sum_{j=1}^{b} \frac{y_{ij..}^2}{cn} - \frac{y_{....}^2}{abcn} - S_A - S_B, \quad S_{AC} = \sum_{i=1}^{a}\sum_{k=1}^{c} \frac{y_{i.k.}^2}{bn}
$$

$$
- \frac{y_{....}^2}{abcn} - S_A - S_C, \quad S_{BC} = \sum_{j=1}^{b}\sum_{k=1}^{c} \frac{y_{.jk.}^2}{cn} - \frac{y_{....}^2}{abcn} - S_B - S_C
$$

$$
S_{ABC} = \sum_{i=1}^{a}\sum_{j=1}^{b}\sum_{k=1}^{c} \frac{y_{ijk.}^2}{n} - \frac{y_{....}^2}{abcn} - S_A - S_B - S_C - S_{AB} - S_{AC} - S_{BC}
$$

$$
S_e = S_T - S_A - S_B - S_C - S_{AB} - S_{AC} - S_{BC} - S_{ABC}
$$

分别表示总偏差平方和、因子 A 的偏差平方和、因子 B 的偏差平方和、因子 C 的偏差平方和、交互效应 AB 的偏差平方和、交互效应 AC 的偏差平方和、交互效应 BC 的偏差平方和、交互效应 ABC 的偏差平方和以及误差的偏差平方和.

利用 $\varepsilon_{ijk} \overset{\text{i.i.d.}}{\sim} N(0, \sigma^2)$ 可推得

$$
\mathrm{E}S_A = (a-1)\sigma^2 + bcn\sum_{i=1}^{a}\tau_i^2, \quad \mathrm{E}S_B = (b-1)\sigma^2 + acn\sum_{j=1}^{b}\beta_j^2
$$

$$
\mathrm{E}S_C = (c-1)\sigma^2 + abn\sum_{k=1}^{c}\gamma_k^2, \quad \mathrm{E}S_{AB} = (a-1)(b-1)\sigma^2 + cn\sum_{i=1}^{a}\sum_{j=1}^{b}(\tau\beta)_{ij}^2
$$

$$\mathrm{E}S_{AC} = (a-1)(c-1)\sigma^2 + bn\sum_{i=1}^{a}\sum_{k=1}^{c}(\tau\gamma)_{ik}^2,$$

$$\mathrm{E}S_{BC} = (b-1)(c-1)\sigma^2 + an\sum_{j=1}^{b}\sum_{k=1}^{c}(\beta\gamma)_{jk}^2$$

$$\mathrm{E}S_{ABC} = (a-1)(b-1)(c-1)\sigma^2 + n\sum_{i=1}^{a}\sum_{j=1}^{b}\sum_{k=1}^{c}(\tau\beta\gamma)_{ijk}^2, \quad \mathrm{E}S_e = abc(n-1)\sigma^2$$

且诸偏差平方和分别服从自由度为 $a-1, b-1, c-1, (a-1)(b-1), (a-1)(c-1),$ $(b-1)(c-1), (a-1)(b-1)(c-1), abc(n-1)$ 的 χ^2 分布. 因而可以构造 F 分布统计量:

$$\begin{cases} F_A = \dfrac{abc(n-1)S_A}{(a-1)S_e} \\[2mm] F_B = \dfrac{abc(n-1)S_B}{(b-1)S_e} \\[2mm] F_C = \dfrac{abc(n-1)S_C}{(c-1)S_e} \\[2mm] F_{AB} = \dfrac{abc(n-1)S_{AB}}{(a-1)(b-1)S_e} \\[2mm] F_{AC} = \dfrac{abc(n-1)S_{AC}}{(a-1)(c-1)S_e} \\[2mm] F_{BC} = \dfrac{abc(n-1)S_{BC}}{(b-1)(c-1)S_e} \\[2mm] F_{ABC} = \dfrac{abc(n-1)S_{ABC}}{(a-1)(b-1)(c-1)S_e} \end{cases} \tag{4.2.4}$$

来检验 (4.2.2) 式中的七个检验问题.

可采用等式约束的最小二乘法估计参数 μ, τ_i $(i=1,\cdots,a)$, β_j $(j=1,\cdots,b)$, γ_k $(k=1,\cdots,c)$, $(\tau\beta)_{ij}$ $(i=1,\cdots,a, j=1,\cdots,b)$, $(\tau\gamma)_{ik}$ $(i=1,\cdots,a, k=1,\cdots, c)$, $(\beta\gamma)_{jk}$ $(j=1,\cdots,b, k=1,\cdots,c)$, $(\tau\beta\gamma)_{ijk}$ $(i=1,\cdots,a, j=1,\cdots,b, k=1,\cdots, c)$, 详细内容可参考文献 [15], 这里不再赘述.

4.2.2 二水平完全因子设计 [13]

2^k 因子设计是一种最简单的因子设计, 即试验中包含 k 个因子, 每个因子仅有 2 个水平. 主要应用是以下两种情况: 一是定性地考察某个因素存在与否对指标的影响, 例如作战试验中考察某种新能力对作战能力的提升; 二是仅考虑定量因子的线性效应时, 最简单的做法是在试验区域内取 "高""低" 两个水平. 由于二水平因子是最简单的因子, 因而其试验次数可以控制在较少的范围内, 这在实践中是一个很重要的优势. 2^k 因子设计的缺陷是对于连续变化的定量因素考察不够, 不能全面地描述因子对指标的影响.

就连续变化的定量因子而言, 二水平离散化仅能考察其线性影响. 实际情况中因素的个数非常多, 很多因子对响应变量没有实质的影响, 此即效应的稀疏性. 试验的第一阶段是要利用较低的成本、在较短的时间内筛选出少量有实质影响的因子. 然后再对这些有重要影响的因子做更细致的试验. 从这点意义上来说, 2^k 因子设计特别有用.

为简单起见, 下面以三个二水平因子试验的全面实施为例, 来说明 2^k 因子设计的数据分析方法. 以 A, B, C 表示这三个因子, 以 "+" 和 "−" 分别表示因子的高水平和低水平. 试验需要考察三个主效应 A, B, C, 三个二阶交互效应 AB, BC, AC, 以及一个三阶交互效应 ABC.

表 4.2.1　2^3 设计计算效应的代数符号表

处理组合	因子效应						
	A	B	C	AB	AC	BC	ABC
(1)	−	−	−	+	+	+	−
a	+	−	−	−	−	+	+
b	−	+	−	−	+	−	+
c	−	−	+	+	−	−	+
ab	+	+	−	+	−	−	−
ac	+	−	+	−	+	−	−
bc	−	+	+	−	−	+	−
abc	+	+	+	+	+	+	+

表 4.2.1 给出的是 2^3 设计计算效应的代数符号表. 表中主效应符号 "+" 表示高水平, "−" 表示低水平. 一旦主效应符号确定, 其余各列的符号可以前面恰当列的符号相乘得到, 如 AB 列的符号就是 A 列与 B 列符号的乘积. 表 4.2.1 有几个有趣的性质:

(1) 每列 "+" 与 "−" 的数量相等;

(2) 任何两列符号乘积之和为 0, 此即正交性;

(3) 任意两列相乘, 得出表中的一列, 如 $AB \times C = ABC$.

利用表 4.2.1 安排试验, 假设每个处理组合均重复 n 次. 每个因子的总效应都等于相应列 "+" 试验结果的平均与 "−" 试验结果的平均之差, 即

$$A = \frac{1}{4n}\left[(a + ab + ac + abc) - ((1) + b + c + bc)\right]$$

$$B = \frac{1}{4n}\left[(b + ab + bc + abc) - ((1) + a + c + ac)\right]$$

$$C = \frac{1}{4n}\left[(c + ac + bc + abc) - ((1) + a + b + ab)\right]$$

$$AB = \frac{1}{4n}\left[((1) + c + ab + abc) - (a + b + ac + bc)\right]$$

$$AC = \frac{1}{4n}\left[((1)+b+ac+abc)-(a+c+ab+bc)\right]$$

$$BC = \frac{1}{4n}\left[((1)+a+bc+abc)-(b+c+ab+ac)\right]$$

$$ABC = \frac{1}{4n}\left[(a+b+c+abc)-((1)+ab+ac+bc)\right]$$

在因子设计中, 设因子 A 的 a 个水平的效应分别为 μ_i, 称满足条件 $\sum\limits_{i=1}^{a} c_i = 0$ 的线性组合 $\sum\limits_{i=1}^{a} c_i\mu_i$ 为对照. 例如, 记因子 A 的两个水平的效应分别为 μ_1, μ_2, 则 $\mu_2 - \mu_1$ 为因子 A 的对照. 由于对照的平方和等于对照的平方和除以对照中观测值的总个数乘对照系数的平方和 [13], 因此任意因子的总效应的平方和可由下式计算

$$S = \frac{(对照)^2}{2^k n}$$

于是可以列出 2^3 设计的方差分析表 [13], 这里略去.

下面简要讨论 2^k 设计的数据分析. 2^k 设计的统计模型包含 k 个主效应, C_k^2 个二因子交互效应, C_k^3 个三因子交互效应, $\cdots$, 以及 1 个 k 因子交互效应. 前面处理组合的记号也适用于此处, 可按照顺序写出处理组合的记号, 方法是每引入一个新的因子, 就依次和前面已引入的因子组合. 例如, 2^4 设计处理组合的标准顺序是

$$(1), a, b, ab, c, ac, bc, abc, d, ad, bd, abd, cd, acd, bcd, abcd$$

共有 $2^4 = 16$ 项. 每一项中出现了的字母表示该处理组合相应因素取高水平, 否则取低水平. 例如, 处理组合 ab 表示因素 A 和 B 取高水平, 而因素 C 和 D 取低水平. 为了估计效应或计算效应的平方和, 必须计算和效果相对应的对照. 确定任意效应 $AB\cdots K$ 的对照可以用展开下式右边的方法:

$$(对照)_{AB\cdots K} = (a \pm 1)(b \pm 1)\cdots(k \pm 1) \tag{4.2.5}$$

式中, 如果左边有某个因子时, 右边相应括号内取 "$-$", 否则取 "$+$", 右侧按代数方法展开后, 以 (1) 代替 1. 例如, 2^4 设计中计算二因子交互效应 AC 的对照时, 可按照如下式展开

$$\begin{aligned}
(对照)_{AC} &= (a-1)(b+1)(c-1)(d+1) \\
&= abcd - abd - bcd + ac + bd - a - c + (1) + abc + acd - ad - ab \\
&\quad - bc - cd + b + d
\end{aligned}$$

有了对照之后, 就可以估计相应的效应, 并计算对应的平方和,

$$AB \cdots K = \frac{1}{2^{k-1}n}(\text{对照})_{AB\cdots K} \tag{4.2.6}$$

$$S_{AB\cdots K} = \frac{1}{2^k n}(\text{对照})^2_{AB\cdots K} \tag{4.2.7}$$

这里 n 表示重复次数. 每个因子的主效应和交互效应的自由度均为 1, 共 2^k-1, 总和的自由度是 $2^k n-1$, 误差的自由度是 $2^k(n-1)$.

4.2.3　三水平完全因子设计 [13]

3^k 因子设计是指包含 k 个三水平因子的因子设计. 以大写字母 A, B, $\cdots$ 表示每个因子的效应. 以 0, 1, 2 三个数字分别表示因子的低、中、高三个水平. 每个因子的主效应的自由度为 2; 有 C_k^2 个二因子交互效应, 每个的自由度为 4; 有 C_k^3 个三因子交互效应, 每个的自由度为 8; 一般地, 有 C_k^h $(h \leqslant k)$ 个 h 因子交互效应, 每个的自由度为 2^h. 如果有 n 次重复, 则有 $3^k n-1$ 个总自由度和

$$(3^k n-1) - \sum_{h=1}^{k} C_k^h 2^h = 3^k(n-1)$$

个误差自由度.

以 3^3 因子设计为例. 首先, A, B, C 分别表示三个因子的主效应, AB, BC, AC 分别表示三个二因子交互效应, 000 表示三个因子均取低水平的处理, 211 表示因子 A 为高水平、因子 B 和 C 均为中水平的一次处理, 等等. 每个因子的主效应的自由度为 2, 二因子交互效应的自由度为 4, 三因子交互效应的自由度为 8. 如果每个处理组合均重复试验 n 次, 则总自由度为 $3^3 n-1$, 误差自由度为 $3^3(n-1)$.

例 4.2.1[13]　假定影响某次行动的损益仅有 3 个因子: 行动时间 (A)、战术 (B)、投入装备 (C). 有 3 个行动时间、3 种战术和 3 种投入装备可供选择, 进行 2 次重复的 3^3 因子试验, 行动损益数据见表 4.2.2. 试分析各因子对行动损益的影响.

表 4.2.2　某次行动损益数据表

投入装备 (C)	行动时间 (A)									$y_{\cdot\cdot k\cdot}$
	0			1			2			
	战术 (B)									
	0	1	2	0	1	2	0	1	2	
0	−35	−45	−40	17	−65	20	−39	−55	15	−459
	−25	−60	15	24	−58	4	−35	−67	−30	
1	100	30	80	55	−55	110	90	−28	110	953
	75	−40	54	120	−44	44	113	−26	135	
2	4	−30	31	−23	−64	−20	−30	−61	54	−339
	5	−155	36	−5	−62	−31	−55	−62	4	
$y_{ij\cdot\cdot}$	124	−155	176	188	−348	127	44	−289	288	
$y_{i\cdots}$		145			−33			43		$y_{\cdots\cdots}=155$

这里 $a = b = c = 3$, $n = 2$. 以下的下标 "." 表示对相应下标求和.

$$S_A = \sum_{i=1}^{a} \frac{y_{i\cdots}^2}{bcn} - \frac{y_{\cdots}^2}{abcn} = 886.37$$

$$S_B = \sum_{j=1}^{b} \frac{y_{\cdot j\cdots}^2}{acn} - \frac{y_{\cdots}^2}{abcn} = 60848.48$$

$$S_C = \sum_{k=1}^{c} \frac{y_{\cdot\cdot k\cdot}^2}{abn} - \frac{y_{\cdots}^2}{abcn} = 68100.15$$

$$S_{AB} = \sum_{i=1}^{a}\sum_{j=1}^{b} \frac{y_{ij\cdots}^2}{cn} - \frac{y_{\cdots}^2}{abcn} - S_A - S_B = 6397.41$$

$$S_{AC} = \sum_{i=1}^{a}\sum_{k=1}^{c} \frac{y_{i\cdot k\cdot}^2}{bn} - \frac{y_{\cdots}^2}{abcn} - S_A - S_C = 7572.41$$

$$S_{BC} = \sum_{j=1}^{b}\sum_{k=1}^{c} \frac{y_{\cdot jk\cdot}^2}{an} - \frac{y_{\cdots}^2}{abcn} - S_B - S_C = 12390.63$$

$$S_{ABC} = \sum_{i=1}^{a}\sum_{j=1}^{b}\sum_{k=1}^{c} \frac{y_{ijk\cdot}^2}{n} - \frac{y_{\cdots}^2}{abcn} - S_A - S_B - S_C - S_{AB} - S_{AC} - S_{BC} = 4669.14$$

$$S_T = \sum_{i=1}^{a}\sum_{j=1}^{b}\sum_{k=1}^{c}\sum_{l=1}^{2} y_{ijkl}^2 - \frac{y_{\cdots}^2}{abcn} = 172062.09$$

$$S_e = S_T - S_A - S_B - S_C - S_{AB} - S_{AC} - S_{BC} - S_{ABC} = 11215.50$$

方差分析表列出如下 (表 4.2.3).

表 4.2.3　某次行动损益方差分析表

方差来源	平方和	自由度	均方	F
A	886.37	2	443.19	1.07
B	60848.48	2	30424.24	73.24
C	68100.15	2	34050.08	81.97
AB	6379.41	4	1594.85	3.84
AC	7572.41	4	1893.10	4.56
BC	12390.63	4	3097.66	7.46
ABC	4669.14	8	583.64	1.42
误差 e	11215.50	27	415.39	
总和 T	172062.09	53		

查表可知 $F_{0.05}(4, 27) = 2.73$, $F_{0.01}(4, 27) = 4.11$, $F_{0.01}(2, 27) = 5.49$. 由于 $F_{\mathrm{B}} = 73.24 > 5.49$, $F_{\mathrm{C}} = 81.97 > 5.49$, 所以因子 B, C 在 1% 的显著水平下影响是明显的; $F_{\mathrm{AB}} = 3.84 > 2.73$, 说明交互作用AB在 5% 的显著水平下影响是明显的; $F_{\mathrm{BC}} = 7.46 > 4.11$, $F_{\mathrm{AC}} = 4.56 > 4.11$, 说明交互作用 AC, BC 在 1% 的显著水平下影响是明显的; 因子 A 和交互作用 ABC 对损益无显著影响.

4.2.4 正交设计

多因素试验会随因素个数及其水平的增加而急剧增加, 从而使全面试验的实施变得困难, 这时只能实施部分试验. 正交设计是目前最常用的部分试验设计方法之一. 正交设计起源于拉丁方设计 [67], 可利用一套规格化的正交表安排试验.

正交表是根据均衡分布的思想, 利用组合数学理论构造的一种数学表格, 均衡分布性是正交表的核心. 规范化的正交表常用符号 $L_K(P^J)$ 表示. 表 4.2.4 就是一个典型正交表, 记为 $L_9(3^4)$, 这里 "L" 表示正交表, "9" 表示总共要作 9 次试验, "3" 表示每个因素都有 3 个水平, "4" 表示这个表有 4 列, 最多可以安排 4 个因素. 常用的二水平表有 $L_4(2^3)$, $L_8(2^7)$, $L_{16}(2^{15})$, $L_{32}(2^{31})$; 三水平表有 $L_9(3^4)$, $L_{27}(3^{13})$; 四水平表有 $L_{16}(4^5)$; 五水平表有 $L_{25}(5^6)$ 等.

混合水平表在实际中也十分有用, 如 $L_8(4 \times 2^4)$, $L_{12}(2^3 \times 3)$, $L_{16}(4^4 \times 2^3)$, $L_{16}(4^3 \times 2^6)$, $L_{16}(4^2 \times 2^9)$, $L_{16}(4 \times 2^{12})$, $L_{16}(8 \times 2^8)$, $L_{18}(2 \times 3^7)$ 等. 例如, $L_{16}(4^3 \times 2^6)$ 表示要求做 16 次试验, 允许最多安排三个 "4" 水平因素, 六个 "2" 水平因素.

表 4.2.4 正交表 $L_9(3^4)$

编号	1	2	3	4
1	1	1	1	1
2	1	2	2	2
3	1	3	3	3
4	2	1	2	3
5	2	2	3	1
6	2	3	1	2
7	3	1	2	2
8	3	2	1	3
9	3	3	2	1

若用正交表来安排例 4.2.1 的试验, 其步骤十分简单, 具体如下:

Step 1 明确试验的目的、预期效果, 确定考核指标, 决定考核因素及其水平;

Step 2 根据因素的水平数和试验因子数 (包括因素之间的交互因子), 选择合适的正交表. 适合于该项试验的正交表有 $L_9(3^4)$, $L_{18}(2 \times 3^7)$, $L_{27}(3^{13})$ 等, 这里取 $L_9(3^4)$, 此时所需试验数较少.

Step 3 将 A, B, C 三个因素放到 $L_9(3^4)$ 的任意三列的表头上, 例如放在前三列. 将 A, B, C 三例的 "1" "2" "3" 变为相应因素的三个水平.

Step 4 决定重复试验次数或区组划分, 根据随机化确定试验顺序依次实施试验、严格操作、测定指标、收集数据等.

Step 5 记录和数据统计, 计算各个统计量, 通过方差分析、假设检验, 确定最优生产条件, 进行指标预报和生产验证.

从表 4.2.4 可以看到, 正交表有如下的特点.

(1) 正交性. 正交表的正交性是均衡分布的数学思想的具体体现. 正交性指在正交表中任何一列中各个水平都出现, 且出现次数相等; 任何两列间各种不同水平的所有可能组合都出现, 且出现的次数相等. 由正交表的正交性可以看出: ①正交表的各列平等, 可以进行列间置换; ②正交表各行之间也相互置换, 称行间置换; ③正交表中同一列的水平数字也可互相置换, 称水平置换. 因此, 在实际应用时, 可以根据不同需要进行变换.

(2) 代表性. 正交表的代表性是指任一列的各水平都出现, 使得部分试验包含所有因素的所有水平. 任何两列的所有组合全部出现, 使任何两因素都是全面试验, 因此, 所有因素的所有水平信息及两两组合信息都无一遗漏.

(3) 整齐可比性. 正交表中任一列各水平出现的次数相等, 任两列间所有可能的组合出现的次数也相等. 因此使任一因素各水平的试验条件相同, 这就保证了在每列因素各个水平的效果对比中, 可最大限度地排除其他因素的干扰, 突出本列因素的作用, 从而可比较该因素的不同水平对试验指标的影响.

上述三个特点使试验点在试验范围内排列规律整齐, 即 "整齐可比". 另一方面, 如果将正交设计的 9 个试验点用图表示 (图 4.2.1), 则发现这 9 个试验点在试验范围内散布均匀, 这个特点被称为 "均匀分散". 这些特点使得试验点代表性强、效率高.

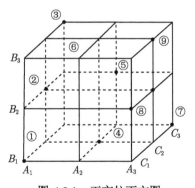

图 4.2.1 正交拉丁方图

凡采用正交表设计的试验, 都可用正交表分析试验结果, 主要有直观分析 (极差分析) 和方差分析两种方法. 关于正交设计的详细讨论可参见文献 [66].

4.3　最优回归设计

回归设计诞生于 50 年代初, 其基本思想是把试验安排、数据处理和参数估计的精度统一考虑, 根据试验目的和数据分析方法选择试验点. 发展至今, 包括回归的正交设计、回归的旋转设计、回归的最优设计等. 本节介绍部分常用的方法. 本节主要参考了文献 [4-5] 等著作以及其他的学术论文. 希望能帮助读者建立起回归试验设计的基本概念, 以便于后面内容的展开. 最优回归设计可适应于较为复杂精细的模型, 这部分内容在导弹试验的设计中用得很多.

4.3.1　回归的正交设计

4.3.1.1　线性回归的正交设计

在回归分析中, 不论是求回归系数向量的估计值 $\hat{\beta}$, 还是对回归方程与回归系数作显著性检验, 都需要求出信息矩阵的逆. 当信息矩阵 $\boldsymbol{X}^{\mathrm{T}}\boldsymbol{X}$ 为对角矩阵时, 求逆十分简单. 而回归的正交设计恰好可达到这一要求, 从而简化计算.

定义4.3.1　若一个回归问题中的设计矩阵 $\boldsymbol{D}$ 使信息矩阵 $\boldsymbol{X}^{\mathrm{T}}\boldsymbol{X}$ 为一对角矩阵, 则称设计 $\boldsymbol{D}$ 为正交回归设计.

设第 i $(i = 1, 2, \cdots, k)$ 个变量 $\xi_i \in [\xi_{1i}, \xi_{2i}]$. 在开始设计之前先进行规范变换

$$x_i = \frac{(\xi_i - \xi_{1i}) - (\xi_{2i} - \xi_i)}{\xi_{2i} - \xi_{1i}} \tag{4.3.1}$$

则 $x_i \in [-1, 1]$. 讨论 k 个变量 $x_1, x_2, \cdots, x_k$ 的线性回归正交设计的统计分析方法, 设正交设计的设计矩阵 $\boldsymbol{D}$ 与观测值向量 $\boldsymbol{Y}$ 分别为

$$\boldsymbol{D} = \begin{bmatrix} x_{11} & x_{12} & \cdots & x_{1k} \\ x_{21} & x_{22} & \cdots & x_{2k} \\ \vdots & \vdots & & \vdots \\ x_{n1} & x_{n2} & \cdots & x_{nk} \end{bmatrix}, \quad \boldsymbol{Y} = \begin{bmatrix} y_1 \\ y_2 \\ \vdots \\ y_n \end{bmatrix} \tag{4.3.2}$$

由于它是正交设计, 所以

$$\begin{cases} \displaystyle\sum_{j=1}^{n} x_{ji} = 0, & i = 1, 2, \cdots, k \\ \displaystyle\sum_{j=1}^{n} x_{ji_1} x_{ji_2} = 0, & i_1 \neq i_2 \end{cases} \tag{4.3.3}$$

k 元线性回归的信息矩阵为

$$\boldsymbol{X}^{\mathrm{T}}\boldsymbol{X} = (\boldsymbol{1}_n, \boldsymbol{D})^{\mathrm{T}}(\boldsymbol{1}_n, \boldsymbol{D}) = \operatorname{diag}\left(n, \sum_j x_{j1}^2, \cdots, \sum_j x_{jk}^2\right) \qquad (4.3.4)$$

常数项矩阵为

$$\boldsymbol{B} = \boldsymbol{X}^{\mathrm{T}}\boldsymbol{Y} = \begin{bmatrix} \sum_j y_j \\ \sum_j x_{j1}y_j \\ \vdots \\ \sum_j x_{jk}y_j \end{bmatrix} = \begin{bmatrix} B_0 \\ B_1 \\ \vdots \\ B_k \end{bmatrix} \qquad (4.3.5)$$

于是回归系数的最小二乘估计为

$$\hat{\boldsymbol{\beta}} = \left(\boldsymbol{X}^{\mathrm{T}}\boldsymbol{X}\right)^{-1}\boldsymbol{X}^{\mathrm{T}}\boldsymbol{Y} = \left[\frac{1}{n}\sum_j y_j, \quad \frac{\sum_j x_{j1}y_j}{\sum_j x_{j1}^2}, \quad \cdots, \quad \frac{\sum_j x_{jk}y_j}{\sum_j x_{jk}^2}\right]^{\mathrm{T}} \qquad (4.3.6)$$

为了检验回归方程的显著性和诸回归系数的显著性, 还要计算诸平方和, 显然总平方和为

$$\mathrm{SS}_T = \sum_j y_j^2 - \frac{1}{n}\left(\sum_j y_j\right)^2 = \sum_j y_j^2 - \frac{B_0^2}{n} \qquad (4.3.7)$$

诸回归平方和为

$$Q_i = \hat{\beta}_i B_i, \quad i = 1, 2, \cdots, k \qquad (4.3.8)$$

于是剩余平方和等于

$$\mathrm{SS}_e = \mathrm{SS}_T - \sum_{i=1}^{k} Q_i \qquad (4.3.9)$$

显著性检验可总结为表 4.3.1.

回归的正交设计使得信息矩阵为对角阵, 所以诸回归系数不相关. 当显著性检验的结果出现某些回归系数不显著时, 可从回归方程中直接剔除相应的项, 而无须重新计算回归方程.

4.3.1.2 利用正交表构造线性回归的正交设计

线性回归的正交设计使用的是二水平正交表, 如 $L_4(2^3)$, $L_8(2^7)$, $L_{16}(2^{15})$ 等, 将正交表中的数字 2 改为 -1, 这样, 正交表中的数码经过改变后, 其中 1 和 -1 既对应正交试验中诸因子的水平代号, 在回归设计中又可代表诸试验点在因子区域中各分量的坐标.

表 4.3.1   线性回归正交设计的方差分析表

来源	平方和	自由度	均方和	F 值
x_1	$Q_1 = \dfrac{B_1^2}{\sum\limits_j x_{j1}^2}$	1	Q_1	$\dfrac{Q_1}{\mathrm{SS}_e/(n-k-1)}$
$\vdots$	$\vdots$	$\vdots$	$\vdots$	$\vdots$
x_k	$Q_k = \dfrac{B_k^2}{\sum\limits_j x_{jk}^2}$	1	Q_k	$\dfrac{Q_k}{\mathrm{SS}_e/(n-k-1)}$
回归	SS_R/k	k	SS_R/k	$\dfrac{\mathrm{SS}_R/k}{\mathrm{SS}_e/(n-k-1)}$
剩余	$\mathrm{SS}_e = \mathrm{SS}_T - \mathrm{SS}_R$	$n-k-1$	$\mathrm{SS}_e/(n-k-1)$	
总	$\mathrm{SS}_T = \sum\limits_j y_j^2 - \dfrac{B_0^2}{n}$	$n-1$		

利用正交表作线性回归的正交设计的方法与常用的正交设计法类似, 包括选表与表头设计. 选表的方法是看变量个数, 要求回归方程的项数不超过所选表的列数. 如果还要对回归方程与系数作显著性检验, 则回归方程的项数应少于所选正交表的列数. 当利用二水平正交表作包含 k 个变量的线性回归设计时, 可能是一个 2^k 设计, 也可能是它的部分实施.

4.3.2   最优回归设计准则

4.3.2.1   试验设计和信息矩阵

对于线性回归模型:

$$y = \boldsymbol{\beta}^{\mathrm{T}} \boldsymbol{f}(\boldsymbol{x}) + \varepsilon, \quad \varepsilon \sim \mathrm{N}(0, \sigma^2) \tag{4.3.10}$$

其中, $\boldsymbol{\beta} = (\beta_1, \beta_2, \cdots, \beta_m)^{\mathrm{T}} \in \mathbb{R}^m$ 为待估参数向量, $\boldsymbol{f}(\boldsymbol{x}) = (f_1(\boldsymbol{x}), f_2(\boldsymbol{x}), \cdots, f_m(\boldsymbol{x}))^{\mathrm{T}}$ 为 m 个线性独立的回归函数, 定义在 $\mathbb{R}^p$ 中试验点集 Ω 上, 假定 Ω 为有界闭集. $\boldsymbol{x} = (x_1, \cdots, x_p)^{\mathrm{T}}$ 表示试验的因素, z_i 表示 $\boldsymbol{x}$ 的一次观测. 如果进行了 N 次观测, 得到 N 组观测值, 称这个观测有限集 $\xi_N = \{z_1, z_2, \cdots, z_N\}$ 为一个试验设计, z_i 也可称为试验设计的支撑点. 根据这 N 组观测值, 可得

$$\begin{cases} y_1 = \beta_1 f_1(z_1) + \beta_2 f_2(z_1) + \cdots + \beta_m f_m(z_1) + \varepsilon_1 \\ y_2 = \beta_1 f_1(z_2) + \beta_2 f_2(z_2) + \cdots + \beta_m f_m(z_2) + \varepsilon_2 \\ \qquad\qquad \vdots \\ y_N = \beta_1 f_1(z_N) + \beta_2 f_2(z_N) + \cdots + \beta_m f_m(z_N) + \varepsilon_N \end{cases} \tag{4.3.11}$$

以下记 $\boldsymbol{Y} = (y_1, y_2, \cdots, y_N)^{\mathrm{T}}$, $\boldsymbol{e} = (\varepsilon_1, \varepsilon_2, \cdots, \varepsilon_N)^{\mathrm{T}}$.

试验的目的是通过在 Ω 中选取一些点 $z_1, z_2, \cdots, z_N$, 通过相应的观测来估计未知参数 $\boldsymbol{\beta}$. 可称 $\xi_N = \{z_1, z_2, \cdots, z_N\}$ 为一个试验次数为 N 的精确设计. 如果其中仅有 $n(< N)$ 个不同的支撑点 $z_1, z_2, \cdots, z_n$, 假定点 z_i 重复的次数为 ν_i, 记 $p_i = \nu_i/N$, 于是可得该设计的离散概率测度形式

$$\xi_N = \begin{pmatrix} z_1 & z_2 & \cdots & z_n \\ p_1 & p_2 & \cdots & p_n \end{pmatrix} \tag{4.3.12}$$

这是一个规范的离散设计.

对于设计 $\xi_N = \{z_1, z_2, \cdots, z_N\}$ 和模型 (4.3.10), 记 $\boldsymbol{F}(\xi_N) = (\boldsymbol{f}(z_1), \boldsymbol{f}(z_2), \cdots, \boldsymbol{f}(z_N))$, 则参数 $\boldsymbol{\beta}$ 的信息矩阵 $\boldsymbol{M}(\xi_N) = \boldsymbol{F}(\xi_N)\boldsymbol{F}(\xi_N)^{\mathrm{T}} = N \sum_{j=1}^{n} p_i \boldsymbol{f}(z_j)\boldsymbol{f}(z_j)^{\mathrm{T}}$.

定义 4.3.2 称试验区域 Ω 上的概率分布 ξ 为一个设计, 其信息矩阵定义为

$$\boldsymbol{M}(\xi) = \int_{\Omega} \boldsymbol{f}(\boldsymbol{x})\boldsymbol{f}(\boldsymbol{x})^{\mathrm{T}}\mathrm{d}\xi$$

以 Ξ 表示所有设计的全体, Ξ_n 表示支撑点数为 n 的离散设计的全体, $\mathcal{M} = \{\boldsymbol{M} = \boldsymbol{M}(\xi) : \xi \in \Xi\}$ 表示模型 (4.3.10) 的一切设计对应的信息矩阵的全体. 信息矩阵的基本性质可描述如下 [14].

定理4.3.1(信息矩阵的性质) (1) 任一设计 ξ 的信息矩阵 $\boldsymbol{M}(\xi)$ 都是半正定的;

(2) 如果支撑点数 $n < m$, 则对任一 $\xi \in \Xi$ 都有 $\det \boldsymbol{M}(\xi) = 0$, 即 $\boldsymbol{M}(\xi)$ 不可逆;

(3) $\mathcal{M}$ 为凸集;

(4) 如果线性模型满足 $\mathrm{E}\varepsilon_i = 0$, $\mathrm{E}\varepsilon_i\varepsilon_j = 0 \ (i \neq j)$, $\mathrm{E}\varepsilon_j^2 = \sigma^2 \ (j = 1, \cdots, N)$, 且 $\boldsymbol{f}(x)$ 为独立连续向量, 那么集合 $\mathcal{M}$ 为 $\mathbb{R}^{m(m+1)/2}$ 的有界闭子集;

(5) 任一 $\xi \in \Xi$, 均存在 $\tilde{\xi} \in \Xi_n$, $n \leqslant m(m+1)/2 + 1$, 使得 $\boldsymbol{M}(\xi) = \boldsymbol{M}(\tilde{\xi})$.

这些性质的证明可参见文献 [14]. 根据性质 (5), 对任一设计 ξ, 总可以找到另一个试验点数不超过 $m(m+1)/2 + 1$ 的设计 $\tilde{\xi}$, 使得它们的信息矩阵相等. 因此, 可以在试验点数不超过 $m(m+1)/2 + 1$ 的离散设计中去寻找最优设计.

4.3.2.2 优良性准则

称满足 $\det \boldsymbol{M}(\xi) \neq 0$ 的设计 ξ 为非奇异的, 以下仅考虑非奇异设计的优良性. 由于最优回归设计考虑模型参数 $\boldsymbol{\beta}$ 的估计精度, 故优良性准则通常可表示为信息矩阵的泛函 $\Phi[\boldsymbol{M}(\xi)]$. 若存在设计 $\xi^* \in \Xi$ 使得

$$\Phi[\boldsymbol{M}(\xi^*)] = \inf_{\xi \in \Xi} \Phi[\boldsymbol{M}(\xi)]$$

则称 ξ^* 为 Φ 最优设计. 下面介绍几个常用的优良性准则.

(1) **D 准则** $\Phi_{\mathrm{D}}[M(\xi)] = \det[M^{-1}(\xi)]$. 若误差服从正态分布, 则 D 准则使密集椭球体 $\{\beta : (\beta - \hat{\beta})^{\mathrm{T}} M^{-1}(\xi)(\beta - \hat{\beta}) \leqslant c\}$ 的体积最小, 这里 $\hat{\beta}$ 为参数的最小二乘估计, c 为仅依赖于最小二乘估计置信水平的常数. 可以证明, 密集椭球体的体积

$$V(\xi) = \frac{(m+2)^{m/2}\pi^{m/2}}{\Gamma\left(\dfrac{m}{2}+1\right)\sqrt{\det\ M(\xi)}} \tag{4.3.13}$$

其中 $\Gamma(x)$ 是 Γ 函数. 因此, $\det\ M(\xi)$ 的值反映了参数 β 的估计精度, $\det\ M(\xi)$ 越大, 则估计的精度越高.

注 4.3.1   参数 β 的估计量 $(b_1, b_2, \cdots, b_m)$ 的密集椭球体定义为 m 维空间中的椭球体, 在其围成的区域上 m 维均匀分布随机变量与 $(b_1, b_2, \cdots, b_m)$ 有相同的平均值和相关矩. 密集椭球体的体积就是估计量 $(b_1, b_2, \cdots, b_m)$ 分散与集中程度的数值度量.

(2) **G 准则** $\Phi_G[M(\xi)] = \max\limits_{\boldsymbol{x} \in \Omega} d(\boldsymbol{x}, \xi)$, 其中点 $\boldsymbol{x}$ 与设计 ξ 的距离定义为 $d(\boldsymbol{x}, \xi) = \boldsymbol{f}^{\mathrm{T}}(\boldsymbol{x}) M^{-1}(\xi) \boldsymbol{f}(\boldsymbol{x})$. 注意到对离散设计 ξ, $d(\boldsymbol{x}, \xi) = \sigma^2 \mathrm{Var}(\hat{\beta}^{\mathrm{T}} \boldsymbol{f}(\boldsymbol{x}))/n$, 即 $d(\boldsymbol{x}, \xi)$ 与模型预测 $\hat{\beta}^{\mathrm{T}} \boldsymbol{f}(\boldsymbol{x})$ 的方差成正比, G 最优使得预测方差最大值达到最小.

(3) **MV-准则** $\Phi_{\mathrm{MV}}[M(\xi)] = \mathrm{tr}\{M^{-1}(\xi)\}$, 即使极大似然估计 $\hat{\beta}$ 的各分量的方差之和达到最小.

(4) **C-准则**

$$\Phi_c(\xi) = \begin{cases} \boldsymbol{c}^{\mathrm{T}} M^-(\xi)\boldsymbol{c}, & \boldsymbol{c} \in \mathrm{range}\ \ M(\xi) \\ \infty, & \boldsymbol{c} \notin \mathrm{range}\ \ M(\xi) \end{cases} \tag{4.3.14}$$

其中, $\boldsymbol{c}$ 表示一个已知的向量, M^- 表示 M 的广义逆, $\boldsymbol{c} \in \mathrm{range}\ M(\xi)$ 表示 $\boldsymbol{c}$ 可以表示成矩阵 M 的行的线性组合. 注意到矩阵 A 的广义逆 A^- 是指满足 $AA^-A = A$ 的任意矩阵. 称使 $\Phi_c(\xi)$ 达到最小的设计为 C- 最优设计. C- 准则的统计意义是使对模型参数线性组合 $\boldsymbol{c}^{\mathrm{T}}\beta$ 的最优无偏估计的方差达到最小.

(5) **E-准则** $\Phi_E[M(\xi)] = \lambda_{\min}^{-1}(M(\xi))$, 这里 $\lambda_{\min}(M(\xi))$ 是指矩阵 $M(\xi)$ 的特征值的最小值. 由于 $\lambda_{\min}(M(\xi)) = \min\{\boldsymbol{c}^{\mathrm{T}} M(\xi)\boldsymbol{c} : \boldsymbol{c}^{\mathrm{T}}\boldsymbol{c} = 1\}$, E-准则保证了在 $\boldsymbol{c}^{\mathrm{T}}\boldsymbol{c} = 1$ 的限制下线性组合 $\boldsymbol{c}^{\mathrm{T}}\beta$ 的方差最大值达到最小, 亦使得置信椭球的最长轴最小.

对最优性准则进行分类是有意义的. 线性准则是指具有形式

$$\Phi[M(\xi)] = \mathrm{tr}\{L M^{-1}(\xi)\} \tag{4.3.15}$$

其中 L 是一些给定的非负定矩阵. 特别地, 当 $L = I$ 和 $L = cc^{\mathrm{T}}$ 时, 分别得到 MV-准则和 C-准则. Φ_p 准则类是指

$$\Phi_p[\boldsymbol{M}(\xi)] = \left(\mathrm{tr}\{\boldsymbol{M}^{-p}(\xi)\}\right)^{1/p} \tag{4.3.16}$$

其中 $0 \leqslant p \leqslant +\infty$. 当 $p = +\infty$ 时即为 E-准则, $p = 1$ 即为 MV-准则.

4.3.2.3 构造 D 最优设计的迭代算法

D 准则和 G 准则是最优回归设计中最重要的准则, 构造 D 最优设计和 G 最优设计是重要的研究内容. 只有极少数情况下最优设计才有显式表达式, 通常只能通过数值算法来获得最优设计. 最优设计的求解实际上是一个大型的优化问题, 直接从定义出发来构造最优设计十分困难. Kiefer 和 Wolfwitz 于 1960 年提出的等价性定理, 揭示了 D 最优性和 G 最优性之间的等价性, 是构造 D 最优设计的理论基础 [33].

定理 4.3.2[32]　　线性模型的所有 D 最优设计有相同的信息矩阵. 在 D 最优设计 ξ^* 的任一支撑点上, $d(\boldsymbol{x}, \xi^*)$ 达到最大, 且以下三个结论等价:

(1) ξ^* 是 D 最优设计, 即 $\det \boldsymbol{M}(\xi^*) = \max_\xi \det \boldsymbol{M}(\xi)$;

(2) ξ^* 是 G 最优设计, 即 $\max_{\boldsymbol{x}} d(\boldsymbol{x}, \xi^*) = \min_\xi \max_{\boldsymbol{x}} d(\boldsymbol{x}, \xi)$;

(3) ξ^* 满足 $\max_{\boldsymbol{x}} d(\boldsymbol{x}, \xi^*) = m$.

定理 4.3.2 不仅揭示了 D 最优和 G 最优之间的等价性, 还给出了 ξ^* 是 D 最优的一个充要条件 $\max_{\boldsymbol{x}} d(\boldsymbol{x}, \xi^*) = m$. 在等价性定理的基础上, Mitchell 提出了 DETMAX 算法 [17], 该方法在离散候选点中搜索最优设计. Fedorov 导出了一种可以在连续空间中搜索最优设计的迭代算法 [18-19], 以下介绍 Fedorov 的算法 [20-21].

定义 $\xi_x = \{x; 1\}$, 令 ξ_0 为某一非奇异的设计

$$\xi_0 = \begin{pmatrix} x_1 & x_2 & \cdots & x_n \\ p_1 & p_2 & \cdots & p_n \end{pmatrix}$$

对 $s = 0, 1, 2, \cdots$, 寻找 $x_{n+s+1} \in \arg\max_x d(x, \xi_s)$ 以及

$$\alpha_s = \arg \max_{\alpha \in [0,1]} \det \boldsymbol{M}(\xi_{s+1}(\alpha)),$$

这里

$$\xi_{s+1}(\alpha) = \begin{pmatrix} x_1 & x_2 & \cdots & x_{n+s+1} \\ (1-\alpha)p_{1(s)} & (1-\alpha)p_{2(s)} & \cdots & \alpha \end{pmatrix}$$

可以证明 $\alpha_s = \dfrac{d(x_{n+s+1}, \xi_s) - m}{[d(x_{n+s+1}, \xi_s) - 1]k}$. 当 $s \to \infty$ 时, 根据定理 4.3.2, 序列 ξ_s 收敛到

D 最优设计.

这个算法最大的优点是每步迭代仅增加一个点, 因此试验设计的维数可以有效减少. 但是定理 4.3.2 是建立在方差齐性假设下的, 在异方差模型下将不再成立. Wong 研究了异方差模型下的等价性定理 [22], Montepiedra[23] 和 Rodríguez[24] 分别给出了构造算法. 此外, Poland 采用了遗传算法来构造 D 最优设计 [20].

最优设计的构造中还有一个重要内容是 Dn 最优确切设计的求解. 目前较为有影响的构造方法有 Fedorov 方法 [25]、Wynn-Mitchill 的单点交换法 [26]、DETMAX 法、Evans 的单纯形搜索法 [27]. 罗蕾 [28]、朱伟勇等 [25] 结合 D 最优设计的对称性, 对这些方法进行了改进, 提出了对称构造法 [29]、EAA 法 [30] 等, 提高了迭代速度. 这些方法的本质都是点交换的迭代算法, 且都不保证每一次设计都是 Dn 最优确切设计. 为此, Atwood[31] 给出了检验设计 ξ_n 是 Dn 最优确切设计的必要条件:

$$\det[\boldsymbol{M}(\xi_n)] \geqslant \det[\boldsymbol{M}(\xi_D)] \cdot n(n-1)\cdots(n-m+1)/n^m \tag{4.3.17}$$

其中, ξ_D 是指同条件下的 D 最优设计.

另外, 很多学者对多项式模型的 D 最优设计进行了大量的研究, 其中微分方程理论是求解该特殊模型的重要工具. Antille 等与 Karlin 和 Studden[34-35] 证明当异方差模型中效率函数满足: ① $\varphi(x) = 1, x \in [-1, 1]$; ② $\varphi(x) = \exp(-x), x \in (0, \infty)$; ③ $\varphi(x) = x^{\alpha+1}\exp(-x), x \in (0, \infty), \alpha > -1$; ④ $\varphi(x) = \exp(-x^2), x \in (-\infty, \infty)$ 时, D 最优设计的支撑点位于某个特殊正交多项式的零点, 且每个点的试验次数相同. 例如, $\varphi(x) = 1$ 时, 对应 Legendre 多项式; $\varphi(x) = \exp(-x^2)$ 时, 对应 Monic 多项式 [34]. Chan 等 [16] 证明对多项式模型, 在特定条件下, D 最优设计和正交设计等价. 方开泰和马长兴 [3] 提出了一个根据正交设计构造多元多项式模型的 D 最优设计方法.

4.3.2.4 考虑模型不确定性的 D 最优设计

在 D 最优、G 最优等常见的最优设计中通常假定模型是已知的, 但在未进行试验之前, 往往很难知道确切的模型. 因此, 经典的最优设计方法导出的设计可能是基于一个不恰当的模型的结果. 当模型带有不确定性时, 可实施 Bayes 两阶段设计, 通过第一阶段的设计选择合适的模型.

考虑用线性模型来拟合响应曲面

$$y_i = \boldsymbol{f}^{\mathrm{T}}(\boldsymbol{x}_i)\boldsymbol{\beta} + \varepsilon \tag{4.3.18}$$

假定确定包含在模型中的项为 $\boldsymbol{f}_1^{\mathrm{T}}(\boldsymbol{x}_i)\boldsymbol{\beta}_1$, 同时还存在一部分不确定项 $\boldsymbol{f}_2^{\mathrm{T}}(\boldsymbol{x}_i)\boldsymbol{\beta}_2$, 它们可能包含在模型中, 于是该模型可表示为

$$y_i = \boldsymbol{f}_1^{\mathrm{T}}(\boldsymbol{x}_i)\boldsymbol{\beta}_1 + \boldsymbol{f}_2^{\mathrm{T}}(\boldsymbol{x}_i)\boldsymbol{\beta}_2 + \varepsilon \tag{4.3.19}$$

因此, 得到 n 组观测数据后, 获得矩阵形式的模型为

$$y = \begin{bmatrix} \boldsymbol{f}_1^{\mathrm{T}}(\boldsymbol{x}_1) \\ \vdots \\ \boldsymbol{f}_1^{\mathrm{T}}(\boldsymbol{x}_n) \end{bmatrix} \boldsymbol{\beta}_1 + \begin{bmatrix} \boldsymbol{f}_2^{\mathrm{T}}(\boldsymbol{x}_1) \\ \vdots \\ \boldsymbol{f}_2^{\mathrm{T}}(\boldsymbol{x}_n) \end{bmatrix} \boldsymbol{\beta}_2 + \boldsymbol{e} = \boldsymbol{X}_1 \boldsymbol{\beta}_1 + \boldsymbol{X}_2 \boldsymbol{\beta}_2 + \boldsymbol{e} \qquad (4.3.20)$$

于是 $\boldsymbol{\beta}_1$ 的 LSE 为 $\hat{\boldsymbol{\beta}}_1 = (\boldsymbol{X}_1^{\mathrm{T}} \boldsymbol{X}_1)^{-1} \boldsymbol{X}_1^{\mathrm{T}} \boldsymbol{y}$, 它满足:

$$\mathrm{E}(\hat{\boldsymbol{\beta}}_1) = (\boldsymbol{X}_1^{\mathrm{T}} \boldsymbol{X}_1)^{-1} \boldsymbol{X}_1^{\mathrm{T}} \mathrm{E}(\boldsymbol{y}) = (\boldsymbol{X}_1^{\mathrm{T}} \boldsymbol{X}_1)^{-1} \boldsymbol{X}_1^{\mathrm{T}} (\boldsymbol{X}_1 \boldsymbol{\beta}_1 + \boldsymbol{X}_2 \boldsymbol{\beta}_2) = \boldsymbol{\beta}_1 + \boldsymbol{A} \boldsymbol{\beta}_2$$

以及

$$\mathrm{Var}(\hat{\boldsymbol{\beta}}_1) = \mathrm{E}\left[(\boldsymbol{X}_1^{\mathrm{T}} \boldsymbol{X}_1)^{-1} \boldsymbol{X}_1^{\mathrm{T}} \boldsymbol{e}\right]^2 = \sigma^2 (\boldsymbol{X}_1^{\mathrm{T}} \boldsymbol{X}_1)^{-1}$$

其中, 偏差矩阵 $\boldsymbol{A} = (\boldsymbol{X}_1^{\mathrm{T}} \boldsymbol{X}_1)^{-1} \boldsymbol{X}_1^{\mathrm{T}} \boldsymbol{X}_2$, 它描述了不确定项对确定项的干扰. 令 $\boldsymbol{X} = (\boldsymbol{X}_1 | \boldsymbol{X}_2)$, $\boldsymbol{\beta}_1$ 为 $p \times 1$ 的向量, $\boldsymbol{\beta}_2$ 为 $q \times 1$ 的向量, $\boldsymbol{X}$ 为 $n \times (p+q)$ 的矩阵. 假定关于 $\boldsymbol{\beta}_2$ 的先验为 $\mathrm{N}(0, \sigma^2 \tau^2 \boldsymbol{I}_q)$, 其中 τ^2 度量了潜在项的可信度. 于是 $\boldsymbol{\beta}_1$ 和 $\boldsymbol{\beta}_2$ 的联合先验分布可表示为 $\mathrm{N}(0, \sigma^2 \tau^2 \boldsymbol{K}^{-1})$, 其中 $\boldsymbol{K}$ 为 $(p+q) \times (p+q)$ 的对角阵, 前 p 个对角元素为 0, 后 q 个对角元素为 1. 于是模型的后验分布为 [36]

$$p(\boldsymbol{\beta}|\boldsymbol{y}, \sigma^2) \sim \mathrm{N}\left[\left(\boldsymbol{X}^{\mathrm{T}} \boldsymbol{X} + \tau^{-2} \boldsymbol{K}\right) \boldsymbol{X}^{\mathrm{T}} \boldsymbol{y}, \ \sigma^2 \left(\boldsymbol{X}^{\mathrm{T}} \boldsymbol{X} + \tau^{-2} \boldsymbol{K}\right)^{-1}\right] \qquad (4.3.21)$$

模型选择的 Bayes-D 最优设计为通过对 $\boldsymbol{X}$ 进行设计, 使得 $\boldsymbol{\beta}$ 的后验方差最小, 即使得 $\boldsymbol{X}^{\mathrm{T}} \boldsymbol{X} + \tau^{-2} \boldsymbol{K}$ 的行列式最大. 当 τ^2 趋近于 ∞ 时, Bayes-D 最优设计退化为针对全模型的经典 D 最优设计; 当 τ^2 为 0 时, 它为仅包含确定项的经典 D 最优设计. 参数 τ^2 是影响设计的重要参数, 一般取 $\tau^2 = 1$.

若各潜在项的可能度不同, 可用

$$\boldsymbol{K}_{\mathrm{w}} = \begin{bmatrix} \boldsymbol{0}_{p \times p} & 0 & \cdots & 0 \\ 0 & 1/\tau_1^2 & \cdots & 0 \\ \vdots & \vdots & & 0 \\ 0 & 0 & \cdots & 1/\tau_q^2 \end{bmatrix}$$

代替 $\boldsymbol{K}/\tau^2$, τ_i^2 越大说明第 i 个潜在项的可能性越大, 于是模型选择的 Bayes-D 最优设计为使得 $\det(\boldsymbol{X}^{\mathrm{T}} \boldsymbol{X} + \boldsymbol{K}_{\mathrm{w}})$ 最大. Ruggoo 等 [40] 建议进行试验的数目不少于 $p + q + z$.

4.3.3 考虑因素分布信息的最优设计

试验设计是在数据收集之前的决策, 通常情况下都存在先验信息, 因素的分布信息是内容之一. 如有限元的荷载和几何尺寸一般被认为服从正态分布 [37]; 电子

设备的寿命服从指数分布; 一系列相同的雷达反射截面的组合 RCS 服从瑞利分布; 子母弹的落点服从抛撒圆内的均匀分布 [38]; 海杂波的幅度服从 K-分布 [39]; 等等. 为了最大化试验的信息量, 应体现这些先验信息对试验设计的影响. 本节将研究一种考虑因素分布信息的最优设计方法 —— 概率密度加权 D 最优设计.

4.3.3.1   最小期望残差估计 (LERE)

考虑线性回归模型 (4.3.10), 在方差齐性假设

$$\text{Cov}(\varepsilon_i, \varepsilon_j) = \begin{cases} \sigma^2, & i = j \\ 0, & i \neq j \end{cases} \tag{4.3.22}$$

下, 模型的矩阵形式为

$$\boldsymbol{Y} = \boldsymbol{F}(\xi_N)\boldsymbol{\beta} + \boldsymbol{e}, \quad \text{Cov}(\boldsymbol{e}) = \sigma^2 \boldsymbol{I}_N \tag{4.3.23}$$

$\boldsymbol{\beta}$ 的 LSE 使得残差平方和 $\|\boldsymbol{Y} - \boldsymbol{F}(\xi_N)\boldsymbol{\beta}\|^2$ 达到最小, 可以认为 LSE 对各个观测点赋予相同的权值. 但在很多实际问题中, 点与点之间的重要程度不同. 如果已知因素的分布信息, 通常希望在概率密度大的区域估计的精度更高. 为此引入最小期望残差估计.

定义 4.3.3   设因素 $\boldsymbol{x} \sim \varphi(x_1, x_2, \cdots, x_p)$, 记 $\varphi_i = \varphi(z_i) = \varphi(x_{1i}, x_{2i}, \cdots, x_{pi})$, 称

$$\hat{\boldsymbol{\beta}} \in \arg\min \sum_{i=1}^{N} \varphi_i \left(y_i - \boldsymbol{\beta}^{\text{T}} \boldsymbol{f}(z_i) \right)^2 \tag{4.3.24}$$

为 $\boldsymbol{\beta}$ 的最小期望残差估计 (LERE).

令 $\boldsymbol{A} = \text{diag}(\sqrt{\varphi_1}, \sqrt{\varphi_2}, \cdots, \sqrt{\varphi_N})$, 记 $\tilde{\boldsymbol{Y}} = \boldsymbol{A}\boldsymbol{Y}$, $\tilde{\boldsymbol{f}}(x) = \boldsymbol{A}\boldsymbol{f}(x)$, $\tilde{\boldsymbol{F}}(\xi_N) = \boldsymbol{A}\boldsymbol{F}(\xi_N)$. 考虑参数估计问题

$$\tilde{\boldsymbol{Y}} = \tilde{\boldsymbol{F}}(\xi_N)\boldsymbol{\beta} + \boldsymbol{e}, \quad \boldsymbol{e} \sim \text{N}(0, \sigma^2 \boldsymbol{I}) \tag{4.3.25}$$

模型 (4.3.25) 中 $\boldsymbol{\beta}$ 的 LSE 为原问题的 LERE, 根据 Gauss-Markov 定理, 其值为

$$\hat{\boldsymbol{\beta}} = \left[\boldsymbol{F}(\xi_N)^{\text{T}} \boldsymbol{\Phi} \boldsymbol{F}(\xi_N) \right]^{-1} \boldsymbol{F}(\xi_N)^{\text{T}} \boldsymbol{\Phi} \boldsymbol{Y} \tag{4.3.26}$$

其中 $\boldsymbol{\Phi} = \boldsymbol{A}^{\text{T}} \boldsymbol{A} = \text{diag}(\varphi_1, \varphi_2, \cdots, \varphi_N)$.

定理 4.3.3   如果因素 $\boldsymbol{x} \sim \varphi(\boldsymbol{x})$, 记 $\varphi_i = \varphi(z_i)$, $\boldsymbol{\Phi} = \text{diag}(\varphi_1, \varphi_2, \cdots, \varphi_N)$. 则线性回归模型中 $\boldsymbol{\beta}$ 的 LERE$\hat{\boldsymbol{\beta}}$ 满足 $\text{E}(\hat{\boldsymbol{\beta}}) = \boldsymbol{\beta}$ 以及 $\text{Cov}(\hat{\boldsymbol{\beta}}) = \sigma^2 \left[\boldsymbol{F}(\xi_N)^{\text{T}} \boldsymbol{\Phi} \boldsymbol{F}(\xi_N) \right]^{-1}$.

证明   模型 (4.3.25) 等价于异方差的线性回归模型

$$\boldsymbol{Y} = \boldsymbol{F}(\xi_N)\boldsymbol{\beta} + \tilde{\boldsymbol{e}}, \quad \text{E}(\tilde{\boldsymbol{e}}) = 0, \quad \text{Cov}(\tilde{\boldsymbol{e}}) = \sigma^2 \boldsymbol{\Phi}^{-1}$$

于是, $\mathrm{E}(\boldsymbol{Y}) = \boldsymbol{F}(\xi_N)\boldsymbol{\beta}$, $\mathrm{Cov}(\boldsymbol{Y}) = \mathrm{Cov}(\tilde{\boldsymbol{e}}) = \sigma^2 \boldsymbol{\Phi}^{-1}$. 于是

$$\mathrm{E}(\hat{\boldsymbol{\beta}}) = \mathrm{E}\left[\left(\boldsymbol{F}(\xi_N)^{\mathrm{T}}\boldsymbol{\Phi}\boldsymbol{F}(\xi_N)\right)^{-1}\boldsymbol{F}(\xi_N)^{\mathrm{T}}\boldsymbol{\Phi}\boldsymbol{Y}\right]$$
$$= \left(\boldsymbol{F}(\xi_N)^{\mathrm{T}}\boldsymbol{\Phi}\boldsymbol{F}(\xi_N)\right)^{-1}\boldsymbol{F}(\xi_N)^{\mathrm{T}}\boldsymbol{\Phi}\boldsymbol{F}(\xi_N)\boldsymbol{\beta} = \boldsymbol{\beta}$$

且

$$\mathrm{Cov}(\hat{\boldsymbol{\beta}}) = \mathrm{Cov}\left(\left(\boldsymbol{F}(\xi_N)^{\mathrm{T}}\boldsymbol{\Phi}\boldsymbol{F}(\xi_N)\right)^{-1}\boldsymbol{F}(\xi_N)^{\mathrm{T}}\boldsymbol{\Phi}\boldsymbol{Y}\right)$$
$$= \left(\boldsymbol{F}(\xi_N)^{\mathrm{T}}\boldsymbol{\Phi}\boldsymbol{F}(\xi_N)\right)^{-1}\boldsymbol{F}(\xi_N)^{\mathrm{T}}\boldsymbol{\Phi}\mathrm{Cov}(\boldsymbol{Y})\boldsymbol{\Phi}\boldsymbol{F}(\xi_N)\left(\boldsymbol{F}(\xi_N)^{\mathrm{T}}\boldsymbol{\Phi}\boldsymbol{F}(\xi_N)\right)^{-1}$$
$$= \sigma^2\left(\boldsymbol{F}(\xi_N)^{\mathrm{T}}\boldsymbol{\Phi}\boldsymbol{F}(\xi_N)\right)^{-1}\boldsymbol{F}(\xi_N)^{\mathrm{T}}\boldsymbol{\Phi}\boldsymbol{\Phi}^{-1}\boldsymbol{\Phi}\boldsymbol{F}(\xi_N)\left(\boldsymbol{F}(\xi_N)^{\mathrm{T}}\boldsymbol{\Phi}\boldsymbol{F}(\xi_N)\right)^{-1}$$
$$= \sigma^2\left(\boldsymbol{F}(\xi_N)^{\mathrm{T}}\boldsymbol{\Phi}\boldsymbol{F}(\xi_N)\right)^{-1}$$

证毕.

4.3.3.2 概率密度加权 D 最优设计

本节以 LERE 为基础来重新定义最优设计的相关概念.

定义 4.3.4 对于方差齐性的线性回归模型 (4.3.10), 设因素 $\boldsymbol{x} \sim \varphi(\boldsymbol{x})$, 记 $\boldsymbol{\Phi} = \mathrm{diag}(\varphi_1, \varphi_2, \cdots, \varphi_N)$, 其中 $\varphi_i = \varphi(z_i)$. 定义设计 $\xi_N = \{z_1, z_2, \cdots, z_N\}$ 的信息矩阵为 $\boldsymbol{M}_{\mathrm{p}}(\xi_N) = \boldsymbol{F}(\xi_N)^{\mathrm{T}}\boldsymbol{\Phi}\boldsymbol{F}(\xi_N)/N$.

如前所论, 线性回归模型中参数 $\boldsymbol{\beta}$ 的 LERE 与模型 (4.3.25) 式中参数 $\boldsymbol{\beta}$ 的 LSE 估计相同. 其信息矩阵恰为加权形式

$$\boldsymbol{M}_{\mathrm{p}}(\xi_N) = \frac{1}{N}\tilde{\boldsymbol{F}}(\xi_N)^{\mathrm{T}}\tilde{\boldsymbol{F}}(\xi_N) = \sum_{j=1}^{n}\varphi_j p_j \boldsymbol{f}(z_j)^{\mathrm{T}}\boldsymbol{f}(z_j) \tag{4.3.27}$$

为与标准的最优设计相区别, 称 $\boldsymbol{M}_{\mathrm{p}}(\xi_N)$ 为设计 ξ_N 的概率密度加权信息矩阵.

定义4.3.5 若 $|\boldsymbol{M}_{\mathrm{p}}(\xi_{\mathrm{pD}})| = \max\limits_{\xi \in \Xi}|\boldsymbol{M}_{\mathrm{p}}(\xi)|$, 则称 ξ_{pD} 为概率密度加权 D 最优设计.

类似地, 以 $\boldsymbol{M}_{\mathrm{p}}(\xi)$ 为基础, 可定义相应的线性最优、G 最优、A 最优等等.

定义4.3.6 设计 ξ 的概率密度加权相对 D 效率为

$$d_{\mathrm{p}} = \left(\frac{|\boldsymbol{M}_{\mathrm{p}}(\xi)|}{|\boldsymbol{M}_{\mathrm{p}}(\xi_{\mathrm{pD}})|}\right)^{1/m} = \left(\frac{|\boldsymbol{F}(\xi)^{\mathrm{T}}\boldsymbol{\Phi}\boldsymbol{F}(\xi)|}{|\boldsymbol{F}(\xi_{\mathrm{pD}})^{\mathrm{T}}\boldsymbol{\Phi}\boldsymbol{F}(\xi_{\mathrm{pD}})|}\right)^{1/m}$$

其中 m 为待估参数的个数.

注 4.3.2 当自变量为均匀分布时, 概率密度加权 D 最优设计退化为标准的 D 最优设计. 因此, 标准的 D 最优设计是概率密度加权 D 最优设计的一种特殊情况.

　　根据标准的 D 最优设计和概率密度加权 D 最优设计, 可以获得参数 $\boldsymbol{\beta}$ 的不同估计结果, 从而建立试验区间上的预测模型, 下面对两种设计进行比较. 对一个设计 ξ, 记 $\boldsymbol{\beta}$ 的估计为 $\boldsymbol{\beta}^E(\xi)$, 如 LERE 为 $\hat{\boldsymbol{\beta}}(\xi)$, $\boldsymbol{\beta}$ 的 LSE 为 $\boldsymbol{\beta}^*(\xi)$, 定义 Ω 上的点 $\boldsymbol{x}$ 处的加权预测方差为 $\mathrm{WVar}(\hat{y}(\boldsymbol{x}), \boldsymbol{\beta}^E(\xi)) = \varphi(\boldsymbol{x})\mathrm{Var}[\hat{y}(\boldsymbol{x}), \boldsymbol{\beta}^E(\xi)]$.

　　结论 4.3.1　对于线性回归模型, 如果因素 $\boldsymbol{x} \sim \varphi(\boldsymbol{x})$, 那么由概率密度加权 D 最优设计 ξ_{pD} 导出的预测模型的最大加权预测方差小于标准 D 最优设计 ξ_{D} 的最大加权预测方差, 即 $\max\limits_{\boldsymbol{x}\in\Omega} \mathrm{WVar}(\hat{y}(\boldsymbol{x}), \hat{\boldsymbol{\beta}}(\xi_{\mathrm{pD}})) \leqslant \max\limits_{\boldsymbol{x}\in\Omega} \mathrm{WVar}(\hat{y}(\boldsymbol{x}), \boldsymbol{\beta}^*(\xi_{\mathrm{D}}))$.

　　证明　设概率密度加权 D 最优设计 ξ_{pD} 的设计矩阵为 $\boldsymbol{F}(\xi_{\mathrm{pD}})$, 并根据试验结果得出 $\boldsymbol{\beta}$ 的 LERE 为 $\hat{\boldsymbol{\beta}}(\xi_{\mathrm{pD}})$. 试验区间上的任意点 $\boldsymbol{x}$ 的预测响应为 $\hat{y} = \hat{\boldsymbol{\beta}}^{\mathrm{T}}(\xi_{pD})\boldsymbol{f}(\boldsymbol{x})$, 于是有

$$\mathrm{E}(\hat{y}) = \mathrm{E}(\hat{\boldsymbol{\beta}}^{\mathrm{T}}(\xi_{\mathrm{pD}})\boldsymbol{f}(\boldsymbol{x})) = \boldsymbol{\beta}^{\mathrm{T}}\boldsymbol{f}(\boldsymbol{x}) = \mathrm{E}(y)$$

$$\mathrm{Var}(\hat{y}) = \mathrm{Var}(\hat{\boldsymbol{\beta}}^{\mathrm{T}}(\xi_{\mathrm{pD}})\boldsymbol{f}(\boldsymbol{x})) = \frac{\sigma^2}{N}\boldsymbol{f}^{\mathrm{T}}(\boldsymbol{x})\left[\boldsymbol{M}_{\mathrm{p}}(\xi_{\mathrm{pD}})\right]^{-1}\boldsymbol{f}(\boldsymbol{x})$$

因此预测模型是无偏的, 且相应的加权预测方差为

$$\mathrm{WVar}(\hat{y}(\boldsymbol{x}), \hat{\boldsymbol{\beta}}(\xi_{\mathrm{pD}})) = \frac{\sigma^2}{N}\boldsymbol{f}^{\mathrm{T}}(\boldsymbol{x})\boldsymbol{M}_{\mathrm{p}}^{-1}(\xi_{\mathrm{pD}})\boldsymbol{f}(\boldsymbol{x}) \cdot \varphi(\boldsymbol{x}) = \frac{\sigma^2}{N}\varphi(\boldsymbol{x})d(x, \xi_{\mathrm{pD}})$$

对标准 D 最优设计 ξ_{D} 和相应的最小二乘估计, 加权预测方差为

$$\mathrm{WVar}(\hat{y}(\boldsymbol{x}), \boldsymbol{\beta}^*(\xi_{\mathrm{D}})) = \frac{\sigma^2}{N}\boldsymbol{f}^{\mathrm{T}}(\boldsymbol{x})\left[\boldsymbol{F}(\xi_{\mathrm{D}})^{\mathrm{T}}\boldsymbol{F}(\xi_{\mathrm{D}})\right]^{-1}\boldsymbol{f}(\boldsymbol{x}) \cdot \varphi(\boldsymbol{x})$$

考虑

$$y = \boldsymbol{\beta}^{\mathrm{T}}\boldsymbol{f}(\boldsymbol{x}) + \frac{1}{\sqrt{\varphi(\boldsymbol{x})}}\varepsilon, \quad \varepsilon \sim \mathrm{N}(0, \sigma^2)$$

令 $\tilde{y} = \hat{y}\sqrt{\varphi(\boldsymbol{x})}$, 对于标准 D 最优设计 ξ_{D}, 可以分别获得参数 $\boldsymbol{\beta}$ 的 LSE 为 $\boldsymbol{\beta}^*(\xi_{\mathrm{D}})$, 加权 LSE 为 $\hat{\boldsymbol{\beta}}(\xi_{\mathrm{D}})$, 它与模型 (4.3.26) 的 LERE 相等, 对 $\tilde{y}$ 的预测方差分别为

$$\mathrm{Var}(\tilde{y}(\boldsymbol{x}), \hat{\boldsymbol{\beta}}(\xi_{\mathrm{D}})) = \frac{\sigma^2}{N}\boldsymbol{f}^{\mathrm{T}}(\boldsymbol{x})\boldsymbol{M}_{\mathrm{p}}^{-1}(\xi_{\mathrm{D}})\boldsymbol{f}(\boldsymbol{x})\varphi(\boldsymbol{x}) = \frac{\sigma^2}{N}\varphi(\boldsymbol{x})d(\boldsymbol{x}, \xi_{\mathrm{D}})$$

$$\mathrm{Var}(\tilde{y}(\boldsymbol{x}), \boldsymbol{\beta}^*(\xi_{\mathrm{D}})) = \frac{\sigma^2}{N}\boldsymbol{f}^{\mathrm{T}}(\boldsymbol{x})\left[\boldsymbol{M}(\xi_{\mathrm{D}})\right]^{-1}\boldsymbol{f}(\boldsymbol{x}) \cdot \varphi(\boldsymbol{x})$$

所以, $\mathrm{WVar}(y(\boldsymbol{x}), \boldsymbol{\beta}^*(\xi_{\mathrm{D}})) = \mathrm{Var}(\tilde{y}(\boldsymbol{x}), \boldsymbol{\beta}^*(\xi_{\mathrm{D}}))$.

　　另一方面, 根据 Gauss-Markov 定理, 加权 LSE 具有最小的方差, 于是

$$\mathrm{Var}(\tilde{y}(\boldsymbol{x}), \hat{\boldsymbol{\beta}}(\xi_{\mathrm{D}})) \leqslant \mathrm{Var}(\tilde{y}(\boldsymbol{x}), \boldsymbol{\beta}^*(\xi_{\mathrm{D}}))$$

根据定理 4.3.2, $\xi_{\mathrm{pD}} = \arg\min\limits_{\xi}\max\limits_{x\in\Omega}\varphi(x)d(x, \xi)$. 所以

$$\max\limits_{\boldsymbol{x}\in\Omega}\mathrm{WVar}(\hat{y}(\boldsymbol{x}), \hat{\boldsymbol{\beta}}(\xi_{\mathrm{pD}})) \leqslant \max\limits_{\boldsymbol{x}\in\Omega}\mathrm{Var}(\tilde{y}(\boldsymbol{x}), \hat{\boldsymbol{\beta}}(\xi_{\mathrm{D}})) \leqslant \max\limits_{\boldsymbol{x}\in\Omega}\mathrm{WVar}(\hat{y}(\boldsymbol{x}), \boldsymbol{\beta}^*(\xi_{\mathrm{D}}))$$

证毕.

4.3.3.3 概率密度加权 D 最优设计的构造算法

构造一个齐方差模型的概率密度加权最优设计等价于构造一个异方差模型的标准最优设计. 4.3.2.3 小节在同方差假设的基础上, 给出了一种迭代算法. 然而, Wong[22] 与 Montepiedra 和 Wong[44] 指出在异方差模型下等价性一般不再成立, 从而使得构造 G 最优设计的算法相当复杂. 不过, 改进后的等价定理仍可作为异方差模型下 D 最优设计构造的理论基础. 下面介绍的概率密度加权 D 最优设计的构造算法是这种方法的应用, 相关细节可参考文献 [18-19, 32].

为构造异方差模型的 D 最优设计, 首先令

$$d(\boldsymbol{x}, \xi) = \boldsymbol{f}(\boldsymbol{x})^{\mathrm{T}} \boldsymbol{M}_{\mathrm{p}}^{-1}(\xi) \boldsymbol{f}(\boldsymbol{x}) \tag{4.3.28}$$

有下述定理成立.

定理4.3.4[22]　一个设计 ξ^* 是 D 最优当且仅当下述结论等价:

(1) $\xi^* = \arg\min\limits_{\xi} \max\limits_{\boldsymbol{x} \in \Omega} \varphi(\boldsymbol{x}) d(\boldsymbol{x}, \xi)$;

(2) $\max\limits_{\boldsymbol{x} \in \Omega} \varphi(x) d(\boldsymbol{x}, \xi^*) = m$, m 为未知参数的个数.

推论4.3.1　在概率密度加权 D 最优设计 ξ 的支撑点 $\boldsymbol{x}$ 上, $\varphi(\boldsymbol{x}) d(\boldsymbol{x}, \xi)$ 达到其极大值, 即 $\varphi(\boldsymbol{x}) d(\boldsymbol{x}, \xi) = m$.

利用推论 4.3.1 可以很方便地验证一个设计是否为 D 最优的. 下面讨论从任一设计 ξ_0 出发, 构造概率密度加权 D 最优设计. 显然, 如果 ξ_0 是概率密度加权 D 最优的, 则 $\max\limits_{\boldsymbol{x} \in \Omega} \varphi(\boldsymbol{x}) d(\boldsymbol{x}, \xi_0) = m$, 否则 $\max\limits_{\boldsymbol{x} \in \Omega} \varphi(\boldsymbol{x}) d(\boldsymbol{x}, \xi_0) > \max\limits_{\boldsymbol{x} \in \Omega} \varphi(\boldsymbol{x}) d(\boldsymbol{x}, \xi_D) = m$.

定理 4.3.5　设 ξ 为任一设计, $\xi_{\boldsymbol{x}_0}$ 为只有一个支撑点 $\boldsymbol{x}_0$ 的设计, 则对设计 $\tilde{\xi} = (1-\alpha)\xi + \alpha\xi_{\boldsymbol{x}_0}$, 有

$$\det \boldsymbol{M}(\tilde{\xi}) = (1-\alpha)^m \left[1 + \frac{\alpha}{1-\alpha} \varphi(\boldsymbol{x}_0) d(\boldsymbol{x}_0, \xi) \right] \det \boldsymbol{M}(\xi) \tag{4.3.29}$$

证明　由定义有

$$\boldsymbol{M}(\tilde{\xi}) = (1-\alpha)\boldsymbol{M}(\xi) + \alpha\boldsymbol{M}(\xi_{\boldsymbol{x}_0}) = (1-\alpha) \left[\boldsymbol{M}(\xi) + \frac{\alpha}{1-\alpha} \varphi(\boldsymbol{x}_0) \boldsymbol{f}(\boldsymbol{x}_0) \boldsymbol{f}(\boldsymbol{x}_0)^{\mathrm{T}} \right]$$

于是

$$\begin{aligned}
\det \boldsymbol{M}(\tilde{\xi}) &= (1-\alpha)^m \det \left[\boldsymbol{M}(\xi) + \frac{\alpha}{1-\alpha} \varphi(\boldsymbol{x}_0) \boldsymbol{f}(\boldsymbol{x}_0) \boldsymbol{f}(\boldsymbol{x}_0)^{\mathrm{T}} \right] \\
&= (1-\alpha)^m \begin{vmatrix} \boldsymbol{M}(\xi) & -\dfrac{\alpha}{1-\alpha} \varphi(\boldsymbol{x}_0) \boldsymbol{f}(\boldsymbol{x}_0) \\ \boldsymbol{f}(\boldsymbol{x}_0)^{\mathrm{T}} & 1 \end{vmatrix} \\
&= (1-\alpha)^m \left[1 + \frac{\alpha}{1-\alpha} \varphi(\boldsymbol{x}_0) d(\boldsymbol{x}_0, \xi) \right] \det \boldsymbol{M}(\xi)
\end{aligned}$$

证毕.

取只有一个支撑点 x_s 的设计 ξ_{x_s}, 依次构造 $\xi_{s+1} = (1 - \alpha_s)\xi_s + \alpha_s\xi_{x_s}$. 若存在序列 $\{\alpha_s\}$ 和 $\{x_s\}$, 使得 $\det \boldsymbol{M}(\xi_{s+1}) > \det \boldsymbol{M}(\xi_s)$, 且 $\det \boldsymbol{M}(\xi_s) \to \det \boldsymbol{M}(\xi^*)$. 那么可以通过迭代算法来获得所求的最优设计.

定理 4.3.6　给定 ξ_s, $\displaystyle\max_{x,\alpha}\det \boldsymbol{M}_{\mathrm{p}}(\xi_{s+1}) > \det \boldsymbol{M}_{\mathrm{p}}(\xi_s)$ 且 $\displaystyle\lim_{s\to\infty}\det \boldsymbol{M}_{\mathrm{p}}(\xi_s) = \det \boldsymbol{M}_{\mathrm{p}}(\xi^*)$.

证明　由定理 4.3.5 有

$$\det \boldsymbol{M}(\xi_{s+1}) = (1 - \alpha)^m \left[1 + \frac{\alpha}{1-\alpha}\varphi(x_s)d(x_s, \xi_s)\right] \det \boldsymbol{M}(\xi_s) \tag{4.3.30}$$

所以给定 α 和 ξ_s, $\det \boldsymbol{M}(\xi_{s+1})$ 为 $\varphi(x)d(x, \xi_s)$ 的增函数, $\det \boldsymbol{M}(\xi_{s+1})$ 达到极大, 有

$$\begin{cases} \varphi(x_s)d(x_s, \xi_s) = \displaystyle\max_x \varphi(x)d(x, \xi_s) \\ \dfrac{\mathrm{d}}{\mathrm{d}\alpha}\ln\det \boldsymbol{M}(\xi_{s+1}) = \dfrac{1}{1-\alpha}\left[\dfrac{\varphi(x)d(x,\xi_s)}{1-\alpha+\alpha\varphi(x)d(x,\xi_s)} - m\right] = 0 \end{cases} \tag{4.3.31}$$

由此可得

$$\begin{cases} \alpha_s = \dfrac{\varphi(x_s)d(x_s, \xi) - m}{[\varphi(x_s)d(x_s, \xi) - 1]\,m} \\ x_s = \arg\displaystyle\max_x \varphi(x)d(x, \xi_s) \end{cases} \tag{4.3.32}$$

若 ξ_s 不是概率密度加权 D 最优设计, 那么

$$\varphi(x_s)d(x_s, \xi_s) = \max_x \varphi(x)d(x, \xi_s) > \max_x \varphi(x)d(x, \xi_D) = m$$

所以有 $\alpha_s > 0$, 又

$$\frac{\mathrm{d}^2}{\mathrm{d}\alpha^2}\ln\det \boldsymbol{M}(\xi_{s+1}) = -\frac{m-1}{(1-\alpha)^2} - \left(\frac{\varphi(x_s)d(x_s, \xi_s) - 1}{1 - \alpha + \alpha\varphi(x_s)d(x_s, \xi_s)}\right)^2 < 0$$

所以由 α_s 和 ξ_s 所决定的 $\ln\det \boldsymbol{M}(\xi_{s+1})$ 达到最大值.

将 (4.3.32) 代入 (4.3.30) 得

$$\max_{x,\alpha}\det \boldsymbol{M}(\xi_{s+1}) = \left[\frac{\varphi(x_s)d(x_s, \xi_s)}{m}\right]^m \left[\frac{m-1}{\varphi(x_s)d(x_s, \xi_s) - 1}\right]^{m-1} \det \boldsymbol{M}(\xi_s)$$

令 $\delta_s = \varphi(x_s)d(x_s, \xi_s) - m$, 考虑序列 $\left[\dfrac{\delta_s + m}{m}\right]^m \left[\dfrac{m-1}{\delta_s + m - 1}\right]^{m-1}$, 由 $\left(1 + \dfrac{x}{n}\right)^n$ 单增可知,

$$\left[\frac{\delta_s + m}{m}\right]^m \left[\frac{m-1}{\delta_s + m - 1}\right]^{m-1} > 1, \quad \max_{x,\alpha}\det \boldsymbol{M}(\xi_{s+1}) > \det \boldsymbol{M}(\xi_s)$$

所以根据 (4.3.32) 式定义的 $\{\alpha_s\}$ 和 $\{x_s\}$ 所得到的 $\{\xi_s\}$ 满足:

$$\det \boldsymbol{M}(\xi_0) \leqslant \det \boldsymbol{M}(\xi_1) \leqslant \cdots \leqslant \det \boldsymbol{M}(\xi^*)$$

有界的单调序列必存在极限, 记 $\tilde{\xi} = \lim_{s \to \infty} \xi_s.$ 又

$$\lim_{s \to \infty} \left[\frac{\delta_s + m}{m}\right]^m \left[\frac{m-1}{\delta_s + m - 1}\right]^{m-1} = \left[\frac{\lim\limits_{s \to \infty} \delta_s + m}{m}\right]^m \left[\frac{m-1}{\lim\limits_{s \to \infty} \delta_s + m - 1}\right]^{m-1}$$
$$= 1 \Leftrightarrow \lim_{s \to \infty} \delta_s = 0$$

即 $\varphi(x_s)d(x_s, \tilde{\xi}) = \max_x \varphi(x)d(x, \tilde{\xi}) = m,$ 由定理 4.3.4 知

$$\tilde{\xi} = \lim_{s \to \infty} \xi_s = \xi^*; \quad \lim_{s \to \infty} \det \boldsymbol{M}(\xi_s) = \det \boldsymbol{M}(\xi^*)$$

证毕.

根据上述定理, 构造概率密度加权 D 最优设计的迭代算法如下.

Step 1 任给一非退化的初始设计 ξ_0:

$$\xi_0 = \begin{pmatrix} x_1 & x_2 & \cdots & x_n \\ p_1 & p_2 & \cdots & p_n \end{pmatrix}, \quad n \geqslant m, \quad \sum_i p_i = 1$$

Step 2 计算 ξ_0 的概率密度加权信息矩阵: $\boldsymbol{M}_{\mathrm{p}}(\xi_0) = \sum\limits_{j=1}^{N} \varphi_j \boldsymbol{f}(x_j)\boldsymbol{f}(x_j)^{\mathrm{T}}$ 和它的逆矩阵 $\boldsymbol{M}_{\mathrm{p}}^{-1}(\xi_0)$;

Step 3 求点 x_0 满足 $\varphi(x_0)d(x_0, \xi_0) = \max_x \varphi(x)d(x, \xi_0) = d;$

Step 4 给定精度 e, 令 $\delta = \varphi(x_0)d(x_0, \xi_0) - m$, 如果 $\delta < e$, 就停止迭代, ξ_0 即为所求的概率密度加权 D 最优设计;

Step 5 构造新设计 $\xi_1 = (1 - \alpha)\xi_0 + \alpha\xi_{x_0}$, 即

$$\xi_1 = \begin{pmatrix} z_1 & z_2 & \cdots & z_n & x_0 \\ (1-\alpha)p_1 & (1-\alpha)p_2 & \cdots & (1-\alpha)p_n & \alpha \end{pmatrix}, \quad \alpha = \frac{\delta}{[\delta + (m-1)]m}$$

Step 6 ξ_1 为第一次迭代的结果, 将 ξ_1 看作 ξ_0, 重复 Step 2~Step 5, 直到 $\delta < e$ 为止, 所得的极限设计即为所求概率密度加权 D 最优设计.

4.3.3.4 算例分析

例 4.3.1 在因素空间 $-2 \leqslant x \leqslant 2$ 中, 若已知参数 $x \sim \mathrm{N}(0, 1)$, 寻求回归模型:

$$y = \beta_0 + \beta_1 x + \varepsilon, \quad \varepsilon \sim \mathrm{N}(0, \sigma_0^2)$$

的概率密度加权 D 最优设计 ξ^*.

函数向量 $\boldsymbol{f}(x)^{\mathrm{T}} = (1, x)$, 多项式模型的 D 最优设计的支撑点测度相同, 设支撑点为 $\{z_1, z_2\}$, 其概率密度加权信息矩阵为

$$\boldsymbol{M}_{\mathrm{p}}(\xi_2) = \sum_{j=1}^{2} \varphi_j \boldsymbol{f}(z_j)^{\mathrm{T}} \boldsymbol{f}(z_j) = \sum_{j=1}^{2} \varphi_j \begin{bmatrix} 1 \\ x_j \end{bmatrix} (1, x_j)$$

其中 $\varphi_i = \dfrac{1}{\sqrt{2\pi}} \exp\left(-\dfrac{x_i^2}{2}\right)$, 故

$$|\boldsymbol{M}_{\mathrm{p}}(\xi_2)| = \varphi_1 \varphi_2 (x_1 - x_2)^2 = \frac{1}{2\pi} e^{-\frac{x_1^2 + x_2^2}{2}} (x_1 - x_2)^2$$

显然, $|\boldsymbol{M}_{\mathrm{p}}(\xi_2)|$ 在 $-2 \leqslant x_i \leqslant 2 (i = 1, 2)$ 上有极小值 $(x_1 = x_2)$. 对各项求偏导, 可得驻点为 $(1, -1)$, $(-1, 1)$. 又

$$A = \left.\frac{\partial^2 |\boldsymbol{M}_{\mathrm{p}}(\xi_2)|}{\partial x_1^2}\right|_{(1,-1)} = \left.\frac{\partial^2 |\boldsymbol{M}_{\mathrm{p}}(\xi_2)|}{\partial x_1^2}\right|_{(-1,1)} = -\frac{6}{e} < 0,$$

$$C = \left.\frac{\partial^2 |\boldsymbol{M}_{\mathrm{p}}(\xi_2)|}{\partial x_2^2}\right|_{(1,-1)} = \left.\frac{\partial^2 |\boldsymbol{M}_{\mathrm{p}}(\xi_2)|}{\partial x_2^2}\right|_{(-1,1)} = -\frac{6}{e},$$

$$B = \left.\frac{\partial^2 |\boldsymbol{M}_{\mathrm{p}}(\xi_2)|}{\partial x_1 \partial x_2}\right|_{(1,-1)} = \left.\frac{\partial^2 |\boldsymbol{M}_{\mathrm{p}}(\xi_2)|}{\partial x_1 \partial x_2}\right|_{(-1,1)} = \frac{2}{e}, \quad AC - B^2 > 0$$

所以, $|\boldsymbol{M}_{\mathrm{p}}(\xi_2)|$ 在 $(1, -1)$, $(-1, 1)$ 处取最大值 $|\boldsymbol{M}_{\mathrm{p}}(\xi_2)| = \dfrac{2}{e\pi}$. 因此, 概率密度加权 D 最优设计为 $\begin{pmatrix} 1 & -1 \\ 0.5 & 0.5 \end{pmatrix}$. 下面对该例进行拓展.

(1) 如果参数 x 服从分布 $\mathrm{N}(\mu, 1)$, 则

$$|\boldsymbol{M}_{\mathrm{p}}(\xi_2)| = \frac{1}{2\pi} e^{-\frac{(x_1 - \mu)^2 + (x_2 - \mu)^2}{2}} (x_1 - x_2)^2$$

所以当 $-1 \leqslant \mu \leqslant 1$ 时, 概率密度加权 D 最优设计为 $\begin{pmatrix} \mu+1 & \mu-1 \\ 0.5 & 0.5 \end{pmatrix}$; 通过数值计算可得, 当 $\mu > 1$ 时, 概率密度加权 D 最优设计为 $\begin{pmatrix} 2 & t_a \\ 0.5 & 0.5 \end{pmatrix}$, 且 $t_a \geqslant -2$;

当 $\mu < -1$ 时, 概率密度加权 D 最优设计为 $\begin{pmatrix} -2 & t_b \\ 0.5 & 0.5 \end{pmatrix}$, 且 $t_b \leqslant 2$.

(2) 如参数 x 的分布服从 $\mathrm{N}(0, \sigma^2)$, 则当 $\sigma < 2$ 时, 可得对应的概率密度加权 D

最优设计为 $\begin{pmatrix} \sigma & -\sigma \\ 0.5 & 0.5 \end{pmatrix}$; 当 $\sigma \geqslant 2$ 时, 由对称性知所求即为 $\begin{pmatrix} 2 & -2 \\ 0.5 & 0.5 \end{pmatrix}$.

(3) 类似地, 若参数 x 服从 $N(\mu, \sigma^2)$, 则当 $\sigma < 2$, 且 $-2 + \sigma < \mu < 2 - \sigma$ 时, 概率密度加权 D 最优设计为 $\begin{pmatrix} \mu + \sigma & \mu - \sigma \\ 0.5 & 0.5 \end{pmatrix}$; 其他情况, 可通过数值计算得概率密度加权 D 最优设计为 $\begin{pmatrix} t_a & t_b \\ 0.5 & 0.5 \end{pmatrix}$, 其中 $-2 \leqslant t_b \leqslant t_a \leqslant 2$.

上述概率密度加权 D 最优设计的支撑点的变化情况分别见图 4.3.1、图 4.3.2.

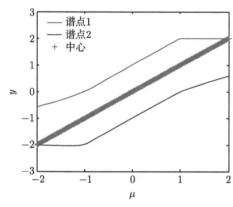 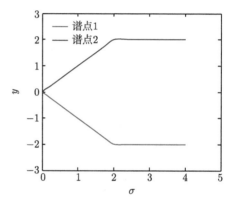

图 4.3.1 支撑点随 μ 的变化趋势　　　图 4.3.2 支撑点随 σ 的变化趋势

另一方面, 当不考虑试验因素 x 的分布时, 可得相应的 D 最优设计为 $\begin{pmatrix} 2 & -2 \\ 0.5 & 0.5 \end{pmatrix}$. 当 $x \sim N(0,1)$ 时, 计算出概率密度加权相对 D 效率 d_p 仅为 0.446. 当 $x \sim N(0, \sigma^2)$ 时, 标准 D 最优设计的概率密度加权 D 效率为 $d_p = \left(4e^{2-4/\sigma^2}/\sigma^2 \right)^{1/2}$, 图 4.3.3 描述了 d_p 随 σ 的变化趋势.

从上面的三步拓展可以看出: ① μ 变化, 即参数 x 的分布中心移动时, 相应的广义 D 最优设计的支撑点也会在一定范围内随中心平移, 但是移动范围在标准 D 最优设计的支撑点之内; ② σ 变化, 即参数 x 的散布范围变化时, 支撑点变化的总体趋势是更集中于散布中心; σ 很小时, 标准 D 最优设计的概率密度加权 D 效率 d_p 也很小, 随着 σ 变大, d_p 也会逐渐增大到 1; ③ 分布密度函数变化时, 支撑点的测度不变.

综上所述, 当因素分布已知时, 概率密度加权 D 最优设计的试验点更集中于概率密度大的区域, 这更符合直观认识. 相反, 标准 D 最优设计没有考虑因素的分布信息. 另一方面, 因素的分布估计的越准, 本节方法的优势越明显.

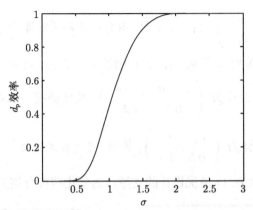

图 4.3.3　标准 D 最优设计的 d_p 效率的变化趋势

例 4.3.2　考虑单因素多项式模型的 D 最优设计和概率密度加权 D 最优设计. 设试验区域为 $I = [0, 1]$, 因素 x 服从分布 $N(0, 0.5^2)$, 多项式模型为 $y = \beta_0 + \sum_{i=1}^{k} \beta_i x^i$.

对给定的模型求解两种 D 最优设计. 表 4.3.2 列出了 1 阶到 6 阶多项式的 D 最优设计和概率密度加权 D 最优设计的支撑点, 每个支撑点的概率测度相同.

表 4.3.2　多项式回归模型的 D 最优设计支撑点集

k	标准 D 最优设计的支撑点	概率密度加权 D 最优设计的支撑点 [21]
	0, 1	0, 1
2	0, 0.500, 1	0, 0.445, 1
3	0, 0.276, 0.724, 1	0, 0.254, 0.681, 1
4	0, 0.376, 0.500, 0.624, 1	0, 0.162, 0.470, 0.801, 1
5	0, 0.118, 0.357, 0.643, 0.883, 1	0, 0.112, 0.339, 0.616, 0.867, 1
6	0, 0.085, 0.266, 0.500, 0.734, 0.915, 1	0, 0.081, 0.254, 0.480, 0.714, 0.905, 1

从表 4.3.2 也可看出, 本节方法生成的试验点明显向发生概率大的区域偏移, 这会使得这部分区域的拟合效果较好.

4.4　计算机试验设计

采样点的选取和元模型的构建是计算机试验分析中两个相辅相成的问题. 3.4 节讨论了元模型的构建, 本节讨论采样点的选取. 在计算机试验设计中, 根据试验数据进行调整的序贯设计具有很大的优势, 但是关于如何进行初始设计, 如何序贯的补充试验点仍有很多值得斟酌的问题. 本节在非平稳 Kriging 建模方法的基础上, 提出一种序贯准则, 使新的试验点产生在预测不确定性大且距离现有采样点远的区域.

4.4.1 常用的计算机试验设计方法

计算机试验是充满空间的, 可分为基于抽样的设计和基于准则的设计两类. 前者对应频率学派的分析方法, 后者对应 Bayes 学派的分析方法 [8].

4.4.1.1 基于准则的 Bayes 设计

Kriging 模型是计算机试验试验设计中常用的元模型. 当 $Z(\cdot)$ 为 Gauss 过程且参数 β 的先验扩散时, Bayes 分析和 Kriging 模型是统一的. 常用的设计准则包括: 积分均方误差 (IMSE) 准则、最大熵准则、极大极小和极小极大准则.

1) 积分均方误差准则

Box 和 Draper[45] 首先提出使得 $\hat{y}(\boldsymbol{x})$ 在 $\Omega = [0,1]^p$ 上的归一化的积分均方误差最小, Sacks 等将这种思路引入了计算机试验设计 [46]. IMSE 准则为选取设计点使得积分均方误差

$$\mathrm{IMSE}(\hat{y}(\boldsymbol{x})) = \int_{\Omega} \mathrm{E}[y(\boldsymbol{x}) - \hat{y}(\boldsymbol{x})]^2 \mathrm{d}\boldsymbol{x} \tag{4.4.1}$$

达到最小. 根据 Bayes 理论, $y(\boldsymbol{x})$ 的最佳线性无偏估计 $\hat{y}(\boldsymbol{x})$ 是它的后验均值, IMSE 准则的具体形式为使

$$\mathrm{IMSE}(\hat{y}(\boldsymbol{x})) = \sigma^2 \left\{ 1 - \mathrm{tr} \begin{bmatrix} \boldsymbol{0} & \boldsymbol{F}^{\mathrm{T}} \\ \boldsymbol{F} & \boldsymbol{R} \end{bmatrix}^{-1} \int \begin{bmatrix} f(\boldsymbol{x})f^{\mathrm{T}}(\boldsymbol{x}) & f(\boldsymbol{x})r^{\mathrm{T}}(\boldsymbol{x}) \\ f^{\mathrm{T}}(\boldsymbol{x})r(\boldsymbol{x}) & r(\boldsymbol{x})r^{\mathrm{T}}(\boldsymbol{x}) \end{bmatrix} \phi(\boldsymbol{x})\mathrm{d}\boldsymbol{x} \right\} \tag{4.4.2}$$

最小. 基于 IMSE 准则的设计点大多位于试验区域 Ω 的内部, 并且具有一定的对称性, 向低维空间的投影为多对一映射.

2) 最大熵准则

Lindley 在 1956 年提出使用 Shannon 熵的变化作为试验信息含量的度量, 并指出最大程度上降低期望熵的试验, 即最小化后验分布熵的试验 [47], 能够为预测提供最大信息量. Shewry 和 Wynn[48,49] 证明最小化后验熵等价于最大化先验分布的熵. Currin 等曾应用熵测度来设计计算机试验 [50], 并给出了一种 DETMAX 算法来求解最大熵设计. 最大熵准则既可以充分利用所有的信息, 又可避免对不可获取的信息作出假设. 一般而言, 最大熵设计的试验点趋向于区域的边界, 而非内部. Johnson 等 [51] 指出当试验区间上的点之间的相关性很弱时, 最大熵设计趋向于极大极小设计.

熵准则的基本形式为 $\mathrm{E}\{\Delta H(y)\}$, 其中 $H(y)$ 是随机变量 y 的熵, $\Delta H(y)$ 为获得观测 y_s 后熵的变化. 最大熵准则使得熵的变化最大, 而获得 n 点观测后,

$$\mathrm{E}\{\Delta H(y)\} = H(y_s) = n/2\left[1 + \ln(2\pi)\right] + 0.5\ln\left[\det\Gamma\right] \tag{4.4.3}$$

其中 Γ 为观测数据的协方差矩阵, 当函数的先验为 Gauss 过程, 其参数先验扩散时, 最大熵准则等价于最大化 $E_1 = \det(\sigma^2 \boldsymbol{R})$.

　　3) 极大极小和极小极大准则

　　Johnson 等 [51] 指出, 当相关函数为 Gauss 函数时, 最大熵设计的试验点十分接近, 而一个好的设计中试验点应尽量散开, 于是提出极大极小和极小极大准则. 设感兴趣的 p 维试验区域 $X \subset \mathbb{R}^p$, 定义 X 中任意两点 x, x' 的欧氏距离测度

$$\rho_p(x, x') = \left[\sum_{i=1}^{p} |x_i - x_i'|^2 \right]^{1/2} \tag{4.4.4}$$

以 $D \subset X$ 表示任意 n 个点组成的集合. 极大极小距离设计 D_{Mm} 满足

$$\min_{x_1, x_2 \in D_{Mm}} \rho_p(x_1, x_2) = \max_{D \subset X} \min_{x_1, x_2 \in D} \rho_p(x_1, x_2) \tag{4.4.5}$$

D_{Mm} 最大化设计中点之间的最小距离, 因此是充满试验区域 X 的. 而极小极大设计 D_{mM} 对任意输入点 $x \in X$ 和设计 D_{mM} 间的距离在整个设计空间内均为最小, 即

$$\min_{D \subset X} \max_{x \in X} \rho_p(x, D) = \max_{x \in X} \rho_p(x, D_{mM}) \tag{4.4.6}$$

从图 4.4.1 可以看出, 极小极大设计的试验点大都位于区域的内部, 而极大极小设计的试验点一般位于区域的边界上, 而当点增加时才逐渐布满内部.

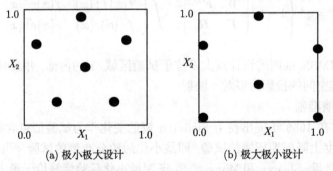

(a) 极小极大设计　　　　　　(b) 极大极小设计

图 4.4.1　欧氏距离测度下 6 点极小极大设计和极大极小设计

　　除了上述三个常见的准则外, Bursztyn 和 Steinberg[52] 还根据一阶多项式模型和高阶模型之间的差异, 定义了一种基于 A- 最优偏差的准则, 该准则能比较样本数不同的试验之间的优良性.

4.4.1.2　基于抽样的频率派设计

　　频率学派的基本观点是在感兴趣的输入空间进行采样, 常见的抽样方法有栅格点、好格子点、拉丁超立方抽样、正交拉丁方抽样 [53]、爬行网格、均匀设计 [5,54] 等. 下面介绍其中比较常用的拉丁超立方抽样 (LHS) 和均匀设计 (UD).

1) 拉丁超立方抽样

LHS 是 1979 年 McKay 等 [55] 提出的, 是一种比简单随机抽样更高效的试验设计方法, 也是第一个专门针对计算机试验的设计方法. 设从 p 维空间产生 n 个试验点 $X = (x_1, x_2, \cdots, x_n)$, 其中 $x_i = (x_{i1}, x_{i2}, \cdots, x_{ip})$. 先将设计空间归一化, 问题转化为从立方体 $[0,1]^p$ 中选择 n 个试验点. 将每一维坐标区间 $[0,1]$ 分成 n 等份, 用标号 i 记小区间, 用 $\pi_{1k}, \cdots, \pi_{nk}$ 记第 k 维坐标中 n 个坐标标号的一个随机排列, 并假设这 p 个随机排列相互独立, 则得到一个 $n \times p$ 维随机矩阵. 令

$$\bar{x}_{ij} = (\pi_{ij} - 0.5 + u_{ij})/n, \quad i = 1, 2, \cdots, n; \quad j = 1, 2, \cdots, p \tag{4.4.7}$$

其中 u_{ij} 为与 π 独立的 $[0,1]$ 上均匀分布且相独立的随机变量. 上述方法产生的 n 个观测点 $\bar{x}_i (i = 1, 2, \cdots, n)$ 为一个拉丁超立方样本. 若将所有归一化样本还原, 则可以得到试验空间上的 n 个观测样本. Gardner 等比较了 Monte Carlo 抽样和优化的 LHS 方法, 发现在因素较多时, 后者的优势明显 [56]. 由于随机抽样的表现不稳定, 故 LHS 提供的设计有的很好, 有的效果不理想.

2) 均匀设计 (UD)

均匀设计使得试验点在空间均匀散开, 由数论方法中著名的 Koksma-Hlawka 不等式可得

$$|\mathrm{E}(y) - \bar{y}(D_n)| \leqslant V(f)D(D_n) \tag{4.4.8}$$

其中, $V(f)$ 是函数 f 在 C^s 上的总变差, 若函数 f 平稳, 则 $V(f)$ 小, 若函数 f 波动大, 则 $V(f)$ 大. $D(D_n)$ 为点集在 D_n 与 C^s 上的度量点集均匀性的偏差, $D(D_n)$ 越小越好, 即点在 C^s 上散布越均匀越好. 4.4.2 节中将详细介绍均匀设计及其使用.

4.4.2 均匀设计

均匀设计的基本思想是使试验点在试验区域内均匀散布, 它能够提供一种试验次数相当少的试验方案.

4.4.2.1 均匀设计表

每一个均匀设计表有一个代号 $U_n(q^s)$ 或 $U_n^*(q^s)$, 其中 "U" 表示均匀设计, "n" 表示要做 n 次试验, "q" 表示每个因素有 q 个水平, "s" 表示该表有 s 列. 右上角加 "*" 和不加 "*" 代表两种不同类型的均匀设计表. 例如 $U_6^*(6^4)$ 表示要做 6 次试验, 每个因素有 6 个水平, 该表有 4 列 (表 4.4.1). 通常加 "*" 的均匀设计表有更好的均匀性, 应优先选用. 当试验数 n 给定时, 通常 U_n 表比 U_n^* 表能安排更多的因素. 故当因素个数较多且超过 U_n^* 的使用范围时可考虑使用 U_n 表. 每个均匀设计表都附有一个使用表, 它指示如何从设计表中选用适当的列, 以及由这些列所组成

的试验方案的均匀度. 表 4.4.2 是 $U_6^*(6^4)$ 的使用表. 它表示若有两个因素, 应选用 1, 3 两列来安排试验; 而若有三个因素, 应选用 1, 2, 3 三列. 最后 1 列 D 表示刻画均匀度的偏差, 偏差值越小, 表示均匀度越好.

表 4.4.1 $U_6^*(6^4)$

	1	2	3	4
1	1	2	3	6
2	2	4	6	5
3	3	6	2	4
4	4	1	5	3
5	5	3	1	2
6	6	5	4	1

表 4.4.2 $U_6^*(6^4)$ 的使用表

S	列		号		D
2	1	3			0.1875
3	1	2	3		0.2656
4	1	2	3	4	0.2990

均匀设计表有如下特点:

(1) 每个因素的每个水平做且仅做一次试验.

(2) 任两个因素的试验点在平面的格子点上, 每行每列有且仅有一个试验点.

性质 (1) 和 (2) 反映了试验安排的 "均衡性", 即对各因素, 每个因素的每个水平一视同仁.

(3) 均匀设计表任两列组成的试验方案一般并不等价. 例如, 用 $U_6^*(6^4)$ 的 1, 3 列和 1, 4 列分别画图, 得图 4.4.2(a) 和 (b). 可以看到, (a) 的点散布比较均匀, 而 (b) 的点散布并不均匀. 均匀设计表的这一性质和正交表有很大的不同, 因此, 每个均匀设计表必须有一个附加的使用表.

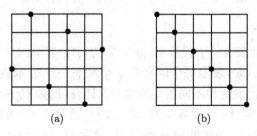

图 4.4.2 均匀设计点

(4) 当因素的水平数增加时, 试验数增加. 如当水平数从 9 水平增加到 10 水平时, 试验数 n 也从 9 增加到 10. 而正交设计当水平增加时, 试验数按水平数的平方的比例在增加. 当水平数从 9 到 10 时, 试验数将从 81 增加到 100. 由于这个特点, 使均匀设计更便于使用.

利用均匀设计表来安排试验, 通常步骤如下:

Step 1 根据试验的目的, 选择合适的因素和相应的水平.

Step 2 选择适合该试验的均匀设计表, 然后根据该表的使用表从中选出列号, 将因素分别安排到这些列号上, 并将这些因素的水平按所在列的指示分别对号, 则试验就安排好了.

Step 3 数据分析, 均匀设计一般采用回归分析来建立指标与因素之间的关系. 相关数据分析方法可参见本书第 3 章.

4.4.2.2 均匀设计表的构造与偏差

均匀设计表的构造, 有如下的方法:

(1) 好格子点法 (good lattice point method): 数论方法中最经典的方法, 由 Korobov 于 1959 年提出, 由王元和方开泰首次使用, 至今仍是一种实用而可行的方法. 详细构造方法参见文献 [5].

(2) 拉丁方法: 由 Fang, Pan, Shiu 于 1999 年提出.

(3) 正交表扩充法: 由方燕 1995 年提出.

(4) 折叠法 (collapsing method): 将两个均匀设计表, 用 Kronecker 乘积的方法折叠在一起. 方开泰等已证明这种方法构造的设计有较好的均匀性.

(5) 切割法 (cutting method): 用好格子法中的指数生成间量法来生成均匀设计表 $U_P(P^s)$ 的计算量很小, 当 P 为素数时, 相应的表 $U_P(P^s)$ 有很好的均匀性. 马长兴和方开泰 (2003 年) 提出了所谓的 "均割法", 从 P 个点中取出 $n(\ll P)$ 个点, 则可构造出一个 $U_n(n^s)$ 的表. 从一个 $U_P(P^s)$ 出发, 可获得多个不同 n 的 $U_n(n^s)$.

(6) RBIBD(resolvable balanced incomplete block designs) 法: 方开泰等建立了 RBIBD 和均匀设计之间的联系, 通过这个联系可将许多已获得的 RBIBD 转化为均匀设计表 $U_P(P^s)$ 或一些混合水平的表. 这些表是在离散偏差下达到最优. 有关的研究可类似地用于构造超饱和设计, 所谓超饱和设计是指试验的数目少于待估的参数的数目 (主效应、交互效应、误差方差等).

(7) 翻转法 (foldover): 常用于二水平的试验. 例如一个 $L_4(2^3)$, 通过翻转可以变为 $L_8(2^3)$, 使得后者的分辨率 (resolution) 可以提高一个等级. 均匀设计也可通过翻转法来扩大, 并且作出序贯均匀设计. Ye(1998) 给出了一种方法, 但更一般的情形尚有待进一步研究.

(8) 数值优化法: 求均匀设计是一个典型的优化问题. Winker 和 Fang (1998) 用门限接收法, 以星偏差为均匀性测度求得一批均匀设计表. 后来, Fang, Ma 和

Winker(2002) 用中心化偏差 (Fang 和 Ma(2001)) 用可卷偏差, 也获得了许多均匀设计表. Fang, Lu 和 Winker(2003) 对二水平及三水平的均匀表其中心化偏差的下界给了一个估计, 从而加速了计算过程.

从 Bayes 学派的角度来看, 在没有先验信息的前提下, 均匀设计是一种较优的设计方法, 其好坏与均匀性的度量直接相关. 到目前为止, 均匀性度量主要有三类: ① 基于距离概念而提出的; ② 来自最优设计的度量; ③ 基于偏差的度量. 其中偏差是使用历史最久, 为公众所广泛接受的准则.

如果用统计学的语言来解释偏差, 令

$$F_n(x) = \frac{1}{n} \sum_{k=1}^{n} I_{(-\infty,x]}(x_k) \tag{4.4.9}$$

表示 $\{x_1, \cdots, x_n\}$ 的经验分布函数, 式中 $I_A(\cdot)$ 表示集合 A 的示性函数, 令 $F(x)$ 为 C^m 上均匀分布的分布函数, 于是偏差可表示为

$$D(x_1, \cdots, x_n) = \sup_{x \in \mathbb{R}^m} |F_n(x) - F(x)| \tag{4.4.10}$$

偏差实际上就是在分布拟合检验中的 Kolmogorov-Smirnov 统计量, 它给出了经验分布和理论分布之间的偏差.

大部分的均匀性测度都是定义在 $C^{n \times s}$ 上, 令 $P_n = \{X_k = (x_{k1}, \cdots, x_{ks}), k = 1, \cdots, n\}$ 为 $C^s = [0,1]^s$ 上的 n 个点组成的点集. 在数论方法中, 最普遍采用的是 L_p 偏差. 令 $x = (x_1, \cdots x_s)^{\mathrm{T}} \in C^s$, $[0,x) = [0,x_1) \times \cdots \times [0,x_s)$ 为 C^s 中由原点 0 和 x 决定的矩形. 令 $N(P_n, [0,x))$ 为 P_n 中的点落入 $[0,x)$ 中的个数, 当 P_n 中的点在 C^s 中散布均匀时, $N(P_n, [0,x))/n$ 应与 $[0,x)$ 的体积 $\mathrm{Vol}([0,x))$ 相接近, 两者的差

$$D(x) = \left| \frac{N(P_n, [0,x))}{n} - \mathrm{Vol}([0,x)) \right| \tag{4.4.11}$$

称为点集 P_n 在点 x 的偏差. L_p-偏差定义为

$$D_p(P_n) = \left[\int_{C^s} \left| \frac{N(P_n, [0,x))}{n} - \mathrm{Vol}([0,x)) \right|^p \mathrm{d}x \right]^{1/p} \tag{4.4.12}$$

当 $p \to \infty$ 时,

$$D_\infty(P_n) = \max_{x \in C^s} \left| \frac{N(P_n, [0,x))}{n} - \mathrm{Vol}([0,x)) \right| \tag{4.4.13}$$

在文献上称为星偏差. 由 (4.4.13) 式定义的偏差最早由 Weyl(1916) 提出, 后来 Kolmogorov-Smirnov 把它用于分布拟合检验, 最初的均匀设计中也是采用星偏差. 但星偏差有不少缺点: ①计算费时, 当 n 和 s 增加时, 计算偏差在计算复杂性中是

一个 NP 问题; ②不够灵敏, 均匀程度不同的设计可能有相同的偏差; ③把原点放在一个很特殊的地位, 一切矩形 $[0, x)$ 均从原点开始.

L_2-偏差的优点是易于计算, 但它忽略了低维投影的偏差, 即 $D_2(P_n)$ 在一个低于 s 维的流形上的值对计算 $D_2(P_n)$ 并不产生任何影响, 因为在低于 s 维的流形上的积分为 0. 由正交设计的定义可知, 试验点投影到一维和二维的均匀性十分重要, 如果只关心 s 维均匀性而忽略了低维投影空间的均匀性, 有时会给出不尽合理的结果. 为克服上述不足, Hickernell(1998) 提出了好几种偏差: 中心化 L_2-偏差、可卷 L_2-偏差和散度偏差, 它们具有较好的性质: 对坐标系旋转有不变性且便于计算, 还与因子设计中的许多准则有密切的联系.

中心化 L_2-偏差可用下式来简化计算:

$$CD_2(P) = \left[\left(\frac{13}{12} \right)^s - \frac{2^{1-s}}{n} \sum_{k=1}^{n} \prod_{i=1}^{s} \left[2 + \left| x_{ki} - \frac{1}{2} \right| - \left| x_{ki} - \frac{1}{2} \right|^2 \right] \right.$$
$$\left. + \frac{1}{n^2} \sum_{k,l=1}^{n} \prod_{i=1}^{s} \left(1 + \frac{1}{2} \left| x_{ki} - \frac{1}{2} \right| + \frac{1}{2} \left| x_{li} - \frac{1}{2} \right| - \frac{1}{2} |x_{ki} - x_{li}| \right) \right]^{\frac{1}{2}} \quad (4.4.14)$$

偏差主要用于均匀设计使用表的编制. 当因素的水平数不大时, 可参考方开泰的个人网站 [61], 获得所需的均匀设计表和使用表.

4.4.2.3 均匀设计表的灵活使用

由于实际情况千变万化, 在应用均匀设计时会面临许多新情况, 需要灵活加以应用. 值得参考的方法有: 均匀设计与调优方法共用、分组试验、拟水平法. 下面仅介绍拟水平法在均匀设计法中的应用.

若在一个试验中, 有两个因素 A 和 B 为三水平, 一个因素 C 为二水平. 分别记它们的水平为 $A_1, A_2, A_3, B_1, B_2, B_3, C_1, C_2$. 这个试验可以用正交表 $L_{18}(2 \times 3^7)$ 来安排, 这等价于全面试验, 并且不可能找到比 L_{18} 更小的正交表来安排这个试验. 直接运用均匀设计来安排这个试验是有困难的, 这里需要运用拟水平技术.

若选用均匀设计表 $U_6^*(6^6)$, 其使用表推荐用前 3 列. 若将 A 和 B 放在前两列, C 放在第 3 列, 并将前两列的水平合并: $\{1, 2\} \Rightarrow 1, \{3, 4\} \Rightarrow 2, \{5, 6\} \Rightarrow 3$. 同时将第 3 列水平合并为二水平: $\{1, 2, 3\} \Rightarrow 1, \{4, 5, 6\} \Rightarrow 2$, 于是得设计表 (表 4.4.3). 这是一个混合水平的设计表 $U_6(3^2 \times 2^1)$. 这个表有很好的均衡性. 如 A 列和 C 列、B 列和 C 列.

二因素设计正好组成它们的全面试验方案, A 列和 B 列的二因素设计中没有重复试验. 可惜的是并不是每一次作拟水平设计都能这么好. 例如要安排一个二因素 (A, B) 五水平和一因素 (C) 二水平的试验. 这项试验若用正交设计, 可用 L_{50} 表, 但试验次数太多. 若用均匀设计来安排, 可用 $U_{10}^*(10^{10})$. 由使用表指示选用 1,

5, 7 三列. 对 1, 5 列采用水平合并{1, 2}⇒1, ···, {9, 10}⇒5; 对 7 列采用水平合并{1, 2, 3, 4, 5}⇒1, {6, 7, 8, 9, 10}⇒2, 于是得表 4.4.4 的方案. 这个方案中 A 和 C 的两列, 有两个 (2, 2), 但没有 (2, 1), 有两个 (4, 1), 但没有 (4, 2), 因此均衡性不好.

表 4.4.3　拟水平设计 $U_6(3^2 \times 2^1)$

编号	A	B	C
1	(1)1	(2)1	(3)1
2	(2)1	(4)2	(6)2
3	(3)2	(6)3	(2)1
4	(4)2	(1)1	(5)2
5	(5)3	(3)2	(1)1
6	(6)3	(5)3	(3)2

表 4.4.4　拟水平设计 $U_{10}(5^2 \times 2^1)$

编号	A	B	C
1	(1)1	(5)3	(7)2
2	(2)1	(10)5	(3)1
3	(3)2	(4)2	(10)2
4	(4)2	(9)5	(6)2
5	(5)3	(3)2	(2)1
6	(6)3	(8)4	(9)2
7	(7)4	(2)1	(5)1
8	(8)4	(7)4	(1)1
9	(9)5	(1)1	(8)2
10	(10)5	(6)3	(4)1

若选用 $U_{10}^*(10^{10})$ 的 1, 2, 5 三列, 用同样的拟水平技术, 便可获得表 4.2.11 列举的 $U_{10}(5^2 \times 2)$ 表, 它有较好的均衡性. 由于 $U_{10}^*(10^{10})$ 表有 10 列, 我们希望从中选择三列, 由该三列生成的混和水平表 $U_{10}(5^2 \times 2)$ 既有好的均衡性, 又使偏差尽可能小. 计算发现, 表 4.4.5 给出的表具有最小偏差 $D=0.3925$.

表 4.4.5　拟水平设计 $U_{10}(5^2 \times 2)$

编号	A	B	C
1	(1)1	(2)1	(5)1
2	(2)1	(4)2	(10)2
3	(3)2	(6)3	(4)1
4	(4)2	(8)4	(9)2
5	(5)3	(10)5	(3)1
6	(6)3	(1)1	(8)2
7	(7)4	(3)2	(2)1
8	(8)4	(5)3	(7)2
9	(9)5	(7)4	(1)1
10	(10)5	(9)5	(6)2

4.4.2.4 均匀设计法的优缺点分析

1) 均匀设计与拉丁超立方抽样的比较

拉丁超立方抽样和均匀设计的异同之处在于:

(1) 两种方法均将试验点均匀地散布于输入参数空间, 故在文献中广泛使用术语 "充满空间的设计"(space filling design). 拉丁超立方抽样给出的试验点带有随机性, 故称为抽样; 而均匀设计是通过均匀设计表来安排试验, 不带有随机性.

(2) 两种方法的最初理论均来自 "总均值模型"(overall mean model). 拉丁超立方抽样的试验点对输出变量的总均值提供一个无偏估值, 且方差较小; 而均匀设计的试验点能使输出变量总均值与实际总均值的偏差最小 [62].

(3) 两种设计均基于 U 型设计 (均衡设计、格子点设计).

(4) 两种设计能应用于多种多样的模型, 且对模型的变化有稳健性.

随机抽样的表现不稳定, 故拉丁超立方抽样提供的设计, 有的很好, 也有的很差. 而均匀设计表现稳定.

2) 均匀设计与正交设计的比较

正交设计具有正交性, 如果按它设计试验, 可以估计出因素的主效应, 有时也能估出它们的交互效应. 均匀设计不可能估计出方差分析模型中的主效应和交互效应, 但是它可以估出回归模型中因素的主效应和交互效应.

正交设计用于水平数不高的试验, 因为它的试验数至少为水平数的平方. 若一项试验有五个因素, 每个因素取 31 水平, 其全部组合有 $31^5 = 28625151$ 个, 若用正交设计, 至少需要做 $31^2 = 961$ 次试验, 而用均匀设计只需 31 次. 所以均匀设计适合于多因素多水平试验.

均匀设计提供的均匀设计表在选用时有较多的灵活性. 例如, 一项试验若每个因素取 4 个水平, 可用 $L_{16}(4^5)$ 表, 只需安排 16 次试验; 若每个因素取 5 个水平, 需用 $L_{25}(5^6)$ 表, 安排 25 次试验. 从 16 次到 25 次对工业试验来讲工作量有显著的不同. 又如在一项试验中, 原计划用均匀设计 $U_{13}^*(13^5)$ 来安排 5 个因素, 每个因素有 13 个水平. 后来由于某种需要, 每个因素改为 14 个水平, 这时可用 $U_{14}^*(14^5)$ 来安排, 试验次数只需增加一次. 综上, 正交设计的试验次数随水平增加有 "跳跃性", 而均匀设计则有 "连续性".

正交设计的数据分析十分简单, 且可以直观分析出试验指标随每个因素的水平变化的规律. 均匀设计则需要借助回归分析等工具, 有时需用逐步回归等筛选变量的技巧.

3) 均匀设计存在的问题

(1) 均匀设计牺牲了整齐可比性, 容易造成效应混杂.

就最简单的双因素水平而言, 设因素 A, B 均有两水平 1, 2, 若试验发现

A_1, B_1 与 A_2、B_2 中后者较好, 但是却区分不出 A_2, B_2 的效应, 即产生效应混杂. 而正交设计中要求每组因素的水平组合次数相同, 因而可以避免混杂.

均匀设计的分散程度很强, 突出效果亦很好, 因而很可能在试验前期出一些好的结果. 但是对这些问题若改用正交设计, 其平均效果也会很好.

(2) 根据偏差给出的均匀设计方案可能存在列共线性.

在试验设计方案中, 如果两列的编码值间的相关指数为 1, 则该两列共线. 由于均匀设计表的本身结构, 两列共线同行编码值之和都等于 $N+1$(N 为试验次数), 如表 4.4.6 中, 第 1, 2 列同行的和均为 8, 两列为列共线. 如遇到这种情况, 建议采用试验次数相近的表 [63].

表 4.4.6 $U_7^*(7^3)$ 的 1, 2 列列共线

	1	2	3
1	3	5	7
2	6	2	6
3	1	7	5
4	4	4	4
5	7	1	3
6	2	6	2
7	5	3	1

列共线性将导致正则方程组系数矩阵 $\boldsymbol{X}^{\mathrm{T}}\boldsymbol{X}$ 不满秩, 因此 $\boldsymbol{X}^{\mathrm{T}}\boldsymbol{X}$ 的逆不存在. 此时正则方程组有无穷多组解, 不存在线性无偏估计.

实际上, 在文献 [5] 推荐的试验次数 $5 \sim 21$ 的 77 个试验方案中, 有 14 个方案具有列共线性.

4.4.2.5   均匀设计的拓展

1) 含有定性因素的均匀设计

在各种试验中, 通常考虑的因素是定量的、连续变化的, 而在实际中很多因素则是定性的. 定性因素在正交设计、区组设计中都可以合理安排. 在均匀设计中, 由于试验数据分析主要依靠回归分析, 因而需要专门的方法. 针对这类定性因素的均匀设计问题, 王柱、方开泰借鉴了回归分析以及定性变量的处理方法, 将一个定性因素表示成一个或多个虚拟变量, 提出了含有定性因素的均匀设计.

例如, 某个定性变量有 d 个水平, 用 $d-1$ 个相对独立的特征变量组, 即虚拟变量或伪变量来进行表示. 如含有一个定性因素 X, 有 3 个水平 A_1, A_2, A_3, 则用虚拟变量 z_1 和 z_2 来表示 X, 并用编码 $(1,0)$, $(0,1)$ 和 $(0,0)$ 表示 3 种状态, 于是响

应关系变为

$$y = a + b_1 z_1 + b_2 z_2 + \varepsilon$$

关于该方法可详细参考文献 [63].

2) 均匀正交设计

正交设计的一维和二维边缘具有投影均匀性, 它并不要求高维空间的均匀性. 均匀设计和正交设计的想法不同, 它要求设计的一维边缘的投影均匀性和 S 维空间上的整体均匀性. 方燕 (1995 年) 证明对任一正交设计, 均存在一个均匀设计, 使得对该均匀设计进行拟水平法后, 正好是给定的正交设计. Fang 和 Winker 发现如果均匀性测度适当, 常用的正交设计均可通过均匀设计来获得. 由此得到的表称为均匀正交表. 均匀正交设计既具有均匀性, 又具有正交性. 选用均匀正交表进行设计, 通常比选用标准正交表进行正交设计能明显减少混杂, 从而提高参数估计的 D 效率. 关于该方法的详细讨论参见文献 [5].

4.4.3 仿真试验的序贯设计

计算机试验设计可分为单阶段设计和序贯设计两类, 相对而言, 序贯设计有很多优点: ①不需要事先确定训练点数; ②可以根据之前试验点的信息确定重要区域或判别不重要的因素, 避免将采样点浪费在不必要的区域, 从而减少采样点数; ③缓解计算压力, 试验点的确定是一个多维优化问题, 一次所要获得的采样点越多, 计算越复杂. 序贯设计包括初始设计、序贯决策准则和终止准则三个步骤, 下面从这三个方面进行讨论.

4.4.3.1 初始训练点的设计

一般而言, 任何单阶段设计方法都可用作初始设计. 根据 4.1 节的介绍, 现有的单阶段设计可分为基于抽样的设计和基于准则的设计两类. 相比之下, 基于准则的设计存在两个问题: 一是计算量大, 这是由高维优化问题导致的, 对于有 d 个因素, n 个试验点的设计, 涉及 $n \times d$ 维的优化问题, 因此随着试验点增加, 计算复杂性也相应地变大; 二是相关函数中的超参数 ψ_j 影响了方法的稳健性. 更主要的是在初始样本比较少时, 基于准则的设计生成的试验点并不是充满空间的, IMSE 和 MMSE 存在点堆积问题 [46], 最大熵生成点均位于边界附近, 这严重影响了试验设计的效率. 对于最大熵, Jones 等建议抽样量取为输入变量个数的 10 倍左右 [57], 对于复杂的问题, 影响因素一般较多, 从而导致初始设计十分庞大.

基于抽样的设计不存在上述问题, 生成的试验点遍布整个空间. 因此, 认为基于抽样的设计更适合建立初始训练点集. Xie 等指出当对回归模型毫无所知时, 均匀设计是较优的试验设计方法, 它使试验点均匀散布在设计空间, 且计算简单, 因此这里采用均匀设计产生初始训练集.

4.4.3.2   决策准则

决策准则指选择新试验点的准则. 合适的决策准则是确保序贯设计优于单阶段设计的关键. 关于决策准则, 有三种观点: ① Farhang-Mehr 和 Azarm[58] 认为在不规则的区域多采样. ② Lin[12] 认为在预测误差较大的区域多采样, 且需要通过附加验证点来判断预测误差; 类似地, 江振宇等 [59] 在平均交叉验证误差大的点附近多采样. 对于代价高的仿真, 该方法不需要获取额外的验证点, 但是如前所述, 它并不适用于非线性严重的函数, 且通过计算发现, 该方法产生的点容易堆积. ③ 在 MSE 大的地方采样, 因为 MSE 体现了预测模型的不确定性, 这种方法的局限性是仅适用于 Kriging 模型.

第 3 章提出了一种基于不平稳假设的 Kriging 方法, 使得表征预测函数不确定性的参数 AMSE 与 MSE 之间存在较大的差异, 后者只与预测点与训练点之间的距离有关, 而前者还与区域的不规则性程度有关, 且在不规则的区域, AMSE 相对较大. 由此可见, AMSE 体现了点所在位置的平滑性和周围采样点的稀疏性. 考虑到附加验证点的成本, 本节选择在 AMSE 较大的区域产生新的试验点.

Jin 等 [60] 指出当每次仅生成一个试验点时, MSE 方法与最大熵方法等价, 即新的试验点具有最大的信息量. 而 AMSE 方法为 MSE 方法根据区域特性进行了修正, 那么可认为, AMSE 最大的点具有最大的信息含量.

在已训练点处, AMSE 为 0, 在不规则区域, AMSE 会相对较大. 根据 AMSE 准则, 新的试验会逐步生成在不规则区域, 而随着该区域采样点的增加, AMSE 较大的点会转移. 但为避免生成的点堆积在不规则的区域, 本节利用候选点与已采样点之前的距离对 AMSE 进行修正. 将决策准则改为

$$\max_{\boldsymbol{z}} \left[\mathrm{AMSE}(\hat{y}(\boldsymbol{z})) \cdot \min_{i} d(\boldsymbol{z},\ \boldsymbol{x}_i^{\mathrm{P}}) \right] \tag{4.4.15}$$

其中 $\boldsymbol{x}_i^{\mathrm{P}}$ 表示现有的采样点, $\boldsymbol{z}$ 表示候选点,

$$d(\boldsymbol{z},\ \boldsymbol{x}_i^{\mathrm{P}}) = \sqrt{\sum_j \left| z_j - \boldsymbol{x}_{ij}^{\mathrm{P}} \right|^2} \tag{4.4.16}$$

表示候选点 $\boldsymbol{z}$ 与 $\boldsymbol{x}_i^{\mathrm{P}}$ 之间的距离.

原则上, 每搜索一点, 需要重新估计所有的超参数, 并重新获得所有点的 AMSE. 在实际计算时, 为简化, 可一次多选几个点, 而暂不重新计算 AMSE.

4.4.3.3   终止准则

终止准则决定序贯抽样过程结束, 可以根据预测模型的精度终止序贯试验, 也可以根据所能承受的试验数来确定终止时刻.

当可获得验证试验点时, 可用均方平方根预测误差 RMSE 和最大绝对误差 MAX 来度量全局和局部精度, 当其值达到一定精度时可以终止试验. 对于计算量大的试验, 交叉验证法为一种不需要额外增加验证点的模型验证方法. 江振宇等[59] 采用标准化的交叉验证误差来验证精度. 但是对于非线性严重的系统, 交叉验证误差并非递减, 此时它并不是一个有效的验证方法.

在计算中, 发现 AMSE 随着序贯采样点的增加, 基本呈下降趋势, 因此, 本节考虑当最大的 AMSE 足够小时停止试验. 该方法在额外验证点代价高时可采用.

整个序贯试验设计的流程见图 4.4.3.

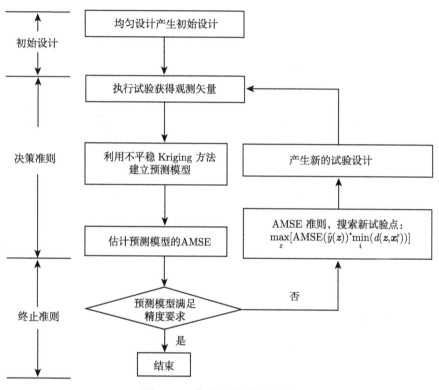

图 4.4.3　序贯试验设计流程图

4.4.3.4　一维的例子

考虑一元函数

$$y = \sin(30(x - 0.9)^4) \cos(2(x - 0.9)) + (x - 0.9)/2 \tag{4.4.17}$$

其中参数的取值为 $x \in [0, 1]$, 该函数在 $[0, 0.3]$ 内的平滑性比其他区间差. 若采用单阶段设计来建立预测模型, 如选用 30 个均匀采样点时, 可得传统的 Kriging 模型和相应的 MSE 值见图 4.4.4. 为验证预测模型的精度, 选取 [0, 1] 上均匀分布的 101 个点作为验证点, 得到相应的 RMSE 和 MAX 分别为 0.0113 和 0.0510. 若选用非平稳的 Kriging 方法建模, 采用 3 段阶梯函数作为密度函数, 可得预测模型见图 4.4.5, 同时对于 101 个验证点, 得到相应的 RMSE 和 MAX 分别为 0.0097 和 0.0456. 从两个图得对比可以看出 AMSE 与 MSE 有显著的区别, MSE 在整个区间上基本对称, 而 AMSE 在不规则区域的值较大, 在平滑区域尽管采样间隔与非平滑区域一样, 但是预测的均方误差接近 0, 这与直观认识相符, 这是基于非平稳假设的 Kriging 方法的一个很重要的优势.

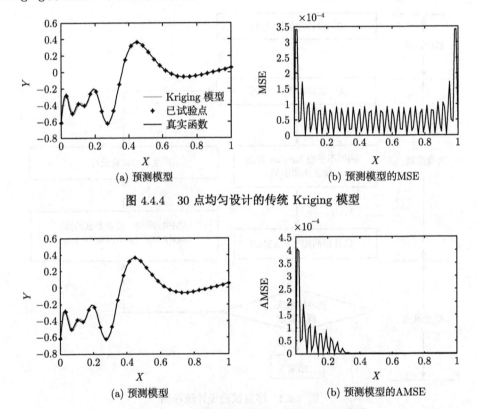

(a) 预测模型　　　　　　　　　　　(b) 预测模型的MSE

图 4.4.4　30 点均匀设计的传统 Kriging 模型

(a) 预测模型　　　　　　　　　　　(b) 预测模型的AMSE

图 4.4.5　30 点均匀设计的非平稳 Kriging 模型

表 4.4.7 列出了 20 点、26 点和 30 点均匀采样时的预测精度. 可见, 随着采样点的增加, 预测模型的精度会提高. 另外, 对于均匀采样, 基于非平稳假设的 Kriging 方法相对于传统 Kriging 方法的优势并不明显.

下面考虑序贯设计. 以 11 点均匀采样点作为初始设计, 建立非平稳 Kriging 模型, 见图 4.4.6(a), 预测模型的 AMSE 见图 4.4.6(b), 对于 101 个验证点, 得到相应的 RMSE 和 MAX 分别为 0.0782 和 0.2862.

表 **4.4.7**　精度比较结果

采样点	协方差函数	RMSE	MAX
20	平稳	0.0500	0.2866
	不平稳	0.0499	0.2849
26	平稳	0.0248	0.125
	不平稳	0.0279	0.1356
30	平稳	0.0113	0.0510
	不平稳	0.0097	0.0456

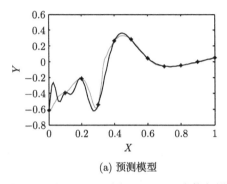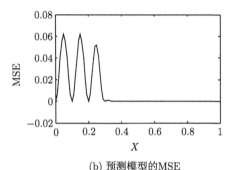

(a) 预测模型　　　　　　　　　　　　　(b) 预测模型的MSE

图 4.4.6　11 点均匀设计的非平稳 Kriging 模型

依次增加 3 个试验点, 得预测模型见图 4.4.7. 当采样点为 18 点时, 对 101 个验证点, 得到的 RMSE 和 MAX 分别为 0.0094 和 0.0588, 它与 30 点均匀采样的效果相当. 可见, 采用序贯设计可以降低试验次数.

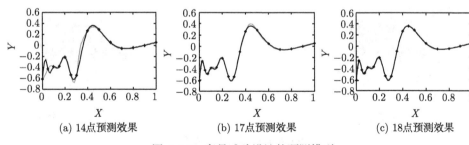

(a) 14点预测效果　　　　　　　(b) 17点预测效果　　　　　　(c) 18点预测效果

图 4.4.7　序贯试验设计的预测模型

另外, 对这 18 个采样点, 若采用传统的 Kriging 方法建模, 得 ψ 的估计值为 642.7, 预测模型见图 4.4.8, 且相应的 RMSE 和 MAX 分别为 0.0463 和 0.1860. 它在右半区域的预测效果相当差, 形成这种情况的主要原因是传统的 Kriging 方法对 ψ 进行了折中, 过大的 ψ 值说明点之间的相关性很小, 使得平滑区域拟合效果很差. 这进一步说明了非平稳 Kriging 方法更适合序贯设计所产生的非均匀设计的建模.

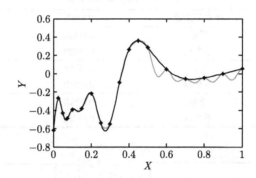

图 4.4.8   基于平稳性假设的 Kriging 方法建模 (18 点)

4.4.3.5   二维的例子

考虑二元函数 (Haupt 函数)

$$y = x_1 \sin(4x_1) + 1.1 \cdot x_2 \sin(2x_2), \quad x_1, x_2 \in [0, 3.5] \tag{4.4.18}$$

其函数图像见图 4.4.9(a). 先采用单阶段设计建立预测模型, 这里采用遗传算法生成 30 点最大熵设计, 采样点见图 4.4.9(b), 取 $h^{\mathrm{T}}(x) = (1, x)$, 使用 MLE 可得 $\hat{\psi} = (1.75, 0.60)$, 可得传统的 Kriging 预测模型见图 4.4.10(c). 取样本空间上均匀分布的 1296 个采样点, 可得预测模型的 RMSE 和 MAX 分别为 0.2331 和 0.9668.

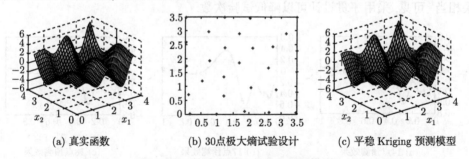

(a) 真实函数   (b) 30点极大熵试验设计   (c) 平稳 Kriging 预测模型

图 4.4.9   单阶段设计方案及预测模型

若采用非平稳 Kriging 方法, 并对两个方向均采用三均匀分段的密度函数 (以下同), 对于同样的验证点, 可得预测模型的 RMSE 和 MAX 分别为 0.2132 和 0.6334.

采用序贯设计方法, 首先利用 15 点均匀设计法生成初始设计 D_{15}, 利用基于不平稳假设的 Kriging 方法建模, 采用三段密度函数, 并利用遗传算法估计 ψ 的值, 得预测模型和 AMSE 见图 4.4.10.

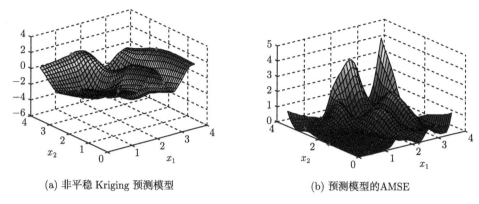

(a) 非平稳 Kriging 预测模型　　　　　(b) 预测模型的AMSE

图 4.4.10　初始设计

生成 4 个点的新设计 D_4^1, 从图 4.4.10 可以看出, 右上平面的 AMSE 较大, 根据 (4.4.15) 式搜索到的 4 个点基本散布在该区域. 同理生成第二阶段 D_4^2 和第三阶段设计 D_2^3, 这样序贯得到 10 个新的试验点, 生成的试验设计和预测模型见图 4.4.11.

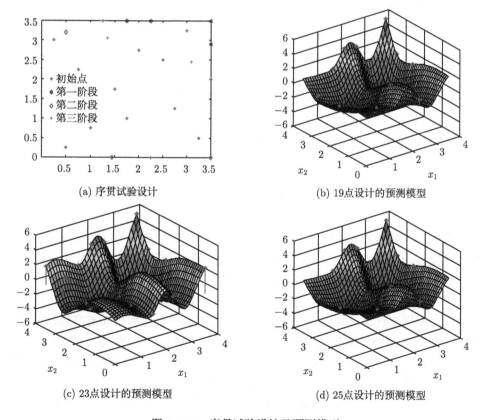

(a) 序贯试验设计　　　　　　(b) 19点设计的预测模型

(c) 23点设计的预测模型　　　　　(d) 25点设计的预测模型

图 4.4.11　序贯试验设计及预测模型

表 4.4.8 列出了序贯设计的各阶段参数 ψ 的估计值和预测模型的精度. 其中, ψ_1 表示 x_1 方向上三段的密度值, ψ_2 表示 x_2 方向上三段的密度值, 值越大表示越不规则, 相应的区域点也会较多. 对比发现, 采用序贯设计, 25 点时就可获得比 30 点单阶段设计更好的预测模型.

表 4.4.8   序贯设计计算结果

采样点	ψ_1 的估计值	ψ_2 的估计值	RMSE	MAX
15	[0.40, 1.67, 1.74]	[0.33, 0.62, 0.95]	1.1639	5.8062
19	[0.65, 1.33, 1.35]	[0.30, 0.52, 0.85]	0.9009	2.8165
23	[0.85, 1.30, 1.40]	[0.30, 0.57, 0.81]	0.3356	1.5846
25	[0.90, 1.20, 1.45]	[0.30, 0.60, 0.72]	0.2114	0.5948

在上面的两个例子中, 为了说明本节方法的预测精度, 是以整个设计空间上大量的验证点来进行比较说明的, 并没有涉及停止准则. 实际上, 在两个例子中, 序贯方法所得的 AMSE 与单阶段设计所得的 AMSE 都基本相当.

4.4.4   本节讨论

针对计算机试验设计, 本节提出了一种基于 AMSE 的序贯准则, 使得试验点产生在预测不确定大且距离现有试验点远的位置. 另一方面, 该方法选取基于抽样的设计作为初始设计, 计算简单, 且生成的点代表性强. 算例表明, 该方法比一步设计效果好, 能节约试验样本. 因此, 对于大计算量的仿真, 该方法非常适合于建立预测模型. 值得指出的是, 在序贯设计中, 无论是设计点的生成还是超参数的估计, 都涉及高维的优化问题, 维数的增加会给优化算法带来巨大的压力. 因此, 研究更为有效和针对性的优化算法是一项十分重要的研究课题.

4.5   小   结

本章围绕武器装备试验鉴定的应用需求介绍了几种典型的试验设计方法. 4.1 节对试验设计的基本原则及相关现状进行了简介, 从整体上给出了试验设计的脉络, 并区分了计算机试验和物理试验设计思想的不同. 4.2 节简单介绍了二因子和三因子完全设计, 以及部分因子设计中的正交设计方法. 4.3 节介绍了回归设计的基本思想和优缺点等, 包括回归的正交设计、最优回归设计和概率密度加权最优设计. 4.4 节则是围绕计算机试验设计展开讨论. 这些方法一起构成了支撑武器精度试验设计和毁伤试验设计的方法体系. 本书第 12 章、15 章将针对性讨论这些试验设计方法在精度试验设计和毁伤试验设计中的应用.

新形势下装备试验鉴定面临很多新的考验, 从试验设计来看, "性能试验 — 作战试验 — 在役考核" 三阶段一体化设计、"部件 — 子系统 — 系统 — 体系" 四层次统筹设计、"数字仿真 — 半实物仿真 — 实物仿真 — 技术阵地试验 — 现场试验" 五位一体设计、动态博弈式试验设计, 传统试验设计方法面临挑战. 本章介绍的方法远不足以解决装备试验鉴定中的全部试验设计问题. 近年来, 试验设计领域取得不少新的进展 [95-104], 有些方法可应用于装备试验鉴定. 作者始终认为装备试验鉴定是一项复杂系统工程, 远不是单一的试验设计方法能解决的问题. 不同试验设计方法都有其特定的适用前提, 实际应用中重要的是在深入分析具体问题特点的基础上, 合理地对问题进行分解和定义, 综合运用各种方法分层次予以解决, 催生新的研究方向和学科领域.

参 考 文 献

[1] Douglas M B, Donald G W. Nonlinear Regression Analysis and its Applications. New York: John Wiley and Sons Inc, 1988: 134-146.

[2] Fisher R. The Design of Experiments. London: Oliver Bound, 1935.

[3] 方开泰, 马长兴. 正交设计的最新发展和应用 (III)—— 正交设计的 D 最优性. 数理统计与管理, 1999, (4): 43-52.

[4] 刘文卿. 实验设计. 北京: 清华大学出版社, 2005.

[5] 方开泰. 均匀设计与均匀设计表. 北京: 科学出版社, 1994: 78.

[6] Montgomery D C. Design and Analysis of Experiments. 6th ed. New York: John Wiley & Sons, 2005.

[7] Santner T J, Williams B J, Notz W I. The Design and Analysis of Computer Experiments. New York: Springer, 2003.

[8] Koehler J R, Owen A B. Computer experiments. Handbook of Statistics, 1996, 13: 261-308.

[9] Simpson T W, Lin D K J, Chen W. Sampling strategies for computer experiments: Design and analysis. International Journal of Reliability and Applications, 2001.

[10] Chen V C P, Tsui K, Barton R R, et al. A review of design and modeling in computer experiments. Handbook of Statistics, 2003, 22: 231-261.

[11] 张润楚, 王兆军. 关于计算机试验的设计理论和数据分析. 应用概率统计, 1994, 10(4): 420-435.

[12] Lin Y. An efficient robust concept exploration method and sequential exploratory experimental design. PH. D. Dissertation, Georgia Institute of Technology, Atlanta, 2004.

[13] 何为, 薛卫东, 唐斌. 优化试验设计方法及数据分析. 北京: 化学工业出版社, 2012.

[14] 上海师范大学数学系. 回归分析及其试验设计. 上海: 上海教育出版社, 1978.

[15] 王万中, 茆诗松. 试验的设计与分析. 北京: 高等教育出版社, 2004.

[16] Chan L Y, Fang K T, Winker P. An equivalence theorem for orthogonality and D-optimality. Technical Report Math-186, Hong Kong Baptist University, 1998.

[17] Mitchell T J. An algorithm for the construction of "D-optimal" experimental designs. Techbometrics, 1974, 16(2): 203-210.

[18] Fedorov V V. Theory of Optimal Experiments. NewYork: Academic Press, 1972: 72-75.

[19] Fedorov V V. Design of Experiments with Spatially-Averaged Observations. Laxenburg: IIASA Working Paper, 1986.

[20] Poland J, Mitterer A, Knödler K, et al. Genetic algorithm can improve the construction of D-optimal experimental designs. http://WWW-ra.informatik.uni-tuebingen.de/publikationen/2001/ poland_doe.pdf.

[21] Chang F C, Lin H M. On minimally-supported D-optimal designs for polynomial regression with log-concave weight function. Metrika, 2007, 65(2): 227-233.

[22] Wong W K. On the equivalence of D and G-optimal designs in heteroscedastic models. Statist. Probab. Lett., 1995, 25: 317-321.

[23] Montepiedra G, Wong W K. A new design criterion when heteroscedasticity is ignored. Ann. Inst. Statist. Math., 2001, 53: 418-426.

[24] Rodríguez C, Ortiz I. D-optimum designs in multi-factor models with heteroscedastic errors. J. Statist. Plann. Inference, 2005, 128: 623-631.

[25] 朱伟勇, 段晓东, 唐明, 等. 最优设计在工业中的应用. 沈阳: 辽宁科学技术出版社, 1993.

[26] Wynn H P. The sequential generation of D-optimal experimental designs. Annals of Mathematical Statistics, 1970, 41(5): 1655-1664.

[27] Evans J W. Computer augmentation of experimental designs to maximize |X'X|. Technometrics, 1979, 21(3): 321-330.

[28] 罗蕾, 徐洪利. 构造 Dn-最优确切设计的离散构造法及其应用. 辽宁大学学报 (自然科学版), 1999, (2): 38-42.

[29] 朱伟勇, 段晓东. D-最优设计的对称性及其对称构造法. 应用数学学报, 1991, 14: 360-367.

[30] 罗蕾, 段晓东, 朱伟勇. 构造 Dn-最优确切设计的偏移调整算法. 东北大学学报 (自然科学版), 1997, 18(2): 187-190.

[31] Atwood C L. Convergent design sequences for sufficiently regular optimality criteria. Annals of Statistics, 1980, 8: 894-912.

[32] Melas V B. Functional Approach to Optimal Experimental Design. New York: Springer Science, Business Media, 2006.

[33] Kiefer J, Wolfowitz J. The equivalence of two extremum problems. Can. J. Math., 1960, 12: 363-366.

[34] Antille G, Dette H, Weinberg A. A note on optimal designs in weighted polynomial regression for the classical efficiency functions. J. Statist. Plann. Inference, 2003, 113: 285-292.

[35] Karlin S, Studden W J. Optimal experimental designs. Ann. Math. Statist., 1966, 37: 783-815.

[36] Ruggoo A, Vandebroek M. Bayesian sequential D-D optimal model-robust designs. Computational Statistics & Data Analysis, 2004, 47: 655-673.

[37] 郭勤涛, 张令弥, 费庆国. 用于确定性计算仿真的响应面法及其试验设计研究. 航空学报, 2006, 27(1): 55-61.

[38] 杨启仁. 子母弹飞行动力学. 北京: 国防工业出版社, 1999.

[39] Oliver C J. Representation of radar sea clutter. IEE Proceedings F, 1988, 135: 497-500.

[40] Ruggoo A, Vandebroek M. Model-sensitive sequential optimal designs. Computational Statistics & Data Analysis, 2006, 51: 1089-1099.

[41] Efron B. Bootstrap methods:another look at the jackknife. Annals of Statistics, 1992: 569-593.

[42] Rubin D. The Bayesian bootstrap. Annals of Statistics, 1981, 9: 130-134.

[43] Decarl D. Small sample experimental design optimization and repair. DE00005982/XAB, 1999.

[44] Montepiedra G, Wong W K. A New Design Criterion When Heteroscedasticity Is Ignored. Ann. Inst. Statist. Math., 2001, 53, 418-426.

[45] Box G E P, Draper N R. The choice of a second order rotatable design. Biometrika, 1963, 50: 335-352.

[46] Sacks J, Welch W J, Mitchell T J, Wynn H P. Design and analysis of computer experiments. Statistical Science, 1989, 4(4): 409-423.

[47] Lindley D V. On a measure of the information provided by an experiment. Ann. Math. Statist, 1956, 27: 986-1005.

[48] Shewry M C, Wynn H P. Maximum entropy sampling. Journal of Applied Statistics, 1987, 14(2): 165-170.

[49] Shewry M C,Wynn H P. Maximum entropy sampling with application to simulation codes. Proceedings of the 12th World Congress on Scientific Computation, IMAC88, 1988, 2: 517-519.

[50] Currin C, Mitchell T, Morris M, et al. Bayesian prediction of deterministic functions, with application to the design and analysis of computer experiments. Journal of the American Statistical Association, 1991, 86 (416): 953-963.

[51] Johnson M E, Moore L M, Ylvisaker D. Minimax and maximin distance designs. Journal of Statistical Planning and Inference, 1990, 26: 131-148.

[52] Bursztyn D, Steinberg D M. Comparison of designs for computer experiments. Journal of Statistical Planning and Inference, 2006, 136: 1103-1119.

[53] Owen A B. Orthogonal arrays for computer experiments, integration and visualization. Statistica Sinica, 1992, 2: 439-452.

[54] Fang K T, Lin D K, Winker P, et al. Uniform design: Theory and application. Technometrics, 2000, 42: 237-248.

[55] McKay M D, Beckman R J, Conover W J. A comparison of three methods for selecting values of input variables in the analysis of output from a commuter code. Technometrics, 1979, 21: 239-245.

[56] Gardner M M, Ramanath V, Ayyalasomayajula P, et al. From small X to large X: assessment of space-filling criteria for the design and analysis of computer experiments. Newport: 47th AIAA/ASME/ASCE/AHS/ASC Structures, Structural Dynamics, and Materials Con., 2006: 1-4.

[57] Jones D R, Schonlau M, Welch W J. Efficient global optimization of expensive black-box functions. Journal of Global Optimization, 1998, 13: 455-492.

[58] Farhang-Mehr A, Azarm S. Bayesian meta-modeling of engineering design simulations: a sequential approach with adaptation to irregularities in the response behavior. International Journal for Numerical Methods in Engineering, 2005, 62(15): 2104–2126.

[59] 江振宇, 张为华, 张磊. 虚拟试验设计中的序贯极大熵方法研究. 系统仿真学报, 2007, 19(17): 3876-3879.

[60] Jin R C, Sudjianto A, Chen W. On sequential sampling for global metamodeling in engineering design. ASME 2002 International Design Engineering Technical Conferences and Computers and Information in Engineering Conference MONTREAL, 2002.

[61] http://www.math.hkbu.edu.hk/UniformDesign.

[62] 方开泰. 均匀试验设计的理论、方法和应用 —— 历史回顾. 数理统计与管理, 2004, (3): 69-80.

[63] 傅忠君, 程荣春, 李效义. 均匀设计试验列共线问题的研究. 淄博学院学报 (自然科学与工程版), 2002, (1): 57-61.

[64] 王柱, 方开泰. 含有定性因素的均匀设计. 数理统计与管理, 1999, (5): 11-19.

[65] Xie M Y, Fang K T. Admissibility and minimaxity of the uniform design measure in nonparametric regression model. Journal of Statistical Planning and Inference, 2000, 83: 101-111.

[66] 姬振豫. 正交设计. 天津: 天津科技翻译出版公司, 1994.

[67] 任露泉. 试验优化设计与分析. 北京: 高等教育出版社, 2003.

[68] Booker A J. Design and analysis of computer experiments. St. Louis: 7th AIAA/USAF/NASA/ISSMO Symposium on Multidisciplinary Analysis & Optimization, 1998, 1: 118-128.

[69] Jin R, Chen W, Simpson T W. Comparative studies of metamodeling techniques under multiple modeling criteria. Long Beach: 8th AIAA/ NASA/ USAF/ ISSMO Symposium on Multidisciplinary Analysis and Optimization, 2001.

[70] Kiefer J. Collected Papers. New York: Springer-Verlag, 1985.

[71] Chang F C, Lin G C. D-optimal designs for weighted polynomial regression. J. Statist. Plann. Inference, 1997, 62: 317-331.

[72] 方开泰, 李久坤. 均匀设计的一些新结果. 科学通报, 1994, 39(21): 1921-1924.

[73] Deitz P H, Ozolins A. Computer simulations of the Abrams live-fire field testing. ADA209509, 1989.

[74] Klopcic J T, Starks M W, Walbert J N. A taxonomy for the vulnerability/lethality Analysis process. ADA250036, 1992.

[75] Abelt J M, Burdeshaw M D, Rickter B A. Degraded states vulnerability Analysis. ADA231021, 1990.

[76] Schönning M A. Using response surface approximations to cover holes in the design space: Conceptual design of a missile. Journal of Computing and Information Science in Engineering, 2002, 2: 224-231.

[77] Tang C Y, Gee K. Generation of aerodynamic data using a design of experiment and data fusion approach. 43rd AIAA Aerospace Sciences Meeting and Exhibit, 2005.

[78] Telford J K. Sensitivity analysis using design of experimental in ballistic missile defence. ADA, 2002.

[79] Pukelsheim F. Optimal Designs of Experiments. New York: John Wiley & Sons, 1993.

[80] Chaloner K, Verdinelli I. Bayesian experimental design: a review. Statist. Sci., 1995, 10: 273-304.

[81] Karlin S, Studden W J. Optimal experimental designs. Ann. Math. Statist., 1966, 37: 783-815.

[82] Antille G, Dette H, Weinberg A. A note on optimal designs in weighted polynomial regression for the classical efficiency functions. J. Statist. Plann. Inference, 2003, 113: 285-292.

[83] Lin H M, Chang F C. On minimally-supported D-optimal designs for polynomial regression with log-concave weight function. Metrika, 2007.

[84] Currin C, Mitchell T, Morris M, Ylvisaker D. A Bayesian approach to the design and analysis of computer experiments. Oak Ridge National Laboratory Technical Report, ORNL-6498, 1988.

[85] Farhang-Mehr A, Azarm S. A sequential information-theoretic approach to design of computer experiments. Atlanta: 9th AIAA/ISSMO Symposium on Multidisciplinary Analysis and Optimization, 2002.

[86] Farhang-Mehr, Azarm S, Diaz A, Ravisekar A. Bayesian approximation-assisted optimization applied to crashworthiness design of a pickup truck. Proceeding of the ASME International Design Engineering Technical Conferences, 2003.

[87] Lin Y, Chen V C P, Tsui K L, Mistree F, Allen J K. A sequential exploratory experimental design method: development of appropriate empirical models in design. ASME Design Engineering Technical Conferences, DETC2004-57527, 2004.

[88] Schonlau M. Computer experiments and global optimization. Ph. D. thesis. Department of Statistics and Actuarial Science, University of Waterloo, 1997.

[89] Schonlau M, Welch W J, Jones D R. Global versus local search in constrained optimization of computer models. Lecture Notes-Monograph Series, 1998, 34: 11-25.

[90] Williams B J, Santner T J, Notz W I. Sequential design of computer experiments to minimize integrated response functions. Statistical Sinica, 2000, 10: 1133-1152.

[91] Welch W J, Buck R J, Sacks J, Wynn H P, Mitchell T J, Morris M D. Screening, predicting, and computer experiments. Technometrics, 1992, 34(1): 15-25.

[92] Lewis R M. Using sensitivity information in the construction of kriging models for design optimization. AIAA-98-4799.

[93] Simpson T W, Poplinski J D, Koch P N, et al. Metamodels for computer-based engineering design: survey and recommendations. The Journal of Engineering with Computers, 2001, 17(2):129-150.

[94] Lin Y, Mistree F, Allen J, Tsui K L, Chen V. Sequential metamodeling in engineering design. Albany: 10th AIAA/ISSMO Multidisciplinary Analysis and Optimization Conference, 2004.

[95] Attia A, Alexanderian A, Saibaba A K. Goal-Oriented Optimal Design of Experiments for Large-Scale Bayesian Linear Inverse Problems. Inverse Problems, 2018, 34(9).

[96] Alexanderian A, Gloor P J, Ghattas O. On Bayesian A- and D-Optimal experimental design in infinite dimensions. Baysian Analysis, 2016, 11(3): 671-695.

[97] Dette H, Pepelyshev A, Zhigljavsky A. Optimal design in regression with correlated errors. The Annals of Statistics, 2016, 44(1): 113-152.

[98] Jeff Wu C F. Post-Fisherian experimentation: from physical to virtual. Journal of the American Statistical Association, 2015, 110(510): 612-620.

[99] Joseph V R, Dasgupta T, Tuo R, Jeff Wu C F. Sequential exploration of complex surfaces using minimum energy designs. Technometrics, 2015, 57(1): 64-74.

[100] Deng X W, Huang Y, Lin C D. Design for computer experiments with qualitative and quantitative factors. Statistica Sinica, 2015, 25: 1567-1581.

[101] Morris M D. Maximin distance optimal designs for computer experiments with time-varying inputs and outputs. Journal of Statistical Planning and Inference, 2014, 144(1): 63-68.

[102] Zhou Y D, Xu H Q. Space-filling fractional factorial design. Journal of the American Statistical Association, 2014, 109(507): 1134-1143.

[103] Zhao Y N, Lin D K J, Liu M Q. Optimal designs for order-of-addition experiments. Computational Statistics & Data Analysis, 2022, 165: 0167-9473.

[104] Duarte B P M, Anthony C. Atkinson, Granjo J F O, Oliveira N M C. Optimal design of experiments for implicit models. Quarterly Publications of the American Statistical Association, 2020, doi:10.1080/01621459.2020.1862760.

第5章 毁伤效应数值模拟的数学基础

5.1 常规战斗部毁伤效应数值模拟

常规战斗部毁伤效应数值模拟, 在本书中即为常规导弹战斗部终点毁伤效应的数值模拟, 是指在已知 (或设定) 弹靶几何特征参数、材料性能参数、交会条件参数等情况下, 根据质量守恒、动量守恒和能量守恒方程, 以及材料物态方程和本构方程, 利用计算机数值模拟方法, 对高速碰撞、侵彻或剧烈爆炸情况下的弹靶行为及产生效果进行数值模拟或仿真.

在导弹武器终点毁伤效能评估研究中, 终点毁伤效应数值模拟是一个重要的研究手段. 事实上, 跟大多数的计算仿真手段一样, 导弹武器的终点毁伤效应数值模拟是计算机技术发展的必然产物, 并成为传统的毁伤试验研究及相关理论研究的重要补充. 相比起试验和理论研究, 终点毁伤效应数值模拟具有以下三个突出优点:

1) 节省经费和研究周期

众所周知, 导弹武器打击目标的毁伤试验是耗资巨大的系统工程, 稍具规模的试验投资就高达数百、数千万元, 同时靶场和相关测试手段建设周期也很长, 人力、物力的消耗都非常大.

毁伤效应数值模拟在节省经费和研究周期方面具有很大优势, 试验所需的环境、条件都可以在计算机中进行设置, 在大多数情况下, 计算所用的机时远远小于实际靶场试验的准备时间. 毁伤效应数值模拟实际上可看作是一个虚拟的仿真平台, 经过特定的设计, 该虚拟的仿真平台将等同于虚拟仿真试验场, 具有低成本和高效率的优点.

2) 具有较高的自由度和灵活性

比起毁伤试验研究, 毁伤效应数值模拟一般不存在试验中出现的测量误差和系统误差, 也没有测试探头的干扰问题, 可以较自由地选取输出参数.

3) 具有更好的条件适应性

由于导弹武器毁伤试验所具有的政治军事特殊背景, 即使不考虑经费问题, 对有的敏感靶标进行毁伤试验仍然是不现实的. 比如导弹对某些特殊目标的毁伤问题, 进行真实靶标的毁伤试验, 将可能引起一些外交问题. 毁伤效应数值模拟则不受到这样的问题困扰, 具有更好的条件适应性.

综上所述, 毁伤效应数值模拟在导弹武器毁伤效能评估研究中具有重要的地位, 是传统的毁伤试验研究及相关理论研究的重要补充, 图 5.1.1 说明了三者之间的相互联系. 随着技术的进步和计算机性能的提高, 在可预见的将来, 毁伤效应数值模拟的重要性还将得到进一步的加强.

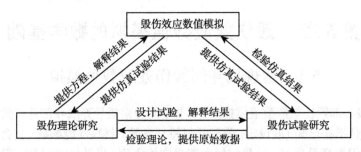

图 5.1.1　导弹武器毁伤效应数值模拟与毁伤试验研究、理论研究的关系

　　由于毁伤效应数值模拟涉及对碰撞或爆炸等动态高压条件下材料行为的描述, 此时一般可忽略材料的强度而将其作为流体来近似 (进而在大多数情况下材料采用流体-弹塑性本构模型), 因此导弹武器的终点毁伤效应数值模拟实际上是计算流体动力学的重要分支与应用方向, 常纳入计算冲击动力学进行研究.

　　在冲击动力学计算中, 基于连续介质假设, 根本的控制方程是三个守恒方程 (质量守恒、动量守恒、能量守恒), 再结合描述材料性能的本构方程、物态方程以及其他控制方程, 形成封闭的偏微分方程组, 再根据相应的初始条件、边界条件等定解条件, 就可对该偏微分方程组进行求解. 毁伤效应数值模拟实际就是利用各种数值计算方法, 对该偏微分方程组进行数值求解.

　　原则上讲, 进行数值求解的方法有有限差分方法、有限元方法、无网格方法 (粒子法) 等, 但是目前使用最广的是非线性动力有限元方法, 并已经形成了功能强大的通用软件. 下面从连续介质力学的基本原理出发, 讨论非线性有限元方法的数学基础和基本理论, 同时对其他新兴方法的特点也进行简单介绍.

5.2　连续介质力学的基本方程组

5.2.1　连续介质的基本概念及运动描述

5.2.1.1　连续介质模型 [1]

　　连续介质力学研究物质的宏观机械运动, 尽管物质由分子、原子组成, 但决定宏观运动性质的不是个别分子、原子的行为, 而是对大量分子、原子统计平均后的总体效果. 因此, 可以不考虑物质的分子或原子结构, 而采用连续介质的理论模型.

　　连续介质和质点、刚体一样, 都是一种理论模型. 连续介质模型认为物质连续地分布在它所占有的容积之内, 这是运用数学分析工具统一研究固体、液体、气体的力学运动的基础.

连续介质的质点, 表示一个物质微团, 它的尺度和所研究问题的宏观尺度相比是充分小, 小到在此微团内, 每种物理量都可看成均匀分布的常量, 因而在数学上可以把此微团当作一个点来处理. 另一方面, 又要求此微团尺度和分子、原子运动的微观尺度相比是足够大, 大到微团中包括大量的分子、原子, 从而能对分子、原子的运动作统计平均, 以得到表征宏观现象的物理量. 对微团尺度这种宏观上小, 微观上大的要求, 实际上是容易实现的. 例如, 气体在标准状态下, 每立方厘米体积中含有气体分子的数目约为 2.7×10^{19} 个. 即使在 10^{-5}cm^3 这样一个宏观上看来非常小的体积里, 也包含着 2.7×10^{14} 个分子, 这从微观上看又是非常大了.

连续介质模型, 意味着表征物质运动和性质的各种物理量, 如密度、应力、位移、速度、温度等都是坐标和时间的分块连续函数. 为了运用数学工具求解, 将认为除了在个别特殊的情况下以外, 这些物理量都足够光滑, 存在所需要的各阶微商.

5.2.1.2 连续介质的运动描述

1) 运动描述 [1]

在空间中的每个连续介质质点, 都可用一组物质坐标或材料坐标 (X_1, X_2, X_3) 来标识. 物质坐标最简单的取法就是取 (X_1, X_2, X_3) 为该连续介质质点在初始时刻的空间位置, 物质坐标也称 Lagrange 坐标. 把连续介质中的各物理量看作物质坐标和时间 t 的函数, 并以此来描述连续介质的运动, 这样的描述和研究方法就称为物质描述或 Lagrange 描述.

一个质点 (X_1, X_2, X_3), 在不同时刻将位于不同的空间坐标 (x_1, x_2, x_3) 处. 空间坐标 (x_1, x_2, x_3) 也称为 Euler(欧拉) 坐标. 把连续介质的各物理量, 看成是空间坐标 (x_1, x_2, x_3) 和时间 t 的函数, 并以此来描述连续介质的运动, 这样的描述和研究方法就称为空间描述或 Euler 描述.

如果简记 $\boldsymbol{X} = (X_1, X_2, X_3)$, $\boldsymbol{x} = (x_1, x_2, x_3)$, 那么物质坐标和空间坐标之间有如下确定的联系:

$$\boldsymbol{x} = x(\boldsymbol{X}, t) \tag{5.2.1}$$

上式的含义是连续介质中初始位于位置 $\boldsymbol{X}$ 的质点, 在时间 t 运行到了空间位置 $\boldsymbol{x}$.

在物质描述的情况下, 上式对时间 t 的偏导数表示在物质点不变的情况下对时间 t 的导数, 这个导数也称为随体导数, 因而上式的随体导数, 即是连续介质中质点的速度:

$$\boldsymbol{v} = \left. \frac{\partial \boldsymbol{x}}{\partial t} \right|_{\boldsymbol{X}} = \frac{\mathrm{D}\boldsymbol{x}}{\mathrm{D}t} \tag{5.2.2}$$

上式中 $\dfrac{\mathrm{D}}{\mathrm{D}t}$ 算符表示随体导数.

对采用空间描述的任意物理或力学量, 有表达式如下:

$$f = f(\boldsymbol{x}, t) \tag{5.2.3}$$

其随体导数为

$$\frac{\mathrm{D}f}{\mathrm{D}t} = \frac{\partial f}{\partial t} + \frac{\partial f}{\partial x_i} \left. \frac{\partial x_i}{\partial t} \right|_{\boldsymbol{X}} = \frac{\partial f}{\partial t} + v_i \frac{\partial f}{\partial x_i} \tag{5.2.4}$$

所以在空间描述下, 随体导数算符可用下式表示:

$$\frac{\mathrm{D}}{\mathrm{D}t} = \frac{\partial}{\partial t} + \boldsymbol{v} \cdot \nabla \tag{5.2.5}$$

2) 计算网格

在基于网格的数值模拟方法中 (有限元方法、有限差分方法等), Lagrange 描述和 Euler 描述分别对应 Lagrange 网格和 Euler 网格, 它们各有其优缺点.

Lagrange 网格

Lagrange 网格的特点是跟踪固定质量微元的运动, 计算网格固定在材料内, 随着材料的变形而变形, 以球形弹丸对靶板高速碰撞数值模拟为例, 其网格变形如图 5.2.1 所示.

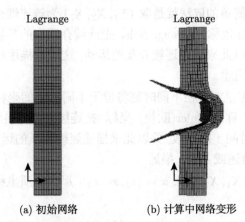

(a) 初始网络　　　　　　　(b) 计算中网络变形

图 5.2.1　球形弹丸对靶板高速碰撞数值模拟中 Lagrange 网格的情况 [2]

Lagrange 网格具有下述优点:

(1) 概念清晰明确.

由于在 Lagrange 坐标下没有表示质量流动的输运项, 质量、动量、能量守恒方程形式较为简单, 因而程序在概念上是简单明确的. 也由于每个周期仅需较少量的计算时间, 所以在理论上讲, Lagrange 方法在计算上应该是快速的.

(2) 界面处理和显示直观.

在 Lagrange 坐标系 (材料坐标系) 中, 材料界面及自由表面都是固定的, 因此, 允许明确地定义及直观地处理边界条件. 并可以看到, 为定义材料界面处的行为, 也就是材料中出现断面的张开、闭合、摩擦效应, 需要十分复杂的逻辑判断. 这样的逻辑判断虽然提高了程序的通用性和适用性, 但是要以牺牲计算时间为代价.

(3) 便于本构方程的使用.

对于某些本构方程, 需要将材料的行为与时间变化相联系起来, 由于 Lagrange 描述是跟踪质量微元的, 所以对使用这样的本构方程具有优势, 可以精确的考虑这种问题.

Lagrange 网格的主要缺点是网格固定在材料上, 随材料变形而变形, 当材料发生严重畸变时 (在毁伤效应仿真中常常遇到), 网格也发生了严重畸变, 造成的后果是网格的计算精度下降, 甚至是出现零体积或负体积网格单元, 以至于计算难以进行.

Euler 网格

Euler 网格的特点是计算网格固定在空间中而不是在材料上. 所以, 相对于 Lagrange 网格, Euler 网格的优点是在材料发生严重畸变时, 网格仍旧能保持规则形状, 仍旧能够保证相应的计算精度, 如图 5.2.2 所示.

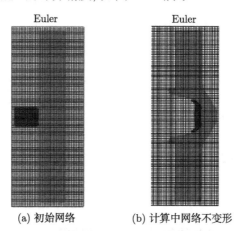

(a) 初始网络 (b) 计算中网络不变形

图 5.2.2 球形弹丸对靶板高速碰撞仿真中 Euler 网格的情况 [2]

但是 Euler 网格的缺点就在于难以对材料界面或边界条件进行简单处理和描述. 除非对确定材料表面和界面位置作出特殊规定 (比如固定界面或边界), 这些表面和界面将在计算中迅速地在整个计算网格内扩展, 这对有效地跟踪界面和边界 (在毁伤数值模拟中这常常是必需的, 比如通常需要了解弹与靶界面的运动情况) 带来了很大的困难.

混合网格和无网格方法

综上所述, Lagrange 和 Euler 的网格描述法都各有其优缺点, 所以现在已经发展了一些混合方法, 将两种方法互为补充, 综合应用两种方法的优点. 在现有的混合法中, 最普通的方法是在预期将发生显著流动和畸变时, 在计算开始时采用 Euler 方法, 然后变换为 Lagrange 网格完成计算. 另一种则是 Euler 方法和 Lagrange 方法的联合在一起的混合法. 但是, 以混合法进行编程而形成的程序往往是用于特殊领域的, 通用性还有限.

近来, 发展了部分无网格方法, 比如 SPH(smoothed particle hydrodynamics) 方法 [3]、离散元方法 (discrete element method, DEM)[4]、物质点方法 (material point method, MPM)[5] 等. 以 SPH 方法为例, 该方法采用粒子而不是网格对连续介质进行离散, 从而不但具有 Lagrange 网格跟踪质点和界面的优点, 同时避免了使用 Lagrange 网格严重畸变时的精度下降问题. SPH 方法已经在冲击动力学及爆炸力学中有了较多的应用. 图 5.2.3 是 SPH 方法计算的长杆侵彻过程.

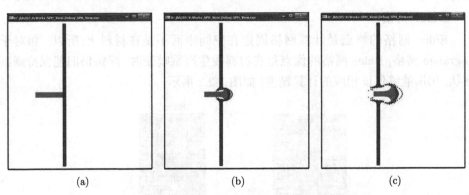

(a)　　　　　　　　　(b)　　　　　　　　　(c)

图 5.2.3　用 SPH 方法计算的长杆侵彻过程 [3]

5.2.2　基本控制方程组 [1]

5.2.2.1　守恒方程组

1) 质量守恒律

采用空间描述, 质量守恒律的积分形式方程如下

$$\int_V \frac{\partial \rho}{\partial t} \mathrm{d}V = -\oint_S \rho \boldsymbol{v} \cdot \hat{\boldsymbol{n}} \mathrm{d}S \tag{5.2.6}$$

上式意义为介质中任意空间固定控制体 V 内单位时间增加的质量等于外界流入的质量. 利用散度公式有

$$\int_V \frac{\partial \rho}{\partial t} \mathrm{d}V = -\int_V \nabla \cdot (\rho \boldsymbol{v}) \mathrm{d}V \tag{5.2.7}$$

再考虑到控制体 V 的任意性, 上式的微分形式为

$$\frac{\partial \rho}{\partial t} + \nabla \cdot (\rho \boldsymbol{v}) = 0 \quad \text{或者} \quad \frac{\partial \rho}{\partial t} + \boldsymbol{v} \cdot \nabla \rho + \rho \nabla \cdot \boldsymbol{v} = 0 \tag{5.2.8}$$

利用随体导数的定义

$$\frac{\mathrm{D}\rho}{\mathrm{D}t} = \frac{\partial \rho}{\partial t} + \boldsymbol{v} \cdot \nabla \rho \tag{5.2.9}$$

所以, 得如下微分形式的质量守恒方程

$$\frac{\mathrm{D}\rho}{\mathrm{D}t} + \rho \nabla \cdot \boldsymbol{v} = 0 \tag{5.2.10}$$

在采用物质描述时, 质量守恒方程也常用以下形式

$$\rho J = \rho_0 \tag{5.2.11}$$

上式中 J 是变形梯度决定的 Jacobi 行列式的值 [1].

2) 动量守恒律

先说明以下两个公式. 若有任意物理或力学量 A(可以是标量或矢量), 根据质量守恒方程, 满足以下公式

$$\frac{\mathrm{D}}{\mathrm{D}t} \int_V \rho A \mathrm{d}V = \int_V \rho \frac{\mathrm{D}A}{\mathrm{D}t} \mathrm{d}V \tag{5.2.12}$$

动量守恒律的积分形式方程如下

$$\frac{\mathrm{D}}{\mathrm{D}t} \int_V \rho \boldsymbol{v} \mathrm{d}V = \oint_S \boldsymbol{\sigma} \cdot \hat{n} \mathrm{d}S + \int_V \rho \boldsymbol{g} \mathrm{d}V \tag{5.2.13}$$

式中 $\boldsymbol{\sigma}$ 为应力张量, $\boldsymbol{g}$ 为体积力 (例如重力), 应力取拉为正. 上式意义为介质控制体 V 内动量的增加率来自于边界上应力与体积力的共同作用.

运用散度公式和 (5.2.12) 式, 有如下的微分形式的动量守恒方程

$$\rho \frac{\mathrm{D}\boldsymbol{v}}{\mathrm{D}t} = \nabla \cdot \boldsymbol{\sigma} + \rho \boldsymbol{g} \tag{5.2.14}$$

3) 能量守恒律

能量守恒律的积分形式方程如下 (不考虑热源和传热)

$$\frac{\mathrm{D}}{\mathrm{D}t} \int_V \rho (k+e) \mathrm{d}V = \oint_S \boldsymbol{v} \cdot (\boldsymbol{\sigma} \cdot \hat{n}) \mathrm{d}S + \int_V \rho \boldsymbol{g} \cdot \boldsymbol{v} \mathrm{d}V \tag{5.2.15}$$

上式中的 k, e 分别为单位质量的动能 (称为比动能) 和单位质量的内能 (称为比内能). 上式意义为介质控制体 V 内总能量 (内能和动能的总和) 的增加率来自于边界功率和体积功率的输入, 应力的方向也是取拉为正.

根据质量守恒的推论 ((5.2.12) 式) 和散度定理, 再考虑到上式中控制体 V 的任意性, 能量守恒的积分形式可以写成微分形式如下

$$\rho \frac{\mathrm{D}k}{\mathrm{D}t} + \rho \frac{\mathrm{D}e}{\mathrm{D}t} = \nabla \cdot (\boldsymbol{v} \cdot \boldsymbol{\sigma}) + \rho \boldsymbol{g} \cdot \boldsymbol{v} \qquad (5.2.16)$$

将上式等号右边整理可得

$$\rho \frac{\mathrm{D}k}{\mathrm{D}t} + \rho \frac{\mathrm{D}e}{\mathrm{D}t} = \boldsymbol{\sigma} : \mathbf{D} + \boldsymbol{v} \cdot (\nabla \cdot \boldsymbol{\sigma}) + \rho \boldsymbol{g} \cdot \boldsymbol{v} \qquad (5.2.17)$$

式中, $\mathbf{D}$ 是速度空间梯度张量的对称部分, 代表应变率, 其分量形式表达如下

$$D_{ij} = \frac{1}{2} \left(\frac{\partial v_i}{\partial x_j} + \frac{\partial v_j}{\partial x_i} \right) \qquad (5.2.18)$$

因为 $k = \frac{1}{2} \boldsymbol{v} \cdot \boldsymbol{v}$, 所以根据动量守恒方程, 有

$$\rho \frac{\mathrm{D}k}{\mathrm{D}t} = \boldsymbol{v} \cdot (\nabla \cdot \boldsymbol{\sigma}) + \rho \boldsymbol{g} \cdot \boldsymbol{v} \qquad (5.2.19)$$

上式说明动能的增加率方程是动量守恒方程的推论, 并没有引入新的独立方程.

考虑到 (5.2.16) 和 (5.2.19) 式, 有内能的增加率方程

$$\rho \frac{\mathrm{D}e}{\mathrm{D}t} = \boldsymbol{\sigma} : \mathbf{D} \qquad (5.2.20)$$

上式等号右边是变形能的变化率. 所以该式的意义是内能的增加率等于变形能的变化率.

可以看出, 由于动能的增加率方程是动量守恒方程的推论, 没有引入新的独立方程, 所以能量守恒方程可以由内能的增加率方程来代表, 在不考虑热源和传热的情况下, 其表达式如下

$$\rho \frac{\mathrm{D}e}{\mathrm{D}t} = \boldsymbol{\sigma} : \mathbf{D} \qquad (5.2.21)$$

如果考虑热源和热传导, 其表达式扩展如下

$$\rho \frac{\mathrm{D}e}{\mathrm{D}t} = \boldsymbol{\sigma} : \mathbf{D} - \nabla \cdot \boldsymbol{q} + \rho h \qquad (5.2.22)$$

其中 h 是热源 (单位时间从单位质量产生的热量), $\boldsymbol{q}$ 是热流矢量 (单位时间流过单位面积的热量).

4) 守恒方程组

综上所述, 应力取拉为正, 用物理量上打点的标记来代替随体导数 (下同), 可得质量、动量、能量守恒方程的微分形式为 (为简化说明起见, 能量不考虑热源和传热的贡献)

$$\begin{cases} \dot{\rho} + \rho \nabla \cdot \boldsymbol{v} = 0 \\ \rho \dot{\boldsymbol{v}} = \nabla \cdot \boldsymbol{\sigma} + \rho \boldsymbol{g} \\ \rho \dot{e} = \boldsymbol{\sigma} : \mathbf{D} \end{cases} \qquad (5.2.23)$$

注意, 上述方程组没有显式包含角动量守恒律, 但是由于采用的应力张量σ(即 Cauchy 应力张量) 具有对称性, 这是考虑了力矩平衡的结果, 这就等于已经隐含考虑了角动量守恒律.

5.2.2.2 本构方程和物态方程

以上讨论的三个守恒方程, 在连续假设条件下都是普适的, 对所有的连续介质运动描述都适用. 但是这三个守恒方程组成的方程组并不是封闭的, 需要附加本构方程或物态方程才能求解, 本构方程或物态方程是不同材料性能及其响应特征的体现. 需要指出, 就描述材料动力响应特征这一特点来说, 本构方程和物态方程并不存在根本区别, 只是物态方程一般考虑流体静压力与体积和内能之间的关系, 适于描述高压区材料或纯流体的力学性能, 而本构方程一般考虑应力或应力偏量和应变、应变率、不可逆内变量 (塑性应变和塑性功等)、温度等因素的关系, 适于描述低压区材料的力学性能. 在实际应用中, 本构方程和物态方程一般同时使用.

在导弹毁伤效应数值模拟中, 材料本构方程和物态方程都是关键的因素, 常常对数值模拟的准确性起到较大的影响. 模拟中采用的物态方程通常有 Grüneisen 物态方程 (对大多数固体材料适用)、理想气体物态方程 (用于空气) 和 JWL 物态方程 (用于炸药爆轰气体), 采用的本构方程 (或称材料模型) 通常有弹塑性模型 (适合于大多数金属材料)、HJC 模型 (适合于混凝土材料) 和其他特殊材料模型 (如土的本构模型). 关于本构方程和物态方程的具体使用情况, 请读者参考本书第三篇中对此的详细说明.

5.3 冲击动力学数值模拟方法

5.3.1 数值模拟方法简介

由于冲击动力学应用的连续介质方程组是非线性方程组, 再考虑到求解空间区域的任意性, 以及相应的边界、初始条件等复杂性, 因此在大多数情况下对其进行解析求解存在较大困难, 从而不得不求助于数值解法, 这在导弹毁伤效应的分析中更是如此.

目前, 导弹毁伤效应的数值模拟或数值求解的方法有很多种, 其中一些方法已经非常成熟 (比如有限差分方法、有限元方法), 已有基于这些方法的商业化工程软件推出, 同时也不断有新兴的方法出现 (例如, 前面提到的 SPH、DEM、MPM 等), 这些新兴方法目前也以其特有的优点正在受到研究和工程界的注意.

总的来说, 在毁伤效应数值模拟中, 有限元方法, 尤其是非线性动力学有限元方法仍然是毁伤效应数值求解方法的主流, 目前最重要的几个工程软件 (如 AN-SYS、LS-DYNA 和 AutoDyn 等 [6]) 都是以非线性动力学有限元方法为主开发的,并在解决实际工程问题中发挥了巨大的作用. 下面将对非线性动力学有限元方法进行讨论.

5.3.2　非线性动力学有限元方法 [7]

在常规导弹毁伤效应涉及的冲击动力学计算中, 多采用 Lagrange 描述和相应的 Lagrange 计算网格, 此时材料边界和界面运动情况清晰, 并容易处理与历史相关的材料响应问题. 以下就以 Lagrange 描述和 Lagrange 网格来讨论用于冲击动力学数值模拟的非线性动力学有限元方法的基本理论.

基于 Lagrange 描述和 Lagrange 网格的非线性动力学有限元方法可分为两大类, 即更新 Lagrange 格式 (updated Lagrange formulation, UL 格式) 和完全 Lagrange 格式 (total Lagrange formulation, TL 格式). 这两种格式 (或方法) 其实都是使用 Lagrange 描述, 即相关物理量都看作是物质坐标 (X_1, X_2, X_3) 和时间 t 的函数. 但在 UL 格式中, 取现时构形为参考构形, 空间的微分、积分计算是在现时构形上进行; 在 TL 格式中, 取初始构形为参考构形, 空间的微分、积分是在初始构形上进行. 虽然 UL 格式和 TL 格式存在差别, 但两种格式在本质上是等价的, 所以下面基于 UL 格式对非线性动力学有限元方法基本理论进行较详细的讨论, TL 格式的有关资料可以参考文献 [7].

5.3.2.1　UL 格式的虚功原理

如前所述, 动量守恒方程为

$$\rho \ddot{\boldsymbol{u}} = \nabla \cdot \boldsymbol{\sigma} + \rho \boldsymbol{g} \tag{5.3.1}$$

式中, $\boldsymbol{u}$ 是质点位移, $\boldsymbol{\sigma}$ 是应力张量, ρ 是密度, $\boldsymbol{g}$ 是体积力 (一般是重力), 物理量上加点表示随体导数, 空间微分是针对现时构形 (使用 Euler 坐标) 进行. 为了叙述方便起见, 上式通常写成张量下标形式

$$\frac{\partial \sigma_{ji}}{\partial x_j} + \rho g_i - \rho \ddot{u}_i = 0 \tag{5.3.2}$$

在动力学有限元方法中, 为了离散动量守恒方程, 通常根据变分原理将动量守恒方程写成在参考构形上积分的弱解形式 [8]. 设材料现时构形为 Ω, UL 格式以现时构形为参考构形, 则动量守恒方程的弱解形式如下

$$\int_{\Omega} \delta u_i \left(\frac{\partial \sigma_{ji}}{\partial x_j} + \rho g_i - \rho \ddot{u}_i \right) \mathrm{d}V = 0 \tag{5.3.3}$$

式中, δu_i 是虚位移. 进一步整理有

$$\int_{\Omega} \delta u_i \rho \ddot{u}_i \mathrm{d}V = \int_{\Omega} \delta u_i \left(\frac{\partial \sigma_{ji}}{\partial x_j} + \rho g_i \right) \mathrm{d}V \tag{5.3.4}$$

考虑到在冲击动力学问题中, 边界条件一般包括力边界条件和位移边界条件 (速度边界条件等同于位移边界条件), 即

$$\begin{cases} (n_j\sigma_{ji})|_{\Gamma_t} = \bar{t}_i \\ u_i|_{\Gamma_u} = \bar{u}_i \end{cases} \tag{5.3.5}$$

式中, Γ_t 是力边界, Γ_u 是位移边界, 并且有 $\Gamma_t \cap \Gamma_u = 0$ 和 $\Gamma_t \cup \Gamma_u = \Gamma$, Γ 是材料现时构形 Ω 的边界.

所以, 根据边界条件, 对上式等号右边的应力微分项进行分部积分处理, 并考虑到在位移边界 Γ_u 处虚位移 $\delta u_i = 0$, 可得如下等式

$$\int_\Omega \delta u_i \frac{\partial \sigma_{ji}}{\partial x_j} dV = \int_{\Gamma_t} \delta u_i \bar{t}_i dS - \int_\Omega \frac{\partial (\delta u_i)}{\partial x_j} \sigma_{ji} dV \tag{5.3.6}$$

将上式代入 (5.3.4) 式, 得

$$\int_\Omega \delta u_i \rho \ddot{u}_i dV = \int_{\Gamma_t} \delta u_i \bar{t}_i dS + \int_\Omega \delta u_i \rho g_i dV - \int_\Omega \frac{\partial (\delta u_i)}{\partial x_j} \sigma_{ji} dV \tag{5.3.7}$$

上式就是 UL 格式的虚功原理 (principle of virtual power). 式中等号左边就是由惯性力引起的惯性虚功或动力虚功, 记为 δW^{kin}, 即

$$\delta W^{\mathrm{kin}} = \int_\Omega \delta u_i \rho \ddot{u}_i dV \tag{5.3.8}$$

(5.3.7) 式中等号右边第一、第二项是外力 (边界外力和体积外力) 引起的外力虚功, 记为 δW^{ext}, 即

$$\delta W^{\mathrm{ext}} = \int_{\Gamma_t} \delta u_i \bar{t}_i dS + \int_\Omega \delta u_i \rho g_i dV \tag{5.3.9}$$

(5.3.7) 式中等号右边第三项是内力引起的内力虚功, 记为 δW^{int}, 即

$$\delta W^{\mathrm{int}} = \int_\Omega \frac{\partial (\delta u_i)}{\partial x_j} \sigma_{ji} dV \tag{5.3.10}$$

所以 (5.3.7) 式表示的虚功原理可简化为

$$\delta W^{\mathrm{kin}} = \delta W^{\mathrm{ext}} - \delta W^{\mathrm{int}} \tag{5.3.11}$$

上式的意义是惯性虚功 (或动力虚功) 等于外力虚功减去内力虚功.

5.3.2.2 节点力和质量矩阵

有限元方法的基本思想就是用若干的单元和节点对计算区域进行离散, 把无限自由度的问题近似成为有限自由度的问题. 一般来说, 有限元方法的关键在于求解节点的位移, 并通过节点位移的插值进一步获得材料内部位移场以及变形、应力等其他信息.

1) 有限元网格划分和形函数

假设材料现时构形 Ω 划分成了若干个单元, 每个单元包含若干个节点, 如图 5.3.1 所示 (构形 Ω 被划分成若干个三角形单元, 每个单元包含 3 个节点), 这样构形 Ω 上位移的分布就可以通过节点的位移插值来获得, 即

$$u_i(\boldsymbol{X}, t) = \sum_I N_I(\boldsymbol{X}) u_{iI}(t) \tag{5.3.12}$$

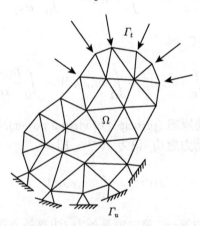

图 5.3.1   有限元网格划分

式中, I 代表节点编号, i 代表三维矢量分量下标, 下同. 所以 $u_{iI}(t)$ 是用分量下标表示的编号为 I 的节点位移, 仅是时间的函数, $\boldsymbol{X}$ 是物质坐标, $N_I(\boldsymbol{X})$ 是插值形函数, 仅和初始坐标 (物质坐标) 相关. 插值形函数有如下的性质

$$N_I(\boldsymbol{X}_J) = \delta_{IJ} \quad 和 \quad \sum_I N_I(X) = 1 \tag{5.3.13}$$

把节点位移 $u_{iI}(t)$ 简化表示为 u_{iI}, 形函数简化表示为 N_I, 这样虚位移可以表示为

$$\delta u_i = \sum_I N_I \delta u_{iI} \tag{5.3.14}$$

2) 节点力

有限元方法认为, 虚功可以看成作用在节点上的节点力和节点虚位移的乘积 (向量点乘), 因此前面所述的动力虚功、外力虚功和内力虚功都可以写成如下形式

$$\delta W^{\text{kin}} = \sum_I \delta u_{iI} f_{iI}^{\text{kin}} \tag{5.3.15}$$

$$\delta W^{\text{ext}} = \sum_I \delta u_{iI} f_{iI}^{\text{ext}} \tag{5.3.16}$$

$$\delta W^{\text{int}} = \sum_I \delta u_{iI} f_{iI}^{\text{int}} \tag{5.3.17}$$

式中 f_{iI}^{kin}, f_{iI}^{ext} 和 f_{iI}^{int} 就是作用在节点上的惯性、外部和内部节点力. 下面的工作就是获得各个节点力的表达形式.

对于内力虚功, 根据 (5.3.10) 式和式 (5.3.17), 有

$$\delta W^{\text{int}} = \sum_I \delta u_{iI} f_{iI}^{\text{int}} = \int_\Omega \frac{\partial(\delta u_i)}{\partial x_j} \sigma_{ji} \mathrm{d}V \tag{5.3.18}$$

将 (5.3.14) 式代入上式的积分号中, 有

$$\sum_I \delta u_{iI} f_{iI}^{\text{int}} = \sum_I \delta u_{iI} \int_\Omega \frac{\partial N_I}{\partial x_j} \sigma_{ji} \mathrm{d}V \tag{5.3.19}$$

所以内部节点力为

$$f_{iI}^{\text{int}} = \int_\Omega \frac{\partial N_I}{\partial x_j} \sigma_{ji} \mathrm{d}V \tag{5.3.20}$$

同理, 外部节点力为

$$f_{iI}^{\text{ext}} = \int_{\Gamma_t} N_I \bar{t}_i \mathrm{d}S + \int_\Omega N_I \rho g_i \mathrm{d}V \tag{5.3.21}$$

对于惯性节点力, 稍微复杂些, 根据 (5.3.8) 和 (5.3.15) 式, 动力虚功为

$$\delta W^{\text{kin}} = \sum_I \delta u_{iI} f_{iI}^{\text{kin}} = \int_\Omega \delta u_i \rho \ddot{u}_i \mathrm{d}V \tag{5.3.22}$$

代入 (5.3.12) 和 (5.3.14) 式后, 有

$$\sum_I \delta u_{iI} f_{iI}^{\text{kin}} = \sum_I \delta u_{iI} \int_\Omega \rho N_I \sum_J N_J \ddot{u}_{iJ} \mathrm{d}V \tag{5.3.23}$$

令

$$M_{IJ} = \int_\Omega \rho N_I N_J \mathrm{d}V \tag{5.3.24}$$

上式中的 M_{IJ} 通常称为质量矩阵. 这样惯性节点力为

$$f_{iI}^{\text{kin}} = \sum_J M_{IJ} \ddot{u}_{iJ} \tag{5.3.25}$$

注意到根据质量守恒有 $\mathrm{d}V = J\mathrm{d}V_0$ (J 是变形梯度决定的 Jacobi 行列式的值 [1]), 所以质量矩阵可以在初始构形 Ω_0 上积分得到, 如下

$$M_{IJ} = \int_{\Omega_0} \rho N_I N_J J\mathrm{d}V_0 = \int_{\Omega_0} \rho_0 N_I N_J \mathrm{d}V_0 \tag{5.3.26}$$

上式说明了质量矩阵只跟初始密度和初始构形有关, 可以在初始构形 Ω_0 上积分确定并在后续计算中保持不变, 所以质量矩阵的计算可以在动力学有限元计算的初始化阶段进行.

以上给出了单个节点上各种节点力的表达式, 实际上各种节点力之间满足一定的关系, 这个关系决定了节点的运动状态. 考虑到虚功原理 (5.3.11) 式以及节点位移变分 δu_{iI} 的任意性, 可获得下面的节点力的相互关系式

$$f_{iI}^{\mathrm{kin}} = f_{iI}^{\mathrm{ext}} - f_{iI}^{\mathrm{int}} \tag{5.3.27}$$

上式也可以写成

$$\sum_J M_{IJ} \ddot{u}_{iJ} = f_{iI}^{\mathrm{ext}} - f_{iI}^{\mathrm{int}} \tag{5.3.28}$$

在非线性动力学有限元的计算程序实现中, 为了更简洁地表示节点力和节点力之间的关系, 通常采用如下的表示方法. 首先是根据 Voigt 规则, 将应力张量 $\boldsymbol{\sigma}$ (或 σ_{ij}) 写成其 6 个独立分量的列矩阵形式, 如下

$$\boldsymbol{\sigma} = [\sigma_{11}, \sigma_{22}, \sigma_{33}, \sigma_{23}, \sigma_{13}, \sigma_{12}]^{\mathrm{T}} \tag{5.3.29}$$

然后引入表示形函数对空间微分的 $\boldsymbol{B}$ 矩阵, $\boldsymbol{B}$ 矩阵用分块矩阵表示, 每个节点对应一个分块矩阵中的一块, 即 $\boldsymbol{B}_I$ 矩阵. 假设材料网格划分后节点总数为 N, 那么 $\boldsymbol{B}_I$ 矩阵和 $\boldsymbol{B}$ 矩阵表示如下

$$\boldsymbol{B}_I = \begin{bmatrix} \dfrac{\partial N_I}{\partial x_1} & 0 & 0 & 0 & \dfrac{\partial N_I}{\partial x_3} & \dfrac{\partial N_I}{\partial x_2} \\[2mm] 0 & \dfrac{\partial N_I}{\partial x_2} & 0 & \dfrac{\partial N_I}{\partial x_3} & 0 & \dfrac{\partial N_I}{\partial x_1} \\[2mm] 0 & 0 & \dfrac{\partial N_I}{\partial x_3} & \dfrac{\partial N_I}{\partial x_2} & \dfrac{\partial N_I}{\partial x_1} & 0 \end{bmatrix}^{\mathrm{T}} \tag{5.3.30}$$

$$\boldsymbol{B} = [\boldsymbol{B}_1, \boldsymbol{B}_2, \boldsymbol{B}_3, \cdots, \boldsymbol{B}_N] \tag{5.3.31}$$

这样内部节点力可以表示为

$$f_I^{\mathrm{int}} = \int_\Omega \boldsymbol{B}_I^{\mathrm{T}} \boldsymbol{\sigma} \mathrm{d}V, \quad \boldsymbol{f}^{\mathrm{int}} = \int_\Omega \boldsymbol{B}^{\mathrm{T}} \boldsymbol{\sigma} \mathrm{d}V \tag{5.3.32}$$

上式中 $\boldsymbol{f}^{\text{int}} = [(\boldsymbol{f}_1^{\text{int}})^{\text{T}}, (\boldsymbol{f}_2^{\text{int}})^{\text{T}}, \cdots, (\boldsymbol{f}_N^{\text{int}})^{\text{T}}]^{\text{T}}$ 是总体内部节点力列矩阵, 它由各节点内部节点力列矩阵 $\boldsymbol{f}_I^{\text{int}} = [f_{1I}^{\text{int}}, f_{2I}^{\text{int}}, f_{3I}^{\text{int}}]^{\text{T}}$ 所组成. 对外部节点力也采用这样的组成方式来表示, 如下

$$\boldsymbol{f}_I^{\text{ext}} = \int_\Omega \boldsymbol{N}_I^{\text{T}} \rho \boldsymbol{g} \mathrm{d}V + \int_{\Gamma_t} \boldsymbol{N}_I^{\text{T}} \bar{\boldsymbol{t}} \mathrm{d}S, \quad \boldsymbol{f}^{\text{ext}} = \int_\Omega \boldsymbol{N}^{\text{T}} \rho \boldsymbol{g} \mathrm{d}V + \int_{\Gamma_t} \boldsymbol{N}^{\text{T}} \bar{\boldsymbol{t}} \mathrm{d}S \quad (5.3.33)$$

式中

$$\boldsymbol{N}_I = N_I \boldsymbol{I}, \quad \boldsymbol{N} = [\boldsymbol{N}_1, \boldsymbol{N}_2, \cdots, \boldsymbol{N}_N] \quad (5.3.34)$$

$$\bar{\boldsymbol{t}} = [\bar{t}_1, \bar{t}_2, \bar{t}_3]^{\text{T}} \quad (5.3.35)$$

$$\boldsymbol{f}_I^{\text{ext}} = [f_{1I}^{\text{ext}}, f_{2I}^{\text{ext}}, f_{3I}^{\text{ext}}]^{\text{T}}, \quad \boldsymbol{f}^{\text{ext}} = [(\boldsymbol{f}_1^{\text{ext}})^{\text{T}}, (\boldsymbol{f}_2^{\text{ext}})^{\text{T}}, \cdots, (\boldsymbol{f}_N^{\text{ext}})^{\text{T}}]^{\text{T}} \quad (5.3.36)$$

对于惯性节点力, 采用如下表示

$$\boldsymbol{f}_I^{\text{kin}} = \boldsymbol{M}_{IJ} \ddot{\boldsymbol{u}}_J, \quad \boldsymbol{f}^{\text{kin}} = \boldsymbol{M} \ddot{\boldsymbol{u}} \quad (5.3.37)$$

式中重复下标代表求和, 且有

$$\ddot{\boldsymbol{u}}_I = [\ddot{u}_{1I}, \ddot{u}_{2I}, \ddot{u}_{3I}]^{\text{T}}, \quad \ddot{\boldsymbol{u}} = [\ddot{\boldsymbol{u}}_1^{\text{T}}, \ddot{\boldsymbol{u}}_2^{\text{T}}, \cdots, \ddot{\boldsymbol{u}}_N^{\text{T}}]^{\text{T}} \quad (5.3.38)$$

$$\boldsymbol{M}_{IJ} = \int_{\Omega_0} \rho_0 \boldsymbol{N}_I^{\text{T}} \boldsymbol{N}_J \mathrm{d}V_0, \quad \boldsymbol{M} = \int_{\Omega_0} \rho_0 \boldsymbol{N}^{\text{T}} \boldsymbol{N} \mathrm{d}V_0 \quad (5.3.39)$$

这样, 节点力关系的简洁矩阵形式为

$$\boldsymbol{M} \ddot{\boldsymbol{u}} = \boldsymbol{f}^{\text{ext}} - \boldsymbol{f}^{\text{int}} \quad (5.3.40)$$

3) 一致质量矩阵和集中质量矩阵

由 (5.3.24) 或 (5.3.26) 式确定的质量矩阵 $\boldsymbol{M}_{IJ}$ 一般不是对角化的, 因而其集成的总体质量矩阵 $\boldsymbol{M}$ 也不是对角化的, 这样的质量矩阵称为**一致质量矩阵**, 它对存储数据和计算都带来一定的困难. 为了解决这个问题, 部分研究人员人为地将质量矩阵实行对角化, 这个过程没有理论支持, 但是这种处理仍然可以保持系统的动量守恒, 对数据存储和编程计算是一个很大的简化, 因此该技术得到很多的应用, 对角化后的质量矩阵称为**集中质量矩阵**[8].

质量矩阵对角化的方法一般是按行求和, 即

$$\boldsymbol{M}_I = \int_{\Omega_0} \rho_0 \boldsymbol{N}_I^{\text{T}} \sum_J \boldsymbol{N}_J \mathrm{d}V_0 = \int_{\Omega_0} \rho_0 \boldsymbol{N}_I^{\text{T}} \mathrm{d}V_0 \quad (5.3.41)$$

式中应用到了形函数的性质 (5.3.13), 实际上可看成利用形函数把质量在节点上集中. 经过这样处理后, 质量矩阵变成对角阵, 可用一维数组来存储, 编程计算将变得

简单, 通过将对角化的集中质量矩阵集成为总体质量矩阵后, 节点力之间的关系成为

$$
\begin{bmatrix}
\boldsymbol{M}_1 & & & \\
& \boldsymbol{M}_2 & & \\
& & \ddots & \\
& & & \boldsymbol{M}_N
\end{bmatrix}
\begin{bmatrix}
\ddot{\boldsymbol{u}}_1 \\
\ddot{\boldsymbol{u}}_2 \\
\vdots \\
\ddot{\boldsymbol{u}}_N
\end{bmatrix}
=
\begin{bmatrix}
\boldsymbol{f}_1^{\text{ext}} \\
\boldsymbol{f}_2^{\text{ext}} \\
\vdots \\
\boldsymbol{f}_{N+1}^{\text{ext}}
\end{bmatrix}
-
\begin{bmatrix}
\boldsymbol{f}_1^{\text{int}} \\
\boldsymbol{f}_2^{\text{int}} \\
\vdots \\
\boldsymbol{f}_{N+1}^{\text{int}}
\end{bmatrix}
\qquad (5.3.42)
$$

需要提到一点, 对角化的集中质量矩阵并非总是有效的, 在使用高阶单元时, 它会带来一些奇怪行为 [8]. 但是实践证明, 在使用线性单元时, 比如四节点四边形单元 (Q4 单元, Q 代表四边形 Quadrilateral) 和三节点三角形 (T3 单元, T 代表三角形 Triangle)(图 5.3.2), 集中质量矩阵确实是正确的和高效的.

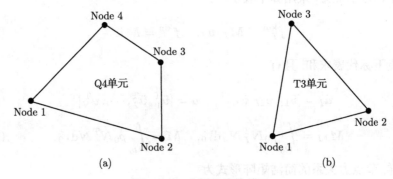

图 5.3.2   典型的线性单元

5.3.2.3   单元 — 总体分析与显式求解

1) 单元分析

前面对动力有限元方法的虚功原理、离散方法进行了讨论, 实际上已经形成了计算框架, (5.3.42) 式可以简明地说明这个计算框架. 初始时, 先在节点上集中材料的质量, 获得向量 $[\boldsymbol{M}_1, \boldsymbol{M}_2, \cdots, \boldsymbol{M}_N]^{\text{T}}$, 再根据边界条件和单元内部初始应力分布求得节点上的外部和内部节点力, 根据节点力利用 (5.3.42) 式可得到节点加速度 $\ddot{\boldsymbol{u}}_I$, 再利用位移和速度的初始条件, 通过时间域上的有限差分方法, 由 $\ddot{\boldsymbol{u}}_I$ 计算下一时刻的节点速度及位移, 这样利用节点的速度和位移可得该时刻单元的变形情况, 再利用物态方程和本构关系, 获得单元的应力, 再获得该时刻单元节点上的节点力, 再计算节点速度, 形成计算循环, 直到达到计算终止.

上述过程中涉及的质量矩阵和节点力都是总体的质量矩阵和总体节点力, 在有限元方法中一般是通过单元分析获得单元的质量矩阵和单元节点力, 然后经过称为集成或集总的操作形成总体的质量矩阵和总体节点力. 下面就讨论单元分析和总

体集成操作.

为了说明单元分析与总体集成的思想, 可以先假定一个很简单的一维有限单元系统, 如图 5.3.3 所示.

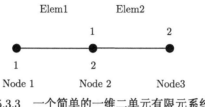

图 5.3.3　一个简单的一维二单元有限元系统

有限单元系统中, 节点都有一个总体编号和单元局部编号, 在图 5.3.3 所示的简单有限单元系统中, 三个节点的总体编号从左到右为 1、2、3, 在某一个单元内部, 比如 Elem2, 两个局部节点编号从左到右是 1、2, 而其对应的总体编号是 2、3, 也就是说 Elem2 中的 1、2 节点实际上是总体的 2、3 节点. 为了简单起见, 还可以进一步假定图 5.3.3 所示的有限元系统的单元大小相等.

(1) 单元插值.

有限元法的一个基本思想是单元内部的位移可用单元节点的位移插值获得. 对图 5.3.3 中的简单系统, 某一个单元 $(e)(e=1$ 或者 $e=2)$ 的两个节点 (左边为节点 1, 右边为节点 2) 的位移分别为 $u_1^{(e)}$ 和 $u_2^{(e)}$(上标 e 表示单元号), 那么在该单元内, 位移的分布为

$$u^{(e)} = N_1 u_1^{(e)} + N_2 u_2^{(e)} \tag{5.3.43}$$

其中 N_1, N_2 都是插值函数, 按照等参单元的思想 [9], 它们一般有以下的表达式

$$N_1 = \frac{1}{2}(1-\xi), \quad N_2 = \frac{1}{2}(1+\xi) \tag{5.3.44}$$

其中当 $\xi = -1$ 时 (对应节点 1)$N_1 = 1$ 且 $N_2 = 0$, 当 $\xi = +1$ 时 (对应节点 2)$N_1 = 0$ 且 $N_2 = 1$, ξ 的表达式为

$$\xi = \frac{X - \frac{1}{2}(X_1^{(e)} + X_2^{(e)})}{\frac{1}{2}(X_2^{(e)} - X_1^{(e)})} \tag{5.3.45}$$

上式中 $X_1^{(e)}$ 和 $X_2^{(e)}$ 是单元 (e) 中的左右两节点的初始坐标 (Lagrange 坐标). 注意, 如图 5.3.3 所示的有限元系统中单元大小都是相等的, 有 $X_2^{(e)} - X_1^{(e)} = \text{const} = \Delta L$, 所以 ξ 可简化为

$$\xi = \frac{2X - (X_1^{(e)} + X_2^{(e)})}{\Delta L} \tag{5.3.46}$$

下面将根据确定的形函数 N_1 和 N_2, 分析单元集中质量矩阵和单元节点力.

(2) 单元质量集中矩阵.

求集中质量矩阵实际上就是求集中质量矩阵的对角系数 M_i, 根据 (5.3.41) 式, 在图 5.3.3 所示的某个单元 (e) 上集中质量矩阵系数为

$$M_1^{(e)} = \int_{X_1^{(e)}}^{X_2^{(e)}} \rho_0 N_1 \mathrm{d}X \quad \text{和} \quad M_2^{(e)} = \int_{X_1^{(e)}}^{X_2^{(e)}} \rho_0 N_2 \mathrm{d}X \tag{5.3.47}$$

考虑到 (5.3.44)—(5.3.46) 式, 有

$$\mathrm{d}X = \frac{1}{2}\Delta L \cdot \mathrm{d}\xi \tag{5.3.48}$$

所以, (5.3.47) 式成为

$$M_1^{(e)} = \int_{-1}^{+1} \rho_0 N_1 \frac{1}{2}\Delta L \mathrm{d}\xi \quad \text{和} \quad M_2^{(e)} = \int_{-1}^{+1} \rho_0 N_2 \frac{1}{2}\Delta L \mathrm{d}\xi \tag{5.3.49}$$

显然

$$M_1^{(e)} = \frac{1}{2}\rho_0 \Delta L \quad \text{和} \quad M_2^{(e)} = \frac{1}{2}\rho_0 \Delta L \tag{5.3.50}$$

上式可解释为在任一个单元 (e) 中, 左右两个节点各集中一半的单元质量.

(3) 单元节点力.

单元节点力分为外部和内部节点力, 在不考虑体积力外力 (如重力) 时, 外部节点力通常是根据力边界条件产生, 通常在单元分析中操作中并不加以考虑, 而是在总体集成操作中直接把边界条件加在总体节点上, 所以下面仅仅对内部节点力的表达式进行讨论. 根据内部节点力的表达式 (5.3.20), 单元内部节点力为

$$f_1^{(e)\mathrm{int}} = \int_{X_1^{(e)}}^{X_2^{(e)}} \sigma_x^{(e)} \frac{\partial N_1}{\partial X} \mathrm{d}X \quad \text{和} \quad f_2^{(e)\mathrm{int}} = \int_{X_1^{(e)}}^{X_2^{(e)}} \sigma_x^{(e)} \frac{\partial N_2}{\partial X} \mathrm{d}X \tag{5.3.51}$$

考虑到 (5.3.49) 式及下式

$$\frac{\partial}{\partial X} = \frac{\partial}{\partial \xi} \bigg/ \frac{\partial X}{\partial \xi} \tag{5.3.52}$$

所以

$$f_1^{(e)\mathrm{int}} = \int_{-1}^{+1} -\frac{1}{2}\sigma_x^{(e)} \mathrm{d}\xi \quad \text{和} \quad f_2^{(e)\mathrm{int}} = \int_{-1}^{+1} +\frac{1}{2}\sigma_x^{(e)} \mathrm{d}\xi \tag{5.3.53}$$

若假定单元内部应力 $\sigma_x^{(e)}$ 为常数 (即单元内部应力没有分布), 则进一步有

$$f_1^{(e)\mathrm{int}} = -\sigma_x^{(e)} \quad \text{和} \quad f_2^{(e)\mathrm{int}} = \sigma_x^{(e)} \tag{5.3.54}$$

2) 总体分析

总体分析实际上就是将上述的单元集中质量矩阵系数、单元节点力在总体节点上集成的, 所以这个操作也称为总体集成. 总体集成的思想其实非常简单, 不外乎是将各单元分析中获得的集中质量矩阵系数、节点力进行叠加而已. 以集中质量矩阵系数为例来说明总体集成操作的逻辑. 假定系统中有一个 A 单元和 B 单元, 在单元分析阶段根据形函数在单元的每个节点上都集中了质量, 总体集成就是看是否有节点既是 A 单元的节点又是 B 单元的节点, 如果有这样的节点, 那么该节点集中的质量就应该是它在 A 单元和 B 单元集中质量的叠加. 对节点力, 总体集成的思想也完全一样. 以下还是基于图 5.3.3 所示的有限元系统对总体集成操作进行详细说明.

(1) 总体集中质量矩阵.

根据单元分析结果, 图 5.3.3 中的单元 1(Elem1) 的 1、2 节点 (总体的 Node1 和 Node2) 各集中了一半的单元质量, 单元 2(Elem2) 的 1、2 节点 (总体的 Node2 和 Node3) 同样也各集中了一半的单元质量, 从总体来看, Node2 上集中的质量应该是两个单元 (Elem1 和 Elem2) 集中质量的叠加, 那么对图 5.3.3 这样的一个简单系统, 其总体集中质量矩阵如下, 其中 $m = \rho_0 \Delta L/2$.

$$M = \begin{bmatrix} m & & \\ & m+m & \\ & & m \end{bmatrix} \quad (5.3.55)$$

(2) 总体节点力.

根据对总体集中质量矩阵的处理方法, 完全可以得到图 5.3.3 所示的有限元系统的总体内部节点力表达式为

$$f^{\text{int}} = \begin{bmatrix} -\sigma_x^{(1)\text{int}} \\ \sigma_x^{(1)\text{int}} - \sigma_x^{(2)\text{int}} \\ \sigma_x^{(2)\text{int}} \end{bmatrix} \quad (5.3.56)$$

假定系统不受到边界力的作用 (指仅有位移边界条件或者力边界条件为 0), 则没有外部节点力对系统的贡献, 可以暂不考虑外部节点力的影响, 认为总体外部节点力向量 $f^{\text{ext}} = 0$. 稍后将在讨论边界条件的处理时再讨论外部节点力的计算表达式.

3) 近似动量方程及其时域显式差分

根据 (5.3.42) 式及 (5.3.55), (5.3.56) 式和 $f^{\text{ext}} = 0$, 得以下关于节点位移 u_i 的近似动量守恒方程

$$
\begin{bmatrix}
m & & \\
& m+m & \\
& & m
\end{bmatrix}
\begin{bmatrix}
\ddot{u}_1 \\
\ddot{u}_2 \\
\ddot{u}_3
\end{bmatrix}
=
\begin{bmatrix}
0 \\
0 \\
0
\end{bmatrix}
-
\begin{bmatrix}
-\sigma_x^{(1)\mathrm{int}} \\
\sigma_x^{(1)\mathrm{int}} - \sigma_x^{(2)\mathrm{int}} \\
\sigma_x^{(2)\mathrm{int}}
\end{bmatrix}
\tag{5.3.57}
$$

如果上式改用节点速度 v_i 表示, 并为简便起见去掉内部节点力的 int 上标, 上式简化为

$$
\begin{cases}
m\dot{v}_1 = \sigma_x^{(1)} \\
2m\dot{v}_2 = \sigma_x^{(2)} - \sigma_x^{(1)} \\
m\dot{v}_3 = -\sigma_x^{(2)}
\end{cases}
\tag{5.3.58}
$$

如果将节点速度定义在时间域的半节点上 (即 $n \pm 1/2$), 则上式在时间域的显式求解节点速度的差分表达式为

$$
\begin{cases}
\dfrac{v_1^{n+1/2} - v_1^{n-1/2}}{\Delta t} = \dfrac{2\sigma_x^{(1)}}{\rho_0 \Delta L} \\[3mm]
\dfrac{v_2^{n+1/2} - v_2^{n-1/2}}{\Delta t} = \dfrac{\sigma_x^{(2)} - \sigma_x^{(1)}}{\rho_0 \Delta L} \\[3mm]
\dfrac{v_3^{n+1/2} - v_3^{n-1/2}}{\Delta t} = -\dfrac{2\sigma_x^{(2)}}{\rho_0 \Delta L}
\end{cases}
\tag{5.3.59}
$$

上式中用到了 $m = \rho_0 \Delta L/2$, Δt 为时间步长.

从上式可以看出, 在动力学有限元的思想下, 求解节点 2 速度的表达式与动量方程的 Richtmyer 有限差分格式完全一致 [10], 求解节点 1、3 速度的表达式也与 Richtmyer 有限差分格式应用自由边界条件后的表达式一致 (自由边界条件即指力边界条件为 0, 这是系统中没有考虑力边界条件形成的外部节点力的自然结果). 这说明在有限差分和动力学有限元具有一致性, 有限差分法在时间步长及稳定性方面的理论方法可以用在动力学有限元方法上, 并且可以预见在相同条件下这两种方法的编程计算结果也应该一致.

4) 边界条件

下面再讨论边界条件引入的问题. 前面已经讨论过, 大多数冲击动力学问题中, 边界条件主要是力边界条件 (给定边界的应力) 和位移边界条件 (给定边界的位移).

在不考虑体积力的系统中, 力边界条件将决定外部节点力的计算, 其计算表达式是 (5.3.21) 式, 计算出的边界外部节点力并在总体集成操作时考虑到系统中即可. 最常见的力边界条件是自由边界, 此时等同于力边界条件为 0, 所以这种情况下根本就不需要计算边界外部节点力. 如果图 5.3.3 所示系统的左边界为自由边界, 其处理结果就是 (5.3.59) 式中的节点 1 的速度计算表达式.

对于位移边界条件, 边界节点速度的计算将不受节点力的控制, 而受位移边界条件控制, 此时可将边界节点的速度单独计算. 最常见的位移边界条件是固壁边界条件, 即边界位移为 0, 在计算中直接将边界节点速度赋 0 值即可.

5.3.2.4 人工体积黏性和沙漏黏性

1) 人工体积黏性[7]

在导弹毁伤效应的非线性动力学有限元数值模拟中, 不可避免地要涉及爆炸冲击问题, 即材料中存在冲击波 (shock wave) 的传播. 冲击波是在运动中的压力、密度、质点速度和内能等物理量的间断 (跃变) 面, 冲击波波阵面前后的物理量满足由质量守恒、动量守恒和能量守恒决定的冲击波间断关系式, 此关系式也称 Rankine-Hugoniot 关系式.

冲击波的间断对连续介质力学守恒方程组的求解来说是一个困难, 因为间断对应的物理量不连续使得守恒方程中的微分算子失效. 为了解决这个困难, Von Neumann 和 Richtmyer 于 1950 年提出了利用人工体积黏性 (artificial bulk viscosity) 的计算方法. 在该方法中, 通过在压力项中引入一个人工黏性力项 q, 把冲击波的间断面抹平成在一个较窄过渡区域内物理量急剧变化但却是连续的波阵面, 并压制波形弥散带来的振荡, 同时使得冲击波间断关系式 (Rankine-Hugoniot 关系式) 满足, 如图 5.3.4 所示.

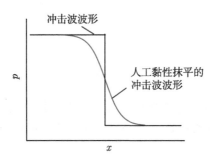

图 5.3.4 人工体积黏性抹平冲击波示意图

要注意, 人工体积黏性应该在需要它起作用的地方起作用 (比如在冲击间断处), 而在其他地方则不需要 (比如在拉伸膨胀区域), 否则会影响计算结果. 所以人工体积黏性通常是通过速度梯度或应变率来决定黏性力的大小, 并且在拉伸膨胀区保持为 0. 人工体积黏性有多种形式, 下面列出其中一种

$$q = \begin{cases} c_0 \rho l_e^2 (\dot{\varepsilon}_{kk})^2, & \dot{\varepsilon}_{kk} < 0 \\ 0, & \dot{\varepsilon}_{kk} \geqslant 0 \end{cases} \tag{5.3.60}$$

其中 c_0 为无量纲数, $l_e = \sqrt[3]{V}$ 为单元的特征长度, ρ 为现时构形中的密度, $\dot{\varepsilon}_{kk}$ 为体积应变率. 由于应力是以拉为正, $\dot{\varepsilon}_{kk}$ 小于 0 表示压缩, $\dot{\varepsilon}_{kk}$ 大于 0 表示拉伸膨胀,

拉伸膨胀时人工体积黏性为 0.

2) 沙漏黏性[11]

沙漏 (hourglass) 黏性的引入是为了解决单元积分中因 Gauss 单点积分带来的零能模式 (zero energy mode) 的问题. 下面从单元积分出发来讨论沙漏黏性的机制和原理.

通过前面讨论可以看到, 非线性动力学有限元方法中, 计算节点力和质量矩阵都将涉及对空间构形积分的问题. 使用单元分析和总体集成技术, 对空间构形的积分通常可以在单元积分的基础上进行, 因此单元积分是计算中的一个重要工作.

对线性单元, 例如 Q4 单元 (四边形四节点单元), 通常将其映射到等参单元上并用 Gauss 单点积分进行单元积分计算. 图 5.3.5 是 Q4 单元及其等参单元示意图.

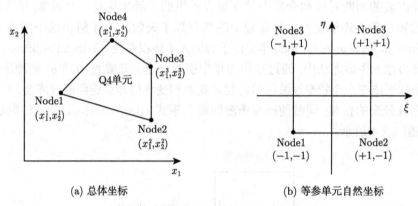

(a) 总体坐标　　　　　　　　　　　　(b) 等参单元自然坐标

图 5.3.5　Q4 单元及其等参单元示意图

所谓的单元 Gauss 积分, 在指将总体坐标上的积分映射到等参单元自然坐标上的积分, 同时采用加权求和的方式. 例如, 对任意物理量 g 的单元积分, 其 Gauss 积分如下

$$\int_{\Omega_e} g \mathrm{d}V = \int_{-1}^{+1}\int_{-1}^{+1} g|J|\mathrm{d}\xi\mathrm{d}\eta = \sum_{n=1}^{N_\xi}\sum_{m=1}^{M_\eta} g(\xi_n,\eta_m)|J(\xi_n,\eta_m)|w_n w_m \tag{5.3.61}$$

式中 Ω_e 代表单元积分区域, N_ξ 和 M_η 代表等参单元自然坐标上的积分采样点数量, $|J|$ 是单元自然坐标到单元总体坐标的 Jacobi 行列式, w_n 和 w_m 是加权因子.

而 Gauss 单点积分是指 Gauss 积分中的积分采样点只取一个, 即单元的形心, 此时等参单元自然坐标 $\xi = \eta = 0$, 加权因子 $w_n = w_m = 2$, 这样上式就成为

$$\int_{\Omega_e} g \mathrm{d}V = 4g(0,0)|J(0,0)| \tag{5.3.62}$$

式中 $4|J(0,0)|$ 近似等于单元的面积 (如果是三维单元即为体积).

在等参单元的基础上, 单元内部位移为

$$u_i = \sum_{I=1}^{4} N_I(\xi, \eta) u_{iI}(t) \tag{5.3.63}$$

式中 $N_I(\xi, \eta)$ 是等参单元的形函数, 其表达式为

$$\begin{aligned}
N_I(\xi, \eta) &= \frac{1}{4}(1 + \xi_I \xi)(1 + \eta_I \eta) \\
&= \frac{1}{4}(1 + \xi_I \xi + \eta_I \eta + \xi_I \eta_I \xi \eta)
\end{aligned} \tag{5.3.64}$$

这样 (5.3.63) 式可以写成如下的矩阵形式

$$u_i = \frac{1}{4}[\boldsymbol{\Sigma}^{\mathrm{T}} + \xi \boldsymbol{\Lambda}_1^{\mathrm{T}} + \eta \boldsymbol{\Lambda}_2^{\mathrm{T}} + \xi \eta \boldsymbol{\Gamma}^{\mathrm{T}}]\begin{bmatrix} u_{i1} \\ u_{i2} \\ u_{i3} \\ u_{i4} \end{bmatrix} \tag{5.3.65}$$

其中

$$\begin{cases}
\boldsymbol{\Sigma} = (+1, +1, +1, +1)^{\mathrm{T}} \\
\boldsymbol{\Lambda}_1 = (-1, +1, +1, -1)^{\mathrm{T}} \\
\boldsymbol{\Lambda}_2 = (-1, -1, +1, +1)^{\mathrm{T}} \\
\boldsymbol{\Gamma} = (+1, -1, +1, -1)^{\mathrm{T}}
\end{cases} \tag{5.3.66}$$

式中 $\boldsymbol{\Sigma}$, $\boldsymbol{\Lambda}_1$, $\boldsymbol{\Lambda}_2$ 和 $\boldsymbol{\Gamma}$ 这 4 个矢量分别对应于单元的刚体平动、拉伸 (压缩) 变形、剪切变形和沙漏变形 4 种变形模式, 如图 5.3.6 所示, 其中 $\boldsymbol{\Gamma}$ 称为沙漏基矢 (hourglass base vector).

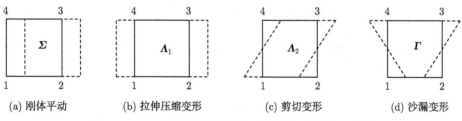

(a) 刚体平动   (b) 拉伸压缩变形   (c) 剪切变形   (d) 沙漏变形

图 5.3.6   Q4 等参单元插值的 4 个矢量对应的变形模式

在计算内部节点力时, 需要计算形函数的导数, 即

$$\begin{bmatrix} \dfrac{\partial N_I}{\partial x_1} \\ \dfrac{\partial N_I}{\partial x_2} \end{bmatrix} = [\boldsymbol{J}]^{-1} \begin{bmatrix} \dfrac{\partial N_I}{\partial \xi} \\ \dfrac{\partial N_I}{\partial \eta} \end{bmatrix} \quad (I = 1, 2, 3, 4) \tag{5.3.67}$$

由于采用 Gauss 单点积分, 形函数的导数将在单元形心处 ($\xi = \eta = 0$) 取值, 即

$$
\left\{
\begin{aligned}
\left.\frac{\partial N_I}{\partial \xi}\right|_{\xi=\eta=0} &= \frac{\partial}{\partial \xi}\left(\frac{1}{4}\Sigma_I + \frac{1}{4}\xi\Lambda_{1I} + \frac{1}{4}\eta\Lambda_{2I} + \frac{1}{4}\xi\eta\Gamma_{1I}\right)\bigg|_{\xi=\eta=0} = \frac{1}{4}\Lambda_{1I} \\
\left.\frac{\partial N_I}{\partial \eta}\right|_{\xi=\eta=0} &= \frac{\partial}{\partial \eta}\left(\frac{1}{4}\Sigma_I + \frac{1}{4}\xi\Lambda_{1I} + \frac{1}{4}\eta\Lambda_{2I} + \frac{1}{4}\xi\eta\Gamma_{1I}\right)\bigg|_{\xi=\eta=0} = \frac{1}{4}\Lambda_{2I}
\end{aligned}
\right.
\tag{5.3.68}
$$

其中 Σ_I, Λ_{1I}, Λ_{2I} 和 $\Gamma_I (I = 1, 2, 3, 4)$ 是 (5.3.66) 式所示 4 个矢量的分量.

由上式可见, 采用 Gauss 单点积分后, 形函数导数的 $\xi\eta\Gamma_I$ 项不能发挥作用, 相应的沙漏变形能在计算中被 "丢失", 其结果是沙漏变形不受控制, 计算中网格倾向出现沙漏变形, 如图 5.3.7 所示, 同时造成计算结果发生数值振荡, 使计算不能进行下去.

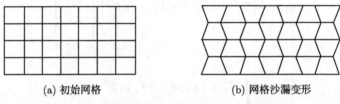

(a) 初始网格　　　　　　　　　(b) 网格沙漏变形

图 5.3.7　Q4 单元的沙漏变形模式 (零能模式)

为了解决 Gauss 单点积分带来的网格沙漏变形或零能模式的问题, 大多数的非线性动力学有限元软件都采用了引入沙漏黏性力的办法, 以达到控制沙漏的目的.

在引入沙漏黏性力中, 首先要看到沙漏基矢 $\boldsymbol{\Gamma}$ 与 (5.3.67) 式中的其他分别代表刚体平动、拉压和剪切变形的矢量是正交的, 即

$$
\boldsymbol{\Gamma}^{\mathrm{T}}\boldsymbol{\Sigma} = 0, \quad \boldsymbol{\Gamma}^{\mathrm{T}}\boldsymbol{\Lambda}_1 = 0, \quad \boldsymbol{\Gamma}^{\mathrm{T}}\boldsymbol{\Lambda}_2 = 0
\tag{5.3.69}
$$

这样, 可以通过沙漏基矢与 Q4 单元 4 个节点速度的正交来判断单元是否出现沙漏变形模式, 即如果

$$
H_i = \sum_{I=1}^{4} \Gamma_I \dot{u}_{iI} \neq 0 \quad (i = 1, 2)
\tag{5.3.70}
$$

则表示单元速度场存在沙漏模式, 需要引入沙漏黏性力, H_i 即为速度场沙漏模式的模, i 为平面上正交的两个速度方向.

沙漏黏性力的大小与速度场沙漏模式的模有关, Q4 单元 4 个节点的沙漏黏性力表达式如下

$$
h_{iI} = -CH_i\Gamma_I \quad (I = 1, 2, 3, 4, \ i = 1, 2)
\tag{5.3.71}
$$

$$C = Q_w \rho V_e^{2/3} a/4 \tag{5.3.72}$$

其中 Q_w 是一个无量纲的常数, 为 $0.05 \sim 0.15$, V_e 是单元体积, ρ 是密度, a 是材料声速.

将节点上的沙漏黏性力组集成总体沙漏黏性力列矩阵 h, 那么节点力关系 (5.3.40) 就改写成

$$M\ddot{u} = f^{\text{ext}} - f^{\text{int}} + h \tag{5.3.73}$$

这样沙漏黏性力就考虑到了非线性动力学有限元方法的计算中.

5.3.2.5 几点相关说明

1) 单元分析与总体集成

在动力学有限元方法中, 单元分析与总体集成实际上是非常成熟的操作, 它的思想与处理弹性静力学问题的结构有限元方法完全一致. 总体集成操作的结果与单元、节点的总体编号方法有很大的关系, 在弹性静力学有限元方法中不好的单元、节点编号会造成刚度矩阵变得稀疏, 对角化不好, 使得计算效率下降, 但在动力学有限元中, 由于采用集中质量矩阵 (对角矩阵), 单元、节点的总体编号方法对总体集成操作的影响其实不大, 不过优良的单元、节点的总体编号方法总是有益的. 总体编号的原则是在同一单元中, 要求节点编号的差尽可能小.

2) 弹性动力学和静力学问题

根据动量守恒方程及虚功原理, 得到了 (5.3.40) 式. 该式是一个处理冲击动力学的一般式, 如果是处理弹性力学问题, 它还可以进一步具体化. 在弹性力学问题中, 对材料使用弹性本构关系, 这样内部节点力就可以用刚度矩阵与节点位移向量的乘积来表达 (原理参考有关弹性力学有限元专著, 如文献 [12], 在此不赘述), 即

$$f^{\text{int}} = Ku \tag{5.3.74}$$

上式中 K 是刚度矩阵. 这样 (5.3.40) 式就成为

$$M\ddot{u} + Ku = f^{\text{ext}} \tag{5.3.75}$$

上式就是弹性动力学的有限元表达式. 有时在处理振动问题时, 还在系统中考虑阻尼, 阻尼对内部节点力有贡献, 用阻尼矩阵与节点位移向量的一阶微分的乘积来表达, 那么 (5.3.40) 式还可成为

$$M\ddot{u} + C\dot{u} + Ku = f^{\text{ext}} \tag{5.3.76}$$

上式 C 是阻尼矩阵. 上式就是考虑阻尼的弹性动力学的有限元表达式. 如果是弹性静力学问题, 节点位移对时间的微分为 0, 那么 (5.3.40) 式就成为

$$Ku = f^{\text{ext}} \tag{5.3.77}$$

上式就是弹性静力学的有限元表达式. 要注意, 弹性力学问题中, 对线性单元质量矩阵 M 仍旧可采用集中质量矩阵 (对角阵), 而刚度矩阵 K、阻尼矩阵 C 一般都不是对角化的.

5.3.2.6　编程实现示例

根据上述非线性动力学有限元方法的介绍, 可以在二维情况下 (包括平面应变二维和轴对称二维) 对其进行编程实现, 下面给出示例介绍.

程序使用 C++ 语言编写, 时间上采用变步长的显式时间积分, 空间上使用单点 Gauss 积分的四节点四边形等参单元, 并采用了沙漏控制措施. 程序嵌入了理想弹塑性的材料模型, 在应力计算过程中使用了 Jaumann 客观应力率, 可设置节点初速度、施加节点载荷和刚性墙. 可用于模拟规则几何外形连续体的高速碰撞和突加瞬时载荷等问题. 计算结果通过 OpenGL 实现了模拟结果的实时可视化演示.

1) 程序模块结构

程序包括了前处理模块、数据处理模块、后处理模块.

(1) 前处理模块: 前处理模块是根据所给连续体的几何形状和物理性质对介质域进行网格划分, 将求解域离散为有限个单元, 并对单元和单元节点进行编号, 并将节点的总体编号和单元内部编号进行映射, 构造所求问题的有限元模型. 本示例所编程序采用规则的四边形单元对求解域进行单元离散, 单元内节点按逆时针进行局部编号, 节点的总编号通过逐列编号. 根据所给连续体的基本物理性质、几何区域、初始条件、边界条件和单元划分, 赋予单元节点质量、速度、加速度和初始位移, 并将单元和节点信息输出至数据计算处理模块.

(2) 数据处理模块: 数据处理模块主要是载入节点的物理量, 进入时间循环, 在循环中使用 UL 格式的显式积分方法计算每一时间步单元和节点的物理信息, 并将计算结果输出至后处理模块.

(3) 后处理模块: 后处理模块主要是计算结果的输出, 包括图形显示. 图形显示使用了 OpenGL 函数库进行图形绘制, 在图形显示窗口中演示所给问题随时间的运动变形情况和内部应力分布, 一般以云图的形式表示出来.

2) 计算流程

在有限元方法程序中先计算节点相关的数据, 主要包括速度、加速度、位移、节点力等. 考虑到速度、加速度等数据的自由度, 程序中使用多维数组储存节点数据. 为了最小化存储需求, 在程序中只存储一次当前时间 t^n 的结果. 在每一个时间步长的结束, 这一时间步起始的结果会被结尾的结果覆盖. 在计算中数据统一使用 cm-g-us 为基准的单位. 流程示意图如图 5.3.8 所示.

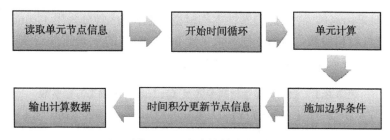

图 5.3.8 程序计算流程图

计算开始时, 载入前处理模块提供的初始节点数据, 初始信息中除了节点信息外还应包括单元节点整体编号以及节点单元局部编号和总体编号的映射关系.

根据使用的单元类型, 初始化插值基函数 N 及其对等参坐标导数. 然后开始进入时间循环, 对单元数据进行计算. 根据计算流程将计算划分为子函数模块进行, 子模块主要包括 Jacobi 矩阵计算模块、速度更新模块、应变率计算模块、偏应力更新模块、压力更新模块、沙漏黏性模块和节点力计算模块.

单元数据计算完成后, 得到了求解域所有节点当前时间层的内部节点力, 包括应力和沙漏黏性阻尼力, 在求解域引入边界条件, 得到当前时刻节点加速度. 通过显式积分方法即可更新节点的速度和位移数据. 将计算数据覆盖本时间步初始数据并储存后, 即返回循环的起始点开始下一时间步的计算, 最后直到整个时间步的循环完成.

3) 计算结果

这里展示了一个简单的轴对称长杆轴向碰撞刚性壁面的算例. 设圆柱形的铝柱, 半径为 1cm, 长度为 4cm, 以 200m/s 的初始速度垂直撞击刚性墙平面, 如图 5.3.9 所示, 模拟总时长为 5μs.

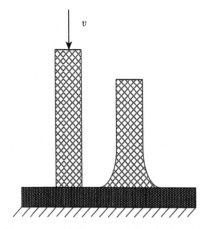

图 5.3.9 长杆轴向碰撞刚性壁面示意图

铝材料采用流体 — 理想弹塑性本构模型, 流体响应部分采用 Grüneisen 物态方程, 弹塑性材料参数、物态方程参数见表 5.3.1, 表中的 s 是指冲击波速度 D 与介质速度 u 线性关系式 $D = C_0 + su$ 中 u 的系数.

表 5.3.1　铝的弹塑性材料参数及 Grüneisen 物态方程参数

密度/(g/cm³)	剪切模量/GPa	屈服强度/MPa	声速/(m/s)	Grüneisen 系数	$s(D = C_0 + su$ 中的 $s)$
2.78	27	300	5400	2.13	1.35

程序计算所得长杆初始状态和最终状态的网格变形图如图 5.3.10 所示.

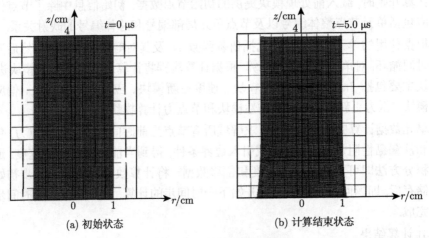

(a) 初始状态　　　　　　　　　　(b) 计算结束状态

图 5.3.10　长杆网格变形图

程序模拟出的长杆内静水压力分布及随时间变化如图 5.3.11 所示.

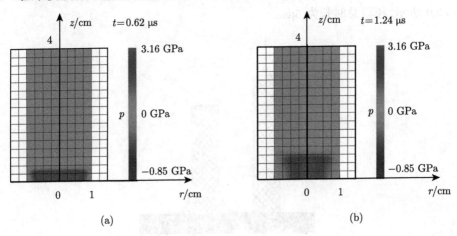

(a)　　　　　　　　　　　　　　(b)

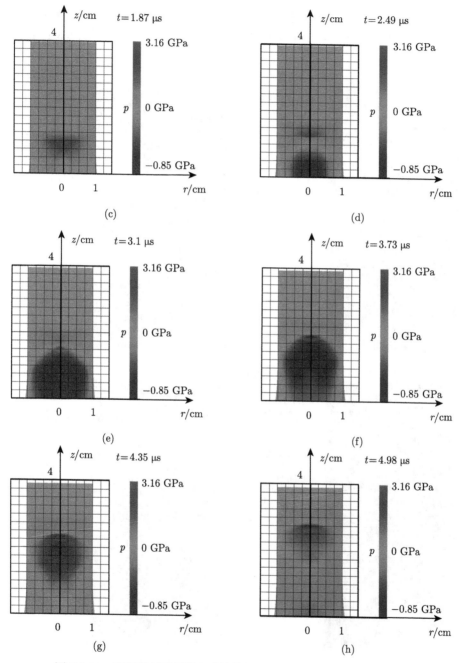

图 5.3.11 不同时刻长杆轴向碰撞静水压力分布 (编制程序计算结果)

图 5.3.11 所示结果展示了长杆轴向碰撞刚性壁面的冲击波传播及侧向稀疏波传播过程. 以图 5.3.12 展示了 LS-DYNA 模拟的同样工况的结果, 图 5.3.11 的结果与之相吻合.

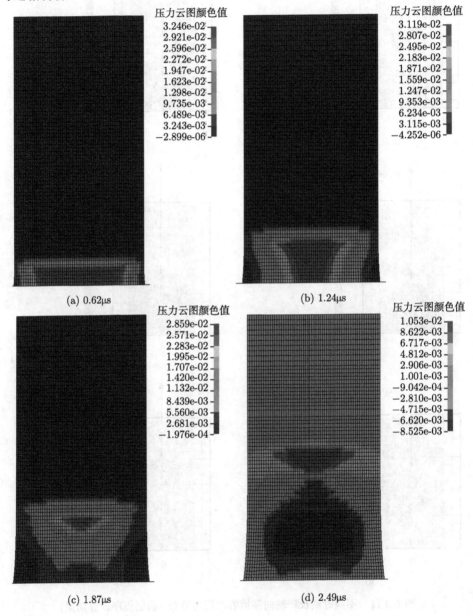

(a) 0.62μs

(b) 1.24μs

(c) 1.87μs

(d) 2.49μs

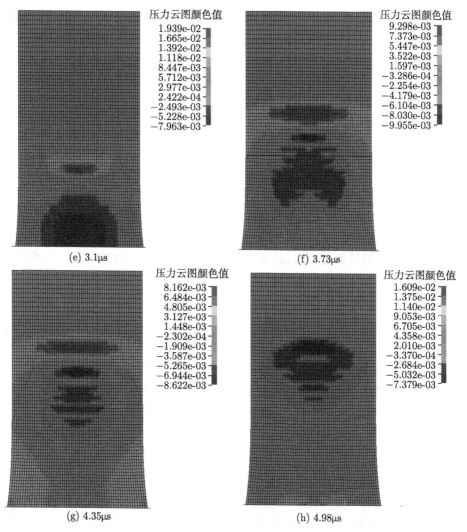

图 5.3.12 不同时刻长杆轴向碰撞静水压力分布 (LS-DYNA 计算结果)

5.3.3 SPH 简介

导弹毁伤效应的数值模拟或数值求解的方法有很多种, 除了较为成熟的有限差分和有限元方法外, 近年来有很多新兴方法出现, 其中光滑粒子流体动力学方法 (SPH)[3,12-13] 正在受到越来越多的关注, 下面就 SPH 方法的相关情况进行简单讨论.

5.3.3.1 SPH 方法的历史和现状

最初的 SPH 方法主要应用于天体物理、流体力学以及两相流等有关的研究领域, 例如, 对恒星爆炸、重力流的模拟等. 近年来, SPH 方法的理论不断地完善和改进. 由于 SPH 方法是一种完全的 Lagrange 方法, 因此本质上更适合处理冲击动力学相关的自由表面的移动、飞溅、破裂等 Euler 方法较难处理的现象. 因此 SPH 方法在爆炸力学领域中的应用得到了飞速的发展, 被大量地应用于高速碰撞、高速冲击、爆炸和侵彻等问题的数值模拟计算.

5.3.3.2　SPH 方法基本思想

1) 核函数插值方法

在 SPH 方法中, 流场被人为地离散成大量而有限的流体质点, 即 "粒子", 粒子之间不需要任何连接. 粒子具有大小、质量以及各种物理量, 它们代表了流场的性质. 粒子的运动及其所携带的参数的改变, 就代表了流场的变化. 粒子的运动完全决定于流体动力学基本方程及初始条件和边界条件. SPH 方法的基本思想是, 根据本时刻各粒子所携带的量, 通过核函数插值计算, 得到下一时刻各粒子的参量. 因此, 光滑粒子法的核心是插值计算.

考虑函数 $A(\boldsymbol{x})$, 它可利用 δ 函数表示为

$$A(\boldsymbol{x}) = \int_{\Omega} A(\boldsymbol{x}')\delta(\boldsymbol{x} - \boldsymbol{x}')\mathrm{d}x \qquad (5.3.78)$$

如果函数 $A(\boldsymbol{x})$ 是已定义的和连续的, 则上式是严密的.

SPH 方法的插值计算, 实际上就是类比 δ 函数的性质而构造出的一种近似计算方法. 对于任意的流场函数 $f(\bar{x})$, 它可以通过核函数近似地表示为

$$\langle f(\boldsymbol{x}) \rangle = \int_{\Omega} f(\boldsymbol{x}')W(\boldsymbol{x} - \boldsymbol{x}', h)\mathrm{d}x' \qquad (5.3.79)$$

上式适用于张量和矢量, 其中 $W(\boldsymbol{x} - \boldsymbol{x}', h)$ 是核函数, 它包括两个自变量: 位置矢量 $\bar{x}$ 和光滑长度 h. 光滑长度 h 是具有长度量纲的特征尺度, 表示核函数的作用距离, 即核函数明显不为零时 $\boldsymbol{x}$ 的取值范围 (通常取为 $|\boldsymbol{x} - \boldsymbol{x}'| \leqslant 2h$). Ω 为求解区域.

为保证插值计算的精度, 核函数具有如下性质:

(1) $\int_{\Omega} W(\boldsymbol{x} - \boldsymbol{x}', h)\mathrm{d}x' = 1$, 即核函数满足归一化条件, 在解域 Ω 内其积分值为 1;

(2) $\lim\limits_{h \to 0} W(\boldsymbol{x} - \boldsymbol{x}', h) = \delta(\boldsymbol{x} - \boldsymbol{x}')$. 由 (5.3.79) 式有 $\lim\limits_{h \to 0}\langle f(\boldsymbol{x}) \rangle = f(\boldsymbol{x})$, 这说明光滑长度取得越小, 估计值与真实值越接近;

(3) 核函数具有尖峰性和区域性, 以及非负性. W 在 $\boldsymbol{x} = \boldsymbol{x}'$ 处取最大值, 且在其影响域内有非负值: $W(\boldsymbol{x} - \boldsymbol{x}', h) \geqslant 0$, 在影响域外为零, 核函数的这一性质限制了影响域内近邻粒子的数目, 从而使该方法得以应用于数值计算;

(4) 单调递减性, 核函数的值随影响域范围的增大而单调减小;

(5) 空间对称性, $W(\boldsymbol{x} - \boldsymbol{x}', h) = W(\boldsymbol{x}' - \boldsymbol{x}, h)$.

近似值 $\langle f(\boldsymbol{x}) \rangle$ 通常被称为 $f(\boldsymbol{x})$ 的一个核估计. 核估计相当于围绕场 $f(\boldsymbol{x})$ 用一个光滑器或过滤器函数 $W(\boldsymbol{x} - \boldsymbol{x}', h)$ 去产生场的一个估计, 把其中的局部统计涨落都过滤掉了.

为了分析的方便, 可定义核函数的有效宽度 h_e 如下

$$h_e^2 = 2 \int_\Omega (\boldsymbol{x} - \boldsymbol{x}')^2 W(\boldsymbol{x} - \boldsymbol{x}', h) \mathrm{d}\boldsymbol{x}' \tag{5.3.80}$$

对于常用的核函数 (如 Gauss 核函数), $h_e = h$.

2) 插值计算

以流体密度插值计算为例. 考虑具有密度为 $\rho(\boldsymbol{x})$ 的运动着的流体, 将 (5.3.79) 式右端改写为

$$\int_\Omega \frac{f(\boldsymbol{x}')}{\rho(\boldsymbol{x}')} W(\boldsymbol{x} - \boldsymbol{x}', h) \rho(\boldsymbol{x}') \mathrm{d}\boldsymbol{x}' \tag{5.3.81}$$

为计算这个积分, 通常的方法是将物质分为 N 个小的体积元, 它们的质量依次为 $m_1, m_2, \cdots, m_N$. 于是, 具有质量 m_j、质量中心为 $\boldsymbol{x}_j$ 的第 j 个体积元对积分的贡献为

$$\frac{f(\boldsymbol{x}_j)}{\rho(\boldsymbol{x}_j)} W(\boldsymbol{x} - \boldsymbol{x}_j, h) m_j \tag{5.3.82}$$

在数值计算中, 积分往往近似为有限个数目的代数和, 因此有

$$\int_\Omega \rho(\boldsymbol{x}') \mathrm{d}\boldsymbol{x}' = \sum_{j=1}^N m_j = \mathrm{const} \tag{5.3.83}$$

若记函数 $f(\boldsymbol{x})$ 在位置矢量 $\boldsymbol{x}_i$ 处的核估计 $\langle f(\boldsymbol{x}_i) \rangle$ 为 f_i, 则 f_i 可以近似地用求和形式表示为

$$f_i = \sum_{j=1}^N m_j \frac{f_j}{\rho_j} W(\boldsymbol{x}_i - \boldsymbol{x}_j, h) \tag{5.3.84}$$

其中 $f_j = f(\boldsymbol{x}_j)$, $\rho_j = \rho(\boldsymbol{x}_j)$, $m_j = m(\boldsymbol{x}_j)$.

于是, 利用上式, 可将任意场参量 $f(\boldsymbol{x})$ 近似地解析表示出来. 例如, 密度可表示为

$$\rho_i = \sum_{j=1}^N m_j W(\boldsymbol{x}_i - \boldsymbol{x}_j, h) \tag{5.3.85}$$

由此可见, 标号为 i 的粒子的密度是通过解域 Ω 内粒子质量被核函数 W 光滑的结果. 但是在实际计算中, 由于核函数的区域性, 通常只要考虑核函数影响域内

的粒子, 即与粒子 i 有相互作用的那些粒子. 其他物理量的插值计算与此类同, 在此不再赘述.

3) 核函数

在 SPH 方法中, 各种物理量的计算都是通过核函数估计进行的, 所以核函数的选取非常重要, 通常选用具有紧致支撑性 (compact support) 的偶函数, 一般使用的核函数有以下几种:

(1) Gauss 函数

$$W(\boldsymbol{x} - \boldsymbol{x}', h) = \left(\frac{1}{h\sqrt{\pi}}\right)^k e^{-s^2} \tag{5.3.86}$$

(2) Super-Gauss 函数

$$W(\boldsymbol{x} - \boldsymbol{x}', h) = \left(\frac{1}{h\sqrt{\pi}}\right)^k \left(\frac{5}{2} - s^2\right) e^{-s^2} \tag{5.3.87}$$

(3) 指数函数 (三维形式)

$$W(\boldsymbol{x} - \boldsymbol{x}', h) = \frac{1}{8\pi h^3} e^{-s} \tag{5.3.88}$$

(4) B 样条 (B-spline) 函数

$$W(\boldsymbol{x} - \boldsymbol{x}', h) = \frac{1}{ch^k} \begin{cases} 1 - 1.5s^2 + 0.75s^3, & 0 \leqslant s \leqslant 1 \\ 0.25(2-s)^3, & 1 < s < 2 \\ 0, & 2 \leqslant s \end{cases} \tag{5.3.89}$$

其中 k 为空间维数, $s = (\boldsymbol{x} - \boldsymbol{x}')/h$, c 为归一化常数, 在一维、二维和三维情形下分别为 1.5, 0.7π 和 π.

4) 光滑长度

光滑长度是确定光滑粒子法中求解子域大小的重要参数, 光滑长度的选取直接影响计算结果精确程度. 光滑长度的选取要求求解域覆盖充分, 以及较高的计算精度和计算效率. 较大的光滑长度易于满足充分覆盖的条件. 对于均匀变化的变量场, 选用稍大的光滑长度也能满足对变量场的近似精度, 但对于变化剧烈的变量场, 选取较大的光滑长度将造成局部失真, 其原因在于该求解域内离散点上的变量值在核函数多重覆盖下被 "均匀化". 而选取较小的光滑长度近似程度明显提高. 这说明在满足求解子域覆盖充分的前提下尽可能选取较小的光滑长度是提高光滑粒子法计算精度的有效手段. 选取较小的光滑长度的另一个好处是减少求解域的覆盖 "厚度", 减少计算子域内离散点数量, 提高计算效率. 所以光滑长度选取跟粒子局部密度有关, 通过改变光滑长度的大小, 以保证影响域内的粒子数量相对不变. 对于粒子均匀离散形式, 可根据求解域覆盖充分的条件确定一个固定的最小覆盖半径值.

对于局部粒子加密的情况, 选取较小的光滑长度可以提高计算效率, 对于粒子稀疏的地方则应适当加大光滑长度, 以保证有相互作用的粒子位于核影响域内.

5.3.3.3 SPH 方法在冲击动力学中的应用

1) 基本控制方程的离散

以下只给出主要结果, 推导过程参考文献 [3].

(1) 质量守恒方程.

直接对密度应用核估计的离散形式, 有

$$\rho_i = \sum_{j=1}^{N} m_j W_{ij} \tag{5.3.90}$$

上式即是质量守恒方程的一种离散形式. 此外, 也可以有如下的另一个形式

$$\frac{\mathrm{d}\rho_i}{\mathrm{d}t} = -\rho_i \sum_{j=1}^{N} \frac{m_j}{\rho_j}(u_j^\alpha - u_i^\alpha) W_{ij,\alpha} \tag{5.3.91}$$

(2) 动量守恒方程.

动量守恒方程一般也有两种光滑粒子的离散形式, 如下

$$\frac{\mathrm{d}u_i^\alpha}{\mathrm{d}t} = \frac{1}{\rho_i^2} \sum_{j=1}^{N} m_j(\sigma_j^{\alpha\beta} - \sigma_i^{\alpha\beta}) W_{ij,\beta} \tag{5.3.92}$$

$$\frac{\mathrm{d}u_i^\alpha}{\mathrm{d}t} = \sum_{j=1}^{N} m_j \left(\frac{\sigma_i^{\alpha\beta}}{\rho_i^2} + \frac{\sigma_j^{\alpha\beta}}{\rho_j^2} \right) W_{ij,\beta} \tag{5.3.93}$$

注意, (5.3.93) 式具有对称性, 能保证系统总线性和角动量守恒, 而 (5.3.92) 式则不能, 因此 (5.3.93) 式用得更多.

(3) 能量守恒方程.

能量守恒方程的光滑粒子离散形式为

$$\frac{\mathrm{d}e_i}{\mathrm{d}t} = \frac{\sigma_i^{\alpha\beta}}{\rho_i^2} \sum_{j=1}^{N} m_j(u_j^\alpha - u_i^\alpha) W_{ij,\beta} \tag{5.3.94}$$

(4) 质点运动位置方程.

$$\frac{\mathrm{d}x_i^\alpha}{\mathrm{d}t} = u_i^\alpha + \varepsilon \sum_{j=1}^{N} m_j \frac{u_j^\alpha - u_i^\alpha}{\overline{\rho}_{ij}} W_{ij} \tag{5.3.95}$$

式中 ε 为常数 $(\varepsilon \in [0,1])$, $\overline{\rho}_{ij} = \frac{1}{2}(\rho_i + \rho_j)$.

限于篇幅, 其他基本控制方程, 如物态方程、本构方程的离散形式在此从略.

2) SPH 方法的冲击动力学计算流程

光滑粒子法只对函数的空间域进行离散, 其物理量仍然是时间的连续函数, 对时间的积分方法与其他显式流体动力学中采用的方法相同, 通常采用显式中心差分格式. 在实际计算中, 通常采用如下步骤:

Step 1　粒子的初始配置. 确定初始时刻粒子的空间坐标和质量. 将连续介质离散成一系列具有质量的粒子, 这些粒子承载所有宏观物理量 (如密度、压力、速度等), 并且在整个计算过程中粒子的坐标随时间进程而变化, 但粒子质量保持不变. 配置的原则主要有两条: 一是尽量保持空间分布的均匀性, 二是各粒子之间的间隔要求小于或等于一个 h 值.

Step 2　近邻粒子的搜索, 即要频繁地从一大堆运动着的粒子中找出各自的近邻粒子. 因为系统中每一个粒子都有可能与另外 $N-1$ 个粒子中的任何一个相互作用, 所以近邻粒子的搜索是 N^2 量级. 但就某个中心粒子而言, 只有几个或几十个粒子处于核函数作用范围之内, 因此为了提高计算效率, 将在搜索近邻粒子这个问题上使用类似于 Euler 网格的概念. 在流场可能覆盖的空间范围内, 考虑到核函数 W 的影响域, 布设边长为 $2h$ 的网格, 见图 5.3.13. 显然, 某时刻处在某个网格里面的粒子, 其近邻粒子只能处在该网格以及它的邻网格里面, 搜索的范围就缩小到了这些网格内所包含的粒子当中.

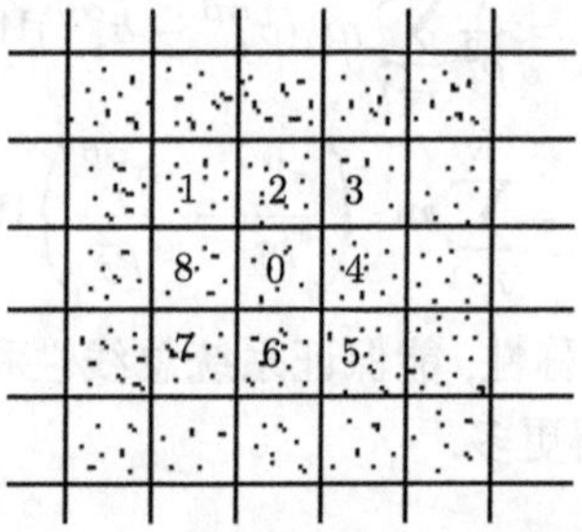

图 5.3.13　近邻粒子搜索

Step 3　光滑粒子法的时间显式差分. 已知 t^n 时刻的流场物理量, 计算 t^{n+1} 时刻的各个流场物理量, 在计算应力偏量和静水压时要考虑本构方程和物态方程.

Step 4　计算时间步长. 根据 Courant 条件计算时间步长.

Step 5　回到 Step 2. 循环计算, 直至计算结束.

如前所述, 常规战斗部毁伤效应数值模拟是预测导弹毁伤效果和辅助进行导弹毁伤试验设计的重要手段, 其理论基础是连续介质力学的基本假设和数学理论, 以及建立在此基础上的冲击动力学数值模拟方法. 本章对连续介质假设和连续介质力学守恒方程组进行了介绍, 并论述了基于连续介质力学的典型的冲击动力学数值模拟方法. 其中, 非线性动力学有限元和 SPH 都是很有代表性的方法, 前者是传统的主流网格计算方法, 后者属于新兴的典型无网格方法, 它们都各有其优势和不足. 在近期的研究中, 有许多学者尝试将非线性动力学有限元和 SPH 结合, 以充分发挥两种方法的优点, 弥补其不足, 这方面已经取得一些有益的进展. 另外, 非线性动力学有限元方法与离散元方法 (DEM) 结合也受到关注并开展研究中 [15-16].

从上述趋势可知, 冲击动力学数值模拟方法仍然在飞速发展中, 多种方法的结合是其一个重要的发展方向. 未来的冲击动力学数值方法在模拟常规战斗部侵彻、爆炸毁伤效应方面将更具有灵活性和效率.

参 考 文 献

[1] 杜珣. 连续介质力学引论. 北京: 清华大学出版社, 1985.

[2] Quan X, Birnbaum N K, Cowler M S, et al. Numerical simulation of structural deformation under shock and impact loads using a coupled multi-solver. Hunan: 5th Asia-Pacific Conference on Shock and Impact Loads on Structures, 2003.

[3] 徐志宏. 光滑粒子流体动力学方法的改进及其应用. 国防科技大学博士学位论文, 2006.

[4] 刘凯欣, 高凌天. 离散元法研究的评述. 力学进展, 2003, 33(4): 483-490.

[5] Zhang X, Chen Z, Liu Y. The Material Point Method: A Continuum-based Particle Method for Extreme Loading Cases. Elsevier: Tsinghua University Press Limited, 2017.

[6] 美国 ANSYS 股份有限公司/北京理工软件技术开发有限公司, ANSYS/LS-DYNA 算法基础和使用方法, 2002.

[7] 张雄, 王天舒. 计算动力学. 北京: 清华大学出版社, 2007.

[8] Belytschko T, Liu W K, Moran B, et al. Nonlinear Finite Elements for Continua and Structures. London: John Wiley & Sons Ltd., 2013.

[9] 殷有泉. 固体力学非线性有限元引论. 北京: 清华大学出版社, 1987.

[10] 陆金甫, 关治. 偏微分方程数值解法. 2 版. 北京: 清华大学出版社, 2004.

[11] 恽寿榕, 涂候杰, 等. 爆炸力学计算方法. 北京: 北京理工大学出版社, 1995.

[12] 王勖成, 邵敏. 有限单元法基本原理和数值方法. 2 版. 北京: 清华大学出版社, 1997.

[13] Liu G R, Liu M B. Smoothed Particle Hydrodynamics: A Meshfree Particle Method. Singapore: World Scientific Publishing Co. Pte. Ltd., 2005.

[14] 张雄, 刘岩. 无网格法. 北京: 清华大学出版社, 2003.

[15] Munjiza A. The Combined Finite-discrete Element Method. New York: John Wiley & Sons Ltd., 2004.

[16] 傅华, 刘仓理, 王文强, 李涛. 冲击动力学中离散元与有限元相结合的计算方法研究. 高压物理学报, 2006, 20(4): 379-385.

第 6 章 Monte Carlo 方法

6.1 概　述

6.1.1 引言

随着科学技术的发展和电子计算机的发明, Monte Carlo 方法 (本章以下简称 MC 方法) 作为一种独立的方法被提出来, 并首先在核武器的试验与研制中得到了应用 [1]. MC 方法亦称为随机模拟 (random simulation) 方法、随机抽样 (random sampling) 技术或统计抽样 (statistical sampling) 方法 [2]. MC 方法是一种以概率统计理论为基础的计算方法, 与一般数值计算方法有很大的区别. MC 方法能够比较逼真地描述事物的特点及物理实验过程, 从而解决一些数值方法难以解决的问题, 因而其应用日趋广泛.

在导弹试验的设计和评估这个背景下, MC 方法的应用具有鲜明的特色. 在此, 并不涉及在计算物理以及优化计算等方面所需要建立的各种技巧性很高的概率模型, MC 方法的主要作用在于理论和模型的验证. 其基本手段是均匀随机数和正态随机数的生成, 以及平均值法和随机投点法计算积分. 因此, 这些内容在本章将进行较为详细的介绍, 而与本书关联不大的内容只简略提一下.

总的来看, 本书中贯穿着 MC 方法的应用. 具体地说, 全书的仿真算例都用到了随机数的生成. 第 1 章的 Bootstrap 方法使用 MC 方法进行重采样; 第 2 章的落点精度鉴定案例中使用 MC 方法模拟打靶, 计算两类风险; 第 4 章 Kriging 模型的均匀验证点由 MC 方法产生; 第 8 章战技指标的射前预报用到 MC 方法; 第 10 章基于多源信息融合的精度评估中, Bayes 递归计算也需用 MC 方法; 第 11 章通过 MC 方法生成了导弹落点的分布, 然后综合了随机投点法对具有复杂轮廓特征的面目标进行打击精度评定. 与第 11 章类似, 第 16 章的机场跑道毁伤效能评估中, 不仅用 MC 方法产生子母弹的落点, 还按照区域毁伤的概念模拟了弹坑, 对两种起飞模式进行区域搜索, 从而计算跑道封锁的概率和封锁时间. 在第 14~16 章涉及的对建筑物的毁伤问题中, 弹目交汇的初始参数可以用 MC 方法通过均匀设计产生.

以上这些都建立在一体化试验设计的框架下, 目标是融合处理导弹的多次实际飞行试验、静爆试验、数值模拟的毁伤试验这三类试验的结果. 在前两类试验样本量很小的情况下, 经飞行试验校正过的模型仿真试验成为战场决策的重要依据. 因此, MC 方法的作用不可替代.

下面开始介绍 MC 方法的一些基本思想, 先从两个简单的例子谈起.

例 6.1.1　射击问题 [3].

设 r 表示射击运动员的弹着点到靶心的距离, $g(r)$ 表示击中 r 处相应的得分数 (环数), $f(r)$ 为该运动员的弹着点的分布密度函数, 它反映运动员的射击水平. 该运动员的射击成绩为

$$\langle g \rangle = \int_0^\infty g(r)f(r)\mathrm{d}r \tag{6.1.1}$$

用概率语言说, $\langle g \rangle$ 是随机变量 $g(r)$ 的数学期望, 即 $\langle g \rangle = \mathrm{E}g(r)$. 现假设该运动员进行了 N 次射击, 每次射击的弹着点依次为 $r_1, r_2, \cdots, r_N$, 则 N 次得分 $g(r_1), g(r_2), \cdots, g(r_N)$ 的算术平均值

$$\bar{g}_N = \frac{1}{N} \sum_{n=1}^N g(r_n) \tag{6.1.2}$$

为积分 $\langle g \rangle$ 的估计值, 代表了该运动员的成绩.

例 6.1.2　蒲丰投针 (Buffon's needle)[3] 问题.

为了求得圆周率 π 值, 在 19 世纪后期, 有很多人作了这样的试验: 将长为 $2l$ 的一根针任意投到地面上, 用针与一组相间距离为 $2a\,(l < a)$ 的平行线相交的频率代替概率 p, 再利用准确的关系式

$$p = \frac{2l}{\pi a} \tag{6.1.3}$$

求出 π 值:

$$\pi = \frac{2l}{ap} \approx \frac{2l}{a} \cdot \frac{N}{n} \tag{6.1.4}$$

其中 N 为投针次数, n 为针与平行线相交的次数. 这就是古典概率论中著名的蒲丰投针问题. 一些学者进行了试验, 部分结果列于表 6.1.1.

表 6.1.1　圆周率 π 的试验值 [11]

试验者	年份	投针次数	π 的试验值
Wolf	1850	5000	3.1596
Smith	1855	3204	3.1553
Fox	1894	1120	3.1419
Lazzarini	1901	3408	3.1415929

6.1.2　基本思想和实现过程

由例 6.1.1 可以看出, 当所求问题的解是某个随机变量的数学期望时, 可以将该随机变量的若干个具体观察值的算术平均值作为问题的解. MC 方法求积分正是运用了这种思想. 其一般规则如下: 任何一个积分, 都可看作某个随机变量的期望值, 因此, 可以用一个随机变量的样本均值来近似.

求积分问题 [1]

$$\theta = \int_{V_s} G(P)\mathrm{d}P \tag{6.1.5}$$

其中 $P = P(x_1, \cdots, x_s)$ 表示 s 维空间的点, V_s 表示积分区域. 取 V_s 上任一概率密度函数 $f(P)$, 它满足 $f(P) \neq 0$.

当 $P \in V_s$, $G(P) \neq 0$ 时, 令

$$g(P) = \begin{cases} G(P)/f(P), & f(P) \neq 0 \\ 0, & f(P) = 0 \end{cases} \tag{6.1.6}$$

则 (6.1.5) 式可改写为

$$\theta = \int_{V_s} g(P)f(P)\mathrm{d}P = \mathrm{E}\left[g(P)\right] \tag{6.1.7}$$

即 θ 是随机变量 $g(P)$ 的数学期望, P 的分布密度函数为 $f(P)$.

现从 $f(P)$ 抽取随机向量 P 的 M 个样本 $\{P_i\}(i = 1, 2, \cdots, M)$, 则算术平均值

$$\hat{g}_N = \frac{1}{M}\sum_{i=1}^{M} g(P_i) \tag{6.1.8}$$

就是积分值 θ 的近似估计.

因此, 可以通俗地说, MC 方法是用随机试验的方法计算积分, 即将所要计算的积分看作服从某种分布密度函数 $f(P)$ 的随机变量 $g(P)$ 的数学期望, 如 (6.1.7) 式. 首先从分布密度函数 $f(P)$ 中抽取 M 个子样 $\{P_i\}(i = 1, 2, \cdots, M)$, 再将相应的 M 个随机变量的值 $g(P_i)(i = 1, 2, \cdots, M)$ 的算术平均值作为积分的近似值, 如 (6.1.2) 式. 为了得到具有一定精确度的近似解, 需要使用计算机进行大量的随机抽样.

下面针对蒲丰投针问题说明模拟过程.

例 6.1.3　蒲丰投针问题 (续)[1].

针投到地面上的位置可以用一组参数 (x, θ) 来描述, x 为针中心点的坐标, θ 为针与平行线的夹角, 如图 6.1.1 所示.

任意投针, 就意味着 x 与 θ 都是任意取的, 但 x 的范围限于 $[0, a]$, 夹角 θ 的范围限于 $[0, \pi]$. 在此情况下, 针与平行线相交的条件是 $x \leqslant l\sin\theta$.

问题归结为产生任意的 (x, θ). 实际上, x 在 $[0, a]$ 上任意取值可理解为 x 在 $[0, a]$ 上是均匀分布的, 其分布密度函数为

$$f_1(x) = \begin{cases} 1/a, & 0 \leqslant x \leqslant a \\ 0, & \text{其他} \end{cases} \tag{6.1.9}$$

类似地, θ 的分布密度函数为

$$f_2(\theta) = \begin{cases} 1/\pi, & 0 \leqslant x \leqslant \pi \\ 0, & \text{其他} \end{cases} \tag{6.1.10}$$

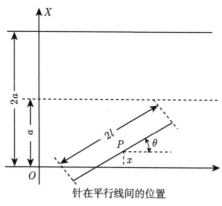

图 6.1.1　投针示意图 [1]

因此, 产生任意的 (x,θ) 的过程就变成了由 $f_1(x)$ 抽样 x 及由 $f_2(x)$ 抽样 θ 的过程. 由此得到

$$\begin{cases} x = a\xi_1 \\ \theta = \pi\xi_2 \end{cases} \tag{6.1.11}$$

其中 ξ_1, ξ_2 均为 $(0,1)$ 上均匀分布的随机变量.

每次投针试验, 实际上是在计算机上对两个均匀分布的随机变量抽样得到 (x,θ), 然后定义描述针与平行线相交状况的随机变量 $s(x,\theta)$ 为

$$s(x,\theta) = \begin{cases} 1, & x \leqslant l\sin\theta \\ 0, & \text{其他} \end{cases} \tag{6.1.12}$$

如果投针 N 次, 则

$$\bar{s}_N = \frac{1}{N}\sum_{i=1}^{N} s(x_i,\theta_i) \tag{6.1.13}$$

是针与平行线相交概率 p 的估计值. 其中

$$p = \iint s(x,\theta)f_1(x)f_2(\theta)\mathrm{d}x\mathrm{d}\theta = \int_0^\pi \frac{\mathrm{d}\theta}{\pi}\int_0^{l\sin\theta} \frac{\mathrm{d}x}{a} = \frac{2l}{\pi a} \tag{6.1.14}$$

于是有

$$\pi = \frac{2l}{ap} \approx \frac{2l}{a\bar{s}_N} \tag{6.1.15}$$

即 (6.1.4) 式.

由例 6.1.3 看出, Monte Carlo 方法常以一个 "概率模型" 为基础, 按照它所描述的过程, 使用由已知分布抽样的方法得到部分试验结果的观察值, 进而求得问题的近似解. 用 Monte Carlo 方法解决问题, 不像通常数理统计方法那样通过真实的实验来完成 (如射击等), 而是抓住事物运动过程的数量和几何特征, 利用数学方法进行大量的计算机模拟试验. 由此可见, Monte Carlo 方法是数理统计和计算机相结合的产物.

6.1.3   随机数生成

6.1.3.1   随机数

"随机" 一词专门用来指本质上的随机物理过程所产生的输出, 而人们把计算机生成的序列称为 "伪随机" 的序列 [6]. 这是因为计算机是人类所设计的精确的机器, 完全是非随机的. 然而, 从实用的观点来看, 只要程序生成的序列满足一定的统计检验, 则认为该序列具有相应的随机性. 以下对随机和伪随机不作明确区分.

由具有已知分布的总体中抽取简单子样, 在 Monte Carlo 方法中占有非常重要的地位. 在连续型分布中, 最基本的一个分布是单位区间 $(0,1)$ 上的均匀分布, 记为 $U(0,1)$. 文献 [4] 将随机数定义为由 $U(0,1)$ 中产生的简单子样 $\xi_1, \xi_2, \cdots, \xi_N$ 中的任意个体, 用符号 ξ 表示. 对于任意给定的分布函数 $F(x)$, 容易证明, 可以考虑用 (6.1.16) 式直接抽样来产生其简单子样:

$$X_n = \inf_{F(t) \geqslant \xi_n} t, \quad 1 \leqslant n \leqslant N \tag{6.1.16}$$

于是, 随机数是实现由已知分布抽样的基本量. 将随机数作为已知量, 用适当的数学方法可以由它产生具有任意已知分布的简单子样. 需要注意, 根据已知分布抽样是有严格的理论依据的, 比如直接抽样方法、复合舍选抽样方法 [1-4] 等. 由此产生的简单子样不再讨论其是否真正同分布和相互独立, 而更关注其抽样的数学方法.

6.1.3.2   伪随机数

上面讲述了随机数的重要地位, 因此, 在计算机上产生的随机数的质量是非常关键的. 最常见的数学方法是采用递推公式:

$$\xi_{n+1} = T(\xi_n), \quad n = 1, 2, \cdots \tag{6.1.17}$$

其中初始值 ξ_1 是给定的. 但是, 递推公式和初始值 ξ_1 确定后, 整个随机数序列便被唯一确定, 不满足随机数相互独立的要求. 并且, 由于随机数序列是由递推公式确定的, 而在计算机上所能表示的 $(0,1)$ 上的数又是有限的, 因此, 这种方法产生的随机数序列就不可能不出现无限重复. 一旦出现这样的 $n', n''\ (n' < n'')$, 使得等式

$$\xi_{n'} = \xi_{n''} \tag{6.1.18}$$

成立, 随机数序列便出现了周期性的循环现象, 这与随机数的要求是不相符的.

由于这些问题的存在, 故常称用数学方法产生的随机数为伪随机数 (pseudo random number, PRN). 由于 PRN 容易在计算机上得到, 可以进行复算. 因此, 这种方法虽然存在着一些问题, 但仍然被广泛使用. 对这些 PRN, 只要它们通过一系列的局部随机性检验, 如均匀性、独立性等检验, 那么就可以把它们当作随机数来用. 至于所取容量的大小, 则与所求解的问题性质有关 [2].

均匀偏度和独立偏度分别定性反映了 PRN 序列的均匀性和独立性. 文献 [1] 中给出了它们的定义以及一些序列生成方法下的均匀偏度和独立偏度的相关不等式估计, 同时还指出, 判断 PRN 序列是否满足均匀和独立的要求, 要靠统计检验的方法实现. 主要包括参数检验、均匀性检验、独立性检验、组合规律检验、无连贯性检验等. 本书涉及的随机数都是通过经典的方法生成的, 主要以均匀分布和正态分布随机数为主. 在工程应用中没有苛求随机数的质量, 而更关注于仿真模型和方法的论证上.

6.1.3.3　常用的随机数发生器

最广为人知的随机数生成方法是 LCG(linear congruential generator). 给定初值 x_1, 称为种子 (seed), LCG 产生如下 PRN 序列:

$$x_{i+1} = ax_i + c \pmod M \tag{6.1.19}$$

$$\xi_{i+1} = \frac{x_{i+1}}{M}, \quad i = 1, 2, \cdots \tag{6.1.20}$$

其中 a, c, M 为常数, 它们的选取也至关重要. M 可取为 2 的指数次幂 (32 或者 64), 因为取模操作只需截断最右边的 32 或 64 位就可以了.

Visual C 中的 LCG 有 rand(void) 和 srand(seed).

rand( ) 产生的随机整数是在 0~RAND_MAX 之间平均分布的, RAND_MAX 是一个常量, 它是 short 型数据的最大值. 如果需要得到 $(0,1)$ 上的一个随机 double 型数值, 可以使用如下表达式:

$$x = \text{rand( )}/(\text{RAND\_MAX} + 1.0) \tag{6.1.21}$$

ANSI C 标准要求 RAND_MAX 最大是 32767, 这在很多情况下是灾难性的, 比如对于 Monte Carlo 积分来说, 如果需要对 10^6 个不同点进行计算求值, 实际上却是对同样的 32767 个点进行 30 次运算 [7].

srand((unsigned)time(NULL)) 以 time 函数值 (即当前时间) 作为种子数, 由于两次调用 rand 函数的时间通常不同, 这就可以保证随机性了. 此外, 调用该函数时还要注意一个问题. 例如, 产生 100 个随机数的程序如下:

```
int rn[100];
for(int i=0; i<100; i++)
{
    srand((unsigned)time(NULL));
    rn[i] = rand();
}
```

上述代码产生的随机数列 rn 中的所有数为同一个数, 最多两个. 这是因为 time 返回的时间是从 1970 年 1 月 1 日至当前时间过去的秒数. 因而该模块运行时每次 time 返回值最多为两个值. srand 与 rand 组合使用时, 相同的 seed 产生相同的随机数列, 最终导致上述结果. 所以上述代码应改为如下的形式:

```
int rn[100];
srand((unsigned)time(NULL));
for(int i=0; i<100; i++)
{
    rn[i] = rand();
}
```

在工程应用中经常需要将随机数封装成一个类, 避免仿真过程中重复调用 srand, 处理方法如下:

```
class RandomNum
{
public:
    static bool setRandSeedFlag;
    double Random();
};
// Random.cpp
bool RandomNum:: setRandSeedFlag = false;
double RandomNum::Random()
{
    if (!setRandSeedFlag)
    {
        srand((unsigned)time(NULL));
        setRandSeedFlag = true;
```

```
}
    return (double) rand() / ((double) RAND_MAX+1.0);
}
```

本书中涉及的随机数生成程序均采用了 LCG, 因为 LCG 程序具有速度快、运算量小等优点. 然而, LCG 存在一种根本的缺陷, 即连续调用时不能避免序列的相关性. 此外, LCG 程序的低阶位 (最小有效位) 常常比高阶位的随机性差得多 [7].

文献 [5] 介绍了反馈位移寄存器法 (FSR 方法) 和组合发生器, 在此不详述. 文献 [6] 中指出, 在 Monte Carlo 方法求解积分时, 使样本体积一致收敛往往比采样点是否真正随机更重要. 问题在于随机序列的相关性将使样本体积不一致收敛. 另一方面, 利用规则网格上的采样点可以得到完全一致收敛的结果, 但这种方案对于高维情形不适用. 因此, 折中的办法是利用拟随机序列来平衡收敛性和随机性. 拟随机序列也被称作低亏损序列, 它在 Monte Carlo 积分和随机搜索实现优化等方面的作用日益增加.

6.1.3.4　正态分布抽样方法

以上介绍的是均匀分布随机数的产生方法, 它是产生其他各型分布随机数的基础. 通常把产生各种随机变量的随机数这一步骤称为对随机变量进行模拟, 或称为对随机变量进行抽样. 常用的抽样方法有直接抽样法 (反函数法)、变换抽样法、值序抽样法、舍选抽样法、复合抽样法、近似抽样法等 [1-5]. 这里仅介绍这些方法中的一些. 深入阅读可以参考文献 [1-5], 数值算法可以参考文献 [7].

本书所涉及的主要是正态分布抽样问题. 它可以转化为标准正态分布 $N(0,1)$ 的抽样问题, 因为当随机变量 $U \sim N(0,1)$ 时, $X = \mu + \sigma U \sim N(\mu, \sigma^2)$. $N(0,1)$ 的抽样方法有如下几种常用的:

1) 基于中心极限定理的近似抽样法 [5]

设 $r_1, \cdots, r_n$ 为均匀随机数, 近似抽样公式为

$$U = \sum_{i=1}^{6} (r_{2i} - r_{2i-1}) \dot{\sim} N(0,1) \qquad (6.1.22)$$

2) Box-Muller 方法

该方法是一种变换抽样方法 [5], 能生成两个独立的 $N(0,1)$ 随机数. 思想如下 [8]: 将 $f(\boldsymbol{x}) = \dfrac{1}{2\pi} \exp\left\{ -\dfrac{1}{2}(x_1^2 + x_2^2) \right\}$, $\boldsymbol{x} = (x_1, x_2)$ 看成实平面上值域为 $\left[0, \dfrac{1}{2\pi}\right]$ 的实随机变量, 生成 $\left[0, \dfrac{1}{2\pi}\right]$ 上的均匀随机量 $\dfrac{u_1}{2\pi}$, 令 $r = \sqrt{-2\ln u_1}$ 并生成一个 $[0, 2\pi]$ 上的均匀随机量 $\theta = 2\pi u_2$, 令 $x_1 = r\cos\theta$, $x_2 = r\sin\theta$, 则 x_1 和 x_2 相互独立且服从分布 $N(0,1)$.

文献 [8] 中提出了垂直密度表示 (vertical density representation, VDR) 的概念, 对 Box-Muller 方法从另一个角度进行了解读, 给出了基于 VDR 的生成 N(0, I) 的 VS-N 方法, 并将其与 RA(ratio of uniforms) 方法和 NA(Ahrens and Dieter's) 算法相比较, 说明了 VS-N 方法所需要的 CPU 时间显著少于另两种方法.

值得一提的是, VDR 可以广泛应用于随机数生成、多元密度函数构造和非正态多元统计分析方面 [9], 其应用潜力有待进一步挖掘.

3) 修正变换抽样法

上面提到的 Box-Muller 方法是常用的抽样方法, 但是它需要调用库函数 $\sin \theta$ 和 $\cos \theta$, 计算量较大. 考虑利用舍选抽样方法来避免调用库函数. 首先在区域 $[-1, 1] \times [0, 1]$ 中均匀随机投点 $P(x, y)$, 若 (x, y) 不落在单位圆外部, 则得到 P 点的极坐标 $(r, \theta) = \left(\sqrt{x^2 + y^2}, \arctan \frac{y}{x} \right)$, 也可以算得 $\cos 2\theta$ 和 $\sin 2\theta$. 算法如下 [5]: ①产生相互独立的随机数 $x \sim \mathrm{U}(-1, 1)$ 及 $y, z \sim \mathrm{U}(0, 1)$; ②如果 $r = \sqrt{x^2 + y^2} > 1$ 则转到①重新抽样, 否则令

$$
\begin{cases}
x_1 = \sqrt{-2 \ln z} \dfrac{x^2 - y^2}{x^2 + y^2} \\
x_2 = \sqrt{-2 \ln z} \dfrac{2xy}{x^2 + y^2}
\end{cases}
\tag{6.1.23}
$$

则 x_1 和 x_2 相互独立且服从 N(0, 1).

本书涉及的二维独立 N(0, 1) 随机数就是采用本方法生成的. 还有一些方法, 比如 "极坐标" 抽样法、Hasting 有理逼近方法 (近似直接抽样法)、Kahn 密度逼近法等可以参考文献 [5].

6.1.3.5 随机数生成的新进展

PRN 序列通常作为仿真的输入数据, 其质量将直接影响输出结果的好坏. 因此, 要慎重使用 PRN 和伪随机数发生器 (pseudo random number generator, PRNG). 目前, PRNG 已广泛应用于信息安全、人工智能、计算机图形图像处理 [27] 和科学计算的随机算法中. 尤其随着密码学和网络通信的发展, 随机数在数据信息安全方面变得越来越重要. 比如, 某些网络游戏的安全认证采用的就是文献 [24] 中的随机数发生器 (RNG). 以下对一些新近的结果进行综述, 希望能对读者有所启发.

文献 [23] 介绍了 Mersenne Twister, 它是松本 (Makoto Matsumoto) 和西村 (Takuji Nishimura) 于 1997 年开发的 PRNG. 它基于有限二进制字段上的矩阵线性再生, 周期长度通常取 Mersenne 质数, 可以快速产生高质量的 PRN, 修正了 LCG 算法的很多缺陷, 能通过很多随机性测试. 常见的有 Mersenne Twister MT19937 和

Mersenne Twister MT19937-64. 文献 [33] 给出了一种多端口 MT19937 海量均匀 PRNG.

文献 [38] 指出, 运用 Swendsen-Wang 算法进行 Monte Carlo 模拟时, 线性同余下的 PRNG 可能导致系统误差. 文献 [39] 讨论了某些 PRNG 可能在 Monte Carlo 模拟中产生错误结果的原因.

文献 [29] 提出一种结构简单, 周期为 $2^k - 1(k$ 是 32 的倍数) 的随机数发生器, 其软件实现只需要一些基本的操作, 比如异或逻辑运算 (XOR) 和循环操作, 效率高、内存消耗少.

文献 [31] 考虑两个特殊的无限不循环小数, 即代数方程 $x^2 - x - 1 = 0$ 的一个根 $\varphi = (1 + \sqrt{5})/2$ 和圆周率 $\pi = 2\arcsin(1)$, 将它们用来生成 PRN 序列, 并和 MATLAB 中常用的 rand 函数及半随机发生器 (quasi-random generator)halton 进行了误差和时间复杂度的比较.

文献 [35] 设计的复合噪声系统 (compound chaos system) 运用了非线性 Logistic 映射系统和分割映射 (partition mapping), 有效克服了基于传统的特征多项式算法的 PRNG 的速度慢、序列周期短等缺点.

文献 [36] 依据分形理论中的 Hilbert 空间填充曲线生成算法, 提出了一种 PRN 的生成算法. 先对一个随机种子图像进行复制, 然后进行随机地缩小、平移和旋转, 经过多次迭代使其充满整个平面而生成为随机图像. 该算法简洁、高效, 并且具有良好的参数可控制性和不可逆转性, 可作为密钥生成算法用于信息安全领域中.

文献 [37] 在分析随机数学模型产生的一般方法的基础上, 介绍利用 Windows 时间函数生成正态分布随机数的原理, 提出了利用 Windows 时间函数生成服从正态分布随机数的方法.

还有一些 PRNG, 其中包括: 基于可学习的非线性神经网络的 PRNG[26]、非线性的向后传播的神经网络 (backward propagation neural network, BPNN)[34]、能高速并行地生成 PRN 的 CA(cellular automata) 算法 [28]、PSCA[25] 算法、在网络上植入 PNRG 的方法 [30]、使用模拟通信网络的工具 OPNET Modeler 提供的一种 PRNG[32]. 感兴趣的读者可以进行更深入研究.

6.1.4　Monte Carlo 方法的收敛性

前面提到, MC 方法常以随机变量 $\theta(\omega)(\omega \in \Omega)$ 的简单子样 $\theta(\omega_1), \cdots, \theta(\omega_N)$ 的算术平均值

$$\bar{\theta}_N = \frac{1}{N} \sum_{n=1}^{N} \theta(\omega_n) \tag{6.1.24}$$

作为求解真值 Θ 的近似值. 由 Kolmogorov 强大数定律可知, 如果随机变量序列 $\{\theta(\omega_n), n = 1, 2, \cdots\}$ 相互独立、同分布、期望值存在, 则有

$$\Pr\left(\lim_{N \to \infty} \bar{\theta}_N = \Theta\right) = 1 \tag{6.1.25}$$

即 $\bar{\theta}_N$ 以概率 1 收敛到 Θ. 由中心极限定理, 只要随机变量序列 $\{\theta(\omega_n), n = 1, 2, \cdots\}$ 相互独立、同分布、数学期望存在, 有限标准差 $\sigma \neq 0$, 即

$$0 \neq \sigma^2 = \int_{\Omega} (\theta(\omega) - \Theta)^2 P(\mathrm{d}\omega) < \infty \tag{6.1.26}$$

则当 $N \to \infty$ 时, 随机变量

$$Y_N = \frac{\bar{\theta}_N - \Theta}{\sigma / \sqrt{N}} \tag{6.1.27}$$

渐近标准正态分布 $\mathrm{N}(0, 1)$, 即有

$$\Pr\left(Y_N < X_\alpha\right) \to \frac{1}{\sqrt{2\pi}} \int_{-\infty}^{X_\alpha} e^{-\frac{1}{2}x^2} \mathrm{d}x \tag{6.1.28}$$

Monte Carlo 方法中随机变量 $\theta(\omega)$ 的简单子样满足条件 (6.1.26). 因此, 对任何 $X_\alpha > 0$ 有

$$\Pr\left(|Y_N| < X_\alpha\right) = \Pr\left(\left|\bar{\theta}_N - \Theta\right| < \frac{X_\alpha \sigma}{\sqrt{N}}\right) \approx \frac{2}{\sqrt{2\pi}} \int_0^{X_\alpha} e^{-\frac{1}{2}x^2} \mathrm{d}x = 1 - \alpha \tag{6.1.29}$$

这表明, 不等式

$$\left|\bar{\theta}_N - \Theta\right| < \frac{X_\alpha \sigma}{\sqrt{N}} \tag{6.1.30}$$

以概率 $1 - \alpha$ 成立. (6.1.30) 式表明, $\bar{\theta}_N$ 收敛到 Θ 的速度的阶为 $O(N^{-1/2})$. α 和 X_α 的关系可根据正态分布 $\mathrm{N}(0, 1)$ 得到. 常用的几组 α 和 X_α 如下 [3]

$$X_{0.5} = 0.6745, \quad X_{0.05} = 1.96, \quad X_{0.01} = 3 \tag{6.1.31}$$

特别称 $\alpha = 0.5$ 时的误差 $0.6745\sigma / \sqrt{N}$ 为概然误差.

如果 $\sigma^2 = \infty$, 即积分 (6.1.26) 不收敛, 那么仍能保证 $\bar{\theta}_N \to \Theta$, 不过收敛速度不能达到 $O(N^{-1/2})$. 比如, 若有

$$\mathrm{E}\,|\theta(\omega)|^r = \int_{\Omega} |\theta(\omega)|^r P(\mathrm{d}\omega) < \infty \tag{6.1.32}$$

则 $\bar{\theta}_N$ 收敛到 Θ 的速度的阶为 $O(N^{-\frac{r}{r-1}})$[1].

如果 $\sigma \neq 0$, 则由 (6.1.30) 可知, MC 方法的误差 ε 为

$$\varepsilon = \frac{X_\alpha \sigma}{\sqrt{N}} \tag{6.1.33}$$

根据误差公式 (6.1.33), N 是实际的抽样次数, 未知的仅仅是均方差 σ. σ 可以通过计算 $\bar{\theta}_N$ 的同时给出如下估计

$$\hat{\sigma}_N \approx \left(\frac{1}{N} \sum_{n=1}^{N} \theta^2(\omega_n) - \bar{\theta}_N^2 \right)^{1/2} \tag{6.1.34}$$

可以看到, MC 方法的误差容易确定, 这是它的一个显著特点. 在固定 σ 下, 要减小误差 ε 到 $\varepsilon/10$, 则要 N 增加到 100 倍 (可参考表 11.1.1 的仿真算例). 因此, 单纯依靠增大 N 不是一个有效的办法. 不过, 也正是由于此时 MC 方法的误差只取决于子样容量 N, 使得 MC 方法的误差与子样中的元素所在的集合空间 Ω 的组成无关, 即 MC 方法的收敛速度与问题的维数无关. 比如在计算多重积分时, 达到同样的误差情况下, MC 方法的计算时间仅与维数成正比, 但一般的数值方法计算量要随着维数的幂次方而增加. 这一特性决定了 MC 方法对多维问题的适用性. 6.2 节将介绍通过减少均方差 σ 来减小误差 ε.

作为本节的结束, 在此给出一个简单但实用的例子.

例 6.1.4 计算 s 维中任意一个区域 D_s 上的积分 [2]

$$\theta_D = \int_{D_s} g(x_1, x_2, \cdots, x_s) \mathrm{d}x_1 \mathrm{d}x_2 \cdots \mathrm{d}x_s \tag{6.1.35}$$

无论 D_s 的形状如何特殊, 只要能给出描述 D_s 特性的几何条件, 那么, 总可以给出类似于 (6.1.24) 的估计如下

$$\bar{\theta}_{DN} = \frac{D_s}{N} \sum_{i=1}^{N} g\left(x_1^{(i)}, x_2^{(i)}, \cdots, x_s^{(i)}\right), \quad \left(x_1^{(i)}, x_2^{(i)}, \cdots, x_s^{(i)}\right) \in D_s \tag{6.1.36}$$

例 6.1.4 反映的正是本书第 11 章 "射击面目标精度评定" 仿真所用的思想, 对于船体和港口这种复杂形状的面目标具有很好的适用性.

6.2 效率提高技术和改进方向

根据误差公式 (6.1.33), 如果 σ 降低一半, 则误差就减小一半, 这就相当于 N 增大 4 倍的效益. 因此降低方差的各种技巧, 引起了人们的广泛注意. 常用的降低方差的各种技巧有 "重要抽样" "分层抽样" "相关" "对偶变数" 等.

　　然而必须指出, 一般来说, 降低方差的各种技巧往往会使观察一个子样的时间增加. 因此, 在固定的时间内, 会使观察样本元素的个数减少. 所以, 一种方法的优劣不能单由降低方差多少来衡量, 而应该由方差和观察一个元素的费用 (使用计算机的时间) 两者来衡量. 这就是 MC 方法中效率的概念. 它定义为 $\sigma^2 \cdot c$, 其中 c 是观察一个子样中元素的费用. 当 $\sigma^2 \cdot c$ 越小, 方法越有效. 不过, 由于费用 c 受多种因素影响, 不便统一考虑 (关于费用的一些计算式参见文献 [3]). 因此, 减小误差较多考虑的仍然是减小方差的各种技巧.

6.2.1　Monte Carlo 方法误差的特点

　　由 6.1.4 节可知, MC 方法的误差是概率误差 [4], 收敛速度取决于所确定的无偏统计量是几次绝对可积, 但收敛速度总不会超过 $N^{-1/2}$. 以下分几个方面讨论使用 MC 方法时可能存在的误差.

6.2.1.1　随机数不好造成的误差

　　在计算定积分时, 对固定的 N 来说, 影响结果好坏的因素, 主要是伪随机数的均匀性, 而不是随机性 [1-4]. 假定 s 维随机矢量 x 有一个连续概率密度函数 $p(x)$, 其落在区域 D 上的概率为

$$p = \int_D p(x)\mathrm{d}x \tag{6.2.1}$$

通常, D 为一个 s 维矩形 $[a, b] = [a_1, b_1] \times [a_2, b_2] \times \cdots \times [a_s, b_s]$, 所以

$$p = \int_{a_1}^{b_1} \cdots \int_{a_s}^{b_s} p(x_1, \cdots, x_s)\mathrm{d}x_1 \cdots \mathrm{d}x_s \tag{6.2.2}$$

这一积分可以化为标准形式

$$I(f) = \int_{C^s} f(x)\mathrm{d}x = \int_0^1 \cdots \int_0^1 p(x_1, \cdots, x_s)\mathrm{d}x_1 \cdots \mathrm{d}x_s \tag{6.2.3}$$

其中 $f(x)$ 为单位立方体 C^s 上的连续函数. 如果得不到 I 的解析表达式, 则通常用 MC 方法中的样本均值法去近似计算 $I = I(f)$, 即

$$I \approx \frac{1}{n} \sum_{k=1}^n f(y_k) \tag{6.2.4}$$

其中 $\{y_k\}$ 为 C^s 上均匀分布的一个随机样本, 即 $y_1, y_2, \cdots, y_n$ 独立同分布, 并遵从在 C^s 上均匀分布 $\mathrm{U}(C^s)$. MC 方法只有当 n 很大时, 由式 (6.2.4) 才能得到好的逼近. 当 $I(f^2) < \infty$ 时, 在概率意义下, MC 方法的平均收敛速度为 $O(1/\sqrt{n})$, 而在任何情况下亦不低于 $O(\sqrt{\ln(\ln(n))/n})$.

MC 方法效率低的关键在于 $\{y_k\}$ 在 C^s 上的散布不是很均匀的. "均匀散布" 的精确定义如下: 令 $F(x)$ 为一个 s 维的连续分布函数, 即累积密度函数 (c.d.f), N 表示自然数的一个无穷子集及 $\{P_n, n \in N\}$ 表示 R^s 中具有一定结构的点集序列, 且 P_n 有 n 个点. 若

$$D_F(n, P_n) = o(n^{-1/2}), \quad n \to \infty \tag{6.2.5}$$

则 $\{P_n\}$ 称为 $F(x)$ 的代表点集合. 当 $F(x)$ 为 $U(D)$ 的 c.d.f 时, 其中 D 是一个有界闭区域, 则 $\{P_n\}$ 称为在 D 上均匀散布, 或称 D 上的一个 NT-net. 如果对于任意 $\varepsilon > 0$, 皆有

$$D_F(n, P) = o(n^{-1+\varepsilon}) \tag{6.2.6}$$

则 $\{P_n\}$ 称为 D 上好的均匀散布集合序列.

均匀性的度量本身也是一个很专门的问题, 在此不作深入讨论.

6.2.1.2 计算次数不够造成的误差

由 (6.1.33) 式可知, MC 方法的误差受到随机点个数的影响, 样本数目越大, 所得结果的误差就越小. 计算次数不够造成的误差就是样本数目没有达到中心极限定理的要求. 6.3.1 节中对仿真次数做出了分析, 本书第 11 章也讨论了其相关问题的仿真次数, 以供参考.

当然可以考虑通过增大样本量减小计算次数不够造成的误差; 但是, 增加样本量会导致计算量的增加, 实现起来会比较麻烦. 可以考虑寻求合适的抽样技巧 (如下面几节讲述的技巧) 或巧妙的布点方式 (如拟 MC 方法) 来解决问题.

6.2.2 重要抽样技巧

本书的 MC 方法求积分问题中主要涉及的是均匀分布和正态分布的抽样问题. 本节介绍偏移抽样和重要抽样, 它们都是单式估计, 即改变了抽样分布, 但估计量仍然是一个简单的随机变量. 与此不同, 还可以从改变估计式 (不改变抽样的分布) 方面考虑减少方差的问题 [1], 常用的有相关抽样和对偶抽样, 在此不进行讨论. 文献 [1] 中还介绍了多段抽样、俄国轮盘赌和分裂、半解析方法、系统抽样、分层抽样、条件 MC 方法、拟 MC 方法等技巧. 文献 [2-5] 也有类似问题的介绍, 感兴趣的读者可以深入阅读.

6.2.2.1 偏移抽样和权重因子

设 $f(P)$ 是 V_s 上的概率密度函数, 计算下列积分式:

$$\theta = \int_{V_s} g(P)f(P)\mathrm{d}P = \mathrm{E}\,[g(P)] \tag{6.2.7}$$

取 V_s 上任一联合概率密度 $f_1(P)$, 并满足条件:

$$当 \quad P \in V_s, \quad g(P)f(P) \neq 0 \quad 时, \quad f_1(P) \neq 0. \tag{6.2.8}$$

令

$$g_1(P) = g(P)W(P) \tag{6.2.9}$$

$$W(P) = \begin{cases} f(P)/f_1(P), & f_1(P) \neq 0 \\ 0, & f_1(P) = 0 \end{cases} \tag{6.2.10}$$

则有

$$\theta = \int_{V_s} g_1(P)f_1(P)\mathrm{d}P = \mathrm{E}\left[g_1(P)\right] \tag{6.2.11}$$

从 $f_1(P)$ 抽样 N 个点 P_i, $i = 1, 2, \cdots, N$, 则有

$$\hat{g}_{1N} = \frac{1}{N} \sum_{i=1}^{N} g_1(P_i) \tag{6.2.12}$$

是 θ 的一个无偏估计. 习惯上称由分布 $f_1(P)$ 的抽样为对分布 $f(P)$ 的偏移抽样, 因子 $W(P)$ 称为权重因子.

在本书 11.3 节中 (11.3.1) 式给出了区域命中概率的定义, 其中的被积函数为弹头落点散布的概率密度函数. 对于子母弹, 通常假设母弹的落点服从正态分布, 而子弹落点是以母弹为中心的某圆内的均匀分布, 其落点散布的概率密度函数均和 CEP 有关. 可以考虑运用本小结的方法进行抽样来减小方差.

此外, 很自然地会考虑能否找到一个最优的分布 $f^*(P)$, 使得估计的方差最小. 下面就讨论这个问题.

6.2.2.2　重要抽样和零方差技巧

由式 (6.2.9) 和 (6.2.10) 知,

$$\sigma_{g_1}^2 = \mathrm{E}\left[g_1^2\right] - \theta^2 = \int_{V_s} \frac{g^2(P)f^2(P)}{f_1(P)}\mathrm{d}P - \theta^2 = I\left[f_1\right] - \theta^2 \tag{6.2.13}$$

其中

$$I\left[f_1\right] = \int_{V_s} \frac{g^2(P)f^2(P)}{f_1(P)}\mathrm{d}P \tag{6.2.14}$$

要使 $\sigma_{g_1}^2$ 最小, 就是使泛函 $I\left[f_1\right]$ 极小. 注意到, f_1 是满足条件 (6.2.8) 的联合概率密度函数. 利用变分原理可以得出最优 $f_1(P)$ 为

$$f_1(P) = \frac{|g(P)|\, f(P)}{\displaystyle\int_{V_s} |g(P)|\, f(P)\mathrm{d}P} \tag{6.2.15}$$

特别地, 当 $g(P) \geqslant 0$ 时有

$$f_1(P) = \frac{g(P)f(P)}{\int_{V_s} g(P)f(P)\mathrm{d}P} = \frac{g(P)f(P)}{\theta} \tag{6.2.16}$$

将式 (6.2.16) 代入式 (6.2.13) 中有

$$\sigma_{g_1}^2 = 0 \tag{6.2.17}$$

即 g_1 的方差为零. 此时,

$$g_1(P) = \int_{V_s} g(P)f(P)\mathrm{d}P = \theta = \mathrm{const} \tag{6.2.18}$$

称从最优的 $f_1(P)$ 抽样为重要抽样, 函数 $|g(P)|$ 为重要函数.

分析式 (6.2.15) 和式 (6.2.16) 可以看出, 为确定 $f_1(P)$ 必须知道积分值 θ, 或同等工作量的积分

$$\int_{V_s} |g(P)|\, f(P)\mathrm{d}P \tag{6.2.19}$$

因此, 实际上重要抽样不能实行. 然而, 在理论上存在的 $f_1(P)$ 却为寻找较优的 $f_1(P)$ 提供了一些启示.

现在看 $g(P) \geqslant 0$ 的情况. 从式 (6.2.16) 中看到, $f_1(P)$ 与被积函数 $f(P)g(P)$ 成比例. 于是, 在 $f(P)g(P)$ 大的地方 $f_1(P)$ 也大, 在这些地方抽样就多, 点就取得密; 反之, 在 $f(P)g(P)$ 小的地方 $f_1(P)$ 就小, 抽样就少, 点就取得稀一些. 换句话说, 构造较优的 $f_1(P)$, 应该具备在对积分结果贡献比较大的地方多抽, 在贡献比较小的地方少抽这一特点.

6.2.3 序贯 Monte Carlo 方法

序贯分析的方法在本书第 2 章已经进行了详细的介绍. 将序贯分析应用到 Monte Carlo 方法是一个重要的改进方向. 其基本思想是抽样计划不像通常 Monte Carlo 方法那样始终不变, 而是根据试验结果, 设计新的抽样计划. 很明显, 这相当于在 Monte Carlo 方法中所选的随机变量 $\theta(\omega)$ 不仅与当前试验出现的事件 ω_n 有关, 而且还要与 n 以前试验的结果有关, 将其表示成 $\theta_n(\omega_n, \theta_1, \cdots, \theta_{n-1})$.

考虑新的随机变量序列 $\{\theta_n(\omega_n, \theta_1, \cdots, \theta_{n-1})\}, n = 1, 2, \cdots$, 要求

$$\sigma^2(\theta_1) \geqslant \sigma^2(\theta_2) \geqslant \cdots \geqslant \sigma^2(\theta_N) \geqslant \cdots \tag{6.2.20}$$

$$\sigma^2(\theta_N) \to 0 \tag{6.2.21}$$

可以定义新的估计量为

$$\bar{\theta}'_N = \sum_{n=1}^{N} W_n^{(N)} \theta_n \tag{6.2.22}$$

这里, $W_n^{(N)}$ 是权重因子, 满足条件

$$W_n^{(N)} \geqslant 0, \sum_{n=1}^{N} W_n^{(N)} = 1 \tag{6.2.23}$$

并使方差减小.

6.3   Monte Carlo 方法在 Bayes 计算中的应用

在 Bayes 分析中, 当先验分布不是共轭分布时对应的后验分布通常不具解析表达式, 这导致 Bayes 计算曾一度制约 Bayes 方法的推广应用. Bayes 计算法方法可分为 MC 方法和解析逼近法两大类, MC 方法的基本思想是设法从后验分布中抽取一列样本, 利用这些样本的经验分布去逼近后验分布. 除 6.2 节中介绍的重要抽样 (important sampling) 和 SMC (sequential Monte Carlo) 抽样外, Bayes 计算的 Monte Carlo 方法还包括 MCMC(Markov chain Monte Carlo) 抽样 [40-44]、ABC (approximate Bayesian computation) 抽样 [45-52] 以及这些方法的变种, 如 PMCMC (particle Markov chain Monte Carlo) 抽样 [53] 和 RJMCMC(Reversible jump Markov chain Monte Carlo) 抽样 [54-55] 等. 文献 [56-61] 对 Bayes 计算方法做了全面的介绍, 文献 [62-64] 讨论了无穷维空间上的 Bayes 计算方法. 本节以参数模型为例简单介绍 ABC 和 MCMC 算法的基本思想, 以非参数 (即无穷维) 回归模型为例介绍 RJMCMC 的基本思想.

6.3.1   ABC 方法

ABC 方法也称为似然无关 (likelihood-free) 方法, 是处理复杂似然函数效果最好的一种 Bayes 计算方法 [57], 它主要用于经济、生物等领域中复杂的微分方程模型 [49,65-66].

算法 6.1   ABC 抽样

1: **for** $i = 1 : N$ **do**
2:     **repeat**
3:         生成 $\theta' \sim \pi(\cdot)$;
4:         生成 $z \sim f(\cdot|\theta')$;
5:     **until** $d(z, y) \leqslant \varepsilon$
6:     令 $\theta_i = \theta'$;
7: **end for**

设样本 $\boldsymbol{y} \in \mathcal{X}$ 的密度函数为 $\boldsymbol{y} \sim f(\cdot|\theta)$, 参数 θ 的先验分布为 $\pi(\theta)$. 算法 6.1 为 ABC 方法的大意, 它的样本来自于密度函数

$$\pi_\varepsilon(\theta, \boldsymbol{z}|\boldsymbol{y}) = \frac{\pi(\theta)f(\boldsymbol{z}|\theta)\mathbf{1}_{A_{\varepsilon,\mathbf{y}}}(\boldsymbol{z})}{\displaystyle\int_{A_{\varepsilon,\boldsymbol{y}} \times \Theta} \pi(\theta)f(\boldsymbol{z}|\theta)\mathrm{d}\boldsymbol{z}\mathrm{d}\theta} \tag{6.3.1}$$

关于 θ 的边缘分布, 其中

$$A_{\varepsilon,\boldsymbol{y}} = \{\boldsymbol{z} \in \mathcal{X} | d(\boldsymbol{z}, \boldsymbol{y}) < \varepsilon\}, \tag{6.3.2}$$

d 为样本空间 $\mathcal{X}$ 上的距离. 判决条件 $d(\mathbf{z}, \mathbf{y}) \leqslant \varepsilon$ 可以利用非冗余的统计量 $S(\cdot)$ 的距离来代替, 即 $d(S(\boldsymbol{z}), S(\boldsymbol{y})) \leqslant \varepsilon^{[67]}$. ABC 算法期望当 ε 足够小时 $\pi_\varepsilon(\theta|\boldsymbol{y}) \approx \pi(\theta|\boldsymbol{y})$.

由于算法 6.1 中 θ' 直接由先验分布抽样得到, 当先验分布与后验分布差别很大时, ABC 算法的计算量很大. ABC-MCMC 抽样 [68] 就是针对这一缺陷而提出的. ABC 算法以及 ABC-MCMC 算法均可应用于多模型的 Bayes 计算 [48-49]. 此外, 为提高 ABC 算法的效率, 还可以将 ABC 算法与 SMC 抽样结合使用 [46,48].

6.3.2 MCMC 方法

设 $\Pi(\theta|X^{(n)})$ 为参数 $\theta \in \Theta \subset \mathbb{R}^k$ 的后验分布, $X^{(n)}$ 表示样本, 需要计算的后验量为积分形式

$$F = \int_\Theta f(\theta)\Pi(\mathrm{d}\theta|X^{(n)}). \tag{6.3.3}$$

MCMC 方法通过抽取以 $\Pi(\theta|X^{(n)})$ 为平稳分布的 Markov 链 $\{\theta_1, \cdots, \theta_N\}$ 来估计 F, 即

$$\hat{F}_N = \frac{1}{N-m} \sum_{i=m}^{N} f(\theta_i), \tag{6.3.4}$$

m 和 N 根据分布 $\Pi(\theta|X^{(n)})$ 的具体形式确定.

MCMC 的核心是构建以 $\Pi(\theta|X^{(n)})$ 为平稳分布的一步转移核 $P(\vartheta|\theta)$, 一般要求满足所谓的 "detailed balance" 条件

$$\int_A \int_B \Pi(\mathrm{d}\theta|X^{(n)})P(\mathrm{d}\vartheta|\theta) = \int_B \int_A \Pi(\mathrm{d}\vartheta|X^{(n)})P(\mathrm{d}\theta|\vartheta), \tag{6.3.5}$$

即从任意可测集 A 转移到任意可测集 B 的概率与从 B 转移到 A 的概率相等.

算法 6.2   Metropolis-Hastings 抽样

1: 任意选择一个初值 θ_1;
2: **for** $i = 1 : N$ **do**
3:       生成 $\vartheta \sim q(\cdot|\theta_i)$ 以及 $u \sim \mathrm{U}(0,1)$;
4:       计算 $\alpha(\theta_i, \vartheta) = \min\left\{1, \dfrac{\Pi(\vartheta|X^{(n)})q(\theta|\vartheta)}{\Pi(\theta|X^{(n)})q(\vartheta|\theta)}\right\}$;
5:       如果 $u \leqslant \alpha(\theta_i, \vartheta)$, 则 $\theta_{i+1} = \vartheta$, 否则 $\theta_{i+1} = \theta_i$;
6: **end for**

Metropolis-Hastings 抽样 [40-41] 是一种构造转移核的一般方法, 算法 6.2 给出了它的大意. 它的一步转移核

$$P(\vartheta|\theta) = q(\vartheta|\theta)\alpha(\theta, \vartheta) \tag{6.3.6}$$

$q(\vartheta|\theta)$ 称为建议分布, $\alpha(\theta, \vartheta)$ 表示接受 ϑ 的概率. 常见的建议分布包括 [69]:

(1) 对称建议分布, 即 $q(\vartheta|\theta) = q(\theta|\vartheta)$, 特别地, 如果 $q(\vartheta|\theta) = q(|\vartheta - \theta|)$, 对应的算法称为随机游走 Metropolis 算法;

(2) 独立建议分布, 即 $q(\vartheta|\theta) = q(\vartheta)$, 对应的算法称为独立抽样, 采用独立抽样时应当使建议分布接近于先验分布;

(3) 设 T 为 $\{1, \cdots, k\}$ 的子集, θ 的分量由 T 分为 θ_T 和 θ_{-T} 两部分. 子集建议分布 $q(\vartheta|\theta) = q(\vartheta_T|\theta)$, 特别地, $q(\vartheta_T|\theta) = \Pi(\vartheta_T|\theta_{-T}, X^{(n)})$ 对应 Gibbs 抽样 [42-43].

6.3.3 RJMCMC 方法

如果存在多个维数不同的备选模型, 则 Metropolis-Hastings 抽样不能直接应用. RJMCMC 方法 [54-55,70-72] 是 Metropolis-Hastings 抽样针对多个备选参数模型的一种推广, 其基本思想是在抽样时除模型参数之间的跳转外, 引入模型之间跳转的概率. 下面以非参数回归模型的筛方法为例, 介绍 RJMCMC 抽样的基本思想.

首先给出筛模型与筛先验的定义. 设 $(\mathcal{S}, d)$ 为距离空间, $\{q_k : k = 1, 2, \cdots\}$ 为不减正整数序列, $\mathcal{S}_k = \{s_k(\boldsymbol{\theta}_k) : \boldsymbol{\theta}_k \in \Theta_k \subset \mathbb{R}^{q_k}\} \subset \mathcal{S}$. 如果对任意的 $s \in \mathcal{S}$ 都有

$$\lim_{k \to \infty} \inf\{d(s, s_k(\boldsymbol{\theta}_k)) : \boldsymbol{\theta}_k \in \Theta_k\} = 0 \tag{6.3.7}$$

则称 $\{\mathcal{S}_k\}_{k \in \mathbb{N}+}$ 为 $\mathcal{S}$ 的 q_k 维筛模型. 给定参数空间 $\mathcal{S}$ 的筛模型后, 可按照如下方式构造先验分布:

$$\Pi := \begin{cases} k \sim \pi(k) \\ \boldsymbol{\theta}_k \sim \Pi(\cdot|k) \end{cases} \tag{6.3.8}$$

这里 $\pi(k)$ 表示正整数集 $\mathbb{Z}^+$ 上的离散概率分布, $\Pi(\cdot|k)$ 表示 $\mathbb{R}^{q_k}$ 上的概率分布. 由于 k 和 $\boldsymbol{\theta}_k$ 为随机变量, $s_k(\boldsymbol{\theta}_k)$ 表示取值于 $\mathcal{S}$ 的随机元, 称它的分布为 $\mathcal{S}$ 上的筛先验.

给定 k 和 $\boldsymbol{\theta}_k$, 设观测数据 $X^{(n)}$ 的密度函数为 $f(X^{(n)}|k,\boldsymbol{\theta}_k)$, 记筛先验对应的后验分布的密度函数为 $\pi(k,\boldsymbol{\theta}_k|X^{(n)})$. 为简便起见, 以 $\boldsymbol{x}=(k,\boldsymbol{\theta}_k)$ 表示不同维数的参数. 算法 6.3 给出了 RJMCMC 方法的大意, 该算法的难点在于:

(1) 针对每一个状态, 都需要构造几种模型间的跳转方式, 而每一种跳转方式都必须有相应的逆转方式. 对于筛模型来说, 只需考虑三种简单的跳转方式, 即 $k \mapsto k$, $k \mapsto k+1$ 以及 $k \mapsto k-1$.

(2) 对每一种跳转方式构造便于计算的双射和建议分布 φ 需要一定的技巧. 一般来说, h 取恒等映射即可, φ 则需要结合后验分布的特征来选择. 文献 [55] 给出了一些统一的构造方法.

例 6.3.1 考虑非参数回归 [75,76]

$$y_i = s(t_i) + \varepsilon_i, \quad i = 1,2,\cdots,n \tag{6.3.9}$$

这里, $n=100$, $\{t_i : i=1,\cdots,n\}$ 为 $[0,1]$ 上的确定性均匀设计, $\{\varepsilon_i : i=1,\cdots,n\}$ 为独立同分布标准正态噪声. 需根据观测数据来估计一元函数 $s(t)$. 文献 [73] 利用 Karhunen-Loeve 展开详细讨论了 Gauss 过程在形状约束的非参数回归中的应用. 这里考虑标准 B 样条筛模型和 Bernstein 筛模型, 当利用 Bernstein 筛模型时, 还考虑有单调约束和无约束两种情况. 给定 $k \geqslant 1$, 令 $h=(k+1)^{-1}$, $\{\iota_i = ih : i = -1,0,\cdots,k+2\}$ 表示等距节点组. 标准 B 样条筛模型为

$$\mathcal{S}_k = \left\{ s_k(\boldsymbol{\theta}_k;t) = \sum_{i=-1}^{k+2} \theta_i B\left(\frac{t-\iota_i}{h}\right) : \boldsymbol{\theta}_k = (\theta_{-1},\cdots,\theta_{k+2}) \in \mathbb{R}^{k+4} \right\} \tag{6.3.10}$$

其中

$$B(t) := \begin{cases} 0, & |t| \geqslant 2 \\ \dfrac{|t|^3}{2} - t^2 + \dfrac{2}{3}, & |t| < 1 \\ -\dfrac{|t|^3}{6} + t^2 - 2|t| + \dfrac{4}{3}, & 1 \leqslant |t| < 2 \end{cases} \tag{6.3.11}$$

算法 6.3   RJMCMC 抽样
___
1: 给定初始状态 $\boldsymbol{x}^1$;

2: **for** $i = 1 : N$ **do**

3:　　记当前模型为 k, 参数为 $\boldsymbol{\theta}_k$;

4:　　按照概率 $r_{kj}(\boldsymbol{x}^i)$ 选择转移类型, $r_{kj}(\boldsymbol{x}^i)$ 表示从 $\boldsymbol{x}^i$ 转移到模型 j 的概率;

5:　　**if** $j = k$ **then**

6:　　　　调用算法 6.2 产生样本点 $\boldsymbol{x}^{i+1}$;

7:　　**else if** $j > k$ **then**

8:　　　　按照设定的分布 $\varphi_{q_j - q_k}(\boldsymbol{v})$ 产生 $q_j - q_k$ 维的随机向量 $\boldsymbol{v}$;

9:　　　　计算 $\boldsymbol{x}^* = (j, \boldsymbol{h}_{k,j}(\boldsymbol{\theta}_k, \boldsymbol{v}))$, 这里 $\boldsymbol{h}_{k,j} : (\boldsymbol{\theta}_k, \boldsymbol{v}) \mapsto \boldsymbol{\theta}_j$ 为设定的可逆双射;

10:　　　　计算 $\alpha(\boldsymbol{x}^i, \boldsymbol{x}^*) = \min \left\{ 1, \dfrac{\pi(\boldsymbol{x}^* | X^{(n)}) r_{jk}(\boldsymbol{x}^*)}{\pi(\boldsymbol{x}^k | X^{(n)}) r_{kj}(\boldsymbol{x}^k) \varphi_{q_j - q_k}(\boldsymbol{v})} \left| \dfrac{\partial \boldsymbol{h}_{k,j}(\boldsymbol{\theta}_k, \boldsymbol{v})}{\partial(\boldsymbol{\theta}_k, \boldsymbol{v})} \right| \right\}$;

11:　　　　生成 $u \sim \mathrm{U}(0, 1)$;

12:　　　　如果 $u \leqslant \alpha(\boldsymbol{x}^i, \boldsymbol{x}^*)$, 则 $\boldsymbol{x}^{i+1} = \boldsymbol{x}^*$, 否则 $\boldsymbol{x}^{i+1} = \boldsymbol{x}^i$;

13:　　**else if** $j < k$ **then**

14:　　　　求解 $(\boldsymbol{\theta}_j, \boldsymbol{v}) = \boldsymbol{h}_{j,k}^{-1}(\boldsymbol{\theta}_k)$, 令 $\boldsymbol{x}^* = (j, \boldsymbol{\theta}_j)$;

15:　　　　计算 $\alpha(\boldsymbol{x}^i, \boldsymbol{x}^*) = \min \left\{ 1, \dfrac{\pi(\boldsymbol{x}^* | X^{(n)}) r_{jk}(\boldsymbol{x}^*) \varphi_{q_k - q_j}(\boldsymbol{v})}{\pi(\boldsymbol{x}^i | X^{(n)}) r_{kj}(\boldsymbol{x}^i)} \left| \dfrac{\partial \boldsymbol{h}_{j,k}(\boldsymbol{\theta}_j, \boldsymbol{v})}{\partial(\boldsymbol{\theta}_j, \boldsymbol{v})} \right|^{-1} \right\}$;

16:　　　　生成 $u \sim \mathrm{U}(0, 1)$;

17:　　　　如果 $u \leqslant \alpha(\boldsymbol{x}^i, \boldsymbol{x}^*)$, 则 $\boldsymbol{x}^{i+1} = \boldsymbol{x}^*$, 否则 $\boldsymbol{x}^{i+1} = \boldsymbol{x}^i$;

18:　　**end if**

19: **end for**
___

设 $s : [0, 1] \mapsto \mathbb{R}$ 为具有有界二阶导数的光滑函数, s 的第 k 个 Bernstein 多项式定义为

$$B(x; k, s) := \sum_{i=0}^{k} s(i/k) \mathrm{C}_k^i x^i (1-x)^{k-i}. \tag{6.3.12}$$

用于非参数回归的 Bernstein 筛为

$$\mathcal{S}_k := \left\{ s_k(x; \boldsymbol{\theta}_k) = \sum_{i=0}^{k} \theta_{k,j} \mathrm{C}_k^j x^j (1-x)^{k-j} : \theta_k = (\theta_{k,0}, \cdots, \theta_{k,k}) \in \mathbb{R}^{k+1} \right\}, \tag{6.3.13}$$

其最大优势在于利用形状约束, 如单调性、单峰、凸性等. 文献 [74] 指出:

(1) 如果 $\theta_{k,0} \leqslant \theta_{k,1} \leqslant \cdots \leqslant \theta_{k,k}$, 则 $s_k(x; \boldsymbol{\theta}_k)$ 为 $[0, 1]$ 上的单调增函数;

(2) 如果 $k \geqslant 2$, $\theta_{k,1} - \theta_{k,0} > 0$, $\theta_{k,k} - \theta_{k,k-1} < 0$ 且 $\theta_{k,j+1} + \theta_{k,j-1} \leqslant 2\theta_{k,j}$ 对一切 $j = 1, \cdots, k-1$ 成立, 则 $s_{k'}(0; \boldsymbol{\theta}_k) > 0$, $s_{k'}(1; \boldsymbol{\theta}_k) < 0$, 且 $s_{k''}(x; \boldsymbol{\theta}_k) \leqslant 0$.

(3) 如果 $k \geqslant 3$, 且存在 $l \in \{2, \cdots, k-1\}$, 使得 $\theta_{k,0} < \theta_{k,1} \leqslant \theta_{k,2} \leqslant \cdots \leqslant \theta_{k,l}$ 以及 $\theta_{k,l} \geqslant \theta_{k,l+1} \geqslant \cdots \geqslant \theta_{k,k-1} > \theta_{k,k}$, 则 $s_k(x;\boldsymbol{\theta}_k)$ 为 $[0,1]$ 上的单峰函数.

计算中, 先验分布的具体形式如下:

$$
\begin{cases}
\sigma \sim \mathrm{IG_a}(\alpha, \beta), \qquad \pi(k) = e^{-\lambda} \dfrac{\lambda^{k-1}}{(k-1)!} \\
\pi\left(\theta_k | \sigma, k\right) = \dfrac{1}{(2\pi\sigma)^{q_k/2}} \exp\left\{ -\dfrac{1}{2\sigma^2} \sum_{j=1}^{q_k} \theta_j^2 \right\}
\end{cases}
\tag{6.3.14}
$$

这里 σ 为超参数. 计算中需要设定的参数有 λ, α 和 β, 为了降低计算量, 可在取 λ 为较小的正整数的同时, 设定筛模型阶数 k 的最大值 $k_{\max}$. 为了控制参数的个数, 取逆 Gamma 分布的尺度参数 $\beta = 1$, 通过改变形状参数 α 来得到较好的先验分布. 当考虑单调性约束时, θ_k 的先验分布不能简单地取正态分布. 有多种方式可实现满足单调性约束的抽样, 这里不再赘述.

定义

$$
\mathrm{RMSE} := \left[\frac{1}{n} \sum_{i=1}^{n} \left(y_i - \hat{f}(t_i) \right)^2 \right]^{\frac{1}{2}}
\tag{6.3.15}
$$

图 6.3.1~ 图 6.3.3 为当真实信号 $y = 10t$ 时的处理结果. 图 6.3.4~图 6.3.6 为当真实信号 $y = \sin(\pi t/2)$ 时的处理结果. 从图中可以看出, 利用形状约束可以使得 MCMC 方法收敛更快.

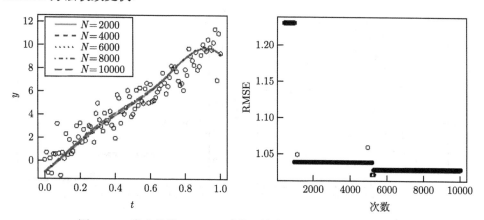

图 6.3.1 真实信号 $y = 10t$ 时等距节点三次 B 样条的处理结果

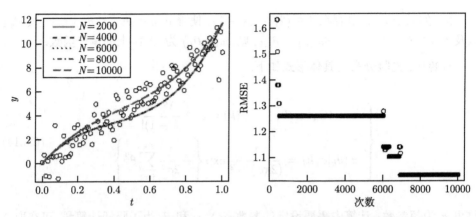

图 6.3.2　真实信号 $y = 10t$ 时 Bernstein 筛模型的处理结果

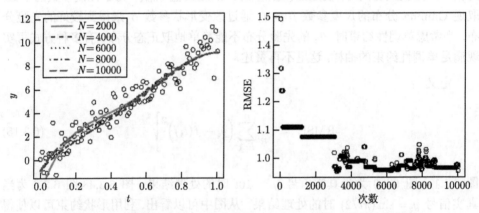

图 6.3.3　真实信号 $y = 10t$ 时单调 Bernstein 筛模型的处理结果

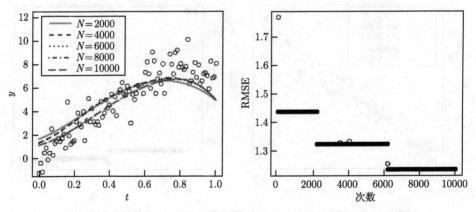

图 6.3.4　真实信号 $y = \sin(\pi t/2)$ 时等距节点三次 B 样条的处理结果

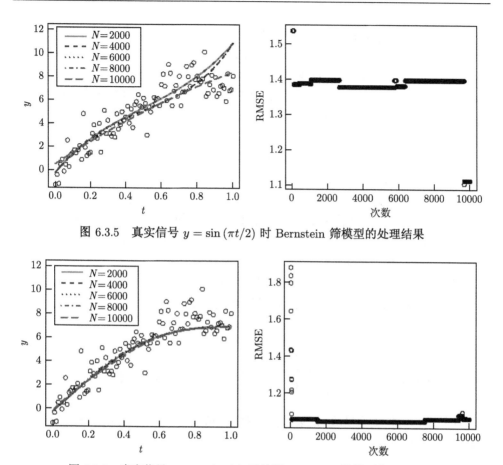

图 6.3.5 真实信号 $y = \sin(\pi t/2)$ 时 Bernstein 筛模型的处理结果

图 6.3.6 真实信号 $y = \sin(\pi t/2)$ 时单调 Bernstein 筛模型的处理结果

6.4 应用实例

在制导精度评估等武器效能研究方面, Monte Carlo 方法主要用来模拟导弹落点的分布, 在此基础上进行落点精度鉴定和毁伤效果的评估工作 [13-18].

6.4.1 落点精度鉴定 [20-21]

命中精度表示导弹落点对目标点 (瞄准点) 的偏离程度, 通常用以目标为中心的圆概率偏差 (CEP) 来衡量, 它是落点系统误差和散布误差的总和, 是重要的战术技术指标. 根据 CEP 的定义, 导弹落入以散布中心为圆心的概率为 50% 时, 此圆的半径 R 成为命中精度 CEP. 但当面目标存在不规则边界轮廓时, 通过 CEP 给定的半数必中圆很可能超出面目标边界范围, 此时对面目标的命中概率实际上就不足一半. 因此, 文献 [19] 给出了 ACEP 的概念, 定义了更恰当的半数必中性, 试图解决制导武器系统射击面目标精度评定指标的问题. 由于射击精度 CEP 难以用显式表示, 对于给定的落点偏差, 也难以用显式估计, 而且以 CEP 为参数的分布未知, 为此对 CEP 进行评定非常困难. 若对 CEP 算式中半数必中圆积分的基础上还要加入针对面目标边界轮廓的积分, 无疑大大增加了计算难度. 为此引入 MC 方法来求解定积分.

具体的 ACEP 定义式、仿真步骤和仿真结果请先参考第 11 章.

可以考虑使用 6.1.2 节的方法来计算定积分. 此外, 随机投点法也是用 MC 方法求定积分的常用方法之一. 以图 11.1.3 为例, 图中外圆半径为 R, 目标区域边界为 S_T. 为了求取式中的积分值 P_h, 首先按照积分号内的概率密度函数构造随机投点模型, 即向 XZ 平面中按照 $(X, Z) \sim \mathrm{N}(\mu_x, \mu_z, \sigma_x^2, \sigma_z^2)$ 随机投点 $\{\xi_i, \eta_i\}\,(i = 1, 2, \cdots)$, 其中 $\xi_i \sim \mathrm{N}(\mu_x, \sigma_x^2)$, $\eta_i \sim \mathrm{N}(\mu_z, \sigma_z^2)$, 且 ξ_i 与 η_i 相互独立.

若第 i 个点 (ξ_i, η_i) 落入图 11.1.3 阴影区域内, 即满足条件 $\xi_i^2 + \eta_i^2 \leqslant R^2$, 同时 $(\xi_i, \eta_i) \in S_T$, 则称第 i 次试验成功. 随机投点试验成功的概率

$$
\begin{aligned}
p &= P\left\{\xi_i^2 + \eta_i^2 \leqslant R^2 \cap (\xi_i, \eta_i) \in S_T\right\} \\
&= \frac{1}{2\pi\sigma_x\sigma_z} \iint\limits_{S_T \cap x^2 + z^2 \leqslant R} \exp\left\{-\frac{1}{2}\left[\frac{(x - \mu_x)^2}{\sigma_x^2} + \frac{(z - \mu_z)^2}{\sigma_z^2}\right]\right\}\mathrm{d}x\mathrm{d}z = P_h
\end{aligned} \tag{6.4.1}
$$

重复进行随机投点试验, 记录试验次数 M 和成功次数 S, 用频率 S/M 作为概率 p 的估计值, 即可得出定积分值 P_h 的近似解为

$$
P_h \approx S/M \tag{6.4.2}
$$

记 $I = S/M$, 它是成功概率 p 的估计量. 在 M 次试验中, 成功次数 S 服从二项分布 $B(M, p)$, 故有

$$
\mathrm{E}(S) = M \cdot p, \quad \mathrm{Var}(S) = M \cdot p(1 - p) \tag{6.4.3}
$$

因此,

$$
\mathrm{E}(I) = p, \quad \mathrm{Var}(I) = \frac{1}{M} \cdot p(1 - p) \tag{6.4.4}
$$

由此, 在进行了大量随机投点试验之后便可以得到阴影区域的定积分值. 随机投点法在计算定积分值时不关心积分区域的形状, 使得这个方法适用于对边界轮廓不规则的面目标进行相关计算.

通过随机投点法计算在命中区域内的命中面目标概率, 在得到半数必中区域后便得到了命中面积圆概率偏差. 仿真实例对比分析了命中区域圆概率偏差相对于传统圆概率偏差指标的合理性及适用性. 从结果分析来看, 文献 [19] 所提出的针

对面目标的命中区域圆概率偏差精度指标定义合理, 结合目标边界的方法具有普适性; 基于 MC 方法的随机投点积分法计算简单, 精度达到制导武器系统精度评定的要求.

6.4.2 封锁概率计算 [22]

动能侵彻子母弹战斗部的主要打击目的是封锁敌机场跑道, 使其在一定的时间内作战飞机不能起飞作战. 由于侵彻子弹战斗部的主要作用是阻碍敌方战机起飞, 所以应该将飞机能否从被破坏的跑道上起飞作为评价侵彻子弹毁伤效果的唯一标准. 目前对跑道主要采用跑道失效率 (DPR) 作为毁伤效果指标, 即跑道上不存在供飞机起降的最小升降窗口的概率.

现有的失效率计算模型常采用 MC 方法, 通过像素——仿真法或区域搜索法对最小升降窗口进行搜索. 然而, 它们都只考虑了飞机沿机场长度方向起降的情况. 本节在数值模拟法产生子弹落点的条件下, 利用随机抽样的方法综合考虑了飞机沿跑道方向和与跑道成一定夹角起降的起降模式, 计算了侵彻子母弹对机场跑道的封锁概率. 并通过实例与区域搜索法进行了比较, 说明新方法更科学合理.

侵彻弹打击机场跑道的毁伤形式的定量描述请参考 16.3.1 节. 关于机场跑道封锁的量化评估方法请参考 16.2.3.1 小节, 在此主要介绍封锁时间的量化评估过程及封锁概率的数学方法. 建议读者结合 16.5.3 节阅读以下内容, 以便于理解.

6.4.2.1 跑道失效模型

1) 子母弹封锁机场跑道模型

跑道目标是一类典型的窄长形面目标, 其道面由水泥、沥青、混凝土等材料铺筑而成, 其厚度一般为 0.2~0.4m, 宽度为 30~100m, 长度为 1000~4000m, 具有较大的抗超压强度.

飞机在机场跑道上一般沿跑道的长度方向起飞和降落. 机场跑道遭到集束战斗部的攻击后, 飞机会在跑道上找一块任何可能起降的合适地面, 即升降窗口. 因机场跑道宽度一般较窄, 不适合沿宽度方向起降, 那么, 其起降模式有两种: 一种为沿机场长度方向起降, 另一种为飞行方向与跑道长度方向成一夹角来起降, 参见图 16.5.5.

2) 子弹落点模拟模型

子弹落点参数和落点散布规律是计算子母弹毁伤效果的前提条件, 用 Monte Carlo 方法计算侵彻子母弹对机场跑道的封锁概率, 获得子弹散布的步骤如下:

Step 1 计算瞄准点位置;

假设跑道目标为均匀的线目标, 首先建立跑道坐标系: 坐标系的原点在跑道几何中心 O 处, X 轴沿跑道纵向, Z 轴垂直地面指向上方, Y 轴的方向是使得该坐标

系成为右手直角坐标系的方向. 则瞄准点以目标中心点为对称点的等间隔分布. 当
发射导弹数为 M 时, 瞄准点为

$$x_{i0} = \frac{L(2i-1)}{2M} - \frac{L}{2}, \quad y_{i0} = 0 \tag{6.4.5}$$

Step 2　产生母弹落点;

母弹落点是一随机变量, 服从以导弹瞄准点为散布中心, 导弹落点精度为散布
密集度的圆正态分布.

设 μ, ν 为 $(0,1)$ 之间的正态分布的随机数, 则第 i 发弹的模拟落点 (X_i, Y_i) 为

$$\begin{aligned} X_i &= x_{i0} + 0.84\mathrm{CEP}_i\mu \\ Y_i &= y_{i0} + 0.84\mathrm{CEP}_i\nu \end{aligned} \tag{6.4.6}$$

Step 3　产生子弹落点;

设子弹在抛撒圆内服从均匀分布. 生成圆内均匀分布随机数的方法如下:

$$\begin{aligned} x' &= R \cdot \sqrt{r_1}\cos(2\pi r_2) \\ y' &= R \cdot \sqrt{r_1}\sin(2\pi r_2) \end{aligned} \tag{6.4.7}$$

其中 R 表示抛撒圆半径, $r_1, r_2 \sim \mathrm{U}(0,1)$, 则第 i 枚侵彻子母弹的第 j 颗子弹的模
拟落点 (X_{ij}, Y_{ij}) 为

$$\begin{aligned} X_{ij} &= X_i + x' \\ Y_{ij} &= Y_i + y', \quad j = 1, 2, \cdots, N \end{aligned} \tag{6.4.8}$$

Step 4　判断有效子弹.

子弹对跑道的毁伤除命中毁伤外, 还有坐标毁伤, 即两种不同的毁伤率, 见图
6.4.1. 所以, 将满足下式的子弹定义为能对跑道造成有效毁伤的子弹, 简称有效毁
伤子弹:

$$\begin{cases} -r_i - \dfrac{l}{2} \leqslant X_{ij} \leqslant r_i + \dfrac{l}{2} \\ -r_i - \dfrac{w}{2} \leqslant Y_{ij} \leqslant r_i + \dfrac{w}{2} \end{cases} \quad (i = 1, 2, \cdots, M) \tag{6.4.9}$$

(a) 对跑道直接命中的子弹

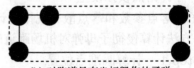

(b) 对跑道具有坐标毁伤的子弹

图 6.4.1　两种不同的毁伤率

6.4.2.2 失效率算法

目前对于 DPR 的计算通常采用 MC 仿真方法进行 N 次仿真, 通过像素仿真法或区域搜索法搜索出其中不含最小升降窗口的次数 N_{block}, 则 DPR $= N_{\text{block}}/N$. 相对而言, 区域搜索法是一种较快速的搜索方法, 但是这些方法都只考虑了第一种起降模式, 而不考虑第二种起降模式. 下面将介绍综合考虑两种起降模式的失效率 (DPR) 计算方法.

用 $S(u,v,\varphi)$ 表示与最小升降窗口同尺寸的矩形, 参数 u,v,φ 分别表示矩形中心的横坐标、纵坐标及长边与 x 轴的夹角. 给定最小升降窗口矩形的边长 $a > b > 0$, 最小升降窗口为没有任何子弹落在跑道内的以 a,b 为边长的矩形. 对于长、宽分别为 l,m 的矩形跑道, 在上述跑道坐标系中, u,v,φ 的参数范围如下:

$$
\begin{cases}
|u| \leqslant \dfrac{1}{2}(l - \sqrt{a^2 + b^2}\cos(\varphi - \theta)) \\[2mm]
|v| \leqslant \dfrac{1}{2}(m - \sqrt{a^2 + b^2}\sin(\varphi + \theta)) \\[2mm]
|\varphi| \leqslant \arcsin\left(\dfrac{m}{\sqrt{a^2 + b^2}}\right) - \theta, \quad \theta = \arctan\dfrac{b}{a}
\end{cases}
\tag{6.4.10}
$$

设子弹的落点为 n 个独立同分布的随机变量, 服从一个二维的概率密度为 $f(x,y)$ 的分布, 则给定的矩形 $S(u,v,\varphi)$ 的存活概率为

$$
P(u,v,\varphi) = \left(1 - \int_{S(u,v,\varphi)} f(x,y)\mathrm{d}x\mathrm{d}y\right)^n
\tag{6.4.11}
$$

不妨设 u,v 服从跑道区域 D 中的均匀分布, φ 服从 $\left(-\dfrac{\pi}{2}, \dfrac{\pi}{2}\right)$ 中的均匀分布, 于是, 随机抽取的矩形 $S(u,v,\varphi)$ 存活的期望概率为

$$
p = \frac{1}{\pi|D|} \iiint \{(u,v,\varphi)|S(u,v,\varphi) \subset D\}P(u,v,\varphi)\mathrm{d}u\mathrm{d}v\mathrm{d}\varphi
\tag{6.4.12}
$$

其中 $|D|$ 为 D 的面积.

倾斜角度的随机性使得搜索法行不通, 而使用解析法计算 DPR 在实际中不也太可行. 可通过 Monte Carlo 法和随机抽样的方法来计算 DPR, 计算步骤如下:

Step 1 建立跑道坐标系, 利用数值模拟法产生一轮攻击子母弹的落点, 判断出有效的毁伤子弹.

Step 2 随机生成参数为 (x,y,φ) 的与升降窗口等尺寸的矩形, 生成方法如下:

①生成 $\left[-\arcsin\left(\dfrac{m}{\sqrt{a^2 + b^2}}\right) + \arctan\dfrac{b}{a}, \arcsin\left(\dfrac{m}{\sqrt{a^2 + b^2}}\right) - \arctan\dfrac{b}{a}\right]$ 内均匀分布的随机数 φ 作为升降窗口的倾角; ②生成 $\left[-\dfrac{1}{2}\left(l - \sqrt{a^2 + b^2}\cos(\varphi - \theta)\right),\right.$

$\frac{1}{2}\left(l-\sqrt{a^2+b^2}\cos(\varphi-\theta)\right)\Big]$ 内均匀分布的随机数 x, 生成 $\Big[-\frac{1}{2}\left(m-\sqrt{a^2+b^2}\right.$

$\sin(\varphi+\theta)\right),\frac{1}{2}(m-\sqrt{a^2+b^2}\sin(\varphi+\theta))\Big]$ 内均匀分布的随机数 y, 以 (x,y) 作为升

降窗口的中心; ③判断生成的矩形的有效性, 即矩形的四个顶点是否都落在机场矩形之内. 如果生成的矩形无效则重新生成新的矩形.

Step 3　对每个窗口矩形, 判断其是否适合飞机升降. 即判断其扩展区域内是否含有子弹. 若不含子弹, 则存在最小升降窗口则停止生成窗口矩形, 认为本次仿真没有对跑道封锁. 否则继续随机生成参数为 (x,y,φ) 的矩形, 直到生成次数达到 M 次. 如果还没找到最小升降窗口, 则认为本次仿真封锁成功.

Step 4　重复①~③N 次, 统计其中封锁成功的次数, 记为 N_{block}, 则封锁概率为 $DPR=N_{block}/N$.

例 6.4.1　与 16.2.3.1 节中案例一致, 给定跑道和武器数据如下 [12]:

跑道: 跑道长 $L=3000m$, 跑道宽 $B=50m$, 最小升降窗口长 $a=800m$, 最小升降窗口 $b=20m$;

武器: 武器精度 $CEP=200m$, 母弹抛撒半径 $R=300m$, 子弹个数 $N_m=70$, 子弹威力半径 $r=2m$, 发射导弹数 $W_n=10$.

分别用区域搜索法和本章提供的方法计算跑道失效率, 针对不同的仿真次数和采样次数, 计算结果见表 6.4.1.

表 6.4.1　区域搜索法和本节提供的方法计算跑道失效率的比较

方法仿真次数	区域搜索法命中概率 DPR		窗口抽样次数	不考虑角度命中概率 DPR		考虑角度命中概率 DPR	
			1000	0.0870	0.777	0.0871	0.741
			3000	0.0869	0.754	0.0872	0.732
			5000	0.0870	0.743	0.0869	0.718
1000 次	0.0870	0.739	6000	0.0861	0.747	0.0872	0.715
			7000	0.0866	0.725	0.0865	0.711
			8000	0.0870	0.741	0.0872	0.703
			9000	0.0862	0.747	0.0866	0.674
			10000	0.0871	0.740	0.0865	0.686
			1000	0.0869	0.769	0.0869	0.739
3000 次	0.0869	0.737	3000	0.0869	0.749	0.0874	0.723
			10000	0.0870	0.737	0.0868	0.687

从表 6.3.1 可以看出不考虑角度时 (只考虑第一种起降模式), DPR 的计算结果大于区域搜索法的, 这是合理的, 因为采用随机抽样可能漏掉存在的升降窗口, 而可以认为区域搜索法可完全找出存在升降窗口的情况, 这就导致了本方法计算的 DPR 偏大. 而随着采样次数的增加, 结果将趋于区域搜索法的结果. 如果考虑了角

度 (考虑第二种起降模式), 计算的 DPR 则明显小于不考虑角度时的结果. 由此可见现有的模型计算存在较大的偏差. 表 6.4.1 也说明当抽样次数增大时, 新方法的结果趋于正确值.

参 考 文 献

[1] 裴鹿成, 张孝泽. 蒙特卡罗方法及其在粒子输运问题中的应用. 北京: 科学出版社, 1980: 1-149.

[2] 徐钟济. 蒙特卡罗方法. 上海: 上海科学技术出版社, 1985: 1-195.

[3] 朱本仁. 蒙特卡罗方法引论. 济南: 山东大学出版社, 1987: 49-150.

[4] 裴鹿成. 计算机随机模拟. 长沙: 湖南科学技术出版社, 1989: 1-184.

[5] 高惠璇. 统计计算. 北京: 北京大学出版社, 2005: 80-165.

[6] Heath M T. 科学计算导论. 2 版. 张威, 贺华, 冷爱萍译. 北京: 清华大学出版社, 2005: 440-445.

[7] Press W H, Teukolsky S A, Veuerling W T, et al. C++ 数值算法. 2001. 胡健伟, 等译. 北京: 电子工业出版社, 2005: 205-236.

[8] Marvin D T, Pang W K, Hou S H. Vertical Density Presentation and Its Applications. Singapore: World Scientific Publishing Co. Pte. Ltd., 2004.

[9] 杨振海, 程维虎. 垂直密度表示及其应用. 应用概率统计, 2006, 22(3): 329-336.

[10] 朱力行, 许王莉. 非参数蒙特卡罗检验及其应用. 北京: 科学出版社, 2008.

[11] 茆诗松, 王静龙等. 高等数理统计. 2 版. 北京: 高等教育出版社, 2006: 401-424.

[12] 舒健生, 陈永胜. 对现有跑道失效率模拟模型的改进. 火力与指挥控制, 2004, 4(2): 99-102.

[13] 寇保华, 张晓今, 等. 末修子母弹射击效能计算方法研究. 弹箭与制导学报, 2004, 5(2): 171-173.

[14] 寇保华, 杨涛, 张晓今, 等. 末修子母弹对机场跑道封锁概率的计算. 弹道学报, 2005, 12(4): 22-26.

[15] 雷宁利, 唐雪梅. 侵彻子母弹对机场跑道的封锁概率计算研究. 系统仿真学报, 2004, 16(9): 2030-2032.

[16] Lei N L, Tang X M. Research on blockage probability of instrusive submunition missile for airdrome runway. Journal of System Simulation, 2004, (9): 2030-2032.

[17] Amar J G. The Monte Carlo method in science and engineering. IEEE CS And the AIP, 2006, 8(2): 9-19.

[18] Wu L R. A Monte Carlo simulation of guidance accuracy evaluation. Missiles and Space Vehicles, 1995, 5.

[19] Driels M R, Shin Y S. Determining the number of iterations for Monte Carlo simulation of weapon effectiveness. AD-A423 541, 2004(4).

[20] 王刚, 段晓君, 王正明. 基于 Monte Carlo 积分法的面目标精度评定方法. 系统工程与电子技术, 2009, 31(7): 1680-1683.

[21] 王刚, 段晓君, 王正明. 基于面目标命中要害指数的瞄准点选取方法. 航空学报, 2008, 29(5): 1258-1263.

[22] 黄寒砚, 王正明. 子母弹对机场跑道封锁时间的计算方法与分析. 兵工学报, 2009, 3(30): 295-300.

[23] http://www.cppblog.com/Chipset/archive/2009/02/07/73177.html

[24] Robert J, Jenkins Jr. ISAAC and RC4. http://burtleburtle.net/bob/rand/isaac.html# IBAA

[25] Wang Q F, Yu S N, Ding W, Leng M. Generating high-quality random numbers by cellular automata with PSO. 4th International Conference on Natural Computation (ICNC), 2008, 7: 430-433.

[26] Fiori S. Generation of pseudorandom numbers with arbitrary distribution by learnable look-up-table-type neural networks. IEEE International Joint Conference on Neural Networks, 2008, 1-8: 1787-1792.

[27] Langdon W B. A fast high quality pseudo random number generator for graphics processing units. IEEE Congress on Evolutionary Computation, 2008, 1-8: 459-465.

[28] Pang W-M, Wong T T, Heng P-A. Generating massive high-quality random numbers using GPU. IEEE Congress on Evolutionary Computation, 2008, 1-8: 841-847.

[29] Yang Y, Guang Z. A new type of random number generator for software implementation. International Symposium on Information Science and Engineering, 2008, 2: 236-238.

[30] Rumley S, Becker M. Pseudo random numbers generators available as web services. International Symposium on Performance Evaluation Computer and Telecommunication Systems, 2008, 7: 91-97.

[31] Sen S K, Agarwal R P, Shaykhian G A. Golden ratio versus Pi as random sequence sources for Monte Carlo integration. Mathematical and Computer Modelling, 2008, 48: 161-178.

[32] Becker M, Weerawardane T L, Li X, Görg C. Extending OPNET modeler with external pseudo random number generators and statistical evaluation by the limited relative error algorithm. Symposium on Recent Advances in Modeling and Simulation Tools for Communication Networks and Services, 2007: 241-255.

[33] Sriram V, Kearney D. High throughput multi-port MT19937 uniform random number generator. 8th International Conference on Parallel and Distributed Computing, Applications and Technologies, 2007: 157-158.

[34] Wang B J, Cao H J, Wang Y H, Zhang H G. Random number generator of BP neural network based on SHA-2 (512). 6th International Conference on Machine Learning and Cybernetics, 2007, 1-7: 2708-2712.

[35] Tong X J, Cui M G, Jiang W. The production algorithm of pseudo-random number generator based on compound non-linear chaos system. International Conference on

Intelligent Information Hiding and Multimedia Signal Processing, 2006: 685-688.

[36] 杨明, 赵海发, 朱邦和, 刘树田. 基于分形的伪随机码生成算法及应用. 哈尔滨工业大学学报, 2004, 36(05): 664-666.

[37] 戴颖, 计奎. 生成正态分布随机数的一种新方法——基于 Windows 时间函数. 地矿测绘, 2004, 20(02): 7-8.

[38] Ossola G, Sokal A D. Systematic errors due to linear congruential random-number generators with the Swendsen-Wang algorithm: A warning. Physical Review(E), 2004, 70(2): 027701.

[39] Mertens S, Bauke H. Entropy of pseudo-random-number generators. Physical Review(E), 2004, 69(5): 055702.

[40] Nicholas Metropolis, et al. Equation of state calculation by fast computing machines. The Journal of Chemical Physics, 1953, 21(6): 1087-1092.

[41] Hastings W K. Monte Carlo sampling methods using Markov chain and their applications. Biometrika, 1970, 57(1): 97-109.

[42] Geman S, Geman D. Stochastic relaxation, Gibbs distributions, and the Bayesian restoration of images. IEEE Transactions on Pattern Analysis and Machine Intelligence, 1984, 6(6): 721-741.

[43] Gelfand A E, Smith AFM. Sampling-based approaches to calculating marginal densities. Journal of the American Statistical Association, 1990, 85(410): 398-409.

[44] Robert C, Casella G. A short history of Markov chain Monte Carlo: Subjective recollections from incomplete data. Statistical Science, 2011, 26(1): 102-115.

[45] Beaumont M A, Zhang W, Balding D J. Approximate Bayesian computation in population genetics. Genetics, 2002, 162 (4): 2025-2035.

[46] Beaumont M A, Cornuet J-M, Marin J-M, et al. Adaptive approximate Bayesian computation. Biometrika, 2009, 96 (4): 983-990.

[47] Grelaud A, Robert C P, Marin J-M, et al. ABC likelihood-free methods for model choice in Gibbs random fields. Bayesian Analysis, 2009, 4 (2): 317-335.

[48] Toni T, Welch D, Strelkowa N, et al. Approximate Bayesian computation scheme for parameter inference and model selection in dynamical systems. Journal of the Royal Society, Interface, 2009, 6 (31): 187-202.

[49] Toni T, Stumpf M P H. Simulation-based model selection for dynamical systems in systems and population biology. Bioinformatics, 2010, 26 (1): 104-110.

[50] Beaumont M A. Approximate Bayesian computation in evolution and ecology. Annual Review of Ecology, Evolution, and Systematics, 2010, 41 (1): 379-406.

[51] Blum M G B. Approximate Bayesian computation: a nonparametric perspective. Journal of the American Statistical Association, 2010, 105 (491): 1178-1187.

[52] Blum M G B, François O. Non-linear regression models for approximate Bayesian computation. Statistics and Computing, 2010, 20 (1): 63-73.

[53] Andrieu C, Doucet A, Holenstein R. Particle Markov chain Monte Carlo method. Journal of the Royal Statistical Society: Series B (Statistical Methodology), 2010, 72 (3): 269-342.

[54] Green P J. Reversible jump Markov chain Monte Carlo computation and Bayesian model determination. Biometrika, 1995, 82 (4): 711-732.

[55] Brooks S P, Giudici P, Roberts G O. Efficient construction of reversible jump Markov chain Monte Carlo proposal distributions. Journal of the Royal Statistical Society: Series B (Statistical Methodology), 2003, 65 (1): 3-39.

[56] Chen M-H, Shao Q-M, Ibrahim J G. Monte Carlo Methods in Bayesian Computation. New York: Springer, 2000.

[57] Marin J-M, Pudlo P, Robert C P, et al. Approximate Bayesian computational methods. Statistics and Computing, 2012, 22 (6): 1167-1180.

[58] Robert C P. Bayesian computational tools. Annual Review of Statistics and Its Application, 2014, 1 (1): 153-177.

[59] Craiu R V, Rosenthal J S. Bayesian computation via Markov chain Monte Carlo. Annual Review of Statistics and Its Application, 2014, 1 (1): 179-201.

[60] Rue H, Riebler A, Sørbye S H, et al. Bayesian computing with INLA: A review. Annual Review of Statistics and its Application, 2017, 4 (1): 395-421.

[61] Kypraios T, Neal P, Prangle D. A tutorial introduction to Bayesian inference for stochastic epidemic models using approximate Bayesian computation. Mathematical Biosciences, 2017, 287: 42-53.

[62] Cotter S L, Roberts G O, Stuart A M, et al. MCMC methods for functions: modifying old algorithms to make them faster. Statistical Science, 2013, 28 (3): 424-446.

[63] Beskos A, Girolami M, Lan S, et al. Geometric MCMC for infinite-dimensional inverse problems. Journal of Computational Physics, 2017, 335 (Supplement C): 327-351.

[64] Chen P, Villa U, Ghattas O. Hessian-based adaptive sparse quadrature for infinite dimensional Bayesian inverse problems. Computer Methods in Applied Mechanics and Engineering, 2017, 327: 147-172.

[65] Lenormand M, Jabot F, Deffuant G. Adaptive approximate Bayesian computation for complex models. Computational Statistics, 2013, 28 (6): 2777-2796.

[66] Csilléry K, Blum M G B, Gaggiotti O E, et al. Approximate Bayesian computation (ABC) in practice. Trends in Ecology & Evolution, 2010, 25 (7): 410-418.

[67] Fearnhead P, Prangle D. Constructing summary statistics for approximate Bayesian computation: semi-automatic approximate Bayesian computation. Journal of the Royal Statistical Society: Series B (Statistical Methodology), 2012, 74 (3): 419-474.

[68] Marjoram P, Molitor J, Plagnol V, et al. Markov chain Monte Carlo without likelihoods. Proceedings of the National Academy of Sciences of the United States of America, 2003, 100 (26): 15324-15328.

[69] Tierney L. Markov chains for exploring posterior distributions. The Annals of Statistics, 1994, 22 (4): 1701-1728.

[70] Bartolucci F, Scaccia L, Mira A. Efficient Bayes factor estimation from the reversible jump output. Biometrika, 2006, 93 (1): 41-52.

[71] Fan Y, Peters G W, Sisson S A. Automating and evaluating reversible jump MCMC proposal distributions. Statistics and Computing, 2008, 19 (4): 409.

[72] Lunn D J, Best N, Whittaker J C. Generic reversible jump MCMC using graphical models. Statistics and Computing, 2008, 19 (4): 395.

[73] Lenk P J, Choi T. Bayesian analysis of shape restricted functions using Gaussian process priors. Statistica Sinica, 2016.

[74] Chang I S, Chien L-C, Hsiung C A, et al. Shape restricted regression with random Bernstein polynomials. Lecture Notes-Monograph Series, 2007, 54: 187-202.

[75] Yi T, Wang Z, Yi D. Bayes sieve methods: approximation rates and adaptive posterior contraction rates. Journal of Nonparametric Statistiös, 2018, 30(3): 716-741.

[76] 易泰河. 非参数统计逆问题的 Bayes 方法研究及应用. 国防科技大学博士学位论文, 2017.

第一篇　思　考　题

I.1 在导弹的试验设计与评估中，涉及到一些常用的概率分布，请从密度函数/分布函数、期望、方差等方面，介绍下面几个常用的概率分布：(1) 二项分布；(2) 均匀分布；(3) 正态分布；(4) χ^2 分布；(5) t 分布；(6) F 分布；(7) 瑞利分布；(8) 指数分布；(9) 韦布尔分布.

参考答案：

见表 I.1.1.

表 I.1.1　导弹试验评估的常用分布 [1]

	密度/分布函数	期望	方差
二项分布	$b\left(k;n,p\right)=\begin{pmatrix} n \\ k \end{pmatrix}p^k\left(1-p\right)^{n-k}$ $k=1,2,\cdots,n$	np	$np(1-p)$
均匀分布	$f\left(x;a,b\right)=1/(b-a),\, a\leqslant x\leqslant b$	$\dfrac{a+b}{2}$	$\dfrac{(b-a)^2}{12}$
正态分布	$f\left(x;\mu,\sigma\right)=\dfrac{1}{\sigma\sqrt{2\pi}}\exp\left(-\dfrac{(x-\mu)^2}{2\sigma^2}\right)$	μ	σ^2
χ^2 分布	$f\left(x;n\right)=\dfrac{x^{(n-2)/2}e^{-x/2}}{2^{n/2}\Gamma(n/2)},\, x>0.$	n	$2n$
t 分布	$f\left(x;n\right)=\dfrac{\Gamma\left(\dfrac{n+1}{2}\right)}{\sqrt{n\pi}\Gamma\left(\dfrac{n}{2}\right)}\left(1+\dfrac{x^2}{n}\right)^{-\frac{n+1}{2}}$	0 $n>1$	$\dfrac{n}{n-2}$ $n>2$
F 分布	$f\left(x;n_1,n_2\right)=\dfrac{(n_1/n_2)^{n_1/2}}{\beta\left(n_1,n_2\right)}x^{n_1/2-1}$ $\times\left(1+\dfrac{n_1}{n_2}x\right)^{-\frac{n_1+n_2}{2}},\, x>0.$	$\dfrac{n_2}{n_2-2}$ $n_2>2$	$\dfrac{2n_2^2\left(n_1+n_2-2\right)}{n_1\left(n_2-2\right)^2\left(n_2-4\right)}$ $n_2>4$
瑞利分布	$f\left(x;\sigma\right)=\dfrac{x}{\sigma^2}\exp\left(-\dfrac{x^2}{2\sigma^2}\right),\, x>0.$	$\sqrt{\dfrac{\pi}{2}}\sigma$	$\dfrac{4-\pi}{2}\sigma^2$
指数分布	$f\left(x;\lambda\right)=\lambda\exp\left(-\lambda x\right),\, x>0.$	λ^{-1}	λ^{-2}
韦布尔分布	$f\left(x;,\lambda,\alpha\right)=\alpha\lambda x^{\alpha-1}\exp\left(-\lambda x^\alpha\right)x>0.$	$\lambda^{-\frac{1}{2}}\Gamma\left(1+\dfrac{1}{\alpha}\right)$	$\lambda^{-\frac{2}{\alpha}}\left[\Gamma\left(1+\dfrac{2}{\alpha}\right)\right.$ $\left.-\Gamma^2\left(1+\dfrac{1}{\alpha}\right)\right]$

I.2 一发一中与百发百中, 两次试验的命中概率有没有区别?

参考答案:

(1) 根据 Bayes 公式, 命中概率 θ 的后验密度为

$$\pi\left(\theta|D_n\right)=\frac{f\left(D_n|\theta\right)\pi\left(\theta\right)}{\int f\left(D_n|\theta\right)\pi\left(\theta\right)d\theta}$$

其中 D_n 表示打靶试验的数据, $f\left(D_n|\theta\right)$ 表示数据分布的密度函数, $\pi\left(\theta\right)$ 表示参数 θ 的先验分布. 如果数据 D_n 是离散的, 则 $f\left(D_n|\theta\right)$ 表示数据的分布律, 上式分布中的积分表示求和.

(2) 在假定 $f\left(D_n|\theta\right)$ 为参数为 θ 的二项分布、$\pi\left(\theta\right)$ 为均匀分布 $U(0,1)$、数据 D_n 为 n 次试验命中 r 次的情况下, 后验分布 $\pi(\theta|D_n)$ 是 Beta 分布, 它的期望为 $(r+1)/(n+2)$. 即此时 θ 的后验期望估计为

$$\hat{\theta}=\frac{r+1}{n+2}$$

因此, 一发一中时命中概率的后验期望估计为 $\hat{\theta}_1=0.6667$, 而百发百中时命中概率的后验期望估计为 $\hat{\theta}_{100}=0.9902$. 可见在这种模型假定下, 从 Bayes 方法的角度来看, 一发一中和百发百中的命中概率的估计是有较大区别的.

(3) 仍然假定 $f\left(D_n|\theta\right)$ 为参数为 θ 的二项分布, 试验次数为 $n=20$, θ 的先验分布分别为 $U(0,1)$、$U(0,0.5)$、$U(0.5,1)$, 表 I.2.1 列出了命中次数 $r=0,1,\cdots,20$ 时命中概率 θ 的后验期望和方差. 从表 I.2.1 中可以看出, 相同的试验数据下不同的先验分布将导致不同的后验期望.

表 I.2.1　试验次数相同时不同试验结果对应的 Bayes 估计 ($n=20$)

r	$\hat{\theta}=\mathrm{E}\left[\theta|D_n\right]$			$\mathrm{Var}\left[\theta|D_n\right]$		
	$U(0,1)$	$U(0,0.5)$	$U(0.5,1)$	$U(0,1)$	$U(0,0.5)$	$U(0.5,1)$
0	0.0455	0.0455	0.5227	0.0019	0.0019	0.0005
2	0.1364	0.1363	0.5272	0.0051	0.0051	0.0007
5	0.2727	0.2692	0.5380	0.0086	0.0078	0.0012
7	0.3636	0.3442	0.5501	0.0101	0.0069	0.0018
9	0.4545	0.3973	0.5697	0.0108	0.0048	0.0030
10	0.5000	0.4159	0.5841	0.0109	0.0038	0.0038
11	0.5455	0.4303	0.6027	0.0108	0.0030	0.0048
13	0.6364	0.4499	0.6558	0.0101	0.0018	0.0069
15	0.7273	0.4620	0.7308	0.0086	0.0012	0.0078
17	0.8182	0.4699	0.8184	0.0065	0.0008	0.0064
20	0.9545	0.4773	0.9545	0.0019	0.0005	0.0019

从表 I.2.1 可以看到, 对于命中概率大于 0.5 的高水平选手, 打 20 发中 10 发以上时, 无论是假设先验分布为 $U(0,1)$ 还是 $U(0.5,1)$, 估计值都很接近. 但如果把先验信息用错了, 以 $U(0,0.5)$ 作为先验信息. 那么, 即使选手 20 发均命中, 利用后验分布估计的命中率也只有 0.4773. 这显然是违背常识了. 表 I.2.1 说明, 先验信息一定要合理, 参数的分布范围一定要包含真值的某个邻域, 否则可能会出现荒谬的结论. 另外, 本例还说明, 合理的先验信息是很有帮助的, 对于命中概率估计问题, $U(0,1)$ 就是很合理的先验. 既能很好的体现一发一中与百发百中的差别, 又能据此先验, 取 $n = 3, 4$, 就能给出命中概率比较准确的估计值.

I.3 对于评估命中概率的响应变量仅取 0 和 1 两个值的成败型试验, 如何确定试验的次数?

参考答案:

根据后验方差的大小, 选择符合试验要求的样本量 [2]. 需要指出的是, 后验方差与试验结果有关, 也与参数的先验分布有关, 这从表 I.2.1 可以看出. 在实际工作中, 可以采取保守的态度, 即: 选择试验次数使得在数据最坏的情况下 (一半命中一半未命中)、先验信息为无信息先验的情况下, 后验方差仍然满足要求. 在这种保守的态度下, 试验次数为 n, 成功次数 $r = \lfloor n/2 \rfloor \approx n/2$, 由于后验分布为 $Be(r+1, n-r+1)$, 根据 Beta 分布方差公式, 后验方差可近似为

$$
\begin{aligned}
\mathrm{Var}\left[\theta | D_n\right] &= \frac{\alpha\beta}{(\alpha+\beta)^2 (\alpha+\beta+1)} \\
&\approx \frac{(n/2+1)(n/2+1)}{(n+2)^2 (n+3)} \\
&= \frac{1}{4(n+3)} \leqslant s^2
\end{aligned}
$$

则试验次数 n 应满足

$$
n \geqslant \frac{1}{4s^2} - 3
$$

其中 s 为命中概率估计值的标准差.

I.4 现有两把卡尺, 为比较它们之间的差异, 由 12 名试验人员利用它们测量一颗滚珠轴承的直径, 得到数据如表 I.4.1 所示 [3].

假设两组样本均服从正态分布, 均值分别为 μ_1 和 μ_2, 方差均为 σ^2.

(1) 在显著性水平 $\alpha = 0.05$ 下, 判断 μ_1 和 μ_2 是否有显著性差异, 并计算 p 值;

(2) 在显著性水平 $\alpha = 0.05$ 下, 判断测量差的均值是否为, 并计算 p 值;

(3) 第 (1) 问和第 (2) 问中的结果是否相同, 并给出理由.

表 I.4.1 滚珠轴承直径测量数据

试验员	卡尺一	卡尺二	测量差
1	0.265	0.264	0.001
2	0.265	0.265	0.000
3	0.266	0.264	0.002
4	0.267	0.266	0.001
5	0.267	0.267	0.000
6	0.265	0.268	−0.003
7	0.267	0.264	0.003
8	0.267	0.265	0.002
9	0.265	0.265	0.000
10	0.268	0.267	0.001
11	0.268	0.268	0.000
12	0.265	0.269	−0.004

参考答案:

(1) 卡尺一的 12 个样本的均值为 $\bar{y}_{1\cdot} = 0.26625$, 样本方差为 $S_1^2 = 1.4773 \times 10^{-6}$; 卡尺二的 12 个样本的均值为 $\bar{y}_{2\cdot} = 0.266$, 样本方差为 $S_2^2 = 3.0909 \times 10^{-6}$, 计算两样本 t 检验的统计量

$$
\begin{aligned}
T_{12+12-2} &= \sqrt{\frac{12 \times 12 \times (12 + 12 - 2)}{12 + 12}} \times \frac{\bar{y}_{1\cdot} - \bar{y}_{2\cdot}}{\sqrt{(12-1) \times S_1^2 + (12-1) \times S_2^2}} \\
&= \sqrt{12} \times \frac{0.26625 - 0.266}{\sqrt{1.4773 \times 10^{-6} + 3.0909 \times 10^{-6}}} = 0.4052 \sim t(22)
\end{aligned}
$$

由于 $F_{t(22)}(0.975) = 2.0739$, 故不能拒绝原假设, μ_1 与 μ_2 之间没有差异.

(2) 采用单样本的 t 检验方法, 原假设为测量差的均值 $\mu = 0$, 备择假设为 $\mu \neq 0$. 由于测量差的样本均值为 0.00025, 样本方差为 4.0227×10^{-6}, 故检验统计量为

$$
T_{11} = \frac{\bar{y}_{\cdot}}{\sqrt{S_{11}^2}} = \frac{0.00025}{\sqrt{4.0227 \times 10^{-6}}} \approx 0.1246 \sim t(11)
$$

而 $F_{t(11)}(0.975) \approx 2.2$, 故不能认为测量差显著不等于 0.

(3) 二者结论相同, 但 p 值不同, 利用统计软件可计算得到第 (1) 问的 p 值为 0.6892, 第 (2) 问的 p 值为 0.9031, 可见差别还挺大. 这是由于第 (2) 问所用的数据是第 (1) 问的加工, 这种加工是不可逆的, 损失了信息. 本例提示我们, 在实际工作中对相同的数据采用不同的统计方法获得结论的可信程度可能不同, 甚至结论都有可能不同, 需要我们在理解各种统计方法的思想的前提下, 选择最能充分利用数据信息的方法.

I.5 考察材质和淬火温度对某种钢材淬火后弯曲变形的影响. 对 4 种不同的

材质分别用 5 种不同的淬火温度进行试验, 测得试件淬火后的延伸率数据如表 I.5.1[4] 所示:

表 I.5.1　　试件淬火后延伸率数据

温度/°C	材质			
	甲	乙	丙	丁
800	4.4	5.2	4.3	4.9
820	5.3	5.0	5.1	4.7
840	5.8	5.5	4.8	4.9
860	6.6	6.9	6.6	7.3
880	8.4	8.3	8.5	7.9

(1) 写出试验的固定效应模型, 并估计模型中的参数;

(2) 不同材质对延伸率有影响吗? 不同温度对延伸率有影响吗?

参考答案:

(1) 由于试验次数有限, 考虑交互效应的话不能做方差分析, 因此只考虑没有交互的固定效应模型. 即

$$y_{ij} = \mu + \alpha_i + \beta_j + \varepsilon_{ij}, \quad i=1,2,3,4,5, \quad j=1,2,3,4, \quad \varepsilon_{ij} \sim_{i.i.d.} N\left(0, \sigma^2\right),$$

$$\alpha_1 + \alpha_2 + \alpha_3 + \alpha_4 + \alpha_5 = 0, \quad \beta_1 + \beta_2 + \beta_3 + \beta_4 = 0$$

其中 μ 表示总均值, α_i 表示不同淬火温度的效应, β_j 表示不同材质的效应. 为估计这些效应参数, 列出中间计算结果和估计值如表 I.5.2 所示:

表 I.5.2　　延伸率效应估计

温度/°C	材质				均值	效应估计
	甲	乙	丙	丁		
800	4.4	5.2	4.3	4.9	4.700	−1.320
820	5.3	5.0	5.1	4.7	5.025	−0.995
840	5.8	5.5	4.8	4.9	5.250	−0.770
860	6.6	6.9	6.6	7.3	6.850	0.830
880	8.4	8.3	8.5	7.9	8.275	2.255
均值	6.100	6.180	5.860	5.940	6.020	
效应估计	0.080	0.160	−0.160	−0.080		

(2) 根据定义, 材质的平方和为

$$SS_A = 5 \times \left[0.08^2 + 0.16^2 + 0.16^2 + 0.08^2\right] = 0.32$$

其自由度为 4; 温度的平方和为

$$SS_B = 4 \times \left[1.32^2 + 0.995^2 + 0.77^2 + 0.83^2 + 2.255^2\right] = 36.397$$

其自由度为 3; 总平方和为

$$SS_T = \sum_{i=1}^{5} \sum_{j=1}^{4} (y_{ij} - \bar{y}_{..})^2 = 38.352$$

故误差平方和为

$$SS_E = SS_T - SS_A - SS_B = 1.635$$

其自由度为 $20 - 1 - 3 - 4 = 12$. 故 F 值分别为

$$F_A = \frac{SS_A/4}{SS_E/12} = 0.5872$$

$$F_B = \frac{SS_B/3}{SS_E/12} = 89.04465$$

由于 $F_{0.95}(4,12) = 3.259$, $F_{0.95}(3,12) = 3.490$, 故温度对延伸率影响显著, 而材质的影响不显著.

I.6 对于一元二次线性回归模型 $y = \beta_0 + \beta_1 x + \beta_2 x^2 + \varepsilon$ 考虑设计

$$\xi(a) = \begin{pmatrix} -1 & -a & a & 1 \\ 1/4 & 1/4 & 1/4 & 1/4 \end{pmatrix}$$

求该设计的信息矩阵; 求 a^* 使得设计 $\xi(a^*)$ 在一切 $\xi(a)$ 中是 D 最优的[5]; 求 a^* 使得设计 $\xi(a^*)$ 在一切 $\xi(a)$ 中是 G 最优的.

参考答案:

(1) 由于 $\boldsymbol{f}(x) = [1, x, x^2]^T$, 故

$$\boldsymbol{f}(x)\boldsymbol{f}^T(x) = \begin{bmatrix} 1 & x & x^2 \\ x & x^2 & x^3 \\ x^2 & x^3 & x^4 \end{bmatrix}$$

根据信息矩阵的定义

$$\boldsymbol{M}(\xi(a)) = \frac{1}{4}\begin{bmatrix} 1 & -1 & 1 \\ -1 & 1 & -1 \\ 1 & -1 & 1 \end{bmatrix} + \frac{1}{4}\begin{bmatrix} 1 & -a & a^2 \\ -a & a^2 & -a^3 \\ a^2 & -a^3 & a^4 \end{bmatrix} + \frac{1}{4}\begin{bmatrix} 1 & a & a^2 \\ a & a^2 & a^3 \\ a^2 & a^3 & a^4 \end{bmatrix}$$

$$+ \frac{1}{4}\begin{bmatrix} 1 & 1 & 1 \\ 1 & 1 & 1 \\ 1 & 1 & 1 \end{bmatrix} = \begin{bmatrix} 1 & 0 & \dfrac{1+a^2}{2} \\ 0 & \dfrac{1+a^2}{2} & 0 \\ \dfrac{1+a^2}{2} & 0 & \dfrac{1+a^4}{2} \end{bmatrix}$$

于是, 设计 $\xi(a)$ 的 D 最优准则为

$$\det\left[\boldsymbol{M}^{-1}\left(\xi\left(a\right)\right)\right]=\left[\det\left(\boldsymbol{M}\left(\xi\left(a\right)\right)\right)\right]^{-1}=\frac{8}{a^{6}-a^{4}-a^{2}+1}$$

为使上式最小, 应使上式中的分母最大, 对分母求导并令导数为零可得

$$6a^{5}-4a^{3}-2a=\left(3a^{2}+1\right)\left(a-1\right)\left(a+1\right)a=0$$

上述方程的三个实根为 $0,-1,1$. 将 $+1$ 和 -1 代入, 信息矩阵不可逆. 因此当 $a=0$ 时, $\xi(a)$ 是最优的.

(2) 由于

$$\boldsymbol{M}^{-1}\left(\xi\left(a\right)\right)=\frac{8}{(a-1)^{2}(a+1)^{2}\left(a^{2}+1\right)}$$

$$\cdot\begin{bmatrix}\dfrac{\left(1+a^{2}\right)\left(1+a^{4}\right)}{4}&0&-\dfrac{\left(1+a^{2}\right)^{2}}{4}\\0&\dfrac{1+a^{4}}{2}-\dfrac{\left(1+a^{2}\right)^{2}}{4}&0\\-\dfrac{\left(1+a^{2}\right)^{2}}{4}&0&\dfrac{1+a^{2}}{2}\end{bmatrix}$$

$$=\begin{bmatrix}\dfrac{2\left(1+a^{4}\right)}{(a-1)^{2}(a+1)^{2}}&0&-\dfrac{2\left(1+a^{2}\right)}{(a-1)^{2}(a+1)^{2}}\\0&\dfrac{2}{a^{2}+1}&0\\-\dfrac{2\left(1+a^{2}\right)}{(a-1)^{2}(a+1)^{2}}&0&\dfrac{4}{(a-1)^{2}(a+1)^{2}}\end{bmatrix}$$

故

$$d\left(x,\xi\left(a\right)\right)=2\left[1,x,x^{2}\right]\begin{bmatrix}\dfrac{\left(1+a^{4}\right)}{(a-1)^{2}(a+1)^{2}}&0&-\dfrac{\left(1+a^{2}\right)}{(a-1)^{2}(a+1)^{2}}\\0&\dfrac{1}{a^{2}+1}&0\\-\dfrac{\left(1+a^{2}\right)}{(a-1)^{2}(a+1)^{2}}&0&\dfrac{2}{(a-1)^{2}(a+1)^{2}}\end{bmatrix}\begin{bmatrix}1\\x\\x^{2}\end{bmatrix}$$

$$=2\left[\frac{\left(1+a^{4}\right)}{(a-1)^{2}(a+1)^{2}}-\frac{\left(1+a^{2}\right)x^{2}}{(a-1)^{2}(a+1)^{2}}\right.$$

$$\left.+\frac{x^{2}}{a^{2}+1}-\frac{\left(1+a^{2}\right)x^{2}}{(a-1)^{2}(a+1)^{2}}+\frac{2x^{4}}{(a-1)^{2}(a+1)^{2}}\right]$$

$$=2\left[\frac{\left(1+a^{4}\right)}{(a-1)^{2}(a+1)^{2}}+\left(\frac{-2\left(1+a^{2}\right)}{(a-1)^{2}(a+1)^{2}}+\frac{1}{a^{2}+1}\right)x^{2}\right.$$

$$\left.+\frac{2}{(a-1)^{2}(a+1)^{2}}x^{4}\right]$$

根据二次函数的性质, 上式在两个端点 $x^2 = 0$ 或 $x^2 = 1$ 处取得最大值, 由于

$$d(0, \xi(a)) = \frac{2(1+a^4)}{(a-1)^2(a+1)^2} = 2\left[1 + \frac{2a^2}{(a-1)^2(a+1)^2}\right]$$

$$d(1, \xi(a)) = 2\left[\frac{(1+a^4)}{(a-1)^2(a+1)^2} + \frac{-2(1+a^2)}{(a-1)^2(a+1)^2} + \frac{1}{a^2+1} + \frac{2}{(a-1)^2(a+1)^2}\right]$$

$$= 2\left[1 + \frac{1}{a^2+1}\right]$$

因此, 根据 G 准则, 需取 $a \in [-1, 1]$ 使得

$$Q(a) := \max\left\{\frac{2a^2}{(a-1)^2(a+1)^2}, \frac{1}{a^2+1}\right\}$$

最小. 当 $a \in \left[-\sqrt{\sqrt{5}-2}, \sqrt{\sqrt{5}-2}\right]$ 时,

$$Q(a) = \frac{1}{a^2+1}$$

应取 $a = \pm\sqrt{\sqrt{5}-2}$ 可使 $Q(a)$ 最小, 为 $\frac{1}{\sqrt{5}-1}$. 当 $a \in \left[-1, -\sqrt{\sqrt{5}-2}\right] \cup \left[\sqrt{\sqrt{5}-2}, 1\right]$ 时,

$$Q(a) = \frac{2a^2}{(a-1)^2(a+1)^2}$$

此时也是 $a = \pm\sqrt{\sqrt{5}-2}$ 时 $Q(a)$ 取最小值, 为 $\frac{1}{\sqrt{5}-1}$. 因此, G 最优设计为

$$\xi(a) = \begin{pmatrix} -1 & -\sqrt{5}+2 & \sqrt{5}-2 & 1 \\ 1/4 & 1/4 & 1/4 & 1/4 \end{pmatrix}$$

本例的提示是: 在实际工作中, 如果对试验因子和响应之间的关系有一定的认识, 则最优的试验设计方法不是均匀地选取水平, 而是根据模型的特点选择恰当的因子水平, 能够获得更多的信息. 当然, 如果对模型的认识是错误的, 则这样得到的设计的最优性就不能保证了.

I.7 文献 [6] 利用响应曲面法对一个乙醇-水蒸馏塔仿真试验进行了分析. 下图展示了蒸馏塔的工作过程, 再沸器为蒸馏塔提供热量, 含乙醇高的低沸点物质到达蒸馏塔的顶部, 含水较多的高沸点的物质则留在塔的底部. 蒸汽从塔顶进入冷凝器, 冷凝后分成进入贮存罐的蒸馏产物和返回蒸馏塔的回流.

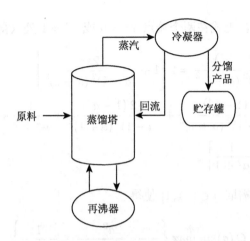

该试验有两个响应: 产品的乙醇浓度和蒸馏塔的利润, 试验目的是找到使乙醇达到给定浓度、最大化蒸馏塔收益, 且对原料中乙醇占比这一带有随机性的变量稳健的处理. 该试验一共分七个阶段实施, 其第五阶段考虑了前期筛选得到的三个对响应有显著影响的因子: Rf(105 ~ 115)、Rdf(0.056 ~ 0.059) 以及 RR(55 ~ 75). 试验方案和试验结果如表 I.7.1 所示, 其中 −1 和 +1 分别表示高水平和低水平, 表示高水平和低水平的平均值, 即中心点.

表 I.7.1　　乙醇浓度和收益的试验数据

试验次序	A : Rf	E : Rdf	F : RR	浓度	收益
12	−1	−1	−1	0.948	3535.22
6	+1	−1	−1	0.932	3963.21
2	−1	+1	−1	0.910	3903.00
9	+1	+1	−1	0.909	4369.84
1	−1	−1	+1	0.736	−5506.83
4	+1	−1	+1	0.940	3464.85
8	−1	+1	+1	0.999	5629.77
7	+1	+1	+1	0.947	3962.29
5	0	0	0	0.998	5964.03
10	0	0	0	0.967	5964.72
3	0	0	0	0.995	5936.05
11	0	0	0	0.999	5975.99

表 I.7.2 给出了对乙醇浓度的方差分析表.

(1) 从表 I.7.1 中可以看到, 对试验次序进行了随机的安排, 试验次序为什么要随机化?

(2) 方差分析和回归分析中自变量的显著性检验有何关系?

(3) 上述对乙醇浓度的方差分析表中各平方和分别是如何计算得到的?

(4) 根据上述方差分析结果, 利用一阶模型是否合适, 是否需要补充试验?

表 I.7.2　　乙醇浓度和收益的试验数据

来源	平方和	自由度	均方和	F 值	p 值
模型	0.033005	6	0.005501	1.11	0.463
Rf	0.002278	1	0.002278	0.46	0.527
Rdf	0.005460	1	0.005460	1.10	0.342
RR	0.000741	1	0.000741	0.15	0.715
Rf × Rdf	0.007260	1	0.007260	1.47	0.280
Rf × RR	0.003570	1	0.003570	0.72	0.434
Rdf × RR	0.013695	1	0.013695	2.77	0.157
误差	0.024729	5	0.004946		
曲率	0.014850	1	0.014850	6.01	0.070
失拟	0.009180	1	0.009180	39.41	0.008
纯误差	0.000699	3	0.000233		
总	0.057734	11			

参考答案:

(1) 试验中除了可控的试验因子带来响应的波动外, 还可能存在其他未意识到的 (通常也是不可控的) 因子带来的波动, 为了避免这些干扰因子造成试验结果的系统性偏差, 一般需要对试验的次序进行随机化.

(2) 方差分析是由统计学家 Fisher 建立的 [7]. Fisher 在洛桑农业试验站工作的时候, 为了分析肥料、品种、气候等因子对作物产量的影响而建立方差分析. 其基本假设是所谓的独立性和同质性, 即不同处理下重复试验的样本是独立的, 且方差相同. 其具体操作是将响应的波动分解为各因子效应和交互效应带来的波动, 以及随机误差造成的波动, 通过比较这些波动的大小来判断效应的显著性. Fisher 建立此方法用于分析定性因子效应的显著性, 后来统计学家将其思想推广到了连续的回归模型. 因而回归分析中自变量的显著性检验可以认为是方差分析的推广, 其基本假设一致 (同质性和独立性具体化为高斯 - 马尔可夫假定)、基本方法也一致 (将刻画响应波动的总平方和分解为各变量和误差的平方和).

(3) 本例中采用的是二阶响应模型

$$y = \beta_0 + \beta_1 \text{Rf} + \beta_2 \text{Rdf} + \beta_3 \text{RR} + \beta_{12} \text{Rf} \times \text{Rdf} + \beta_{13} \text{Rf} \times \text{RR} + \beta_{23} \text{Rdf} \times \text{RR} + \varepsilon$$

Rf 的平方和可用上述模型中删掉 Rf 项后拟合表中数据的残差平方和减去直接利用上述模型拟合表中数据的残差平方和得到, Rdf、RR、Rf × Rdf、Rf × RR 以及 Rdf × RR 的平方和也可以利用相同的方法获得. 当然, 由于对于包含交互效应的回归模型而言, 本例中的设计是正交回归设计, 因此这几个平方和也可以利用正交回归设计中各变量平方和的计算方法获得. 误差平方和就是残差平方和,

不必过多解释. 曲率的平方和指的是三个因子平方项的平方和, 可利用如下公式计算:

$$SS_{\text{quadratic}} = \frac{n_F n_C \left(\bar{y}_F - \bar{y}_C \right)^2}{n_F + n_C}$$

其中 $\bar{y}_F$ 表示部分因子设计 (前八次试验) 的响应的平均值, $n_F = 8$ 表示部分因子设计的试验次数, $\bar{y}_C$ 表示中心点试验 (后四次试验) 的平均值, $n_C = 4$ 表示中心点试验的次数. 失拟平方和可利用如下公式计算:

$$SS_{\text{LOF}} = \sum_{i=1}^{m} n_i \left(\bar{y}_i - \hat{y}_i \right)^2$$

其中 n_i 表示每个处理的重复次数, 前八个处理的重复次数为 1, 中心点的重复次数为 4, $\bar{y}_i$ 表示各处理处的平均响应值, $\hat{y}_i$ 表示各处理处响应的回归值. 纯误差的计算可利用残差平方和减去曲率平方和失拟平方和得到, 等于后四次中心点试验的偏差平方和.

(4) 假设检验的 p 值越小, 表明原假设成立的条件下得到这样数据的概率越小, 因此越应该拒绝原假设. 方差分析表 I.7.2 中, 最小的 p 值对应的是失拟检验, 其次是曲率的检验, 表明一阶模型拟合效果不好, 需要在模型中增加平方项等能够捕捉曲率的项. 而如果增加平方项, 从设计表中可以看到 Rf^2、Rdf^2 和 RR^2 对应的三列都为 1, 表示基于现有的试验和数据无法估计这三项的系数, 必须增加因素水平、补充试验.

对本例涉及的数据分析方法是试验设计领域最经典、应用最广泛的方法, 感兴趣的读者可参阅文献 [3].

I.8 Bayes 学派与频率学派的区别与联系分别是什么?

参考答案:

频率学派的代表人物有 K. Pearson, R. A. Fisher, E. Pearson, J. Neyman 等, Bayes 学派的支持者有 P. S. Laplace, H. Jeffreys, A. E. Gelfand 等, 文献 [8~10] 对两个学派的工作做了对比与归纳, 主要内容见表 I.8.1.

二者的联系主要体现在大样本情况下: 当样本量趋于无穷时, 只要先验分布取得合适 (包含参数真值的某个邻域), 则在一定的正则性条件下, 贝叶斯方法与频率学派方法得到的结论是一致的. 即一般来说, 如果样本量比较大, 则频率学派和贝叶斯学派将得到基本一致的结果, 贝叶斯学派的先验信息将被数据信息湮没.

表 I.8.1　频率学派与贝叶斯学派的对比

	频率学派	贝叶斯学派
代表人物	K. Pearson, 其主要工作包括提出 "偏斜分布"、矩估计以及 Chi- 方拟合优度检验	T. Bayes, 给出了逆概率计算方法, 提出了贝叶斯方法的思想
	R. A. Fisher, 建立了数理统计的基础, 开创了试验设计分支, 给出了极大似然估计、方差分析等方法	P. S. Laplace, 明确给出贝叶斯公式
	E. Pearson, 建立了经典的假设检验, 并提出了广泛使用的似然比检验	H. Jeffreys, 无信息先验
	J. Neyman, 与 E. Pearson 一起建立了经典假设检验理论, 并完善了区间估计理论	A. E. Gelfand, 后验分布的抽样方法, 解决了贝叶斯方法的计算问题
概率	频率逼近概率	概率是一种认知状态
参数	常量	随机变量
样本	随机变量	一旦取定就视为常量
信息	总体信息 + 样本信息	总体信息 + 样本信息 + 先验信息
缺陷	无法处理小子样	先验分布的确定具有主观性
操作	需要构造统计量, 并求其抽样分布	模式固定: 先验 + 样本 => 后验

I.9 简述序贯分析方法如何减少样本量. 这种方法有何优劣?

参考答案:

以成败型试验为例, 考虑检验问题:

$$H_0 : \theta = \theta_0, \quad H_1 : \theta = \theta_1 = \lambda\theta_0, \quad \lambda < 1$$

序贯分析是非常合适的减少样本量的方法, 常用的方法有序贯概率比检验 [11]. 在弃真概率和采伪概率分别为 α, β 时, 其检验准则为

$$\begin{cases} r \geqslant sn + h_1, & \text{停止试验, 接受 } H_0 \\ r \leqslant sn - h_2, & \text{停止试验, 拒绝 } H_0 \\ sn - h_2 < r < sn + h_1, & \text{继续试验} \end{cases}$$

如图 I.9.1 中虚线所示, 其中

$$s = \frac{\log\dfrac{1-\theta_1}{1-\theta_0}}{\log\dfrac{\theta_0(1-\theta_1)}{\theta_1(1-\theta_0)}}, \quad h_1 = \frac{\log\dfrac{1-\alpha}{\beta}}{\log\dfrac{\theta_0(1-\theta_1)}{\theta_1(1-\theta_0)}}, \quad h_2 = \frac{\log\dfrac{1-\beta}{\alpha}}{\log\dfrac{\theta_0(1-\theta_1)}{\theta_1(1-\theta_0)}}$$

序贯概率比检验的优点在于可以保证犯两类错误的概率均不超过预设值, 且在 θ_0 和 θ_1 处检验所用样本量的期望是最小的. 然而序贯概率比检验存在两个不足之处: 其一是实际样本量无法控制, 导致实际操作中无法对试验样本进行预算; 其二是 $\theta \neq \theta_0, \theta_1$ 时, 检验所需的平均样本量并不是最小的, 而 θ 往往都是不等于 θ_0 或 θ_1 的.

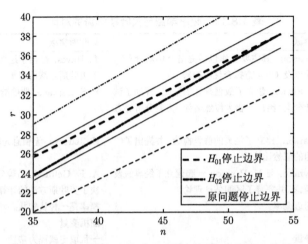

图 I.9.1　序贯概率比检验和序贯网图检验的停止边界

序贯网图检验法针对以上不足进行了改进 [12], 其思想是在 $(\theta_1\theta_0)$ 插入一个点 θ_2 使原检验问题分割为两个子问题:

$$H_{01}: \theta = \theta_2, \quad H_{11}: \theta = \theta_1$$
$$H_{02}: \theta = \theta_0, \quad H_{12}: \theta = \theta_2$$

分别按照序贯概率比检验方法进行检验. 检验准则为

$$\begin{cases} r \geqslant s_1 n + h_{11}, & \text{停止试验, 接受 } H_0 \\ r \leqslant s_2 n - h_{22}, & \text{停止试验, 拒绝 } H_0 \\ s_2 n - h_{22} < r < s_1 n + h_{11}, & \text{继续试验} \end{cases}$$

如图 I.9.1 中实线所示, 其中

$$s_1 = \frac{\log \dfrac{1-\theta_1}{1-\theta_2}}{\log \dfrac{\theta_2(1-\theta_1)}{\theta_1(1-\theta_2)}}, \quad h_{11} = \frac{\log \dfrac{1-\alpha}{\beta}}{\log \dfrac{\theta_2(1-\theta_1)}{\theta_1(1-\theta_2)}}$$

$$s_2 = \frac{\log \dfrac{1-\theta_2}{1-\theta_0}}{\log \dfrac{\theta_0(1-\theta_2)}{\theta_2(1-\theta_0)}}, \quad h_{22} = \frac{\log \dfrac{1-\beta}{\alpha}}{\log \dfrac{\theta_0(1-\theta_2)}{\theta_2(1-\theta_0)}}$$

序贯网图检验法所需的样本量具有一个上界 $n_0 = (h_{11} + h_{22})/(s_2 - s_1)$, 通过计算可得在 $\alpha = \beta$ 条件下

$$\theta_2 = \frac{\log \dfrac{1-\theta_1}{1-\theta_0}}{\log \dfrac{\theta_0(1-\theta_1)}{\theta_1(1-\theta_0)}}$$

时, 所需样本量的上界最小.

序贯概率比检验和序贯网图检验都可以减少所需子样的数量, 但是其效果并不明显, 下面通过仿真结果来说明这一点. 令 : $\theta = \theta_0 = 0.8,: \theta_1 = 0.6$, 在 $\alpha = \beta = 0.1, 0.2, 0.3$ 的条件下分别进行 10000 次仿真, 将实际所用样本量做直方图如下:

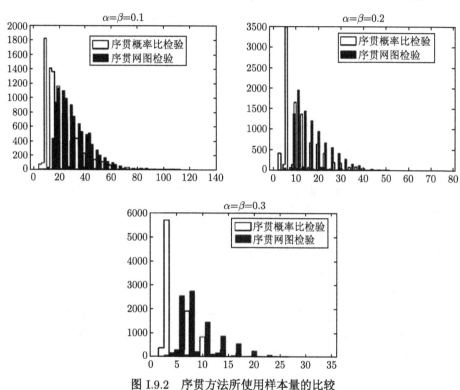

图 I.9.2　序贯方法所使用样本量的比较

从图中可以看出, 序贯方法实际使用的样本量具有间断性, 容易集中在某几个不连续的实验次数终止试验; 从形态上讲, 序贯网图检验较为集中, 而序贯概率比检验具有厚尾性. 下表列出两种方法在不同风险下所需样本量的平均值和最大值的仿真结果, 可以看出序贯网图方法有效控制了所使用的最大样本量, 但是仍不能满足导弹试验等高成本工程试验要求, 可以应用于无历史数据等先验信息的低成本试验. 综上, 序贯网图等方法, 可以稍微减少子样, 但仿真计算表明效果不明显, 实践中常配合截尾方法共同使用.

序贯批量试验. 导弹、飞机等高性能装备, 每次试验都代表某一种新的型号. 但是, 新的型号不是一蹴而就的, 每次做若干发, 然后, 做一些子系统或者部件的改进. 之后, 进入到下一批次试验.

序贯试验对导弹试验的特殊意义 [11]: 第一, 降低试验成本, 达到战技指标, 随时终止试验. 第二, 随时修正试验中发现的缺点、错误、漏洞, 更换批次. 第三, 可以在 Hall 图、V 模型图指导下, 把导弹飞行试验, 分解为大系统、分系统、部件、过程、关键节点的并行序贯试验. 可以用上更多的历史数据, 也能产生导弹型号更多、更详细的试验数据.

表 I.9.1   序贯分析所用样本量对比

	序贯概率比			序贯网图		
	$\alpha = 0.1$ $\beta = 0.1$	$\alpha = 0.2$ $\beta = 0.2$	$\alpha = 0.3$ $\beta = 0.3$	$\alpha = 0.1$ $\beta = 0.1$	$\alpha = 0.2$ $\beta = 0.2$	$\alpha = 0.3$ $\beta = 0.3$
平均样本量	21.36	10.89	5.20	31.33	16.28	9.55
最大样本量	148	77	30	79	43	26

从决策的角度来看, 序贯方法样本量不能实现确定, 这种边试验、边分析的方法是一种短视策略[11]. 即将确定样本量这一个决策问题分解为很多个小的决策问题, 通过一系列小的决策问题来确定总的样本量. 可以想见这种方法不一定是全局最优的, 每一小步的最优性并不能确保整个问题能够实现最优. 从试验设计的角度来说, 理论上静态的设计才能以最小的样本量达到相同的精度. 但在实际操作上又有所不同, 因为实际中无法确保模型的正确性, 因此序贯方法有其存在的现实意义, 即在试验过程中不断完善模型.

I.10 在弹道导弹的弹道估计和预报、制导系统工具误差系数分离、导弹跟踪系统的系统误差估计、卫星的轨道估计与预报中, 都涉及非线性回归分析. 请查阅资料, 了解非线性回归分析方法的内涵, 结合自己的工作经验, 讨论你遇到的非线性回归分析问题, 包括建模、参数估计值求解方法、误差分析、对求解结果的解读等.

参考答案:

非线性回归模型中, 回归函数是参数的非线性函数. 这种非线性将导致以下几个问题:

(1) 参数的最小二乘估计没有解析表达式, 必须采用数值算法 (如高斯-牛顿法);

(2) 即便在假定误差为零均值正态分布的情况下, 参数的极大似然估计也没有解析形式, 必须采用数值算法才能获得参数的估计;

(3) 由于参数的估计没有解析表达式, 因而估计量的分布也是没有解析表达式的; 在小样本情况下, 只能采用诸如 Bootstrap 方法等统计计算方法获取近似的估计误差; 但在大样本情况下, 在一定的正则性条件下利用中心极限定理可以获得参数估计的渐近方差;

(4) 由于在数值求解参数估计以及获得参数估计的渐近方差时, 都需要对回归函数在参数真值附近进行线性逼近, 因此用于估计参数的数值算法的各种性质 (稳定性、收敛速度、方差等) 以及参数估计的大样本性质, 都与参数真值附近回归函数的性质有关, 这可直观理解为非线性强的地方参数估计难、误差大, 而非线性弱的地方参数估计简单、估计精度相对较高;

(5) 由于 Fisher 信息矩阵也是通过对参数求导再取期望得到的, 非线性情况下 Fisher 信息矩阵也于参数的真值有关, 由此导致基于模型的最优试验设计也依赖于参数的真值. 此时静态的试验设计一般来说无法实现真正意义上的最优, 需要采用序贯设计的方法.

响应值的预测是建立在参数估计的基础之上的, 非线性性给参数估计带来的种种问题, 都将通过回归函数传递到 f 的预报上.

以上是作者对非线性模型的理解, 更多关于非线性模型的统计推断的知识, 可参考文献 [7].

I.11 请简述节省参数建模技术的主要思想, 并联系实际工作介绍介绍参数建模技术的应用.

参考答案:

详情可参见文献 [13~16]. 节省参数建模的主要思想是: 充分利用各种先验信息, 包括物理定律、专家经验、历史数据等, 利用尽可能少的参数建立描述数据的统计模型. 这种建模技术带来的好处是, 相同的数据条件下, 所需要估计的参数的个数变少了, 因而参数估计的精度提高了, 预测的精度也相应地提高了. 下面简单介绍几类不同的统计模型中的节省参数建模技术.

➤ 常用于析因试验数据分析的固定效应模型中, 通过假定高阶交互效应不显著、忽略高阶交互效应, 使得能够以较少的试验次数获得一定精度的低阶交互效应的估计.

➤ 在参数回归模型中, 利用物理经验建立参数较少的回归模型, 可以提高参数估计的精度.

➤ 在非参数模型中, 由于无法根据机理建立少参数的回归模型, 此时需要借助函数逼近的理论, 根据函数的一些性质, 选择一种相同截断误差下所需参数比较少的函数逼近 (即逼近速度快) 方法, 可以实现非参数估计的最优收敛速度. 现在的非线性逼近方法 (稀疏小波、稀疏神经网络) [17] 都能够以较快的逼近速度逼近函数, 因此相应的非参数方法效果也比较好. 一般来说, 非参数估计方法中总是涉及到逼近误差与估计误差之间的均衡, 即如果参数太少则逼近误差大而估计误差小, 如果参数多则逼近误差小而估计误差大, 而节省参数建模技术就是要以较少的参数实现较小的逼近误差, 因而其效果较好.

导弹试验评估中, 由于外弹道数据是导弹的运动数据, 其运动轨迹至少是二阶可导的, 满足这种性质的函数利用三次样条可以实现最快的逼近速度, 因此利用三次样条表示是一种最佳的节省参数建模技术.

　　在实际问题中, 节省参数建模总是要结合问题的具体背景的, 充分挖掘问题的背景知识, 能够充分利用各种先验信息的方法一般也能够实现最佳的节省参数建模.

I.12 简述实物试验与计算机试验之间的异同.

参考答案:

　　详见文献 [18,19] 的第一章, 以下仅代表作者的理解.

　　(1) 试验设计时, 二者所遵循的设计原则不同.

　　实物试验由于受到很多的干扰, 误差总是无法避免的, 为了分离信号和误差需要重复试验, 而确定性的计算机试验一般不需要在同一个处理处重复试验; 实物试验中常存在一些无法控制的因素可能造成试验结果的系统偏差, 例如试验材料的生产批次之间可能存在差异, 这种差异需要采用随机化和区组化的方法来减少或均衡它们的影响. 而在计算机试验中, 几乎所有的变量都是可以人为控制的, 因此区组和随机化这两种技术没有太大意义 [20]. 总的来说, 实物试验设计的原则是区组、随机化和重复, 而计算机试验的设计原则是空间填充和序贯.

　　(2) 试验实施时, 二者难易程度不同.

　　计算机试验实施容易, 可重复性强; 而实物试验在外场实施, 实施困难, 可重复性弱, 还需要考虑安全等一系列的因素. 计算机试验的难度在于前期的建模开发, 而不在于后面的试验设计、实施与数据分析.

　　(3) 数据分析时, 二者采用的模型不同 [18].

　　实物试验代价大, 其试验次数受到多方面的限制, 其采用的模型一般是简单的线性模型. 例如析因设计中采用的固定效应模型是线性模型, 响应曲面设计中采用一阶或二阶的线性模型来局部近似响应曲面, 等等; 而计算机试验中, 由于计算机模拟的对象一般比较复杂, 简单的线性模型只能进行定性分析 (探索性分析), 更多的采用能够实现全局代理的模型, 如高斯过程模型.

　　(4) 实物试验与计算机试验, 结果的可信度不一样.

I.13 你认为实验设计与分析对于计算机仿真有什么意义?

参考答案:

　　可从以下四个方面来理解实验设计与分析在仿真试验中的地位与作用.

　　(1) 仿真的目的是对系统进行试验, 仿真界一般将仿真分为需求分析、仿真开发和仿真实验三个阶段, 可见实验设计与分析是仿真的重要环节之一.

　　(2) 仿真系统与真实系统之间往往存在差异, 需要对仿真系统进行校正, 实验设计与分析是对仿真模型进行校正的主要科学手段. 关于仿真模型校正的方法可参考文献 [19] 的第 8 章.

　　(3) 仿真是多种试验方式之一, 而实验设计与分析可以统筹纯数字仿真、半实物仿真和外场试验等多种不同的试验方式, 这方面目前有一些还不够形成体系的研究, 感兴趣的读者可参考 [21~24] 等文献.

(4) 实验设计不仅可以减少现场试验的样本, 也可以节省仿真试验的样本.

I.14 介绍 Monte Carlo 方法产生的历史、主要思想, 以及其在统计学和仿真中的作用.

参考答案:

读者可参考本书第 6 章以及其中引用的参考文献. 可从以下几个方面对本题进行思考和解答.

(1) MC 方法的产生过程.

(2) 如何产生 U(0,1), 进而产生服从任意分布的随机变量.

(3) 如何产生 n 维欧氏空间中, 任何闭区域上的均匀分布随机点.

(4) 计算 n 维区域 Q 上多元函数的积分.

(5) 在 Bayes 决策中的应用. Bayes 决策的依据是贝叶斯风险, 它是损失函数关于后验分布的积分. 由于后验分布复杂, 导致这一积分的计算十分困难, 一度是制约贝叶斯学派发展的主要因素. 好在 20 世纪 90 年代, 统计学家提出了 MCMC(Markov Chain Monte Carlo) 方法, 可以在没有后验分布解析形式的情况下获得后验分布的样本, 进而可利用数值积分求得贝叶斯风险, 较好地解决了贝叶斯计算问题. MCMC 方法的提出, 引发了贝叶斯方法近 20 年的蓬勃发展. 对 MCMC 方法感兴趣的读者, 可以参考综述 [25].

I.15 导弹试验设计与评估在博弈对抗中应注意什么?

参考答案:

在对抗环境中, 导弹试验的设计与评估应考虑博弈的因素. 在博弈论中, 假设局中人 1 有 m 个策略, 局中人 2 有 n 个策略. 设局中人 1 选择策略 i, 且设局中人 2 选择策略 j 时, 局中人 1 从局中人 2 处得到的收益是 a_{ij}, 则收益矩阵为

$$A = [a_{ij}] = \begin{bmatrix} a_{11} & \cdots & a_{1n} \\ \vdots & & \vdots \\ a_{m1} & \cdots & a_{mn} \end{bmatrix}$$

对于任意 $A = [a_{ij}]$, 必有

$$\max_{1 \leqslant i \leqslant m} \min_{1 \leqslant j \leqslant n} a_{ij} \leqslant \min_{1 \leqslant j \leqslant n} \max_{1 \leqslant i \leqslant m} a_{ij}$$

当上式中等号成立是, 即当

$$\max_{1 \leqslant i \leqslant m} \min_{1 \leqslant j \leqslant n} a_{ij} = v = \min_{1 \leqslant j \leqslant n} \max_{1 \leqslant i \leqslant m} a_{ij}$$

时, v 称为博弈的值. 此时, 必有

$$a_{ij^*} \leqslant a_{i^*j^*} = v \leqslant a_{i^*j}$$

对于一切 i, j 成立. 故 i^*, j^* 分别为局中人 1,2 的最优策略, (i^*, j^*) 是对策的一个鞍点.

若局中人 1 以概率 x_i 选择策略 i, 局中人 2 以概率 y_j 选择策略 j, 那么局中人的期望收益为

$$\sum_{i=1}^{m}\sum_{j=1}^{n} x_i a_{ij} y_j = XAY^{\mathrm{T}}$$

同样, 对于任意 $A = [a_{ij}]$, 必有

$$v_1 = \max_{X \in S_m} \min_{Y \in S_n} XAY^{\mathrm{T}} \leqslant \min_{Y \in S_n} \max_{X \in S_m} XAY^{\mathrm{T}} = v_2$$

冯·诺依曼首先证明: 对于一切对策矩阵 $A = [a_{ij}]$, 必有 $v_1 = v_2$, 这就是著名的**极大极小定理**[26], 又称为**冯·诺依曼定理**. 即存在 $X^* \in S_m Y^* \in S_n$, 使得

$$XAY^{*\mathrm{T}} \leqslant X^*AY^{*\mathrm{T}} = v \leqslant X^*AY^{\mathrm{T}}$$

称 X^*, Y^* 为混合策略下的鞍点, v 为对策值. 鞍点是局中人所对应的最优混合策略, 只要局中人 1 坚持采用最优策略 X^*, 则不论局中人 2 选择什么策略, 局中人 1 的收益都不会少于 v.

下一思考题将具体阐述最优策略在对抗环境中的应用.

I.16 田忌赛马对体系对抗的启示.

参考答案:

(1) 从田忌赛马的故事开始. 假设田忌的马分别记为 B1、B2、B3, 齐威王的马分别记为 A1、A2、A3, 假如马的速度: A1>B1>A2>B2>A3>B3, 而且, 一次性背对背敲定 B 马和 A 马的出场顺序. 那么, B 马、A 马的顺序, 都有六种可能

$$(1, 2, 3), (1, 3, 2), (2, 1, 3), (2, 3, 1), (3, 1, 2), (3, 2, 1)$$

B 马与 A 马比赛, 田忌的收获, 无非就是三局全输 (得 -3), 输二局赢一局 (得 -1), 赢二局输一局 (得 1), 可以表示为 6×6 矩阵. 在博弈论中, 此矩阵即为局中人田忌的收益矩阵.

这个矩阵的每行、每列, 各有 1 个 "-3", 1 个 "1", 4 个 "-1". 实际上, 田忌得 -3, 得 1 的概率都是 1/6, 得 -1 的概率是 4/6. 在上面的游戏规则和马的条件下, 田忌的期望得分是 -1.

表 I.16.1　　田忌赛马的原始收益矩阵

B \ A	(1,2,3)	(1,3,2)	(2,1,3)	(2,3,1)	(3,1,2)	(3,2,1)
(1,2,3)	−3	−1	−1	1	−1	−1
(1,3,2)	−1	−3	1	−1	−1	−1
(2,1,3)	−1	−1	−3	−1	−1	1
(2,3,1)	−1	−1	−1	−3	1	−1
(3,1,2)	1	−1	−1	−1	−3	−1
(3,2,1)	−1	1	−1	−1	−1	−3

(2) 提升田忌得分的主要有两条途径. 第一条是指挥控制, 通过侦察、指挥、战术等手段, 形成孙膑的模式, 即田忌上、中、下马分别对齐威王的中、下、上马. 如果能 100% 形成孙膑模式, 则田忌的期望得分提升为 1. 而实际中很难达到这样理想的效果, 若能以 50% 的可能形成孙膑模式, 其他模式的可能性相同, 则田忌的期望得分为 −0.2, 相比于 −1 有很大提升. 这是 C4ISR 的作用, 著名的四渡赤水就是充分发挥了指挥和情报的作用. 第二条是提升马的能力: 比如, 提升 B1, B2, B3 的能力使它们都大于 A1, A2, A3, 那么田忌的期望得分便是 3, 这是最理想的情况. 如果仅把 B2 提升到 A2 之上, 其他不变, 即 A1>B1>B2>A2>A3>B3. 那么, 前面的 6×6 矩阵就变为:

表 I.16.2　　提升 B2 后的收益矩阵

B \ A	(1,2,3)	(1,3,2)	(2,1,3)	(2,3,1)	(3,1,2)	(3,2,1)
(1,2,3)	−1	−1	−1	1	−1	1
(1,3,2)	−1	−1	1	−1	1	−1
(2,1,3)	−1	−1	−1	1	−1	1
(2,3,1)	−1	−1	1	−1	1	−1
(3,1,2)	1	1	−1	−1	−1	−1
(3,2,1)	1	1	−1	−1	−1	−1

可以看到, 这种情况, 田忌的期望得分是 −1/3, 相比于 −1 也有显著提升.

(3) 体系贡献率. 还是从田忌赛马的案例展开, 田忌的最小得分是 −3, 最大得分是 1, 期望的得分是 −1. 如果我们利用前面的两条途径, 或提高孙膑模式的概率, 或提升马的能力, 更新模型, 重新计算矩阵以及新的期望得分. 那么,

$$体系贡献率 = \frac{新期望得分 - 原期望得分}{最大得分 - 最小得分} \times 100\%$$

试根据此公式计算以上两条提升途径的体系贡献率.

武器装备和作战部队的体系贡献率, 应该是体系对抗中的一个相对于作战对手的概念. 装备、部队、战术的贡献率如何, 要通过对策矩阵算一算才知道. 具体关

于体系贡献率评估的问题可参见 II.27.

I.17 比较两个事件: 一是在篮球场玩耍的孩子投中一个三分球; 二是我国某新型导弹试验成功. 如果让这两个事件都重复一次, 你认为哪个事件成功的概率更大? 其背后蕴含什么样的逻辑?

参考答案:

回答这个问题不能猜, 涉及到试验设计和试验评估的模型. 首先分析男孩投球的命中概率, 可以查到男篮明星罚球命中率最高是 90.6%, 所以孩子再投一个球, 命中率应该 ≤90.6%. 导弹的试验设计和试验评估, 需要详细的建模和分析. 建模中, 需要考虑以下几个方面:

(1) 该新型导弹的使命任务是什么? 使命任务决定了导弹的战场环境, 而战场环境又决定了该新型导弹的试验环境. 使命任务还决定了导弹的试验项目、试验考核的指标等.

(2) 试验成功的标准. 不同的试验科目考核的试验指标不同、试验成功的标准也不同、试验需要测量的数据也不同. 如自然环境适应性试验, 需考虑狂风暴雨、风沙、高海况等, 复杂的电磁环境适应性试验, 考虑强敌的威胁环境等.

(3) 相关型号导弹试验的历史数据和模型积累. 比如, 虽然是新型导弹, 主要只是改了某一个子系统, 如战斗部. 其他子系统、有关的作战环境, 都进行了大量试验. 这些子系统或者子过程的模型、数据, 我们在新型导弹试验设计和试验评估中, 都是要充分应用的.

综合上述分析, 如果 (1)~(3) 项工作很充分, 模型很清楚, 某型导弹再重复做一次试验, 成功率也可能要大于 90.6%. 但孩子再投一次篮, 命中概率一般会小于 90.6%. 因为这个孩子的命中概率, 一般不会超过男篮明星的水平. 真正要给出科学、公平的比较, 要依托数学模型和各种可能的相关数据.

好的试验设计与试验评估方法, 肯定是充分应用系统分析与系统集成技术, 充分应用历史试验的经验、教训、模型、数据, 结合新型号的新的科学与工程背景, 而不是一味强调 (依靠有争议的先验信息的) 小子样理论, 也不能仅依靠多参数多水平的试验设计方法. 新型导弹的某次试验的成功, 其背后包含了大量子系统试验、仿真试验、内场试验等的成功, 有其成功的必然性.

如需了解统计的思想与哲理, 可参考 [27,28] 等文献.

I.18 导弹落点偏差的 Bayes 估计是什么形式? 有何特点?

参考答案:

导弹的落点偏差包括横向偏差和纵向偏差, 为简单起见这里仅考虑横向偏差, 并假设其均服从均值为 μ (未知) 方差为 σ^2(已知) 的正态分布 $N(\mu,\sigma^2)$.

设获得了横向落点偏差的 n 个独立同分布的样本 $x_n=(x_1,x_2,\cdots,x_n)$, 则参

数 μ 的似然函数为

$$\ell(\mu) = \frac{1}{(\sqrt{2\pi}\sigma)^n} \exp\left\{-\frac{1}{2\sigma^2}\sum_{i=1}^{n}(x_i - \mu)^2\right\}$$

取 μ 的先验 $\pi(\mu) \sim N(\mu_0, \sigma_0^2)$, 则根据 Bayes 公式, μ 的后验密度 $\pi(\mu \mid \boldsymbol{x}_n)$ 的核为

$$\frac{1}{(\sqrt{2\pi}\sigma)^n} \exp\left\{-\frac{1}{2\sigma^2}\sum_{i=1}^{n}(x_i - \mu)^2\right\} \times \frac{1}{\sqrt{2\pi}\sigma_0} \exp\left\{-\frac{1}{2\sigma_0^2}(\mu - \mu_0)^2\right\}$$

$$= \frac{1}{(\sqrt{2\pi}\sigma)^n \sqrt{2\pi}\sigma_0} \exp\left\{-\frac{1}{2\sigma^2}\sum_{i=1}^{n}(x_i - \mu)^2 - \frac{1}{2\sigma_0^2}(\mu - \mu_0)^2\right\}$$

可见仍然为正态分布, 均值核方差分别为[8]

$$\mu_n = \frac{n/\sigma^2}{n/\sigma^2 + 1/\sigma_0^2}\bar{x} + \frac{1/\sigma_0^2}{n/\sigma^2 + 1/\sigma_0^2}\mu_0, \quad \sigma_n^2 = \frac{1}{\dfrac{n}{\sigma^2} + \dfrac{1}{\sigma_0^2}}$$

其中 $\bar{x} = \dfrac{1}{n}\sum_{i=1}^{n}x_i$ 表示样本均值. 由此可以看到, 如果以后验均值作为落点偏差的估计, 则它是先验均值 μ_0 和样本均值 $\bar{x}$ 的加权和, 权系数由先验方差 σ_0^2 和已知的落点偏差的样本方差 σ^2 来确定. 我们知道, 样本均值是落点偏差的无偏估计, 因此从频率学派的角度来看, 只要先验均值不等于真值, 后验均值就是落点偏差的有偏估计.

如果样本量 n 是给定的, 则先验方差越小先验均值占的权重就越大, 先验分布对贝叶斯估计结果的影响越大, 后验均值的偏差也越大; 而先验方差越大, 则样本均值所占的权重越大, 后验均值的偏差也越小. 因此当 n 给定时, 先验方差的选择需谨慎对待, 其值越小后验均值的偏差就越大. 这说明使用高精度的先验信息是具有一定风险的, 工业部门进行试验评估时必须重视先验信息的准确度和可信度, 不宜轻易使用对其有利的高精度先验. 故在小子样现场试验之前需要进行必要的仿真试验或半实物试验, 在这些试验的基础上融合得到高精度的先验信息, 再配合少量的现场试验才能得到高精度高可信度的评估结果. 当然, 就后验均值的方差来说, σ_0^2 越小它也越小. 我们知道, 估计量的均方误差是偏差的平方与方差之和的平方根, 因此从降低均方误差的角度来看, 估计量存在一定的偏差有时效果更好.

下面看给定先验方差 σ_0^2 下, 后验均值和后验方差随着样本量的变化规律. 当 $n = 0$ 时, 后验均值就是先验均值; 而当 $n \to \infty$ 时, 后验均值就是样本均值, 与极大似然估计重合, 也就是说样本信息湮没了先验信息; 可见随着样本量的增加, 后验均值逐步靠近参数的真值, 其偏差逐步缩小; 而对于后验方差来说, 随着 $n \to \infty$, 它是单调收敛于的, 即从频率学派的角度来看, 后验均值是落点偏差的相合估计, 其

收敛速度的阶为 $O(1/n)$, 这与极大似然估计的收敛速度是一致的. 总的来说, 本例说明在一定的条件下, 贝叶斯估计和经典极大似然估计的渐近性质一致, 样本量足够大时, 二者得到的结论基本一致.

这里假设 σ^2 是已知的, 如果它未知也可以为其赋予一定的先验进行贝叶斯估计, 得到类似的结果, 感兴趣的读者可参考 [8].

I.19. 常见的弹道导弹的外弹道模型有哪些?

参考答案:

弹道导弹的外弹道主要包括主动段、自由飞行段、再入段等.

(1) 主动段的多项式模型 [29]. 用多项式拟合弹道, 根据微积分中的泰勒定理, 多项式逼近函数一般来说只在局部有较好的精度, 在边界处效果不好.

(2) 主动段的三次样条函数模型 [13]. 即用分段三次多项式来表示弹道, 由此得到的弹道模型在节点处有连续的二阶导数, 这是符合弹道运动规律的 (加速度连续). 样条节点的选择采用等距划分和自适应两种方式, 等距划分是按照一定的密度事先划好的, 在拟合过程中不进行修改. 自适应划分则首先给一个比较稀疏的节点划分, 然后根据拟合残差的大小, 利用假设检验的方法, 在残差大的增加一些节点, 实现节点对数据的自适应. 这是符合导弹主动段存在弹体分离等特征点这一内在规律的.

(3) 自由飞行段导弹在外太空所受阻力也比较简单, 主要是受引力的影响下飞行, 因此可以建立比较准确的微分方程模型, 通过拟合微分方程模型来获得弹道. 求解过程中需要将数值积分算法与非线性模型的参数估计方法嵌套进行.

(4) 弹道导弹再入段的参数模型. 发射坐标系中, 导弹再入运动方程的矢量形式如下 [30]:

$$\dot{\vec{V}} = \frac{\vec{X}}{m} + \vec{g} - 2\vec{\Omega} \times \vec{V} - \vec{\Omega} \times \left(\vec{\Omega} \times \vec{r}\right)$$

其中, $\vec{X}$ 为再入段空气阻力, $\vec{g}$ 为地球引力加速度, $\vec{\Omega}$ 为地球自转角速度, $\vec{V}$ 为弹头再入速度, $\vec{r}$ 为弹头 —— 地心距离矢量.

上式的标量方程为变系数非线性微分方程组, 当给定初始参数, 可采用数值积分方法, 如龙格库塔法、阿当姆兹预报校准法等方法求解.

I.20 从统计学视角看导弹试验

参考答案:

(1) 成败型试验. 通常用于考核导弹系统、子系统、部件、飞行试验及前后的某个或者某次过程环节、各种战技指标是不是达到要求等. 一次飞行试验及前面的准备工作, 可以为上百个成败型试验提供数据支持. 同样, 这些大大小小的成败型试验, 其实绝大多数都有历史的子样数据积累.

(2) 验证型试验. 尤其是, 验证导弹几大子系统的模型、战技指标、基础参数. 验证型试验的关键, 是事先能够得到精准的节省参数模型, 而通过飞行试验及技术阵地、发射阵地试验的数据计算以后, 得到的模型残差小, 且方差服从均值为 0 的正态分布, 经得起统计学检验.

(3) 析因试验. 析因试验首先要分类型, 不同型号、不同的作战任务的导弹, 析因试验的因素 (内涵、个数) 是不同的. 第二、分层次, 这个可以用 V 模型图和 Hall 图, 把试验设计问题, 分 2-3 个层次, 当然, 层次的划分, 可以根据导弹系统、子系统、部件, 也可以根据战技指标的分解来划分. 当然, 还可以用两种分层方法, 都试试, 比较比较. 第三、要突出主要矛盾或者矛盾的主要方面, 抓大放小. 一般多用 (k 较小的) 2^k 或 3^k 析因设计. 一个成功的导弹试验, 可能是数十个、乃至上百个试验设计的综合结果. 各种试验分工明确, 综合起来, 体系完整.

I.21 孟德尔的豌豆试验对于导弹试验设计与试验评估有什么启发.

参考答案:

我们分三个方面介绍或者讨论. 一是孟德尔与遗传学定律, 二是孟德尔试验设计的特点, 三是对导弹试验设计与试验评估的启发.

(1) 孟德尔与遗传学定律 [31]. 生物的亲代遗传给子代的是控制性状的、颗粒性的、不可分割的遗传因子; 遗传因子有显性和隐性之分, 在体细胞中成双存在, 在性细胞中成单存在; 杂交产生配子时, 遗传因子保持独立性, 随机地进入到不同的配子中, 完整地传给代. 他提出, 用 A 表示恒定的显性, a 表示恒定的隐性, Aa 表示杂合体, 3:1 被分解成 1:2:1 (A+2Aa+a).

(2) 孟德尔豌豆试验设计的特点: 第一、孟德尔有生物学、数学、物理学等学科的基础. 第二、孟德尔从小务农, 有从事豌豆试验的操作技能. 第三、孟德尔选取的植物豌豆做杂交试验, 试验的场地和条件也比较好掌控. 豌豆的 7 个特征也比较容易分辨. 第四、在统计学成为学科之前, 孟德尔就系统地应用了数学建模的思想, 假设检验的思想, 悉心的设计、测量、记录、应用大量的数据, 靠数学模型和数据分析, 验证自己的科学定律.

(3) 对导弹的试验设计与试验评估的启发: 第一、重视导弹试验的顶层设计, 区分不同的子系统、部件、性能的试验指标、要求. 第二、要建立一体化的数学模型、数据的测量、测试、收集的要求. 第三、重视相关导弹系统型号、相关子系统、相关部件的历史数据、模型, 试验的经验和教训. 第四、尽量从导弹型号系统、各子系统、各部件、试验过程的各阶段, 多方面、多途径、多模型, 获得试验数据. 第五、要更多的进行理论推演、历史试验的经验教训模型数据分析, 突出重点, 有的放矢做试验, 更多的应用假设检验型试验设计, 更多的应用因子数较少、水平数较少的子系统、子过程的试验设计, 得到的试验数据, 应该比较方便进行科学和工程解读.

I.22 卫星的轨道, 通常有明确的常微分方程 (组) 描述 (弹道导弹的自由飞行段也可以用微分方程描述), 如何验证和完善这种微分方程? 在不同的发射点、发射的卫星 (导弹), 对应的微分方程, 有什么不同?

参考答案:

可以用理论分析、仿真试验、现场试验, 三者相互印证的办法. 这种三位一体的方法, 属于航空宇航科学技术与统计学的交叉. 统计学的理论支持, 来源于假设检验. 实际上, 物理学、天文学许多精美的公式, 都是这样得到的. 这种试验设计, 也可以理解为假设检验型试验设计. 读者可以根据自己的工作体会, 结合本单位的工作, 剖析相关的案例, 包括: 卫星、导弹弹道等.

I.23 Hall 图对导弹试验评估的指导与启示.

参考答案:

(1) Hall 图 [32].

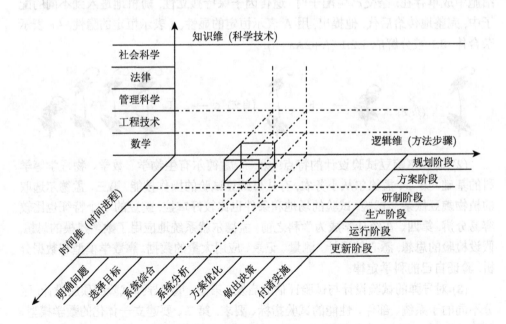

(2) 参考 Hall 图, 把导弹试验设计与试验评估的问题从几个维度展开, 例如, 时

间维、空间维、逻辑维 [32]. 当然, 可以是三个维度, 也可以是两个或更多个维度.

(3) 需要特别注意, 在不同维度的重要节点上的可能关联 [33].

(4) 需要研究基于多维度的观测、评估模型和数据的集成评估 [34].

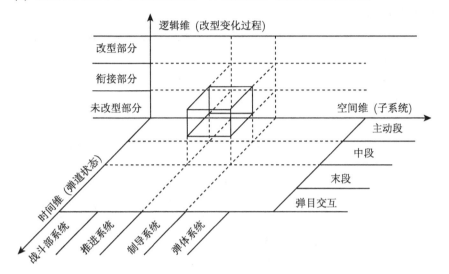

I.24 V 模型图及其对导弹试验评估的指导与启示.

参考答案:

(1) 典型 V 模型图 [32].

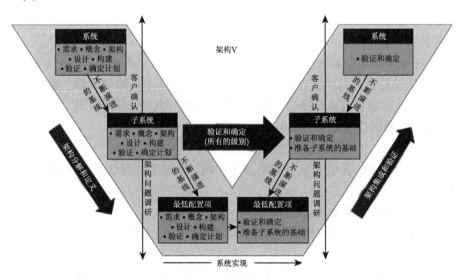

(2) 按子系统 (指精度子系统、突防子系统、毁伤子系统) 各自的功能层次分别展开的、按子系统的评价需求归拢的 V 模型图 [32].

(3) 一体化评估的内涵、公式和流程 [33].

V 模型图的核心思想, 是系统的分解与集成. 把一个复杂问题化为若干相对简单的问题; 把一个看起来复杂的问题变成若干个已有办法解决的问题和少量可以想办法解决的新问题.

I.25 Von Neumann 计算机体系结构对导弹试验设计与试验评估有什么启发.

参考答案:

Von Neumann 计算机体系结构有三个关键特征:

(1) 逻辑运算与数学运算, 都归为二进制运算.

(2) 程序一条一条执行.

(3) 计算机硬件由存储器、运算器、控制器、输入设备、输出设备五部分组成.

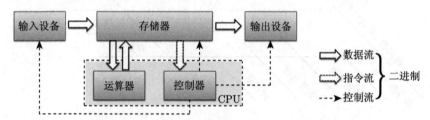

Von Neumann 计算机体系结构给试验设计与评估带来这么一些启示:

(1) 再复杂的武器装备 (当然包括导弹) 的试验设计与试验评估问题, 都可以找到复杂问题简单化的办法.

(2) 复杂的评估问题, 可以归纳为许多若干个各项子系统、各项流程、各类关键部件的成败型 (二项分布描述) 鉴定.

(3) 无论多少工作要做, 都可以按照时间顺序, 排出完成的先后, 逐一进行.

导弹的试验设计与试验评估, 也可以拆分为试验设计、测量测试、建模与数据分析、试验数据融合与综合评估、复盘分析与反馈等几个方面的工作.

I.26. 导弹试验鉴定中的动态总体是指什么?

参考答案:

回答这个问题, 我们要从导弹的基本组成, 弹道跟踪系统的基本组成等方面考虑.

(1) 导弹的基本组成 [35]

导弹通常由弹头、弹体结构系统、动力装置推进系统和制导系统等 4 部分组成.

导弹推进系统: 导弹飞行提供推力的整套装置, 又称导弹动力装置. 主要由发动机和推进剂供应系统两大部分组成, 其核心是发动机. 导弹发动机有很多种, 通常分为火箭发动机和空气喷气发动机两大类. 前者自身携带氧化剂和燃烧剂, 因此不仅可用于在大气层内飞行的导弹, 还可用于在大气层外飞行的导弹; 后者只携带燃烧剂, 要依靠空气中的氧气, 所以只能用于在大气层内飞行的导弹. 火箭发动机按其推进剂的物理状态可分为液体火箭发动机、固体火箭发动机和固 - 液混合火箭发动机. 空气喷气发动机又可分为涡轮喷气发动机、涡轮风扇喷气发动机以及冲压喷气发动机. 此外, 还有由火箭发动机和空气喷气发动机组合而成的组合发动机. 发动机的选择要根据导弹的作战使用条件而定. 战略弹道导弹因其只在弹道主动段靠发动机推力推进, 发动机工作时间短, 且需在大气层外飞行, 应选择固体或液体火箭发动机; 战略巡航导弹因其在大气层内飞行, 发动机工作时间长, 应选择燃料消耗低的涡轮风扇喷气发动机. 战术导弹要求机动性能好和快速反应能力强, 大都选择固体火箭发动机.

导弹制导系统: 按一定导引规律将导弹导向目标、 控制其质心运动和绕质心运动以及飞行时间程序、指令信号、供电、配电等的各种装置的总称. 其作用是适时测量导弹相对目标的位置, 确定导弹的飞行轨迹, 控制导弹的飞行轨迹和飞行姿态, 保证弹头 (战斗部) 准确命中目标. 导弹制导系统有 4 种制导方式: ①自主式制导. 制导系统装于导弹上, 制导过程中不需要导弹以外的设备配合, 也不需要来自目标的直接信息, 就能控制导弹飞向目标. 如惯性制导, 大多数地地弹道导弹采用自主式制导. ②寻的制导. 由弹上的导引头感受目标的辐射或反射能量, 自动形成制导指令, 控制导弹飞向目标. 如无线电寻的制导、激光寻的制导、红外寻的制导. 这种制导方式制导精度高, 但制导距离较近, 多用于地空、舰空、空空、空地、空舰等导弹. ③遥控制导. 由弹外的制导站测量, 向导弹发出制导指令, 由弹上执行装置操纵导弹飞向目标. 如无线电指令制导、无线电波束制导和激光波束制导等, 多用于地空、空空、空地导弹和反坦克导弹等. ④复合制导. 在导弹飞行的初始段、中间段和末段, 同时或先后采用两种以上制导方式的制导称为复合制导. 这种制导可以增大制导距离, 提高制导精度.

导弹制导精度是导弹制导系统的主要性能指标之一, 也是决定导弹命中精度的主要因素. 打击固定目标时, 导弹命中精度用圆概率偏差 (CEP) 描述. 它是一个长度的统计量, 即向一个目标发射多发导弹, 要求有半数的导弹落在以平均弹着点为圆心, 以圆概率偏差为半径的圆内. 打击活动目标时, 导弹的命中精度用脱靶距离表示, 即导弹相对于目标运动轨迹至目标中心的最短距离.

导弹弹头是导弹毁伤目标的专用装置, 亦称导弹战斗部. 它由弹头壳体、战斗装药、引爆系统等组成. 有的弹头还装有控制、突防装置. 战斗装药是导弹毁伤目标的能源, 可分为核装药、普通装药、化学战剂、生物战剂等. 引爆系统用于适时引爆战斗部, 同时还保证弹头在运输、贮存、 发射和飞行时的安全. 弹头按战斗装药的不同可分为导弹常规弹头、导弹核弹头、新概念/特种武器毁伤效应装药弹头, 战术导弹多用常规弹头, 战略导弹多用核弹头. 核弹头的威力用 TNT 当量表示. 每枚导弹所携带的弹头可以是单弹头或多弹头, 多弹头又可分为集束式、分导式和机动式. 战略导弹多采用多弹头, 以提高导弹的突防能力和攻击多目标的能力.

导弹弹体结构系统用于构成导弹外形、连接和安装弹上各分系统且能承受各种载荷的整体结构. 为了提高导弹的运载能力, 弹体结构质量应尽量减轻. 因此, 应采用高比强度的材料和先进的结构形式. 导弹外形是影响导弹性能的主要因素之一. 具有良好的气动外形, 对于巡航导弹以及在大气层内飞行速度快、机动能力强的战术导弹, 要求更为突出.

弹道跟踪系统, 主要是内弹道跟踪 (遥测) 系统和外弹道跟踪系统. 外弹道跟踪, 包括连续波雷达、测速雷达、激光测距、电影经纬仪等设备, 各尽所能, 最后是用数据融合方法, 通过节省参数模型, 计算外弹道.

(2) 我们说的动态总体, 是指同一型号导弹的试验中, 试验的内容、试验的条件, 其实是发生变化的. 动态总体产生的原因大致可以归纳为: 多阶段、多批次、多信源、变环境.

动态总体大致包含以下几种含义. 首先, 动态总体可能是多个随机变量的分布形式不同或分布参数不同, 也可能是多个随机过程在形式或参数上存在差别. 此外, 还可能是由试验数据所抽取出的某种指标, 随组别发生的变动或差异. 例如, 在同一型号导弹的不同的飞行试验中, 如果是属于落实导弹设计的修正, 那么还是理解为同一总体. 如果是本质上更改了设计, 显然不能理解为同一总体. 实际中, 对于导弹系统总的飞行试验, 在同一型号的不同次飞行试验中, 不可能做本质上修改, 因而, 针对主要战技指标的试验, 可以认为是同一总体的. 但是, 对于子系统, 或者其中某个小部件而言, 有可能是改变了设计, 因而, 我们认为这个子系统或小部件的试验, 不是同一总体的.

武器系统试验费用昂贵, 因此要求在少量试射的情况之下对武器系统的精度指标进行评估和鉴定; 同时, 在试射之前的武器设计、试验、改进过程中保存了武器系统在不同阶段、不同技术状态下的数据信息, 因此需要利用这些来自不同母体的数据对武器系统性能作出综合评估与鉴定. 因此, 精度指标评估鉴定是典型的动态总体融合评估问题. 其中涉及了很多不同的应用领域, 例如: 武器系统各种试验条件下数据的综合利用, 产品研制阶段中的可靠性增长融合估计, 测控系统中多种信源数据的融合处理, 制导工具误差分离以及不同射程指标转换, 仿真数据可信性分析及其与试验数据的融合估计等.

在动态总体统计分析与融合评估问题中, 各总体在样本数据之外可能存在约束关系上的其他联系, 需要将多个总体间的约束关系应用于统计推断. 例如, 在不同研制水平下的样本, 可以划分为多个具有明显边界的阶段, 每个阶段可看作同一总体, 各个总体之间可能会存在时间上或空间上的变化关系, 在相邻阶段之间存在比较紧密的联系. 将不同总体间的更新变化关系进行比较清晰的把握, 将所有阶段在总体上呈现出一定的变化趋势挖掘出来, 采用相关理论来处理这种广义的动态总体统计问题, 从而对总体变动趋势作出估计.

参 考 文 献

[1] 陈希孺. 概率论与数理统计 [M]. 北京: 科学出版社, 1992.

[2] 陈希孺. 高等数理统计学 [M]. 合肥: 中国科学技术大学出版社, 1999.

[3] Montgomery D C. Design and Analysis of Experiments. 9th edition [M]. New Jersey: John Wiley & Sons, Inc., 2017.

[4] WU C F J, HAMADA M S. Experiments: Planning, Analysis, and Optimization[M]. New Jersey: John Wiley & Sons, Inc., 2009.

[5] 方开泰, 刘民千, 周永道. 试验设计与建模 [M]. 北京: 高等教育出版社, 2011.

[6] Lv S, He Z, Quevedo A V, et al. Process optimization using sequential design of experiment: A case study[J]. Quality Engineering, 2019, 31(3): 473–483.

[7] 韦博成. 近代非线性回归分析 [M]. 南京: 东南大学出版社, 1989.

[8] 茆诗松. 贝叶斯统计 [M]. 北京: 中国统计出版社, 1999.

[9] Lehmann E L. Theory of Point Estimation[M]. 1991.

[10] Lehmann, Erich Leo. Testing Statistical Hypotheses[M]. 1959.

[11] Wald A . Sequential Tests of Statistical Hypotheses[J]. Annals of Mathematical Statistics, 1945, 16(2):117-186.

[12] 濮晓龙, 闫章更, 茆诗松, 等. 计数型序贯网图检验 [J]. 华东师范大学学报: 自然科学版, 2006, 000(001):63-71.

[13] 王正明, 易东云. 测量数据建模与参数估计 [M]. 长沙: 国防科技大学出版社, 1996.

[14] 王正明. 弹道跟踪数据的校准与评估 [M]. 北京: 国防科技大学出版社, 1999.

[15] 王正明, 朱炬波. 弹道跟踪数据的节省参数模型及应用 [J]. 中国科学: 技术科学, 1999, 29(002): 146-154.

[16] 王正明, 段晓君. 基于弹道跟踪数据的全程试验鉴定 [J]. 中国科学 E 辑: 技术科学, 2001, 31(01): 34-42.

[17] 约翰·福克斯, 王晓. 非参数回归 [M]. 上海: 上海人民出版社, 2015.

[18] Santner T J, Williams B J, Notz W I. The Design and Analysis of Computer Experiments[M]. New York: Springer, 2018.

[19] Gramacy R B. Surrogates: Gaussian Process Modeling, Design, and Optimizaiton for the Applied Sciences[M]. CRC Press, 2020.

[20] Fang K T, Li F, Sudjianto A. Design and Modeling for Computer Experiments[M]. Chapman & Hall/CRC, 2006.

[21] Qian P Z G, Wu C F J. Sliced space-filling designs[J]. Biometrika, 2009, 96(4): 945–956.

[22] Sun F, Liu M Q, Qian P Z G. On the Construction of Nested Space-Filling Designs[J]. Annals of Statistics, 2014, 42(4): 162–193.

[23] Qian P Z G. Sliced Latin hypercube designs[J]. Journal of the American Statistical Association, 2012, 107(497): 393–399.

[24] He X, Qian P Z G. Nested orthogonal array-based Latin hypercube designs[J]. Biometrika, 2011, 98(3): 721–731.

[25] Craiu R V., Rosenthal J S. Bayesian computation via markov chain monte carlo[J]. Annual Review of Statistics and Its Application, 2014, 1(1): 179–201.

[26] 《现代数学手册》编纂委员会, 徐利治. 现代数学手册: 经济数学卷 [M]. 武汉: 华中科技大学出版社, 2001.

[27] 萨尔斯伯格, 邱东. 女士品茶 [M]. 北京: 中国统计出版社, 2004.

[28] C. R. 劳. 统计与真理: 怎样运用偶然性 [M]. 译. 科学出版社, 2004.

[29] Б. Ф. 日丹纽克. 无线电外弹道测量结果统计处理基础 [M]. 北京: 中国宇航出版社, 1987.

[30] 陈世年. 控制系统设计 [M]. 北京: 中国宇航出版社, 1996.

[31] 孟德尔. 植物杂交的试验 [M]. 北京: 科学出版社, 1957.

[32] 谭跃进, 陈英武, 罗鹏程. 系统工程原理 [M]. 北京: 科学出版社, 2010.

[33] 郁滨. 系统工程理论 [M]. 合肥: 中国科学技术大学出版社, 2009.

[34] 钱学森. 论系统工程 [M]. 上海: 上海交通大学出版社, 2007.

[35] 沈如松. 导弹武器系统概论 [M]. 第二版. 北京: 国防工业出版社, 2018.

第二篇　导弹精度评估

导弹精度评估是导弹试验分析与试验评估的核心问题之一. 在导弹试验获得大量的试验数据后, 如何有效利用这些数据, 对武器系统进行精度分析与鉴定, 并对测控系统进行校验, 是导弹试验的重要环节. 导弹是否达到了精度设计要求、导弹的试验是否成功、能否定型并装备部队, 都需要对试验数据进行分析, 对试验结果进行精度评估.

由于地域、经济、政治等多种因素的制约, 导弹试验受到多种限制. 设计科学的试验方案, 利用精心设计的有限次特殊弹道的试验数据, 为导弹的作战性能指标作出正确的分析与评定非常关键. 针对导弹落点精度评估, 试验评估需要重点、系统解决的难题之一就是 "准确的发射前预报和正确的评估决策". 结合所有可用的靶场试验信息、相关数学模型和工程模型, 从不同角度研究、分析试验数据是其中的关键环节.

根据需求的不同, 靶场试验数据的分析与评估可以分三个不同阶段研究: 发射前预报对于发射决策必不可少; 实时评估对于安全控制尤为重要; 发射后评估可进行导弹精度和外测设备精度的鉴定, 进行准确的故障定位和分析, 得到战术技术指标评定的全面结论. 要得到高精度、高可靠性、各方公认的试验评估结果, 充分利用试验资源、全面融合试验信息是必由之路. 将测试信息、仿真信息、历史信息和实际飞行试验进行一体化认识、分析、研究, 在一体化模型下进行统一处理, 这对于用少量实弹试验, 获得全面、系统、充分、准确的考核结论, 具有重要意义.

第二篇共 6 章, 主要针对惯性制导及组合制导的导弹武器精度评估进行研究, 其中组合制导武器的精度评估重点研究了惯性制导与景象匹配组合方式, 惯性制导与雷达寻的制导组合方式. 在试验发数少的情况下, 为得到更稳健的精度鉴定结论, 始终贯穿多源信息融合的理念.

高性能复杂装备试验分析与评估的核心是有效利用各种来源的信息, 扩大信息量以得到更稳健的评估结论. 试验分析领域主要涵盖异总体试验信息折合、融合评估、先验信息开发利用、建模分析等方面, 这些都属于在试验完成情况下的处理方法, 本篇第 8 章至第 11 章有详细介绍和研究. 导弹落点精度分析与评估除了利用已有落点信息外, 还可以融合大量飞行试验的过程信息, 如遥外测弹道跟踪数据、技术阵地测试数据等, 从而得到更为稳健、有效的评估结果. 然而若信息量过少, 则高超的分析技术也无法弥补信息匮乏导致的对评估结论可信度的质疑. 因此, 还需要从信息产生的角度根本上解决这一矛盾. 导弹试验设计所关注的就是如何合理地选取试验因素及其水平组合, 优化飞行试验方案, 使每次试验都成为 "关键试验", 保证以尽可能少的试验代价获得更多的重要和必要信息, 提高效费比, 为下一步的试验分析奠定基础. 本篇第 12 章重点介绍导弹精度评估的试验设计与参数优化内容.

第 7 章为精度评估概述. 介绍了武器装备试验与评估的概念、小子样试验评估的背景和研究现状,分析了 Bayes 方法在小子样试验评估中的应用,并对射前预报、精度分析与折合、精度评估等内容作了简要介绍.

第 8 章为射前预报. 主要结合了阵地测试数据、系统分解测试数据、类似型号的案例数据、仿真数据等,建立一体化融合模型,研究发射可靠性、飞行可靠性、最大射程、精度、残骸落点等战术技术指标的预报方法.

第 9 章为弹道精度分析与精度折合. 首先对战略导弹弹道落点偏差分析与折合的方法进行了系统的研究. 这些误差因素通常按导弹飞行状态,分为主动段、后效段、自由飞行段及再入段误差因素. 从遥外测数据精度分析与比对、不同段误差折合方法等出发,提供不同的弹道落点偏差分析与折合的方法. 对于复合制导导弹,研究组合导航各子导航系统误差传播的理论,将总误差分解到各导航传感器的误差源上,在传感器上进行误差补偿,提高总体精度.

第 10 章为全程精度评估. 以多源信息融合为主线,融合了落点先验数据,遥、外测弹道跟踪数据,技术阵地的全部测试数据等信息,提出了基于遥外弹道差的 Bayes 多参数融合模型,对导弹全程飞行的成败和精度进行鉴定,并建立了配套的理论、方法和算法. 这是对落点试验鉴定的一种扩充. 本章方法主要用于弹道式导弹,对于组合制导或其他非弹道式导弹,将相应的方程进行匹配调整后,本章多源信息融合的思想仍然适用.

第 11 章为射击面目标精度评定. 研究了制导武器系统射击面目标的精度评定指标设计以及制导武器系统射击面目标瞄准点选取的问题. 首先在分析传统精度指标适用性与不足的前提下,构建了融合面目标自身特性的精度指标,而后基于面目标结构分区,结合新的精度指标,研究制导武器射击面目标的瞄准点.

第 12 章为导弹精度评估的试验设计与参数优化. 首先从试验设计角度出发,介绍了试验样本量的确定方法; 其次针对实时弹道解算,提出了基于试验设计的滤波器参数优化方法,对无迹 Kalman 滤波器参数进行优化设计,提升了试验结果的稳健性与精度; 最后讨论了模型驱动的多阶段导弹精度试验设计与参数估计问题.

第二篇主要研究精度评估中的参数化建模技术、试验设计方法、数据融合方法,以及全程精度分析与评估方法. 其中部分章节应用了第一篇介绍的现有试验鉴定方法. 同时,第二篇也可为第三篇研究终点毁伤效能评估提供相关的技术支撑.

第7章 精度评估概述

美国把武器装备的试验鉴定以独立的科研工作列入国防部的 "管理与支援计划" [1-4]. 称合理的精度鉴定方法应是 "理论计算和用试验来检测某些特性相结合的方法" [2-3], 即按照精度分析的特点和规律, 把先验信息有机地结合并加以利用, 其目的是, 获得尽可能完备的先验估计, 通过少量的全程飞行试验定型 [4-5]. 通过研制过程的综合试验大纲 —— 包括从元件的检查、单元测试、地面综合测试到飞行试验的全面安排, 来实现一定试验发数前提下准确进行的试验评估的目标 [4-5]. 另外, 统计试验法是一条重要途径. 美国很强调用大量随机采样函数对导弹系统进行计算机仿真的 Monte Carlo 方法及统计协方差的解析方法. 现有导弹精度试验鉴定方法主要可以分为三类 [6-40,101]: 一是小子样快速收敛统计方法, 适用于现场数据量不大, 又无法获得其他可用信息的情况, 包括序贯决策方法、Bootstrap 再生抽样方法、Bayes Bootstrap 方法、随机加权法等; 二是多状态信息融合统计方法, 适用于现场试验数据样本量不大, 但存在大量相关历史信息的情况, 主要包括 Bayes 统计方法、Fiducial 统计方法、百分统计学、模糊判决方法以及 D-S 推理等; 三是原型 (仿真) 系统试验统计方法, 适用于由于安全、成本、规模等各种因素评估难以开展实装试验的情况, 主要利用系统建模与仿真技术以及模型的校验、验证和确认 (VVA) 技术, 确认原型系统或仿真模型, 并通过少量外场试验, 应用小子样方法, 评估武器系统的性能. 此外, 在武器精度试验评估中, 可以应用 Markov-Monte Carlo(MCMC) 方法, 该方法在试验分布参数确定、序贯信息融合方面有着广阔的应用前景, 不但能有效融合先验信息, 还能进行基于 Bayes 方法的验后推断, 可以避免大量的积分计算 [101].

靶场试验信息的来源主要包括内场测试 (包括控制系统测试、动力系统测试、火工品测试)、外场测试 (包括系统的状态功能测试等)、弹道测量 (包括内外弹道测量) 等. 除了以上测量信息, 可利用的还有仿真信息、历次试验的积累或相近型号试验的模型和数据、相关数学模型和工程模型等. 结合以上可用信息, 可从不同侧面设计导弹试验方案, 分析试验结果.

我们研究的重点在于发射后的精度评估, 对重要技术指标的发射前预报以及试验设计方法也作一些介绍. 拟对多源信息进行融合, 充分利用多类观测信息 (如全部的遥、外测数据和技术阵地、发射阵地的全部测试数据). 系统研究基于 CEP 的单参数成败模型、双参数的落点模型与遥外弹道差的 Bayes 多参数融合模型, 并建立模型及配套的理论、方法和算法. 目标是在试验发数少的情况下得到满意的精度评估结论, 提高试验鉴定精度.

　　第 7 章首先介绍武器装备试验与评估的概念, 继而阐述小子样试验评估的背景和研究现状, 分析 Bayes 方法在小子样试验评估中的应用, 并对第二篇中的射前预报、精度分析与折合、精度评估、试验设计等内容作简要介绍.

　　本篇对导弹落点精度的分析与评估均具在落点误差服从正态分布的基础上进行的, 在实际应用中可以与具体背景相结合, 根据落点横向、纵向偏差的判据利用截尾正态模型进行计算, 分析与评估的方法仍具有通用性.

7.1　基本概念及研究现状

7.1.1　武器装备试验与评估

　　武器装备试验与评估 [1-2], 是指通过一系列的工程试验, 获取足够有价值的数据信息, 并对其进行处理、逻辑组合和综合分析, 将结果与装备研制要求中规定的战术指标和作战使用要求进行分析比较, 对研制、仿制的新型武器装备或改进、改型及加改装的武器装备的技术性能进行的全面考核与评估. 其目的是考核武器装备满足设计指标的程度, 为装备的定型工作、部队使用、研制单位验证设计思想和检验生产工艺提供科学决策依据.

　　试验与评估工作贯穿于重要武器系统采办的全过程, 可分为三种类型: 研制试验与评估、作战试验与评估以及生产验收试验与评估 [3]. 目前, 我国试验鉴定工作划分为性能试验、作战试验和在役考核三个阶段. 未经试验鉴定的武器装备是不能在战场上直接应用的.

　　武器装备试验与评估, 由研制单位或试验实施单位主持, 在专门的试验场地进行, 其步骤和方法是:

　　Step 1　研制单位或在研制单位的监督下, 进行一系列的工程试验 [4]. 对于特定的武器装备和试验项目可以设计专门的试验方案.

　　Step 2　通过对试验数据的处理, 获得武器装备各项技术性能指标水平的评估. 对于高成本高性能小子样的制导武器装备系统, 其各项技术性能指标的评估方法, 可采用试验数据融合的参数化方法, 或综合运用全部试验资源的 Bayes 方法等.

　　Step 3　对武器装备各项技术性能指标及其水平的综合分析与处理. 通常采用多指标加权综合评价方法 [5-6], 将该武器装备的水平因子, 转换成一个单一的综合性指标, 并对其进行分析与评定, 得出该武器装备的鉴定结论.

　　在试验阶段, 对于武器系统运载器的评价和鉴定分为成败型鉴定和精度型鉴定两种方式, 主要考虑武器击中目标的精度. 最常用的制导武器鉴定的精度标准是圆概率偏差 (circular error probability, CEP).

7.1.2 小子样精度评估的工程背景

"小子样" 的概念最初由我国著名科学家钱学森提出 [7-9]. 他于 1975 年、1977 年、1981 年先后三次提出要研究 "小样本变动统计学". 当时面临的主要问题是: 由于武器系统试验费用昂贵, 且属于破坏性试验, 因此要求在少量试射的情况之下对武器系统的精度指标进行评估和鉴定; 同时, 在试射之前的武器设计、试验、改进过程中保存了武器系统在不同阶段、不同技术状态下的数据信息, 因此需要利用这些来自不同母体的数据对武器系统性能作出综合评估与鉴定. 可以看出, "小子样" 和 "异总体" 是变动统计学产生之初所面临的主要问题特征. 但在当时的情形下, 变动统计理论所针对的问题背景是比较宽泛的, 涉及很多不同的应用领域, 例如, 武器系统各种试验条件下数据的综合利用, 产品研制阶段中的可靠性增长融合估计, 测控系统中多种信源数据的融合处理, 制导工具误差分离以及不同射程指标转换, 仿真数据可信性分析及其与试验数据的融合估计等. 在后续的发展过程中, 针对不同的问题背景, 逐步发展起不同的学科理论, 其中比较成熟的有 Bayes 小子样精度鉴定理论、信息融合理论、可靠性增长理论、仿真 V.V.A 技术等. 这些理论分别针对某个特定的问题背景, 发展日渐成熟, 形成了较为完善的理论框架.

武器装备系统一般造价昂贵, 需要的试验测量设备精度高、数量多, 试验组织庞大、复杂、投资高, 不可能进行大量的现场试验. 一般情况下, 需要设计进行大量的技术阵地试验、缩比试验、仿真试验等替代试验来辅助鉴定的过程. 利用这些替代试验进行大量多源异总体试验以扩大信息量. 否则, 单靠少量的系统试验数据难以有效地评估武器产品. 在小子样试验理论条件下, 如何利用多源试验信息对武器装备系统的精度、可靠性等战技指标进行融合评估, 已经成为当前试验分析与鉴定的重要问题, 是国防科技领域普遍关注的问题, 开展相关研究具有重要的理论意义和应用价值.

Bayes 理论与经典的试验统计理论相比, 主要的特点是在运用现场信息的同时, 充分利用其他信息, 即先验信息, 如试验前可利用的历史信息、仿真信息、专家信息等各种异总体信息. 不同信息源如何融合、如何使用、可信度如何等问题, 都是 Bayes 方法所关心的问题. 科学地运用异总体试验信息和现场试验信息, 研究鉴定方案中多种信息的融合评估方法, 是小子样技术中要研究的核心问题之一 [6-19].

7.1.3 导弹分类介绍

导弹是依靠自身动力装置推进, 由制导系统导引、控制其飞行弹道, 将战斗部导向并摧毁目标的武器. 属于精确制导武器, 具有射程远、速度快、精度高、威力大等特点.

导弹的分类 [2,100] 大致有 5 种依据: 作战使命、射程远近、发射点和目标的相对位置、结构和弹道特征、攻击目标的种类和特点.

按照作战使命, 导弹可分为战略导弹和战术导弹两种类型. 战略导弹用于打击战略目标, 射程通常在 1000km 以上, 主要由弹体、动力装置、制导系统和弹头等组成; 战术导弹用于毁伤战役战术目标, 射程通常在 1000km 以内, 多属近程导弹, 从总体上可分为防空导弹、巡航导弹和战术弹道导弹三大类型, 防空导弹和飞航导弹又称为有翼式导弹.

按照射程远近, 导弹可分为洲际导弹、远程导弹、中程导弹和近程导弹等. 近程导弹射程通常在 1000km 以内, 一般为战术导弹; 中程导弹、远程导弹和洲际导弹多为战略导弹, 射程范围分别为 1000~3000km、至少 3000km、5500~8000km, 洲际导弹在有些体系中也被划分为远程导弹.

按发射点和目标相对位置的不同, 则可划分为: 空空导弹、空地导弹、空舰导弹、地空导弹、地地导弹、地舰导弹、舰空导弹、舰地导弹、舰舰导弹和潜射导弹等.

按照结构和弹道特征, 可分为弹道导弹和巡航导弹. 弹道导弹在火箭发动机推力作用下按预定程序飞行, 关机后按自由抛物体轨迹飞行, 制导方式有惯性制导、星光-惯性制导、导航系统制导等; 巡航导弹也称飞航导弹, 在火箭助推器加速后, 主发动机的推力与阻力平衡, 弹翼的升力与重力平衡, 以巡航状态在稠密大气层内水平飞行, 接近目标区域时, 由制导系统导引导弹, 俯冲攻击目标, 制导系统通常采用惯性、遥控、主动寻的制导或复合制导.

按照攻击目标的种类和特点, 可划分为反坦克导弹、反舰导弹、反潜导弹、反飞机导弹、反弹道导弹、反卫星导弹等.

7.1.4　导弹试验精度评估研究现状

7.1.4.1　经典数学方法

传统的试验鉴定方法有检验型和估计型方法 [7-12]. 检验型方法包括事先固定子样的 (n, c) 抽样方法和事先不固定子样的序贯方法, 主要用于检验正品概率与部分组件的正品率, 以及检验分布特点. 估计型方法也包括固定子样方法和序贯方法, 主要用于对概率值的估计和对分布函数的估计. 在试验发数较小的导弹试验鉴定中, 为制定比较合理的试验鉴定方案, 成败型序贯检验方法和 Bayes 假设检验方法得到了普遍的应用 [7-12]. 序贯检验方法除了常用的 SPRT 方法和截尾 SPRT 方法外, 还有改进 SPOT 方法和截尾 SPOT 方法. 此外还有 Bayes 假设检验方法的改进型, 如 Bayes 序贯检验、Bayes 截尾序贯检验等方法 [7-12]. 另外, 作为 SPRT 检验法的改进, 序贯网图检验法 [20-21] 就是为克服原有 SPRT 方法无法控制最大样本量等问题这些缺点而提出的, 将检验问题拆分为多组假设检验问题, 同时使用 Wald 的序贯概率比检验, 对原来的检验问题作出判断, 这样使得停时取有限值, 且使上界尽可能小. 这种方法可以在风险相当情况下, 有效降低试验样本量.

其结构如图 7.1.1 所示.

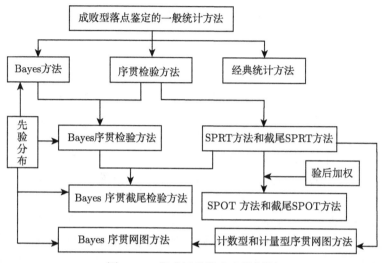

图 7.1.1 经典试验鉴定方法框图

实际上, 各种方法都有其优缺点和适用范围. 在小子样情形下, 如果能够得到合理的先验分布 (这可以通过一些适合的方法得到, 如专家经验、以往积累的数据等), 则 Bayes 方法通常有更多的优势. 当然, 错误的先验信息 (分布) 造成的影响也是极坏的. 所以要注意研究先验分布的稳健性. 针对最典型的成败型鉴定问题, 经典频率派方法与 Bayes 方法的比较在第一篇已经阐述得非常清晰.

以下基于导弹这种特殊的制导武器系统, 给出常见的精度鉴定 (纵横向落点偏差, 即双参数) 的评估指标.

最常用的导弹精度标准是圆概率偏差 (CEP)[16], 圆概率偏差概括了射击准确度和射击密集度两项内容. 用变量 X, Y 分别表示导弹纵向、横向落点偏差, 且相互独立, 并假设分别服从零均值的正态分布: $X \sim \mathrm{N}(0, \sigma^2)$, $Y \sim \mathrm{N}(0, \tau^2)$, 其中 σ, τ 分别是纵向、横向标准差.

根据定义, 圆概率偏差 [29-30] 应满足以下积分式:

$$\iint\limits_{\Theta} \frac{1}{2\pi\sigma\tau} e^{-\frac{1}{2}\left(\frac{x^2}{\sigma^2} + \frac{y^2}{\tau^2}\right)} \mathrm{d}x\mathrm{d}y = \frac{1}{2}$$

其中积分区域为: $\Theta = \{(x, y) : x^2 + y^2 \leqslant \mathrm{CEP}\}$. 通常 CEP 可由下式近似表

示: CEP $= a \min(\sigma, \tau) + b \max(\sigma, \tau)$, 其中常数 $a = 0.615$, $b = 0.562$. 一般情况下, 由于参数 σ, τ 未知, 因此 CEP 不能直接计算出来. 对 CEP 积分的计算已有一些算法 [29], 国外对 CEP 统计量的扩展也做了很多工作 [30].

在利用准确先验的情况下, Bayes 方法的估计比经典方法更为合理, 精度更高; 并且先验分布越准确, 估计值的后验方差越小 (小样本时方差减少的幅度更为明显). 因此, 在能够给出较为准确的先验信息时, 利用 Bayes 方法可以在小子样情形下给出精度较高的估计.

7.1.4.2　国内研究现状

国内制导武器小子样试验鉴定的主要奠基性工作, 是基于弹道导弹的落点精度评定和射程评估 [7-12] 完成的. 从试验鉴定应用 [5,7-21] 方面而言, 已经有武器系统的性能评定方法, 包括射程能力评定、命中精度评定、射击密集度评定等; 方法 [5,7-21] 有点估计法、区间估计法、序贯检验法、序贯网图检验法、Bayes 估计及检验方法等. 这些方法均是基于落点信息 (包括落点位置、纵横向偏差、CEP、射程等) 来研究的.

由于制导武器系统试验次数一般较少, 作为统计方法, 小子样统计理论的发展及其应用值得我们关注. 近年小子样技术研究的主要成果包括 Bayes 小样本统计试验方法及应用理论 [5,7-21,31-34] 和百分统计学 [35-36]. 百分统计学 [35-36] 可以充分开发试验数据中的共性信息, 在统计精度一定的条件下, 可以减少试验样本量, 该方法已成功应用于材料性能测试、可靠性分析、寿命估计等方面.

针对落点的精度和密集度, 经典评定方法有几种, 但在小子样前提下, Bayes 方法应用最为广泛 [7-12]. Bayes 方法在试验鉴定中的应用很广 [7-12], 包括 Bayes 试验鉴定的方案设计原则、Bayes 序贯截尾方案、Bayes 双子样序贯估计等; 在验前分布的稳健性、验前信息的运用及验前概率的计算等方面, 建立了验前信息的可信度的概念, 研究了不同总体、不同可信度的验前信息与现场试验信息的融合方法. 另外, 为适应 "试试看看, 看看试试" 的试验分析需要 [7-12], 提出检验和序贯估计相结合的分析方法, 还将变化的试验过程用多维动态参数的分层模型描述, 并给出动态参数的 Bayes 融合估计. 针对小子样问题, 将验前费用和试验费用引入损失函数中 [33], 分析了验前信息和样本容量对 Bayes 决策的影响. 考虑到分布总体在试验修正过程中的改变, 引入继承因子并将其视为随机变量, 合理地考虑了产品在设计和改进过程中的各种信息; 还研究了动态参数的估计问题等 [31-33]. 考虑到必须有效利用系统组成部件及分系统的试验数据, 扩大信息量, 还有诸多综合确定先验及权重的方法 [34-37], 信息熵法、物理等效方法、信息散度等, 还有利用相对熵法、最大熵法、上下限函数法和 Monte Carlo 最大熵法等将专家给出的不同概率分布融合成一个概率分布及不同的信息折合方法.

关于 Bayes 小子样理论的应用研究方向 [7-12], 可总结历史经验, 充分利用各种信息, 特别是开展仿真技术的研究, 逐步减少试验次数; 定型状态下的全程试验只作验证性的试验, 使武器系统的试验分析与鉴定建立在更科学合理的基础上.

另外, 武器试验中, 试验量的确定是非常重要的一个问题. 在确定材料疲劳极限和许用值的方法中, 也有一个利用以往积累数据以确定最小试验样本量的问题. 这方面已有类似的研究成果 [35-36]. 试验样本量确定的研究可以转化为停止准则问题 [7-12], 一般用 Bayes 序贯分析方法来确定 [53], 其思想是设观测样本为服从某分布的一个序贯随机样本, 参数 θ 亦服从一类分布, 则在损失 (一般由费用和估计误差风险组成) 表达式下估计 θ, 计算其似然比, 根据给定的误判概率 (弃真和采伪), 确定判决门限, 给出接受或拒绝的结论, 然后通过计算后验方差给出最优停时. 试验鉴定中的小子样理论 [7-12] 包括 Bayes 方法、Bootstrap 方法、综合序贯检验方法、分位点法、相容性检验方法等. 对于工程实际中所普遍存在的小子样问题, 针对落点样本量、验前信息可信度以及 Bayes 决策风险三者之间的关系也有理论研究进行探讨 [31].

从精度评估指标体系来看, 涉及很多检验问题, 这些检验或是对概率 (成功率) 的检验, 或是对散布特性的检验. SPRT 检验法是针对这些问题的常用方法, 但是这种方法存在无法控制最大样本量等问题, 序贯网图检验法 [20-21] 就是为克服这些缺点而提出的. 考虑成功率的检验模型 (p 为成功率):

$$H_0 : p = p_0; \quad H_1 : p = p_1 = \lambda p_0 \quad (\lambda < 1)$$

该方法的思想是在给定 p_0, p_1 以及两类风险设定值 α, β 的条件下, 将检验问题拆分为多组假设检验问题, 同时使用 Wald 的序贯概率比检验, 对原来的检验问题作出判断, 这样使得停时取有限值, 并使上界尽可能小. 这种方法可以在风险相当的情况下, 有效降低试验样本量.

关于试验鉴定仿真信息的利用, 若将与真实弹道数据相容性较好的仿真信息作为试验鉴定的验前信息, 可望提高置信度. 但是, 为避免先验信息中大容量仿真信息淹没小子样试验信息 [7-12], 在相容性检验的基础上, 必须进一步研究验前子样的可信度 [7-12,31-39], 在一定可信度下判断是否应该融合验前信息. 当判断为验前信息带来的信息量远超过其可能带来的信息污染时, 再将验前信息与现场信息进行融合 (而非简单混合). 即对仿真系统的模型建立、模型校验和模型确认等方面要进行严格的分析和研究, 给出仿真信息的可信度评价结果后方可用于信息融合, 而不能直接将仿真信息作为验前信息用于 Bayes 分析.

Bayes 小子样应用中的关键问题在于先验信息的获取、评价和模型选择 [7-12]. 小子样评估的可信度在于先验是否合理, 应尽量获得更加合理的先验信息, 采用合理模型和注意科学融合先验信息及并源数据等. 具体地, 不同信息源的信息融合方法, 小子样或特小子样下 Bayes 估计理论和检验方法 (先验信息的获取、先验信息融合、序贯检验和序贯决策方法, 损失函数、检验风险的确定及分析、Bayes 决策方案中的最优停时和最佳策略选取等), 仿真试验结果的分析 (置信度分析、仿真与现场试验结果的一致性检验等), Bayes 优化试验设计方法研究 (包括一体化试验设计、仿真试验的优化设计、序贯截尾方案的设计、不同试验阶段优化试验程序的设计) 等, 均为制导武器小子样试验鉴定技术研究的重点.

对于导弹武器系统而言, 其精度指标评估一般采用多批次试验的方式, 各批次试验之间存在设计方案的改进和技术状态的变化. 其次, 仿真平台的大量应用, 带来了仿真信息与飞行试验信息的融合问题, 它们的统计特性并不完全一致, 可以将其看作由不同信源所产生的异总体样本. 此外, 产品研制过程中不同环境条件下的试验数据具有不同的随机分布, 相应的异总体特性来自于试验环境的变化. 张金槐 [7,10-11] 讨论了分布参数可变情况下的 Bayes 估计, 采用线性模型的方法建立分布参数的回归模型, 给出了相应的多层 Bayes 估计结果, 用于解决可靠性增长、精度增长等多阶段试验分析问题, 并将其看作实现变动统计的重要方法; 张士峰 [12] 将存在多阶段试验信息的设备精度评估称为异总体 (diverse population) 统计问题, 并指出解决异总体统计的关键在于 “抓住异总体之间相互差异的本质, 将异总体试验信息以及工程实践中的许多有用信息进行集成融合”; 谢红卫, 闫志强等 [8,9] 探讨了变动统计所研究的主要问题以及解决问题的基本思想和一般规律, 详细叙述了变动统计方法在可靠性增长试验评估和武器系统性能评估中的具体应用, 归纳提出了实现变动统计的三种基本方法: 基于约束关系的多总体融合估计与统计推断、基于线性模型的变动总体建模与预测、基于 Bayes 方法的多源信息融合.

在异总体统计分析与融合评估问题中, 各总体在样本数据之外可能存在约束关系上的其他联系, 需要将多个总体间的约束关系应用于统计推断. 在不同研制水平下的样本, 可以划分为多个具有明显边界的阶段, 每个阶段可看作同一总体, 各个总体之间可能会存在时间上或空间上的变化关系, 在相邻阶段之间存在比较紧密的联系. 将不同总体间的更新变化关系进行比较清晰的把握, 将所有阶段在总体上呈现出一定的变化趋势挖掘出来, 采用相关理论来处理这种广义的异总体统计问题, 从而对总体变动趋势作出估计. 此时, 可以利用各个不同阶段的数据对随机分布形式或不同分布参数的变化趋势或阶段水平进行估计和预测 [7-9].

在异总体数据融合阶段, 为了克服单总体条件下小样本统计的困难, 异总体融合评估方法综合利用了多个总体的样本信息获得融合估计结果. 基于 Bayes 方法的多源验前信息融合方法通过构造加权的先验分布, 为不同来源的先验信息施以不同权重, 通过 Bayes 推理获得融合的验后分布, 是一种有效的融合方法. 核心问题是多层次融合框架与融合方法的设计、各类不同层次先验信息、样本选择与计算、结果分析与评估等 [7-9].

本书作者在制导武器精度评估方面的工作, 在本书的第 1~4 章和第 7~12 章中体现.

7.1.4.3 国外研究现状

美国 NTIS 四大报告等资料表明, 在靶场试验设计方面, 试验设计的目的是在尽可能少的观测样本下, 得到尽可能多的关于试验因子及相互作用的信息 [30-42]. 在对武器系统分析和评估方面, 关键不是武器系统应该有何样的性能, 而是我们对系统的性能有何样的理解, 必须利用系统学的方法进行试验评估 [43].

Bayes 方法是利用先验信息的首选方法, 在试验鉴定和可靠性 [44] 研究方面有重要应用. 由于很多武器系统的试验鉴定计划有所减缩, 试验数据因此减少, 从而某些关键指标 (如可靠性) 估计的置信度降低. 为弥补此项缺陷, Tran 等 [45] 研究的 Bayes 方法可得到更紧致的置信区间. Dolin 和 Treml[46] 在一定的可靠性 (置信度) 和可维护性的要求下, 对有限的试验次数的数据进行分析. 基于 Bayes 假设检验理论, 在 Bayes 框架内, 定义了一个迭代假设, 得到方程组可用于计算必要的先验, 从而确定必需的试验数目和可能观测到的失败的数量, 进而推断出可能的总体可靠性分布. 而 Gaver 等 [47] 提供了一类模型, 可评价 "测试、学习及改进" 模式 (testing learning and improving paradigm), 该模型描述了可靠性领域的测试效果, 可对缺陷进行检测和去除, 其中的 Bayes 公式可处理每个子系统中的缺陷未知情形 (随机变量服从未知的分布函数). Cooper 和 Diegert[48] 认为安全性分析通常需要在很少的数据 (甚至无数据) 情形下提供结果. 因此, 在有新的信息时, 如何利用新信息以改进分析结果是很重要的. Cooper 提供了两种方法: 一种是 Bayes 方法, 另一种是隶属度 (membership)/ 频率 (frequentist) 的混合方法. 两种方法联合, 拥有新的性质. 另外, 在多假设序贯检验中 SPRT 方法有多种版本 [49], 如 Bayes 最优方法和广义似然比方法等. 这两种方法对于样本量估计和停时估计都是渐近最优的. 另外, 还有结合 Bayes 概率更新的 SPRT 方法 [50], 对信号特征的变化比一般的 SPRT 方法更为稳健. Bayes 方法 [51] 在飞行器的结构部件的成败试验中也有重要作用.

对于 Bayes 方法而言, 应用中受局限而又很关键的一点, 就是先验分布的确定. 文献 [52] 认为先验确定的问题在只有子系统数据时更严重, 故提出了一种方法, 在只有二元子系统数据时可导出 Bayes 可靠性, 只用客观数据, 不需主观判断. 先验分布确定的问题在 Bayes 理论建立之初就已显得十分突出, Bayes 学派研究了多种非主观先验分布的选取原则 [53-54].

国外的研究比较强调模型的系统功能. Bayes 方法与其他方法集成, 可以得到更多好的方法和处理结果. 如 Heger 等 [55] 介绍了 Bayesian belief networks(BBN) 的概念, 讨论其在子集可靠性方面的应用. BBN 是一个图模型, 对于组成因素和过程都进行建模, 对信息流有一个直观的描述. 若与统计技术联用, 则在数据分析和决策方面比现有的故障树和事件树方法有更好的效果. 文献 [56] 将信息不确定度 (统计不确定度) 和模型误差集成, 对寿命估计和失败概率的计算有所改进. 该文献将 Bayesian 过程用于量化模型的不确定度, 包括工程、统计模型的不确定度, 以及分布参数的不确定度, 由此提出了一个自适应的方法来决定试验数目, 以达到可靠性估计的预先设置的置信度. Hurley[57] 集成信息论方法、统计决策理论和最大熵方法, 研究决策融合问题, 得到一个统计决策理论. 同时武器的集成和分系统测试 [58-59], 可以提高整体试验的置信度. Hasselman 等 [60] 建立了测试数据统计量, 并分析了其对模型更新、模型不确定度和结构动态模型的预测精度的影响.

靶场的每一个试验计划中, 维护任务的最小样本量的确定, 会影响到试验过程的统计有效性 [61]. 若制导武器装备的总量一定, 取出部分来试验 (试验是消耗性的) 可以提高鉴定可靠性, 但剩下的装备的数量可能太少. Gorman[62] 和 Gaver 和 Jacobs[63] 分别寻找优化决策方法或二者折中的优化模型, 以得到最优结果.

从一般的小子样统计理论的角度, Slaski 和 Rangaswamy[64] 提出了有效的算法用于估计小子样数据的分布密度函数; 基于小子样数据, Spall[65] 给出了参数估计的不确定区间下界算法, Laininen[66] 计算出不同 PDF 之间的距离. 而 Willits[67] 比较几种小子样区间估计的方法, 特别指出, 如果先验分布在真值的 20%范围之内, 则利用 Bayes 点估计和区间估计是最好的.

作为统计理论, 小子样的研究亦有其特别之处, 特别是确定最优样本数的问题. Beck[68] 通过计算协方差矩阵的变化以确定最优样本的大小; 而 Laub 和 Kenney[69] 认为, 将信息通过导数 (线性算子) 投影到低维空间中, 则通过小样本就可得到足够信息. 基于小样本还研究了很多新方法, 如基于 Bayes 假设检验的样本容量确定问题, 利用 Shannon 信息扩展了 Bayes 框架, 相当于引入了证据方法 [70], 还有一种方法 [71] 根据置信区间计算二项参数、样本量、点估计, 可给出一个修正的准则, 与经典方法对比, 样本可以减少等.

统计试验法是研究试验鉴定的一条重要途径. 国外强调用大量随机采样函数对导弹系统进行计算机仿真的 Monte Carlo 方法及统计协方差的解析方法 (以此确定导弹系统脱靶量的统计信息十分有效). 文献 [72] 介绍了仿真中的建模概念, 仿真的优点和缺点, 而文献 [73] 和 [74] 指出分布式仿真和动态仿真是仿真发展的方向. Kleijnen[75] 将统计方法用于仿真模型的确认. 考虑了几种不同的情形: ①无数据; ②只有输出数据; ③有输入和输出数据. Calvin 等 [76] 提出仿真输出的分析方法 (适合于再生序列的统计过程), 开发了一种结构, 建立的估计量比标准再生方法更有效. 对于有限状态的离散时间 Markov 链而言, 此估计量是一致最小方差无偏的.

关于小子样仿真, 必须提到的方法有两种, 一种是 Monte Carlo 方法, 一种是

Bootstrap 方法 [77-86]. 对于 Monte Carlo 方法和 Bootstrap 方法而言, 各有各的特点: Monte Carlo 方法需要提供测量数据方差的分布形式, 且只估计随机误差; Bootstrap 方法不需要提供测量数据方差的分布形式, 可以估计随机误差和系统误差, 但要求在数据获取过程中保留每一个 FRF(frequency response function). 但是, 在 FRF 估计过程中带入的偏差, 两种方法均无法解决. 本书在第一篇从另外的视角也对 Bootstrap 方法作了评述.

关于试验设计方面, 可分为模型无关与模型相关两类 [102]. 在模型未知的情况下, Monte Carlo 方法被各研究领域广泛接受, 但在试验空间中进行随机采样效率低下, 表现不稳定, 其试验点在试验区域中可能并不均匀. 拟 Monte Carlo 方法 [103] 用拟随机序列 (Sobol 序列、Holton 序列等) 代替随机数列进行 Monte Carlo 模拟, 如均匀设计 [104] 充分考虑试验点在试验范围内 "均匀分散", 使得所选取样本点能够对试验空间充分填充. 空间填充设计是随着计算机试验设计发展起来的一种新的重要方法, 主要分为三类: ①分层抽样方法 [105], 基本思想是通过有针对性地对试验空间进行划分, 并在各划分区域内选取有代表性的样本点来提高采样效率, 其改进方法包括拉丁超方体方法和重要性采样方法等; ②基于准则的确定性方法, 如 min max 或 max min 准则 [106] 等; ③随机确定性方法, 即给定确定性样本, 再对其进行某种随机化, 如基于正交阵列的超拉丁方设计 [107] 和随机正交阵列 [108] 等. 在数值计算领域, 由于一些特殊节点 (如高斯积分点) 具有很高的代数精度, 于是提出了基于高精度插值点的张量积构造相应的试验设计 [109]. 此外, 为应对高维数值积分点张量积带来的 "维数灾难" 问题, 稀疏积分节点作为试验设计也受到了广泛关注, 如 Smolyak 准则、稀疏 Gauss-Hermite 准则、Kronrod-Patterson 准则等等.

与模型相关的试验设计需要考虑到相关的模型先验信息. 最典型的是最优设计, 包括 A, D, E, T 最优准则 [102]; 2009 年基于信息矩阵的条件数提出了 K 最优准则 [110]; 此外, 基于模型预测方差的泛函构造了 G, I, V 最优准则 [111]. 近年来, 针对高维参数回归模型的离散最小二乘问题的试验设计方法得到了长足发展 [112]. 例如, Zhou 和 Narayan[113] 构造 Weil 样本来保证相应的离散最小二乘问题的稳定性和收敛性; Guo 等 [114] 则基于 Christoffel 权函数和 Fekete 点, 利用贪婪算法构造了一种条件数渐近最优的试验设计方案.

对于非参数模型而言, 可以借鉴参数模型的 I, V 等最优准则. 考虑非参数模型具有一定的分布特性, Bayes 最优设计 [115] 针对某统计量在整个模型空间中的 "均值" 进行优化. 序贯试验同样是最优设计的重要内容, 其关键在于构造关于统计模型的目标函数, 并确保在每一步得到最优决策. 此外, 基于信息熵的熵搜索 [116] 算法和最大熵准则 [117] 等等, 也在 Bayes 优化框架下得到了很好的应用.

7.1.4.4　小结

综上所述, 目前应用的小子样鉴定 Bayes 方法主要是基于自控终点和落点偏差鉴定方法. 不同的专家从不同的角度, 研制方和使用方从不同的观点, 通常会有不同的先验分布信息和假设. 而不同的分布假设可能导致结论不一致. 由于先验信息包括落点先验、制导工具误差系数和弹道试验的大量测量信息 (技术阵地测试信息、过程跟踪数据), 目前很少有直接利用飞行试验过程的弹道跟踪数据来帮助作出试验鉴定结论的研究. 针对制导武器系统, 本篇拟建立全程试验精度分析和精度评估模型, 以综合应用落点数据 (和先验) 及全程弹道试验的大量测量信息 (技术阵地测试信息和先验、过程跟踪数据), 在此基础上提高估计精度或在满足评估精度的前提下减少试验样本数目.

7.2　Bayes 方法的应用及先验信息

7.2.1　试验评估中 Bayes 方法的应用

当前武器装备试验分析与鉴定中涉及的一个共性问题是在小子样, 甚至是特小子样的试验条件下, 如何充分地利用各种验前信息, 并将这些信息和现场小量的试验信息融合, 给出武器装备的战术指标的评估结论. 因此, 小子样多源信息融合技术已成为当前武器装备试验分析和评定的重要课题.

Bayes 理论本身是严密科学的, 较经典统计具有其先进性和特色. 但是在运用中, 如果采用的方法不当, 如验前信息和现场信息简单的混合使用, 或主观的设定验前信息等, 则必然产生不良后果, 因而使人们产生疑虑. 因此应用 Bayes 方法进行评估, 需要研究验前信息的使用问题, 给出科学的融合理论, 对验前信息的不同取法进行相容性 (与现场试验结果比较时的相容性) 检测, 然后作出试验分析和鉴定方案.

从统计学的观点看, 导弹武器系统的试验主要有两个特点: 一是继承性, 即试验是按步骤分阶段进行的, 每种性能在各试验阶段相互关联, 如可靠性的逐步增长等; 二是小子样, 即导弹武器系统飞行试验的发数都较少. 以上特点表明, 在各试验阶段具有验前信息, 如何在小子样情况下对导弹武器系统的性能做出更合理的评估, 是我们面临的难题.

目前, 在导弹武器系统的试验评估中, Bayes 方法主要应用于下面三类指标的检验与评估 [5-12]:

(1) 单发命中概率(或单发杀伤概率)的检验和估计(常采用二项分布或正态分布);

(2) 命中精度 (或落入精度) 的检验和估计 (常采用二项分布或正态分布或正态逆 Gamma 分布);

(3) 可靠性的检验和估计 (常采用二项分布或指数分布).

7.2.2 先验信息的类型

我们希望对试验评估中的每一个环节均有一个量化的描述, 即对于所有用到的信息: 先验、仿真、模型、不同分系统的知识、数据 (不同样本、不同案例) 等, 对它们的信息进行量化衡量.

由于验前信息的形式多种多样, 不同的形式需要不同的分析处理方法, 所以对验前信息进行恰当的分类也相当重要. 除了按信息的性质可分为客观验前信息和主观验前信息外, 在工程实际中常常按信息的表现形式来分类 [1-12]:

(1) 试验样本, 包括历史试验样本和仿真试验样本;

(2) 地面测试信息, 包括制导武器系统主要部件的测试参数信息;

(3) 指标参数的各阶矩、指标参数的置信区间、指标参数的分位数或上下限等;

(4) 专家经验知识;

(5) 其他.

7.2.2.1 仿真试验及应用

对涉及大批量数据的武器装备测量数据处理问题, 分析与评估中仅仅给出简洁的模型和数学表达式并不能说明具体问题. 在基于实际工程背景建立数学模型的基础上, 进行仿真计算, 可以弥补理论分析的不足. 仿真计算对于验证理论分析的正确性是至关重要的. 一种理论或方法能否在实际的航天测量和试验鉴定中应用, 新的理论工程化的难度有多大, 均可通过仿真计算来作出近似的评估. 可以说, 只有理论分析, 没有仿真计算的方法是不全面的. 仿真计算的作用主要有以下几个方面: 验证方法的有效性; 给出待估参数的估计精度的具体数值, 给出鉴定结论的可靠性; 分析各因素在改进估计中的具体作用大小; 了解各种方法的具体操作过程及操作中要注意的问题.

由于导弹飞行试验的成本极高, 又受试验场区各种条件的限制, 飞行试验发数极其有限, 因此飞行试验只能用来进行精度验证. 仿真技术在导弹研制过程和试验鉴定中都有重要的应用, 只不过设计研制方与试验鉴定方应用仿真技术的目的和侧重点不完全一样.

战略武器虽然试验成本高、代价大, 但战略武器的研制试验较之大子样常规武器的试验也有一些有利条件. 其一, 战略武器的跟踪设备齐全, 能得到全弹道跟踪数据, 跟踪的精度高; 其二, 对战略武器的工程背景比较清楚, 可以得到设备的测试信息数据以及设计指标, 这对于分析战略武器的性能和精度极为重要; 其三, 可对战略武器试验作大量仿真.

仿真的信息主要在模型中得到. 建模可分为机理建模和测试建模 (学习建模和

数据建模), 在模型校验后这些仿真模型均是可用的, 但是有些情况很难进行整体建模仿真, 只能模仿局部的情形. 因此, 在无法建立准确的模型的情况下, 必须给出模型误差, 将不同模型误差的仿真数据与真实数据融合, 必须注意分清它们各自的权重和地位.

仿真的关键是要建立符合实际情况的数学模型, 如果模型认为正确, 没有系统性偏差, 则仿真结果是可信的. 但通常会遇到对系统的内部结构和特性不太了解的情形, 只能根据试验观测数据来确定仿真模型或模型的参数, 然后再进行仿真. 因此, 模型的校验是非常重要的过程. 参数的选取也将对仿真结论产生至关重要的影响.

在这种情况下, 如果数据没有系统性偏差, 则根据拟合的分布进行仿真, 可提供正确的信息; 如果数据有系统性偏差, 则仿真重复也有系统性偏差, 为稳健计只能预先加以分析判断. 若系统性偏差过大则不融合此仿真信息; 若系统性偏差在较小范围内, 则融合过程中可以加权处理.

这说明, 仿真如果能提供信息, 是因为本来有与系统描述相关的信息, 仿真将间接信息通过仿真模型与直接信息连接起来, 然后通过仿真方案得到仿真结果, 由此产生新的信息. 其实, 仿真有一种可视化的作用, 仿真结果可将模型中已蕴含的信息表现出来.

以下简单分析在模型参数估计过程中提取数据或先验信息的度量方法 [52].

(1) 无信息先验情形下: 最大限度提取数据信息.

假设无信息先验分布记为 $p(\theta)$, 关键在于度量样本数据 $x \in X$ 提供的信息. 在单参数情形, 用提供数据后的后验分布和先验分布之间的 Kullback-Leiber 偏差来度量 (令 $\theta \in \Theta \subset R$):

$$I\{x; p(\theta)\} = \int_X p(x) \int_\Theta p(\theta\,|x) \log\left\{\frac{p(\theta\,|x)}{p(\theta)}\right\} \mathrm{d}\theta\,\mathrm{d}x$$

它是非负的, 且具有对变换的不变性.

如果独立地重复试验 k 次并得到数据 $z_k = (x_1, x_2, \cdots, x_k) \in X^k$, 则

$$I\{z_k; p(\theta)\} = \int_{X^k} p(x) \int_\Theta p(\theta\,|z_k) \log\left\{\frac{p(\theta\,|z_k)}{p(\theta)}\right\} \mathrm{d}\theta\,\mathrm{d}z_k$$

当 $k \to \infty$ 时, $I\{z_k; p(\theta)\}$ 相当于可弥补由于先验知识不足的关于参数 θ 的缺失信息. 记

$$f_k(\theta) = \exp\left[\int_{X^k} p(z_k\,|\theta) \log\{p(\theta\,|z_k)\} \mathrm{d}z_k\right]$$

利用 Bayes 定理有

$$I\{z_k; p(\theta)\} = \int_\Theta p(\theta) \log\left\{\frac{f_k(\theta)}{p(\theta)}\right\} \mathrm{d}\theta$$

易见, 当且仅当 $p(\theta) \propto f_k(\theta)$ 时, 信息 $I\{z_k; p(\theta)\}$ 达到最大. 这就说明, 如果没有先验信息, 则无信息先验取得与理论上数据分布的形状一致是最好的.

(2) 有先验分布时: 如何度量先验提供的信息.

熵可从平均意义上表征信源的总体信息量, 即可描述其不确定性. 熵的具体定义可参见 1.2.3.2 节.

一般而言, 不确定性大表示其熵更大. 信息熵可推广为概率测度熵, 反映测度空间的不确定性. 负熵即为信息的度量.

考虑观测向量 $\boldsymbol{y}$ 和参数向量 $\boldsymbol{\theta}$ 的联合分布 $p(\boldsymbol{y}, \boldsymbol{\theta})$, 这里 $\boldsymbol{\theta} \in \Theta$, $\boldsymbol{y} \in Y$, 度量 $p(\boldsymbol{y}, \boldsymbol{\theta})$ 中信息的相对于均匀分布的负熵为 (前提是认为均匀分布情形下熵最大, 其信息最小)

$$-H(p(\boldsymbol{y}, \boldsymbol{\theta})) = \int_{\Theta} \int_{Y} \log p(\boldsymbol{y}, \boldsymbol{\theta}) \mathrm{d}\boldsymbol{y} \mathrm{d}\boldsymbol{\theta}$$

这个值越大, 说明所包含的信息越多. 对于 $\boldsymbol{\theta}$ 的先验分布 $\pi(\boldsymbol{\theta})$, 有 $p(\boldsymbol{y}, \boldsymbol{\theta}) = f(\boldsymbol{y}|\boldsymbol{\theta})\pi(\boldsymbol{\theta})$, 则有

$$-H(p(\boldsymbol{y}, \boldsymbol{\theta})) = \int_{\Theta} \left(\int_{Y} f(\boldsymbol{y}|\boldsymbol{\theta}) \log f(\boldsymbol{y}|\boldsymbol{\theta}) \mathrm{d}\boldsymbol{y} \right) \mathrm{d}\boldsymbol{\theta} + \int_{\Theta} \pi(\boldsymbol{\theta}) \log \pi(\boldsymbol{\theta}) \mathrm{d}\boldsymbol{\theta}$$

式中第一项为在数据密度 $f(\boldsymbol{y}|\boldsymbol{\theta})$ 中的先验平均信息, 第二项为在先验分布 $\pi(\theta)$ 中的信息.

若只研究数据中的信息, 即为下式

$$G(p(\boldsymbol{y}, \boldsymbol{\theta})) = \int_{\Theta} \left(\int_{Y} f(\boldsymbol{y}|\boldsymbol{\theta}) \log f(\boldsymbol{y}|\boldsymbol{\theta}) \mathrm{d}\boldsymbol{y} \right) \mathrm{d}\boldsymbol{\theta} - \int_{\Theta} \pi(\boldsymbol{\theta}) \log \pi(\boldsymbol{\theta}) \mathrm{d}\boldsymbol{\theta}$$

7.2.2.2 地面试验及应用

实验室仿真试验的重复性、可控性和保密性较强, 试验的效费比较高, 并且可以生成外场难生成的信号条件, 所以世界上的军事强国都十分重视仿真试验. 外场地面试验由于是在真实的大气环境、逼真的信号环境条件下进行的, 因此, 外场地面试验的可信度较高, 但所需的试验费用高, 尤其是各种平台的费用, 而且外场地面试验的重复性、可控性和保密性差. 武器系统试验鉴定一般采用仿真与地面试验相结合的试验模式, 仿真试验主要用于完成外场难做的、无法做的试验; 外场试验主要用于完成内场仿真试验结果的典型验证、内场难做的以及无法做的试验. 仿真试验结果为外场试验方案的制定提供技术依据; 外场试验结果用于仿真试验的模型校验以及数据库的建设. 仿真试验与外场试验是互为补充、互为验证、相辅相成的关系.

以弹道导弹为例, 制导武器试验最重要的地面测试信息即为制导工具误差系数的地面测试值.

在一批同型号导弹的生产过程中, 可认为制导工具的设计指标保持稳定. 由于制导工具误差系数的测量不可能非常精确, 误差系数只有短期稳定性及天地不一致等多种因素, 地面测试值只能得到其统计参数: 均值和标准偏差. 一般认为, 制导工具误差系数的每一分量 C_i 之间是相互独立的, 服从正态分布 $N(C_i^{(0)}, \sigma_{ci}^2)$. 则制导工具系统误差估计的线性模型为

$$\Delta \dot{X}(t) = S_g(t) C_g(t) + \varepsilon(t) \tag{7.2.1}$$

其中 C_g 为导弹的制导工具误差系数, S_g 为相应的环境函数; 约束条件为: $C_i \sim N(\mu_i, \sigma_i^2)$, 可根据地面试验的测试值得到. 求解制导工具误差系数的方法有多种, 包括线性模型 (最小二乘估计、主成分估计、Bayes 估计, 以及这些方法的加权或带约束等的变形和组合等); 还有非线性模型: 利用非线性一体化模型解算制导工具误差系数的方法及其非线性模型的主成分估计方法等 [14].

地面试验的测试值即为这些方法提供约束或先验信息, 可见, 地面测试值对于检验实际试验的结果是非常重要的.

7.2.2.3   历史数据及应用

一般而言, 导弹武器系统在其全寿命过程具有一定的继承性, 并与同类型、同系列产品在许多特性方面相似, 这种 "继承" "相似" 就是产品的历史信息. 这是一类最可靠的验前信息, 问题的关键是在于如何通过规范的管理制度和技术措施, 来有效收集与合理运用这些历史信息.

例如, 对于移动基准导弹发射试验的落点评估, 主要考虑制导工具误差和发射基准造成的偏差, 则有以下结论.

结论 7.2.1   记移动基准导弹发射试验落点偏差估计方差为 $\bar{\sigma}^2$, 而应用 Bayes 模型融合固定基准发射试验和移动基准导弹发射试验的落点偏差的估计方差为 $\hat{\sigma}^2$, 则有 $\hat{\sigma}^2 < \bar{\sigma}^2$.

证明   总的移动基准导弹发射试验落点偏差为

$$\begin{cases} \Delta L = \Delta L_g + \Delta L_o + \xi_L \\ \Delta H = \Delta H_g + \Delta H_o + \xi_H \end{cases} \tag{7.2.2}$$

其中制导工具误差的落点偏差为 ΔL_g, ΔH_g, 发射基准造成的落点偏差记为 ΔL_o, ΔH_o. 由于各因素间可认为是独立的, 则主要因素造成的移动基准导弹发射试验总落点偏差的方差为

$$\begin{cases} \sigma_L^2 = \sigma_{L_g}^2 + \sigma_{L_o}^2 \\ \sigma_H^2 = \sigma_{H_g}^2 + \sigma_{H_o}^2 \end{cases} \tag{7.2.3}$$

不失一般性, 以纵向落点偏差为例. 由于固定基准发射试验落点数据与移动基准导弹发射试验落点数据之间在观测上是独立的, 则移动基准导弹发射试验落点评

估可以融合固定基准发射试验落点评估模型中落点偏差和方差的估计结果 (不妨记其纵向落点偏差的方差为 σ'_{L_g}). 由 Bayes 融合理论易得

$$\hat{\sigma}_L^2 = \hat{\sigma}_{L_g}^2 + \hat{\sigma}_{L_o}^2 = \frac{\sigma'^2_{L_g}\bar{\sigma}^2_{L_g}}{\sigma'^2_{L_g} + \bar{\sigma}^2_{L_g}} + \bar{\sigma}^2_{L_o} < \bar{\sigma}^2_{L_g} + \bar{\sigma}^2_{L_o} = \bar{\sigma}^2_L$$

横向落点偏差亦可得到同样的结论.　　　　　　　　　　　　　　　　　　证毕.

7.2.2.4　专家知识及应用

在导弹组合化、系列化、标准化的渐进发展过程中, 各领域的专家对相应装备以及相关产品的物理特性和规律都积累了大量的经验信息. 因此, 在对新型导弹没有开展充分试验和系统了解的情况下, 这些专家的经验知识是非常宝贵的, 是对装备特性作为初步判断的重要依据. 当然, 由于经验知识往往带有一定的主观性, 因此必然给 Bayes 推断和决策带来一定的风险, 但运用较少的客观验前信息进行统计推断同样会带来风险. 因此, 在一定的风险范围内, 经验信息是可以利用的.

7.2.2.5　先验信息的权重

在实际工程应用中, 由于飞行试验少, 需要融合一部分先验信息或补充样本. 补充样本是根据地面试验、已有类似型号的试验、仿真试验等试验数据通过数学仿真得到的, 已经进行过数学相容性检验, 也即通常所称的先验信息, 相比较于小子样实际飞行试验, 通常会有较大量的补充样本. 在工程应用中, 为避免大量先验信息湮没实际飞行试验的信息, 通常会对补充样本量进行限制, 但并没有在理论上说明其原因. 因此, 在融合过程中, 补充样本的不同选择会导致融合结果的区别. 先验补充样本的融合是需研究的重点之一.

先验信息权重确定方法的研究, 可参见第 1 章关于先验信息可信度的度量.

7.3　试验预报、分析与评估概述

导弹武器的精度评估主要包含射前预报、精度分析与折合、精度评估三部分内容. 此外, 进行试验设计和参数优化的目的则是综合应用各种历史数据, 兼顾导弹多个性能指标的考察与评估, 在确保评估结论可信度的前提下, 合理地选取影响因素及水平组合, 使得每次试验都成为 "关键试验", 尽可能降低试验次数. 本节根据导弹武器精度评估三部分内容进行了细化, 从跟踪弹道数据处理与跟踪设备精度分析、发射可靠性与飞行可靠性评估概述、射程预报、精度预报、残骸落点预报、制导工具误差分离、误差分析与折合、组合导航误差分离、射程评估、精度评估、试验设计与参数优化 11 个模块出发, 对第二篇的内容作一个整体的简要介绍.

7.3.1   跟踪数据、弹道数据处理与跟踪设备精度分析

原始的外测数据并不能立即用于解算弹道或精度分析. 由于测量设备、传输系统等存在误差, 原始的外测数据存在着异常点和缺失点或特殊点, 而且原始的外测数据采样周期未必满足精度分析数据采样要求, 因此需要先对原始的外测数据进行预处理.

预处理完成之后, 通过对测元筛选, 可以对信号建模, 建立多测元非线性融合参数模型, 进行解算, 得到数据处理结果, 并对跟踪设备精度进行分析. 具体针对外测数据进行处理分析的流程如图 7.3.1 所示.

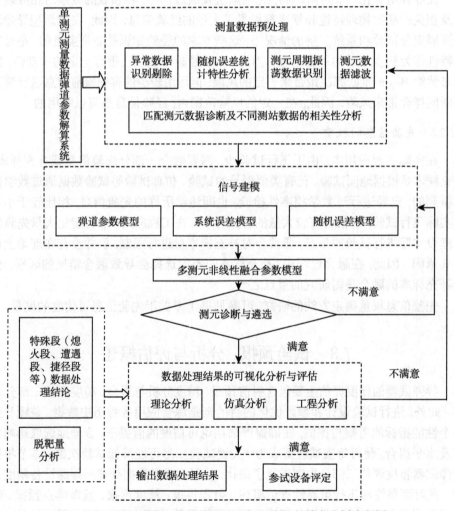

图 7.3.1   跟踪数据、弹道数据处理与跟踪设备精度分析流程图

7.3.2 发射可靠性与飞行可靠性评估

对发射可靠性和飞行可靠性进行评估, 有效的数据是必不可少的. 首先必须根据系统划分进行信息采集、整理和分析, 确定原始数据. 接着将分系统的试验数据折合成系统试验之前的先验信息, 对先验信息融合, 建立可靠性模型, 选择合适的可靠性评定方法. 最后应用 Bayes 方法, 根据系统试验的数据, 综合先验信息, 对系统可靠性进行综合计算和评估. 具体流程如图 7.3.2 所示.

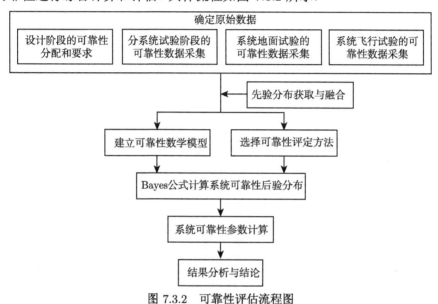

图 7.3.2 可靠性评估流程图

7.3.3 射程预报

射程预报一般用解析法或数值积分法. 考虑空气阻力的影响, 综合利用发动机性能参数、标准大气数据、飞行时序控制方式及导弹质心模型, 建立导弹的六自由度弹道方程, 用数值积分法解算落点, 计算射程, 得到结论. 具体流程如图 7.3.3 所示.

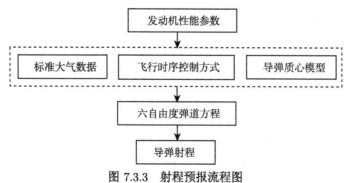

图 7.3.3 射程预报流程图

7.3.4   精度预报

惯性弹头的精度预报综合应用飞行试验弹诸元中的相关总体参数、制导参数、发动机性能预示数据, 装弹平台系统在试验靶场的单元测试数据 (主要有陀螺仪和加速度表的漂移系数均值 m、随机偏差 σ、加速度表的当量等), 以及加速度表安装误差数据, 计算得出落点偏差. 具体流程如图 7.3.4 所示.

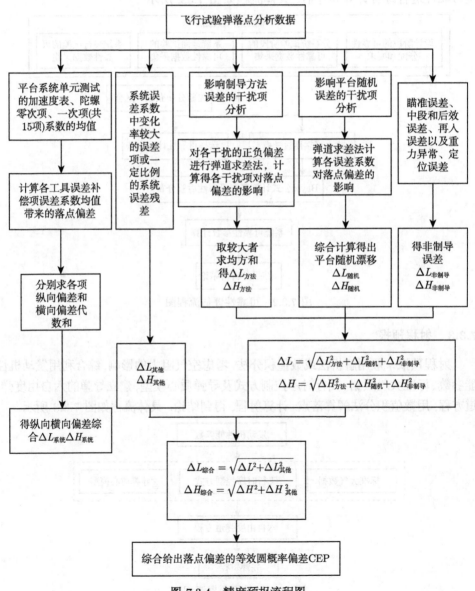

图 7.3.4   精度预报流程图

7.3.5 残骸落点预报

残骸落点预报主要是对再入大气层的飞行段进行弹道外推, 导弹再入段主要作用力为空气动力, 因此各类残骸的气动模型参数对落点预报精度会产生较大的影响. 根据弹道数据反推气动参数方法的基本思路是, 利用实测弹道数据和发动机性能参数, 根据弹道方程推算出气动参数. 解决途径为: 首先根据飞行器的飞行特性进行受力分析, 建立飞行器的飞行动力学模型; 然后对弹道参数 (位置、速度等)、控制制导规律、飞行器性能参数 (包括外形参数、结构质量、转动惯量、发动机推力、秒流量) 与气动参数进行解耦, 通过推导演算得到气动参数计算的解析解, 或者采取一定方法进行仿真计算, 解算飞行动力学超定方程, 反推得出飞行器的气动参数. 具体流程如图 7.3.5 所示.

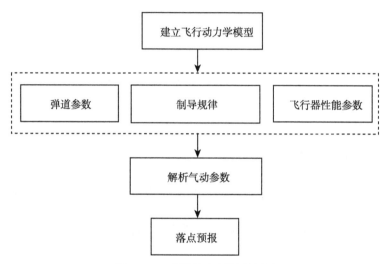

图 7.3.5 残骸落点预报流程图

7.3.6 制导工具误差分离

制导工具误差分离基于预处理后的遥外测数据、遥外差数据以及外测精度数据等, 分离出制导工具误差结果. 首先, 利用外测数据进行融合处理, 分离出外测系统误差, 得到发射坐标系下的飞行器轨道; 其次, 利用坐标系的转换关系将外弹道转换到惯性系; 再次, 由内外弹道差建立制导工具系统误差模型; 最后, 利用该模型的主成分估计方法估计制导工具系统误差, 并采用 Bayes 估计方法提高参数估计的精度. 具体流程如图 7.3.6 所示.

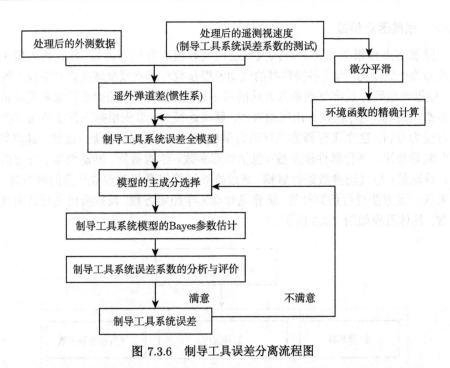

图 7.3.6　制导工具误差分离流程图

7.3.7　误差分析与折合

误差分析与折合由制导工具误差分析与折合、制导方法误差分析与折合、后效误差分析与折合、再入误差分析与折合、总误差分析与折合五部分组成, 主要根据导弹飞行各段分别建立数学模型得出相应的落点偏差. 具体流程结构如图 7.3.7 所示.

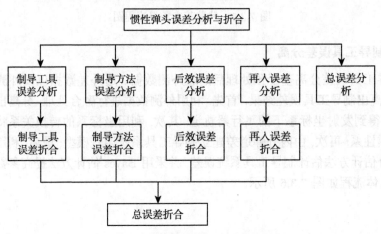

图 7.3.7　误差分析与折合流程结构图

7.3.8 组合导航误差分离

以景象匹配和惯性组合为例介绍组合导航误差分离, 给出了三自由度和六自由度的再入机动弹头运动仿真, 经过发射坐标系转目标坐标系、计算惯性落点偏差、景象匹配、再入误差分析等计算后, 得出再入机动误差分析的结果. 具体流程如图 7.3.8 所示.

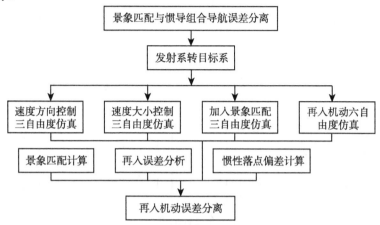

图 7.3.8 组合导航误差分离流程图

7.3.9 射程评估

射程评估主要根据最大射程评定大纲, 将仿真结果、地面试验信息与飞行试验信息结合, 应用 Bayes 方法融合, 对最大射程结果作出可信的试验鉴定结论. 具体流程如图 7.3.9 所示.

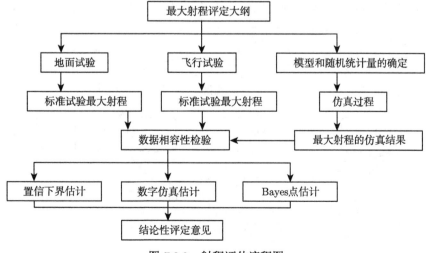

图 7.3.9 射程评估流程图

7.3.10　精度评估

精度评估主要解决如何将仿真信息和其他验前信息与现场试验信息结合, 作出可信的试验鉴定结论. 本模块由数据的相容性检验、落点偏差估计方法、落点偏差的检验方法以及飞行试验全程精度评估四大功能子块组成, 其中落点偏差的估计方法又包括点估计、Bootstrap 估计以及 Bayes 估计三个部分, 落点偏差的检验方法包括 Bayes 假设检验和 Bayes 决策方法两个部分. 具体流程结构如图 7.3.10 所示.

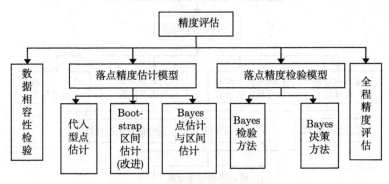

图 7.3.10　精度评估流程结构图

7.3.11　试验设计与参数优化

导弹精度评估的试验设计和参数优化, 关键在于如何合理选取试验因素及其水平组合, 优化飞行试验方案, 尽可能以较少的试验代价获得更多的信息, 提高效费比, 确定试验样本量、找出与性能相关的影响因素的最优水平组合, 或者建立性能指标与影响因素之间的响应模型或函数关系. 具体流程结构如图 7.3.11 所示.

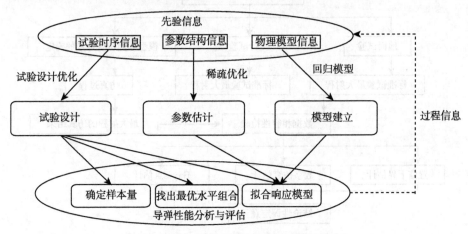

图 7.3.11　试验设计与参数优化流程结构图

参 考 文 献

[1] 杨榜林, 岳全发, 金振中, 等. 军事装备试验学. 北京: 国防工业出版社, 2002.

[2] 金振中, 李晓斌, 等. 战术导弹试验设计. 北京: 国防工业出版社, 2013.

[3] 霍利斯 W W. Test and Evaluation, Material (装备的试验与鉴定) 条目. 美国军事大百科全书: 2726-2729.

[4] 小埃米尔, 艾希布拉特 J. 战术导弹试验与鉴定. 蔡道济, 赵景曾, 等译. 北京: 国防工业出版社, 1992: 8-12.

[5] 武小悦, 刘琦. 装备试验与评价. 北京: 国防工业出版社, 2008.

[6] 梁振兴, 等. 武器装备水平评价指标体系的总体构想. 航空装备论证, 1992, (2): 10-15.

[7] 张金槐. 张金槐教授论文选集. 长沙: 国防科技大学出版社, 1999.

[8] 闫志强, 蒋英杰, 谢红卫. 变动统计方法及其在试验评估技术中的应用综述. 飞行器测控学报, 2009, 28(5): 88-94.

[9] 谢红卫, 闫志强, 蒋英杰, 宫二玲. 装备试验评估中的变动统计问题与方法. 宇航学报, 2010, 31(11): 2427-2437.

[10] 张金槐, 唐雪梅. Bayes 方法 (修订版). 长沙: 国防科技大学出版社, 1993.

[11] 唐雪梅, 张金槐, 邵凤昌, 等. 武器装备小子样试验分析与评估. 北京: 国防工业出版社, 2001.

[12] 蔡洪, 张士峰, 张金槐. Bayes 试验分析与评估. 长沙: 国防科技大学出版社, 2004.

[13] 李廷杰. 导弹武器系统的效能及其分析. 北京: 国防工业出版社, 2000.

[14] 沙钰, 吴翊, 王正明, 等. 弹道导弹精度分析概论. 长沙: 国防科技大学出版社, 1995.

[15] 王正明, 易东云, 等. 弹道跟踪数据的校准与评估. 长沙: 国防科技大学出版社, 1999.

[16] 张金槐, 贾沛然, 等. 远程火箭精度分析与评估. 长沙: 国防科技大学出版社, 1995.

[17] 张尧庭. 信息与决策. 北京: 科学出版社, 2000.

[18] 茆诗松. Bayes 统计. 北京: 中国统计出版社, 1999.

[19] 张尧庭, 陈汉峰. Bayes 统计推断. 北京: 科学出版社, 1994.

[20] 濮晓龙, 闫章更, 茆诗松, 等. 计数型序贯网图检验. 华东师范大学学报 (自然科学版), 2006, (1): 63-71.

[21] 濮晓龙, 闫章更, 茆诗松, 等. 基于瑞利分布的计量型序贯网图检验. 华东师范大学学报 (自然科学版), 2006, (5): 87-92.

[22] 王正明, 易东云. 测量数据建模与参数估计. 长沙: 国防科技大学出版社, 1996.

[23] 冉隆燧. 运载火箭测试发控工程学. 北京: 宇航出版社, 1989.

[24] 王国玉, 申绪涧, 汪连栋, 戚宗锋. 电子系统小子样试验理论方法. 北京: 国防工业出版社, 2003.

[25] 张恒喜, 郭基联, 朱宗元, 虞健飞. 小样本多元数据分析方法及应用. 西安: 西北工业大学出版社, 2002.

[26] 张守信. 外弹道测量与卫星轨道测量基础. 北京: 国防工业出版社, 1999.

[27] 中国人民解放军总装备部军事训练教材编辑工作委员会. 外弹道测量数据处理. 北京: 国防工业出版社, 2002.

[28] 中国人民解放军总装备部军事训练教材编辑工作委员会. 发射试验结果分析与鉴定技术. 北京: 国防工业出版社, 2002.

[29] Shnidman D A. Efficient computation of the circular error probability(CEP) integral. IEEE Trans. Automatic Control, 1995, 40(8): 1472-1474.

[30] Williams C E. A comparison of circular error probable estimators for small samples. AD-A 324 337/5/HDM, 1997.

[31] 张湘平, 张金槐, 谢红卫. 关于样本容量、验前信息与 Bayes 决策风险的若干讨论. 电子学报, 2003, 31(4): 536-538.

[32] 张士峰, 樊树江, 张金槐. 成败型产品可靠性的 Bayes 评估. 兵工学报, 2001, 22(2): 238-240.

[33] 张湘平, 张金槐, 谢红卫. 导弹落点散布的 Bayes 试验鉴定优化设计. 宇航学报, 2002, 23(4): 92-95.

[34] 孙有朝, 施军. 求解具有多层试验数据成败型单元混联系统可靠性近似限的信息论方法. 航空学报, 1999, (6): 553-557.

[35] 傅惠民, 殷刚. 二维升降法. 航空学报, 1998, 19(6): 748-753.

[36] 傅惠民. 百分回归分析. 航空学报, 1994, 15(2): 141-148.

[37] 段晓君, 黄寒砚. 基于信息散度的补充样本加权融合评估. 兵工学报, 2007, 28(10): 1276-1280.

[38] 段晓君, 王刚. 基于复合等效可信度加权的 Bayes 融合评估方法. 国防科技大学学报, 2008, 30(3): 90-94.

[39] Wu L R. A Monte Carlo simulation of guidance accuracy evaluation. Missiles and Space Vehicles, 1995,5:

[40] Honson A J, DeCarli D, Crowder S V. Small Sample Experimental Design Optimization and Repair. DE00005982/ XAB, 1999.

[41] Gore P, Rubery M, Reiman T, Bolt B, Langford A. National missile defense (NMD) test program. AD-A355746/XAB, 1998.

[42] Range Safety Group of White Sands Missile Range. Common risk criteria for national test ranges: Inert debris. AD-A324 955/4/HDM, 1997.

[43] Levy L J. The systems analysis, test, and evaluation of strategic systems. Johns Hopkins APL Technical Digest, 2005, 26 (4): 438-442.

[44] Erkanli A, Mazzuchi T A, Soyer R. Bayesian computations for a class of reliability growth models. Technometrics, 1998, 40(1): 14-23.

[45] Tran T H, Murdock W P, Jr, Pohl E A. Bayesian analysis for system reliability inferences. Piscataway: Proceedings of the Annual Reliability and Maintainability Symposium, 1999: 151-153.

[46] Dolin R M, Treml C A. Determining performance with limited testing when reliability and confidence are mandated. NTIS No: DE2001-763371/XAB, 2000.

[47] Gaver D P, Glazebrook K D, Jacobs P A, Seglie E A. Probability models for sequential-stage system reliability growth via failure mode removal. International Journal of Reliability, Quality and Safety Engineering, 2003, 10(01): 15-40.

[48] Cooper J A, Diegert K V. Improving analytical understanding through the addition of information: Bayesian and hybrid mathematics approaches. NTIS No: DE00003044/XAB, 1998.

[49] Dragalin V P, Tartakovsky A G, Veeravalli V V. Multihypothesis sequential probability ratio tests - Part I: Asymptotic optimality. IEEE Transactions on Information Theory, 1999, 45(7): 2448-2461.

[50] Kulacsy K. Tests of the Bayesian evaluation of SPRT outcomes on Paks NPP data. NTIS No: DE98618220/XAB, 1997.

[51] Visser B J, Maggio G. Bayes approach for uncertainty bounds for a stochastic analysis of the space shuttle main engine. Piscataway: Proceedings of the Annual Reliability and Maintainability Symposium, 1999: 7-12.

[52] Ten L M, Xie M. Bayes reliability demonstration test plan for series-systems with binomial subsystem data. Piscataway: Proceedings of the Annual Reliability and Maintainability Symposium, 1998: 241-246.

[53] James O B. Statistical Decision Theory and Bayesian Analysis. New York: Inc. Springer-Verlag, 1985.

[54] Samuel K, 吴喜之. 现代 Bayes 统计学. 北京: 中国统计出版社, 2000.

[55] Heger A S, Treml A, Shaw R J. Propagation of uncertainties Bayesian belief networks: a case study in evaluation of valve reliability. NTIS No: PB2001-103780 /XAB, 2001.

[56] Zhang R, Mahadevan S. Integration of computation and testing for reliability estimation. Reliability Engineering and System Safety, 2001, 74(1): 13-21.

[57] Hurley B. Statistical decision fusion theory. Journal of Veterinary Medicine, 1999, 54(10): 592-598.

[58] Goodell B D, Perry J S, Atkinson M V. Electromagnetic(EM) weapon system integration into combat vehicles. IEEE Trans. On Magnetics, 1995, 31(1): 534-539.

[59] Kelly B, Baker P. Ground test performance validation of the army LEAP kill vehicle. AD-A344 798/4/XAB, 1993

[60] Hasselman T K, Anderson M C, Li X G. Effect of modal test statistics on modeling uncertainty and model updating. Reston: Collection of Technical Papers-AIAA/ASME /ASCE/AHS/ASC Structures, Structural Dynamics and Materials Conference, 2000, 3: 19-25.

[61] de Santis F. Statistical evidence and sample size determination for Bayesian hypothesis testing. Journal of Statistical Planning and Inference, 2004, 124: 121-144.

[62] Rahme E, Joseph L. Exact sample size determination for binomial experiments. Journal of Statistical Planning and Inference, 1998, 66: 83-93.

[63] Gaver D P, Jacobs P A. Testing or fault-finding for reliability growth: a missile destructive-test example. Naval Research Logistics, 2015, 44(7): 623-637.

[64] Slaski L K, Rangaswamy M. A new efficient algorithm for approximation. AD-A329 961/7/XAB, 1997.

[65] Spall J C. Uncertainty bounds for parameter identification with small sample sizes. IEEE Conference on Decision & Control, 1995.

[66] Laininen P. Multiple comparison procedure based on Mallows 1-distance bootstrap. PB97-121404/ HDM, 1996.

[67] Willits C J. Point and interval estimation of series system reliability using small data. AD-A278 647/3/HDM, 1994.

[68] Beck R S. Review of statistical analyses resulting from performance of HLDWD- DWPF-005. DE98052038/XAB, 1997.

[69] Laub A J, Kenney C S. Small-sample statistical condition estimation. AD-A337 262/0/XAB, 1998.

[70] Hogden J. Maximum likelihood continuity mapping for fraud detection. DE97005313 /XAB, 1997.

[71] Crowder S V, Eshleman L. Small sample properties of an adaptive filter with application to low volume statistical process control. Journal of Quality Technology, 2001, 33(1): 29-46.

[72] Banks J. Introduction to simulation. Piscataway: Winter Simulation Conference Proceedings, 1999, 1: 7-13.

[73] Ayers D S, Cross R, Fox B, Hostilo W, Pappas J. Linking advanced distributed simulations with flight testing. ADA360466/XAB, 1997.

[74] Kaplan J A, Chappel A R, McManus, J W. The analysis of a generic air-to-air missile simulation model. N94 -36438/ 7/HDM, 1994.

[75] Kleijnen J P C. Validation of models: statistical techniques and data availability. Piscataway: Winter Simulation Conference Proceedings, 1999, 1: 647-654.

[76] Calvin J M, Glynn P W, Nakayama M K. On the small-sample optimality of multiple-regeneration estimators. Piscataway: Winter Simulation Conference Proceedings, 1999, 1: 655-661.

[77] Efron B. Bootstrap methods: another look at the jackknife. The Annals of Statistics, 1979, 7(1): 1-26.

[78] Chan K Y F, Lee S M S. An exact iterated bootstrap algorithm for small-sample bias reduction. Computational Statistics and Data Analysis, 2001, 36(1): 1-13.

[79] Guo P, Xu L. On the study of BKYY cluster number selection criterion for small sample data set with bootstrap technique. Proceedings of the International Joint Conference

on Neural Networks, 1999, 2: 965-968.

[80] Doebling S W, Farrar C R, Cornwell P J. Comparison study of modal parameter confidence intervals computed using the Monte Carlo and bootstrap techniques. NTIS No: DE98003423/XAB, 1998.

[81] Fries A. Another "New" approach "Validating" simulation models. Technical Report of Institute of Defense Analysis, 2002.

[82] Schreuder H T, Williams M S. Reliability of confidence intervals calculated by bootstrap and classical methods using the FIA 1-Ha plot design. NTIS No: PB2000-108096/XAB, 2000.

[83] Quigley J, Walls L. Measuring the effectiveness of reliability growth testing. Quality and Reliability Engineering International, 1999, 15(2): 87-93.

[84] Zoubir A M. Bootstrap methods for model selection. AEU-Archiv fur Elektronik und Ubertragungstechnik, 1999, 53(6): 386-392.

[85] Zoubir A M, Iskander D R. Bootstrap modeling of a class of nonstationary signals. IEEE Transactions on Signal Processing, 2000, 48(2): 399-408.

[86] Urbanski P, Kowalska E. Application of bootstrap method for assessment of linear regression models. NTIS No: DE98616898/XAB, 1997.

[87] Lenth R V. Some practical guidelines for effective sample-size determination. Department of Statistics University of Iowa, 2001.

[88] Fox B, Boito M, Graser J C, Younossi O. Test and evaluation trends and costs for aircraft and guided weapons. http: //www. rand. org/, 2004.

[89] Babbitt J, Miklaski M, Weller D, School N P. Test and evaluation of the ballistic missile defense system, 2003.

[90] Shahshahani B M, Landgrebe D A. The effect of unlabeled samples in reducing the small sample size problem and mitigating the hughes phenomenon. IEEE Transactions on Geoscience and Remote Sensing, 1994, 32: 1087-1095.

[91] Thomas P, Christie, Director. Operational test and evaluation before the senate armed services committee. Missile Defense, 2004.

[92] Azani C H. The test and evaluation challenges of following an open system strategy. ITEA Journal, 2001, 22.

[93] Military Standard Maintainability Verification/Demonstration/ Evaluzation. MIL-STD-471A, 27 March 1973, Superseding MIL-STD-471, 15 Feb 1966 and MIL-STD-473, 3 May 1971.

[94] de Santis F. Statistical evidence and sample size determination for Bayesian hypothesis testing. Journal of Statistical Planning and Inference, 2004, 124: 121-144.

[95] www.chinamil.com.cn/site1/2008b/2008-08/27/content-1448197.htm.

[96] www.simwe.com/art/tec/2004-02-06/teco-9-217.shtml.

[97] 贾旭山, 金振中. 武器系统概率指标的 Bayes 决策评定方法. 现代防御技术, 2011, 39(2)：50-53.

[98] 贾旭山, 金振中. 小子样情况下的概率性能指标评定方法研究. 现代防御技术, 2014, 42(2)：41-45.

[99] 金振中, 向杨蕊. 武器系统仿真结果可信性分析及其应用. 系统仿真学报, 2009, 21(12)：3599-3602.

[100] http://baike.baidu.com/item/导弹 657512? fr=aladdin.

[101] 唐雪梅, 蔡洪, 杨华波, 曹渊. 导弹武器精度分析与评估. 北京：国防工业出版社, 2015.

[102] 方开泰, 刘民千, 周永道. 试验设计与建模. 北京：高等教育出版社, 2011.

[103] Niederreiter H. Quasi-Monte Carlo Methods. Wiley Online Library, 2010.

[104] Fang K T, Liu M Q, Qin H, Zhou Y D. Theory and Application of Uniform Experimental Designs. Springer, 2018.

[105] Murray I, Adams R P. Slice sampling covariance hyperparameters of latent Gaussian models. In Advances in Neural Information Processing Systems, 2010：1732-1740.

[106] Johnson M E, Moore L M, Ylvisaker D. Minimax and maximin distance designs. Journal of statistical planning and inference, 1990, 26(2)：131–148.

[107] Tang B. Orthogonal array-based Latin hypercubes. Journal of the American Statistical Association, 1993, 88(424)：1392–1397.

[108] Owen A B. Orthogonal arrays for computer experiments, integration and visualization. Statistica Sinica, 1992, 2(2)：439–452.

[109] 汤涛, 周涛. 不确定性量化的高精度数值方法和理论 —— 献给林群教授 80 华诞. 中国科学：数学, 2015, (7)：891-928.

[110] Maréchal P , Ye J J. Optimizing condition numbers. SIAM Journal on Optimization, 2009, 20(2)：935–947.

[111] Fedorov V V, Hackl P. Model-oriented Design of Experiments. 125. Springer Science & Business Media, 2012.

[112] Hadigol M, Doostan A. Least squares polynomial chaos expansion: a review of sampling strategies. Computer Methods in Applied Mechanics and Engineering, 2018, 332: 382-407.

[113] Narayan A, Zhou T. Stochastic collocation on unstructured multivariate meshes. Communications in Computational Physics, 2015, 18(1)：1–36

[114] Guo L, Narayan A, Yan L, Zhou T. Weighted approximate fekete points: sampling for least-squares polynomial approximation. SIAM Journal on Scientific Computing, 2018, 40(1)：A366–A387.

[115] Atkinson A, Donev A, Tobias R. Optimum experimental designs, with SAS. 34. Oxford University Press, 2007.

[116] Hennig P, Schuler C J. Entropy search for information-efficient global optimization. Journal of Machine Learning Research, 2012, 13(Jun): 1809-1837.

[117] Wang Z, Jegelka S. Max-value entropy search for efficient Bayesian optimization. Proceedings of the 34th International Conference on Machine Learning, 2017, 70: 3627-3635.

第 8 章　射 前 预 报

靶场试验方法需要重点、系统解决的难题之一就是 "准确的发射前预报和正确的发射决策手段". 靶场试验信息主要来源主要包括内场测试 (包括控制系统测试、动力系统测试、火工品测试)、外场测试 (包括系统的状态功能测试等)、弹道测量 (包括内外弹道测量) 等 [1]. 除了以上测量信息, 可利用的还有仿真信息、历次试验的积累或相近型号试验的模型和数据、相关数学模型和工程模型等. 结合以上可用信息, 从不同侧面设计、分析战略导弹的靶场试验有着重要意义. 针对需求的不同, 靶场试验的分析与评估可以分三个不同时间段研究: 发射前预报对于发射决策必不可少; 实时评估对于安全控制尤为重要; 发射后评估可进行导弹精度和外测设备精度的鉴定, 进行准确的故障定位和分析, 得到战术技术指标评定的全面结论.

本章主要研究了战技指标的射前预报问题. 通过结合阵地测试数据、系统分解测试数据、类似型号的案例数据、仿真数据等, 建立一体化融合模型, 得到发射可靠性、飞行可靠性、最大射程、精度、残骸落点等战术技术指标的预报结果.

8.1　发射可靠性评估

8.1.1　发射可靠性概念

文献 [2] 中给出了可靠性的定义: 产品 (或系统) 在规定的条件下, 规定的时间内, 完成规定任务的能力. 发射可靠性是导弹武器系统在导弹发射任务剖面中完成规定发射功能的能力. 发射可靠度是指任意时刻在贮存库内任意抽取导弹按发射程序测试后, 正常点火的概率.

在导弹发射阶段, 对一次成功的任务来讲, 不允许任何致命故障发生. 发射阶段的主要任务是保证准时发射导弹和点火所需的功能.

8.1.2　发射可靠性涉及因素及相关信息收集 [3]

导弹发射系统主要可以分为基座的发射系统和导弹的火控系统.

在可靠性评定中, 有效的数据是必不可少的, 必须根据系统划分进行信息采集、整理和分析. 导弹武器系统试验属于小子样试验, 为了对系统可靠性做出准确的评估并减少试验次数节省经费, 应该收集尽可能多的有效信息.

导弹武器系统试验时, 分不同层次进行, 如先进行单元试验, 再依次进行分系统和系统试验. 因此, 要根据所评定指标确定数据收集到哪一层. 数据包括研制阶段各单元和分系统的地面试验信息、系统地面试验信息 (如系统综合测试等) 和定型阶段的试验信息等.

数据按照研制阶段、出厂测试、靶场试验三个阶段收集. 其中, 前两个阶段由研制部门提供, 主要包括单元测试、分系统联试、出厂测试的相关数据; 最后一个阶段数据由试验靶场提供, 包括单元测试、分系统测试、综合测试、正式发射及飞行试验的相关数据. 另外, 考虑到武器系统研制中的继承性, 若状态未变化, 应当收集相应的历史数据. 具体的分类如图 8.1.1 所示.

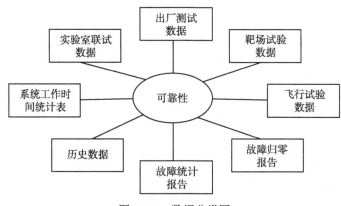

图 8.1.1　数据分类图

8.1.3　发射可靠性的成败评估模型 [2-20]

导弹武器系统的发射可靠性属于由不同分系统串联起来的成败型可靠性模型, 只有发射成功或失败两种情况, 其分系统涉及成败型、指数寿命模型和 Weibull 寿命模型, 整个系统属于成败型. 可靠性评定时可以将各分系统的非成败型分布的数据折合为成败型信息, 这样, 就可以将导弹发射可靠性评定问题转化为一个二项串联系统的可靠性评定问题. 导弹武器试验属于小子样问题, 用经典的评估方法过于保守, 在工程常用 Bayes 方法进行可靠性评估 [2-7].

连续随机变量场合下的 Bayes 公式为

$$\pi(R|X) = \frac{f(X|R)\pi(R)}{\int_0^1 f(X|R)\pi(R)\mathrm{d}R} \tag{8.1.1}$$

其中 R 为可靠性随机变量, $f(X|R)$ 为给定分布参数 R 之下的 X 的概率密度函数, $\pi(R)$ 为 R 的验前密度函数, $\pi(R|X)$ 为 R 在给定 X 之下的条件密度函数. 试验之中, 如果将 X 看作试验样本, $f(X|R)$ 就是 R 给定后样本的密度函数, 常称为样本似然函数. $\pi(R)$ 反映了试验之前对 R 的认识, 而 $\pi(R|X)$ 则为试验之后对 R 概率分布特性的新的认识, 称 $\pi(R|X)$ 为验后分布密度.

在得到 R 的验后分布函数 $\pi(R|X)$ 后, 可计算 R 的点估计为

$$\hat{R} = \mathrm{E}[R|X] = \int_0^1 R\pi(R)\mathrm{d}R \tag{8.1.2}$$

设试验是成败型的 n 重伯努利试验, 成功次数为 s, 则有

$$f(X|R) = \mathrm{C}_n^s R^s (1-R)^{n-s} \tag{8.1.3}$$

代入 (8.1.1) 得到 R 的验后分布密度为

$$\pi(R|X) = \frac{R^s(1-R)^{n-s}\pi(R)}{\displaystyle\int_0^1 R^s(1-R)^{n-s}\pi(R)\mathrm{d}R} \tag{8.1.4}$$

由此可见, 可靠性评估的关键是根据先验的具体信息, 来确定先验分布 $\pi(R)$.

Bayes 系统可靠性评估方法的思路是先将分系统的试验数据折合成系统试验之前的先验信息, 然后根据系统试验的数据, 综合先验信息, 对系统可靠性进行综合评定.

8.1.3.1 成败型串联系统的折合 [2-3]

导弹武器系统是分系统串联的成败型系统. 假设系统由 k 个成败型分系统串联组成, 第 i 个分系统的试验数据为 (n_i, s_i), $i = 1, 2, \cdots, k$, n_i 表示试验数, s_i 表示成功数, 其可靠度 R_i 的点估计为 $\hat{R}_i = s_i/n_i$. 折算成系统可靠性试验等效数据为 (N, S), N 表示等效试验数, S 表示等效成功数. 设系统的可靠度为 R, 则其点估计为 $\hat{R} = S/N$. 由于是串联系统, 则 $\hat{R} = \prod\limits_{i=1}^{k} \hat{R}_i$, 将 $\hat{R}$ 在 $R = R_1 \cdots R_k$ 处作 Taylor 展开:

$$\hat{R} = \prod_{i=1}^{k} \hat{R}_i = R + \sum_{i=1}^{k} \left(\frac{R}{R_i}\right)(\hat{R}_i - R_i) + o\left(\sqrt{(\hat{R}_1 - R_1)^2 + \cdots + (\hat{R}_k - R_k)^2}\right) \tag{8.1.5}$$

取一阶近似, 则 $\hat{R}$ 的方差为 $\mathrm{Var}[\hat{R}] = \sum\limits_{i=1}^{k} \left(\dfrac{R}{R_i}\right)^2 \mathrm{Var}[R_i]$. 而由二项分布的性质得系统可靠度的方差为 $\mathrm{Var}[\hat{R}] = \mathrm{Var}\left[\dfrac{S}{N}\right] = \dfrac{R(1-R)}{N}$, 令二式相等再代入 R 和 R_i 各自的点估计 $\hat{R} = S/N$, $\hat{R}_i = s_i/n_i$, 即可求得系统的等效成败型数据 (N, S):

$$N = \frac{\displaystyle\prod_{i=1}^{k} \frac{n_i}{s_i} - 1}{\displaystyle\sum_{i=1}^{k} \frac{1}{s_i} - \sum_{i=1}^{k} \frac{1}{n_i}}, \quad S = N\prod_{i=1}^{k} \frac{s_i}{n_i} \tag{8.1.6}$$

8.1.3.2 指数分布分系统 [2-3]

若该分系统所做的试验为寿命试验, 其失效次数为 Z, 总试验时间为 τ, 任务时间为 t, 定义等效任务数 $\eta = \tau/t$, 记为试验 (Z, η), 若其可靠度 $R = R(t) = e^{-\lambda t}$, 可得 R 的后验一、二阶矩为

$$\mathrm{E}[R^k] = \left(\frac{\eta}{\eta + k}\right)^Z, \quad k = 1, 2 \tag{8.1.7}$$

下面将 (Z, η) 折合为成败型信息 (s, f), 其方法是要求两种分系统可靠度的一、二阶矩相等:

$$\begin{cases} \left(\dfrac{\eta}{\eta + 1}\right)^Z = \dfrac{s}{n} \\ \left(\dfrac{\eta}{\eta + 2}\right)^Z = \dfrac{s(s + 1)}{n(n + 1)} \end{cases} \tag{8.1.8}$$

由此可解得

$$\begin{cases} n = \dfrac{1 - \left(\dfrac{\eta + 1}{\eta + 2}\right)^Z}{\left(\dfrac{\eta + 1}{\eta + 2}\right)^Z - \left(\dfrac{\eta}{\eta + 1}\right)^Z} \\ f = n\left[1 - \left(\dfrac{\eta}{\eta + 1}\right)^Z\right] \end{cases} \tag{8.1.9}$$

若 $Z = 0$, 可用洛必达 (L'Hospital) 法则得

$$\begin{cases} f = 0 \\ n = \ln\left(\dfrac{\eta + 2}{\eta + 1}\right) \Big/ \ln\left(\dfrac{\eta^2 + 2\eta + 1}{\eta^2 + 2\eta}\right) \end{cases} \tag{8.1.10}$$

8.1.3.3 Weibull 分布分系统 [2-3]

从 Weibull 分布母体 $W(m, \eta)$ 中抽出大小为 n 的样品作随机截尾寿命试验, 其前 r 个失效时间依序为 $t_1 \leqslant t_2 \leqslant \cdots \leqslant t_r$, 其他 $(n - r)$ 个样品的截尾时间为 $t_{r+1}, t_{r+2}, \cdots, t_n$.

若对 (m, η) 取无信息先验概率分布函数, 则任务时间 t 的可靠度 $R(t) = e^{-(t/\eta)}$ 的 Bayes 后验 k 阶矩为

$$\mathrm{E}[R^k(t)] = A^{-1} \int_0^\infty \frac{m^{r-2} \displaystyle\prod_{i=1}^r t_i^m}{\left(\displaystyle\sum_{i=1}^n t_i^m + kt^m\right)^r} \mathrm{d}m, \quad k = 1, 2 \tag{8.1.11}$$

式中 $A = \int_0^\infty \dfrac{m^{r-2}\prod\limits_{i=1}^{r} t_i^m}{\left(\sum\limits_{i=1}^{n} t_i^m\right)^r}\mathrm{d}m.$

为方便, 记 $\mu = \mathrm{E}[R(t)]$, $\nu = \mathrm{E}[R^2(t)]$, 则 Weibull 分布分系统的数据折合的成败型信息为

$$\begin{cases} n = \dfrac{\mu - \nu}{\nu - \mu^2} \\ f = n(1 - \mu) \end{cases} \tag{8.1.12}$$

知道了分系统的试验信息, 可以用近似分布来拟合先验分布, 对于成败型串联系统的可靠性评估, 可以用 β 分布来拟合. 分布拟合的出发点是下述定理: 有界随机变量的分布函数由各阶矩的无穷序列唯一确定 [2].

由此自然会想到, 应令近似分布与精确分布有尽可能多阶的矩分别相等. 由于 β 分布只有两个待定参数, 故最多只能要求近似分布与精确分布有两个不同阶矩分别相等, 而取前二阶矩相等最为合理和方便.

取近似分布为 β 分布 $\tilde{f}(R) = \beta(R|s,f)$, 来拟合由分系统试验结果所确定的系统可靠性的后验密度 $f(R)$, 即令

$$\int_0^1 R^k \tilde{f}(R)\mathrm{d}R = \int_0^1 R^k f(R)\mathrm{d}R, \quad k = 1, 2$$

以确定 $\tilde{f}(R)$ 的参数 s 及 f 或 $n = s + f$. 令 $\mu = \mathrm{E}(R)$, $\nu = \mathrm{E}(R^2)$, 则有

$$\begin{cases} \mu = \dfrac{s}{n} \\ \nu = \dfrac{s(s+1)}{n(n+1)} \end{cases}$$

由此解出

$$\begin{cases} n = \dfrac{\mu - \nu}{\nu - \mu^2} \\ f = n(1 - \mu) \end{cases} \tag{8.1.13}$$

设系统由 l 个成败型单元, m 个指数型单元和 q 个 Weibull 寿命型单元组成, 其中各单元相互独立, 则系统的可靠性函数为

$$R = \prod_{j=1}^{l} R_j \prod_{k=1}^{m} R_{l+k} \prod_{i=1}^{q} R_{l+m+i} \tag{8.1.14}$$

再设第 $i(i=1,\cdots,q)$ 个 Weibull 寿命型单元的一阶矩为 μ_i, 方差为 ν_i, 则可得出整个系统的 μ 及 ν:

$$\mu = \prod_{j=1}^{l} \frac{s_j}{n_j} \prod_{k=1}^{m} \left(\frac{\eta_k}{\eta_k+1}\right)^{z_k} \prod_{i=1}^{q} \mu_i, \quad \nu = \prod_{j=1}^{l} \frac{s_j(s_j+1)}{n_j(n_j+1)} \prod_{k=1}^{m} \left(\frac{\eta_k}{\eta_k+2}\right)^{z_k} \prod_{i=1}^{q} \nu_i$$

将以上两式代入 (8.1.13) 式, 即可得到一般串联系统可靠性评定先验分布的参数

$$\begin{cases} n = \dfrac{1 - \prod\limits_{j=1}^{l} \dfrac{s_j+1}{n_j+1} \prod\limits_{k=1}^{m} \left(\dfrac{\eta_k+1}{\eta_k+2}\right)^{z_k} \prod\limits_{i=1}^{q} \dfrac{\nu_i}{\mu_i}}{\prod\limits_{j=1}^{l} \dfrac{s_j+1}{n_j+1} \prod\limits_{k=1}^{m} \left(\dfrac{\eta_k+1}{\eta_k+2}\right)^{z_k} \prod\limits_{i=1}^{q} \dfrac{\nu_i}{\mu_i} - \prod\limits_{j=1}^{l} \dfrac{s_j}{n_j} \prod\limits_{k=1}^{m} \left(\dfrac{\eta_k}{\eta_k+1}\right)^{z_k} \prod\limits_{i=1}^{q} \mu_i} \\[4ex] f = n\left[1 - \prod\limits_{j=1}^{l} \dfrac{s_j}{n_j} \prod\limits_{k=1}^{m} \left(\dfrac{\eta_k}{\eta_k+1}\right)^{z_k} \prod\limits_{i=1}^{q} \mu_i\right] \end{cases} \quad (8.1.15)$$

但应当注意的是, 试验信息具有多种信息源, 且各信息源情况各异, 是服从不同总体的. 为了对导弹的飞行可靠性做出客观的评估, 并尽可能减少现场试验, 必须充分地利用各种先验信息. 而这些先验信息是在不同试验条件下获得的, 如何合理地利用这些多源先验信息给出先验分布, 是 Bayes 方法应用中急待解决的一个问题.

先验信息的融合方法目前主要有两种: 一种是由专家信息确定先验分布的权重; 另一种是由先验信息的可信度确定先验信息的权重. 对于高可靠性复杂系统, 其现场试验样本量小, 进行相容性检验有较大的困难, 利用专家信息来获得权重因子主观性偏强, 而先验信息可信度的确定也比较困难, 在实际工程应用中难以实现. 先验分布权重的精确估计很难得到, 但是却易得到其大致所在的区间, 从而可以用分层 Bayes 方法来确定验后分布, 这样做还可以避免介入过多的主观因素, 增强估计的稳健性.

假设在现场试验之前, 未知参数 R 具有 m 个不同的先验信息源, 提供了 m 个不同的先验分布 $\pi_i(R)(i=1,2,\cdots,m)$. 在进行 Bayes 统计分析之前, 需要将 m 个先验分布融合成为 R 的一个综合先验分布. 在工程实际中, 通常选择线性加权的方法进行融合, 定义 ε_i 为相应于第 i 个先验分布 $\pi_i(R)$ 的权重, 其中 $\sum\limits_{i=1}^{m} \varepsilon_i = 1$, ε_i 反映了第 i 个信息与现场试验信息所来自总体的相似程度, 越接近现场试验环境的信息, 其权重越大. 假定融合后的综合先验分布为 $\pi_\varepsilon(R)$, 则

$$\pi_\varepsilon(R) = \sum_{i=1}^{m} \varepsilon_i \pi_i(R) \quad (8.1.16)$$

在取得现场子样 X 后, 得 R 后验密度为 $\pi_\varepsilon(R|X) = \dfrac{\pi_\varepsilon(R)f(X|R)}{\displaystyle\int_\Theta \pi_\varepsilon(R)f(X|R)\mathrm{d}R}$, 把 (8.1.16) 式代入有

$$\pi_\varepsilon(R|X) = \frac{1}{m(X|\pi)} \sum_{i=1}^m \varepsilon_i m(X|\pi_i)\pi_i(R|X) \tag{8.1.17}$$

其中 $m(X|\pi) = \displaystyle\int_\Theta \pi_\varepsilon(R)f(X|R)\mathrm{d}R = \sum_{i=1}^m \varepsilon_i m(X|\pi_i), m(X|\pi_i) = \int_\Theta \pi_i(R)f(X|R)\mathrm{d}R$, 它们是给定 $\pi_\varepsilon(R)$, $\pi_i(R)$ 时 X 的边缘密度. 可以看出, 后验密度仍为不同先验分布之下的后验密度的加权和, 第 i 个信息源的后验密度的权重为

$$\lambda_i(X) = \frac{\varepsilon_i m(X|\pi_i)}{m(X|\pi)} = \frac{\varepsilon_i m(X|\pi_i)}{\displaystyle\sum_{i=1}^m \varepsilon_i m(X|\pi_i)}$$

8.1.4   发射可靠性下限确定

8.1.4.1   可靠性的经典置信下限 [3,5-6]

设系统进行了成败型试验, 做了 n 次试验, 失效次数为 f, 则在置信度为 γ 之下, 系统的经典可靠性下限 R_L 满足:

当 $f = 0$ 时, $R_L = (1-\gamma)^{1/n}$;

当 $1 \leqslant f < n$ 时, 有

$$\sum_{x=0}^f \binom{n}{x} R_L^{n-x}(1-R_L)^x = 1 - \gamma \tag{8.1.18}$$

当 $f = n$ 时, $R_L = 0$.

对于 $f = 0$ 和 $f = n$ 时的 R_L 容易计算求得, 当 $1 \leqslant f < n$ 时则可通过以下方法求解 R_L. 由于二项分布与 β 分布有如下关系:

$$\sum_{x=0}^f \binom{n}{x} R_L^{n-x}(1-R_L)^x = \frac{1}{B(n-f, f+1)} \int_0^{R_L} t^{n-f-1}(1-t)^f \mathrm{d}t \tag{8.1.19}$$

其中 $B(n-f, f+1) = \displaystyle\int_0^1 t^{n-f-1}(1-t)^f \mathrm{d}t$. 因此可得

$$I_{R_L}(n-f, f+1) = 1 - \gamma \tag{8.1.20}$$

其中 $I(\cdot)$ 为不完全 β 函数. 故 R_L 为 $\beta(n-f, f+1)$ 的 $(1-\gamma)$ 下侧分位数.

而 β 分布分位数与 F 分布分位数又有以下关系式:

$$\beta_\gamma(k_1, k_2) = \left[1 + \frac{k_2}{k_1} F^{-1}(2k_1, 2k_2; \gamma) \right]^{-1} \tag{8.1.21}$$

则由 (8.1.20) 式和 (8.1.21) 式可推出 R_L 的求解公式为

$$R_L = \left[1 + \frac{f+1}{n-f} F(2f+2, 2n-2f; \gamma) \right]^{-1} \tag{8.1.22}$$

其中 F 分布的分位数可查表获得. 由于以上介绍的方法仅利用了当前阶段的试验数据, 当试验数量较少时, 可靠度置信下限的估计会过于保守.

8.1.4.2 可靠性的 Bayes 置信下限 [2,4,9-10]

Bayes 方法充分利用了先验信息, 可以减少试验次数, 节省试验经费. 对于二项分布可靠性而言, 先验分布往往采用 β 分布, 即

$$\pi(R) = \frac{R^{a-1}(1-R)^{b-1}}{B(a,b)}, \quad 0 \leqslant R \leqslant 1 \tag{8.1.23}$$

其中 a 和 b 为先验分布的超参数. 超参数 a 和 b 的选取对于系统可靠性的 Bayes 分析至关重要, 因为这些超参数体现了先验信息的充分利用, Martz 和 Waller[8] 给出了估计参数 a 和 b 的经验 Bayes 方法.

设有 m 批先验试验信息, $n_i(i = 1, 2, \cdots, m)$ 表示各批试验的次数, R_i 表示各批试验中可靠性的点估计, 此时有

$$a + b = \frac{m^2 \left(\sum_{i=1}^{m} R_i - \sum_{i=1}^{m} R_i^2 \right)}{m \left(m \sum_{i=1}^{m} R_i^2 - K \sum_{i=1}^{m} R_i \right) - (m - K) \left(\sum_{i=1}^{m} R_i \right)^2} \tag{8.1.24}$$

$$a = (a + b)\bar{R} \tag{8.1.25}$$

其中 $K = \sum_{i=1}^{m} n_i^{-1}$, $\bar{R} = \frac{1}{m} \sum_{i=1}^{m} R_i$.

当 m 较小时, 抽样误差可能会引起 (8.1.24) 式中 $(a + b)$ 估计为负值, 此时作如下修正

$$a + b = \frac{m-1}{m} \cdot \frac{m \sum_{i=1}^{m} R_i - \left(\sum_{i=1}^{m} R_i \right)^2}{m \sum_{i=1}^{m} R_i^2 - \left(\sum_{i=1}^{m} R_i \right)^2} - 1 \tag{8.1.26}$$

当确定了先验分布的超参数后, 根据 Bayes 定理有

$$\pi(R|X) = \frac{R^{n-f+a-1}(1-R)^{b+f-1}}{B(n-f+a, f+b)} \tag{8.1.27}$$

(8.1.27) 式为采用 β 分布时可靠度 R 的验后分布密度, 此时可靠性置信下限 R_L 满足:

$$\int_0^{R_L} \pi(R|X)\mathrm{d}R = I_{R_L}(n-f+a, f+b) = 1-\gamma$$

再利用 β 分布分位数与 F 分布分位数的关系, 可以得到

$$R_L = \left[1 + \frac{f+b}{n-f+a}F(2f+2b, 2n-2f+2a; \gamma)\right]^{-1} \tag{8.1.28}$$

F 分布的分位数可查表获得.

8.1.5　基于混合先验分布的发射可靠性评定 [20]

在工程实践中, 想要精确给出 ε_i 的值是相当困难的. 在现场试验数据和历史数据都不充足的情况下, 专家通常很难准确地给出权重, 并且不同专家的意见经常出现不可调和的两个极端; 而要计算先验信息的可信度也很困难. 下面采用基于专家信息的分层 Bayes 方法来处理, 不需要估计 ε_i 具体的数值, 只要确定其合理的分布区间, 即认为 $\varepsilon = (\varepsilon_1, \varepsilon_2, \cdots, \varepsilon_m)$ 是一个随机变量, 而 ε 的概率密度函数由专家或其他信息确定. 分层 Bayes 方法增加了处理问题的灵活性, 同时用两步来确定先验分布, 把主观先验信息合并到第二阶段中去, 要比一次完成先验分布的方法好, 可以使结果更稳健. 在大部分情况下, ε 取某个区间上的均匀分布. 请专家给出某个先验信息权重可能的取值范围, 这比要求专家直接给出权重的估计值要容易做到, 专家也更有信心. 对于给出的不同区间, 可以根据专家的权威性和实际情况进行选择.

设 $D = \{(\varepsilon_1, \varepsilon_2, \cdots, \varepsilon_m) | 0 < \varepsilon_i < 1, i = 1, 2, \cdots, m\}$, $\pi(\varepsilon)$ 是 ε 在区域 D 上的密度函数, 结合上面所求得的混合先验分布, 可以得到 R 的验后密度函数为

$$\pi(R|X) = \int \cdots \int_D \pi_\varepsilon(R|X)\pi(\varepsilon)\mathrm{d}\varepsilon_1 \cdots \mathrm{d}\varepsilon_m \tag{8.1.29}$$

把 (8.1.17) 式代入 (8.1.29) 式则有

$$\pi(R|X) = \int \cdots \int_D \frac{\sum\limits_{i=1}^m \varepsilon_i \pi_i(R|X)m(X|\pi_i)}{m(X|\pi)}\pi(\varepsilon)\mathrm{d}\varepsilon_1 \cdots \mathrm{d}\varepsilon_m \tag{8.1.30}$$

上式的积分可以利用数值积分的方法得到.

导弹按功能分为弹体系统、推进系统、制导控制系统、引战系统、电力系统、弹上电缆网等,整体上属于成败型产品,但实际上导弹系统可以区分为一次工作的分系统和重复工作的分系统. 弹上一次工作的分系统主要有发动机、战斗部等,它们属于成败型产品,其可靠性参数服从二项分布,导弹可能包括多个二项型分系统. 弹上重复工作的分系统主要是弹上电子设备 (包括部分机电设备,如陀螺仪),将弹上所有重复工作的设备看作一个分系统,这个分系统的可靠性参数服从指数分布. 这样导弹可视为由多个二项型分系统和一个指数型分系统构成的串联系统.

导弹发射时,只与发控系统、点火装置、支撑装备等若干系统有关. 其中发控系统是指数型分系统,其他分系统都为成败型分系统,它们串联组成了导弹发射系统. 导弹系统发射可靠性结构模型如图 8.1.2 所示.

图 8.1.2　某导弹发射可靠性结构模型

表 8.1.1 给出了各组成单元的地面试验信息.

表 8.1.1　各单元地面试验数据

	分布类型	(特征量, 试验值)
点火装置	成败型	(98, 100)
支撑装置	成败型	(59, 60)
火工品	成败型	(56, 57)
助推器	成败型	(72, 73)
发控系统	指数型	(1, 65)

注: 对于成败型系统,特征量指的是试验中成功的次数; 对于指数型系统,特征量指的是试验中的失效次数,试验值是总的试验时间,单位是小时.

而在前阶段的抽样试验中,共发射该型导弹 9 枚,其中有 1 次失败. 现场试验数据为发射 5 枚导弹,其中有 1 次失败. 先验信息有二个来源,一个是分系统的地面试验信息,按照 8.1.3 节的方法折合得到的先验分布为 $\pi_1(R) = \beta(R|65.4819, 5.7386)$; 另一个信息来源于历史试验数据,其先验分布为 $\pi_2(R) = \beta(R|8, 1)$.

经典统计方法只考虑现场试验结果,则由式 (8.1.22) 得到在置信度 $\gamma = 0.9$ 时,导弹武器系统发射可靠度下限为 $R_L = 0.4161$,其可靠性的点估计为 $\hat{R} = 0.8$,经典方法未能利用大量的历史信息帮助统计分析,尽管现场试验仅有一次失效,但由于样本太小,导致评估结果过于保守. 不考虑分系统试验信息的 Bayes 估计,则验后分布为 $\pi(R|X) = \beta(R|12, 2)$,仍取 $\gamma = 0.9$,则有 $R_L = 0.7322$,其可靠性的点估计为 $\hat{R} = 0.8333$,忽略了分系统的试验信息,评估不够准确.

按照本节的方法, 验前信息共有 2 个来源, 其先验分布为 $\pi(R) = \varepsilon_1\pi_1(R) + \varepsilon_2\pi_2(R)$, 其中 $\varepsilon_1 + \varepsilon_2 = 1$, 根据 Bayes 分析的验后分布为

$$\pi_\varepsilon(R|X) = \frac{\varepsilon_1 A + \varepsilon_2 B}{\varepsilon_1 C + \varepsilon_2 D}$$

其中

$$A = \frac{R^{68.4819}(1-R)^{5.7386}}{\beta(65.4819, 5.7386)}, \quad B = \frac{R^{11}(1-R)}{\beta(8,1)},$$

$$C = \frac{\beta(69.4819, 6.7386)}{\beta(65.4819, 5.7386)}, \quad D = \frac{\beta(12,2)}{\beta(8,1)}$$

设权重 $\varepsilon_1(0 \leqslant \varepsilon_1 \leqslant 1)$ 服从均匀分布 $\phi(\varepsilon_1) = \begin{cases} \dfrac{1}{\mu_1 - \mu_2}, & \mu_1 \leqslant \varepsilon_1 \leqslant \mu_2, \\ 0 & \text{其他}, \end{cases}$ 其

中 μ_1 和 μ_2 可由先验信息的可信度和专家确定. 考虑到第一个先验信息来源于分系统的地面试验, 与系统级的试验环境差别较大, 可以取 $\mu_1 = 0$, $\mu_2 = 0.5$. 这样可以得到 R 的验后密度函数为

$$\pi(R|X) = \int_0^1 \pi_\varepsilon(R)\phi(\varepsilon_1)\mathrm{d}\varepsilon_1 \tag{8.1.31}$$

令 $\varphi(x) = \ln[D - (D-C)x]\dfrac{BC - AD}{(D-C)^2} + \dfrac{B-A}{D-C}x$, (8.1.31) 式可以改为

$$\pi(R|X) = \frac{1}{\mu_2 - \mu_1}[\varphi(\mu_2) - \varphi(\mu_1)] \tag{8.1.32}$$

由此得到 $\gamma = 0.9$ 的可靠度置信下限为 $R_L = 0.7537$, 可靠度的点估计为 $\hat{R} = 0.8727$. 表 8.1.2 给出不同区间可靠度的点估计和置信下限, 可以看出, 该方法合理充分地利用了产品的多源先验信息, 增强了统计推断结论的稳健性, 对导弹发射可靠性的评估更为准确.

表 8.1.2   不同区间可靠度的点估计和置信下限

(μ_1, μ_2)	(0, 0.4)	(0, 0.45)	(0, 0.5)	(0, 0.55)	(0.1, 0.5)	(0.1, 0.6)
R_L	0.7487	0.7512	0.7537	0.7563	0.7590	0.7648
$\hat{R}$	0.8696	0.8711	0.8727	0.8743	0.8758	0.8790

对于如导弹发射试验这样的成败型试验, 其系统可靠性评估按如下步骤进行:

(1) 确定子系统的先验分布, 结合试验信息得到子系统的后验分布.

(2) 根据系统的可靠性结构模型把子系统的信息折合成系统信息.

(3) 确定系统先验, 若先验信息有多种来源, 可以使用混合先验分布来增加 Bayes 估计的稳健性.

(4) 计算系统的后验分布, 由后验分布确定系统可靠性的点估计和置信下限.

8.2 飞行可靠性预报

飞行可靠度是导弹非常重要的可靠性指标之一, 导弹飞行可靠度一般作为优先选用的可靠性参数, 通常在导弹研制中就对它提出了定量的要求, 并要求进行指标验证.

8.2.1 飞行可靠性相关因素 [3-20]

导弹飞行可靠度是指在贮存期内经过射前各项检测并可供发射的导弹, 在规定的发射飞行条件下, 在规定的从导弹点火起飞至弹头落地所需要的工作任务时间内, 完成正常发射飞行, 弹头落入规定散布范围的概率.

导弹飞行可靠性主要取决于弹上控制系统的可靠性. 在导弹飞行阶段, 弹上设备和地面 (或舰面) 设备中有关跟踪制导设备不允许发生致命故障. 飞行阶段的主要任务是保证截获、制导导弹、命中和毁伤目标.

由于在飞行过程中速度快、射程远, 导弹受环境影响的因素较大, 环境条件除了气象条件外还有平台环境, 如倾斜、摇摆等. 在系统开机状态, 还有诱导的电应力、温度和机械等应力. 在导弹飞行过程中, 还要考虑诱导震动、冲击、噪声和加速度等环境的影响. 各任务阶段环境应力水平及持续时间与系统特点相适应.

8.2.2 飞行可靠性分解与集成 [11-19]

评价导弹飞行可靠度最直接、可信的办法是通过靶场试验数据进行统计, 但由于经费的限制, 靶场试验的子样往往比较小, 造成统计评定结果的置信度不高. 一般来说, 导弹系统各级的试验数量符合金字塔结构, 如图 8.2.1 所示, "级" 越高, 试验次数越少; "级" 越低, 试验次数越多. 显然要评定导弹系统的可靠度, 就要充分利用各单元、分系统的试验信息.

图 8.2.1 金字塔试验模型

各单元、分系统的试验大多是地面模拟试验, 试验环境和实际飞行环境差别较大, 这就需要引入折合因子, 它是影响系统可靠性评估结果的重要因素. 折合因子是以大量的试验数据为基础, 经统计处理才能确定.

通常来说, 利用地面试验数据来评价导弹实际飞行可靠性, 首先是利用经验找到地面试验和实际飞行试验环境下的折合因子 K; 其次, 利用求得的折合因子把地面试验所得的结果转化为等效的试验时间; 最后, 结合等效试验时间和地面试验中的失效次数来计算飞行可靠度. 然而, 这种近似是以相似系统之间的经验为基础的, 对于新的设计是不合适的.

下面利用定时截尾的地面试验数据来评价系统实际飞行可靠性. 假设在地面试验和实际飞行试验中, 失效时间都服从指数分布, 并且地面试验和实际飞行试验的 Hazard 函数 (风险率函数) 是成比例的. 利用只有一个参数的寿命分布假设、压力强度和循环效果都可以转化为单一的相关因子; 再用基于边缘分布的最大似然法估计相关因子和先验分布的参数. 通常的最大似然法只能得出两个独立的方程, 无法解出三个未知数. 为了克服这个困难, 给出修正模型利用迭代程序来求解. 导弹实际飞行的失效率可以用通常的 Bayes 估计得到.

假设地面试验是定时截尾试验, 考虑泊松概率模型抽样寿命试验, 则连续两次失效的时间间隔是独立的并服从同一指数分布 $F(t)$. 而在实际飞行条件下, 失效时间服从分布函数 $G(t)$, $F(t)$ 和 $G(t)$ 之间的关系函数为 $h(x)$, 定义为 $G(t) = h[F(t)]$. 假设

$$h(x) = 1 - (1 - x)^k \tag{8.2.1}$$

式中 k 叫做相关因子. (8.2.1) 式中给出的相关函数 $h(x)$ 的形式通常用来建立不同来源数据之间的关系. 利用这个假设, $F(t)$ 和 $G(t)$ 的风险率函数是成比例的, 因子是 k. 指数分布的累积分布函数

$$F(t) = 1 - R(t) = 1 - e^{-\lambda t}$$

把上式代入 (8.2.1) 式可得 $G(t) = 1 - e^{-\lambda k t}$. $G(t)$ 也是指数分布函数, 因此, 这种 $h(x)$ 的形式是假设把地面试验条件下的系统试验时间 t 转化为实际飞行条件下的试验时间 kt. 如果可以求得相关因子 k, 地面试验的结果 (r, t) 就转换成 (r, kt). 因此, 在等效试验时间 kt 中发生的失效次数 r 的分布为

$$f(r|\lambda) = \frac{e^{-\lambda kt}(\lambda kt)^r}{r!}, \quad \lambda > 0, r = 1, 2, \cdots \tag{8.2.2}$$

其中 λ 是系统在实际作战条件下的失效率.

考虑先验分布是 Gamma 分布 $g_i(\lambda; \alpha, \beta)$, 概率分布函数 (pdf) 为

$$g_i(\lambda; \alpha, \beta) = \frac{\beta^\alpha}{\Gamma(\alpha)} \lambda^{\alpha-1} e^{-\beta\lambda}, \quad \lambda, \alpha, \beta > 0 \tag{8.2.3}$$

这里 α 和 β 表示 Gamma 分布的参数, $\Gamma(\cdot)$ 表示完整的 Gamma 函数. 根据 Bayes 理论, 在给定 r 时并且在等效实际作战时间 kt 内, λ 的后验概率密度函数为

$$g_p(\lambda; \alpha, \beta) = \frac{\lambda^{r+\alpha-1} e^{-(kt+\beta)\lambda}}{\int_0^\infty \lambda^{r+\alpha-1} e^{-(kt+\beta)\lambda} \mathrm{d}\lambda} \tag{8.2.4}$$

令 $y = \lambda(kt+\beta)$, 化简后可得 λ 的后验概率密度函数为

$$g_p(\lambda; \alpha, \beta) = \frac{(kt+\beta)^{r+\alpha}}{\Gamma(r+\alpha)} \lambda^{r+\alpha-1} e^{-(kt+\beta)\lambda}, \quad \lambda > 0 \tag{8.2.5}$$

r 的边缘分布是

$$g_m(r; \alpha, \beta) = \frac{\beta^\alpha (kt)^r \Gamma(r+\alpha)}{\Gamma(\alpha) r! (kt+\beta)^{r+\alpha}} \tag{8.2.6}$$

函数 $g_p(\lambda; \alpha, \beta)$ 被认为是一个 Gamma 分布. 参数 $(r+\alpha)$ 称为联合失效数, 而 $kt+\beta$ 是总的联合试验时间. 因此, 基于 λ 的先验分布 $g_i(\lambda; \alpha, \beta)$ 的效果是在观察到的失效数 r 的基础上增加了 α 和在观察到的试验时间 kt 的基础上增加了 β.

根据 Bayes 定理的惯例, 在平方损失函数下, 用后验分布的均值来表示对系统实际作战失效率 λ 的估计. 如果估计值 $\hat{k}$, $\hat{\alpha}$, $\hat{\beta}$ 是可行的 (在接下来的部分讨论), 则 λ 的估计可以表示为

$$\hat{\lambda} = \frac{r+\hat{\alpha}}{\hat{k}t+\hat{\beta}} \tag{8.2.7}$$

考虑 n 个阶段泊松试验, 第 j 个试验阶段, 观察到的总的试验时间为 t_j, 失效数为 r_j. 通过以上的讨论可以知道, 转换为等效实际作战试验的数据为 (r_1, kt_1), $(r_2, kt_2), \cdots, (r_n, kt_n)$. 下面用基于边缘分布的最大似然法估计 k, α 和 β.

方程 (8.2.5) 可以化为

$$g_m(r; \alpha, \beta) = \frac{\left(\dfrac{k}{\beta}t\right)^r \Gamma(r+\alpha)}{\Gamma(\alpha) r! \left(\dfrac{k}{\beta}t + 1\right)^{r+\alpha}} \tag{8.2.8}$$

上式意味着边缘分布可以用两个参数 $\dfrac{k}{\beta}$ 和 α 来表示. 利用这个分布, 用传统的近似可以得出 $\dfrac{k}{\beta}$ 和 α 的两个独立似然方程, 这不足以解出三个未知数, 只可以得到 k 和 β 的线性关系. 为了克服这个困难, 提出一种修正模型. 在修正模型中, 假设最后一个阶段的地面试验所得的结果 (r_n, t_n) 是独立的, 引进一个新参数 ω 代替相关因子 k.

在修正模型中, 通过等效试验数据所得的边缘分布为

$$g_m(r_j; \alpha, \beta) = \frac{\beta^\alpha (kt_j)^{r_j} \Gamma(r_j + \alpha)}{\Gamma(\alpha) r_j! (kt_j + \beta)^{r_j + \alpha}}, \quad j = 1, 2, \cdots, n-1$$

$$g_m(r_n; \alpha, \beta) = \frac{\beta^\alpha (\omega t_n)^{r_n} \Gamma(r_n + \alpha)}{\Gamma(\alpha) r_n! (\omega t_n + \beta)^{r_n + \alpha}} \tag{8.2.9}$$

修正模型的边缘似然函数为

$$L \equiv L(k, \alpha, \beta) = \prod_{j=1}^{n-1} \frac{\beta^\alpha (kt_j)^{r_j} \Gamma(r_j + \alpha)}{\Gamma(\alpha) r_j! (kt_j + \beta)^{r_j + \alpha}} \cdot \frac{\beta^\alpha (\omega t_n)^{r_n} \Gamma(r_n + \alpha)}{\Gamma(\alpha) r_n! (\omega t_n + \beta)^{r_n + \alpha}} \tag{8.2.10}$$

对数似然函数为

$$\ln L = n\alpha \ln \beta + \sum_{j=1}^{n} \ln \Gamma(r_j + \alpha) - n \ln \Gamma(a)$$

$$- \sum_{j=1}^{n} \ln(r_j!) + \sum_{j=1}^{n} r_j \ln(t_j)$$

$$+ \ln k \sum_{j=1}^{n-1} r_j - \sum_{j=1}^{n-1} (r_j + \alpha) \ln(kt_j + \beta)$$

$$+ r_n \ln \omega - (r_n + \alpha) \ln(\omega t_n + \beta) \tag{8.2.11}$$

方程 (8.2.11) 分别对 k, α 和 β 取偏导数

$$\frac{\partial \ln L}{\partial k} = \sum_{j=1}^{n-1} \frac{r_j}{k} - \sum_{j=1}^{n-1} (r_j + \alpha) \frac{t_j}{kt_j + \beta} \tag{8.2.12}$$

$$\frac{\partial \ln L}{\partial \alpha} = n \ln \beta + \sum_{j=1}^{n} [\Psi(r_j + \alpha) - \Psi(\alpha)] - \sum_{j=1}^{n-1} \ln(kt_j + \beta) - \ln(\omega t_n + \beta)$$

$$= n \ln \beta + \sum_{j=1}^{n} \sum_{i=0}^{r_j-1} \frac{1}{\alpha + i} - \sum_{j=1}^{n-1} \ln(kt_j + \beta) - \ln(\omega t_n + \beta) \tag{8.2.13}$$

$$\frac{\partial \ln L}{\partial \beta} = \left[\frac{(n-1)\alpha}{\beta} - \sum_{j=1}^{n-1} \frac{r_j + \alpha}{kt_j + \beta} \right] - \left[\frac{\alpha}{\beta} - \frac{r_n + \alpha}{\omega t_n + \beta} \right] \tag{8.2.14}$$

其中 $\Psi(Z) \equiv \dfrac{\mathrm{d}}{\mathrm{d}Z}[\ln \Gamma(Z)]$, 有如下性质: $\Psi(z + n) - \Psi(z) = \displaystyle\sum_{k=0}^{n-1} \dfrac{1}{z + k}$ (n 为整数).

令方程 (8.2.12)~(8.2.14) 为零, 即可得到

$$\sum_{j=1}^{n-1} \frac{r_j}{k} - \sum_{j=1}^{n-1} (r_j + \alpha) \frac{t_j}{kt_j + \beta} = 0 \tag{8.2.15}$$

$$\beta + \sum_{j=1}^{n-1}\sum_{i=0}^{r_j-1}\left(\frac{1}{\alpha+i}\right) - \sum_{j=1}^{n-1}\ln\left(kt_j+\beta\right) - \ln\left(\omega t_n+\beta\right) = 0 \qquad (8.2.16)$$

$$\frac{\alpha}{\beta} - \frac{r_n+\alpha}{\omega t_n+\beta} = 0 \qquad (8.2.17)$$

方程 (8.2.17) 的导出是因为

$$\left[\frac{(n-1)\alpha}{\beta} - \sum_{j=1}^{n-1}\frac{r_j+\alpha}{kt_j+\beta}\right] = \frac{k}{\beta}\left[\frac{(n-1)\alpha}{k} - \frac{\beta}{k}\sum_{j=1}^{n-1}\frac{r_j+\alpha}{kt_j+\beta}\right]$$

$$= -\frac{k}{\beta}\left[\sum_{j=1}^{n-1}\frac{r_j}{k} - \sum_{j=1}^{n-1}\frac{r_j}{k} - \frac{(n-1)\alpha}{k} + \frac{\beta}{k}\sum_{j=1}^{n-1}\frac{r_j+\alpha}{kt_j+\beta}\right]$$

$$= -\frac{k}{\beta}\left[\sum_{j=1}^{n-1}\frac{r_j}{k} - \sum_{j=1}^{n-1}\frac{r_j+\alpha}{k} + \frac{\beta}{k}\sum_{j=1}^{n-1}\frac{r_j+\alpha}{kt_j+\beta}\right]$$

$$= -\frac{k}{\beta}\left[\sum_{j=1}^{n-1}\frac{r_j}{k} - \sum_{j=1}^{n-1}(r_j+\alpha)\frac{t_j}{kt_j+\beta}\right]$$

因此, 若方程 (8.2.15) 满足, 则方程 (8.2.16) 右边第一项为零, 这样就得到了方程 (8.2.17).

用迭代法解方程 (8.2.15)~(8.2.17). 在每步迭代中, 调整 ω 是一个假定的特殊值来求解三个未知数. 第一次迭代, 假定 $\omega_1=1$, 然后求解得到第一次迭代的估计值 $\hat\alpha_1$, $\hat\beta_1$ 和 $\hat k_1$; 第二次迭代, 假定 $\omega_2=\hat k_1$, 在方程 (8.2.15) 中替换 ω_2 后, 可以求解第二次迭代的估计值 $\hat\alpha_2$, $\hat\beta_2$ 和 $\hat k_2$; 第三次迭代, 再令 $\omega_3=\hat k_2$, 然后再求解. 通过这样的迭代, 可以得到一个解的序列, 迭代终止的条件是 $\omega_i=\hat k_{i-1}$ 与 $\hat k_i$ 的估计之间的差异在可以接受的范围内.

迭代程序结束时 $\omega \approx \hat k$, 从这可以看出得到的修正方程仍然满足传统的似然方程. 通过引入一个调整参数 ω, 修正模型把一个方程拆开为两个独立的方程, 从而对三个未知数得到了三个独立的方程.

方程 (8.2.15)~(8.2.17) 的求解必须用数值解法, 在工程应用中是适宜的.

8.2.3 飞行可靠性预报结果及置信度分析

假设某型导弹一系列研制阶段的地面试验都是定时结尾试验, 试验结果如表 8.2.1 所示.

表 8.2.1   不同阶段地面试验数据

试验阶段	总的试验时间/h	失效数
1	3250	2
2	5926	3
3	6418	4
4	6795	2
5	8240	5
6	7418	4
7	4418	3

利用所得的数据和上面介绍的方法, 在 5 次迭代后就可以得到各参数的估计值, 如表 8.2.2 所示, 地面试验的总时间乘以 k 的估计值得到系统飞行试验条件下的等效试验时间.

表 8.2.2   不同阶段地面试验数据

迭代次数	$\hat{\alpha}$	$\hat{\beta}$	$\hat{k}$	$\Delta/\%$
1	6.4047	324.69	0.2685	274.4
2	1.0984	354.65	0.1668	61.0
3	1.0669	395.32	0.2059	19.0
4	1.1140	380.92	0.1854	11.1
5	1.1527	388.81	0.1853	<0.1

注: $\Delta = \begin{cases} \dfrac{|\hat{k}_j - \omega|}{\hat{k}_j}, & j = 1, \omega = 1, \\[2mm] \dfrac{|\hat{k}_j - \hat{k}_{j-1}|}{\hat{k}_j}, & j = 2, 3, 4, 5. \end{cases}$

由此可知, 导弹在实际环境下的等效失效数为 $r = \sum\limits_{i=1}^{7} r_i = 23$, 等效试验时间为 $t = \sum\limits_{i=1}^{7} t_i = 42465(\text{h})$, 再结合迭代结果由 (8.2.7) 式可得导弹的实际失效率为

$$\hat{\lambda} = \frac{r + \hat{\alpha}}{\hat{k}t + \hat{\beta}} = 2.9249 \times 10^{-3} (\text{次}/\text{h})$$

而利用 RADC(Rome Air Development Center) 提供的在不同环境条件下的折合因子和地面试验所得的数据, 计算得到实际飞行失效率近似为 $\hat{\lambda}_t = 3.2115 \times 10^{-3}(\text{次}/\text{h})$. 在导弹研制阶段, 有许多不确定因素 (包括环境折合因子) 需要考虑和详细说明, 导弹飞行可靠度的评估只提供了对设计的判断. 折合因子是通过相似系统或是不同来源之间的数据比较得到的, 某些时候 $\hat{\lambda}_t$ 甚至是不存在的. 通过上面的计算, 可以得到 $\hat{\lambda}$ 和 $\hat{\lambda}_t$ 的差值为 $\hat{\lambda}_t$ 的 8.92%, 所得的结果比较精确.

导弹飞行可靠性的预报, 主要是利用地面试验信息、相似或相关产品的历史试验信息等, 而在不同试验环境下所得到的数据不能直接使用, 这就要用到折合因子. 在小子样、环境差别较大的情况下, 确定折合因子非常困难, 而折合因子的准确与否直接影响到系统可靠性的评估结果的准确性. 对于确定折合因子所面临的数据不充分问题, 可以借助于计算机仿真技术增加数据量. 利用 Bayes 定理, 可以很容易结合地面试验信息和飞行试验结果, 来提高对导弹飞行可靠性评估的精度.

8.3 射 程 预 报

导弹发射前, 应用二次曲线拟合算法, 用于计算导弹的射程、程序角等诸元参数, 这些参数用以对控制系统进行仿真计算, 可以对射程进行预报. 实时射程预报通过建立导弹的运动学方程, 用数值积分法解算落点 [21-26].

8.3.1 射程预报方法

在导弹发射前, 要将发射点和目标点的经纬度、头部质量偏差、海拔高度等发射参数输入到地面计算机中, 由地面计算机进行计算后, 再将导弹飞行过程中所用到的程序角系数、关机特征量、惯性组合工具误差补偿系数等飞行控制参数装订到弹载计算机, 对导弹进行姿态和稳定控制, 控制导弹飞向目标 [21-25]. 计算射程可以采用二次曲线拟合算法, 求解弹道导弹射程, 分两步进行: 一是按照 Bauman 方法 [24-25] 计算理想状态下的大地射程和大地方位角; 二是根据第一部分的计算结果, 按照拟合算法, 计算各种条件下的修正量, 得到所需的瞄准射程.

8.3.1.1 计算大地射程和大地方位角

在大地测量学中, 地表点间的大地距离是用旋转椭球参考面上的短程线来度量的. 在已知发射点的经纬度 (λ_1, B_1) 和目标点的经纬度 (λ_2, B_2) 的情况下, 通常采用 Bauman 方法 [24-25] 计算大地射程 L 和大地方位角 A.

根据发射点和目标点经纬度的大小, 对大地方位角的整理分为三种情况: 在 $(\lambda_2 - \lambda_1) > 0$ 情况下, 如果大地方位角 $A > 0$, 则结果不变; 如果 $A < 0$, 则 $A = A + 180°$. 在 $(\lambda_2 - \lambda_1) < 0$ 的情况下, 如果大地方位角 $A > 0$, 则 $A = A + 180°$; 如果 $A < 0$, 则 $A = A + 360°$. 在 $(\lambda_2 - \lambda_1) = 0$ 的情况下, 如果 $B_2 > B_1$, 则 $A = 0°$; 如果 $B_2 < B_1$, 则 $A = 180°$.

8.3.1.2 瞄准射程和射向的计算 [21]

利用二次曲线拟合算法计算各种条件下的修正量的系数, 根据导弹射程的远近将弹道拟合为若干条理想弹道曲线, 每条弹道曲线又以时间为轴划分为若干段, 这样就构成了以大地射程和时间为自变量的二维函数, 即 $\Psi = f(L, T)$, f 为二次三项式函数, Ψ 为所求系数, 如下面计算地球自转引起的修正量的系数 $m_1 \sim m_6, n_1 \sim n_6$ 及高程差引起的修正量的系数 u, v 等. 然后, 再根据这些系数计算各种修正量.

进行计算时, 首先根据时间或区间确定所要检索的数据表 (表 8.3.1), 再以大地射程为自变量在数据表中进行检索, 找出用于计算的二次三项式的三个系数, 计算二次三项式即可算出所需的修正量的系数.

表 8.3.1   计算射程修正量的系数所用数据表

修正量的系数	二次项系数	一次项系数	常数项
m_1	$-0.2751381\mathrm{e}{-07}$	$-0.8538238\mathrm{e}{-02}$	$0.6035101\mathrm{e}{+01}$
m_2	$0.5218801\mathrm{e}{-08}$	$-0.3634279\mathrm{e}{-03}$	$-0.2234126\mathrm{e}{+02}$
...	...	...	...
m_6	$-0.8839024\mathrm{e}{-09}$	$0.1513799\mathrm{e}{-03}$	$-0.4647695\mathrm{e}{+01}$

由二次曲线拟合算法可以得到:

$$m_1 = (-0.12751381\mathrm{e}{-07})\, L^2 + (-0.18538238\mathrm{e}{-02})L + 0.16035101\mathrm{e}+04$$

$$m_2 = (-0.15218801\mathrm{e}{-08})\, L^2 + (-0.13634279\mathrm{e}{-03})L - 0.12234126\mathrm{e}+02$$

$$\cdots\cdots$$

$$m_6 = (-0.18839024\mathrm{e}{-09})\, L^2 + (0.11513799\mathrm{e}{-03})L - 0.14647695\mathrm{e}+01$$

下面计算各修正量所用的系数 $n_1 \sim n_6, u, v, E$ 均采用此方法计算得到.

采用 Bauman 方法计算出的大地射程和大地方位角是没有考虑其他条件的理想值, 因此要对其进行修正, 这些修正包括地球自转的修正量、目标点和发射点之间的高程差修正量以及气象的修正量等, 大地射程和大地方位角与相应各修正量的代数和, 即为瞄准射程和射向.

1) 地球自转引起的修正量

由地球自转所引起的射程修正量 (ΔL_1) 和射向修正 (ΔA_1) 可以按下列公式计算.

$$W_1 = \cos B_1 \times \sin A$$

$$W_2 = \sin B_1$$

$$W_3 = \cos B_1 \times \cos A$$

$$\Delta L_1 = m_1 \times W_1 + m_2 \times W_2 + m_3 \times W_3 + m_4 \times W_1^2 + m_5 \times W_2^2 + m_6 \times W_3^2$$

$$\Delta A_1 = n_1 \times W_1 + n_2 \times W_2 + n_3 \times W_3 + n_4 \times W_1^2 + n_5 \times W_2^2 + n_6 \times W_3^2$$

其中 $m_1 \sim m_6, n_1 \sim n_6$ 均为大地射程的函数, 采用二次曲线拟合法计算得到.

2) 高程差引起的射程修正量

由发射点和目标点的海拔高度差值引起的射程修正量 (ΔL_2) 是射程和高程的函数.

$$\Delta H = \mathrm{abs}(H_2 - H_1)$$

$$\Delta L_2 = [(u \times \Delta H + v) \times \Delta H] \times \mathrm{sgn}(H_2 - H_1)$$

其中 H_1, H_2 分别为目标点和发射点的海拔高度. u, v 为大地射程的函数, 采用二次曲线拟合法计算得到.

3) 气压引起的修正量

根据气压系统偏差的统计结果, 可将关心区域分为多个地区. 射表按目标点的经度和纬度计算大气修正量的地区号, 再查相应的数据表, 由二次曲线拟合法计算出气压引起的修正量的系数 E.

$$\Delta L_3 = E \times \sin(A \pm 5/57129578)$$

$$\Delta A_2 = 57129578 \times E \times \cos(A \pm 5/57129578)L$$

4) 瞄准射程和射向

由上述计算结果计算瞄准射程 L_s 和射向 A_s, 得

$$L_s = L + \Delta L_1 + \Delta L_2 + \Delta L_3$$

$$A_s = A + \Delta A_1 + \Delta A_2$$

瞄准射向值超过 360°, 则减 360°; 小于 0°, 则加 360°.

8.3.2 实时射程预报

实时射程预报一般用解析法或数值积分法. 假设在当前时刻, 导弹转入无动力、无控制的自由飞行状态, 如果不考虑空气阻力的影响, 可以用抛物线模型或椭圆模型来计算落点. 如果对落点的精度要求较高, 则必须考虑空气阻力的影响, 通过建立导弹的运动学方程, 用数值积分法解算落点 [24-25].

8.4 惯性制导精度预报

影响惯性制导导弹落点精度的因素很多, 从误差分类可以分为制导误差和非制导误差两大类, 其中制导误差又包括制导工具误差和制导方法误差, 非制导误差主要考虑瞄准误差、中段和后效误差、重力异常误差、再入误差及定位误差 [26].

1) 制导误差

制导工具误差主要由惯性测量装置的测量误差引起. 包括陀螺漂移误差、加速度表比例误差、安装误差以及平台系统的静态、动态误差和初始定位误差等. 对于采用惯性制导的地–地弹道导弹而言, 工具误差是主要的误差源.

制导方法误差主要来自制导的数学模型 (即制导方程)、制导率不精确和不完善、方程解算舍入误差和误差补偿方法不完善. 对于固体弹道式导弹, 固体发动机的比冲和秒耗量的偏差较大, 采用显示制导对适应大干扰弹道有明显的优势.

2) 非制导误差

瞄准误差是由于方位瞄准系统存在着方法误差和仪器误差, 从而引起了瞄准系统的误差, 该误差仅影响横向精度.

后效误差是由发动机关机后的后效冲量偏差、爆炸螺栓的引爆冲量和发动机舱段余压引起的, 该误差主要影响纵向精度.

引力异常误差是由于地球实际引力与标准引力模型之间的差异而产生引力异常引起的, 包括发射点地垂偏差、主动段、被动段的引力异常以及地球物理常数四个部分.

再入误差是由于大气密度和风速偏离标准值、再入攻角、弹头结构偏差和烧蚀不对称造成的.

发射点、目标点定位误差不属于导弹本身的误差, 但对导弹的打击效果有影响, 特别是目标点定位误差较大, 对作战效果的影响就较大.

飞行试验弹落点分析采用的数据一般有: 飞行试验弹诸元中的相关总体参数、制导参数、发动机性能预示数据; 装弹平台系统在试验靶场的单元测试数据, 主要有陀螺仪和加速度表的漂移系数均值 m、随机偏差 σ, 以及加速度表的当量等; 装弹平台系统产品证明书上所记载的加速度表安装误差.

通过计算各误差的干扰项分别对落点偏差的影响, 可以综合计算得出相应误差落点的精度预报 [22-23,26].

8.4.1 制导工具误差预报

运载火箭落点精度的主要因素中, 制导误差约占圆概率偏差 (CEP) 的 85%, 命中精度主要取决于对主动段飞行的控制. 惯性器件 (陀螺、加速度表) 误差及平台静止误差源对关机点参数有重要影响. 由于制导坐标系是发射惯性坐标系, 制导方程中视加速度 $\dot{W}$、视速度 W 的各分量均是指在发射惯性坐标系的各分量. 当陀螺仪与加速度表在平台上固定安装后, 则 $\dot{W}, W$ 在平台坐标系 $O_1\text{-}x_p y_p z_p$ 三轴上分解, 当平台、陀螺、加速度表没有误差时, 由于发射时平台坐标系与发射惯性坐标系完全重合, 则依据平台坐标系各轴的分量进行制导是精确的. 但实际上, 由于平台、陀螺与加速度表存在误差, 使得转化到实际惯性坐标系中的分量有误差, 从而引起制导误差, 结果产生落点偏差.

首先我们根据设计的精确弹道, 得到精确弹道弹体系的视速度值 W_{x1}, W_{y1}, W_{z1}, 在 T 周期内能得到的只是视加速度在弹体坐标系内的增量 $\Delta W_{x1}, \Delta W_{y1}, \Delta W_{z1}$, 还需将弹体坐标系中的速度增量转换到惯性坐标系中去, 即

$$\begin{bmatrix} \Delta W_{xb} \\ \Delta W_{yb} \\ \Delta W_{zb} \end{bmatrix}_j = D_a^b \begin{bmatrix} \Delta W_{x1} \\ \Delta W_{y1} \\ \Delta W_{z1} \end{bmatrix}_j \tag{8.4.1}$$

从而得到没有误差干扰情况下标准弹道在惯性系下的视速度增量.

接下来我们考虑平台的误差模型. 平台的控制系统由三个稳定回路构成, 所以, 平台的定向误差应该由测量元件 (积分陀螺) 本身的误差和自动控制回路的误差以及平台的初始对准误差构成. 误差模型如下 [26].

8.4.1.1 陀螺仪漂移误差

根据陀螺仪在平台上的安装方向, 可以写出 x, y, z 陀螺仪的误差模型为

$$\begin{cases} \dot{\alpha}_{xG} = k_{0x} + k_{11x}\dot{\omega}_x + k_{12x}\dot{\omega}_{xp} + k_{2x}\dot{\omega}_x\dot{\omega}_z \\ \dot{\alpha}_{yG} = k_{0y} + k_{11y}\dot{\omega}_z + k_{12y}\dot{\omega}_{yp} + k_{2y}\dot{\omega}_y\dot{\omega}_z \\ \dot{\alpha}_{zG} = k_{0z} + k_{11z}\dot{\omega}_y + k_{12z}\dot{\omega}_{zp} + k_{2z}\dot{\omega}_y\dot{\omega}_z \end{cases} \tag{8.4.2}$$

8.4.1.2 平台回路静态误差

平台回路静态误差模型可写为

$$\begin{cases} \alpha_{xs} = E_x + k_{xy}\dot{\omega}_y + k_{xz}\dot{\omega}_z + k_x\dot{\omega}_y\dot{\omega}_z + k_{1x}\ddot{\omega}_y \\ \alpha_{ys} = E_y + k_{yx}\dot{\omega}_x + k_{yz}\dot{\omega}_z + k_y\dot{\omega}_x\dot{\omega}_z + k_{1y}\ddot{\omega}_x \\ \alpha_{zs} = E_z + k_{zx}\dot{\omega}_x + k_{zy}\dot{\omega}_y + k_z\dot{\omega}_x\dot{\omega}_y + k_{1z}\ddot{\omega}_x + k_{3z}\ddot{\omega}_y + k_{4z}\dfrac{\mathrm{d}(\dot{\omega}_x\dot{\omega}_y)}{\mathrm{d}t} \end{cases} \tag{8.4.3}$$

其中 E_x, E_y, E_z 表示与过载无关的误差项; $k_{xy}, k_{xz}, k_{yx}, k_{yz}, k_{zx}, k_{zy}$ 表示与过载一次项成比例的误差系数, 主要是因平台台体质心与平台支撑中心不重合造成的; $k_x, k_y, k_z, k_{1x}, k_{1y}, k_{1z}$ 表示与过载的高次项及交连影响有关的误差系数.

8.4.1.3 平台回路的动态误差

平台回路的动态误差模型可写成如下形式:

$$\begin{cases} \dot{\alpha}_{xd} = D_x^0 + D_x^1\dot{\omega}_{x1} + D_x^2\dot{\omega}_{x1}^2 \\ \dot{\alpha}_{yd} = D_y^0 + D_y^1\dot{\omega}_{y1} + D_y^2\dot{\omega}_{y1}^2 \\ \dot{\alpha}_{zd} = D_z^0 + D_z^1\dot{\omega}_{z1} + D_z^2\dot{\omega}_{z1}^2 \end{cases} \tag{8.4.4}$$

式中 $\dot{\omega}_{x_1}, \dot{\omega}_{y_1}, \dot{\omega}_{z_1}$ 分别为视加速度在弹体轴 x_1, y_1, z_1 方向的投影.

综合以上的误差模型, 我们可以计算出测速误差为

$$
\begin{bmatrix} \Delta \dot{W}_x \\ \Delta \dot{W}_y \\ \Delta \dot{W}_z \end{bmatrix} = \begin{bmatrix} 0 & \alpha_{zp} & -\alpha_{yp} \\ -\alpha_{zp} & 0 & \alpha_{xp} \\ \alpha_{yp} & -\alpha_{xp} & 0 \end{bmatrix} \begin{bmatrix} \dot{W}_x \\ \dot{W}_y \\ \dot{W}_z \end{bmatrix} \tag{8.4.5}
$$

其中

$$
\alpha_{xp} = \int_0^t (\alpha_{xG} + \alpha_{xd}) \mathrm{d}t + \alpha_{xs}, \quad \alpha_{yp} = \int_0^t (\alpha_{yG} + \alpha_{yd}) \mathrm{d}t + \alpha_{ys},
$$

$$
\alpha_{zp} = \int_0^t (\alpha_{zG} + \alpha_{zd}) \mathrm{d}t + \alpha_{zs}.
$$

再综合加速度表误差项得出整体的测速误差:

$$
\Delta W_x = \Delta W_{xb} + \Delta \dot{W}_x \cdot t \tag{8.4.6}
$$

结合惯性系的导航方程进行导航计算到关机点, 可以得到关机时刻惯性系下的速度和位置参数.

$$
\begin{bmatrix} V_x \\ V_y \\ V_z \end{bmatrix}_j = \begin{bmatrix} V_x \\ V_y \\ V_z \end{bmatrix}_{j-1} + \begin{bmatrix} \Delta W_x \\ \Delta W_y \\ \Delta W_z \end{bmatrix}_j + \frac{T}{2} \begin{bmatrix} g_x \\ g_y \\ g_z \end{bmatrix}_{j-1} + \begin{bmatrix} g_x \\ g_y \\ g_z \end{bmatrix}_j
$$

$$
\tag{8.4.7}
$$

$$
\begin{bmatrix} x \\ y \\ z \end{bmatrix}_j = \begin{bmatrix} x \\ y \\ z \end{bmatrix}_{j-1} + T \begin{bmatrix} V_x \\ V_y \\ V_z \end{bmatrix}_{j-1} + \frac{1}{2} \begin{bmatrix} \Delta W_x \\ \Delta W_y \\ \Delta W_z \end{bmatrix} + \frac{T}{2} \begin{bmatrix} g_x \\ g_y \\ g_z \end{bmatrix}_{j-1}
$$

接着从关机点进行被动段弹道积分, 对比标准弹道, 得出落点纵横向偏差. 这种导航计算的优点是精度比较高, 以远程弹道导弹为例进行了大量的计算, 至关机点速度计算累积误差和位置计算的累积误差是非常小的.

利用导航方程进行落点精度预报, 当 $\Delta W_x = \Delta W_{xb}$ 时进行导航计算到落点, 得到标准弹道的落点参数, 根据平台测试误差值对引起落点偏差的误差项的测试均值和方差分别代入 (8.4.6), 可以得出每一项误差项引起的落点偏差的系统偏差和随机偏差.

8.4.2　制导方法误差预报

通过对影响制导方法误差的各种干扰量的计算分析可知, 由于制导方案采用闭路制导, 所以制导方法误差较小. 考虑影响制导方法误差的干扰项有各级起飞质量

偏差、各级发动机总冲偏差、秒耗量偏差、各级发动机推力线偏斜、各级发动机推力线横移、各子级转动惯量偏差、气动力系数偏差、导弹出筒速度偏差等, 分别用各项干扰的正、负偏差, 采用弹道求差法, 计算出各干扰项对落点偏差的影响, 并取各干扰项正、负偏差对落点影响较大者, 求均方和, 得到制导方法误差的综合结果: $\Delta L_{方法}, \Delta H_{方法}$.

8.4.3 再入误差预报

再入段干扰因素很多, 主要有以下几类[23].

8.4.3.1 大气参数偏差

由大气密度偏差和温度偏差引起的干扰力在半速度系中表示为

$$\Delta \boldsymbol{F}_{\rho} = \begin{bmatrix} -X \cdot \dfrac{\Delta \rho}{\rho} \\ 0 \\ 0 \end{bmatrix} = \begin{bmatrix} \Delta F_{\rho} \\ 0 \\ 0 \end{bmatrix} \tag{8.4.8}$$

$$\Delta \boldsymbol{F}_{T} = \begin{bmatrix} \dfrac{1}{2} X \cdot \dfrac{M_a}{C_x} \cdot \dfrac{\partial C_x}{\partial M_a} \cdot \dfrac{\Delta T}{T} \\ 0 \\ 0 \end{bmatrix} = \begin{bmatrix} \Delta F_T \\ 0 \\ 0 \end{bmatrix} \tag{8.4.9}$$

其中大气阻力为 X, M_a 为弹头飞行马赫数, C_x 为气动阻力系数, ρ 为大气密度, T 为温度.

8.4.3.2 风

风产生的干扰力在半速度系中表示为

$$\Delta \boldsymbol{F}_{w} = \begin{bmatrix} -X \cdot \left(2 + \dfrac{M_a}{C_x} \cdot \dfrac{\partial C_x}{\partial M_a} \right) \cos(A - A_w) \dfrac{W}{v} \cos \Theta \\ X \cdot \cos(A - A_w) \dfrac{W}{v} \sin \Theta \\ X \cdot \sin(A - A_w) \dfrac{W}{v} \end{bmatrix} = \begin{bmatrix} \Delta F_{W_{xh}} \\ \Delta F_{W_{yh}} \\ \Delta F_{W_{zh}} \end{bmatrix} \tag{8.4.10}$$

其中 Θ 为当地速度倾角, W 为已知风速, A_w 为风向角, A 为当地速度方位角.

相对远程导弹而言, 风引起的落点偏差为小量.

8.4.3.3 弹头特性参数偏差

弹头特性参数偏差主要有气动力系数偏差和质量特性偏差. 对气动力系数偏差而言, 最敏感的气动系数是气动阻力系数.

气动阻力系数偏差引起的干扰力在半速度系中表示为

$$\Delta \boldsymbol{F}_{C_x} = \begin{bmatrix} -X \cdot \dfrac{\Delta C_x}{C_x} \\ 0 \\ 0 \end{bmatrix} = \begin{bmatrix} \Delta F_{C_x} \\ 0 \\ 0 \end{bmatrix} \tag{8.4.11}$$

对弹头落点偏差有影响的质量特性是质量偏差和质心位置横偏.

由质量偏差 Δm 引起的干扰力在半速度系中表示为

$$\Delta \boldsymbol{F}_m = \begin{bmatrix} X \cdot \dfrac{\Delta m}{m} \\ 0 \\ 0 \end{bmatrix} = \begin{bmatrix} \Delta F_m \\ 0 \\ 0 \end{bmatrix} \tag{8.4.12}$$

8.4.3.4　小不对称

小不对称主要是由弹头质心横偏、气动力小不对称以及对接垂直度偏差所引起的. 近似条件下小不对称引起的干扰力在半速度坐标系中的表达式为

$$\Delta \boldsymbol{F}_{T\eta} = \begin{bmatrix} 0 \\ \Delta F_{T\eta} \sin(\omega_{x1} t + \xi_0) \\ \Delta F_{T\eta} \cos(\omega_{x1} t + \xi_0) \end{bmatrix} \tag{8.4.13}$$

其中 ξ_0 为初始相位角, 表示初始配平平面的位置.

当存在弹头质心横偏 $(\Delta y_{\rm cm}, \Delta z_{\rm cm})$ 时,

$$\Delta F_{T\eta} = X \left(1 - \frac{C_{x1}}{C_N^\eta} \right) \cdot \frac{\sqrt{(\Delta y_{\rm cm})^2 + (\Delta z_{\rm cm})^2}}{l_K (\overline{x_p} - \overline{x_g})} \tag{8.4.14}$$

当存在气动力小不对称 (m_{y0}, m_{z0}) 和质心横偏 $(\Delta y_{\rm cm}, \Delta z_{\rm cm})$ 组合时,

$$\Delta F_{T\eta} = X \cdot \eta_r \cdot \left(\frac{C_N^\eta}{C_{x1}} - 1 \right) \tag{8.4.15}$$

当存在对接垂直度偏差 $\Delta \eta$ 时,

$$\Delta F_{T\eta} = X \frac{C_{\rm NT}^\eta}{C_x C_N^\eta} \cdot \Delta \eta \left[\frac{\overline{x_T}}{\overline{x_p} - \overline{x_g}} (C_N^\eta - C_x) - C_N^\eta \right] \tag{8.4.16}$$

式中 C_N^η 为总法向力系数对总攻角的导数, η_r 为总配平攻角, $C_{\rm NT}^\eta$ 为裙部法向力系数对总攻角 η 的导数, $\overline{x_T}$ 为裙部压心系数.

考虑影响再入误差的上述干扰项, 采用弹道求差法, 计算出各干扰项对落点偏差的影响, 并取各干扰项正、负偏差对落点影响较大者, 求均方和, 可以得到再入误差的综合结果: $\Delta L_{再入}$, $\Delta H_{再入}$.

8.4.4　后效误差预报

对于不同导弹的型号而言, 影响后效误差的各种干扰量有所不同. 以固体弹道导弹为例, 固体弹道导弹采用反向喷管的关机方式. 有四类后效误差: ①发动机关机后效冲量所产生的误差; ②仪器舱余压泄压冲量产生的误差; ③头体分离爆炸螺栓起爆冲量产生的误差; ④反向喷管火眼气流的干扰产生的误差. 第四类误差一般认为干扰作用不大, 可以忽略不计.

考虑影响后效误差的干扰项, 采用弹道求差法, 计算出各干扰项对落点偏差的影响, 并取各干扰项正、负偏差对落点影响较大者, 求均方和, 得到后效误差的综合结果: $\Delta L_{后效}$, $\Delta H_{后效}$.

8.5　组合制导精度预报

组合制导精度预报与惯性弹头精度预报有所不同. 因为不仅仅有惯导系统的导引作用, 根据不同的组合方式, 还有不同的导航系统参与导航, 对组合制导的精度预报需要融合考虑各参与导航的制导系统的影响. 所以下面先从组合导航机理开始分析组合制导精度预报问题.

8.5.1　组合导航机理

8.5.1.1　组合导航简介

导航系统测量并解算出运载体的瞬时运动状态和位置, 提供给驾驶员或自动控制系统实现对运载体的正确操纵或控制. 随着科学技术的发展, 导航方法体现出多元性, 可利用的导航信息资源不断被人类开发, 导航系统的种类越来越多, 同时导航系统也在越来越多的领域进行着应用.

目前广泛使用的有以下几种导航方法 [27]: 航标方法、航位推算法、天文导航、惯性导航、无线电导航、卫星导航、景象匹配导航等.

基于这些导航方法建立的各种导航系统各有特色, 优缺点共存. 比如, 惯性导航系统不需要任何外来信息也不向外辐射任何信息, 可在任何介质和任何环境条件下实现导航, 同时它能够输出载体的位置、速度、方位和姿态等多种导航参数, 系统的频带宽, 能够跟踪载体的任何机动运动, 导航输出数据平稳, 短期稳定性好; 但惯导系统的固有缺点也很明显: 导航精度随时间而发散, 即长期稳定性差. 又如以 GPS 导航系统为代表的卫星导航系统导航精度高, 且不随时间发散; 但它的频带窄, 当载体作较高机动运动时, 接收机的码环和载波环极易失锁而丢失信号, 从而完全丧失导航能力; 并且 GPS 信号的易受干扰和电子欺骗性也成为它的一个缺点.

提高导航系统整体性能的有效途径是采用组合导航技术. 组合导航系统就是指采用上述组合导航技术的导航系统, 参与组合的各导航系统称为子系统.

实现组合导航有两种基本方法:

(1) 回路反馈法, 即采用回路控制方法, 抑制系统误差, 并使各子系统间实现性能互补.

(2) 最优估计法, 即引入滤波器, 从概率统计最优的角度估计出并消除系统误差.

这两种基本方法都使各子系统内的信息互相渗透, 有机结合, 起到性能互补的功效.

组合导航系统一般具有以下 1~3 种功能:

协合超越功能. 组合导航系统能充分利用各子系统的导航信息, 形成单个子系统不具备的功能和精度.

互补功能. 由于组合导航系统综合利用了各子系统的信息, 所以各子系统能取长补短, 扩大使用范围.

余度功能. 各子系统感测同一信息源, 使测量值冗余, 提高整个系统的可靠性.

8.5.1.2　弹载组合导航系统

20 世纪 70 年代末, 组合导航技术开始逐步应用于军事领域, 从美国的 JTIDS 系统 (Joint Tactical Information Distribution System) 及其后继的 JTIDS/GPS/INS[28], 到美国的潘兴 II 战术导弹组合导航系统 [29], 再到现在的各种精确制导武器及精确定位系统, 组合导航系统在军事方面的应用有着长足的发展.

导弹制导又称导弹飞行控制. 制导回路 (系统) 的任务是导引和控制导弹沿着预定的弹道, 以符合战术技术要求的精度接近目标, 在良好的引战配合下, 按照规定的杀伤概率摧毁目标 [30].

现代可用于导弹制导的导航系统种类繁多, 可按照工作原理、指令传输方式、所用能源及飞行弹道的不同进行分类:

(1) 自主制导, 其中包括: 惯性制导 (平台式和捷联式)、卫星导航系统制导 (GPS、GLONASS、北斗)、程序 (方案) 制导、天文制导、地磁制导、多普勒制导、地图匹配制导.

(2) 遥控制导, 其中包括: 有线制导、雷达 (无线电) 制导、电视 (光学) 制导、波束 (驾束) 制导、激光制导、TVM 制导.

(3) 寻的制导, 按信号来源分为: 主动式寻的制导、半主动式寻的制导、被动式寻的制导; 按信号物理特性分为: 无线电 (雷达) 寻的制导、红外线寻的制导、图像寻的制导.

同样, 可以将这些导航系统经过优势互补, 综合利用, 以并联、串联和多模的形式设计成弹载组合导航系统, 以提高导弹命中精度.

潘兴 II 战术导弹是较早采用组合导航技术以提高命中精度的精确制导武器, 20 世纪 80 年代初由美国研制成功, 其弹头是带雷达成像末制导的机动弹头[31]. 它的射程为 2500 千米, 落点精度 CEP 仅为几十米, 主动段为传统惯性导航, 再入段加以雷达景象匹配辅助导航系统组成组合导航系统, 进行精确导航. 当弹头下拉飞到低于一定高度时, 雷达开机, 开始相关器修正[32-33]. 其雷达天线指向一侧, 对弹头下方目标区的地形进行圆形扫描, 获取目标区的图像并确定高度. 计算机将经过高度校正的雷达图像回波信号换成数字图像, 经相关信息匹配处理后, 提供相对目标的位置修正量, 以此修正惯导系统, 并发出操纵指令给空气舵, 导引弹头击中目标[34]. 一般情况下, 相关过程要进行一次或几次至较低高度为止. 然后, 计算机发出指令, 弹头旋转抛撒子弹.

8.5.2 组合制导各传感器精度源分析

以潘兴 II 战术导弹为例来分析各导航系统传感器精度误差源.

8.5.2.1 惯性导航系统误差源分析[32]

影响惯导系统的误差源有很多, 但总的来说, 对惯导系统工作性能影响较大的主要有加速度计误差、陀螺仪误差、平台误差以及与平台构造有关的初始位置误差.

1) 初始位置误差

这类误差主要是指惯导系统在开始以导航状态工作之前, 给计算机引入的初始经纬度所具有的位置误差或操作误差 $\Delta\lambda_0$ 和 $\Delta\varphi_0$, 以及在初始对准结束时, 惯导平台所具有的姿态误差 φ_{x0}, φ_{y0} 和方位误差 φ_{z0} 等. 很明显, $\Delta\lambda_0$ 和 $\Delta\varphi_0$ 的存在不仅直接影响惯导系统的定位精度, 而且影响方向余弦的精度, 从而对平台的控制, 以致整个系统的工作产生影响. 而 φ_{x0} 和 φ_{y0} 的存在, 除了直接影响定位精度外, 还会使加速度计感受重力分量, 产生错误输出, 形成具有舒勒周期的振荡误差.

2) 加速度表系数误差

加速度表系数误差是加速度计的输出与其所代表被感测加速度之间比例系数误差, 一般说来, 加速度计的输出应与一定的加速度成比例, 假设比例系数为 1, 实际上由于偏差为 $1 + \Delta k_A$, 还存在一定的零位偏差, 加速度计的实际输出可用下式表示:

$$a_{ai} = (1 + \Delta k_{Ai})a_{Ai} + \nabla_{ai} \tag{8.5.1}$$

式中 $i = x, y, z$, 表示三个相应的轴; Δk_A 表示相应加速度计的标度系数误差; a_{Ai}

表示沿加速度计敏感轴方向的加速度; ∇_{ai} 表示各加速度计的零位偏置.

加速度表的制导工具误差系数模型为

$$
\begin{bmatrix} \Delta \dot{W}_x \\ \Delta \dot{W}_y \\ \Delta \dot{W}_z \end{bmatrix} = \begin{bmatrix} C_{x0} + C_{x1}\dot{W}_{xa} + C_{x2}\dot{W}_{xa}^2 \\ C_{y0} + C_{y1}\dot{W}_{ya} + C_{y2}\dot{W}_{ya}^2 \\ C_{z0} + C_{z1}\dot{W}_{za} + C_{z2}\dot{W}_{za}^2 \end{bmatrix} \tag{8.5.2}
$$

式中 C_{x0}, C_{y0}, C_{z0}—— 加速度表与加速度无关的误差系数;

C_{x1}, C_{y1}, C_{z1}—— 加速度表与视加速度成正比的误差系数;

C_{x2}, C_{y2}, C_{z2}—— 加速度表与视加速度平方成正比的误差系数;

$\dot{W}_{xa}$, $\dot{W}_{ya}$, $\dot{W}_{za}$—— 视加速度沿平台坐标系 x_a, y_a, z_a 三轴的分量.

3) 陀螺仪角速度误差

在惯导平台系统中, 平台是通过对陀螺仪进行施矩来控制其工作状态的. 因陀螺仪存在漂移, 要消除这些漂移, 就必须给陀螺施加一定的控制力矩用以补偿它. 另外在所施加给陀螺力矩器的控制电流和进动角速率之间具有一定的比例关系, 假定为 1, 而实际上, 由于标定不准或力矩器性能发生变化, 系数为 $1 + \Delta K_{Gi}$. 这样陀螺的相对惯性坐标系进动角速率为

$$
\omega_{Gi} = \varepsilon_i + (1 + \Delta K_{Gi})\omega_{ci} \tag{8.5.3}
$$

式中 $i = x$, y, z, 表示三个相应的轴; ΔK_{Gi} 表示相应陀螺仪的表度系数误差; ω_{ci} 表示对相应陀螺仪所施加的指令角速度分量; ε_i 表示相应陀螺仪的偏置, ε_i 是随机不定的、实际使用统计测试方法得来的平均漂移值.

陀螺仪表的制导工具误差系数模型为

$$
\left.\begin{aligned}
\dot{a}_{nx} &= C_{g0x} + C_{g11x}\dot{W}_{za} + C_{g12x}\dot{W}_{xa} + C_{g2x}\dot{W}_{xa}\dot{W}_{za} \\
\dot{a}_{ny} &= C_{g0y} + C_{g11y}\dot{W}_{ya} + C_{g12y}\dot{W}_{ya} + C_{g2y}\dot{W}_{ya}\dot{W}_{za} \\
\dot{a}_{nz} &= C_{g0z} + C_{g11z}\dot{W}_{ya} + C_{g12z}\dot{W}_{za} + C_{g2z}\dot{W}_{za}\dot{W}_{ya}
\end{aligned}\right\} \tag{8.5.4}
$$

式中 C_{g0x}, C_{g0y}, C_{g0z}—— 陀螺与视加速度无关的漂移误差系数;

C_{g11x}, C_{g11y}, C_{g11z}—— 陀螺与视加速度成正比的漂移误差系数;

C_{g12x}, C_{g12y}, C_{g12z}—— 陀螺与视加速度成正比的漂移误差系数;

C_{g2x}, C_{g2y}, C_{g2z}—— 陀螺与视加速度平方成正比的漂移误差系数.

4) 平台系统角漂移误差

平台系统的制导工具误差系数模型为

$$
\left.\begin{aligned}
a_{px} &= C_{p0x} + C_{p11x}\dot{W}_{ya} + C_{p12x}\dot{W}_{za} \\
a_{py} &= C_{p0y} + C_{p11y}\dot{W}_{xa} + C_{p12y}\dot{W}_{za} \\
a_{pz} &= C_{p0z} + C_{p11z}\dot{W}_{xa} + C_{p12z}\dot{W}_{ya}
\end{aligned}\right\} \tag{8.5.5}
$$

式中 C_{p0x}, C_{p0y}, C_{p0z} —— 平台与视加速度无关的漂移误差系数;

　　　C_{p11x}, C_{p11y}, C_{p11z} —— 平台与视加速度成正比的漂移误差系数;

　　　C_{p12x}, C_{p12y}, C_{p12z} —— 平台与视加速度成正比的漂移误差系数.

8.5.2.2　雷达景象匹配导航系统误差源分析 [35]

雷达景象匹配导航是一种自主、隐蔽、连续、全天候的导航技术, 采用的是将雷达实时图与预存在导引头相关计算机中的参考图进行相关运算, 从而获得弹头相对目标点的相对位置的定位方法. 雷达景象匹配导航的主要思想是对飞行器飞行路径正下方进行扫描成像, 与存储的参考地图进行比较得出飞行器的位置信息, 用这个信息可以修正惯导引起的误差.

实孔径侧视成像雷达具体成像方式如图 8.5.1 所示.

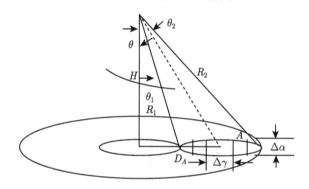

图 8.5.1　实时雷达成像方式

当飞行器进行圆扫描生成实时雷达图像时, 雷达天线上测高仪同时对地面进行测高, 得到天线到成像区域平均面的高度 H, 根据高度 H 以及雷达圆扫描时的最小与最大成像角 θ_1, θ_2, 计算出实时图的内径与外径回波 $R_1 = H/\cos\theta_1$, $R_2 = H/\cos\theta_2$. 然后由 R_1, R_2 根据设计要求确定在回波信号上截取信号的区段, 回波信号有一个延迟时间, 以一定时间间隔截取延迟时间在 $t_1 = R_1/2c$ 到 $t_2 = R_2/2c$ (c 为光速) 的回波信号, 进行取样成像. 在成像的后续处理中将斜距转化为平距.

可能产生误差的环节有以下几方面.

(1) 图像信噪比及图像相关算法误差 σ_1.

雷达景象实时图与预存目标区基准图之间, 总是存在较大差别. 这种差别可用图像噪声来描述, 也就是说, 若把基准图视为精确的基准, 则实时图相对参考的差异部分, 被视为 "图像噪声", 可用图像信噪比 S/N 表示. 根据图像信噪比、独立像元数和基准图实时图的大小, 可计算出图像匹配定位误差 σ_1, 具体计算方法和公式可见 8.5.2.3 节雷达景象匹配算法误差分析.

(2) 由卫星、飞机生成导引头上储存的基准地图时产生的位置误差 σ_2.

图像内的像元位置相对误差与基准图分辨率是同量级的.

(3) 雷达测高误差引起的图像像元地面定位误差 σ_3.

雷达景象图中各像元的地面坐标位置, 是通过雷达所测量的弹头高度和视角计算出来的, 因此, 雷达测高的误差, 将引起雷达图像像元的地面位置计算的不准确, 即像元地面位置误差.

(4) 导引头雷达测角时产生的误差 σ_4.

(5) 导引头测高雷达测高时产生的误差 σ_5.

(6) 运动补偿误差 σ_6.

雷达成像过程中弹头的运动, 可通过雷达信号处理机进行补偿. 但惯性系统给出的速度误差, 将无法消除. 总的运动补偿后剩余误差与速度测量误差有关, 记为 σ_6.

(7) 不同步误差 σ_7.

由于雷达景象图与参考图两幅图采样不同步, 有不同步误差.

因此, 图像匹配定位总误差 (完全独立分布情况) 为

$$\sigma = \sqrt{\sigma_1^2 + \sigma_2^2 + \sigma_3^2 + \sigma_4^2 + \sigma_5^2 + \sigma_6^2 + \sigma_7^2} \tag{8.5.6}$$

上述 7 种误差是在独立同分布假设前提下得出的, 且没有考虑纵横向误差比的问题, 在实际仿真运算中, 要对上述 7 项指标作进一步分析, 确定影响纵横向误差的因素.

8.5.2.3   雷达景象匹配算法误差分析 [36-37]

由于噪声和其他误差因素的影响, 即使当两图匹配时, 估计匹配点和真正匹配点之间也会存在一定的偏差, 而这种偏差是随机的. 这里我们称之为匹配误差. 因此这就对匹配定位系统提出了一个匹配精度问题. 显然, 如果匹配误差的方差愈小, 则匹配精度就愈高, 反之则愈低. 所以, 这个方差可以用来描述匹配定位系统的匹配精度. 通常, 匹配误差的方差是通过下列步骤获得的: 第一步, 为了得到匹配误差的表达式, 必须将相关函数 $\phi(x, y)$ 在真正的匹配点 (x_0, y_0) 近旁展开成二阶 Taylor 级数的近似式; 第二步, 对匹配误差的函数表达式求方差, 就可以得到匹配误差方差的解析式.

1) 二维相关系统的定位精度理论分析

为了方便起见, 将真正匹配点设在坐标原点上. 因此, 若令 τ_x 和 τ_y 分别表示 x 和 y 方向上的匹配误差的话, 则估计匹配点处的相关函数可以写成 $\phi(\tau_x, \tau_y)$.

(1) 匹配误差的表达式.

首先, 将 x 方向上的相关函数 $\phi(\tau_x, 0)$ 在真正的匹配位置 $(0, 0)$ 近旁展开成二

阶 Taylor 级数的近似式

$$\phi(\tau_x, 0) \approx \phi(0,0) + \phi_x(0,0)\tau_x + \frac{1}{2}\phi_{xx}(0,0)\tau_x^2 \tag{8.5.7}$$

其中 $\phi_x(0,0) = \left.\dfrac{\partial\phi(\tau_x,\tau_y)}{\partial\tau_x}\right|_{\tau_x=0,\tau_y=0}$, $\phi_{xx}(0,0) = \left.\dfrac{\partial^2\phi(\tau_x,\tau_y)}{\partial\tau_x^2}\right|_{\tau_x=0,\tau_y=0}$.

因为 $\phi(\tau_x,0)$ 有极值的必要条件 (即在估计匹配点处) 为

$$\frac{\partial\phi(\tau_x,0)}{\partial\tau_x} = 0$$

所以对 (8.5.7) 微分, 可得

$$\frac{\partial\phi(\tau_x,0)}{\partial\tau_x} = 0 = \phi_x(0,0) + \phi_{xx}(0,0)\tau_x$$

由此解出

$$\tau_x = -\phi_x(0,0)/\phi_{xx}(0,0) \tag{8.5.8}$$

同理, 可以求出

$$\tau_y = -\phi_y(0,0)/\phi_{yy}(0,0) \tag{8.5.9}$$

(8.5.8) 式和 (8.5.9) 式就是所求的匹配误差的表达式.

(2) 匹配误差的方差表达式.

因为匹配误差 τ_x 和 τ_y 的表达式是类似的, 所以只要推导出 τ_x 的方差, 则 τ_y 的方差也就可以写出来了.

若假定二维函数 $g(X,Y)$(可以理解为匹配误差函数) 在 $(0,0)$ 近旁可展开成如下的 Taylor 级数

$$g(X,Y) = g(0,0) + (\partial g/\partial X)\cdot X + (\partial g/\partial Y)\cdot Y + \cdots$$

其中 $\mathrm{E}[X] = 0$, $\mathrm{E}[Y] = 0$. 则当它取一阶 Taylor 近似式时, 根据方差的定义, 易得

$$\sigma_g^2(X,Y) \approx (\partial g/\partial X)^2\mu_{20} + (\partial g/\partial Y)^2\mu_{02} + (\partial g/\partial X)(\partial g/\partial Y)\mu_{11} \tag{8.5.10}$$

其中

$$\partial g/\partial X = \left.\frac{\partial g(X,Y)}{\partial X}\right|_{X=0,Y=0}, \quad \partial g/\partial Y = \left.\frac{\partial g(X,Y)}{\partial Y}\right|_{X=0,Y=0}$$

$$\mu_{20} = \mathrm{E}(X^2), \quad \mu_{02} = \mathrm{E}(Y^2), \quad \mu_{11} = \mathrm{E}(X\cdot Y)$$

现在, 定义

$$g(X,Y) = X/Y = \tau_X \tag{8.5.11}$$

其中 $X = -\phi_x(0,0)$, $Y = \phi_{xx}(0,0)$.

并假设 $\mathrm{E}[\phi_x(0,0)] = \overline{\phi_x(0,0)} = \overline{\phi(0,0)}' = 0$ 和 $\mathrm{E}[\phi_{xx}(0,0)] = \overline{\phi(0,0)}'' \neq 0$, 其中 "′" 和 "″" 分别表示 $\phi(\tau_x, 0)$ 对 τ_x 的一阶和二阶导数.

于是, 由 (8.5.10) 式和 (8.5.11) 式, 显然, 可得 τ_x 的方差 $\sigma_{\tau_x}^2$ 为

$$
\begin{aligned}
\sigma_g^2(X, Y) = \sigma_{\tau_x}^2 = {} & \left(\frac{1}{\mathrm{E}[\phi_{xx}(0,0)]} \right)^2 \{ \mathrm{E}[\phi_x^2(0,0) - (\mathrm{E}[\phi_x(0,0)])^2] \} \\
& + \left[\frac{\mathrm{E}[-\phi_x(0,0)]}{(\mathrm{E}[\phi_{xx}(0,0)])^2} \right]^2 \{ \mathrm{E}[\phi_x^2(0,0) - (\mathrm{E}[\phi_x(0,0)])^2] \} \\
& + 2 \left(\frac{1}{\mathrm{E}[\phi_{xx}(0,0)]} \right) \left\{ \frac{\mathrm{E}[-\phi_x(0,0)]}{(\mathrm{E}[\phi_{xx}(0,0)])^2} \right\} \\
& \cdot \{ \mathrm{E}[\phi_x(0,0)\phi_{xx}(0,0)] - \mathrm{E}[\phi_x(0,0)]\mathrm{E}[\phi_{xx}(0,0)] \}
\end{aligned}
$$

因为已假设 $\mathrm{E}[\phi_x(0,0)] = 0$, 所以上式可以简化为

$$
\sigma_{\tau_x}^2 = \frac{\mathrm{E}(\phi_x^2(0,0))}{(\mathrm{E}[\phi_{xx}(0,0)])^2} \tag{8.5.12}
$$

同理

$$
\sigma_{\tau_y}^2 = \frac{\mathrm{E}(\phi_y^2(0,0))}{(\mathrm{E}[\phi_{yy}(0,0)])^2} \tag{8.5.13}
$$

这些就是我们所需的 x 和 y 方向上的匹配误差方差的表示式.

相关函数 $\phi(\tau_x, 0)$ 的匹配度愈窄, 则 $\phi_{xx}(0,0)$ 就愈大, 因之, 它的集合平均值 $E[\phi_{xx}(0,0)]$ 亦愈大, 故由 (8.5.12) 式知, $\sigma_{\tau_x}^2$ 就愈小. 所以, 锐化相关函数可以提高匹配精度 (即定位精度). 此外, 还可以看出, 如果 τ_x 在原点 0 近旁出现的概率愈大, 则匹配精度就愈高, 因之, 增大匹配概率 P_C 亦可以提高匹配精度. 但注意这时虚警概率 P_f 亦较大, 所以, P_C 的增大是受指标 P_f 限制的.

2) 实际匹配精度分析

(1) 实际处理方法.

由于我们需要根据一幅图像的一次匹配来得到匹配精度, 所以不容易得到上述理论分析中的 $\mathrm{E}[\phi_x(0,0)]$ 和 $\mathrm{E}[\phi_{xx}(0,0)]$, 故我们采取另外的方法来估计它的匹配精度.

设在一次匹配中, 误差为 K 的匹配概率为 P_K, 它在 $\left[K - \frac{1}{2}, K + \frac{1}{2} \right]$ 之间呈均匀分布, 则对误差为 K 的匹配而言, 其匹配的实际精度为 (以 x 方向为例)

$$\delta_{x,K}^2 = \int_{K-\frac{1}{2}}^{K+\frac{1}{2}} x^2 \cdot p(x)\mathrm{d}x = K^2 + \frac{1}{12}$$

其中 $p(x) = \begin{cases} 1, & |x-K| \leqslant \dfrac{1}{2}, \\ 0, & |x-K| \geqslant \dfrac{1}{2}. \end{cases}$ 所以其匹配精度为

$$\delta_x^2 = \sum_{K=0}^{l} P_K \left(K^2 + \frac{1}{12} \right)$$

$$\delta_x = \sqrt{\sum_{K=0}^{l} P_K \left(K^2 + \frac{1}{12} \right)} \tag{8.5.14}$$

其中 l 为最大的误差上限, 且 $\displaystyle\sum_{K=0}^{l} P_K = 1$.

因此只要计算出误差为 K 的匹配概率, 根据 (8.5.14) 式便可计算出匹配精度.

(2) 度量值的统计特性.

因为二维图像序列可以用行扫描或列扫描的方法变成一维的图像序列, 因此只研究一维的情形, 则相关函数可写成

$$R_j = \frac{\displaystyle\sum_{i=1}^{k} X_{i+j}Y_i}{\left| \displaystyle\sum_{i=1}^{k} X_{i+j}^2 \right|^{\frac{1}{2}} \left| \displaystyle\sum_{i=1}^{k} Y_i^2 \right|^{\frac{1}{2}}} \tag{8.5.15}$$

式中 X_i 表示第 i 个像元的基准数据; Y_i 表示与第 i 个像元的基准数据进行相关比较的实时图数据; k 表示相关计算的像元数; j 为偏移量. 若 $j = 0$, 则表示两个数据序列处于匹配状态; 反之 $(j \neq 0)$ 则处于非匹配状态. R_j 为相关度量函数值.

为了分析 R_j 的统计特性, 作如下假设:

H_1: 基准数据 X_i 为平稳各态经历, 均值为 0, 方差为 σ_x^2 的 Gauss 过程.

H_2: 实时数据 Y_i 被认为附加了噪声的基准数据, 即 $Y_i = X_i + n_i$, 并假设 n_i 是一个平稳各态经历、均值为 0, 方差为 σ_n^2 的 Gauss 过程. 进一步假设 X_i 和 n_i 是互相独立的.

H_3: 在基准数据 X_i 的集合以及噪声数据 n_i 的集合中, 其各自像元互相独立.

在上述假设下, 可以求得配准状态 $(j = 0)$ 度量值的集合均值 $\overline{R_0}$ 和方差值 $\sigma_{R_0}^2$ 以及非配准状态 $(j \neq 0)$ 下度量值的集合均值 $\overline{R_j}$ 和方差 $\sigma_{R_j}^2$, 它们分别为

$$\overline{R_0} = \frac{\sigma_x}{\sqrt{\sigma_x^2 + \sigma_n^2}}, \quad \overline{R_j} = 0$$

$$\sigma_{R_0}^2 = \frac{\sigma_x(2\sigma_x^2 + \sigma_n^2)}{k\sqrt{\sigma_x^2 + \sigma_n^2}}, \quad \sigma_{R_j}^2 = \frac{\sigma_x(\sigma_x^2 + \sigma_n^2)}{k\sqrt{\sigma_x^2 + \sigma_n^2}}$$

其中 k 为图像的独立像元数. 图像的独立像元数的计算是根据两个方向的相关长度得到的. 对于二维情况, 独立像元数为 $k = \left(\dfrac{M}{L_M}\right)\left(\dfrac{N}{L_N}\right)$, 其中 M, N 为图像两个方向像元个数, L_M 和 L_N 为相应的相关长度, 相关长度即等于自相关系数下降到 $\dfrac{1}{e} = 0.368$ 时的位移增量的大小.

(3) 正确的匹配概率 P_C.

如果图像能正确的匹配, 则应满足在 $Q+1$ 次相关比较中, "在匹配点上, 度量值出现极值" 的事件和 "在其他 Q 个不匹配位置上, 所有度量值不大于 (或者小于) 上述极值" 的事件同时发生. 那么上述两事件同时发生的概率就是正确匹配概率 P_C. 因此有

$$P_C = \int_{-\infty}^{\infty} p(R/S) \left[\int_{-\infty}^{R} p(R'/B)\mathrm{d}R'\right]^Q \mathrm{d}R \tag{8.5.16}$$

其中

$$p(R/S) = \frac{1}{\sqrt{2\pi}\sigma_{r_0}} \exp\left\{-\frac{(R - \overline{R})^2}{2\sigma_{r_0}^2}\right\} \tag{8.5.17}$$

$$p(R/B) = \frac{1}{\sqrt{2\pi}\sigma_{r_j}} \exp\left\{-\frac{R^2}{2\sigma_{r_j}^2}\right\} \tag{8.5.18}$$

把 (8.5.17) 式和 (8.5.18) 式代入到 (8.5.16) 式中, 便得到 P_C 为

$$P_C = \frac{1}{\sqrt{2\pi}\sigma_{r_0}} \int_{-\infty}^{\infty} \exp\left\{-\frac{(R - \overline{R})^2}{2\sigma_{r_0}^2}\right\}$$

$$\cdot \left[\int_{-\infty}^{R} \frac{1}{\sqrt{2\pi}\sigma_{r_j}} \exp\left\{-\frac{(R')^2}{2\sigma_{r_j}^2}\right\}\mathrm{d}R'\right]^Q \mathrm{d}R \tag{8.5.19}$$

作下列变量代换 $z = \dfrac{R - \overline{R_0}}{\sigma_{r_0}}, y = \dfrac{R'}{\sigma_{r_j}}$, 则得

$$P_C = \frac{1}{\sqrt{2\pi}} \int_{-\infty}^{\infty} \exp\left(-\frac{z^2}{2}\right) \left[\frac{1}{\sqrt{2\pi}} \int_{-\infty}^{\frac{\overline{R_0}+\sigma_{r_0}z}{\sigma_{r_j}}} \exp\left(-\frac{y^2}{2}\right)\mathrm{d}y\right]^Q \mathrm{d}z \tag{8.5.20}$$

现在, 若令 $A = \dfrac{\sigma_{r_0}}{\sigma_{r_j}}$, $B = \dfrac{\overline{R_0}}{\sigma_{r_j}}$, 并利用下列关系式

$$\frac{1}{\sqrt{2\pi}} \int_{-\infty}^{x} \exp\left(-\frac{y^2}{2}\right)\mathrm{d}y = \frac{1}{2} + \mathrm{erf}(x)$$

其中

$$\text{erf}(x) = \frac{1}{\sqrt{2\pi}} \int_0^x \exp\left(-\frac{y^2}{2}\right) \mathrm{d}y$$

我们就可以把 (8.5.20) 式化为

$$P_C = \frac{1}{\sqrt{2\pi}} \int_{-\infty}^{\infty} \exp\left(-\frac{z^2}{2}\right) \left[\frac{1}{2} + \text{erf}(Az + B)\right]^Q \mathrm{d}z \tag{8.5.21}$$

为便于工程上的计算, 将式 (8.5.21) 简化是必要的. 为此我们定义

$$F(z) = \left[\frac{1}{2} + \text{erf}(Az + B)\right]^Q$$

其中误差函数 $\text{erf}(Az + B)$ 有如下性质, 即当它的总数 $(Az + B)$ 从 0 开始增加时, 它很快从 0 值变化到 1/2 值. 因此, 如果 A 不是一个小值, 则 $\text{erf}(Az + B)$ 随着 z 的增加将会很快地从某一个小值变化到接近 1/2. 所以, 在 Q 值较大和 A 不是小值的条件下, 上述 $F(z)$ 将在某一个 $z = z_0$ 附近从 "0" 值很快过渡到 "1" 值, 于是, 我们可以用一个阶跃函数来近似 $F(z)$. 具体说, 这个函数为

$$F(z) = \begin{cases} 1, & z \geqslant z_0 \\ 0, & z < z_0 \end{cases}$$

其中 z_0 称为过渡点. 它是通过规定 $F(z_0) = 1/2$, 并对 z_0 求解得出的. 因为 $F(z)$ 在 0 到 1 之间变化, 所以取 $F(z) = 1/2$ 是合理的.

那么可以得到

$$\begin{aligned} P_C &= \frac{1}{\sqrt{2\pi}} \int_{-\infty}^{\infty} \exp\left(-\frac{z^2}{2}\right) F(z) \mathrm{d}z = \frac{1}{\sqrt{2\pi}} \int_{z_0}^{\infty} \exp\left(-\frac{z^2}{2}\right) \\ &= 1 - \frac{1}{\sqrt{2\pi}} \int_{-\infty}^{z_0} \exp\left(-\frac{z^2}{2}\right) = \frac{1}{2} - \text{erf}(z_0) \end{aligned} \tag{8.5.22}$$

因此可见, 只要通过 $F(z_0) = 1/2$ 算出 z_0, 则通过简单的积分计算立即可以得出 P_C 值.

(4) 匹配概率 P_K 的近似计算.

在实际的匹配过程中, 由于正确匹配的概率可以通过有关参数估算出来, 且其值一般较大, 在 0.8 以上 (0.9 左右), 而且有 $P_K > P_{K+1}$, 故我们将 P_K ($K \geqslant 1$) 按正态分布的概率比例来估计是可行的, 即

$$P_K = \begin{cases} P_C & (K = 0) \\ P_K = P_K' \cdot \dfrac{1 - P_C}{1 - P_0'} & (K > 0) \end{cases} \tag{8.5.23}$$

其中

$$P_0' = \int_{-\frac{1}{2}}^{\frac{1}{2}} \frac{1}{\sqrt{2\pi}} \exp\left(-\frac{x^2}{2}\right) \mathrm{d}x \tag{8.5.24}$$

$$P_K' = \int_{K-\frac{1}{2}}^{K+\frac{1}{2}} \frac{1}{\sqrt{2\pi}} \exp\left(-\frac{x^2}{2}\right) \mathrm{d}x + \int_{-K-\frac{1}{2}}^{-K+\frac{1}{2}} \frac{1}{\sqrt{2\pi}} \exp\left(-\frac{x^2}{2}\right) \mathrm{d}x \tag{8.5.25}$$

通过 (8.5.23)~(8.5.25) 式可得计算到 P_K, 再根据式 (8.5.19) 便可计算出匹配精度.

8.5.2.4　雷达景象匹配误差算例 [37]

图 8.5.2 为实验用基准图, 大小为 181×181, 图 8.5.3 左图为对应的实时图, 大小为 91×81.

图 8.5.2　基准图

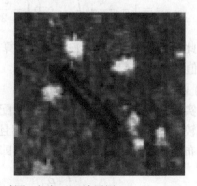

图 8.5.3　左为选取的实时图, 右为匹配结果图

实验结果为: 正确匹配概率 $P_C = 85.5579\%$, 匹配误差 $\tau_x = \tau_y = 0.503492$ 像素. 结果图大小为 91×81, 如图 8.5.3 右图所示.

实验结果表明, 实际匹配过程中如果我们将图 8.5.2 预设为基准图, 在得到图 8.5.3 左图作为实时图的情况下, 会有 85.5579% 的概率找到其在图 8.5.2 中的 "正确位置"; 同时我们找到的 "正确位置" 在图 8.5.2 中横向和纵向各会偏离真正位置 0.503492 个像素的长度.

表 8.5.1   传统方法与本节方法的结果对比

	独立象元数	正确匹配概率	匹配误差/像素	运算时间/s
传统方法	910	99.9999%	2.792e−008	5
本节方法	82	85.5579%	0.503492	5

用文献 [36] 中传统方法得到正确匹配概率接近 1, 较本节方法得到的值偏大. 原因是传统方法在计算独立像元数的时候只考虑到单行或者单列的相关长度, 而没能够考虑全局的相关性, 这样得到的相关长度就偏小, 图像的独立像元数就偏大, 最终导致正确匹配概率也相应偏大. 在实际工程应用中匹配概率不可能达到接近 1 的值, 本节得到的结果更符合实际工程背景.

本节对景象匹配精度及正确匹配概率进行了理论分析, 建立了求解图像独立像元数的方法, 研究了由一幅图像的一次匹配过程得到匹配精度及正确匹配概率的问题, 通过归一化积相关匹配算法对基准图与实时图进行匹配, 匹配的同时对景象匹配精度及正确匹配概率进行量化求解.

从结果分析来看, 本节的景象匹配精度及正确匹配概率的求解方法符合实际工程背景; 虽然增加了少许计算量, 但没有增加运算时间, 结论具有工程应用价值, 可以用于景象匹配辅助导航系统及其性能的精确分析. 景象匹配精度与正确匹配概率的分析对景象匹配辅助导航系统精度分析具有重要的意义.

8.5.3 景象匹配辅助导航系统落点精度预报

关于惯性导航系统的落点精度预报可参考 8.4 节, 这里不再重复. 根据 8.5.2 中对景象匹配辅助导航系统误差源的分析, 对景象匹配辅助导航系统各误差源进行预估, 便可以得到各误差源的精度范围.

以基准图生成时的位置误差 σ_2 为例

$$\sigma_2 = \frac{1}{2}\sqrt{A^2 + A^2} = \frac{A}{\sqrt{2}}$$

其中 A 为基准图分辨率, 单位为 m. 假设 A 的范围为 $3\sim 5$m, 则 σ_2 的取值范围为 $2.121\sim 3.536$m.

同理可以给出 7 项景象匹配辅助导航系统的误差源的取值范围, 利用

$$\sigma = \sqrt{\sigma_1^2 + \sigma_2^2 + \sigma_3^2 + \sigma_4^2 + \sigma_5^2 + \sigma_6^2 + \sigma_7^2}$$

便可以求得 σ, 进一步得到景象匹配辅助导航系统落点精度预估范围.

8.5.4   Monte Carlo 仿真预报组合制导精度

8.5.4.1   影响潘兴 II 战术导弹落点精度的因素分析 [32,35]

在理论上, 当给定导弹发射飞行的条件时, 即标准弹道条件, 即可解算导弹运动微分方程, 由此所得的弹道是一条理论弹道. 而实际导弹的发射及飞行条件与标准弹道条件是有差别的. 通常将实际飞行条件与标准弹道条件的差别称为误差源, 也称干扰因素.

潘兴 II 战术导弹的误差比惯性弹头复杂得多, 考虑主要误差因素有以下三类.

1) 惯导器件工具误差

影响惯导平台精度的误差源有很多, 但总的来说, 对惯导系统工作性能影响较大的主要有加速度计误差、陀螺仪误差和惯导平台构造有关的误差以及初始位置误差.

(1) 平台系统角漂移误差.

(2) 加速度表测量误差.

(3) 陀螺仪表的角速度误差.

2) 交班点参数误差

交班点误差由机动弹头上两部分组成, 一部分是由主动段关机点运动参数偏差引起的交班点运动参数偏差, 即交班点的速度偏差和位置偏差; 另一部分是由惯导工具误差引起的平台系统只是参数偏差, 即交班点速度指示偏差和交班点位置指示偏差.

3) 景象匹配误差

雷达景象匹配导航是一种自主、隐蔽、连续、全天候的导航技术, 采用的是将雷达实时图与预存在导引头相关计算机中的参考图进行相关运算, 从而获得弹头相对目标点的相对位置的定位方法. 雷达景象匹配导航的主要思想是测量飞行器飞行路径正下方的地形高度, 与存储的参考地图进行比较得出飞行器的位置信息, 用这个信息可以修正惯导引起的误差.

8.5.2 节中已经介绍了误差产生的原因. 景象匹配定位系统定位精度 σ 的主要误差为图像匹配定位误差 σ_1, 基准图制作误差 σ_2 和雷达测量误差 $\sigma_3, \sigma_4, \sigma_5$.

4) 再入段处干扰误差

再入段干扰因素很多, 主要包括以下几类:

(1) 大气参数偏差. 在大气参数偏差中, 会直接影响弹头落点偏差的干扰因素主要有大气密度偏差和大气温度偏差.

(2) 风. 在标准情况下, 大气相对地球是静止的, 即在所有再入飞行高度上的风速等于零. 但实际上, 风常常存在并影响弹头的飞行弹道. 大气相对地球是相对远程导弹而言, 风引起的落点偏差为小量.

(3) 弹头特性参数偏差. 弹头特性参数偏差主要有气动力系数偏差和质量特性偏差.

(4) 再入初始姿态偏差. 在考虑标准弹道时再入初始总攻角为 0.

(5) 小不对称.

8.5.4.2 潘兴 II 战术导弹落点精度预报模型

流程如下:

Step 1   程序开始后, 进行参数的初始化, 为导弹仿真中需要的参数赋初值;

Step 2   将不同坐标系下的数据转换到目标坐标系下;

Step 3   用参数转换模块将运动参数转换到比例导引方式模型下的各个角度参数值;

Step 4   景象匹配仿真, 确定出匹配定位点位置, 生成瞄准点;

Step 5   为方便计算, 将运动参数转换至以瞄准点为中心的坐标系下;

Step 6   惯测组合仿真模型开始工作;

Step 7   加入气动扰动的影响;

Step 8   对运动模型积分;

Step 9   根据运动方程, 实时反推导弹所受到的各方向气动力;

Step 10   根据导弹的受力情况, 由惯测组合模型实时输出导弹的视速度和视位置, 经积分得速度和位置参数;

Step 11   在气动扰动的影响下, 导弹在小段时间内将偏离理论运动位置, 偏离大小由气动扰动模型得出;

Step 12   判断是否到下一匹配点处, 如果达到高度要求, 进行下一次匹配, 重复步骤 4, 如果不满足, 继续积分, 直到达到高度要求为止;

Step 13   完成四次匹配 (不包括误匹配的情况), 导弹到达预设高度解爆.

重复以上步骤多次, 并对解爆处结果进行统计, 便可得出与 CEP 相关的各项指标.

根据以下流程就可以得到潘兴 II 战术导弹落点精度预报范围, 如图8.5.4所示.

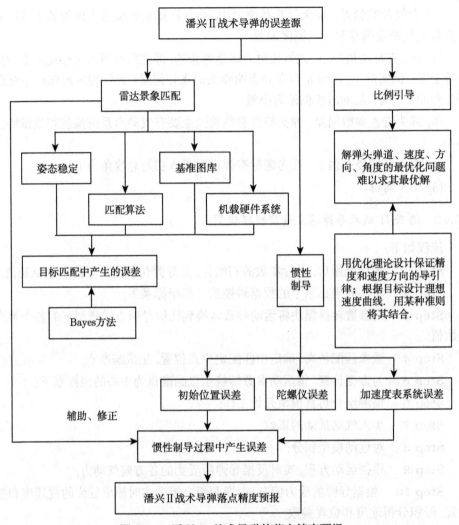

图 8.5.4 潘兴 II 战术导弹的落点精度预报

8.6 残骸落点预报 [38-46]

导弹武器试验中, 对于固体发动机、仪器舱等大尺寸不规则残骸, 气动模型不准确、测量设备少、设备布站远等, 很难预报其准确落点, 造成残骸搜索回收工作量大、搜索效率较低、危险区域划分不准确等问题. 本节针对导弹残骸的飞行过程中的受力情况, 建立了飞行动力学模型, 分别从气动参数、高空风和测量数据精度3 个影响因素进行分析, 介绍导弹残骸落点预报的基本方法 [38-46].

8.6.1 气动参数影响分析

导弹飞行过程一般可分为自由段飞行和再入段飞行, 落点预报主要是对再入大气层的飞行段进行弹道外推, 导弹再入段受力分析表明, 主要作用力为空气动力, 因此各类残骸的气动模型参数对落点预报精度会产生较大的影响. 产品研制方一般不会对导弹固体发动机、仪器舱等舱段结构单独进行风洞试验, 这类残骸缺乏准确的气动参数, 所以需要对导弹固体发动机等残骸的结构特性进行分析, 研究其结构特性与气动特性的关系, 构建气动模型.

不规则结构残骸气动模型的构建方法包括工程估算方法和数值计算方法. 数值计算方法计算量大, 且计算结果为纯理论分析结果, 计算结果正确性无法保证; 工程估算方法以空气动力学基本理论为基础, 以大量的飞行试验数据为依据, 而且能够保证一定精度, 是残骸落点预报气动参数计算或修正较易实现的方法. 目前较为常用的均为工程估算方法, 在已有的气动模型基础上, 利用历史弹道数据和实测落点, 对个别气动参数进行调整, 以提高弹道外推方法的准确性.

依据弹道数据反推气动参数方法的基本思想是: 充分利用实时测量的弹道数据和发动机的性能参数, 根据弹道方程推算出气动参数. 具体解决途径为: 首先根据飞行器的飞行特性进行受力分析, 建立飞行器的飞行动力学模型; 然后对弹道参数 (位置、速度等)、控制制导规律、飞行器性能参数 (包括外形参数、结构质量、转动惯量、发动机推力、秒流量) 与气动参数进行解耦, 通过推导演算得到气动参数计算的解析解, 或者采取一定方法进行仿真计算, 解算飞行动力学超定方程, 反推得出飞行器的气动参数.

对于分离体残骸, 以外形为圆柱状为例, 飞行姿态为随机状态, 因此按无推力无攻角状态考虑, 飞行过程中只需考虑阻力和重力.

$$m\frac{\mathrm{d}V}{\mathrm{d}T} = -(X + G\sin\theta) \tag{8.6.1}$$

其中阻力 $X = \frac{1}{2}\rho V^2 S_m C_x (S_m$ 为参考面积), 重力 $G = mg$, 则阻力系数:

$$C_x = \frac{-m\left(\dfrac{\mathrm{d}V}{\mathrm{d}t} + g\sin\theta\right)}{\dfrac{1}{2}\rho V^2 S_m} \tag{8.6.2}$$

已知分离体残骸一段时间 (大气层内) 的飞行弹道, 根据飞行高度、大气密度、残骸形质参数等, 通过弹道数据的迭代计算, 可以求出分离体残骸飞行时段的阻力系数, 并对后面飞行时段的阻力系数进行估算.

对于某一型号的导弹残骸, 若已经获取了一次或若干次飞行试验外测数据, 其实际飞行弹道为 $[x, y, z, V_x, V_y, V_z]$, 弹道上对应某时段的实际弹道数据为 $[x_i, y_i, z_i,$

$V_{x_i}, V_{y_i}, V_{z_i}](i = 1 \to n)$，设弹道外推模型为 $f(t, C_x, [x_0, y_0, z_0, V_{x_0}, V_{y_0}, V_{z_0}])$，则从某一初始时刻外推至 i 时刻的外推弹道为

$$f(t_i, C_x, [x_0, y_0, z_0, V_{x_0}, V_{y_0}, V_{z_0}]) \quad (i = 1 \to n)$$

当取某一阻力系数 C_x 使方差

$$\mathrm{Var}(f(t_i, C_x, [x_0, y_0, z_0, V_{x_0}, V_{y_0}, V_{z_0}] - [x_i, y_i, z_i, V_{x_i}, V_{y_i}, V_{z_i}]) = \min$$

则认为所取的 C_x 能够表征该时段导弹残骸的气动特性.

在实际计算过程中，由于导弹残骸为无控飞行，姿态处于不断变化的过程，气动力产生的升力作用随姿态的变化不断改变，甚至相互消减，残骸飞行过程可认为主要受重力和阻力的作用，因此可仅对阻力系数进行辨识.

8.6.2 高空风影响分析

高空风的影响主要体现在对空气动力的大小和方向的影响. 考虑高空风影响情形下，飞行器在发射坐标系中的空间质心运动方程为

$$
\begin{cases}
\begin{bmatrix} \dot{V}_x \\ \dot{V}_y \\ \dot{V}_z \end{bmatrix} = \boldsymbol{G}_B \frac{1}{m} \begin{bmatrix} p_{x_1} \\ p_{y_1} \\ p_{z_1} \end{bmatrix} + \boldsymbol{G}_B \boldsymbol{B}_V \frac{1}{m} \begin{bmatrix} X \\ Y \\ Z \end{bmatrix} + \begin{bmatrix} g_x \\ g_y \\ g_z \end{bmatrix} + \boldsymbol{A} \begin{bmatrix} r_x \\ r_y \\ r_z \end{bmatrix} + \boldsymbol{B} \begin{bmatrix} V_x \\ V_y \\ V_z \end{bmatrix} \\
\begin{bmatrix} \dot{r}_x \\ \dot{r}_y \\ \dot{r}_z \end{bmatrix} = \begin{bmatrix} V_x \\ V_y \\ V_z \end{bmatrix}
\end{cases}
$$

$$(8.6.3)$$

该方程第一个式子的物理意义为：左边项为导弹的加速度；右边项为导弹的受力情况，具体各项受力分别为：发动机推力、空气动力、地球引力、惯性离心力和哥氏惯性力.

其中 $\boldsymbol{G}_B$ 为弹体坐标系到发射坐标系的转换矩阵：

$$\boldsymbol{G}_B = \begin{bmatrix} \cos\varphi\cos\psi & -\sin\varphi & \cos\varphi\sin\psi \\ \sin\varphi\cos\psi & \cos\varphi & \sin\varphi\sin\psi \\ -\sin\psi & 0 & \cos\psi \end{bmatrix}$$

$\boldsymbol{B}_V$ 为速度坐标系到弹体坐标系的转换矩阵：

$$\boldsymbol{B}_V = \begin{bmatrix} -\cos\alpha'\cos\beta' & \sin\alpha' & -\cos\alpha'\sin\beta' \\ \sin\alpha'\cos\beta' & \cos\alpha' & \sin\alpha'\sin\beta' \\ -\sin\beta' & 0 & \cos\beta' \end{bmatrix}$$

$$
\boldsymbol{A} = \begin{bmatrix} \varpi_{ex}^2 - \varpi_e^2 & \varpi_{ex}\varpi_{ey} & \varpi_{ex}\varpi_{ez} \\ \varpi_{ex}\varpi_{ey} & \varpi_{ey}^2 - \varpi_e^2 & \varpi_{ez}\varpi_{ey} \\ \varpi_{ex}\varpi_{ez} & \varpi_{ez}\varpi_{ey} & \varpi_{ez}^2 - \varpi_e^2 \end{bmatrix}, \quad \boldsymbol{B} = \begin{bmatrix} 0 & -2\varpi_{ez} & 2\varpi_{ey} \\ 2\varpi_{ez} & 0 & -2\varpi_{ex} \\ -2\varpi_{ey} & 2\varpi_{ex} & 0 \end{bmatrix}
$$

$$
\alpha' = \alpha + \Delta\alpha_f, \quad \beta' = \beta + \Delta\beta_f
$$

$$
\Delta\alpha_f = tg^{-1}\left(\frac{-V_{fx}\sin\vartheta}{V - V_{fx}\cos\vartheta}\right), \quad \Delta\beta_f = tg^{-1}\left(-\frac{V_{fz}}{V}\right)
$$

$\alpha, \Delta\alpha_f, \alpha'$ 分别为攻角、风攻角、总攻角; $\beta, \Delta\beta_f, \beta'$ 分别为侧滑角、风侧滑角、总侧滑角; V, V_{fx}, V_{fz} 分别为导弹的飞行速度、风速在速度坐标系上的 x 分量和 z 分量.

高空风主要是在导弹残骸运动方向上产生气动作用. 当不考虑高空风时, 导弹残骸与空气的相对速度即残骸自身的速度, 当考虑高空风的影响时, 相当于在导弹运动速度方向上叠加一个高空风的速度.

导弹残骸运动过程所受阻力为

$$
X = \frac{1}{2}\rho \boldsymbol{V}^2 C_x
$$

其中 $\boldsymbol{V} = \boldsymbol{V}_s - \boldsymbol{V}_w$ 为导弹相对空气的运动速度. 导弹残骸运动速度为 $\boldsymbol{V}_s$, 风速为 $\boldsymbol{V}_m$.

为分析高空风的特点及其变化规律, 建立准确的残骸飞行的风场模型, 在不同的气象条件下, 可通过放飞探空气球对发射场附近的高空风进行长时间大尺度的测量, 获取较长周期的风场数据. 结合气象部门的天气预测分析报告, 通过对测量数据分析整理, 得到高空风在不同时间不同高度的分布情况.

8.6.3 测量数据精度影响分析

弹道数据质量对落点预报精度起着十分重要的作用. 飞行试验中, 通常会布设各类测量设备进行弹道测量. 导弹飞行过程中, 其飞行弹道数据主要分为弹上的遥测弹道数据和地面的外测弹道数据. 弹上遥测下传的弹道数据包括惯导弹道和卫星导航 (包括 GPS、GLONASS、BD、Galileo 等) 弹道; 地面测量弹道主要有光测和雷测弹道. 虽然弹道飞行过程中弹道数据源较多, 但对于导弹不同的舱段或导弹不同的飞行时段, 各种测量设备的作用范围有很大不同. 如主动段飞行过程中弹道数据源有光测、雷测、惯导、卫星导航弹道等, 而对于发动机分离体残骸一般仅有光测和雷测弹道, 甚至只有一部分飞行时段的雷测弹道.

为获取更准确的弹道数据, 需要分析研究残骸飞行过程遥测、光测、雷测、卫星导航外弹道测量特点, 通过对遥外测设备有效作用时段、有效作用距离以及测量精度的分析, 研究残骸飞行弹道计算时数据源的合理选取方法以及弹道数据融合方法.

进行残骸落点预报时, 当有多个弹道数据源时, 根据各类弹道数据测量精度、测量时段等特点, 数据源选取应尽量遵循如下原则:

(1) 对于出现数据散乱、精度明显变差的末段弹道数据段落, 应进行截断处理或采用数据拟合平滑方法, 可有效减小弹道数据误差, 提高落点预报精度, 防止使用精度较差的弹道数据给出错误的预报结果;

(2) 对于各类残骸跟踪弹道, 优先选用跟踪高度最低的弹道数据进行预报;

(3) 对于仪器舱类残骸, 优先选用卫星导航弹道, 其次选用惯导弹道, 或采用卫星导航和惯导数据融合处理后进行预报;

(4) 对于发动机类残骸, 优先选用外测融合弹道进行预报.

为研究弹道数据误差对残骸落点散布的影响, 可以在残骸分离点的 x, y, z 三个方向的位置、速度等每个参数上加上一定范围的随机扰动, 并基于飞行动力学模型计算该因素变化引起的残骸落点位置变化和残骸落点误差范围. 通过计算分析可以得出如下结论:

(1) 速度偏差造成残骸落点误差范围的影响要远远大于位置偏差产生的影响;

(2) 在分离点参数 x 和 z 方向上的偏差反应在落点上为平移关系, y 方向上的偏差对落点的影响要大于 x 和 z 偏差对落点的影响;

(3) y 方向的速度误差也即高度方向的速度误差对残骸的落点误差影响最大, 10m/s 以内的偏差在残骸落点射程方向上可造成千米级的偏差.

8.6.4　小结

本节主要介绍了导弹残骸飞行气动模型及弹道外推方法, 通过分析高空风、气动模型参数、测量数据等因素对发动机残骸落点预报的影响, 考虑上述干扰项, 类似再入误差预报方法可计算得出残骸落点预报结果.

利用上述方法进行残骸落点预报时, 我们需要注意以下几点:

(1) 根据对残骸的飞行状态和受力情况分析, 考虑到关机后飞行的射程较小, 且飞行时间较短, 因此在气动模型构建中, 往往进行了一些简化. 这种简化处理虽然不符合残骸在空气中飞行的复杂状态, 但有助于残骸理论落点的计算.

(2) 高空风速较大, 在高度 10~15km, 平均风速达到 25m/s, 最大风速一般达到 60m/s 以上, 对导弹残骸的气动力影响较大. 当风向比较固定, 形成单一方向的受力, 导致导弹残骸持续受到固定方向的高空风气动力影响时, 弹道预报形成的误差累积会不断增大. 由于高空风场形态各异, 且在不同时间、不同地点、不同季节、不同高度的风场不断变化, 难以建立精确的数学模型进行分析, 若风场模型太简单, 则无法准确分析影响残骸飞行的因素, 造成落点精度太差, 给搜索回收带来很大困难.

参 考 文 献

[1] 张金槐, 唐雪梅. Bayes 方法. 长沙: 国防科技大学出版社, 1993.

[2] 何国伟, 戴慈庄. 可靠性试验技术. 北京: 国防工业出版社, 1995.

[3] 周源泉, 翁朝曦. 可靠性评定. 北京: 科学出版社, 1990.

[4] 冯蕴雯, 冯元生. 极小子样高可靠性成败型产品试验的 Bayes 评估方法研究. 机械科学与技术, 1999, 18(2): 198-200.

[5] 程德斌. 导弹飞行可靠度评定方法初探. 系统与装备可靠性, 2005, 23: 85-88.

[6] 郭梅忠. 地地战术导弹飞行可靠性指标评定方法. 战术导弹技术, 2002, (4): 12-16.

[7] 张士峰, 蔡洪. 小子样条件下可靠性试验信息的融合方法. 国防科技大学学报, 2004, 26(6): 25-29.

[8] Martz H F, Waller R A. The basics of Bayesian reliability estimation from attribute test data. Los Alamos Scientific Laboratory, Report UC-79p, 1976.

[9] Martz H F, Waller R A. Bayesian Reliability Analysis. New York: John Wiley & Sons, 1982.

[10] Martz H F, Waller R A, Fickas E T. Bayesian reliability analysis of series systems of binomial subsystems and components. Technometrics, 1998, 30: 143-154.

[11] Philipson L L. Review and revision of launch vehicle failure probability and rate estimates. ACTA, Inc. Report 2001 No. 01-451/22.1-03

[12] Johnson V, Graves T, Hamada M, Reese C S. A hierarchical model for estimating complex system reliability. 7th Valencia International Meeting on Bayesian Statistics, 2002.

[13] Ke H Y. Evaluation of operational reliability from ground test data. Reliability Engineering and System Safety, 1995, 49(2): 103-107.

[14] Guikema S D, Pate-Cornell M E. Bayesian analysis of launch vehicle reliability. 41st Aerospace Sciences Meeting and Exhibit, 2003.

[15] Wilson A G, McNamara L A, Wilson G D. Information integration for complex systems. Reliability Engineering and System Safety, 2007, 92(1): 121-130.

[16] Williams J G, Pohll E A. Missile reliability analysis with censored data. Proceedings Annual Reliability and Maintainability Symposium, 1997: 122-130.

[17] Philipson L L. The failure of Bayes system reliability inference based on data with multi-level applicability. IEEE Transactions on Reliability, 1996, 45(1): 66-68.

[18] Gurov S I. Reliability estimation of classification algorithms. II. Integral estimates. Computational Mathematics and Modeling, 2005, 16 (3): 279-288.

[19] Savchuk V P, Martz H F. Bayes reliability estimation using multiple sources of prior information: binomial sampling. IEEE Transactions on Reliability, 1994, 43(1): 138-144.

[20] 吴建业, 周海银. 基于混合先验分布的导弹武器系统飞行可靠性评估. 飞行器测控学报, 2008, 27 (1): 26-29.

[21]　韩东, 谷宏强, 李洪儒. 弹道导弹射程的拟合算法. 军械工程学院学报, 2002, 14(3): 26-28.

[22]　沙钰, 吴翊, 王正明, 等. 弹道导弹精度分析概论. 长沙: 国防科技大学出版社, 1995.

[23]　张金槐. 远程火箭精度分析与评估. 长沙: 国防科技大学出版社, 1994.

[24]　贾沛然, 陈克俊, 何力. 远程火箭弹道学. 长沙: 国防科技大学出版社, 1993.

[25]　张毅, 肖龙旭, 王顺宏. 弹道导弹弹道学. 长沙: 国防科技大学出版社, 1999.

[26]　王正明, 易东云, 等. 弹道跟踪数据的校准与评估. 长沙: 国防科技大学出版社, 1999.

[27]　袁建平. GPS 在飞行器定位导航中的应用. 西安: 西北工业大学出版社, 2000.

[28]　Widnall W S, Gobbini G F, Kelley J F. Decentralized relative navigation and JTIDS/ GPS/INS integrated navigation systems. AD A116417, 1982.

[29]　Lund F H, Pershing P E. Missile system life cycle. 39th AIAA Aerospace Sciences Meeting & Exhibit, AIAA 2001-0178, 2001.

[30]　刘兴唐. 精确制导、控制与仿真技术. 北京: 国防工业出版社, 2006.

[31]　Tsai S X. Introduction to the scene matching missile guidance technologies. AD-A315 439/0/XAB, 1996

[32]　赵汉元. 飞行器再入动力学和制导. 长沙: 国防科技大学出版社, 1997: 242-282.

[33]　刘石泉. 弹道导弹突防技术导论. 北京: 中国宇航出版社, 2003.

[34]　程国采. 战术导弹导引方法. 北京: 国防工业出版社, 1996.

[35]　张宪伟. 雷达景象匹配末制导精度计算方法研究. 第二炮兵工程学院硕士学位论文, 2004.

[36]　孙仲康, 沈振康. 数字图像处理及其应用. 北京: 国防工业出版社, 1985: 233-283.

[37]　王刚, 倪伟, 段晓君, 等. 基于独立象元数计算的景象匹配精度分析方法. 宇航学报, 2007, (6): 1698-1703.

[38]　严富财. 导弹残骸落点预报及应用. 装备学院硕士学位论文, 2016.

[39]　王景国, 卞韩城, 陈学林, 等. CZ-2F 火箭整流罩残骸落点预报方法研究. 载人航天, 2014, 20(5): 457-460.

[40]　何京江, 魏志, 董继辉, 魏善碧. 采用空气阻力修正的火箭残骸落点算法. 重庆大学学报, 2012, 35(10): 99-103.

[41]　肖松春, 宋建英, 安学刚. 基于蒙特卡洛方法的运载火箭残骸区划定. 装备指挥技术学院学报, 2010, 21(4): 66-70.

[42]　王伟红. 自适应路由蚁群算法在导弹残骸搜索中的应用. 计算机仿真, 2009, 26(3): 55-57.

[43]　孙守明, 李恒年, 王海涛, 等. 基于回收着陆段精细模型的飞船落点预报. 飞行力学, 2013, 31(2): 143-147.

[44]　任世强, 张曙光, 刘英. 现代军事试验靶场残骸搜寻最短路径问题研究. 计算机工程, 2005, 31(18): 228-230.

[45]　贺明科, 朱炬波, 周海银, 等. 弹道导弹落点的外推方法. 战术导弹技术, 2002, (5): 1-5.

[46]　方振平, 陈万春, 张曙光. 航空飞行器飞行动力学. 北京: 北京航空航天大学出版社, 2005: 15-22.

第9章 弹道精度分析与精度折合

9.1 概　　述

　　导弹射击散布度应是大量全程试验落点偏差量的统计分析结果. 由于远程导弹造价昂贵, 需要的飞行试验测量设备精度高、数量多, 试验的组织庞大、复杂、投资高, 因此不可能进行大量的飞行试验. 通过试验统计理论研究, 期望在少量或极少量的实际飞行试验下能对导弹精度做出评定. 有限射程的试验弹道, 可以是与正常弹道有相同飞行程序的小射程弹道, 也可以是用于考虑弹体、弹头、发动机、控制系统性能的高弹道、低弹道等. 所有这类非全程的试验弹道即称为特殊试验弹道. 如何通过一发导弹的特殊试验弹道的飞行试验结果, 对该枚导弹作全程飞行试验时的误差做出推算, 就成为一项难度大而又必须解决的理论研究和工程应用研究紧密结合的课题[1].

　　由特殊试验弹道的落点偏差向全程进行推算的问题, 与特殊试验弹道飞行中的偏离标准试验弹道的飞行条件的误差因素有关. 这些误差因素通常按导弹飞行状态分为主动段、后效段、自由飞行段及再入段误差因素[2-4].

　　在地面技术阵地试验充分、测量系统精度高、布站几何好的前提下, 应用一般的参数估计理论就能满足制导系统误差估计的要求, 折合的精度也较高[5]. 但如果在主动段外弹道数据的精度不能达到要求 (尤其是在级间分离段、火焰干扰得不到高精度外弹道测量数据段)、制导系统误差环境函数病态以及环境函数存在计算误差等情况下, 需要从理论上来研究提高折合精度的方法.

　　在对惯性制导武器进行精度分析与折合时, 需要用到遥测数据、飞行前的校准数据和外弹道测量数据, 这就面临一个提高弹道数据精度的问题[7-15,21,26]. 对于此问题, 美国主要通过设备的鉴定与校准试验来提高设备的精度, 同时利用多种类、布站几何优良的测量设备. 我国在使用较高精度测量设备的同时, 研究先进的外弹道跟踪数据处理方法, 在导弹的正常飞行时段、有正常的跟踪数据时, 数据处理的精度得到了显著的提高[7,21,56-63].

　　国内的张金槐、贾沛然、唐雪梅等从理论和工程应用上都对误差分析及折合的方法进行了研究[3,4,30,74], 提供了计算各段误差分析及折合的方法.

　　针对制导工具误差分析与折合[3,30,74], 一是用短程飞行试验的遥、外测数据求解惯导误差 (分离误差系数), 然后推求同样惯导误差条件下的全程落点偏差, 但此种方法难以克服线性相关和不可测问题. 因为误差系数分离难度很大, 甚至不可分

离 (不可测). 为了避免分离误差系数遇到的难题, 于是又提出了第二种方法 [3,40], 即不分离制导工具误差系数, 用试验弹道遥、外测信息直接拟合工具误差对全程弹道落点偏差影响的方法, 并给出了直接推算的理论依据. 此外, 还可以将偏最小二乘法、支持向量机方法和遗传主成分方法等现代数据处理方法应用于制导工具误差分离, 并取得了较好的结果 [74].

根据系统控制方程, 利用弹道积分, 很容易对制导方法误差进行估计. 但由于控制方程难以获得, 可以假设在对于不同的飞行弹道, 主动段的干扰因素引起的弹体系上的加速度偏差与弹体姿态角偏差基本一致的基础上, 对制导方法误差进行折合估计 [3,4,30].

对同一发导弹来说, 从发动机后效性能可知, 后效冲量不随飞行弹道改变, 后效误差完全由导弹自身决定, 不随飞行弹道改变, 在此基础上, 完全可以用试验弹道所获取的后效段系统参数值直接估算全程弹道的后效段误差所引起的落点偏差值 [2-4].

理论上, 再入误差折合可以用上述制导工具误差折合介绍的第二种方法 [3], 但因为再入干扰因素比较多, 有大气参数、风、弹头特性参数偏差, 以及再入初始姿态偏差、小不对称等等, 其环境函数比较难以获取, 而且很多参数如风场数据难以准确获得, 因此工程上多利用再入误差折合系数以及试验弹道再入误差落点偏差求出全程弹道再入误差引起的落点偏差 [2-4].

关于捷联惯导 (SINS) 导弹的误差大致可以分为四类, 包括数学模型近似所引起的误差、惯性器件误差、算法误差及初始对准误差. 其中惯性器件误差比较难以控制, 通常这项误差约占系统误差的 90%左右. 在实际工程应用中, 一般对惯性器件误差及其模型进行研究, 通过设计并优化相应的误差补偿算法来减小其对系统精度的影响 [64-73].

对于复合制导弹, 同样存在精度分析与精度折合的问题. 深入研究组合导航各子导航系统误差传播的理论, 是提高组合导航系统精度问题的关键. 在设备精度有限的条件下, 需要提高命中精度, 一方面是设计组合导航系统, 用不同传感器之间的优势互补、数据融合, 以提高总体的射击精度; 另一方面则是类似于制导工具误差分离, 将各导航传感器的误差分析清楚, 将命中精度分解到各导航传感器的误差源上, 这样以利于在传感器上做误差补偿, 来提高总体精度.

本章正是在此基础上展开工作, 从遥外测数据精度分析与比对、不同段误差折合方法等出发, 对导弹落点精度分析与折合进行了系统的研究.

9.2　弹道跟踪数据

本节主要对遥外测数据分别进行了数据分析与比对. 对于遥测数据, 将遥测系统分为传输系统和传感系统进行误差分析, 讨论了各自对遥测系统工作的影响; 通过构造滑动窗口的中值滤波器, 对异常遥测数据进行剔除并给予了修补. 并对遥测数据和外测数据的相互比对进行了讨论.

9.2.1 遥测数据精度分析

遥测系统的精度可通过对遥测数据的分析给予精度鉴定. 遥测系统精度指的是被测参数经传感器测量变换、传输系统传输和数据处理设备处理后得到的全系统的精度. 遥测系统可视为线性开环系统, 不同环节的误差可以分离出来考虑. 将遥测系统分为传输系统和传感系统进行误差分析, 有利于更清楚地了解它们各自对遥测系统工作的影响 [7,11-12].

对导弹、卫星等飞行目标加速度的遥测是由平台系统完成的. 一般平台系统是一个三框结构, 平台台体上装有三个单自由度的积分陀螺仪, 用作三个相互正交方向的敏感元件, 修正由于干扰力矩引起的偏差, 保持平台三个轴的稳定; 同时沿上述的三个轴装有三个加速度计, 得到遥测六路视速度脉冲数据 [7,11-12]. 通过分析知道, 各部分的误差都会引起制导系统工具误差. 例如, 陀螺稳定平台提供制导惯性基准, 由于陀螺仪与平台的误差, 使平台坐标轴漂移, 造成安装在平台上的加速度表的测量基准变化, 由此要引起测量视速度的误差. 再加上加速度表本身器件误差引起的测量视速度误差, 构成了制导系统的工具误差, 制导工具误差为遥测的系统误差, 在本节中将其视为真实信号的一部分. 本节着重分析传输系统的误差和传感系统的测量误差. 故遥测视速度输出脉冲的观测方程:

$$l = f + s + \varepsilon \tag{9.2.1}$$

式中 l 为遥测某通道真实脉冲数据, f 为整脉冲数, s 为不足一个脉冲部分的量化误差, ε 为观测噪声.

$$W_i = g(f_{i+} - f_{i-})/k_i \tag{9.2.2}$$

其中 g/k_i 即为第 i 方向一个脉冲所对应的实际视速度的大小.

对于传输系统而言, 由误码率引起的遥测误差表现为使 f 产生误差. 而对于传感系统来说, 由于输出的是数字信号, 故不足一个脉冲的信号 s 不能输出, 因此遥测传感系统中存在量化误差.

9.2.1.1 传输系统的误码率分析 [11]

数字传输系统的误差主要表现为误码. 影响 PCM 体制遥测传输系统性能的误差源主要有传输噪声, 这种噪声在发射机输出和接收机输入之间 (信道) 的任何地方都可能引入.

传输噪声的影响是在收到的 PCM 信号波形中造成错误比特, 如在二进制系统中, "1" 随机地错成 "0", 或 "0" 随机地错成 "1". 这种错误越多, 则信息的失真越大. 由于数字传输系统本身传输数据的精度较高, 只要保证足够高的信噪比工作, 其误码率以及所引起的误差就认为是一定的, 并在允许范围之内.

经过大量的仿真计算, 得到低位误码率对遥测视速度的影响如表 9.2.1 所示.

表 9.2.1　误码率对遥测精度的影响 (误码率为 8×10^{-4})

误码率发生的码位	σ_{w_x}	σ_{w_y}	σ_{w_z}
4, 3, 2, 1 (误差低于 8 个脉冲)	0.0075	0.0073	0.0007
5, 4, 3, 2, 1 (误差低于 16 个脉冲)	0.0154	0.0149	0.0014
6, 5, 4, 3, 2, 1 (误差低于 32 个脉冲)	0.0298	0.0300	0.0028

下面从理论上分析单遍传输误码率为 p_e 时低位 (1, 2, 3, 4) 误码对遥测精度的影响. 令

$$\sigma = \sqrt{225p_e^4 + 535(p_e^3 - p_e^4) + 395(p_e^2 - 2p_e^3 + p_e^4) + 85p_e(1-p_e)^3} \qquad (9.2.3)$$

则 $\sigma_i = k_i\sqrt{\sigma_{i+}^2 + \sigma_{i-}^2}$, $i = w_x, w_y, w_z$.

理论分析计算结果如表 9.2.2 所示.

表 9.2.2　理论分析误码率对遥测精度的影响 (误码率为 8×10^{-4})

误码率发生的码位	σ_{w_x}	σ_{w_y}	σ_{w_z}
4, 3, 2, 1 (误差低于 8 个脉冲)	0.0075	0.0073	0.0007

由表 9.2.1 和表 9.2.2, 可知仿真计算结果与理论分析的结果一致, 这说明了仿真计算结果是可靠的. 由此得到这样一个结论: 若能在事后处理中将高位码 (4 位以上) 的误码造成的粗大误差遥测数据预处理时被剔除, 低位 (4 位以内) 误码率引起的遥测视速度的误差对遥测精度影响不大. 据此我们认为遥测精度主要由传感系统的精度所决定.

9.2.1.2　异常值处理方法

由于来自环境、设备以及合作目标的各种突发因素的影响, 或者设备操作误差和信息记录的过失, 在遥测信息的测量过程中, 记录的数据有异常现象. 致使观测数据在某些时刻或某些段落出现大的误差, 与目标运动规律明显不符合. 异常数据对一些经典的处理方法 (例如, 基于最小二乘拟合的多项式滤波、平滑与微分平

滑、Kalman 滤波及预报等等) 会产生不利的影响. 因此如果异常数据不予剔除, 会给数据处理的结果带来严重影响. 故对观测数据预处理时, 必须识别异常数据并加以修补.

由于遥测六路通道数据均具有单调递增的特性, 在这里讨论中值滤波器及改进的中值滤波器. 中值滤波器是非线性滤波器. 具有计算简单, 容错能力好, 保持边缘特性等优点.

中值估计在参数估计族中是最稳健的, 其小样本崩溃点接近 50%, 即在观测数据集合的任一非空子集中, 当异常数据的个数不足一半时算法都不会崩溃. 构造如下的滑动窗长度为 $(2k+1)$ 的中值滤波器.

$$y_i = \mathrm{med}(x_{i-k}, \cdots, x_i, \cdots, x_{i+k})$$

其中 $\mathrm{med}(\cdot)$ 为中值算子.

当观测数据为单调增 (减) 时, 有 $x_i = \mathrm{med}(x_{i-k}, \cdots, x_i, \cdots, x_{i+k})$.

从上式可以看出, 中值滤波器对单调序列是没有影响的. 在遥测数据预处理中, 利用中值滤波器进行异常数据识别恰好利用了遥测数据的特点. 误码率在正常的情况下是很小的, 当然, 在级间分离等特殊段, 由于 p 值可能增大, 误码率会增加. 这时利用中值滤波器, 则可以很好地保护级间段这个边缘信息.

中值滤波器有很多改进形式, 如加权中值滤波器、递归中值滤波器、混合中值滤波器、二维中值滤波器等.

中值滤波阈值一般根据数据的精度要求和特点选取固定的数值, 但是如果阈值过小则容易出现 "虚警" 现象, 为避免这种现象, 阈值可采用下列选法: $l = (2k+1) \times \dfrac{\max|x_i - x_j|}{n}$, 或根据数据特点分段选取阈值 $l_m = (2k+1) \times \dfrac{\max|x_i - x_j|}{n_m}$, 试验证明该方法既可以有效地剔除异常数据, 也可以有效避免 "虚警" 现象.

定义 9.2.1 对于离散时间连续值的输入子序列 $x_{i-k}, \cdots, x_i, \cdots, x_{i+k}$, 加权中值滤波器输出 y_i 为

$$y_i = \mathrm{med}(w_{-k} \circ x_{i-k}, \cdots, w_0 \circ x_i, \cdots, w_k \circ x_{i+k}) \tag{9.2.4}$$

其中 "$\circ$" 表示重复排列, 即

$$w \circ x = \underbrace{x, x, \cdots, x}_{w \text{个}}$$

$w_l (-k \leqslant l \leqslant k)$ 称作权值.

在整数域, 加权中值滤波器还可以从另一个角度定义.

定义 9.2.2 若 $w_j \geqslant 0, -k \leqslant j \leqslant k$, 则加权中值 β 是满足

$$\phi(\beta) = \sum w_j |x_j - \beta| \to \min$$

的极小值. 该函数是逐段线性的、凸的函数.

在输入数据服从独立同分布时, 加权中值滤波器输出的分布函数为

$$F_y(y) = \sum_{i=1}^{n} C_i F_x^i(y) \tag{9.2.5}$$

其中 $\sum_{i=1}^{n} C_i = 1$, $F_x(y)$ 是输入数据的累积分布函数; 系数 C_i 由权值 $w_i(i = 1, \cdots, n)$ 来确定. 例如, 权值为 $2, 1, 1, 1$ 的加权中值滤波器输出的分布函数为

$$F_y(y) = -2F_x^3(y) + 3F_x^2(y) \tag{9.2.6}$$

且不同权值的各种加权中值滤波器可以有系统的输出累积分布函数. 当输入数据服从独立同分布时, 消除噪声最好的是常规中值滤波器, 即 $w_i = 1(i = -k, \cdots, k)$ 的加权中值滤波器.

定义 9.2.3　递归中值滤波器是中值滤波器的改进形式, 是利用已求得的输出量计算新的输出量, 即

$$y_i = \mathrm{med}(y_{i-k}, \cdots, y_{i-1}, x_i, \cdots, x_{i+k})$$

我们通过图 9.2.1 所示的异常数据流程, 建立仿真识别程序, 分析在不同的误码率的条件下, 该方法识别的效果. 首先利用真实的遥测视速度数据得到仿真的遥测二进制数据, 在二进制数据上加入不同误码率的传输噪声, 得到异常数据, 再利用中值滤波器进行识别.

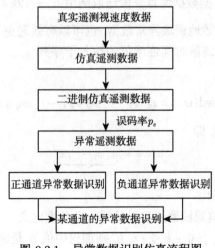

图 9.2.1　异常数据识别仿真流程图

下面分别给出不同误码率条件下的仿真识别结果. 图 9.2.2 和图 9.2.3 给出仿真正负通道的真实数据. 图 9.2.5 和图 9.2.6 给出误码率 $p_e = 0.005$ 时的仿真结果.

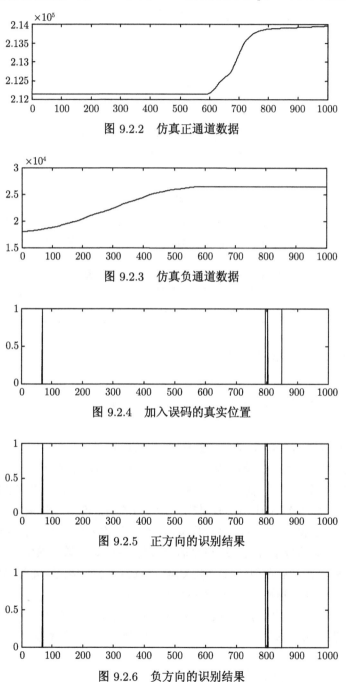

图 9.2.2　仿真正通道数据

图 9.2.3　仿真负通道数据

图 9.2.4　加入误码的真实位置

图 9.2.5　正方向的识别结果

图 9.2.6　负方向的识别结果

当 $p_e = 0.005$ 时, 通过图 9.2.5 和图 9.2.6 的比较可发现此时无论是正方向还是负方向的均可完全识别.

$p_e = 0.01$ 时的识别结果如表 9.2.3 所示.

表 9.2.3　异常数据识别结果 ($p_e = 0.01$)

真实	163	206	255	550	680	708	859		887
负通道		206	255	550	680	708	859		887
正通道	163	206	255	550	680	708	859	884	887

上面的图表说明: 中值滤波器对于变化较小的数据效果较好. 在处理遥测数据时, 注意到其特点: 正通道数据有变化, 负通道数据无变化, 反之亦然. 运用中值滤波器, 结合正负通道数据的互补性, 可获得较好异常数据识别效果. 不仅能识别孤立的异常野值, 而且能识别成片的异常野值.

遥测数据可能存在成片的异常数据, 这需要识别并剔除, 否则会严重影响遥测数据的质量. 表 9.2.4 给出测试中异常数据识别个数与观测数据个数之比的结果.

表 9.2.4　异常点个数与观测数据个数之比

通道	f_{x+}	f_{x-}	f_{y+}	f_{y-}	f_{z+}	f_{z-}
异常点个数与观测数据个数之比	0.0011	0.0011	0.0013	0.0018	0.0022	0.0025

9.2.1.3　传感系统的误差分析 [11]

我们研究的对象是传感系统的输出量遥测视速度, 而传感器的输出不可能丝毫不差地反映被测量的变化. 传感器的测量值与被测量真值之间的差值就是传感器的误差.

影响传感系统性能的主要误差源有以下三方面.

(1) 量化误差. 由于加速度测量系统采用光栅传感器测量系统, 其为数字传感器系统, 输出是数字信号, 就有对连续值进行量化处理的过程. 传感器的输入与输出之间不可能做到绝对的连续, 有时输入量开始变化, 但是变化量太小, 输出量并不随之而变, 而是输入量变化到某一程度时, 输出量才突然产生一个小的阶跃变化. 因此, 量化以后的信号不可避免地与原信号有些差异, 这使数字通信质量受到影响.

量化过程会在最后重现信号中引入误差, 而这在接收端是不能恢复的, 这个量化误差像噪声一样影响通信质量, 也称为量化噪声.

PCM 体制的基本思想就是 Shannon-Nyquist 采样定理和对采样值的量化处理. 如信号 $s(t)$ 满足 $\max_{\omega} S(\omega) \leqslant M$, 则可由采样序列 $s(t_j)$ 完全恢复 [11-12], 即

$$s(t) = \sum s(t_j) K(t - t_j), \quad -\infty < j < +\infty \tag{9.2.7}$$

其中 $t_j = j/(2\omega), -\infty < j < +\infty, K(t) = \dfrac{\sin 2\pi\omega t}{2\pi\omega t}, -\infty < t < +\infty.$

对 $s(t_j)$ 量化得 $r(t_j) = q(s(t_j))$, 故由量化采样造成的量化噪声为

$$n(t) = \sum (q(s(t_j)) - s(t_j))K(t - t_j), \quad -\infty < j < +\infty \tag{9.2.8}$$

在实际运用中, 由 (9.2.7) 式可知, 即使没有量化噪声, 由于信号的表示误差存在, 也存在一定的误差. 因此信号的量化采样造成的误差由两部分组成, 一部分是信号的表示误差, 一部分确实来自于量化误差.

由公式 (9.2.8), 随着新材料、新工艺、新技术的发展, 若能增大 K_i, 则可降低量化误差的影响. 但如何尽量减少采样误差又不至于过分加大信道容量是一个需要在实践中探讨和解决的问题.

(2) 环境状况的影响. 由于光栅传感器的光栅片一般由玻璃做成, 而且动片与定片之间的间隙又很小, 因此环境状况 (如温度、湿度、振动、冲击等) 发生变化或变坏时, 会影响性能和可靠性. 这可通过精心设计和改进结构, 得到很大改善.

(3) 光栅传感器使用、安装误差, 如光栅刻制偏差, 光栅盘对轴承偏差偏心引起的误差, 轴承径向跳动引起的误差.

当被测量随时间变化时, 由于传感器对输入量变化响应的滞后, 或输入量中不同频率成分通过传感器时受到不同的衰减和延迟, 传感器会产生附加的误差. 此时传感器的输出不仅与输入量的幅度有关, 而且与输入量的频率有关.

9.2.1.4 量化误差分析

使用近代回归分析的理论和方法解决动态测量数据处理问题的效果, 主要依靠两条: 一是先进的参数估计方法, 二是建立一个好的模型. 二者是相辅相成的. 好的模型要求能用较少的参数表示被测的真实信号, 且模型表示误差要小. 因为 B 样条函数在弹道数据处理中的特殊地位, 所以这里主要基于 B 样条的等距节点模型和自由节点模型进行分析.

定理 9.2.1[8] 设 $f(t) \in C^2[a,b], \pi$ 为等距分划 (节点距为 h), $S_f \in S(\pi,3)$, S_f 满足插值条件

$$\begin{cases} S(t_i) = f(t_i), & i = 0, 1, \cdots, n \\ S(t_0) = f(t_0), & S'(t_n) = f'(t_n) \end{cases}$$

记 $M_2 = \|f''(t)\|_2$, 则

$$\|S(t) - f(t)\|_\infty \leqslant \frac{M_2}{2} h^{3/2}, \quad \|S'(t) - f'(t)\|_\infty \leqslant M_2 h^{1/2}$$

1) 弹道的等距节点模型

弹道一般利用三次 B 样条表示, 而遥测数据是视速度数据, 故可利用二次 B 样条函数表示. 下面列出其具体情形.

记 $h = \dfrac{b-a}{N-2}$, $T_2 = a$, $T_{N-1} = b$, $T_j = T_2 + (j-2)h$, $j = 1, 2, \cdots, N$;

$$B(\tau) = \begin{cases} 0, & |\tau| \geqslant \dfrac{3}{2} \\[2mm] \dfrac{3}{4} - \tau^2, & |\tau| \leqslant \dfrac{1}{2} \\[2mm] \dfrac{\tau^2}{2} - \dfrac{3}{2}|\tau| + \dfrac{9}{8}, & \dfrac{1}{2} < |\tau| < \dfrac{3}{2} \end{cases}$$

则信号的等距节点模型为 $S(t) = \displaystyle\sum_{j=1}^{N} \alpha_j B\left(\dfrac{t - T_j}{h}\right)$.

2) 自由节点样条模型

对于含有一些特征点的弹道, 利用自由节点样条模型仍可很好地逼近弹道.

定义 9.2.4　在实轴上给定节点序列 $\cdots < T_{-k} < \cdots < T_0 < \cdots < T_N < \cdots < T_{N+k} < \cdots$, 记 $w_{i,k+1}(t) = (t - T_i)(t - T_{i+1}) \cdots (t - T_{i+k+1})$, 称

$$B_{i,k+1}(t) = (T_{i+k+1} - T_i) \sum_{j=i}^{i+k+1} \dfrac{(T_j - t)_+^k}{w'_{i,k+1}(T_j)} \text{ 为第 } i \text{ 个 } k+1 \text{ 阶的自由节点样条函数}.$$

这里仍给出二次 B 样条函数表示的具体情形.

考虑分划 $T_1 < T_2 < \cdots < T_N < \cdots < T_{N+2}$, $T_3 = a$, $T_N = b$, 则某通道的视速度遥测数据可表示为

$$s(t) = \sum_{j=-2}^{N-1} \beta_j B_{j,3}(t)$$

3) 仿真算例

仿真生成 1~41s 的观测数据 $y(t)$, $y(t) = [f(t)]$, $f(t)$ 为真实信号, $y(t)$ 为信号 $f(t)$ 的一种量化采样. 采样间隔为 0.5s, 利用等距节点样条模型得到的估计值为 $\hat{f}_1(t)$; 自由节点模型为 $\hat{f}_2(t)$. 其中等距节点样条的系数为 20 个, 自由节点样条的系数为 9 个. 得到的误差曲线如图 9.2.7 所示.

在该仿真算例中, 真实量化误差残差为 0.292, 运用自由节点模型得到的方差估计为 0.289, 等距节点模型的方差估计为 0.592; (a)~(c) 分别为 $y(t) - \hat{f}_1(t)$, $y(t) - \hat{f}_2(t)$ 和 $y(t) - f(t)$ 的曲线, (e) 和 (d) 为 $f(t) - \hat{f}_1(t)$, $f(t) - \hat{f}_2(t)$. 误差曲线 (b) 和 (c) 可说明自由节点模型的误差曲线与真实误差曲线很相似, 误差曲线 (f) 说明利用自由节点模型, 可抑制量化噪声的影响, $\hat{f}_2(t)$ 的精度要高于 $y(t)$. 由此我们可认为若能得到观测数据较精确的模型表示, 通过节省参数建模技术, 可减弱量化误差的影

响. 由工程背景, 可采用自由节点样条表示六路遥测脉冲视速度数据, 并结合时频分离技术, 分析传感系统误差.

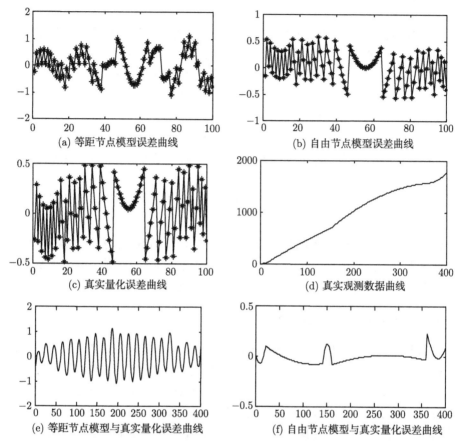

图 9.2.7　模型对量化误差分析的影响

9.2.2　外弹道跟踪数据分析

弹道跟踪数据建模要考虑以下几方面的因素 [7,9-10,56-57]: 一是测元真实信号的数学模型, 这种模型通常是与弹道参数的表示相联系的; 二是测量随机误差的数学模型, 如平稳零均值 AR 序列; 三是测量系统误差模型, 如常值系统误差模型、折射误差等. 外弹道数据分析已有著作进行详细介绍, 可参见文献 [7,9~10,56~57] 等. 本节不再赘述.

9.2.3　遥外数据的比对

在弹道数据处理中, 经常需要用到各个坐标系之间的转换关系, 如发射坐标系下弹道参数与惯性坐标系下视速度的转换关系等等 [7,43], 进行遥外数据比对. 得到外弹道参数转化而来的惯性系下的视速度, 与惯性系下传输出来的遥测视速度作差, 即为惯性系下的遥外差 (即视速度差). 如无特别说明, 在后文中所用的通常是惯性系下的遥外差.

由惯性坐标系下的视速度和视加速度亦可以得到发射坐标系下的运动位置和速度参数 [7,43]. 遥测视速度转化而来的发射系下的弹道位置参数及速度参数, 与发射坐标系下根据测元观测数据融合得到的外弹道位置速度参数作差, 即为发射系下的遥外差. 这种遥外差通常只用作数据辅助分析和中间转化.

遥外数据比对主要指制导工具系统误差系数特性分析以及制导工具误差分离. 靶场功能要实现从单一的精度试验向武器装备系统的战技指标、作战效能试验的转变. 从精度分析中的制导工具误差分离开始, 研究精度鉴定, 直至武器系统战术技术指标、武器系统作战效能的分析和研究. 关于精度分析, 特别对战略弹而言, 本质上是关于制导工具系统误差系数的鉴定, 强调制导工具系统误差系数对制导精度的影响及贡献.

遥外联合数据处理以遥测数据分析、误差建模与精度评定技术为起点, 建立遥测精度分析与外弹道数据处理的一体化模型, 给出制导工具误差系数分离及评定的结果. 这里我们主要介绍一种遥外信息互相补充的分析方法.

9.2.3.1　逆向递推估计全程弹道参数 [43]

在试验过程中, 因为测量几何或测控设备的问题, 有时会碰到跟踪主力设备在飞行初始段丢失数据的情形. 然而有时需要给出全程的跟踪弹道数据, 此时如何弥补初始段的数据成为一个重要的问题. 工程上有数字信号处理逆滤波方法和弹道外推方法, 但利用逆推计算全程弹道的思想还很少见. 一般而言, 逆滤波外推点数不能太多, 随着外推点数增多精度下降很快; 而弹道外推通常是根据主动段弹道参数, 利用自由段方程对弹道进行积分和外推, 一般不适用主动段的逆推情形. 对于初始段丢失多点外测数据的情形, 可以考虑将初始缺失的外测段用惯性系下的遥测数据来弥补. 具体而言, 即利用修正制导工具系统误差值后的遥测数据转换到发射系下, 利用微分方程进行逆推得到全程弹道参数, 这种方法融合了遥测信息, 精度较高 [43].

求解微分方程组所用的 Runge-Kutta 公式中, 我们采用逆向转换, 时间变为负号. 记时间步长为 h, 则有

$$\begin{cases} t_i = t_0 - ih, & i = 1, 2, 3, \cdots \\ f(t_i) = f(t_0 - ih) \end{cases}$$

针对上式的时间维逆向积分 Runge-Kutta 公式如下:

$$
\begin{cases}
f(0) = Y(t_0) \\
f(t_{i+1}) = f(t_i) + \dfrac{1}{6}[K_1 + 2K_2 + 2K_3 + K_4] \\
K_1 = -h \cdot F(t_i, f(t_i)), \ K_2 = -h \cdot F\left(t_i - \dfrac{h}{2}, f(t_i) + \dfrac{K_1}{2}\right) \\
K_3 = -h \cdot F\left(t_i - \dfrac{h}{2}, f(t_i) + \dfrac{K_2}{2}\right), \ K_4 = -h \cdot F(t_{i+1}, f(t_i) + K_3)
\end{cases}
$$

逆向积分所得弹道精度亦受初始点参数精度的影响. 理论分析如下: 对非齐次线性微分方程而言,

$$
\frac{\mathrm{d}Y}{\mathrm{d}t} = AY + F(t)
$$

的通解 [52] (即含有独立常数 $c = Y(t_0)$ 的解) 为

$$
Y = e^{\int_{t_0}^{t} A(t)\mathrm{d}t} \left(\int_{t_0}^{t} F(t)\mathrm{d}t \cdot e^{-\int_{t_0}^{t} A(t)\mathrm{d}t} + Y(t_0) \right)
$$

$$
A(t) = \begin{bmatrix} O_3 & I_3 \\ -\Phi^{-1}(t)\ddot{\Phi}(t) & -2\Phi^{-1}(t)\dot{\Phi}(t) \end{bmatrix}, \quad F(t) = \begin{bmatrix} O_3 \\ \Phi^{-1}(t)(\dot{W} - \ddot{\Phi}(t)R_0 + g) \end{bmatrix}
$$

因此, 初值扰动对最后结果的影响即为

$$
\delta Y = e^{\int_{t_0}^{t} A(t)\mathrm{d}t} \cdot \delta Y(t_0)
$$

扰动的放大因子即为 $e^{\int_{t_0}^{t} A(t)\mathrm{d}t}$. 以下分析此误差扰动的放大因子的性质. 不妨记

$$
B(t) = \int_{t_0}^{t} A(t)\mathrm{d}t = \begin{bmatrix} O_3 & (t - t_0) \cdot I_3 \\ \displaystyle\int_{t_0}^{t} -\Phi^{-1}(t)\ddot{\Phi}(t)\mathrm{d}t & \displaystyle\int_{t_0}^{t} -2\Phi^{-1}(t)\dot{\Phi}(t)\mathrm{d}t \end{bmatrix}
$$

又由于 $\Phi(t) = C^{-1}\Omega(t)C$, 则

$$
\Phi^{-1}(t) = C^{-1} \begin{bmatrix} 1 & 0 & 0 \\ 0 & \cos\omega t & \sin\omega t \\ 0 & -\sin\omega t & \cos\omega t \end{bmatrix} C, \quad \dot{\Phi}(t) = C^{-1} \begin{bmatrix} 0 & 0 & 0 \\ 0 & -\omega\sin\omega t & -\omega\cos\omega t \\ 0 & \omega\cos\omega t & -\omega\sin\omega t \end{bmatrix} C
$$

$$
\ddot{\Phi}(t) = C^{-1} \begin{bmatrix} 0 & 0 & 0 \\ 0 & -\omega^2\cos\omega t & \omega^2\sin\omega t \\ 0 & -\omega^2\sin\omega t & -\omega^2\cos\omega t \end{bmatrix} C
$$

从 C 的表达式 [7] 可以看出, 由于 C 是一些由三角元素组成的旋转矩阵的乘积, 因此其元素的绝对值都是在 0, 1 之间. 另外, 由于地球自转角速度 ω 是一个较

小的值, $\omega = 0.7292115 \times 10^{-4}(\text{rad/s})$, 因此 6×6 矩阵 $\boldsymbol{B}(t)$ 的第四至六行的值均很小. 在我们限定 $(t - t_0) \leqslant 20\text{s}$ 时, 可以计算得出, $\boldsymbol{B}^2(t)$ 中的元素均小于 10^{-3}, $\boldsymbol{B}^j(t), j > 2$ 的元素值更小. 又由于

$$e^{\boldsymbol{B}(t)} = \sum_{k=0}^{\infty} \frac{1}{k!} \boldsymbol{B}^k(t)$$

故在分析误差时, 可以只考虑误差放大因子的前两项, 即主要考虑

$$\boldsymbol{B}^0(t) + \boldsymbol{B}^{(1)}(t) = \boldsymbol{I}_{6\times 6} + \begin{bmatrix} \boldsymbol{O}_3 & (t - t_0) \cdot \boldsymbol{I}_3 \\ \int_{t_0}^{t} -\boldsymbol{\Phi}^{-1}(t)\ddot{\boldsymbol{\Phi}}(t)\mathrm{d}t & \int_{t_0}^{t} -2\boldsymbol{\Phi}^{-1}(t)\dot{\boldsymbol{\Phi}}(t)\mathrm{d}t \end{bmatrix}_{6\times 6}$$

则误差分析结果为

$$\begin{bmatrix} \delta \boldsymbol{X} \\ \delta \dot{\boldsymbol{X}} \end{bmatrix} = \begin{bmatrix} \delta \boldsymbol{X}(t_0) \\ \delta \dot{\boldsymbol{X}}(t_0) \end{bmatrix}$$
$$+ \begin{bmatrix} \boldsymbol{O}_3 & (t - t_0) \cdot \boldsymbol{I}_3 \\ \int_{t_0}^{t} -\boldsymbol{\Phi}^{-1}(t)\ddot{\boldsymbol{\Phi}}(t)\mathrm{d}t & \int_{t_0}^{t} -2\boldsymbol{\Phi}^{-1}(t)\dot{\boldsymbol{\Phi}}(t)\mathrm{d}t \end{bmatrix}_{6\times 6} \begin{bmatrix} \delta \boldsymbol{X}(t_0) \\ \delta \dot{\boldsymbol{X}}(t_0) \end{bmatrix}$$
$$= \begin{bmatrix} \delta \boldsymbol{X}(t_0) + (t - t_0)\delta \dot{\boldsymbol{X}}(t_0) \\ \delta \dot{\boldsymbol{X}}(t_0) + \int_{t_0}^{t} -\boldsymbol{\Phi}^{-1}(t)\ddot{\boldsymbol{\Phi}}(t)\mathrm{d}t \cdot \delta \boldsymbol{X}(t_0) + \int_{t_0}^{t} -2\boldsymbol{\Phi}^{-1}(t)\dot{\boldsymbol{\Phi}}(t)\mathrm{d}t \cdot \delta \dot{\boldsymbol{X}}(t_0) \end{bmatrix}_{6\times 1}$$

具体而言, 位置误差基本为初始位置偏差加上初始速度偏差的积分; 而速度误差为初始速度偏差加上一个小量. 下节的仿真计算结果也验证了这个结论.

9.2.3.2 仿真算例

以下给出一个仿真算例. 假设某时刻前有 200 个采样点的外测数据丢失, 则利用遥测数据进行补充, 弹道曲线光滑, 与工程背景符合较好, 其中一个方向的逆向递推结果见图 9.2.8(图中纵轴中 p_x 为发射坐标系 O_f-$x_f y_f z_f$ 下 x_f 坐标方向的位置, 单位为 m, v_x 为发射坐标系 O_f-$x_f y_f z_f$ 下 x_f 坐标方向的速度, 单位为 m·s^{-1}; 横轴为采样点数, 无单位).

可从图中看出位置和速度参数逆推至原点后, 均与零值有一点偏差, 这是由逆推积分初始点的误差引起的, 可由此偏差来分析积分初始点的外测误差大小.

如果考虑到逆推积分初始点观测数据的误差影响, 理论分析见上节, 仿真结果则可见表 9.2.5 (表中 Δp_x, Δp_y, Δp_z 分别为发射坐标系 O_f-$x_f y_f z_f$ 下三个坐标方向的位置影响值, Δv_x, Δv_y, Δv_z 分别为发射坐标系 O_f-$x_f y_f z_f$ 下三个坐标方向的

速度影响值; Δp 为积分初始点单个方向的位置误差, 单位为 m; Δv 为积分初始点单个方向的速度误差, 单位为 $\mathrm{m \cdot s^{-1}}$):

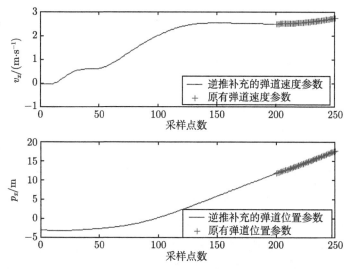

图 9.2.8　逆向递推弹道参数图

表 9.2.5　逆推积分初始点观测误差对积分终点位置和速度的影响

积分初始点误差	误差对积分终点位置的影响			误差对积分终点速度的影响		
	$\Delta p_x/\mathrm{m}$	$\Delta p_y/\mathrm{m}$	$\Delta p_z/\mathrm{m}$	$\Delta v_x/(\mathrm{m \cdot s^{-1}})$	$\Delta v_y/(\mathrm{m \cdot s^{-1}})$	$\Delta v_z/(\mathrm{m \cdot s^{-1}})$
$\Delta p = 1\mathrm{m}$	0.999917	1.000166	0.999916	0.000016	-0.00003	0.000017
$\Delta v = 0.1\mathrm{m \cdot s^{-1}}$	-1.03985	-1.04057	-1.03955	0.099969	0.100118	0.099912
$\Delta v = 1\mathrm{m/s}$	-10.3985	-10.4059	-10.3955	0.999686	1.001197	0.999116
$\Delta p = 1\mathrm{m}, \Delta v = 0.1\mathrm{m \cdot s^{-1}}$	-0.03994	-0.04041	-0.03963	0.099985	0.100086	0.099928
$\Delta p = 1\mathrm{m}, \Delta v = 1\mathrm{m \cdot s^{-1}}$	-9.39859	-9.40577	-9.39563	0.999702	1.001165	0.999132

可见, 验证了如下理论分析结论: 位置误差基本为初始位置偏差加上初始速度偏差的积分; 而速度误差为初始速度偏差加上一个小量.

9.3　惯性制导导弹的弹道精度分析

本节针对战略导弹研制试验和定型试验对精度分析的要求, 主要对制导工具误差分析、制导方法误差分析、后效误差分析、再入误差分析等进行了研究. 针对工程背景, 建立了适合工程需要的基于弹道参数的制导工具误差分离的非线性模型, 并给出相应的仿真结果. 对于末修关机与头体分离时刻时间太长, 不符合后效的一般规律, 提出了一种利用外测弹道数据特性判断后效段时间, 进行后效误差分析的方法.

9.3.1 制导工具误差分析

对于主动段惯性制导的导弹来说, 制导系统的误差是导弹总命中误差中最主要的误差源, 约占 80% 的比例 [2-4].

制导误差可分为制导方法误差和制导工具误差. 随着制导方案的不断完善以及弹载计算机的发展, 制导方程编排中近似简化的误差减小, 如今制导方法误差已经小到几十米的量级, 而工具误差的存在对惯性系统的定位精度则有很大的影响, 占制导误差的 80% 以上 [2-4].

制导工具误差分为制导工具随机误差和制导工具系统误差, 制导工具随机误差一般比制导工具系统误差小得多, 制导工具系统误差对战略导弹是必须考虑的.

9.3.1.1 制导工具误差系数求解的线性方法 [2-8,15-18,33-38]

1) 平台系统误差模型 [2-8,15-18,33-38]

平台系统的误差包括静态和动态两种. 动态误差主要是由平台摇摆与振动引起的. 由于平台本身带有减振器, 振动在很大程度上被消除掉, 其影响并不严重, 而且动态误差的规律非常复杂, 因此一般不予考虑 [2,7]. 由文献 [2, 7] 可以得到平台系统静态误差、陀螺仪漂移误差、加速度计误差的数学模型.

2) 制导工具误差的线性模型 [7]

惯性坐标系下制导工具系统误差是制导工具误差系数的非线性函数, 这给计算带来困难. 根据当前的设计水平, 平台角偏差都是很小的角度 (一般不超过 10^{-7}rad), 将作 Taylor 展开并忽略高阶项可得

$$A_{1i}(t) = \sin a_{ip}(t) = a_{ip}, \quad B_{1i}(t) = \cos a_{ip}(t) = 1, \quad i = x, y, z \tag{9.3.1}$$

故可得

$$\Delta \dot{W} = \begin{bmatrix} 0 & \alpha_{zp}(t) & -\alpha_{yp}(t) \\ -\alpha_{zp}(t) & 0 & \alpha_{xp}(t) \\ \alpha_{yp}(t) & -\alpha_{xp}(t) & 0 \end{bmatrix} \begin{bmatrix} \dot{W}_x(t) \\ \dot{W}_y(t) \\ \dot{W}_z(t) \end{bmatrix} + \Delta(\dot{W})_g(t)$$
$$\triangleq \tilde{B}(t)\dot{W}(t) + \Delta \dot{W}_g(t) \tag{9.3.2}$$

理论可以证明, 用 (9.3.1) 式的近似表示所造成的加速度偏差是可以忽略不计的, 因此, 制导工具系统误差模型应采用 (9.3.2) 式.

由 (9.3.1) 式和 (9.3.2) 式可得

$$\dot{W}_p(t) - \dot{W}(t) = D(W(t), \dot{W}(t))C \tag{9.3.3}$$

其中 $\boldsymbol{C} = (C_{0x}, C_{0y}, C_{0z}, C_{1x}, C_{1y}, C_{1z}, C_{2x}, C_{2y}, C_{2z}, K_{0x}, K_{0y}, K_{0z}, K_{11x}, K_{11y}, K_{11z},$ $K_{12x}, K_{12y}, K_{12z}, K_{2x}, K_{2y}, K_{2z}, \Phi_{0x}, \Phi_{0y}, \Phi_{0z}, k'_{1x}, k'_{1y}, k'_{1z}, k''_{1x}, k''_{1y}, k''_{1z}, k_{xy}, k_{yx}, k_{zx},$ $k_{xz}, k_{yz}, k_{zy}, k'_{2x}, k'_{2y}, k'_{2z}, k_{2x}, k_{2y}, k_{2z})^{\mathrm{T}}$, 根据型号的不同可能取更多系数项, 但一般是 42 维向量, $\boldsymbol{D}(\boldsymbol{W}(t), \dot{\boldsymbol{W}}(t))$ 是 3×42 的矩阵, 称为加速度域上对应于 $\boldsymbol{C}$ 的环境函数.

需要指出的是, 关于 C_i 的取值范围有一个设计值 q_i (即 $|C_i| \leqslant q_i$), 而 q_i 都是较小的, 最大的为 10^{-5} 左右, 最小的为 10^{-11} 左右. 记 $\boldsymbol{\Gamma} = \operatorname{diag}(q_1, q_2, \cdots, q_{42}), \bar{\boldsymbol{D}} = \boldsymbol{D}\boldsymbol{\Gamma}, \bar{\boldsymbol{C}} = \boldsymbol{\Gamma}^{-1}\boldsymbol{C}$, 则 $|\bar{C}_i| \leqslant 1$. 这样规范化对于提高计算精度和使用有偏估计是必要的. 以下为方便, 我们仍记 $\bar{\boldsymbol{D}}, \bar{\boldsymbol{C}}$ 为 $\boldsymbol{D}, \boldsymbol{C}$.

由于遥测得到的数据为视速度, 因此实际应用时 (9.3.3) 应为

$$\dot{\boldsymbol{W}}_p(t) - \dot{\boldsymbol{W}}(t) = \boldsymbol{D}(\boldsymbol{W}(t), \dot{\boldsymbol{W}}(t))\boldsymbol{C} + \boldsymbol{\eta}(t)$$

其中 $\boldsymbol{\eta}(t)$ 为遥测随机误差平滑时传递给加速度的误差以及微分平滑时的截断误差的合成.

由于加速度域模型需要通过遥测视速度数据平滑得到加速度数据, 而在平滑过程中会产生截断误差以及方法误差等, 因而加速度域模型存在较大的模型误差. 为此我们考虑如下的速度域上制导工具系统误差模型

$$\boldsymbol{W}_p(t) - \boldsymbol{W}(t) = \boldsymbol{S}(\boldsymbol{W}(t), \dot{\boldsymbol{W}}(t))\boldsymbol{C} + \boldsymbol{\varepsilon}(t) \tag{9.3.4}$$

其中 $\boldsymbol{\varepsilon}(t)$ 为遥测随机误差. 模型 (9.3.4) 中 $\boldsymbol{S}(\boldsymbol{W}(t), \dot{\boldsymbol{W}}(t))$ 是速度域环境函数矩阵, 可由加速度域的环境函数矩阵积分得到.

可见, 速度域模型与加速度域模型在形式上相似, 只是相差积分的关系, 然而其计算精度却存在很大的差别. 通常我们应用的是速度域模型.

3) 比例因子规范化

比例因子指的是在进行参数估计时为减小矩阵病态所采用的一种模型规范化方法, 其目的在于提高有偏估计的效率. 对于线性回归模型 $\Delta \boldsymbol{W} = \boldsymbol{S}\boldsymbol{C} + \boldsymbol{\varepsilon}, \boldsymbol{\varepsilon} \sim \mathrm{N}(0, \boldsymbol{I}_3)$, 当 $\boldsymbol{S}^{\mathrm{T}}\boldsymbol{S}$ 呈病态时, 最小二乘估计的均方误差的值很大, 从而导致最小二乘的估计效果差, 此时常采用一些有偏估计方法.

设 $\boldsymbol{Q}$ 是一个已知的非奇异矩阵, 将上述回归模型改为

$$\Delta \boldsymbol{W}' = \boldsymbol{S}\boldsymbol{Q}\boldsymbol{Q}^{-1}\boldsymbol{C} + \boldsymbol{\varepsilon}' \tag{9.3.5}$$

令 $\boldsymbol{V} \triangleq \boldsymbol{S}\boldsymbol{Q}, \boldsymbol{\alpha} \triangleq \boldsymbol{Q}^{-1}\boldsymbol{C}$, 则模型转化为

$$\Delta \boldsymbol{W}' = \boldsymbol{V}\boldsymbol{\alpha} + \boldsymbol{\varepsilon}' \tag{9.3.6}$$

若由此模型得到 α 的估计 $\hat{\alpha}$, 则易知 $\hat{C} = Q\hat{\alpha}$ 是 C 的一种估计. 需要说明的是如何选择 Q, 使得估计具有较高的效率. 具体的讲可从以下三个方面考虑比例因子的选取: ①根据工程物理背景确定; ②根据先验测试值确定. 如在制导工具系统误差分离中, 可采用制导工具系统误差系数的地面测试值; ③根据工程经验获得. 对于一个确定的问题, 可以通过工程经验确定哪些列之间是线性相关的, 或者对模型影响小, 从而选取相应的比例因子.

4) 主成分估计法

对于线性模型

$$Y_{m \times 1} = X_{m \times n}\beta_{n \times 1} + e, \quad e \sim (0, \sigma^2 I), \tag{9.3.7}$$

矩阵 $X^T X$ 的特征根为 $\lambda_i, i = 1, 2, \cdots, k$. 如果 $\lambda_i = 0$ 或 $\lambda_i \approx 0$, 则第 i 个变量对模型值的改变没有影响或影响很小; λ_i 的值越大, 第 i 个变量对模型的影响越大, 这时 $X_i\beta_i$ 称为 Y 的主成分.

记 $\lambda_1 \geqslant \lambda_2 \geqslant \cdots \geqslant \lambda_k$ 为 $X^T X$ 的特征根, $\varphi_1, \varphi_2, \cdots, \varphi_k$ 为对应的标准正交化特征向量, 记 $\Phi = (\varphi_1, \varphi_2, \cdots, \varphi_k)$, 则模型 (9.3.5) 的典则形式为

$$Y = Z\alpha + e, \quad \mathrm{E}(e) = 0, \quad \mathrm{Cov}(e) = \sigma^2 I \tag{9.3.8}$$

其中 $Z = X\Phi, \alpha = \Phi^T\beta, Z^T Z = \Lambda = \mathrm{diag}(\lambda_1, \lambda_2, \cdots, \lambda_k)$. 设模型 (9.3.8) 的最小二乘估计为 $\hat{\alpha} = \left(Z^T Z\right)^{-1} Z^T Y$, 对模型 (9.3.8) 构造 α 的主成分估计如下:

$$\tilde{\alpha}_i = \begin{cases} \hat{\alpha}_i, & \sigma^2\lambda_i^{-1} \leqslant \alpha_i^2 \\ 0, & \sigma^2\lambda_i^{-1} > \alpha_i^2 \end{cases} \tag{9.3.9}$$

$\tilde{\alpha} = (\tilde{\alpha}_1, \cdots, \tilde{\alpha}_k), \tilde{\beta} = \Phi\tilde{\alpha}$, 则若存在 λ_i 使得 $\lambda_i < \sigma^2\alpha_i^{-1}$, 则有

$$\mathrm{E}\|\beta - \tilde{\beta}\|^2 < \mathrm{E}\|\beta - \hat{\beta}\|^2, \quad \mathrm{E}\|X\beta - X\tilde{\beta}\|^2 < \mathrm{E}\|X\beta - X\hat{\beta}\|^2$$

同时成立.

因此, 对于设计矩阵病态的参数模型而言, 主成分估计无论是对于估计待估信号 $X\beta$, 还是对于估计待估参数 β, 其估计精度都要优于最小二乘估计. 在 (9.3.9) 中, 由于 α_i 是未知的, 因此在实际应用时, 用 $\hat{\alpha}_i$ 代替 α_i.

在确定最优模型时, 用 $\tilde{\beta}_p$ 代替 $\hat{\beta}_p$, 可以获得更高精度的统计量如下:

$$\hat{C}_p = \frac{\|Y - X_p\hat{\beta}_p\|^2}{\hat{\sigma}^2} + 2p - k$$

其中

$$\hat{\beta}_p = (X_p^T X_p)^{-1}X_p^T Y, \quad \hat{\beta} = (X^T X)^{-1}X^T Y, \quad \hat{\sigma}^2 = \frac{\|Y - X\hat{\beta}\|^2}{n - k}, \quad Z = X\Phi$$

$$\alpha = \Phi^{\mathrm{T}}\beta, \quad Z^{\mathrm{T}}Z = \Lambda = \mathrm{diag}(\lambda_1, \lambda_2, \cdots, \lambda_k), \quad \hat{\alpha} = (Z^{\mathrm{T}}Z)^{-1}Z^{\mathrm{T}}Y,$$

$$\tilde{a}_i = \begin{cases} \hat{a}_i, & \sigma^2\lambda_i^{-1} \leqslant \hat{a}_i^2 \\ 0, & \sigma^2\lambda_i^{-1} > \hat{a}_i^2 \end{cases}$$

$$\tilde{\alpha} = (\tilde{\alpha}_1, \cdots, \tilde{\alpha}_k), \quad \tilde{\beta} = \Phi\tilde{\alpha}$$

根据 $\tilde{C}_p \leqslant p+1, \tilde{C}_p = \min$ 来选择最优模型, 可以得到更优的模型.

在实际工程应用中也可以根据特征值来选择最优模型:

$$k_i^{\mathrm{PC}} = \begin{cases} 0, & \hat{\sigma}^2\lambda_i^{-1} \geqslant 1 \\ 1, & \hat{\sigma}^2\lambda_i^{-1} < 1 \end{cases} \quad \text{或者} \quad k_i^{\mathrm{PC}} = \begin{cases} 1, & \lambda_i \geqslant l \\ 0, & \lambda_i < l \end{cases}$$

一般 l 取 10^{-2}. 实际选取过程中可以迭代进行, 首先选取所有特征值大于 10^{-2} 的项数 n, 求解得到新的特征值, 如果求得特征值都大于 10^{-2}, 则 n 为选项, 否则去掉小于 10^{-2} 的项继续运算.

5) 融合外测数据精度先验信息的 Bayes 估计法

对于线性模型而言, 如果增加制导工具误差系数的先验信息, 则有

$$\begin{cases} Y = SC + \varepsilon \\ C = C_0 + \eta_{C_0} \end{cases}$$

其中 $\mathrm{E}(\eta_{C_0}\eta_{C_0}^{\mathrm{T}}) = K_{C_0}$. 另外, 假定观测模型已经规范化, 则 Bayes 最小二乘估计为

$$\hat{C}_{\mathrm{BLS}} = (S^{\mathrm{T}}S + K_{C_0}^{-1})^{-1}(S^{\mathrm{T}}Y + K_{C_0}^{-1}C_0)$$

取比例因子矩阵 D, 归一化时只需在其中加上归一化矩阵 D 即可:

$$\hat{C}_{\mathrm{BLS}} = D[D^{\mathrm{T}}S^{\mathrm{T}}SD + (D^{\mathrm{T}}K_{C_0}^{-1}D)]^{-1}(D^{\mathrm{T}}S^{\mathrm{T}}Y + (D^{\mathrm{T}}K_{C_0}^{-1})C_0)$$

但是由于外测数据精度的影响, 需要增加外测精度先验信息 $K_\text{外}$, 将 $K_\text{外}$ 转换到遥测惯性系下, 得到 $K_\text{外转}$, 将 $K_\text{外转}$ 作为先验信息加入最小二乘估计结果中为

$$\hat{C}_{\mathrm{LS}} = (S^{\mathrm{T}}K_\text{外转}^{-1}S)^{-1}(S^{\mathrm{T}}K_\text{外转}^{-1}Y) \tag{9.3.10}$$

式 $C = C_0 + \eta_{C_0}$ 可以写作 $C = IC_0 + \eta_{C_0}$, 其中 I 是单位矩阵. 将 K_{C_0} 作为先验信息, 则其最小二乘估计为

$$\hat{C}_{\mathrm{LS0}} = (I^{\mathrm{T}}K_{C_0}^{-1}I)^{-1}(I^{\mathrm{T}}K_{C_0}^{-1}C_0) \tag{9.3.11}$$

因而加入外测精度后的 Bayes 最小二乘估计为

$$\hat{C}_{\mathrm{BLS}} = \hat{C}_{\mathrm{LS}} + \hat{C}_{\mathrm{LS0}} = (S^{\mathrm{T}}K_\text{外转}^{-1}S + K_{C_0}^{-1})^{-1}(S^{\mathrm{T}}K_\text{外转}^{-1}Y + K_{C_0}^{-1}C_0)$$

对 (9.3.8) 和 (9.3.9) 分别归一化后得到

$$\hat{C}_{\mathrm{LS}} = D(D^{\mathrm{T}}S^{\mathrm{T}}K_{外转}^{-1}SD)^{-1}(D^{\mathrm{T}}S^{\mathrm{T}}K_{外转}^{-1}Y)$$

$$\hat{C}_{\mathrm{LS0}} = D(D^{\mathrm{T}}I^{\mathrm{T}}K_{C_0}^{-1}ID)^{-1}(D^{\mathrm{T}}I^{\mathrm{T}}K_{C_0}^{-1}C_0)$$

二式相加得到如下的归一化公式:

$$\hat{C}_{\mathrm{BLS}} = D[D^{\mathrm{T}}S^{\mathrm{T}}K_{外转}^{-1}SD + (D^{\mathrm{T}}K_{C_0}^{-1}D)]^{-1}(D^{\mathrm{T}}S^{\mathrm{T}}K_{外转}^{-1}Y + D^{\mathrm{T}}K_{C_0}^{-1}C_0)$$

即为融合外测精度和地面测试值先验信息的 Bayes 估计法.

在实际运算中可以结合主成分估计方法, 得到加入以外测精度和地面测试值为先验信息的主成分 Bayes 估计法.

6) 仿真算例

例 9.3.1　在制导工具系统误差模型中, 根据制导工具系统误差的物理, 工程背景和大量的实测数据分析, 其中的二十多项引起的误差占制导工具误差的 90% 以上 [7], 我们采用 20 项误差模型, 采用主成分和加入外测精度的 Bayes 算法求解, 记 $C_B^i(k)$ 为加入以外测精度和地面测试值为先验信息的主成分 Bayes 方法估计得到的一组 C, $C_{\mathrm{PCA}}^i(k)$ 为线性主成分方法估计得到的一组 C, 记

$$E_{\mathrm{PCA}}^i = \frac{C_{\mathrm{PCA}}^i - C_0^i}{\sigma_i}, \quad E_B^i = \frac{C_{\mathrm{PB}}^i - C_0^i}{\sigma_i} \quad (i = 1, \cdots, 20)$$

为 C 的平均估计值与 C_0^i 的相对偏差, 得到结果如表 9.3.1 所示.

表 9.3.1　仿真估计值的相对偏差结果比较

项数 i	主成分估计 相对偏差 E_{PCA}^i	主成分 Bayes 相对偏差 E_B^i	项数 i	主成分估计 相对偏差 E_{PCA}^i	主成分 Bayes 相对偏差 E_B^i
1	0.23999	3.37826e-2	11	0.89085	6.68955e-3
2	0.84805	7.93265e-3	12	84.24284	8.33656e-6
3	0.15815	4.72291e-3	13	59.95225	1.13589e-5
4	0.17592	7.6663e-4	14	0.229036	3.2571e-3
5	0.39691	4.2236e-2	15	0.61037	3.06824e-3
6	6.71535	5.96818e-3	16	1.67984	4.0775e-3
7	9.98691	2.79485e-3	17	8.49271	2.67396e-5
8	9.023e-4	1.2998e-3	18	0.68574	9.2444e-4
9	1.35549	2.32129e-3	19	0.71922	1.8245e-4
10	5.51141	4.98118e-3	20	1.11907	3.1455e-2

判断误差分离结果的好坏有多个标准, 列举两种如下:

准则 9.3.1: 估计值与测试值之差异的大小 (ΔC), $\Delta C = \hat{C} - C$, ΔC 称为绝对

误差, 通常采用相对偏差 $\delta C = (\hat{C} - C)/\sigma$, 工程中一般要求 $|\delta C| < 3$, 即偏差在 3σ 以内即认为分离结果良好.

准则 9.3.2: 残差根方差与残差绝对值最大值大小:

计算 $R_d = \sqrt{\left(\sum\limits_{i=1}^{n} (S\hat{C} - SC)^2 \right) \Big/ (n-1)}$, $M_d = \max |S\hat{C} - SC|(d = x, y, z)$,

以上两个结果越小表明估计结果满意.

工程实际应用中可以结合适当的判断准则, 采用合理的方法.

9.3.1.2 制导工具误差系数求解的非线性方法 [7,16-17,33,35,41]

制导工具误差分离的主要方法是基于制导工具误差的线性模型的. 这种方法只有在 $W(t)$ 准确知道的情况下, 才能准确地给出制导工具误差的估计. 但实际中存在如下两个问题: 一是 $W(t)$ 不可能准确知道, 只能用外弹道参数代替, 由发射坐标系下飞行器运动参数向惯性坐标系下的视速度转换公式可知这需要全程完整的高精度的弹道数据; 二是由于 $D(t)$ 各列近似线性相关, 因而 $W(t)$ 和 $W_P(t)$ 的较小误差也会严重影响对制导工具系统误差的估计. 因而直接从模型:

$$W_p(t) - W(t) = \left[\int_0^t D \left(\int_0^\tau \dot{W}_p(\xi)\mathrm{d}\xi, \int_0^\tau \dot{W}_p(\tau)\mathrm{d}\tau \right) \right] C + \eta(t)$$

来估准 C 是相当困难的. 非线性融合模型, 将发射坐标系下弹道参数表示为制导工具误差系数, 从而可联合内外弹道测量数据估计 $C^{[7,16-17,33,35]}$. 基于测元的非线性模型, 充分利用各类外测测元的有效信息, 在各类误差模型较准确的情况下, 能给出外测系统误差, 制导工具系统误差的高精度估计.

本节提供了直接在弹道参数上解算的非线性误差分离模型 [7,16-17,33,35,41].

1) 基于弹道参数的非线性模型

由惯性坐标系下的视速度和视加速度, 得到发射坐标系下的运动位置和速度参数的方程如下:

$$\frac{\mathrm{d}}{\mathrm{d}t} \left(\begin{array}{c} \boldsymbol{X}(t) \\ \dot{\boldsymbol{X}}(t) \end{array} \right) = \left(\begin{array}{cc} \boldsymbol{O}_3 & \boldsymbol{I}_3 \\ -\boldsymbol{\Phi}^{-1}(t)\ddot{\boldsymbol{\Phi}}(t) & -2\boldsymbol{\Phi}^{-1}(t)\dot{\boldsymbol{\Phi}}(t) \end{array} \right) \left(\begin{array}{c} \boldsymbol{X} \\ \dot{\boldsymbol{X}} \end{array} \right)$$
$$+ \left(\begin{array}{c} \boldsymbol{O} \\ \boldsymbol{\Phi}^{-1}(t)(\dot{\boldsymbol{W}} - \ddot{\boldsymbol{\Phi}}\boldsymbol{R}_0 + \boldsymbol{g}) \end{array} \right) \tag{9.3.12}$$

其中 $\boldsymbol{O}$ 表示零矩阵或零向量, $\boldsymbol{I}$ 表示单位矩阵, 记

$$\boldsymbol{Y} = \left(\begin{array}{c} \boldsymbol{X}(t) \\ \dot{\boldsymbol{X}}(t) \end{array} \right), \quad \boldsymbol{A} = \left(\begin{array}{cc} \boldsymbol{O} & \boldsymbol{I}_3 \\ -\boldsymbol{\Phi}^{-1}(t)\ddot{\boldsymbol{\Phi}}(t) & -2\boldsymbol{\Phi}^{-1}(t)\dot{\boldsymbol{\Phi}}(t) \end{array} \right),$$

$$F(t) = \begin{pmatrix} O \\ \boldsymbol{\Phi}^{-1}(t)(\dot{W} - \ddot{\boldsymbol{\Phi}}R_0 + g) \end{pmatrix}$$

则 (9.3.12) 式可写为

$$\frac{\mathrm{d}Y}{\mathrm{d}t} = AY + F(t) \tag{9.3.13}$$

记 $(x(t), y(t), z(t), \dot{x}(t), \dot{y}(t), \dot{z}(t))^{\mathrm{T}}$ 为 t 时刻在发射坐标系下的弹道参数, 记

$$\begin{cases} W(t) = (W_x(t), W_y(t), W_z(t))^{\mathrm{T}} \\ X(t) = (x(t), y(t), z(t))^{\mathrm{T}} \\ \dot{X}(t) = (\dot{x}(t), \dot{y}(t), \dot{z}(t))^{\mathrm{T}} \end{cases} \tag{9.3.14}$$

(9.3.13) 式是关于未知函数 Y 的非线性微分方程组, 其中 R_0 是三维常值向量, $g(X)$ 是已知的地球引力函数, 根据弹道特点, 满足初始条件 $Y(0) = 0$ 和 Lipschitz 条件, 是已知的与地球自转角速度有关的三阶正交矩阵, 直接计算可知:

$$\|\dot{\boldsymbol{\Phi}}(t)\| \leqslant 5 \times 10^{-5}, \quad \|\ddot{\boldsymbol{\Phi}}\| \leqslant 5 \times 10^{-10}$$

因而若 $\dot{W}(t)$ 已知, 则根据常微分方程 (组) 初值问题解的存在唯一性定理可知, 由 (9.3.12) 式可以准确地解出航天飞行器的轨道参数, 其解唯一且连续依赖于 t. 利用微分方程的数值解法, 如 Runge-Kutta 法, 即可由 $W, \dot{W}$ 得到 $X, \dot{X}$.

不妨设 (9.3.12) 式的解为

$$\begin{cases} X(t) = v(t, \dot{W}(t)) \\ \dot{X}(t) = v_t(t, \dot{W}(t)) \end{cases} \tag{9.3.15}$$

在 (9.3.15) 式中, $\dot{W}(t)$ 又可用制导工具误差系数表示, 因而发射坐标系下的弹道参数最终可以表示为制导工具误差系数的函数.

通过求解联系内外弹道的微分方程可得到发射坐标系下弹道参数关于制导工具系统误差系数的速度域模型:

$$\begin{cases} X(t) = (x(t), y(t), z(t))^{\mathrm{T}} \stackrel{\text{def}}{=} f(t, W_P(t), C) \\ \dot{X}(t) = \dfrac{\mathrm{d}X(t)}{\mathrm{d}t} \stackrel{\text{def}}{=} f_t(t, W_P(t), C) \end{cases} \tag{9.3.16}$$

这里 $f(t, W_P(t), C)$, $f_t(t, W_P(t), C)$ 的含义是, 给定 C 值后, 由环境函数的迭代格式可得到 $\dot{W}(t)$, 从而由微分方程 (9.3.12) 可求出发射坐标系下的弹道参数 $X(t)$ 和 $\dot{X}(t)$. 在获得 (9.3.16) 式后, 即将惯性坐标系下的测量数据转换到了发射坐标系, 因而可建立外弹道数据关于制导工具系统误差系数的非线性模型如下:

$$Y = F_1(C) + \varepsilon, \quad \varepsilon \sim (0, \boldsymbol{I}) \tag{9.3.17}$$

显然上式是可以求解的. 从模型 (9.3.17) 估计制导工具系统误差系数. 可用极值问题

$$\min_{\boldsymbol{C} \in \mathbb{R}^P} \|Y - F_1(\boldsymbol{C})\|_2 = \|Y - F_1(\tilde{\boldsymbol{C}})\|_2$$

的解 $\tilde{C}$ 作为制导工具系统误差系数 C 的估计.

基于弹道参数的非线性模型仿真流程图如图 9.3.1 所示, 具体流程如下:

Step 1 以遥测数据的平滑结果为 W 真值;

Step 2 $W + SC_0 + \eta$ 作为仿真用的遥测视速度;

Step 3 W 通过坐标系转换到外测系下, 再加上随机误差 ε, 得到仿真的外测数据;

Step 4 将仿真的外测数据转换到遥测系下, 与仿真的遥测数据做差, 得到遥外差 ΔW;

Step 5 用非线性模型的主成分估计得到制导工具系统误差 C 的估计值.

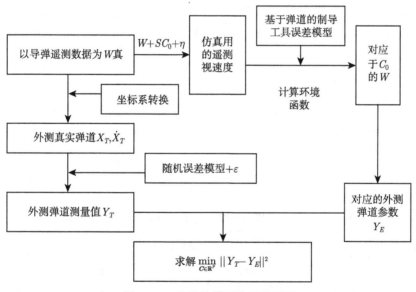

图 9.3.1 非线性模型仿真流程图

例 9.3.2 给定一组 C 和 η_i, ε_i, 产生 100 组随机数, 分别采用线性模型和非线性模型方法进行系数估计, 记 $C_p^i(m)$ 为线性主成分方法估计得到的一组 C, 记 $C_n^i(k)$ 为采用基于弹道参数上的非线性方法估计得到的一组 C. 记:

$$E_p^i = \frac{\sqrt{\dfrac{1}{100} \displaystyle\sum_{m=1}^{100} (C_p^{i(m)} - C_0^i)^2}}{C_0^i}, \quad E_n^i = \frac{\sqrt{\dfrac{1}{100} \displaystyle\sum_{k=1}^{100} (C_n^{i(m)} - C_0^i)^2}}{C_0^i} \quad (i = 1, 2, \cdots, n)$$

为 C 的平均估计值与 C_0^i 的相对偏差 (设 C 的项数共为 $ndata$ 个);

记

$$R_p^k = \frac{1}{100} \sum_{m=1}^{100} \sqrt{\left(\sum_{i=1}^{ndata} (SC_p^{i(m)} - SC_0^i)^2 \right) \Big/ (ndata - 1)}$$

$$R_n^k = \frac{1}{100} \sum_{m=1}^{100} \sqrt{\left(\sum_{i=1}^{ndata} (SC_n^{i(m)} - SC_0^i)^2 \right) \Big/ (ndata - 1)} \quad (k = x, y, z)$$

为估计的根方差; 而 $M_p^k = \dfrac{1}{100} \sum\limits_{m=1}^{100} \max |SC_i^{p(m)} - SC_0^i|$, $M_n^k = \dfrac{1}{100} \sum\limits_{m=1}^{100} \max |SC_i^{n(m)} - SC_0^i| (k = x, y, z)$ 为残差绝对值最大项.

记 λ_P^i 为线性模型 $S^T S$ 的特征值, λ_n^i 为非线性模型 $\nabla F_1^T \nabla F_1$ 的特征值. 计算结果如表 9.3.2~ 表 9.3.4 所示.

表 9.3.2 $S^T S$ 的特征值与 $\nabla F_1^T \nabla F_1$ 的特征值比较

项数 i	$S^T S$ 特征值 λ_P^i	$\nabla F_1^T \nabla F_1$ 特征值 λ_n^i	项数 i	$S^T S$ 特征值 λ_P^i	$\nabla F_1^T \nabla F_1$ 特征值 λ_n^i
1	7.431e−007	0.3038	11	1.4392	65468.749
2	1.426e−006	0.5044	12	7.6438	206103.509
3	6.731e−006	3.3406	13	9.934	342769.827
4	5.528e−004	5.6038	14	11.9436	1149870.355
5	5.035e−003	195.2487	15	17.6789	2153692.100
6	6.131e−003	299.6326	16	210.2503	4783267.225
7	1.936e−002	790.2498	17	799.5367	5052388.807
8	6.875e−002	956.566	18	3134.8495	7040851.228
9	0.173288	8425.869	19	65490.1860	10973632.355
10	0.448000	10047.7438	20	72131.6118	480244467.691

表 9.3.3 估计结果与仿真真值 C_0^i 的相对偏差结果比较

项数 i	线性主成分估计 相对偏差 E_p^i	非线性估计 相对偏差 E_n^i	项数 i	线性主成分估计 相对偏差 E_p^i	非线性估计 相对偏差 E_n^i
1	0.14271	0.13677	11	−0.21757	−0.28762
2	0.04351	0.00943	12	2.66701	0.12336
3	0.00849	0.00093	13	−0.82105	−0.09731
4	−0.14399	−0.03132	14	−0.16580	−0.02554
5	0.00262	0.00185	15	0.04778	0.01483
6	−0.13526	−0.05731	16	−0.08376	−0.01832
7	−0.38729	−0.14538	17	1.09100	0.53269
8	−0.11819	−0.09157	18	0.05013	0.00709
9	−0.01864	−0.00236	19	−0.15977	−0.09499
10	0.17511	0.15801	20	0.31241	0.14962

表 9.3.4 根方差与残差绝对值最大项对比结果

弹道方向 k	线性主成分估计根方差 R_p^k	非线性估计根方差 R_n^k	线性主成分估计残差绝对值最大项 M_p^k	非线性估计残差绝对值最大项 M_n^k
X	0.00001736	0.0000051	0.00282207	0.0003865
Y	0.00001864	0.0000032	0.00275177	0.0003151
Z	0.00000273	0.0000002	0.00050883	0.0000529

从表 9.3.2 可以看出线性模型中, S^TS 的特征值 $\lambda_P^i \approx 0 (i = 1, \cdots, 6)$, 由近代回归分析理论, 当某一特征值 $\lambda_P^i \approx 0$ (一般 λ 数量级小于等于模型误差 δ 数量级就认为 $\lambda \approx 0$), $\lambda^{-1}\delta$ 就很大, 导致矩阵成病态, 致使估计结果较差. 而 $\nabla F_1^T \nabla F_1$ 特征值最小为 $0.3038 \gg 7.431 \times 10^{-7}$, 从而改善了模型的病态, 可提高估计精度.

表 9.3.3 和表 9.3.4 中 C 的平均估计值与 C_0^i 相对偏差, 根方差比较以及残差绝对值最大项可以客观评价估计精度的优劣, 估计精度越高上述几项值越小. 通过对线性和非线性估计结果残差中三项指标的比较, 可看出非线性方法比线性方法对参数估计的精度有所提高.

2) 基于弹道参数的非线性 Bayes 模型

对于制导工具系统误差参数, 一般有技术阵地的测试值作为其先验信息, 可以表示为

$$\begin{cases} C = DC_0 + \eta, \\ E\eta = 0, \text{Cov}(\eta) = I \end{cases} \tag{9.3.18}$$

其中 D 为已知的非奇异方阵, I 为单位矩阵.

考虑非线性模型在先验信息 (9.3.18) 下参数的估计. 因此考虑极小化问题如下 [7,17] (其中 $0 < \rho < 1$ 为权重, 对模型拟合精度与先验信息进行折中 [7,17]):

$$\min_{C \in \mathbf{R}^{P_1}, b \in \mathbf{R}^{P_2}, 0 < \rho < 1} ((1-\rho)\Gamma^{-2} \|Y - F(C, b)\|^2 + \rho \|\Sigma^{-1}(C - DC_0)\|^2), \quad 0 < \rho < 1 \tag{9.3.19}$$

Γ 为外测观测数据方差.

对于 (9.3.19), 其参数估计方法为解 $\tilde{C}$ 作为制导工具系统误差系数 C 的估计, 计算方法步骤如下:

Step 1 给定参数的初值 C^0, b^0, 计算

$$S^0 = (1-\rho)\Gamma^{-2}\|Y - F(C^0, b^0)\|^2 + \rho\|\Sigma^{-1}(C^0 - DC_0)\|^2, \quad V^0 = \left(\frac{\partial F}{\partial C}\right)\bigg|_{C^0}$$

Step 2 对 $V^{0T}V^0$ 进行正交分解, 使得

$$Q^TQ = QQ^T = I, \quad \Lambda = \text{diag}(\lambda_1, \cdots, \lambda_P), \quad V^{0T}V^0 = Q\Lambda Q^T,$$
$$\lambda_1 \geqslant \cdots \geqslant \lambda_r > \lambda_{r+1} \geqslant \cdots \geqslant \lambda_P > 0.$$

若 $P\lambda_r \geqslant \sigma^2, P\lambda_{r+1} < \sigma^2$, 记 $\boldsymbol{Q} = (\boldsymbol{Q}_1, \boldsymbol{Q}_2)$, 其中 $\boldsymbol{Q}_1$ 为 $\boldsymbol{Q}$ 的前 r 列, $p - r$ 列为 0 构成的矩阵;

Step 3　求逆矩阵 $\boldsymbol{L} = ((1 - \rho)\Gamma^{-2}\boldsymbol{Q}_1\boldsymbol{\Lambda}\boldsymbol{Q}_1^{\mathrm{T}} + \rho\boldsymbol{D}^{\mathrm{T}}\boldsymbol{\Sigma}^{-1}\boldsymbol{D})^{-1}$;

Step 4　得到估计量 $\delta^0 = \boldsymbol{L}((1 - \rho)\Gamma^{-2}(\boldsymbol{\Lambda}^{-1/2}\boldsymbol{Q}^{\mathrm{T}})^{\mathrm{T}}(\boldsymbol{Y} - \boldsymbol{F}(\boldsymbol{C}^0)) + \rho\boldsymbol{\Sigma}^{-1}(\boldsymbol{C}^0 - \boldsymbol{DC}_0))$;

Step 5　计算 $\boldsymbol{C}^1 = \boldsymbol{C}^0 + \lambda\delta^0$ 使得 $S(\boldsymbol{C}^1) < S(\boldsymbol{C}^0)$;

Step 6　参数 ρ 是变化的, 取值范围在 0 到 1 之间, 可以将 0-1 区间 N 等分, 计算 $\rho = \dfrac{i}{N}(i = 1, N - 1)$ 的所有迭代结果, ρ 的取值包含了希望强调对数据拟合的重视程度或对地面测试值的相信程度的 ρ 的取值, ρ 越趋近于 1 越重视地面测试值, 反之则更强调对数据拟合的准确性;

Step 7　按照判断准则, 选取较好的结果作为最终结果.

由于非线性 Bayes 模型在求解最小化问题时加上约束条件 $\rho\|\boldsymbol{C} - \boldsymbol{DC}_0\|^2$ 和外测精度信息, 因而可以充分利用先验信息, 通过改变 ρ 的取法, 可以取得较好的估计结果.

例 9.3.3　采用 20 项误差模型, 给定一组 C_0^i 和 η_i, 记 $C_{\mathrm{PCA}}^i(k)$ 为非线性主成分方法估计得到的一组 $\boldsymbol{C}$, 记 $C_{\mathrm{PB}}^i(k)$ 为基于弹道参数上的非线性 Bayes 主成分方法估计得到的一组 $\boldsymbol{C}$. 记:

$$E_{\mathrm{PCA}}^i = \frac{C_{\mathrm{PCA}}^i - C_0^i}{C_0^i}, \quad E_{\mathrm{PB}}^i = \frac{C_{\mathrm{PB}}^i - C_0^i}{C_0^i} \quad (i = 1, \cdots, 20)$$

为估计值与 C_0^i 的相对偏差; 将 0-1 区间 20 等分, 取 $\rho=0.65$, 仿真结果见表 9.3.5. 从中可以看出一般的非线性模型中, E_{PCA}^i 有些项过大, 且 $|E_{\mathrm{PCA}}^i| > 3$ 的项数多达 7 项, 而采用非线性 Bayes 模型后, 相应的 E_{PB}^i 有改善, $|E_{\mathrm{PB}}^i| > 3$ 的项数减至 4 项, 非线性 Bayes 方法估计结果与地面测试值吻合程度高, 与理论结果一致.

表 9.3.5　估计结果与仿真真值 C_0^i 的相对偏差结果比较

项数 i	非线性主成分估计 相对偏差 E_{PCA}^i	非线性主成分 Bayes 相对偏差 E_{PB}^i	项数 i	非线性主成分估计 相对偏差 E_{PCA}^i	非线性主成分 Bayes 相对偏差 E_{PB}^i
1	0.670885	0.623983	11	1.973171	1.994899
2	1.179311	1.207003	12	−1.041129	−0.960785
3	−3.066178	−2.875301	13	0.197627	0.166704
4	57.154306	54.503033	14	1.821568	1.852087
5	0.588197	0.067646	15	−4.327051	−2.042080
6	3.822655	2.711402	16	−55.305468	−59.779090
7	−46.964751	3.675526	17	−0.376690	−0.345901
8	2.304132	0.861059	18	−0.324360	−0.036133
9	101.129565	85.954471	19	−1.319658	−0.944733
10	−1.765217	−0.146648	20	−1.599957	−1.552438

9.3.1.3 制导工具误差系数求解的自适应正则化方法 [45]

在不考虑直接融合地面测试先验信息的前提下, 线性模型的主要分离方法是以主成分分析为核心的一类方法. 不过主成分的项数选取与数据有关, 很难给出一个普适性的原则. 制导工具的所有误差项中存在主次之分, 即起决定性作用的仅有其中部分项. 从数学的角度理解, 制导工具误差系数在某种程度上存在着稀疏性. 利用稀疏性对线性模型加以约束, 可望克服原问题的病态性 [45].

1) 正则化模型及参数的选择

通过大量的地面实验可以发现, 制导工具误差系数 C 的大部分元素数量级非常小, 仅有个别元素的量级较大, 故此可以认为 C 具有一定的稀疏性. 那么, 线性模型的病态性可以通过正则化方法加以克服.

所谓正则化方法是变病态为非病态一类方法的统称, 其主要手段是通过增加约束项, 用来约束解空间的范围使原问题的病态性得到克服. 增加的约束项通常取决于信号蕴含的内在特征, 例如, 假如信号本质是平坦光滑的, 则可加总变分约束; 如需要信号本质是稀疏的, 则可加稀疏性约束.

考虑 (9.3.4) 式, 简记为 $\Delta W = SC + \varepsilon$, 其最小二乘解可以理解为

$$\hat{C} = \min_{C} \|\Delta W_t - S_t C\| \tag{9.3.20}$$

加稀疏约束的模型可以理解为

$$\hat{C} = \min_{C} \left\{ \|\Delta W_t - S_t C\| + \lambda \|C\|_p^p \right\} \tag{9.3.21}$$

上式即原问题的一般正则化模型, 其中 $\lambda \|C\|_p^p$ 称为正则项或者稀疏约束项, λ 称为正则化参数; $0 < p \leqslant 1$ 称为正则化模型参数, 简称模型参数. 特殊地, 当 $p = 0$ 时, $\|C\|_0$ 就是信号中非零元素的个数. 然而范数 $\|\cdot\|_0$ 是非凸的, 难以求解, 故此采用范数 $\|\cdot\|_p^p$ 代替, 文献 [46] 证明了 L_0 约束在某些条件下与 L_p 约束对解的作用是等价的.

由于正则化项 $\|C\|_p^p$ 是基于信号 C 的稀疏性先验信息而加入的, 那么 $\|C\|_p^p$ 的计算值应该能够准确地描述信号 C 的稀疏特征, 即 p 的选择应该满足下式:

$$p = \arg_{p} \left\{ \|C\|_p^p = k \right\} \tag{9.3.22}$$

其中 k 为信号 C 的稀疏度, 可以凭经验获取, $0 < p < 1$.

2) 自适应参数的正则化模型

正则化模型 (9.3.21) 存在的问题仍然是如何选取正则化参数 λ 的问题. 文献 [47] 基于极大似然方法提供了一种可行的思路, 结合实际问题, 经推导可以得到以下结论.

测量值 ΔW(样本) 的似然函数为

$$L\left(\sigma\right)=\prod_{i=1}^{n}p(\Delta\boldsymbol{W}_{ti};\sigma)$$

$$=(2\pi\sigma^2)^{-\frac{n}{2}}\exp\left\{\frac{-1}{2\sigma^2}(\Delta\boldsymbol{W}_t-\boldsymbol{S}_t\boldsymbol{C})^{\mathrm{T}}(\Delta\boldsymbol{W}_t-\boldsymbol{S}_t\boldsymbol{C})\right\} \quad (9.3.23)$$

其负的对数似然函数为

$$-\log\left[L\left(\sigma\right)\right]=\frac{\|\Delta\boldsymbol{W}_t-\boldsymbol{S}_t\boldsymbol{C}\|^2}{2\sigma^2}+n\log\sigma+n\log\sqrt{2\pi} \quad (9.3.24)$$

求其极小值, 即为原来的极大似然函数的极大值, 舍弃常数项为

$$\min_{C,\sigma}\left\{\frac{\|\Delta\boldsymbol{W}_t-\boldsymbol{S}_t\boldsymbol{C}\|^2}{2\sigma^2}+m\log\sigma\right\} \quad (9.3.25)$$

注意上式, 当 $\sigma\equiv 1$ 时,

$$\min_{C}\frac{\|\Delta\boldsymbol{W}_t-\boldsymbol{S}_t\boldsymbol{C}\|^2}{2\sigma^2}+m\log\sigma\Leftrightarrow\min_{C}\|\Delta\boldsymbol{W}_t-\boldsymbol{S}_t\boldsymbol{C}\|^2$$

用上式代替逼近项模型, 则可以得到新的模型

$$\min_{C,\sigma}\frac{\|\Delta\boldsymbol{W}_t-\boldsymbol{S}_t\boldsymbol{C}\|^2}{2\sigma^2}+m\log\sigma+\lambda\|\boldsymbol{C}\|_p^p \quad (9.3.26)$$

令 $\lambda'=\lambda 2\sigma^2$, 又由于 σ^2 对于 $\boldsymbol{C}$ 的估计影响很小, 故此以上模型可以简化为

$$\min_{C}\|\Delta\boldsymbol{W}_t'-\boldsymbol{S}_t'\boldsymbol{C}\|^2+\lambda'\|\boldsymbol{C}\|_p^p \quad (9.3.27)$$

观察上式可知, 原来的正则化参数 λ 已被 λ' 取代, 其中 σ^2 是模型噪声的方差, 在迭代过程中用 $\sigma_i^2=\frac{1}{n}\|(\Delta\boldsymbol{W}_t-\boldsymbol{S}_t\boldsymbol{C})_i\|_2^2$ 近似. 故此, 参数 λ' 随着逼近项 $\|\Delta\boldsymbol{W}_t-\boldsymbol{S}_t\boldsymbol{C}\|_2^2$ 的变小而变小, 而 λ' 变小则意味着正则项的作用在不断的变弱. 特别地, 当 $\|\Delta\boldsymbol{W}_t-\boldsymbol{S}_t\boldsymbol{C}\|_2^2\to 0$ 时, 正则参数 $\lambda'\to 0$, 即不需要正则项的作用. (9.3.27) 式就是制导工具误差分离的自适应正则化模型.

3) 自适应正则化模型的求解算法

针对上面提出的自适应正则化模型, 给出具体算法流程如下:

A. 取 $p=\arg\limits_{p}\left\{\|\boldsymbol{C}\|_p^p=k\right\}$, 按照经验公式选取 $\lambda=\frac{\hat{\sigma}^2}{k}$, 例如, 根据实际数据背景选取 $\lambda=0.02^2/k$. 令 $\lambda_0'=\lambda$;

B. 计算 $\boldsymbol{\Lambda}\left(\boldsymbol{x}^{(n)}\right) \triangleq \operatorname{diag}\left\{\dfrac{p}{\left(\left|\boldsymbol{x}_i^{(n)}\right|+\varepsilon\right)^{1-p/2}}\right\}$;

C. 计算 $\boldsymbol{H}\left(\boldsymbol{x}^{(n)}\right) \triangleq 2\boldsymbol{A}^{\mathrm{T}}\boldsymbol{A}+\lambda_n'\boldsymbol{\Lambda}\left(\boldsymbol{x}^{(n)}\right)$;

D. 计算 $\hat{\boldsymbol{x}}^{(n+1)} \triangleq \boldsymbol{H}\left(\hat{\boldsymbol{x}}^{(n)}\right)^{-1}2\boldsymbol{A}^{\mathrm{T}}\boldsymbol{y}$ 得到解 $\hat{\boldsymbol{x}}^{(n+1)}$, 计算 $\lambda_n'=2\lambda\dfrac{\left\|\boldsymbol{A}\hat{\boldsymbol{x}}^{(n+1)}-\boldsymbol{b}\right\|^2}{n}$;

E. 如果 $\dfrac{\left\|\hat{\boldsymbol{x}}^{(n+1)}-\hat{\boldsymbol{x}}^{(n)}\right\|}{\left\|\hat{\boldsymbol{x}}^{(n)}\right\|}<e$ 时, 停止, 其中 e 为迭代精度, 一般取很小常数.
否则, 转至步骤 B 继续迭代.

例 9.3.4 设构造模型的环境函数自变量项数是固定的 55 项, 分析噪声大小对于分离结果的影响. 首先仿真遥外差, 取 $\varepsilon_t' \sim \mathrm{N}\left(0,0.02\boldsymbol{I}_3\right)$, 利用 $\Delta\boldsymbol{W}_t' = \boldsymbol{S}_t'\boldsymbol{C}+\eta_t'$ 仿真遥外差. 根据前文介绍的方法, 测试 8 种算法的性能, 分别是: 无规范化 + 最小二乘、有规范化 + 最小二乘、无规范化 + 主成分、规范化 + 主成分、无规范化 + 正则化、有规范化 + 正则化、无规范化 + 自适应正则化、有规范化 + 自适应正则化, 计算结果如表 9.3.6 所示.

表 9.3.6　100 次试验平均结果

	无规范化	有规范化
最小二乘	未超差项: 17 项 三个方向的拟合残差均方差: 0.5991, 0.2235, 3.7987	未超差项: 19 项 三个方向的拟合残差均方差: 0.7362, 1.2928, 0.2142
主成分分析	主成分: 50 项; 未超差项: 17 项; 三个方向的拟合残差均方差: 0.0202, 0.0197, 0.0199	主成分: 19 项; 未超差项: 46 项; 三个方向的拟合残差均方差: 0.0200, 0.0203, 0.0199
正则化模型	取 $\lambda=1$; 未超差项: 29 项; 三个方向的拟合残差均方差: 0.0201, 0.0198, 0.0203	取 $\lambda=1$; 未超差项: 44 项; 三个方向的拟合残差均方差: 0.0277, 0.0275, 0.0207
自适应正则化模型	未超差项: 30 项; 三个方向的拟合残差均方差: 0.0200, 0.0198, 0.0199	未超差项: 48 项; 三个方向的拟合残差均方差: 0.0199, 0.0203, 0.0199

上表中 "未超差" 表示制导工具误差系数的估计值未超过真实值的 $\pm 3\sigma$ 范围. 从表 9.3.6 结果可以得到如下结论:

(1) 从有无规范化的最小二乘结果可以看出, 单纯的规范化不能解决矩阵病态问题, 必须配合后三种方法使用;

(2) 未经规范化的情况下, 主成分分析与普通最小二乘效果相当, 也就是说主

成分分析应用于未规范化的数据, 提高估计精度效果不显著;

(3) 不管有无规范化操作, 主成分、正则化和自适应正则化三种方法在弹道三个方向的拟合残差均方差几乎与仿真噪声的均方差一致, 即解算曲线与真实曲线能够较好的吻合.

接着在 55 项模型条件下进行模型噪声对分离结果的敏感性分析. 当仿真白噪声 ε'_t 的均方差取 $0.0001, 0.0003, 0.0009, 0.0024, 0.0067$ 和 0.0183mrad 的情况下, 对主成分、正则化和自适应正则化方法进行多次试验, 统计计算结果, 如图 9.3.2 所示.

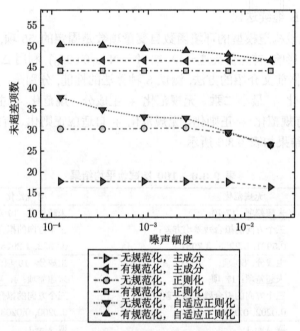

图 9.3.2　不同噪声幅度下未超差项的结果比较

根据上述试验结果可以得到如下结论:

(1) 由图 9.3.2 可知, 规范化能够提高估计精度. 经规范化后, 主成分分析方法的估计精度得到大幅度提高, 其主要原因是规范化使主成分项数有所降低, 未规范化时主成分有 50 项, 规范化后主成分只有 19 项;

(2) 经规范化后, 自适应正则化方法的精度略高于主成分方法, 主成分分析方法的估计精度又略高于需要指定参数的正则化方法的估计精度. 另外, 自适应参数正则化方法不需要凭借经验给定参数, 且在估计效果上优于确定参数的正则化方法;

(3) 由图 9.3.2 可知, 随着噪声幅度的增大, 所有方法得到的未超差项数都有所降低, 规范化后的数据对于噪声变化相对而言不敏感, 未经规范化的数据对于噪声变化较为敏感.

最后观察模型项数对分离结果的敏感性分析. 采用 28, 36, 42, 48, 52, 55 项自变量分别构造环境函数矩阵, 在噪声水平为 0.0183mrad 的条件下, 对每种算法进行 100 次计算, 测试各个算法对模型项数的敏感程度. 结果显示, 各算法平均残差都与噪声水平相当, 如果以未超差项数占模型总项数的比例和超差项数为评价指标, 有如下统计结果 (图 9.3.3).

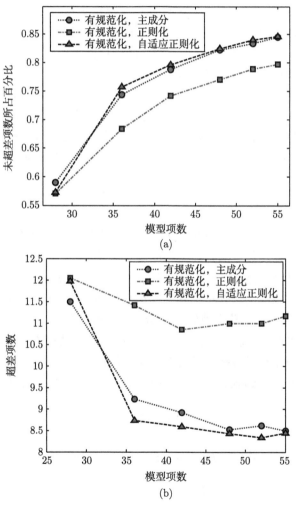

图 9.3.3 不同模型项数下未超差项的结果比较

图 9.3.3(a) 显示的是平均未超差项数占模型总项数的比例随模型项数的变化,

图 9.3.3(b) 显示的是平均超差项数随模型总项数的变化.

由图 9.3.3 结果可以得到以下结论:

(1) 随着模型项数的增加, 分离结果中未超差项数所占的百分比也逐步增加;

(2) 当模型的项数大于 45 项时, 超差项数趋于平缓;

(3) 自适应正则化方法一定程度上优于主成分方法和固定参数的正则化方法.

9.3.1.4　制导工具误差分析方法

在实际的工程应用中, 如果只需求解制导工具误差引起的弹道落点偏差, 一般根据实际飞行试验得到的遥外测数据进行弹道积分计算, 直接对制导工具误差进行分析处理, 并不详细地讨论每项工具误差系数 [2-4].

在导弹飞行过程中, 制导工具误差引起的落点偏差可以通过遥测关机时间的遥测参数和该时刻的外测弹道参数计算得出.

首先, 将遥测关机时间的遥测参数转换为发射坐标系的遥测弹道参数, 由外测弹道可以查出该时间特征点的外测弹道参数. 然后, 计算外测弹道与遥测弹道关机点弹道参数的偏差 (即由制导工具误差引起): 根据标准弹道关机点关于纵向偏差 ΔL、横向偏差 ΔH 的相对偏导数, 可以计算制导工具误差引起的落点偏差 [2-4,7].

9.3.2　制导方法误差分析

在导弹飞行过程中, 利用遥测数据和标准弹道关机时刻的弹道参数值进行弹道积分计算, 可以估计制导方法误差引起的落点偏差 [2-4], 步骤如下所示.

首先, 将关机时刻特征点发射惯性坐标系的视速度遥测值转换为发射坐标系下的遥测弹道参数, 按被动段弹道运动方程进行被动段数值积分, 计算遥测弹道的射程 L、大地方位角 A_{doc}、落点地球半径 $R(\phi_c)$ 和射程角 f_{oc}.

其次, 以标准弹道关机时刻的弹道参数为初值, 按被动段弹道运动方程进行被动段弹道数值积分, 计算标准弹道的射程 $\overline{L}$、大地方位角 $\overline{A}_{\mathrm{doc}}$.

最后, 可以计算得到制导方法误差引起的落点偏差 $\Delta L_f, \Delta H_f$:

$$\Delta L = L - \overline{L} \tag{9.3.28}$$

$$\Delta H = R(\phi_c) \arcsin(\sin \Delta A_{\mathrm{doc}} \cdot \sin f_{\mathrm{oc}}) \tag{9.3.29}$$

$$\Delta A_{\mathrm{doc}} = A_{\mathrm{doc}} - \overline{A}_{\mathrm{doc}} \tag{9.3.30}$$

9.3.3　再入误差分析

弹头再入运动基本方程为在发射坐标系中建立的六自由度运动方程 [2-4].

六自由度再入干扰运动方程为

$$
m \begin{bmatrix} \dfrac{\mathrm{d}v_x}{\mathrm{d}t} \\[2mm] \dfrac{\mathrm{d}v_y}{\mathrm{d}t} \\[2mm] \dfrac{\mathrm{d}v_z}{\mathrm{d}t} \end{bmatrix} = -X \begin{bmatrix} \dfrac{v_x}{v} \\[2mm] \dfrac{v_y}{v} \\[2mm] \dfrac{v_z}{v} \end{bmatrix} + \dfrac{L}{\sin\eta} \begin{bmatrix} \cos\varphi\cos\psi - \dfrac{v_x}{v}\cos\eta \\[2mm] \sin\varphi\cos\psi - \dfrac{v_y}{v}\cos\eta \\[2mm] -\sin\psi - \dfrac{v_z}{v}\cos\eta \end{bmatrix} + \dfrac{mg_r'}{r} \begin{bmatrix} x + R_{ox} \\ y + R_{oy} \\ z + R_{oz} \end{bmatrix}
$$

$$
+ \dfrac{mg_{\omega e}}{\omega_e} \begin{bmatrix} \omega_{ex} \\ \omega_{ey} \\ \omega_{ez} \end{bmatrix} - m \begin{bmatrix} a_{11} & a_{12} & a_{13} \\ a_{21} & a_{22} & a_{23} \\ a_{31} & a_{32} & a_{33} \end{bmatrix} \begin{bmatrix} x + R_{ox} \\ y + R_{oy} \\ z + R_{oz} \end{bmatrix}
$$

$$
- m \begin{bmatrix} b_{11} & b_{12} & b_{13} \\ b_{21} & b_{22} & b_{23} \\ b_{31} & b_{32} & b_{33} \end{bmatrix} \begin{bmatrix} v_x \\ v_y \\ v_z \end{bmatrix} + \begin{bmatrix} \varepsilon_x \\ \varepsilon_y \\ \varepsilon_z \end{bmatrix} \tag{9.3.31}
$$

其中 ε_x, ε_y, ε_z 为除再入初始总攻角 η_e 以外的其他干扰因素形成的干扰力在地面发射坐标系中的三分量.

$$
\begin{bmatrix} \varepsilon_x \\ \varepsilon_y \\ \varepsilon_z \end{bmatrix} = \boldsymbol{H}_G^{\mathrm{T}} \cdot \left(\begin{bmatrix} \Delta F_m \\ 0 \\ 0 \end{bmatrix} + \begin{bmatrix} \Delta F_\rho \\ 0 \\ 0 \end{bmatrix} + \begin{bmatrix} \Delta F_T \\ 0 \\ 0 \end{bmatrix} \right.
$$

$$
\left. + \begin{bmatrix} \Delta F_{C_x} \\ 0 \\ 0 \end{bmatrix} + \begin{bmatrix} \Delta F_{W_{xh}} \\ \Delta F_{W_{yh}} \\ \Delta F_{W_{zh}} \end{bmatrix} + \begin{bmatrix} 0 \\ \Delta F_{T\eta}\sin(\omega_{x_1}t + \xi_0) \\ \Delta F_{T\eta}\cos(\omega_{x_1}t + \xi_0) \end{bmatrix} \right)
$$

其中 $\boldsymbol{H}_G^{\mathrm{T}}$ 为半速度坐标系与地面发射坐标系的转换矩阵, $\Delta F_m, \Delta F_\rho, \Delta F_T, \Delta F_{C_x}$ 分别表示由质量偏差、大气密度偏差、温度偏差、气动阻力系数偏差引起的干扰力在半速度坐标系中的分量, $\Delta F_{W_{xh}}, \Delta F_{W_{yh}}, \Delta F_{W_{zh}}$ 表示风产生的干扰力在半速度坐标系中的分量, $\Delta F_{T\eta}\sin(\omega_{x_1}t + \xi_0), \Delta F_{T\eta}\cos(\omega_{x_1}t + \xi_0)$ 表示小不对称引起的干扰力在半速度坐标系中的分量, ω_{x_1} 表示弹头姿态相对于地面发射坐标系的转动角速度分量, ξ_0 为初始相位角, 表示初始配平平面的位置.

导弹飞行过程中, 再入段的干扰因素引起的落点偏差可以根据自由飞行段外测数据计算得出 [2-4,21].

以头体分离点 t_h 作为被动段起始时间特征点, 以该点外测弹道参数为初值, 进行被动段弹道数值积分, 求出外测弹道的射程 L、大地方位角 A_{doc}、落点地球半径 $R(\phi_c)$ 和落点射程角 f_{oc}.

以标准弹道关机时刻的弹道参数为初值, 进行被动段弹道数值积分, 求出标准弹道的射程 $\bar{L}$、大地方位角 $\bar{A}_{\mathrm{doc}}$; 查出实测的落点纵向偏差 ΔL 和横向偏差 ΔH,

即可按下列公式计算弹道再入误差:

$$\Delta L_z^0 = \Delta L - (L - \overline{L}), \quad \Delta H_z^0 = \Delta H - R(\phi_c)\arcsin(\sin\Delta A_{\mathrm{doc}} \cdot \sin f_{\mathrm{oc}}) \quad (9.3.32)$$

9.3.4　后效误差分析

在传统的后效误差分析中, 一般利用遥测视速度数据或者外测弹道数据进行处理, 以关机点到头体分离点之间的时间作为后效段 [2-4]. 如果发动机关机之后, 与头体分离时间相隔很长, 两个时刻的参数相差较大, 我们不能按照上面的方法, 用关机时间的遥测值作为后效段起始时间的特征点, 以头体分离点作为后效段终止时间的特征点, 而是必须首先对弹道参数进行数据分析, 判断后效段的起始时间和终止时间 [39].

具体地, 在导弹飞行过程中, 后效误差引起的落点偏差可以按照下面介绍的几种方法, 根据遥测和外测的数据计算得出.

9.3.4.1　外测弹道数据分析 [39]

首先, 以制导系统计算机发出关机时间的遥测值 t_{jk} 作为后效段起始时间的特征点, 以头体分离点 t_h 作为后效段终止时间的特征点, 根据弹道后效段起始时间的外测弹道参数和终止时间的外测弹道参数计算外测弹道后效段参数的变化量.

$$
\begin{aligned}
\Delta x &= x(t_h) - x(t_{jk}), & \Delta V_x &= V_x(t_h) - V_x(t_{jk}) \\
\Delta y &= y(t_h) - y(t_{jk}), & \Delta V_y &= V_y(t_h) - V_y(t_{jk}) \\
\Delta z &= z(t_h) - z(t_{jk}), & \Delta V_z &= V_z(t_h) - V_z(t_{jk})
\end{aligned}
\quad (9.3.33)
$$

然后, 根据标准弹道后效段起始时间 $\bar{t}_k$ 的弹道参数和终止时间 $\bar{t}_h$ 的弹道参数计算标准弹道后效段参数的变化量.

$$
\begin{aligned}
\Delta\bar{x} &= \bar{x}(\bar{t}_h) - \bar{x}(\bar{t}_k), & \Delta\bar{V}_x &= \bar{V}_x(\bar{t}_h) - \bar{V}_x(\bar{t}_k) \\
\Delta\bar{y} &= \bar{y}(\bar{t}_h) - \bar{y}(\bar{t}_k), & \Delta\bar{V}_y &= \bar{V}_y(\bar{t}_h) - \bar{V}_y(\bar{t}_k) \\
\Delta\bar{z} &= \bar{z}(\bar{t}_h) - \bar{z}(\bar{t}_k), & \Delta\bar{V}_z &= \bar{V}_z(\bar{t}_h) - \bar{V}_z(\bar{t}_k)
\end{aligned}
\quad (9.3.34)
$$

计算标准弹道与后效段外测弹道参数的变化量, 得出后效段没有补偿的弹道参数变化量.

$$
\begin{aligned}
\delta x &= \Delta x - \Delta\bar{x}, & \delta V_x &= \Delta V_x - \Delta\bar{V}_x \\
\delta y &= \Delta y - \Delta\bar{y}, & \delta V_y &= \Delta V_y - \Delta\bar{V}_y \\
\delta z &= \Delta z - \Delta\bar{z}, & \delta V_z &= \Delta V_z - \Delta\bar{V}_z
\end{aligned}
\quad (9.3.35)
$$

由计算出来的标准弹道关机点的相对偏导数, 可以根据下式计算得出全程弹道后效误差引起的落点偏差.

$$\Delta L_{hx} = \frac{\partial L}{\partial V_x}\delta V_x + \frac{\partial L}{\partial V_y}\delta V_y + \frac{\partial L}{\partial V_z}\delta V_z + \frac{\partial L}{\partial x}\delta x + \frac{\partial L}{\partial y}\delta y + \frac{\partial L}{\partial z}\delta z$$

$$\Delta H_{hx} = \frac{\partial H}{\partial V_x}\delta V_x + \frac{\partial H}{\partial V_y}\delta V_y + \frac{\partial H}{\partial V_z}\delta V_z + \frac{\partial H}{\partial x}\delta x + \frac{\partial H}{\partial y}\delta y + \frac{\partial H}{\partial z}\delta z \tag{9.3.36}$$

9.3.4.2 遥测数据分析

以制导系统计算机发出关机时间的遥测值 t_{jk} 作为后效段起始时间的特征点, 以头体分离点 t_h 作为后效段终止时间的特征点, 分别查出两个时间特征点的各视速度遥测值: $W_{xg}(t_{jk}), W_{yg}(t_{jk}), W_{zg}(t_{jk})$ 和 $W_{xg}(t_h), W_{yg}(t_h), W_{zg}(t_h)$. 计算后效段各视速度遥测值之差:

$$\begin{aligned} \Delta W_{xg} &= W_{xg}(t_h) - W_{xg}(t_{jk}) \\ \Delta W_{yg} &= W_{yg}(t_h) - W_{yg}(t_{jk}) \\ \Delta W_{zg} &= W_{zg}(t_h) - W_{zg}(t_{jk}) \end{aligned} \tag{9.3.37}$$

计算后效段合成视速度之差:

$$\Delta W_g = \sqrt{\Delta W_{xg}^2 + \Delta W_{yg}^2 + \Delta W_{zg}^2} \tag{9.3.38}$$

再由停火点质量 m_k 可计算后效冲量

$$J = m_k \cdot \Delta W_g \tag{9.3.39}$$

同样在标准弹道中也可以计算后效冲量 $\overline{J}$, 可计算后效冲量偏差

$$\Delta J = J - \overline{J} \tag{9.3.40}$$

再由后效冲量的射程偏导数 $\dfrac{\partial L}{\partial J}$, 可计算出后效冲量偏差引起的落点偏差:

$$\Delta L = \frac{\partial L}{\partial J} \cdot \Delta J \tag{9.3.41}$$

9.3.4.3 被动段弹道积分落点分析

在实际的工程应用中, 我们一般采用此方法计算.

以制导系统计算机发出关机时间的遥测值 t_{jk} 作为后效段起始时间的特征点, 以头体分离点 t_h 作为后效段终止时间的特征点, 分别以这两个时刻的外测弹道参数为初值, 进行被动段弹道数值积分, 求出外测弹道的射程 L、大地方位角 A_{doc}、落点地球半径 $R(\phi_c)$ 和射程角 f_{oc}. 可以求出外测弹道下后效段的落点偏差

$$\Delta L = L_h - L_{jk}, \quad \Delta A_{\mathrm{doc}} = A_{h\mathrm{doc}} - A_{jk\mathrm{doc}}$$

$$\Delta H = R(\phi_c)\arcsin(\sin\Delta A_{\mathrm{doc}} \cdot \sin f_\alpha) \tag{9.3.42}$$

同样地, 根据标准弹道后效段起始时间 $\bar{t}_k$ 的弹道速度参数和终止时间 $\bar{t}_h$ 的弹道参数为初值, 进行被动段弹道数值积分, 求出标准弹道的射程 $\overline{L}$、大地方位角 $\overline{A}_{\mathrm{doc}}$. 可以求出标准弹道已补偿的后效段误差.

$$\Delta\overline{L} = \overline{L}_h - \overline{L}_k, \quad \Delta\overline{A}_{\mathrm{doc}} = \overline{A}_{h\mathrm{doc}} - \overline{A}_{k\mathrm{doc}}$$

$$\Delta \overline{H} = \overline{R}(\phi_c) \arcsin(\sin \Delta \overline{A}_{\mathrm{doc}} \cdot \sin f_\alpha) \tag{9.3.43}$$

最后, 可以计算出弹道后效段误差引起的落点偏差.

$$\Delta L_{hx} = \Delta L - \Delta \overline{L}, \quad \Delta H_{hx} = \Delta H - \Delta \overline{H} \tag{9.3.44}$$

9.4 落点偏差折合

针对导弹研制试验和定型试验对精度分析及试验评估的要求, 根据惯性导弹飞行各段, 主要对制导工具误差、制导方法误差、再入误差、后效误差进行了落点偏差折合的方法研究. 对于制导工具误差折合的两种发展方向, 对两种制导工具误差折合方法得到的落点偏差进行了理论精度分析与比较, 评估了两种方法在不同观测情形下的适应性和可行性, 数据仿真验证了理论分析结果. 提出了基于奇异值分解的制导工具误差折合方法, 并进行了仿真.

9.4.1 制导工具误差折合及可行性条件分析

关于制导工具误差折合的研究主要集中在两个方向: 一是利用制导工具误差的分离技术, 通过飞行试验所获得的外测与遥测数据估计惯性器件的各个误差系数, 然后用误差系数的估计值代入全程弹道进行计算, 求取全程弹道制导工具误差引起的落点偏差 [15-19]; 二是避开分离误差系数, 用试验弹道的测量信息直接推算全程弹道因工具误差存在而产生的弹道参数偏差或落点偏差 [3,30].

对于方向一, 其优点是明显的, 它有助于提高对惯性器件各种误差项的认识, 便于进一步改进设计, 又可简单方便地估计出工具误差对其他条件下落点偏差的影响; 而方向二要达到的目的则简单得多, 它仅估计出误差项在其他条件下对导弹落点偏差的综合影响, 折合中并不估计各误差项的单项影响大小, 只估计各种误差项对落点偏差的综合影响, 这对改进设计与进一步认识惯性制导器件没有多大帮助. 但可以解决我们必须解决的最基本的问题: 利用飞行试验的特定结果去估计其他条件下的导弹落点精度.

针对制导工具误差折合的第一个方向, 即先计算误差系数再进行折合的方法, 我们暂时称为误差系数分离法; 对第二个方向, 我们不求解误差系数, 而是直接建立试验弹道遥外差与全程弹道落点偏差的线性关系进行折合, 暂且称为线性回归法. 下面对两种方法得到的全程落点偏差及其折合精度进行理论分析与比较, 评估两种方法在不同观测情形下的适应性和可行性 [3,30,40,42-43].

9.4.1.1 误差系数折合法

考虑求解制导工具误差系数的表达式

$$\boldsymbol{Y} = \boldsymbol{SC} + \varepsilon \tag{9.4.1}$$

注 9.4.1 对于线性模型 (9.4.1) 而言, 如果增加制导工具误差系数的先验信息, 则有

$$\begin{cases} Y = SC + \varepsilon \\ C = C_0 + \eta_{C_0} \end{cases}$$

其中 $\mathrm{E}(\eta_{C_0}\eta_{C_0}^{\mathrm{T}}) = K_{C_0}$. 假定观测模型已经规范化, 则 Bayes 最小二乘估计为

$$\hat{C}_{\mathrm{BLS}} = (S^{\mathrm{T}}S + K_{C_0}^{-1})^{-1}(S^{\mathrm{T}}Y + K_{C_0}^{-1}C_0)$$

归一化只需在其中加上归一化矩阵 D 即可:

$$\hat{C}_{\mathrm{BLS}} = D[D^{\mathrm{T}}S^{\mathrm{T}}SD + (DK_{C_0}^{-1})]^{-1}[D^{\mathrm{T}}S^{\mathrm{T}}Y + (DK_{C_0})^{-1}C_0]$$

注 9.4.2 对于线性模型 $Y = SC + \varepsilon$ 而言, 如果增加观测矩阵的先验信息, 则有 $\mathrm{E}(\varepsilon\varepsilon^{\mathrm{T}}) = K$, $\varepsilon \sim \mathrm{N}(0, \sigma^2 I)$. 这样, 规范化的估计为

$$\hat{C}_{\mathrm{BLS}} = (S^{\mathrm{T}}K^{-1}S + K_{C_0}^{-1})^{-1}(S^{\mathrm{T}}K^{-1}Y + K_{C_0}^{-1}C_0)$$

1) 加权最小二乘估计

加权最小二乘估计为 $\hat{C}_{\mathrm{WLS}} = (S^{\mathrm{T}}K^{-1}S)^{-1}S^{\mathrm{T}}K^{-1}Y$, $\hat{C}_{\mathrm{WLS}}$ 的估计精度为 $\sigma_{\hat{C}_{\mathrm{WLS}}} = (S^{\mathrm{T}}K^{-1}S)^{-1}$.

2) 主成分估计

记 $A = S^{\mathrm{T}}K^{-1}S$, 这里 A 为正定对称矩阵, 故存在正交变换矩阵 Φ, 使得

$$A = \Phi\Lambda\Phi^{\mathrm{T}}$$

其中 Λ 为特征根对角阵, 而正交变换矩阵 Φ 为相应特征根对应的标准正交化特征向量, 则观测模型等价于

$$\Phi\Lambda\Phi^{\mathrm{T}}C + \eta = S^{\mathrm{T}}K^{-1}Y$$

对应于加权最小二乘

$$\hat{C}_{\mathrm{WLS}} = \Phi\Lambda^{-1}\Phi^{\mathrm{T}}S^{\mathrm{T}}K^{-1}Y$$

其估计精度为 $\Phi\Lambda^{-1}\Phi^{\mathrm{T}}$.

如果矩阵 S 呈病态, 则 A 的特征根会有一部分很小. 假设 A 的特征值为 $\lambda_1, \cdots, \lambda_r, \cdots, \lambda_n(0 \leqslant \lambda_1 \leqslant \lambda_2 \leqslant \cdots \leqslant \lambda_n)$, 前面的 r 个特征根很小.

令 $\alpha = \Phi^{\mathrm{T}}C$, 则 $\mathrm{E}(\|\alpha_{\mathrm{LS}}(i) - \alpha_i\|^2) = \sigma^2\lambda_i^{-1}$, 当前面 r 个特征根很小时, $\mathrm{E}(\|\alpha_{\mathrm{LS}}(i) - \alpha_i\|^2)$ 很大; 而另一方面, $\mathrm{E}(\|0 - \alpha_i\|^2) = \alpha_i^2$.

因此, 当 $\alpha_i^2 \leqslant \sigma^2 \lambda_i^{-1} (i = 1, 2, \cdots, r)$ 时, 取 $\alpha_i^* = \begin{cases} 0, & 1 \leqslant i \leqslant r, \\ \alpha_{\mathrm{LS}}(i), & r < i \leqslant n, \end{cases}$ 估计

效果会变好, 即主成分估计会改善模型的病态.

基于上述思想, 将 $\boldsymbol{\Lambda}$ 和 $\boldsymbol{\Phi}$ 作相应分块:

$$\boldsymbol{\Lambda} = \begin{bmatrix} \boldsymbol{\Lambda}_1 & \mathbf{0} \\ \mathbf{0} & \boldsymbol{\Lambda}_2 \end{bmatrix}, \quad \boldsymbol{\Phi} = \begin{bmatrix} \boldsymbol{\Phi}_1 & \boldsymbol{\Phi}_2 \end{bmatrix}$$

则相应有 $\boldsymbol{\Lambda}_1 = \mathbf{0}, \boldsymbol{\Phi}_1 = \mathbf{0}$. 由此, 主成分估计为

$$\hat{C}_{\mathrm{PC}} = \boldsymbol{\Phi}_2 \boldsymbol{\Lambda}_2^{-1} \boldsymbol{\Phi}_2^{\mathrm{T}} \boldsymbol{S}^{\mathrm{T}} \boldsymbol{K}^{-1} \boldsymbol{Y}$$

其估计精度为 $\boldsymbol{\Phi}_2 \boldsymbol{\Lambda}_2^{-1} \boldsymbol{\Phi}_2^{\mathrm{T}}$.

将注 9.4.1 和注 9.4.2 中制导工具误差系数的先验信息均考虑进去, 应用最小二乘法, 可以推出:

$$\hat{C} = (\boldsymbol{S}^{\mathrm{T}} \boldsymbol{K}^{-1} \boldsymbol{S} + \boldsymbol{K}_{C_0}^{-1})^{-1} \cdot (\boldsymbol{S}^{\mathrm{T}} \boldsymbol{K}^{-1} \boldsymbol{Y} + \boldsymbol{K}_{C_0}^{-1} \boldsymbol{C}_0) \tag{9.4.2}$$

估计精度为 $(\boldsymbol{S}^{\mathrm{T}} \boldsymbol{K}^{-1} \boldsymbol{S} + \boldsymbol{R}^{-1})^{-1}$.

制导工具误差对全程影响可表示为

$$\begin{bmatrix} \Delta L \\ \Delta H \end{bmatrix} = \begin{bmatrix} P_L \\ P_H \end{bmatrix} \cdot \boldsymbol{C} \tag{9.4.3}$$

其中 $\Delta L, \Delta H$ 分别表示工具误差影响的纵向和横向落点偏差.

$$\begin{bmatrix} P_L \\ P_H \end{bmatrix} = \begin{bmatrix} \dfrac{\mathrm{d}L}{\mathrm{d}\boldsymbol{X}^{\mathrm{T}}} \Big|_k \\ \dfrac{\mathrm{d}H}{\mathrm{d}\boldsymbol{X}^{\mathrm{T}}} \Big|_k \end{bmatrix} \cdot \boldsymbol{S}_N$$

这里 $\dfrac{\mathrm{d}L}{\mathrm{d}\boldsymbol{X}^{\mathrm{T}}}\Big|_k, \dfrac{\mathrm{d}H}{\mathrm{d}\boldsymbol{X}^{\mathrm{T}}}\Big|_k$ 为导弹关机时刻的纵向及横向误差系数, $\boldsymbol{x} = [x, y, z, V_x, V_y, V_z]^{\mathrm{T}}$ 表示导弹在发射坐标系内的位置和速度参数, $\boldsymbol{S}_N$ 为全程弹道关机时刻的环境函数矩阵.

将估计出来的 $\hat{C}$ 代入 (2.2.3), 求出全程弹道的落点偏差. 此时估计出来的折合精度为

$$\sigma_L^2 = \mathrm{E}\{(\Delta L' - \Delta L)^2\} = \boldsymbol{P}_L (\boldsymbol{S}^{\mathrm{T}} \boldsymbol{K}^{-1} \boldsymbol{S} + \boldsymbol{R}^{-1})^{-1} \boldsymbol{P}_L^{\mathrm{T}}$$

$$\sigma_H^2 = \mathrm{E}\{(\Delta H' - \Delta H)^2\} = \boldsymbol{P}_H (\boldsymbol{S}^{\mathrm{T}} \boldsymbol{K}^{-1} \boldsymbol{S} + \boldsymbol{R}^{-1})^{-1} \boldsymbol{P}_H^{\mathrm{T}} \tag{9.4.4}$$

9.4.1.2 线性回归法

1) 直接推算的前提和依据

制导工具误差 C 引起试验弹道 S 的参数变化, 其数学模型为

$$\delta \boldsymbol{X}_{S(t)} = \boldsymbol{S}_{S(t)} \cdot \boldsymbol{C} + \boldsymbol{\varepsilon}_{(t)} \tag{9.4.5}$$

其中

$\boldsymbol{S}_{S(t)}$ 为试验弹道所提供的环境函数矩阵;

$\boldsymbol{\varepsilon}_{(t)}$ 为独立同分布的测量噪声, $\mathrm{E}[\boldsymbol{\varepsilon}] = \boldsymbol{0}, \mathrm{E}[\boldsymbol{\varepsilon}\boldsymbol{\varepsilon}^{\mathrm{T}}] = \boldsymbol{R}_{\varepsilon}$;

$\delta \boldsymbol{X}_{S(t)}$ 为试验弹道遥、外测参数的偏差量, 它可以是由速度三分量与位置三分量组成的矢量, 即

$$\delta \boldsymbol{X}_{S(t)} = [\delta V_{axA}, \delta V_{ayA}, \delta V_{azA}, \delta x_A, \delta y_A, \delta z_A]^{\mathrm{T}}$$

进行不同弹道之间制导工具误差影响的直接推算, 其前提是试验弹道的制导工具误差系数 C 的统计特性不因弹道的形式不同而不同, 两条弹道之间的 C 表现值一样.

C 引起的正常全程弹道的落点偏差可按下列步骤计算:

C 引起弹道 N 的关机点参数偏差

$$\delta \boldsymbol{X}_{N(t_k)} = \boldsymbol{S}_{N(t_k)} \cdot \boldsymbol{C} \tag{9.4.6}$$

C 造成弹道 N 的落点偏差

$$\begin{bmatrix} \Delta L_N \\ \Delta H_N \end{bmatrix} = \frac{\partial [L_N, H_N]^{\mathrm{T}}}{\partial \boldsymbol{X}_{N(t_k)}^{\mathrm{T}}} \delta \boldsymbol{X}_{N(t_k)} = \frac{\partial [L_N, H_N]^{\mathrm{T}}}{\partial \boldsymbol{X}_{N(t_k)}^{\mathrm{T}}} \cdot \boldsymbol{S}_{N(t_k)} \cdot \boldsymbol{C} = \begin{bmatrix} P_L \\ P_H \end{bmatrix} \cdot \boldsymbol{C} \tag{9.4.7}$$

记

$$\boldsymbol{Z}_N = \begin{bmatrix} Z_{N1} \\ Z_{N2} \end{bmatrix} = \begin{bmatrix} \Delta L_N \\ \Delta H_N \end{bmatrix} \tag{9.4.8}$$

其中 $\boldsymbol{S}_{N(t_k)}$ 为全程理论弹道在关机点时刻的环境函数矩阵;

$$\frac{\partial [L_N, H_N]^{\mathrm{T}}}{\partial \boldsymbol{X}_{N(t_k)}^{\mathrm{T}}} = \begin{bmatrix} \dfrac{\partial L_N}{\partial V_x} & \dfrac{\partial L_N}{\partial V_y} & \dfrac{\partial L_N}{\partial V_z} & \dfrac{\partial L_N}{\partial x} & \dfrac{\partial L_N}{\partial y} & \dfrac{\partial L_N}{\partial z} \\ \dfrac{\partial H_N}{\partial V_x} & \dfrac{\partial H_N}{\partial V_y} & \dfrac{\partial H_N}{\partial V_z} & \dfrac{\partial H_N}{\partial x} & \dfrac{\partial H_N}{\partial y} & \dfrac{\partial H_N}{\partial z} \end{bmatrix}, \begin{bmatrix} \Delta L_N \\ \Delta H_N \end{bmatrix}$$

为导弹落点的纵、横向偏差.

现将 (9.4.5) 式至 (9.4.8) 式用框图连接起来, 如图 9.4.1 所示.

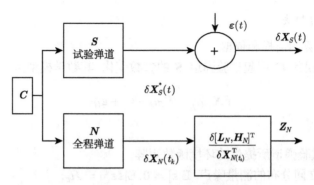

图 9.4.1 $\delta \boldsymbol{X}_S(t)$ 与 $\boldsymbol{Z}_N$ 联系框图

由框图可见, 试验弹道的参数偏差 $\delta \boldsymbol{X}_S(t)$ 与全程弹道的落点偏差 $\boldsymbol{Z}_N$ 是通过工具误差系数 $\boldsymbol{C}$ 联系起来的. 因此, 可考虑不通过先分离误差系数 $\boldsymbol{C}$, 再求全程弹的落点偏差, 而是建立 $\delta \boldsymbol{X}_S(t)$ 与 $\boldsymbol{Z}_N$ 的直接联系, 用 $\delta \boldsymbol{X}_S(t)$ 直接推算 $\boldsymbol{Z}_N$.

由 (9.4.5) 式可得 $\boldsymbol{C}$ 的最小二乘估计为

$$\hat{\boldsymbol{C}} = \left(\boldsymbol{S}_S^{\mathrm{T}} \boldsymbol{\Sigma}^{-1} \boldsymbol{S}_S \right)^{-1} \boldsymbol{S}_S^{\mathrm{T}} \boldsymbol{\Sigma}^{-1} \delta \boldsymbol{X}_S \tag{9.4.9}$$

在 (9.4.6) 式中, 因为同一发弹假设作两种不同的飞行试验, 平台系统的物理特性不会发生较大的变化, 而且弹上也有相应的环境条件保障, 使平台系统工作在设计要求的范围内. 将 (9.4.9) 式代入 (9.4.6) 式, 则有

$$\delta \boldsymbol{X}_N = \boldsymbol{S}_N \left(\boldsymbol{S}_S^{\mathrm{T}} \boldsymbol{\Sigma}^{-1} \boldsymbol{S}_S \right)^{-1} \boldsymbol{S}_S^{\mathrm{T}} \boldsymbol{\Sigma}^{-1} \delta \boldsymbol{X}_S \tag{9.4.10}$$

由 (9.4.10) 式可以清楚地看到, 特殊试验弹道与全程弹道之间存在一种线性关系, 使得直接推算成为可能.

2) 采用 Monte Carlo 方法抽取制导工具误差 $\boldsymbol{C}$ 建立线性回归模型 [23-24]

现在将 $\delta \boldsymbol{X}_S(t)$ 看成是系统的输入量, 而 $\boldsymbol{Z}_N$ 则看成是系统的输出量, 分析 (9.4.5) 式至 (9.4.8) 式可看出这样一个系统式各变参数的线性系统, 因此由

$$\begin{cases} \delta \boldsymbol{X}_S(t) = \boldsymbol{S}_S(t) \cdot \boldsymbol{C} + \boldsymbol{\varepsilon}(t) \quad \text{(试验弹道)} \\ \boldsymbol{Z}_N = \begin{bmatrix} \Delta L_N \\ \Delta H_N \end{bmatrix} = \dfrac{\partial \left[L_N, H_N \right]^{\mathrm{T}}}{\partial \boldsymbol{X}_{N(t_k)}^{\mathrm{T}}} \cdot S_{N(t_k)} \cdot \boldsymbol{C} = \begin{bmatrix} P_L \\ P_H \end{bmatrix} \cdot \boldsymbol{C} \quad \text{(全程弹道)} \end{cases} \tag{9.4.11}$$

建立 $\delta \boldsymbol{X}_S(t)$ 和全程落点偏差 $\boldsymbol{Z}_N$ 之间的线性回归模型

$$\boldsymbol{Z}_N = \delta \boldsymbol{X}_S \cdot \boldsymbol{Q}_l \tag{9.4.12}$$

在知道工具误差系数 C 的协方差阵 R_C 的条件下, 用 Monte Carlo 方法随机抽取 n 组 C 值, 将每组 C 代入 (9.4.11) 求出 $\delta X_S, Z_N$, 将 (9.4.12) 扩充为矩阵形式:

$$Z_{N(n\times 1)} = B_{(n\times m)} \cdot Q_{l(m\times 1)} \tag{9.4.13}$$

其中

$$Z_N = [Z_{N1}, Z_{N2}, Z_{N3}, \cdots, Z_{Nn}]^{\mathrm{T}}, \quad B = [\delta X_{S1}^{\mathrm{T}}, \delta X_{S2}^{\mathrm{T}}, \cdots, \delta X_{Sn}^{\mathrm{T}}]^{\mathrm{T}}$$
$$\delta X_{Sj(1*m)} = [\delta x_{Sj1(t1)}, \delta x_{Sj2(t1)}, \cdots, \delta x_{Sj6(t1)}, \delta x_{Sj1(t2)}, \cdots, \delta x_{Sj6(t_i)}]$$
$$(j = 1, 2, \cdots, n; m = 6i), \quad Q_l = [q_{l1}, q_{l2}, \cdots, q_{lm}]^{\mathrm{T}}$$

这样, (9.4.13) 式中 $Z_{N(n\times 1)}$, $B_{(n\times m)}$ 为已知的, 则可运用线性回归方法求取 $Q_{l(m\times 1)}$ 的值. 显然 $Q_{l(m\times 1)}$ 之 m 究竟取多少, 不仅与随机抽取 C 的组数 n 有关, 还与在试验弹道上采样的时间 t_i 的点数及每个 t 时刻采样点中取六个参数中的几个参数有关, 但所有这些因素的考虑的原则只是要求满足所选出的 $\hat{Q}_l$ 使得所推算出的落点偏差 $\hat{Z}_N$ 与所计算的 Z_N 之残差平方和尽可能的小. 因此对组数 n, 采样点数 i 及每个采样点中的具体参数的选择原则是比较灵活的.

根据试验弹道中测量数据的质量, 可在试验弹道的主动段中选 i 个作为预置点, 预选自变元数 $m = 6i$, 从中根据模型选择的 AIC 准则 [8] 选出 J 个自变元, (9.4.13) 可写为

$$Z_{N_k} = q_{l_{J1}}\delta X_{kJ1} + q_{l_{J2}}\delta X_{kJ2} + \cdots + q_{Jj}\delta X_{kJj}, \quad k = 1, 2, \cdots, n \tag{9.4.14}$$

由此可得 Q_l 的估值:

$$\tilde{Q}_l(J_j) = [B_{(J_j)}^{\mathrm{T}} B_{(J_j)}]^{-1} B_{(J_j)}^{\mathrm{T}} Z_N \tag{9.4.15}$$

根据 AIC 准则, 首先定义一个依赖于 J_j 的准则函数

$$\mathrm{AIC}(J_j) = \log_{10} F(J_j) + \frac{2J}{m} \tag{9.4.16}$$

$$F(J_j) = Z_N^{\mathrm{T}} Z_N - Z_N^{\mathrm{T}} B_{(J_j)}[B_{(J_j)}^{\mathrm{T}} B_{(J_j)}]^{-1} B_{(J_j)}^{\mathrm{T}} Z_N \tag{9.4.17}$$

且约定 $J_0 = 0$ (空集), $F(J_0) = Z_N^{\mathrm{T}} Z_N$, 对于所有可能的 2^m 个 J_j, 按 (9.4.16) 式求出 $\mathrm{AIC}(J_j)$ 之值, 选出当中的最小值, 其所对应的那一组集合 J, 记作 J_l, 即有

$$\mathrm{AIC}(J_l) = \min \mathrm{AIC}(J_j)$$

其中 $J_l(l = 1, 2, \cdots, l)$ 的每个元素式取自 m 个自变元中 l 个变元所排列出的下标数.

为了避免矩阵求逆病态问题, 在数字仿真中, 应用消去变换法对 AIC 准则和 (9.4.16) 进行处理, 得出 Q_l 的估值.

下面具体介绍消去变换法的应用.

设矩阵 $\boldsymbol{D} = [d_{ij}]$, 其中 d_{ij} 为矩阵 $\boldsymbol{D}$ 中的第 i 行第 j 列元素.

矩阵 $\boldsymbol{D}$ 的 (k, k) 消去变换定义如下. 令

$$\boldsymbol{D}' = \boldsymbol{T}_K \boldsymbol{D} = [d_{ij}']$$

其中 d_{ij}' 是 $\boldsymbol{D}'$ 矩阵中的第 i 行第 j 列元素, 它被定义为

$$d_{ij}' = \begin{cases} d_{ij} - d_{ik}d_{kj}/d_{kk}, & i \neq k, j \neq k \\ -d_{ik}/d_{kk}, & i \neq k, j = k \\ d_{kj}/d_{kk}, & i = k, j \neq k \\ 1/d_{kk}, & i = k, j = k \end{cases}$$

$\boldsymbol{D}'$ 矩阵称为 $\boldsymbol{D}$ 矩阵的 (k, k) 消去变换.

由上述定义, 可推导得消去变换具有下列性质:

(1) $T_k(T_k(\boldsymbol{D})) = \boldsymbol{D}$, 即对矩阵 $\boldsymbol{D}$ 进行两次消去变换后, 又恢复为 $\boldsymbol{D}$ 本身;

(2) $T_k(T_l\boldsymbol{D}) = T_l(\boldsymbol{T}_k\boldsymbol{D})$, 即消去变换可变换次序, 简记为 $T_k T_l \boldsymbol{D} = T_l T_k \boldsymbol{D}$;

(3) 若将 $\boldsymbol{D}$ 写成如下分块矩阵

$$\boldsymbol{D} = \begin{bmatrix} \boldsymbol{D}_{11} & \boldsymbol{D}_{12} \\ \boldsymbol{D}_{21} & \boldsymbol{D}_{22} \end{bmatrix}$$

其中 $\boldsymbol{D}_{11}$ 为 $q \times q$ 矩阵, $\boldsymbol{D}_{12}$ 为 $(p+1-q) \times q$ 矩阵, $\boldsymbol{D}_{21}$ 为 $q \times (p+1-q)$ 矩阵, $\boldsymbol{D}_{22}$ 为 $(p+1-q) \times (p+1-q)$ 矩阵, $q, p(\geqslant q)$ 为任意自然数, 则有

$$T_1 T_2 \cdots T_q \boldsymbol{D} = \begin{bmatrix} \boldsymbol{D}_{11}^{-1} & \boldsymbol{D}_{11}^{-1}\boldsymbol{D}_{12} \\ -\boldsymbol{D}_{21}\boldsymbol{D}_{11}^{-1} & \boldsymbol{D}_{22} - \boldsymbol{D}_{21}\boldsymbol{D}_{11}^{-1}\boldsymbol{D}_{12} \end{bmatrix}$$

根据消去变换的算法及性质, 为将其运用于回归分析, 现构造下列形式的矩阵

$$\boldsymbol{D} = \begin{bmatrix} \boldsymbol{B}^{\mathrm{T}}\boldsymbol{B} & \boldsymbol{B}^{\mathrm{T}}\boldsymbol{Z}_N \\ \boldsymbol{Z}_N^{\mathrm{T}}\boldsymbol{B} & \boldsymbol{Z}_N^{\mathrm{T}}\boldsymbol{Z}_N \end{bmatrix}$$

其中 $\boldsymbol{B}, \boldsymbol{Z}_N$ 同 (9.4.13) 式中的内容, 但 $\boldsymbol{B}$ 的列数取决于所选择的自变数 J.

使用消去变换性质 (3), 可以得到:

$$T_1 T_2 \cdots T_J \boldsymbol{D} = T_1 T_2 \cdots T_J \begin{bmatrix} \boldsymbol{B}^{\mathrm{T}}\boldsymbol{B} & \boldsymbol{B}^{\mathrm{T}}\boldsymbol{Z}_N \\ \boldsymbol{Z}_N^{\mathrm{T}}\boldsymbol{B} & \boldsymbol{Z}_N^{\mathrm{T}}\boldsymbol{Z}_N \end{bmatrix}$$

$$= \left[\begin{array}{cc} (\boldsymbol{B}^{\mathrm{T}}\boldsymbol{B})^{-1} & (\boldsymbol{B}^{\mathrm{T}}\boldsymbol{B})^{-1}\boldsymbol{B}^{\mathrm{T}}\boldsymbol{Z}_N \\ -\boldsymbol{Z}_N^{\mathrm{T}}\boldsymbol{B}(\boldsymbol{B}^{\mathrm{T}}\boldsymbol{B})^{-1} & \boldsymbol{Z}_N^{\mathrm{T}}\boldsymbol{Z}_N - \boldsymbol{Z}_N^{\mathrm{T}}\boldsymbol{B}(\boldsymbol{B}^{\mathrm{T}}\boldsymbol{B})^{-1}\boldsymbol{B}^{\mathrm{T}}\boldsymbol{Z}_N \end{array} \right]$$

将上式简记为

$$\boldsymbol{C} = \left[\begin{array}{cc} \boldsymbol{C}_{11} & \boldsymbol{C}_{12} \\ \boldsymbol{C}_{21} & \boldsymbol{C}_{22} \end{array} \right]$$

该矩阵的最后一列元素中的前 J 个元素 ($\boldsymbol{C}_{12}$) 即构成待估系数矩阵 $\tilde{\boldsymbol{Q}}_l(J_J)$, 该列最后一个元素 ($C_{22} = C_{J+1,J+1}$) 即为所选的 J 个自变元进行拟合的残差平方和 $F(J_J)$.

最后, 根据 (9.4.13) 由试验弹道对应的遥外测参数差 $\delta X_S(t)$ 推算全程弹道的落点偏差.

3) 取 n 个时刻的遥外差建立线性回归模型 [30]

类似上面介绍的方法, 由

$$\left\{ \begin{array}{ll} \delta \boldsymbol{X}_S(t) = \boldsymbol{S}_S(t) \cdot \boldsymbol{C} + \boldsymbol{\varepsilon}(t) & (\text{试验弹道}) \\ \boldsymbol{Z}_N = \left[\begin{array}{c} \Delta L_N \\ \Delta H_N \end{array} \right] = \dfrac{\partial [L_N, H_N]^{\mathrm{T}}}{\partial X_{N(t_k)}^{\mathrm{T}}} \cdot \boldsymbol{S}_{N(t_k)} \cdot \boldsymbol{C} = \left[\begin{array}{c} P_L \\ P_H \end{array} \right] \cdot \boldsymbol{C} & (\text{全程弹道}) \end{array} \right.$$

建立 $\delta \boldsymbol{X}_S$ 和全程弹道落点偏差 $\boldsymbol{Z}_N$ 之间的线性变换

$$\boldsymbol{Z}_N = \delta \boldsymbol{X}_S \cdot \boldsymbol{Q}_l \tag{9.4.18}$$

假设 $\boldsymbol{C}$ 服从正态分布, $\boldsymbol{R} = \mathrm{E}\{\boldsymbol{C}\boldsymbol{C}^{\mathrm{T}}\}$ 为协方差矩阵, 外测误差 ε 也服从正态分布, $\boldsymbol{R}_{\varepsilon(t)} = \mathrm{E}\{\boldsymbol{\varepsilon}(t)\boldsymbol{\varepsilon}_{(t)}^{\mathrm{T}}\}$ 为协方差阵. 取 n 个时刻试验弹道的遥、外测差, $\delta \boldsymbol{X}_S = [\delta \boldsymbol{X}_{S(t_1)}^{\mathrm{T}}, \cdots, \delta \boldsymbol{X}_{S(t_n)}^{\mathrm{T}}]^{\mathrm{T}}$, 利用 $\mathrm{E}\{(\boldsymbol{Z}_N' - \boldsymbol{Z}_N)^2\} = \min$ 求取待定拟合系数 $\boldsymbol{Q}_l$.

通过理论计算,

$$\begin{aligned} \mathrm{E}\{(\boldsymbol{Z}_N' - \boldsymbol{Z}_N)^2\} &= \mathrm{E}\{[\boldsymbol{Q}_l^{\mathrm{T}}(\boldsymbol{S}_S \boldsymbol{C} + \boldsymbol{\varepsilon}) - \boldsymbol{P}_L \boldsymbol{C}] \cdot [\boldsymbol{Q}_l^{\mathrm{T}}(\boldsymbol{S}_S \boldsymbol{C} + \boldsymbol{\varepsilon}) - \boldsymbol{P}_L \boldsymbol{C}]^{\mathrm{T}}\} \\ &= \boldsymbol{Q}_l^{\mathrm{T}}(\boldsymbol{S}_S \boldsymbol{R} \boldsymbol{S}_S^{\mathrm{T}} + \boldsymbol{R}_\varepsilon)\boldsymbol{Q}_l - 2\boldsymbol{P}_L \boldsymbol{R} \boldsymbol{S}_S^{\mathrm{T}} \boldsymbol{Q}_l + \boldsymbol{P}_L \boldsymbol{R} \boldsymbol{P}_L^{\mathrm{T}} \end{aligned}$$

令 $\mathrm{d}\sigma_L^2/\mathrm{d}Q_l = 0$, 得

$$2\boldsymbol{Q}_l^{\mathrm{T}}(\boldsymbol{S}_S \boldsymbol{R} \boldsymbol{S}_S^{\mathrm{T}} + \boldsymbol{R}_\varepsilon) - 2\boldsymbol{P}_L \boldsymbol{R} \boldsymbol{S}_S^{\mathrm{T}} = 0$$

即

$$\boldsymbol{Q}_l = \boldsymbol{S}_q \boldsymbol{R} \boldsymbol{S}_S^{\mathrm{T}} (\boldsymbol{S}_S \boldsymbol{R} \boldsymbol{S}_S^{\mathrm{T}} + \boldsymbol{R}_\varepsilon)^{-1} \tag{9.4.19}$$

以及折合精度

$$\sigma^2 = \mathrm{E}\{(\boldsymbol{Z}_N' - \boldsymbol{Z}_N)^2\} = \boldsymbol{S}_q \boldsymbol{R} \boldsymbol{S}_q^{\mathrm{T}} - \boldsymbol{S}_q \boldsymbol{R} \boldsymbol{S}_S^{\mathrm{T}} (\boldsymbol{S}_s \boldsymbol{R} \boldsymbol{S}_S^{\mathrm{T}} + \boldsymbol{R}_\varepsilon)^{-1} \boldsymbol{S}_S \boldsymbol{R} \boldsymbol{S}_q^{\mathrm{T}} \tag{9.4.20}$$

最后, 取所得折合精度最高时刻的系数矩阵 $\boldsymbol{Q}_l$, 由 (9.4.18) 求出全程弹道的落点偏差. 根据计算式容易看出, 该方法折合效果的好坏 (即折合精度的大小) 与特殊试验弹道的外测精度密切相关.

9.4.1.3　基于奇异值分解的折合方法 [42]

为区分不同弹道的观测值, 不妨将特殊弹道的所有观测值符号的脚标加上 P, 而全程弹道的相应观测值符号的脚标加上 A. 要通过特殊弹道的主动段弹道差参数 $\Delta \boldsymbol{X}_P(t_i), i = 1, 2, \cdots, n (n$ 为特殊试验弹道的采样点数) 来估计全程弹道在关机时刻 t_Q 弹道差参数 $\Delta \boldsymbol{X}_A(t_Q)$. 实际上, 我们可以先估计全程弹道主动段弹道差参数 $\Delta \boldsymbol{X}_A(t_j), j = 1, 2, \cdots, N_A (N_A$ 为全程弹道的采样点数)[42].

$$\begin{cases} \Delta \dot{\boldsymbol{X}}_P(t_i) = \boldsymbol{S}_P(t_i)_{6 \times m} \boldsymbol{C}_{m \times 1} + \boldsymbol{\varepsilon}_i, & i = 1, 2 \cdots, n \\ \Delta \dot{\boldsymbol{X}}_A(t_j) = \boldsymbol{S}_A(t_j)_{6 \times m} \boldsymbol{C}_{m \times 1}, & j = 1, 2, \cdots, N_A \end{cases} \tag{9.4.21}$$

由于 $\boldsymbol{S}_P(t_i)$, $\boldsymbol{S}_A(t_j)$, $\Delta \dot{\boldsymbol{X}}_P(t_i)$ 均可视为已知量, 因此目标是根据 (9.4.21), 避开直接求解 $\boldsymbol{C}$ 的困难来计算 $\Delta \boldsymbol{X}_A(t_j)$.

首先对特殊弹道的环境函数矩阵 S_P 做奇异值分解.

$$\boldsymbol{S}_P = \boldsymbol{U}_P \boldsymbol{\Sigma}_P \boldsymbol{V}_P = \boldsymbol{U}_P \begin{bmatrix} \tilde{\boldsymbol{\Sigma}}_P & \boldsymbol{0} \\ \boldsymbol{0} & \boldsymbol{0} \end{bmatrix} \begin{bmatrix} \tilde{\boldsymbol{V}}_P^{\mathrm{T}} \\ \bar{\boldsymbol{V}}_P^{\mathrm{T}} \end{bmatrix} \tag{9.4.22}$$

其中 $\boldsymbol{U}_P$ 和 $\boldsymbol{V}_P$ 均是正交矩阵, $\boldsymbol{\Sigma}_P$ 是对角阵. 而 $\tilde{\boldsymbol{\Sigma}}_P$ 为对角阵 $\boldsymbol{\Sigma}_P$ 中的非零部分, 亦为对角阵, 其秩记为 r, $\tilde{\boldsymbol{V}}_P^{\mathrm{T}}$ 为相应的 $\boldsymbol{V}_P$ 中前 r 行组成的分块矩阵, $\bar{\boldsymbol{V}}_P^{\mathrm{T}}$ 为 $\boldsymbol{V}_P$ 中后 $n - r$ 行组成的分块矩阵, 则

$$\Delta \boldsymbol{X}_P = \boldsymbol{S}_P \boldsymbol{C} = \boldsymbol{U}_P \begin{bmatrix} \tilde{\boldsymbol{\Sigma}}_P & \boldsymbol{0} \\ \boldsymbol{0} & \boldsymbol{0} \end{bmatrix} \begin{bmatrix} \tilde{\boldsymbol{V}}_P^{\mathrm{T}} \boldsymbol{C} \\ \bar{\boldsymbol{V}}_P^{\mathrm{T}} \boldsymbol{C} \end{bmatrix} \tag{9.4.23}$$

(9.4.23) 式等价于

$$\boldsymbol{U}_P^{\mathrm{T}} \Delta \boldsymbol{X}_P = \begin{bmatrix} \tilde{\boldsymbol{\Sigma}}_P & \boldsymbol{0} \\ \boldsymbol{0} & \boldsymbol{0} \end{bmatrix} \begin{bmatrix} \tilde{\boldsymbol{V}}_P^{\mathrm{T}} \boldsymbol{C} \\ \bar{\boldsymbol{V}}_P^{\mathrm{T}} \boldsymbol{C} \end{bmatrix} = \begin{bmatrix} \tilde{\boldsymbol{\Sigma}}_P \tilde{\boldsymbol{V}}_P^{\mathrm{T}} \boldsymbol{C} \\ \boldsymbol{0} \end{bmatrix} \tag{9.4.24}$$

记

$$\boldsymbol{U}_P^{\mathrm{T}} \Delta \boldsymbol{X}_P \hat{=} \boldsymbol{Y}_P = \begin{bmatrix} \tilde{\boldsymbol{Y}}_P \\ \bar{\boldsymbol{Y}}_P \end{bmatrix} \tag{9.4.25}$$

则有

$$\tilde{\boldsymbol{Y}}_P = \tilde{\boldsymbol{\Sigma}}_P \tilde{\boldsymbol{V}}_P^{\mathrm{T}} \boldsymbol{C} \tag{9.4.26}$$

由此, 有

$$\Delta \boldsymbol{X}_A = \boldsymbol{S}_A \boldsymbol{C} = \boldsymbol{S}_A \boldsymbol{V}_P \boldsymbol{V}_P^{\mathrm{T}} \boldsymbol{C} = \boldsymbol{S}_A \left[\begin{array}{cc} \tilde{\boldsymbol{V}}_P & \bar{\boldsymbol{V}}_P \end{array} \right] \left[\begin{array}{c} \tilde{\boldsymbol{V}}_P^{\mathrm{T}} \boldsymbol{C} \\ \bar{\boldsymbol{V}}_P^{\mathrm{T}} \boldsymbol{C} \end{array} \right] \tag{9.4.27}$$

综合 (9.4.26) 式与 (9.4.27) 式, 有

$$\begin{aligned} \Delta \boldsymbol{X}_A &= \boldsymbol{S}_A \left[\begin{array}{cc} \tilde{\boldsymbol{V}}_P & \bar{\boldsymbol{V}}_P \end{array} \right] \left[\begin{array}{c} \tilde{\boldsymbol{\Sigma}}_P^{-1} \tilde{\boldsymbol{Y}}_P \\ \bar{\boldsymbol{V}}_P^{\mathrm{T}} \boldsymbol{C} \end{array} \right] = \boldsymbol{S}_A [\tilde{\boldsymbol{V}}_P \tilde{\boldsymbol{\Sigma}}_P^{-1} \tilde{\boldsymbol{Y}}_P + \bar{\boldsymbol{V}}_P \bar{\boldsymbol{V}}_P^{\mathrm{T}} \boldsymbol{C}] \\ &= \boldsymbol{S}_A \tilde{\boldsymbol{V}}_P \tilde{\boldsymbol{\Sigma}}_P^{-1} \tilde{\boldsymbol{Y}}_P + \boldsymbol{S}_A \bar{\boldsymbol{V}}_P \bar{\boldsymbol{V}}_P^{\mathrm{T}} \boldsymbol{C} \end{aligned} \tag{9.4.28}$$

这就得到了折合后的全程弹道主动段弹道差参数. 取特殊的时间点, 则全程弹道在关机时刻 t_Q 的弹道差参数 $\Delta X_A(t_Q)$ 就可以估计出来. 相应的折合落点偏差量可以通过 (9.4.29) 式计算得到.

$$\begin{cases} \Delta L = \dfrac{\partial l}{\partial x} \Delta x + \dfrac{\partial l}{\partial y} \Delta y + \dfrac{\partial l}{\partial z} \Delta z + \dfrac{\partial l}{\partial V_x} \Delta V_x + \dfrac{\partial l}{\partial V_y} \Delta V_y + \dfrac{\partial l}{\partial V_z} \Delta V_z \\ \Delta H = \dfrac{\partial h}{\partial x} \Delta x + \dfrac{\partial h}{\partial y} \Delta y + \dfrac{\partial h}{\partial z} \Delta z + \dfrac{\partial h}{\partial V_x} \Delta V_x + \dfrac{\partial h}{\partial V_y} \Delta V_y + \dfrac{\partial h}{\partial V_z} \Delta V_z \end{cases} \tag{9.4.29}$$

其中 $(\Delta x, \Delta y, \Delta z, \Delta V_x, \Delta V_y, \Delta V_z)$ 为关机时刻在 t_K 时刻惯性坐标系下的弹道差参数.

9.4.1.4 制导工具系统误差折合的可行性条件

(9.4.28) 式说明, 如果 $\bar{\boldsymbol{V}}_P \neq \boldsymbol{0}$, 则由于信息空间转换的损失, 仅依靠观测数据 $S_P(t_i)$, $S_A(t_j)$, $\Delta \dot{X}_P(t_i)$ 无法得到 $\Delta X_A(t_j)$ 的精确值, 即不能完全恢复制导工具误差系数的信息. 此时必须依据制导工具误差系数的阵地测试值作为先验来弥补信息损失[42].

如果 $\bar{\boldsymbol{V}}_P = \boldsymbol{0}$, 即 $\boldsymbol{V}_P = \tilde{\boldsymbol{V}}_P$, 则依靠观测数据, 不需解算制导工具误差系数即可完全估计出折合后的全程遥外弹道差: $\Delta \boldsymbol{X}_A = \boldsymbol{S}_A \tilde{\boldsymbol{V}}_P \tilde{\boldsymbol{\Sigma}}_P^{-1} \tilde{\boldsymbol{Y}}_P$.

由于数据观测维数远远大于制导工具系统误差的项数, 一般而言, $\boldsymbol{\Sigma}_P$ 不是方阵, 因此只要保证 (9.4.24) 式中 $\tilde{\boldsymbol{\Sigma}}_P$ 的维数等于制导工具系统误差的项数, 则条件 $\bar{\boldsymbol{V}}_P = \boldsymbol{0}$ 就可满足. 一般飞行试验中此条件较容易满足, 后续算例中有相应说明.

9.4.1.5 制导工具误差折合仿真及结论

例 9.4.1 为便于结果比较, 这里认为全程弹道和试验弹道完全一样, 即认为是从试验弹道的结果折合到本身.

由运行时间和计算结果比较, 可以看出: 误差系数分离法由于估算工具误差系数, 运算时间稍微长一些, 计算步骤繁杂; 而线性回归法因为直接考虑全程弹道落点偏差和试验弹道遥外差之间的线性关系, 运算时间比较短. 在外测精度比较高

的情况下, 两种方法的折合精度都比较高, 折合结果均比较理想, 相对而言, 外测精度越高, 误差系数分离法的折合精度更高一些, 折合出来的落点偏差结果更好; 而在外测精度比较低的情况下, 误差系数分离法的折合精度比线性回归法的折合精度要低得多, 折合结果也很差, 线性回归法计算出来的落点偏差结果要相对理想一点.

表 9.4.1　试验标准弹道关机点处相对偏导数

$\dfrac{\partial L}{\partial V_x}$	$\dfrac{\partial L}{\partial V_y}$	$\dfrac{\partial L}{\partial V_z}$	$\dfrac{\partial H}{\partial V_x}$	$\dfrac{\partial H}{\partial V_y}$	$\dfrac{\partial H}{\partial V_z}$
480.906	317.918	2.1269	-1.0115	7.77328	449.842
$\dfrac{\partial L}{\partial x}$	$\dfrac{\partial L}{\partial y}$	$\dfrac{\partial L}{\partial z}$	$\dfrac{\partial H}{\partial x}$	$\dfrac{\partial H}{\partial y}$	$\dfrac{\partial H}{\partial z}$
0.93584	0.78964	0.02502	-0.0218	0.02048	0.85154

表 9.4.2　试验弹道关机时刻遥外差

$\delta v_x/(\mathrm{m/s})$	$\delta v_y/(\mathrm{m/s})$	$\delta v_z/(\mathrm{m/s})$
-2.8	5.1	-2.2

表 9.4.3　折合精度结果对照

外测速度精度/(m/s)	$\sigma_v = 0.003$		$\sigma_v = 0.03$		$\sigma_v = 0.3$	
不同方法	误差系数分离法	线性回归法	误差系数分离法	线性回归法	误差系数分离法	线性回归法
纵向折合精度/m	0.026	0.323	2.6089	2.3387	260	20
横向折合精度/m	0.040	0.226	3.958	1.4308	396	12

　　因此, 当外测的精度比较高的情况下, 两种方法均可使用, 误差系数分离法耗时, 但结果更好; 线性回归法节省时间, 折合的结果虽然没有误差系数分离法精确, 但也满足折合精度的要求. 而当外测的精度不够理想的时候, 则建议采用线性回归法进行计算, 更接近真实的折合结果.

　　例 9.4.2　给出特殊试验弹道和全程弹道之间进行奇异值分解的制导工具误差折合转换例子. 主要考虑由制导工具误差系数 C 造成的主动段遥外差之间的转换关系. 主动段数据采样点数分别为: 试验弹道遥外差 $\Delta X_P(t_i), i = 1, 2, \cdots, n$, $n = 500$, 全程弹道遥外差 $\Delta X_A(t_j), j = 1, 2, \cdots, N_A$, $N_A = 1000$. 仿真流程如下:

　　Step 1　产生制导工具误差系数 C 的仿真真值 (C 的维数为 27);

　　Step 2　读入试验弹道的遥测弹道数据 (主动段采样点数 $n = 500$), 并根据环境函数表生成速度域环境函数矩阵 S_P; 并将环境函数矩阵 S_P 乘上制导工具误差系数 C 的仿真真值, 加上随机误差得到试验弹道遥外差 $\Delta X_P(t_i), i = 1, 2, \cdots, 500$;

Step 3 读入全程弹道的遥测弹道数据 (主动段采样点数 $N_A = 1000$), 生成速度域环境函数矩阵 S_A;

Step 4 根据 9.4.1.3 节的折合方法, 首先计算奇异值分解结果, 分析折合的可行性条件是否满足;

Step 5 若满足折合的可行性条件, 则直接根据 9.4.1.4 节, 计算得到全程弹道遥外差 $\Delta X_A(t_j), j = 1, 2, \cdots, 1000$;

Step 6 若不满足折合的可行性条件, 则根据 9.4.1.4 节, 除了计算观测数据弹道差折合值外, 还必须加上制导工具误差系数的先验测试值才能得到全程弹道遥外差 $\Delta X_A(t_j), j = 1, 2, \cdots, 1000$.

计算过程中我们发现 $n = 500 \gg 27$, $N_A = 1000 \gg 27$, 且奇异值分解满足折合的可行性条件, 如图 9.4.2.

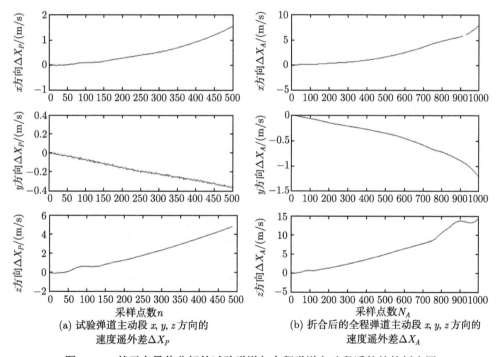

(a) 试验弹道主动段 x, y, z 方向的速度遥外差 ΔX_P

(b) 折合后的全程弹道主动段 x, y, z 方向的速度遥外差 ΔX_A

图 9.4.2 基于奇异值分解的试验弹道与全程弹道主动段遥外差的折合图

9.4.2 制导方法误差折合

9.4.2.1 理论折合方法

在理论上, 制导方法误差可以通过总制导误差的偏差减去制导工具误差引起的偏差的方法进行折合 [3].

工具误差的影响可以体现于主动段关机点的参数偏差

$$\delta \boldsymbol{X}(t_k) = \boldsymbol{S}_x(t_k)\boldsymbol{C} \tag{9.4.30}$$

也可用所引起的落点的纵、侧向偏差来描述

$$\begin{bmatrix} \Delta \boldsymbol{L} \\ \Delta \boldsymbol{H} \end{bmatrix} = \boldsymbol{S}_{L,H}\boldsymbol{C} \tag{9.4.31}$$

其中

$$\boldsymbol{S}_{L,H} = \begin{bmatrix} \partial \boldsymbol{L}/\partial \boldsymbol{X}_k^{\mathrm{T}} \\ \partial \boldsymbol{H}/\partial \boldsymbol{X}_k^{\mathrm{T}} \end{bmatrix} \boldsymbol{S}_x(t_k) \tag{9.4.32}$$

观察 (9.4.30) 和 (9.4.31) 式, 将它们统一用下式来描述

$$\boldsymbol{Y} = \boldsymbol{K}\boldsymbol{C} \tag{9.4.33}$$

由于 $\boldsymbol{C}$ 的具体表现值是不知道的, 因此可以假设误差系数 $\boldsymbol{C}$ 对具体一枚试验弹是 m 维的随机矢量, 且与该导弹是小射程飞行还是全程飞行无关. 设 $\boldsymbol{C}$ 中各误差系数服从正态分布, 且为相互独立的随机变量, 则其协方差矩阵中的元素为

$$R_{ij} = \begin{cases} 0, & i \neq j \\ \sigma_i^2, & i = j \end{cases} \quad (i,j = 1,2,\cdots,m) \tag{9.4.34}$$

假设小射程 (设对应关机时刻为 t_{k1}) 弹道与全程 (对应关机时刻为 t_{k2}) 弹道在主动段飞行条件完全相同, 即外界干扰相同. 现在研究的问题是在同样的工具误差系数 $\boldsymbol{C}$ 作用下, 如何确定由 $\boldsymbol{Y}(t_{k1})$ 外推至 $\boldsymbol{Y}(t_{k2})$ 的比例系数矩阵.

设 $\boldsymbol{Y}(t_{k2})$ 与 $\boldsymbol{Y}(t_{k1})$ 之间外推比例系数矩阵在考虑到元素之间的相关性时为

$$\boldsymbol{Q} = \begin{bmatrix} q_{11} & q_{12} & \cdots & q_{1n} \\ q_{21} & q_{22} & \cdots & q_{2n} \\ \vdots & \vdots & & \vdots \\ q_{n1} & q_{n2} & \cdots & q_{nn} \end{bmatrix} \tag{9.4.35}$$

其中 n 为 $\boldsymbol{Y}$ 矢量的维数.

若已知 $\boldsymbol{Q}$, 则可得 $\boldsymbol{Y}(t_{k2})$ 的估值

$$\tilde{\boldsymbol{Y}}(t_{k2}) = \boldsymbol{Q}\boldsymbol{Y}(t_{k1}) \tag{9.4.36}$$

在不考虑外测误差时, 由式 (9.4.30) 有

$$\boldsymbol{Y}(t_{k1}) = \boldsymbol{K}(t_{k1})\boldsymbol{C} \tag{9.4.37}$$

$$\boldsymbol{Y}(t_{k2}) = \boldsymbol{K}(t_{k2})\boldsymbol{C} \tag{9.4.38}$$

则有

$$\tilde{\boldsymbol{Y}}(t_{k2}) = \boldsymbol{Q}\boldsymbol{K}(t_{k1})\boldsymbol{C} \tag{9.4.39}$$

可得 $\boldsymbol{Y}(t_{k2})$ 的估值与真值的偏差量

$$\Delta\boldsymbol{Y} = \boldsymbol{Y}(t_{k2}) - \tilde{\boldsymbol{Y}}(t_{k2}) = \boldsymbol{K}(t_{k2})\boldsymbol{C} - \boldsymbol{Q}\boldsymbol{K}(t_{k1})\boldsymbol{C} \tag{9.4.40}$$

显然, 上述偏差量之各元素的均方差为

$$\sigma_{Y_i}^2 = \mathrm{E}[\boldsymbol{K}_i(t_{k2})\boldsymbol{C} - \boldsymbol{Q}_i\boldsymbol{K}(t_{k1})\boldsymbol{C}]^2, \quad i = 1, 2, \cdots, n \tag{9.4.41}$$

式中 $\boldsymbol{K}_i(t_{k2})$, $\boldsymbol{Q}_i$ 对应 $\boldsymbol{K}(t_{k2})$ 及 $\boldsymbol{Q}$ 中的第 i 行元素.

要求外推系数矩阵中各 $\boldsymbol{Q}_i$ 使对应的 $\sigma_{Y_i}^2$ 取最小值, 故将 (2.4.12) 式对 $\boldsymbol{Q}_i$ 求导并令其等于零, 即有

$$\begin{aligned}\frac{\partial \sigma_{Y_i}^2}{\partial \boldsymbol{Q}_i} = &- 2\boldsymbol{K}_i(t_{k2})\boldsymbol{R}\boldsymbol{K}^{\mathrm{T}}(t_{k1}) \\ &+ 2\boldsymbol{Q}_i\boldsymbol{K}(t_{k1})\boldsymbol{R}\boldsymbol{K}^{\mathrm{T}}(t_{k1}) = 0, \quad i = 1, 2, \cdots, n\end{aligned} \tag{9.4.42}$$

其中 $\boldsymbol{R}$ 为 $\boldsymbol{C}$ 的协方差阵. 从而可解得

$$\boldsymbol{Q}_i = \boldsymbol{K}_i(t_{k2})\boldsymbol{R}\boldsymbol{K}^{\mathrm{T}}(t_{k1})[\boldsymbol{K}(t_{k1})\boldsymbol{R}\boldsymbol{K}^{\mathrm{T}}(t_{k1})]^{-1}, \quad i = 1, 2, \cdots, n \tag{9.4.43}$$

当考虑到试验弹道外测误差 $\varepsilon(t)$ 时, 则将 (9.4.37) 式写为

$$\boldsymbol{Y}(t_{k1}) = \boldsymbol{K}(t_{k1})\boldsymbol{C} + \boldsymbol{\varepsilon} \tag{9.4.44}$$

则 $\boldsymbol{Y}(t_{k2})$ 的估值误差为

$$\Delta\boldsymbol{Y}(t_{k2}) = \boldsymbol{K}(t_{k2})\boldsymbol{C} - \boldsymbol{Q}\boldsymbol{K}(t_{k1})\boldsymbol{C} - \boldsymbol{Q}\boldsymbol{\varepsilon} \tag{9.4.45}$$

类似地, 可以求出

$$\boldsymbol{Q}_i = \boldsymbol{K}_i(t_{k2})\boldsymbol{R}\boldsymbol{K}^{\mathrm{T}}(t_{k1})[\boldsymbol{K}(t_{k1})\boldsymbol{R}\boldsymbol{K}^{\mathrm{T}}(t_{k1}) + \boldsymbol{R}_\varepsilon]^{-1}, \quad i = 1, 2, \cdots, n \qquad (9.4.46)$$

其中

$$\boldsymbol{R}_\varepsilon = \begin{bmatrix} \sigma_{\varepsilon 1}^2 & & & 0 \\ & \sigma_{\varepsilon 2}^2 & & \\ & & \ddots & \\ 0 & & & \sigma_{\varepsilon n}^2 \end{bmatrix} \qquad (9.4.47)$$

在得到 $\boldsymbol{Q}_i$ $(i = 1, 2, \cdots, n)$ 后, 即可得比例系数矩阵

$$\boldsymbol{Q} = \begin{bmatrix} \boldsymbol{Q}_1^{\mathrm{T}} & \boldsymbol{Q}_2^{\mathrm{T}} & \cdots & \boldsymbol{Q}_n^{\mathrm{T}} \end{bmatrix}^{\mathrm{T}} \qquad (9.4.48)$$

由 (9.4.37) 式即可将小射程的参数向全程进行外推.

依据上面所介绍的方法可以得到导弹在全程弹道关机点的位置和速度参数, 从而计算出落点, 其与理论落点之差即为制导总误差. 制导总误差扣除制导工具误差即得到制导方法误差.

9.4.2.2　工程应用方法

在实际的工程应用上, 因为制导方法误差的影响因素很多, 缺少模型, 干扰量不能一一辨识. 现在我们假设: 对于不同的飞行弹道, 这些干扰因素所引起的弹体系上的加速度偏差与弹体姿态角偏差基本一致. 在这种假设下, 可以通过实际飞行试验弹道的遥测结果估计出任意发射条件下的飞行弹道, 然后可以计算出制导方法误差 [2-4,7,42].

首先, 利用飞行试验弹道一级关机时刻遥测弹道参数值作为初值, 根据主动段弹道运动学方程积分, 得到末修关机时刻的弹道参数值, 将其转换到弹体系下.

利用试验弹道中弹体系的视加速度与标准条件下的弹体系视加速度之差、弹体姿态角与标准条件下的姿态角之差、待估计条件下的标准弹道视加速度、姿态角, 进行导航系与发射系下的弹道参数计算.

末修级用标准条件继续进行弹道计算, 并按关机条件进行关机控制, 可得到关机点在发射系的弹道参数估计值, 用这组状态参数作为起点积分被动飞行段标准弹道, 求出对应的落点, 进而求出该落点与目标点之差, 即制导方法误差的估计值.

9.4.3　再入误差折合

再入误差折合亦可采取上述制导工具误差折合所用的方法, 但因为再入干扰因素比较多, 有大气参数、风、弹头特性参数偏差, 再入初始姿态偏差、小不对称等

等, 其环境函数比较难以取得, 可以考虑用六自由度导弹飞行仿真程序得出干扰因素对再入飞行状态参数影响的环境函数.

在实际的工程应用中, 全程弹道的再入气象因素难于准确确定, 因此凡经飞行验证再入误差在设计规定值内, 再入误差可用近似方法折合[2-4,7,42]. 再入落点偏差对不同射程的相互折合, 其折合系数只考虑对再入偏差影响较大的主要干扰因素. 当偏差小于制导偏差时, 用下式近似折合:

$$\Delta L_{zr} = k_L \cdot \Delta L_z^o$$
$$\Delta H_{zr} = k_H \cdot \Delta H_z^o \tag{9.4.49}$$

式中 ΔL_{zr}, ΔH_{zr} 是全程弹道的纵向、横向落点偏差, ΔL_z^o, ΔH_z^o 是试验弹道的纵向、横向落点偏差.

再入偏差折合系数的近似计算式:

$$k_L = \frac{[k_{LW}^2 \cdot \Delta L_W^{oz} + k_{Lp}^2(\Delta L_p^{oz} + \Delta L_c^{oz} + \Delta L_g^{oz})]^{1/2}}{[\Delta L_W^z + \Delta L_p^{oz} + \Delta L_c^{oz} + \Delta L_g^{oz}]}$$
$$k_H = k_{HW} = k_{LW} \tag{9.4.50}$$
$$k_{LW} = \Delta L_W / \Delta L_{W\circ}, \quad k_{LP} = \Delta L_P / \Delta L_{P\circ},$$
$$k_{LW} = k_{LW} / k_{LW\circ}, \quad k_{LP} = k_{LP} / k_{LP\circ}$$

其中 k_{LW} 是全程弹道风干扰时射程的偏导数; k_{LP} 是全程弹道大气密度偏差对射程的偏导数; $k_{LW\circ}$ 和 $k_{LP\circ}$ 是试验弹道风干扰和大气密度偏差对射程的偏导数. $\Delta L_W, \Delta L_p, \Delta L_c, \Delta L_g$ 分别是风干扰、大气密度、气动阻力系数、质量特性变化引起的射程偏差 (上标 o 是指试验弹). 各项干扰因素可以通过弹头飞行的外、遥测参数和气象参数获得, 把这些干扰加到头部再入干扰弹道计算, 可以解出相应的落点偏差.

9.4.4 后效误差折合

试验弹道和全程弹道的后效误差完全由导弹自身决定, 不随飞行弹道改变. 因此, 我们完全可以用试验弹道所获取的后效段系统参数值直接估算全程弹道的后效段误差所引起的落点偏差值[2-4,39,42].

9.4.4.1 后效冲量折合方法

根据加速表从飞行弹道关机点到头体分离点测得的脉冲增量 Δf_{xg}, Δf_{yg}, 再用飞行弹道理论关机点质量 m_k, 计算实际后效冲量.

$$J = m_k \cdot \Delta w, \quad \Delta w = \sqrt{\Delta w_{xg}^2 + \Delta w_{yg}^2}$$

$$\Delta w_{xg} = k_{xg} \cdot \Delta f_{xg}, \quad \Delta w_{yg} = k_{yg} \cdot \Delta f_{yg}$$

(9.4.51)

式中 k_{xg}, k_{yg} 是 xg, yg 方向加速度表的脉冲当量.

从发动机后效性能可知, 同一发导弹在不同弹道上的后效冲量是一定的, 所以后效误差的折合采用后效冲量偏差进行折合更为直接, 即

$$\Delta L_h = \frac{\partial L}{\partial J} \cdot \Delta J, \quad \Delta J = J - \bar{J}$$

(9.4.52)

式中 $\bar{J}$ 是要折合弹道理论后效冲量, $\dfrac{\partial L}{\partial J}$ 是要折合弹道后效冲量对射程的偏导数.

9.4.4.2　速度差量折合方法

1) 利用外测速度差量折合

以试验弹道制导系统计算机发出关机时间的遥测值 t_{jk} 作为后效段起始时间的特征点, 以头体分离点 t_h 作为后效段终止时间的特征点, 根据弹道后效段起始时间的外测弹道速度参数和终止时间的外测弹道速度参数计算试验外测弹道后效段速度参数的变化量.

将此变化量通过坐标转换关系转到弹体系下, 后效冲量不随飞行弹道改变, 所以在全程弹道下弹体系的速度差量与试验弹道相同, 可以直接折合到全程弹道下, 再转到全程弹道的发射坐标系下, 与全程标准弹道后效段参数变化量作差, 得到全程弹道后效段没有补偿的弹道速度参数变化量 $\delta v_x, \delta v_y, \delta v_z$. 根据全程标准弹道末修关机点的相对偏导数易求得

$$\Delta L_{hx} = \frac{\partial L}{\partial v_x} \delta v_x + \frac{\partial L}{\partial v_y} \delta v_y + \frac{\partial L}{\partial v_z} \delta v_z$$

$$\Delta H_{hx} = \frac{\partial H}{\partial v_x} \delta v_x + \frac{\partial H}{\partial v_y} \delta v_y + \frac{\partial H}{\partial v_z} \delta v_z$$

(9.4.53)

2) 利用遥测视速度差量折合

以试验弹道制导系统计算机发出关机时间的遥测值 t_{jk} 作为后效段起始时间的特征点, 以头体分离点 t_h 作为后效段终止时间的特征点, 根据弹道后效段起始时间和终止时间的各视速度遥测值计算试验遥测弹道后效段速度参数的变化量.

将此变化量通过坐标转换关系转到弹体系下, 后效冲量不随飞行弹道改变, 所以在全程弹道下的弹体系速度差量与试验弹道相同, 可以直接折合到全程弹道下, 再转到全程弹道的发射坐标系下, 与全程标准弹道后效段视速度参数变化量作差,

得到全程弹道后效段没有补偿的弹道速度参数变化量 $\delta Wx, \delta Wy, \delta Wz$. 根据全程标准弹道末修关机点的相对偏导数易求得

$$\Delta L_{hx} = \frac{\partial L}{\partial Wx}\delta Wx + \frac{\partial L}{\partial Wy}\delta Wy + \frac{\partial L}{\partial Wz}\delta Wz$$

$$\Delta H_{hx} = \frac{\partial H}{\partial Wx}\delta Wx + \frac{\partial H}{\partial Wy}\delta Wy + \frac{\partial H}{\partial Wz}\delta Wz \tag{9.4.54}$$

9.5 组合导航误差分离与折合

组合导航系统的精度相对惯性导航系统来说要高得多, 但由于各导航系统固有精度的影响以及随机误差的存在, 使得组合制导导弹武器落地仍然存在着偏差. 组合导航误差分离就是要将组合导航系统各传感器误差以及导弹飞行中初值误差、再入误差等系统误差在落点影响上分析清楚, 以便反馈给设计方或使用方用以补偿落点偏差.

组合导航误差折合的问题与惯性导航弹头各误差的折合问题在意义上是相同的, 都是由于没法进行某些试验, 需要通过能够完成的试验结果推算到无法完成的试验上.

下面我们先讨论组合导航误差分离的问题.

9.5.1 组合导航导弹误差分离

9.5.1.1 组合导航导弹误差源分析

对于组合导航导弹来说, 导弹在落点处的误差构成有: 各导航传感器误差、再入误差、交班点 (初值) 误差、随机误差等:

$$\Delta L = \Delta L_{导航传感器a} + \Delta L_{导航传感器b} + \cdots + \Delta L_{再} + \Delta L_{初} + \Delta L_{随机} \tag{9.5.1}$$

本小节主要分析再入误差和初值误差.

9.5.1.2 组合导航导弹再入、初值误差分析 [50]

1) 加入干扰因素的再入段六自由度运动方程

我们将质量偏差 Δm, 气动阻力系数偏差 $\Delta C_A, \Delta C_N, \Delta C_Z, \Delta C_{mx}, \Delta C_{my}, \Delta C_{mz}, \Delta C_{mnx}, \Delta C_{mny}, \Delta C_{mnz}$, 初始攻角偏差 $\Delta\alpha, \Delta\beta$, 风速 w_u, w_v 统一编成再入干扰量 λ_n, 其中 $n = 1, 2, \cdots, 14$. 这样可以将再入机动弹头再入段六自由度运动方程表示为 [48-50]

$$
\begin{cases}
\dfrac{\mathrm{d}v_x}{\mathrm{d}t} = F_1(v_x, v_y, v_z, x, y, z, \lambda_1, \cdots, \lambda_{14}) \\[2mm]
\dfrac{\mathrm{d}v_y}{\mathrm{d}t} = F_2(v_x, v_y, v_z, x, y, z, \lambda_1, \cdots, \lambda_{14}) \\[2mm]
\dfrac{\mathrm{d}v_z}{\mathrm{d}t} = F_3(v_x, v_y, v_z, x, y, z, \lambda_1, \cdots, \lambda_{14}) \\[2mm]
\dfrac{\mathrm{d}x}{\mathrm{d}t} = v_x = F_4(x, y, z, \lambda_1, \cdots, \lambda_{14}) \\[2mm]
\dfrac{\mathrm{d}y}{\mathrm{d}t} = v_y = F_5(x, y, z, \lambda_1, \cdots, \lambda_{14}) \\[2mm]
\dfrac{\mathrm{d}z}{\mathrm{d}t} = v_z = F_6(x, y, z, \lambda_1, \cdots, \lambda_{14}) \\[2mm]
\dfrac{\mathrm{d}\omega_x}{\mathrm{d}t} = f_1(v_x, v_y, v_z, \omega_x, \rho, S_M, \lambda_1, \cdots, \lambda_{14}) \\[2mm]
\dfrac{\mathrm{d}\omega_y}{\mathrm{d}t} = f_2(v_x, v_y, v_z, \omega_y, \rho, S_M, \lambda_1, \cdots, \lambda_{14}) \\[2mm]
\dfrac{\mathrm{d}\omega_z}{\mathrm{d}t} = f_3(v_x, v_y, v_z, \omega_z, \rho, S_M, \lambda_1, \cdots, \lambda_{14}) \\[2mm]
\dfrac{\mathrm{d}\varphi}{\mathrm{d}t} = g_1(\omega_x, \omega_y, \omega_z, \varphi, \psi, \gamma, \lambda_1, \cdots, \lambda_{14}) \\[2mm]
\dfrac{\mathrm{d}\psi}{\mathrm{d}t} = g_2(\omega_x, \omega_y, \omega_z, \varphi, \psi, \gamma, \lambda_1, \cdots, \lambda_{14}) \\[2mm]
\dfrac{\mathrm{d}\gamma}{\mathrm{d}t} = g_3(\omega_x, \omega_y, \omega_z, \varphi, \psi, \gamma, \lambda_1, \cdots, \lambda_{14}) \\[2mm]
\dfrac{\mathrm{d}\varphi_g}{\mathrm{d}t} = h_1(\omega_x, \omega_y, \omega_z, \varphi_g, \psi_g, \gamma_g, \lambda_1, \cdots, \lambda_{14}) \\[2mm]
\dfrac{\mathrm{d}\psi_g}{\mathrm{d}t} = h_2(\omega_x, \omega_y, \omega_z, \varphi_g, \psi_g, \gamma_g, \lambda_1, \cdots, \lambda_{14}) \\[2mm]
\dfrac{\mathrm{d}\gamma_g}{\mathrm{d}t} = h_3(\omega_x, \omega_y, \omega_z, \varphi_g, \psi_g, \gamma_g, \lambda_1, \cdots, \lambda_{14})
\end{cases}
\tag{9.5.2}
$$

由给定的参数初值及干扰量, 便可利用解微分方程的方法求得 $t, x, y, z, \dot{x}, \dot{y}, \dot{z}$ 等再入段弹道参数.

2) 再入误差方程的建立 [52]

利用积分弹道法, 对上面给出的微分方程组先求出一条标准弹道, 在标准弹道上单独加入初值误差或干扰量 λ_n, 逐次积分弹道方程. 用求差法求出每一个干扰量在 t_i 时刻对导弹参数的偏导数, 对每一个 t_i 可得到一个偏导数矩阵 $\boldsymbol{A}_{6\times(6+n)}$, 有

$$
\boldsymbol{A} = (\boldsymbol{A}_1, \boldsymbol{A}_2) \tag{9.5.3}
$$

其中 $\boldsymbol{A}_1 = \begin{bmatrix} \dfrac{\partial x}{\partial \Delta x_0} & \cdots & \dfrac{\partial x}{\partial \Delta z_0} & \cdots & \dfrac{\partial x}{\partial \Delta \dot{z}_0} \\ \dfrac{\partial y}{\partial \Delta x_0} & \cdots & \dfrac{\partial y}{\partial \Delta z_0} & \cdots & \dfrac{\partial y}{\partial \Delta \dot{z}_0} \\ \vdots & & \vdots & & \vdots \\ \dfrac{\partial \dot{z}}{\partial \Delta x_0} & \cdots & \dfrac{\partial \dot{z}}{\partial \Delta z_0} & \cdots & \dfrac{\partial \dot{z}}{\partial \Delta \dot{z}_0} \end{bmatrix}_{6 \times 6}$, $\boldsymbol{A}_2 = \begin{bmatrix} \dfrac{\partial x}{\partial \Delta \lambda_1} & \cdots & \dfrac{\partial x}{\partial \Delta \lambda_n} \\ \dfrac{\partial y}{\partial \Delta \lambda_1} & \cdots & \dfrac{\partial y}{\partial \Delta \lambda_n} \\ \vdots & & \vdots \\ \dfrac{\partial \dot{z}}{\partial \Delta \lambda_1} & \cdots & \dfrac{\partial \dot{z}}{\partial \Delta \lambda_n} \end{bmatrix}_{6 \times n}$.

若在再入时刻 t_i 可测得外弹道参数, 将它们分别与解标准弹道得到的参数作差, 得到 $\Delta \boldsymbol{X}_i = [\Delta x(t_i), \Delta y(t_i), \Delta z(t_i), \Delta \dot{x}(t_i), \Delta \dot{y}(t_i), \Delta \dot{z}(t_i)]^{\mathrm{T}}$ 就是初值不准和干扰 λ_n 带来的偏差之和. 记非模型误差为 $\boldsymbol{\xi}$, 则有

$$(\boldsymbol{A}_1, \boldsymbol{A}_2)_i \begin{pmatrix} \Delta \boldsymbol{x}_0 \\ \boldsymbol{\lambda} \end{pmatrix} = \Delta \boldsymbol{X}_i + \boldsymbol{\xi}_i \tag{9.5.4}$$

式中 $\Delta \boldsymbol{x}_0$—— 弹道积分初值偏差量; $\boldsymbol{\lambda}$—— 再入干扰量, $\boldsymbol{\lambda} = [\lambda_1, \lambda_2, \cdots, \lambda_n]^{\mathrm{T}}$.

记: $\mathrm{E}(\boldsymbol{\xi}_i \boldsymbol{\xi}_j^{\mathrm{T}}) = \begin{cases} \boldsymbol{R}_i, & i = j \\ \boldsymbol{0}, & i \neq j \end{cases}$, 对 (9.5.4) 式中消去 $\Delta \boldsymbol{x}_0$,

$$\boldsymbol{A}_{1i} \Delta \boldsymbol{x}_0 = \Delta \boldsymbol{X}_i + \boldsymbol{\xi}_i - \boldsymbol{A}_{2i} \boldsymbol{\lambda} \tag{9.5.5}$$

取 $j = 1, 2, \cdots, N \ j \neq i$, 对 $N-1$ 个方程求和, 得

$$\sum_j \boldsymbol{A}_{1j} \Delta \boldsymbol{x}_0 = \sum_j \Delta \boldsymbol{X}_j + \sum_j \boldsymbol{\xi}_j - \sum_j \boldsymbol{A}_{2j} \boldsymbol{\lambda}$$

上式两边同乘以 $\boldsymbol{A}_{1j}^{\mathrm{T}}$, 得

$$\sum_j \boldsymbol{A}_{ij}^{\mathrm{T}} \boldsymbol{A}_{1j} \Delta \boldsymbol{x}_0 = \sum_j \boldsymbol{A}_{ij}^{\mathrm{T}} \Delta \boldsymbol{X}_j + \sum_j \boldsymbol{A}_{ij}^{\mathrm{T}} \boldsymbol{\xi}_j - \sum_j \boldsymbol{A}_{ij}^{\mathrm{T}} \boldsymbol{A}_{2j} \boldsymbol{\lambda}$$

上式两边同乘以 $\left(\sum \boldsymbol{A}_{1j}^{\mathrm{T}} \boldsymbol{A}_{1j} \right)^{-1}$, 得

$$\Delta \boldsymbol{x}_0 = \left(\sum_j \boldsymbol{A}_{1j}^{\mathrm{T}} \boldsymbol{A}_{1j} \right)^{-1} \left(\sum_j \boldsymbol{A}_{ij}^{\mathrm{T}} \Delta \boldsymbol{X}_j \right)$$
$$+ \left(\sum_j \boldsymbol{A}_{1j}^{\mathrm{T}} \boldsymbol{A}_{1j} \right)^{-1} \left(\sum_j \boldsymbol{A}_{ij}^{\mathrm{T}} \boldsymbol{\xi}_j \right) - \left(\sum_j \boldsymbol{A}_{1j}^{\mathrm{T}} \boldsymbol{A}_{1j} \right)^{-1} \left(\sum_j \boldsymbol{A}_{ij}^{\mathrm{T}} \boldsymbol{A}_{2j} \boldsymbol{\lambda} \right)$$

上式两边再同乘以 $\boldsymbol{A}_{1i}$, 并与 (9.5.5) 式相减, 消去 $\Delta \boldsymbol{x}_0$ 并整理, 得

$$\boldsymbol{B}_i \boldsymbol{\lambda} = \bar{\boldsymbol{Y}}_i + \boldsymbol{\xi}_i \tag{9.5.6}$$

(9.5.6) 式与初值误差无关, 称为再入干扰误差方程. 式中 $\boldsymbol{B}_i$ 和 $\bar{\boldsymbol{Y}}_i$ 均为已知量.

$$\boldsymbol{B}_i = -\boldsymbol{A}_{1i}\left(\sum_j \boldsymbol{A}_{1j}^{\mathrm{T}}\boldsymbol{A}_{1j}\right)^{-1}\left(\sum_j \boldsymbol{A}_{1j}^{\mathrm{T}}\boldsymbol{A}_{1j}\right) + \boldsymbol{A}_{2i}$$

$$\bar{\boldsymbol{Y}}_i = \Delta\boldsymbol{X}_i - \boldsymbol{A}_{1i}\left(\sum_j \boldsymbol{A}_{1j}^{\mathrm{T}}\boldsymbol{A}_{1j}\right)^{-1}\sum_j \boldsymbol{A}_{1j}^{\mathrm{T}}\Delta\boldsymbol{X}_j$$

$$\mathrm{E}(\boldsymbol{\xi}_i\boldsymbol{\xi}_j) = \left[\boldsymbol{I} - \boldsymbol{A}_{1i}\left(\sum_j \boldsymbol{A}_{1j}^{\mathrm{T}}\boldsymbol{A}_{1j}\right)^{-1}\boldsymbol{A}_{1j}^{\mathrm{T}}\right]\boldsymbol{R}_i\left[\boldsymbol{I} - \boldsymbol{A}_{1j}\left(\sum_j \boldsymbol{A}_{1j}^{\mathrm{T}}\boldsymbol{A}_{1j}\right)^{-1}\boldsymbol{A}_{1j}^{\mathrm{T}}\right]$$

$$+\boldsymbol{A}_{1i}\left(\sum_j \boldsymbol{A}_{1j}^{\mathrm{T}}\boldsymbol{A}_{1j}\right)^{-1}\left(\sum_j \boldsymbol{A}_{1j}^{\mathrm{T}}\boldsymbol{R}_j\boldsymbol{A}_{1j}\right)\left(\sum_j \boldsymbol{A}_{1j}^{\mathrm{T}}\boldsymbol{A}_{1j}\right)^{-1}\boldsymbol{A}_{1i}^{\mathrm{T}}$$

其中 $i = 1, 2, \cdots, N$ $j \in \{1, 2, \cdots, N\}, j \neq i, N$ 为再入段时间节点总数.

记再入落点偏差:

$$\Delta L_{\text{再}} = \sum \frac{\partial L}{\partial \lambda_n}\lambda_n = \boldsymbol{P}\boldsymbol{\lambda}$$

$$\Delta H_{\text{再}} = \sum \frac{\partial H}{\partial \lambda_n}\lambda_n = \boldsymbol{Q}\boldsymbol{\lambda} \tag{9.5.7}$$

估计 $\Delta L_{\text{再}}$, $\Delta H_{\text{再}}$, 就是所谓的再入误差分析问题, 是一种预测问题, 数学描述如下:

$$\boldsymbol{B}_i\boldsymbol{\lambda} = \bar{\boldsymbol{Y}}_i + \boldsymbol{\xi}_i$$
$$\mathrm{E}(\boldsymbol{\lambda}\boldsymbol{\lambda}^{\mathrm{T}}) = \boldsymbol{\sigma}_\lambda$$
$$\mathrm{E}(\boldsymbol{\xi}_i\boldsymbol{\xi}_i^{\mathrm{T}}) = \boldsymbol{F}_i, \quad i = 1, 2, \cdots, N$$
$$\mathrm{E}(\boldsymbol{\lambda}\boldsymbol{\xi}_i^{\mathrm{T}}) = 0$$
$$\mathrm{E}(\boldsymbol{\xi}_i\boldsymbol{\xi}_j^{\mathrm{T}}) = 0$$

注 9.5.1 如果 (9.5.7) 式中 $\dfrac{\partial L}{\partial \lambda_n}$, $\dfrac{\partial H}{\partial \lambda_n}$ 替换成另一条弹道的 $\dfrac{\partial L'}{\partial \lambda_n}$, $\dfrac{\partial H'}{\partial \lambda_n}$, 就变成了再入误差折合的问题.

3) 再入误差分析方法

如果对于再入全段 λ_n 是固定不变的, 那么就可以直接用 (9.5.7) 式来求落点偏差. 但是我们的模型中, 再入段的干扰量是随时间变化的, 所以我们只能用估计方法.

以 $\Delta L_{再}$ 为例, 估计 $\boldsymbol{P\lambda}$, $\boldsymbol{P}$ 为 $n \times m$ 矩阵. 令 $\boldsymbol{P\hat{\lambda}} = \boldsymbol{K}_i^{\mathrm{T}}\bar{\boldsymbol{Y}}_i$, $\boldsymbol{K}_i$ 使

$$\boldsymbol{D}_i = \mathrm{E}(\boldsymbol{P\hat{\lambda}} - \boldsymbol{P\lambda})(\boldsymbol{P\hat{\lambda}} - \boldsymbol{P\lambda})^{\mathrm{T}}$$

最小, 令 $\dfrac{\partial \boldsymbol{D}_i}{\partial \boldsymbol{K}_i} = 0$, 可得

$$(\boldsymbol{B}_i\boldsymbol{\sigma}_\lambda\boldsymbol{B}_i^{\mathrm{T}} + \boldsymbol{F}_i)\boldsymbol{K}_i = \boldsymbol{B}_i\boldsymbol{\sigma}_\lambda\boldsymbol{P}^{\mathrm{T}}$$

若 $\boldsymbol{B}_i\boldsymbol{\sigma}_i\boldsymbol{B}_i^{\mathrm{T}} + \boldsymbol{F}_i$ 可逆, 则

$$\boldsymbol{K}_i = (\boldsymbol{B}_i\boldsymbol{\sigma}_\lambda\boldsymbol{B}_i^{\mathrm{T}} + \boldsymbol{F}_i)^{-1}\boldsymbol{B}_i\boldsymbol{\sigma}_\lambda\boldsymbol{P}^{\mathrm{T}}$$

$$\boldsymbol{P\hat{\lambda}} = \boldsymbol{P}\boldsymbol{\sigma}_\lambda\boldsymbol{B}_i^{\mathrm{T}}(\boldsymbol{B}_i\boldsymbol{\sigma}_\lambda\boldsymbol{B}_i^{\mathrm{T}} + \boldsymbol{F}_i)^{-1}\bar{\boldsymbol{Y}}_i \tag{9.5.8}$$

(9.5.8) 式求出的便是每一个时间节点的折合值.

记 $\boldsymbol{B} = (\boldsymbol{B}_1, \cdots, \boldsymbol{B}_N)^{\mathrm{T}}$, $\bar{\boldsymbol{Y}} = (\bar{\boldsymbol{Y}}_1 \cdots \bar{\boldsymbol{Y}}_N)$, $\boldsymbol{F} = \mathrm{diag}\{F_i\}$, 用 $\boldsymbol{B}$ 取代 $\boldsymbol{B}_i$, $\bar{\boldsymbol{Y}}$ 取代 $\bar{\boldsymbol{Y}}_i$, $\boldsymbol{F}$ 取代 $\boldsymbol{F}_i$, 可得

$$\boldsymbol{P\hat{\lambda}} = \boldsymbol{P}\boldsymbol{\sigma}_\lambda\boldsymbol{B}^{\mathrm{T}}(\boldsymbol{B}\boldsymbol{\sigma}_\lambda\boldsymbol{B}^{\mathrm{T}} + \boldsymbol{F})^{-1}\bar{\boldsymbol{Y}} \tag{9.5.9}$$

用 $\boldsymbol{Q}$ 矩阵取代 (9.5.9) 式中 $\boldsymbol{P}$ 矩阵即可得全段再入误差分析值.

$$\begin{aligned}
\Delta L_{再} &= \sum \frac{\partial L}{\partial \lambda_n}\lambda_n = \boldsymbol{P\lambda} = \boldsymbol{P}\boldsymbol{\sigma}_\lambda\boldsymbol{B}^{\mathrm{T}}(\boldsymbol{B}\boldsymbol{\sigma}_\lambda\boldsymbol{B}^{\mathrm{T}} + \boldsymbol{F})^{-1}\bar{\boldsymbol{Y}} \\
\Delta H_{再} &= \sum \frac{\partial H}{\partial \lambda_n}\lambda_n = \boldsymbol{Q\lambda} = \boldsymbol{Q}\boldsymbol{\sigma}_\lambda\boldsymbol{B}^{\mathrm{T}}(\boldsymbol{B}\boldsymbol{\sigma}_\lambda\boldsymbol{B}^{\mathrm{T}} + \boldsymbol{F})^{-1}\bar{\boldsymbol{Y}}
\end{aligned} \tag{9.5.10}$$

9.5.1.3 组合导航导弹误差源分离

根据以上对导弹各误差源的分析, 有些可以确定单项误差的数值, 有些则可以得到单项误差的范围, 在此基础上, 通过 (9.5.1) 式便可以将组合导航导弹的误差进行分离.

9.5.2 组合导航导弹误差折合

以再入误差折合为例 [54].

再入误差预报也可以归结为再入误差折合问题, 由 9.5.1.2 节中得到预报弹道再入误差表示:

$$\Delta L'_{再入} = \sum \frac{\partial L'}{\partial \lambda_n}\lambda_n \tag{9.5.11}$$

式中 $\dfrac{\partial L'}{\partial \lambda_n}$ 为由预报弹道的标准弹道求得的偏导数.

对折合弹道而言, $\Delta L_{\text{再入}}$ 可表示为

$$\Delta L_{\text{再入}} = \sum \frac{\partial L}{\partial \lambda_n} \lambda_n \tag{9.5.12}$$

由 (9.5.11) 式对 (9.5.11) 式进行估计, 令

$$\Delta \hat{L}_{\text{再入}} = K \Delta L'_{\text{再入}} \tag{9.5.13}$$

设计目标函数:

$$\phi = \mathrm{E}(\Delta L_{\text{再入}} - \Delta \hat{L}_{\text{再入}})^2 = \min$$

即

$$\phi = \mathrm{E}\left(\sum \frac{\partial L}{\partial \lambda_i} \lambda_i - K \sum \frac{\partial L'}{\partial \lambda_i} \lambda_i\right)^2 = \min \tag{9.5.14}$$

式中 K 为参数.

记 $\left[\dfrac{\partial L}{\partial \boldsymbol{\lambda}}\right] = \left[\dfrac{\partial L}{\partial \lambda_1}, \cdots, \dfrac{\partial L}{\partial \lambda_n}\right]$, $\boldsymbol{\lambda} = (\lambda_1, \cdots, \lambda_n)^{\mathrm{T}}$, 则

$$\phi = \mathrm{E}\left(K\left[\frac{\partial L}{\partial \boldsymbol{\lambda}}\right]\boldsymbol{\lambda} - \left[\frac{\partial L'}{\partial \boldsymbol{\lambda}}\right]\boldsymbol{\lambda}\right)^2 = \min \tag{9.5.15}$$

令 $\dfrac{\partial \phi}{\partial K} = 0$, 可得

$$\left[\frac{\partial L}{\partial \boldsymbol{\lambda}}\right]\sigma_\lambda \left[\frac{\partial L}{\partial \boldsymbol{\lambda}}\right]^{\mathrm{T}} \boldsymbol{K} = \left[\frac{\partial L}{\partial \boldsymbol{\lambda}}\right]\sigma_\lambda \left[\frac{\partial L'}{\partial \boldsymbol{\lambda}}\right]$$

即 $K = \dfrac{\left[\dfrac{\partial L}{\partial \boldsymbol{\lambda}}\right]\sigma_\lambda \left[\dfrac{\partial L'}{\partial \boldsymbol{\lambda}}\right]^{\mathrm{T}}}{\left[\dfrac{\partial L}{\partial \boldsymbol{\lambda}}\right]\sigma_\lambda \left[\dfrac{\partial L}{\partial \boldsymbol{\lambda}}\right]^{\mathrm{T}}}$.

因此 (9.5.13) 式变为

$$\Delta \hat{L}_{\text{再入}} = K \Delta L'_{\text{再入}} = \frac{\left[\dfrac{\partial L}{\partial \boldsymbol{\lambda}}\right]\sigma_\lambda \left[\dfrac{\partial L'}{\partial \boldsymbol{\lambda}}\right]^{\mathrm{T}}}{\left[\dfrac{\partial L}{\partial \boldsymbol{\lambda}}\right]\sigma_\lambda \left[\dfrac{\partial L}{\partial \boldsymbol{\lambda}}\right]^{\mathrm{T}}} \Delta L'_{\text{再入}} \tag{9.5.16}$$

进一步改写 (9.5.13) 式:

$$\Delta \hat{L}_{\text{再入}} = K \sum \frac{\partial L'}{\partial \lambda_i} \lambda_i \tag{9.5.17}$$

而

$$\Delta L_{\text{再入}} = \sum \frac{\partial L'}{\partial \lambda_i} \lambda_i \tag{9.5.18}$$

对每个 λ_i 而言, 其相对误差为

$$\eta_{\lambda_i} = \frac{K \dfrac{\partial L}{\partial \lambda_i} - \dfrac{\partial L}{\partial \lambda_i}}{\dfrac{\partial L}{\partial \lambda_i}} \tag{9.5.19}$$

由 η_{λ_i} 可分析每一个 λ_i 折合效果, η_{λ_i} 越小越好. 如已知的上、下界 $\lambda_{\max}, \lambda_{\inf}$, 则可估出折合结果误差的上、下界.

$$\begin{cases} \sigma_{\Delta L \max} = \sum \eta_{\lambda_i}^2 \lambda_{\max}^2 \\ \sigma_{\Delta L \inf} = \sum \eta_{\lambda_i}^2 \lambda_{\inf}^2 \end{cases} \tag{9.5.20}$$

9.5.3 案例分析

以潘兴 II 战术导弹为例, 导弹在落点处的误差构成有: 惯性导航传感器误差、景象匹配辅助导航传感器误差、再入误差、交班点 (初值) 误差、随机误差等,

$$\Delta L = \Delta L_{\text{惯导}} + \Delta L_{\text{景象}} + \Delta L_{\text{再入}} + \Delta L_{\text{初值}} + \Delta L_{\text{随机}}$$

通过 9.5.2 中的分析我们可以初步推算惯性导航传感器误差和景象匹配辅助导航传感器误差范围, 通过 9.5.1 中的分析, 我们可以推算出再入误差和初值误差的范围. 这样便可以完整地将各项影响落点精度的因素进行分离.

参考文献 [52], 设仿真初始参数如下:

弹头自身参数: 质量/截面积 m/S=2000 kg/m^2, 长度 l=4 m;

弹头运动参数: 三向速度 v_x=2500 m/s, v_y=−2500 m/s, v_z=250 m/s;

再入点高度: h=80 km;

弹头姿态参数: 三向姿态角 φ=0.8 rad, ψ=0.08 rad, γ=0 rad;

弹头落点要求: 倾侧角 Γ_{DF}=−90°, 落速 v_F=520 m/s;

导引控制参数: K_{GD}=−4, K_{GL}=−2, K_{GT}=4;

过程约束条件: 功角 $\alpha \leqslant 30°$, 法向过载 $n_y \leqslant 30g$.

根据上述初始参数, 通过仿真试验, 得到加入仿真干扰量时的再入段再入误差分析值, 再入误差随再入时间的变化关系如图 9.5.1 所示.

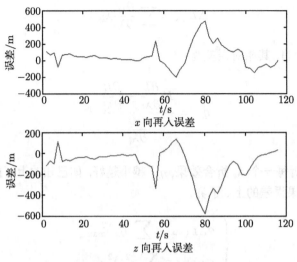

图 9.5.1　再入误差曲线

将落点处再入误差估计值与 (9.5.20) 式求出的范围值归一化, 得到关系如图 9.5.2 所示.

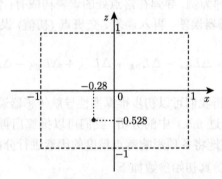

图 9.5.2　再入误差估计与范围

图中 $(-1,1)$ 为归一化后的再入误差估值范围, x 方向的落点处再入误差归一化后为 -0.28, z 方向为 -0.528, 显然再入误差估计值满足估值范围 (x, z 方向因归一化而运用不同比例).

由试验结果可以得出以下规律:

(1) 在弹头进行再入机动时再入误差达到最大值, 在此过程中是气动力决定了机动弹头的高速机动运动, 气动力偏差对弹头的影响非常大.

(2) 再入机动阶段后, 弹头开始进行辅助导航系统定位辅助导航, 再入偏差和惯导偏差一样逐渐被辅助导航系统修正, 所有再入误差又降到了小量的状态.

(3) 辅助导航系统进行修正之后, 弹头运动带来较大的偏差, 主要是辅助导航系统定位后弹头做机动运动所致, 经过机动弹头气动调整后, 再入误差趋于平稳, 弹头落地.

较之传统的计算再入误差的方法, 本节方法有以下两点主要优势:

(1) 复合制导弹头的再入误差通常耦合了定位误差对再入误差的修正, 传统方法很难将定位误差与再入误差进行解耦, 本节方法通过偏导数矩阵与偏差方程的计算, 可较为准确地进行再入误差的估计, 结果更加贴近实际;

(2) 传统方法需要进行大量的加入干扰量的弹道仿真试验, 计算量非常大, 而本节方法只需在建立偏导数矩阵的时候解算标准弹道与偏差弹道, 其后便不需要做弹道仿真, 减少了计算量.

参 考 文 献

[1] 唐雪梅, 张金槐, 邵凤昌, 等. 武器装备小子样试验分析与评估. 北京: 国防工业出版社, 2001.

[2] 沙钰, 吴翊, 王正明, 等. 弹道导弹精度分析概论. 长沙: 国防科技大学出版社, 1995.

[3] 张金槐. 远程火箭精度分析与评估. 长沙: 国防科技大学出版社, 1995.

[4] 贾沛然, 陈克俊, 何力. 远程火箭弹道学. 长沙: 国防科技大学出版社, 1993.

[5] Ellms S R. Investigation of inertial system error analysis methods. AD-646753.

[6] 徐延万. 控制系统. 导弹与航天丛书. 北京: 宇航出版社, 1989.

[7] 王正明, 易东云, 等. 弹道跟踪数据的校准与评估. 长沙: 国防科技大学出版社, 1999.

[8] 王正明, 易东云. 测量数据建模与参数估计. 长沙: 国防科技大学出版社, 1996.

[9] 张守信. 外弹道测量与卫星轨道测量基础. 北京: 国防工业出版社, 1999.

[10] 中国人民解放军总装备部军事训练教材编辑工作委员会. 外弹道测量数据处理. 北京: 国防工业出版社, 2002.

[11] 周宏潮. 提高遥测精度的数学方法. 国防科技大学研究生院硕士论文, 2001.

[12] 刘蕴才, 房鸿瑞, 张仿. 遥测遥控系统. 北京: 国防工业出版社, 2000.

[13] Park S, Deysty J, How J P. A New Nonlinear Guidance Logic for Trajectory Tracking. Cambridge: Massachusetts Institute of Technology, 2004.

[14] Hutchins R G, Britt P G. Trajectory tracking and backfitting techniques against theater ballistic missiles. Proceedings of the SPIE, 1999, 3809: 532-536.

[15] 王正明, 周海银. 制导工具系统误差估计的新方法. 中国科学 (E 辑), 1998, 28(2): 160-167.

[16] 周海银, 王正明. 非线性回归模型的主成分估计方法. 弹道学报, 1999, 2.

[17] 孙开亮, 段晓君, 等. 基于弹道解算的非线性误差分离方法. 飞行器测控学报, 2005, 24.

[18] 范利涛, 吴杰. 主成分法辨识惯导工具误差. 长沙: 飞行力学与飞行试验学术交流年会论文, 2004.

[19] Archer S M, Bowman C L, Gurwell N N. Designing weapon system test trajectories for guidance error source obervability. AD-AO 40012.

[20] Zhu Z Q. Application of error compensation technology of inertial instruments in improvement of strategic ballistic missile accuracy. Aerospace Control, 1995, 3.

[21] 孙丕忠, 张为华. 末修姿控段战略导弹弹道仿真模型及散布分析. 弹道学报, 1999, 11(1): 60-64.

[22] 陈希孺, 王松桂. 近代回归分析. 合肥: 安徽教育出版社, 1987.

[23] 张金槐, 唐雪梅. Bayes 方法. 长沙: 国防科技大学出版社, 1989.

[24] 张金槐. 线性模型参数估计及其改进. 长沙: 国防科技学出版社, 1992.

[25] 易东云. 动态测量误差的复杂特征研究与数据处理结果的精度评估. 国防科技大学博士学位论文, 2003.

[26] 周海银. 空际目标跟踪数据的融合理论和模型研究及应用. 国防科技大学博士学位论文, 2004.

[27] 张国瑞. 美国洲际导弹制导精度鉴定. 国外导弹技术, 1982, 9.

[28] 王永平. 用火箭橇测试数据来鉴定先进惯性基准球惯性测量装置的精度. 国外导弹与航天运载器, 1991, 7.

[29] Payne D A, Feltquate H. Incorporation of non-destructive centrifuge tests into missile guidance assessment. AD-A318776, 1996.

[30] 贾沛然. 用特殊弹道分离制导工具误差系数并推算正常弹道的制导工具误差. 国防科技大学学报, 1985, (2): 53-60.

[31] Titterton D H, Weston J L. Strapdown Inertial Navigation Technology, Peter Peregrinus Ltd. on behalf of the Institute of Electrical Engineers.

[32] Charles L, Carroll Jr. High Accuracy Trajectory Determination. Future Space Program and Impact on Range and Network Development, AAS Science and Technology Series Vol. 15, 1967: 311-333.

[33] 王正明. 改进的特征根估计. 应用数学, 1990, (2): 85-88.

[34] 张金槐. 张金槐教授论文选集. 长沙: 国防科技大学出版社, 1999.

[35] 周海银, 王正明. 控制系统误差估计及其在反馈控制中的应用. 弹道学报, 2000, 4.

[36] Wang D L, Zhang H Y. Nonlinear filtering algorithm for INS initial alignment. 中国航空学报 (英文版), 1999, 12(4): 246-250.

[37] Zhao R, Gu Q T. Nonlinear filtering algorithm with its application in INS alignment. Proceedings of the 10th IEEE Workshop on Statiscal and Array Processing, SSAP, 2000.

[38] Wang Y Z, Cui Z X. Research on coning compensation algorithms for SINS. Journal of Beijing University of Aeronautics and Astronautics, 2001, 3: 264-267.

[39] 陈璇, 段晓君, 王正明, 等. 基于外测弹道数据的后效误差分析及折合. 飞行器测控学报, 2005, 24(5): 59-62.

[40] 陈璇, 孙开亮, 等. 惯导武器制导工具误差折合的落点偏差精度评估. 模糊系统与数学 (增刊), 2005, 19.

[41] 孙开亮, 陈璇, 等. 制导工具误差分离非线性模型的 Bayes 估计. 模糊系统与数学 (增刊), 2005, 19.

[42] 段晓君, 周海银, 姚静. 精度评定的分解综合及精度折合. 弹道学报, 2005, 17(2): 42-48.

[43] 段晓君, 于晓峰. 逆向递推估计全程弹道参数. 弹道学报, 2006, 18(3): 44-47.

[44] 姚静, 段晓君, 周海银. 海态制导工具系统误差的建模与参数估计. 弹道学报, 2005, 17(1): 33-39.

[45] 王文君, 段晓君, 朱炬波. 制导工具误差分离自适应正则化模型及应用. 弹道学报, 2005, 17(1): 28-33.

[46] Cetin M, Malioutov D M, Willsky A S . A variational technique for source localization based on a sparse signal reconstruct ion perspective. Orlando: Proceedings of the 2002 IEEE International Conference on Acoustics, Speech, and Signal Processing, 2002.

[47] Ye X J. Mathematical modeling and fast numerical algorithms in medical imaging applications. PHD Thesis, University of Florida, 2011: 21-22.

[48] 连葆华, 崔平远, 崔祜涛. 高速再入飞行器的制导与控制系统设计. 航空学报, 2013, 25(3): 115-119.

[49] Arora R K, Aananthasayanam M R. Trajectory design for a reusable launch vehicle demonstrator during re-entry phase. AIAA 2003-5547.

[50] 郭振云, 朱伯鹏. 可变落点的再入机动飞行器姿控系统设计. 国防科技大学学报, 2004, 26(3): 11-14.

[51] 杜之明. 发射试验结果分析与鉴定技术. 北京: 国防工业出版社, 2006: 163-177.

[52] 赵汉元. 飞行器再入动力学和制导. 长沙: 国防科技大学出版社, 1997, 11: 242-282.

[53] Rogers R M. Applied mathematics in integrated navigation systems. 2nd ed. Virginia: Virginia Polytechnic Institute and State University, 2003.

[54] 王刚, 段晓君, 谢美华. 再入机动弹头再入误差规律分析及预报. 弹道学报, 2009, 21(4): 1-5.

[55] 王高雄, 周之明, 等. 常微分方程. 北京: 高等教育出版社, 1994.

[56] 刘利生, 吴斌, 吴正容, 孙刚, 杨萍. 外弹道测量精度分析与评定. 北京: 国防工业出版社, 2010.

[57] 郭军海. 弹道测量数据融合技术. 北京: 国防工业出版社, 2012.

[58] 涂先勤, 胡长城, 易东云, 周海银. 利用差分光学观测量的脱靶量处理方法. 弹道学报, 2011, 23(3): 84-88.

[59] 潘晓刚, 王炯琦, 周海银. 数据深度加权半参数估计法在方差分量估计中的应用研究. 天文学报, 2013, 54(3): 245-260.

[60] 宫志华, 周海银, 郭文胜, 徐旭. 基于样条函数表征目标运动轨迹事后数据融合方法研究. 兵工学报, 2014, 35(1): 120-127.

[61] 周萱影. 相遇段弹道测量数据的误差抑制及融合处理方法. 国防科技大学硕士学位论文, 2015.

[62]　尹晨, 周海银, 何章鸣. 异结构不等精度测量的融合估计分析. 长沙大学学报, 2016, 30(2): 9-12.

[63]　涂先勤, 谷德峰, 易东云, 周海银. 飞行器航迹测量数据的粗差探测模型优选方法. 弹道学报, 2017, 29(1): 22-29.

[64]　秦永元. 惯性导航. 北京: 科学出版社, 2006.

[65]　祝贺. 地空导弹捷联惯导系统的误差补偿分析. 中国高新技术企业, 2010, (19): 17-19.

[66]　李遗, 李召, 刘军晨. 近程导弹瞄准线转动角速度预测模型及误差分析. 兵工学报, 2009, 30(11): 1463-1468.

[67]　王新龙, 李志宇. 捷联惯导系统在运动基座上的建模及误差传播特性研究. 宇航学报, 2006, 27(6): 1261-1265.

[68]　孙红星. 差分 GPS/INS 组合定位定姿及其在 MMS 中的应用. 武汉大学博士学位论文, 2004.

[69]　许江宁, 朱涛, 卞鸿巍. 惯性传感技术发展与展望. 海军工程大学学报, 2007, 19(3): 1-5.

[70]　陈静, 王萧, 杨拴虎. 战术导弹捷联惯导系统误差分析. 弹箭与制导学报, 2006, (4): 14-21.

[71]　刘春, 周发根. 机载捷联惯导的导航计算模型与精度分析. 同济大学学报 (自然科学版), 2011, 39(12): 1865-1870.

[72]　袁文亮. 捷联惯导与被动雷达组合导航系统的研究. 哈尔滨工程大学硕士学位论文, 2007.

[73]　董楠楠. 基于多子样优化的捷联惯导系统误差补偿算法研究. 哈尔滨工程大学硕士学位论文, 2017.

[74]　唐雪梅, 蔡洪, 杨华波, 曹渊. 导弹武器精度分析与评估. 北京: 国防工业出版社, 2015.

第 10 章　全程精度评估

　　第 7~9 章所述的小子样精度评估方法及改进, 主要基于落点观测信息及其纵横向偏差分布的假设, 给出针对落点精度的鉴定结论. 针对制导武器的落点精度的小子样鉴定方法, 已经有不少深入系统的研究[1-8]. 不过, 在小子样情形下, 由于落点数据很少, 依据落点先验分布假设的精度鉴定结论, 有时存在争议. 这个问题引导我们作更深入的思考, 是否可以利用更多的测试信息来获得更稳健和精度更高的鉴定结论.

　　导弹全程精度评估可分为飞行精度评估和落点精度评估. 飞行精度评估可按照导弹飞行状态分为主动段、自由飞行段以及再入段三段. 其中, 主动段制导误差引起的落点偏差主要由制导工具误差系数 C 和试验弹道所提供的环境函数矩阵 S 确定, 制导工具误差系数 C 可以通过大量先验信息, 如制导工具系统误差的物理、工程背景以及实测数据分析得到, 环境函数矩阵 S 可以由理论弹道计算得出. 自由段的落点误差随着引力模型越来越准, 飞行动力学方程越来越精准, 这部分误差已经越来越小. 对再入段而言, 在没有末制导的情况下, 落点偏差可以根据自由飞行段外测数据结合六自由度再入干扰运动方程计算得到; 当存在末制导时, 落点偏差则需要结合制导方式和机理进行计算. 但是不管弹头导引方式如何, 再入段纵向、横向落点偏差均可以认为服从一个分布. 对导弹落点精度评估而言, 在没有末制导的情况下, 落点偏差即为主动段、自由段和再入段落点精度的方差之和. 飞行精度分析结果可通过随机过程映射到落点精度先验信息中, 如制导工具误差系数 C 的分布可映射为落点偏差重要组成部分的分布. 因此, 基于飞行全程精度分析的落点精度鉴定所依赖的信息并不仅仅只是落点偏差观测信息, 而是包含了全程遥外测弹道跟踪数据、技术阵地的测试数据等, 可望得到更为稳健的精度评估结论.

　　本章以惯性制导导弹为例, 以多源信息融合为主线, 融合了落点先验、落点数据, 遥、外测弹道跟踪数据, 技术阵地的全部测试数据等信息, 提出了基于遥外弹道差的 Bayes 多参数融合模型, 对导弹全程飞行的成败和精度进行鉴定, 并建立了配套的理论、方法和算法.

　　10.1 节对试验鉴定过程中应用的数据、模型进行了信息度量, 由此分析其对最后鉴定结论的贡献. 拓展了数据信息度量观念, 对弹道数据的信息增益进行度量, 据此分析试验样本提供的信息价值, 并将结论应用于试验样本数的扩展. 研究模型的信息度量, 提出了综合考虑模型拟合残差大小、残差信息量与参数数目的一种模型选择的新方法, 说明了不同模型的本质区别. 10.2 节为飞行试验全程递归评估, 对多次试验建立了递归的多参数融合鉴定模型. 对于单次试验, 根据制导工具误差系数的先验分布, 结合弹道跟踪数据, 得到弹道差参数的后验估计. 将其与控制参数比较可得到导弹全程飞行的成败和精度鉴定结论. 这是对落点试验鉴定的一种扩充. 进而, 对于多次试验建立了递归鉴定模型. 构造了三类鉴定特征量, 可以体现不同型号的导弹飞行特征, 且可基于实测数据给出各动力特性段和特征点的试验鉴定特征量. 10.3 节为融合过程信息的复合制导导弹精度评估, 针对复合制导导弹中跟踪雷达寻的精度等效试验的融合评估问题, 在理清观测量和最终考察指标之间关系的基础上, 根据不同试验状态下的过程信息对精度模型进行校验, 基于此, 建立测试精度指标的等效折合及融合评估的一般方法. 10.4 节为基于多源信息融合的精度评估. 利用飞行试验中不同观测空间和过程的异质先验信息和测量数据, 基于不同观测过程的解析关系, 将间接过程的先验和观测数据算出的后验分布转换成落点观测空间上的先验, 与原落点的先验进行了最大熵加权融合, 得到混合后验分布, 从而结合落点观测数据给出评定结果. 进一步建立了基于后验结果融合的精度评估方法. 通过不同观测过程的先验、数据或知识的融合, 能充分利用不同种类的观测信息, 最终提高试验鉴定及特性描述的精度. 10.5 节为基于遥外测数据频谱特征的故障分析.

本章用于融合的信息主要有三类: 落点数据及先验, 遥外测弹道跟踪数据, 制导工具误差系数的测试值及先验. 第一类信息与落点偏差直接相关; 第二类数据通过解析关系, 将主动段的遥外弹道差与落点偏差联系起来; 而第三类数据加上环境函数即可转化为弹道差的先验, 进而也可通过解析关系转化为落点偏差的先验分布. 由此, 后两类数据可以转化为切合工程背景的落点数据和先验分布. 这三类数据信息均是针对同一个研究目标 (即导弹落点偏差) 的不同观测信息或先验, 可以进行融合. 利用 Bayes 多参数模型得到的融合结果, 相对于只用落点数据的评估结果, 可视为其扩展方法, 相比而言, 其评估结论也更为稳健.

本章方法主要用于弹道式导弹, 对于组合制导或其他非弹道式导弹, 如果主动段和自由段的总误差在末制导误差的允许范围之内, 则落点偏差主要考虑末制导误差即可, 对相应方程进行适当调整后, 本章多源信息融合的思想仍然适用.

10.1 信 息 度 量

试验信息是指为了减小或消除人们对装备认识的不确定性, 在进行的试验活动中, 所获得的一切有用的数据、信号、指令、消息、情况、资料、情报和知识等 [1]. 在实践中, 追求信息量的最大化是试验的主要目标. 装备试验受到资源条件等的制约, 因此, 综合效益最大化成为最高原则 [1], 即必须以较少的资源消耗获得最大的试验信息量.

试验鉴定过程中会遇到数据和先验信息利用、模型选取等问题. 对于试验过程中出现的种类繁多的数据、先验、模型等信息资源, 究竟何取何舍; 究竟采用的数据、先验、模型在多大程度上能反映工程实践, 能否较准确地体现要研究的目标; 究竟如何衡量这些数据、先验分布、模型等资源对于试验鉴定最后结果的贡献, 这些都是摆在试验鉴定研究者面前的课题. 对于数据信息的度量, 在工程信息论中曾有相关问题出现并得到一定程度的解决 [9-14]. 但是, 由于关心问题的不同, Shannon 信息论的方法无法直接照搬 [9-14]. 另外, 关于模型选择, 包括给定模型类的定阶准则和不同模型类的选择 [15-45], 虽然有很多研究, 但均针对一般的统计模型 [15-45]. 如果考虑试验鉴定背景下的信息度量, 则需研究跟踪测量信息、先验分布及融合模型的信息度量问题 [46-53]. 这方面的研究不多 [46-53].

关于先验信息的权重选取, 已经在第 1 章中进行了详细讨论. 因此, 本节将信息度量的重点放在试验数据和模型的信息度量上.

本节研究了试验数据和模型的信息度量方法, 提出了一种新的思路: 以落点数据的信息量为基准, 研究弹道跟踪数据的 Fisher 信息度量, 从而分析信息的冗余度; 研究模型的信息度量, 从而判断模型的优劣. 本节得到的结论还只是试验信息、模型的选择及度量的初步结果, 希望为试验鉴定的信息和模型选择提供一个可取的研究框架.

10.1.1 试验数据的信息度量

参数化处理过程究竟可以利用多少有用的信息, 对于先验信息应该如何利用等, 都是本节要研究的问题. 本节拟重新定义关心的正态分布参数信息, 由此计算参数的信息增量. 本节从样本的相关性考虑这一问题出发, 以最基本和最常见的 (共轭) 正态分布为例, 推导出一定相关性下观测数据的增加与统计信息 (Fisher 信息) 的增益之间的关系.

10.1.1.1 独立样本提供的 Fisher 信息量

从经典方法知道, 当 $x_1, \cdots, x_n$ 的联合分布密度是 $p(x_1, \cdots, x_n; \theta)$ 时, 考虑 $\ln p(x_1, \cdots, x_n; \theta)$ 对 θ 的偏微商, 参数 θ 的信息量 [43-44] 为

$$I(\theta) = \mathrm{E}\left(\frac{\partial \ln p(x_1, \cdots, x_n; \theta)}{\partial \theta}\right)^2 \qquad (10.1.1)$$

如果 $x_1, \cdots, x_n$ 为独立同分布的, 且 $x_i \sim f(x_i; \theta)$, $i = 1, 2, \cdots, n$, 则满足可加

性

$$I(\theta) = \mathrm{E}\left(\sum_{i=1}^{n} \frac{\partial \ln f(x_i;\theta)}{\partial \theta}\right)^2 = \sum_{i=1}^{n} \mathrm{E}\left(\frac{\partial \ln f(x_i;\theta)}{\partial \theta}\right)^2 = n\mathrm{E}\left(\frac{\partial \ln f(x_1;\theta)}{\partial \theta}\right)^2$$

(10.1.2)

上式表明, n 个独立样本提供的关于参数 θ 的信息量为一个样本的 n 倍 [43-44].

如果参数不止一个, 则相应于 (10.1.1) 式的信息量就是一个信息矩阵 [43-44]:

$$I(\boldsymbol{\theta}) = \mathrm{E}\left(\frac{\partial \ln p(x_1,\cdots,x_n;\boldsymbol{\theta})}{\partial \boldsymbol{\theta}}\right)\left(\frac{\partial \ln p(x_1,\cdots,x_n;\boldsymbol{\theta})}{\partial \boldsymbol{\theta}}\right)^{\mathrm{T}}$$

$$= -\mathrm{E}_{\boldsymbol{\theta}} \frac{\partial^2 \ln p(x_1,\cdots,x_n;\boldsymbol{\theta})}{\partial \boldsymbol{\theta}^2}$$

(10.1.3)

10.1.1.2　相关样本的 Fisher 信息增益推导

本节关心的问题是, 当样本数据相关时, 一定的数据量究竟能够提供多少统计 Fisher 信息.

设采样数据 $x_i, i = 1, 2, \cdots, n$. 记 $\boldsymbol{X}^n = (x_1,\cdots,x_n)^{\mathrm{T}}$, 则有 $\boldsymbol{X}^{n+1} = ((\boldsymbol{X}^n)^{\mathrm{T}}, x_{n+1})^{\mathrm{T}}$. 不妨设

$$\pi_\alpha(\boldsymbol{\theta}) = \sum_{i=1}^{m} \alpha_i \pi_i(\boldsymbol{\theta}) \hat{=} \sum_{i=1}^{m} \alpha_i \mathrm{N}\left(\boldsymbol{\theta} - \mu_i, \boldsymbol{\Sigma}_i\right)$$

(10.1.4)

$$\mathrm{E}(\boldsymbol{X}^{n+1}) = \boldsymbol{\mu}^{n+1} = \mu \mathbf{1}_{n+1}, \quad \mathrm{Cov}(\boldsymbol{X}^{n+1}, \boldsymbol{X}^{n+1}) = \boldsymbol{V}^{n+1}$$

(10.1.5)

其中 $\mathbf{1}_n = [1, 1, \cdots, 1]_{n \times 1}^{\mathrm{T}}$ 为列向量, $\sum_{i=1}^{m} \alpha_i = 1$(所有 $\alpha_i \geqslant 0$, $\pi_i(\boldsymbol{\theta})$ 为正态分布). $\pi_\alpha(\boldsymbol{\theta})$ 所组成的先验是一个共轭类, 并且这种组合可以逼近几乎任何分布 [45], 同时它保留了大部分自然共轭先验在运算上的简单性质 [45]. 故我们先考虑正态分布的情形.

承上文记号, 则有分布密度函数

$$p(\boldsymbol{X}^{n+1}; \mu, \sigma^2) = \frac{1}{(2\pi)^{(n+1)/2} |V^{n+1}|^{1/2}}$$

$$\times \exp\left\{-\frac{1}{2}(\boldsymbol{X}^{n+1} - \boldsymbol{\mu}^{n+1})^{\mathrm{T}}(\boldsymbol{V}^{n+1})^{-1}(\boldsymbol{X}^{n+1} - \boldsymbol{\mu}^{n+1})\right\}$$

两边取对数

$$\ln p(\boldsymbol{X}^{n+1}; \mu, \sigma^2) = -\frac{1}{2}\{(\boldsymbol{X}^n - \boldsymbol{\mu}^n)^{\mathrm{T}}(\boldsymbol{V}^{n+1})^{-1}(\boldsymbol{X}^n - \boldsymbol{\mu}^n)\} - \frac{1}{2}\ln|\boldsymbol{V}^{n+1}| - \frac{n+1}{2}\ln(2\pi)$$

(10.1.6)

记

$$V^{n+1} = \left[\begin{array}{cc} V^n & a \\ a^{\mathrm{T}} & \sigma^2 \end{array} \right] \hat{=} \left[\begin{array}{cc} A_{11} & A_{12} \\ A_{21} & A_{22} \end{array} \right], \quad \tilde{A}_{22} = A_{22} - A_{21} A_{11}^{-1} A_{12} = \sigma^2 - a^{\mathrm{T}} (V^n)^{-1} a$$

则由分块矩阵求逆公式, 有

$$(V^{n+1})^{-1} = \left[\begin{array}{cc} A_{11}^{-1} + A_{11}^{-1} A_{12} \tilde{A}_{22}^{-1} A_{21} A_{11}^{-1} & -A_{11}^{-1} A_{12} \tilde{A}_{22}^{-1} \\ -\tilde{A}_{22}^{-1} A_{21} A_{11}^{-1} & \tilde{A}_{22}^{-1} \end{array} \right] \tag{10.1.7}$$

于是

$$[(X^n - \mu^n)^{\mathrm{T}}, (x_{n+1} - \mu_{n+1})](V^{n+1})^{-1} \left[\begin{array}{c} X^n - \mu^n \\ x_{n+1} - \mu_{n+1} \end{array} \right]$$

$$= (X^n - \mu^n)^{\mathrm{T}} (A_{11}^{-1} + A_{11}^{-1} A_{12} \tilde{A}_{22}^{-1} A_{21} A_{11}^{-1})(X^n - \mu^n)$$

$$\quad - 2(X^n - \mu^n)^{\mathrm{T}} A_{11}^{-1} A_{12} \tilde{A}_{22}^{-1} (x_{n+1} - \mu_{n+1})$$

$$\quad + (x_{n+1} - \mu_{n+1}) \tilde{A}_{22}^{-1} (x_{n+1} - \mu_{n+1})$$

$$= (X^n - \mu^n)^{\mathrm{T}} A_{11}^{-1} (X^n - \mu^n) + (X^n - \mu^n)^{\mathrm{T}} A_{11}^{-1} A_{12} \tilde{A}_{22}^{-1} A_{21} A_{11}^{-1} (X^n - \mu^n)$$

$$\quad - 2(X^n - \mu^n)^{\mathrm{T}} A_{11}^{-1} A_{12} \tilde{A}_{22}^{-1} (x_{n+1} - \mu_{n+1}) + (x_{n+1} - \mu_{n+1}) \tilde{A}_{22}^{-1} (x_{n+1} - \mu_{n+1}), \tag{10.1.8}$$

而 $|V^{n+1}| = |V^n|(\sigma^2 - a^{\mathrm{T}}(V^n)^{-1} a)$, 从而

$$\ln p(X^{n+1}; \mu, \sigma^2) = \ln p(X^n; \mu, \sigma^2) + \Delta p \tag{10.1.9}$$

其中

$$\Delta p = -\frac{1}{2} \{ (X^n - \mu^n)^{\mathrm{T}} A_{11}^{-1} A_{12} \tilde{A}_{22}^{-1} A_{21} A_{11}^{-1} (X^n - \mu^n)$$

$$\quad - 2(X^n - \mu^n)^{\mathrm{T}} A_{11}^{-1} A_{12} \tilde{A}_{22}^{-1} (x_{n+1} - \mu_{n+1})$$

$$\quad + (x_{n+1} - \mu_{n+1}) \tilde{A}_{22}^{-1} (x_{n+1} - \mu_{n+1}) \}$$

$$\quad - \frac{1}{2} \ln[\sigma^2 - a^{\mathrm{T}}(V^n)^{-1} a] - \frac{1}{2} \ln(2\pi) \tag{10.1.10}$$

记 $\theta = (\mu, \sigma^2)^{\mathrm{T}} \hat{=} (\theta_1, \theta_2)^{\mathrm{T}}$, 下面考察增加一个采样点 x_{n+1} 的 Fisher 信息增量

$-\mathrm{E}_{\boldsymbol{\theta}}\left[\dfrac{\partial^2 \Delta p}{\partial \boldsymbol{\theta}^2}\right]$. 注意到对于随机向量而言, 相关系数矩阵与每一分量的方差无关. 从而

$$\mathrm{E}\left[\frac{\partial^2 \Delta p}{\partial \boldsymbol{\theta}_1^2}\right] = \mathrm{E}\left[\frac{\partial^2 \Delta p}{\partial \boldsymbol{\mu}^2}\right]$$

$$= -(\mathbf{1}_n^{\mathrm{T}} \boldsymbol{A}_{11}^{-1} \boldsymbol{A}_{12} \tilde{\boldsymbol{A}}_{22}^{-1} \boldsymbol{A}_{21} \boldsymbol{A}_{11}^{-1} \mathbf{1}_n - 2\mathbf{1}_n^{\mathrm{T}} \boldsymbol{A}_{11}^{-1} \boldsymbol{A}_{12} \tilde{\boldsymbol{A}}_{22}^{-1} + \tilde{\boldsymbol{A}}_{22}^{-1}) \quad (10.1.11)$$

$$-\mathrm{E}\left[\frac{\partial^2 \Delta p}{\partial \boldsymbol{\theta}_1^2}\right] = -\mathrm{E}\left[\frac{\partial^2 \Delta p}{\partial \boldsymbol{\mu}^2}\right] = \frac{1}{[\sigma^2 - \boldsymbol{a}^{\mathrm{T}}(\boldsymbol{V}^n)^{-1}\boldsymbol{a}]}[\mathbf{1}_n^{\mathrm{T}}(\boldsymbol{V}^n)^{-1}\boldsymbol{a} - 1]^2 \quad (10.1.12)$$

记相关系数矩阵 $\boldsymbol{R} \doteq \dfrac{\boldsymbol{V}^n}{\sigma^2}$, 列向量 $\boldsymbol{b} \doteq \dfrac{\boldsymbol{a}}{\sigma^2}$, 则 (10.1.12) 式亦为

$$-\mathrm{E}\left[\frac{\partial^2 \Delta p}{\partial \boldsymbol{\theta}_1^2}\right] = -\mathrm{E}\left[\frac{\partial^2 \Delta p}{\partial \boldsymbol{\mu}^2}\right] = \frac{1}{\sigma^2}\frac{(\mathbf{1}_n^{\mathrm{T}}\boldsymbol{R}^{-1}\boldsymbol{b} - 1)^2}{1 - \boldsymbol{b}^{\mathrm{T}}\boldsymbol{R}^{-1}\boldsymbol{b}} \quad (10.1.13)$$

实际上, 从直观而言, 当 $\boldsymbol{a} \neq 0$ 时 (样本 $\boldsymbol{X}^n$ 与样本 x_{n+1} 相关时), (10.1.13) 式右端的相关性 Fisher 信息增量 $-\mathrm{E}_{\boldsymbol{\theta}}\left[\dfrac{\partial^2 \Delta p}{\partial \boldsymbol{\theta}^2}\right]$ 应当是大于零但小于 $\dfrac{1}{\sigma^2}\left(\dfrac{1}{\sigma^2}\right.$ 为样本独立时加入一个样本点时增加的信息量$\left.\right)$ 的, 若样本量相同, 相关样本提供的信息量应该比独立样本提供的信息量少. 显然,

$$0 < \frac{1}{\sigma^2}\frac{(\mathbf{1}_n^{\mathrm{T}}\boldsymbol{R}^{-1}\boldsymbol{b} - 1)^2}{1 - \boldsymbol{b}^{\mathrm{T}}\boldsymbol{R}^{-1}\boldsymbol{b}} < \frac{1}{\sigma^2} \Leftrightarrow (\mathbf{1}_n^{\mathrm{T}}\boldsymbol{R}^{-1}\boldsymbol{b} - 1)^2 < 1 - \boldsymbol{b}^{\mathrm{T}}\boldsymbol{R}^{-1}\boldsymbol{b} \quad (10.1.14)$$

由于相关系数矩阵 $\boldsymbol{R}$ 是一个 Toeplitz 阵, 几乎正定且对称, 故 (10.1.14) 等价于

$$1 - \sqrt{1 - \boldsymbol{b}^{\mathrm{T}}\boldsymbol{R}^{-1}\boldsymbol{b}} < \mathbf{1}_n^{\mathrm{T}}\boldsymbol{R}^{-1}\boldsymbol{b} < 1 + \sqrt{1 - \boldsymbol{b}^{\mathrm{T}}\boldsymbol{R}^{-1}\boldsymbol{b}} \quad (10.1.15)$$

另外, 有

$$\mathrm{E}\left[\frac{\partial^2 \Delta p}{\partial \boldsymbol{\theta}_2^2}\right] = \mathrm{E}\left[\frac{\partial^2 \Delta p}{\partial (\sigma^2)^2}\right]$$

$$= -\frac{1}{2}\left\{\mathrm{E}(\boldsymbol{X}^n - \boldsymbol{\mu}^n)^{\mathrm{T}} \boldsymbol{A}_{11}^{-1} \boldsymbol{A}_{12} \frac{\partial^2 \tilde{\boldsymbol{A}}_{22}^{-1}}{\partial \boldsymbol{\theta}_2^2} \boldsymbol{A}_{21} \boldsymbol{A}_{11}^{-1}(\boldsymbol{X}^n - \boldsymbol{\mu}^n)\right.$$

$$- 2\mathrm{E}(\boldsymbol{X}^n - \boldsymbol{\mu}^n)^{\mathrm{T}} \boldsymbol{A}_{11}^{-1} \boldsymbol{A}_{12} \frac{\partial^2 \tilde{\boldsymbol{A}}_{22}^{-1}}{\partial \boldsymbol{\theta}_2^2}(x_{n+1} - \mu_{n+1})$$

$$+ \mathrm{E}(x_{n+1} - \mu_{n+1}) \frac{\partial^2 [\tilde{A}_{22}^{-1} - (\sigma^2)^{-1}]}{\partial \theta_2^2} (x_{n+1} - \mu_{n+1}) \bigg\}$$

$$= -\frac{1}{2} \left\{ [\sigma^2 - \boldsymbol{a}^{\mathrm{T}} (\boldsymbol{V}^n)^{-1} \boldsymbol{a}] \frac{\partial^2 \tilde{A}_{22}^{-1}}{\partial \theta_2^2} - \sigma^2 \frac{\partial^2 [(\sigma^2)^{-1}]}{\partial \theta_2^2} \right\} \qquad (10.1.16)$$

由于 $\tilde{A}_{22} = \theta_2 - \boldsymbol{a}^{\mathrm{T}} (\boldsymbol{V}^n)^{-1} \boldsymbol{a}$, 有

$$\frac{\partial^2 \tilde{A}_{22}^{-1}}{\partial \theta_2^2} = \frac{1}{1 - \theta_2^{-1} \boldsymbol{a}^{\mathrm{T}} (\boldsymbol{V}^n)^{-1} \boldsymbol{a}} \cdot \frac{2}{\theta_2^3}$$

故而由 (10.1.16) 式, 有

$$\mathrm{E}\left[\frac{\partial^2 \Delta p}{\partial \theta_2^2} \right] = -\frac{1}{2} \left\{ [\theta_2 - \boldsymbol{a}^{\mathrm{T}} (\boldsymbol{V}^n)^{-1} \boldsymbol{a}] \cdot \frac{1}{1 - \theta_2^{-1} \boldsymbol{a}^{\mathrm{T}} (\boldsymbol{V}^n)^{-1} \boldsymbol{a}} \cdot \frac{2}{\theta_2^3} - \theta_2 \cdot \frac{2}{\theta_2^3} \right\} = 0$$
$$(10.1.17)$$

(10.1.17) 式说明参数中的方差的信息增益与样本的相关性无关, 而由增加样本 (考虑相关性) 引起的均值信息增益可见 (10.1.13) 式.

显然, 当 $\boldsymbol{a} = \boldsymbol{0}$ 时 (样本 $\boldsymbol{X}^n$ 与样本 x_{n+1} 独立时), (10.1.13) 式右端为 $\frac{1}{\sigma^2}$, 意即表示 $\boldsymbol{X}^{n+1}$ 的 Fisher 信息量等于 $\boldsymbol{X}^n$ 的 Fisher 信息量和第 $n+1$ 个样本 x_{n+1} 的 Fisher 信息量之和. 这与我们的直观认识是一致的. 以下给出例子对本节观点进行补充说明.

例 10.1.1 给定两个采样序列: 第一个生成的数据相关性较弱, 第二个为弹道差仿真采样数据, 相关性较强. 图 10.1.1 中给出的是它们的信息增益对比图. 显然, 相关性强的序列信息量增益小.

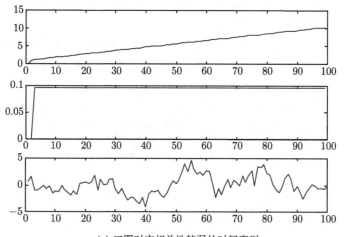

(a) 三图对应相关性较弱的时间序列
(横轴均为采样点，纵轴由上至下分别为信息量、信息量增益和原时间序列)

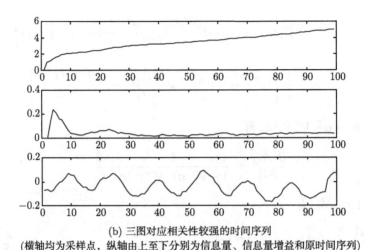

(b) 三图对应相关性较强的时间序列

(横轴均为采样点，纵轴由上至下分别为信息量、信息量增益和原时间序列)

图 10.1.1　不同时间序列的信息量 (上)、信息量增益 (中) 和原时间序列 (下) 对比图

注 10.1.1　求参数 θ_2 的信息量时, 这里 θ_2 取 σ^2 (视 σ^2 为整体).

注 10.1.2　本小节以正态分布为基础, 分析了一定相关性下观测数据的增加与统计信息 (Fisher 信息) 的增益之间的关系. 如果推广到其他形式的分布, 从理论上来讲, 可以用一组正态分布逼近确定的分布形式来进行分析, 也可直接用确定的分布形式来进行类似的研究. 就实际计算而言, 若涉及很复杂的分布形式, 可以先对样本直接计算信息增益来获得对采样序列的感性认识.

10.1.1.3　基于信息相关性分析的弹道参数折合

本小节基于弹道参数的信息相关性分析, 对弹道参数进行折合, 扩充落点数据的试验样本, 为落点精度评估提供支持.

已有的导弹折合方法中 [8,54-56], 认为由任意时刻的遥测与外测参数差向量中的任意一个分量都可折合出目标条件下的弹道差参数 $\Delta \boldsymbol{X}_K$. 实际上, 由 $\Delta \boldsymbol{X}$ 在某一时刻折合 $\Delta \boldsymbol{X}_K$, 必须整体进行, 只有整体折合才暗含了制导工具误差系数 $\boldsymbol{C}(t)_{m \times 1}$ 在某一时刻的一致性, 否则各分量之间的折合会带来不同分量局部最优解算下 $\boldsymbol{C}(t)_{m \times 1}$ 的不同. 以下先介绍弹道参数的整体折合 [8,54-56].

目标是通过 t 时刻的弹道差参数 $\Delta \boldsymbol{X}(t)$ 来估计关机点时刻 t_K 弹道差参数 $\Delta \boldsymbol{X}(t_K)$.

$$\begin{cases} \Delta \dot{\boldsymbol{X}}(t) = \boldsymbol{S}(t)_{6 \times m} \boldsymbol{C}(t)_{m \times 1} + \boldsymbol{\varepsilon}_t \\ \Delta \dot{\boldsymbol{X}}(t_K) = \boldsymbol{S}(t_K)_{6 \times m} \boldsymbol{C}(t_K)_{m \times 1} + \boldsymbol{\varepsilon}_{t_K} \end{cases} \tag{10.1.18}$$

引入约束条件:

$$C = C_{\text{mean}} + \varsigma, \quad \text{E}(\varsigma\varsigma^{\mathrm{T}}) = R_C = \text{diag}(\sigma_{c1}^2, \sigma_{c2}^2, \cdots, \sigma_{cm}^2), \quad \text{E}(\varepsilon\varepsilon^{\mathrm{T}}) = \sigma_\varepsilon^2 \tag{10.1.19}$$

这里由于 R_C 可由地面测试值得到, 而 σ_ε^2 可以根据样条拟合弹道后剩下的残差来确定. $\Delta X(t)$ 和 $\Delta X(t_K)$ 都是常数, 当 $\Delta X(t) \neq \mathbf{0}$ 时, 可令 $\Delta \hat{X}_i(t_K) = r_i \Delta X_i(t), i = 1, \cdots, 6$, 使得如下目标函数最小:

$$F(r) \sum_{i=1}^{6} [(r_i S_i(t) - S_i(t_K)) R_C (r_i S_i(t) - S_i(t_K))^{\mathrm{T}} + r_i^2 \sigma_\varepsilon^2]$$

$$= \sum_{i=1}^{6} \left[\sum_{j=1}^{m} \sigma_{cj}^2 (r_i S_{ij}(t) - S_{ij}(t_K))^2 + r_i^2 \sigma_\varepsilon^2 \right] \tag{10.1.20}$$

求解可令一阶导数为 0, 由于各参数可认为是独立的, 则

$$\frac{\mathrm{d}F(\boldsymbol{r})}{\mathrm{d}\boldsymbol{r}} = 0 \Leftrightarrow \frac{\mathrm{d}F(r_i)}{\mathrm{d}r_i} = 0, \quad i = 1, \cdots, 6$$

可求得

$$r_i = \frac{\displaystyle\sum_{j=1}^{m} \sigma_{cj}^2 S_{ij}(t) S_{ij}(t_K)}{\displaystyle\sum_{j=1}^{m} \sigma_{cj}^2 S_{ij}(t) + \sigma_{\varepsilon j}^2}, \quad i = 1, \cdots, 6 \tag{10.1.21}$$

即有

$$\Delta \hat{X}_i(t_K) = r_i \Delta X_i(t) = \frac{\displaystyle\sum_{j=1}^{m} \sigma_{cj}^2 S_{ij}(t) S_{ij}(t_K)}{\displaystyle\sum_{j=1}^{m} \sigma_{cj}^2 S_{ij}(t) + \sigma_{\varepsilon j}^2} \Delta X_i(t), \quad i = 1, \cdots, 6 \tag{10.1.22}$$

1) 同一弹道折合的相关权系数

如果是不同的系统试验数据的折合, 则可认为是独立的落点采样 $x_1, x_2, \cdots, x_L$.

如果是同一弹道的弹道跟踪数据折合的落点, 则跟踪采样数据的折合落点采样增加并非是独立的, 它们的相关性, 对于采样评估、落点均值和方差的估计有决定性作用. 不妨设第 k 次试验中, 实际落点为 x_k, 则弹道跟踪数据折合的落点为 $x_{ki}, i = 1, 2, \cdots, n_k$.

现在要研究的是, 当样本数据相关时, 一定的数据量究竟能够提供多少统计 Fisher 信息.

信息量 (体现相关性) 可视为一种权. 独立采样的权系数均为 1, 弹道跟踪数据折合的落点的权系数均小于 1. 把 Fisher 信息量作为权系数 l_{kj}(第 k 次试验的第 j 个采样点折合权系数), 计算试验总体均值与方差如下:

$$x_{\mathrm{mean}} = \dfrac{\displaystyle\sum_{k=1}^{L}\left(x_k + \sum_{j=1}^{n_k} l_{kj}x_{kj}\right)}{\displaystyle\sum_{k=1}^{L}\left(1 + \sum_{j=1}^{n_k} l_{kj}\right)} \tag{10.1.23}$$

$$\mathrm{Var}(x) = \left\{\dfrac{\displaystyle\sum_{k=1}^{L}\left[(x_k - x_{\mathrm{mean}})^2 + \sum_{j=1}^{n_k} l_{kj}(x_{kj} - x_{\mathrm{mean}})^2\right]}{\displaystyle\sum_{k=1}^{L}\left(1 + \sum_{j=1}^{n_k} l_{kj}^2\right)}\right\}^{\frac{1}{2}} \tag{10.1.24}$$

2) 算例

可以从理论分析和仿真计算中分析各类试验资源的重要性. 仿真方案设计如下:

Step 1　统计先验落点均值和方差信息, 统计全程试验的落点及方差, 对每一发试验弹的弹道跟踪数据做以下工作 Step2 ~ Step5;

Step 2　通过遥测和外测数据得到弹道差数据, 利用双正交基, 得到弹道差参数及其弹道参数的估计, 并计算关机点前每一采样点的弹道差的方差;

Step 3　计算每一采样点的环境函数矩阵, 得到每一采样点折合后的弹道差参数;

Step 4　对每一采样点折合后的弹道差参数得到相应的折合落点参数;

Step 5　计算折合落点参数的相关性;

Step 6　综合先验信息、实际试验落点信息、弹道跟踪信息等, 计算试验发数, 得到最后结论.

实验中一共折算了 300 个点, 计算信息量, 并进行折合. 图 10.1.2 中, 上图为其相应的 Fisher 信息量, 下图为 Fisher 信息增量. 从图 10.1.2 上图可看出样信息量从 1 增加至 4, 相当于样本量也增加至 4. 图 10.1.3 为全程试验折合的纵向落点偏差数据序列, 真实的落点偏差为 −50m.

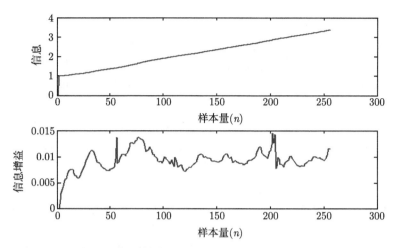

图 10.1.2 加入转换样本过程中的 Fisher 信息 (上) 及信息增益 (下)

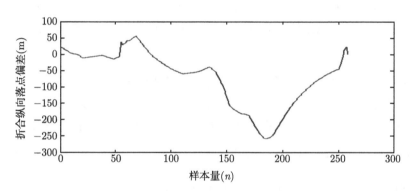

图 10.1.3 全程试验折合的纵向落点偏差数据序列

10.1.2 模型的信息度量

模型是科学研究的基础, 很多重大发现都是通过模型来描述的. 模型的来源有多种途径, 模型的种类多种多样, 参数模型和非参数模型是重要的模型 [47-53]. 对于许多实际问题而言, 建立参数化模型并从含冗余参数的多参数模型到精炼的节省参数的优化模型, 是实质性的飞跃 [47-53].

对参数模型而言, 模型的选择和参数求解是数据处理中非常关键的问题. 一个好的模型, 除了能够最大限度地发掘提取先验和测量数据中的信息之外, 还应该有较为简单的形式. 参数模型的选择及评价包括: 模型类的选择和已知模型的阶数确定 [16-45]. 本节考虑模型:

$$y(t) = f(t) + e(t) \tag{10.1.25}$$

其中 y 为观测数据, f 为真实信号, e 为测量误差 (不妨先假定 e 为 Gauss 白噪声).

这里模型的选择即包括描述 f 的基函数类选取与定阶.

关于给定模型类的定阶问题, 已有研究主要是在模型的拟合度和复杂性之间进行折中 [16-26]. 本节研究基于以下思想: 在对数据建立模型后, 信源或系统的信息表现为两部分, 一部分就是模型表现的确定性信息, 还有一部分就是残差可能体现出来的信息.

本节考虑了残差白化程度的因素, 将模型的信息量 (包括数据和先验中信息的利用效率) 与残差的相关性及模型系数的稀疏性结合起来, 在已有方法的基础上, 提出了一种模型选择的新准则. 并将这种准则转化为模型信息的一种度量方式. 介绍了模型选择中的定阶方法: 以多项式和 AR 时间序列为基, 分别介绍了 AIC, MDL, MAP 这三种经典定阶方法的表达式, 特别地, 研究了 B 样条基模型的定阶方法; 基于 Gauss 分布, 从残差白化程度不同从而体现不同的模型信息量出发, 提出了一种新的模型定阶准则 RIA, 并从理论上说明了其合理性, 仿真计算也给出了合理解释. 给出了模型基类选择的方法, 仍以 RIA 准则为基础, 转化为模型信息度量方式, 并给出了一个航天测量数据处理的应用算例; 探讨了理论上的基函数逼近速度与模型信息之间的关系.

10.1.2.1　同一模型类下基于残差信息量的模型定阶准则

主要以多项式模型和时序 AR 模型为例比较几种模型阶选择方法.

记 y 为数据, ψ 为参数向量, f 为分布密度函数, M_k 为 k 阶模型类, d_k 为参数维数, N 为采样点数目, $\hat{H}_k = -\dfrac{\partial^2 \ln f(y\,|\,\psi, M_k)}{\partial\psi\partial\psi^{\mathrm{T}}}\Big|_{\psi=\hat{\psi}}$ 是相应的 Hessian 矩阵. 有各种模型定阶准则如表 10.1.1 所示 (其中 MAP 准则经过渐近逼近处理)[16-26]:

表 10.1.1　几种模型定阶准则的表示

AIC	$M_s = \arg\min\limits_{(M_k: k\in\mathbb{Z}_q)} \{-2\ln f(y|\hat{\psi}, M_k) + 2d_k\}$
MDL(BIC)	$M_s = \arg\min\limits_{(M_k: k\in\mathbb{Z}_q)} \left\{-\ln f(y\,|\,\hat{\psi}, M_k) + \dfrac{d_k}{2}\ln N\right\}$
MAP	$M_s = \arg\min\limits_{(M_k: k\in\mathbb{Z}_q)} \left\{-\ln f(y\,|\,\hat{\psi}, M_k) + \dfrac{1}{2}\ln\left|\hat{H}_k\right|\right\}$

特别地, 当 M_s 取多项式基或 AR 时序模型, 噪声为 Gauss 白噪声时, 相应准则 [16-26] 如表 10.1.2 所示.

其中 N 为样本点数, $\hat{\sigma}_k^2$ 为拟合残差方差 $\hat{\sigma}_k^2 = \dfrac{1}{N}\sum\limits_{i=1}^{N}(y(i) - \hat{y}_k(i))^2$ (k 为真实阶数).

表 10.1.2 特定基函数下 (多项式基和 AR 时序) 的模型定阶准则

	多项式基	AR 时间序列
AIC	$M_s = \arg\min\limits_{(M_k:k\in\mathbb{Z}_q)}\left\{\dfrac{N}{2}\ln\hat\sigma_k^2 + k\right\}$	$M_s = \arg\min\limits_{(M_k:k\in\mathbb{Z}_q)}\left\{\dfrac{N}{2}\ln\hat\sigma_k^2 + k\right\}$
MDL(BIC)	$M_s = \arg\min\limits_{(M_k:k\in\mathbb{Z}_q)}\left\{\dfrac{N}{2}\ln\hat\sigma_k^2 + \dfrac{k}{2}\ln N\right\}$	$M_s = \arg\min\limits_{(M_k:k\in\mathbb{Z}_q)}\left\{\dfrac{N}{2}\ln\hat\sigma_k^2 + \dfrac{k}{2}\ln N\right\}$
MAP	$M_s = \arg\min\limits_{(M_k:k\in\mathbb{Z}_q)}\left\{\dfrac{N}{2}\ln\hat\sigma_k^2 + \dfrac{k^2}{2}\ln N\right\}$	$M_s = \arg\min\limits_{(M_k:k\in\mathbb{Z}_q)}\left\{\dfrac{N}{2}\ln\hat\sigma_k^2 + \dfrac{k}{2}\ln N\right\}$

对于样条模型, 不失一般性, 以等距 B 样条为例 (不等距 B 样条或截幂样条的分析类似). 探讨等距 B 样条下模型选择的 MAP 准则模型描述.

$$M_k : \boldsymbol{y} = \boldsymbol{D}_k\boldsymbol{\theta}_k + \boldsymbol{e}$$

这里

$$
\boldsymbol{D}_k^{\mathrm{T}} = \begin{bmatrix}
B_k\left(\dfrac{t_1 - \tau_{-1}}{h}\right) & B_k\left(\dfrac{t_1 - \tau_0}{h}\right) & B_k\left(\dfrac{t_1 - \tau_1}{h}\right) & \cdots & B_k\left(\dfrac{t_1 - \tau_{m+1}}{h}\right) \\[2mm]
B_k\left(\dfrac{t_2 - \tau_{-1}}{h}\right) & B_k\left(\dfrac{t_2 - \tau_0}{h}\right) & B_k\left(\dfrac{t_2 - \tau_1}{h}\right) & \cdots & B_k\left(\dfrac{t_2 - \tau_{m+1}}{h}\right) \\[2mm]
B_k\left(\dfrac{t_3 - \tau_{-1}}{h}\right) & B_k\left(\dfrac{t_3 - \tau_0}{h}\right) & B_k\left(\dfrac{t_3 - \tau_1}{h}\right) & \cdots & B_k\left(\dfrac{t_3 - \tau_{m+1}}{h}\right) \\[2mm]
\vdots & \vdots & \vdots & & \vdots \\[2mm]
B_k\left(\dfrac{t_N - \tau_{-1}}{h}\right) & B_k\left(\dfrac{t_N - \tau_0}{h}\right) & B_k\left(\dfrac{t_N - \tau_1}{h}\right) & \cdots & B_k\left(\dfrac{t_N - \tau_{m+1}}{h}\right)
\end{bmatrix}
$$

$\tau_i(i = -1, \cdots, m+1)$ 共 $m+3$ 个节点, $t_j = j, j = 1, 2, \cdots, N, k$ 为阶数. 于是定阶准则为

$$\text{MAP}: M_s = \arg\min\limits_{(M_k:k\in\mathbb{Z}_q)}\left\{\dfrac{N}{2}\ln\hat\sigma_k^2 + \dfrac{1}{2}\ln\left|\boldsymbol{D}_k^{\mathrm{T}}\boldsymbol{D}_k\right|\right\}$$

在给定分划下, 参数的维数为 $d_k = m + k - 1$, 则有

$$\text{AIC}: M_s = \arg\min\limits_{(M_k:k\in\mathbb{Z}_q)}\left\{N\ln\hat\sigma_k^2 + (m + k - 1)\right\}$$

$$\text{MDL(BIC)}: M_s = \arg\min\limits_{(M_k:k\in\mathbb{Z}_q)}\left\{N\ln\hat\sigma_k^2 + \dfrac{(m + k - 1)}{2}\ln N\right\}$$

1) 残差的分布假设

针对线性模型, 分析不同模型处理后的残差序列. 首先假设真实模型为

$$Y = H_{k_0}\beta_{k_0} + \varepsilon \tag{10.1.26}$$

$\varepsilon \sim N(0, \sigma^2 I)$, 为 Gauss 白噪声. 假设用 k 阶模型去拟合, 有

$$Y = H_k\beta_k + \varepsilon_k \tag{10.1.27}$$

则拟合残差为

$$e_k = Y - H_k\hat{\beta}_k = [I - H_k(H_k^{\mathrm{T}}H_k)^{-1}H_k^{\mathrm{T}}]Y \hat{=} P_kY = P_k(H_{k_0}\beta_{k_0} + \varepsilon) \tag{10.1.28}$$

由于正态分布的线性组合仍为正态分布, 易知 e_k 也是 Gauss 类噪声. 且只有当 $k = k_0$ 时, 残差才是零均值的. 不过, 表 10.1.2 中 $\hat{\sigma}_k^2$ 的估计已经考虑了残差偏差的影响.

在对数据建立模型后, 信源或系统的信息表现为两部分, 一部分就是模型表现的确定性信息, 还有一部分就是残差可能体现出来的信息. 由于当标准差 σ 一定时, Gauss 分布熵最大, 即 Gauss 分布的信息最少. 相应地, 若残差所含信息量越少, 相对应的模型所体现的信息量就越大.

对于非 Gauss 的噪声和残差序列, 由离散熵的定义也可得到信息量的估计. 如果希望用连续型熵来计算, 则可以采用 Parzen 窗等方法来估计残差的概率密度函数 [10-20], 但是只有在选择了合适的直方图宽度、合适的窗函数和样本数量较大的情形下才有较好的估计.

例如, 如果零均值的 Gauss 白噪声用广义 Gauss 分布 $f(x) = a \cdot \exp[(-b|x|)^r]$ 去拟合, 其中 $a = \dfrac{b \cdot r}{2\Gamma(r^{-1})}$, $b = \dfrac{\sqrt{\Gamma(3r^{-1})}}{\sigma\Gamma(r^{-1})}$, σ 即为方差, 均值为 0. $r = 2$ 时广义 Gauss 分布即为正态分布. 但是, 采样点较少时密度函数的估计是有误差的, 图 10.1.4 给出了一个仿真例子.

图 10.1.4 表明对白噪声取三种采样点数目, 都用零均值广义 Gauss 分布去估计, 则噪声分布的拟合效果是随样本容量的增加而不断增强, r_1, r_2, r_3 的参数值分别对应样本点数 $n_1 = 30$, $n_2 = 100$, $n_3 = 10000$. 可以认为, 用经验分布类去拟合残差是可以满足一般要求的.

为简化计, 按残差属于信息最少 (熵最大) 分布类的思想, 以下分析均在噪声服从 Gauss 分布的假设下进行.

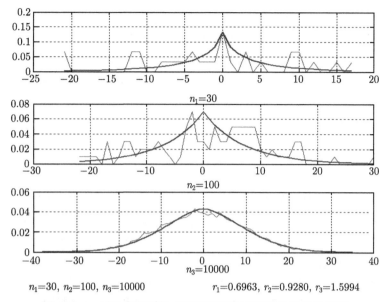

n_1=30, n_2=100, n_3=10000 r_1=0.6963, r_2=0.9280, r_3=1.5994

图 10.1.4 同分布下采样点不同时密度函数估计的参数不同

2) 基于残差信息量的模型定阶准则

几种常用准则均是综合考虑模型拟合精度和参数个数两方面的因素, 即权衡模型适用性和复杂性而提出的 [16-26]. 但是, 对于信息量而言, 同样的拟合精度可能有着不同的表现.

在 N 维零均值 Gauss 分布的场合, 假定分布的协方差矩阵为 $\boldsymbol{B}$, 则

$$p(\boldsymbol{x}) = \frac{1}{(2\pi)^{N/2} |\boldsymbol{B}|^{1/2}} \exp\left\{ -\frac{1}{2} \boldsymbol{x}^{\mathrm{T}} \boldsymbol{B}^{-1} \boldsymbol{x} \right\}, \quad \boldsymbol{x} \in \mathbb{R}^N \qquad (10.1.29)$$

达到最大熵 $\ln(2\pi e)^{N/2} |\boldsymbol{B}|^{1/2}$(此处 e 值为对数的自然底数), 这里 $|\cdot|$ 为行列式值. 从 (10.1.28) 式可知, 欠拟合或过拟合时, 模型不匹配会引起残差的均值不为零. 但熵只与协方差有关, 与均值无关, 因为只需在连续型积分中作个变量替换即可:

$$H(x) = -\int_{-\infty}^{\infty} p(x+a) \ln p(x+a)\mathrm{d}x = -\int_{-\infty}^{\infty} p(u) \ln p(u)\mathrm{d}u \qquad (10.1.30)$$

对于由残差组成的平稳序列 $(e_1, e_2, \cdots, e_N)$, 记其自相关矩阵为 $\boldsymbol{\varGamma}$, 方差为 σ^2, 可将自相关矩阵 $\boldsymbol{\varGamma}$ 代替自协方差矩阵 $\boldsymbol{B}$, 即

$$\boldsymbol{B} = \begin{bmatrix} r_0 & r_1 & \cdots & r_{N-1} \\ r_1 & r_0 & \cdots & r_{N-2} \\ \vdots & \vdots & & \vdots \\ r_{N-1} & r_{N-2} & \cdots & r_0 \end{bmatrix} = \begin{bmatrix} 1 & \rho_1 & \cdots & \rho_{N-1} \\ \rho_1 & 1 & \cdots & \rho_{N-2} \\ \vdots & \vdots & & \vdots \\ \rho_{N-1} & \rho_{N-2} & \cdots & 1 \end{bmatrix} \sigma^2 = \sigma^2 \boldsymbol{\varGamma}$$

$$(10.1.31)$$

残差的方差 σ^2 和自相关阵 $\boldsymbol{\Gamma}$ 分别衡量了模型拟合精度和残差的白化程度. 显然, 残差的白化程度越高, 则模型拟合的优度应该越好.

基于上述直观描述, 我们提出考虑拟合精度、残差信息量和参数稀疏性的折中方案 RIA(residual information amount), 通过取极小值得到最优结果:

$$\text{RIA} : M_s = \arg \min_{(M_k : k \in \mathbb{Z}_q)} \{N \ln \hat{\sigma}_k^2 - \ln |\boldsymbol{\Gamma}| + Cd_k \ln N\} \tag{10.1.32}$$

这里 $C = 2$ 为经验值. RIA 体现了残差相关性不同的影响, 不仅限于用方差衡量拟合的优度.

这种模型选阶准则所依据原理如下: 如果模型和数据相匹配, 则残差应是独立的噪声序列, 且一般为 Gauss 噪声, 这是符合直观的, 也是残差诊断的基本假设; 如果模型和数据不匹配, 则残差不是独立 Gauss 噪声序列, 若用此信息准则去度量, 则残差的信息度量结果必将偏大.

从 (10.1.32) 式看来, 如果本节不采用度量分布信息量的方法, 而采用似然函数来度量 (类似于 AIC 和 MDL 等方法), 则不能体现残差序列的相关性, 相当于 $\ln |\boldsymbol{\Gamma}|$ 这一项没有考虑.

下面说明考虑相关性的意义. 对于色噪声的自相关系数阵, 有以下结论成立:

$$0 < |\boldsymbol{\Gamma}| = \left\| \begin{bmatrix} 1 & \rho & \cdots & \rho_{N-1} \\ \rho_1 & 1 & \cdots & \rho_{N-2} \\ \vdots & \vdots & & \vdots \\ \rho_{N-1} & \rho_{N-2} & \cdots & 1 \end{bmatrix} \right\| < \left\| \begin{bmatrix} 1 & 0 & \cdots & 0 \\ 0 & 1 & \cdots & 0 \\ \vdots & \vdots & & \vdots \\ 0 & 0 & \cdots & 1 \end{bmatrix} \right\| = 1 \tag{10.1.33}$$

其中 $0 \leqslant \rho_i < 1$ 为自相关系数.

事实上, 由于 $\boldsymbol{\Gamma}$ 非负定, 则 $\lambda_i \geqslant 0, i = 1, \cdots, N$, 其中 λ_i 为矩阵 $\boldsymbol{\Gamma}$ 的特征值. 于是

$$|\boldsymbol{\Gamma}| = \prod_{i=1}^{N} \lambda_i \leqslant \left(\frac{\sum_{i=1}^{N} \lambda_i}{N} \right)^N = \left[\frac{1}{N} \text{trace}(\boldsymbol{\Gamma}) \right]^N = \left[\frac{1}{N} N \right]^N = 1 \tag{10.1.34}$$

(10.1.34) 式当且仅当 $\lambda_i \equiv 1$ 时取等号, 即当且仅当白噪声时取等号.

因此, 根据 (10.1.33), 知对于色噪声, 有

$$\ln |\boldsymbol{\Gamma}| < \ln 1 = 0 \Leftrightarrow -\ln |\boldsymbol{\Gamma}| > 0$$

故 (10.1.32) 中取极小值就相当于使残差尽量白化.

以下给出算例说明本节方法与已有几种经典方法的比较.

例 10.1.2 类似文献 [18], 选取以下多项式进行仿真:

$$s[t] = 0 + 0.4t + 0.1t^2 - 0.03t^3 + \varepsilon_t, \quad t = 1, 2, \cdots, n$$

故此, 真正的阶数为 $p = 4$. 选取最大阶数为 $M = 6$, 对于不同的采样点数 n 和不同的随机误差方差 σ^2, 取 ε_t 为正态分布, 仿真 1000 次, 得到的结论如表 10.1.3 所示.

表 10.1.3 多项式基的仿真结果比较

			$n = 30, \sigma^2 = 100$			
order	1	2	3	4	5	6
AIC	0	0	0	697	162	141
MDL	0	0	0	849	97	54
MAP	0	0	12	988	0	0
RIA	0	0	0	997	3	0
			$n = 30, \sigma^2 = 10$			
order	1	2	3	4	5	6
AIC	0	0	0	710	169	121
MDL	0	0	0	861	92	47
MAP	0	0	0	999	1	0
RIA	0	0	0	998	2	0
			$n = 100, \sigma^2 = 100$			
order	1	2	3	4	5	6
AIC	0	0	0	764	144	89
MDL	0	0	0	961	33	6
MAP	0	0	0	1000	0	0
RIA	0	0	0	1000	0	0
			$n = 100, \sigma^2 = 10$			
order	1	2	3	4	5	6
AIC	0	0	0	768	137	95
MDL	0	0	0	962	32	6
MAP	0	0	0	1000	0	0
RIA	0	0	0	1000	0	0

可以看到, 对多项式基而言, MAP 和 RIA 方法相近, 比另外两种方法好, AIC 方法最差.

例 10.1.3 选取如下 AR(2) 序列进行仿真:

$$e[t] = -0.6e[t-1] + 0.2e[t-2] + \varepsilon_t, \quad t = 1, 2, \cdots, n$$

故此, 真正的阶数为 $K = 2$, ε_t 为正态分布. 选取最大阶数为 $M = 5$, 对于不同的

数据长度 n, 仿真 1000 次, 得到的结论如表 10.1.4 所示.

表 10.1.4　AR 时间序列的仿真结果比较

order	$n=50, \sigma^2=1$					$n=100, \sigma^2=1$					$n=200, \sigma^2=1$				
	1	2	3	4	5	1	2	3	4	5	1	2	3	4	5
AIC	149	265	147	170	269	85	344	180	161	230	22	368	188	181	241
MDL	498	349	86	43	24	385	501	71	32	11	218	693	65	10	14
MAP	498	349	86	43	24	385	501	71	32	11	218	693	65	10	14
RIA	309	348	146	102	95	225	510	127	70	68	80	669	132	79	40

从表中可以看出, 对 AR 序列, 总体而言, 各种方法的效果不如多项式基下各方法的效果. 这是可以理解的: 多项式基是确定性信号, 而 AR 序列是由随机信号产生的. 不过, 从仿真结果来说, 对于 AR 序列的阶估计, RIA 方法和 MDL 方法较好, 结果相近, 并且结论对随机误差方差的大小不敏感, 因此表中未列出不同方差的情形.

例 10.1.4　对等距 B 样条基进行仿真: 给定 $t_i = (i-1)(i=1,2,\cdots,151)$, 取 15 个等距样条节点 $\tau_j, j=1,\cdots 15$, 样条系数为 $b=[1,1.2,2,3,8,9,11,11.5,13.4,14.1,17,12, 9.4,3.4,4,3,8,9] \times 10$, 据此 4 阶等距 B 样条生成观测数据:

$$y(t_i) = \sum_{j=-1}^{16} b_j B_4 \left(\frac{t_i - \tau_j}{10} \right) + \varepsilon(t_i) \quad (i = 1, 2, \cdots, 151)$$

ε_t 为正态分布. 真正的阶数为 $K = m_0 + L - 1 = 15 + 3$. 对于不同的随机误差方差 σ^2 和等距 3 次 B 样条基不同的节点数 m(这里 $L=4$, 也可变动 L, 原理相同).

仿真 1000 次, 得到的结论如表 10.1.5 所示. 从表 10.1.5 中可见, RIA 和 MDL 在这种情形下估计结果更好.

表 10.1.5　等距 B 样条基的仿真结果比较

$L=4$	$n=150, \sigma^2=1$						$n=150, \sigma^2=4$					
m	5	10	15	20	25	30	5	10	15	20	25	30
AIC	0	0	903	6	57	34	0	0	857	59	51	33
MDL	0	0	1000	0	0	0	0	0	1000	0	0	0
MAP	0	0	0	0	8	992	0	0	0	0	5	995
RIA	0	0	1000	0	0	0	0	13	987	0	0	0

综合考虑三个仿真算例的计算结果 (表 10.1.3~表 10.1.5), 可见 RIA 最为稳定.

10.1.2.2 不同模型类表示数据的信息评价

本小节研究模型对数据的表示能力, 即模型的相对信息含量.

1) 模型评价思想

由于数据包含的信息体现在两个方面: 模型信息含量和残差信息含量. 考虑用同一种模型评价准则来定义模型相对信息的大小. 基于一个简单的思想, 模型选择的准则最优化函数是取极小值, 说明准则函数越小则模型越好. 因此可利用 RIA 来度量模型之间的差别. 若将 RIA 作为残差的信息含量度量, 根据

$$\text{MI1} = -\text{RIA1} = -\{N \ln \hat{\sigma}_{k_1}^2 - \ln |\boldsymbol{\Gamma}_1| + C d_{k_1} \ln N\} \tag{10.1.35}$$

$$\text{MI2} = -\text{RIA2} = -\{N \ln \hat{\sigma}_{k_2}^2 - \ln |\boldsymbol{\Gamma}_2| + C d_{k_2} \ln N\} \tag{10.1.36}$$

则

$$\Delta(2\,|1) = \text{MI2} - \text{MI1} = \text{RIA1} - \text{RIA2} \tag{10.1.37}$$

可作为模型相对信息含量的一种度量, 视为模型 2 较之模型 1 的信息差. 如果 $\Delta(2\,|1) > 0$, 意即模型 2 比模型 1 好, 模型 2 的信息更多; 如果 $\Delta(2\,|1) < 0$, 意即模型 2 比模型 1 差, 模型 1 的信息更多.

例 10.1.5 多项式分别用多项式基和小波基去拟合进行比较. 在各自模型类里选定最佳阶数, 再比较模型信息的大小. 仍用例 4.3.1 的信号:

$$s[t] = 0 + 0.4t + 0.1t^2 - 0.03t^3 + \varepsilon_t, \quad t = 1, 2, \cdots, n, \quad n = 100, \quad \sigma^2 = 100$$

则多项式基和小波基的模型准则优化函数值分别为 574.5292 和 635.5867, 即 $\Delta(\text{Polynomial}\,|\text{Wavelets}) = 61.0575$, 显然用多项式基拟合最好.

例 10.1.6 三角函数分别用多项式基和小波基去拟合; 在各自模型类里选定最佳阶数, 再比较模型信息的大小. 信号为

$$s[t] = \sin(t) + \sin(10t) + \sin(100t) + \sin(1000t), \quad t = 1, 2, \cdots, n, \quad n = 100, \quad \sigma = 0.15$$

则小波基和多项式基的模型准则优化函数值分别为 15.2753 和 593.5448, 即 $\Delta(\text{Wavelets}\,|\text{Polynomial}) = 578.2695$. 显然用小波基拟合比用多项式基拟合好得多.

2) 模型评价及应用

在航天测量数据处理问题中, $X_1, X_2, \cdots, X_N$ 为独立或相关测元, 给定多个测站数据, 需要解算出一条弹道[57]. $f(X, h(\tau))$ 相当于用不同方法对数据建模, 目前有弹道逐点解算模型 (直接逐点解算弹道参数的 EMBET 方法) 和非线性融合模型 (弹道参数用三次样条表示, 建立非线性测元联合方程, 非线性迭代计算弹道样条系

数的方法) 这两类模型 [57]. 我们需要评价哪一种模型更适于数据处理, 更符合工程实际.

首先从定性的角度分析. 非线性融合模型用到了弹道是二次连续可微的函数的先验信息, 还考虑到先验工程背景中弹道的特征点问题和弹道的分段光滑特性, 由此将弹道用三次样条表示, 体现了弹道参数之间的相关性, 并且可大大节省参数; 而逐点解算模型没有用上任何先验信息, 认为弹道参数没有规律, 相当于服从某区域内的均匀分布, 是无先验情况下熵最大的情形, 即利用的信息少, 模型体现出来的信息也少.

再从定量的角度来分析. 考虑某弹道解算, 给出相应的逐点模型和非线性融合模型 (nonlinear fusion model). 选取 1500 个点, 考虑 x 方向解算弹道与真值的方差, 用两种模型计算得到的结果分别为: $\sigma_1 = 1.47448143$(逐点), $\sigma_2 = 0.14918804$(非线性); 逐点最小二乘模型解算所需的参数为 $k_1 = 1500$, 非线性融合模型对初始弹道进行最优节点拟合, 采用 100 个节点, 参数 $k_2 = 102$, 则易计算出模型信息差量为 (噪声服从 Gauss 正态分布):

$$\Delta(\text{NFM}\,|\,\text{EMBET}) = 1.7096 \times 104$$

非线性样条融合模型较之逐点模型的优势就体现于这个量上.

模型区别的体现在: 不同的模型处理数据后, 其残差大小、残差白化程度和参数数量不同. 区别的本质在于: 好的模型结合了符合实际的工程背景, 描述了事件或问题的自然特性, 这可称为模型先验. 如果再知道弹道系数的范围, 加上约束和附加信息, 得到更加准确的估计, 这体现的是参数先验, 可使参数后验估计的方差减小.

可以看到, 虽然参数先验在 Bayes 方法中常用到, 而模型先验很少有这种提法; 实际上模型先验 (建模过程) 比参数先验更重要, 是参数先验的前提.

注 10.1.3   从一般的函数逼近的角度而言 [58], Fourier 分析的前 m 项逼近速度为 $O(1/\sqrt{m})(m \to \infty)$; 小波基的逼近速度为 $O(1/m)(m \to \infty)$; 曲线小波 (curvelets) 逼近速度为 $O(\log(m)^3/m^2)(m \to \infty)$; 理论上的极限是 $O(1/m^2)(m \to \infty)$, 但目前没有基函数能达到这个极限 (这里的逼近误差为均方误差意义下)[58]. 实际上, 逼近速度可以与上面定义的模型信息联系起来. 容易知道, 基类的逼近速度越快, 达到相同逼近精度所需的参数越少, 模型相对信息含量应该越大. 对一类特定的信号, 如果能找到一类特定的基, 逼近速度比较快, 且有实际工程背景, 这是很有意义的方向.

10.1.2.3   小结

本节考虑了残差白化程度的因素, 将模型的拟合度、模型系数的稀疏性和残差的相关性结合起来, 提出了一种模型选择的新准则 RIA, 并将这种准则转化为模型信息的一种度量方式, 给出了模型定阶和基类选择的多个算例, 其合理性得到了印证. 并探讨了理论上的基函数逼近速度与模型相对信息含量之间的关系.

当然, 评价模型的信息还可有其他准则. 如果考虑数据处理的实时性, 则可加上参数估计效率这一项. 但参数估计效率的评价本身就是一个难点, 模型评价的难度会更大, 各项之间的平衡参数也需要更深入的研究. 另外, 若要研究多项式基、样条基以外的其他基函数, 类似可以得到相应的结论, 只是参数维数 d_k 有所不同.

10.2 飞行试验全程递归评估

已有的试验鉴定方法主要是基于落点精度的, 具体参见第 1 章 Bayes 估计及检验方法. 本节希望从全程试验的成败、精度、数据特征量、目标动力特性等出发, 给出更为全面的鉴定结论 [59-62]. 本节基于战略导弹这种远程制导武器系统, 结合制导工具误差系数的地面测试值和弹道跟踪数据, 研究全程 (主要是主动段) 试验鉴定方法; 特别研究了基于多次试验的递归的多参数融合模型, 构造了特征量以得到弹道特征点处的试验鉴定精度 [59-62].

10.2.1 节针对弹道式导弹的弹道特征, 利用参数化技术建立内弹道与外弹道弹道差节省参数模型. 在此基础上, 应用 Bayes 理论和数据融合方法, 给出了一种能充分利用飞行试验数据和阵地测试数据的全程试验鉴定方法. 因导弹落点可由弹道差数据及有关动力学特性折算, 故落点精度鉴定可归为本节的特殊情况.

10.2.2 节基于两类先验的研究和特征量的建立, 应用 Bayes 方法与序贯分析理论, 对多次试验建立了一个递归的多参数融合模型. 将所有试验先验信息分为直接先验信息和非直接先验信息, 通过参数化先验模型, 将两类先验和试验数据通过递归多参数模型得到参数的后验估计和试验鉴定精度. 构造了三类鉴定特征量, 可以体现不同型号的导弹飞行特征, 且可基于实测数据给出各动力特性段和特征点的试验鉴定特征量.

10.2.1 飞行试验分级及全程成败及精度评估

应用 Bayes 方法的有效性, 关键在于重要先验信息的获取, 及先验分布的合理性 [43-45]. 充分利用试验设计方案、测试发射的测量数据和测量控制的跟踪数据, 建立理想的试验鉴定模型, 是提高试验鉴定精度的重要途径. 由此得到解决问题的思路 [59-62]: 充分利用相关试验资源, 建立弹道差与落点偏差的数量关系, 在此基础上, 充分利用全程弹道信息和数据融合技术, 借助 Bayes 分析来研究适用于导弹试验鉴定的模型及方法. 理论分析和仿真计算表明, 把先验分布的假设放在弹道差上比较合理, 先验分布可直接由制导原理推导, 稳健性比较好. 尤其是可以运用全部的测试和飞行试验数据, 对全程实施鉴定, 并能得到较高精度和高可靠性的鉴定结论.

10.2.1.1　弹道差及其参数化模型

影响导弹落点精度的主要因素中, 制导误差 (分为方法误差和工具误差, 且以工具误差为主) 约占圆概率偏差 (CEP) 的 $85\%\sim95\%$[7-8]. 本节将遥外弹道差参数与制导工具误差联系起来研究试验鉴定问题.

1) 弹道差的节省参数模型

考虑同一试验弹道下外测和遥测弹道的弹道差模型. 若外弹道 (即根据外测设备跟踪解算出的弹道) 和内弹道 (即遥测弹道) 存在不同的时空特征点, 可取模型中的特征点集为各弹道特征点之并集: $T^* = \{T_L\} \cup \{T_S\}$, 其中 T_L 和 T_S 分别为内弹道和外弹道的特征点. 故内外弹道的参数模型皆可用文献 [46] 的规范双正交基表示, $T^* \subset J^*$, J^* 为所有双正交基的节点集.

据双正交基的特点和节省参数的建模原则, 惯性坐标系下位置及速度的内外弹道差参数

$$
\begin{cases}
\Delta \boldsymbol{X} = (\Delta x, \Delta y, \Delta z)^{\mathrm{T}} \overset{\text{def}}{=} (x_{\text{外}}(t) - x_{\text{内}}(t), y_{\text{外}}(t) - y_{\text{内}}(t), z_{\text{外}}(t) - z_{\text{内}}(t))^{\mathrm{T}} \\
\Delta \dot{\boldsymbol{X}} = (\Delta \dot{x}, \Delta \dot{y}, \Delta \dot{z})^{\mathrm{T}} \overset{\text{def}}{=} (\dot{x}_{\text{外}}(t) - \dot{x}_{\text{内}}(t), \dot{y}_{\text{外}}(t) - \dot{y}_{\text{内}}(t), \dot{z}_{\text{外}}(t) - \dot{z}_{\text{内}}(t))^{\mathrm{T}}
\end{cases}
\tag{10.2.1}
$$

可用规范双正交基表示为

$$
\begin{cases}
\Delta x(t) = \displaystyle\sum_{j=1}^{N} b_j \psi_j(t), \Delta y(t) = \displaystyle\sum_{j=1}^{N} b_{j+N} \psi_j(t), \Delta z(t) = \displaystyle\sum_{j=1}^{N} b_{j+2N} \psi_j(t) \\
\Delta \dot{x}(t) = \displaystyle\sum_{j=1}^{N} b_j \dot{\psi}_j(t), \Delta \dot{y}(t) = \displaystyle\sum_{j=1}^{N} b_{j+N} \dot{\psi}_j(t), \Delta \dot{z}(t) = \displaystyle\sum_{j=1}^{N} b_{j+2N} \dot{\psi}_j(t)
\end{cases}
\tag{10.2.2}
$$

注 10.2.1　合并特征点集后, 若用样条基表示则节点多, 从而导致待估参数多; 用规范双正交基表示则可得到节省参数的模型, 重要的是精度更高.

2) 落点偏差公式

弹道导弹命中精度主要取决于对导弹主动段飞行的控制. 落点参数 (L, H) 与惯性系下关机点弹道参数有详细的解析关系式[7-8], 简记为 $L = l(\boldsymbol{R}(t_K), \boldsymbol{V}(t_K))$, $H = h(\boldsymbol{R}(t_K), \boldsymbol{V}(t_K))$, 其中 $\boldsymbol{R}(t) = (R_x(t), R_y(t), R_z(t))^{\mathrm{T}}$ 为位置参数, $\boldsymbol{V}(t) = (V_x(t), V_y(t), V_z(t))^{\mathrm{T}}$ 为速度参数.

根据制导工具系统误差系数 $C(t)$ 的线性模型[8], 内外弹道速度差 $\Delta \dot{\boldsymbol{X}}$ 可表示为

$$
\Delta \dot{\boldsymbol{X}}(t) = \boldsymbol{S}(t) \boldsymbol{C}(t),
\tag{10.2.3}
$$

$C(t)_{n\times 1}$ 是制导系统工具误差系数向量, 可理解为与速度、加速度等有关的变量, 且可认为是时间的慢变函数; 环境函数矩阵 $S(t)_{3\times n}$ 是 $(x(t), y(t), z(t), \dot{x}(t), \dot{y}(t), \dot{z}(t))^{\mathrm{T}}$ 的表达式已知的非线性泛函 [7-8]. 主动段造成的导弹落点偏差与关机时刻 t_K 的弹道差参数的关系为

$$
\begin{cases}
\Delta L = \dfrac{\partial l}{\partial x}\Delta x + \dfrac{\partial l}{\partial y}\Delta y + \dfrac{\partial l}{\partial z}\Delta z + \dfrac{\partial l}{\partial \dot{x}}\Delta \dot{x} + \dfrac{\partial l}{\partial \dot{y}}\Delta \dot{y} + \dfrac{\partial l}{\partial \dot{z}}\Delta \dot{z} \\[3mm]
\Delta H = \dfrac{\partial h}{\partial x}\Delta x + \dfrac{\partial h}{\partial y}\Delta y + \dfrac{\partial h}{\partial z}\Delta z + \dfrac{\partial h}{\partial \dot{x}}\Delta \dot{x} + \dfrac{\partial h}{\partial \dot{y}}\Delta \dot{y} + \dfrac{\partial h}{\partial \dot{z}}\Delta \dot{z}
\end{cases}
\tag{10.2.4}
$$

其中 $(\Delta x, \Delta y, \Delta z, \Delta \dot{x}, \Delta \dot{y}, \Delta \dot{z})$ 为 t_K 时刻惯性坐标系下的弹道差参数, (10.2.4) 式涉及的 12 个偏导数已知. 将 $\Delta \dot{\boldsymbol{X}} \hat{=} (\Delta \dot{x}, \Delta \dot{y}, \Delta \dot{z})$ 视为一个向量, 用双正交基表示为

$$
\Delta \dot{\boldsymbol{X}}(t) = \left(\sum_{j=1}^{M} b_j \psi_j(t), \sum_{j=1}^{M} b_{j+M}\psi_j(t), \sum_{j=1}^{M} b_{j+2M}\psi_j(t) \right)^{\mathrm{T}}
\tag{10.2.5}
$$

$(\psi_1(t), \psi_2(t), \cdots, \psi_M(t))$ 是从 N_M 个双正交基中选取的 M 个低频双正交基, N_M 为用于表示某一方向内外弹道观测值的双正交基的数目. 由 (10.2.3) 式和 (10.2.5) 式知

$$
\begin{bmatrix} \Delta \dot{x}(t) \\[3mm] \Delta \dot{y}(t) \\[3mm] \Delta \dot{z}(t) \end{bmatrix} = \begin{bmatrix} \displaystyle\sum_{j=1}^{M} b_j \psi_j(t) \\[3mm] \displaystyle\sum_{j=1}^{M} b_{j+M}\psi_j(t) \\[3mm] \displaystyle\sum_{j=1}^{M} b_{j+2M}\psi_j(t) \end{bmatrix}, \quad
\begin{bmatrix} \Delta x(t) \\[3mm] \Delta y(t) \\[3mm] \Delta z(t) \end{bmatrix} = \begin{bmatrix} \displaystyle\sum_{j=1}^{M} b_j \int_0^t \psi_j(\tau)\mathrm{d}\tau \\[3mm] \displaystyle\sum_{j=1}^{M} b_{j+M} \int_0^t \psi_j(\tau)\mathrm{d}\tau \\[3mm] \displaystyle\sum_{j=1}^{M} b_{j+2M} \int_0^t \psi_j(\tau)\mathrm{d}\tau \end{bmatrix}
\tag{10.2.6}
$$

将 (10.2.6) 式代入 (10.2.4) 式, 即知落点偏差 $(\Delta L, \Delta H)$ 可以表示为

$$
\begin{cases}
\Delta L = \left(\dfrac{\partial l}{\partial x}, \dfrac{\partial l}{\partial y}, \dfrac{\partial l}{\partial z}, \dfrac{\partial l}{\partial \dot{x}}, \dfrac{\partial l}{\partial \dot{y}}, \dfrac{\partial l}{\partial \dot{z}} \right) \boldsymbol{\Phi}(t_K)\boldsymbol{b} \overset{\text{def}}{=} (\phi_{Li})_{1\times 3M}\boldsymbol{b} \\[4mm]
\Delta H = \left(\dfrac{\partial h}{\partial x}, \dfrac{\partial h}{\partial y}, \dfrac{\partial h}{\partial z}, \dfrac{\partial h}{\partial \dot{x}}, \dfrac{\partial h}{\partial \dot{y}}, \dfrac{\partial h}{\partial \dot{z}} \right) \boldsymbol{\Phi}(t_K)\boldsymbol{b} \overset{\text{def}}{=} (\phi_{Hi})_{1\times 3M}\boldsymbol{b}
\end{cases}
\tag{10.2.7}
$$

其中

$$
\boldsymbol{b} = (b_1, \cdots, b_M, b_{M+1}, \cdots, b_{2M}, b_{2M+1}, \cdots, b_{3M})^{\mathrm{T}}
$$

$$
\boldsymbol{\Phi}(t) \overset{\text{def}}{=} \left[\boldsymbol{\Phi}_1(t)^{\mathrm{T}}, \boldsymbol{\Phi}_2(t)^{\mathrm{T}}, \cdots, \boldsymbol{\Phi}_6(t)^{\mathrm{T}} \right]^{\mathrm{T}}
$$

$$
\overset{\text{def}}{=}
\begin{bmatrix}
\int_0^t \psi_1(\tau)\mathrm{d}\tau & \cdots & \int_0^t \psi_M(\tau)\mathrm{d}\tau & 0 & \cdots \\
0 & \cdots & 0 & \int_0^t \psi_1(\tau)\mathrm{d}\tau & \cdots \\
0 & \cdots & 0 & 0 & \cdots \\
\psi_1(t) & \cdots & \psi_M(t) & 0 & \cdots \\
0 & \cdots & 0 & \psi_1(t) & \cdots \\
0 & \cdots & 0 & 0 & \cdots
\end{bmatrix}
$$

$$
\begin{matrix}
0 & 0 & \cdots & 0 \\
\int_0^t \psi_M(\tau)\mathrm{d}\tau & 0 & \cdots & 0 \\
0 & \int_0^t \psi_1(\tau)\mathrm{d}\tau & \cdots & \int_0^t \psi_M(\tau)\mathrm{d}\tau \\
0 & 0 & \cdots & 0 \\
\psi_M(t) & 0 & \cdots & 0 \\
0 & \psi_1(t) & \cdots & \psi_M(t)
\end{matrix}
\tag{10.2.8}
$$

由于 $\boldsymbol{\Phi}(t)$ 是已知的, ΔL 和 ΔH 均可表示为弹道差参数 $\boldsymbol{b}$ 的线性函数.

3) 弹道差参数的分布

由工程实际, 对导弹的控制可分解为对位置与速度的控制, 也即在指定时刻 τ, 要求

$$
\left| \begin{bmatrix} \Delta \boldsymbol{X}(\tau) \\ \Delta \dot{\boldsymbol{X}}(\tau) \end{bmatrix} \right| \leqslant \boldsymbol{v}(\tau) = (v_1(\tau), v_2(\tau), \cdots, v_6(\tau))^{\mathrm{T}} \tag{10.2.9}
$$

结合 (10.2.6) 式和 (10.2.8) 式, (10.2.9) 式可记为 $|\boldsymbol{\Phi}(\tau)\boldsymbol{b}| \leqslant \boldsymbol{v}(\tau)$. 当双正交基取定, 时刻 τ 给定后, $\boldsymbol{\Phi}(\tau)$ 为已知矩阵. 工程应用时, $\boldsymbol{S}(t)$ 可由遥测数据得到; 而由 $\boldsymbol{C}(t)$ 的每一分量的设计指标可得 $|C_i(t)| \leqslant 3\sigma_i(t)$, 据此模拟产生 $\boldsymbol{C}_{(k)}(t)(k = 1, 2, \cdots, k_0, k_0$ 为足够大的自然数), 从而得到 $\boldsymbol{S}(t)\boldsymbol{C}_{(k)}(t)$ 和 $\int_0^t \boldsymbol{S}(\tau)\boldsymbol{C}_{(k)}(\tau)\mathrm{d}\tau$. 记

$$
\begin{cases}
v_i(t) \overset{\text{def}}{=} \max_{0 \leqslant k \leqslant k_0} \left| \left\{ \int_0^t \boldsymbol{S}(\tau)\boldsymbol{C}_{(k)}(\tau)\mathrm{d}\tau \right\}_i \right|, \\
v_{i+3}(t) \overset{\text{def}}{=} \max_{0 \leqslant k \leqslant k_0} \left| \{ \boldsymbol{S}(t)\boldsymbol{C}_{(k)}(t) \}_i \right|, \\
w_i(t) \overset{\text{def}}{=} \min_{0 \leqslant k \leqslant k_0} \left| \left\{ \int_0^t \boldsymbol{S}(\tau)\boldsymbol{C}_{(k)}(\tau)\mathrm{d}\tau \right\}_i \right|, \\
w_{i+3}(t) \overset{\text{def}}{=} \min_{0 \leqslant k \leqslant k_0} \left| \{ \boldsymbol{S}(t)\boldsymbol{C}_{(k)}(t) \}_i \right|,
\end{cases}
\quad i = 1, 2, 3 \tag{10.2.10}
$$

根据无先验信息情况下的同等无知或最大熵原则 [43-45], 可认为 b 服从于

$$D = \bigcap_{j=1}^{n} D_j = \bigcap_{j=1}^{n} \{b \,|\, w(t_j) \leqslant |\Phi(t_j)b| \leqslant v(t_j)\}$$

内的均匀分布, n 为主动段跟踪的采样点数. 记 $V(D)$ 为 D 的体积, 则分布密度为

$$\pi(b) = \begin{cases} \dfrac{1}{V(D)}, & b \in D \\ 0, & b \notin D \end{cases} \tag{10.2.11}$$

记 $\Delta \tilde{X}(t)$ 和 $\Delta \dot{\tilde{X}}(t)$ 分别为 t 时刻 $\Delta X(t)$, $\Delta \dot{X}(t)$ 的量测数据,

$$a \overset{\text{def}}{=} (\Delta \tilde{X}(t_1)^{\mathrm{T}}, \Delta \dot{\tilde{X}}(t_1)^{\mathrm{T}}, \cdots, \Delta \tilde{X}(t_n)^{\mathrm{T}}, \Delta \dot{\tilde{X}}(t_n)^{\mathrm{T}})^{\mathrm{T}},$$

$$\Phi \overset{\text{def}}{=} (\Phi(t_1)^{\mathrm{T}}, \Phi(t_2)^{\mathrm{T}}, \cdots, \Phi(t_n)^{\mathrm{T}}))^{\mathrm{T}},$$

于是, 由 (10.2.6) 式和 (10.2.8) 式可得

$$a = \Phi b + e, \quad e \sim \mathrm{N}(0, K_{6n \times 6n}) \tag{10.2.12}$$

其中 $K = \mathrm{diag}(K_1, K_2, \cdots, K_n)$, $K_i = \mathrm{D}(\Delta \tilde{X}(t_i)^{\mathrm{T}}, \Delta \dot{\tilde{X}}(t_i)^{\mathrm{T}})^{\mathrm{T}}$.

以下结合实测数据 a 给出 b 的后验估计, 并作出参数评价.

$$p(a\,|\,b) = \frac{1}{(2\pi)^{3n} |K|^{\frac{1}{2}}} \exp\left\{-\frac{1}{2}(a - \Phi b)^{\mathrm{T}} K^{-1}(\dot{a} - \Phi b)\right\} \tag{10.2.13}$$

记 $r(a) = \int_D \exp\left\{a^{\mathrm{T}} K^{-1} \Phi b - \frac{1}{2} b^{\mathrm{T}} \Phi^{\mathrm{T}} K^{-1} \Phi b\right\} \mathrm{d}b$, 则

$$p(a) = \frac{1}{(2\pi)^{3n} |K|^{\frac{1}{2}} V(D)}$$

$$\cdot \int_D \exp\left\{-\frac{1}{2} a^{\mathrm{T}} K^{-1} a + a^{\mathrm{T}} K^{-1} \Phi b - \frac{1}{2} b^{\mathrm{T}} \Phi^{\mathrm{T}} K^{-1} \Phi b\right\} \mathrm{d}b$$

$$= \frac{r(a)}{(2\pi)^{3n} |K|^{\frac{1}{2}} V(D)} \exp\left\{-\frac{1}{2} a^{\mathrm{T}} K^{-1} a\right\} \tag{10.2.14}$$

于是, b 的后验密度分布函数为

$$h(\boldsymbol{b}\,|\,\boldsymbol{a}) = \frac{p(\boldsymbol{a}\,|\,\boldsymbol{b})\,\pi(\boldsymbol{b})}{p(\boldsymbol{a})}$$

$$= \begin{cases} \exp\left\{\dfrac{1}{2}\boldsymbol{a}^{\mathrm{T}}\boldsymbol{K}^{-1}\boldsymbol{a}\right\}\dfrac{1}{r(\boldsymbol{a})}\exp\left\{-\dfrac{1}{2}(\boldsymbol{a}-\boldsymbol{\varPhi}\boldsymbol{b})^{\mathrm{T}}\boldsymbol{K}^{-1}(\boldsymbol{a}-\boldsymbol{\varPhi}\boldsymbol{b})\right\}, & \boldsymbol{b}\in D \\ 0, & \boldsymbol{b}\notin D \end{cases}$$

$$(10.2.15)$$

从而 $\boldsymbol{b}$ 的后验估计为

$$\hat{\boldsymbol{b}}(\boldsymbol{a}) = \mathrm{E}_{\boldsymbol{a}}(\boldsymbol{b}) = \int_D \boldsymbol{b}h(\boldsymbol{b}\,|\,\boldsymbol{a})\mathrm{d}\boldsymbol{b} = \frac{1}{r(\boldsymbol{a})}\int_D \boldsymbol{b}\exp\left\{\boldsymbol{a}^{\mathrm{T}}\boldsymbol{K}^{-1}\boldsymbol{\varPhi}\boldsymbol{b} - \frac{1}{2}\boldsymbol{b}^{\mathrm{T}}\boldsymbol{\varPhi}^{\mathrm{T}}\boldsymbol{K}^{-1}\boldsymbol{\varPhi}\boldsymbol{b}\right\}\mathrm{d}\boldsymbol{b}$$

$$(10.2.16)$$

它的估计精度可由后验协方差矩阵表示:

$$\boldsymbol{V}^h(\hat{\boldsymbol{b}}) = \int_D [(\boldsymbol{b}-\hat{\boldsymbol{b}}(\boldsymbol{a}))(\boldsymbol{b}-\hat{\boldsymbol{b}}(\boldsymbol{a}))^{\mathrm{T}}]h(\boldsymbol{b}\,|\,\boldsymbol{a})\mathrm{d}\boldsymbol{b} \qquad (10.2.17)$$

其后验均值可使得后验方差的估计最小 [43-45].

4) 相应的落点偏差

由 (10.2.7) 式可得

$$\Delta L = \eta_1 \stackrel{\text{def}}{=} \boldsymbol{\phi}_L \boldsymbol{b} = \sum_{i=1}^{3M}\phi_{Li}b_i, \quad \Delta H = \eta_2 \stackrel{\text{def}}{=} \boldsymbol{\phi}_H \boldsymbol{b} = \sum_{i=1}^{3M}\phi_{Hi}b_i \qquad (10.2.18)$$

以下由 $\boldsymbol{b}$ 的分布得到落点偏差 (η_1, η_2) 的分布.

定理 10.2.1 记 $\boldsymbol{b} = (b_1, b_2, \cdots, b_{3M})^{\mathrm{T}}$ 的联合分布密度函数为 $p(x_1, x_2, \cdots, x_{3M})$, (η_1, η_2) 与 $\boldsymbol{b}$ 的函数关系由 (10.2.18) 式给出, 则 (η_1, η_2) 的联合分布密度函数为

$$q(y_1, y_2) = \int_{R^{3M-2}} \frac{\tilde{h}(\boldsymbol{y}\,|\,\boldsymbol{a})\mathrm{d}y_3\mathrm{d}y_4\cdots\mathrm{d}y_{3M}}{\phi_{L1}\phi_{H2} - \phi_{L2}\phi_{H1}} \qquad (10.2.19)$$

其中 $\tilde{h}(\boldsymbol{y}\,|\,\boldsymbol{a}) = \begin{cases} h(\boldsymbol{y}\,|\,\boldsymbol{a}), & \boldsymbol{y}\in D \\ 0, & \boldsymbol{y}\notin D \end{cases}$, 且 $h(\boldsymbol{y}\,|\,\boldsymbol{a}) = p(x_1(y), x_2(y), \cdots, x_{3M}(y))$.

证明 不妨记 $\boldsymbol{\eta} = (\eta_1, \eta_2, \cdots, \eta_{3M})^{\mathrm{T}}$, 其中 η_1, η_2 与 $\boldsymbol{b}$ 的关系见 (10.2.18) 式. 考虑到随机变量的变换中向量维数应相等, 令 $\eta_i = b_i, i = 3, 4, \cdots, 3M$, 且记 $\boldsymbol{\eta} = (\eta_1, \eta_2, \cdots, \eta_{3M})^{\mathrm{T}}$ 的联合分布密度函数为 $q_*(y)$, 则可求出变换的 Jacobi 矩阵 $\boldsymbol{J}$ 的行列式为

$$J = \begin{vmatrix} \dfrac{\partial x_1}{\partial y_1} & \cdots & \dfrac{\partial x_1}{\partial y_{3M}} \\ \vdots & & \vdots \\ \dfrac{\partial x_{3M}}{\partial y_1} & \cdots & \dfrac{\partial x_{3M}}{\partial y_{3M}} \end{vmatrix} = \frac{1}{\phi_{L1}\phi_{H2} - \phi_{L2}\phi_{H1}}$$

由此可得

$$q_*(y) = p(x_1(y), x_2(y), \cdots, x_{3M}(y)) \, |\boldsymbol{J}|, \quad q(y_1, y_2)$$
$$= \int_{R^{3M-2}} \tilde{q}(y_1, y_2, \cdots, y_{3M}) \mathrm{d}y_{3M} \cdots \mathrm{d}y_3$$

其中 $\tilde{q}(y_1, y_2, \cdots, y_{3M}) = \begin{cases} q_*(\boldsymbol{y}), & y \in D, \\ 0, & \boldsymbol{y} \notin D, \end{cases}$ 此即 (10.2.19) 式. 证毕.

10.2.1.2 基于弹道差的鉴定方法

以下将结合试验数据与 Bayes 方法来对主动段实施成败鉴定和成功后的精度鉴定.

1) 成败鉴定

根据工程实际背景, 控制参数 v 可由制导工具的地面测试信息给出. 考虑 $[0, \tau]$ 时间段的飞行试验, 据所有 $t_i < \tau$ 的先验信息, 结合 $t_i \leqslant \tau$ 的实测数据, 类似 (10.2.16) 式得 $\boldsymbol{b}(t \leqslant \tau)$ 的后验估计 $\hat{\boldsymbol{b}}(v(t))$, 相应的弹道差参数的估值可据 (10.2.6) 式得到. 再计算

$$\hat{\boldsymbol{v}}(t) = \boldsymbol{\Phi}(t)\hat{\boldsymbol{b}}(v(t)), \quad t \leqslant \tau \tag{10.2.20}$$

在一次试验中, 若 $|\hat{v}(t)| \leqslant v(t)(t \leqslant \tau)$, 则可判定导弹在 $[0, \tau]$ 时间段飞行成功, 否则失败. 显然, 这种方法不必构造基于经典统计理论大样本抽样的统计量, 在特小子样的场合优于传统方法; 且可判别一次失败的武器定型试验究竟是从何处开始偏差过大. 关于误判风险, 特小子样下只能据前后相关数据来定义准则, 无法按经典方法处理.

2) 精度鉴定

在成败鉴定的基础上, 利用关机点以前的全部飞行试验数据, 可以得到 $q(y_1, y_2)$. 由 (10.2.15) 式和 (10.2.19) 式, 根据弹道差的方差及先验信息, 落点纵横向偏差的期望值为

$$\mathrm{E}[\Delta L] = \int_{-\infty}^{+\infty} \int_{-\infty}^{+\infty} y_1 q(y_1, y_2) \mathrm{d}y_1 \mathrm{d}y_2, \quad \mathrm{E}[\Delta H] = \int_{-\infty}^{+\infty} \int_{-\infty}^{+\infty} y_2 q(y_1, y_2) \mathrm{d}y_1 \mathrm{d}y_2 \tag{10.2.21}$$

其估计方差分别为

$$\begin{cases} \mathrm{Var}(\Delta L) = \displaystyle\int_{-\infty}^{+\infty} \int_{-\infty}^{+\infty} (y_1 - \mathrm{E}[\Delta L])^2 q(y_1, y_2) \mathrm{d}y_1 \mathrm{d}y_2 \\ \mathrm{Var}(\Delta H) = \displaystyle\int_{-\infty}^{+\infty} \int_{-\infty}^{+\infty} (y_2 - \mathrm{E}[\Delta H])^2 q(y_1, y_2) \mathrm{d}y_1 \mathrm{d}y_2 \end{cases} \tag{10.2.22}$$

3) 先验分布的稳健性评估

先验分布的稳健性可用扰动法研究[43-45]. 假设 F 是比较贴近工程实际的先验分布, 而 G 是与 F 比较接近的分布, 可视 $G(x) = (1-\varepsilon)F(x) + \varepsilon W(x)$, 其中 W 属于所有可能的扰动分布的集合. 实测数据与双正交基系数如前记为 $\boldsymbol{a}$ 和 $\boldsymbol{b}$, 当先验分布 π 在先验类 G 中变动时鉴定结论的稳健性由可能的后验期望损失的范围来推断. 若相应于 F 和 W 的后验密度 $h_f(\boldsymbol{b}|\boldsymbol{a})$ 和 $h_w(\boldsymbol{b}|\boldsymbol{a})$ 存在, 则 G 的后验密度为[44]

$$h_g(\boldsymbol{b}|\boldsymbol{a}) = \lambda(\boldsymbol{a})\, h_f(\boldsymbol{b}|\boldsymbol{a}) + [1-\lambda(\boldsymbol{a})]h_w\,(\boldsymbol{b}|\boldsymbol{a}) \tag{10.2.23}$$

其中 $\lambda(\boldsymbol{a}) = \left[1 + \dfrac{\varepsilon m(\boldsymbol{a}\,|h_w)}{(1-\varepsilon)m(\boldsymbol{a}\,|h_f)}\right]^{-1}$, 而由 (10.2.11) 式和 (10.2.13) 式, 有

$$m(\boldsymbol{a}|h_f) = \int_D p_f(\boldsymbol{a}|\boldsymbol{b})\pi_f(\boldsymbol{b})\mathrm{d}\boldsymbol{b}$$

$$= \frac{1}{(2\pi)^{3n}\,|\boldsymbol{K}|^{\frac{1}{2}}\,V(D)} \int_D \exp\left\{-\frac{1}{2}(\boldsymbol{a}-\boldsymbol{\Phi b})^{\mathrm{T}}\boldsymbol{K}^{-1}(\boldsymbol{a}-\boldsymbol{\Phi b})\right\}\mathrm{d}\boldsymbol{b}$$

关于 $m(\boldsymbol{a}\,|h_w)$ 的值在确定 $h_w(\boldsymbol{b}|\boldsymbol{a})$ 的分布形式后可类推. 则相应于 h_g 的后验均值及方差有与 (10.2.21) 和 (10.2.22) 式相同的结果, 只需将其中的分布密度函数 $q(y_1, y_2)$ 改为 $q_g(y_1, y_2)$(由 (10.2.15) 式、(10.2.19) 式、(10.2.23) 式可得). 给定 ε, 比较污染前后 $\mathrm{E}[\Delta L], \mathrm{E}[\Delta H]$ 的差别即知先验分布的稳健性. 如

$$\mathrm{E}_\varepsilon[\Delta L] = \mathrm{E}_g[\Delta L] - \mathrm{E}_f[\Delta L] = \int_{-\infty}^{+\infty}\int_{-\infty}^{+\infty} y_1(q_g(y_1,y_2) - q_f(y_1,y_2))\mathrm{d}y_1\mathrm{d}y_2$$

$$= \int_{-\infty}^{+\infty}\int_{-\infty}^{+\infty} y_1\Bigg\{\int_{R^{3M-2}}\frac{(1-\lambda(\boldsymbol{a}))}{\phi_{L1}\phi_{H2}-\phi_{L2}\phi_{H1}}$$

$$\cdot [\tilde{h}_w(\boldsymbol{y}|\boldsymbol{a}) - \tilde{h}_f(\boldsymbol{y}|\boldsymbol{a})]\mathrm{d}y_3\cdots\mathrm{d}y_{3M}\Bigg\}\mathrm{d}y_1\mathrm{d}y_2 \tag{10.2.24}$$

其中 $\tilde{h}$ 与 h 的关系由上节给出. $\mathrm{E}_\varepsilon[\Delta H]$ 可类似得到.

4) 鉴定结果的精度分析

由于落点及指定特征点的误差均可视为弹道差参数的函数, 可得到相应的落点和指定特征点的条件方差. 从 (10.2.17) 式可知 $\boldsymbol{b}$ 参数估计的精度. 而从落点角度考虑鉴定结果的精度, 一是由给定 $\boldsymbol{b}$ 的先验分布后用落点纵横向偏差估计值的方差来确定 (见 (10.2.22) 式); 二是 $\boldsymbol{b}$ 的先验分布的错误造成的偏差, 可见 10.2.1.2 节

的结论. 由此, 鉴定结果的精度为

$$\mathrm{MSE}_\varepsilon(\Delta L) = (\mathrm{E}_\varepsilon[\Delta L])^2 + \mathrm{Var}(\Delta L) = [\boldsymbol{\phi}_L \varepsilon(\mathrm{E}\boldsymbol{b}_f - \mathrm{E}\boldsymbol{b}_w)]^2 + \boldsymbol{\phi}_L \mathrm{Var}(\hat{\boldsymbol{b}})\boldsymbol{\phi}_L^{\mathrm{T}}$$

$$= \boldsymbol{\phi}_L[\varepsilon^2(\mathrm{E}\boldsymbol{b}_f - \mathrm{E}\boldsymbol{b}_w)(\mathrm{E}\boldsymbol{b}_f - \mathrm{E}\boldsymbol{b}_w)^{\mathrm{T}} + \mathrm{Var}(\hat{\boldsymbol{b}})]\boldsymbol{\phi}_L^{\mathrm{T}}$$

$$(10.2.25)$$

$$\mathrm{MSE}_\varepsilon(\Delta H) = (\mathrm{E}_\varepsilon[\Delta H])^2 + \mathrm{Var}(\Delta H) = [\boldsymbol{\phi}_H \varepsilon(\mathrm{E}\boldsymbol{b}_H - \mathrm{E}\boldsymbol{b}_w)]^2 + \boldsymbol{\phi}_H \mathrm{Var}(\hat{\boldsymbol{b}})\boldsymbol{\phi}_H^{\mathrm{T}}$$

$$= \boldsymbol{\phi}_H[\varepsilon^2(\mathrm{E}\boldsymbol{b}_f - \mathrm{E}\boldsymbol{b}_w)(\mathrm{E}\boldsymbol{b}_f - \mathrm{E}\boldsymbol{b}_w)^{\mathrm{T}} + \mathrm{Var}(\hat{\boldsymbol{b}})]\boldsymbol{\phi}_H^{\mathrm{T}}$$

$$(10.2.26)$$

还可用仿真方法验证试验鉴定方法的合理性及先验分布假设稳健性.

10.2.1.3　应用例子

以远程火箭的理论弹道数据和制导工具误差的设计值为基础, 根据实际工程背景和数据确定特征点集, 按文中方法形成仿真遥外测弹道参数, 转换得到惯性系下的弹道差参数: $\Delta \dot{x}(t_i), \Delta \dot{y}(t_i), \Delta \dot{z}(t_i)$, 其中 $t_i = 0.05(i-1), i = 1, 2, \cdots, 3600$.

以主动段中 $t_0 = 150\mathrm{s}$ 的成败鉴定和关机点 $t_K = 180\mathrm{s}$ 的精度鉴定为例. 控制参数 $v(t)$ 可由环境函数和制导工具误差系数的测试信息 $\boldsymbol{S}(t)\boldsymbol{C}(t), \int \boldsymbol{S}(t)\boldsymbol{C}(t)\mathrm{d}t$ 仿真得到, 根据 (10.2.10) 式, 由双正交基及积分得到基矩阵 $\boldsymbol{\Phi}(t_0)$, 得到双正交基系数 $\boldsymbol{b}$ 的先验分布 $|\boldsymbol{\Phi}(t)\boldsymbol{b}| \leqslant v(t)$, $\boldsymbol{b}$ 为 3×60 维的列向量; 再结合本次试验的遥外测量数据, 由 (10.2.16) 式 ($N = 10000$) 求得后验估计 $\hat{\boldsymbol{b}}$. 在 $t \leqslant t_0$ 时均有 $|\hat{v}(t)| = |\boldsymbol{\Phi}(t)\hat{\boldsymbol{b}}(v(t))| \leqslant v(t)$, 可说明 $[0, t_0]$ 时间段飞行成功.

仿真真实落点为 $\Delta L = -196.9\mathrm{m}, \Delta H = 145.3\mathrm{m}$. 关机点 t_K 的鉴定结果利用先验信息可得 (见表 10.2.1 中 $\varepsilon = 0$ 对应的值). 改变先验分布, $W(x)$ 扰动为多元正态分布, 变动 $\varepsilon : 0 \leqslant \varepsilon \leqslant 0.1$, 根据 10.2.1.2 节计算相应落点偏差的期望值, 分析分布扰动对飞行试验成败型和精度鉴定的影响. 如表 10.2.1 所示. 从表 10.2.1 知先验分布的扰动对本节方法的影响不大.

表 10.2.1　先验分布的扰动对本节方法鉴定结论的影响

ε	$\Delta L/\mathrm{m}$	$\Delta H/\mathrm{m}$	ε	$\Delta L/\mathrm{m}$	$\Delta H/\mathrm{m}$
0.0	-212.6	144.8	0.05	-214.9	145.4
0.01	-213.0	144.9	0.08	-216.3	145.7
0.02	-213.5	145.1	0.10	-217.2	146.0

传统的落点精度鉴定中, 在特小子样或无充分落点先验信息的情况下, 如果落点在圆周上, 传统方法难以判定试验成败. 如果是落点不在圆周上的情况, 传统方

法一般已假设 $\begin{pmatrix} \Delta L \\ \Delta H \end{pmatrix} \sim \mathrm{N}(\mu, \sigma^2 \boldsymbol{I})$, 这里 μ 和 σ 的值可由厂家给出, 也可由以前若干次试验统计得到. 由此可应用 Bayes 公式和本次试验 $(\Delta L, \Delta H)$ 的实际值得到 $(\Delta L, \Delta H)$ 的鉴定结果. 这种方法, 对先验分布 $\mathrm{N}(\mu, \sigma^2 \boldsymbol{I})$ 的依赖性较强. 改变 μ 和 σ 的值, 或改变分布函数, 对鉴定结论的影响都较大.

以下给出一个相应的试验鉴定图例.

给出试验的遥测和外测测量数据. 用双正交基对弹道差数据进行拟合, 得到参数 b, 其中 b 为 3×60 的列向量. 由双正交基及积分得到基矩阵 $\boldsymbol{\Phi}(t_0)$. 结合本次试验的遥外弹道的测量数据, $(N = 10000)$ 求得弹道差参数的后验估计 $\hat{b}$. 还可得到速度差 $\max |\boldsymbol{S}(t)\boldsymbol{C}(t)|$ 和位置差 $\max \left| \int \boldsymbol{S}(t)\boldsymbol{C}(t)\mathrm{d}t \right|$ 的值.

图 10.2.1 中, (a) 为 z 方向速度差的后验估计与约束值 $\max |\boldsymbol{S}(t)\boldsymbol{C}(t)|$ 的关系, (b) 为 z 方向位置差的后验估计与约束值 $\max \left| \int \boldsymbol{S}(t)\boldsymbol{C}(t)\mathrm{d}t \right|$ 的关系.

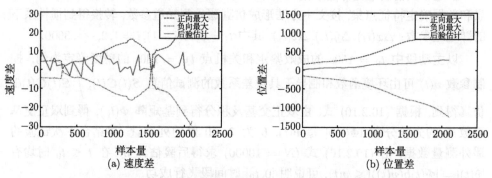

图 10.2.1　z 方向弹道差的后验估计与约束值的关系

从图中可以看出, z 方向速度和位置的后验估计基本处于正极大值和负极大值形成的带区内, 可以认为此次试验是成功的.

注 10.2.2　本节方法主要用于弹道式导弹, 对非弹道式导弹, 将方程做必要的调整后仍适用.

10.2.2　基于两类先验和不同特征量的多次递归评估

试验鉴定中目前运用多源信息的角度主要是折合, 即将仿真试验和特殊弹道的试验结论折合到落点, 形成先验信息, 再在此基础上做工作 [54-56]. 这当然有合理性, 不过鉴定模型中没有直接用上地面测试数据和全程弹道跟踪数据. 本节 [61] 拟充分利用全程飞行跟踪数据、历次试验数据、阵地测试数据等试验资源, 重点研究两类先验信息, 建立了一个多次试验的递归多参数模型, 并设计了三个特征量, 应用 Bayes 方法与序贯分析理论, 得到了各动力特性段及各特征点的鉴定精度结论.

10.2.2.1　同一型号的飞行试验特征量

一个型号的导弹从设计到交付使用, 会经历研制性试验、定型试验、批生产检验性试验和战术使用性能试验等几类检验目的不同的多组试验 [1-5]. 如果希望利用各类试验的多源信息 (不仅仅局限于落点数据), 则首先需研究同一型号各类试验间的特征量.

弹道差可作为含参数随机过程的一个实现, (10.2.2) 式即此过程的一个线性表示, 系数 b 即为随机向量. 本节希望利用试验跟踪数据, 确定该随机向量的统计特性. 同时, 将含参数随机过程的特征参数与该随机向量的统计特性进行分离与识别. 由此得到对导弹精度的判定.

在对合作目标进行跟踪时, 由于对弹道有一定了解 (或可对跟踪数据分析得到): 在特征点 (点火点、级间关机点、程序转弯点) 处, 弹道参数 $\boldsymbol{X}(t) = (x(t), y(t), z(t), \dot{x}(t), \dot{y}(t), \dot{z}(t))^{\mathrm{T}}$ 关于时间 t 的可微性要差一些, 相应的遥外弹道差参数也有这种特性.

特征点除了应直接取为基函数的节点外, 该点的数据还蕴涵弹道的某些特性. 从工程背景的分析可知, 同一型号导弹的设计参数是基本确定的, 除了修改设计上的误差, 其特征点处体现导弹某些特性的参数不会发生大的改变. 在第 I 次试验中, 将惯性坐标系下的外弹道参数记为 $\boldsymbol{X}^{(I)} = (x(t), y(t), z(t), \dot{x}(t), \dot{y}(t), \dot{z}(t))^{\mathrm{T}}$, 相应的遥外弹道差参数记为 $\Delta\boldsymbol{X}^{(I)} = (\Delta x(t), \Delta y(t), \Delta z(t), \Delta\dot{x}(t), \Delta\dot{y}(t), \Delta\dot{z}(t))^{\mathrm{T}}$. 由此, 在本书关心的落点偏差估计的基础上, 可定义特征点的几个导弹性能特征量如下:

C_1: 第 I 次试验中, 在特征点 T_k 处, $C_{1T_k}^{(I)} = \dfrac{\displaystyle\int_{T_{k-1}}^{T_k} \Delta\boldsymbol{X}^{(I)}\mathrm{d}t}{\displaystyle\int_{T_{k-1}}^{T_k} \boldsymbol{X}^{(I)}\mathrm{d}t}$, 该特征量考察的

是导弹一次飞行试验中, 在特征点 T_k 的平均偏离度;

C_2: 第 I 次试验中, 在特征点 T_k 处, $C_{2T_k}^{(I)} = \dfrac{\displaystyle\int_{T_{k-1}}^{T_k} (\Delta\boldsymbol{X}^{(I)})^2\mathrm{d}t}{\displaystyle\int_{T_{k-1}}^{T_k} (\boldsymbol{X}^{(I)})^2\mathrm{d}t}$, 该特征量考察

的是导弹一次飞行试验的波动稳定性;

C_3: 第 I 次试验中, 在特征点 T_k 处, $C_{3T_k}^{(I)} = \{\hat{\boldsymbol{b}}^{(I)}\}$, 则总体试验效果为 $C_{3T_k} = \{\mathrm{mean}(\hat{\boldsymbol{b}}^{(I)}), \mathrm{Var}(\hat{\boldsymbol{b}}^{(I)})\}$, 该特征量考察的是多次试验后导弹飞行参数的统计特性, 特别是 $\mathrm{Var}(\hat{\boldsymbol{b}}^{(I)})$ 考察了多次飞行试验的总体稳定性.

注 10.2.3　上述各特征量均有六个值, 分别针对弹道参数的六个分量 (包括

三个方向的位置参数和速度参数), 为记号简便, 定义中直接用弹道参数向量表示.

由于弹道差参量对落点偏差有影响, 以上 C_1 和 C_2 体现的是随机过程 (遥外弹道差数据) 的单次试验特征量, C_3 体现的是多次试验中飞行参数的统计特征量.

10.2.2.2 两类参数化先验

考虑到对特征量有影响的先验信息不仅仅局限于落点先验信息, 这里将相关的先验信息分为两类.

1) I 类先验和 II 类先验的定义

I 类先验 $\pi^{(1)}$: 同一型号武器系统的制导系统工具误差系数的测试均值及方差.

II 类先验 $\pi^{(2)}$: 同一型号武器系统的以往历次试验中 (不含当前进行的这一次试验), 分系统级以上的分系统试验数据、全程飞行试验跟踪测量数据 (包括落点数据) 等.

2) 两类先验的相关模型

I 类先验 $\pi^{(1)}$ 可形成弹道参数的约束. 由实际工程背景, 对导弹的姿态、射程角等的控制可分解转化为对位置与速度的控制, 即在指定时刻 τ, 要求遥外弹道差的位置参数 $\Delta \boldsymbol{X} = (\Delta x, \Delta y, \Delta z)^{\mathrm{T}}$ 和速度参数 $\Delta \dot{\boldsymbol{X}} = (\Delta \dot{x}, \Delta \dot{y}, \Delta \dot{z})^{\mathrm{T}}$ 必须满足下式 (参见 (10.2.8) 式记号)

$$|\boldsymbol{\Phi}(\tau)\boldsymbol{b}| \leqslant \boldsymbol{v}(\tau) \tag{10.2.27}$$

当基取定, 时刻 τ 给定后, 基矩阵 $\boldsymbol{\Phi}(\tau)$ 为已知矩阵. 环境函数矩阵 $\boldsymbol{S}(t)$ 可由遥测数据得到, 制导工具误差系数 $\boldsymbol{C}(t)$ 的先验可由地面测试信息得到, 即 I 类先验 $\pi^{(1)}$ 满足正态分布: $\boldsymbol{C}(0) \sim \mathrm{N}(C_0, \Sigma_0)$, 其中 $\boldsymbol{C}(0)$ 为一向量, 它的维数由测试的制导工具误差系数项决定. 然后据每一分量的设计指标可模拟产生 $\boldsymbol{C}_{(k)}(t)(k = 1, 2, \cdots, k_0, k_0$ 为项数), 从而得到 $\boldsymbol{S}(t)\boldsymbol{C}_{(k)}(t)$ 和 $\int_0^t \boldsymbol{S}(\tau)\boldsymbol{C}_{(k)}(\tau)\mathrm{d}\tau$, 由其各分量的极大极小值, 得到 τ 时刻下参数 $\boldsymbol{b}$ 的控制范围 $\boldsymbol{w}(\tau)$ 和 $\boldsymbol{v}(\tau)$. 其中参数 $\boldsymbol{b}$ 服从均匀分布.

历次分系统试验数据和全程飞行跟踪数据等可分段考虑, 在特征点处, 这些数据结合 I 类先验 $\pi^{(1)}$ 可以转化为 II 类先验 $\pi^{(2)}$.

在特征点 T_l 处, 在 I 类先验 $\pi^{(1)}$ 和分系统试验数据 (或全程飞行跟踪数据) 的基础上 [60], 可计算得到弹道差参数的后验分布, 从而得到 T_l 处的弹道差及后验协方差矩阵:

$$\hat{\boldsymbol{b}}(\boldsymbol{a}) = \mathrm{E}_{\boldsymbol{a}}(\boldsymbol{b}) = \int_D \boldsymbol{b}h(\boldsymbol{b}|\boldsymbol{a})\mathrm{d}\boldsymbol{b} = \frac{1}{r(\boldsymbol{a})}\int_D \boldsymbol{b}\exp\left\{\boldsymbol{a}^{\mathrm{T}}\boldsymbol{K}^{-1}\boldsymbol{\Phi}\boldsymbol{b} - \frac{1}{2}\boldsymbol{b}^{\mathrm{T}}\boldsymbol{\Phi}^{\mathrm{T}}\boldsymbol{K}^{-1}\boldsymbol{\Phi}\boldsymbol{b}\right\}\mathrm{d}\boldsymbol{b} \tag{10.2.28}$$

$$V^h(\hat{\boldsymbol{b}}) = \int_D [(\boldsymbol{b} - \hat{\boldsymbol{b}}(a))(\boldsymbol{b} - \hat{\boldsymbol{b}}(a))^{\mathrm{T}}] h(\boldsymbol{b}\,|\,\boldsymbol{a}) \mathrm{d}\boldsymbol{b} \tag{10.2.29}$$

此即为 II 类先验 $\pi^{(2)}$. 这里 $\boldsymbol{a} \hat{=} (\Delta\tilde{\boldsymbol{X}}(t_1)^{\mathrm{T}}, \Delta\dot{\tilde{\boldsymbol{X}}}(t_1)^{\mathrm{T}}, \cdots, \Delta\tilde{\boldsymbol{X}}(t_n)^{\mathrm{T}}, \Delta\dot{\tilde{\boldsymbol{X}}}(t_n)^{\mathrm{T}})^{\mathrm{T}}$
分别为 t_i 时刻 $\Delta\boldsymbol{X}(t)$, $\Delta\dot{\boldsymbol{X}}(t)$ 的量测数据, $h(\boldsymbol{b}\,|\,\boldsymbol{a})$ 为 $\boldsymbol{b}$ 的后验密度分布函数; 且
有 $\boldsymbol{a} = \boldsymbol{\Phi}\boldsymbol{b} + e, e \sim \mathrm{N}(\boldsymbol{0}, \boldsymbol{K}_{6n \times 6n})$, 其中协方差阵

$$\boldsymbol{K} = \mathrm{diag}\,(K_1, K_2, \cdots, K_n), \quad \boldsymbol{K}_i = \mathrm{D}\,(\Delta\tilde{\boldsymbol{X}}(t_i)^{\mathrm{T}}, \Delta\dot{\tilde{\boldsymbol{X}}}(t_i)^{\mathrm{T}})^{\mathrm{T}}.$$

10.2.2.3 各特征段的试验鉴定精度模型

1) 两类先验的应用

I 类先验 $\pi^{(1)}$ 在每一次分系统级以上试验单独使用. II 类先验 $\pi^{(2)}$ 如下文递归使用.

实际上, 如果已经有多次地面、小射程或全程试验, 完全可以根据数据集来构造弹道参数的先验分布, 使得后验分布的似然函数落在先验的中心部分, 这样就可保证先验分布比较稳健 [43-45]. 而先验分布的形式可以根据工程经验选定, 然后选择具有这种形式的先验密度, 使其最接近工程经验. 较佳的选择是共轭分布, 后验和先验的形式保持相同. 如果只考虑落点偏差问题, 则二元正态分布是较好的选择.

如果有前几发弹的信息和数据, 则可根据所有的弹道数据重新确定特征点集 (为其并集), 按文献 [46] 中方法重新构造样条基或双正交基, 得到相应参数 $\boldsymbol{b}$. 再将结合上发试验数据得到的 $\boldsymbol{b}$ 的后验分布作为这发弹的参数的先验分布, 综合跟踪数据, 即可得到这发弹的参数 $\boldsymbol{b}$ 的后验估计, 从而得到试验的成败和精度鉴定结果. 以下给出得到二次试验数据后的参数估计结果.

承 10.2.2.2 节记号, 记第一次、第二次试验的实测数据为 $\boldsymbol{a}_1$, $\boldsymbol{a}_2$, 第二次估计的参数先验分布即第一次估计的参数后验分布, 为 $h(\boldsymbol{b}\,|\,\boldsymbol{a}_1)$, 则第二次估计的参数后验分布密度如下:

$$h(\boldsymbol{b}\,|\,\boldsymbol{a}_2) = \frac{p(\boldsymbol{a}_2\,|\,\boldsymbol{b})\,\pi_2(\boldsymbol{b})}{\displaystyle\int_R p(\boldsymbol{a}_2\,|\,\boldsymbol{b})\pi_2(\boldsymbol{b})\mathrm{d}\boldsymbol{b}} = \frac{p(\boldsymbol{a}_2\,|\,\boldsymbol{b})\,h(\boldsymbol{b}\,|\,\boldsymbol{a}_1)}{\displaystyle\int_R p(\boldsymbol{a}_2\,|\,\boldsymbol{b})\,h(\boldsymbol{b}\,|\,\boldsymbol{a}_1)\mathrm{d}\boldsymbol{b}}$$

$$= \left(\frac{1}{(2\pi)^{3n}\,|\boldsymbol{K}|^{\frac{1}{2}}} \exp\left\{-\frac{1}{2}(\boldsymbol{a}_2 - \boldsymbol{\Phi}\boldsymbol{b})^{\mathrm{T}}\boldsymbol{K}^{-1}(\boldsymbol{a}_2 - \boldsymbol{\Phi}\boldsymbol{b})\right\} \right.$$

$$\left. \times \frac{\exp\left\{\dfrac{1}{2}\boldsymbol{a}_1^{\mathrm{T}}\boldsymbol{K}^{-1}\boldsymbol{a}_1\right\}}{r(\boldsymbol{a}_1)} \exp\left\{-\frac{1}{2}(\boldsymbol{a}_1 - \boldsymbol{\Phi}\boldsymbol{b})^{\mathrm{T}}\boldsymbol{K}^{-1}(\boldsymbol{a}_1 - \boldsymbol{\Phi}\boldsymbol{b})\right\} \right) \Bigg/$$

$$
\left(\int_{R^{3M}} \frac{1}{(2\pi)^{3n} |\boldsymbol{K}|^{\frac{1}{2}}} \exp\left\{ -\frac{1}{2}(\boldsymbol{a}_2 - \boldsymbol{\Phi b})^{\mathrm{T}} \boldsymbol{K}^{-1} (\boldsymbol{a}_2 - \boldsymbol{\Phi b}) \right\} \right.
$$

$$
\left. \times \frac{\exp\left\{ \frac{1}{2} \boldsymbol{a}_1^{\mathrm{T}} \boldsymbol{K}^{-1} \boldsymbol{a}_1 \right\}}{r(\boldsymbol{a}_1)} \exp\left\{ -\frac{1}{2}(\boldsymbol{a}_1 - \boldsymbol{\Phi b})^{\mathrm{T}} \boldsymbol{K}^{-1} (\boldsymbol{a}_1 - \boldsymbol{\Phi b}) \right\} \mathrm{d}\boldsymbol{b} \right)
$$

$$
= \frac{\exp\{\boldsymbol{a}_1^{\mathrm{T}} \boldsymbol{K}^{-1} \boldsymbol{\Phi b} + \boldsymbol{a}_2^{\mathrm{T}} \boldsymbol{K}^{-1} \boldsymbol{\Phi b} - \boldsymbol{b}^{\mathrm{T}} \boldsymbol{\Phi}^{\mathrm{T}} \boldsymbol{K}^{-1} \boldsymbol{\Phi b}\}}{\int_{R^{3M}} \exp\{\boldsymbol{a}_1^{\mathrm{T}} \boldsymbol{K}^{-1} \boldsymbol{\Phi b} + \boldsymbol{a}_2^{\mathrm{T}} \boldsymbol{K}^{-1} \boldsymbol{\Phi b} - \boldsymbol{b}^{\mathrm{T}} \boldsymbol{\Phi}^{\mathrm{T}} \boldsymbol{K}^{-1} \boldsymbol{\Phi b}\} \mathrm{d}\boldsymbol{b}}
$$

$$
= \begin{cases} \dfrac{\exp\{\boldsymbol{a}_1^{\mathrm{T}} \boldsymbol{K}^{-1} \boldsymbol{\Phi b} + \boldsymbol{a}_2^{\mathrm{T}} \boldsymbol{K}^{-1} \boldsymbol{\Phi b} - \boldsymbol{b}^{\mathrm{T}} \boldsymbol{\Phi}^{\mathrm{T}} \boldsymbol{K}^{-1} \boldsymbol{\Phi b}\}}{\displaystyle\int_{D} \exp\{\boldsymbol{a}_1^{\mathrm{T}} \boldsymbol{K}^{-1} \boldsymbol{\Phi b} + \boldsymbol{a}_2^{\mathrm{T}} \boldsymbol{K}^{-1} \boldsymbol{\Phi b} - \boldsymbol{b}^{\mathrm{T}} \boldsymbol{\Phi}^{\mathrm{T}} \boldsymbol{K}^{-1} \boldsymbol{\Phi b}\} \mathrm{d}\boldsymbol{b}}, & \boldsymbol{b} \in D \\[4mm] 0, & \boldsymbol{b} \notin D \end{cases}
$$

$$
\tag{10.2.30}
$$

其中 $p(\boldsymbol{a}_2 | \boldsymbol{b})$ 为条件概率密度函数, $r(\boldsymbol{a}_1) = \int_D \exp\left\{ \boldsymbol{a}_1^{\mathrm{T}} \boldsymbol{K}^{-1} \boldsymbol{\Phi b} - \frac{1}{2} \boldsymbol{b}^{\mathrm{T}} \boldsymbol{\Phi}^{\mathrm{T}} \boldsymbol{K}^{-1} \boldsymbol{\Phi b} \right\} \mathrm{d}\boldsymbol{b}.$ 则参数 $\boldsymbol{b}$ 的后验估计为

$$
\hat{b}(\boldsymbol{a}_2) = \mathrm{E}_{\boldsymbol{a}_2}(b(\boldsymbol{a}_1)) = \int_D \boldsymbol{b} h(\boldsymbol{b} | \boldsymbol{a}_2) \mathrm{d}\boldsymbol{b}
$$

$$
= \begin{cases} \dfrac{\displaystyle\int_D \boldsymbol{b} \exp\{\boldsymbol{a}_1^{\mathrm{T}} \boldsymbol{K}^{-1} \boldsymbol{\Phi b} + \boldsymbol{a}_2^{\mathrm{T}} \boldsymbol{K}^{-1} \boldsymbol{\Phi b} - \boldsymbol{b}^{\mathrm{T}} \boldsymbol{\Phi}^{\mathrm{T}} \boldsymbol{K}^{-1} \boldsymbol{\Phi b}\} \mathrm{d}\boldsymbol{b}}{\displaystyle\int_D \exp\{\boldsymbol{a}_1^{\mathrm{T}} \boldsymbol{K}^{-1} \boldsymbol{\Phi b} + \boldsymbol{a}_2^{\mathrm{T}} \boldsymbol{K}^{-1} \boldsymbol{\Phi b} - \boldsymbol{b}^{\mathrm{T}} \boldsymbol{\Phi}^{\mathrm{T}} \boldsymbol{K}^{-1} \boldsymbol{\Phi b}\} \mathrm{d}\boldsymbol{b}}, & \boldsymbol{b} \in D \\[4mm] 0, & \boldsymbol{b} \notin D \end{cases}
$$

$$
\tag{10.2.31}
$$

其估计的偏差可类似 (10.2.29) 得出. 如果有第三次试验, 仍然可以给出类似的结果.

2) 序贯先验应用的群不变性

由 (10.2.31) 式, 知第一次、第二次试验的实测数据 $\boldsymbol{a}_1$, $\boldsymbol{a}_2$ 交换顺序后, 参数的后验估计结果不变, 故先验分布的应用满足群的交换不变性. 先验分布的这个特性说明, 对最终结论有影响的是数据信息的内容, 与数据信息出现的先后顺序是无关的.

3) 小子样试验鉴定精度确定的序贯方案

在得到各类试验信息后, 确定试验精度的流程如下:

Step 1　收集先验信息和数据, 统计 II 类先验 $\pi^{(2)}$ 涉及的历次分系统试验次

数 n_P、全程飞行试验次数 n_A.

Step 2 首先分析 n_P 中第一次试验, 研究该次试验的 I 类先验 $\pi^{(1)}$, 由阵地测试数据等得到弹道差参数的分布约束, 又根据此次实际跟踪数据得到弹道差参数的后验分布 $\hat{b}_{p1}$, 由此计算第一次试验的几个特征点 (点火点、级间关机点、程序转弯点、落点等) 处的特征量 C_1 和 C_2.

Step 3 分析 n_P 中第二次试验, 类似 Step 2 直至完成 n_P 次此类试验的分析.

Step 4 分析 n_A 中第一次试验, 类似 Step 2 得到特征点处的飞行特征量, 直到完成 n_A 次此类试验的分析.

Step 5 在各特征点处, 根据弹道差偏差及方差、各特征量的稳定性, 分析各特征段的试验鉴定精度. 各特征点的鉴定精度由两个指标衡量, 一是各次试验的 C_1, C_2 特征量的值的接近程度, 二是统计飞行参数特征量 C_3 的大小. 如果各次试验的 C_1, C_2 特征量的值越接近, 说明飞行试验参数越稳定; 如果 C_3 特征量的均值和方差越小, 说明鉴定精度和鉴定结论的可靠性越高.

10.2.2.4 算例

设某导弹武器的研制过程中, 共进行了 m 次分系统试验, n_A 次全程试验. 每一次试验中均记录了制导工具误差的地面测试数据 (即为每一次试验的 I 类先验). 而弹道跟踪数据 (II 类先验) 的记录情况如下: m 次分系统试验中, 有 m_1 次记录了一级关机点之前的所有数据, 有 m_2 次记录了二级关机点之前的所有数据; n_A 次全程试验中均记录了全程的弹道跟踪数据. 仿真方案设计如下:

(1) 根据给定的数据和工程背景, 求出弹道参数的样条基系数或双正交基系数、系统误差系数、随机误差统计特性参数的估计值及精度范围; 由此形成弹道参数、系统误差系数、随机误差的仿真真值.

(2) 据 10.2.2.3 节的原则和流程, 对先验信息进行分类融合, 然后结合 I 类先验 $\pi^{(1)}$ 和实测数据, 将其转化为弹道差参数 ΔX, $\Delta \dot{X}$ 样条基系数或双正交基系数 b 和控制参数 v 的先验信息.

(3) 逐次将第 $k-1$ 次的计算结果转化为 k 次试验的先验分布 (即 II 类先验), 计算本次落点偏差的估计值和估计值的方差, 将得到的结果与输入的弹道参数仿真真值比较.

(4) 多次重复以上过程, 最后计算特征量, 给出总体的精度鉴定结论.

图 10.2.2 为同一型号两次全程试验的三个方向的 C_1 和 C_2 特征量的比较. 其中前面六图为第一次试验的 X, Y, Z 三方向的 C_1 特征量和 C_2 特征量; 而后面六图为第二次试验的 X, Y, Z 三方向的 C_1 特征量和 C_2 特征量. 所有图的横坐标为采样点, 纵坐标为特征相对量 (无量纲). 从图中可见, 同一型号试验在特征点的特

征量是非常相近的.

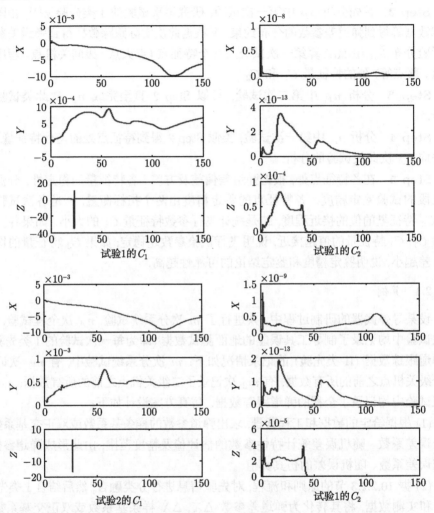

图 10.2.2　同一型号两次试验的三个方向的 C_1 和 C_2 特征量的比较

　　若考虑多次分系统试验的统计特性, 假设 $m = 71$, 其中 $m_1 = 28, m_2 = 43$; 全程试验数为 $n_A = 5$. 以二级关机点 x 方向的遥外弹道差的位置参数为例, 设 5 次全程试验的在此特征点的遥外位置差已知. 还有 43 次分系统试验也包含了此特征点之前的所有数据.

　　图 10.2.3 是 n_A 次全程试验和 m_2 次分系统试验的二级关机点 x 方向的遥外弹道差的位置参数. 前 n_A 个点是全程试验的偏差, 后 m_2 个点是分系统试验的偏差.

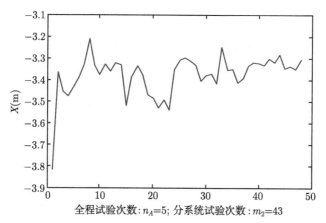

图 10.2.3 n_A 次全程试验和 m_2 次分系统试验的二级关机点 x 方向遥外弹道差的位置参数

据以上分析流程, 可以计算出同时考虑 m_2 次分系统试验和 n_A 次全程试验的 C_3 特征量如下:

$$\text{mean}(b) = -3.3778, \quad \text{Var}(b) = 0.0959$$

如果只考虑 n_A 次全程试验, 则可计算出 C_3 特征量如下:

$$\text{mean}(b_n) = -3.5081, \quad \text{Var}(b_n) = 0.1770$$

可见 $\text{Var}(b) < \text{Var}(b_n)$, 同时考虑全程和分系统试验的试验鉴定结论比只考虑全程试验的结论有所改进, 即增加采样点后, 可以减小均值估计的方差, 这与理论上的证明结果是一致的 [43-45,61].

10.2.3 小结

本节首先建立了飞行试验全程递归评估模型. 对于单次试验, 根据制导工具误差系数的先验分布, 结合弹道跟踪数据, 得到弹道差参数的后验估计. 将其与控制参数比较可得到导弹全程飞行的成败和精度鉴定结论. 这是对落点试验鉴定的一种扩充. 进而, 对于多次试验建立了递归鉴定模型.

本节还构造了三类鉴定特征量, 可以体现不同型号的导弹飞行特征. 构造的鉴定特征量是基于以下工程实际: 同一型号导弹的设计参数基本确定, 特征点参数不会发生大的变化. 由此建立的特征点鉴定模型可以充分利用分系统弹道跟踪数据和地面测试数据等先验信息, 对以前基于落点的试验鉴定是一个扩充, 且试验鉴定的可信度有所提高. 从另一角度而言, 还可以定义其他种类的特征量, 只要能体现武器的物理特性并能充分利用靶场试验信息, 就可望对试验作出更合理的鉴定结论.

10.3   融合过程信息的复合制导导弹精度评估

大型复杂系统实际上是由多个子系统集成的一个 "超级系统". 在通过试验来验证被试系统某项性能指标的过程中, 往往由于试验成本、周期、可行性、可测量性等众多因素的影响, 实际试验不可能完全覆盖真实状态下可能碰到的所有外界环境因素和遍历所有状态, 替代试验是解决这个问题的有效手段之一. 替代试验主要包括计算机仿真试验、小尺度试验、变参数试验、间接测量试验以及等效试验等, 可以间接支持系统评估结果. 缺少现场子样下的系统性能指标的融合评估需要改进现有的评估手段, 使信息得到最大限度的利用. 整个等效试验过程可视为校验模型的过程.

目前, 在导弹武器等的落点精度评估领域, 主要考虑融合落点的历史数据和先验信息, 很少考虑跟踪过程信息的融合; 对于复合制导导弹中跟踪雷达精度的等效试验过程未见相应的分析 [81-86], 即在复合制导导弹中雷达等效试验的飞行过程观测数据利用不够充分.

本节以复合制导导弹中跟踪雷达寻的精度等效试验的融合评估问题为例, 在理清观测量和最终考察指标之间关系的基础上, 根据不同试验状态下的过程信息对精度模型进行校验, 基于此建立了测试精度指标的等效折合及融合评估的一般方法. 此方法有如下优势: 充分利用过程信息验证模型, 推算落点系统误差和随机变量的特征, 改善只用单点判断落点信息由样本量少随机性太强导致结果推算不合理的状态. 另外, 当所需考察指标为观测量的复合函数时, 先完成观测量的折合, 再进行指标的推算, 并提供了推算精度. 以跟踪雷达寻的精度的等效试验融合评估作为案例, 验证了本节方法的有效性 [87-88].

10.3.1   等效折合的理论分析

10.3.1.1   问题的数学描述

我们称指标与各影响因素之间关系为响应函数, 可以用非线性函数形式表示为

$$y = f(X, \theta) + \varepsilon = f(X_m, X_l, \cdots, X_k, \theta) + \varepsilon$$

$$= f(x_{m1}, x_{m2}, \cdots, x_{mn_m}; x_{l1}, x_{l2}, \cdots, x_{ln_l}; \cdots; x_{k1}, x_{k2}, \cdots, x_{kn_k}, \theta) + \varepsilon \tag{10.3.1}$$

其中 y 是试验结果, θ 为参数集, $X_m, X_l, \cdots, X_k$ 是不同类的影响指标的因素集, 可以相应细化为 $x_{m1}, x_{m2}, \cdots, x_{mn_m}; x_{l1}, x_{l2}, \cdots, x_{ln_l}; \cdots; x_{k1}, x_{k2}, \cdots, x_{kn_k}$ 等具体因素. 若某类试验无因素 x_{ij}, 则其系数按 0 计算即可.

相对于期望试验系统而言, 实际中会采用很多的替代等效试验来补充试验样本. 替代等效试验中, 具体考虑到几类不同的试验因素对指标的影响, 我们将 (10.3.1) 式细化为 (不妨只考虑有三大类因素的情形)

$$
\begin{cases}
y_m = f_m(X_m; \theta) + \varepsilon_m, & X_m \in D_m \\
y_l = f_l(X_l; \theta) + \varepsilon_l, & X_l \in D_l \\
y_k = f_k(X_k; \theta) + \varepsilon_k, & X_k \in D_k \\
y = f(X; \theta) + \varepsilon, & X \in D
\end{cases}
\tag{10.3.2}
$$

其中试验因素的取值范围 (我们称之为试验域) 的关系为

$$(D_l \cup D_m \cup D_k) \subset D$$

现在的目标是希望基于 (10.3.2) 中前三式的观测给出 f 的模型描述、参数估计及误差 ε 的统计特征.

10.3.1.2 依据单点信息进行指标估计的不足

以精度估计为例, 如果只依据落点信息分析偏差的折合量, 则由于测量单点信息量少, 得到的小子样评估结果可能很不稳健.

考虑到实际试验过程中有很多过程观测数据, 首先依托过程观测数据对模型进行验证, 再考虑落点信息的评估, 对指标的等效折合和评估更为有利.

此时, (10.3.2) 式扩展为

$$
\begin{cases}
y_m(t) = f_m(X_m(t); \theta) + \varepsilon_m(t), & X_m(t) \in D_m \\
y_l(t) = f_l(X_l(t); \theta) + \varepsilon_l(t), & X_l(t) \in D_l \\
y_k(t) = f_k(X_k(t); \theta) + \varepsilon_k(t), & X_k(t) \in D_k \\
y(t) = f(X(t); \theta) + \varepsilon(t), & X(t) \in D
\end{cases}
\tag{10.3.3}
$$

当 $t = t_n$ 时, 对应最终指标信息 (落点精度或落点偏差); 当 $t \in [t_0, t_n)$ 时, 属于过程信息. 我们希望借助 (10.3.3) 式, 通过大量过程信息对参数 θ 作出比较准确的估计, 再由此得到 $t = t_n$ 时最终指标的折合结果.

10.3.2 基于过程时变信息的观测量折合及指标推算

本节主要讨论基于 (10.3.2) 式研究 (10.3.3) 式中的指标等效折合方法.

10.3.2.1　时变方差随机误差模型

对 (10.3.3) 式中的随机误差的时变方差情形进行讨论. 假设总随机误差由几类随机误差组成, 各类随机误差之间互相独立, 则有三类替代试验的随机误差为

$$\varepsilon_j(t) = \sum_{h=1}^{H} e_{jh}(t), \quad e_{jh}(t) \sim \mathrm{N}(0, \sigma_{jh}^2(t)), \quad j = m, l, k$$

即

$$\varepsilon_j(t) \sim \mathrm{N}(0, \sigma_j^2(t)), \quad \sigma_j^2(t) = \sum_{h=1}^{H} \sigma_{jh}^2(t), \quad j = m, l, k \tag{10.3.4}$$

同理, 实际试验的随机误差为

$$\varepsilon(t) = \sum_{h=1}^{H} e_h(t), \quad e_h(t) \sim \mathrm{N}(0, \sigma_h^2(t))$$

即

$$\varepsilon(t) \sim \mathrm{N}(0, \sigma^2(t)), \quad \sigma^2(t) = \sum_{h=1}^{H} \sigma_h^2(t) \tag{10.3.5}$$

其中 $\sigma_h^2(t)$ 的表达式已知 [87], 即在已知相关物理参数的前提下, $\sigma_h^2(t)$ 与 $\sigma_{mh}^2(t)$, $\sigma_{lh}^2(t), \sigma_{kh}^2(t)$ 之间的转化关系可以明确得到.

10.3.2.2　基于过程时变信息和参数估计的单类替代试验观测量指标推算

在 10.3.2.1 节随机误差方差时变的前提下, 利用观测数据对 (10.3.3) 中的前三式参数进行估计, 然后进行相应的指标推算.

以

$$y_m(t) = f_m(X_m(t); \theta) + \varepsilon_m(t), \quad X_m(t) \in D_m \tag{10.3.6}$$

为例, 观测时间点为 $(t_1, t_2, \cdots, t_{n_m})$, 记

$$\boldsymbol{Y}_m = \begin{bmatrix} \sigma_m^{-1}(t_1) y_m(t_1) \\ \sigma_m^{-1}(t_2) y_m(t_2) \\ \vdots \\ \sigma_m^{-1}(t_{n_m}) y_m(t_{n_m}) \end{bmatrix}, \quad \boldsymbol{F}_m(\theta) = \begin{bmatrix} \sigma_m^{-1}(t_1) f_m(X(t_1), \theta) \\ \sigma_m^{-1}(t_2) f_m(X(t_2), \theta) \\ \vdots \\ \sigma_m^{-1}(t_{n_m}) f_m(X(t_{n_m}), \theta) \end{bmatrix}$$

$$\boldsymbol{\varepsilon}_m = \begin{bmatrix} \sigma_m^{-1}(t_1) \varepsilon_m(t_1) \\ \sigma_m^{-1}(t_2) \varepsilon_m(t_2) \\ \vdots \\ \sigma_m^{-1}(t_{n_m}) \varepsilon_m(t_{n_m}) \end{bmatrix}, \quad \boldsymbol{\Sigma}_m = \begin{bmatrix} \sigma_m^{(t_1)} & & & \\ & \sigma_m^{(t_2)} & & \\ & & \ddots & \\ & & & \sigma_m^{(t_{n_m})} \end{bmatrix}$$

在上述记号下, 公式 (10.3.6) 可变形为如下矩阵形式:

$$\boldsymbol{Y}_m = \boldsymbol{F}_m(\theta) + \boldsymbol{\varepsilon}_m \tag{10.3.7}$$

从模型 (10.3.7) 中估计参数 θ, 利用最小二乘估计即可归结为如下优化问题:

$$\left\| \boldsymbol{Y}_m - \boldsymbol{F}_m(\hat{\theta}) \right\|_2^2 = \min \left\| \boldsymbol{Y}_m - \boldsymbol{F}_m(\theta) \right\|_2^2 \tag{10.3.8}$$

采用 Gauss-Newton 迭代公式, 其具体迭代格式如下:

$$\begin{cases} \text{给定初值} \theta^{(0)} \\ \boldsymbol{V}_j = \nabla \boldsymbol{F}_m(\theta^{(j)}) \\ \theta^{(j+1)} = \theta^{(j)} + \lambda (\boldsymbol{V}_j^{\mathrm{T}} \boldsymbol{\Sigma}_m^{-1} \boldsymbol{V}_j)^{-1} \boldsymbol{V}_j^{\mathrm{T}} \boldsymbol{\Sigma}_m^{-1} (\boldsymbol{Y}_m - \boldsymbol{F}_m(\theta^{(j)})) \end{cases} \tag{10.3.9}$$

其中选取 λ 方法一般是从 $\lambda = 1$ 开始, 逐步二分, 直到使 $j+1$ 次的迭代结果优于 j 次的迭代结果, 即满足 $\left\| \boldsymbol{Y}_m - \boldsymbol{F}_m(\theta^{(j+1)}) \right\|_2^2 < \left\| \boldsymbol{Y}_m - \boldsymbol{F}_m(\theta^{(j)}) \right\|_2^2$.

得到参数 θ 的估计之后, 再考虑替代试验随机误差 $\sigma_{mh}^2(t)$ 与实际试验随机误差 $\sigma_h^2(t)$ 之间的转化关系, 即可推算得到相应的观测量折合值为

$$\hat{y}(t) = f(X(t); \hat{\theta}) + \frac{\sigma(t)}{\sigma_m(t)} \varepsilon_m(t) \tag{10.3.10}$$

其中 (10.3.10) 式 $\varepsilon_m(t)$ 在计算时取为回归残差 $\hat{y}(t) - f(X(t); \hat{\theta})$. 由此得到由单类替代试验观测量的折合值, 可以相应统计出其统计特征量 (均值、方差、置信区间等).

10.3.2.3 融合多类替代试验观测量的指标推算

此节为 10.3.2.2 节的推广. 同时考虑多类替代试验指标推算, 同时类似定义记号 $Y_l, \boldsymbol{F}_l(\theta), \varepsilon_l, \Sigma_l$ 和 $Y_k, F_k(\theta), \varepsilon_k, \Sigma_k$, 并记

$$\boldsymbol{Y}_T = \begin{bmatrix} Y_m \\ Y_l \\ Y_k \end{bmatrix}, \boldsymbol{F}_T(\theta) = \begin{bmatrix} F_m(\theta) \\ F_l(\theta) \\ F_k(\theta) \end{bmatrix}, \boldsymbol{\varepsilon}_T = \begin{bmatrix} \varepsilon_m \\ \varepsilon_l \\ \varepsilon_k \end{bmatrix}, \boldsymbol{\Sigma}_T = \begin{bmatrix} \Sigma_m & & \\ & \Sigma_l & \\ & & \Sigma_k \end{bmatrix}$$

则三类替代试验的观测可变形为

$$\boldsymbol{Y}_T = \boldsymbol{F}_T(\theta) + \boldsymbol{\varepsilon}_T \tag{10.3.11}$$

综合估计参数 θ 归结为如下优化问题:

$$\left\| \boldsymbol{Y}_T - \boldsymbol{F}_T(\hat{\theta}) \right\|_2^2 = \min \left\| \boldsymbol{Y}_T - \boldsymbol{F}_T(\theta) \right\|_2^2 \tag{10.3.12}$$

类似 10.3.2.2 节可推算得到相应的观测量折合值为

$$\hat{y}(t) = f(X(t); \hat{\theta}) + \frac{\sigma(t)\sigma_m^{-3}(t)}{\sum\limits_{j=m,k,l} \sigma_j^{-2}(t)}\varepsilon_m(t) + \frac{\sigma(t)\sigma_k^{-3}(t)}{\sum\limits_{j=m,k,l} \sigma_j^{-2}(t)}\varepsilon_k(t) + \frac{\sigma(t)\sigma_l^{-3}(t)}{\sum\limits_{j=m,k,l} \sigma_j^{-2}(t)}\varepsilon_l(t)$$

(10.3.13)

由此得到由多类替代试验得到的观测量的折合值, 可以相应统计出其统计特征量 (均值、方差、置信区间等).

10.3.3　复合指标推算方法及精度

当观测量即为所需考察的指标时, 观测量折合值即为所需, 利用 10.3.2.2 节或 10.3.2.3 节的分析即可得到结论.

当所需考察指标为观测量的复合函数时, 可以先基于前文分析完成观测量的折合, 再考虑指标的推算. 以两类观测量为例, 即对折合后的观测量

$$y_1(t) = f_1(X(t); \theta_1) + \varepsilon_1(t)$$

$$y_2(t) = f_2(X(t); \theta_2) + \varepsilon_2(t)$$

而言, 所需考察指标并非直接的折合观测量 $y_1(t), y_2(t)$, 而是二者的复合函数

$$z(t) = g(y_1(t), y_2(t)) = g(f_1(X(t); \theta_1) + \varepsilon_1(t), f_2(X(t); \theta_2) + \varepsilon_2(t)) \quad (10.3.14)$$

可以由此得到最后折合指标的推算值.

考虑基于指标建立响应函数的方法. 承接 (10.3.14) 式, 即为

$$z(t) = s(X(t), \theta) + \xi = g(f_1(X(t); \theta_1) + \varepsilon_1(t), f_2(X(t); \theta_2) + \varepsilon_2(t))$$

直接建立 $z(t)$ 与 θ 之间的联系.

类似可以利用上小节方法进行参数估计.

$$\boldsymbol{Z}_T = G \circ \boldsymbol{F}_T(\theta) + \boldsymbol{\xi}_T \quad (10.3.15)$$

综合估计参数 θ 归结为如下优化问题:

$$\left\| \boldsymbol{Z}_T - G \circ \boldsymbol{F}_T(\tilde{\theta}) \right\|_2^2 = \min \left\| \boldsymbol{Z}_T - G \circ \boldsymbol{F}_T(\theta) \right\|_2^2 \quad (10.3.16)$$

采用 Gauss-Newton 迭代公式, 其具体迭代格式如下:

$$\begin{cases} 给定初值\theta^{(0)} \\ \boldsymbol{W}_j = \nabla G \circ \boldsymbol{F}_T(\theta^{(j)}) \\ \theta^{(j+1)} = \theta^{(j)} + \lambda (\boldsymbol{W}_j^{\mathrm{T}} \boldsymbol{\Lambda}_T^{-1} \boldsymbol{W}_j)^{-1} \boldsymbol{W}_j^{\mathrm{T}} \boldsymbol{\Lambda}_T^{-1} (\boldsymbol{Y}_T - G \circ \boldsymbol{F}_T(\theta^{(j)})) \end{cases}$$

这里通过理论推导分析直接基于指标建立响应函数方法的精度. 假定同样利用 Gauss-Newton 迭代算法进行参数估计.

设真值为 $\boldsymbol{\theta}$, 而估计值为 $\tilde{\boldsymbol{\theta}}$, 其估计精度定义为

$$\mathrm{MSE}(\tilde{\theta}) = \mathrm{tr}[\mathrm{E}(\tilde{\boldsymbol{\theta}} - \boldsymbol{\theta})(\tilde{\boldsymbol{\theta}} - \boldsymbol{\theta})^{\mathrm{T}}]$$

基于 Gauss-Newton 迭代算法的最小二乘估值 $\tilde{\theta}$ 为

$$\tilde{\boldsymbol{\theta}} = (\boldsymbol{W}_j^{\mathrm{T}}\boldsymbol{\Lambda}_T^{-1}\boldsymbol{W}_j)^{-1}\boldsymbol{W}_j\boldsymbol{\Lambda}_T^{-1}(\boldsymbol{W}_j\boldsymbol{\theta} + \Delta\tilde{\boldsymbol{s}}) \tag{10.3.17}$$

其中 $\Delta\tilde{\boldsymbol{s}}$ 为非线性模型 $g \circ f$ 的线性化误差. 其期望为

$$\mathrm{E}[\tilde{\theta}] = \mathrm{E}[(\boldsymbol{W}_j^{T}\boldsymbol{\Lambda}_T^{-1}\boldsymbol{W}_j)^{-1}\boldsymbol{W}_j\boldsymbol{\Lambda}_T^{-1}(\boldsymbol{W}_j\boldsymbol{\theta} + \Delta\tilde{\boldsymbol{s}})] = \boldsymbol{\theta} + (\boldsymbol{W}_j^{T}\boldsymbol{\Lambda}_T^{-1}\boldsymbol{W}_j)^{-1}\boldsymbol{W}_j\boldsymbol{\Lambda}_T^{-1}\Delta\tilde{\boldsymbol{s}}$$
$$\tag{10.3.18}$$

相应的参数估值精度 $\mathrm{MSE}(\tilde{\theta})$:

$$\mathrm{MSE}(\tilde{\theta}) = \mathrm{tr}\left[\mathrm{E}\left(\tilde{\boldsymbol{\theta}} - \boldsymbol{\theta}\right)\left(\tilde{\boldsymbol{\theta}} - \boldsymbol{\theta}\right)^{\mathrm{T}}\right] = (\sigma_\xi^2 + \sigma_{\tilde{s}}^2)\,\mathrm{tr}(\boldsymbol{W}^{\mathrm{T}}\boldsymbol{W})^{-1} \tag{10.3.19}$$

式中, $\sigma_\xi^2, \sigma_{\tilde{s}}^2$ 分别表示测量随机误差和模型误差的方差.

此时指标折合精度与参数估值精度之间的关系为

$$\mathrm{E}[y] = \mathrm{E}[g \circ f(\tilde{\boldsymbol{\theta}})] \tag{10.3.20}$$

10.3.4 仿真案例

以雷达寻的系统造成的落点偏差为例, 我们采用本节基于观测量的指标推算方法进行精度分析, 并与单点估计方法 [87] 进行对比. 两种不同试验状态下的落点偏差记为: $\Delta L_{雷达}$ 为推算得到的全程试验状态下雷达测量误差引起落点偏差值, $\Delta\tilde{L}_{雷达}$ 为替代试验条件下的雷达测量误差引起落点偏差值.

对于雷达寻的导弹, 弹目相对位置 x, y, z 的误差主要是其雷达测量引起的落点偏差 [83-85]. 实际雷达测量的是距离 R、方位角 A、高低角 E, 其与测量弹目相对位置 x, y, z 之间有相应的转换关系, 即考察指标 (弹目相对位置误差) 为观测量 (距离 R、方位角 A、高低角 E) 的复合函数情形, 即为上文所提到的函数 g.

根据误差传播的 Gauss 定律, 可以得到 x, y, z 误差与 R, A, E 误差间的传递关系为

$$\begin{bmatrix} \Delta_x \\ \Delta_y \\ \Delta_z \end{bmatrix} = \begin{bmatrix} \dfrac{\partial x}{\partial R} & \dfrac{\partial x}{\partial A} & \dfrac{\partial x}{\partial E} \\ \dfrac{\partial y}{\partial R} & \dfrac{\partial y}{\partial A} & \dfrac{\partial y}{\partial E} \\ \dfrac{\partial z}{\partial R} & \dfrac{\partial z}{\partial A} & \dfrac{\partial z}{\partial E} \end{bmatrix} \begin{bmatrix} \Delta_R \\ \Delta_A \\ \Delta_E \end{bmatrix}$$

$$= \begin{bmatrix} \cos E \cos A & -R \cos E \sin A & -R \sin E \cos A \\ \sin E & 0 & R \cos E \\ \cos E \sin A & R \cos E \cos A & -R \sin E \sin A \end{bmatrix} \begin{bmatrix} \Delta_R \\ \Delta_A \\ \Delta_E \end{bmatrix} \quad (10.3.21)$$

式中 $\Delta_x, \Delta_y, \Delta_z$ 为全程试验状态下弹目相对位置偏差, $\Delta_R, \Delta_A, \Delta_E$ 为全程试验状态下雷达测量量 R, A, E 的误差.

首先根据实际试验观测数据统计得到替代试验的雷达测量量误差 $\tilde{\Delta}_R$, $\tilde{\Delta}_A$ 和 $\tilde{\Delta}_E$.

其次, 分析测距误差与测角误差的折合过程. 下面以单脉冲雷达系统为例对测距误差与测角误差的主要影响因素进行具体分析 [83-85]. 通过对雷达测量 R, A, E 误差源的分析, 对于雷达测角误差和测距误差, 根据误差合成公式可以得到其主要误差为

$$U_{\text{测角}}^2 = \Delta_{\text{雷达相关因素}}^2 + \Delta_{\text{目标相关因素}}^2 + \Delta_{\text{环境相关因素}}^2$$

$$= \Delta_{\text{I 热噪声}}^2 + \Delta_{\text{II 相位失衡}}^2 + \Delta_{\text{I 角闪烁}}^2 + \Delta_{\text{II 动态滞后}}^2 + \Delta_{\text{III 杂波干扰}}^2$$

$$U_{\text{测距}}^2 = \Delta_{\text{雷达相关因素}}^2 + \Delta_{\text{目标相关因素}}^2 + \Delta_{\text{环境相关因素}}^2$$

$$= \Delta_{\text{I 热噪声}}^2 + \Delta_{\text{I 距离闪烁}}^2 + \Delta_{\text{II 动态滞后}}^2 + \Delta_{\text{III 杂波干扰}}^2$$

以雷达测距为例, 其系统偏差主要是动态滞后误差. 其时变随机误差主要包括杂波干扰误差、热噪声和距离闪烁.

例 10.3.1　考虑推算两种不同试验状态下的雷达寻的系统造成的落点偏差的折合方法. 仿真雷达测量的观测量是距离 R、方位角 A 和高低角 E. 除了对最后时刻单点测量信息进行指标推算的方法外, 还提供了基于本节方法进行的计算分析: 基于观测量进行折合再推算指标折合量.

分别模拟仿真替代试验和全程试验下两种试验状态下的雷达测距和测角信号误差及实时测距、测角的速度和加速度. 设随机误差项包括杂波干扰误差、热噪声误差和距离闪烁误差, 且各误差项相互独立. 系统偏差主要考虑动态滞后误差.

对替代试验过程的测距、测角雷达误差进行仿真, 仿真数据的量级可参考文献 [83-85], 测距误差随着接近目标逐渐减小, 而测角误差在某偏差范围内波动. 结果如图 10.3.1 所示.

根据雷达观测量与弹目偏差的关系式可以推出如图 10.3.2 所示雷达误差引起的弹目相对偏差仿真结果. 可以看出, 仿真出来的弹目相对偏差随着时间增大而收敛.

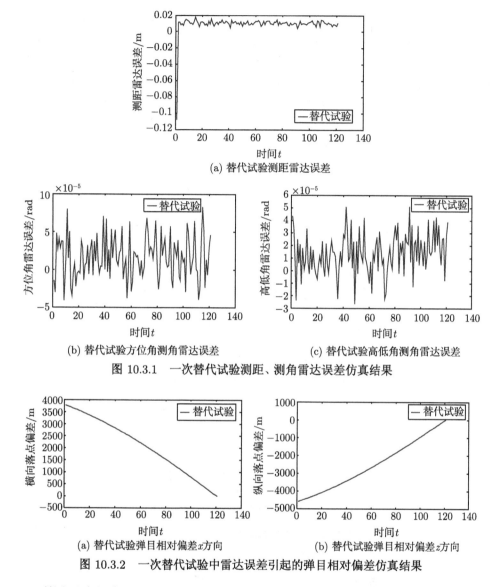

(a) 替代试验测距雷达误差

(b) 替代试验方位角测角雷达误差

(c) 替代试验高低角测角雷达误差

图 10.3.1 一次替代试验测距、测角雷达误差仿真结果

(a) 替代试验弹目相对偏差 x 方向

(b) 替代试验弹目相对偏差 z 方向

图 10.3.2 一次替代试验中雷达误差引起的弹目相对偏差仿真结果

利用两种方法分别进行替代试验向全程试验状态下的折合:

(1) 对雷达最后跟踪单点测量信息得到的系统偏差项进行折合[87]. 基于误差合成定律, 对影响落点精度的因素进行分析, 将不同状态下落点偏差的差别传递到寻的雷达测元上; 通过对雷达测元的误差源进行分析, 根据不同状态下误差源的相关参数得到不同的雷达测量误差, 最后将之传递到落点精度.

(2) 分别建立测距雷达误差和测角雷达误差的模型, 根据 Gauss-Newton 迭代算法进行最小二乘估计, 得到系统偏差项的回归系数, 接着对测距、测角系统误差和随机误差进行折合, 最后可由落点偏差与观测量之间的转换矩阵计算得到结果. 这里分两种情形: 一种是只有单类替代试验. 另一种有多类替代试验样本, 与单类替代试验的仿真一样, 另外再仿真三组替代试验样本, 即一共有四类替代试验样本, 按上小节方法进行折合, 分析观测量折合结果. 最后将落点偏差的单点测量折合方法与本节方法得到的全程试验状态下雷达误差引起的最终落点偏差进行比较.

首先可以分析观测量折合结果. 先将由本节方法单类替代试验折合得到的全程试验状态下的雷达测距、测角系统误差与全程试验仿真结果比较, 如图 10.3.3 所示.

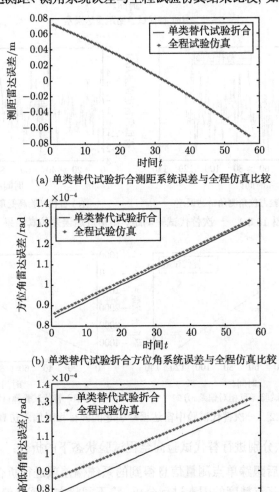

(a) 单类替代试验折合测距系统误差与全程仿真比较

(b) 单类替代试验折合方位角系统误差与全程仿真比较

(c) 单类替代试验折合高低角系统误差与全程仿真比较

图 10.3.3   单类替代试验折合方法与全程试验仿真结果比较

接着考虑多类替代试验样本的折合. 和上面单类替代试验的仿真一样, 另外再仿真三组替代试验样本, 即一共有四类替代试验样本. 按本节方法进行折合, 分析观测量折合结果. 将多类替代试验折合后的全程试验状态下的雷达测距、测角系统误差与全程试验仿真结果进行对比, 结果如图 10.3.4 所示.

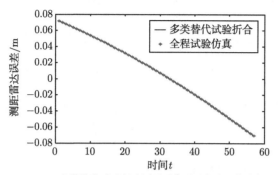

(a) 多类替代试验折合测距系统误差与全程仿真比较

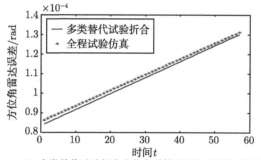

(b) 多类替代试验折合方位角系统误差与全程仿真比较

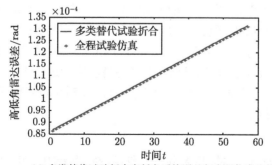

(c) 多类替代试验折合高低角系统误差与全程仿真比较

图 10.3.4　多类替代试验折合方法与全程试验仿真结果比较

其次将落点偏差的单点测量折合方法与本节方法得到的全程试验状态下雷达误差引起的最终落点偏差进行比较, 结果如表 10.3.1 所示.

表 10.3.1　两种折合方法的落点偏差结果 (置信度 $\alpha = 0.99$)　　　　(单位: 米)

	横向落点偏差点估计	横向偏差置信区间	纵向落点偏差点估计	纵向偏差置信区间
全程试验真实偏差	**−12.93**	**[−15.72, −10.13]**	**18.78**	**[18.09, 19.47]**
替代试验单点测量折合	−13.96	[−49.43, 21.51]	20.23	[−29.56, 70.02]
一类替代试验基于过程观测量折合	−12.56	[−15.33, −9.80]	18.33	[17.61, 19.05]
四类替代试验基于过程观测量折合	−12.99	[−15.66, −10.33]	18.83	[18.16, 19.51]

注 10.3.1　单点测量折合没有用到雷达寻的过程信息, 只是根据最后时刻的观测量计算了该时刻雷达误差引起的落点偏差, 在样本量少的情况下, 受随机性影响非常大, 具有一定的局限性. 而本节提出的方法合理利用了物理背景和过程观测信息进行折合, 可以根据参数估计结果直接提供折合结果的区间估计, 较单点测量而言降低了随机误差带来的影响.

注 10.3.2　单类替代试验样本折合与多类替代试验样本折合相比, 多类替代试验样本的折合结果更为稳健. 这是因为多类替代试验样本的样本量增大, 受随机性的影响更小一些, 降低了随机误差的影响, 区间估计结果更为合理.

10.3.5　小结

本节提出了不同试验状态下复合制导武器测试精度指标的等效折合及融合评估的一般方法, 并设计了一个雷达寻的精度的折合评估案例, 验证了该方法的有效性. 与单点测量折合判断落点信息的方法相比较, 该方法充分利用了过程信息对模型进行校验, 结果更为稳健合理. 该思想可以广泛应用于利用替代等效试验推算实际大型复杂系统试验结果的各个领域中.

从雷达设计角度而言 [83-85], 观测误差基本可以归结为主要的几种随机误差和少量系统误差的组合形式, 但真正的观测误差可能会有相关性, 如雷达测距误差可能是 AR 模型, 此时精度折合评估方法需要作相应调整. 另外, 本节例子中, 主要利用过程信息验证误差模型, 其目标是对最终精度指标进行折合. 对于实际应用而言, 有时可能需要对整个试验过程进行动态折合, 此时可以考虑研究不同时间点对应下的变尺度折合技术.

10.4　基于多源信息融合的精度评估

本节从信息融合的角度出发, 分别研究了制导武器试验鉴定中的先验信息融合和后验结果融合 [59-66]. 10.4.1 节和 10.4.2 节从异质先验信息融合的角度分析了如何提高鉴定精度, 并给出了实时融合模型框架. 为充分利用导弹观测中的不同观测空间和过程的信息来进行精度评估, 针对该背景建立了异质先验融合的概念和数学描述. 研究了飞行试验中不同观测空间和过程的异质先验信息和测量数据, 基于不同观测过程的解析关系, 将间接过程的先验和观测数据算出的后验分布转换成落点观测空间上的先验, 与原落点的先验进行了最大熵加权融合, 得到混合后验分布, 从而结合落点观测数据给出评定结果. 10.4.3 节从后验结果融合的角度分析了提高鉴定精度和确定试验发数的方法. 作为其中的一个前提, 还提出了一种新的弹道折合方法: 针对导弹试验评估的特点和需要, 在考虑主要误差的基础上, 充分利用飞行试验数据和阵地测试数据, 研究了制导工具误差的折合方法和变尺度折合技术. 结合制导工具误差系数的先验分布, 分析了 Bayes 样条参数模型的鉴定精度, 根据试验发数的决策门限确定了试验鉴定精度要求下的发数.

10.4.1 基于异质信息融合的精度评估

由于导弹的试验评价费用非常高, 因此经常遇到在给定小样本下以较高的可靠度来评估其性能的问题 [59-66]. 此时, 高效的数据分析方法、信息的充分利用是非常重要的.

因试验数据不多, 希望应用不同的测试信息. 如果先验分布较为准确, Bayes 方法通常是人们的首选 [1-8]. Bayes 方法的先验和融合方式可以是多种多样的. 当根据测量数据来评估一个系统时, 希望充分利用各类相关信息. 通常考虑子系统或不同阶段或不同信源的信息融合, 但不同观测过程的异质信息却被忽略. 特别对于试验鉴定, 经常研究的相关信息是落点的阵地数据和仿真数据 [1-8], 没有考虑不同观测过程的信息.

本节要解决的问题是: 如何融合同一系统中不同观测过程的异质信息来评价整个制导武器系统的精度. 我们提出的异质先验融合方法研究了飞行试验中不同观测空间和过程的异质先验信息和测量数据, 基于不同观测过程的解析关系, 将间接过程的先验和观测数据算出的后验分布转换成落点观测空间上的先验, 与原落点的先验进行了最大熵加权融合, 得到混合后验分布, 从而结合落点观测数据给出评定结果. 这种方法应用于导弹的精度评估, 可利用过程跟踪信息和阵地测试信息, 但不需要精确解算出制导工具误差系数, 是一种立足于无法分离出高精度的制导工具误差系数时的稳健而可靠的试验鉴定方案.

10.4.1.1 异质先验融合问题与概念的描述

1) 基本原理

信息融合技术特别是异质传感器信息融合技术, 近几年来发展迅速, 在多传感器测量、人工智能等领域有重要应用 [67-70]. 在多传感器测量中, 大多强调对同一目标的多信源及异质传感器在同一时刻的信息融合问题, 以获得研究对象指定特性的高精度描述, 完成的是同时刻的同一目标多观测融合, 融合过程是以目标某特征为基准的信息处理过程 [67-69]. 而在人工智能、图像融合等领域中, 已开始注重知识的融合及结构问题 [70]. 本节在试验精度评估的背景下提出异质先验融合, 同样强调的是知识的融合, 而并非仅仅融合同一参数空间的信息. 因为先验信息是实践经验的总结, 所以先验的融合实际上是实现知识的融合. 因此, 通过不同观测过程的先验、数据或知识的融合, 能充分利用不同种类的观测信息, 并最终提高特性描述的精度.

定义 10.4.1　异质先验: 对应于被研究对象不同表现特征的先验信息或先验知识.

通常这些特征的观测都是含参过程, 不同的观测过程的参数先验信息就是一种异质先验. 异质先验都是与同一个研究对象相联系的, 这就给异质先验融合提供了基准.

本节将研究含参多观测过程的异质先验融合问题, 以两观测过程为例, 基本原理和融合框架如图 10.4.1 所示.

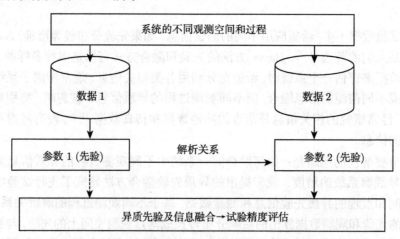

图 10.4.1　试验精度评估中异质先验信息融合的框架图

2) 数学描述

不失一般性, 研究系统中两个不同观测过程的先验融合问题. 设 $\{x_t\}, t \in T_1$, $\{y_\tau\}, \tau \in T_2$ 是两个含参数观测过程,

$$X_t = g(t; \beta) + \varepsilon_t \hat{=} g_t(\beta) + \varepsilon_t \tag{10.4.1}$$

$$Y_\tau = f(\tau; \theta) + e_\tau \hat{=} f_\tau(\theta) + e_\tau \tag{10.4.2}$$

其中 $\beta \in B \subseteq \mathbb{R}^{k_1}$, $\theta \in \Theta \subseteq \mathbb{R}^{k_2}$, B 和 Θ 分别为两个观测过程的参数空间, $\{\varepsilon_t\}$, $\{e_\tau\}$ 为两个观测过程的观测噪声. 对于给定的 $t \in T_1$, $\tau \in T_2$, $g_t(\cdot)$ 和 $f_\tau(\cdot)$ 分别为 B 和 Θ 上的实函数.

设参数空间上分别存在先验分布密度函数 $\pi_1(\beta)$, $\pi_2(\theta)$, 在 B 和 Θ 之间存在已知映射 $\varphi : B \to \Theta$, 满足 $\theta = \varphi(\beta)$, 我们面临的问题就是在上述条件下如何获取系统某控制变量 $c(\theta)$ 的高精度描述.

利用已有的数据融合思想, 可以通过融合观测过程 $\{X_t\}$, $\{Y_\tau\}$ 来估计系统控制变量 $c(\theta)$, 但这种方法对先验信息未加利用. 本节提出了异质先验融合技术, 不仅实现了观测的融合, 还达到了先验融合的目的.

3) 融合方法

考虑离散观测, 即

$$x_k = g_k(\beta) + \varepsilon_k, \quad k = 1, \cdots, n \tag{10.4.3}$$

$$y_j = f_j(\theta) + e_j, \quad j = 1, \cdots, m \tag{10.4.4}$$

利用向量记号, (10.4.3) 和 (10.4.4) 式可写为

$$\boldsymbol{X} = \boldsymbol{G}(\beta) + \boldsymbol{\varepsilon} \tag{10.4.5}$$

$$\boldsymbol{Y} = \boldsymbol{F}(\theta) + \boldsymbol{e} \tag{10.4.6}$$

其中

$$\boldsymbol{X} = (x_1, \cdots, x_n)^{\mathrm{T}}, \quad \boldsymbol{G}(\beta) = (g_1(\beta), \cdots, g_n(\beta))^{\mathrm{T}}, \quad \boldsymbol{\varepsilon} = (\varepsilon_1, \cdots, \varepsilon_n)^{\mathrm{T}}$$

$$\boldsymbol{Y} = (y_1, \cdots, y_m)^{\mathrm{T}}, \quad \boldsymbol{F}(\theta) = (f_1(\theta), \cdots, f_m(\theta))^{\mathrm{T}}, \quad \boldsymbol{e} = (e_1, \cdots, e_m)^{\mathrm{T}}$$

一般地, 可认为 $\boldsymbol{\varepsilon}$, $\boldsymbol{e}$ 为零均值 Guass 序列, 且 $\mathrm{Var}(\boldsymbol{\varepsilon}) = \sigma_1^2 \boldsymbol{I}_n$, $\mathrm{Var}(\boldsymbol{e}) = \sigma_2^2 \boldsymbol{I}_m$.

以下考虑融合方法. 首先, 通过融合一类观测数据 $X = x$ (其中 $X = G(\beta) + \varepsilon$) 和先验 β, 可得到 β 的后验密度如下:

$$p_1(\beta \,|\, x) = \frac{\pi_1(\beta) r_1(x \,|\, \beta)}{\displaystyle \int_B \pi_1(\beta) r_1(x \,|\, \beta) \mathrm{d}\beta} \tag{10.4.7}$$

其中 $r_1(x \,|\, \beta)$ 为当参数 β 给定时 X 的条件密度.

考虑到 θ 和 β 之间的解析关系 $\theta = j(\beta)$, θ 的密度函数可由随机变量分布的转化规则得到, 即

$$p_2(\theta \,|\, x) = |\boldsymbol{J}| \, p_1(\beta \,|\, x) = |\boldsymbol{J}| \, p_1(j^{-1}(\theta) \,|\, x) \tag{10.4.8}$$

其中 $|\boldsymbol{J}|$ 为参数转换 Jacobi 矩阵的行列式值.

由于 $p_2(\theta \,|\, x)$ 和 $\pi_2(\theta)$ 都是 θ 的先验, 本节通过线性加权可得到融合后的先验

$$p_3(\theta \,|\, x) = \alpha p_2(\theta \,|\, x) + (1 - \alpha) \pi_2(\theta) \tag{10.4.9}$$

其中 $p_3(\theta|x)$ 为 θ 的融合先验分布, α 为权重. 关于权值的选取有两种:

(1) 对于两种先验可信度由专家评判;

(2) 认为 $\alpha \sim \mathrm{U}[0,1]$ 或有先验 $\alpha \sim \mathrm{U}[a_1, a_2]$, 对最后表达式积分.

需要特别说明, (2) 中的 α 被视为一个超参数, 无先验信息时可根据最大熵先验准则确定.

通过融合另一类观测数据 $Y = y$, 其中 $Y = F(\theta) + e$, 可得到后验密度

$$p_4(\theta|x,y) = \frac{p_3(\theta|x)r_2(y|\theta)}{\displaystyle\int_{\Theta} p_3(\theta|x)r_2(y|\theta)\mathrm{d}\theta} \tag{10.4.10}$$

其中 $r_2(y|\theta)$ 为给定参数 θ 下 Y 的条件密度.

由 (10.4.10) 导出的参数 θ 的后验均值和后验方差为

$$\mathrm{E}\hat{\theta} = \int_{\Theta} \theta p_4(\theta|x,y)\,\mathrm{d}\theta, \quad \mathrm{D}\hat{\theta} = \int_{\Theta} (\theta - \mathrm{E}\theta)^2 p_4(\theta|x,y)\,\mathrm{d}\theta$$

根据试验目的, 可将系统控制变量选为 $c^1(\theta) = (\mathrm{E}\hat{\theta}, \mathrm{D}\hat{\theta})$.

10.4.1.2　导弹精度评估中的异质先验融合

弹道导弹命中精度主要取决于对主动段飞行的控制. 主动段造成的落点偏差与关机时刻弹道差参数的关系可见 (10.2.4) 式.

1) 评价制导系统精度的两类先验

不失一般性 (纵横向落点偏差是独立的, 均服从正态分布), 下文的讨论以纵向落点偏差为例.

对于同一型号的一批导弹而言, 制导工具的工艺水准可认为在同一水平线上. 这样, 制导工具误差系数服从分布

$$\boldsymbol{C}_{m\times 1} \sim \mathrm{N}(\mu_C, \boldsymbol{\Sigma}_{m\times m}) \hat{=} \pi_0(\beta) \tag{10.4.11}$$

给定标准理论弹道关机点的环境误差函数矩阵 $\boldsymbol{S}_0$, 还有表征纵向落点偏差与关机点弹道参数关系的向量 $\boldsymbol{B} \hat{=} \left[\dfrac{\partial l}{\partial x}, \dfrac{\partial l}{\partial y}, \dfrac{\partial l}{\partial z}, \dfrac{\partial l}{\partial \dot{x}}, \dfrac{\partial l}{\partial \dot{y}}, \dfrac{\partial l}{\partial \dot{z}} \right]$ (可见 (10.2.4) 式). 融合制导工具误差系数的分布和每一次的试验跟踪数据, 特别是遥外弹道差数据 $\Delta \boldsymbol{X} = (\Delta x, \Delta y, \Delta z, \Delta \dot{x}, \Delta \dot{y}, \Delta \dot{z})$, 可得到弹道落点的过程先验 $\pi_1(\theta) \hat{=} p(\theta|x)$.

另外, 对于以前的落点信息, 有另一类直接的落点先验

$$\Delta L \sim \mathrm{N}(\mu_2, \sigma_2^2) \hat{=} \pi_2(\theta) \tag{10.4.12}$$

以下的工作就是融合这两类异质先验和观测数据, 得到落点参数 θ 的后验估计, 从而得到鉴定结论.

2) 确定由弹道差和制导工具误差系数得到的落点先验 $p(\theta\,|x)$

直接利用制导工具误差系数 C 的先验分布得到弹道差的先验分布, 结合关机点弹道差数据 $\Delta X = (\Delta x, \Delta y, \Delta z, \Delta\dot{x}, \Delta\dot{y}, \Delta\dot{z})^{\mathrm{T}}$ 得到弹道差参数 $\mu_{\Delta X}$ 的后验分布密度.

根据 $\Delta X = SC$, $C \sim \mathrm{N}(\mu_C, \Sigma_{m\times m})$, 则 ΔX 的先验为

$$\pi(\Delta X) \sim \mathrm{N}(\mu_{\Delta X}, S_0 \Sigma_{m\times m} S_0^{\mathrm{T}}) \tag{10.4.13}$$

其中 S_0 为关机点环境函数矩阵, $(S_0)_{6\times m} \hat{=} \left[S(t_K)_{3\times m}, \left(\int_0^{t_K} S(t)\mathrm{d}t \right)_{3\times m} \right]$. 记 $A \hat{=} S_0 \Sigma_{m\times m} S_0^{\mathrm{T}}$, 则

$$\Delta X = \mu_{\Delta X} + \varepsilon_{6\times 1}, \quad \varepsilon \sim \mathrm{N}(0, A_{6\times 6})$$

假设弹道差的条件密度为

$$p(\Delta X\,|\mu_{\Delta X}) = \frac{1}{(2\pi)^3\,|A|^{\frac{1}{2}}} \exp\left\{ -\frac{1}{2}(\Delta X - \mu_{\Delta X})^{\mathrm{T}} A^{-1}(\Delta X - \mu_{\Delta X}) \right\}$$

则弹道差参数的后验分布密度为

$$p(\mu_{\Delta X}\,|\Delta X) = \frac{p(\Delta X\,|\mu_{\Delta X})\pi(\mu_{\Delta X})}{\int_{R^6} p(\Delta X\,|\mu_{\Delta X})\pi(\mu_{\Delta X})\mathrm{d}\Delta X} \tag{10.4.14}$$

根据落点偏差与弹道差的转化关系, 记传递向量 $B_L = \left(\dfrac{\partial L}{\partial x}, \dfrac{\partial L}{\partial y}, \dfrac{\partial L}{\partial z}, \dfrac{\partial L}{\partial \dot{x}}, \dfrac{\partial L}{\partial \dot{y}}, \dfrac{\partial L}{\partial \dot{z}} \right)$, 则有线性关系

$$\Delta L \overset{\text{def}}{=} \eta_1 = B_L \times \mu_{\Delta X} \tag{10.4.15}$$

以下由 $\mu_{\Delta X}$ 的分布得到落点偏差 η_1 的分布.

定理 10.4.1 记 $\mu_{\Delta X} = (x_1, x_2, \cdots, x_6)^{\mathrm{T}}$ 的联合分布密度函数为 $p(x_1, x_2, \cdots, x_6)$, η_1 与 $\mu_{\Delta X}$ 的函数关系由 (10.4.15) 式给出. 考虑到随机变量的变换中向量维数应相等, 令 $\eta_i = x_i, i = 2, 3, \cdots, 6$, 且记 $\eta = (\eta_1, \eta_2, \cdots, \eta_6)^{\mathrm{T}}$ 的联合分布密度函数为 $q(y_1, \cdots, y_6) \hat{=} q(y)$, 则 η_1 的密度函数为

$$q(y_1) = \int_{R^5} \frac{p(x_1(y), \cdots, x_6(y))\mathrm{d}y_6 \cdots \mathrm{d}y_3 \mathrm{d}y_2}{|\partial L/\partial x|} \tag{10.4.16}$$

证明 可求出 (10.4.16) 式变换的 Jacobi 矩阵 J 的行列式为

$$|J| = \begin{vmatrix} \dfrac{\partial x_1}{\partial y_1} & \cdots & \dfrac{\partial x_1}{\partial y_6} \\ \vdots & & \vdots \\ \dfrac{\partial x_6}{\partial y_1} & \cdots & \dfrac{\partial x_6}{\partial y_6} \end{vmatrix} = \frac{1}{\partial L/\partial x}$$

由此可得 $q(y_1, \cdots, y_6) = p(x_1(y), x_2(y), \cdots, x_6(y)) \, |\boldsymbol{J}|$, 故

$$q(y_1) = \int_{R^5} q(y_1, \cdots, y_6) \mathrm{d}y_6 \cdots \mathrm{d}y_3 \mathrm{d}y_2 \tag{10.4.17}$$

此即 (10.4.16) 式, 证毕.

结合 (10.4.14) 和 (10.4.16) 式知, 据制导工具误差系数和弹道跟踪数据得到的纵向落点偏差密度为

$$p(\theta \,|\, x) = \int_{\mathbb{R}^5} p(\boldsymbol{\mu}_{\Delta \boldsymbol{x}} \,|\, \Delta \boldsymbol{X}) \cdot \frac{1}{\partial L / \partial x} \mathrm{d}x_6 \cdots \mathrm{d}x_3 \mathrm{d}x_2 \tag{10.4.18}$$

此即落点先验分布 $\pi_1(\theta) \hat{=} p(\theta \,|\, x)$.

3) 权值的选取规则

给定混合先验

$$\pi(\theta) = \alpha p(\theta \,|\, x) + (1 - \alpha)\pi_2(\theta) \tag{10.4.19}$$

其中 $p(\theta \,|\, x)$ 为根据制导工具误差系数分布和弹道差数据得到的先验, $\pi_2(\theta)$ 是根据直接落点得到的先验 (根据 (10.4.10) 式).

上文已经提到关于权值有两种选择. 以最大熵先验准则为例进行研究, 其一是认为 $\alpha \sim \mathrm{U}[0,1]$, 其二是认为 $\alpha \sim \mathrm{U}[a_1, a_2]$, 对最后表达式积分.

具体而言, 设落点数据的条件密度函数为 $r_1(y \,|\, \theta)$, 则有

$$p(\theta \,|\, y) = \frac{1}{(a_2 - a_1)} \int_{a_1}^{a_2} \frac{\pi(\theta) r_1(y \,|\, \theta)}{\displaystyle\int_{\Theta} \pi(\theta) r_1(y \,|\, \theta) \mathrm{d}\theta} \mathrm{d}\alpha$$

$$= \frac{1}{(a_2 - a_1)} \int_{a_1}^{a_2} \frac{[\alpha p(\theta \,|\, x) + (1 - \alpha)\pi_2(\theta)] r_1(y \,|\, \theta)}{\displaystyle\int_{\Theta} [\alpha p(\theta \,|\, x) + (1 - \alpha)\pi_2(\theta)] r_1(y \,|\, \theta) \mathrm{d}\theta} \mathrm{d}\alpha$$

记 $\Delta_1 = p(\theta \,|\, x) r_1(y \,|\, \theta)$, $\Delta_2 = \pi_2(\theta) r_1(y \,|\, \theta)$, 若有先验 $\alpha \sim \mathrm{U}[a_1, a_2]$, 则有后验

$$p(\theta \,|\, y) = \frac{1}{a_2 - a_1} \int_{a_1}^{a_2} \frac{\alpha \Delta_1 + (1 - \alpha)\Delta_2}{\displaystyle\int_{\Theta} [\alpha \Delta_1 + (1 - \alpha)\Delta_2] \mathrm{d}\theta} \mathrm{d}\alpha$$

$$= \frac{1}{a_2 - a_1} \int_{a_1}^{a_2} \frac{\alpha \Delta_1 + (1 - \alpha)\Delta_2}{\alpha \displaystyle\int_{\Theta} \Delta_1 \mathrm{d}\theta + (1 - \alpha) \int_{\Theta} \Delta_2 \mathrm{d}\theta} \mathrm{d}\alpha$$

通过有理分式的转换和积分, 得到

$$p(\theta\,|y) = \left(\frac{\Delta_1 - \Delta_2}{\int_\Theta \Delta_1 \mathrm{d}\theta \int_\Theta \Delta_2 \mathrm{d}\theta}\right) + \frac{1}{(a_2 - a_1)}$$

$$\times \left[\frac{\Delta_2}{\int_\Theta \Delta_1 \mathrm{d}\theta - \int_\Theta \Delta_2 \mathrm{d}\theta} - \frac{(\Delta_1 - \Delta_2) \times \int_\Theta \Delta_2 \mathrm{d}\theta}{\left(\int_\Theta \Delta_1 \mathrm{d}\theta - \int_\Theta \Delta_2 \mathrm{d}\theta\right)^2}\right]$$

$$\times \ln \left|\frac{a_2 \int_\Theta \Delta_1 \mathrm{d}\theta + (1 - a_2) \int_\Theta \Delta_2 \mathrm{d}\theta}{a_1 \int_\Theta \Delta_1 \mathrm{d}\theta + (1 - a_1) \int_\Theta \Delta_2 \mathrm{d}\theta}\right|$$

如果没有关于 α 的先验信息, 认为 $\alpha \sim U[0,1]$, 则后验等价于

$$p(\theta\,|y) = \frac{\Delta_1 - \Delta_2}{\int_\Theta \Delta_1 \mathrm{d}\theta - \int_\Theta \Delta_2 \mathrm{d}\theta} + \left[\frac{\Delta_2}{\int_\Theta \Delta_1 \mathrm{d}\theta - \int_\Theta \Delta_2 \mathrm{d}\theta} - \frac{(\Delta_1 - \Delta_2) \times \int_\Theta \Delta_2 \mathrm{d}\theta}{\left(\int_\Theta \Delta_1 \mathrm{d}\theta - \int_\Theta \Delta_2 \mathrm{d}\theta\right)^2}\right]$$

$$\times \ln \left|\frac{\int_\Theta \Delta_1 \mathrm{d}\theta}{\int_\Theta \Delta_2 \mathrm{d}\theta}\right|$$

注 10.4.1 在实际工程应用中, 由于制导工具误差系数的先验和落点先验一般给出的都是正态分布, 因此经过线性变换后, 仍然是正态分布; 因此正态分布两个特征参数的计算可以大大简化, 特别是 (10.4.18) 和 (10.4.19) 式的求解, 可以不经过繁杂的积分运算, 直接计算转换后的正态分布的均值、方差及混合正态分布的均值和方差.

注 10.4.2 关于融合后的系统评估精度比未融合系统的精度高, 在先验合理的情形下 (本节中根据工程背景得到两类先验), 其理论推导类似一般文献中后验融合精度提高的推导 [59-60].

10.4.1.3 例子

以导弹落点准确度的评价为例, 已有的数据包括阵地测试数据 (制导工具误差系数 $C_{30 \times 1}$ 的均值和方差), 落点的先验信息, 10 次试验的弹道跟踪的遥外测数据

和落点数据. 另外, 假定已知落点偏差与关机时刻弹道差参数的关系中涉及的 12 个偏导数:

$$
B = \begin{bmatrix} B_L \\ B_H \end{bmatrix} = \begin{bmatrix} \dfrac{\partial L}{\partial x} & \dfrac{\partial L}{\partial y} & \dfrac{\partial L}{\partial z} & \dfrac{\partial L}{\partial \dot{x}} & \dfrac{\partial L}{\partial \dot{y}} & \dfrac{\partial L}{\partial \dot{z}} \\[2mm] \dfrac{\partial H}{\partial x} & \dfrac{\partial H}{\partial y} & \dfrac{\partial H}{\partial z} & \dfrac{\partial H}{\partial \dot{x}} & \dfrac{\partial H}{\partial \dot{y}} & \dfrac{\partial H}{\partial \dot{z}} \end{bmatrix}
$$

$$
= \begin{bmatrix} 0.2 & 0.2 & 0.02 & 300 & 50 & 4 \\ 0.02 & 0.2 & 0.2 & 40 & 100 & 200 \end{bmatrix}
$$

假定纵向落点偏差的真实分布为 $N(450, 400^2)$, 由此仿真得到 10 次纵向落点试验数据, 给定的纵向落点先验信息为 $\pi_2(\Delta L) = N(500, 40^2)$; 结合制导工具误差系数 $C_{30 \times 1}$ 的均值和方差、弹道跟踪的遥外测数据、参数 B_L, 可通过计算得到 $\pi_1(\Delta L) = N(304.2, 87.6^2)$. 类似地, 横向落点偏差的真实分布为 $N(350, 300^2)$, 落点分布 $\pi_2(\Delta H) = N(400, 30^2)$; 结合 $C_{30 \times 1}$、弹道跟踪遥外测数据、参数 B_H, 得到 $\pi_1(\Delta H) = N(227.2, 62.7^2)$.

如果没有关于权值的先验 $\alpha \sim U[0, 1]$, 则仿真的结论如表 10.4.1 所示. 在表中记号意义如下: 对于纵向落点偏差, $LP1$ 为先验 $\pi_1(\Delta L)$ 与数据的后验融合值, $LP2$ 为 $\pi_2(\Delta L)$ 与数据的后验融合值, LPFus 为本节异质先验融合方法得到的 π_1 和 π_2 混合先验与数据的后验融合值. 横向落点偏差的记号类似. 表 10.4.1 中给出的是 1000 组仿真的均值结果.

表 10.4.1　各种融合后的后验均值的估计和方差对比 $(\alpha \sim U[0, 1])$

融合估计结果	纵向落点偏差 ΔL(真值 450)			横向落点偏差 ΔH(真值 350)		
	$LP1$	$LP2$	LPFus	$HP1$	$HP2$	HPFus
后验均值	425.9766	473.3474	445.9868	330.2114	375.5866	346.3785
后验方差	34.9638	27.2010	9.2102	26.2590	20.5471	9.4461

假设已有先验知识, 认为 π_2 比 π_1 更合理, 有 $\alpha \in U[0, 0.6]$, 则有仿真结论如表 10.4.2 所示.

表 10.4.2　各种融合后的后验均值的估计和方差对比 $(\alpha \sim U[0, 0.6])$

融合估计结果	纵向落点偏差 ΔL(真值 450)			横向落点偏差 ΔH(真值 350)		
	$LP1$	$LP2$	LPFus	$HP1$	$HP2$	HPFus
后验均值	427.5273	475.2190	451.4926	332.0921	376.5082	350.9459
后验方差	35.3434	27.3887	9.6963	25.9640	20.3991	9.7935

显然, 从两表可以看到, 融合后的后验偏差最接近真值, 特别是有关于权值的

较准确先验信息时, 融合后的后验偏差与真值的差别更小. 两表中给出的是 1000 组均值结果, 对于单次结论, 由于数据量小, 不一定每次结果都很理想, 但总体趋势是趋向真值的.

上例中考虑的是准确度 (偏差), 若要考虑精密度 (方差), 可以类似处理; 但须给出制导误差系数测试方差先验和落点偏差的方差先验, 而方差的先验一般服从逆 Γ 分布.

注 10.4.3 一般的导弹精度评估方法只考虑落点信息 (包括仿真、观测数据和先验) 的融合, 没有融合观测过程的先验和信息, 特别是没有考虑制导工具误差的信息在内. 本节方法相当于扩展了信源, 因此可以提高系统观测特征的描述精度.

注 10.4.4 这种异质先验融合方法应用于导弹的精度评估时, 虽然利用了很多过程信息和阵地测试信息, 但不需要精确解算出制导工具误差系数. 这在分离制导工具误差系数困难的情况下, 是一种优良的方案. 此方法还可以应用到其他有异质观测过程的系统中 (如卫星导航系统), 能充分融合不同观测的信息和先验, 最终提高特性描述的精度.

10.4.2 基于先验融合的 Bayes 递归精度评估

试验精度评估方面, 当需要根据测量数据来评估一个系统时, 希望充分利用各类相关信息. 一般说来, 多会考虑子系统或不同阶段或不同信源的信息融合, 通常研究的相关信息是落点的阵地数据和仿真数据 [1-8]. 本节要解决的是 [62-65]: 如何融合阵地测试的先验信息来估计制导工具系统误差和评价落点精度.

10.4.2.1 制导工具误差系数的 Bayes 求解方法

1) 先验融合

在多次试验中, 制导工具误差系数 C 的测试数据是不同的. 考虑到短期内工艺水平的稳定性, 不认为 C 是变母体 [7-8,60-63], 则不同试验中的测试值只是不同的采样, 可以考虑进行加权融合, 得到融合后的先验信息.

设有 M 批次试验, 每批次的测试次数为 n_k, 测试值 $C^{(k)} \sim \mathrm{N}(C_0^{(k)}, \Sigma^{(k)}), k = 1, \cdots, M$, 则测试均值的融合结果为

$$C_0 = \Sigma^{-2}[n_1(\Sigma^{(1)})^{-2}C_0^{(1)} + \cdots + n_M(\Sigma^{(M)})^{-2}C_0^{(M)}] \tag{10.4.20}$$

其中融合精度

$$\Sigma^{-2} = n_1(\Sigma^{(1)})^{-2} + n_2(\Sigma^{(2)})^{-2} + \cdots + n_M(\Sigma^{(M)})^{-2} \tag{10.4.21}$$

为其共同的先验信息.

对某一项制导工具误差系数而言, 有

$$\sigma^{-2} = n_1(\sigma^{(1)})^{-2} + n_2(\sigma^{(2)})^{-2} + \cdots + n_M(\sigma^{(M)})^{-2} \tag{10.4.22}$$

这样, M 批次试验测试结果 (先验) 可利用 Bayes 方法融合得到融合后的先验.

2) 制导工具误差系数的 Bayes 求解方法

考虑求解制导工具误差系数的表达式

$$\boldsymbol{Y} = \boldsymbol{S}\boldsymbol{C} + \boldsymbol{\varepsilon} \tag{10.4.23}$$

其中 $\boldsymbol{Y}$ 为惯性系下的遥外差, $\boldsymbol{Y} = [Y_1, Y_2, Y_3]^{\mathrm{T}}$, 分别代表 x, y, z 三方向的遥外差, $\boldsymbol{S}$ 为环境函数矩阵 [7-8,57].

对于线性模型 (10.4.23) 而言, 增加制导工具误差系数的融合先验信息后, 有

$$\begin{cases} \boldsymbol{Y} = \boldsymbol{S}\boldsymbol{C} + \boldsymbol{\varepsilon} \\ \boldsymbol{C} = \boldsymbol{C}_0 + \boldsymbol{\eta}_{C_0} \end{cases}$$

其中 $\mathrm{E}(\boldsymbol{\eta}_{C_0}\boldsymbol{\eta}_{C_0}^{\mathrm{T}}) = \boldsymbol{\Sigma}_{C_0}$. 另外, 假定观测模型已经规范化, 则 Bayes 最小二乘估计为

$$\hat{\boldsymbol{C}}_{\mathrm{BLS}} = (\boldsymbol{S}^{\mathrm{T}}\boldsymbol{S} + \boldsymbol{\Sigma}_{C_0}^{-1})^{-1}(\boldsymbol{S}^{\mathrm{T}}\boldsymbol{Y} + \boldsymbol{\Sigma}_{C_0}^{-1}\boldsymbol{C}_0) \tag{10.4.24}$$

估计偏度为

$$\mathrm{E}[\hat{\boldsymbol{C}}_{\mathrm{BLS}} - \boldsymbol{C}] = (\boldsymbol{S}^{\mathrm{T}}\boldsymbol{\Sigma}_{C_0}^{-1}\boldsymbol{S} + \boldsymbol{\Sigma}_{C_0}^{-1})^{-1}\boldsymbol{\Sigma}_{C_0}^{-1}(\boldsymbol{C} - \boldsymbol{C}_0) \tag{10.4.25}$$

归一化只需在其中加上归一化矩阵 $\boldsymbol{D}$ 即可:

$$\hat{\boldsymbol{C}}_{\mathrm{BLS}} = \boldsymbol{D}[\boldsymbol{D}^{\mathrm{T}}\boldsymbol{S}^{\mathrm{T}}\boldsymbol{S}\boldsymbol{D} + \boldsymbol{D}(\boldsymbol{D}\boldsymbol{\Sigma}_{C_0}\boldsymbol{D}^{\mathrm{T}})^{-1}]^{-1}[\boldsymbol{D}^{\mathrm{T}}\boldsymbol{S}^{\mathrm{T}}\boldsymbol{Y} + (\boldsymbol{D}\boldsymbol{\Sigma}_{C_0}\boldsymbol{D}^{\mathrm{T}})^{-1}\boldsymbol{C}_0]$$

则 $\boldsymbol{S}\hat{\boldsymbol{C}}_{\mathrm{BLS}}$ 即为估计的相应制导工具误差.

3) 全程遥外弹道差的实时融合评定

对每一时刻 t, 考虑全程遥外差数据 $\boldsymbol{Y}$ 与制导工具误差系数的先验 $\boldsymbol{C}$ 的融合:

$$\begin{cases} \boldsymbol{Y} = \boldsymbol{S}\boldsymbol{C} + \boldsymbol{\varepsilon} \\ \boldsymbol{S}\boldsymbol{C} = \boldsymbol{S}\boldsymbol{C}_0 + \boldsymbol{S}\boldsymbol{\eta}_{C_0} \end{cases}$$

假设 $\mathrm{E}(\boldsymbol{\varepsilon}^{\mathrm{T}}\boldsymbol{\varepsilon}) = \sigma_\varepsilon^2$, $\mathrm{E}[(\boldsymbol{S}\boldsymbol{\eta}_{C_0})^{\mathrm{T}}(\boldsymbol{S}\boldsymbol{\eta}_{C_0})] = \sigma_\eta^2$, 采用线性加权方法:

$$\boldsymbol{S}\hat{\boldsymbol{C}} = \frac{\sigma_\varepsilon^{-2}}{\sigma_\varepsilon^{-2} + \sigma_\eta^{-2}}\boldsymbol{Y} + \frac{\sigma_\eta^{-2}}{\sigma_\varepsilon^{-2} + \sigma_\eta^{-2}}\boldsymbol{S}\boldsymbol{C}_0 \tag{10.4.26}$$

(10.4.26) 式即为将观测遥外弹道差与制导工具误差系数的先验进行融合的结果.

容易看出, 制导工具误差系数的 Bayes 求解是属于事后处理, 乘以环境函数后得到的制导工具误差估计亦属于平滑观测噪声后的估计结果, 较为稳健. 而全程遥外弹道差的实时 Bayes 估计则是实时融合观测遥外差和制导工具误差系数的阵地测试值, 会受到外测观测随机误差的影响, 但可以为安控和全程精度评定及时提供评定依据.

10.4.2.2   落点精度评定的 Bayes 递归方法

已有的试验数据的递归评定流程 [63] 即为, 先验与试验数据融合后, 得到后验参数估计, 后验分布成为下一次融合的先验分布, 与下一次的试验数据进行融合, 如此递归往复. 以两次试验融合的流程为例, 如图 10.4.2 所示. 该流程属于序贯融合思想, 但融合过程的计算量很大, 特别是高维参数模型的融合涉及高维积分.

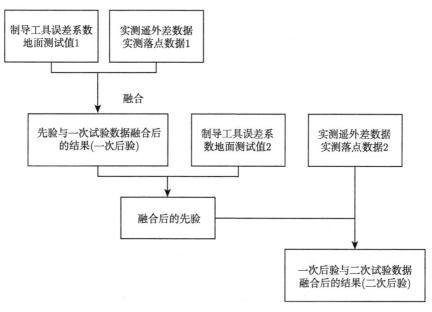

图 10.4.2   已有的递归精度评定流程图

本节对递归评定流程进行改进. 主要思想是多次试验后, 将先验与先验融合, 测试数据与测试数据融合, 然后再将融合后的先验与融合后的数据再次进行融合, 这样可减少部分计算量. 同样以两次试验融合的流程为例, 如图 10.4.3 所示.

本节在根据不同次试验的 C 的测试均值及方差进行先验融合的基础上, 计算出相应落点的均值及方差, 并与实测落点数据进行融合评定. 不失一般性 (纵横向落点偏差是独立的, 均服从正态分布), 下文讨论以纵向落点偏差为例. 导弹落点精度的主要因素中, 制导误差占圆概率偏差 (CEP) 的 80% 左右 [7-8]. 命中精度主要取决于对主动段飞行的控制. 落点参数 (L, H) 与惯性系下关机点弹道参数有详细的解析关系式, 即 (10.2.4) 式.

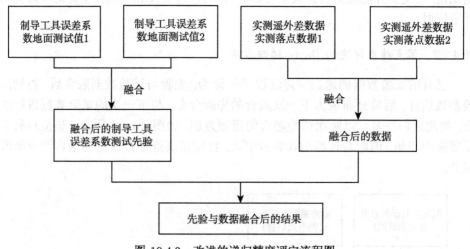

图 10.4.3　改进的递归精度评定流程图

由于

$$C \sim N(C_0, \Sigma) \tag{10.4.27}$$

则

$$SC \sim N(SC_0, S \times \Sigma \times S^{\mathrm{T}}) \tag{10.4.28}$$

根据 (10.2.4) 中第一式, 记传递向量 $B_L = \left(\dfrac{\partial L}{\partial x}, \dfrac{\partial L}{\partial y}, \dfrac{\partial L}{\partial z}, \dfrac{\partial L}{\partial \dot{x}}, \dfrac{\partial L}{\partial \dot{y}}, \dfrac{\partial L}{\partial \dot{z}} \right)$, 其中 B_L 下标 L 表示纵向落点的含义, 则有线性关系 (其中 ΔL_P 的下标 P 代表先验)

$$\Delta L_P \sim N(B_L SC_0, B_L \times S \times \Sigma \times S^{\mathrm{T}} \times B_L^{\mathrm{T}}) \triangleq N(B_L SC_0, \sigma_P^2) \tag{10.4.29}$$

不妨设实测纵向落点偏差数据 $\Delta L_1, \Delta L_2, L, \Delta L_K$ 的均值和方差分别为 ΔL_R 和 σ_R^2 (其中下标 R 代表实测数据), 考虑融合后的均值和方差分别为

$$\Delta L = \frac{\sigma_P^{-2}}{\sigma_P^{-2} + \sigma_P^{-2}} \times \Delta L_P + \frac{\sigma_R^{-2}}{\sigma_R^{-2} + \sigma_R^{-2}} \times \Delta L_R \tag{10.4.30}$$

$$\sigma_L^{-2} = \sigma_P^{-2} + \sigma_S^{-2} \tag{10.4.31}$$

10.4.2.3 例子及分析

我们分别给出制导工具误差系数求解的例子 (例 10.4.1) 和落点精度递归评定的例子 (例 10.4.2).

例 10.4.1 有三次飞行试验的先验测试数据和弹道跟踪数据, 先验信息融合后, 根据上述方法进行计算, 得到结果如图 10.4.4 所示 (以 X 方向为例).

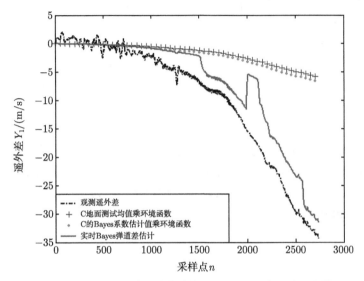

图 10.4.4 主动段遥外弹道差的不同 Bayes 估计结果比较

显然, 由于制导工具误差系数的测试值精度较高, 制导工具误差的 Bayes 系数估计值乘以环境函数矩阵后的弹道差估计 $\hat{SC}_{BLS}$ 更接近弹道差的理论先验 (地面测试均值乘环境函数矩阵), 且 $\hat{SC}_{BLS}$ 更加平滑; 实时的 Bayes 数据估计则受实时观测误差的影响更大.

例 10.4.2 以纵向落点偏差为例. 假设观测数据为五个样本, 且服从均值为 0 均方差为 1000 的正态分布, 可计算出其均值和均方差如下:

$$\Delta L_R = -492.2195\text{m}, \quad \sigma_{L_R} = 940.2831$$

给出 5 次制导工具误差系数的地面测试值后, 可根据本节方法计算得到制导工具误差系数融合分布, 可计算相应的落点分布为 $\mathrm{N}(-105, 680^2)$; 融合以上信息, 可得到:

$$\Delta \bar{L} = -256.2234\text{m}, \quad \bar{\sigma}_L = 526.3261$$

融合估计结果的观测数据的方差小, 显然结果更加稳健. 以上给出的是 1000 组的统计均值, 对于单次评估, 由于样本量小, 不一定每次方差均能减少到这个量级, 但方差总体趋势是一致减小的.

10.4.3　基于后验结果融合的精度评估

10.4.3.1　试验评估的样条模型

影响导弹落点精度的主要因素中, 制导工具误差占的比重最大. 由于单参数和双参数模型没有考虑制导工具系统误差, 而遥外弹道差与制导工具系统误差对应, 工程背景明确, 验前信息较准确, 同时可通过试验获得较准的客观数据, 故本节研究结合制导工具系统误差的试验鉴定模型.

制导工具系统误差的加速度域和速度域模型, 在导弹飞行全过程中制导工具系统误差系数 C 是常数, 且与发射阵地测试值保持一致的情况下, 是非常有效的. 然而这一假设是否成立还无定论. 为克服这一假设不成立造成制导工具系统误差分离不精确的影响, 可利用样条函数表示制导工具系统误差 [8,57], 通过估计样条系数来估计 $S(t)C(t)$, 而不直接估计 C.

记 $\alpha_{xp}(t)$, $\alpha_{yp}(t)$, $\alpha_{zp}(t)$ 分别为 t 时刻制导系统的陀螺和平台在 x, y, z 方向引起的角度偏差, $\beta_x(t)$, $\beta_y(t)$, $\beta_z(t)$ 为 t 时刻 x, y, z 三个方向的加速度误差, 则加速度域上制导工具系统误差为 ($\dot{\boldsymbol{W}}_p$ 为遥测视加速度; $\dot{\boldsymbol{W}}$ 为惯性系下真实加速度, 计算时用外测数据代替):

$$\Delta\dot{\boldsymbol{W}}(t) = \dot{\boldsymbol{W}}_p(t) - \boldsymbol{W}(t) = \begin{bmatrix} 0 & -W_z & \dot{W}_y & 1 & 0 & 0 \\ W_z & 0 & -\dot{W}_x & 0 & 1 & 0 \\ -W_y & \dot{W}_x & 0 & 0 & 0 & 1 \end{bmatrix} \begin{bmatrix} \alpha_{xp} \\ \alpha_{yp} \\ \alpha_{zp} \\ \beta_x \\ \beta_y \\ \beta_z \end{bmatrix} \overset{\text{def}}{=} \bar{\boldsymbol{W}}(t) \begin{bmatrix} \alpha_{xp} \\ \alpha_{yp} \\ \alpha_{zp} \\ \beta_x \\ \beta_y \\ \beta_z \end{bmatrix} \tag{10.4.32}$$

估计制导工具系统误差可避免直接分离制导工具误差系数. 利用 4 阶不等距 B 样条函数作为基函数对 $\alpha_{xp}(t)$, $\alpha_{yp}(t)$, $\alpha_{zp}(t)$ 和 $\beta_x(t)$, $\beta_y(t)$, $\beta_z(t)$ 直接进行拟合:

$$\begin{bmatrix} \alpha_{xp}(t) \\ \alpha_{yp}(t) \\ \alpha_{zp}(t) \\ \beta_x(t) \\ \beta_y(t) \\ \beta_z(t) \end{bmatrix} = \begin{bmatrix} \boldsymbol{B}^{(N)}(t) & \boldsymbol{0} \\ \boldsymbol{0} & \boldsymbol{B}^{(M)}(t) \end{bmatrix} \begin{bmatrix} b_{-3} \\ \vdots \\ b_{N_{xyz}+9} \\ d_{-3} \\ \vdots \\ d_{M_{xyz}+9} \end{bmatrix} \overset{\text{def}}{=} \bar{\boldsymbol{B}}(t)\boldsymbol{b} \tag{10.4.33}$$

其中

$$
\boldsymbol{B}^{(N)}(t)=\begin{bmatrix} B_{-3}(t) & \cdots & B_{N_x-1}(t) & 0 & 0 & 0 & 0 & 0 & 0 \\ 0 & 0 & 0 & B_{-3}(t) & \cdots & B_{N_y-1}(t) & 0 & 0 & 0 \\ 0 & 0 & 0 & 0 & 0 & 0 & B_{-3}(t) & \cdots & B_{N_z-1}(t) \end{bmatrix}
$$

矩阵中的元素为 B 样条基函数; $\boldsymbol{B}^{(M)}(t)$ 类似, 只是下标相应改变. 综合 (10.4.32) 和 (10.4.33) 两式, 有

$$
\Delta \dot{\boldsymbol{W}}(t) = \bar{\bar{\boldsymbol{W}}}(t)\bar{\boldsymbol{B}}(t)\boldsymbol{b} \overset{\text{def}}{=} \boldsymbol{Z}(\dot{\boldsymbol{W}}(t))\boldsymbol{b} \tag{10.4.34}
$$

另外, 导弹落点偏差与关机时刻 t_K 弹道差参数 $(\Delta x, \Delta y, \Delta z, \Delta \dot{x}, \Delta \dot{y}, \Delta \dot{z})^{\mathrm{T}} = \Delta \boldsymbol{X}(t_K)$ 有明确的线性函数关系 [7-8], 此处不详述.

10.4.3.2 小子样试验的 Bayes 样条模型及参数估计

对于第 l 次折合到同一标准全程弹道后的试验, 在加速度域有

$$
\Delta \dot{\boldsymbol{W}}^{(l)}(t) = \bar{\bar{\boldsymbol{W}}}^{(l)}(t)\bar{\boldsymbol{B}}^{(l)}(t)\boldsymbol{b}^{(l)} + \boldsymbol{\varepsilon} \tag{10.4.35}
$$

首先统一 L 个样本的各样条基矩阵 $\bar{\boldsymbol{B}}^{(l)}(t)(l = 1, \cdots, L, L$ 为试验次数, t 为采样时间点) 中不同样条基 $B_i^{(l)}(t)$ $(i = -3, \cdots, N_l - 1)$ 的表示. 由于 N_l 各不相同, 因此 $\bar{\boldsymbol{B}}^{(l)}(t)$ 中样条基的数目也不尽相同. 合并所有的样条内节点集 $\bigcup\limits_{l=1}^{L}\{\tau_i^{(l)}\}$, 在此内节点上生成新的样条基 $B_j^0(t)$ 及其相应的统一样条基矩阵 $\bar{\boldsymbol{B}}^0(t)$. 在此基础上, 对每一次试验重新求样条系数 $\boldsymbol{b}^{(l)}$, 得

$$
\Delta \dot{\boldsymbol{W}}^{(l)}(t) = \dot{\boldsymbol{W}}_p^{(l)}(t) - \dot{\boldsymbol{W}}^{(l)}(t) = \bar{\bar{\boldsymbol{W}}}^{(l)}(t)\bar{\boldsymbol{B}}^0(t)\boldsymbol{b}^{(l)} + \boldsymbol{\varepsilon} \tag{10.4.36}
$$

以下讨论均在此基础上进行.

对每一次试验计算参数 $\boldsymbol{b}$. 注意到规范不等距 B 样条的性质, 类似文献 [57] 的讨论, 可建立内外弹道的非线性联合模型. 首先, 利用压缩映射:

$$
\dot{\boldsymbol{W}}(t)\boldsymbol{a}M[\dot{\boldsymbol{W}}(t)] = \dot{\boldsymbol{W}}_P(t) - \boldsymbol{Z}(\dot{\boldsymbol{W}}(t))\boldsymbol{b} \tag{10.4.37}
$$

可构造相应的迭代格式和算法:

$$
\begin{cases} \boldsymbol{r}^{(0)}(t) = \dot{\boldsymbol{W}}_p(t) \\ \boldsymbol{r}^{(i+1)}(t) = \dot{\boldsymbol{W}}_p(t) - Z(\boldsymbol{r}^{(i)})\boldsymbol{b} \end{cases} \tag{10.4.38}
$$

迭代可得到 $\dot{\boldsymbol{W}}(t)$ 和环境函数 $\boldsymbol{Z}(\dot{\boldsymbol{W}}(t))$ 的精确计算结果.

结合外测测元系统误差模型, 得到外弹道测量数据关于制导工具误差的样条系数模型为

$$Y = F(b) + G(b, p) + \varepsilon, \quad \varepsilon \sim N(0, \Sigma) \tag{10.4.39}$$

其中 $G(b, p)$ 是系统误差模型, p 是系统误差参数.

给定样条系数 b 的迭代初值, 结合 (10.4.37) 和 (10.4.39) 式, 根据非线性回归分析理论, 令 $\tilde{b} = (b^T, p^T)^T$, $Q(\tilde{b}) = F(b) + G(b, p)$, 用极值问题 $\min \left\| Y - Q(\tilde{b}) \right\|_2^2$ 的解作为外测系统误差系数和制导工具系统误差样条系数的联合估计, 可采用改进的 Gauss-Newton 法求解.

迭代的初始取值及计算过程中, 应当考虑参数 b 的约束条件. 由工程实际, 对导弹的控制可分解为对位置与速度的控制 [7-8], 也即在指定时刻 τ, 要求类似 (10.2.9) 式的约束. 可将约束记为

$$\left\| \begin{bmatrix} \int_0^t \int_0^{\tau'} Z(\dot{W}(\tau)) d\tau d\tau' \times b \\ \int_0^t Z(\dot{W}(\tau)) d\tau \times b \end{bmatrix} \right\| \overset{\text{def}}{=} \left| \left(Z_{\text{Int}}(\dot{W}(\tau)) \cdot b \right) \right| \leqslant v(t) \tag{10.4.40}$$

当样条基取定, 时刻 τ 给定后, $Z(\dot{W}(\tau))$ 为已知矩阵. 根据工程背景和安控要求, $v(t)$ 可综合 t 时刻根据落点预报得到的安控值来确定. 记

$$D = \bigcap_{j=1}^n D_j = \bigcap_{j=1}^n \left\{ b \,\middle|\, \left| Z_{\text{Int}}(\dot{W}(t_j)) b \right| \leqslant v(t_j) \right\} \tag{10.4.41}$$

可认为 b 的先验是服从于 D 上的均匀分布, n 为主动段跟踪的采样点数.

从理论上分析, 考虑到迭代的极限形式即为 (10.4.37) 式, 结合弹道跟踪数据和 b 的先验分布, 可以得到 b 的后验分布及其估计. 记弹道差的测量数据:

$$a \overset{\text{def}}{=} (\Delta \tilde{X}(t_1)^T, \Delta \dot{\tilde{X}}(t_1)^T, \cdots, \Delta \tilde{X}(t_n)^T, \Delta \dot{\tilde{X}}(t_n)^T)^T$$

$$\Phi \overset{\text{def}}{=} (Z_{\text{Int}}(\dot{W}(t_1))^T, Z_{\text{Int}}(\dot{W}(t_2))^T, \cdots, Z_{\text{Int}}(\dot{W}(t_n))^T)^T$$

于是, 由 (10.4.36) 式得

$$a = \Phi b + \varepsilon \tag{10.4.42}$$

结合 a 和 Φ, 可给出 b 的后验估计 $\hat{b}(a)$ 和参数评价. 记

$$r(a) = \int_D \exp\left\{ a^T K^{-1} \Phi b - \frac{1}{2} b^T \Phi^T K^{-1} \Phi b \right\} db$$

其中 K 为 a 的协方差阵, 则

$$\hat{b}(a) = E_a(b) = \int_D b h(b|a) db = \frac{1}{r(a)} \int_D b \exp\left\{ a^T K^{-1} \Phi b - \frac{1}{2} b^T \Phi^T K^{-1} \Phi b \right\} db \tag{10.4.43}$$

其中 $h(\boldsymbol{b}|\boldsymbol{a})$ 为后验密度分布函数. $\hat{\boldsymbol{b}}(\boldsymbol{a})$ 的估计精度可由后验协方差矩阵表示:

$$\boldsymbol{V}^h(\hat{\boldsymbol{b}}) = \int_D [(\boldsymbol{b} - \hat{\boldsymbol{b}}(\boldsymbol{a}))(\boldsymbol{b} - \hat{\boldsymbol{b}}(\boldsymbol{a}))^{\mathrm{T}}] h(\boldsymbol{b}|\boldsymbol{a}) \mathrm{d}\boldsymbol{b} \qquad (10.4.44)$$

注 10.4.5 $\tilde{\boldsymbol{b}}$ 和 $\hat{\boldsymbol{b}}$ 的区别: $\tilde{\boldsymbol{b}}$ 主要是在加速度域上利用迭代求出的参数, 实际计算较为简洁; 而 $\hat{\boldsymbol{b}}$ 在速度和位置域上进行求解, 由于需要计算高维积分, 实际计算量大, 主要用于理论分析.

10.4.3.3 后验结果融合

本节主要比较经典双参数模型和 Bayes 样条参数模型 (10.4.42) 的参数估计的精度 [59-60]. 由于双参数模型中的参数对应的是落点偏差 $(\Delta L, \Delta H)$, Bayes 样条参数模型中的参数对应的是样条系数 $\boldsymbol{b}$, 比较应该在统一的参数空间上进行. 因对应弹道差参数和落点偏差关系的是多对一映射, 为了不损失参数信息, 考虑在样条系数 $\boldsymbol{b}$ 的空间上进行比较.

结论 10.4.1 试验过程中 $\boldsymbol{b}$ 的样本分布, 即正态分布 $q(\boldsymbol{b})$ 的统计参数 (均值与方差) 可由 $\bar{\boldsymbol{W}}(t)$、制导工具误差系数 $\boldsymbol{C}$ 的测试值唯一确定.

证明 试验过程中, 对 $\boldsymbol{Z}(\dot{\boldsymbol{W}}(t))$ 进行积分扩展得到 (10.3.42) 式中的 $\boldsymbol{Z}_{\mathrm{Int}}(\dot{\boldsymbol{W}}(t))$. 由于

$$\Delta \boldsymbol{X}(t) = \boldsymbol{S}(t)_{6n \times m} \boldsymbol{C}_{m \times 1} + \boldsymbol{\varepsilon} = \boldsymbol{Z}_{\mathrm{Int}}(\dot{\boldsymbol{W}}(t))_{6n \times (N_{xyz} + M_{xyz} + 18)} \boldsymbol{b}_{(N_{xyz} + M_{xyz} + 18)} + \boldsymbol{\varepsilon}$$

其中 $\boldsymbol{\varepsilon} \sim \mathrm{N}(0, \boldsymbol{K}_{6n \times 6n})$, $\boldsymbol{K} = \mathrm{diag}\,(K_1, K_2, \cdots, K_n)$, $K_i = \boldsymbol{D}(\Delta \tilde{\boldsymbol{X}}(t_i)^{\mathrm{T}}, \Delta \tilde{\boldsymbol{X}}(t_i)^{\mathrm{T}})^{\mathrm{T}}$, $i = 1, \cdots, n$.

若假设 $\boldsymbol{C} = 0 + \boldsymbol{\varsigma}$, $\mathrm{E}(\boldsymbol{\varsigma}\boldsymbol{\varsigma}^{\mathrm{T}}) = \mathrm{diag}(\sigma_{c1}^2, \sigma_{c2}^2, \cdots, \sigma_{cm}^2)$, 则在 $\dot{\boldsymbol{W}}(t)$ 确定的情况下, 根据

$$\boldsymbol{b} = [\boldsymbol{Z}_{\mathrm{Int}}(\dot{\boldsymbol{W}}(t))^{\mathrm{T}} \boldsymbol{Z}_{\mathrm{Int}}(\dot{\boldsymbol{W}}(t))]^{-1} \boldsymbol{Z}_{\mathrm{Int}}(\dot{\boldsymbol{W}}(t))^{\mathrm{T}} \boldsymbol{S}(t) \boldsymbol{C} \stackrel{\mathrm{def}}{=} \boldsymbol{H}(t)\boldsymbol{C}$$

当 $\boldsymbol{H}(t)$ 确定时, 有均值和协方差如下:

$$\mathrm{mean}(\boldsymbol{b}) = \mathrm{mean}(\boldsymbol{H}(t)\boldsymbol{C}) = \boldsymbol{H}(t)\mathrm{mean}(\boldsymbol{C}) = 0$$

$$\mathrm{Cov}(\boldsymbol{b}, \boldsymbol{b}) = \boldsymbol{H}(t)\mathrm{Cov}(\boldsymbol{C}, \boldsymbol{C})\boldsymbol{H}(t)^{\mathrm{T}}. \qquad \text{证毕.}$$

结论 10.4.2 记经典双参数模型中落点偏差估计的方差为 $\bar{\sigma}^2$, Bayes 样条参数模型中落点偏差的估计方差为 $\hat{\sigma}^2$, 则有 $\hat{\sigma}^2 \leqslant \bar{\sigma}^2$.

证明 总的落点偏差为

$$\begin{cases} \Delta L = \Delta L_g + \Delta L_m + \Delta L_r + \xi_L \\ \Delta H = \Delta H_g + \Delta H_m + \Delta H_r + \xi_H \end{cases}$$

其中制导工具误差的落点偏差为 ΔL_g, ΔH_g, 制导方法误差记为 ΔL_m, ΔH_m, 再入误差 ΔL_r, ΔH_r. 由于各因素间可认为是独立的, 则主要因素造成的总落点偏差的方差为

$$\begin{cases} \sigma_L^2 = \sigma_{L_g}^2 + \sigma_{L_m}^2 + \sigma_{L_r}^2 \\ \sigma_H^2 = \sigma_{H_g}^2 + \sigma_{H_m}^2 + \sigma_{H_r}^2 \end{cases} \tag{10.4.45}$$

不失一般性, 以横向落点偏差为例. 由前文分析, 可记制导工具系统误差造成的落点偏差 $\delta \overset{\text{def}}{=} \Delta L = R(b)$, 其中, $R(\cdot)$ 即 δ 与 b 的函数关系, 由 (10.4.42) 式、$\Delta \dot{W}$ 与 ΔX 的积分关系、导弹关机点参数与落点的关系得到的.

双参数模型中, 相应于制导工具系统误差造成的落点偏差的后验均值和方差的估计为

$$\Delta \bar{L}_g = \mathrm{E}\bar{\delta} = \int \delta \, \mathrm{d}P(\delta) = \int_{R^M} R(b) \, |\boldsymbol{J}| \, \bar{p}(b) \, \mathrm{d}b$$

$$\bar{\sigma}_{L_g}^2 = \mathrm{D}\bar{\delta} = \int (\delta - \mathrm{E}\bar{\delta})^2 \mathrm{d}P(\delta) = \int_{R^M} (R(b) - \mathrm{E}\bar{\delta})^2 \, |\boldsymbol{J}| \, \bar{p}(b) \mathrm{d}b \tag{10.4.46}$$

对 Bayes 样条参数模型, 一方面, 根据 b 的后验分布, 有均值和方差的估计

$$\mathrm{E}\hat{\delta} = \int \delta \, \mathrm{d}F(\delta) = \int R(b) \, |\boldsymbol{J}| \, \hat{p}(b) \, \mathrm{d}b = \int_D R(b) \, |\boldsymbol{J}| \, h(b \,|\, a) \, \mathrm{d}b$$

$$\begin{aligned} \mathrm{D}\hat{\delta} &= \int (\delta - \mathrm{E}\hat{\delta})^2 \, \mathrm{d}F(\delta) \\ &= \int (R(b) - \mathrm{E}\hat{\delta})^2 \, |\boldsymbol{J}| \, \hat{p}(b) \, \mathrm{d}b = \int_D (R(b) - \mathrm{E}\hat{\delta})^2 \, |\boldsymbol{J}| \, h(b \,|\, a) \, \mathrm{d}b \end{aligned} \tag{10.4.47}$$

另一方面, 由于主动段弹道数据与落点数据之间在观测上是独立的, 故 Bayes 样条参数模型还可以融合双参数模型中落点偏差和方差的估计结果, 考虑利用加权最小二乘进行融合 (方差的倒数为权重), 即有

$$\Delta \hat{L}_g = \frac{\mathrm{D}\hat{\delta} \times \Delta \bar{L}_g + \mathrm{D}\bar{\delta} \times \mathrm{E}\hat{\delta}}{\mathrm{D}\bar{\delta} + \mathrm{D}\hat{\delta}} \tag{10.4.48}$$

$$\hat{\sigma}_{L_g}^2 = \frac{\mathrm{D}\hat{\delta} \cdot \mathrm{D}\bar{\delta}}{\mathrm{D}\hat{\delta} + \mathrm{D}\bar{\delta}} = \frac{\mathrm{D}\hat{\delta} \cdot \bar{\sigma}_{L_g}^2}{\mathrm{D}\hat{\delta} + \bar{\sigma}_{L_g}^2} < \min(\mathrm{D}\hat{\delta}, \bar{\sigma}_{L_g}^2) \tag{10.4.49}$$

结合 (10.4.45) 和 (10.4.49), 又同一批试验中有 $\hat{\sigma}_{L_m}^2 = \bar{\sigma}_{L_m}^2$, $\hat{\sigma}_{L_r}^2 = \bar{\sigma}_{L_r}^2$, 则

$$\hat{\sigma}_L^2 = \hat{\sigma}_{L_g}^2 + \hat{\sigma}_{L_m}^2 + \hat{\sigma}_{L_r}^2 < \bar{\sigma}_{L_g}^2 + \bar{\sigma}_{L_m}^2 + \bar{\sigma}_{L_r}^2 = \bar{\sigma}_L^2 \tag{10.4.50}$$

纵向落点偏差类似可以证明.　　　　　　　　　　　　　　　　　　　　　　　证毕.

10.4.3.4　例子

提供导弹的四发弹道试验, 一发全程弹道, 三发特殊弹道, 每一次试验信息包括: 弹道跟踪数据 (包括外测各测元各采样点观测的位置、速度参数, 遥测的视速度, 各级关机点及特征点的位置、纵横向落点偏差等), 制导工具系统误差系数的地面测试值 (均值及方差); 同时给出全程弹道的理论设计值 (包括弹道速度及位置参数). 另有以前同一型号的先验结果五发四中.

首先对每一次试验进行折合. 如对第一发特殊弹道进行转换折合, 折合前后的弹道差可见图 10.4.5.

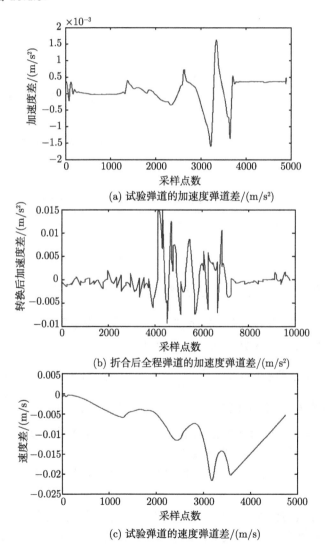

(a) 试验弹道的加速度弹道差/$(\mathrm{m/s^2})$

(b) 折合后全程弹道的加速度弹道差/$(\mathrm{m/s^2})$

(c) 试验弹道的速度弹道差/$(\mathrm{m/s})$

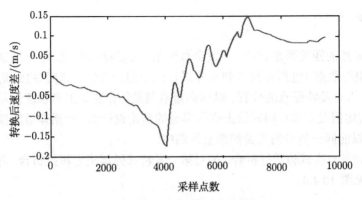

(d) 折合后全程弹道速度弹道差/(m/s)

图 10.4.5　某发试验弹 z 方向的加速度和速度折合图

假定设计指标 —— 射击密集度为 $\sigma_L = \sigma_H = 500\mathrm{m}$. 制导方法误差和再入误差均为零均值, 且 $\sigma_{Lm}^2 + \sigma_{Lr}^2 = (100\mathrm{m})^2$. 给定: ① 一发全程试验的落点; ② 特殊弹道和先验试验的折合落点; ③ 制导工具误差系数的先验分布; ④ 全程试验的弹道主动段跟踪数据; ⑤ 特殊试验弹道和先验的折合主动段数据. 双参数模型和 Bayes 样条参数模型比较见表 10.4.3.

表 10.4.3　双参数模型与样条参数模型的比较

四发试验弹及先验信息	ΔL 均值	ΔL 方差	ΔH 均值	ΔH 方差
双参数模型 +①	322.4667		256.8742	
双参数模型 +①②	45.9899	301.8667	208.6616	692.5749
Bayes 样条参数模型 +③④⑤	49.4229	297.9696	246.6793	682.2718
Bayes 样条参数模型 +①②③④⑤	47.6841	212.0609	227.9555	486.0407

以横向落点偏差为例. 从经典序贯方法来比较, 设定置信度 $\alpha = 0.10$, 求 ΔH 的均值的置信区间 (σ_H 未知), 其长度不超过 $2l(l = 305\mathrm{m})$. 要满足要求, 对双参数模型, 必须有试验发数满足 $L \geqslant \dfrac{\bar{\sigma}_H^2 \cdot t_{m-1,\alpha/2}^2}{l^2} = 692.5749^2 \cdot 1.860^2 / (305)^2 = 17.8386$; 对 Bayes 样条参数模型, 类似有 $L \geqslant \dfrac{\hat{\sigma}_H^2 \cdot t_{m-1,\alpha/2}^2}{l^2} = 486.0407^2 \times 1.860^2 / (305)^2 = 8.7856$, 这里 $m = 9$ 为已有试验数. 因此, 对 Bayes 样条参数模型, 现有试验已满足要求, 但传统双参数模型还须继续试验.

如果考虑纵横向综合评定, 只需将双参数模型转化为单参数模型 (CEP) 即可, 方法类似.

从 Bayes 序贯方法而言, CEP 确定后是有一定风险的. 在给定风险下, 如文献 [71] 做简单的参数假设检验, 取检出比 $\lambda = 1.5$, 而先验为 $P_{H_0} = 0.8$, 则按均值和方差仿真得到 10000 个结果, 每四个为一组, 有 2500 组结果, 作为一个总体而言均符合精度指标. 依据文献 [71], 双参数模型计算的结果是接受 2176 组为真, 而 Bayes 样条参数模型计算的结果是接受 2465 组为真.

注 10.4.6 由于利用了制导工具误差系数和弹道跟踪数据等更多的信息, 在相同的风险下, Bayes 样条参数模型对于落点偏差估计的误差收敛速度应该比双参数模型快. 描述收敛速度的理论上的严格证明有待下一步进行.

注 10.4.7 如果 Bayes 样条参数模型中的基函数改为双正交基, 则模型的建立是类似的, 参数可以更节省, 但计算量也更大.

10.4.4 分系统及融合精度评估

系统的精度评估可分为分系统评估和系统综合评估 [72].

上述分析说明可以利用一次试验作出多种评估结论: 如关于制导工具系统, 关于控制系统 (制导方法), 关于关机点, 关于再入段, 等等. 不过, 多个子系统分析过后, 仍需从总体和全局观念考察导弹各分系统之间的一体化及稳定性, 问题的焦点仍在于落点精度问题.

以下基于各分系统与总体的关系来建立总体精度融合模型 [72]. 不妨假设考虑 W 个子系统, 精度合成模型如下:

$$e = G(e_1, e_2, \cdots, e_W)$$

其中 e 为系统总体误差, 而 $e_i(i = 1, \cdots, W)$ 为各分系统的误差, $G(\cdot)$ 为各分系统误差合成为系统总体误差的误差传播函数. 如果无法由动力系统、控制系统、环境函数等确定误差合成及传播关系, 从而直接确定 G 的函数表达形式, 则可利用各子系统的仿真结论和专家经验来决定.

分析流程如下:

Step 1 根据测试跟踪得到弹道跟踪数据, 落点统计数据即总体精度;

Step 2 折合并分析各子系统的精度;

Step 3 融合各子系统的精度, 并与总体精度相比较: 如果一致则得到精度评价结果; 若不一致则分析是哪一个子系统的问题, 或是系统结合处的问题;

Step 4 得到最后的总体评价.

精度评定要研究的不仅是落点, 同样还可以研究主动段的特征点如关机点、再入点等.

10.4.5 小结

本节从信息融合角度出发, 提出了制导武器试验鉴定中异质先验融合的概念, 并建立了模型和框架; 还提出了后验结果融合. 这些都是基于希望充分利用已有观测信息, 得到更高精度的鉴定结果的出发点来进行研究的.

先验信息融合指融合飞行试验中不同观测空间和过程的异质先验信息和测量数据, 基于不同观测过程的解析关系, 将间接过程的先验和观测数据算出的后验分布转换成落点观测空间上的先验, 与原落点的先验进行了最大熵加权融合, 得到混合后验分布, 从而结合落点观测数据给出评定结果.

后验结果融合是指基于制导工具误差的折合方法和变尺度折合技术, 结合制导工具误差系数的先验分布, 分析了 Bayes 样条参数模型的鉴定精度. 可根据试验发数的决策门限确定试验鉴定精度要求下的发数.

在无法解算出精确的制导工具误差系数的情况下, 本节的先验信息融合充分利用了弹道跟踪数据、工具误差系数的地面测试先验值、落点先验及落点数据, 稳健性更好, 准确性更高. 理论分析和仿真计算表明, 后验融合方法工程背景明确, 能充分运用试验资源, 给出合理的试验发数结论.

10.5   观测数据频谱特征与故障分析

现代武器系统其结构越来越复杂, 自动化程度不断提高, 多种技术的综合不仅增加了武器系统的故障率, 而且大大增加了测试和故障诊断的难度. 故障分析, 特别是故障现象、模式和机理的分析是进行故障检测和诊断的基础 [73-79]. 故障诊断技术是以可靠性理论、控制论、信息论和系统论等基本理论为基础, 结合计算机技术的最新成果形成的理论体系 [73-79]. 目前已提出基于知识、模型、模糊数学、模式识别、小波分析等多种故障诊断方法 [73-79].

本节主要基于弹道外测数据频谱特征对故障进行分析.

10.5.1   故障诊断原则与方法

故障诊断原则为: 通过检测分析, 对故障原因进行识别, 再对故障源进行定位 [73-79]. 文献中出现的故障诊断方法有多种, 包括故障树分析、模糊 petri 网、神经网络 (结合专家系统) 等、小波、频谱分析等 [73-79]. 前面几种方法主要针对装备维修或出现故障, 为故障进行预测和具体定位、分析.

我们对于基于观测信息的故障分析, 一般是基于故障观测信息的特征提取和分析, 来得到不同的结论. 本节主要关注时频分析方法和动力学信息在导弹飞行过程故障中的分析作用. 动力学信息主要针对导弹的加速度, 时频分析主要针对导弹飞行观测数据的时域特性和频谱特性, 这两类信息均可以反映出导弹飞行的部分特点, 是导弹飞行故障分析的一种辅助分析方法.

时频分析方法是非平稳信号处理的一个重要分支 [80], 它是利用时间和频率的联合函数来表示非平稳信号, 并对其进行分析和处理. 经典方法是 Fourier 变换, 它建立了信号从时域到频域的变换桥梁, 而 Fourier 反变换则建立了信号从频域到时域的变换桥梁, 它们之间是一一对应的映射关系. 为了克服传统 Fourier 变换的全局性变换的局限性, 必须使用局部变换的方法, 用时间和频率的联合函数来表示信号, 这就是时频分析思想的来源 [80]. 常见的线性时频表示主要有短时 Fourier 变换、Gabor 展开以及小波变换等. 小波变换是一种窗函数宽度可调的时频表示.

10.5.2 基于观测信息的故障分析

根据仿真的故障弹数据和正常弹的数据, 通过分析它们各自对应的频谱和加速度受力特征, 来比较它们的不同之处.

通过故障弹和正常弹最开始速度比较, 我们可以很明显地看出, 正常弹一开始的时候速度平稳增大, 在抛掉火箭助推器之后, 加速度变大, 在最后的落地前导弹的速度是基本不变的. 而故障弹开始的一部分还是比较正常的, 但是在抛去助推器时相比正常弹加速, 反而有一个较为明显的减速. 在此后的飞行过程中, 故障弹的速度的波动非常明显.

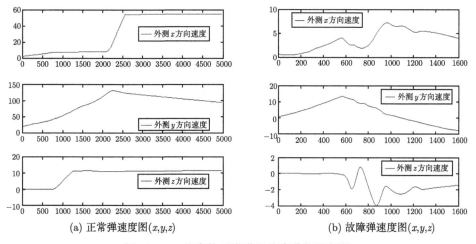

(a) 正常弹速度图(x,y,z) (b) 故障弹速度图(x,y,z)

图 10.5.1 仿真的正常弹和故障弹的速度图

另外, 经过比较发现, 正常弹与故障弹加速度特征也有很大的不同, 正常弹只有在抛去火箭助推器的时候有明显的增加, 其余都很平稳, 基本在零附近. 而故障弹在前面还比较平稳, 后面就不停地剧烈波动, 且毫无规律.

图 10.5.2 是两种类型导弹飞行速度数据的频谱特征的比较.

二者相比较而言, 在故障弹的速度数据低频部分频谱图中, 可以看到低频部分呈现锯齿状较大的波动, 而正常弹低频频谱变化比较平稳.

图 10.5.3 是两种类型导弹飞行速度数据的频谱特征在低频部分的细节比较.

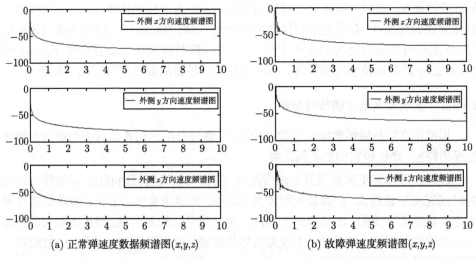

(a) 正常弹速度数据频谱图(x,y,z)　　　　　(b) 故障弹速度频谱图(x,y,z)

图 10.5.2　仿真的正常弹和故障弹的数据频谱图

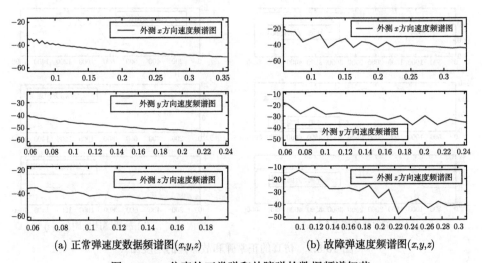

(a) 正常弹速度数据频谱图(x,y,z)　　　　　(b) 故障弹速度频谱图(x,y,z)

图 10.5.3　仿真的正常弹和故障弹的数据频谱细节

从上面的分析我们可以推断有可能故障弹在起飞后很短的时间就出现了故障,导致了发射的失败.

10.6　小　　结

本章首先从信息度量的角度分析了数据和模型的信息量, 由此衡量数据、先验分布、模型等资源对于试验鉴定最后结果的贡献.

其次, 本章充分利用全程的跟踪数据和各类相关试验信息 (特别是制导工具误差的测试数据和先验信息), 基于全程试验鉴定方法和定义的特征量, 从全程试验的成败、精度、数据特征量、目标动力特性等出发, 给出了多方面的鉴定结论. 全程试验鉴定对于已有的基于落点精度的试验鉴定方法是一个扩展, 即不仅仅研究落点的鉴定, 同时考虑主动段, 尤其是级间分离、关机点等特征点处的成败鉴定和精度鉴定. 这里的扩充结论是在应用了扩充信息的基础上作出的: 除了落点数据外, 主要还应用了全程试验飞行数据和制导工具误差的测试数据和先验信息. 因此, 这里更全面的结论是基于实际工程背景而得到的, 有其内在的合理性. 另外, 在多次试验的递归模型中, 可以充分利用一个型号导弹试验的前后多次试验及先验的结果; 构造的三类鉴定特征量对同一类型号导弹的飞行特征予以明示, 可用来区别不同型号导弹之间的飞行特征, 并对同一型号导弹试验的稳定性进行多次试验比对.

另外, 利用飞行试验中不同观测空间和过程的异质先验信息和测量数据, 基于不同观测过程的解析关系, 本章还建立了基于多源信息融合的精度评估框架, 通过不同观测过程的先验、数据或知识的融合, 能充分利用不同种类的观测信息, 最终提高试验鉴定及特性描述的精度.

要指出的是, 不同的信息源的噪声特性可能不同, 本章建模时均认为服从零均值的高斯序列, 这是因为靶场试验数据观测中的色噪声可通过相关的模型进行估计, 此时模型中的协方差矩阵不再是对角阵而已, 对评估模型没有本质的改变. 另外, 在应用遥外弹道差之前, 应该首先对外测数据进行外测系统误差模型的建模和系统误差估计, 以及随机误差特性估计和平滑处理 [57]; 还应对遥测数据进行随机误差的特性估计和平滑处理 (可参见第 9 章内容).

还要加以说明的是, 在计算例子中, 对于落点, 本章一般只考虑研究准确度 (偏差), 因为本章考虑了制导工具误差系数测试均值的先验信息, 还有落点偏差的先验, 可以进行融合. 对于先验方差加数据方差得到后验方差, 指的不是落点方差, 而是落点偏差估计的方差. 当样本越多时, 落点偏差估计量的方差会越小; 但是对落点精密度 (方差) 的估计只会越准确. 若需要考虑落点的精密度 (方差), 需给出制导误差系数测试方差先验和落点偏差的方差先验, 而方差的先验一般是服从逆 Γ 分布的.

本章方法主要用于弹道式导弹, 对于组合制导或其他非弹道式导弹, 本章多源信息融合的思想仍然适用, 但应该对相应的方程进行适当调整后才可应用, 关于组合导航精度分析与精度折合的内容可参见第 8 章和第 9 章. 另外, 根据不同发射基准的试验鉴定的特点, 只要秉承信息融合的框架, 则不同发射原点的试验子样同样可以进行融合, 从而可提高评估的可靠度.

参 考 文 献

[1] 杨榜林, 岳全发, 金振中, 等. 军事装备试验学. 北京: 国防工业出版社, 2002.

[2] 张金槐, 唐雪梅. Bayes 方法 (修订版). 长沙: 国防科技大学出版社, 1993.

[3] 唐雪梅, 张金槐, 邵凤昌, 等. 武器装备小子样试验分析与评估. 北京: 国防工业出版社, 2001.

[4] 蔡洪, 张士峰, 张金槐. Bayes 试验分析与评估. 长沙: 国防科技大学出版社, 2004.

[5] 武小悦, 刘琦. 装备试验与评价. 北京: 国防工业出版社, 2008.

[6] 王国玉, 申绪涧, 汪连栋, 戚宗锋. 电子系统小子样试验理论方法. 北京: 国防工业出版社, 2003.

[7] 沙钰, 吴翊, 王正明, 等. 弹道导弹精度分析概论. 长沙: 国防科技大学出版社, 1995.

[8] 张金槐, 贾沛然, 任萱, 等. 远程火箭精度分析与评估. 长沙: 国防科技大学出版社, 1995.

[9] Amari S I, Han T S. Statistical inference under multiterminal rate restrictions: a differential geometric approach. IEEE Trans. on Information Theory, 1989, 35(2): 217-227.

[10] Han T S, Amari S I. Parameter estimation with multiterminal data compression. IEEE Trans. On Information Theory. 1995, 41(6): 1802-1833.

[11] Kearns M. Bounds on the sample complexity of Bayesian learning using information theory and the VC dimension. Technical Report of AT&T Bell Laboratories, 1998.

[12] Petersen P M, Padua D A. Statistical dynamic evaluation of data dependence analysis techniques. IEEE Trans. on Parallel and Distributed Systems, 1996, 7(11): 1121-1132.

[13] Zhang Z, Yeumg R W. A non-Shannon-type conditional inequality of information quantites. IEEE Trans. On Information Theory, 1997, 43(6): 1982-1986.

[14] Dean K. Information measurement theory. The 47th Annual Meeting of AACE International, 2003.

[15] 张尧庭. 信息与决策. 北京: 科学出版社, 2000.

[16] Stern F, Muste M, Beninati M L, et al. Summary of experimental uncertainty assessment methodology with example. Technical Report No. 406 of Iowa Institute of Hydraulic Research, 1999.

[17] Akaike H. A new look at the statistical model identification. IEEE Trans. Automat. Contr. , 1974, 6: 716-723.

[18] Schwarz G. Estimating the dimension of a model. Ann. Statist., 1978, 6: 461-464.

[19] Rissanen J. Modeling by shortest data description. Automatica, 1978, 14(5): 465-471.

[20] Rissanen J. A universal prior for integers and estimation by minimum description length. The Annals of Statistics, 1983, 11(2): 416-431.

[21] Kay S. Conditional model order estimation. IEEE Trans. on Signal Processing, 2001, 49(9): 1910-1917.

[22] Gustafsson F, Hjalmarsson J. Twenty-one ML estimators for model selection. Automatica, 1995, 31: 1377-1392.

[23] Liavas A P, Regalia P A. On the behavior of information theoretic criteria for model order selection. IEEE Trans. Signal Processing, 1998, 46: 1689-1695.

[24] Djuric P. Asymptotic MAP criteria for model selection. IEEE Trans. on Signal Processing, 1998, 46: 2726-2735.

[25] Kay S M, Nuttall A H, Baggenstoss P M. Multidimensional probability density function approximations for detection, classification and model order selection. IEEE Trans. on Signal Processing, 2001, 49: 2240-2252.

[26] Wentian Li, Dale R N. Marker selection by AIC and BIC. Laboratory of Statistical Genetics, wli@linkage. rockefeller. edu , 2002.

[27] Forster M R. Key concepts in model selection: performance and generalizability. Technical Report of University of Wisconsin, 1998.

[28] Kearns M, Mansour Y, Andrew Y, et al. An experimental and theoretical comparison of model selection methods. Machine Learning, 1997, 27(1): 7-50.

[29] Aksasse B, Radouane L. Two-dimensional autoregressive model order estimation. IEEE Trans. Signal Processing, 1999, 47: 2072-2077.

[30] Poland W B, Shachter R D. Three approaches to probability model selection. In Uncertainty in Artificial Intelligence: Proceedings of the Tenth Conference, 1994.

[31] Su Y, Myung I J, Pitt M A. Minimum description length and cognitive modeling. Technical Report of Ohio State University, 2003.

[32] Myrvold W C, Harper W L. Model selection, simplicity and scientific inference. Philosophy of Science, 2002, 69(3): 135-149.

[33] Sugiyama M, Ogama H. Subspace information criterion for model selection. Neural Computation, 2001, 13: 1863-1889.

[34] Pereira C A B, Stern J M. Model selection: full Bayesian approach. Environmetrics, 2001, 12: 559-568.

[35] Feng Y Q, Pan Q S. Automation selection of model based on integration of expert system and neural network. Journal of Harbin Institute of Technology in china, 2001, 33(1): 24-27.

[36] Brahim-Belhouari S, Kieffer M, Fleury G, et al. Model selection via worst-case criterion for nonlinear bounded-error estimation. IEEE Trans. on Instrumentation and Measurement, 2000, 49(3): 653-658.

[37] Lee D S, Chia N K. A particle algorithm for sequential Bayesian parameter estimation and model selection. IEEE Trans. on Signal Processing, 2001, 50(2): 326-336.

[38] Broersen P M T. How to select polynomial models with an accurate derivative. IEEE Trans. On Instrumentation and Measurement, 2000, 49(5): 910-914.

[39] Gelfand A E, Dey D K, Chang H. Model determination using predictive distributions with implementation via sampling-based methods. Bayesian Statistics,1992,4:

[40] Hoeting J A, Madigan D, Volinsky RCT, et al. Bayesian model averaging: a tutorial. Statistical Science, 1999, 14(4): 382-417.

[41] Myung I J, Pitt M A. Model comparison methods. Mumerical Computer Methods. Homepage of In J. Myung, 2003.

[42] Myung I J, Pitt M A, Kim W. Model evaluation, testing and selection. Technical Report of Ohio State University, 2003.

[43] 茆诗松. Bayes 统计. 北京: 中国统计出版社, 1999.

[44] 张尧庭, 陈汉峰. Bayes 统计推断. 北京: 科学出版社, 1994.

[45] James O B. Statistical Decision Theory and Bayesian Analysis. New York: Inc. Springer-Verlag, 1985.

[46] 王正明, 段晓君. 信噪分离的频域方法. 中国科学 (E 辑), 1999, 29(6): 525-531.

[47] Duan X J, Wang Z M. Fisher information gain of data with applications in test evaluation of missile. Journal of Ballistics, 2002, 14(4): 6-13.

[48] 段晓君, 王正明. n 维数据统计信息增益的度量及应用. 数学的实践与认识, 2005, 35(4): 117-121.

[49] 段晓君, 王正明. 基于选择准则的参数模型评价方法. 国防科技大学学报, 2003, 25(3): 62-65.

[50] 段晓君, 王正明. 参数模型的稀疏选择与参数辨识. 宇航学报, 2005, 26(6): 726-731.

[51] 段晓君. 试验鉴定中的信息量化评估模型. 飞行器测控学报, 2005, 24(6): 54-58.

[52] Duan X J, Du X Y, Wang Z M. A residual-information-based criterion for model order selection. Circuits, Systems and Signal Processing, 2003, 22(5): 43-52.

[53] Duan X J, Zhu J B, Wang Z M. Inverse filter of chaos with application on parameter estimation. International Journal of Infrared and Millimeter Waves, 2001, 22(1): 133-140.

[54] 贾沛然. 用特殊弹道分离制导工具误差系数并推算正常弹道的制导工具误差. 国防科技大学学报, 1985, (2): 53-60.

[55] 陈璇, 段晓君, 王正明, 等. 基于外测弹道数据的后效误差分析及折合. 飞行器测控学报, 2005, 24(5):59-62.

[56] 陈璇, 孙开亮, 等. 惯导武器制导工具误差折合的落点偏差精度评估. 模糊系统与数学 (增刊), 2005, 19.

[57] 王正明, 易东云, 等. 弹道跟踪数据的校准与评估. 长沙: 国防科技大学出版社, 1999.

[58] Donoho D L. Sparse components of images and optimal atomic decomposition. http://www-stat. stanford. edu/~Donoho/, 2001.

[59] 段晓君, 王正明. 运载火箭小子样试验的发数确定. 中国科学 (E 辑), 2002, 32(5): 644-652.

[60] 王正明, 段晓君. 基于弹道跟踪数据的全程试验鉴定. 中国科学 (E 辑), 2001, 31(1): 34-41.

[61] 段晓君, 王正明. 基于特征量的小子样试验鉴定精度研究. 兵工学报, 2003, 24(3): 88-93.

[62] Duan X J, Wang Z M. Heterogeneous information fusion of Bayesian model with applications in test evaluation of guidance system. 宇航学报, 2004, 25(5): 496-501.

[63] 段晓君. 基于先验融合的 Bayes 递归精度评定方法. 弹道学报, 2005, 17(4): 6-10.

[64] 段晓君, 黄寒砚. 基于信息散度的补充样本加权融合评估. 兵工学报, 2007, 28(10): 1276-1280.

[65] 段晓君, 王刚. 基于复合等效可信度加权的 Bayes 融合评估方法. 国防科技大学学报, 2008, 30(3): 90-94.

[66] 黄寒砚, 段晓君. 考虑先验信息可信度的后验加权 Bayes 估计. 航空学报, 2008, 20(5): 1245-1251.

[67] Quigley J, Walls L. Measuring the effectiveness of reliability growth testing. Quality and Reliability Engineering International, 1999, 15(2): 87-93.

[68] Bevington J E, McDonnell T X. Target tracking for heterogeneous smart sensor networks. Proceedings of SPIE-The International Society for Optical Engineering, 2001: 20-30.

[69] Barshalom Y, Pattipati K R. Estimation with multisensor-multiscan detection fusion. NTIS No: ADA396961/HDM, 2000.

[70] Preece A, Hui K, Gray A. Kraft architecture for knowledge fusion and transformation. Knowledge-Based Systems, 2000, 3(2): 113-120.

[71] 张金槐. 落点散布鉴定中 Bayes 序贯截尾方法的运用. 国防科技大学学报, 1999, 21(4): 108-113.

[72] 段晓君, 周海银, 姚静. 精度评定的分解综合及精度折合. 弹道学报, 2005, 17(2): 42-48.

[73] 孙东平, 姚奕, 马瑞萍. 故障树分析法及其在导弹故障近似计算中的应用. 装备环境工程, 2006, 3(2): 64-67.

[74] 毕世华, 刘文婧. 基于神经网络的导弹测发控系统故障诊断专家系统. 导弹与航天技术, 2005, 277(4): 9-12.

[75] 姬东朝, 肖明清, 贺中武. 基于模糊论的复杂系统故障诊断专家系统设计. 火力与指挥控制, 2003, 28(5): 70-73.

[76] 周治杰, 胡昌华, 王志贤, 张伟. 基于系统辨识的小波分析在导弹一级变换故障诊断中的应用研究. 第二炮兵工程学院学报, 2006, (3): 45-49.

[77] 梁瑞胜, 孙有田, 周希亚. 小波包变换和神经网络的某型导弹故障诊断方法研究. 海军航空工程学院学报, 2008, 27(2).

[78] 连光耀, 黄考利, 李天刚. 基于仿真的防空导弹综合故障诊断专家系统设计. 系统工程与电子技术, 2004, 26(6): 764-767.

[79] 曾庆华, 杜明波, 杜诚谦, 刘道平. 总线型导弹控制系统状态监测与故障诊断技术. 国防科技大学学报, 2007, 29(1): 7-11.

[80] 成礼智, 王红霞, 罗永. 小波的理论与应用. 北京: 科学出版社, 2004.

[81] 王国玉, 汪连栋, 阮祥新, 等. 雷达对抗试验替代等效推算原理与方法. 北京: 国防工业出版社, 2002.

[82] 曾勇虎, 王国玉, 汪连栋. 雷达组网 ECM 压制距离试验替代等效推算方法. 系统工程与电子技术, 2007, 29(4): 548-550.

[83]   王德纯, 丁家会, 程望东, 等. 精密跟踪测量雷达技术. 北京: 电子工业出版社, 2006.

[84]   丁鹭飞, 耿富录. 雷达原理. 西安: 西安电子科技大学出版社, 2002.

[85]   Skolnik M I. 雷达手册. 王军, 林强, 宋慈中, 等译. 北京: 电子工业出版社, 2003.

[86]   李连仲, 毛金国. 末制导雷达/惯性复合导航算法. 航天控制, 2006, 24(1): 43-48.

[87]   Wang G, Duan X J, Wang Z M. Conversion method of impact dispersion in substitute
       equivalent tests based on error propagation. Defence Science Journal, 2009, 59 (1):
       15-21.

[88]   陈璇. 复合制导武器系统战技指标的融合评估方法研究. 国防科技大学博士学位论文,
       2011.

[89]   闫志强, 蒋英杰, 宫二玲, 谢红卫. 基于修正权值混合验后的导弹精度融合评估. 系统工程
       与电子技术, 2011, 33(3): 712-716.

[90]   孙锦, 李国林, 许诚, 邹强. 潜射反舰导弹靶场试验先验信息融合方法仿真. 火力与指挥控
       制, 2014, 39(8): 1456-1460.

[91]   赵世明, 王江云, 费惠佳. 导弹综合试验与评估方法研究. 战术导弹技术, 2012, (2): 50-54.

[92]   Zhao Z G, Duan X J, Wang Z M. A novel global method for reliability analysis with
       kriging. International Journal for Uncertainty Quantification, 2016, 6 (5): 445–466.

[93]   Zhang S D, Duan X J, Peng L J. Uncertainty quantification towards filtering optimiza-
       tion in scene matching aided navigation systems. International Journal for Uncertainty
       Quantification, 2016, 6(2): 127-140.

[94]   Zhang S D, Duan X J, Li C, Peng X J, Zhang Q. CEP calculation based on weighted
       Bayesian mixture model. Mathematical Problems in Engineering, 2017, 2017：1-7.

第11章　射击面目标精度评定

射击精度是影响制导武器系统对目标命中、毁伤的最重要性能指标之一. 目前, 用于制导武器鉴定的最常用精度指标是 CEP[1], 它能够很好地融合射击准确度与密集度进行表征 [2]. 但 CEP 作为精度指标体现的是落点离瞄准点的距离, 在分析射击面目标命中精度时没有考虑面目标自身的特性, 所以存在一定的局限性. 另一方面, 瞄准点的选取是制导武器系统火力运用的核心理论问题之一, 因为瞄准点的选取直接影响导弹的射击效果 [3-4], 如何科学合理地运用这些精确制导武器, 使之发挥更大的效能, 获得最大的效费比是精确制导武器火力运用中的一个重要的研究内容.

关于射击面目标的精度分析, 主要是针对导弹落点分布的特点, 利用落点数据进行随机特性分析, 结合模型分析随机因素对脱靶量的影响 [27]. 对于面目标的瞄准点选取问题, 一般均采用遗传算法进行优化选择 [28-29]. 此外, 针对面目标的毁伤评估问题, 也有人基于模糊系统理论、向量网格法、仿真算法的并行计算等进行了相关研究 [30-32].

本章研究了制导武器系统射击面目标的精度评定指标设计以及制导武器系统射击面目标瞄准点选取及射击效能评定的问题 [19-22]. 首先在分析传统精度指标适用性与不足的前提下, 提出了融合面目标自身特性的精度指标, 而后, 基于对面目标结构分区, 结合这个新的精度指标, 研究制导武器射击面目标的瞄准点选取问题. 所有的仿真分析都是基于 Monte Carlo 方法, 可参见第一篇第 6 章.

本章内容共六部分. 11.1 节对武器系统射击精度现有的指标进行了分析; 11.2 节研究设计了制导武器射击面目标的精度评定指标; 11.3 节基于 11.1 节、11.2 节提出了制导武器系统射击面目标精度评定方法; 11.4 节提出了子母弹射击面目标精度评定方法; 11.5 节介绍了基于面目标射击命中率和毁伤概率的射击效能评估方法; 11.6 节对本章进行小结.

11.1　制导武器系统精度评定现有指标

11.1.1　制导武器系统的精度

射击精度是制导武器系统最重要的性能指标之一, 制导武器系统的战术技术指标 (简称 "战技指标") 规定了射击精度的两个指标, 即射击准确度与射击密集度, 前者指落点散布中心离开目标点的距离, 后者指弹头落点的纵 (横) 向散布误差, 将两者联合考虑才能够评定制导武器系统的战技指标 [5].

制导武器系统的精度是其准确度与密集度的统称 [6]. 通常情况下, 制导武器系统的射击准确度反映了制导武器系统的精确性, 用落点平均偏差表示, 它主要是由制导武器系统的某些参数呈趋势性的偏差引起的, 这些偏差可以通过分析估计得到, 并可以加以修正或补偿, 所以这部分偏差是系统误差. 而制导武器系统的射击密集度反映了制导武器系统的稳定性, 用落点离散程度表示, 它主要是由制导武器系统受到干扰引起的, 通常这些干扰因素没有明显的趋势性, 是未知的或无法预测的, 因此这部分偏差是随机误差.

11.1.2　圆概率偏差

目前, 用于制导武器系统鉴定的最常用精度指标是圆概率偏差 [1], 它是指以期望弹着点 (散布中心) 为圆心的散布圆 (等概率圆) 的半径. 在稳定的发射条件下, 向目标发射的制导武器系统有 50% 的弹着点散布于此圆内. 它能够很好地融合射击准确度与密集度进行表征 [1-6].

针对平面目标射击问题, 以目标为圆心, 以 (X, Z) 表示落点坐标, 且 (X, Z) 服从正态分布, 纵横向独立, $(X, Z) \sim \mathrm{N}(\mu_x, \mu_z, \sigma_x^2, \sigma_z^2)$, μ_x, μ_z 为纵、横向的射击准确度 (即系统误差) 要求; σ_x^2, σ_z^2 为纵、横向的射击密集度 (即均方差) 要求. 此时可以将战技指标综合为一个指标, 即相对于目标点的 CEP[2,5], 如下式所示:

$$P = \frac{1}{2\pi\sigma_x\sigma_z} \iint\limits_{x^2+z^2 \leqslant R} \exp\left\{-\frac{1}{2}\left[\frac{(x-\mu_x)^2}{\sigma_x^2} + \frac{(z-\mu_z)^2}{\sigma_z^2}\right]\right\}\mathrm{d}x\mathrm{d}z \quad (11.1.1)$$

当 $P = 50\%$ 时, R 就是 CEP, 可综合反映四个指标 $(\mu_x, \mu_z, \sigma_x^2, \sigma_z^2)$. 因此, 利用 CEP 作为武器系统射击精确性的度量指标很方便. 如图 11.1.1 所示, 对于点目标, 或者面积远大于 CEP 半数必中圆的面目标, CEP 的定义合理.

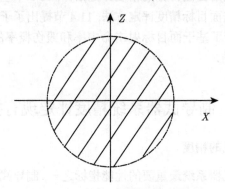

图 11.1.1　CEP 半数必中圆示意图

但 CEP 作为精度指标体现的是落点离瞄准点的距离, 在考察射击面目标命中精度时有一定的局限性. 因为评定 CEP 的过程就是要找一个以瞄准点为圆心的半数必中圆[6], 但对于面目标存在边界轮廓, 通过 CEP 给定的半数必中圆很可能超出面目标边界范围, 那么, 此时对面目标的命中概率实际上就不足一半, 自然不满足 CEP 的定义要求. 具体情况如图 11.1.2 所示.

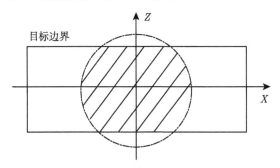

图 11.1.2　命中面目标示意图

11.1.3　制导武器系统命中目标的概率计算

现在对面目标射击精度的评定没有专门的定义, 一般沿用对点目标定义的 CEP. 而针对面目标的射击评价通常采用命中概率的评定方法[7-8], 即在一次稳定射击的情况下制导武器系统命中面目标的概率有多大, 但命中概率并不是精度评定指标, 无法明确表征射击准确度与密集度.

对于面目标, 通常用制导武器系统的命中概率来评价制导武器系统的射击精度. 制导武器系统的命中概率是指独立射击时某一发制导武器系统命中目标的概率[8], 等于弹着点在散布平面上的概率密度函数的积分, 如下式所示:

$$P = \frac{1}{2\pi\sigma_x\sigma_z} \iint\limits_{S_T} \exp\left\{-\frac{1}{2}\left[\frac{(x-\mu_x)^2}{\sigma_x^2} + \frac{(z-\mu_z)^2}{\sigma_z^2}\right]\right\}\mathrm{d}x\mathrm{d}z \tag{11.1.2}$$

其中 S_T 是目标在散布平面上的投影面积. 显然, 明确目标在散布平面上的边界轮廓后就可以通过积分得到制导武器系统对于投影面积为 S_T 的面目标的命中概率.

11.2　制导武器系统射击面目标精度评定指标

由 11.1 节的分析以及工程应用可以发现, 现有的精度评定指标在涉及针对制导武器射击面目标精度问题时, 不能很好地表述制导武器射击效率. 本节试图解决制导武器系统射击面目标精度评定指标的问题. 首先对命中区域、命中区域圆概率偏差等进行了定义与理论分析, 并建立了利用 Monte Carlo 积分方法求解命中面积圆概率偏差的方法. 通过随机投点法计算在命中区域内的命中面目标概率, 在得到半数必中区域后便得到了命中面积圆概率偏差, 从而为制导武器系统射击面目标的精度评定问题提供了一种解决方案.

11.2.1　命中区域圆概率偏差

由图 11.1.1 与图 11.1.2 可见, 当矩形区域为面目标区域、圆形区域为传统 CEP 半数必中圆时, 在图 11.1.1 情况下还可以直接引用 CEP 的定义, 但在图 11.1.2 情况下命中区域明显不是一个圆, 所以这里需要给出更合理的命中精度评定指标. 在此之前需要先定义如下几个概念.

定义 11.2.1　半数必中性: 指在针对一个面目标进行若干次独立射击的过程中, 如果面目标上的某个区域落入半数弹头, 则这块区域具有半数必中性.

定义 11.2.2　半数命中区域: 指制导武器系统在针对面目标射击时, 在散布平面上既属于面目标的边界范围又包含于以瞄准点为圆心的圆中的区域, 且这个区域具有半数必中性.

定义 11.2.3　命中区域圆概率偏差 [12] (area circular error probability, ACEP): 指半数命中区域所对应的外轮廓圆的半径.

如图 11.2.1 所示, 不规则边界区域为目标边界轮廓, 内圆是以 CEP 为半径的圆, 外圆是以 ACEP 为半径的圆. 显然, 虽然 CEP 圆是半数必中圆, 但半数弹头实际上并不是全都落在目标上, CEP 圆中有在目标边界以外的区域, 如图 11.2.1 中 CEP 圆内的空白区域 Φ 与 Ψ. 要满足定义 11.2.1 中给出的半数必中性, 实质上是要寻找对于目标的半数必中区域, 即定义 11.2.2 中给出的半数命中区域, 也就是图 11.2.1 中所描绘的阴影区域 Ω. 其在图中对应的外圆半径即是定义 11.2.3 中所指的命中区域圆概率偏差.

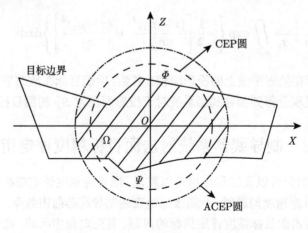

图 11.2.1　命中区域圆概率偏差示意图

因此, 可以定义制导武器系统命中面目标上任意一个以瞄准点为圆心的圆的概率为

$$P_h = \frac{1}{2\pi\sigma_x\sigma_z} \iint\limits_{S_T \cap x^2+z^2 \leqslant R} \exp\left\{-\frac{1}{2}\left[\frac{(x-\mu_x)^2}{\sigma_x^2} + \frac{(z-\mu_z)^2}{\sigma_z^2}\right]\right\}\mathrm{d}x\mathrm{d}z \tag{11.2.1}$$

由定义 11.2.1~ 定义 11.2.3 可知, 当 $P_h = 0.5$ 时, R 即为命中区域圆概率偏差. 此时的 ACEP 不仅如 CEP 的定义那样融合了制导武器系统射击精度的两项指标 (准确度与密集度), 而且融合了面目标自身的边界轮廓信息, 较之用 CEP 来评价面目标, 实现了半数命中区域中真正的半数命中而不是 CEP 圆中的半数必中.

当目标相对较小, 制导武器系统射击精度相对较低时, CEP 圆能够完全覆盖目标区域, 此时无法求得 ACEP 值, 那么, 若视目标为面目标则用命中概率来评定射击效率, 视目标为点目标则用 CEP 来进行精度评定. 当目标相对较大, 制导武器系统射击精度相对较高时, CEP 完全落入目标区域, 此时视目标为面目标, 可以延用 CEP 或者命中概率来评定射击精度. 在 CEP 圆与目标区域边界有交割时, 即 CEP 圆不完全覆盖目标区域或者没有完全落入目标区域时, CEP 的半数必中圆已经没有半数命中的意义了, 那么就需要采用本章提出的 ACEP 或者命中概率来评定射击精度, ACEP 值能够比命中概率更加直观地反映射击精度.

由于射击精度 CEP 难以用显式表示, 对于给定的落点偏差, 也难以用显式估计 [9], 而且以 CEP 为参数的分布未知, 为此对 CEP 进行评定非常困难 [10]. 而本章中对 CEP 算式中半数必中圆积分的基础上还要加入针对面目标边界轮廓的积分, 无疑大大增加了计算难度. 为此可利用 MC 方法来求解定积分.

11.2.2 仿真实例与结果分析

11.2.2.1 仿真步骤

计算制导武器系统命中区域圆概率偏差有如下步骤:

Step 1 确定制导武器系统瞄准点, 根据瞄准点建立命中平面直角坐标系, 以平面函数形式描述目标的边界轮廓;

Step 2 根据式 (11.1.1) 计算传统意义上的 CEP, 作为计算 ACEP 的初值;

Step 3 通过以 ACEP 为半径的圆与目标的边界轮廓构建命中区域;

Step 4 根据制导武器系统射击的准确度和密集度, 按照正态分布 $(X, Z) \sim N(\mu_x, \mu_z, \sigma_x^2, \sigma_z^2)$, 随机生成点 $\{\xi_i, \eta_i\}$ $(i = 1, 2, \cdots)$, 其中 $\xi_i \sim N(\mu_x, \sigma_x^2), \eta_i \sim N(\mu_z, \sigma_z^2)$, 且 ξ_i 与 η_i 相互独立;

Step 5 对随机生成点 $\{\xi_i, \eta_i\}$ 进行位置判断, 如果在命中区域中, 则记录随机投点试验成功次数;

Step 6　计算试验成功次数 S 和试验次数 M 的比值 S/M, 如果 $S/M <$ 0.5, 说明以现有 ACEP 与目标的边界轮廓构建的命中区域还不具有半数必中性, 将 ACEP 叠加步长, 回到 Step 3; 如果 $S/M \geqslant 0.5$, 说明现有命中区域已经是半数命中区域, 于是此时的 ACEP 即为所求的命中区域圆概率偏差.

11.2.2.2　地地战役战术制导武器系统封锁港口时的命中区域圆概率偏差评定

根据文献 [1, 13] 设计仿真实例, 设地地战役战术制导武器系统封锁港口时的射击准确度 $\mu_x = 0$, $\mu_z = 0$, 射击密集度 $\sigma_x^2 = 45$, $\sigma_z^2 = 45$; 同时取图 11.2.2 中 O 点为瞄准点, 建立命中平面直角坐标系. 构建的半数命中区域如图 11.2.2 阴影部分所示.

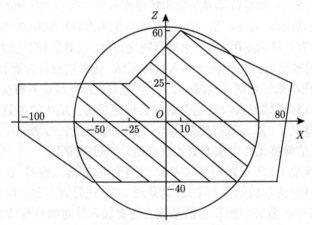

图 11.2.2　港口半数命中区域示意图

利用文献 [10] 方法计算的 CEP 结果为 52.98m.

通过随机投点法进行 N 次仿真, ACEP 计算迭代步长为 0.001, 得到仿真计算结果如表 11.2.1 所示.

表 11.2.1　命中区域圆概率偏差计算结果

随机投点数	10^7		10^6	
	61.079	61.105	60.964	61.122
分别进行10	61.085	61.055	61.101	61.118
次独立试验	61.074	61.085	61.131	61.134
时的ACEP	61.080	61.105	61.046	61.153
	61.048	61.076	61.060	61.158
均值 (ACEP)	61.0787		61.0987	
方差 (ACEP)	3.0668×10^{-4}		3.6×10^{-3}	

可以计算出根据不同的试验次数 N 求解误差的相对大小, 得到进行 10^7 次投点试验比 10^6 次投点试验时的精度高 10 倍左右, 多投点 10 倍能够提高 10 倍的精度, 但计算量增加了 10 倍. 显然, 增加投点试验次数可以提高计算结果的精度, 但也会增加计算量, 因此在实际试验时应考虑对结果的精度要求, 合理选取投点试验次数.

11.2.2.3 结果分析

由仿真试验可以看出针对射击面目标所提出的命中区域圆概率偏差 (ACEP) 在数值上要大于传统的圆概率偏差 (CEP), 这是因为 CEP 为半数必中圆的半径, 而这个半数必中圆并不是都落在所要射击的面目标上, 虽然 CEP 要比 ACEP 小, 但实际上, 在以 CEP 为半径的半数必中圆中, 目标边界外的区域是不能命中目标的, 所以此时的 CEP 并不合理.

针对面目标的 ACEP 中融合了目标边界的半数命中区域, 从而将 CEP 的半数必中圆拓展为本章定义的半数必中区域, 这一拓展既延续了 CEP 单参数表征命中精度的优势, 又融入了射击面目标时候所面临的面目标半数命中区域问题, 设计合理.

在分析和实验过程中还发现, 如果选取的瞄准点不一样, 得到的 ACEP 就不一样, 利用这一性质可以进行射击面目标时射前的瞄准点选取.

另外, 本节仿真试验所用的基于 Monte Carlo 方法的随机投点积分法精度较高, 能够满足制导武器系统精度评定的要求.

11.2.3 结论

本节对制导武器系统射击面目标精度评定的问题进行了分析, 在传统制导武器系统命中精度的评定方法的研究基础上, 定义了针对面目标的命中区域圆概率偏差精度指标, 建立了基于 MC 方法的命中区域圆概率偏差计算方法, 并通过仿真实例对比分析了命中区域圆概率偏差相对于传统圆概率偏差指标的合理性及适用性.

从结果分析来看, 本节所提出的针对面目标的命中区域圆概率偏差精度指标定义合理, 结合目标边界的方法具有普适性; 基于 MC 方法的随机投点积分法计算简单, 精度达到制导武器系统精度评定的要求. 总之, 本节的结论具有工程应用价值, 可以应用于对面目标射击的精度评定工作中, 对射击面目标的制导武器系统试验鉴定具有重要意义, 并可以运用到制导武器系统火力运用前瞄准点选取的工作中.

11.3 制导武器系统射击面目标瞄准点选取方法

瞄准点的选取直接影响导弹的射击效果, 是导弹火力运用的核心理论问题之一 [3-4]. 被动探测类导弹武器 (如反红外、反雷达武器等) 自主选择红外或雷达信号最强点为瞄准点; 主动寻的类导弹武器则需要射前装定瞄准点, 在打击单个点目标时, 无论是单发还是多发射击, 最佳瞄准点都选在点目标, 但当对面目标进行射击时, 其瞄准点的选取就是一个多变量多峰值的最优化问题 [14].

目前, 针对射击面目标时瞄准点的选取方式, 或者瞄准面目标几何中心 [7], 或者瞄准面目标中的重要子目标或者子目标间的中心区域 [13], 尚无利用定量分析得到攻击面目标时打击效果最佳的瞄准点的方法.

本节着力研究单弹头主动寻的制导武器系统射击面目标 (如建筑物、舰船等) 瞄准点选择问题. 首先, 对区域要害指数、区域命中概率及瞄准点命中要害指数等进行了定义与理论分析, 在结合 11.2 节中区域圆概率偏差定义的基础上, 建立了通过计算面目标上拟瞄准点所对应的命中要害指数来搜索最佳瞄准点的方法. 从而解决了主动寻的导弹武器射击面目标瞄准点选择的问题.

11.3.1　面目标区域要害指数及命中概率

对于一个面目标来说, 其目标功能的运作均构成一个复杂系统, 系统中多种因素的共同作用结果决定了该目标的行为特征以及发展态势. 其中各个位置有着自身的职能作用, 也具有不同的军事价值. 以一艘舰艇为例可以分为不同的舱段, 一般由舰桥舱、指控舱、武备舱、动力舱、尾舱、舰载雷达和舰面设施等组成, 每个舱段中布置不同的设备, 具有不同的职能, 对于遭受打击后的毁伤意义自然也不相同 [15]. 与此同时, 制导武器系统命中到各区域的命中概率也不相同, 为此本章要首先定义各区域的要害指数与命中概率.

11.3.1.1　面目标各区域要害指数

对于一般的水面舰艇来说, 其指控舱是整个舰艇的指挥控制中心, 制导武器系统命中指控舱会瘫痪整个舰艇的指挥控制系统, 那么指控舱就是整个舰艇的要害部位, 要害指数就比较高. 同样, 当动力舱遭受攻击的时候, 轻则使舰艇丧失运动能力, 重则引起舱段内爆炸, 导致舰艇的全舰毁伤, 所以动力舱也是舰艇的一个要害部位 [15]. 相比较而言, 尾舱几乎没有作战职能, 也没有布置重要的作战设备, 相对则不是要害部位.

定义 11.3.1　区域要害指数 K_i: 根据上面所介绍的情况, 将考虑面目标各区域要害程度的指标定义为区域要害指数.

根据定义 11.3.1 及对水面舰艇分析的结果 [15], 可以分配指控舱、动力舱的要害指数为 0.9, 舰桥舱、武备舱的要害指数为 0.8, 尾舱的要害指数为 0.7.

需要特别说明, 要害指数的定义是一个相对值, 在进行火力运用设计时, 对于不同的目标, 或者对同一目标的不同打击目的, 可以根据实际情况进行区域要害指数的大小设计.

11.3.1.2 面目标各区域命中概率

对于主动寻的制导武器系统射击如图 11.3.1 的水面舰艇时, 其命中各区域的可能性也是不一样的, 这主要受到射击瞄准点选取以及制导武器系统射击准确度与密集度的影响. 自然落点散布中心所在区域命中概率相对较大, 离落点散布中心越远的区域命中概率自然就越小.

定义 11.3.2 区域命中概率 P_i: 制导武器系统攻击面目标时, 一次独立射击命中某面目标上区域的概率为区域命中概率.

$$P_i = \iint\limits_{(x,y)\in S_i} f(x,y)\mathrm{d}x\mathrm{d}y \tag{11.3.1}$$

其中 S_i 为第 i 个分区域相对瞄准点的轮廓, $f(x,y)$ 为弹头落点散布的概率密度函数.

11.3.2 面目标瞄准点的选取

11.3.2.1 目前制导武器系统攻击面目标瞄准点的选取

制导武器系统在向目标导引追踪的过程中, 对目标的定位与探测是通过其导航系统的目标检测过程完成的, 在制导武器系统离目标较远时, 可以将目标作为一个点目标处理, 但当距离很近时, 特别是与目标距离与目标自身尺寸可比时, 目标的各个区域都有各自的特征反映, 所以此时要将目标作为面目标来对待. 制导武器系统在攻击导引的过程中需要一个导引基准点, 也就是瞄准点来作为导引命中的导向.

迄今为止, 根据不同的末制导方式, 制导武器系统对面目标的瞄准点选取不尽相同. 主动雷达寻的末制导武器系统是根据面目标上雷达散射截面 RCS 信号, 被动雷达寻的末制导武器系统是根据面目标上向外辐射雷达能量进行自主跟踪, 红外末制导武器系统是根据面目标热源进行自主跟踪. 由此可见, 瞄准点的选择会直接影响到制导武器系统命中面目标的区域位置.

11.3.2.2 命中要害指数

在对面目标的瞄准过程中, 一旦确立瞄准点, 就可以建立在导弹落点散布平面上以瞄准点为原点的瞄准点平面坐标系 OX_aY_a, 如图 11.3.1 所示. 其中根据定义 11.3.1 在图 11.3.1 中标注了水面舰艇不同部位的要害指数.

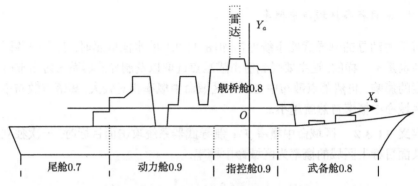

图 11.3.1   射击水面舰艇瞄准点坐标系

根据定义 11.2.1~ 定义 11.2.3 及 (11.2.1) 式可以通过 MC 随机投点积分法确定出以瞄准点 O 为命中中心的半数必中区域以及命中区域圆概率偏差. 明显的是, 对于这个半数必中区域, 有 50% 的概率制导武器系统命中面目标上, 但是由于这各半数必中区域已经随着面目标的分区也进行了分区, 正如图 11.1.2 所示的情况, 这时的半数必中区域中包含有指控舱、舰桥舱、动力舱和武备舱, 这些区域的要害指数不一样, 命中的意义自然就不一样, 所以在选择瞄准点的时候还要考虑到各区域的要害指数. 为此引入了命中要害指数的概念.

定义 11.3.3   命中要害指数 H_n: 以面目标上一点 O_n 为瞄准点时, 在面目标半数必中区域内, 按命中面目标各区域的概率与各区域自身的要害指数加权求和, 便是制导武器系统对于瞄准点 O_n 的命中要害指数.

$$H_n = \sum_i K_i \cdot P_i, \quad 当瞄准点为 O_n 时 \tag{11.3.2}$$

其中

$$P_i = \iint_{(x,y) \in S_i \cap x^2 + y^2 \leqslant \text{ACEP}} f(x,y) \mathrm{d}x \mathrm{d}y \tag{11.3.3}$$

式中 S_i 为第 i 个分区相对瞄准点的轮廓, P_i 为弹头命中第 i 个分区的概率, $f(x,y)$ 为弹头落点散布的概率密度函数.

此时的命中要害指数融合了几个意义: 一是要在面目标的半数必中区域内, 二是要和面目标各区域的要害指数加权, 三是针对不同的瞄准点就会得到不同的命中要害指数.

需要说明的是, 命中要害指数是一个相对指标, 由公式 (11.3.2) 可以看出, 根据火力运用设计时的需要, 随着各区域要害指数设定的变化, 命中要害指数也在变化.

11.3.2.3 瞄准点选取

由命中要害指数的定义显然可以知道针对不同的瞄准点时所求得的半数必中区域是不一样的, 命中区域圆概率偏差也有大小不一, 各区域在半数必中区域中的命中概率自然也不一样, 所以得到的命中要害指数也不相同. 但是命中要害指数与一个重要的参量要害指数相关, 从 (11.3.2) 式中可以看出, 当半数必中区域全部落在一个要害指数最大的区域中, 则得到的命中要害指数就越大, 反之当半数必中区全部落在一个要害指数最小的区域中, 则得到的命中要害指数就越小. 由此, 当命中要害指数越大时, 命中要害指数高的区域的概率就大, 打击效果就好, 那么在选择瞄准点的时候就要选择命中要害指数最大时候的瞄准点.

由于射击平面是连续的, 此处将 (11.3.2) 式连续化, 可以得到

$$H(X,Y) = \iint\limits_{(x,y)\in S \cap x^2+y^2 \leqslant \mathrm{ACEP}} K(x,y)f(x,y)\mathrm{d}x\mathrm{d}y \tag{11.3.4}$$

式中 $H(X,Y)$ 为瞄准点是面目标上 (X,Y) 时的命中要害指数, $K(x,y)$ 为面目标上 (x,y) 处的要害指数, S 为目标区域, $f(x,y)$ 为弹头落点散布的概率密度函数.

由于要害指数是按面目标上区域 $S_1, S_2, \cdots, S_i$ 进行划分的, $K(x,y)$ 并不连续, 但在同一要害指数的区域 S_i 中, K_i 又是连续的, 因此可以将 (11.3.4) 式分段积分, 得

$$H(X,Y) = \sum_i \left(K_i \iint\limits_{(x,y)\in S_i \cap x^2+y^2 \leqslant \mathrm{ACEP}} f(x,y)\mathrm{d}x\mathrm{d}y \right) = \sum_i K_i P_i \tag{11.3.5}$$

由于需要寻找

$$(X,Y) = \mathrm{Arg\,max}\, H(X,Y) \tag{11.3.6}$$

就是要寻找 (X,Y) 使得 $H(X,Y)$ 达到最大值. 于是分别对 X, Y 求偏导, 并令其为 0:

$$\begin{cases} \dfrac{\partial}{\partial X}\left(\sum_i K_i \iint\limits_{S_i} f(x,y)\mathrm{d}x\mathrm{d}y\right) = \sum_i K_i \iint\limits_{S_i} \dfrac{\partial}{\partial X}f(x,y)\mathrm{d}x\mathrm{d}y = 0 \\ \dfrac{\partial}{\partial Y}\left(\sum_i K_i \iint\limits_{S_i} f(x,y)\mathrm{d}x\mathrm{d}y\right) = \sum_i K_i \iint\limits_{S_i} \dfrac{\partial}{\partial Y}f(x,y)\mathrm{d}x\mathrm{d}y = 0 \end{cases} \tag{11.3.7}$$

由 (11.3.7) 式解出的 (X_O, Y_O) 便是面目标上的局部最优的可选瞄准点. 由于实际上可选瞄准点通常不止一个, 所以最优瞄准点为

$$(X,Y) = \mathrm{Arg\,max}\, H(X_O, Y_O) \tag{11.3.8}$$

即局部最优的可选瞄准点中, 其对应的命中要害指数最大的点即为最优瞄准点.

11.3.3　仿真实例与结果分析

11.3.3.1　仿真步骤

　　Step 1　以面目标上几何中心点为原点建立面目标落点散布平面坐标系;

　　Step 2　以一定步长从中心点向外辐射, 取遍面目标上所有点为拟瞄准点;

　　Step 3　针对一个拟瞄准点建立以拟瞄准点为原点的落点散布平面瞄准坐标系;

　　Step 4　根据定义 11.3.1~ 定义 11.3.3 计算某拟瞄准点对应的命中区域圆概率偏差 ACEP;

　　Step 5　根据得到的 ACEP 及 (11.3.3) 式求取面目标各区域在半数必中区中的命中概率;

　　Step 6　将面目标各区域的命中概率与相对应的区域要害指数加权求和得到此拟瞄准点所对应的命中要害指数并与拟瞄准点对应记录;

　　Step 7　返回到 Step 3 计算所有拟瞄准点对应的命中要害指数;

　　Step 8　找出所有拟瞄准点对应的命中要害指数中的最大值, 其对应的拟瞄准点即是针对面目标的最优瞄准点.

11.3.3.2　对水面舰艇瞄准点的选取

　　设反舰导弹从正侧面攻击水面舰艇时的射击准确度 $\mu_x = 0$, $\mu_z = 0$, 射击密集度 $\sigma_x^2 = 10$, $\sigma_z^2 = 10$; 以图 11.3.1 水面舰艇的简化模型为例, 如图 11.3.2 所示, 以 O 点为原点建立面目标落点散布平面坐标系 OXY.

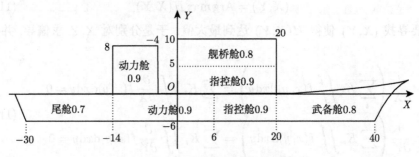

图 11.3.2　水面舰艇简化计算模型

　　以 0.1m 为步长在面目标落点散布平面坐标系中选取拟瞄准点, 根据仿真步骤 Step 3~Step 6 计算全目标区域上所有拟瞄准点对应的命中要害指数, 部分结果如表 11.3.1.

表 11.3.1 部分瞄准点对应命中要害指数结果

瞄准点位置	命中要害指数	瞄准点位置	命中要害指数
(0,0)	0.305718	(−4, −3)	0.264216
(−9, 4)	0.231478	(13, −3)	0.283597
(9.9,1.4)	0.346639	(10,2.5)	0.343318
(9.9,5)	0.315471	(6, −3)	0.28216
(6,0)	0.324341	(9.8,0)	0.342427

由全部结果比对可以得到, 当瞄准点为 (9.9,1.4) 时, 得到的命中要害指数 0.346639 为最大, 所以以 (9.9,1.4) 为瞄准点攻击如图 11.2.1 所示的水面舰艇, 结合此时舰艇各区域要害指数后的命中效果将是最好的.

11.3.3.3 结果分析

将计算结果标注到图 11.3.2 中进行比对分析不难发现, 传统红外被动末制导的瞄准点 (−4, −3) 和 (−9, 4) 所计算出来的命中要害指数较小, 而雷达反射强度相对较高的被动雷达末制导的瞄准点舰桥舱部分 (9.9,5) 所计算出来的命中要害指数也并不是最大. 原因是这些传统意义上的瞄准点虽然所处的位置要害指数相对较高, 但是若以这些点为瞄准点, 落点散布区域可能覆盖的地方要么要害指数相对较低, 要么为非面目标区域, 因此一旦结合上各区域的要害指数和半数必中区域中的命中概率, 那么这些传统选择的瞄准点将不再适合.

在图 11.3.2 中找出瞄准点 (9.9,1.4) 的位置不难看出, 它位于指控舱中间位置, 在其 ACEP 半数必中区域覆盖的范围内, 包括指控舱、动力舱和舰桥舱, 这些区域的要害指数都比较高, 那么选择这个瞄准点其落点散布的范围都在要害指数高的区域, 自然其命中要害指数就相对较高. 从实际瞄准角度讲, (9.9,1.4) 的这个位置也是很好的瞄准位置.

在此, 命中要害指数融合了各区域的要害指数以及制导武器系统落点散布在各区域上的概率, 那么就可以理解为制导武器系统落在要害指数越高的区域中的区域命中概率越高, 则命中要害指数就会高, 则实际打击效果也会好.

另外从实验结果可以发现, 当制导武器系统射击精度不同的情况下, 对于同一目标得到的最优瞄准点的估值是不一样的; 同样, 在相同制导武器系统参数的情况下, 当射击面目标各区域要害指数不相同时, 得到的最优瞄准点也不相同. 所以在实际火力运用的过程中, 要结合导弹自身射击参数与实际战场需要所决定的面目标特征参数来选取射击瞄准点.

本节对单弹头主动寻的制导武器系统射击攻击的面目标瞄准点的选取问题进行了分析, 研究了传统的制导武器系统攻击面目标的瞄准点选取方法, 定义了针对面目标的面目标区域要害指数、区域命中概率及针对面目标的命中要害指数指标,结合 11.2 节中定义的命中区域圆概率偏差精度指标, 建立了通过计算面目标上拟瞄准点所对应的命中要害指数来搜索最佳瞄准点的方法, 并以主动寻的制导武器系统侧面攻击舰船目标为例, 对比分析了本节提出的各指标的合理性及方法的可行性与适用性.

从结果分析来看, 本节所提出的针对面目标的面目标区域要害指数、区域命中概率及针对面目标的命中要害指数指标定义合理, 结合目标边界的方法具有对主动寻的制导武器系统具有普适性; 拟瞄准点所对应的命中要害指数计算及搜索方法简单易行, 能够达到制导武器系统试验和火力运用的精度、速度要求.

总之, 本节的结论具有工程应用价值, 可以应用于主动寻的制导武器系统对面目标射击的瞄准点选取工作中, 在射击之前通过对面目标落点散布平面的边界轮廓建模, 设计各区域要害指数, 计算命中要害指数, 搜索出最佳瞄准点.

11.4　子母弹射击面目标瞄准点选取方法

随着现代高技术在军事领域的应用, 子母弹武器系统得到了广泛的应用. 如何科学合理地运用子母弹武器, 使之发挥更大的效能, 获得最大的效费比是子母弹火力运用中的一个重要的问题. 如同单弹头制导武器系统一样, 瞄准点的选取同样直接影响到子母弹武器系统的射击效果. 子母弹通常用来打击面目标, 但对面目标尤其是不规则边界面目标进行射击时, 其瞄准点的选取就是一个多变量多峰值的最优化问题 [14].

目前, 对于桥梁及重要道路等线型目标通常采用末修子母弹进行攻击, 由于子弹具有末修的能力, 所以末修子母弹攻击时瞄准点的选取问题并不很明显 [16], 但在用无末修子弹攻击港口、集结目标群等不规则面目标时, 瞄准点的选取就显得非常重要 [13]. 前面在 11.3 节中已经研究了单弹头制导武器系统射击面目标时瞄准点选取方法, 本节则试图解决子母弹武器系统射击面目标瞄准点选择的问题. 首先, 对子母弹落点模型进行了分析研究, 在此基础上结合前两节定义的区域要害指数、区域命中概率及瞄准点命中要害指数等定义, 建立了通过计算面目标上拟瞄准点所对应的命中要害指数来搜索最佳瞄准点的方法. 从而提供了一种子母弹武器系统射击面目标瞄准点选择的方案.

11.4.1　子母弹攻击的面目标区域要害指数分析及命中概率

对于一个面目标来说, 其目标功能的运作均构成一个复杂系统, 系统中多种因素的共同作用结果决定了该目标的行为特征以及发展态势. 其中各个位置有着自身的职能作用, 同时也具有不同的军事价值. 以一个港口为例, 港口内子目标主要可以分为停泊的舰只、设施、泊船码头等, 这些子目标都具有不同的军事价值, 命中这些子目标对达到攻击目的具有不同的意义. 与此同时, 由于这些子目标的自身形状、大小、位置等的不同, 在受到子母弹攻击时各子目标被命中的概率也不一样, 为此要首先定义各子目标的要害指数与命中概率.

11.4.1.1 子母弹攻击的面目标各区域要害指数

对于一个正常使用的港口来说, 停泊在港口内的各类舰只要是最具军事价值的, 是面目标的要害部位, 要害指数就比较高. 子母弹攻击港口的另一个重要子目标就是港内设施, 部分子目标会直接构成威胁 (如防御设施), 部分子目标则对港内停泊的舰只起到保障和维护的作用, 打击这些子目标同样可以使停泊舰只间接降低甚至丧失战斗力, 因此港内设施也是其面目标的要害部位, 要害指数也比较高. 相比较而言, 港口目标区域内的码头所占面积也较大, 但其要害指数相对较小, 而且比较难破坏, 相对于停泊舰只及港内设施来说则不是要害部位 [1,17].

根据定义 11.3.1 及对港口区域面目标分析的结果, 可以得到停泊舰只的要害指数为 1, 港内设施的要害指数为 0.6, 码头的要害指数为 0.2, 区域分布及要害指数显示如图 11.4.1.

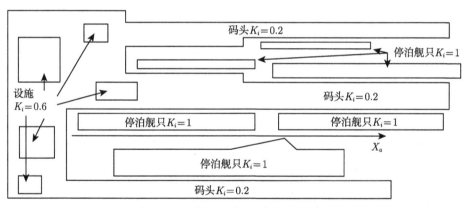

图 11.4.1　港口区域面目标及要害指数

11.4.1.2 子母弹攻击面目标各区域命中概率

对于子母弹武器系统射击如图 11.4.1 的区域面目标时, 其命中各区域的可能性主要受到射击瞄准点选取及母弹的射击准确度与密集度以及子弹抛撒情况的影响.

参照 11.3.1.2 节, 可以给出子母弹攻击面目标各区域命中概率的定义:

$$P_i = \iint\limits_{(x,y) \in S_i} f(x,y)\mathrm{d}x\mathrm{d}y \tag{11.4.1}$$

其中 S_i 为第 i 个分区域的边界轮廓, $f(x,y)$ 为弹头落点散布的概率密度函数.

11.4.2　子母弹落点模型

11.4.2.1　母弹虚拟落点

对于子母弹来说, 母弹在一定高度抛撒子弹, 那么母弹本身是没有落点的, 但是为了能够更好地分析所有子弹在落点平面上的散布情况, 按照假设母弹不进行抛撒的情况下模拟母弹的虚拟落点. 母弹落点是一随机变量, 服从以瞄准点为散布中心, 落点精度为散布密集度的圆正态分布.

以 (X, Y) 表示落点坐标, 且 (X, Y) 服从正态分布, 纵横向独立,

$$\begin{cases} X \sim \mathrm{N}(\mu_x, \sigma_x^2) \\ Y \sim \mathrm{N}(\mu_y, \sigma_y^2) \end{cases} \tag{11.4.2}$$

其中 μ_x, μ_y 为纵、横向的射击准确度 (即系统误差) 要求; σ_x^2, σ_y^2 为纵、横向的射击密集度 (即均方差) 要求.

11.4.2.2　产生抛撒圆内子弹

设子弹在抛撒圆内服从均匀分布. 生成圆内均匀分布随机数的方法如下 [16]:

$$\begin{aligned} x' &= R \cdot \sqrt{r_1} \cos(2\pi r_2) \\ y' &= R \cdot \sqrt{r_1} \sin(2\pi r_2) \end{aligned} \tag{11.4.3}$$

其中 R 为抛撒圆半径, r_1, r_2 为 $[0, 1]$ 上的均匀分布的随机数. 则子母弹的第 j 颗子弹的模拟落点 (x_j, y_j) 为

$$\begin{cases} x_j = X + x' \\ y_j = Y + y' \end{cases} \quad (j = 1, 2, \cdots, N) \tag{11.4.4}$$

11.4.3　子母弹射击面目标瞄准点的选取

11.4.3.1　目前子母弹武器系统攻击面目标瞄准点的选取

子母弹武器系统攻击面目标的瞄准点选取与 11.3.2.1 节中所述的单弹头导弹不同, 要考虑对子弹抛撒对面目标毁伤的效果, 来选取最优瞄准点. 现在对于攻击跑道可以计算对跑道的打击效果——最大跑道失效率, 来实现用量化的方式选取最优瞄准点 [1,17-18], 但对于其他复杂形状面目标, 还没有能够有较好的量化方法来选取最优瞄准点.

11.4.3.2 命中要害指数

在对面目标的瞄准过程中, 一旦确立瞄准点, 就可以建立在弹头落点散布平面上以瞄准点为原点的瞄准点平面坐标系 OX_aY_a, 如图 11.4.2 所示.

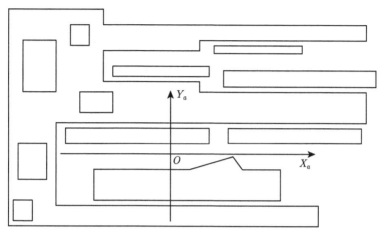

图 11.4.2 射击港口的瞄准点坐标系

根据子母弹落点模型, 可以得到子弹落点在瞄准点坐标系中的位置, 这些落点有的命中港内停泊的舰船目标, 有的命中港内设施, 有的命中码头, 还有的则命中无关区域. 由于这些命中区域的要害指数不一样, 命中这些区域的概率也不一样, 在选择瞄准点的时候要考虑到以尽可能高的概率命中目标, 而且还要尽可能命中区域要害指数高的要害区域, 为此这里引入了定义 11.3.3 命中要害指数的概念:

$$H_n = \sum_i K_i \cdot P_i, \quad \text{当瞄准点为 } O_n \text{ 时} \tag{11.4.5}$$

式中 K_i 为第 i 个区域的要害指数, P_i 为子弹命中第 i 个区域的概率.

此时的命中要害指数融合了几个意义: 一是要在面目标的有效命中区域内, 二是要和面目标各区域的要害指数加权, 三是针对不同的瞄准点就会得到不同的命中要害指数.

11.4.3.3 瞄准点选取

由命中要害指数的定义, 可以知道针对不同的瞄准点时对于各区域的命中概率不一样, 其区域要害指数也不一样, 所以得到的命中要害指数也不相同. 从 (11.3.2) 式中可以看出, 当对要害指数高的区域命中概率提高的时候, 命中要害指数就越大, 反之当对要害指数低的区域命中概率提高或不命中目标的时候, 命中要害指数就越小. 自然当命中要害指数大的时候, 子母弹的打击效果就好, 那么在选择瞄准点的时候就要选择命中要害指数最大时候的瞄准点.

同理 11.3 节单弹头瞄准点选取方法, 由于射击平面是连续的, 此处将式 (11.4.5) 连续化, 可以得到

$$H(X,Y) = \iint\limits_{(x,y)\in S\cap x^2+y^2\leqslant \text{ACEP}} K(x,y)f(x,y)\mathrm{d}x\mathrm{d}y \tag{11.4.6}$$

式中 $H(X,Y)$ 为瞄准点是面目标上 (X,Y) 时的命中要害指数, $K(x,y)$ 为面目标上 (x,y) 处的要害指数, S 为目标区域, $f(x,y)$ 为子弹落点散布的概率密度函数.

由于要害指数是按面目标上区域 $S_1, S_2, \cdots, S_i$ 进行划分的, $K(x,y)$ 并不连续, 但在同一要害指数的区域 S_i 中, K_i 又是连续的, 因此可以将 (11.4.6) 式分段积分, 得

$$H(X,Y) = \sum_i \left(K_i \iint\limits_{(x,y)\in S_i\cap x^2+y^2\leqslant \text{ACEP}} f(x,y)\mathrm{d}x\mathrm{d}y \right) = \sum_i K_i P_i \tag{11.4.7}$$

由于需要寻找

$$(X,Y) = \text{Arg}\max H(X,Y) \tag{11.4.8}$$

就是要寻找 (X,Y) 使得 $H(X,Y)$ 达到最大值. 于是分别对 X, Y 求偏导, 并令其为 0:

$$\begin{cases} \dfrac{\partial}{\partial X}\left(\sum_i K_i \iint\limits_{S_i} f(x,y)\mathrm{d}x\mathrm{d}y\right) = \sum_i K_i \iint\limits_{S_i} \dfrac{\partial}{\partial X}f(x,y)\mathrm{d}x\mathrm{d}y = 0 \\ \dfrac{\partial}{\partial Y}\left(\sum_i K_i \iint\limits_{S_i} f(x,y)\mathrm{d}x\mathrm{d}y\right) = \sum_i K_i \iint\limits_{S_i} \dfrac{\partial}{\partial Y}f(x,y)\mathrm{d}x\mathrm{d}y = 0 \end{cases} \tag{11.4.9}$$

由式 (11.4.9) 解出的 (X_O, Y_O) 便是面目标上的局部最优的可选瞄准点, 通常复杂目标的实际面积分计算可采用仿真方法进行. 由于实际上可选瞄准点通常不止一个, 所以最优瞄准点为

$$(X,Y) = \text{Arg}\max H(X_O, Y_O) \tag{11.4.10}$$

即局部最优的可选瞄准点中, 其对应的命中要害指数最大的点即为最优瞄准点.

11.4.4　仿真实例与结果分析

11.4.4.1　仿真步骤

Step 1　以面目标上某点为原点建立面目标落点散布平面坐标系 OXY;

Step 2　以一定步长从落点散布平面坐标系 OXY 原点 O 向外辐射, 取遍面目标落点散布平面坐标系上所有的点为拟瞄准点;

Step 3　针对一个拟瞄准点建立以拟瞄准点为原点的落点散布平面瞄准坐标系 OX_aY_a;

Step 4　根据 (11.4.2) 式用 MC 随机投点法仿真出母弹在落点散布平面瞄准坐标系 OX_aY_a 中的散布情况, 再根据式 (11.4.4) 将子弹在抛撒圆中的随机均匀分布叠加于母弹的落点散布情况上, 得到子弹落点在坐标系 OX_aY_a 散布情况;

Step 5　用 MC 方法对子弹落点散布情况进行若干次仿真, 求取子弹对面目标各区域的命中概率;

Step 6　将面目标各区域的命中概率与相对应的区域要害指数加权求和得到此时拟瞄准点所对应的命中要害指数并与拟瞄准点对应记录;

Step 7　返回到 Step 3 计算所有拟瞄准点对应的命中要害指数;

Step 8　找出所有拟瞄准点对应的命中要害指数中的最大值, 其对应的拟瞄准点即是针对面目标的最优瞄准点.

11.4.4.2　对复杂形状的港口瞄准点的选取

设子母弹武器系统从正上方攻击港口时的射击准确度 $\mu_x = 0$, $\mu_Y = 0$, 射击密集度 $\sigma_x^2 = 120$, $\sigma_Y^2 = 120$; 一枚母弹携带 50 枚子弹, 子弹抛撒半径为 100m. 对于图 11.4.1 中港口模型, 以 O 点为原点建立面目标落点散布平面坐标系 OXY, 如图 11.4.3 所示.

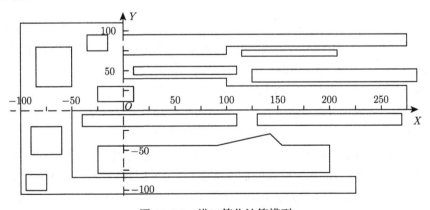

图 11.4.3　港口简化计算模型

以 1m 为步长在面目标落点散布平面坐标系 OXY 中选取拟瞄准点, 根据仿真步骤 Step 3~ Step 6 计算全目标区域上所有拟瞄准点对应的命中要害指数, 部分结果如表 11.4.1.

表 11.4.1 部分瞄准点对应命中要害指数结果

瞄准点位置	命中要害指数	瞄准点位置	命中要害指数
$(-75, 55)$	1.92025	$(0, 0)$	3.27133
$(-75, -40)$	2.29241	$(-3, 47)$	2.86388
$(80, -60)$	3.76959	$(-10, 20)$	3.02305
$(98, -21)$	3.98336	$(74, 69)$	3.1977
$(100, 20)$	3.8357	$(-10, 88)$	2.29916

由全部结果比对可以得到, 当瞄准点为 $(98, -21)$ 时, 得到的命中要害指数 3.98336 为最大, 所以以 $(98, -21)$ 为瞄准点攻击如图 11.4.3 所示的港口, 结合港口各区域害指数后的命中效果将是最好的.

11.4.4.3 结果分析

将计算结果标注到图 11.4.3 中进行比对分析不难发现, 对于没有末修功能的子母弹来说, 将瞄准点设置于停泊舰只之上 $(80, -60)$ 或者设置于设施之上 $(-10, 20)$ 所计算出来的命中要害指数并不是最大. 原因是这些传统意义上的较理想的瞄准点虽然所处的位置要害指数相对较高, 但是若以这些点为子母弹武器系统的瞄准点, 子弹落点散布区域可能覆盖的地方要么要害指数相对较低, 要么为非面目标区域, 因此一旦结合上各区域的要害指数和命中这些区域中的概率, 那么这些传统选择的瞄准点将不再适合.

在图 11.4.3 中找出瞄准点 $(98, -21)$ 的位置不难看出, 它位于几艘停泊的舰艇中间, 结合母弹的落点的准确度及密集度以及子弹的抛撒半径, 子弹可能的落点范围都在这些要害指数高的区域内, 那么选择这个瞄准点时其子弹的落点散布的范围覆盖在要害指数高的区域, 自然其命中要害指数就相对较高. 从实际瞄准角度讲, 结合港内停泊的船只, $(98, -21)$ 的这个位置也是很好的瞄准位置.

本节提出的命中要害指数融合了各区域的要害指数以及弹头落点散布在各区域上的概率, 那么就可以理解为弹头落在要害指数越高的区域中的区域命中概率越高, 则命中要害指数就会高, 则实际打击效果也会好.

另外从实验结果可以发现, 当母弹射击精度以及子弹抛撒精度不同的情况下, 对于同一目标得到的最优瞄准点的估值是不一样的; 同样, 在同一子母弹参数的情况下, 当射击面目标各区域要害指数不相同时, 得到的最优瞄准点也不相同. 所以在实际火力运用的过程中, 要结合子母弹弹头自身参数与实际战场需要所决定的面目标特征参数来选取射击瞄准点.

本节对子母弹武器系统射击面目标瞄准点的选取问题进行了分析, 研究了子母弹弹头攻击面目标的瞄准点选取方法, 在前面定义的区域要害指数、区域命中概率及针对子母弹弹头攻击面目标的命中要害指数指标的基础上, 建立了通过计算面目标上拟瞄准点所对应的命中要害指数来搜索最佳瞄准点的方法, 并通过仿真实例对比分析了本节提出的各指标的合理性及方法的可行性与适用性.

从结果分析来看, 本节所提出的面目标区域要害指数、区域命中概率及针对子母弹弹头攻击面目标的命中要害指数等指标定义合理, 结合目标边界的方法具有普适性; 拟瞄准点所对应的命中要害指数计算及搜索方法简单易行, 能够达到导弹等武器试验和应用的精度、速度要求. 这里的命中要害指数分配对瞄准点解算位置比较关键, 需要事先结合先验信息提供较为准确的命中要害指数分配指标.

本节的结论具有工程应用价值, 可以应用于子母弹武器系统对复杂形状面目标射击的瞄准点选取工作中, 在射击之前通过对面目标落点散布平面的边界轮廓建模, 设计各区域要害指数, 结合各区域要害指数和命中概率计算命中要害指数, 搜索出最佳瞄准点. 这个过程对子母弹武器系统射击面目标的试验及火力运用具有重要的意义.

11.5 子母弹对面目标的射击效能评估方法 [22]

目前最常用的描述制导武器精度的指标是 CEP[1], 它概括了射击准确度和射击密集度两项内容. 命中概率 [7-8] P_H 综合反映了武器系统的精度和目标的形状, 也是常用的射击精度度量标准. 实际上, CEP 与 P_H 之间可以互相折算:

$$P_H = 1 - 0.5^{(R^2/\mathrm{CEP}^2)} \tag{11.5.1}$$

其中 R 为打击目标圆域的半径. 但是无论是圆概率偏差还是命中概率都没有充分考虑面目标的功能结构及打击目标各部分的战略重要度, 而实际上命中重要程度不同的区域, 其效果是不同的. 末修子母弹是最常用的打击面目标弹药形式, 它可以保证一定量的子弹散布于目标的不同区域, 因此, 单一的命中概率或圆概率偏差无法描述其打击效能.

本节重点研究末修子母弹打击面目标时射击效能的评价. 其研究思路是: 在通过数值模拟法产生末修子母弹的落点散布, 以及利用毁伤树分析方法对面目标进行功能区域划分的基础上, 利用 Monte Carlo 仿真方法计算子母弹对各功能区域的命中概率 P_i, 最后定义了基于区域结构及重要度的毁伤度, 从而综合评估整体的射击效能.

11.5.1 面目标功能结构划分与分析

对于功能性面目标而言, 由于其各组成部件的重要性不同, 子弹命中在不同的区域上, 最终毁伤效果一般不同, 因此对面目标整体的命中概率或母弹的 CEP 均不能客观全面地反映子母弹对面目标的射击效能, 需要对面目标进行区域划分并引入区域的重要度.

11.5.1.1　几何区域划分

借鉴装甲目标易损性分析中目标毁伤树的思路来进行区域划分与命中区域重要度分析. 毁伤树法 [23-24] 借鉴了可靠性分析中故障树分析法 (fault tree analysis) 的研究思路. 不论何种目标系统, 都可以划分成多个子系统, 各个子系统又由许多零部件构成. 战斗过程中, 有些子系统或部件的毁伤将导致整个目标毁伤或主要功能丧失, 这些部件称作关键部件; 而另一些子系统或部件的毁伤不至于整个目标毁伤或主要功能毁伤, 这些部件为非关键部件. 进行目标易损性分析与评估仿真时, 只考虑关键部件, 然后根据各个关键部件与子系统之间的相互关系建立与不同毁伤等级相对应、具有一定逻辑关系的树型结构图, 即目标毁伤树.

于是对面目标, 首先考虑关键部件, 按功能将打击目标系统进行功能分层描述. 根据目标功能组成, 不难得出整体的毁伤与各级子系统部件毁伤的逻辑关系, 从而绘制目标的毁伤树图. 毁伤树中, 各子系统关键部件间的逻辑关系有串联和并联两种, 串联逻辑连接的独立事件同时发生时, 结果事件才发生; 并联逻辑连接的事件有一个发生时, 结果事件就发生.

对目标区域 A 划分的尺度不同, 后面射击效能度量的粒度也不同. 对整个面目标的命中概率可以理解为是一种粒度最粗的射击效能度量. 考虑到计算量和面目标尺寸, 其功能层次一般划分到 2~3 层比较合适.

一般而言, 对不同的面目标 A, 组成系统的基本区域部件 A_i 的布局不同, 因此需要再结合该目标系统的有关技术说明, 可对各要害区域 (或部件) 空间位置分布和大小尺寸进行确定. 将这种划分表示为

$$A = \bigcup_i A_i \tag{11.5.2}$$

在本节中, 为了计算的方便, 对每个关键部件区域 A_i, 可用尽量少的规则的形状的组合去表示它, 即

$$A_i = \bigcup_k a_{ik}, \quad a_{ik} \cap a_{il} = \varnothing \quad (k \neq l) \tag{11.5.3}$$

以机场目标为例, 作为一个大型综合性的目标系统, 它一般由飞机场地、飞机、飞机防护设施、飞机指挥设施、飞机保障设施、营房区等构成 [25], 其功能结构见图 11.5.1. 在功能结构图的基础上, 可以绘制机场系统的毁伤树, 图 11.5.2 是其中飞机场地子系统的毁伤树图. 采用图像分析方法, 结合目标的俯视图及总体尺度, 通过几何比例关系可以确定目标机场各要害区域尺寸及位置.

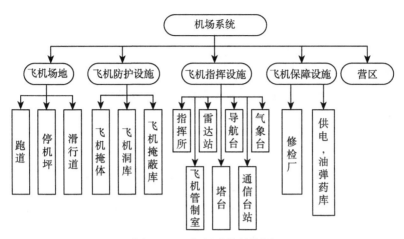

图 11.5.1 机场功能结构图

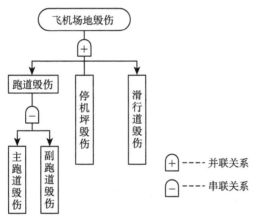

图 11.5.2 飞机场地子系统毁伤树

11.5.1.2 重要度的确定

这样就完成对目标系统的几何区域简化划分, 据此可以分析第 j 个分区 (部件) 的毁伤对对应部件 (子系统) 杀伤概率的贡献因子 C_j, 它体现了该区域的重要度. C_j 的取值可以通过专家评分或试验经验给出. 毁伤评估表法 [26] 是一种可借鉴的取值方法, 这种方法是通过一定的试验建立一套标准资料, 反映各要害部件的毁伤而造成的目标系统的破坏程度.

上面的例子中, 打击战略目标的不同 (轻度、中度、高度毁伤), 各子系统的重要度 C_j 也不同, 可以根据打击的战略任务, 结合毁伤评估表得出各自的重要程度.

11.5.2   射击效能函数的定义

划分面目标的功能区域后, 通过落点仿真可以获得第 j 个区域的命中概率为 p_j 和对整个面目标的命中概率 P, 接下来就可以进行射击效能的评估. 考虑命中度和毁伤概率的计算, 前者给了命中精度一个直观的评价; 后者描述了其毁伤效能.

11.5.2.1   命中度的计算

传统的命中概率定义为 $P = \sum\limits_{j=1}^{s} p_j$, 可以理解为对每一块赋权重 1 加权求和, 通过上面分析知道, 各区域之间有替代和并列的关系 (串联、并联), 各区域的重要度也不同. 为与之区别, 定义面目标的命中度如下.

对于有 K 层的毁伤树, 最底层的元件的命中度定义为 $\hat{p}_i^K = p_i$.

若第 k 层某子系统元 i 由 S 个下一级独立部件串联组成, 则其命中度 $\hat{p}_i^k$ 定义为

$$\hat{p}_i^k = \prod_{j=1}^{S} C_j \hat{p}_j^{k+1} \quad (k = K-1, \cdots, 1) \tag{11.5.4}$$

若第 k 层某子系统元的 S 个下一级部件独立且并联, 其命中度 $\hat{p}_i^k$ 定义为

$$\hat{p}_i^k = \sum_{j=1}^{S} \omega_j \cdot \hat{p}_j^{k+1} \quad (k = K-1, \cdots, 1) \tag{11.5.5}$$

其中 ω_j 为权重, 它体现了各子系统的相对重要程度, 为于命中概率相当, 取 $\sum \omega_j = S$, 于是

$$\omega_j = \frac{S \cdot C_j}{\sum C_j} \tag{11.5.6}$$

定义 11.5.1   从最底层的命中度出发, 根据各层的逻辑连接关系, 按 (11.5.4) 或 (11.5.5) 逐步计算上一层系统元的命中度, 最终可以得到最上层系统元的命中度 $\hat{p}^1$, 定义 $\hat{p}^1$ 为子母弹对面目标的射击命中度 P_{total}.

11.5.2.2   综合毁伤度的计算

假定毁伤最底层 (K 层) 区域 j 平均所需的命中弹数为 W_j, 则 M 枚携弹量为 N 的子母弹对第 j 个区域损伤的概率为

$$P^K(E_j) = 1 - \left(1 - \frac{p_j}{W_j}\right)^{N \cdot M} \tag{11.5.7}$$

对于串联逻辑连接的 S 个独立的杀伤事件 $E_1, E_2, \cdots, E_S$, 根据概率论, 其上一级子系统 Q 损伤的概率为

$$P^k(E_i) = P(Q_i) = \prod_{j=1}^{S} C_j P^{k+1}(E_j) \tag{11.5.8}$$

而对于并联逻辑连接的 S 个相互独立杀伤事件, 其上一级子系统 Q 损伤的概率可表述为

$$P^k(E_i) = P(Q_i) = 1 - \prod_{j=1}^{S} [1 - C_j P^{k+1}(E_j)] \tag{11.5.9}$$

其中 $P(E_j)$ 表示第 j 个关键部件的损伤概率; $C_j (\in (0,1))$ 表示第 j 个关键部件毁伤对对应子系统杀伤概率的贡献因子; $P(Q_i)$ 表示第 i 个子系统的杀伤概率.

定义 11.5.2　根据最底层的部件区域的毁伤概率, 以及该层的逻辑连接关系按 (11.5.8) 或 (11.5.9) 逐步计算上一层子系统元的毁伤概率, 可以得到最上层系统元的毁伤概率 $P^1(E)$, 定义它为子母弹对整个面目标的综合毁伤度 P_{damage}.

11.5.2.3　基于 Monte Carlo 仿真的射击效能评估

通过 Monte Carlo 仿真方法评估面目标的射击效能的步骤如下:

Step 1　按功能划分面目标区域, 构建毁伤树, 确定打击面目标的 S 个要害区域 (舱段) 的尺寸及位置, 给定每个舱段对应母系统元的毁伤贡献度 C_j, 用尽可能少的矩形 (或其他规则的形状) 的组合表示每个要害舱段的几何形状;

Step 2　设定仿真次数 $KK = 3000$, 仿真 M 个携弹量为 N 的末修子母弹的落点, 统计落入第 j 个区域的子弹数目 n_j;

Step 3　计算得末修子母弹对第 j 个区域的命中概率 $P_j = \dfrac{\sum n_j}{KK \cdot M \cdot N}$;

Step 4　根据 p_j 计算最底层单元的命中度, 根据 (11.5.4)~(11.5.6) 逐步递推计算得末修子母弹对面目标的射击命中度;

Step 5　根据 p_j 计算最底层单元的毁伤概率, 根据 (11.5.7)~(11.5.9) 逐步递推计算得末修子母弹对面目标的毁伤概率.

11.5.3　仿真算例与分析

给定武器战技参数和打击目标如下:

运载器飞行精度: CEP 为 100m; 弹载量为 40 枚; 母弹抛撒散布半径为 100m; 子弹修正距离为 100m; 子弹最大修正偏差为 50m; 武器数量为 1 个.

打击面目标总尺寸: 400m×100m, 有 5 类功能区域, 6 个子块, 具体尺寸与分布见图 11.5.3.

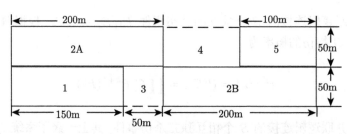

图 11.5.3　仿真计算模型图

建立目标坐标系, 以其几何中心为原点, 并假定原点为瞄准点时, 6 块目标的相关参数及计算出的命中概率、毁伤概率分别见表 11.5.1.

表 11.5.1　计算结果

代号	质心	长/m	宽/m	所需弹数	重要度	命中概率	毁伤概率
1	$(-125, -25)$	150	50	2	0.5	0.0555	0.6756
2A	$(-100, 25)$	200	50	2	0.5	0.1105	0.8970
2B	$(100, -25)$	200	50	2		0.1244	0.9234
3	$(-25, -25)$	50	50	1	0.2	0.0549	0.8955
4	$(50, 25)$	100	50	1	0.6	0.0989	0.9845
5	$(150, 25)$	100	50	2	0.1	0.0252	0.3978
合计	$(0, 0)$	400	100	10		0.4695	

据表 11.5.1 中得到的各块的毁伤概率, 可以计算出功能模块 2 的受损概率为 $0.8970 \times 0.9234 = 0.8283$, 计算得整体的毁伤概率为 0.8748, 说明 1 枚该子母弹就可以对目标造成一定的毁伤; 计算得其综合命中度为 0.2828, 这里综合命中度小于整体的命中概率 0.4659, 是因为重要系统部件 2 存在串联关系, 一般而言, 命中概率一定时, 重要子系统的命中概率越高, 整体的命中度越高.

另一方面, 还比较了非末修子弹与末修子弹的命中概率的差异, 在本例中, 非末修子母弹对整体面目标的命中概率为 0.3670, 远小于末修子母弹的 0.4659 的命中率. 图 11.5.4 给出了同等仿真条件下, 经过末端修正与未修正之前落点散布的差别, 也说明了这一点.

从前面的分析可以看出, 面目标给定时, 运载器的 CEP、抛撒半径、子弹修正距离和最大修正偏差是影响最终命中概率的关键因素. CEP、抛撒半径以及修正偏差降低、而修正距离增加时, 命中概率会增加. 上面的分析保证了更多的子弹上靶, 但是要保证关键部件的上靶率, 还必须对瞄准点进行优化.

对本例有如下注记:

(1) 末修子弹充分弥补了运载器飞行精度和子弹抛撒精度的不足, 如果运载器的飞行精度低一些, 通过增加末修距离, 也可以发挥末修子弹的有效性.

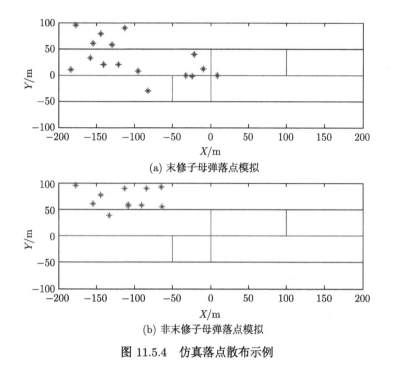

(a) 末修子母弹落点模拟

(b) 非末修子母弹落点模拟

图 11.5.4 仿真落点散布示例

(2) 关键区域的命中概率越高, 综合射击效能越高, 在可能的情况下, 优化瞄准点的选择, 保证关键部件的上靶率.

(3) 本节方法涉及很多近似简化, 如抛撒圆假设、探测距离、子弹修正偏差以及毁伤所需的平均命中弹数等, 在实际中, 可以结合试验数据和模型进行相关的修正.

11.5.4 本节讨论

为了更客观全面地说明子母弹对功能面目标的射击效能, 本节在考虑目标功能组成及区域重要度的前提下, 定义了综合命中度和综合毁伤度, 并定量分析了末修子母弹战技指标对射击效能的影响. 其基本的评估思路为: 目标功能结构划分与分析; 结合区域的重要度定义综合毁伤度量指标; 模拟弹目交汇条件, 评估各子区域的物理毁伤和功能毁伤; 综合得整体毁伤程度的度量.

关于目标功能结构的划分, 本节仅讨论了区域分块的矩形表示及相关计算, 在实际中, 可以根据目标几何情况选用其他规则形状或采用三维表示方法, 但是在命中概率计算时需作相应的调整. 区域的重要度是影响综合毁伤度的重要参数, 对子系统之间结合紧密的装甲目标而言, 它的确定主要靠试验归纳; 但对于大多数系统目标而言, 重要度的确定不可避免会引入很多主观因素, 这时可采用模糊数学的方法, 并结合专家经验和相关试验数据来给出重要度的值.

本节所针对的是一般系统目标, 因此对子区域的物理毁伤和功能毁伤的度量仅采用了命中概率和杀伤概率两个简单的指标. 在实际应用中, 可根据子区域 (子系统) 的功能特性, 给出子区域的功能毁伤的度量, 再进行综合得综合毁伤度.

11.6　小　　结

本章的主要工作是试图解决制导武器系统射击面目标的精度评定指标设计以及制导武器系统射击面目标瞄准点选取的问题. 首先在分析传统精度指标适用性的前提下, 提出了融合面目标自身特性的精度指标 ACEP, 而后在对面目标结构分区的基础上结合这个新的精度指标, 研究制导武器系统及子母弹武器系统射击面目标的瞄准点选取问题.

本章工作主要体现在以下六个方面:

(1) 对现有武器系统精度评定指标进行了分析, 研究了现有指标在评定制导武器射击面目标时的问题与不足, 为新评定指标的提出给出了证据分析.

(2) 对制导武器系统射击面目标精度评定的问题进行了分析, 在对传统制导武器系统命中精度的评定指标研究基础上, 定义了针对面目标的命中区域圆概率偏差精度指标, 并建立了基于 MC 方法的命中区域圆概率偏差计算方法.

(3) 对单弹头主动寻的制导武器系统射击攻击的面目标瞄准点的选取问题进行了分析, 研究了传统的制导武器系统攻击面目标的瞄准点选取方法, 定义了针对面目标的面目标区域要害指数、区域命中概率及针对面目标的命中要害指数指标, 结合前面定义的命中区域圆概率偏差精度指标, 建立了通过计算面目标上拟瞄准点所对应的命中要害指数来搜索最佳瞄准点的方法.

(4) 对子母弹武器系统射击面目标瞄准点的选取问题进行了分析, 研究了子母弹弹头攻击面目标的瞄准点选取方法, 在前面定义的区域要害指数、区域命中概率及针对子母弹弹头攻击面目标的命中要害指数指标的基础上, 建立了通过计算面目标上拟瞄准点所对应的命中要害指数来搜索子母弹武器系统最佳瞄准点的方法.

(5) 在制导武器系统多波次攻击面目标的过程中, 还可以结合目标已有毁伤情况, 通过本章瞄准点选取方法合理选择射击瞄准方式, 提高作战效能, 减少重复攻击.

(6) 针对末修子母弹打击面目标时射击效能的评价问题, 通过数值模拟法产生末修子母弹的落点散布, 通过毁伤树分析方法对面目标进行功能区域划分, 利用 Monte Carlo 仿真方法计算了子母弹对各功能区域的命中概率, 并定义了基于区域结构及重要度的射击命中度和毁伤概率, 从而综合评估了整体的射击效能.

参 考 文 献

[1] Williams C E. Comparison of circular error probable estimators for small samples. AD-A324 337/5/HDM, 1997

[2] 张士峰, 夏胜平, 贾沛然. 导弹落点精度的综合评定方法. 兵工学报, 2002, 23(2): 255-257.

[3] Whitten G. Automated missile aim point selection technology. AD-A300813, 1995

[4] Bardanis F. Kill vehicle effectiveness for boost phase interception of ballistic missiles. Monterey: Master of Science in Electrical Engineering, Naval Postgraduate School, 2004.

[5] 程光显, 张士峰. 导弹落点精度的鉴定方法——概率圆方法. 国防科技大学学报, 2001, 23(5): 13-16.

[6] 沙钰, 吴翊, 王正明, 等. 弹道导弹精度分析概论. 长沙: 国防科技大学出版社, 1995.

[7] 刁联旺, 彭亚霖, 刘焕章. 实战条件下坦克对装甲目标射击的综合命中概率. 兵工学报, 2002, 23(1): 123-125.

[8] Hsu D Y. Probability of hitting a specified target region with the three-dimensional correlated random variables and aim point offset from the target. IEEE Position Location and Navigation Symposium, 2002, (4): 113-119.

[9] 唐雪梅. 地地导弹射击精度评估方法. 航天控制, 2000, (3): 22-26.

[10] Shnidman D A. Efficient computation of the circular error probability (CEP) integral. IEEE Transactions on Automatic Control, 1995, 40(8): 1472-1474.

[11] Rubinstein R. Y, Simulation and Monte Carlo Method. New York: John Wiley & Sons, 1981.

[12] Makri N. Information guided noise reduction for Monte Carlo integration of oscillatory functions. Chemical Physics Letters, 2004, 400(4/5/6): 446-452.

[13] 操红武, 李峰, 陈兵. 地地战役战术导弹封锁敌港口时火力分配的优化. 战术导弹技术, 2004, (1): 20-22.

[14] 雷宁利, 张永强. 混合相依目标群瞄准点优选方法研究. 系统工程与电子技术, 2004, 26(9): 1234-1235.

[15] 黄波, 卜广志. 鱼雷攻击潜艇的毁伤效果评估模型研究. 舰船科学技术, 2006, 28(1): 74-77.

[16] 袁天保, 程文科, 秦子增. 末敏子母弹落点的近似模拟. 国防科技大学学报, 2002, 24(5): 33-36.

[17] 薛文通, 宋建社, 沈涛, 袁礼海. 子母弹对复杂形状目标毁伤效果的计算机仿真. 计算机仿真, 2003, 20(4): 16-18.

[18] 石喜林, 谭俊峰. 战术地地导弹打击复杂飞机跑道的火力运用. 火力与指挥控制, 2001, 26(2): 38-40.

[19] 王刚, 段晓君, 王正明. 基于面目标命中要害指数的瞄准点选取方法. 航空学报, 2008, 29(5): 1258-1263.

[20] 王刚, 段晓君, 王正明. 基于蒙特卡罗积分法的面目标精度评定方法. 系统工程与电子技术, 2009, 31(7): 1680-1683.

[21] 王刚, 段晓君, 王正明. 子母弹攻击复杂形状面目标瞄准点选取方法. 弹道学报, 2009, 21(2): 27-30.

[22] 黄寒砚, 王正明. 末端修正子母弹对面目标的射击效能评估. 系统仿真学报, 2008, 20(23): 6347-6352.

[23] Kunkel R W, Ruth B G. Fault tree analysis of bradley linebacker. ADA352536, 1998

[24] Saucier R. Fault tree representation and evaluation. ADA411439, 2003

[25] 唐保国, 谭守林, 李新其. 侵彻子母弹打击机场目标毁伤阈值确定方法. 火力与指挥控制, 2006, 31(12): 101-104.

[26] Klopcic J T, Reed, H L. Historical perspectives on vulnerability/lethality analysis. ADA361816, 1999

[27] 刘英丽, 周海云. 面目标打击精度分析方法研究. 战术导弹技术, 2008, (3): 36-42.

[28] 李长耿, 舒健生, 王喆, 姚挺. 基于改进遗传算法的不规则面目标瞄准点选择. 战术导弹技术, 2012, (1): 26-29.

[29] 郝辉, 李雪瑞, 李亚雄. 基于遗传算法的面目标瞄准点寻优问题研究. 兵器装备工程学报, 2016, 37(1): 128-131.

[30] 吴正龙, 赵忠实. 基于模糊系统的弹群对面目标毁伤评估研究. 系统仿真学报, 2013, 21(2): 1166-1169.

[31] 杨奇松, 王然辉, 王顺宏, 李艺薇, 赵久奋. 基于向量网格法评估面目标毁伤效果. 火力与指挥控制, 2017, 42(6): 175-178.

[32] 王多雷, 龙汉, 陈璇. 组合打击下一类面目标易损性的并行计算研究. 计算机工程与科学, 2013, 35(4): 42-46.

第12章　导弹精度评估的试验设计与参数优化

由于导弹武器装备复杂, 其所处环境多变, 要对精度指标作出准确的分析与评估, 足量信息十分关键. 为得到准确的分析与评估结论, 最理想的方法就是进行全面的导弹试验, 即在性能指标的相关因素的所有不同水平组合下做飞行试验. 但事实上, 由于成本昂贵、技术含量高及其他客观因素的限制, 导弹试验往往具有小子样性, 从而引发了结论的可信度要求与试验信息匮乏之间的矛盾.

随着军事科技不断进步, 导弹更新换代的加快, 导弹试验设计与分析也遇到新的挑战. 一方面, 导弹打击精度不断提高、制导方式和打击模式多样化, 对导弹性能评估结论的准确度及精细度提出了更高要求; 另一方面, 导弹防御系统的发展以及电磁环境的日益复杂, 使得导弹的突防及抗干扰设计更加复杂化, 这大大增加了飞行试验的影响因素, 并可能引入各因素之间的交互效应. 除此之外, 相比于其他试验而言, 导弹试验还表现出小子样性、多源性、继承性、先验丰富等特点. 因此, 针对导弹试验的新挑战和新特点, 讨论导弹精度评估的试验设计与参数优化问题, 对系统性能进行分析与评估, 具有重要的理论需求和实际意义.

本篇前述章节介绍了试验已存在情况下的数据分析和处理方法. 当然, 若可信度高的试验提供的信息量过少, 则数据分析技术难以弥补信息匮乏导致的对评估结论可信度的质疑. 因此, 还需要从信息产生的角度出发, 根本上解决这一矛盾. 本章侧重导弹精度评估的试验设计和参数优化方法分析, 所关注的就是如何合理地选取试验因素及其水平组合, 优化飞行试验方案, 使每次试验都成为 "关键试验", 保证以尽可能少的试验代价获得更多的重要和必要信息, 提高效费比, 为下一步的试验分析奠定基础. 从优化试验资源和试验方案的角度而言, 基于精度指标考核的一体化试验设计和评估是很重要的研究方向.

本章首先从试验设计角度出发, 介绍了试验样本量的确定方法; 接着针对实时弹道解算过程中, 无迹 Kalman 滤波结果不准确甚至发散的现象, 提出了基于试验设计的滤波器参数优化方法, 对 UKF 滤波器进行优化设计; 最后在试验设计优化的基础上, 讨论了模型驱动的导弹精度试验设计与参数估计问题.

12.1　试验样本量的确定

试验样本量的确定与试验的目的 (研制、抽检) 以及可以利用的先验信息相关, 也与试验设计方法、试验评估方法紧密相关. 本节分别从单类型试验和多类型试验两个部分介绍试验样本量的确定方法.

12.1.1　单类型试验样本量的确定

第一篇已经就 Bayes 方法和序贯方法、试验设计等对试验样本量的确定给出了相应介绍. 本小节首先根据数理统计理论, 简单介绍在给定置信水平要求、两类风险要求以及给定联合要求时的样本量确定方法, 然后对已有方法作简单回顾, 重点介绍基于信息增量分析的样本量确定方法和基于攻防对抗的用弹量确定 [1-7,39].

12.1.1.1　给定置信水平要求确定试验样本量 [39]

根据数理统计理论, 在进行参数估计或假设检验时, 随着样本量的增加, 估计结果的精度增大、假设检验的风险减小. 以区间估计为例, 当置信水平一定时, 随着样本量的增加, 置信区间会变小.

给定置信水平要求的试验设计, 是通过计算获得满足置信区间估计精度要求的最小样本量或最短试验时间 (对寿命试验), 即给定置信水平 $\gamma(\gamma = 1 - \alpha, \alpha$ 为显著性水平), 为确保战术技术指标 θ 估计的准确性, 希望 θ 的置信区间 $\left[\hat{\theta}_L, \hat{\theta}_U\right]$ 的宽度不超过 d, 即选择满足下式要求的最小样本容量 n:

$$P\left(\hat{\theta}_U - \hat{\theta}_L \leqslant d\right) \geqslant \gamma \tag{12.1.1}$$

以落点横向偏差均值 μ 的置信区间估计为例进行说明. 假设落点横向偏差服从正态分布 $N(\mu, \sigma^2)$, 落点散布对应于方差 σ^2 且未知, 则 μ 的置信水平 γ 的区间估计为

$$\left[\bar{X} - S \times t_{(n-1),(1+\gamma)/2}\big/\sqrt{n}, \bar{X} + S \times t_{(n-1),(1+\gamma)/2}\big/\sqrt{n}\right]$$

其中, $\bar{X}$ 为样本均值, S 为样本标准差. 于是, 给定置信区间宽度要求 d 时, 样本量 n 为满足下式的最小整数:

$$n \geqslant \left(2S \times t_{(n-1),(1+\gamma)/2}\big/d\right)^2 \tag{12.1.2}$$

12.1.1.2　给定两类风险要求确定试验样本量 [39]

对于导弹武器装备战技指标的假设检验问题, 增加样本容量 n 可以降低研制方风险和使用方风险. 在装备战技指标的检验中, 为了保护生产方与使用方的利益, 将研制方风险 α 与使用方风险 β 设置为某一特定值, 通过计算选择同时满足假设检验中两类风险要求的最小样本容量或最短试验时间, 这就是给定两类风险要求的试验设计. 在给定检验方案之后, 根据如下公式求解试验方案:

$$\begin{cases} P(H_1 | H_0) \leqslant \alpha \\ P(H_0 | H_1) \leqslant \beta \end{cases} \tag{12.1.3}$$

式中, α, β 为给定的两类风险水平要求; H_0, H_1 为对装备战术技术指标检验的原假设和备择假设, 一般可表示为下面的形式:

$$H_0 : \theta \in \Theta_0; H_1 : \theta \in \Theta_1$$

其中, Θ_0, Θ_1 为原假设和备择假设下 θ 的可能取值集合, 要求 $\Theta_0 \cap \Theta_1 = \varnothing$. $P(H_1|H_0)$ 表示假设 H_0 为真的情况下, 检验的结果却是 H_1 的概率; $P(H_0|H_1)$ 表示假设 H_1 为真的情况下, 检验的结果却是 H_0 的概率. 这两种情况都说明, 通过检验获得的结果与真实情况不一致, 也就是说检验犯了错误. 需要将犯错误的概率限制在尽可能小. 这里, 要求犯错误的概率小于 α 和 β.

以导弹命中概率的假设检验问题为例进行说明. 设原假设和备择假设如下

$$H_0 : p = p_0; H_1 : p = p_1$$

其中, p 为命中概率, p_0 为设计指标; p_1 为使用方不希望但能接受的最低指标值, 或者是由研、用双方共同商定的 p_0 的对比值, 这里通常要求 $p_0 > p_1$.

给定检验的两类风险 α, β, 通过下式计算样本量 n 以及最大可接受的失败产品数 f:

$$\begin{cases} 1 - \sum_{i=0}^{f} \binom{n}{i} (1-p_0)^i p_0^{n-i} \leqslant \alpha \\ \sum_{i=0}^{f} \binom{n}{i} (1-p_1)^i p_1^{n-i} \leqslant \beta \end{cases} \tag{12.1.4}$$

即当试验中失败数小于等于 f 时接受 H_0, 否则拒绝 H_0.

12.1.1.3 给定联合要求确定试验样本量 [39]

有时对上述置信水平及两类风险两种情况有联合要求, 比如产品可靠性验证试验中, 选用假设检验与置信水平相结合的途径来描述产品的可靠性真值. 这种情况下, 在选择试验方案时, 通常在可选择的试验方案中选择同时满足两类要求的最小样本量的试验方案.

仍以导弹命中概率为例说明联合试验设计问题. 设检验风险要求为 α, β, 置信水平要求为 γ, 则通过下式计算样本量 n 以及最大可接受的失败产品数 f:

$$\begin{cases} 1 - \sum_{i=0}^{f} \binom{n}{i} (1-p_0)^i p_0^{n-i} \leqslant \alpha \\ \sum_{i=0}^{f} \binom{n}{i} (1-p_1)^i p_1^{n-i} \leqslant \beta \\ \sum_{i=0}^{f} \binom{n}{i} (1-p_L)^i p_L^{n-i} \leqslant 1 - \gamma \end{cases} \tag{12.1.5}$$

对上式的求解流程如下:

(1) 根据 α, β, p_0, p_1 要求, 查表或迭代计算选择可行的方案 (n, f), 此处 (n, f) 的可行方案可能有多个;

(2) 在所有可行方案中选择满足置信水平要求的最小试验样本量 n, 即为试验方案;

(3) 若所有可行方案均不能满足置信水平要求, 则需要调整性能要求.

12.1.1.4　Bayes 方法确定最优固定样本量

Bayes 决策在平方损失函数的前提下与 Bayes 后验估计是一致的. 研究 Bayes 估计实际上等同于考虑 Bayes 决策问题.

有些考虑试验发数 (即样本量) 的方法未考虑试验费用问题, 但对于制导武器系统而言, 试验费用是不可忽略的.

损失函数 [1-3] $L(\theta, a, n)$: 在 n 次试验后, 当真实参数为 θ, 采取行为 a 时所造成的损失, 即有三方面的损失: 决策造成的损失、试验费用、分析结果的费用. 最后一种在讨论中常忽略不计. 一般地, 总的损失函数常表示为

$$L(\theta, a, n) = L(\theta, a) + C(n) \tag{12.1.6}$$

其中 $L(\theta, a)$ 为决策损失, $C(n)$ 为 n 次试验的耗费. 决策损失常由决策中关于 θ 的性能变化来确定, 如令 $L(\theta, a) = |\theta - a|, (\theta - a)^2, \ln\left|\dfrac{a}{\theta}\right|$ 等. 而 $C(n)$ 常由费用、费效比等经济损失确定.

减小了落点偏差估计的先验方差也可以提高估计的精度, 减少试验发数. 这一点, 前文已经分析了损失函数为 $L(a, \theta) = (a - \theta)^2$ 时的情形, 本小节在考虑试验费用的情况下, 用 Bayes 序贯截尾检验中确定最优固定样本量的例子说明两种方法区别的本质所在.

例 12.1.1　假设 $X_1, X_2, \cdots$ 为服从 $N(\theta, \sigma^2)$ 总体的抽样, 其中 σ^2 已知. 损失函数的形式为 $L(\theta, \delta, n) = (\theta - \delta)^2 + \sum\limits_{i=1}^{n} C_i$, θ 的先验分布为 $N(\mu, \tau^2)$, 试确定估计 θ 时的最佳子样容量.

解　当 $\boldsymbol{X}^{(n)} = (X_1, \cdots, X_n)$ 已被观测时, 取 θ 的充分统计量 $\bar{X}_n = \dfrac{1}{n}\sum\limits_{i=1}^{n} X_i$, 而在给定 $\boldsymbol{X}^{(n)}$ 时, $\theta \sim N(\mu_n(\bar{X}_n), \rho_n)$, 这里

$$\mu_n(\bar{X}_n) = \frac{\sigma^2}{\sigma^2 + n\tau^2}\mu + \frac{n\tau^2}{\sigma^2 + n\tau^2}\bar{X}_n \tag{12.1.7}$$

$$\rho_n = \frac{\sigma^2 \tau^2}{\sigma^2 + n\tau^2} \tag{12.1.8}$$

验后平均损失为 $r_0(\pi^{(n)}, n) = \rho_n + \sum\limits_{i=1}^{n} C_i$, 若 $\sum\limits_{i=1}^{n} C_i = nC$, 则 $r^{(n)}(\pi) = \dfrac{\sigma^2 \tau^2}{\sigma^2 + n\tau^2} + nC$, 由此可求得 (令式中关于 n 的一阶导数为 0) 最佳子样容量为

$$n^* = \sigma C^{-\frac{1}{2}} - \frac{\sigma^2}{\tau^2} \tag{12.1.9}$$

此时最小的 Bayes 风险为 $r^{n^*}(\pi) = 2\sigma C^{\frac{1}{2}} - C\dfrac{\sigma^2}{\tau^2}$.

12.1.1.5 Bayes 序贯分析确定试验样本量

相对于固定样本量而言, Bayes 序贯分析进行动态的最优试验样本量确定是困难的. 在过程的每一个阶段 (每一次观测后), 都将此阶段立即做出决策的后验 Bayes 风险与如果继续再做观测所得出的 "期望的"(后验)Bayes 风险进行比较, 分析应该立即停止还是继续观测.

当后验 Bayes 风险与观测值有关时, 找出 Bayes 停止法则是较为困难的, 不过原则上有近似最优的停止法则存在. 但是, 有一种特殊的情形, 后验 Bayes 风险与观测值无关, 此时可以很简便地给出 Bayes 停止法则.

如对例 12.1.1, 后验误差 (见 (12.1.8) 式) 与具体观测值无关. 对于平方误差损失, 后验均值为 Bayes 估计, 后验方差是它的后验期望决策损失, 显然验后平均损失为 $r_0(\pi^{(n)}, n) = \rho_n + \sum\limits_{i=1}^{n} C_i$, 与观测无关. 根据文献 [1] 的结论, 可知, 最优序贯停止法则就是选择使 $r_0(\pi^{(n)}, n) = \rho_n + \sum\limits_{i=1}^{n} C_i$ 最小化的 n. 同样有 (12.1.9) 式成立.

由 (12.1.9) 式, 易推导得知, 如果减小了先验方差 τ^2, 则 n^* 也会减小. 因此, 在例 12.1.2 这种情形下, 可知减小先验方差对于样本量减小的贡献很大.

通过下例说明最优停止准则 [1].

例 12.1.2 设 $X \sim \mathrm{N}(a, \sigma^2)$, a, σ^2 均为未知参数, $\mathrm{E}|\bar{x} - a|^2 = \dfrac{\sigma^2}{n}$, $\dfrac{\sigma^2}{n}$ 不可能对一切 σ^2 均小于预先给定的 ε, 考虑序贯抽样, 第一批观察 m 次, 得到 $X_1, X_2, \cdots, X_m$, 算出 $S^2 = \sum\limits_{i=1}^{m}(X_i - \bar{X})^2$, 令 $c > 0$, 记

$$d(X_1, \cdots, X_m) = [cS^2] + 1 \tag{12.1.10}$$

则可算得

$$\mathrm{E}\bar{X} = \mathrm{E}(\mathrm{E}(\bar{X}|X_1, \cdots, X_m)) \leqslant \frac{1}{c}\mathrm{E}\left(\frac{1}{\chi_{m-1}^2}\right) = \frac{1}{c(m-3)} \tag{12.1.11}$$

此为试验停止所需发数的期望值, 即最优停止值.

实际上, 针对序贯方法的不足, 还有一种序贯网图检验法, 该方法将原检验问题拆分为多组假设检验问题, 可以在风险相当情况下, 有效降低试验样本量. 具体可参见第一篇第 2 章的分析.

12.1.1.6　考虑信息可信度的试验样本量确定方法

精度评定及试验发数的确定均与方差相关. 一般说来, 精度可考虑用后验方差来衡量, 而后验方差的门限 p 可用于确定试验发数: $\tau_p^2 < p$. 双参数模型中认为纵横向落点偏差均服从正态分布. 以横向落点偏差为例, 正态分布后验方差 τ_p^2 满足 $\dfrac{1}{\tau_p^2} = \dfrac{L}{\sigma^2} + \dfrac{1}{\tau^2}$, 从而在满足后验方差的门限的情况下, 有

$$L > \left(\frac{1}{p} - \frac{1}{\tau^2}\right)\sigma^2 \Leftrightarrow L \geqslant \left[\left(\frac{1}{p} - \frac{1}{\tau^2}\right)\sigma^2\right] + 1 \tag{12.1.12}$$

这说明, 要在给定精度下减少试验发数, 只能依靠估准样本方差 σ^2 或减小先验方差 τ^2. 对误差折合工作实际上就是为了估准 σ^2; 对先验分布和弹道跟踪测试数据的利用是为了减小 σ^2. 显然, 由 (12.1.12) 式知, σ^2 的减小对试验精度的提高和试验发数的减少是很重要的.

如果考虑先验信息的可信度, 则先验信息的可信度 s 可转化为获取先验信息的先验费用, 关系可近似用对数函数表示: $C_{\text{prior}} = \ln\left(\dfrac{1}{1-s}\right)$, 这样, 将此先验费用加入试验费用, 可类似得到序贯抽样下的最优试验样本数.

12.1.1.7　基于信息增量的试验样本量确定及例子 [5]

我们在融合数据时同时可以给出数据对参数估计的信息增量. 如果考虑融合精度, 可以根据统计 Fisher 信息量的增加来确定试验样本数 [5], 关于 Fisher 信息量的介绍可参见第一篇或相关统计书籍. 关于当继续试验时不能带来较大的 Fisher 信息增量时, 即

$$\Delta I_{n+1} = I_{n+1} - I_n < l$$

时 (此处 l 为门限), 我们可以考虑停止试验.

例 12.1.3　取参数先验方差为 sigma0 = 50, 样本方差为 sigma1 = 100, 考虑样本数从 1 变到 20, 在融合先验信息 (先验信息权重取两种, 一种权重为 $w = 1$, 另一种权重为 $w = 0.4$) 的情况下和不融合先验信息的情况下, 后验融合精度随样本数增加的变化如图 12.1.1.

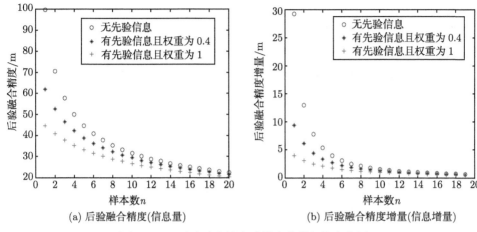

(a) 后验融合精度(信息量)   (b) 后验融合精度增量(信息增量)

图 12.1.1   后验融合精度随样本数增加的变化图

Fisher 信息增量矩阵如表 12.1.1:

表 12.1.1   Fisher 信息增量随样本数增加的变化情况表

	样本增加数	1	2	3	4	5	6	7
信息增量	不融合先验信息	29.2893	12.9757	7.7350	5.2786	3.8965	3.0284	2.4411
	融合先验信息 $w = 0.4$	9.3127	6.0794	4.3675	3.3328	2.6511	2.1741	1.8249
	融合先验信息 $w = 1$	3.8965	3.0284	2.4411	2.0220	1.7106	**1.4716**	1.2836
	样本增加数	8	9	10	11	12	13	14
信息增量	不融合先验信息	2.0220	1.7106	**1.4716**	1.2836	1.1325	1.0089	0.9062
	融合先验信息 $w = 0.4$	1.5601	**1.3537**	1.1892	1.0555	0.9451	0.8527	0.7744
	融合先验信息 $w = 1$	1.1325	1.0089	0.9062	0.8199	0.7464	0.6833	0.6287
	样本增加数	15	16	17	18	19		
信息增量	不融合先验信息	0.8199	0.7464	0.6833	0.6287	0.5809		
	融合先验信息 $w = 0.4$	0.7075	0.6496	0.5992	0.5551	0.5161		
	融合先验信息 $w = 1$	0.5809	0.5389	0.5017	0.4686	0.4390		

显然, 当门限 l 取 1.5 时, 如果不融合先验信息需要试验 10 次; 如果融合先验信息且权重 $w = 0.4$ 时需要试验 9 次; 如果融合先验信息且权重为 $w = 1$ 时只需要试验 6 次即可. 这说明, 正确融合先验信息可以在达到相同精度条件下减少试验次数.

12.1.1.8 基于攻防对抗的用弹量确定 [6-7]

关于试验发数的选取, 如果考虑到一批弹中取出部分来试验, 将剩余弹在实战中击中概率下的获利与未中时被敌军发现并反击的损失相结合, 文献 [3-5] 提出的优化决策方法, 可资借鉴.

　　假设共有 m 枚导弹, 决定采取其中 $t(0 \leqslant t \leqslant m)$ 枚进行试验以决定其是否合格. 若试验弹的数目较大, 则实际使用弹的数目就少. 权衡试验数目与鉴定结果的效益时这是显而易见的.

　　假定导弹的击中概率均为 p (未知), 击中后获利为 V_w; 被敌军击中后的损失为 V_l, 敌军击中我方的概率为 q (假定已知), 则在 t 次试验 (s 为其中成功次数) 后的获利为

$$G(p, t; m) = (m - t)[V_w p - V_l(1 - p)q] \qquad (12.1.13)$$

　　为使获利为正, 即使得 $\mathrm{E}[G(p, t; m) \,|\, s, t] > 0$, 必须使得 p 超过下限 $\underline{p} = V_l q/(V_w + V_l q)$. 如果 $\underline{s}(t)$ 代表 t 次试验中使获利为正的最小试验成功数, 则应在 $s(t) \geqslant \underline{s}(t)$ 时接受此武器系统, 否则拒绝接受. $\underline{s}(t)$ 的确定如下:

$$\mathrm{E}[G(p, t; m) \,|\, s(t), t] > 0 \Rightarrow \mathrm{E}[p \,|\, s(t), t] > \frac{V_l q}{V_w + V_l q} \Rightarrow \frac{\alpha + s(t)}{\alpha + \beta + t} > \frac{V_l q}{V_w + V_l q}$$

$$\Rightarrow s(t) > \frac{V_l q(\alpha + \beta + t)}{V_w + V_l q} - \alpha \Rightarrow \underline{s}(t) = \left[\frac{V_l q(\alpha + \beta + t)}{V_w + V_l q} - \alpha \right].$$

　　考虑 p 的二项分布模型. 若 p 有 Beta-先验分布

$$\Pi_0(p) = \frac{\Gamma(\alpha + \beta)}{\Gamma(\alpha)\Gamma(\beta)} p^{\alpha - 1}(1 - p)^{\beta - 1}, \quad 0 \leqslant p \leqslant 1; \ 0 < \alpha; \ 0 < \beta \qquad (12.1.14)$$

和 Beta-后验分布 (由共轭分布而来)

$$\Pi_0'(p) = \frac{\Gamma(\alpha' + \beta')}{\Gamma(\alpha')\Gamma(\beta')} p^{\alpha' - 1}(1 - p)^{\beta' - 1}, \quad 0 \leqslant p \leqslant 1; \ 0 < \alpha'; \ 0 < \beta' \qquad (12.1.15)$$

其中 $\alpha' = \alpha + s, \beta' = \beta + t - s$. 如果 t 发内共有 s 发成功, 则 p 的后验分布密度是

$$\Pi(p; s, t) = \frac{p^{\alpha' - 1}(1 - p)^{\beta' - 1}}{\mathrm{B}(\alpha', \beta')} \qquad (12.1.16)$$

故获利的期望值为

$$\mathrm{E}[G(p, t; m) \,|\, s, t] = (m - t)[V_w \mathrm{E}[p \,|\, s, t] - V_l(1 - \mathrm{E}[p \,|\, s, t])q] \qquad (12.1.17)$$

其中 $\mathrm{E}[p \,|\, s, t] = \displaystyle\int_0^1 \Pi(p; s, t) p \mathrm{d}p = \frac{\mathrm{B}(\alpha' + 1, \beta'')}{\mathrm{B}(\alpha', \beta')}$.

　　p 的条件分布为

$$P(S(t) = s \,|\, p, t) = \binom{t}{s} p^s(1 - p)^{t - s}, \quad 0 \leqslant s \leqslant t \qquad (12.1.18)$$

可算得 $S(t)$ 的期望值为

$$b(s,t) = P\{S(t)=s\}\,|t = \begin{pmatrix} t \\ s \end{pmatrix}\left(\frac{\Gamma(\alpha+\beta)}{\Gamma(\alpha)\Gamma(\beta)}\right)\left(\frac{\Gamma(\alpha+s)\Gamma(\beta+t-s)}{\Gamma(\alpha+\beta+t)}\right) \quad (12.1.19)$$

则可算得相应于 s 的期望获益为

$$\begin{aligned}
\mathrm{E}\{\mathrm{E}[G(p,t;m)\,|s,t]\} &= (m-t)\sum_{x\geqslant \underline{s}(t)}\left[\left(\frac{(V_w+V_lq)\mathrm{B}(\alpha+1+x,\beta+t-x)}{\mathrm{B}(\alpha+x,\beta+t-x)}-V_lq\right)b(x,t)\right] \\
&= (m-t)\left[(V_w+V_lq)\sum_{x\geqslant \underline{s}(t)}\frac{\mathrm{B}(\alpha+1+x,\beta+t-x)}{\mathrm{B}(\alpha+x,\beta+t-x)}b(x,t)\right. \\
&\quad \left. -V_lq\sum_{x\geqslant \underline{s}(t)}b(x,t)\right] \quad (12.1.20)
\end{aligned}$$

另外可计算接受风险 (设 $M(t)$ 为试验后剩下 $m-t$ 枚导弹的使用成功数):

$$p\{M(t)=k\,|\text{acceptance}\} = \frac{\begin{pmatrix} m-t \\ k \end{pmatrix}\Gamma(\alpha+\beta+t)}{\Gamma(\alpha+\beta+m)}\frac{\displaystyle\sum_{j\geqslant \underline{s}(t)}\begin{pmatrix} t \\ j \end{pmatrix}\Gamma(\alpha+j+k)\Gamma(\beta-j+m-k)}{\displaystyle\sum_{j\geqslant \underline{s}(t)}\begin{pmatrix} t \\ j \end{pmatrix}\Gamma(\alpha+j)\Gamma(\beta+t-j)} \quad (12.1.21)$$

故

$$p\{M(t)\leqslant D\,|\text{acceptance}\} = \sum_{k=0}^{D}p\{M(t)=k\,|\text{acceptance}\} \quad (12.1.22)$$

例 12.1.4 共有 $m=30$ 枚导弹, 同上记号, 有击中后获利 $V_w=1$; 被敌军击中后的损失 $V_l=5$, 敌军击中我方的概率为 $q=0.75$. 先验分布的参数取为 $\alpha=5, \beta=1$, 则

$$\underline{s}(t) = \frac{V_lq(\alpha+\beta+t)}{V_w+V_lq}-\alpha = \frac{15}{19}t - \frac{5}{19}$$

可算得试验数目 t 的相应期望获利值如表 12.1.2 所示.

表 12.1.2 期望获利值

t	0	1	2	3	4	5	6	7
$\underline{s}(t)$	0	1	2	3	3	4	5	6
$\mathrm{E}[G]$	6.25	7.77	8.13	7.97	7.94	8.05	7.95	7.72

可见, 试验数为 2 可得到最大获益. 此时风险计算见表 12.1.3. 从中可以看出, 在余下的 28 枚导弹有 14 枚 (一半) 能成功击中目标的概率 $1-0.0173=0.9827$; 而

有 25 枚能成功击中目标的概率 $1 - 0.505 = 0.495$, 约为 50%; 有 21 枚能成功击中目标的概率 $1 - 0.1761 = 0.8239$, 大于 80%.

另外, 通过计算对参数的敏感性, 我们知道, 此方法对参数 α, β 的取值较为敏感, 如果取得不恰当, 则获利可能为负; V_w 和 V_l 的取值只有相对意义, 真正起作用的是它们的比值. 图 12.1.2 给出改变 r 比值时的情形 (取定 $V_l = 1$, 而 $V_w = rV_l$, 其中 $0 < r \leqslant 1$).

表 12.1.3　决策的相应风险

D	0~2	3	4	5	6	7	8	9	10
$p\{M = D\}$	0	0	0	0.0001	0.0001	0.0003	0.0004	0.0007	0.0012
$p\{M \leqslant D\}$	0	0	0	0.0001	0.0003	0.0005	0.0010	0.0017	0.0029

D	11	12	13	14	15	16	17	18	19
$p\{M = D\}$	0.0018	0.0028	0.0040	0.0058	0.0081	0.0111	0.0150	0.0200	0.0263
$p\{M \leqslant D\}$	0.0047	0.0075	0.0115	0.0173	0.0254	0.0365	0.0515	0.0715	0.0978

D	20	21	22	23	24	25	26	27	28
$p\{M = D\}$	0.0342	0.0440	0.0560	0.0706	0.0883	0.1095	0.1348	0.1647	0.200
$p\{M \leqslant D\}$	0.1321	0.1761	0.2321	0.3027	0.3910	0.5005	0.6353	0.8000	1.000

图 12.1.2 中的坐标横轴表示 r, 实线表示的是 $d_0 = \max\{d : P(M \leqslant d|r) \leqslant 0.2\}$, 即使得剩下导弹有 d_0 枚能成功击中目标的概率在 80% 以上. 虚线表示的是使 $\mathrm{E}\{G(t_0)|r\} = \max\limits_{0 \leqslant t \leqslant m} \mathrm{E}\{G(t)|r\}$ 成立的 t_0, 即使得获利值期望为最大的试验数目.

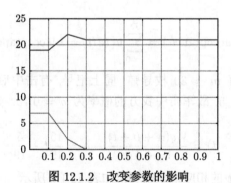

图 12.1.2　改变参数的影响

以下给出先验分布参数 α, β 的取值的改变对最后结果的影响.

当 $\alpha = 6, \beta = 1$ 时, 相应的表格中参数改变如表 12.1.4 所示.

表 12.1.4　参数改变后期望获利值 ($\alpha = 6, \beta = 1$)

T	0	1	2	3	4	5	6	7
$s(t)$	0	1	2	3	3	4	5	6
$\mathrm{E}[G]$	9.64	10.10	9.92	9.45	9.81	9.66	9.38	9.00

试验数为 1 可得到最大获益. 此时风险可计算得表 12.1.5 所示.

表 12.1.5 参数改变后决策的相应风险 ($\alpha = 6, \beta = 1$)

D	0~3	4	5	6	7	8	9	10	11
$p\{M = D\}$	0	0	0.0001	0.0002	0.0002	0.0004	0.0006	0.0010	0.0015
$p\{M \leqslant D\}$	0	0	0.0001	0.0003	0.0004	0.0008	0.0014	0.0023	0.0038
D	12	13	14	15	16	17	18	19	20
$p\{M = D\}$	0.0022	0.0033	0.0046	0.0065	0.0089	0.0121	0.0161	0.0212	0.0276
$p\{M \leqslant D\}$	0.0060	0.0093	0.0139	0.0204	0.0294	0.0415	0.0576	0.0788	0.1064
D	21	22	23	24	25	26	27	28	29
$p\{M = D\}$	0.0355	0.0451	0.0569	0.0711	0.0882	0.1086	0.1327	0.1611	0.1944
$p\{M \leqslant D\}$	0.1418	0.1870	0.2439	0.3150	0.4032	0.5118	0.6444	0.8056	1.0000

当 $\alpha = 6, \beta = 2$ 时, 相应的表格中参数改变如表 12.1.6 所示.

表 12.1.6 参数改变后期望获利值 ($\alpha = 6, \beta = 2$)

T	0	1	2	3	4	5	6	7	8	9	10
$\underline{s}(t)$	0	1	2	3	3	4	5	6	7	7	8
E[G]	−5.63	−1.21	0.82	1.72	0.41	1.38	1.95	2.26	2.38	1.87	2.10

试验数为 8 可得到最大获益. 此时风险可计算得如表 12.1.7 所示.

表 12.1.7 参数改变后决策的相应风险 ($\alpha = 6, \beta = 2$)

D	5	6	7	8	9	10	11	12	13
$p\{M = D\}$	0.0001	0.0002	0.0005	0.0011	0.0021	0.0039	0.0070	0.0118	0.0188
$p\{M \leqslant D\}$	0.0003	0.0008	0.0019	0.0040	0.0079	0.0149	0.0267	0.0455	0.0744
D	14	15	16	17	18	19	20	21	22
$p\{M = D\}$	0.0289	0.0425	0.0598	0.0805	0.1033	0.1256	0.1429	0.1487	0.1341
$p\{M \leqslant D\}$	0.1169	0.1767	0.2572	0.3605	0.4860	0.6289	0.7776	0.9117	1.0000

从上可见, 如果先验信息体现出导弹性能比较稳定 ($\alpha = 6, \beta = 1$ 意味着试验 6 发成功 5 发), 则所需的试验发数只要很少 (这里只需 1 发) 就可得到一定的收益; 而如果导弹性能稍差一些 ($\alpha = 6, \beta = 2$ 意味着试验 6 发成功 4 发), 则所需的试验发数需要很多 (这里只需 8 发) 才能达到一定的收益. 所以先验信息的影响是很重要的.

12.1.2 多类型试验样本量的确定

12.1.1 节分析了几种确定试验样本量的方法. 实际试验中, 不同阶段会涉及多种不同的试验类型. 在试验总体约束框架下, 需要研究如何从理论上设计不同类型的试验样本量, 保证在约束条件下, 试验信息满足最终的鉴定精度要求.

为了在保证评估精度的前提下节约试验经费, 针对精度评估的总目标, 我们可分析靶场试验中已有的系统资源和系统模型, 及其在试验系统中的作用, 进一步将系统考核目标分解为分目标, 充分利用先验信息, 进行试验设计. 针对具体各类试验, 以试验方设想的试验方案为基础, 设计各类试验的次数和试验条件以试验方的限制为首要, 根据试验设计理论进行改进.

其研究过程为, 首先建立评估指标体系, 再根据试验设计、序贯理论和 Bayes 理论等研究方法分析评估精度与试验次数的关系, 然后结合现有的试验资源和试验环境, 对能评估各指标的各类试验进行分析, 分析其中低代价试验对高代价试验的代替作用, 并结合试验方可以接受的各类试验次数进行试验整合, 给出各类试验的分配方案.

其中对不同试验的分析十分重要, 这包括在现有试验条件下可以考虑的各类试验初步代价分析 (大致成本差异)、各类试验折合精度及可信度、先验信息的来源及可信度. 通过分析各类试验的差异, 根据充分性原则和优化原则, 可以利用不同试验方法之间的互补关系, 研究试验的分解方法. 同时, 对不同考核项目的分配方法和试验结果一致性的检验方法进行研究, 以及研究各考核项目试验条件与试验次数的数学模型及其求解方法.

利用优化的序贯方法、序贯网图、Bayes 序贯网图等方法可以在给定目标下, 以一定程度降低高代价试验的次数, 考虑信息可信度则会使试验设计更为合理. 这一部分的研究思路见图 12.1.3.

12.1.2.1　成败型试验的分解设计

下面通过一个成败型试验的例子说明如何利用 Bayes、序贯方法求解两阶段试验的次数. 考虑检验模型:

$$\begin{cases} H_0 : R = R_0 \\ H_1 : R = R_1 = \lambda \cdot R_0 \quad (\lambda < 1) \end{cases} \tag{12.1.23}$$

则检出比为: $d = \dfrac{1 - R_1}{1 - R_0}$, α, β 分别为犯第一类错误的概率和犯第二类错误的概率, 于是有

$$s = \log d / (\log d + \log \lambda), \quad h_1 = \log B / (\log d + \log \lambda), \quad h_2 = \log A / (\log d + \log \lambda)$$

$$A = \frac{1 - \beta}{\alpha}, \quad B = \frac{\beta}{1 - \alpha} \tag{12.1.24}$$

可导出如下的序贯概率比检验: 从 $n = 1$ 开始, 若 $S_n \geqslant sn + h_1$, 则停止试验, 并拒绝备择假设 H_1, 接受原假设 H_0; 若 $S_n \leqslant sn + h_2$, 则停止试验, 并拒绝备择假设 H_0, 接受原假设 H_1; 若 $sn + h_2 < S_n < sn + h_1$, 继续试验.

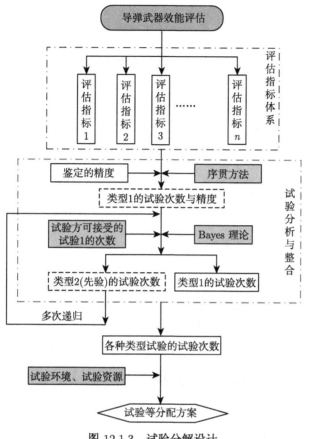

图 12.1.3　试验分解设计

　　序贯截尾检验法是为了解决序贯检验法抽取样本量事先无法控制的问题而提出的. 其实, 序贯截尾检验的截尾方案是很多的, 在实际使用中一般有如图 12.1.4 所示基本形式.

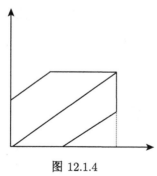

图 12.1.4

一般而言, 截尾问题为求使得 $\alpha' \leqslant \alpha^*$, $\beta' \leqslant \beta^*$ 成立的最小的截尾样本 n_t. 对于已有的截尾方案, 可以得出序贯检验法的二类实际风险为

$$
\begin{aligned}
\alpha' = &\, P_{p_0}(S_1 \leqslant s + h_2) \\
&+ \sum_{i=2}^{n_t-1} P_{p_0}(S_i \leqslant s \cdot i + h_2, sj + h_2 < S_j < s \cdot j + h_1, j = 1,2,\cdots,i-1) \\
&+ P_{p_0}(S_{n_t} < r_t, s \cdot j + h_2 < S_j < s \cdot j + h_1, j = 1,2,\cdots,n_t-1)
\end{aligned}
\tag{12.1.25}
$$

$$
\begin{aligned}
\beta' = &\, P_{p_1}(S_1 \geqslant s + h_{11}) \\
&+ \sum_{i=2}^{n_t-1} P_{p_1}(S_i \geqslant s \cdot i + h_1, s \cdot j + h_2 < S_j < s \cdot j + h_1, j = 1,2,\cdots,i-1) \\
&+ P_{p_1}(S_{n_t} \geqslant r_t, s \cdot j + h_2 < S_j < s \cdot j + h_1, j = 1,2,\cdots,n_t-1)
\end{aligned}
\tag{12.1.26}
$$

于是给定风险限制 $\alpha' \leqslant \alpha^*$, $\beta' \leqslant \beta^*$, 利用经典的截尾序贯检验法可以获得截尾方案 (n,s), 其中 n 为截尾样本量, s 为截尾时接受原假设所需的成功数. 表 12.1.8 给出了相关计算实例. 而实际所能接受的全程试验次数 N_0 小于 n, 所以必须利用 Bayes 开发先验信息, 这里我们等价为进行其他非全程等效试验.

表 12.1.8　截尾序贯检验法计算实例

序号	p_0	p_1	$\alpha^* = \beta^*$	$\alpha_0 = \beta_0$	n_t	r_t	α'	β'
1	0.80	0.40	0.30	0.33	3	2	0.2320	0.2560
2	0.80	0.40	0.20	0.20	4	3	0.1808	0.1792
3	0.80	0.60	0.30	0.27	9	7	0.2549	0.2714
4	0.80	0.60	0.20	0.18	16	12	0.1985	0.1906
5	0.80	0.70	0.30	0.26	23	18	0.2986	0.2911
6	0.80	0.70	0.20	0.13	55	42	0.1996	0.1952
7	0.85	0.60	0.30	0.33	6	5	0.2528	0.2782
8	0.85	0.60	0.20	0.19	10	8	0.1810	0.1929

为简单计, 先不考虑验前试验折合后的精度和可信度. 设验前等效试验为 (n_0, s_0), 则验前概率为

$$
\begin{aligned}
\pi_0 &= \frac{P\{(n_0,s_0)|H_0\}}{P\{(n_0,s_0)|H_0\} + P\{(n_0,s_0)|H_1\}} \\
&= \frac{1}{1 + (p_1/p_0)^{s_0}[(1-p_1)/(1-p_0)]^{n_0-s_0}} = \frac{1}{1 + \lambda^{s_0} d^{n_0-s_0}}
\end{aligned}
\tag{12.1.27}
$$

$$
\pi_1 = 1 - \pi_0 \tag{12.1.28}
$$

考虑 Bayes 假设检验, 可以作出决策:

$$K(\pi_0, R_0, d) = \frac{\ln \pi_1 - \ln \pi_0 + n \ln d}{\ln d - \ln \lambda} \tag{12.1.29}$$

当 $K(\pi_0, R_0, d) \leqslant s_n$ 时, 接受 H_0; 当 $K(\pi_0, R_0, d) > s_n$ 时, 拒绝 H_0. 相应的可以计算出决策风险. 因为 n 最大为 N_0, 对每个 (N_0, s) 的组合, 要作出决策, 根据 (12.1.24) 得出 π_0, π_1 的值, 在 $\alpha \leqslant \alpha^*, \beta \leqslant \beta^*$ 限制下, 根据 (12.1.22) 可以得出验前试验数 (n_0, s_0). 依此递归可以得出成本逐渐降低的各类试验次数.

下面给出具体仿真算例.

例 12.1.5 根据表 12.1.8 的计算知, 对于检验问题: $H_0 : p_0 = 0.80; H_1 : p_1 = 0.70$, 风险限制 $\alpha^* = \beta^* = 0.30$ 的成败型检验问题, 所需的截尾样本数 $n' = 23$, 截尾方案为 $(23, 18)$, 而实际上试验方所能接受的试验次数仅为 10.

仅考虑 Bayes 方法评估, 则对于各种情况要接受 H_0 时, 对先验信息的要求为表 12.1.9 所示.

表 12.1.9 先验信息的要求

序号	n_t	r_t	s_0	n_0	α	β
1	10	5	2	17	0.0052	0.1797
			1	14	0.0052	0.1790
2	10	6	2	13	0.0235	0.2413
			1	10	0.0235	0.2404
3	10	7	2	9	0.0721	0.2621
			1	6	0.0722	0.2614
4	10	8	2	5	0.1496	0.2051
			1	2	0.1500	0.2046
5	10	9	1	1	0.2699	0.0847

可见对于 $(10, 5)$ 的方案, 当要接受原假设时, 对于 $s_0 = 2$ 时, 至少需要试验 17 次先验试验, $s_0 = 1$ 时, 至少要试验 14 次.

对于拒绝原假设的试验可以类似得出.

如果我们考虑通过 Bayes 序贯截尾方案来推导对先验信息的要求. 发现 $\pi_0 < 0.5$ 时, π_0 越小, 所需的截尾样本量越少, 而 $\pi_0 > 0.5$ 时, π_0 越大, 所需的截尾样本量越少. 这与直观认识是一致的, 因为 π_0 的偏向性越大, 说明先验样本所提供的信息量越大, 那么所需的现场试验信息就可以相对减少.

通过计算我们发现当 $\pi_0 > 0.76$ 或 $\pi_0 < 0.26$ 时, 截尾试验次数均小于 10. 根据对先验信息的要求我们就可以进行对先验试验的设计工作.

注 上述分析比较是从传统的 Bayes、序贯方法推导的, 并没有考虑先验信息的可信度, 当先验信息的可信度降低时, 应该增加相关试验. 另外, 若需从两阶段试验推广到多阶段试验, 等效原理是类似的.

12.1.2.2　多类型试验样本量的设计方法

综合考虑不同试验阶段, 不同类型试验实施会有较大的成本差异, 试验效果、可信度和精度也各有差别. 若统一考量整体不同层次的试验样本量, 则需在详细分析各类试验差异的基础上, 根据充分性原则和优化原则, 充分利用不同试验方法之间的互补关系, 研究试验的分解方法. 用 z_i 表示 x 的一次观测, 如果进行了 N 次观测, 得到 N 组观测值, 称此观测有限集 $\xi_N = \{z_1, z_2, \cdots, z_N\}$ 为一个试验设计, z_i 为试验设计的支撑点 (谱点).

如果对 K 种类型试验, 分别进行了 N_k 次观测, $\sum N_k = N$. 考虑有 K 种类型试验的参数化模型:

$$
\begin{cases}
y_1 = f(\beta, \boldsymbol{x}) + \Delta_1 + \varepsilon_1, \varepsilon_1 \sim \mathrm{N}(0, \sigma_1^2) \\
y_2 = f(\beta, \boldsymbol{x}) + \Delta_2 + \varepsilon_2, \varepsilon_2 \sim \mathrm{N}(0, \sigma_2^2) \\
\cdots \\
y_K = f(\beta, \boldsymbol{x}) + \Delta_K + \varepsilon_K, \varepsilon_K \sim \mathrm{N}(0, \sigma_K^2)
\end{cases}
\tag{12.1.30}
$$

$$
N_k \leqslant N_k^0 \quad \text{(不同类型的试验数目约束)}
$$

进行 N 次试验后, 用 ξ_k $(k = 1, 2, \cdots, N)$ 分别表示 N 种类型的试验集合. 令 $\boldsymbol{\theta}_k = (\Delta_k(z_{k_1}), \Delta_k(z_{k_2}), \cdots, \Delta_k(z_{kN_k}))'$ 为原型试验与第 K 类试验的差异向量. 观测响应向量分别为 $\boldsymbol{Y}_k = (y_{k_1}, y_{k_2}, \cdots, y_{kN_k})'$, 随机误差向量为 $\boldsymbol{e}_k$, 于是 $\mathrm{E}(\boldsymbol{e}_k) = 0$, $\mathrm{cov}(\boldsymbol{e}_k) = \sigma_k^2 \boldsymbol{I}_{N_k}$, 又令

$$
\boldsymbol{F}(\xi_k) =
\begin{bmatrix}
f_1(z_{k_1}) & f_2(z_{k_1}) & \cdots & f_m(z_{k_1}) \\
f_1(z_{k_2}) & f_2(z_{k_2}) & \cdots & f_m(z_{k_2}) \\
\vdots & \vdots & \ddots & \vdots \\
f_1(z_{kN_k}) & f_2(z_{kN_k}) & \cdots & f_m(z_{kN_k})
\end{bmatrix}
\quad (k = 1, 2, \cdots N)
\tag{12.1.31}
$$

于是可得观测的融合估计模型为

$$
\begin{bmatrix}
\boldsymbol{Y}_1 \\
\boldsymbol{Y}_2 \\
\vdots \\
\boldsymbol{Y}_N
\end{bmatrix}
=
\begin{bmatrix}
\boldsymbol{F}(\xi_1, \beta) \\
\boldsymbol{F}(\xi_2, \beta) \\
\vdots \\
\boldsymbol{F}(\xi_N, \beta)
\end{bmatrix}
+
\begin{bmatrix}
\boldsymbol{\theta}_1 \\
\boldsymbol{\theta}_2 \\
\vdots \\
\boldsymbol{\theta}_N
\end{bmatrix}
+
\begin{bmatrix}
\boldsymbol{e}_1 \\
\boldsymbol{e}_2 \\
\vdots \\
\boldsymbol{e}_N
\end{bmatrix}
\tag{12.1.32}
$$

获得试验数据后, 可求取参数 β 和差异向量 $\boldsymbol{\theta}_k$ 的相应估计及精度.

对于 K 种不同类型的试验, 如果响应函数可线性化, 则其组成的一体化设计 ξ^c 的信息矩阵为

$$
\boldsymbol{M}(\xi^c) = \sum_i \sigma_i^{-2} \boldsymbol{F}^{\mathrm{T}}(\xi_i) \boldsymbol{F}(\xi_i)
\tag{12.1.33}
$$

如果每一类试验 ξ_k 对应 N_k 次试验, 且 $\sum N_k = N$, 根据定义有

$$M(\xi^c) = \sum_k \sigma_k^{-2} \boldsymbol{F}^{\mathrm{T}}(\xi_k) \boldsymbol{F}(\xi_k) = \sum_k \sigma_k^{-2} \sum_{j=1}^{N_k} \boldsymbol{f}(\boldsymbol{z}_j) \boldsymbol{f}^{\mathrm{T}}(\boldsymbol{z}_j) = \sum_{j=1}^{N} \lambda_j \boldsymbol{f}(\boldsymbol{z}_j) \boldsymbol{f}^{\mathrm{T}}(\boldsymbol{z}_j)$$

$$(12.1.34)$$

其中 $\lambda_j = I(1, N_1)\sigma_1^{-2} + I(N_1+1, N_1+N_2)\sigma_2^{-2} + \cdots + I(N-N_k+1, N)\sigma_k^{-2}$.

基于信息矩阵, 可以定义各种最优设计准则. 在不同的最优设计准则下, 结合方程组 (12.1.30) 中对不同试验类型数量的约束, 计算不同类型试验最优设计下的试验数目. 具体不同准则下的最优设计, 可参见第一篇试验设计方法相关内容.

例 12.1.6 以雷达寻的导弹精度试验为例, 涉及试验类型多样, 部分试验类型与全程原型试验之间存在显著差异. 根据前序章节的讨论, 该多类型试验的试验设计主要流程如下.

(1) 分析试验目的.

为得到雷达跟踪误差与最终落点误差的响应关系, 对落点误差进行评估, 可构建引起测角、测距误差的参数模型, 然后根据下式折算到 3 个方向的误差.

$$\begin{cases} \Delta_x = \cos E \cos A \cdot \Delta_R + R \sin E \cos A \cdot \Delta_E + R \cos E \sin A \cdot \Delta_A \\ \Delta_y = \cos E \sin A \cdot \Delta_R + R \sin E \sin A \cdot \Delta_E + R \cos E \cos A \cdot \Delta_A \\ \Delta_z = \sin E \cdot \Delta_R + R \cos E \cdot \Delta_E \end{cases}$$

因此, 下面仅讨论主要误差影响因素与测角、测距误差之间的响应关系.

(2) 分析主要影响因素及参数范围.

根据上面的分析, 引起测角误差的主要因素有: 目标相对雷达运动的角速度 $\dot\theta$, 信杂比 SCR 和目标横向尺寸 L_s, 得到相应的参数范围.

引起测距误差的主要因素有: 目标相对雷达运动的径向速度 $\dot R$, 信杂比 SCR 和目标散射尺寸等, 得到相应的参数范围.

(3) 根据影响因素及相关模型, 分析差异的量化模型.

(4) 根据类似 (12.1.34) 的一体化信息矩阵, 结合不同的最优设计准则来设计试验点数. 为简化, 下文针对归一化后参数范围, 给出试验设计的布点.

(5) 根据实际的参数范围, 给出具体的试验设计, 实施试验, 分析数据.

考虑试验总体, 假设不同试验与原型全程试验存在差异是因为参数的取值范围不同, 但这些参数存在一个包含了各种类型试验的总的取值范围, 例如, 某些试验弹的速度较小, 存在一个速度范围, 而原型全程试验时速度取值较大, 也存在一个范围, 这个速度差异会影响测角测距误差, 因此对于试验总体, 存在一个总的参数范围, 不同类型试验分别取不同的参数域. 从这种观点出发, 结合差异模型, 可以归纳出一个适合于各种类型试验的普适响应关系.

　　若考虑试验总体, 即讨论不同因素对测角测距误差的影响关系. 采用标准 Dn-最优设计, 假设有三种不同类型的试验, 归一化之后进行试验设计, 根据单点交换法, 求得试验方案为 $(1, 0)$, $(0, 0)$, $(0.50, 0)$, $(0, 1)$, $(1, 1)$, $(0.50, 1)$, $(1, 0.50)$, $(0.50, 0.50)$, $(0, 0.50)$. 此时信息矩阵的行列式为 0.0791.

　　于是, 根据上述参数范围可得一组试验方案为: 类型 I 试验 4 次 $(600, 0.32, 2.5)$, $(900, 0.6, 2.5)$, $(600, 0.32, 1.5)$, $(900, 0.6, 1.5)$; 类型 II 试验 2 次, $(600, 0.32, 5)$, $(900, 0.6, 5)$; 类型 III 试验 3 次 $(300, 0.04, 1.5)$, $(300, 0.04, 2.5)$, $(300, 0.04, 5)$.

　　进一步假设由于条件限制, 不能实施类型 II 试验, 则此时只能获得一个次最优的试验设计.

　　考虑参数的实际可行域, 对于归一化后参数范围, 速度的范围为 $[0, 1/6] \times [2/6, 1]$, $(s/c)^{-\frac{1}{2}}$ 的范围为 $[0, 0.35] \times [0.49, 1]$, 如果用类型 III 试验来代替 2 发类型 II 试验, 增加一个点后, 有

$$
\begin{aligned}
\det \boldsymbol{M}\left(\tilde{\xi}(n)\right) &= \det\left[\boldsymbol{M}\left(\xi(n)\right) + \boldsymbol{f}(\boldsymbol{z}_i)\boldsymbol{f}^{\mathrm{T}}(\boldsymbol{z}_i)\right] \\
&= \det\begin{bmatrix} \boldsymbol{M}\left(\xi(n)\right) & -\boldsymbol{f}(\boldsymbol{z}_i) \\ \boldsymbol{f}^{\mathrm{T}}(\boldsymbol{z}_i) & 1 \end{bmatrix} \\
&= \det \boldsymbol{M}\left(\xi(n)\right)\left[1 + d(\boldsymbol{z}_i, \xi)\right]
\end{aligned}
$$

所以每次在 $[0, 1/6] \times [0, 0.35] \times [0.49, 1]$ 内寻找 $d(\boldsymbol{z}_i, \xi)$ 最大的点, 直到 $\det \boldsymbol{M}\left(\tilde{\xi}(n)\right)$ 超过 0.0791, 发现至少需要 5 发类型 III 试验来代替 2 发类型 II 试验.

　　找到 5 发类型 III 试验的设计点位置:

$$
\begin{matrix}
0 & 0.1600 & 0 & 0 & 0 \\
0 & 0 & 1.0000 & 0.4900 & 1
\end{matrix}
$$

相对效率为 1.099.

　　对应真实试验方案为: $(300, 0.04, 5)(396, 0.398, 5)(300, 0.04, 1.5)(300, **, 2.5)(300, **, 1.5)$, 此处 $(**)$ 取值范围在 $[0, 1]$ 中.

　　上述案例表明, 在一个统一的试验方案设计原则下, 结合不同类型试验数量约束, 可以给出一个较为通用的试验样本量的设计框架. 当然, 此处从最优设计效率角度考虑优化, 暂未给出试验鉴定结果的置信度约束. 更为全面的考虑是, 在试验设计结束之后, 结合试验方案进行数据采集, 计算试验鉴定结果的精度和置信度. 若试验鉴定结果不能满足要求, 则按照补充试验设计的优化方案, 结合不同类型试验的特点和数量约束, 迭代补充相关试验, 得到最终的不同类型试验量.

12.2 弹道实时解算的 UKF 滤波器优化设计

在实时弹道解算中, 由于弹道观测的复杂性, 测量过程中可能存在成片或大幅野值, 使得面向测元的无迹 Kalman 滤波结果不准确甚至发散. 因此需要对滤波器性能进行分析与评估, 即确定与性能相关的影响参数的最优水平组合, 使其克服上述现象. 针对这一问题, 本节提出了基于试验设计的滤波器参数优化方法, 对 UKF 滤波器进行优化设计, 提高滤波器收敛性能. 首先, 介绍面向测元的 UKF 滤波方法; 其次, 在讨论 UKF 滤波器的架构基础上, 详细阐述了基于试验设计的滤波器参数优化方法, 为实际弹道数据处理的滤波器参数设置提供技术支持; 最后, 验证方法的有效性, 对优化后的设计方法进行性能评估分析 [30-32].

12.2.1 面向测元的 UKF 滤波算法

UKF 以无迹变换 (unscented transformation, UT) 为基础, 采用 Kalman 滤波框架, 通过确定性采样得到一组 Sigma 点, 并计算这些 Sigma 点经由非线性函数的传播, 从而获得滤波值基于非线性状态方程的更新. 它最早由 Julier 提出 [9] 并作为 Kalman 滤波的一种新的推广而受到关注. 由于 UKF 滤波无须像 EKF 滤波方法那样求动力学系统函数和量测系统函数关于状态向量的导数, 给计算带来了极大的方便, 而且 UKF 采样点很少, 计算量与 EKF 相当, 但可精确到与三阶泰勒级数展开式相当的均值和方差, 精度优于 EKF 滤波方法.

考虑系统

$$\begin{cases} \boldsymbol{x}_k = f\left(\boldsymbol{x}_{k-1}, v_{k-1}\right) \\ \boldsymbol{y}_k = h\left(\boldsymbol{x}_k, n_k\right) \end{cases} \tag{12.2.1}$$

式中 $\boldsymbol{x}_{k-1}$ 为 $k-1$ 时刻系统的 n 维状态向量, v_{k-1} 为零均值过程噪声, 方差为 Q; $\boldsymbol{y}_k$ 为 k 时刻系统的 m 维量测向量, n_k 为零均值量测噪声, 方差为 R.

对于面向弹道状态的 UKF 滤波方法, 常见的状态模型包括: 动力学模型、匀速模型 (constant velocity, CV)、匀加速模型 (constant acceleration, CA) 以及当前统计模型 (current statistics, CS) 等. 通过研究, 选择效果较好的 CS 模型作为弹道状态模型.

以一维情况 (x 方向) 为例, 考虑非零均值加速度情形, 当采样间隔为 T 时, 系统状态方程的非线性函数为

$$f\left(x_{k-1}, v_{k-1}\right) = \boldsymbol{F}_{k-1}\boldsymbol{X}_{k-1} + \boldsymbol{G}_{k-1}\bar{a}_{k-1} + \boldsymbol{V}_{k-1} \tag{12.2.2}$$

式中

$$\boldsymbol{X}_{k-1} = \begin{bmatrix} x_{k-1} & \dot{x}_{k-1} & \ddot{x}_{k-1} \end{bmatrix}^{\mathrm{T}}$$

$x_{k-1}, \dot{x}_{k-1}, \ddot{x}_{k-1}$ 分别表示 $k-1$ 时刻 x 方向上的位置、速度、加速度, 可直接推广到其他方向 (y 方向, z 方向), 记为 $\begin{bmatrix} X_{k-1} & Y_{k-1} & Z_{k-1} \end{bmatrix}^{\mathrm{T}}$; $\boldsymbol{F}_{k-1}$ 为状态转移矩阵, $\boldsymbol{G}_{k-1}$ 为输入控制矩阵, 即

$$\boldsymbol{F} = \begin{bmatrix} 1 & T & \dfrac{-1+aT+e^{-aT}}{a^2} \\ 0 & 1 & \dfrac{1-e^{-aT}}{a} \\ 0 & 0 & e^{-aT} \end{bmatrix}, \qquad \boldsymbol{G} = \begin{bmatrix} \dfrac{1}{a}\left(-T+\dfrac{aT^2}{2}+\dfrac{1-e^{-aT}}{a}\right) \\ T-\dfrac{1-e^{-aT}}{a} \\ 1-e^{-aT} \end{bmatrix}$$

$\boldsymbol{V}_{k-1}$ 为离散的白噪声序列, 且

$$\boldsymbol{Q}_{k-1} = \mathrm{E}\left[\boldsymbol{V}_{k-1}\boldsymbol{V}_{k-1}^{\mathrm{T}}\right] = 2a\sigma_a^2 \begin{bmatrix} q_{11} & q_{12} & q_{13} \\ q_{21} & q_{22} & q_{23} \\ q_{31} & q_{32} & q_{33} \end{bmatrix} \tag{12.2.3}$$

其中

$$q_{11} = \frac{1}{2a^5}\left(1-e^{-2aT}+2aT+\frac{2a^3T^3}{3}-2a^2T^2-4aTe^{-aT}\right)$$

$$q_{12} = q_{21} = \frac{1}{2a^4}\left(e^{-2aT}+1-2e^{-aT}+2aTe^{-aT}-2aT+a^2T^2\right)$$

$$q_{13} = q_{31} = \frac{1}{2a^3}\left(1-e^{-2aT}-2aTe^{-aT}\right)$$

$$q_{22} = \frac{1}{2a^3}\left(4e^{-aT}-3-e^{-2aT}+2aT\right)$$

$$q_{23} = q_{32} = \frac{1}{2a^2}\left(e^{-2aT}+1-2e^{-aT}\right)$$

$$q_{33} = \frac{1}{2a}\left(1-e^{-2aT}\right)$$

采用加速度均值 (方差) 自适应算法, 令

$$\bar{a}_{k-1} = \hat{\ddot{x}}\,(k\,|\,k-1) \tag{12.2.4}$$

$$\sigma_a^2 = \frac{4-\pi}{\pi}\left(a_{\max}-\hat{\ddot{x}}\,(k\,|\,k-1)\right)^2 = \frac{4-\pi}{\pi}\left(a_{\max}-\hat{\ddot{x}}\,(k-1\,|\,k-1)\right)^2 \tag{12.2.5}$$

式中, a 为加速度时间常数; σ_a^2 为机动加速度方差; $\bar{a}_{k-1}$ 为 $k-1$ 时刻机动加速度均值; $a_{\max}$ 为机动最大加速度.

探测设备通常包含若干个发射站和接收站, 对目标位置进行观察. 以一组观测站 (一个是发射站, 另一个是接收站) 为例, 则量测方程的非线性函数

$$h\,(x_k, n_k) = DL_k + DR_k + R_k \tag{12.2.6}$$

记 k 时刻目标的位置、速度状态值分别为 $(x_{k,k-1}, y_{k,k-1}, z_{k,k-1})$ 和 $(\dot{x}_{k,k-1}, \dot{y}_{k,k-1}, \dot{z}_{k,k-1})$, 测站 1, 2 的位置分别为 (a_1, b_1, c_1) 和 (a_2, b_2, c_2), 则

$$DL_k = \frac{(x_{k,k-1} - a_1)\,\dot{x}_{k,k-1} + (y_{k,k-1} - b_1)\,\dot{y}_{k,k-1} + (z_{k,k-1} - c_1)\,\dot{z}_{k,k-1}}{d_{1,k}} \qquad (12.2.7)$$

$$DR_k = \frac{(x_{k,k-1} - a_2)\,\dot{x}_{k,k-1} + (y_{k,k-1} - b_2)\,\dot{y}_{k,k-1} + (z_{k,k-1} - c_2)\,\dot{z}_{k,k-1}}{d_{2,k}} \qquad (12.2.8)$$

其中

$$d_{1,k} = \sqrt{(x_{k,k-1} - a_1)^2 + (y_{k,k-1} - b_1)^2 + (z_{k,k-1} - c_1)^2}$$
$$d_{2,k} = \sqrt{(x_{k,k-1} - a_2)^2 + (y_{k,k-1} - b_2)^2 + (z_{k,k-1} - c_2)^2}$$

可直接推广到 m 组观测, 记为 $[h_1, h_2, \cdots, h_m]^{\mathrm{T}}$.

在这种情况下, 对称采样的 UKF 滤波方程过程如下:

(a) 初始化

$$\widehat{\boldsymbol{X}}_0 = \mathrm{E}\left[\boldsymbol{X}_0\right], \quad \boldsymbol{P}_0 = \mathrm{E}\left[(\boldsymbol{X}_0 - \widehat{\boldsymbol{X}}_0)(\boldsymbol{X}_0 - \widehat{\boldsymbol{X}}_0)^{\mathrm{T}}\right]$$

其中 $\boldsymbol{X}_0$ 为滤波初值, $\widehat{\boldsymbol{X}}_0$ 为状态方程初始估计值, $\boldsymbol{P}_0$ 为初始协方差阵.

(b) 计算 k 时刻 Sigma 点

$$\chi_{k-1}^i = \begin{cases} \boldsymbol{X}_{k-1}, & i = 0 \\ \boldsymbol{X}_{k-1} - \left[\sqrt{(L+\lambda)\,\boldsymbol{P}_{x,k-1}}\right]_i, & i = 1, \cdots, L \\ \boldsymbol{X}_{k-1} + \left[\sqrt{(L+\lambda)\,\boldsymbol{P}_{x,k-1}}\right]_i, & i = L+1, \cdots, 2L \end{cases} \qquad (12.2.9)$$

式中, L 为状态参数个数, λ 为尺度参数.

各个 Sigma 点的权值分别为

$$W_m^i = W_c^i = \begin{cases} \dfrac{\lambda}{L+\lambda}, & i = 0 \\ \dfrac{1}{2\,(L+\lambda)}, & i \neq 0 \end{cases} \qquad (12.2.10)$$

(c) 时间更新

$$\begin{cases} X_{k,k-1}^i = f\left(\chi_{k-1}^i\right), & \widehat{\boldsymbol{X}}_{k,k-1} = \sum\limits_{i=0}^{2L} W_m^i \cdot X_{k,k-1}^i \\ Y_{k,k-1}^i = h\left(\boldsymbol{X}_{k,k-1}^i\right), & \widehat{\boldsymbol{Y}}_{k,k-1} = \sum\limits_{i=0}^{2L} W_m^i \cdot Y_{k,k-1}^i \end{cases} \qquad (12.2.11)$$

$$\boldsymbol{P}_{X,k} = \sum_{i=0}^{2L} W_c^i \cdot \left(\boldsymbol{X}_{k,k-1}^i - \widehat{\boldsymbol{X}}_{k,k-1}\right) \cdot \left(\boldsymbol{X}_{k,k-1}^i - \widehat{\boldsymbol{X}}_{k,k-1}\right)^{\mathrm{T}} + Q_{k-1} \qquad (12.2.12)$$

式中, $\widehat{\boldsymbol{X}}_{k,k-1}$ 为状态方程估计值; $\widehat{\boldsymbol{Y}}_{k,k-1}$ 为量测方程估计值.

(d) 测量更新

$$\begin{cases} \boldsymbol{P}_{Y,k} = \sum_{i=0}^{2L} W_c^i \left(\boldsymbol{Y}_{k,k-1}^i - \widehat{\boldsymbol{Y}}_{k,k-1}\right) \left(\boldsymbol{Y}_{k,k-1}^i - \widehat{\boldsymbol{Y}}_{k,k-1}\right)^{\mathrm{T}} + R_{k-1} \\ \boldsymbol{P}_{XY,k} = \sum_{i=0}^{2L} W_c^i \left(\boldsymbol{X}_{k,k-1}^i - \widehat{\boldsymbol{X}}_{k,k-1}\right) \left(\boldsymbol{Y}_{k,k-1}^i - \widehat{\boldsymbol{Y}}_{k,k-1}\right)^{\mathrm{T}} \end{cases} \qquad (12.2.13)$$

$$\boldsymbol{K}_k = P_{XY,k} \cdot P_{Y,k}^{-1} \qquad (12.2.14)$$

$$\widehat{\boldsymbol{X}}_{k,k} = \widehat{\boldsymbol{X}}_{k,k-1} + \boldsymbol{K}_k \cdot \left(\boldsymbol{Y}_k - \widehat{\boldsymbol{Y}}_{k,k-1}\right) \qquad (12.2.15)$$

$$\boldsymbol{P}_k = \boldsymbol{P}_{X,k} - \boldsymbol{K}_k \cdot \boldsymbol{P}_{Y,k} \cdot \boldsymbol{K}_k^{\mathrm{T}} \qquad (12.2.16)$$

12.2.2 基于试验设计的滤波器参数优化

面向弹道状态的 UKF 滤波算法的参数众多, 而适当地设置和调节参数的取值, 可以使得 UKF 滤波获得更高的精度. 因此, 弹道实时解算的最优参数预测非常重要. 本节探讨基于理论弹道的滤波器参数优化方法, 对滤波器的参数进行优化设计, 从而提高弹道实时解算的精度与稳健性 [30,32].

通过对比分析历史弹道数据中的理论弹道和实时弹道, 发现其动力学特性一致、主要特征相同. 因此, 我们可以对理论弹道反解得到的测元数据进行构造, 以模拟实际数据, 从而开展仿真试验. 数据测量值在一定的精度范围内可特征表示为

$$g(t) = f(t) + c(t) + \varepsilon(t) \qquad (12.2.17)$$

式中 $f(t)$ 为实际信号; $c(t)$ 为测量过程中的异常值; $\varepsilon(t)$ 为测量过程中的随机误差.

通过大量实验分析发现, 若测量数据仅存在随机误差, 不同参数值的滤波效果差异很小, 也就是说滤波器性能不稳定的主要原因来自成片的粗大野值误差. 因此, 通过理论弹道仿真测元数据模拟实际数据时, 除了考虑随机误差, 还需要在特定时间段上加入成片粗大野值. 时间段一般通过测元历史信息统计特征进行确定.

对理论弹道仿真测元数据进行构造后, 基于理论弹道的滤波器参数优化主要分为以下四步: 首先, 分析滤波器的架构, 梳理出影响滤波器的相关因素, 并确定其试验水平. 其次, 通过试验设计方法得到因素的试验表; 再次, 根据试验表, 开展仿真

试验; 最后, 对试验结果进行分析, 确定这些因素的最优水平. 该过程还可以迭代进行, 不断优化分析结果. 具体的流程如图 12.2.1 所示.

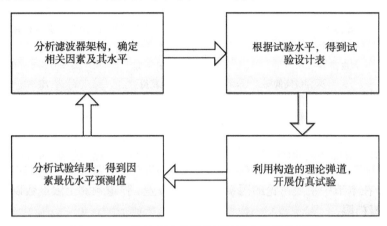

图 12.2.1 基于理论弹道的滤波器参数优化流程

12.2.2.1 滤波器的架构 [30,32]

通过介绍 12.2.1 节中以对称采样为例的 UKF 滤波过程可知, 在进行实时弹道解算之前, 滤波器的参数需要事先进行设定. 其中包括状态模型的参数、尺度参数、测量噪声和状态噪声的方差等. 并且, 状态的估计值为状态的预测值与测量的预测值的加权平均, 即

$$\widehat{x}_{k,k} = \widehat{x}_{k,k-1} + K_k \cdot (y_k - \widehat{y}_{k,k-1}) \tag{12.2.18}$$

其中滤波增益 K_k 与滤波初始协方差阵 P_0 有关.

为了保证滤波的效果和滤波的稳健性, 防止在滤波结果出现偏差时, 滤波的误差不断传播产生更大的误差累积, 为滤波器设置重启机制:

(1) 判断测量的预测值与测量值的偏差是否超过阈值, 如果超过阈值 ε, 则将状态的估计值赋为 0, 即

$$\widehat{x}_{k,k} = \begin{cases} \widehat{x}_{k,k-1}, & |y_k - \widehat{y}_{k,k-1}| > \varepsilon \\ \widehat{x}_{k,k-1} + K_k \cdot (y_k - \widehat{y}_{k,k-1}), & |y_k - \widehat{y}_{k,k-1}| \leqslant \varepsilon \end{cases}$$

称上述阈值为面向状态野值检择门限.

(2) 判断状态估计值连续被赋为 0 的状态个数, 如果超过阈值 M, 则将滤波器进行重启, 称这个阈值为完全预测点数上限.

综上所述, 滤波器的相关因素如表 12.2.1 所示.

表 12.2.1　滤波器相关因素

滤波器相关因素		说明	取值水平
	滤波初值	表现稳定, 性能较好	理论弹道
	初始协方差	较敏感	1, 10, 20, 40, 60, 80, 100
	状态参数个数	可以确定	L_0
CS 模型参数	尺度参数	$\lambda = \alpha^2(L+k) - L$	$\alpha = 0.5, k = 0$
	采样时间间隔	可以通过经验获得	T_0
	加速度时间常数	表现稳定	a_0
	弹道最大加速度	表现稳定	$[a_{\min}, a_{\max}]$
弹道预测上限点数		较敏感	1, 11, 21, 41, 61, 81, 101
面向状态野值检择门限		较敏感	20, 25, 30, 35, 40, 45, 50

故而, 在本节中主要讨论的因素为初始协方差、弹道预测上限点数以及面向状态野值检择门限.

12.2.2.2　正交试验表

利用正交设计 [23] 对影响滤波器的三个因素进行试验设计, 得到设计表, 如表 12.2.2 所示.

表 12.2.2　滤波器三因素正交设计表

试验	因素一	因素二	因素三	试验	因素一	因素二	因素三
1	100	5	20	15	20	61	35
2	80	101	50	16	20	11	50
3	100	41	35	17	60	41	40
4	40	5	35	18	10	101	20
5	100	21	40	19	1	11	20
6	40	21	45	20	60	21	35
7	20	41	20	21	1	21	40
8	80	5	30	22	60	81	50
9	60	61	25	23	20	81	40
10	1	101	30	24	40	81	25
11	80	81	45	25	40	61	40
12	10	11	30	26	1	41	45
13	80	11	25	27	10	61	50
14	100	101	45	28	10	5	25

注: 因素一、二、三分别为初始协方差、弹道预测上限点数以及面向状态野值检择门限.

12.2.2.3　仿真试验

在理论弹道反解得到的测元数据基础上, 根据测元历史信息统计特征确定弹道的特征点, 在特征点进行外设计, 开展噪声模拟试验, 主要包括引入随机噪声、加入成片野值等, 构造真实环境下的 5 个弹道模型 (算例 1~ 算例 5). 按照正交设计表, 进行基于 UKF 滤波的实时弹道解算.

选定超差点数作为响应变量, 即速度误差超过一定阈值的比例. 其结果如图 12.2.2 所示.

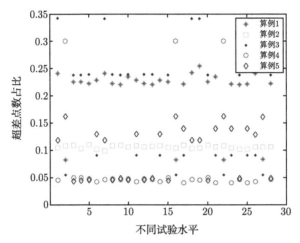

图 12.2.2 不同水平组合的超差点数

可以看到, 滤波器选取三个参数不同的水平组合时, 其响应结果各不相同. 通过分析, 可以确定因素的显著性 (图 12.2.3), 并且预测出最优的水平组合 (表 12.2.3). 总体来说, 对于算例 1~ 算例 5, 面向弹道野值检择门限影响显著, 而滤波初始协方差阵仅在算例 2 中有一定的影响.

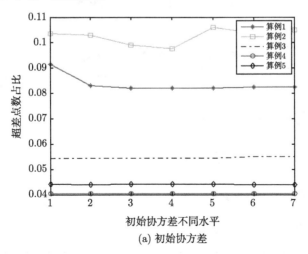

(a) 初始协方差

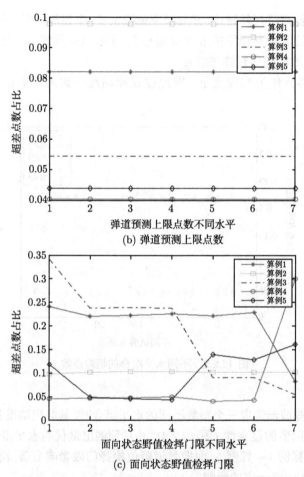

(b) 弹道预测上限点数

(c) 面向状态野值检择门限

图 12.2.3 参数显著性 (控制变量法)

表 12.2.3 预测值与实际值对比

算例	类型	滤波协方差阵	完全预测点数上限	面向弹道野值检择门限
1	预测	不显著		40
	实际			50
2	预测	60		25
	实际	40		20
3	预测	不显著	不显著	50
	实际			50
4	预测	不显著		40
	实际			40
5	预测	不显著		35
	实际			35

12.2.3 优化设计方法的性能分析 [30]

本节结合实际数据的试验结果, 验证方法的有效性, 并且对最优参数设置情形下滤波器的性能进行评估, 包括滤波器的稳健性和收敛性能等.

12.2.3.1 方法有效性

采用同样的处理方法, 对算例的实际数据依次进行仿真试验. 对实验结果进行分析发现, 因素对于算例实际数据的显著性与预测结果完全相同. 其具体结果如表 12.2.3 所示.

由表 12.2.3 可知, 将实际数据的最优参数值与理论弹道得到的预测值进行对比, 可以发现对于有显著性影响的因素, 其最优水平相同或接近, 从而验证了基于理论弹道的参数优化方法的有效性. 因此, 在弹道实时解算前, 可以通过理论弹道仿真测元信息对 UKF 滤波器进行优化设计, 从而为实时解算弹道的参数设置提供指导.

12.2.3.2 滤波器的稳健性

在对方法进行算例验算的过程中, 发现该方法具有一定稳健性, 对不同型号的弹道 (不同任务)、不同误差性质的测元 (不同通道) 和不同飞行特性 (主动段和自由段) 均有效, 并且可以解决经验设置参数出现的滤波器精度较差, 甚至不收敛的问题, 如图 12.2.4 所示.

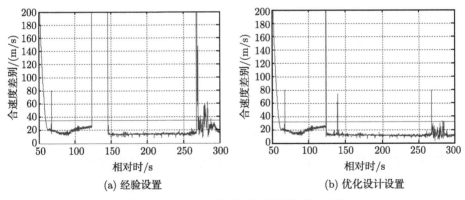

(a) 经验设置　　　　　　　　　　　　　(b) 优化设计设置

图 12.2.4　不同参数设置情形下的滤波效果

可以看到当利用经验设置进行滤波时, 在 130s 至 149s 段, 利用经验参数设置滤波不收敛, 而利用优化设计设置可以避免滤波不收敛, 并且达到较高精度.

12.2.3.3 滤波器的收敛性能

本小节引入滤波重启次数与收敛步长来衡量滤波器的收敛速度, 引入精度来衡量收敛效果, 从而对最优参数设置情形下的滤波器的收敛性能进行评估.

(1) 重启次数: 在弹道解算过程中滤波重新初始化的次数;

(2) 滤波收敛时间: 从初值误差收敛到稳定误差 (并且保持稳定误差 20 步) 的步数 (一步为 0.05s), 利用滤波协方差阵主对角线元素刻画误差, 利用滑动窗口的方法统计误差均值, 因此滤波收敛步长即为协方差阵主对角线元素从初始值到稳定值的步长;

(3) 精度:

$$\sqrt{\sum_{i=x,y,z}\left(\left(\mathrm{mean}\left(\delta_{vi}\right)\right)^2+\left(\mathrm{std}\left(\delta_{vi}\right)\right)^2\right)}$$

式中, δ_{vi} 表示滤波弹道速度在不同方向与事后弹道相应分量的差, 本节中精度仅统计未超差点的值.

以算例 1 实际数据为例, 其结果如表 12.2.4 所示.

表 12.2.4　不同参数情形下的滤波器收敛性能

试验	重启次数	精度	试验	重启次数	精度
1	20	0.1652	15	10	0.1624
2	2	0.1295	16	2	0.1358
3	10	0.1624	17	3	0.1463
4	10	0.1421	18	20	0.1617
5	20	0.1309	19	20	0.3017
6	9	0.1526	20	10	0.1295
7	20	0.1379	21	3	0.3143
8	20	0.1302	22	2	0.1526
9	20	0.1533	23	3	0.189
10	20	0.2919	24	20	0.1484
11	9	0.1281	25	3	0.133
12	20	0.1568	26	9	0.3073
13	20	0.126	27	2	0.1624
14	9	0.147	28	20	0.1407

分别选取重启次数为 20, 10, 9, 2, 3 的试验, 计算其滤波收敛时间. 如表 12.2.5 所示.

表 12.2.5　算例 1 滤波收敛时间 (部分)

试验	重启次数	精度	收敛时间
1	20	0.826	1.3s, 25.1s
3	10	0.812	1.3s, 22.25s
6	9	0.763	1.3s, 21.65s
16	2	0.679	1.3s, 2.9s, 3.75s
23	3	0.945	1.3s, 2.9s, 5.2s

以试验 1, 16 为例, 解释说明上面两表:

(1) 对于重启次数而言, 两个水平组合分别为 20 次 (试验 1) 和 2 次 (试验 16), 显然水平组合 16 较优;

(2) 对于精度而言, 其未超差点的滤波精度相近;

(3) 对于滤波收敛时间而言, 可以看到两个水平组合的第一次滤波收敛时间相同. 当出现重启时, 水平组合 1 需要经过反复重启, 超过 20s 才能再次收敛, 而水平组合 16, 滤波能够在较短时间内 (2s 左右) 再次收敛.

综上所述, 不同参数设置, 其滤波器的重启次数、滤波收敛时间和精度均不相同. 进一步说明了滤波器的优化设计对于提高滤波器的收敛性能的重要性. 对于重启次数而言, 水平组合 2, 16, 22 较优, 与以超差点数 (占比) 为评价指标得出的结论一致. 并且, 根据本节方法得到的最优参数预测值, 其滤波重启次数与滤波收敛步长都相对较少 (表 12.2.6). 也就是说, 利用基于理论弹道的滤波器参数优化方法对 UKF 滤波器进行优化设计能够提切实高滤波器收敛性能.

表 12.2.6 算例 1 最优参数设置的滤波收敛速度

水平组合	重启次数	收敛时间	精度
最优参数预测值	2	1.3s, 2.9s, 3.75s	0.1568

算例表明, 基于理论弹道的滤波器参数优化方法, 可以为实时弹道的滤波器参数设置提供有力参考, 是确定滤波器最优参数的有效途径. 并且, 在此设置下的滤波器具有一定的稳健性, 可以较大程度地提高滤波性能, 其收敛速度较快、精度较高. 所归纳的三个因素中, 面向弹道野值检择门限对不同任务、不同误差性质的测元和不同飞行特性的实际数据弹道解算影响显著, 故应当作为重点考察因素, 而滤波初始协方差阵、完全预测上限点数对滤波器性能仅在个别算例中有一定的影响.

12.3 模型驱动的精度试验设计与参数估计

对导弹试验设计进行优化, 试验者能够制定出更优的装备试验方案, 按照试验方案安排试验, 从而可以得到更好的试验结果. 然而, 试验设计中最优设计方法一般依赖于已经建好的回归模型本身, 但在实际应用背景中, 往往会出现无法直接提供响应函数或回归模型的情形, 因此在得到观测数据之后, 对观测数据进行数学建模非常重要. 我们面临的是如何利用观测数据获得响应变量与诸自变量因子之间的模型映射关系, 并利用这个规律去解决预测、控制与优化的问题. 这就是本节要讨论的模型驱动的导弹试验设计与参数估计问题, 具体步骤如图 12.3.1 所示. 结合每个阶段的试验设计与参数估计, 可以形成批序贯的装备系统综合试验设计与分析方法 [31-32].

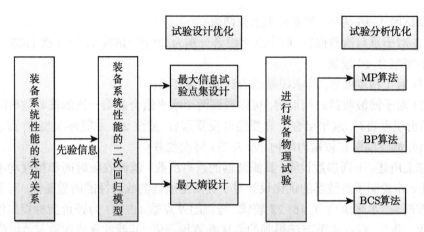

图 12.3.1　　单阶段试验设计与分析方法

12.3.1　回归模型构建

在导弹装备系统的许多问题中, 性能指标与影响因素之间的关系往往耦合性强, 比较复杂. 虽然有相关关系, 部分表达式可通过物理背景得到, 但很难建立性能指标与影响因素的全函数关系. 例如, 导弹对目标的射击精度与导弹的速度、目标特性等因素有关, 但并不能根据这些因素直接预测导弹对目标的射击精度. 通过利用含待估参数的已知函数来表示未知的相关关系, 可将性能指标的分析与评估问题转换为回归模型的参数估计问题. 装备系统的内在关系可以表示为

$$y(x) = f(\beta, x) + \varepsilon, \quad \varepsilon \sim \mathrm{N}\left(0, \sigma^2\right) \tag{12.3.1}$$

模型中函数 $f(\beta, x)$ 的选取就是观测数据的数学建模问题. 以考虑线性回归模型为例, 则主要有以下四个途径:

(1) 利用代数多项式或三角多项式;

(2) 利用代数多项式样条或三角多项式样条;

(3) 利用待估函数满足的已知微分方程和待估初值;

(4) 利用经验公式, 这些经验公式可能是由科学定律、工程经验和物理背景推导出来的, 在不同的情形, 只是参数的取值不同.

本节中讨论的装备试验问题中, 系统的内在关系本身是未知的, 即其响应函数的具体形式未知, 但是与之相关的部分先验信息已知. 例如, 我们知道雷达导引头测量误差与平台速度及加速度、环境信杂比等主要因素信息有关. 在回归设计优化的基础上, 由于回归模型相对简单、易于进行分析与解释, 因此假设装备系统的内在关系可以表示为

$$y(x) = \sum_{i=1}^{m} \beta_i g_i(x) + \varepsilon, \quad \varepsilon \sim \mathrm{N}\left(0, \sigma^2\right) \tag{12.3.2}$$

其中, g_i 是基于先验信息确定的基函数, 上述模型也包含变量非线性项的回归模型.

进一步, 模型精度的先验信息可以表述为: 在一定的拟合精度下, 考虑已知响应变量与诸自变量之间的响应关系可以通过二次回归模型准确刻画, 即对基函数进行扩展, 得到系统的内在关系表示为

$$y = \beta_0 + \sum_{i=1}^{m} \beta_i g_i(x) + \sum_{k=1}^{m} \sum_{j=1}^{m} \beta_{kj} g_k(x) g_j(x) + \varepsilon \overset{\Delta}{=} \sum_{i=1}^{q} \beta_i f_i(x) + \varepsilon, \quad \varepsilon \sim \mathrm{N}\left(0, \sigma^2\right)$$

(12.3.3)

其中, $f(x)$ 表示给定基函数之间的二阶组合基函数, 是个超完备基, q 表示二次回归模型中的回归系数个数, 有

$$q = 1 + \mathrm{C}_p^1 + \mathrm{C}_p^2 + \mathrm{C}_p^1 = \mathrm{C}_{p+2}^2$$

(12.3.4)

12.3.2 综合时序信息的试验设计优化及稀疏求解 [31-32]

在 12.3.1 节提出的超完备基函数模型中, 未知参数的个数大幅增加, 因此需要考虑小子样试验设计、加权试验设计、结构化稀疏成分分析, 利用高斯过程来搜索曲面极值点的优势, 实施补充试验设计, 从而进行融合的批序贯试验设计优化及稀疏求解.

12.3.2.1 建模及求解流程

进行 S 个批序贯处理的试验设计优化模型如下

$$\min_{\beta} J(\beta) = \sum_{s=1}^{S} \omega_s \left\| \boldsymbol{Y}_s - \boldsymbol{F}(\xi_{N_s})^{\mathrm{T}} \boldsymbol{\beta}_s \right\|_2^2 + \lambda \left\| \boldsymbol{\beta}_s \right\|_p^p$$

(12.3.5)

其中 $[\boldsymbol{Y}_1, \boldsymbol{Y}_2, \cdots, \boldsymbol{Y}_S] = \widetilde{\boldsymbol{F}}(\xi_{N_s})^{\mathrm{T}} [\beta_1, \beta_2, \cdots, \beta_S]$ 为结构化矩阵, 与不同批次下参数 β_S 的分量有联系, 并且零项可能不完全相同, 表明大多数参数在不同批次试验下都有所体现, 但可能存在某些因素在某些试验条件下未被充分激发, 此时该影响因素对应的 β_s 的某一分量取值为零. 在考虑试验因素范围的前提下, 影响因素的变化这类先验是可部分取得的.

Step 1 $s = 1$ 时, 进行第一批次试验, 考虑约束, 确定试验次数为 N, 结合超完备基的试验设计矩阵, 根据信息矩阵对设计 ξ_N 进行加权优化, 确定 N 个试验点的位置, 得到 N 个初步的设计点;

Step 2 根据第一批次试验方案实施相应的试验, 对观测数据进行收集, 利用参数估计方法对模型的位置参数进行估计, 得到响应函数的初步估计;

Step 3　$s = 2$ 时, 基于响应函数的初步估计, 结合下一批序贯试验的采样点试验区域, 进行试验点的补充优化, 此过程选择基于极值的补充试验设计, 可以利用 Gauss 过程来搜索曲面极值点完成;

Step 4　根据第二批的补充试验设计实施试验, 结合其观测数据和参数估计的先验约束, 进行非零系数进行搜索, 得到非零系数的初步估计;

Step 5　基于非零系数项, 得到新的基函数, 重新利用参数估计方法得到响应函数的新的估计结果;

Step 6　$s = 3, 4, \cdots$, 时, 重复 Step 3~Step 5 过程, 直到遍历了所有试验区域.

12.3.2.2　基于稀疏理论的参数估计

回归模型求解最常用的方法就是最小二乘法, 其原理为选择合适的系数, 使得残差平方和最小, 即

$$\hat{\beta} = \arg\min_{\beta} \left\| y - \sum_{i=1}^{q} \beta_i f_i(x) \right\|^2 = (\boldsymbol{F}\boldsymbol{F}^{\mathrm{T}})^{-1} \boldsymbol{F}\boldsymbol{Y} \tag{12.3.6}$$

虽然 $\hat{\beta}$ 有许多很好的性质, 但是利用最小二乘方法, 要求试验次数必须满足大于或者等于待估参数个数的条件, 即 $N \geqslant q$. 而装备试验常常具有小子样性, 并且由于根据先验信息和模型驱动的基函数的构造, 显然这个方法不适用. 目前, 常见的两种解决参数个数远大于样本数情形下的参数估计问题包括: 岭回归法和 Lasso 回归法. 这两种方法都是通过挑选惩罚函数来识别模型中那些系数为 0 的自变量, 并估计其他非 0 参数. 整个过程的实质就是稀疏模型. 因此, 本小节利用稀疏理论对参数个数远大于样本数情形下的回归模型参数估计问题进行讨论, 提出基于稀疏理论的参数估计方法及相关算法.

岭回归法和 Lasso 回归法的实质就是稀疏模型, 因此模型的 "稀疏性" 是一个最重要的基本概念.

定义 12.3.1 (模型的稀疏性)　对于回归模型 $\boldsymbol{Y} = \boldsymbol{F}^{\mathrm{T}}\beta + e$, 其中, $\boldsymbol{F}$ 是 $m \times N$ 维变换矩阵, β 是 $m \times 1$ 维向量, 如果 β 中的非零元素少于 K 个, 且 $K \ll m$, 而其他元素为零 (或者接近于零), 则称模型具有稀疏性, K 为模型的稀疏度.

一方面, 试验者对于回归模型的可解释性要求, 保证了模型的稀疏性. 另一方面, 在试验之前对于试验设计的优化, 保证了 "最稀疏解" 可以很好地估计待估参数. 于是, 参数个数远小于样本数情形下的参数估计问题转换为稀疏重构问题.

根据 l_p 范数的定义, 可以用 l_0 范数对稀疏性进行描述和度量. 于是, 回归模型 $y(x) = \sum_{i=1}^{q} \beta_i f_i(x) + \varepsilon, \varepsilon \sim \mathrm{N}(0, \sigma^2)$ 的稀疏表示可以最小 l_0 范数问题来刻画:

$$\min_{\beta} \|\beta\|_0, \ \text{s.t.} \left\| y - \sum_{i=1}^{q} \beta_i f_i(x) \right\|_2 \leqslant \zeta \tag{12.3.7}$$

其中 ζ 反映试验的随机误差的水平.

l_0 范数的稀疏重构问题已经被证明为一个计算结果极不稳定而且是 NP 问题. 对于回归模型的参数估计, 它需要列举出待估系数 β 中所有非零项所在位置的 C_m^K 中所有可能的线性组合, 才能得到最优解. 因此, 需要寻找在多项式时间内可求得解的近似方法, 大致上可以分为以下三类 [25]:

1) 凸优化法

凸优化法将最小 l_0 范数问题转换为凸优化问题, 从而利用凸函数的相关性质, 在有限时间内, 对问题进行稀疏重构. l_1 范数与 l_0 范数最接近的凸函数, 因此常常将 l_0 范数 "松弛" 为 l_1 范数. 内点法 (interior-point, IP) 为最早的 l_1 范数凸优化求解方法, 除此之外, 还有基跟踪算法 (basis pursuit, BP)、梯度投影方法 (gradient projection for sparse reconstruction, GPSR)、迭代阈值法 (iterative thresholding, IT) 等. 凸优化法可以保证得到最强的稀疏恢复, 进一步, 当设计矩阵经过优化后能精确重构, 而且需要的试验次数也较少. 但是, 重构速度慢是其最大的缺陷, 不适用于解决一些大尺度情形下的重构问题.

2) 贪婪算法

贪婪算法的基本思想是从字典中采取迭代的方法选择原子, 计算相对应的系数, 从而使这些原子的线性组合与观测数据的偏差依次降低. 目前贪婪算法的种类很多, 主要包括匹配追踪 (matching pursuit, MP)、正交匹配追踪 (orthogonal matching pursuit, OMP)、正则化的正交匹配追踪 (regularized orthogonal matching pursuit, ROMP) 以及压缩采样匹配追踪 (compressive sampling matching pursuit, CoSaMP) 等. 贪婪算法的重构速度最快, 计算简单.

3) 其他算法

包括通过在先验分布中引入稀疏性, 然后 Bayes 分析方法实现信号的重构; 一些非凸优化算法, 如利用 l_p 范数 $(0 < p < 1)$ 来松弛 l_0 范数问题; 对模型进行高度的结构化采样, 经由群测试来快速获得等组合算法. 其重构速度较快, 同时所需试验次数较少. 但是, 它给出的是在试验次数固定前提下, 以高概率而不是精确保证得到重构.

综上所述, 不同的重构算法具有不同的优缺点, 适用于不同的情形. 因此, 基于稀疏理论对回归模型的参数进行估计时, 算法的选择非常重要, 本节主要利采用 BP 算法 [26]、MP 算法 [27] 以及 Bayes 压缩感知 (Bayes compressed sensing, BCS) 算法 [28].

12.3.2.3　性能分析

在不同批次试验下, 回归系数的激发属于不同状态, 基于稀疏理论的参数估计方法比传统的最小二乘方法更优 [31-32].

结论 12.3.1　基于优化准则的试验设计优化的初始都应是退化的, 如果模型驱动的基函数维数高于试验点个数, 则信息矩阵退化, 最小二乘方法无法求解. 即对于设计 $\boldsymbol{\xi}_N = (z_1, z_2, \cdots, z_N)$, 若 $N < q$, 则 $\boldsymbol{M}(\boldsymbol{\xi}_N)$ 是退化矩阵, 最小二乘法无法求解.

由于性能指标与影响因素间的响应模型未知, 即便实际非零项系数少, 但在试验前, 根据模型先验信息和模型驱动的基函数扩展所构造的回归模型的参数数目显著增加, 信息矩阵极易退化.

结论 12.3.2　在经典统计方法如最小二乘可以求解的情形下, 若模型有较强的稀疏性, 且不同批次的对应参数有相应的变化, 结合先验信息的结构化稀疏成分分析参数估计优于经典最小二乘估计, 此时非零系数更集中, 参数估计的精度高.

多批次序贯先验信息的合理利用, 对改善融合模型的估计精度和提高待融合状态的估计精度, 都是非常有利的.

结论 12.3.3　对于 $\boldsymbol{Y}_s = \tilde{\boldsymbol{F}}(\xi_{N_s})^{\mathrm{T}} \boldsymbol{\beta}_s + \boldsymbol{\varepsilon}$, $\mathrm{E}(\boldsymbol{\varepsilon}) = 0$, $\mathrm{Cov}(\boldsymbol{\varepsilon}) = \boldsymbol{R}$, 而 $\boldsymbol{\beta}_0$, $\boldsymbol{R}_0$ 分别是待估参数的先验期望和后验期望, 则其 Bayes 极大后验融合估计:

$$\begin{cases} \hat{\beta}_{s\_\text{Bayes}} = (\boldsymbol{R}_0^{-1} + \tilde{\boldsymbol{F}}^{\mathrm{T}} \boldsymbol{R}^{-1} \tilde{\boldsymbol{F}})^{-1} (\boldsymbol{F}^{\mathrm{T}} \boldsymbol{R}^{-1} \boldsymbol{Y}_s + \boldsymbol{R}_0^{-1} \boldsymbol{\beta}_0) \\ \mathrm{Cov}[\hat{\beta}_{s\_\text{Bayes}}] = (\tilde{\boldsymbol{F}}^{\mathrm{T}} \boldsymbol{R}^{-1} \tilde{\boldsymbol{F}} + \boldsymbol{R}_0^{-1})^{-1} \end{cases}$$

是先验信息下的无偏估计, 且其估计精度均高于最小二乘估计融合得到的精度和其本身的先验精度, 即利用先验信息能提高待估参数的估计精度.

证明　由 Bayes 极大后验融合估计的一般形式, 可知:

$$\begin{aligned} \mathrm{E}\hat{\beta}_{s\_\text{Bayes}} &= \mathrm{E}[(\tilde{\boldsymbol{F}}^{\mathrm{T}} \boldsymbol{R}^{-1} \boldsymbol{Y}_s + \boldsymbol{R}_0^{-1} \boldsymbol{\beta}_0)/(\boldsymbol{R}_0^{-1} + \tilde{\boldsymbol{F}}^{\mathrm{T}} \boldsymbol{R}^{-1} \tilde{\boldsymbol{F}})] \\ &= [\mathrm{E}(\tilde{\boldsymbol{F}}^{\mathrm{T}} \boldsymbol{R}^{-1} \boldsymbol{Y}_s) + \boldsymbol{R}_0^{-1} \boldsymbol{\beta}_0]/(\boldsymbol{R}_0^{-1} + \tilde{\boldsymbol{F}}^{\mathrm{T}} \boldsymbol{R}^{-1} \tilde{\boldsymbol{F}}) \\ &= [(\tilde{\boldsymbol{F}}^{\mathrm{T}} \boldsymbol{R}^{-1}) \mathrm{E}(\boldsymbol{Y}_s) + \boldsymbol{R}_0^{-1} \boldsymbol{\beta}_0]/(\boldsymbol{R}_0^{-1} + \tilde{\boldsymbol{F}}^{\mathrm{T}} \boldsymbol{R}^{-1} \tilde{\boldsymbol{F}}) \\ &= [(\tilde{\boldsymbol{F}}^{\mathrm{T}} \boldsymbol{R}^{-1}) \mathrm{E}(\tilde{\boldsymbol{F}} \boldsymbol{\beta}_s + v) + \boldsymbol{R}_0^{-1} \boldsymbol{\beta}_0]/(\boldsymbol{R}_0^{-1} + \tilde{\boldsymbol{F}}^{\mathrm{T}} \boldsymbol{R}^{-1} \tilde{\boldsymbol{F}}) \\ &= \beta_0 \end{aligned}$$

待估参数的加权最小二乘融合估计 $\hat{\beta}_{s\_\text{WLS}}$ 的方差为

$$\mathrm{Cov}\left(\hat{\beta}_{s\_\text{WLS}}\right) = \left(\tilde{\boldsymbol{F}} \boldsymbol{R}^{-1} \tilde{\boldsymbol{F}}^{\mathrm{T}}\right)^{-1}$$

而 $\mathrm{Cov}\left(\hat{\beta}_{s\_\text{Bayes}}\right) = \left(\tilde{\boldsymbol{F}} \boldsymbol{R}^{-1} \tilde{\boldsymbol{F}}^{\mathrm{T}} + R_0^{-1}\right)^{-1}$ 即证 $\mathrm{Cov}\left(\hat{\beta}_{s\_\text{Bayes}}\right) < \mathrm{Cov}\left(\hat{\beta}_{s\_\text{WLS}}\right)$.

上述结论的正确性将在后面两个算例中得到验证.

12.3.3 三角函数组合响应模型

本小节利用综合时序信息的试验设计优化及稀疏求解方法, 按照综合试验与评估方法流程对组合响应模型算例进行分析, 从而说明算法的正确性.

考虑三角函数组合响应模型:

$$y = x_1 \sin(4x_1) + 1.1x_2 \sin(2x_2) + \sin x_1 \sin(2x_2), \quad x_1 \in [0, 5], \ x_2 \in [0, 5] \quad (12.3.8)$$

其真实的函数如图 12.3.2 所示.

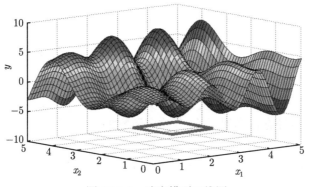

图 12.3.2 响应模型三维图

将其设为未知函数. 已知响应变量 y 与自变量 x_1, x_2 有关, 根据模型先验信息可以确定其基函数包括: x_1, x_2, $\sin x_1$, $\sin 2x_1$, $\sin 3x_1$, $\sin 4x_1$, $\sin x_2$, $\sin 2x_2$, $\sin 3x_2$, $\sin 4x_2$. 假定模型的随机误差 ε 为响应值的 2.5% 左右, 则令 $\sigma^2 = 0.005$. 按照上述步骤进行综合试验设计与分析, 并根据模型拟合精度分析不同算法的优劣, 分析算法参数的敏感性.

根据模型精度先验信息, 对基函数进行扩张, 则回归函数的维数为

$$q = 1 + C_{10}^1 + C_{10}^2 + C_{10}^1 = 66$$

具体地, 回归模型包括下列 66 项:
C_{10}^1 个 "一次项"
x_1, x_2, $\sin x_1$, $\sin 2x_1$, $\sin 3x_1$, $\sin 4x_1$, $\sin x_2$, $\sin 2x_2$, $\sin 3x_2$, $\sin 4x_2$;
C_{10}^2 个 "交叉项"
$x_1 x_2$, $x_1 \sin x_1$, $x_1 \sin 2x_1$, $x_1 \sin 3x_1$, $x_1 \sin 4x_1$, $x_1 \sin x_2$, $x_1 \sin 2x_2$, $x_1 \sin 3x_2$, $x_1 \sin 4x_2$; $x_2 \sin x_1$, $x_2 \sin 2x_1$, $x_2 \sin 3x_1$, $x_2 \sin 4x_1$, $x_2 \sin x_2$, $x_2 \sin 2x_2$, $x_2 \sin 3x_2$, $x_2 \sin 4x_2$; $\sin x_1 \sin 2x_1$, $\sin x_1 \sin 3x_1$, $\sin x_1 \sin 4x_1$, $\sin x_1 \sin x_2$, $\sin x_1 \sin 2x_2$, $\sin x_1 \sin 3x_2$, $\sin x_1 \sin 4x_2$;

$\sin 2x_1 \sin 3x_1,\quad \sin 2x_1 \sin 4x_1,\quad \sin 2x_1 \sin x_2,\quad \sin 2x_1 \sin 2x_2,\quad \sin 2x_1 \sin 3x_2,$
$\sin 2x_1 \sin 4x_2;$

$\sin 3x_1 \sin 4x_1, \sin 3x_1 \sin x_2, \sin 3x_1 \sin 2x_2, \sin 3x_1 \sin 3x_2, \sin 3x_1 \sin 4x_2;$

$\sin 4x_1 \sin x_2, \sin 4x_1 \sin 2x_2, \sin 4x_1 \sin 3x_2, \sin 4x_1 \sin 4x_2;$

$\sin x_2 \sin 2x_2, \sin x_2 \sin 3x_2, \sin x_2 \sin 4x_2;$

$\sin 2x_2 \sin 3x_2, \sin 2x_2 \sin 4x_2;$

$\sin 3x_2 \sin 4x_2$

C_{10}^1 个 "二次项"

$x_1^2, x_2^2, (\sin x_1)^2, (\sin 2x_1)^2, (\sin 3x_1)^2, (\sin 4x_1)^2, (\sin x_2)^2, (\sin 2x_2)^2, (\sin 3x_2)^2,$
$(\sin 4x_2)^2.$

考虑到试验成本与时序因素, 直接在全因素区域进行试验设计优化不可行. 于是, 将试验分为两个阶段:

第一阶段为替代试验 (小尺度试验), 其因素区域为 $[0,3.5] \times [0,3.5]$. 该类试验除了随机误差以外还存在模型误差, 其响应函数为

$$y_1 = x_1 \sin(4x_1) + 1.1x_2 \sin(2x_2) + \varepsilon_1, \ \ \varepsilon_1 \sim \mathrm{N}\left(0, \sigma_1^2\right) \tag{12.3.9}$$

第二阶段为实物试验, 其因素区域为 $[3.5,5] \times [3.5,5]$. 该类试验是高成本、高精度的实物试验, 仅存在较小的随机误差, 但只能进行少量试验, 其响应函数为

$$y = x_1 \sin(4x_1) + 1.1x_2 \sin(2x_2) + \sin x_1 \sin(2x_2) + \varepsilon_2, \ \ \varepsilon_2 \sim \mathrm{N}\left(0, \sigma_2^2\right) \tag{12.3.10}$$

12.3.3.1　第一阶段试验设计与分析

1) 回归试验设计

考虑采用两种不同的试验设计优化方法: 基于最大熵准则的遗传算法和最大信息试验点集迭代算法. 选定试验次数为 30 次, 即谱点个数为 30 个. 需要说明两点:

第一, 由信息矩阵的性质, 可知利用后一种迭代算法, 其设计中支撑点个数必须大于回归函数的维数 (66 维). 于是, 先选出含有 100 个谱点的最大信息试验点集设计. 然后利用 "距离准则" 进行再次筛选, 即选出离散程度最高的 30 个谱点.

第二, 这里利用的是 K 均值聚类的方法对 100 个谱点进行 "再筛选", 从每类中选出与其他类距离最远的点, 即为 "再筛选" 得到的谱点.

(1) 最大熵试验设计.

采用遗传算法生成 30 个点的最大熵设计, 如图 12.3.3 所示.

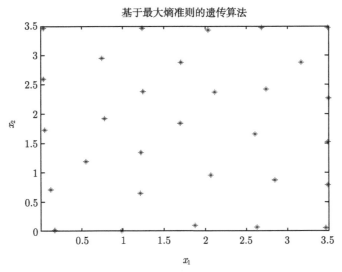

图 12.3.3 最大熵设计优化结果

(2) 最大信息试验点集设计.

利用 12.2.2 节提出的迭代算法得到含有 100 个谱点的最大信息试验点集, 如图 12.3.4 所示. 然后基于距离准则采用 K 均值方法对这 100 个谱点进行 "再筛选", 其结果如图 12.3.5 所示.

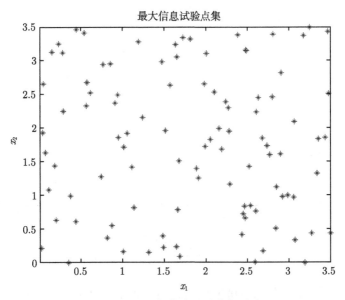

图 12.3.4 最大信息试验点集设计

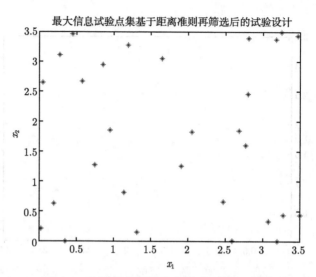

图 12.3.5　最大信息试验点集 "再筛选" 结果

2) 模型参数估计

对同一种试验设计考虑采用三种不同的稀疏重构方法, 包括 BP 算法、MP 算法及 BCS 算法, 其结果如下.

(1) 最大熵试验设计 (图 12.3.6).

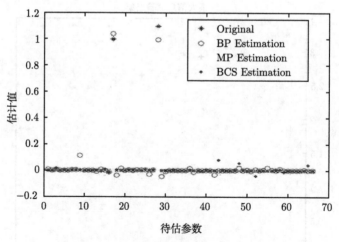

图 12.3.6　最大熵试验设计的参数估计结果

取定参数系数的阈值为 0.025, 即估计值如果小于 0.025, 则令其为 0. 于是, 基于稀疏理论的参数估计值 (精确到小数点后四位) 如表 12.3.1 所示.

表 12.3.1 最大熵设计参数估计结果 (取定阈值后)

	$\sin 2x_2$	$x_1 \sin 4x_1$	$x_2 \sin 4x_1$	$x_2 \sin 2x_2$
准确值	0	1	0	1.1
BP 算法	0.1147	1.0418	-0.0302	0.9969
MP 算法	0	0.9988	0	1.0960
BCS 算法	0(0.0014)	0.9981	0(0.0037)	1.1016
	$x_2 \sin 3x_2$	$\sin 3x_1 \sin x_2$	$(\sin 4x_1)^2$	$\sin 3x_2 \sin 4x_2$
准确值	0	0	0	0
BP 算法	-0.0482	0(0.0192)	0(0.0072)	$0(3.5 \times 10^{-5})$
MP 算法	0	0	0	0
BCS 算法	$0(3.8 \times 10^{-6})$	0.0539	-0.0419	0.0385

即

$$\widetilde{y}_{BP1} = 0.1147 \sin 2x_2 + 1.0418 x_1 \sin 4x_1 - 0.0302 x_2 \sin 4x_1 + 0.9969 x_2 \sin 2x_2$$
$$-0.0482 x_2 \sin 3x_2$$

$$(12.3.11)$$

$$\widetilde{y}_{MP1} = 0.9988 x_1 \sin 4x_1 + 1.0960 x_2 \sin 2x_2 \qquad (12.3.12)$$

$$\widetilde{y}_{BCS1} = 0.9981 x_1 \sin 4x_1 + 1.1016 x_2 \sin 2x_2 + 0.0539 \sin 3x_1 \sin x_2 - 0.0419(\sin 4x_1)^2$$
$$+0.0385 \sin 3x_2 \sin 4x_2$$

$$(12.3.13)$$

(2) 最大信息试验点集设计 (图 12.3.7).

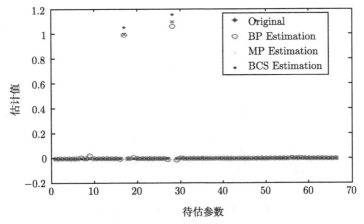

图 12.3.7 最大信息试验点集设计的参数估计结果

同样地, 取定参数系数的阈值为 0.025, 即估计值如果小于 0.025, 则令其为 0. 于是, 基于稀疏理论的参数估计值 (精确到小数点后四位) 如表 12.3.2 所示.

表 12.3.2　最大信息试验点集参数估计结果 (取定阈值后)

	$\sin 2x_1$	$\sin 2x_2$	$x_1 \sin 4x_1$	$x_2 \sin x_2$
准确值	0	0	1	0
BP 算法	$0(6.9\times 10^{-6})$	0.0280	0.9958	-0.0257
MP 算法	0	0	1.0004	0
BCS 算法	-0.0375	$0(0.0010)$	1.0297	$0(0.0060)$

	$x_2 \sin 2x_2$	$\sin 3x_1 \sin 3x_2$	$\sin 4x_1 \sin 2x_2$	$\sin 4x_1 \sin 3x_2$
准确值	1.1	0	0	0
BP 算法	1.0811	-0.0271	$0(-0.0163)$	$0(0.0132)$
MP 算法	1.1014	0	0	0
BCS 算法	1.0718	$0(0.0036)$	-0.0439	-0.0370

即

$$\widetilde{y}_{\mathrm{BP2}} = 0.0280\sin 2x_2 + 0.9958 x_1 \sin 4x_1 - 0.0257 x_2 \sin 4x_1 + 1.0811 x_2 \sin 2x_2$$
$$-0.0271\sin 3x_1 \sin 3x_2$$

$$(12.3.14)$$

$$\widetilde{y}_{\mathrm{MP2}} = 1.0004 x_1 \sin 4x_1 + 1.1014 x_2 \sin 2x_2 \qquad (12.3.15)$$

$$\widetilde{y}_{\mathrm{BCS2}} = -0.0375\sin 2x_1 + 1.0297 x_1 \sin 4x_1 + 1.0718 x_2 \sin 2x_2$$
$$-0.0439\sin 4x_1 \sin 2x_2 - 0.0370\sin 4x_1 \sin 3x_2$$

$$(12.3.16)$$

3) 回归模型拟合的精度评价

本节中讨论的是物理试验, 由于其存在随机偏差和系统偏差, 因此采用均方误差 (MSE) 来衡量模型的精度. MSE 的表达式为

$$\mathrm{MSE} = \frac{1}{n_{\mathrm{error}}} \sum_{i=1}^{n_{\mathrm{error}}} (y_i - \widehat{y}_i)^2 \qquad (12.3.17)$$

其中, n_{error} 是随机验证点的数目, 在这里去 $n_{\mathrm{error}} = 100$, y_i 和 $\widehat{y}_i$ 分别是验证点的响应值与预测值. 显然, MSE 越小, 模型的精度越高. 取验证次数为 100 次, 不同模型的精度评价结果如图 12.3.8 所示.

具体地, 不同模型的 MSE 的平均值如表 12.3.3 所示.

表 12.3.3　不同模型的 MSE 值

	BP 算法	MP 算法	BCS 算法
最大熵设计	0.3455	0.0028	0.1614
最大信息试验点集设计	0.1897	3.4966×10^{-4}	0.3974

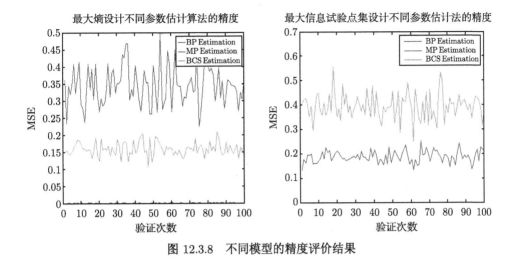

图 12.3.8 不同模型的精度评价结果

由表 12.3.3, 可以得到如下几个结论:

(1) 不管对于最大熵设计还是最大信息试验点集设计, MP 算法的精度比其他两种算法都高. 但是, 这并不代表试验者在实际应用中就一定要选择 MP 算法, 因为 MP 算法有一个明显的问题, 就是其收敛速度较慢. 所以, 当考虑时效性时, MP 算法并不一定就是最佳选择;

(2) 对于 MP 算法与 BP 算法, 最大信息试验点集设计显然比最大熵设计更佳, 但是对于 BCS 算法则不然;

(3) 在最大熵设计中, BCS 算法的精度比 BP 算法的精度高, 而在最大信息试验点集设计中却恰恰相反.

总的来说, 在进行装备试验设计与分析时, 要综合考虑模型拟合的精度与时效性, 结合实际情况, 将试验设计优化算法与基于稀疏理论的参数估计方法进行优化组合.

4) 参数敏感性分析

基于稀疏理论的参数估计中, 有部分参数需要试验者预先设定. 例如, 在上述三种算法中, 都需要初始化稀疏度, 即对采样次数进行下限的设定. 除此之外, 在 BP 算法中, 还存在一个正则化参数. 因此, 下面以 BP 算法为例, 对算法相关参数的敏感性进行分析.

(1) 正则化参数的敏感性

由图 12.3.9 可知, 正则化参数对于 BP 模型的敏感性较低, 可以认为是稳健的. 一般地, 可以取值 0.1.

(2) 稀疏度的敏感性

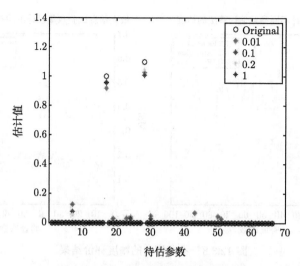

图 12.3.9　正则化参数的敏感性分析

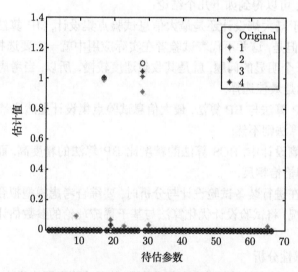

图 12.3.10　稀疏度的敏感性分析

由图 12.3.10 可知, 稀疏度的初始设定对于参数估计结果在一定范围内的影响不大, 但是在范围外就会严重影响模型的准确性. 例如, 当初始的稀疏度值小于未知模型固有的稀疏度, 参数估计的结果将失真. 另外, 当初始的稀疏度值超过某个上限, BP 算法运行将出现 "警报". 如本试验中当 $K \geqslant 6$ 时, 会出现警报提示 "参数估计结果并不一定准确".

5) 不同试验点的参数估计结果

根据 3) 中的精度评价结果可知, 利用最大信息试验点集设计进行试验优化, 选用 MP 算法进行参数估计, 拟合的精度最高. 下面, 以该模型为例讨论不同试验点数对参数估计结果的影响, 如图 12.3.11 所示.

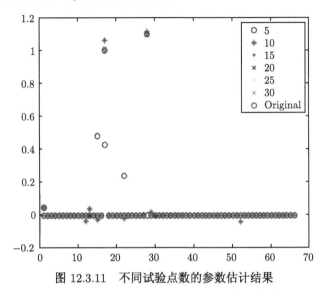

图 12.3.11 不同试验点数的参数估计结果

由图 12.3.11 可以直观看出, 当试验点数为 5 个时, 模型几乎不能被稀疏重构; 当试验点数为 10 个时, 利用 MP 算法可以对模型进行重构, 但是模型的可解释性较差, 精度不高; 当试验点数为 15 个时, 模型拟合可以达到较高的精度. 同样地, 用 MSE 对参数估计结果进行精度评价, 如表 12.3.4 所示.

表 12.3.4 不同试验点数的参数估计结果精度

	5	10	15	20	25	30
MSE	806.4912	2.4169	0.0375	0.0189	0.0145	0.0035

由表 12.3.4 可知, 对于本问题, 当试验点数超过 15 个时, 提高拟合精度, 需要增加较多的试验点数, 例如将精度从 0.0375 提高一个数量级, 试验点数增加了一倍.

12.3.3.2 第二阶段试验设计与分析

1) 搜索曲面极值点

通过第一阶段试验设计与分析, 得到了回归模型未知参数的初步估计, 将其定义域扩展到第二阶段的采样点区域. 利用高斯过程搜索曲面在 $[3.5, 5] \times [3.5, 5]$ 范围内的极值点, 其结果如图 12.3.12 所示, 并极值点作为补充试验点, 即第二阶段的试验点.

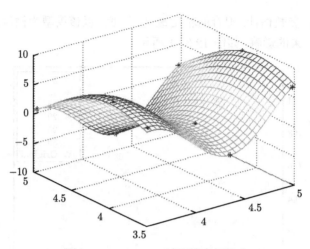

图 12.3.12   Gauss 过程搜索极值点

2) 模型参数的加权估计

第二阶段的试验点数为 9 个, 由上述分析可知, 至少需要 15 个试验点才能较准确地对模型未知参数进行估计. 因此, 考虑结合第一阶段和第二阶段两批试验点的观测数据, 通过加权估计, 筛选出非零项系数, 如图 12.3.13 所示.

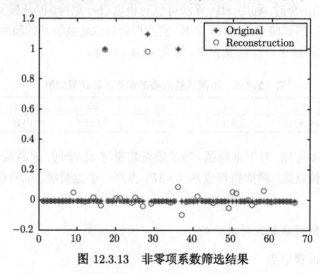

图 12.3.13   非零项系数筛选结果

基于非零项系数, 只选用第二阶段试验点利用稀疏优化方法得到非零基函数的参数估计, 从而对模型进行重新拟合, 如图 12.3.14 所示. 同样地, 取定阈值为 0.025 时, 具体参数估计值结果如表 12.3.5 所示.

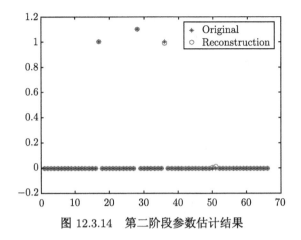

图 12.3.14 第二阶段参数估计结果

表 12.3.5 第二阶段参数估计结果 (取定阈值后)

$x_1 \sin 4x_1$	$x_2 \sin x_2$	$x_2 \sin 2x_2$
1.0001	0(-0.0010)	1.0997
$\sin x_1 \sin 2x_2$	$\sin 3x_1 \sin 3x_2$	$\sin 3x_1 \sin 4x_2$
0.9898	0(0.0049)	0(0.0169)

模型的最终拟合结果为

$$\widetilde{y} = 1.0001x_1 \sin 4x_1 + 1.0997x_2 \sin 2x_2 + 0.9898 \sin x_1 \sin x_2 \tag{12.3.18}$$

同样采用均方误差来衡量模型的精度, 取验证次数为 100, 则 $\overline{\mathrm{MSE}} = 0.0027$.

12.3.4 雷达导引头测距误差模型

雷达导引头寻的制导利用弹上导引头发现并跟踪目标, 提取目标相对于导弹的位置参数和运动参数, 弹上计算机利用目标信息形成控制指令, 改变导弹的飞行姿态. 其跟踪原理可由导弹与目标的相对运动方程组和制约导弹运动的导引方程描述, 产生的误差多为相对定位误差. 为简化定位误差模型, 更好地考量试验设计与参数优化的效果, 本节雷达导引头测距误差模型采用的是绝对定位误差.

以雷达寻的导弹落点精度作为考核指标, 对试验根据重要相关因素的试验范围进行分段试验设计, 即对不同类型的试验分批次进行试验. 根据雷达测量原理, 可以知道与雷达测距误差相关的因素[29]包括:

1) 动态滞后误差

动态滞后误差是指系统在雷达坐标系中因为没能跟上目标的速度、加速度而产生的偏差, 即

$$\sigma_R = \frac{\dot{R}}{K_v} + \frac{\ddot{R}}{K_\alpha} \tag{12.3.19}$$

其中 $\dot{R}$ 表示目标相对雷达运动的径向速度, $\ddot{R}$ 表示目标对雷达运动的径向加速度, K_v 表示速度偏差常量, K_α 表示加速度偏差常量. 由此, 可以看出雷达测距误差与目标相对雷达运动的径向速度和加速度有关.

2) 杂波干扰误差

杂波干扰误差是指目标回波以外的杂波和干扰在距离跟踪系统中引起的偏差, 即

$$\sigma_R = \frac{1}{\beta\sqrt{2\,(S/C)\,n_e}} \tag{12.3.20}$$

其中 β 表示信号有效带宽, S/C 表示信杂比, n_e 表示距离跟踪回路有效脉冲数. 因此, 可以看出雷达测距误差与信杂比有关.

3) 距离闪烁

距离闪烁是指与角闪烁噪声误差相似的偏差, 它比目标中心的漂移要大, 且可以落在目标径向跨度之外. 通常在雷达系统精度设计时, 距离闪烁均方根误差可以用下式估算

$$\sigma_R = (0.2 \sim 0.35)L_r \tag{12.3.21}$$

其中 L_r 表示目标在距离向 (径向) 上的尺寸. 因此, 可以看出雷达测距误差与目标在径向上的尺寸有关.

综合上述分析, 确定了式中与雷达测距误差相关的因素, 分别为 $\dot{R}$, $\ddot{R}$, S/C 和 L_r. 经过相关数据的计算检验, 上述因素中 L_r 可以预先设定数值, 因此其产生的距离闪烁误差可以看作估计固定, 其误差为 0.034641–$0.0606022\mathrm{m}$. 于是, 基于先验信息, 确定雷达测距误差的基函数为 $\dot{R}$, $\ddot{R}$, S/C, $\sqrt{\dot{R}}$, $\sqrt{\ddot{R}}$, $\sqrt{C/S}$. 由根据模型精度先验信息, 对基函数进行扩张, 则回归函数的维数为 28 维, 其中二阶项 21 个 (有三项与一阶项相同), 一阶项 7 个 (包括常数项).

根据参数的取值范围, 得到对应的试验, 如表 12.3.6 所示.

表 12.3.6　不同试验状态的参数取值范围

	试验状态 1	试验状态 2	试验状态 3	试验状态 4
$\dot{R}$	300~400	300~400	500~900	500~900
$\ddot{R}$	0~30	0~30	0~300	0~300
S/C	1.5~2.5	3~5	1.5~2.5	3~5

上述四种试验状态的试验成本 W 不同, 一般而言, 有如下关系:

$$W_1 < W_2 < W_3 < W_4$$

于是, 将试验分为两个阶段:

a. 第一阶段试验包括试验状态 1, 2 的试验, 其与真实状态的差异主要在于速度差异, 故与雷达测距的真实误差模型差异较大, 假设为

$$\sigma_{R1} = \frac{\dot{R}}{2500} + \frac{\ddot{R}}{500} + \frac{\sqrt{C/S}}{20} \tag{12.3.22}$$

b. 第二阶段试验包括试验状态 3, 4 的试验, 其与真实状态的差异主要是环境差异 (杂波干扰), 故与雷达测距的真实误差模型差异较小, 假设为

$$\sigma_{R2} = \frac{\dot{R}}{5000} + \frac{\ddot{R}}{486} + \frac{\sqrt{C/S}}{18} \tag{12.3.23}$$

同时, 假设雷达测距误差的真实模型为

$$\sigma_{R} = \frac{\dot{R}}{5000} + \frac{\ddot{R}}{486} + \frac{\sqrt{C/S}}{15} \tag{12.3.24}$$

需要说明两点:

第一, 上述模型仅仅是为了验证方法而作出的仿真试验模型假设, 并不能完全反映真实情况;

第二, 由于各项系数的量级相差较大, 因此先对模型作简单的变形:

令 $\dot{r} = \dot{R}/100$, $\ddot{r} = \dot{R}/100$, $\Sigma_r = 100\sigma_R$.

再对参数 $\dot{r}$, $\ddot{r}$, $\sqrt{C/S}$ 的取值作归一化处理, 此时真实模型化为

$$\Sigma_r = 2\dot{r} + \frac{5000}{243}\ddot{r} + \frac{20}{3}\sqrt{C/S} \tag{12.3.25}$$

其中 $\dot{r}$, $\ddot{r}$, $\sqrt{C/S} \in [0,1]$.

12.3.4.1 第一阶段试验设计与分析

在试验中, 信杂比是无法控制的, 因此试验者仅能对速度与加速度进行优化设计, 具体试验方案如表 12.3.7 所示.

表 12.3.7 第一阶段试验设计 (其中信杂比的值为随机取值)

	1	2	3	4	5	6
$\dot{R}$	345.20	383.97	353.26	355.39	368.01	336.72
$\ddot{R}$	9.01	12.04	25.00	12.11	11.71	10.81
S/C	1.92	1.62	2.00	2.21	1.74	2.29
	7	8	9	10	11	12
$\dot{R}$	323.93	357.89	386.69	340.68	311.26	344.38
$\ddot{R}$	4.21	7.80	2.60	12.88	7.72	8.93
S/C	3.15	4.79	4.01	3.44	4.00	3.39

　　按照上述试验方案进行第一阶段试验, 利用基于稀疏理论的参数估计方法对模型进行稀疏重构, 得到模型未知参数的初步估计, 其结果如图 12.3.15 所示.

　　模型的初步拟合结果为

$$\sigma_{R1} = 0.0003957\dot{R} + 0.0019991\ddot{R} + 0.0487537\sqrt{C/S} \tag{12.3.26}$$

　　同样采用均方误差来衡量模型的精度, 取验证次数为 100, 则 $\overline{\text{MSE}} = 0.4811$.

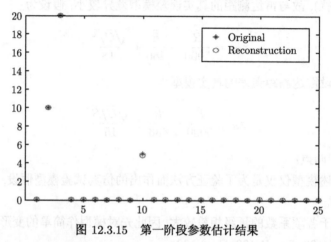

图 12.3.15　　第一阶段参数估计结果

12.3.4.2　第二阶段试验设计与分析

　　根据初步拟合结果, 模型为增函数, 因此考虑进行均匀设计, 并且保证在极值点补做试验, 其试验方案如表 12.3.8 所示.

表 12.3.8　　第二阶段试验设计

	1	2	3	4	5	6
$\dot{R}$	525	600	675	750	825	900
$\ddot{R}$	50	100	150	200	250	300
S/C	1.92	1.62	2.00	3.15	4.79	4.01

　　第二阶段的试验点数为 6 个, 因此, 考虑结合第一阶段和第二阶段的试验点, 通过加权估计, 筛选出非零项系数, 如图 12.3.16 所示.

　　基于非零项系数, 只选用第二阶段试验点利用稀疏优化方法得到非零函数的参数估计结果, 如图 12.3.17 所示. 具体的模型拟合结果为

$$\sigma_{R2} = 0.0001917\dot{R} + 0.0020514\ddot{R} + 0.0558754\sqrt{C/S} \tag{12.3.27}$$

　　同样采用均方误差来衡量模型的精度, 取验证次数为 100, 则 $\overline{\text{MSE}} = 0.0584$.

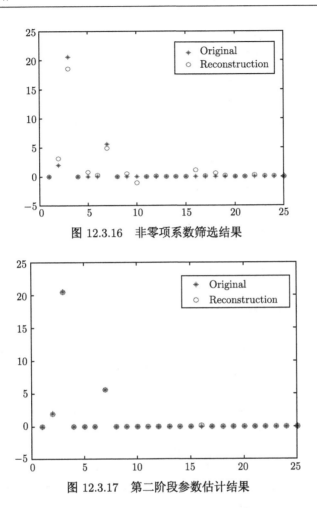

图 12.3.16　非零项系数筛选结果

图 12.3.17　第二阶段参数估计结果

12.4　小　　结

本章首先介绍了 Bayes、序贯设计、基于信息增量分析和基于攻防对抗等单类型试验下样本量的确定方法,以及在不同阶段涉及多种不同试验类型的试验总体约束框架下,如何在理论上设计不同类型的试验样本量,保证在约束条件下,试验满足最终鉴定精度要求的多类型试验样本量确定方法.

其次,鉴于试验设计和参数优化的基本流程是先设计再分析,本章提出了基于试验设计的实时弹道滤波器参数优化方法,确定与性能相关的影响因素的最优水平组合,通过在 UKF 滤波过程中适当的设置和调节参数的取值,可以使得 UKF 滤波获得更高的实时弹道解算精度,进一步提高系统性能.

最后,在试验设计优化的基础上,本章研究了基于模型驱动的精度试验设计和参数估计方法, 借鉴一体化设计思想, 基于 "分段试验、分步定型" 的方针, 从性能指标与影响因素之间的响应模型的构建、飞行试验设计方案的优化到试验结果的分析, 提出综合时序信息的试验设计优化及稀疏求解方法, 可以有效地解决多阶段、不同类型试验的批序贯试验设计与分析问题, 从而准确地建立性能指标与影响因素之间的响应模型, 给出一体化设计与评估的模型、流程、方法和评估策略.

参 考 文 献

[1] James O B. Statistical Decision Theory and Bayesian Analysis. New York: Inc.Springer-Verlag, 1985: 180-195.

[2] 唐雪梅, 张金槐, 邵凤昌, 等. 武器装备小子样试验分析与评估. 北京: 国防工业出版社, 2001.

[3] de Santis F. Statistical evidence and sample size determination for Bayesian hypothesis testing. Journal of Statistical Planning and Inference, 2004, 124: 121-144.

[4] Rahme E, Joseph L. Exact sample size determination for binomial experiments. Journal of Statistical Planning and Inference, 1998, 66: 83-93.

[5] 段晓君. 试验鉴定中的信息量化评估模型. 飞行器测控学报, 2005, 24(6): 54-58.

[6] 姚静, 段晓君, 周海银. 基于攻防对抗的战术导弹用弹量确定. 战术导弹技术, 2003(2): 38-43.

[7] Kleyner A, Bhagath S, Gasparini M, et al. Bayesian techniques to reduce the sample size in automotive electronics attribute testing. Microelectron Reliab, 1997, 37(6): 883-897.

[8] 段晓君, 王正明. 运载火箭小子样试验的发数确定. 中国科学, 2002, 32(5): 644-652.

[9] Julier S, Uhlmann J, Durrant-Whyte H F. A new approach for the nonlinear transformation of means and covariances in filters and estimators. IEEE Trans. on Automatic Control, 2000, 45(3): 477-482.

[10] Lerro D, Bar-Shanlom Y K. Tracking with debiased consistent converted measurement versus EKF. IEEE Trans on Aerospace and Electronics Systems, 1993, 29(3): 1015-1022.

[11] Hu H D, Huang X L. SINS/CNS/GPS/ integrated navigation algorithm based on UKF. Systems Engineering and Electronic, 2010, 21(1): 102-109.

[12] Liu C Y, Shui P L, Li S. Unscented extended Kalman filter for target tracking. Systems Engineering and Electronic, 2011, 22(2): 188-192.

[13] van der Merwe R, Wan E A. The square-root unscented Kalman filter for state and parameter estimation. Salt Lake City: Int. Conf. on Acoustics, Speech, and Signal Proc., 2001: 3461-3466.

[14] Salahshoor K, Mosallaei M, Bayat M. Centralized and decentralized process and sensor fault monitoring using data fusion based on adaptive extended Kalman filter algorithm. Measurement, 2008, 41(10): 1059-1076.

[15] Ning X L, Fang J C. An autonomous celestial navigation for LEO satellite based on unscented Kalman filter and information fusion. Aerospace Science and Technology, 2007, 11: 222-228.

[16] 刘也. 弹道目标实时跟踪的稳健高精度融合滤波方法. 长沙: 国防科技大学, 2011.

[17] 翟茹玲, 柴毅, 张可. 火箭飞行测控数据野值处理及其无迹 Kalman 滤波. 计算机工程与应用, 2011, 47(3): 233-236.

[18] 刘也, 唐歌实, 余安喜, 等. 基于深度加权的稳健 Kalman 滤波方法. 科学通报, 2012, 57(19): 1800-1806.

[19] 秦雷, 李君龙, 周荻. 基于交互式多模型算法跟踪邻近空间目标. 系统工程与电子技术, 2014, 36(7): 1243-1249.

[20] 熊凯, 张洪钺. 基于神经网络的无迹滤波改进算法. 航天控制, 2005, 23(4): 18-23.

[21] Schinmelevich L, Naor R. New approach to coarse alignment. Position Location & Navigation Symposium IEEE, 1996: 324-327.

[22] Julier S, Uhlmann J, Durrant-Whyten H F. A new approach for filtering nonlinear system. Washington: Proceedings of the American Control Conf. 1995: 1628-1632.

[23] 方开泰, 刘民千, 周永道. 试验设计与建模. 北京: 高等教育出版社, 2011.

[24] Donoho D. Compressed sensing. IEEE Transaction on Information Theory, 2006, 52(4): 1289-1306.

[25] 严奉霞, 王泽龙, 朱炬波, 等. 压缩感知理论与光学压缩成像系统. 国防科技大学学报, 2014, 36(2): 140-147.

[26] Chen S S, Donoho D L, Saunders M A. Atomic decomposition by basis pursuit. Siam Review, 1998, 20(1): 129-159.

[27] Mallat S G, Zhang Z. Matching pursuits with time-frequency dictionaries. IEEE Transactions on Signal Processing, 1994, 41(12): 3397-3415.

[28] Ji S, Xue Y, Carin L. Bayesian compressive sensing. IEEE Transactions on Signal Processing, 2008, 56(6): 2346-2356.

[29] 陈璇. 复合制导武器系统战技指标的融合评估方法研究. 长沙: 国防科技大学, 2011.

[30] 李为峰, 庞子彦, 段晓君, 彭利军. 基于 UKF 的实时弹道解算参数稳健设计. 飞行器测控学报, 2017, 36(4): 266-273.

[31] 段晓君, 李为峰. 综合时序信息的试验优化设计及稀疏求解. 飞行器测控学报, 2015, 34(4): 309-317.

[32] 李为峰. 模型驱动的导弹试验设计及参数优化. 长沙: 国防科技大学, 2015.

[33] 赵世明, 王江云, 费惠佳. 导弹综合试验与评估方法研究. 战术导弹技术, 2012, (2): 50-54.

[34] 王万中. 试验的设计分析. 北京: 高等教育出版社, 2004.

[35] 马敬. D-最优设计和 Dn-最优设计的算法研究. 西安: 西安电子科技大学, 2013.

[36] 刘常青. 基于概率偏差的战术导弹总体方案设计研究. 长沙: 国防科技大学, 2011.

[37]　李尚. 基于多传感器信息融合的导弹精确制导技术研究. 哈尔滨: 哈尔滨工程大学, 2017.

[38]　彭燕荣. 基于粒子群算法的导弹攻击过程优化. 杭州: 浙江大学, 2014.

[39]　金振中, 李晓斌, 等. 战术导弹试验设计. 北京: 国防工业出版社, 2013.

第二篇　思　考　题

II.1 对于成败型试验而言, 需要评估的指标多为概率型指标, 如命中概率等, 此时概率型指标的样本量下限如何确定?

参考答案:

基于二项分布总体, 在给定置信水平和置信区间宽度要求下, 通过区间估计反算样本量下限 [1].

设 d 代表所希望达到的允许误差, 即置信区间宽度, 在不同置信水平 α (置信限 1-α) 下, 根据二项分布可计算得样本区间宽度为 $Z_{\frac{\alpha}{2}} \cdot \sqrt{\dfrac{p(1-p)}{n}}$, 由条件可得

$$Z_{\frac{\alpha}{2}} \cdot \sqrt{\frac{p(1-p)}{n}} \leqslant d$$

由此可以推导出给定置信区间宽度要求为 d 时, 样本量的确定公式如下:

$$n \geqslant \frac{(Z_{\alpha/2})^2 \cdot p(1-p)}{d^2}$$

其中, $Z_{\alpha/2}$ 为标准正态分布的 $\alpha/2$ 分位数.

根据概率型指标的样本量公式, 概率 p 的点估计取为 0.5(此时上式右边取最大), 得到不同置信区间宽度和置信度水平下的样本量下限, 如表 II.1.1 所示.

表 II.1.1　不同置信区间宽度和置信度水平下的样本量下限

1-α ＼ d	0.10	0.15	0.20	0.25	0.30
0.80	41	18	10	7	5
0.85	52	23	13	8	6
0.90	67	30	17	11	7
0.95	96	43	24	15	11
0.99	166	74	42	27	18

思考: 若给定两类风险, 如何计算样本量下限? (基于贝叶斯假设检验计算.)

II.2 对于精度型试验而言, 需要评估的指标多为连续型指标, 如脱靶量等, 此时连续型指标的样本量下限如何确定?

参考答案:

以指标服从的总体分布为基础, 在给定置信水平和置信区间宽度要求下, 通过区间估计反算样本量下限 [1].

以脱靶量为例, 设服从正态分布 $N(\mu, \sigma^2)$, 则 μ 在置信水平 γ 下的双侧置信区间估计为

$$[\overline{X} - S \times t_{\alpha/2,(n-1)}/\sqrt{n}, \overline{X} + S \times t_{\alpha/2,(n-1)}/\sqrt{n}]$$

其中, $\overline{X}$ 为样本均值, S 为样本标准差, $t_{\alpha/2,(n-1)}$ 为自由度为 $(n-1)$ 的 t 分布的 $\alpha/2$ 分位点.

于是, 给定置信区间宽度 d 要求时, 试验总样本量 n 为满足下式的最小整数:

$$n \geqslant (2 \cdot t_{\alpha/2,(n-1)}/\varepsilon)^2$$

其中, $\varepsilon = \dfrac{d}{S}$ 为绝对误差限.

由此, 可计算得到不同绝对误差限和置信度水平下的样本量下限, 如表 II.2.1 所示.

表 II.2.1　不同绝对误差限和置信度水平下的样本量下限

$1-\alpha$ ＼ ε	0.10	0.30	0.50	0.70	0.90	1.20
0.80	659	75	28	15	10	7
0.85	831	94	35	19	12	8
0.90	1085	123	46	24	16	10
0.95	1540	174	64	34	22	14
0.99	2658	299	110	58	37	23

思考: a. 若给定两类风险, 如何计算样本量下限? (基于贝叶斯假设检验计算.)

b. 导弹的落点偏差样本量下限如何确定? (落点偏差为纵向偏差和横向偏差的平方和再开方, 设纵向和横向偏差互相独立且分别服从正态分布, 则落点偏差服从瑞利分布, 因此需要基于瑞利分布的特征数和区间估计进行样本量下限的计算.)

II.3 导弹试验有小子样性、多源性、继承性等特点, 且试验类型多样, 有全数字仿真、半实物仿真、地面静态、挂飞、实际飞行试验等 (参考本书第 7 章), 各类型试验之间又具有各自的特点和差异. 在这种多类型试验情形下, 样本量应该如何确定与分配?

参考答案:

针对多类型试验样本量分配问题, 需要具体分析低精度试验对高精度试验的替代等效作用, 包括现有试验条件下可以考虑的各类试验初步代价分析 (大致成本差异)、各类试验折合精度及可信度、先验信息的来源及可信度等. 根据充分性原则和优化原则, 可以利用不同试验方法之间的互补关系, 具体分析各类试验之间的差异, 再通过 Bayes 理论结合试验方可接受的各类试验次数与成本进行试验整合, 优化得出各类试验的分配方案 [1]. 思路流程图如下所示:

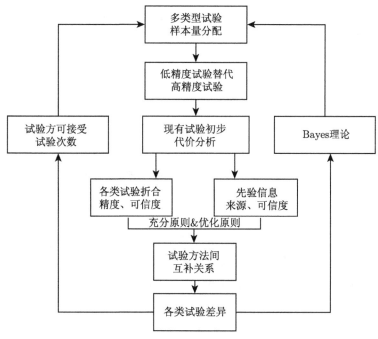

图 II.3.1 多类型试验流程图

例: 考虑导弹精度试验只有仿真和现场试验两类的基本情况.

类型	单位样本消耗 ($)	预估的落点标准差 s_0	试验可信度 (C_0)
仿真试验	50	1.2	$0.80 \sim 0.95$
现场试验	2000	1.2	1.0

设总经费预算不超过 $T_c = 20000$, 并希望在该预算下得到最优评估精度, 样本量优化设计目标是使落点均值 μ 的平均后验方差最小, 求仿真和现场试验的最优样本量分配方案 [2].

应用遍历求解算法得到在试验总成本 T_c 的约束下, 落点均值 μ 的评估精度最优的导弹精度试验样本量分配方案. 给出不同仿真可信度 (SC) 对应的最优样本量分配方案 (SSA)、仿真试验的等效样本量 (ESS)、贝叶斯样本量确定方法的平均后验方差 (APV_i, 表示为 $\mathrm{E}[\mathrm{var}(\mu|D_0, D)]$) 和传统纯现场试验样本量确定方法的平均后验方差 (APV_f, 表示为 $\mathrm{E}[\mathrm{var}(\mu|D)]$), 结果如下表所示.

表 II.3.1 不同试验方案所得的后验方差

SC	SSA		ESS	APV$_i$	APV$_f$
C_0	n_0	n	n_r	$\mathrm{E}[\mathrm{var}(\mu|D_0, D)]$	$\mathrm{E}[\mathrm{var}(\mu|D)]$
0.80	80	8	6.9659	0.1690	0.16
0.85	80	8	8.9669	0.1275	0.16
0.90	80	8	12.6516	0.0914	0.16
0.95	160	16	24.8609	0.0531	0.16

II.4 本书第 12 章导弹精度评估的试验设计及参数优化中, 若使用不同类型的试验设计方法, 以均匀设计为例, 如何对试验结果进行数据分析?

参考答案:

例: 对导弹制导精度设计, 指标为脱靶量 (单位: 米), 考虑其 7 个因素, 分别为导引时间、初始指向误差、视线角测量误差、视线角速度误差、目标探测盲距、比例导引系数和导弹速度, 每个因素均取 5 水平, 如下所示:

导引时间 (T, s): $T_1 = 1$, $T_2 = 2$, $T_3 = 3$, $T_4 = 4$, $T_5 = 5$.

初始指向误差 (α, rad): $\alpha_1 = 1$, $\alpha_2 = 2$, $\alpha_3 = 3$, $\alpha_4 = 4$, $\alpha_5 = 5$.

视线角测量误差 (β, rad): $\beta_1 = 1$, $\beta_2 = 2$, $\beta_3 = 3$, $\beta_4 = 4$, $\beta_5 = 5$.

视线角速度误差 (ω, rad/s): $\omega_1 = 1$, $\omega_2 = 2$, $\omega_3 = 3$, $\omega_4 = 4$, $\omega_5 = 5$.

目标探测盲距 (D, km): $D_1 = 1$, $D_2 = 2$, $D_3 = 3$, $D_4 = 4$, $D_5 = 5$.

比例引导系数 (k): $k_1 = 1$, $k_2 = 2$, $k_3 = 3$, $k_4 = 4$, $k_5 = 5$.

导弹速度 (v, km/s): $v_1 = 1$, $v_2 = 2$, $v_3 = 3$, $v_4 = 4$, $v_5 = 5$.

采用均匀设计表 $U_{10}(5^7)$ 进行均匀设计, 试验方案和试验结果如下表所示:

表 II.4.1 根据均匀设计表得到的方案和结果

试验号	因素							脱靶量
	T	α	β	ω	D	k	v	
1	1	2	5	3	2	1	2	28.945
2	1	3	4	5	4	1	3	31.972
3	2	5	3	2	1	2	5	37.656
4	2	1	2	5	3	2	1	29.126
5	3	2	1	2	5	3	2	24.576
6	3	4	5	4	1	3	4	43.191
7	4	5	4	1	3	4	5	39.895
8	4	1	3	4	5	4	1	36.440
9	5	3	2	1	2	5	3	41.161
10	5	4	1	3	4	5	4	37.001

对脱靶量试验结果表中 10 个点进行线性回归分析. 得到最终一次线性拟合模

型为:

$$Y = 3.804799x_1 + 1.371603x_2 + 1.701159x_3 + 1.432317x_4$$
$$- 1.55084x_5 + 14.719229$$

思考: a. 若各因素水平不一致应该如何进行均匀设计? (提示: 可考虑拟水平法、构造水平数不等的均匀设计表.)

b. 若其中某些因素之间具有交互作用, 又该如何设计均匀试验及开展数据分析? (提示: 可考虑均匀设计表不变, 在数据分析时考虑因素之间的交互作用, 利用逐步回归法进行多次回归模型拟合计算.)

c. 若因素中既包含定性因素, 又包含定量因素, 又该如何设计试验并数据分析? (提示: 可考虑均匀设计表不变, 数据分析时利用虚拟变量法, 将定性因素定量化.)

II.5 类似 II.4 中案例的参数设置, 本书第 12 章导弹精度评估的试验设计及参数优化中, 若使用正交设计, 如何对试验结果进行数据分析?

参考答案:

利用正交表 $L_{25}(5^{11})$ 进行设计, 得到脱靶量试验结果与直观分析, 如表 II.5.1 所示:

可以得到最佳水平组合为 $T_1\alpha_1\beta_1\omega_1D_1k_1v_3$, 通过表中 R 值可得各因子的主次关系为: $\beta > v > T > \alpha > \omega > k > D$.

思考: a. 若各因素水平不一致应该如何处理? (拟水平法、构造不等水平的正交试验设计表.)

b. 若其中某些因素之间具有交互作用, 又该如何设计正交试验? (交互作用项看作一个因素, 作为正交表的一列处理, 要避免混杂现象.)

表 II.5.1　根据正交设计表得到的方案和结果分析

脱靶量实验结果与直观分析								
试验号	T	α	β	ω	D	k	v	脱靶量 y
1	1	1	1	4	1	1	1	16.5
2	1	2	2	3	5	4	5	28.7
3	1	3	3	2	4	2	3	33.2
4	1	4	5	5	3	3	2	37.7
5	1	5	4	1	2	5	4	36.7
6	2	1	2	5	4	5	5	31.6
7	2	2	3	1	3	1	3	24.0
8	2	3	5	4	2	4	2	41.1
9	2	4	4	3	1	2	4	37.9
10	2	5	1	2	5	3	1	35.3

续表

				脱靶量实验结果与直观分析				
试验号	T	α	β	ω	D	k	v	脱靶量 y
11	3	1	3	3	2	3	4	33.4
12	3	2	5	2	1	5	1	35.9
13	3	3	4	5	5	1	5	45.6
14	3	4	1	1	4	4	3	29.8
15	3	5	2	4	3	2	2	37.8
16	4	1	5	1	5	2	4	34.1
17	4	2	4	4	4	3	1	39.0
18	4	3	1	3	3	5	5	40.5
19	4	4	2	2	2	1	3	32.4
20	4	5	3	5	1	4	2	44.4
21	5	1	4	2	3	4	5	42.6
22	5	2	1	5	2	2	3	31.6
23	5	3	2	1	1	3	2	31.3
24	5	4	3	4	5	5	4	43.2
25	5	5	5	3	4	1	1	39.5
$T1$	152.8	158.2	153.7	155.9	166	158	166.2	883.8
$T2$	169.9	159.2	161.8	179.4	175.2	174.6	192.3	
$T3$	182.5	191.7	178.2	180	182.6	176.7	151	
$T4$	190.4	181	201.8	177.6	173.1	186.6	185.3	
$T5$	188.2	193.7	188.3	190.9	186.9	187.9	189	
$m1$	30.56	31.64	30.74	31.18	33.2	31.6	33.24	
$m2$	33.98	31.84	32.36	35.88	35.04	34.92	38.46	
$m3$	36.5	38.34	35.64	36	36.52	35.34	30.2	
$m4$	38.08	36.2	40.36	35.52	34.62	37.32	37.06	
$m5$	37.64	38.74	37.66	38.18	37.38	37.58	37.8	
R	7.52	7.1	9.62	7	4.18	5.98	8.26	

II.6 类似 II.4 中案例的参数设置, 本书第 12 章导弹精度评估的试验设计及参数优化中, 若使用最优回归设计, 如何对试验结果进行数据分析?

参考答案:

若采用最优回归设计, 设脱靶量与因素之间的回归模型为

$$Y_3 = \omega_0 + \omega_1 x_1 + \omega_2 x_2 + \cdots + \omega_7 x_7 + \eta x_5 x_6$$

已知模型中至少需要 8 个样本点, 通过 Federov 迭代优化算法, 可得到该试验的 D-最优回归设计方案表及脱靶量结果, 如表 II.6.1 所示.

通过最小二乘估计得到待估模型:

$$Y = 2.741364x_1 + 1.203385x_2 + 0.789949x_3 + 2.374066x_4$$
$$+ 0.478765x_5 + 1.183196x_6 + 0.929986x_7$$
$$+ 0.147252x_5x_6 + 3.321861$$

思考: 应用二次回归正交设计如何构造试验设计方案并进行分析? (提示: 二次回归正交设计方案分为三部分, 一是对应水平的正交试验, 二是每个因素坐标轴上选取 2 个试验点, 三是在试验区域中心, 即 0 水平处进行重复试验.)

表 II.6.1　根据 D- 最优设计得到的方案和结果

试验号	因素							脱靶量
	T	α	β	ω	D	k	v	
1	5	1	1	1	1	1	5	31.389
2	5	5	5	5	1	1	1	41.605
3	1	1	1	1	5	1	1	15.085
4	1	5	1	1	1	5	5	26.436
5	1	5	1	5	5	1	5	36.649
6	1	1	5	5	1	1	5	29.546
7	1	1	5	5	1	5	1	34.093
8	5	5	5	1	5	5	5	46.010

II.7 针对不同类型的试验, 如何进行一体化试验设计和评估 [3]?

参考答案:

针对飞行试验面临的问题和特点, 通过对函数建模、回归分析、试验优化设计、系统辨识、动态规划、最优决策等理论和方法的研究, 设计以高精度和高可信度为特色的飞行试验一体化设计理论和方法, 建立飞行试验的一体化响应模型, 多响应多因素动态总体飞行试验的一体化设计方法, 以及多源试验的一体化评估模型和方法.

(1) 根据飞行试验设计与评估的客观需求, 以系统分析与系统集成的思想为指导, 从影响导弹性能的各个因素、各个环节出发, 建立导弹性能指标体系, 理清因素与因素、指标之间的关系, 结合各类历史数据, 运用参数建模、非参数建模等方法建立弹道导弹精度一体化响应函数模型, 分析响应函数的耦合关系.

(2) 以一体化响应模型为基础, 针对响应多、试验次数少、历史数据多的特点, 研究多响应的 Bayes 试验设计, 针对影响因素多、同时包含定量定性因素的特点, 研究包含定性定量因素的最优试验设计, 并给出最优设计的数值求解算法, 形成多响应多因素最优设计方法.

(3) 针对总体动态变化试验的一体化设计问题, 研究充分运用各种数据和飞行试验特征的试验分解与集成型试验设计问题, 结合响应模型的非线性、不确定性等约束, 利用多阶段不确定最优控制原则, 通过非线性非递归迭代动态规划, 实现动态总体一体化试验设计.

(4) 结合试验数据, 进行多源试验全程的一体化评估, 由此完成对飞行试验设计方案和一体化响应函数的评价 [4-5].

思路流程图如图 II.7.1 所示:

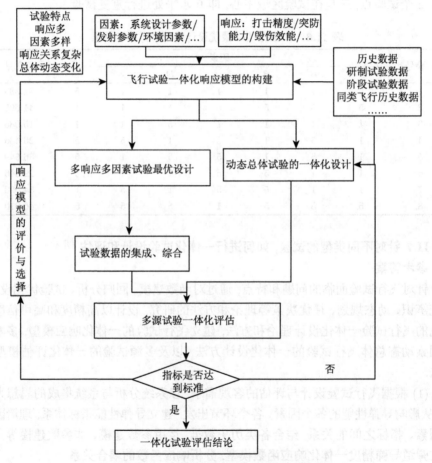

图 II.7.1 一体化试验设计和评估的思路流程

II.8 如何对动态总体数据进行特性分析、数据建模与折合计算?
参考答案:
动态总体的相关定义见 I.26 有关部分, 具体可参考文献 [6]-[11].
(1) 系统偏差已知的情形下, 依托物理机理模型为基础 [12-13], 建立指标与因素之间的数学模型, 根据试验结果进行参数估计.

(2) 系统偏差未知的情形下, 可分别建立统计模型, 分别计算不同分布类型下的分布参数 [14-15]. 在此基础上, 可以将动态总体数据进行折合, 转换到同一总体下.

以弹道式导弹落点偏差为例, 由特殊试验弹道的落点偏差向全程进行推算的问题, 与特殊试验弹道飞行中的偏离特殊试验弹道的飞行条件的误差因素有关. 这些误差因素通常按导弹飞行状态分为主动段、后效段、自由飞行段及再入段误差因素, 因此可以通过弹道遥外测数据计算各段的误差分析及折合. 组合制导式的导弹, 可类似处理.

(3) 可结合边改进边试验的实际, 进行动态总体的动态变化分析 [16].

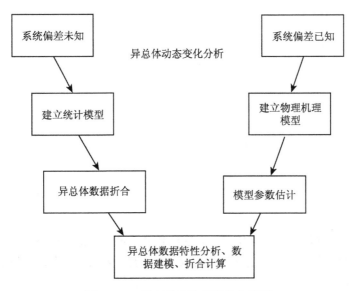

图 II.8.1　动态总体动态变化分析图

II.9 如何利用弹道数据进行制导工具误差分离 [16-18]?

参考答案:

制导工具误差分离基于预处理后的遥外测数据、遥外差数据以及外测精度数据等, 分离出制导工具误差结果, 具体流程如图 II.9.1 所示. 首先, 利用外测数据进行融合处理, 分离出外测系统误差, 得到发射坐标系下的飞行器轨道; 其次, 利用坐标系的转换关系将外弹道转换到惯性系; 再次, 由内外弹道差建立制导工具系统误差模型; 最后, 利用该模型的主成分估计方法估计制导工具系统误差, 并采用 Bayes

估计方法提高参数估计的精度. 若制导工具误差系数具有稀疏性, 导致线性模型病态时, 可通过正则化方法加以克服.

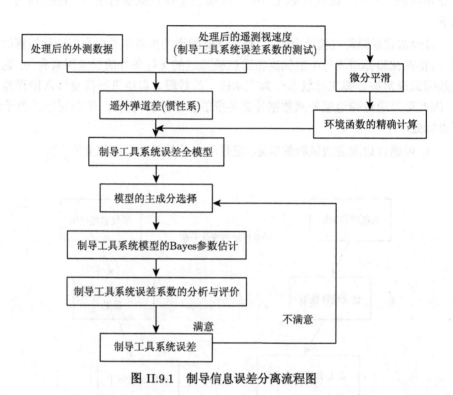

图 II.9.1   制导信息误差分离流程图

II.10 导弹试验有全数字仿真、半实物仿真、地面静态、挂飞、实际飞行试验等, 不同类型和特点的试验数据是否可以融合? 若可以融合, 应该如何融合?

参考答案:

针对不同类型试验的数据融合问题, 需要考虑两个方面的特点, 一方面是否会出现仿真等低精度试验数据会 "淹没" 高精度数据的问题; 另一方面低精度数据的融合是否会帮为提升评估结果的精度稳健性 [19]. 需要具体分析低精度试验对高精度试验的替代等效作用, 包括不同试验精度及可信度、先验信息的来源及可信度等. 根据充分性原则和优化原则, 可以利用不同试验方法之间的互补关系, 具体分析各类试验之间的差异, 再通过 Bayes 理论能否进行融合的判断, 最后再进行融合.

思路流程图如图 II.10.1 所示.

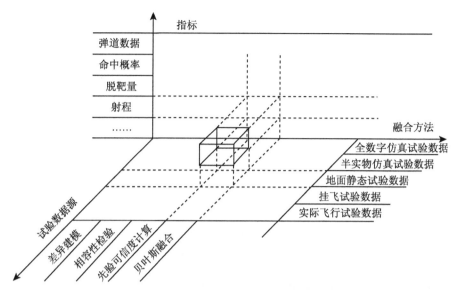

图 II.10.1　动态总体数据融合思维图

II.11 如何提高试验评估中仿真的逼真度？如何检验仿真结果的可信度？

参考答案:

仿真数据可以展示系统的大概特点和趋势, 校核、验证与确认 (VV&A) 是评估仿真逼真度的重要方法. 要提高仿真逼真度, 可以通过实测数据进行校核, 提升仿真模型的逼真度. 在校核、验证与确认 (VV&A) 中, 校核是指在建模过程中, 判定由概念模型到计算模型的转化是否正确; 验证是从仿真应用目的出发, 考查计算模型在其作用域内是否准确地代表了概念模型; 确认是在校核和验证的基础上, 最终确定仿真系统相对于某一特定应用是否可接受. VV&A 应具备全误差源管理及不确定度量化能力, 主要包括反映真实物理问题的模型误差及其不确定性; 数学模型和计算域 (网格、时间步长) 离散不足导致的数值误差及其不确定性; 由人为或自然因素导致的偶然不确定性; 由于缺乏认识而造成的认知不确定性等[20]. VV&A 流程如图 II.11.1 所示.

仿真结果可信度, 可以通过数据相容性检验、数据服从的分布差异分析、与实测过程的物理趋势对比进行差异分析. 从物理机理上对影响仿真试验与实测数据的因素信息进行分析, 并建立起响应的关联关系, 据此进行仿真试验与实际飞行试验之间的等效折合关系进行研究.

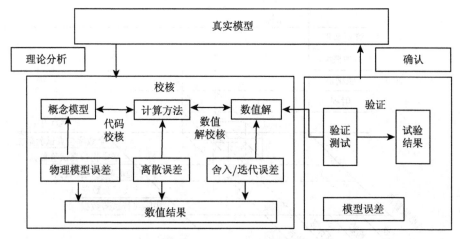

图 II.11.1   VV&A 流程图

II.12 概率型指标 (如命中概率) 应如何评估?

参考答案:

样本数较大时, 基于二项分布的命中概率的估计及假设检验方法可以得到相应的试验评估结果; 样本数较小时, 利用先验信息基于二项分布进行 Bayes 融合估计. 无先验信息时, 共轭先验分布可取 Beta(1,1); 有先验信息时, 根据先验信息计算共轭先验分布的超参数.

例: 设有验前试验结果为成功数 s_0、失败数 f_0, 试验结果为成功数 s_1、失败数 f_1, 试估计命中概率.

验前试验数 $n_0 = s_0 + f_0$, 则验前分布为 $\beta(P|s_0, f_0)$。试验数 $n_1 = s_1 + f_1$, 则验后分布为 $\beta(P|s_1 + s_0, f_1 + f_0)$.

在平均损失函数下, P 的 Bayes 点估计为

$$\hat{P} = E[P|X] = \frac{s_0 + s_1}{n_0 + n_1}$$

因

$$\frac{f_0 + f_1}{s_0 + s_1} \cdot \frac{p}{1-p} \sim F\left(2(s_0 + s_1), 2(f_0 + f_1)\right)$$

令 $u = s_0 + s_1, v = f_0 + f_1$, 则有

$$P\left\{F_{\alpha/2}(2u, 2v) \leqslant \frac{v}{u} \cdot \frac{p}{1-p} \leqslant F_{1-\alpha/2}(2u, 2v)|X\right\} = 1 - \alpha$$

其中 $F_{\alpha/2}(\cdot, \cdot)$ 为 F 分布的 $\alpha/2$ 分位数. 因此 P 的 $(1-\alpha)$ 双侧置信区间为

$$\left(\frac{u \cdot F_{\alpha/2}(2u, 2v)}{v + u \cdot F_{\alpha/2}(2u, 2v)}, \frac{u \cdot F_{1-\alpha/2}(2u, 2v)}{v + u \cdot F_{1-\alpha/2}(2u, 2v)}\right)$$

如果要求置信下限 $P_{L.B}$, 只需将上式中的 $F_{\alpha/2}$ 改为 F_α 即可.

下表为试验次数为 10 次时不同命中次数下的 Bayes 融合估计结果:

表 II.12.1　Bayes 融合估计结果

总试验数	先验信息	命中数	成功率点估计
10 次	无信息先验	10 次	0.9545
10 次	无信息先验	9 次	0.8636
10 次	先验成功率 0.9	10 次	0.9909
10 次	先验成功率 0.9	9 次	0.9000
10 次	先验成功率 0.9	8 次	0.8091
10 次	先验成功率 0.8	10 次	0.9818
10 次	先验成功率 0.8	9 次	0.8909
10 次	先验成功率 0.8	8 次	0.8000

II.13 Bayes 方法中, 若先验信息采用的是替代等效试验结果, 不能直接进行使用, 该如何融合?

参考答案:

替代等效试验与原型试验是在不同状态下进行的试验, 因此, 两类试验结果并不属于同一总体, 不能直接用来融合 [19]. 工程中常用的方法是从物理机理模型出发, 将替代等效试验结果通过折合或者误差补偿, 推算到原型试验状态下, 再与原型试验小样本数据融合评估. 然而, 在推算过程中, 受各种误差因素的影响, 折合或者误差补偿时必然会产生一定的折合误差. 此外, 当替代等效试验折合后的数据与原型试验小样本数据存在显著差异时, 融合结果也会出现较大的偏差, 这时需要从数据分布差异的角度考虑, 利用数据相容性检验结果判断两种类型的试验数据是否能够进行融合, 并根据得到的数据可信度加权融合. 此外, 还可以根据物理机理折合误差结果计算替代等效试验折合样本数据对应的物理可信度, 结合数据相容性检验得到的数据可信度计算复合可信度, 在此基础上进行融合评估 [19,21]. 思路流程如图 II.13.1 所示:

II.14 精度型指标 (如脱靶量) 应如何评估?

参考答案:

(1) 样本量足够时, 直接基于正态分布进行点估计和区间估计;

(2) 小子样情形下, 基于正态分布, 利用先验信息采用 Bayes 方法进行融合估计. 均值、方差未知的正态分布, 共轭先验分布为正态、逆 Gamma 分布, 根据先验信息计算共轭先验分布的超参数.

(3) 若先验信息采用的是替代等效试验数据, 需首先对替代等效试验结果进行折算, 并与后验数据进行相容性检验, 判断能不能进行融合, 还需要考虑替代等效试验的可信度 [21].

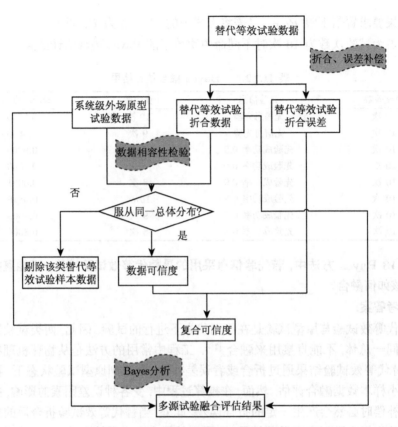

图 II.13.1   代替等效试验融合流程图

例: 设脱靶量服从正态分布 $N(25, 10^2)$, 抽取 12 个实际飞行试验子样. 另外, 设两类替代等效试验, 假设其折合后的脱靶量结果分别服从正态分布 $N(25, 11^2)$ 和 $N(25, 10.2^2)$, 从中各随机抽取样本数为 40 和 20 的样本.

表 II.14.1 给出三种脱靶量评估结果, 分别给出均值、方差的点估计以及估计的后验方差. 方法一为直接利用实际飞行试验样本进行的估计; 方法二为通过相容性检验后, 利用数据相容性检验的可信度, 通过 Bayes 方法融合估计, 先验概率取 1/2; 方法三为结合考虑相容性检验结果和替代等效试验折合精度后, 通过 Bayes 方法融合估计结果.

表 II.14.1   Bayes 融合评估结果

	均值点估计	方差点估计	均值估计的后验方差	方差估计的后验方差
方法 1	22.3495	112.6864	37.5621	1.02×10^5
方法 2	25.4239	77.7645	2.2199	402.75
方法 3	25.4243	77.4644	2.1912	395.40

II.15 精度型指标若为导弹落点偏差, 应如何评估?

参考答案:

可假设纵向偏差 Z 和横向偏差 X 互相独立, 且均服从 $N(0, \sigma^2)$, 则经过极坐标变换, 可推出落点偏差 $R = \sqrt{X^2 + Z^2}$ 服从瑞利分布, 在总体分布为瑞利分布的基础上进行融合评估. 或将其拆分为服从不同方差正态分布的纵向偏差和横向偏差, 得到纵向偏差和横向偏差两个随机变量的联合密度函数, 通过对联合密度函数在区域内的二重积分等于 0.5, 计算得到圆概率误差 (CEP) 的估计结果[22].

II.16 脱靶量、落点偏差等精度指标一般散布于某一区域范围内, 传统的正态分布并不一定能够完全反映其分布特征. 此时可如何进行精度评估?

参考答案:

以导弹的落点偏差为例, 可假设其纵向和横向偏差服从二维截尾正态分布, 分析二维截尾正态分布的的数据特征与参数估计, 并基于二维截尾正态分布统计理论和 Bayes 方法进行评估.

例: 设导弹落点的横向、纵向偏差服从均值为 $\mu = \begin{bmatrix} \mu_{c1} \\ \mu_{c2} \end{bmatrix} = \begin{bmatrix} 25.4229 \\ 44.2056 \end{bmatrix}$,

协方差阵为 $V = \begin{bmatrix} \sigma_{c1}^2 & \sigma_{c1}\sigma_{c2}\rho \\ \sigma_{c1}\sigma_{c2}\rho & \sigma_{c2}^2 \end{bmatrix} = \begin{bmatrix} 191.7699 & 0 \\ 0 & 269.4883 \end{bmatrix}$, 取值范围为

$[0,75] \times [0,80]$ 的二维截尾正态分布, 其中导弹落点横向偏差的截尾系数 $K_1 = 0.9241$, 纵向偏差的截尾系数 $K_2 = 0.9679$. 根据二维截尾正态分布特性, 随机抽取 20 组先验样本, 再随机抽取 10 组样本作为后验样本, 最终得到落点偏差评估结果, 如表 II.16.1 所示.

表 II.16.1 截尾正态数据评估结果

	原总体分布	样本得到分布参数	二维截尾正态分布的参数估计
均值 (MLE)	$\begin{bmatrix} 25.4229 \\ 44.2056 \end{bmatrix}$	$\begin{bmatrix} 22.9015 \\ 40.8949 \end{bmatrix}$	$\begin{bmatrix} 22.9015 \\ 40.8949 \end{bmatrix}$
协方差阵 (MLE)	$\begin{bmatrix} 191.7699 & 0 \\ 0 & 269.4883 \end{bmatrix}$	$\begin{bmatrix} 105.9263 & 7.0401 \\ 7.0401 & 241.9780 \end{bmatrix}$	$\begin{bmatrix} 105.9263 & 7.0401 \\ 7.0401 & 241.9780 \end{bmatrix}$
均值 (Bayes)			$\begin{bmatrix} 24.5421 \\ 42.3555 \end{bmatrix}$
协方差阵 (Bayes)			$\begin{bmatrix} 178.3307 & -27.7599 \\ -27.7599 & 353.9435 \end{bmatrix}$
均值区间 估计 (Bayes)			$[21.5256, 29.9722]$ $[35.8371, 46.3694]$

II.17 导弹的发射可靠性与飞行可靠性应该如何进行评估?

参考答案:

首先必须根据系统划分进行信息采集、整理和分析, 确定原始数据. 接着将分系统的试验数据折合成系统试验之前的先验信息, 对先验信息融合, 建立可靠性模型, 选择合适的可靠性评定方法. 最后应用 Bayes 方法, 根据系统试验的数据, 综合先验信息, 对系统可靠性进行综合计算和评估 [14-15]. 思路流程如图 II.17.1 所示. 具体评估理论与方法可参见书中 8.1-8.2 节内容.

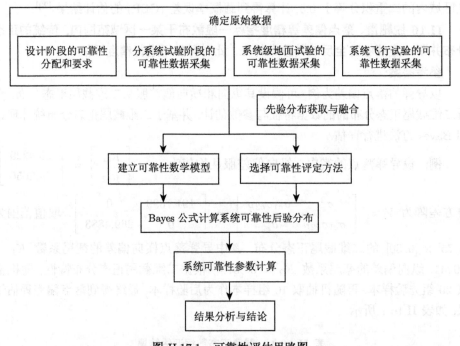

图 II.17.1　可靠性评估思路图

II.18 组合制导导弹针对不同目标的多杀伤概率如何评估? 导弹不同攻击区下的命中率如何计算?

参考答案:

针对不同目标的多概率评估问题, 采取什么样的方法评估最为合理, 需要从任务需求和不同维度去考虑, 可以针对不同目标进行分析, 还要进行综合分析.

导弹攻击区全面反映了导弹的战术技术性能, 同时反映了被攻击敌机的机动性和载机发射导弹功能等对攻击区的影响. 它是在弹道计算基础上进行的, 其设计精度取决于约束条件和优化方法. 不同攻击区内, 导弹命中目标的概率情况会不相同.

以红外制导导弹为例, 需要: a) 选取能够描述红外诱饵弹运动特性的随机变量, 以便模拟打靶中对导弹产生不同的干扰影响. b) 建立概率攻击区仿真模型, 主要有红外诱饵弹数学模型和导弹、目标数学模型. 红外诱饵弹数学模型包括红外诱饵弹的状态模型、运动模型、导弹视角误差模型、"延迟"算法以及导弹相对诱饵弹的运动关系. c) 根据导弹、目标运动数学模型, 采用约束方法和优化方法, 计算导弹的理论攻击区, 并可采用 Monte Carlo 打靶统计导弹脱靶量, 计算导弹的命中概率, 得到不同攻击区下的概率 [23].

II.19 如何使得评估指标 "分解 – 聚合" 方法更为合理?

参考答案:

通过 "分解 – 聚合" 方法能够将不同量纲不同属性的数据进行综合评估, 但该方法面临若干难题, 指标权重的选取、归一化如何更加科学合理, 如何减轻不同程度的主观因素影响, 如何使结果更加科学可信.

(1) 指标权重的选取. 常规的层次分析法和专家打分都会受到不同程度的主观因素影响, 如何使权重分配更加科学可信是目前的主要难题.

(2) 指标的归一化标准. 指标间存在的耦合递进关系, 需结合定性定量指标的各自需要及其重要程度给定最佳融合水平组合.

(3) 降低主观因素作用. 如: 引入专家打分可信度, 作为专家打分权重的权重.

II.20 针对不同干扰模式提出的导弹抗干扰能力指标如何制定和评估?

参考答案:

导弹抗干扰定量指标的拟定及评估方法的制定, 是一个复杂问题. 按不同准则, 会有不同角度的抗干扰指标及评估方法. 可以提出抗干扰成功概率等定量数值, 在假定导弹系统、干扰环境参数及战术运用的条件下推导出相应的量化表示. 评估方法中, 既要考虑定性分析, 也要考虑定量分析.

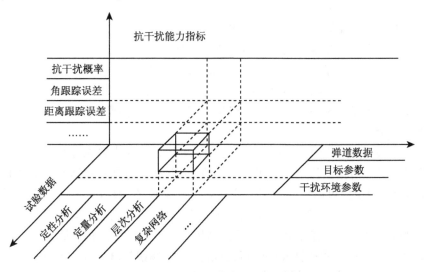

图 II.20.1 不同指标综合评估思路图

II.21 影响导弹干扰效能的因素众多并存在不确定性, 如何在此情况下进行评估?

参考答案:

导弹干扰效能的评估方法是一个复杂问题, 与具体干扰指标、场景和环境的构设等均密切相关. 按不同准则, 也会有不同角度的干扰效能评估方法. 在对导引头干扰效能评估时, 涉及多个因素和评判指标, 并且因素之间的交互关系存在不确定性 [24]. 以模糊评判方法为例, 模糊评判可以综合各种因素的影响, 处理经典方法不能处理的模糊信息, 对干扰效能进行综合评判. 模糊评判的关键在于构建隶属度函数来建立模糊矩阵, 在实际操作中可以对各类型隶属度函数进行分析选取.

II.22 如何评估雷达导引头对杂波信号的处理能力大小? 在干扰情况下如何选择最优抗干扰策略?

参考答案:

雷达干扰包括敌方设置的假目标及无用目标干扰等, 从而影响对真实目标的检测和定位. 这些干扰统称为杂波, 目标反射信号就夹杂在杂波信号之中, 导引头的抗干扰能力就是把回波中的目标信号与其他信号区分开, 找出目标的具体位置.

最优抗干扰策略的分析, 可考虑引入博弈论方法, 按照抗干扰评估的某一指标, 根据干扰与抗干扰策略构造对策矩阵. 设定指标计算公式, 计算不同对抗策略下的抗干扰能力值, 根据最大最小原理计算纳什均衡, 及相应的对抗策略 [25]. 以导引头抗箔条组合干扰评估为例:

(1) 战场上双方策略变化复杂, 如何设置对策矩阵的攻防双方对策.

根据箔条特性参数 (径向尺寸、多普勒信息、极化数据), 并仿真不同干扰情况下的各种雷达抗干扰技术.

(2) 如何计算攻防双方博弈下的数值.

设置损失函数, 根据指标体系计算对策矩阵.

(3) 如何综合所有对策结果, 判断系统的抗干扰能力.

利用统计学假设检验, 结合数据融合方法, 进行综合判断.

II.23 导弹评估过程中如何有效综合利用仿真数据和真实数据?

参考答案:

实飞数据量通常是极小的, 因此在新的试验鉴定理念中要充分利用仿真数据来进行数据增广. 仿真评估是一个重要的手段, 但其结果与真实数据的结果之间存在一定的差距. 因此, 可以考虑使用一些灵活的数学模型, 如 Kriging、样条函数、神经网络等建立因素与关键响应之间的代理模型 [26-27], 并利用真实数据对模型进行校准, 对系统误差进行有效量化, 从而提高仿真数据的可靠性和置信度.

II.24 在对 n 个同类型装备进行性能评估时, 邀请领域内 k 位专家, 依据一定的指标体系与数据资料, 对所有装备进行评价, 最终每位专家给出装备的名次排序,

请问如何综合可以得到一个专家一致性较强 (或者说稳健性较好) 的评估结果?

参考答案:

(1) 依据正态分布 $N(u, \sigma^2)$, 其中, u 为装备排序结果的平均值, σ^2 为专家评估装备排序与真实的装备排序误差, 可得专家对装备排序的初始数据.

(2) 计算装备之间所得排序结果之和, 并求出装备排序和之差, 算出装备排序得分的差值.

(3) 任取一装备设定基准分数, 结合上一步不同装备之间的差值结果, 进行迭代计算, 得到收敛的装备排序结果.

(4) 对同一装备而言, 计算不同专家对该装备排序的差异. 某装备的分歧度越小, 表明专家对该装备的评估排序越集中, 则所得结果的认可度越高.

II.25 如何对飞行器残骸落点进行预报?

参考答案:

残骸落点预报主要是对再入大气层的飞行段进行弹道外推, 导弹再入段主要作用力为空气动力, 各类残骸的气动模型参数对落点预报精度会产生较大的影响. 因此可以根据弹道数据反推气动参数方法. 首先根据飞行器的飞行特性进行受力分析, 建立飞行器的飞行动力学模型; 然后对弹道参数 (位置、速度等)、控制制导规律、飞行器性能参数 (包括外形参数、结构质量、转动惯量、发动机推力、秒流量) 与气动参数进行解耦, 通过推导演算得到气动参数计算的解析解, 或者采取一定方法进行仿真计算, 解算飞行动力学超定方程, 反推得出飞行器的气动参数. 针对残骸飞行过程中的受力情况建立飞行动力学模型时, 可分别从气动参数、高空风和测量数据精度等影响因素进行分析. 流程如图 II.25.1 所示, 具体落点预报方法可参见本书 8.6 节.

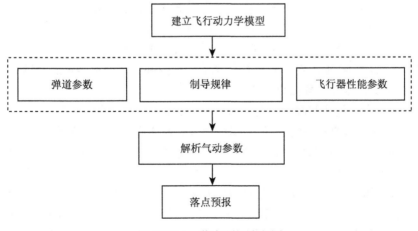

图 II.25.1 落点预报流程图

II.26 如何利用弹道数据进行故障分析?

参考答案:

故障分析, 特别是故障现象、模式和机理的分析是进行故障检测和诊断的基础. 基于观测信息的故障分析, 一般是基于故障观测信息的特征提取和分析, 来得到不同的结论. 利用弹道数据进行故障分析, 可关注时频分析方法和动力学信息在导弹飞行过程故障中的分析作用. 动力学信息主要针对导弹的加速度, 时频分析主要针对导弹飞行观测数据的时域特性和频谱特性, 这两类信息均可以反映出导弹飞行的部分特点, 是导弹飞行故障分析的一种辅助分析方法.

当然, 还可应用智能数据分析方法, 探索数据特征的变化, 进行故障分析. 具体可参考本书 10.5 节.

II.27 武器装备的体系贡献率应如何评估 [28]?

参考答案:

武器装备的体系贡献率可定义为: 在一定的使命任务背景下, 将待评估武器系统纳入未来联合作战体系中, 对其在该体系中所产生的 "能力提升" "效能增益" 以及 "连接作用" 的综合评判, 是一个受到武器系统自身属性、体系内部互动模式以及多使命任务需求共同影响的总体概念.

装备对体系贡献率的内涵丰富, 针对不同的评估视角, 可以将面向体系贡献率的武器装备体系评估方法归纳为以下三部分: 从作战能力视角评估贡献率、从作战效能视角评估贡献率以及从体系结构视角评估贡献率.

(1) 基于作战能力的武器装备体系贡献率评估方法主要包括解析法和证据推理法, 其中解析法主要包含分解 — 综合以及分解 — 判别两种范式. 基于分解 — 综合的解析评估方法包括指标体系建立、底层指标规范化、指标聚合以及顶层评估数值获取; 基于分解 — 判别的评估方法中, 最核心的环节是多属性判别方法的选择, 常用的包括理想点法 (TOPSIS)、灰色关联分析、数据包络方法 (DEA) 等. 其中, 基于分解 — 综合的评估方法适合于体系的整体评估, 而基于分解 — 判别的评估方法适合于体系方案的比较与排序. 而基于证据推理的评估方法在处理不确定信息方面有独特的优势, 通过对不确定性信息的处理弥补了数据不确定的问题, 结合专家经验和历史数据使得数据更加可靠.

(2) 基于作战效能的武器装备体系贡献率评估, 可以利用基于仿真评估的方法获取装备体系评估的底层数据, 然后借助 Bayes 网络方法处理存在的不确定信息和不完备信息, 使得底层数据更加完整. 在对体系整体进行评估时, 借助层次分析与 ADC 方法相结合, 可以减少对专家的依赖性, 使得评估结果更具有合理性.

(3) 基于体系结构的武器装备体系贡献率评估, 可以从两个方面着手进行考虑. 一是从数据出发, 依靠专家的经验、知识和个人价值观, 利用层次分析法确定指标权重, 进而按照不同层次、不同权重逐级向上聚合, 得到基于体系结构的武器装备体系评估结论. 当数据缺失、不完全时, 则可以考虑建立评估指标体系的网络模型, 注重分析各武器装备之间的互联互通关系和协同配合, 通过分析网络的拓扑结构, 基于网络变化前后相关拓扑结构指标的变化来计算基于体系结构的装备体系贡献率.

参 考 文 献

[1] 段晓君, 王正明. 运载火箭小子样试验的发数确定 [J]. 中国科学 (E 辑), 2002(5): 644-653.

[2] 董光玲, 姚郁, 贺风华, 赫赤. 制导精度一体化试验的 Bayesian 样本量计算方法 [J]. 航空学报, 2015, 36(2): 575-584.

[3] 杨廷梧. 复杂武器系统试验理论与方法 [M]. 北京: 国防工业出版社, 2018.

[4] 王正明. 弹道跟踪数据的校准与评估 [M]. 长沙: 国防科技大学出版社, 1999.

[5] 王正明, 段晓君. 基于弹道跟踪数据的全程试验鉴定 [J]. 中国科学 (E 辑: 技术科学), 2001, 31(01): 34-42.

[6] 张金槐. 张金槐教授论文选集 [M]. 长沙: 国防科技大学出版社, 1999.

[7] 闫志强, 蒋英杰, 谢红卫. 变动统计方法及其在试验评估技术中的应用综述 [J]. 飞行器测控学报, 2009, 28(5): 88-94.

[8] 谢红卫, 闫志强, 蒋英杰, 宫二玲. 装备试验评估中的变动统计问题与方法 [J]. 宇航学报, 2010, 31(11): 427-2437.

[9] 张金槐, 唐雪梅. Bayes 方法 (修订版)[M]. 长沙: 国防科技大学出版社, 1993.

[10] 唐雪梅, 张金槐, 邵凤昌等. 武器装备小子样试验分析与评估 [M]. 北京: 国防工业出版社, 2001.

[11] 蔡洪, 张士峰, 张金槐. Bayes 试验分析与评估 [M]. 长沙: 国防科技大学出版社, 2004.

[12] 贾沛然. 用特殊弹道分离制导工具误差系数并推算正常弹道的制导工具误差 [J]. 国防科技大学学报, 1985, 2.

[13] 王正明, 周海银. 制导工具系统误差估计的新方法. 中国科学 (E 辑), 1998, 28(2): 160-167.

[14] 何国伟, 戴慈庄. 可靠性试验技术 [M]. 北京: 国防工业出版社, 1995.

[15] 周源泉, 翁朝曦. 可靠性评定 [M]. 北京: 科学出版社, 1990.

[16] 段晓君, 黄寒砚. 基于信息散度的补充样本加权融合评估 [J]. 兵工学报, 2007, 28(10): 1276-1280.

[17] 姚静, 段晓君, 周海银. 海态制导工具系统误差的建模与参数估计 [J]. 弹道学报, 2005, 17(1): 33-39.

[18] 王文君, 段晓君, 朱炬波. 制导工具误差分离自适应正则化模型及应用 [J]. 弹道学报, 2005, 17(1): 28-33.

[19] 段晓君, 王刚. 基于复合等效可信度加权的 Bayes 融合评估方法 [J]. 国防科技大学学报, 2008, 30(3): 90-94.

[20] 周帅, 汪丁顺, 付琳等. 校核、验证与确认在航空发动机气动仿真中的应用与挑战 [J]. 航空动力, 2021(2): 82-86.

[21] 陈璇, 李奇等. 基于多源数据可信度的制导精度融合评估 [J]. 空天防御, 2020, 3(4): 14-20.

[22] 地地弹道式导弹命中精度评定方法. GJB 6289-2008.

[23] 晋永. 空空导弹抗干扰概率攻击区仿真 [D]. 西北工业大学, 2005.

[24] 张友益, 徐才宏等. 雷达对抗及反对抗作战能力评估与验证 [M]. 北京: 国防工业出版社, 2019.

[25] 赫彬, 苏洪涛. 认知雷达抗干扰中的博弈论分析综述 [J]. 电子与信息学报, 2021, 43(5): 1199-1211.

[26] Wei Y F, Xiong S F. Bayesian integrative analysis for multi-fidelity computer experiments[J]. Journal of Applied Statistics, 2019, 46(11): 1973-1987.

[27] Ruan X F, Jiang P, Zhou Q, Hu J X, Shu L S. Variable-fidelity probability of improvement method for efficient global optimization of expensive black-box problems[J]. Structural and Multidisciplinary Optimization, 2020, 62: 3021-3052.

[28] 杨克巍, 杨志伟, 谭跃进, 赵青松. 面向体系贡献率的装备体系评估方法研究综述 [J]. 系统工程与电子技术, 2019, 41(2): 311-321.

第三篇 毁伤效应分析与评估

毁伤效应分析与评估是导弹武器方案论证、研制设计、试验鉴定和作战运用中需要重点关注的内容.

导弹毁伤效应分析与评估的首要任务是充分了解战斗部的毁伤原理、毁伤效应参数和目标易损性的相关知识, 获取重要的弹、目参数和弹、目相互作用信息, 为深入进行导弹毁伤效应分析与评估打下基础. 因此, 本篇第 13 章集中介绍毁伤相关的知识, 包括毁伤基本原理、毁伤参数的试验测试和目标易损性. 不同类型的武器产生不同的毁伤元, 具有不同的毁伤原理和效应; 对常规战斗部而言, 毁伤效应参数一般包括冲击波超压、破片分布和破片速度、弹丸侵彻开坑大小和深度等, 这些参数反映了常规武器对目标的毁伤能力. 不同的目标对各种毁伤元或毁伤机理的受损敏感性 (易损性) 不同, 所以战斗部与目标的匹配关系对毁伤效果的影响很大.

众所周知, 导弹靶场试验是一项耗资不菲的工程, 尤其是毁伤试验是纯耗费性的一类试验. 为减少试验成本、增加试验样本, 同时灵活地获取多项毁伤效应参数, 导弹毁伤试验越来越多地依靠数值模拟手段进行. 为此, 本篇第 14 章介绍毁伤过程数值模拟的方法和应用. 导弹毁伤的数值模拟一般利用被称为 "hydrocode"(即流体计算编码) 的数值计算程序, 对常规战斗部作用过程中的爆轰、碰撞及高速变形现象进行计算, 获得弹、目的受力、变形、质点运动速度、能量和温度等参量的变化规律和分布特性, 展现弹、目的物理破坏现象. 比较著名的 "hydrocode" 有美国的 DYNA、AUTO-DYN、ADINA 以及欧洲航天局的一些程序, 应用最普遍的当属 LS-DYNA 程序 (商业版的 DYNA), 本章将对其进行介绍.

毁伤效应涉及复杂的影响因素, 运用试验设计的方法可以科学地指导毁伤效应试验的设计, 实现试验数据的高效获取. 本篇第 15 章即为毁伤试验设计, 内容包括毁伤试验设计的原理、方法和应用, 以及毁伤试验数据的分析. 在通过毁伤试验获得各毁伤参数的基础上, 采用基于试验设计的数据回归分析、函数逼近和量纲分析等理论方法, 对毁伤试验数据进行分析、归纳, 目的是在靶场试验和数值模拟试验的数据基础上, 构建工程化毁伤函数, 支撑对毁伤效果的快速预测, 服务于毁伤评估.

第 16 章为毁伤效能的融合评估方法. 本章将第一篇的数学方法和第二篇的精度评估融入武器毁伤评估中, 考虑导弹试验全过程 (从发射、飞行到终点效应) 进行一体化参数设计, 融合导弹飞行精度和终点毁伤效应进行一体化评估, 实现对导弹毁伤效能的科学评估, 并给出了相关实例. 其基本过程是, 根据弹、目信息, 作战目的和相关条件建立评估指标体系, 同时利用毁伤效应数据或工程化毁伤函数对毁伤效果进行快速预测, 再结合计算机随机模拟, 实施 Monte Carlo 仿真, 最终获得目标毁伤等级及其对应的毁伤概率, 给出量化的毁伤效能评估.

第 17 章为常规导弹毁伤效应的快速仿真和可视化技术. 本章展示了最新研究

的大场景爆炸和侵彻毁伤效应快速计算理论、方法和可视化软件, 兼顾目标物理毁伤和功能毁伤的评估, 突出了毁伤研究对实战运用的技术支撑. 毁伤效果可视化的任务是直观地给出毁伤效果和毁伤评估结论, 在集成导弹飞行模拟和毁伤评估快速算法的基础上, 可视化系统还可以具有一体化仿真功能, 有更高的实用价值.

　　在进行常规导弹毁伤效应分析与评估时, 导弹战斗部毁伤原理和目标易损性分析是基础, 毁伤试验和数值模拟将提供重要的毁伤参数数据, 对这些数据的分析可以建立工程化毁伤函数, 这些内容构成了导弹毁伤效应分析与评估的信息库; 毁伤评估和毁伤效果可视化这两部分是对这个信息库的挖掘和应用, 最终可给出导弹毁伤评估结论, 并以图形化的形式直观地展示出来, 便于在导弹试验鉴定和作战运用中应用.

第13章 常规导弹毁伤效应

常规导弹毁伤效应是指常规导弹战斗部在弹道终点处发生爆炸或与目标发生撞击,将自身的爆炸能 (或爆炸产生的毁伤元素) 和动能作用于目标,对目标实施热、力的破坏,使之暂时或永久地、局部或全部丧失正常功能,失去作战能力,是武器毁伤效应的重要组成部分. 导弹是一种安装有动力装置,并带有战斗部的自主飞行武器,主要由弹体、制导、战斗部和发动机四大部分组成,其中战斗部是直接用于摧毁、杀伤目标,完成战斗使命的部件. 可以说,导弹毁伤目标的任务最终由战斗部来完成,其余部件的任务是将战斗部准确送达预定目标或目标区. 本章结合战斗部的基本结构组成,重点介绍常规导弹的基本毁伤效应:爆炸冲击毁伤效应和侵彻毁伤效应,以及几种典型战斗部的结构原理和毁伤机制,简单介绍关键毁伤参数的试验测试方法;同时结合飞机、装甲车辆、建筑物等典型目标的易损特性分析,建立武器毁伤的基本认识.

13.1 概　述

战斗部的性能参数对导弹武器系统的效能至关重要. 导弹中战斗部的质量关乎武器对目标的毁伤程度,也直接影响着武器系统的机动性. 一方面,总体对战斗部质量的限制不应影响战斗部的杀伤威力;另一方面,战斗部应在满足总体所要求的杀伤概率前提下质量尽可能小,以便增大导弹的射程或改善其机动能力. 战斗部质量的确定还应考虑武器的制导精度:战斗部对目标的有效杀伤半径应能弥补制导误差造成的 "脱靶量",或者说威力半径 R 必须与导弹的制导精度相匹配,才能有效摧毁目标.

对付空中目标的导弹,常用弹着点 (或炸点) 散布的标准偏差 σ 表示其制导系统的制导精度;对付地面目标和海上目标的导弹,则常用圆概率偏差表示制导精度. 如果战斗部对目标的有效杀伤半径用威力半径 R 描述,摧毁目标的可能性用摧毁概率 P_0 表示,则在导弹武器系统中,摧毁概率 P_0 是战斗部威力半径 R 和制导精度的函数.

以对付空中目标为例,假设在导弹制导系统无系统误差的情况下,位于战斗部威力半径 R 内的目标都能被可靠摧毁,则威力半径 R 与制导精度或弹着点散布偏差之间必须满足以下条件

$$R \geqslant 3\sigma \tag{13.1.1}$$

在上述条件下, 单发导弹摧毁概率 [1] 的表达式为

$$P_0 = 1 - e^{-\frac{R^2}{2\sigma^2}} \tag{13.1.2}$$

战斗部威力半径 R 与炸药装药质量 G_w 存在一定的比例关系, (13.1.2) 式中的 R 可以用 G_w 来替换. 采用破片战斗部对付歼击机和轰炸机时, 其单发导弹摧毁概率为

$$P_0 = 1 - e^{-\frac{0.8G_w^{1/2}}{\sigma^{2/3}}} \tag{13.1.3}$$

采用爆破战斗部对付歼击机和轰炸机时, 其单发导弹摧毁概率为

$$P_0 = 1 - e^{-\frac{0.8G_w^{1/3}}{\sigma^{2/3}}} \tag{13.1.4}$$

由 (13.1.3) 和 (13.1.4) 式可知, 因 σ 的指数为 2/3, 它大于 G_w 的指数 1/2 和 1/3, 说明 σ 的减小比 G_w 增大更能有效提高摧毁概率 P_0. 当单发导弹摧毁概率不能满足要求时, 则首先应提高制导系统精度, 其次是增加战斗部的质量.

如果上述条件仍无法满足, 则需要考虑多发齐射, 多发齐射相当于增加了战斗部的质量, 从而扩大了威力半径. 此外, 引信在最能发挥战斗部威力的最佳空间位置和时间上引爆战斗部, 也是保证导弹具有较高杀伤效率的一个重要条件.

13.2　战斗部基本结构组成 [2-5]

在弹药和导弹系统中, 关于战斗部的界定有狭义和广义的两种观点. 狭义的观点认为 [1-2], 战斗部一般只由壳体、装填物和传爆序列组成; 广义的观点认为, 战斗部是弹药或导弹的一个子系统, 除了包含狭义的战斗部以外, 还包括一些必要的辅助部件主要是保险装置和引信. 战斗部子系统是弹药和导弹的重要子系统之一, 有的弹药系统甚至仅仅由战斗部子系统单独构成, 如地雷、水雷、手榴弹等. 除了个别特殊设计外, 在大多数情况下, 不同的战斗部和战斗部子系统的结构组成大体相近.

图 13.2.1 是典型破片战斗部结构示意图.

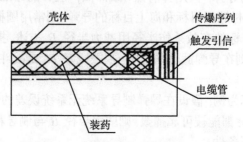

图 13.2.1　典型破片战斗部结构示意图

13.2.1 壳体

壳体是战斗部的基体, 其基本作用是作为装药容器, 与导弹舱体连接, 起支撑和连接作用. 另外, 在装药爆炸后, 壳体破裂可形成能摧毁目标的高速金属破片或其他形式的毁伤元素.

壳体形状一般有圆柱形、鼓形和截锥形等; 所用材料根据毁伤元素的不同要求可采用优质金属合金或新型复合材料等; 对于再入大气层的战斗部, 一般还要在壳体外面加装热防护层.

对壳体的要求是:

(1) 满足各种过载 (包括发射和飞行过程中、重返大气层和碰撞目标时) 的强度、刚度要求;

(2) 若战斗部位于导弹头部, 还应具有良好的气动外形;

(3) 结构工艺性好, 材料来源广.

13.2.2 装填物

常规战斗部的装填物是高能炸药. 炸药爆炸时能产生破坏的原因, 一是爆炸反应传播的速度 (即爆速) 很高, 通常达 6~9km/s; 二是爆炸时产生高压, 其值约 20~40GPa; 三是爆炸时产生大量气体 (爆轰产物), 一般可达 1000L/kg. 这样, 在十几微秒到几十微秒的极短时间内, 战斗部壳体内形成一个高温高压环境, 使壳体膨胀、破碎, 形成许多高速的毁伤元素. 同时, 高温高压的爆炸气体产物迅速膨胀, 推动周围空气, 形成在一定距离内有很大破坏力的空气冲击波.

炸药可分为单质炸药和混合炸药, 常规战斗部装填高能混合炸药的居多, 主要成分有梯恩梯 (TNT)、黑索金 (RDX)、奥克托金 (HMX) 等. RDX 和 HMX 属于敏感炸药, 不能单独使用, 因此, 铸装时一般与感度和熔点较低的 TNT 混合使用; 压装时必须加入某些钝感剂, 以降低其感度, 比如塑料黏结炸药 (PBX). 为了增强战斗部的做功能力, 有的战斗部装药中还加入适量的金属粉 (如铝粉) 以增大炸药的爆热或实现其他功能.

对炸药装药的要求是:

(1) 对目标造成尽可能大的破坏作用, 爆炸性能好, 作用可靠;

(2) 使用安全, 机械感度和摩擦感度低;

(3) 有良好的化学、物理安定性, 便于长期贮存;

(4) 装药工艺性好, 毒性低, 成本低.

13.2.3 传爆序列

战斗部的传爆序列通常包括 (电) 雷管、传爆药柱和扩爆药柱等, 一般安装在安全执行机构内. 传爆序列是一种能量放大器, 其作用是把引信所接收到的有关目

标的初始讯号 (或能量) 先转变成起爆信号输出, 引发雷管, 再经传爆序列将能量逐级放大, 最终可靠引爆战斗部装药.

电雷管是一种重要的火工品, 其内部装有适量的对热能较敏感的起爆药 (如叠氮化铅), 其中埋置桥式电阻丝. 当电雷管接收到一个足够大的电脉冲时, 电阻丝被灼热, 使起爆药爆炸, 从而把电脉冲转换成为爆炸脉冲, 继而引发后续传爆和爆轰元件.

对传爆序列的要求是:

(1) 结构简单, 便于贮存;

(2) 平时安全, 作用可靠.

13.2.4　保险装置

战斗部子系统中有大量的火工品, 在平时日常维护中需要保证其安全, 而在战时应用中 (战斗部与目标交会时) 需要保证其可靠工作. 这个任务就是由保险装置来完成的. 保险装置通常是一个机械系统, 主要由底座、活塞、壳体、惯性块和电磁装置等组件组成. 保险装置在平时通过隔离引信的信号来保证安全, 战时可通过弹药发射时的后坐力、弹簧储能和气压的变化来触发并自动解除.

13.2.5　引信

引信是使战斗部按预定的策略 (预定的时间和地点) 实施起爆的控制装置. 引信对战斗部起爆的优化控制能够对目标实现最大程度的毁伤. 例如, 引信可以根据需要, 控制战斗部在撞击目标之前 (距离目标一定距离处)、撞击的瞬时和撞击之后起爆. 这些时间特性和战斗部的毁伤机理有关, 如聚能破甲战斗部要求一触即发, 在战斗部未回跳之前爆炸而将目标毁伤; 深侵彻战斗部要求引信延时, 待战斗部侵入目标内部一定深度后再起爆, 以达到更好的毁伤效果; 而当毁伤飞行目标时, 战斗部直接撞击目标是困难的, 此时则要求一定距离非接触引爆; 等等.

引信在战斗部子系统中是一个非常重要的专用装置, 可置于弹体内的不同位置, 如弹头、弹底 (尾)、弹身 (侧面引爆)、复合位置 (多向引爆) 等. 它是一个小型的精密器件, 具有高度的准确性和可靠性. 有时火工品和主传爆药柱都装设在引信里面, 成为引信的一个组件. 按作用原理, 引信的种类可分为触发引信、近炸引信和执行引信等. 随着信息科学和光电技术的发展, 先进的引信系统不断涌现, 为战斗部实现高效毁伤提供了更丰富和有效的技术支撑. 下面介绍几种主要引信的结构和原理.

13.2.5.1　触发引信

触发引信靠碰撞产生的信号引爆战斗部.

1) 机械触发引信

这类引信的结构类型非常多, 图 13.2.2 是一种机械触发引信的结构图. 该引信当弹着角较大时, 惯性撞针座在引信碰击目标时使撞针刺入火帽. 当弹着角较小时, 惯性力的侧向分量使惯性环压倒叉头保险装置后产生侧移, 迫使环上的衬筒连同撞针座一起上移, 完成针刺动作. 图 13.2.2 的安全销是在发射前预先拔除掉的. 机械触发引信常用于各类炮弹、火箭弹、航空炸弹及导弹上.

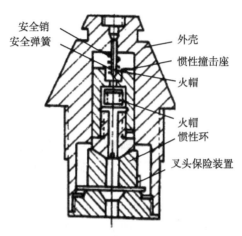

图 13.2.2 头部触发引信的结构图

2) 电触发引信

在触发引信中, 也可以设计成电触发方式. 比如采用电流通过时引发电雷管, 而不是由击针引发火帽再起爆雷管. 电流的接通是当战斗部碰撞目标时通过一个触点被闭合而实现的. 电触发引信主要应用于破甲战斗部等.

3) 压电引信

压电晶体在碰撞压力下能产生高压电流将电雷管引爆. 利用压电触发的引信瞬发性很好, 完成引爆只需几十微秒.

13.2.5.2 非触发引信

非触发引信受传媒信息的作用引爆战斗部, 有时也称为近炸引信. 根据信息的形成方式有主动式、被动和半主动式非触发引信, 根据传媒信号不同可分为无线电引信、光引信等.

1) 无线电引信

无线电引信, 又称雷达引信, 是指利用无线电波感应目标的近炸引信, 一般是主动式非触发引信, 其工作原理与雷达相同. 其中米波多普勒效应无线电引信, 由于简单可靠, 应用较为广泛, 其结构组成框图参见图 13.2.3. 目前, 随着微电子技术的发展, 无线电引信朝新频段、集成化、多选择、自适应的方向发展, 而提高抗干扰能力始终是其发展过程中需要解决的关键问题.

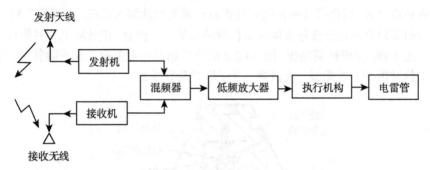

图 13.2.3   无线电引信的组成及工作原理示意图

2) 红外引信

红外引信是指依据目标本身的红外辐射特性工作的光近炸引信, 通常特指被动红外引信. 引信的红外接收器 (光敏电阻元件) 感受目标辐射的红外射线能量, 并将其转变为电信号, 经放大后引爆电雷管. 红外引信的优点是不易受外界电磁场和静电场的影响, 抗干扰能力强; 缺点是易受恶劣气象条件的影响, 对目标红外辐射特性的依赖性较大. 近年来出现了红外成像引信, 其目标探测识别能力显著提高, 发展前景看好.

3) 激光引信

激光引信是利用激光束探测目标的光引信, 属于主动式非触发引信, 具有全向探测目标的能力和良好的距离截止特性. 激光引信对电磁干扰不敏感, 因此可广泛配用于反辐射导弹. 配用于空空导弹、地空导弹的多象限激光引信, 与定向战斗部相匹配, 对提高导弹对目标的毁伤效能具有重要作用. 激光引信配用于反坦克导弹, 可进一步提高定距精度, 并避免与目标碰撞引起的弹体变形. 激光引信的缺陷是易受到气象干扰, 主要是在中、高空受阳光背景干扰, 在低空受云、雾、烟、尘等大气悬浮颗粒的影响以及地、海杂波干扰和人工遮蔽式干扰等, 所以激光引信的进一步发展是设法提高抗干扰能力.

13.2.5.3   执行引信

执行引信是指直接获取专门设备发出的信号而作用的引信, 按获取的方式可分为时间引信和指令引信.

时间引信: 指按预先装订的时间而作用的引信. 该引信的计时方式有机械式 (钟表式)、火药式 (火药燃烧药柱长度计时) 和电子式 (电子计时) 等.

指令引信: 指利用接受遥控 (无线或有线遥控) 系统发出的指令信号 (电、光信号) 而作用的引信, 该引信需要设置接受指令信号的装置. 指令引信一般用在雷达指令制导的地空导弹上, 雷达根据探测到的弹目运动参数发出制导指令, 将导弹导引到目标附近, 在达到合适的弹目交会条件时, 雷达再发出引信发火指令, 引发导弹战斗部爆炸.

13.2.5.4 现代先进的引信系统

在实际应用中, 上述不同原理的引信组成相应的引信系统, 可实现战斗部起爆的可靠控制. 另外, 还有一些先进的引信系统用于新型武器装备, 如灵巧智能引信和弹道修正引信等, 其中灵巧智能引信包括能控制侵彻弹药炸点的硬目标智能引信和末端敏感的近炸引信等.

硬目标引信是以加速度计为基础的电子引信, 配装该类引信的侵彻弹药 (战斗部) 是打击防护工事、地下指挥所、通信中心和舰船 (具有间隔多层结构) 的有力武器. 末端敏感弹药近炸引信是利用毫米波或厘米波无线电、红外辐射或复合光电探测原理, 能够对目标进行探测、识别的智能引信. 配装该类引信的弹药 (战斗部) 被投射到地面目标 (如坦克、装甲车集群) 的上空时, 弹药 (战斗部) 在目标上空对目标区域进行螺旋式扫描探测和实时识别, 当判定为真实目标时, 该引信起爆战斗部, 形成毁伤元素从顶部攻击目标.

弹道修正引信是指能测量载体空间坐标或姿态, 对其飞行弹道进行修正, 同时具有传统引信功能的引信. 弹道修正引信配用于榴弹炮、迫击炮、火箭炮等地面火炮弹药, 特别是增程弹药上, 用以提高对远距离面目标的毁伤概率.

13.3 常规导弹毁伤效应

常规导弹毁伤效应在原理上有两种基本类型: 由爆炸引起的爆炸冲击毁伤效应和由撞击造成的侵彻毁伤效应. 随着新型武器的发展, 钻地弹、半穿甲弹以及子母弹更加注重不同毁伤效应的综合利用, 因此就有了侵爆毁伤和多效应综合毁伤的军事应用. 本节首先介绍两种基本毁伤效应, 然后对侵爆和多效应综合毁伤做一个简介.

13.3.1 爆炸冲击毁伤效应

爆炸冲击毁伤效应主要是指战斗部装药爆炸产生的爆轰产物和冲击波对目标造成的破坏现象, 是常规武器最基本的毁伤效应, 多用于摧毁地面有生力量、建筑物和水面舰船等目标. 其中, 爆轰产物是高温高压气体, 主要用于毁伤近区目标; 冲击波是一个压力、密度、温度等物理参数发生突变的高速运动界面, 可以毁伤较远处的目标. 当冲击波作用于目标时, 将对目标施加很大的压力和冲量, 使目标遭受不同程度的损毁和抛掷破坏.

以爆炸冲击效应为主要毁伤特征的战斗部称作爆破战斗部. 结合弹头的侵彻能力设计, 爆破战斗部还可通过侵爆作用对地下目标和目标内部实施破坏, 用于毁伤机场、舰船、交通枢纽、地下指挥所等军事目标.

13.3.1.1　空中爆炸效应

战斗部在空气中爆炸时, 其周围介质直接受到高温、高压爆炸产物的作用. 爆炸产物以极高的速度向四周飞散, 强烈压缩相邻的空气介质, 使介质中的压力、密度和温度发生突跃升高, 形成初始冲击波. 所形成的空气冲击波携带了约 60%~70% 的炸药能量, 图 13.3.1 是爆炸空气冲击波的形成和压力分布示意图. 图中 p_0 表示常压, $p_m - p_0$ 表示冲击波引起的超压峰值.

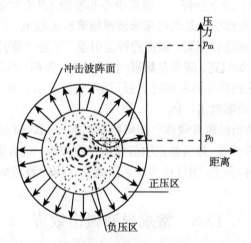

图 13.3.1　爆炸空气冲击波的形成和压力分布图

冲击波对目标的破坏作用是由冲击波阵面的超压峰值和比冲量造成的, 其破坏程度与冲击波强弱 (超压峰值和比冲量大小) 以及目标易损性相关. 图 13.3.2 是冲击波经过空间某点时引起的压力时程曲线 ($p - t$) 示意图. 图中 p_0 是大气压强, p_m 是冲击波阵面的最大压力; Δp_m 为 p_m 与 p_0 之差, 即超压峰值; t_+ 是正压区作用时间, 又称正压持续时间. 当目标遭受冲击波作用时, 如果冲击波正压作用时间大于目标本身的振动周期, 则目标的破坏由冲击波阵面的超压引起. 当冲击波正压作用时间小于目标本身的振动周期时, 目标的破坏由冲击波作用于目标的比冲量决定. 因冲击波作用于目标是一个瞬时加载过程, 所以比冲量作为破坏目标的衡量标准会更合理些. 正压区压力在作用时间内的积分称为比冲量, 用符号 I 表示. Δp_m, t_+ 和 I 便是冲击波破坏作用的三个主要参数, 下面给出三个参数的典型计算公式.

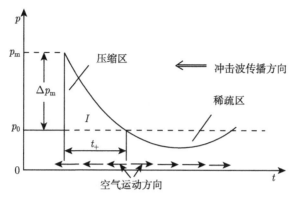

图 13.3.2 冲击波经过空间某点的 $p-t$ 关系示意

球形或接近球形的 TNT 裸装药在无限空中爆炸时, 根据爆炸理论和试验结果, 拟合得到如下超压峰值计算公式, 即著名的萨道夫斯基公式

$$\Delta p_{\mathrm{m}} = 0.84 \left(\frac{\sqrt[3]{W_{\mathrm{TNT}}}}{R} \right) + 2.7 \left(\frac{\sqrt[3]{W_{\mathrm{TNT}}}}{R} \right)^2 + 7.0 \left(\frac{\sqrt[3]{W_{\mathrm{TNT}}}}{R} \right)^3 \tag{13.3.1}$$

式中, Δp_{m} 的单位是 $10^5 \mathrm{P}_a$; W_{TNT} 为 TNT 当量 (等效) 装药质量 (kg); R 为测点到爆心的距离 (m).

炸药在地面上爆炸时, 由于地面的阻挡, 空气冲击波只向一半无限空间传播, 地面对冲击波的反射作用使能量向一个方向增强. 当装药在混凝土、岩土类的刚性地面爆炸时发生全反射, 相当于两倍的装药在半无限空间爆炸的效果. 于是可将 $2W_{\mathrm{TNT}}$ 代替超压计算公式 (13.3.1) 根号内的 W_{TNT}, 直接得出

$$\Delta p_m = 1.06 \left(\frac{\sqrt[3]{W_{\mathrm{TNT}}}}{R} \right) + 4.3 \left(\frac{\sqrt[3]{W_{\mathrm{TNT}}}}{R} \right)^2 + 14 \left(\frac{\sqrt[3]{W_{\mathrm{TNT}}}}{R} \right)^3 \tag{13.3.2}$$

当装药在普通土壤地面爆炸时, 地面土壤受到高温高压爆炸产物的作用发生变形、破坏, 甚至被抛掷到空中, 而形成一个炸坑, 将消耗一部分能量. 因此, 在这种情况下, 地面能量反射系数小于 2, 等效爆炸当量一般取为 $(1.7 \sim 1.8)W_{\mathrm{TNT}}$. 当取 $1.8W_{\mathrm{TNT}}$ 时, 冲击波超压峰值公式 (13.3.1) 变为

$$\Delta p_{\mathrm{m}} = 1.02 \left(\frac{\sqrt[3]{W_{\mathrm{TNT}}}}{R} \right) + 3.99 \left(\frac{\sqrt[3]{W_{\mathrm{TNT}}}}{R} \right)^2 + 12.6 \left(\frac{\sqrt[3]{W_{\mathrm{TNT}}}}{R} \right)^3 \tag{13.3.3}$$

空气冲击波以空气为介质, 而空气密度随着海拔高度的增加逐渐降低, 因而在装药量相同时, 冲击波的威力也随高度的增加而下降. 考虑超压随爆点高度的增加而降低, 对 (13.3.1) 式进行高度影响修正如下

$$\Delta p_{\mathrm{m}} = \frac{0.84}{\bar{R}} \left(\frac{p_H}{p_0} \right)^{1/3} + \frac{2.7}{\bar{R}^2} \left(\frac{p_H}{p_0} \right)^{2/3} + \frac{7.0}{\bar{R}^3} \left(\frac{p_H}{p_0} \right) \tag{13.3.4}$$

式中, p_H 为爆点高度的空气压强, p_0 为标准大气压 $(1.01 \times 10^5 \mathrm{P}_a)$; $\bar{R}$ 称为比例距离, 表达式为 $\bar{R} = \dfrac{R}{\sqrt[3]{W_{\mathrm{TNT}}}}$. 因此, 对付空中目标时, 随着弹目遭遇高度的增加, 爆破战斗部所需炸药量迅速增加.

球形 TNT 裸露装药在无限空中爆炸时, 冲击波正压作用时间 t_+ 的一个计算公式是

$$t_+ = 1.3 \times 10^{-3} \sqrt[6]{W_{\mathrm{TNT}}} \sqrt{R} \ (\mathrm{s}) \tag{13.3.5}$$

球形 TNT 裸露装药无限空中爆炸产生的比冲量 I 的一个计算公式是

$$I = 9.807 A \frac{W_{\mathrm{TNT}}^{2/3}}{R} \ (\mathrm{Pa \cdot s}) \tag{13.3.6}$$

式中, A 为与炸药性能有关的系数, 对 TNT, $A=30 \sim 40$.

表 13.3.1 列出了冲击波超压对人员和建筑物构件的毁伤效应.

表 13.3.1　超压对人员和建筑物构件的毁伤效应 [3]

对人员		对建筑物构件	
超压/MPa	损伤程度	超压/MPa	被毁伤的建筑物构件
0.0138~0.0276	耳膜失效	0.05 ~ 0.10	装备玻璃
0.0276~0.0414	出现耳膜破裂	0.05	轻隔板
0.1035	50%耳膜破裂	0.1 ~ 0.16	木梁上楼板
0.138~0.241	死亡率 1%	0.25	1.5 层砖墙
0.276~0.345	死亡率 50%	0.45	2 层砖墙
0.379~0.448	死亡率 99%	3.0	0.25m 厚钢筋混凝土墙

13.3.1.2　水中爆炸效应 [4,5]

战斗部在水中爆炸时形成水中冲击波和气泡脉动是造成水中目标破坏的主要原因. 对于高能炸药, 有一半的爆炸能以冲击波的形式传播. 与空气相比, 水的密度大、可压缩性差, 使得水中冲击波强度高、传播速度大.

图 13.3.3 是水中爆炸形成的冲击波结构图, 其中 p_m 为冲击波阵面峰值压力, 波后压力呈指数衰减, θ 是波后压力衰减的时间常数, T_0 为第一次气泡脉动形成的滞后时间, T 为二次压力波的周期. 炸药在水中爆炸时, 可以利用传感器测到距爆点不同距离处的峰值压力 p_m 和 $p-t$ 曲线, 以及二次压力波的周期 T, 然后通过测试的 $p-t$ 波形导出压力指数衰减的时间常数 θ. 时间常数 θ 是从峰值压力 p_m 衰减到 $p_m/e(e=2.718)$ 所用的时间.

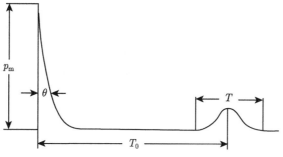

图 13.3.3 水中爆炸形成的冲击波结构图

水中冲击波的波后压力随时间变化的衰减规律可表示为

$$p(t) = p_m e^{-\frac{t}{\theta}} \tag{13.3.7}$$

θ 与炸药的种类、重量有关, 也与距爆炸中心的距离 R 有关:

$$
\begin{aligned}
\theta &= 10^{-4} W_{\mathrm{TNT}}^{1/3} \left(\frac{R}{W_{\mathrm{TNT}}^{1/3}} \right)^{0.24}, \text{对于球形装药} \\
\theta &= 10^{-4} W_{\mathrm{TNT}}^{1/3} \left(\frac{R}{W_{\mathrm{TNT}}^{1/3}} \right)^{0.41}, \text{对于柱形装药}
\end{aligned}
\tag{13.3.8}
$$

冲击波比冲量 I 是压力对时间的积分, 其形式为

$$I = \int_0^t p(t)\mathrm{d}t = \int_0^t p_{\mathrm{m}} e^{-\frac{t}{\theta}} \mathrm{d}t = p_{\mathrm{m}}\theta \left[1 - e^{-\frac{t}{\theta}} \right] \tag{13.3.9}$$

装药在无限水介质中爆炸时, 气泡脉动引起的二次压力波的峰值一般不超过水中冲击波峰值压力的 20%, 但其作用时间远大于水中冲击波作用时间, 故两者比冲量比较接近, 两次作用对目标的破坏能力是可以比拟的. TNT 装药水中爆炸形成的二次压力波峰值压力可表示为

$$p_{\mathrm{mb}} = p_h + 72.4 \frac{W_{\mathrm{TNT}}^{1/3}}{R} \tag{13.3.10}$$

式中, p_h 为与装药量同深度处水的静水压力.

13.3.1.3 岩土中爆炸效应 [5]

战斗部在无限均匀岩土中爆炸时产生的破坏效应如图 13.3.4 所示. 装药爆炸形成的爆轰产物压力达到几十万大气压 (数十吉帕), 而最坚固的岩土抗压强度仅为数十兆帕, 因此直接与炸药接触的土石将受到强烈的压缩, 结构完全破坏, 颗粒被压碎, 整个岩土受爆炸气体挤压发生径向运动, 形成一个空腔, 称为爆腔. 爆腔的体积约为装药体积的几十倍或几百倍, 爆腔的尺寸取决于土壤的性质、炸药的种类和装药量. 与爆腔相邻接的是强烈压碎区, 在此区域内原岩土结构全部被破坏和压碎. 随着与爆炸中心距离的增大, 爆轰产物的能量将传给更多的介质, 爆炸在介质内形成的压缩应力波幅值迅速下降. 当压缩波应力值小于岩土的动态抗压强度时, 岩土不再被压坏和压碎, 基本上保持原有的结构, 因此在爆炸作用的范围内依次形成破裂区、震动区.

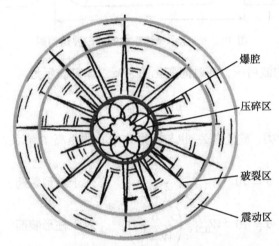

图 13.3.4　装药在无限岩土介质中爆炸的效应

目前还没有精确的理论方法计算岩土中爆炸冲击波的参数, 因此, 试验研究岩土中爆炸波的传播显得十分重要. 试验数据表明, 岩土中爆炸产生的球形冲击波和压缩波在传播过程中遵循 "爆炸相似律". 基于试验结果和爆炸相似律, 球形 TNT 装药在自然湿度的饱和与非饱和细粒沙介质中爆炸引起的冲击波峰值压力可用下式表示

$$p_{\mathrm{m}} = A_1 \left(\frac{1}{\bar{R}} \right)^{a_1} \tag{13.3.11}$$

式中, $\bar{R} = R/W_{\mathrm{TNT}}^{\frac{1}{3}}$, A_1 和 a_1 的值为经验常数.

岩石中爆炸冲击波的比冲量 I 计算公式为

$$I = A_2 \sqrt[3]{W} \left(\frac{1}{\bar{R}} \right)^{a_2} \tag{13.3.12}$$

式中, A_2 和 a_2 的值为经验常数.

超压持续时间 t_+ 的计算公式为

$$t_+ = \frac{2I_{\mathrm{m}}}{p_{\mathrm{m}}} \tag{13.3.13}$$

13.3.1.4 不同介质中爆炸冲击毁伤效应对比分析

爆破战斗部在不同介质中爆炸时, 产生的主要毁伤元素都是爆轰产物和冲击波, 但由于作用的介质不同, 爆炸冲击效应有所不同. 在空中爆炸时, 空气冲击波在传播过程中作用于目标, 以冲击波超压和比冲量破坏目标. 在水中爆炸时, 水中冲击波是造成目标破坏的第一原因, 气泡脉动引起的二次压力波也能使目标受到一定程度的破坏. 在岩土中爆炸时形成爆腔、压碎区、破坏区和震动区等不同破坏程度的分区, 可以造成目标的结构破坏. 一般认为, 爆破战斗部摧毁目标, 在空中和水中主要依靠冲击波作用, 在岩土中主要靠局部破坏效应.

13.3.2 侵彻毁伤效应

侵彻毁伤效应是指利用毁伤元素的动能实施侵彻作用来破坏目标的现象, 是常规武器另一类基本毁伤效应. 按照毁伤元素的类型不同可分为破片侵彻毁伤、破甲侵彻毁伤和穿甲侵彻毁伤.

13.3.2.1 破片侵彻毁伤

破片侵彻毁伤效应是指战斗部爆炸产生具有一定质量和空间分布的高速破片, 利用破片的高速撞击、引燃、引爆等效应实施毁伤, 主要用于攻击空中、地面和水上轻型装甲防护的目标及有生力量. 破片战斗部是实现破片侵彻毁伤的主要战斗部类型, 典型的破片战斗部结构如图 13.3.5 所示, 主要由装药、壳体、预制破片、传爆序列、引信等部分组成.

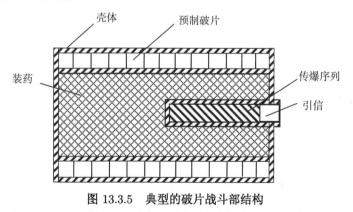

图 13.3.5　典型的破片战斗部结构

1) 传统破片战斗部

传统破片战斗部根据破片产生的途径分为自然破片、半预制破片和预制破片战斗部三种结构类型, 如图 13.3.6 所示. 自然破片是在爆轰产物作用下壳体膨胀、断裂、破碎而形成的, 这时壳体既是容器又是毁伤元素. 一般而言壳体较厚, 爆轰产物泄漏之前, 驱动破片加速的时间较长, 形成的破片初速较高, 但破片大小不均匀, 形状不规则, 在空气中飞行时速度衰减较快. 半预制破片战斗部一般采用壳体刻槽、炸药刻槽、壳体局部弱化和圆环叠加焊点等措施, 使壳体局部强度减弱, 控制壳体的破裂位置, 避免产生过大和过小的破片, 减少了金属壳体的损失, 改善了破片性能, 从而提高了战斗部的杀伤效率. 预制破片战斗部的破片为全预制结构, 预制破片形状可采用球形、立方体、长方体、杆状等, 并用黏结剂 (如环氧树脂) 定型在两层薄壳体之间. 薄壳体材料可以是铝、钢或玻璃钢等.

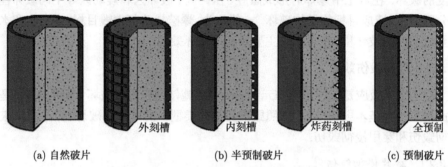

(a) 自然破片　　　　　　　　(b) 半预制破片　　　　　　(c) 预制破片

图 13.3.6　破片战斗部典型结构类型

　　目前, 已经建立了破片对目标毁伤的多种准则, 其中机械毁伤使用比动能准则; 引燃效率采用比冲量准则; 而对有生力量则普遍采用能量准则. 表 13.3.2 给出了破片对典型目标的毁伤标准.

表 13.3.2　破片对典型目标的毁伤标准 [3]

目标	破片最小能量或比动能
人员	78 J
飞机自封油箱 (低碳钢板)	2.715 MJ/m^2
飞机非密封油箱 (低碳钢板)	0.36 MJ/m^2
飞机的冷却系统、供给系统等 (铝合金)	2.45 MJ/m^2
飞机发动机、机身 (机身蒙皮)	$3.90 \sim 4.90 \text{ MJ/m}^2$
大梁、操纵杆等 (4mm 防护装甲)	7.85 MJ/m^2
装甲 (12mm 装甲)	35.00 MJ/m^2

2) 定向破片战斗部

　　传统破片战斗部的毁伤元素围绕导弹纵轴沿环向均匀分布, 导弹攻击目标时, 破片向四周飞散, 而目标只能位于战斗部的一个方位, 在战斗部杀伤区内的破片只占壳体的很小一部分, 因此只有少量破片飞向目标方向, 绝大部分成为无效破片. 如果想办法调整战斗部在环向的能量分布, 增加目标方向的毁伤元素或能量, 甚至把毁伤元素或能量全部集中到目标方向上去, 将大大提高对目标的杀伤效率. 这种把破片能量相对集中的战斗部称为定向战斗部. 定向战斗通过特殊的结构设计, 在破片飞散前运用一些机构适时调整破片攻击方向, 使破片在环向一定角度范围内相对集中, 并指向目标方位, 得到环向不均匀的打击效果. 定向战斗部可以提高在给定目标方向上的破片密度、破片速度和杀伤半径, 使战斗部对目标的杀伤概率得到很大程度的提高. 因此, 定向战斗部的应用将大大提高对目标的杀伤能力, 或者在保持一定杀伤能力的条件下, 减小战斗部的质量, 这对于提高导弹的总体性能具有十分重要的现实意义.

根据战斗部结构特点和方向调整机构的不同, 定向战斗部 [6] 大致可分为偏心起爆式、可变形式和机械变形式、破片芯式等几种. 这里简单介绍两种定向战斗部结构及其作用原理.

(1) 偏心起爆式定向战斗部.

偏心起爆式定向战斗部典型结构的截面图如图 13.3.7 所示, 主装药分成四个象限 (图中 I, II, III, IV) 或八个象限, 起爆装置偏心置于两象限之间靠近弹壁处 (图中 a, b, c, d 的位置), 弹轴部位安装安全执行结构. 其作用原理是, 当导弹与目标遭遇时, 弹上的目标方位探测设备测知目标位于导弹环向的某一个象限方位 (如 I), 则同时起爆与之相对的象限两侧的起爆装置 (如 c, d), 如果目标位于两个象限 (如 I 和 II) 之间, 则同时起爆与之相对的起爆装置 (如 d). 由于偏心起爆的作用改变了战斗部杀伤能量在环向均匀分布的局面, 而使能量向目标方向相对集中. 起爆装置的偏心程度对径向能量的分布有很大的影响, 起爆点越靠近弹壁, 目标方向上的能量增益越大. 该战斗部的特点是, 在目标定向方向的破片速度增益明显, 破片密度增益较小.

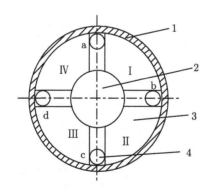

1-破片层; 2-安全执行机构; 3-主装药; 4-起爆装置

图 13.3.7 偏心起爆式定向战斗部典型结构截面示意图

(2) 可变形式定向战斗部.

可变形式定向战斗部 [7] 的典型结构和作用过程示意图如图 13.3.8(a) 所示. 可变形战斗部装药由主装药和辅装药两部分组成, 其中辅装药用于壳体预先变形, 主装药用于驱动破片运动. 可变形战斗部采取二次起爆过程, 通过预先改变壳体形状来提高目标方向上的破片密度, 以实现高效毁伤. 作用原理是, 当导弹与目标遭遇时, 导弹上的目标方位探测设备和引信测知目标的相对方位和运动状态, 通过起爆控制系统确定起爆顺序. 首先引爆目标方向上的一条或几条相邻的辅装药, 其他辅装药在隔爆设计下不被引爆 (图 13.3.8(b)); 之后弹体在辅装药的爆轰作用下在目标方向上形成一个变形面 (图 13.3.8(c)); 经过短暂延时后, 在变形面的相对位置处引爆主装药, 使破片较集中地飞向目标 (图 13.3.8(d)), 实现对目标的高效毁伤.

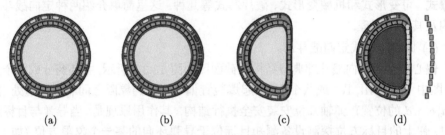

$$(a) \qquad\qquad (b) \qquad\qquad (c) \qquad\qquad (d)$$

图 13.3.8　可变形式定向战斗部结构及作用过程示意图

13.3.2.2　破甲侵彻毁伤

破甲侵彻毁伤效应是指利用聚能装药结构爆炸产生的高速金属射流、爆炸成型弹丸、聚能长杆射弹来侵彻毁伤目标, 主要用于毁伤坦克、火炮、装甲运输车、步兵车等重装甲目标. 聚能破甲战斗部是实施破甲侵彻的战斗部类型, 典型的聚能装药和破甲战斗部结构如图 13.3.9 所示, 聚能装药结构由炸药装药、药型罩和壳体等组成, 破甲战斗部主要由雷管、传爆药和聚能装药结构组成, 其中药型罩用来形成实施破甲的射流、射弹等毁伤元素.

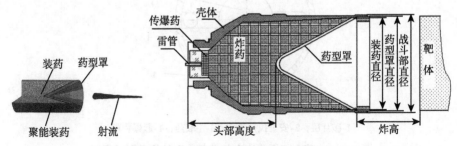

图 13.3.9　聚能装药和破甲战斗部结构

聚能破甲战斗部产生的射流速度可达每秒数千米, 可以对目标装甲进行持续冲击作用, 使钢甲局部范围内出现不断加深的孔洞, 直至穿透, 完成侵彻破甲过程. 目前, 破甲深度在实验室条件下可达 10~12 倍装药直径, 同时弹体破裂形成破片, 可以毁伤装甲目标外面的有生力量和轻装甲目标.

　　传统的聚能装药破甲战斗部在炸药爆炸后将形成高速射流和杆体. 由于射流速度梯度很大, 从而被拉长甚至断裂, 因此, 破甲战斗部存在有利炸高. 炸高的大小影响着射流的侵彻性能, 而且破甲威力抗干扰能力比较差. 作为一种改进途径, 采用大锥角药型罩、球缺形药型罩等聚能装药结构, 在爆轰波作用下罩压垮、翻转和闭合形成高速弹体, 无射流和杆体的区别, 整个药型罩质量全部可用于侵彻目标. 这种方式形成的高速弹体称为爆炸成型弹丸 (explosively formed projectile, EFP). 图 13.3.10[7] 给出了爆炸成型弹丸装药结构和形成的射弹形状, 它以大炸高, 弹坑孔径大且均匀、反映装甲对其干扰小以及后效和气动性能好为主要特点, 在一定程度上弥补了聚能射流的不足, 并很快应用于军事领域, 被广泛用作末敏弹和其他灵巧弹药的战斗部, 用于攻克坦克的顶装甲.

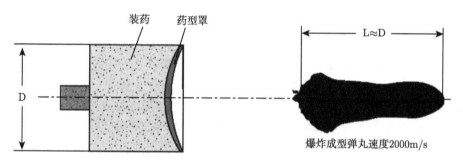

图 13.3.10　爆炸成型弹丸装药结构及形成的射弹形状

　　将聚能装药结构与高速穿甲弹的概念相结合, 产生了基于聚能装药结构的聚能长杆射弹 [8](jet projectile charge, JPC) 技术, 它采用新型起爆传爆系统、装药结构及高密度的重金属合金药型罩, 通过改善药型罩的结构形状, 产生高速杆式弹丸, 既具有射流速度高、侵彻能力强的特征, 也具有爆炸成形弹丸药型罩利用率高、直径大、侵彻孔径大、大炸高、破甲稳定性好的优点, 表现出诱人的军事应用潜力. 聚能长杆射弹装药结构还可以通过起爆点的设计, 在使用之前根据打击目标的性质, 来确定战斗部是产生聚能长杆射弹还是形成 EFP. 聚能长杆射弹装药的这些特点使得该新型结构战斗部在掠飞攻顶的导弹和末敏灵巧弹药、智能武器、攻坚弹药、串联钻地弹战斗部前级装药等方面都有着很好的应用前景.

　　聚能射流、爆炸成型弹丸和聚能长杆射弹的相关性能比较如表 13.3.3 所示 (表中 V_0 为毁伤元素的速度, d 为药型罩底直径), 从表 13.3.3 中可以看出, EFP 具有完整的药型罩利用率和稳定的飞行能力；JPC 具有较完整的药型罩利用率和很强的侵彻能力. 几种典型的装药结构和对应的毁伤元素特征对比如图 13.3.11 所示.

表 13.3.3　三种装药结构有关数据对比 [9]

	$V_0/(\text{km/s})$	有效作用距离	侵彻深度	侵彻孔径	药型罩利用率
射流	5.0~8.0	3~8 d	5~10 d	0.2~0.3 d	10%~30%
EFP	1.7~2.5	1000 d	0.7~1 d	0.8 d	100%
JPC	3.0~5.0	50 d	>4 d	0.45 d	80%

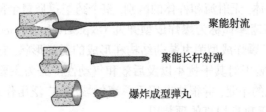

聚能射流

聚能长杆射弹

爆炸成型弹丸

图 13.3.11　聚能装药结构与相应的毁伤元素对比示意图

13.3.2.3　穿甲侵彻毁伤

　　穿甲侵彻毁伤效应是指利用穿甲弹的动能对装甲撞击引起的侵彻和破坏作用. 穿甲弹首先穿透目标, 之后弹丸残体、碎片以及装甲的次生碎片一起进入目标内部, 进一步杀伤人员、毁伤仪器和引爆、引燃弹药等, 主要用来攻击具有一定装甲防护的硬目标, 如舰船、坦克、装甲输送车和混凝土工事等. 第四代尾翼稳定典型穿甲弹结构如图 13.3.12 所示, 它由主侵彻体、弹托等部分组成.

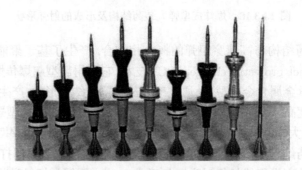

图 13.3.12　典型穿甲弹结构示意图

　　当高速穿甲弹撞击靶板时, 可能出现侵彻、贯穿和跳飞三种情况, 侵入靶板而没有穿透的情况称为侵彻 (penetration); 完全穿透靶板的情况称为贯穿 (perforation). 影响穿甲侵彻现象的因素很多, 主要可以分为三大类: 靶、弹和弹靶交互状态. 关于靶, 靶板可分为无限厚靶、半无限厚靶、厚靶和薄靶, 靶板材料有塑性和脆性材料, 靶板结构可以是均质的、非均质的和复合结构等; 关于弹, 弹丸材料有塑性和脆性之别, 弹头形状有尖头、钝头和其他形状等; 弹靶交互状态包括弹丸的侵彻速度、着靶姿态, 如垂直着靶还是倾斜着靶等.

　　靶板的贯穿破坏可表现为多种形式, 如图 13.3.13 所示. 图中, (a) 为冲塞型, 当钝头弹侵彻硬度相当高的中等厚度的装甲时容易出现冲塞型破坏；(b) 为花瓣型, 小锥角尖头或卵形头部弹丸侵彻薄装甲时容易产生花瓣型破坏；(c) 为韧性穿孔, 尖头弹垂直撞击强度不高的装甲易出现韧性穿孔破坏；(d) 为破碎型, 当高着速的弹丸侵彻脆硬装甲时易出现破碎型破坏；(e) 崩落型, 靶板硬度稍高或材质有轧制层状组织时易出现崩落型破坏. 上述现象属于基本型, 实际出现可能是几种破坏形态的综合, 如图 13.3.14 所示.

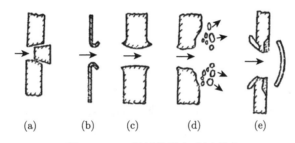

$$(a) \qquad (b) \qquad (c) \qquad (d) \qquad (e)$$

图 13.3.13　靶板的贯穿破坏形式

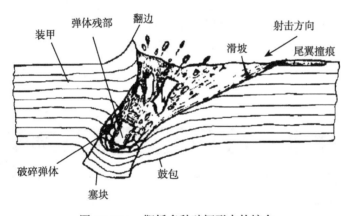

图 13.3.14　靶板多种破坏形态的综合

13.3.3　侵爆毁伤效应

　　侵彻爆炸毁伤效应 (简称侵爆毁伤效应) 是指侵彻战斗部利用一定动能侵彻目标后, 再实施爆炸毁伤, 主要用于摧毁舰艇、地面/下指挥所和坚固工事、机场跑道、建筑物等目标. 具有侵爆毁伤效应的典型弹种是钻地弹. 为了实现最佳毁伤效果, 钻地弹的战斗部应侵彻一定深度后再引爆, 准确、及时地引爆通过引信机构的延期作用来控制.

　　钻地弹主要由载体和侵彻战斗部组成. 载体用于运载侵彻战斗部, 并使其在弹道末段达到足够的侵彻速度. 侵彻战斗部由侵彻弹头、高爆炸药和引信组成. 侵彻弹头一般为高强度特种钢或重金属合金, 多采用爆破式战斗部结构, 使用时间引信、近炸引信或智能引信. 为了增加侵彻深度, 战斗部的弹体细长, 长径比较大, 约 5~10. 钻地弹钻入地下爆炸时, 通过向地下耦合能量使其破坏效能比同当量地面爆炸要大 10~30 倍. 即使钻入地下不深, 其爆炸威力也会远远大于普通常规弹药在地面的毁伤威力, 因此其作战效果十分显著.

　　钻地弹按载体的不同可分为导弹型、航空炸弹型、炮射型和肩射火箭弹型钻地弹等; 按功能划分可分为反跑道、反地面掩体和反地下坚固设施三种类型; 按侵彻战斗部结构的不同, 又可分为动能型侵彻战斗部和复合型侵彻战斗部, 后者采用了串联战斗部的结构形式.

13.3.3.1　动能型钻地弹

　　动能型钻地弹利用侵彻战斗部飞行时的动能撞击目标并穿入掩体内部, 再引爆弹头内的高爆炸药, 实现对目标的毁伤. 美军 GBU-39 动能型钻地弹的结构如图 13.3.15 所示, 它主要由侵彻壳体、炸药、引信与起爆装置等组成. 为了提高侵彻深度, 可以提高弹头末速度, 以增大攻击目标时的动能; 或者选取适当的弹体长径比, 以提高单位面积上的比动能. 目前, 钻地弹发展的重点是深钻地武器, 并且以重型钻地弹为主要特征, 用于打击地下指挥所和防御工事等坚固目标.

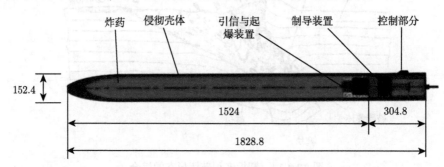

图 13.3.15　美军 GBU-39 动能型钻地弹结构示意图 (图中单位: mm)

13.3.3.2　复合型钻地弹

　　复合型钻地弹一般由一个或多个安装在弹体前部的聚能装药结构与安装在后部的随进侵彻战斗部组合而成, 如图 13.3.16 所示. 前面的聚能装药结构主要对目标进行 "预处理", 进行前级开坑. 可编程引信在最佳高度起爆聚能装药, 沿装药轴线方向产生高速聚能射流或射弹. 高能量密度的射流能使混凝土等硬目标产生破碎和发生大变形, 并沿弹头方向形成孔道. 随进侵彻战斗部循孔道跟进并穿入目标内部. 弹头上的延时或智能引信最终引爆主装药, 毁伤目标.

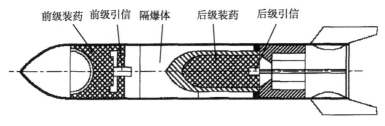

图 13.3.16 复合型钻地弹结构

与动能型侵彻战斗部相比, 复合型侵彻战斗部的效能更高. 例如, 一枚重量为 35kg、速度为 450m/s 的动能侵彻战斗部的动能为 3500kJ, 而一枚重 6kg、速度 700m/s 的聚能装药复合侵彻战斗部产生的金属射流其动能却高达 2300kJ, 且二者对目标的穿透能力相差不大.

复合型侵彻战斗部的侵彻能力主要取决于聚能装药的直径、装药量以及随进侵彻弹头的动能. 为了提高聚能装药的穿透能力, 还有人研究采用多个聚能装药串联的结构, 以实现更大的侵彻效能. 第一级聚能装药主要是在目标上形成弹孔, 第二级聚能装药主要用于获得更大的侵彻深度. 同时设法提高侵彻弹头的速度, 利用侵彻弹头的巨大动能来弥补聚能装药预先穿透能力的不足, 以进一步增大侵彻深度. 复合侵彻战斗部与动能侵彻战斗部相比, 减轻了重量, 增加了弹着角的有效范围 (可达 60°), 但也增加了结构复杂性. 两者的应用各有侧重, 串联复合侵彻钻地弹常用于打击机场跑道、建筑物和舰船等目标.

13.3.4 子母弹综合毁伤效应

子母弹毁伤效应是母弹中各个子弹毁伤效应的综合, 它可以是爆炸冲击、破片、破甲等多种效应的组合, 主要用于毁伤集群坦克、装甲车辆、机场跑道等面目标. 能够产生子母弹综合毁伤效应的战斗部称为子母式战斗部, 子母式战斗部一般由母弹和子弹、子弹抛射机构、障碍物排除装置等组成, 其子弹可以是破片弹、爆破弹、破甲弹或其他弹种. 子母战斗部的使用增大了战斗部的杀伤面积, 提高了毁伤效率.

子母弹按控制方式主要分为集束式多弹头、分导式多弹头、机动式多弹头等几种类型. 集束式子母弹的子弹既没有制导装置, 也不能做机动飞行, 但可按预定弹道在目标区上空被同时释放出来, 用于袭击面目标; 分导式子母弹通过一枚火箭携带数个子弹分别瞄准若干目标, 或沿不同的再入轨道到达同一目标, 母弹有制导装置, 而子弹无制导装置; 机动式多弹头子母弹的母弹和子弹都有制导装置, 母弹和子弹都能作机动飞行.

　　集束式子母弹毁伤原理是, 当母弹飞抵目标区域上空时解爆母弹, 将子弹全部抛撒出来, 并按一定的规律分布在空间, 在子弹引信的作用下发生爆炸, 以冲击波、射流、破片等毁伤元素毁伤目标. 图 13.3.17 为子母弹作用过程照片.

图 13.3.17　集束式子母弹毁伤目标作用过程

　　子母弹可用于封锁机场跑道, 毁伤集群坦克、装甲车辆、技术装备, 杀伤有生力量或布雷. 由于子母弹具备高命中概率的优点, 常被用于打击大型目标. 大型目标的毁伤判据是进行毁伤效能评估的基础, 对机场跑道来说, 一般以使各类飞机无法起飞作为毁伤判据. 一些更复杂的目标, 如大型战略工事、整个机场等, 可以用目标功能丧失作为毁伤判据. 以机场为例, 如果飞机无法起飞或降落, 则该机场的功能也就不存在了, 从而认定为机场被完全毁伤或封锁. 对于反机场跑道子母弹的毁伤效能评估, 首先要建立单枚子弹对跑道的毁伤面积与弹重、子弹落速和落姿等参数相关联的局部毁伤量化关系, 然后结合子弹的分布进行区域搜索, 判断是否存在起降窗口. 图 13.3.18 为侵彻子母弹打击飞机跑道的弹着点分布和效能评估示意图, 图中跑道上的深灰色覆盖区表示尚存的允许飞机起飞的起降窗口. 最终, 起降窗口的存在及其存在的概率, 即可作为反机场跑道子母弹综合毁伤效能评估的一个主要依据. 其他类型子母弹的毁伤效能评估也大多采取这样的 "点面结合" 的方式进行.

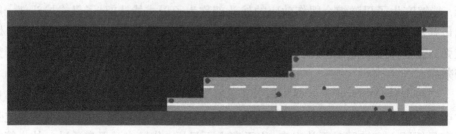

图 13.3.18　侵彻子母弹打击飞机跑道的弹着点分布和效能评估

13.4 毁伤参数的试验测试

毁伤效应考核试验是装备试验鉴定中一项非常重要的内容, 其目的是, 检测弹药的毁伤性能参数, 鉴定弹药是否达到设计与生产规定的技战术要求, 评估武器的毁伤效能, 甚至预测武器的作战能力. 毁伤参数试验测试的方法首先是满足试验鉴定的整体规范和具体计划, 其次是针对不同的毁伤参数, 设计和采取相应的测试技术, 获得准确的毁伤效应数据. 例如, 对于爆破弹应进行爆坑对比试验、生物杀伤及冲击波超压测试试验等; 破片弹应进行弹体破碎性试验、破片测速试验、扇形靶试验成球形靶或盒形靶试验; 穿甲弹应进行极限穿透速度测定试验、穿甲威力试验、有效射程上的穿甲效率及靶后效应试验; 针对破甲弹则有破甲过程和破甲深度测试试验以及靶后效应试验等. 由于毁伤形式多种多样, 不同弹种的毁伤评价参数也各不相同. 本节重点介绍冲击波超压、破片毁伤和硬目标侵彻毁伤三种典型毁伤效应的相关参数试验和测试方法.

13.4.1 毁伤参数的分类

13.4.1.1 冲击波超压

爆破战斗部在空气中爆炸能使周围目标 (如建筑物、装备设施和人员) 产生不同程度的破坏和损伤. 炸药爆炸形成爆炸空气冲击波, 随着传播距离的增加, 其峰值压力不断减小, 正压区 (压力超过当地大气压强的部分) 被不断拉宽. 当离爆炸中心小于 $(10\sim15)r_0(r_0$ 为装药半径) 时, 目标受到爆轰产物和冲击波的同时作用, 超过上述距离时, 主要受空气冲击波的作用 [3].

图 13.4.1 中示意地绘制了压力 p、空间坐标 x 与时间 t 三维空间中四个位置处的自由场冲击波压力波形. 此处的 "自由场冲击波" 是指无限大空气中爆炸形成的冲击波, 另一层含义是未受障碍物干扰的有限空气中爆炸形成的冲击波.

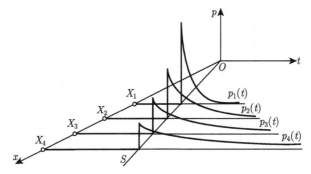

图 13.4.1 压力 p、空间坐标 x 与时间 t 三维空间中四个位置处自由场冲击波压力时程曲线 [10]

无限大空气中爆炸所形成的冲击波具有以下特征:

(1) 冲击波的前沿. 把冲击波及其波后扰动合在一起说成 "冲击波" 是一种俗称, 其实在连续介质力学中, 冲击波仅仅是一种状态参量发生突变的界面, 其厚度只相当于几个分子自由程, 时域宽度是纳秒级. 描述冲击波波阵面前后各状态参量发生突变的公式称为冲击波关系式, 这种关系式只能用于冲击波波阵面上, 不能用于冲击波波后非定常流动区域.

(2) 冲击波的后沿. 冲击波的后沿实际上是指冲击波波后流动区域. 无限大空气中爆炸所形成的冲击波波后的压力扰动是单调衰减的, 如图 13.4.2 和图 13.4.3 所示. 图 13.4.2 示意给出了同一发试验中不同测点上记录的超压时间曲线, 测点爆心距 $R_3 > R_2 > R_1$. 图 13.4.2 表明测点离爆心越近, 超压 Δp 越高, 压力峰值衰减也越快, 超压时域脉宽 τ 越小, 因此要求测压系统频带越宽. 图 13.4.3 是在测点的初始超压水平 Δp_x 相同的条件下, 当爆心装药量不同时所记录的超压时间曲线, 爆心药量 $W_5 > W_4 > W_3 > W_2 > W_1$. 图中曲线表明装药量越小, 压力峰值衰减越快, 压力的时域脉宽越小, 因此也要求测压系统频带越宽.

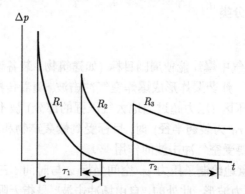

图 13.4.2　同一发试验中不同测点上的超压时间曲线示意图 [3]

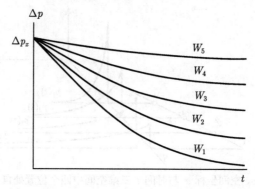

图 13.4.3　爆心药量不同但初始超压水平相同的超压时间曲线示意图 [10]

　　炸药在水中爆炸的现象与空气中的类似, 此处不再进行介绍. 由上面的分析知, 进行冲击波参数测试的传感器一是要有峰值压力响应的物理特性, 二是要有时间响应的频率特性.

13.4.1.2　破片效应

　　破片通常是指金属壳体在内部炸药爆炸作用下猝然解体而产生的一种杀伤元素, 其特性参数包括破片数量、破片初速、破片质量分布和空间分布. 破片效应则是这种杀伤元素对有生力量如人员、飞机和车辆等的杀伤破坏作用. 所以, 破片战斗部 (有时也称杀伤战斗部) 的设计应以产生最大数量有效杀伤破片的最佳质量分布和空间分布为目标.

　　破片作为一种杀伤元件, 其主要作用在于, 以高速撞击和击穿目标, 并在目标内产生引燃和引爆作用. 所以, 破片命中目标时动能的大小是衡量破片杀伤威力的重要标准. 依据目标种类的不同, 所要求的破片最佳质量分布和速度分布也不同, 在破片材料一定的情况下, 一般以不大于毁伤特定目标所要求的破片尺寸为设计参考, 这样不仅可以消除不必要的大破片, 还可以得到最大数量的有效破片.

　　对于破片毁伤来说, 破片的速度、数量、分布、形状等变量是决定毁伤效应的关键因素, 本书在此重点介绍破片速度及其分布的基础知识和试验测试方法.

　　1) 破片初速理论

　　壳体破裂瞬间的膨胀速度称为破片初速度, 常以 v_0 表示. 壳体破碎后形成破片, 在爆轰产物作用下将继续加速, 直到破片运动受到的空气阻力与爆轰产物给予的压力平衡时, 破片速度达到最大值. 之后, 破片飞散速度随着飞行距离的增加而逐渐衰减.

　　前人已经建立了关于破片初速的一些理论公式, 其中古尼 (Gurney) 公式是目前应用最广泛的破片初速度公式. 迄今为止, 大多数的定律和公式都是从能量守恒原理推导出来的. 古尼公式考虑圆柱形装药壳体, 在推导过程中基于能量守恒, 假定炸药爆轰后, ①炸药的化学能全部转换成了爆轰产物气体的动能和金属壳体的动能; ②产物气体的速度沿径向从轴心到壳体边界呈线性分布, 且在壳体处与壳体运动速度相同; ③产物气体均匀膨胀, 且密度处处相等; ④忽略爆轰反应区后产生的稀疏波的影响.

　　按照上述假定可以推得破片初速公式为

$$v_0 = \sqrt{2E}\sqrt{\frac{\beta}{1 + 0.5\beta}} \tag{13.4.1}$$

其中, $\beta = C/M(C, M$ 分别表示单位长度圆柱体内的炸药质量和壳体质量), 称为装药质量比; 常数 $\sqrt{2E}$ 称为 Gurney 常数或 Gurney 比能, 它是炸药能量特性的反映.

实际上, 炸药的化学能不仅转换成了动能, 还将转换成热能和光等. 而产物气体密度均匀分布的假定也不十分真实, 因为爆轰反应区附近的气体密度显然较高. 忽略其他能量耗散和稀疏波的影响, 将造成速度计算偏高, 而均匀密度假设则可能造成速度计算的偏低. 因此, 古尼方法中的假设只在一定的 C/M 值范围内 ($C/M = 0.1 \sim 5.0$) 是比较准确的, 但不影响一般战斗部设计中的工程估算.

2) 破片的空间分布

破片在空间的分布是确定破片杀伤作用场的重要参数之一. 不少目标以单位面积上的有效破片数为毁伤准则. 有效破片特指能造成目标贯穿破坏的破片.

如果炸药装药发生瞬时爆轰, 即在装药的所有点上同时起爆, 则每枚破片均沿其壳体上原始部位的法线方向抛射出去. 实际上, 由于起爆点的个数是有限的 (通常为 1 点或 2 点起爆), 爆轰波的传播路径使得每枚破片在抛出时都会偏离原来的法线方向. 因此, 破片的空间分布取决于壳体的初始外形和破片抛射时偏离原法线方向的角度.

通常假定破片的飞散方式是绕弹体纵轴呈对称分布. 若战斗部配有预先交错刻槽的非对称壳体, 或由几个部分拼合而成的壳体, 或起爆点位置不对称的壳体, 则能够从一定程度上引起破片分布的不对称性. 在这种情况下, 爆轰波作用的近侧和远侧壳体的角度大不相同, 导致破片飞散样式也相应不同. 如前面介绍的定向战斗部.

对于轴对称战斗部破片飞散要考虑两种不同的情况: 静态飞散和动态飞散. 前者是指战斗部在静止状态爆炸时产生的破片飞散样式, 后者是指战斗部在运动状态爆炸的破片飞散样式.

(1) 静态爆炸破片飞散样式预测.

Taylor 理论中包含了可预测静态破片飞散特性的基本思想. 夏皮罗 (Shapiro) 以及吉布森 (Gibson) 和沃尔 (Wall) 后来发展了 Taylor 理论. 按照夏皮罗的思想, 假定战斗部都是由许多环状物连续排列构成的, 爆轰波由图 13.4.4 中的 O 点引发, 以球形波阵面的形式向外传播. 若炸药的爆速为 D_e, 战斗部壳体的法线与弹体对称轴构成夹角 ϕ_1, 爆轰波阵面法线与弹体对称轴构成夹角 ϕ_2, 破片速度矢量偏离壳体法线的角度为 θ_s, 则

$$\tan \theta_s = \frac{v_0}{2D_e} \cos \left(\frac{\pi}{2} - \phi_1 - \phi_2 \right) \tag{13.4.2}$$

上式即著名的夏皮罗公式, 称 θ_s 为破片静态飞散角, 它给出了破片从壳体上飞散出去的方向, 可由此确定每个环形成的破片束的飞散角.

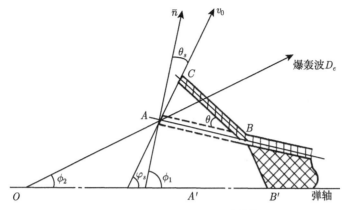

图 13.4.4 破片飞散角计算 [11]

(2) 动态爆炸破片飞散样式预测.

由静态爆炸破片飞散样式可以推导出动态条件下破片的飞散特性. 若战斗部在空中运动时爆炸, 则可将破片在静态条件下的速度与战斗部的运动速度进行矢量相加, 求出破片的实际飞行方向, 如图 13.4.5 所示. 并有公式

$$\cot\theta_d = \cot\theta_s + \frac{v_m}{v_0}\csc\theta_s \tag{13.4.3}$$

式中, θ_d 为破片动态飞散角, v_0 为飞行方向上的静态破片初速, v_m 为战斗部飞行体与目标的相对速度. v_d 为破片动态飞散速度.

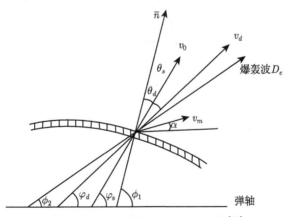

图 13.4.5 动态爆炸时破片的飞散 [11]

13.4.1.3 侵彻效应

弹丸或战斗部撞击目标时具有一定的动能, 故对介质具有侵彻作用. 穿甲弹就是靠撞击目标时的动能来侵彻坦克等装甲目标, 达到破坏目标的目的; 而侵爆弹则

靠撞击目标时的动能侵入目标一定深度后再爆炸, 以获得最佳的爆破效果. 研究战斗部对介质的侵彻效应, 可以通过对战斗部在介质内侵彻过程中的受力情况进行分析, 找出其运动规律, 从而根据目标的具体情况控制战斗部的侵彻作用, 获得最佳破坏效果.

穿甲弹对目标 (如钢甲、各种复合装甲以及间隙装甲等) 的侵彻效应在很多书籍中有详细介绍, 本书在此仅简单介绍一下侵彻弹对土壤以及岩石、混凝土的侵彻毁伤效应.

侵彻弹命中混凝土工事所造成的破坏由两部分组成, 其一是侵彻弹本身撞击目标产生的破坏作用, 其二是炸药爆炸引起的破坏. 如果弹体有足够的强度, 撞击作用由它在撞击目标瞬间的动能决定, 并用侵彻混凝土的深度或贯穿厚度来度量侵彻能力.

侵彻弹撞击混凝土障碍物后, 使混凝土材料发生压缩和剪切变形, 继而在表面出现裂缝, 并产生脱落, 形成入口漏斗坑. 如果此时侵彻弹的动能已经耗尽, 那么在混凝土障碍物上将形成如图 13.4.6 所示的入口漏斗坑. 若侵彻弹速度较高, 则在障碍物背面会产生崩落现象, 形成脱落漏斗坑, 见图 13.4.7. 当侵彻弹还有一定的能量并在混凝土中继续运动时, 则形成圆柱形通道, 其直径稍大于弹径; 再继续运动, 则穿透障碍物并形成出口漏斗坑, 如图 13.4.8 所示. 之所以产生这样的破坏, 是由混凝土的力学性能 (如抗压强度很高, 抗拉、抗剪强度低) 所决定的. 当侵彻弹头部进入障碍物时, 混凝土内产生冲剪作用, 使大块混凝土破坏、脱落, 形成漏斗坑. 随着侵彻弹的深入, 接触面积增大, 剪应力相应减小, 以至于不能破坏大块的混凝土. 此时混凝土破碎成较小的颗粒并被排到两边去, 形成孔道, 在此过程中要消耗侵彻弹的动能. 当弹丸接近击穿障碍物时, 因自由表面没有阻力, 将形成拉伸应力, 产生层裂破坏现象, 产生了出口漏斗坑. 即使弹丸不能穿透障碍物, 由于撞击时产生的压缩波在自由表面反射形成拉伸波, 波的强度足够大时也可以使背面崩落形成漏斗坑. 侵彻弹撞击目标所形成的入口漏斗坑直径一般是侵彻弹侵彻深度的 1.5~2 倍, 是侵彻弹直径的 8~10 倍.

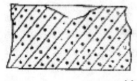 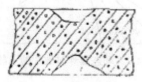 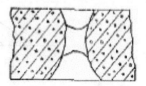

图 13.4.6　入口漏斗坑 [4]　　　图 13.4.7　脱落漏斗坑 [4]　　　图 13.4.8　出口漏斗坑 [4]

侵彻弹对混凝土的侵彻深度与弹丸的速度、材料性能和结构外形都有很大的关系. 一是弹丸必须有足够的速度, 二是弹体应具有足够的强度, 否则不能完整贯穿障碍物. 根据经验, 当 v_c 小于 $200 \sim 300\mathrm{m/s}$ 时, 弹丸侵彻深度很小甚至可能从入口漏斗坑中反弹出来.

试验表明, 侵彻弹在侵彻混凝土时弹道会转弯. 弹轴与侵彻面法向的夹角由 α 增大至 $n\alpha$, 然后再做直线运动. 系数 n 称为弹丸的转弯系数. n 与弹体头部形状有关, 弹体头部较长的侵彻弹有 $n = 1.72 \sim 1.82$, 钝头弹的 $n = 2.62 \sim 2.70$. 弹丸之所以转弯, 是因为斜撞击时破碎的混凝土较多, 使弹丸受到不对称的阻力作用. 侵彻弹在障碍物中转弯的现象增大了斜撞击时弹丸跳弹的概率. 对土壤来说, 弹轴与侵彻面法向的夹角在 $70°$ 以上时易发生跳弹; 而对混凝土, 弹轴与侵彻面法向夹角在 $35° \sim 40°$ 时几乎全部发生跳弹. 这在使用时需要充分注意, 图 13.4.9 是跳弹时出现的两种常见情况, 图 13.4.10 是发生跳弹的试验照片.

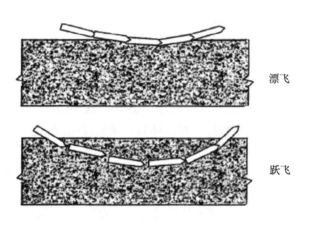

图 13.4.9 跳弹的两种情况

图 13.4.10 发生跳弹时在靶体表面产生的划槽

13.4.2　毁伤参数的测试

13.4.2.1　战斗部爆炸压力场超压测试

1) 超压测试基本原理 [10]

战斗部爆炸压力场超压测试的主要目的是确定战斗部的超压毁伤半径及装药的爆炸 TNT 当量. 若炸药装药总能量为 W_0, 其中用于形成空气冲击波的能量为 W_1, W_1 即为战斗部爆炸压力场的 TNT 当量, 而消耗于壳体破碎、驱动预制破片的能量则为 $W_2 = W_0 - W_1$.

在杀伤战斗部冲击波压力场测试中, 近区的空气冲击波压力场比远区的要复杂得多. 当利用自由场压力传感器监测近区压力场时, 传感器先后将感知到三种作用:

(1) 透过壳体的冲击波. 战斗部壳体在爆炸产物作用下膨胀, 并驱动邻近空气形成冲击波; 这种冲击波强度较低, 衰减很快, 只有靠近壳体的传感器才可能感知到这种冲击波的作用.

(2) 二次冲击波. 壳体破裂之后, 爆轰产物将从壳体破片的间隙中冲出来, 相邻的空气介质在产物驱动下形成二次冲击波. 这种二次冲击波波阵面形状比较复杂, 不可能像裸装药空中爆炸那样形成接近球面传播的冲击波. 若测点的爆心距相等, 但测点所处的方位不同, 超压值可能有较大的差异, 测试结果散布较大.

(3) 弹道波. 破片在空中飞行形成弹道波马赫锥. 若弹道波靠近传感器掠过时, 传感器能感知到这种弹道波 (冲击波) 的作用.

二次冲击波和弹道波对传感器作用具有一定的随机性, 只能用统计的方法来处理冲击波超压的测试结果, 以确定杀伤战斗部近区冲击波压力场的强度分布. 在杀伤战斗部远区压力场测试中, 二次冲击波已经追赶上首到冲击波. 冲击波波阵面随着运动距离的增加, 越来越接近于无壳战斗部爆炸所形成的比较规则的冲击波波阵面; 同时, 破片运动速度比冲击波速度衰减得慢, 所以弹道波峰值衰减较小, 但随着破片飞行距离的增加也减少了对传感器作用的概率.

破片的弹道冲击波对传感器的作用是随机的, 在压力模拟信号记录中, 弹道波的峰值有大有小, 其时域脉冲宽度与破片的运动速度和几何尺寸相关, 与二次冲击波脉冲宽度相比要小得多. 这样一来, 在测试冲击波压力的记录中很容易区分二次冲击波和弹道波; 如果冲击波和破片弹道波同时作用于传感器敏感元件, 将使压力记录复杂化, 但这种情况同时出现的概率较小.

为此, 在一次爆炸试验测试中, 应在压力场中布置足够多的自由场压力传感器来监测冲击波压力场的强度, 用统计方法确定二次冲击波的峰值压力、脉冲宽度或正压作用时间等, 推算二次冲击波所占有的能量, 导出 TNT 当量 W_1. 一般而言, 自由场压力传感器布置在离地面一定高度处, 传感器首先感知到自由场冲击波压力的作用, 然后还将感知到从地面反射来的冲击波的作用, 其中包含地面反射波和马赫波的作用, 这也是在信号分析时要考虑的因素.

2) 常用压力场测试方法

针对爆炸试验的复杂环境, 一般所用的压力场测试方法有以下四种:

(1) 等效靶板法: 选择合适的靶板, 经标定后安装在爆炸试验现场, 爆炸试验后通过测试其破坏程度得到相应的超压和比冲量值. 此方法可以用于估测冲击波的超压值, 但是不能获得冲击波的压力–时间曲线, 对正压和负压时间更是无从记录, 而且对超压值的估测也不太准确.

(2) 等效压力罐法: 将薄铁皮罐按一定间隔对称布置在以弹心为圆心的径向上, 通过比较薄铁皮罐的毁伤程度, 作为被测试样相对威力性能的量度. 此法简单易行且有效, 可作为爆炸压力场测试的辅助方法, 但是它只适用于对爆炸威力的相对评估, 即只能比较威力大小, 不能达到压力测试的目的.

(3) 生物试验法: 选择有代表性的一类生物, 按一定的要求布置在爆炸现场, 爆炸后观察生物的毁伤情况, 分级评判. 该法用于评价武器对有生力量的毁伤评价最直接, 但是为了得到有说服力的结论, 需要一定的试验样本量作为统计基础, 所以生物试验将耗费大量的人力、物力, 并可能带来其他负面影响.

(4) 冲击波参数电学测试法 (电测法): 主要通过传感器将冲击波压力信号转换成电信号, 运用适配放大再通过记录装置记录下来, 利用测试结果来分析冲击波压力的大小和分布情况. 电学测试能完整记录冲击波的传播过程, 这种测试方法一般分为直接测试和间接测试两种.

(i) 压力–时间曲线直接测试.

采用压力传感器将超压的压力信号 $p(t)$ 转换成电信号, 再通过信号放大、滤波等调理, 运用记录仪将信号记录下来. 之后, 根据系统传输特性, 从获取信号 $V(t)$ 中提取被测信号 $p(t)$, 如图 13.4.11 所示.

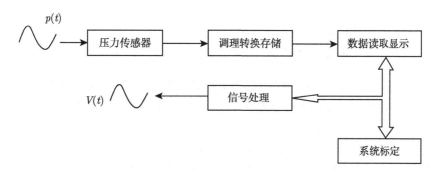

图 13.4.11　超压测试原理图

(ii) 压力峰值间接测试.

根据美国陆军试验鉴定规程, 测试与爆心在一条直线上相距 60cm 的两点处冲击波到达时间, 可获取对应的冲击波传播的平均速度, 再通过 Hugoniot 方程得到测试点的峰值压力.

$$\Delta p_{\mathrm{m}} = \left(\frac{2\gamma}{\gamma + 1}\right)\left[\left(\frac{V \pm K}{c}\right)^2 - 1\right] \cdot p_0 \tag{13.4.4}$$

式中, Δp_{m} 为超压峰值, γ 为流场气体 (空气) 的比热比, V 为冲击波波前的流场速度, K 为与波阵面垂直的风速度矢量分量, c 为测试环境温度下的空气中的声速, p_0 为测试环境的大气压强.

3) 某战斗部空中爆炸压力场测试实例

电学测试是一种成熟而可靠的压力场测试技术, 在工程实际中已经得到了广泛应用. 下面以某战斗部爆炸压力场测试为例, 简要介绍相关测试原理 [10].

图 13.4.12 为某战斗部空中静爆试验场地布置示意图, h 为战斗部离地面的高度. 图 13.4.13 为某战斗部静爆试验的压力传感器、破片测速探头和破片密度靶布置图, 此顶视图中仅绘制了 15 个压力测点, 4 组破片测速探头和 4 个破片密度靶. 每个压力测点可安装 1 支带支架的自由场压力传感器和 1 支带支座的壁面压力传感器. 其中自由场压力传感器离地面的高度为 1.5m, 壁面压力传感器敏感表面与地面平齐. 图 13.4.14 给出了多路冲击波超压测试系统的组成示意图.

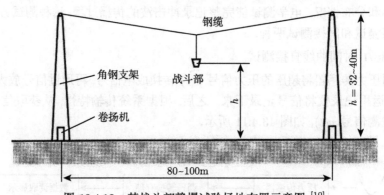

图 13.4.12　某战斗部静爆试验场地布置示意图 [10]

(1) 当系统触发方式为内触发时, 为了保证系统触发的可靠性, 防止由温漂、时漂和意外电噪声等干扰引起系统误触发, 必须尽可能提高触发电平, 确保较大压力模拟信号能正常触发全系统.

(2) 当系统触发方式为外触发时, 必须有两个以上可靠的外触发信号源, 如战斗部的起爆信号或爆炸产物驱动下的战斗部壳体膨胀信号等.

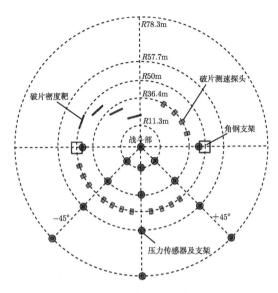

图 13.4.13 某战斗部静爆试验的压力传感器和测速探头布置图 [10]

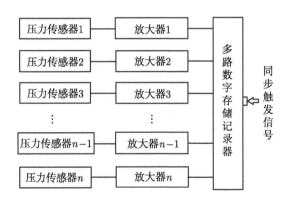

图 13.4.14 多路冲击波超压测试系统 [10]

(3) 由于系统中绝大多数压力传感器处在超压较低的压力场中, 放大器的输入信号较小, 放大器必须置于高增益状态; 为提高压力信号的信噪比, 放大器输入端必须对地悬浮, 系统要有良好的接地.

图 13.4.15 是根据预制破片战斗部冲击波超压记录绘制的理想波形, 其中包含破片驱动的弹道波和爆轰产物驱动的空气冲击波. 对于有预制破片的战斗部, 冲击波压力场是复杂的, 测点的超压强度有相当大的随机性, 必须采用统计方法确定超压强度, 分析战斗部的爆破 TNT 当量 W_1, 确定它在形成破片方面的能量 W_2 及其能量利用率 W_2/W_0, W_0 为战斗部炸药装药的 TNT 当量.

图 13.4.15　预制破片战斗部的冲击波超压理想记录 [4]

13.4.2.2　破片速度测试 [4,5]

破片初速的测试方法较多, 现在广泛使用的有断靶测速法、通靶测速法和高速摄影法.

1) 断靶测速

断靶测速法也称为网靶测速法. 每一个网靶由金属丝绕成的网组成, 网线与测速路线和仪器连接, 形成通电回路. 当破片穿过网靶时, 击断金属丝, 通电回路被断开, 仪器将输出一个断靶信号. 如果在破片飞行路线上设置多个网靶, 如图 13.4.16 所示, 并相互并联, 当破片穿过时仪器将记录下每一个网靶输出信号的时刻. 网靶间距离是预先设置的, 于是就可以求出破片的初速和速度衰减系数.

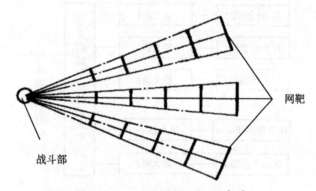

网靶

战斗部

图 13.4.16　网靶设置示意图 [4,5]

通常在一个方向或多个方向上设置多个网靶, 然后通过多元回归法计算出沿某个方向的破片初速和速度衰减系数.

网靶测速的优缺点如下:

(1) 可以一次测得破片初速 v_0 和速度衰减系数 a, 这是其他测速方法做不到的.

(2) 采用网靶法测定破片速度时, 所记录的是在测试方向上一群破片中飞行在最前面的一枚, 即最早的信号. 由于一个网靶只能接受一个信号, 因此网靶法测到的是最大破片初速.

(3) 必须是同一个破片连续领先穿过同一方向的各个网靶, 才能准确得到破片

平均初速 v_0 和速度衰减系数 a 的值. 但每一枚破片的存速能力不同, 因此, 一枚破片在飞行过程中并不一定永远飞在破片群的最前面. 如果存在破片有交叉, 或者存在质量差异较大的两种或两种以上的破片, 或者战斗部爆炸时产生大量非正常破片, 而网靶的距离和尺寸又不能保证排除这些非正常破片的干扰, 则一般得不到准确的数据.

(4) 网靶测速法不能测得速度的轴向分布, 因此还需要采用其他方法 (如高速摄影) 来获得破片速度分布的信息.

2) 通靶测速

通常采用的通靶有两种: 复合板结构和梳齿结构. 图 13.4.17 给出了两种通靶的结构示意图. 复合板由三层组成, 中间为绝缘层, 前后为导电层. 把前后导电层接入测速路线中, 平时线路中无电流通过. 在破片穿透通靶过程中同时接触前后导电层的瞬间, 线路被接通, 仪器即可记录下此信号. 破片通过通靶后, 线路又恢复到断路状态. 当第二个破片穿过通靶时, 又可以记录第二个通路信号, 如此周而复始, 直到最后一个破片通过. 因此, 通靶法可以获得通过该方向破片的平均速度. 梳齿的测试原理与复合板相同, 所不同的是, 若破片把某一梳齿打断, 则通过齿片的后续破片的速度将测不到.

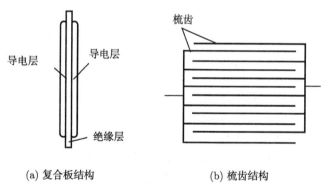

(a) 复合板结构   (b) 梳齿结构

图 13.4.17 两种通靶结构示意图 [4]

通靶测速的不足在于:

(1) 如有碎片镶嵌于靶板上并接通线路, 则后续破片的速度将测不到;

(2) 难以分辨几乎同时达到靶板的破片的速度.

3) 高速摄影

高速摄影法是比较先进的测试破片速度的方法, 图 13.4.18 是高速摄影测速的布置图. 其原理是: 高速摄影机拍摄下破片撞击靶板时产生的火花信号, 根据胶片上的时间标记, 可以计算出从爆炸瞬间留有强闪光信号的某帧胶片到某一幅记录破片撞击靶板产生闪光的胶片的时间, 爆心到靶板的距离是已知的, 这样就可以求出该幅胶片所代表的一组破片的平均速度, 再换算成该组破片的初速.

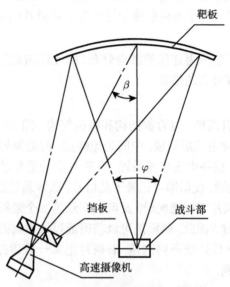

图 13.4.18　　高速摄影测速布置图 [4]

　　胶片上记录有破片火花信号的画幅数, 就是破片速度的分组数. 由分组信息可以分析速度的散布情况. 高速摄影的拍摄速度可根据战斗部破片的速度特别是速度的散布程度来确定, 破片速度高, 散布小, 则拍摄速度应高, 反之亦然. 如果拍摄速度过低, 则记录到有火花的画幅太少, 即破片速度的分组数太少, 则速度分布数据过于粗略, 也不能充分发挥高速摄影的优点.

　　高速摄影拍摄的范围, 在战斗部轴向应包含 100% 破片的飞散角, 在环向应不小于 20°. 胶片上破片火花的分布即反映了破片的空间分布.

　　利用高速摄影法进行数据处理可计算破片飞散区域内全部破片的平均速度. 若 n_i 为任意画幅上的有效闪光数, N 为从第一画幅到第 I 画幅的有效闪光数的总和, 则飞散角内全部破片的平均速度为

$$N = \sum_{i=1}^{I} n_i, \quad v_0 = \sum_{i=1}^{I} \left(\frac{n_i}{N} v_{0i} \right) \tag{13.4.5}$$

　　从理论上说, 只要画幅上靶板坐标和闪光信号拍摄得清晰, 则高速摄影法可以测定每一个破片的初速, 得到速度的散布情况, 并可计算出破片飞散区域任意角度内的平均速度. 需要指出, 由于在靶板高度方向战斗部破片飞至靶板的距离是不等的, 将给数据处理带来误差. 因此, 必要时可沿靶板高度分区计算测得的数据.

破片分布样式的测试主要通过效应靶实现, 通过效应靶上的破片统计可以测定破片总数和分布密度. 对于自然破片战斗部, 回收试验是获得破片质量分布和破片平均质量的有效研究手段.

13.4.2.3 侵彻试验测试

试验一直是弹丸侵彻研究的主要手段. 长久以来, 人们提出和发展了许多试验方法, 开展了大量试验研究工作, 这些试验为人们总结经验公式, 认识各个参量之间的相互关系、理解侵彻过程的力学机理提供了必不可少的数据.

1) 简单定性试验

简单定性试验主要侧重于获取终点弹道基本数据, 诸如弹丸着靶速度、碰撞角度, 弹丸几何形状和尺寸, 包括弹丸碰撞后的最终长度、直径、头部形状和重量, 靶上弹坑的深度、口径、体积等, 这些试验更关心弹丸是否穿透靶目标以及靶上弹坑情况, 即弹丸极限穿透速度、最大侵彻深度等, 用这些参量对弹丸侵彻过程形成定性认识.

2) 数字化定量测试方法

数字化测试方法代表着碰撞试验测试技术的发展方向. "加速度" 是一个常用于描述构件运动的 "特征参数", 在侵彻效应研究中, 加速度可以用来描述弹体的过载情况. Bayes 等人把加速度传感器和无线电发射盒安装在弹上进行了以 300m/s 速度侵彻的试验, 用加速度传感器测试侵彻过程中弹丸的减速度数据, 并经弹内无线电发射盒把数据发射给地面接收站.

对无线电发射方法加以改进又产生了弹内数字存储方法, 该方法用装在弹内的记忆芯片记录弹上加速度传感器的测试数据, 试验弹回收后, 再从其中的记忆芯片中回读出测试数据. 采用弹内存储方法, Forrestal 等进行了以 280m/s 速度垂直侵彻半无限土壤的试验.

虽然可以把加速度传感器和记忆芯片小型化以适合于小口径弹, 但是这种方法用于小口径弹侵彻混凝土靶时会遇到困难, 因为在高过载和弹内小空间的苛刻条件下, 传感器和记忆芯片在侵彻过程中的可靠性、完整性通常难以保证. 例如, 在直径 40mm 钢弹以 800m/s 速度垂直侵彻无钢筋混凝土靶时, 弹丸减速度曲线峰值可达 20 万 g(g 为重力加速度), 这时该方法可能不现实.

但是应该指出, 尽管单纯的试验难以作为弹丸侵彻混凝土过程的唯一研究手段, 试验结果却为解析理论和数值研究提供了不可缺少的数据和检验标准.

3) 加速度测试实例 [10]

1994 年, 王石磊和黄正平等采用弹载存储加速度记录系统测试了某模拟弹对混凝土靶的侵彻过程, 并获得了全弹道加速度记录曲线, 如图 13.4.19 所示. 图中, 前段是内弹道的加速度记录曲线 (负向), 中段是外弹道的加速度记录, 后段是终点

弹道的加速度记录 (正向).

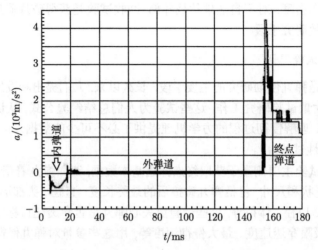

图 13.4.19　某模拟弹的全弹道加速度记录曲线 [10]

13.4.3　小结

武器对目标的毁伤是一个综合作用过程, 涉及的因素十分复杂. 目前武器毁伤效应的研究主要有三种方法: 理论分析、试验研究和数值模拟. 由于武器作用过程的复杂性以及毁伤目标的多样性, 理论分析往往显得适用性不够, 试验成为评价毁伤效应的最直接、最有效的手段. 但由于测试技术和设备上存在不足, 目前, 大多情况下只能对有限的几类参数进行测试. 因此, 需要不断发展毁伤测试技术, 同时发展毁伤评估理论方法, 充分利用有限的试验获取武器毁伤的综合信息, 并进行可信的毁伤评估. 而且武器毁伤效应的实弹打靶往往花费高昂, 尤其是导弹武器的毁伤试验, 无论是从导弹本身的成本还是靶标的建设来讲, 实弹试验都是一个花费大而效费比很低的途径, 通常只能进行少量的实弹飞行试验. 因此, 对实弹试验中的毁伤效应进行测试和分析时尤其需要进行科学的试验设计, 并开展深入的数据挖掘, 以获得准确的毁伤评估结论.

13.5　典型目标的易损性

所谓目标, 是指弹药预计毁伤或获取其他军事效果的对象. 在战场上, 目标类型繁多, 诸如: 坦克、装甲车辆、人员、布雷区、建筑物和工程设施等地面目标, 地下指挥所和工事等硬目标, 各种船只、潜艇等水面和水下目标, 以及各种飞机、伞兵和导弹等空中目标.

目标易损性具有两重含义. 从广义上讲, 易损性是指目标对于破坏的敏感性, 其中包括关于如何避免被击中等方面的考虑. 从狭义上或终点弹道意义上讲, 易损性是指目标假定被一种或多种毁伤元素击中后对于破坏的敏感性. 例如, 某种飞机目标的毁伤概率等于命中概率乘以命中后的毁伤概率. 易损性和武器的毁伤威力, 是两个同等重要而又密切相关的研究课题, 它们是同一现象的攻、防两个不同的侧面.

装甲车辆、飞机和建筑物始终是战场上的重要目标, 其中装甲车辆和飞机分别是典型的重装甲和轻装甲类目标, 指挥中心、信息中心、战略物资存储中心等重要场所则主要在地面和地下建筑物内, 因此, 本节重点阐述装甲车辆、飞机和建筑物这三类目标的易损特性.

13.5.1　装甲车辆 [11]

13.5.1.1　装甲车辆的易损性

冲击波、破片、穿甲弹、聚能射流、火焰和热辐射、电子干扰以及危害乘员的毁伤, 都能使地面车辆受到不同程度的损坏. 车辆按装甲防护情况通常可分为装甲和非装甲车辆两大类, 本节只讨论装甲车辆的易损性.

装甲车辆对于破片和弹丸的易损性, 是由装甲的类型、厚薄和倾斜程度以及破片或弹丸的质量、形状和着速、着角决定的. 在评价装甲车辆的易损性时, 必须把乘员作为一个因素加以考虑, 因为装甲车辆的乘务人员失去战斗力会使车辆丧失行动和火力攻击能力.

装甲车辆按战术作用可以分为两大类: 一类车辆参与进攻作战并参加突击行动, 称作装甲战斗车 (AFV); 另一类车辆参与进攻作战但不参加突击, 如步兵装甲车 (AIV) 和装甲式自行火炮 (AAV).

装甲战斗车与步兵装甲车和装甲式自行火炮相比, 在防护装甲的厚度上有明显区别. 装甲战斗车是三者当中唯一设计用来抵御穿甲弹和破甲弹的车辆.

步兵装甲车是一类在战场上广泛使用的履带式装甲车辆的统称, 包括装甲人员输送车、迫击炮运载车、救护车、指挥车等. 用步兵装甲车辆进行人员输送能提高步兵的机动性, 并使步兵得到一定程度的装甲防护; 装甲式自行火炮则能提高火炮和炮兵的机动性, 并使得其获得装甲防护.

13.5.1.2　装甲战斗车

坦克是典型的装甲战斗车辆, 它兼备多种有利于实施突击的性能, 如强大的火力、良好的机动性、迅猛的突击能力和良好的装甲防护等. 在一般的作战情况下, 可以不要求彻底摧毁装甲战斗车, 只要求使它在一定程度上丧失战斗力就足够了.

1) 坦克毁伤等级的定义

美国现已制定关于装甲战斗车损坏程度的三个等级作为参考标准.

M 级损坏——装甲战斗车完全或部分地丧失行动能力;

F 级损坏——车辆主炮和机枪完全或部分地丧失射击能力;

K 级损坏——车辆完全被摧毁.

这些等级也可视为车辆功能削减的等级.

2) 破坏程度的评价

装甲战斗车的易损性通常是从它抵御穿甲弹、破片杀伤弹和破甲弹贯穿作用的能力, 以及其结构抵御爆破弹冲击波的能力来考虑的. 实际上, 有些杀伤作用不一定能摧毁车辆或使之丧失行动能力, 但能使车辆或内部部件受到一定程度的损坏. 例如装甲战斗车辆遭到各种口径弹丸攻击时, 其活动部件可能产生变形, 被楔死, 以致失去效用. 高能炸药爆炸可以使装甲战斗车辆结构破坏, 冲击波作用可以引起装甲板振动, 使固定在车内的部件受到严重损坏.

为准确评价命中弹丸对坦克的破坏程度, 必须建立一套标准数据, 以给出由于各基本部件损坏而造成的坦克整体的破坏程度, 见表 13.5.1～ 表 13.5.3. 表中数据仅考虑单发命中对坦克的作用效果, 尚未考虑命中时坦克担负的战斗任务或对乘员士气和心理作用的影响. 在建立这些标准的参考数据时, 还做了以下假设:

表 13.5.1　典型的坦克破坏程度评价表 (以人员伤亡或失能为依据)[13]

人员	破坏级别		
	M	F	K
车长	0.30	0.50	0.00
射手	0.10	0.30	0.00
装填手	0.10	0.30	0.00
驾驶员	0.50	0.20	0.00
两名乘员失能			
车长和射手	0.65	0.95	0.00
车长和装填手	0.65	0.70	0.00
车长和驾驶员	0.90	0.60	0.00
射手和填装手	0.55	0.65	0.00
射手和驾驶员	0.80	0.55	0.00
填装手和驾驶员	0.80	0.50	0.00
唯一幸存者			
车长	0.95	0.95	0.00
射手	0.95	0.95	0.00
填装手	0.95	0.95	0.00
驾驶员	0.90	0.95	0.00

表 13.5.2 典型的坦克破坏程度评价表 (以内部部件损坏为依据)[13]

部件	破坏级别		
	M	F	K
主炮用药筒	1.00	1.00	1.00
主炮弹丸 (高能炸药)	1.00	1.00	1.00
主炮弹丸 (动能弹)	0.00	0.00	0.00
机枪弹药	0.00	0.10	0.00
武器			
并列机枪	0.00	0.10	0.00
炮塔高射机枪	0.00	0.05	0.00
主用武器	0.00	1.00	0.00
并列机枪和炮塔高射机枪	0.00	0.10	0.00
所有其他武器	0.00	1.00	0.00
主炮制退机构	0.00	1.00	0.00
蓄电池	0.00	0.00	0.00
车长观察装置	0.00	0.00	0.00
驱动控制机构	1.00	0.00	0.00
驾驶员潜望镜	0.05	0.00	0.00
发动机	1.00	0.00	0.00
单侧油箱漏油	0.05	1.00	1.00
高低机			
动力	0.00	0.00	0.00
手动	0.00	0.00	0.00
二者 (动力和手动)	0.00	1.00	0.00
火力控制系统			
主用系统	0.00	0.10	0.00
备用系统	0.00	0.00	0.00
二者 (主用系统和备用系统)	0.00	0.95	0.00
内部通信设备			
全部设备	0.30	0.05	0.00
车长用设备	0.00	0.05	0.00
射手用设备	0.00	0.05	0.00
车长和射手用设备	0.30	0.05	0.00
装填手用设备	0.00	0.05	0.00
驾驶员用设备	0.30	0.00	0.00
旋转式分电箱	0.35	0.20	0.00
炮塔接线盒	0.35	0.10	0.00
无线电设备			
现代作战方式	0.05	0.05	0.00
未来作战方式	0.25	0.25	0.00
方向机			
动力	0.00	0.10	0.00
手动	0.00	0.00	0.00
二者 (动力和手动)	0.00	0.95	0.00

表 13.5.3　　典型的坦克破坏程度评价表 (以外部部件破坏为依据)[13]

部件	破坏级别		
	M	F	K
减震簧	0.00	0.00	0.00
诱导轮	1.00	0.00	0.00
行动轮 (前)			
一个	0.00	0.00	0.00
两个	0.00	0.00	0.00
行动轮 (后)	0.00	0.00	0.00
行动轮 (其他)	0.05	0.00	0.00
减震器	0.00	0.00	0.00
链轮	0.00	0.00	0.00
履带	0.00	0.00	0.00
履带导向齿	0.05	0.00	0.00
履带支托轮	0.00	1.00	0.00
主炮管	0.00	1.00	0.00
主炮跑膛排烟器	0.00	0.05	0.00

(1) 坦克一旦参与战斗, 遭受不至于被彻底摧毁的攻击后, 幸存者仍竭尽全力使坦克继续作战.

(2) 坦克有一台主发动机和一台辅助发动机, 战斗中至少一台处于工作状态.

(3) 坦克配有备用武器和备用火控系统.

(4) 主用武器和机枪可以从射手和车长位置实施瞄准和射击.

(5) 在确定坦克由各个元件或部件破损而造成的破坏程度时, 表中数据是假定该元件或部件完全损坏的条件下得出的.

装甲战斗车的装甲配置主要从抵御地面攻击角度考虑, 顶装甲通常比前、后装甲和侧装甲薄得多, 故容易受空中攻击而损坏. 因此, 对付装甲战斗车, 应根据其弱点, 采用恰当的战术手段. 装甲战斗车重量比较大, 悬挂系统的武器外露, 舱口关闭后对外界的观察能力较差. 所以, 可以使用反坦克地雷通过爆炸冲击波、聚能装药、凝固汽油及其联合作用来破坏装甲战斗车.

13.5.1.3　步兵装甲车和装甲式自行火炮

步兵装甲车和装甲式自行火炮, 由于受到重量和战术作用的限制, 一般都具有较薄的装甲. 在一定距离上能抵御 12.7mm 口径或更小口径轻武器的火力及榴弹破片和爆炸冲击波的攻击. 这两种装甲车很容易被任何反坦克武器所击伤, 例如小口径穿甲弹、破甲弹及反坦克地雷等. 所以, 这些车辆的战术职能要求避开反坦克武器, 具备防御炮弹弹片和某些爆破榴弹冲击波的能力.

13.5.2 飞机 [11]

13.5.2.1 飞机的易损性及影响因素

飞机的易损性涉及许多因素, 正是这些因素决定着飞机耐受战斗损伤的能力. 飞机的易损性研究尤其能揭示出提高飞机战斗生存能力的途径, 并通过演绎推理, 指明哪些武器最有希望使飞机严重损伤.

在大多数情况下, 影响飞机生存能力的主要因素是飞机的构架和其基本部件的固有安全性, 以及飞机可能配备的任何防护装置的效能. 在确定飞机易损性时, 通常将飞机定义为如下一些部件的集合体: 构架、燃料系统、发动机、人员 (执行任务必需人员)、武器系统和其他部件. 飞机各部件的终点弹道易损性比较见表 13.5.4 所示. 表 13.5.4 中定性给出了飞机中的不同部件 (包括人员) 被不同弹药所毁伤的难易程度的相对比较.

表 13.5.4 飞机各部件的易损性比较 [13]

毁伤武器	人员	燃料系统	发动机		构架	武器系统及其他部件
			涡轮喷气式	活塞式		
枪用燃烧弹	高	不确定	中等	低	极低	高
杀伤榴弹或杀伤燃烧弹破片	高	不确定	高	高	高低不等	高
枪弹	高	不确定	中等	低	极低	中等
杆式弹	高	不确定	高	高	高	高
外部爆炸波	极低	极低	极低	极低	中等高	中等

在下面的讨论中将用到两个关于飞机毁伤的术语: ①暴露面积, 指某一部件的外部形状在与来袭弹丸或战斗部飞行线垂直的平面上的投影面积; ②易损面积, 指暴露面积与该面积内任意一次命中的条件毁伤概率的乘积 (假定所有的弹丸飞向暴露面积时的飞行轨迹是相互平行的).

13.5.2.2 破坏等级及其评定

为了对破坏效应进行分类, 目前通用如下一些毁伤或破坏等级:

KK 级 —— 飞机被击中后立即解体, 也表示飞机的功能完全失效;

K 级 —— 飞机被击中后立即失去了控制, 一般规定为半分钟内失去控制;

A 级 —— 飞机被击中后 5 分钟内失去控制;

B 级 —— 飞机被击中后不能飞回原基地, 通常将喷气式飞机视为位于 1 小时航程之内, 活塞式发动机飞机位于 2 小时航程之内;

C 级 —— 飞机被击中后不能完成其使命;

E 级 —— 飞机被击中后仍能完成其使命, 但受到的损伤程度使其不能执行下次预定任务, 且通常在着陆时会发生严重破坏.

　　为了评定飞机究竟属于哪种破坏, 必须明确飞机正在行使何种任务和使命. 在飞机易损性试验中, 常以评价法作为确定飞机破坏程度的基本方法. 受试飞机损坏后, 要求评价人员根据其使命、人员反应等, 对飞机达到某一破坏等级的概率做出判断. 例如, 相对于 A, B, C 和 E 级进行评价的结果是 0, 0, 0 和 0, 就意味着飞机不会在 2 小时内坠毁, 既不影响飞机执行任务, 也不会在着陆时坠毁. 如果评价结果是 0, 100, 0 和 0, 则说明飞机达到 B 级毁伤的概率为 100%, 意味着飞机将在 2 小时之内坠毁, 但暂时不会影响飞机执行任务. 严格地讲, 用百分数描述飞机各种破坏级别的概率是不准确的, 但它仍然是衡量飞机终点弹道易损性的基本方法.

13.5.2.3　飞机易损性分析

　　飞机的终点弹道数据可以通过理论分析、试验数据分析和可控条件下对飞机的设计试验获取. 由于飞机结构和各种破坏机理极其复杂, 借助纯理论分析获得飞机的易损性数据几乎是不可能的, 因此, 在可控条件下对目标飞机实施毁伤破坏试验是收集易损性数据的主要方法. 外爆炸效应和内爆炸效应是使飞机破坏的最有效手段, 下面分别给出在试验数据基础上得到的外爆炸和内爆炸条件下飞机的易损特性.

1) 外爆炸效应

　　飞机的外爆炸试验结果表明, 可以在破坏程度与爆炸冲击波峰值压力和冲量之间建立一定的关系. 根据试验结果, 对于装药量和爆炸距离的每一组合, 均可求得一组侧向和正面峰值压力及冲量. 在一定装药量范围内绘制出的压力-冲量曲线, 称为阈值破坏曲线, 如图 13.5.1 所示. 图中曲线①表示在自由空气场中测得的

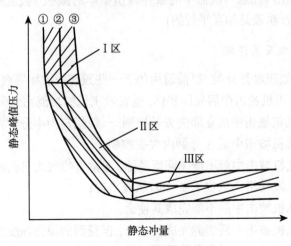

图 13.5.1　阈值破坏曲线

压力和冲量曲线,称为侧向压力曲线,曲线③表示在刚壁表面测得的垂直于该表面
方向上的压力和冲量曲线,称为正面压力曲线;正面压力和侧向压力分别表示了施
加于任一构件上的爆炸波载荷的上限和下限,因此构件实际所受载荷位于这两条曲
线之间. 曲线②是阈值破坏曲线,在阈值破坏曲线②的左下方是未毁伤区,在曲线
的右上方则是一定可以造成毁伤的区域. 从图中可以看出,以阈值破坏曲线②为界,
当冲量低于某值时,无论峰值压力多高,都不会造成飞机破坏,反之,峰值压力低于
某值时,无论冲量多大,也不可能造成飞机破坏. 因此,在 I 区内,冲量是唯一的破
坏判据,在 II 区,峰值压力或冲量都不能作为唯一判据,在III区,峰值压力是唯一的
判据. 图 13.5.1 即构成了目标破坏的 P-I 判据图,这个规律已在很大范围的装药量
下针对飞机的大量试验结果所证实.

2) 内爆炸效应

内爆炸是指弹药穿入飞机内部,并在其内部爆炸的情况. 内爆炸是摧毁飞机的
有效手段. 通过地面毁伤试验,现已积累了大量有关内爆炸对于飞机结构破坏效应
的资料,表明,弹丸完全进入飞机内部以后再爆炸,对飞机的破坏是最有效的. 弹
丸的爆炸强度与其炸药装药量有关,因而通常以装药量作为衡量爆炸强度的判据.
美国陆军弹道研究所曾对飞机进行了系列内爆炸试验,给出了多种型号飞机的 "A"
级结构性破坏概率随装药量的变化,如图 13.5.2 所示. 关于飞行高度对内爆炸效应
的影响,研究表明,造成一定程度破坏所需装药量随飞行高度的增加而增加.

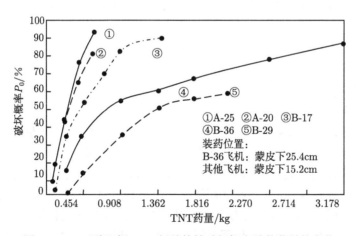

图 13.5.2 五种飞机 "A" 级结构性破坏概率随装药量的变化

13.5.3 地面和地下建筑物 [11,12]

准确了解建筑物及其构件对各种破坏机理的响应,对于建筑设计师、军事指挥
人员以及军事防御和民防部门都具有极其重要的意义.

13.5.3.1　地面建筑物

通常地面建筑物更容易被空中爆炸冲击波毁坏, 因此, 在此仅讨论空中爆炸波的破坏作用.

为确定建筑物的易损性, 必须得知目标对载荷的响应特性以及制约该响应的各种参量. 就空中爆炸波而言, 目标遭受破坏的程度往往受到载荷的大小和持续时间、目标构件的倾斜程度和弹塑性力学特性等因素的影响. 目标的大小与结构形式决定着建筑物对绕射载荷还是对动压载荷更敏感, 从而影响着对建筑物的加载状态.

空中爆炸冲击波对物体施加的载荷是入射爆炸波的超压和风动压两部分力的联合作用. 由于爆炸冲击波自目标正面反射过程中和从建筑物四周绕射过程中载荷变化极快, 因而载荷一般包括两个显著不同的阶段, 即初始绕射阶段的载荷和绕射结束后的动压载荷.

1) 绕射载荷

大多数在承载过程中壁面保持不动的大型封闭建筑物, 在绕射阶段内会产生明显的响应, 因为绝大部分平移载荷正是在这一阶段施加上去的. 爆炸冲击波作用于这类建筑物时会发生反射, 反射后形成的超压大于入射波超压. 随后, 反射波超压很快降至入射超压水平. 爆炸冲击波在传播过程中还将沿建筑物外侧绕射, 使建筑物各侧均承受超压. 在爆炸冲击波抵达建筑物背面之前, 作用在建筑物正面上的超压对建筑物构成一个沿爆炸波传播方向的平移力. 当爆炸冲击波到达建筑物背面之后, 作用在背面上的超压具有抵抗其正面上超压的趋势. 就小型建筑物而言, 爆炸冲击波抵达背面更快, 建筑物前后表面上的压力差持续时间短. 所以, 超压导致静平移载荷的大小主要是由建筑物尺寸决定的. 绕射阶段爆炸冲击波超压对各类建筑物的破坏程度见表 13.5.5.

2) 动压载荷

在绕射阶段, 直到爆炸冲击波完全通过之后, 建筑物一直在承受着风动压的作用. 就大型封闭建筑物而言, 动压载荷比绕射载荷小得多. 但对小型结构来说, 动压载荷就显得比较重要了, 这阶段承受的平移力远远大于绕射阶段超压构成的平移力. 如框架式建筑物, 如果侧壁在绕射阶段已经解体, 那么, 动压载荷将使构架进一步破坏. 同理, 对于桥梁, 绕射阶段承受的实际载荷时间极短, 但动压载荷作用时间却很长. 由于动压载荷作用时间与超压作用时间密切相关, 而与建筑物整体尺寸无关, 所以破坏作用不仅取决于峰值动压, 而且还与爆炸冲击波正压持续时间有关.

表 13.5.5　主要受绕射阶段爆炸冲击波超压影响时的各类建筑结构的破坏程度 [13]

建筑结构类型	破坏程度		
	严重	中度	轻度
多层钢筋混凝土建筑物 (钢筋混凝土墙, 抗暴震设计, 无窗户, 三层)	墙壁碎裂, 建筑物严重变形, 底层立柱开始倒塌	墙壁裂纹, 建筑物轻微变形, 入口通道破坏, 门窗内翻或卡死不动, 钢筋混凝土少量剥落	—
多层钢筋混凝土建筑物 (钢筋混凝土墙, 小窗户, 五层)	墙壁碎裂, 构架严重变形, 底层立柱开始倒塌	外墙严重开裂, 内隔墙严重开裂或倒塌. 构架永久变形, 钢筋混凝土剥落	门、窗内翻, 内隔墙裂纹
多层墙承重式建筑物 (砖筑公寓式建筑, 至多三层)	承重墙倒塌, 致使整个建筑倒塌	外墙严重开裂, 内隔墙严重开裂或倒塌	门、窗内翻, 内隔墙裂纹
多层墙承重式建筑物 (纪念碑型, 四层)	承重墙倒塌, 致使它支撑的机构倒塌, 部分承重墙因受中间墙屏蔽而未倒塌, 部分结构只产生中度破坏	面对冲击波的一侧外墙严重开裂, 内隔墙严重开裂, 但远离爆炸的那一端建筑结构破坏程度轻些	门、窗内翻, 内隔墙裂纹
木质构架建筑物.(住宅型, 一层或两层)	构架解体, 整个结构大部倒塌	墙框架开裂, 屋顶严重损坏, 内隔墙倒塌	门、窗内翻, 内隔墙开裂
储油罐 (高 9.14m, 直径 15.24m, 考虑装满油的情况. 如为空罐更容易破坏)	侧壁大部分变形, 焊缝破裂, 油大部分流失	顶部塌陷, 油面以上的侧壁胀大, 油面以下的侧壁发生一定变形	顶部严重损坏

表 13.5.6 给出了在动压载荷阶段容易遭受破坏的各类建筑物结构. 同一建筑物的某些结构可能易被绕射阶段载荷所破坏, 而另一些构件可能容易被动压载荷所破坏. 另外, 建筑物的大小、方位、开孔数和面积, 以及侧壁和顶板解体速度, 决定着究竟何种载荷才是造成破坏的主要原因.

3) 结构响应

建筑物之类的地面目标遭到空中爆炸武器袭击时, 大量构件因承受压力载荷而获得运动速度. 运动过程将导致位移, 而构件内部产生的应变则力图阻挡这种位移. 随着位移量的增加, 有些构件逐渐逼近其弹性极限. 如果该过程一直继续下去, 建筑物就会在其自身重量的作用下坍塌. 位移量随时间的变化过程称为结构响应特性. 为了对地面目标的破坏情况做出评价, 首先需要测定其结构响应特性.

决定结构响应特性和破坏程度的参量有: 强度极限、振动周期、延韧性、尺寸和重量. 延性可提高结构吸收能量和抵抗破坏的能力. 砖石类脆性结构建筑物延性较差, 只要产生很小的位移就会遭到破坏; 而钢构架类建筑物属于延性结构, 能够承受较大的乃至永久性的位移也不致破坏. 施加载荷的方式对于结构的响应特性也会产生很大的影响. 大多数建筑结构承受竖直方向载荷的能力远远大于水平方向. 因此, 在最大载荷相等的条件下, 处在早期规则反射区的建筑物受破坏的程度可能小于处在马赫反射区的类似结构的破坏程度. 对于用土掩的地面建筑物, 覆盖的土层能减少反射系数, 改善该建筑物的气动形状, 可大大减少水平和竖直方向的平移力. 若建筑物具有一定的韧性, 通过土层的加固作用, 可提高结构的抗弯能力. 浅层地下爆炸时, 空中爆炸冲击波也是对地面建筑物起破坏作用的主要影响因素之一. 但是, 就给定的破坏程度而言, 浅层爆炸时空中爆炸冲击波的有效作用距离要小于空中爆炸的情况.

表 13.5.6　主要受动压载荷影响时各类建筑物结构的破坏程度 [13]

建筑结构类型	破坏程度		
	严重	中度	轻度
轻型钢构架厂房 (平房, 可装 5t 天车, 轻型低强度易塌墙)	构架严重变形, 主柱偏移量达到高度的 1/2	构架中度变形, 天车不能使用, 需修理	门、窗内翻, 轻质墙板剥落
重型钢构架厂房 (平房, 可装 50t 天车, 轻型低强度易塌墙)	同上	同上	同上
多层钢构架办公楼 (五层, 轻型低强度易塌墙)	构架严重变形, 底层立柱开始倒塌	构架中度变形, 内隔墙倒塌	同上, 且内隔墙裂开
多层钢筋混凝土构架办公楼 (五层, 轻型低强度易塌墙)	构架严重变形, 底层立柱开始倒塌	同上, 且钢筋混凝土有一定程度剥落	同上
公路或铁路桁架桥 (跨度 76.2 ~ 167.6m)	侧面斜梁全部解体, 桥梁倒塌	同上	同上
浮桥 (美国陆军 M-2 和 M-4 制式浮桥, 取任意走向)	全部锚链松脱, 行车道之间或梁之间的结合部变形, 浮舟扭曲松脱, 许多浮舟沉没	许多系船绳索断开, 桥在船台上飘移, 行车道或梁之间的结合部松脱	有些系船绳索断开, 桥梁负荷能力不减
覆土轻型钢拱地面建筑 (10 号波纹钢板, 跨度 6.1~7.6m, 覆土层 1m 以上)	拱形部全部坍塌	拱形部有轻度永久性变形	两端墙壁变形, 入口门可能毁坏
覆土轻型钢筋混凝土拱地面建筑	全部坍塌	拱板变形, 严重开裂并剥落	拱板开裂、入口门损坏

4) 破坏程度分类

常规炸弹对大型建筑物的破坏往往是局部的, 或者仅靠近炸点的区域, 所造成的破坏可以分为 "结构性破坏" 和 "表层破坏" 两大类. 结构性破坏是指那些修复过程中需要更换或专门加强支撑的主要受力件 (如桁架、梁、柱、承载墙等) 的破坏. 表层破坏则是指檩条和其他次要部件、盖瓦等屋顶材料剥落以及非承载外墙的

破坏 (不包括玻璃的破碎和隔墙破坏). 建筑物的破坏程度可以作以下分类.

严重破坏: 指建筑结构除非重建, 否则不能按预期目的使用, 即使派作其他用途, 也必须进行大修.

中度破坏: 指建筑结构的主要受力构件如桁、立柱、梁、承重墙等除非进行重大修理, 否则将不能按预期目的有效使用.

轻度破坏: 指建筑结构的破坏仅限于窗户破裂, 屋顶和侧壁轻微损坏, 内隔墙倒塌, 某些承重墙出现轻度裂纹. 参见表 13.5.5 和表 13.5.6 所述的情况列表.

13.5.3.2 地下建筑物

1) 空中爆炸冲击波

空中爆炸冲击波是破坏覆土轻质建筑物和浅埋地下建筑物的主要因素.

覆土建筑物是指建筑物高出地面的部分由堆积的土丘构成. 土丘可减小爆炸波反射系数, 改善建筑物的气动形状. 这样, 就能明显减弱外加的平移作用力. 此外, 通过土壤的支护作用, 还能得到提高结构的强度或增大其惯性的好处.

浅埋轻质地下建筑物结构是指顶部覆土层表面与原始地面平齐的结构. 对于这类建筑结构其顶部承受的空中爆炸冲击波压力不会减少多少. 但由于爆炸波在土层表面的反射, 压力也不会增加. 这类结构的易损性由多种变化因素决定, 诸如结构特性参数、土壤性质、埋置深度、空中爆炸冲击波的峰值超压等.

2) 地冲击

地下建筑结构可以设计得实际上不受空中爆炸波的任何破坏, 但是, 这样的结构却能被低空、地面或地下爆炸的成坑效应或地冲击所破坏乃至摧毁.

地冲击和成坑效应对地下建筑结构的破坏作用取决于建筑物的大小、形状、延韧性和相对于爆炸点的方位以及土壤或岩石的特性等. 由成坑效应和地冲击引起的破坏准则可以通过以下三个区域来描述, 参见图 13.3.4, 即:

(1) 炸坑 (或爆腔) 本身;

(2) 自炸坑中心起, 向外大致扩展到塑性变形区 (如压碎区和破裂区) 外沿;

(3) 不造成永久性变形的瞬时运动区 (或震动区).

目前尚未确定究竟哪一个冲击波参量在衡量破坏程度时是最主要的. 不过, 已经有证据表明, 破坏程度与炸坑半径之间可以建立起某种关联, 并且误差较小.

13.5.3.3 建筑物分类与易损性等级分析

1) 建筑物的分类

建筑物可按结构特点和外部特性分为 A, B, C, D, E, F 和 S 七大类. 每一大类又可分为若干小类, 各小类分别赋予相应的类号, 表 13.5.7 是完整的分类表.

2) 易损性等级

各种建筑物相对于同一重量和类型弹药的易损性可分为 L_1, L_2, L_3, L_4 四个等级.

表 13.5.7 建筑物分类[13]

大类及说明	小类		结构特点
	说明	类号	
A: 不带可移动式起重设备的房屋. 跨度一般小于 22.8 m, 屋檐高度通常不超过 7.62 m, 面积不小于 929 m² 注: 这类包括钢质或木质构架建筑. 实践证明, 两种建筑物的易损性相同, 且炸弹导致的破坏多出现在构架连接处	1. 锯齿形屋顶	A1.1	包括除 A1.2, A1.3, A1.4, C1.3 和 C2.3 以外的所有锯齿形屋顶建筑
		A1.2	带整体构架和顶板的钢筋混凝土建筑
		A1.3	装有露出屋顶之外且正交于锯齿形屋顶上弦桁架的钢质构架式建筑
		A1.4	外壳承载的壳体型钢筋混凝土建筑
	2. 非锯齿形屋顶	A2.1	钢质或木质构架, 简单横梁立柱建筑
		A2.2	拱形、刚性、钢构架建筑
		A2.3	钢质或木质构架, 网格桁架建筑
		A2.4	带整体构件和顶板的钢筋混凝土建筑
		A2.5	外壳承载的壳体型钢筋混凝土建筑
B: 装有可移动式起重设备的平房. 跨度不限, 结构形式不限, 面积不小于 929 m²	1. 有重型起重设备	B1	屋檐高度 9.14 m 以上, 起重能力不小于 25t
	2. 有轻型起重设备	B2	屋檐高度 9.14 m 以上, 起重能力不大于 25t
C: 不带起重设备的平房, 跨度 22.8 m 以上, 面积不小于 929 m², 这类建筑物适合作为飞机装备车间或机库	1. 主构件沿两个方向安装, 屋顶或为钢筋混凝土结构, 或为钢质或木质结构	C1.1	屋顶桁架沿建筑物一边由大跨度桁架支撑, 对面由支柱支撑, 厂房一侧及两端开有大门
		C1.2	在一个或两个方向上有连续桁架; 大跨度桁架在一个方向上受内立柱和外墙 (或外立柱) 支撑
		C1.3	外露式弦架垂直支撑主桁架的锯齿形屋顶建筑物, 一个或两个弦架可以是大跨度桁架
		C1.4	菱形网格拱形建筑
	2. 主构件仅沿一个方向安装, 屋顶或为混凝土结构, 或为钢质或木质结构	C2.1	大跨度拱形桁架分别由建筑物各侧边支撑, 桁架可以设计为多跨度组合件
		C2.2	大跨度三角桁架或弓弦架桁架分别由建筑物各侧的立柱支撑, 桁架可设计为由共同立柱支撑的多跨度组合件, 屋顶高跨比 2:10
		C2.3	大跨度桁架、高跨比 2:10 (或更小) 的上弦架分别由建筑物各侧边的立柱支撑, 包括外露式锯齿形屋顶建筑, 可以设计成由共用立柱支撑的多跨度桁架, 也可以设计成内立柱支撑的连续桁架
	3 主结构型	C3	外壳承载式或其他壳体型钢筋混凝土结构

续表

大类及说明	小类		结构特点
	说明	类号	
D：结构不限，小于 929 m²	平房	D	各种结构形式和各种材料的建筑
E：构架是楼房	1. 抗震型	E1	能抗强横向载荷的极其笨重的钢质或钢筋混凝土建筑
	2. 钢质、木质或混凝土建筑物	E2	各种轻（相对于 E1 而言）型构架式建筑
F：墙壁支撑（可以有内柱）式楼房	1. 抗震型	F1	能抗强横向载荷的钢筋混凝土砖墙或重型砖石墙建筑
	2. 钢质、木质或混凝土建筑物	F2	各种轻型墙壁支撑式建筑. 承重墙材料不限，其内部构架或为木质，或为钢质
S：专用建筑结构		S	炼焦炉、高炉、地上油库、冷却塔等

　　破坏数据的研究结果表明, 在大多数情况下, 炸弹投掷到 D 类建筑 (小型平房) 的扩展区域内时, 要么是建筑物彻底毁坏, 要么使其在结构上保持完整无损. 鉴于此, D 类建筑物的易损性不可与其他建筑物混为一谈, 即 D 类建筑物的易损性自成一级 (L_1 级).

　　除 D 类以外其他建筑物的易损性可细分为三级: 可承受强轰炸的 L_2 级; 可承受轻型轰炸的 L_4 级; 介于这两者之间的为 L_3 级. 随着弹药的重量和类型的不同, 建筑物的相对易损性也会有所不同. 各种建筑物的易损性等级分类参见表 13.5.8.

表 13.5.8　建筑物易损性等级分类 [13]

炸弹种类	易损性等级	建筑物类型	炸弹种类	易损性等级	建筑物类型
227kg 普通炸弹	L_1	D	908kg 普通炸弹	L_1	D
	L_2	B1, E2		L_2	A1.1, B1, B2, E2
	L_3	A2.3, B2, C1.2, C1.4, C2.1, C2.3, F2		L_3	A2.3
	L_4	A1.1, A1.4, A2.1, A2.6, C3		L_4	A1.3, A2.6
454kg 普通炸弹	L_1	D	1816kg 薄壳炸弹	L_1	D
	L_2	B2, E1, E2		L_2	E2
	L_3	A1.1, A1.3, A2.3, A2.4, B1, F2		L_3	A2.3
	L_4	A1.5, A2.1		L_4	A1.1, B2

13.5.3.4　地面目标的破坏概率

　　衡量常规武器对地面目标破坏效能的最简便方法是给出武器对某种特定目标造成给定等级破坏的面积. 因为大多数目标, 如工厂、城市、军事设施、铁路和机场等, 基本上属于平面分布, 投射精度和着弹密度都可以按平面面积度量.

有两个概念可用来衡量武器的毁伤效能, 一是平均有效破坏面积; 二是易损面积. 两个术语意义类似, 不同点在于前者是对武器而言的, 后者是对目标而言的.

1) 平均有效破坏面积概念

落入目标区域内的弹丸造成的破坏效应随着弹着点至目标单元的距离而变化. 可赋予适当的概率以衡量命中每一位置的可能性. 这些概率值乘以每发命中弹丸造成的破坏面积, 就可得到每发弹丸对建筑物的平均破坏面积. 如此求得的武器毁伤效能称为平均有效破坏面积 (MAE).

特定武器使特定目标单元造成给定等级破坏的 MAE, 定义为该武器平均使这种目标单元至少造成给定等级破坏的面积. 目标单元是指独立的一个目标 (诸如建筑物、机器和人员) 或一个面积单位 (如表示屋顶或地板面积的平面尺寸). 当目标是由相互靠得很近的独立单元组成的, 以至于若干目标单元被包含在一枚弹丸的 MAE 之内时, 以 MAE 衡量武器毁伤效能最为适宜. 而对于诸如钢轨或地下管道之类的线性目标, 则不宜采用 MAE.

如上所定义的 MAE, 可按单位武器重量、一组 (束) 炸弹、一架飞机的携弹量、单位炸药重量或其他任何方便的单位的作用效果来计算. 然而, 通常最简便的还是按单个武器计算, 普通炸弹更是如此. 尽管严格来说, 武器的相对效能 (单位重量武器对单位重量目标) 应按造成同一破坏效果条件下目标所需要的炸弹相对密度 (可能转化为用弹量) 来确定, 但也可以通过将每一武器的 MAE 转换成单位武器重量的 MAE, 比较不同武器的破坏效能.

第二次世界大战期间, MAE 概念曾被用于确定给定破坏百分率所需要的地面弹药密度. 适用的关系式为

$$F = 1 - e^{-MD} \tag{13.5.1}$$

式中, F 为所要求的破坏百分率; M 为 MAE; D 为要求的弹药密度.

该式根据基本理论推导出来, 如果破坏是由两个战斗部重叠造成时, 其总破坏区等于一个战斗部破坏区的两倍减去重叠面积.

2) 易损面积概念

某些目标, 如炼油厂、桥梁和贮油库等, 基本上是由一些面积较小的单元组成的. 就这类目标而论, 当弹丸命中每一单元周围的某一平面区域时, 都可能产生所要求的破坏程度. 这一平面面积就称作易损面积 (VA). 其定义如下: 特定目标单元的易损面积 (与特定弹丸和规定破坏等级有关) 是指使该目标单元遭受不低于规定程度破坏所需要的命中区域的面积.

易损面积法最适用于以下场合: 一是各目标单元相互独立, 一发弹丸只能破坏一个目标单元; 二是只需一发弹丸即可在目标单元的 VA 内造成规定程度的破坏.

该方法最适用于线性目标 (如钢轨或桥梁等).

为了求得不同武器对同一目标单元的相对效能, 需要将每发弹丸的易损面积乘以适当系数, 转换成单位武器重量的易损面积. 一般来说, 单位武器重量易损面积最大, 该武器也最有效. 然而, 这种方法与平均有效破坏面积方法一样, 用以衡量相对效能的真正标准仍是毁伤目标所需要的弹药相对密度. 与平均有效破坏面积概念一样, 第二次世界大战期间, 易损面积也曾被用于计算所需要的弹药密度. 对于某些适当的目标, 公式 (13.5.1) 中的 MAE 可以由 VA 取代.

有些目标不仅其水平尺寸, 而且垂直尺寸也影响着易损面积的大小. 炸弹的落角不会总是垂直的, 因而, 它不仅有可能击中目标的水平表面, 还有可能击中其竖直表面. 在这种情况下可采用等效水平面积来描述目标, 进而分析毁伤效能. 等效水平面积等于以着角为投影角时目标在地面上的投影面积.

参 考 文 献

[1] 王志军, 尹建平. 弹药学. 北京: 北京理工大学出版社, 2005.

[2] 李向东, 钱建平, 曹兵. 弹药概论. 北京: 国防工业出版社, 2004.

[3] 爆炸及其作用编写组. 爆炸及其作用 (下册). 北京: 国防工业出版社, 1979.

[4] 卢芳云, 李翔宇, 林玉亮. 战斗部结构与原理. 北京: 科学出版社, 2009.

[5] 卢芳云, 蒋邦海, 李翔宇, 等. 武器战斗部投射与毁伤. 北京: 科学出版社, 2013.

[6] Lloyd R M. Conventional Warhead Systems, Physics and Engineering Design. American Institute of Aeronautics and Astronautics. Inc., 1998.

[7] 张寿齐. 曼·赫尔德博士著作译文集 I. 绵阳: 中国工程物理研究院, 1997.

[8] 谭多望. 高速杆式弹丸的成形机理和设计技术. 中国工程物理研究院博士学位论文, 2005.

[9] 黄正祥. 聚能杆式侵彻体成型机理研究. 南京理工大学博士学位论文, 2003.

[10] 黄正平. 爆炸与冲击电测技术. 北京: 国防工业出版社, 2006.

[11] 隋树元, 王树山. 终点效应学. 北京: 国防工业出版社, 2000.

[12] Driels M R. Weaponeering: Conventional Weapon System Effectiveness. American Institute of Aeronautics and Astronautics. Inc., 2013.

[13] 陆军装备部. 终点弹道学原理. 王维和, 李惠昌译. 北京: 国防工业出版社, 1988.

第14章 毁伤效应数值模拟技术

武器毁伤效应的研究方法有三类: 理论分析、试验研究和数值模拟. 毁伤相关的爆炸冲击动力学过程的理论分析往往适用于基础性问题研究, 而武器毁伤过程是一个典型的工程问题. 由于武器作用过程的复杂性以及毁伤目标的多样性, 理论分析往往显得适用性不够. 试验是目前研究武器毁伤效应最重要的手段, 然而由于武器毁伤效应的实弹打靶往往花费高昂, 尤其是导弹武器的毁伤试验, 不论是从导弹本身的成本还是靶标的建设来讲, 导弹武器的实弹试验都是一个费效比很低的方法, 通常只能进行少量的实弹飞行试验.

为了弥补理论和试验研究的不足, 数值模拟和建模仿真正在成为毁伤效应研究的又一类先进有效的手段. 由于数值模拟的灵活性和可重复性, 数值模拟方法日渐成为一种备受关注的数值试验方法, 并且在导弹武器试验中发挥着越来越重要的作用. 本章以国内外目前最为常用的爆炸动力学数值模拟软件 LS-DYNA 为例, 介绍其基本功能以及在武器毁伤效应研究中的具体应用. 介绍武器毁伤效应问题中常用的金属、混凝土等材料的动态力学性质及其在 LS-DYNA 中对应的材料模型, 并简单介绍利用 LS-DYNA 求解侵彻、爆炸、侵爆一体化问题的基本方法, 主要包括接触、流固耦合算法, 给出了一些算例和计算结果. 14.5 节介绍另一款非线性动力学软件 AUTODYN 及其在毁伤效应研究中的应用. LS-DYNA 和 AUTODYN 软件的相关理论基础可以参考本书第 5 章的内容.

14.1　LS-DYNA 程序简介

14.1.1　概述

LS-DYNA 是目前国内广泛使用的大型非线性动力学有限元程序, 它可以用来求解碰撞、爆炸、金属模压成型等高度非线性动力学问题. 对于大变形、高应变率、摩擦和接触、流固耦合、多物质混合流动等多种非线性动力学问题可以给出满足工程需要的计算结果. LS-DYNA 以 Lagrange 算法为主, 兼有 ALE 和 Euler 算法; 以显式求解为主, 兼有隐式求解功能; 以结构分析为主, 兼有热分析、流固耦合功能; 以非线性动力学分析为主, 兼有静力分析功能 [1-5]. 图 14.1.1 给出了 LS-DYNA 在建筑物爆炸破坏方面的应用实例.

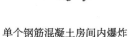 三跨三层建筑物内爆炸破坏

图 14.1.1 LS-DYNA 在建筑物爆炸破坏方面的应用

LS-DYNA 最初是 1976 年在美国的劳伦斯利弗莫尔国家实验室 (LLNL) 由 Hallquist 主持开发完成的 [5], 主要目的是为武器设计提供分析工具, 经多年的功能扩充和改进, 成为国际著名的非线性动力学分析软件. 1997 年 LSTC 公司将 LS-DYNA2D、LS-DYNA3D、LS-TOPAZ2D、LS-TOPAZ3D 等程序合成一个软件包, 称为 LS-DYNA(940 版), 并由 ANSYS 公司将它与 ANSYS 前后处理连接, 称为 ANSYS/LS-DYNA(5.5 版), 大大加强了 LS-DYNA 的前后处理能力和通用性, 成为国际著名大型结构分析程序 ANSYS 在非线性领域中的重大扩充. 目前较新的版本为 LS-DYNA971 版.

LS-DYNA 包含的单元类型众多, 包括: 四节点壳单元、三节点壳单元、八节点实体单元、梁单元和弹簧阻尼单元等, 各种单元又有多种算法供选择, 这些单元可计算大位移、大应变和大转动过程. LS-DYNA 在采用单点积分算法时能够较好地克服沙漏带来的误差, 在保证高计算速度的同时仍保持较好的计算精度.

LS-DYNA971 版本提供了超过两百种的材料模型, 可以较好地模拟金属、岩石、混凝土、泡沫、土壤等常见材料的冲击动力学特性. 并提供用户自定义材料模型接口, 支持用户根据自己的需要进行材料模型的开发.

LS-DYNA 程序的接触算法也非常易于使用, 并且功能强大. LS-DYNA 提供了几十种接触算法供用户选择, 可以用来求解接触面的摩擦、侵彻和固结等.

正是由于 LS-DYNA 具有强大的冲击动力学的数值模拟能力, 它在民用与军事领域内都有广泛的应用, 比如: 汽车、飞机、火车等运输工具的碰撞分析; 爆炸对目标的破坏作用分析; 侵彻动力学分析; 战斗部结构的设计分析; 超高速碰撞模拟分析等.

对于数值模型的求解来讲, 前处理用于定义求解所需的数据, 后处理是对求解结果的提取和分析. 用 LS-DYNA 对战斗部爆炸作用进行数值模拟时, 计算模型的复杂程度及其与实物模型的逼真程度, 直接影响到计算结果的准确性和真实性, 后处理中的一些功能和特点对于方便快捷地得到所关心的结果也是非常重要的. 因此, 前、后处理软件的选取对数值模拟工作很重要.

14.1.2　前后处理软件的文件传输关系

LS-DYNA 作为一个著名的通用非线性动力学软件, 除了其专用的前后处理软件外, 很多其他数值建模软件都提供了能够输出 LS-DYNA 求解文件 (*.k 文件) 格式的接口, 比如 ANSYS/prep7, Truegrid, HyperMesh 等, 其中 LS-DYNA 还能输出 ANSYS 可以读入的计算结果, 以供后处理使用. 图 14.1.2 给出了本书作者常用的文件前后处理器与 LS-DYNA 的关系.

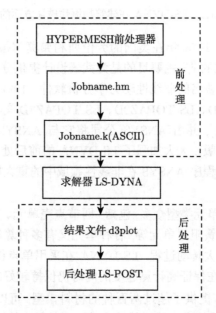

图 14.1.2　LS-DYNA 的文件结构示意图

在程序各模块之间传递数据的文件有:

(1) HyperMesh 数据文件

图形数据文件 (Results File)	Jobname.HM	
输入文件 (Input file)	Jobname.cmf	ASCII 格式
输出文件 (Output File)	Jobname.K	ASCII 格式

(2) LS-DYNA 数据文件

输入数据文件 (Input file)	Jobname.K	ASCII 格式
重启动文件 (Dump File)	D3DUMP	BIN 格式
图形数据文件 (Plot File)	D3PLOT	BIN 格式
时间历程文件	D3THDT	BIN 格式

(3) LS-POST 数据文件

输入数据文件 (Input file)	D3plot	绘图文件 BIN 格式
输入数据文件 (Input file)	D3thdt	时间历程文件 BIN 格式

14.1.3 前处理器 HyperMesh 简介

LS-DYNA 常用的前处理器有 Ansys、Truegrid、HyperMesh、Femb 等. 其中 Ansys、Truegrid 可以采用命令流的形式为 LS-DYNA 提供数值模型, 这种命令流的方式便于用户修改计算模型的结构尺寸、网格划分, 进行参数化建模. 而 HyperMesh 和 Femb 则以图形界面交互式建模见长.

本章推荐的前处理软件 HyperMesh 是一个通用的数值计算前处理器, 能够建立各种复杂模型的有限元和有限差分模型, 与多种 CAD 软件有良好的接口, 并具有高效的网格划分功能. 可以较好地完成过渡网格的划分, 实现合理的空间网格分配, 如图 14.1.3 和图 14.1.4 所示.

图 14.1.3 混凝土结构的网格划分

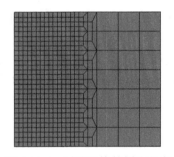
图 14.1.4 过渡网格的划分方式

需要指出的是, HyperMesh 的缺点是不便于采用命令流的方式进行参数化建模和划分网格.

14.1.4 后处理软件 LS-POST 简介

LS-POST 是针对 LS-DYNA 开发的专用处理软件, 功能强大, 可以方便而快速地从庞大的计算结果文件中提取各种参数的等值线、矢量和等值面; 绘制相应的时间历程曲线; 生成各种结果的图片、动画, 并能输出结果; 也可以对结果进行简单的二次处理. 本书作者认为 LS-POST 是目前最好的 LS-DYNA 后处理器.

14.2 爆炸与冲击数值模拟中常用的材料模型

对常规导弹武器进行毁伤效应数值模拟主要涉及的材料包括: 炸药、空气、金属和混凝土等. 下面针对这些材料给出其在 LS-DYNA 中常用的材料模型, 并进行简要分析, 同时给出典型参数.

14.2.1　炸药和空气模型 [6]

炸药采用高能炸药材料模型 (MAT_HIGH_EXPLOSIVE_BURN), 通常与 JWL 状态方程联合使用. 炸药爆轰压力由下式给出:

$$p = F p_{\text{eos}}(\bar{V}, E) \tag{14.2.1}$$

式中 F 是燃烧质量分数, 它在模拟爆轰过程时控制着炸药化学能的释放. p_{eos} 是 JWL 状态方程描述的爆轰产物压力, 由下式表示:

$$p_{\text{eos}} = A \left(1 - \frac{\omega}{R_1 \bar{V}} \right) e^{-R_1 \bar{V}} + B \left(1 - \frac{\omega}{R_2 \bar{V}} \right) e^{-R_2 \bar{V}} + \frac{\omega E}{\bar{V}} \tag{14.2.2}$$

式中, $\bar{V}$ 是相对比容, $\bar{V} = V/V_0$, V_0 为炸药初始比容, E 是单位初始体积的内能, A, B, R_1, R_2 和 ω 为与炸药性质有关的参数, 可以由圆筒实验确定.

在开始计算炸药单元中发生的爆轰过程之前 (即单元循环之前), 程序首先计算每一个炸药单元的质心到起爆点的距离 h, 然后除以炸药爆速, 从而得到所求单元的起爆时间 t_1. 如果定义了多个起爆点, 则由距所求单元最近的起爆点来决定起爆时间 t_1. 燃烧质量分数 F 取如下最大值:

$$F = \max(F_1, F_2) \tag{14.2.3}$$

其中

$$F_1 = \begin{cases} \dfrac{2(t - t_1)D}{3h}, & t > t_1 \\ 0, & t \leqslant t_1 \end{cases}$$

$$F_2 = \frac{1 - V}{1 - V_{CJ}}$$

式中 V_{CJ} 是炸药的 CJ 比容. 一旦 F 值达到或超过 1 后, 它将保持常数 1. 这样计算出的 F 值需要几个时间步长才能达到 1, 爆轰波阵面将跨越几个网格单元.

如果选择 β 燃烧, BETA=1.0(注: BETA 是高能炸药材料模型的输入参数, 燃烧类型标志), 则由体积压缩导致炸药爆轰. 初始时, 将未发生爆轰的炸药处理成类似于惰性物质, 当冲击波通过未反应炸药的网格单元时, 受压缩的炸药单元将发生燃烧反应, 燃烧反应的程度由 F_2 描述的燃烧质量分数决定, 即

$$F = F_2 \tag{14.2.4}$$

这时不计算 F_1.

如果选择编程燃烧, BETA=2.0, 则

$$F = F_1 \tag{14.2.5}$$

这时不计算 F_2.

如果定义了炸药材料的体积模量、剪切模量和屈服应力, 则炸药材料的冲击波响应行为是弹性-理想塑性行为. 此时, 炸药单元可以被预先压缩而不发生反应.

在爆轰反应发生之前, 炸药单元的压力为

$$p^{n+1} = K\left(\frac{1}{V^{n+1}} - 1\right) \tag{14.2.6}$$

式中 K 是体积模量. 一旦炸药发生爆轰, 单元的所有剪切应力取为 0. 这时炸药单元的行为类似于气体. 缺省情况下取 BETA=0.0, 这时的燃烧形式为: β 燃烧 + 编程燃烧. 表 14.2.1 给出了 Comp-B 炸药的相关模型参数值.

表 14.2.1 Comp-B 炸药的参数

Comp-B	$\rho/(\text{g/cm}^3)$	$D/(\text{cm/μs})$	p_{CJ}/Mbar	A/Mbar	B/Mbar	R_1	R_2	ω	E_0/Mbar
	1.717	0.798	0.295	5.24229	0.07978	4.2000	1.100	0.34	0.08499

空气采用空物质材料模型 (MAT_NULL) 和线性多项式状态方程 (MAT_LINEAR_POLYNOMIAL) 描述. 状态方程的表达式为

$$p = C_0 + C_1\mu + C_2\mu^2 + C_3\mu^3 + (C_4 + C_5\mu + C_6\mu^2)E \tag{14.2.7}$$

式中, μ 为体压缩应变, $\mu = \dfrac{\rho}{\rho_0} - 1$. 常温常压空气的常用输入参数见表 14.2.2.

表 14.2.2 空气材料模型参数

MAT_NULL	$\rho/(\text{g/cm}^3)$								
	1.293E-03								
EOS_LINEAR_POLYNOMIAL	C_0	C_1	C_2	C_3	C_4	C_5	C_6	E_0/Mbar	V_0
	0	0	0	0	0.4	0.4	0	2.5E-06	1.0

14.2.2 金属材料模型

一般来说, 金属材料通常采用流体弹塑性材料模型 (MAT_ELASTIC_PLASTIC_HYDRO), 并与格临爱森状态方程 (EOS_GRUNEISEN) 联合使用, 格临爱森状态方程具体的表达式为:

在压缩状态下:

$$p = \frac{\rho_0 C^2 \mu \left[1 + \left(1 - \frac{\gamma_0}{2} \right) \mu - \frac{a}{2} \mu^2 \right]}{\left[1 - (S_1 - 1)\mu - S_2 \dfrac{\mu^2}{\mu + 1} - S_3 \dfrac{\mu^3}{(\mu + 1)^2} \right]^2} + (\gamma_0 + a\mu)E \tag{14.2.8}$$

当材料发生膨胀时:

$$p = \rho_0 C^2 \mu + (\gamma_0 + a\mu)E \tag{14.2.9}$$

式中, C 是材料声速, S_1, S_2 和 S_3 是 $D\text{-}u$ 曲线的系数, γ_0 是格临爱森系数, a 是对 γ_0 的一阶体积修正, μ 是体应变. 以铜为例, 参数表 14.2.3 给出了 LS-DYNA 求解相关问题时, 且 MAT_ELASTIC_PLASTIC_HYDRO 与 EOS_GRUNEISEN 联合使用, 关键字卡片中需要填入的基本参数. 表中 G 是剪切模量, SIGY 是屈服应力, EH 是塑性硬化模量, Pc 是截断压力.

表 14.2.3　铜的流体弹塑性材料模型参数

$\rho/(\mathrm{g/cm^3})$	G/Mbar	SIGY/Mbar	EH/Mbar	Pc/Mbar			
8.96	0.46	9.0E − 4	0	−9.0			
$C/(\mathrm{cm/us})$	S_1	S_2	S_3	γ_0	a	E_0/Mbar	V_0
0.394	1.49	0.6	0	1.99	0.47	0	1.0

14.2.3　混凝土材料力学特性

本小节对混凝土的动态力学性能进行详细介绍, 以便了解混凝土的动态力学性能, 为分析混凝土目标 (比如建筑物、防御工事、掩体和机场跑道等) 的毁伤效应, 深入掌握动力学数值模拟软件提供帮助.

混凝土动态力学性能是相对于其静态力学性能而言的, 混凝土在动态条件下的本构行为涉及高应变率、高温高压、大变形、破碎等过程, 这些的现象都超出了静态本构关系的描述范围.

14.2.3.1　应变率效应

应变率效应是体现混凝土动态性能的主要特征之一 [7]. 应变率效应的产生被认为主要是由黏性、惯性和裂纹演化这三种机制造成的 [8].

应变率效应主要表现在应变率对动态应力强度 (图 14.2.1)、动态极限应变、动态弹性模量的影响上.

14.2.3.2　动态强度

大量的实验结果表明, 混凝土具有明显的应变率增强效应, 如图 14.2.1 所示.

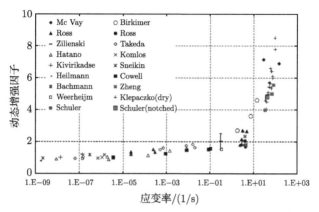

图 14.2.1 拉伸动态增强因子 DIF$= \sigma_{\text{f\_dyn}}/\sigma_{\text{f\_qs}}$[9]

混凝土的动态应力强度和应变率的关系目前有两种表达形式用得比较普遍, 即指数型和对数型关系, 如式 (14.2.10) 所示.

$$
\frac{\sigma_d}{\sigma_s} = \left(\frac{\dot{\varepsilon}}{\dot{\varepsilon}_s} \right)^n
$$
$$
\frac{\sigma_d}{\sigma_s} = 1 + \lambda \lg \left(\frac{\dot{\varepsilon}}{\dot{\varepsilon}_s} \right)
$$
(14.2.10)

其中 σ_d 是与应变率 $\dot{\varepsilon}$ 对应的动态应力强度; σ_s 是准静态应力强度, $\dot{\varepsilon}_s$ 是参考应变率; n 和 λ 是表示材料应变率敏感性的常数.

首先介绍指数型应变率强化经验公式. 欧洲国际混凝土委员会 (CEB) 建议动态抗压强度和动态抗拉强度分别采用如下形式 [5,11], 单位是 MPa.

$$
\frac{\sigma_{c,d}}{\sigma_{c,s}} = \begin{cases} (\dot{\varepsilon}/\dot{\varepsilon}_{c,s})^{1.026\alpha}, & \dot{\varepsilon} \leqslant 30 \text{s}^{-1} \\ \gamma \dot{\varepsilon}^{1/3}, & 30 \text{s}^{-1} < \dot{\varepsilon} \leqslant 10^2 \text{s}^{-1} \\ ?, & \dot{\varepsilon} > 10^2 \text{s}^{-1} \end{cases}
$$
(14.2.11)

$$
\frac{\sigma_{t,d}}{\sigma_{t,s}} = \begin{cases} (\dot{\varepsilon}/\dot{\varepsilon}_{t,s})^{1.016\delta}, & \dot{\varepsilon} \leqslant 30 \text{s}^{-1} \\ \lambda \dot{\varepsilon}^{1/3}, & 30 \text{s}^{-1} < \dot{\varepsilon} \leqslant 50 \text{s}^{-1} \\ ?, & \dot{\varepsilon} > 50 \text{s}^{-1} \end{cases}
$$
(14.2.12)

式 (14.2.11) 和 (14.2.12) 中: $\sigma_{c,d}$ 和 $\sigma_{t,d}$ 分别代表动态抗压和动态抗拉强度, $\sigma_{c,s}$ 和 $\sigma_{t,s}$ 分别是参考准静态抗压强度和准静态抗拉强度. "?" 代表其具体公式有待进一步研究. 动态拉压参考应变率 $\dot{\varepsilon}_{t,s}$ 和 $\dot{\varepsilon}_{c,s}$ 分别为 $\dot{\varepsilon}_{t,s} = 3.0 \times 10^{-6} \text{s}^{-1}$ 和 $\dot{\varepsilon}_{c,s} = 3.0 \times 10^{-5} \text{s}^{-1}$. 对压缩情况而言, $\lg \gamma = 6.156\alpha - 0.492$, $\alpha = 1/(5 + 0.9 f_{cu})$, f_{cu} 是立方体试样准静态抗压强度. 对于拉伸而言, $\lg \lambda = 7\delta - 0.5$, $\delta = 1/(10 + 0.6 f_{ct})$, f_{ct} 是立方体试样准静态抗拉强度.

Malvar 和 Ross[12] 基于实验结果对 CEB 公式进行了修正:

$$\frac{\sigma_{t,d}}{\sigma_{t,s}} = \begin{cases} (\dot{\varepsilon}/\dot{\varepsilon}_{t,s})^\delta, & \dot{\varepsilon} \leqslant 1\mathrm{s}^{-1} \\ \beta\dot{\varepsilon}^{1/3}, & \dot{\varepsilon} > 1\mathrm{s}^{-1} \end{cases} \tag{14.2.13}$$

其中应变率 $\dot{\varepsilon}$ 的适用范围为 $10^{-6}\mathrm{s}^{-1} \sim 160\mathrm{s}^{-1}$, 参考应变率 $\dot{\varepsilon}_{t,s} = 10^{-6}\mathrm{s}^{-1}$; $\lg\beta = 6\delta - 2$, $\delta = 1/(1+8f_{c,s}/f_{co})$, $f_{co} = 10\mathrm{MPa}$.

Tedesco 和 Ross 与 Bliuc[13-14] 通过实验研究得到以下对数型的应变率强化公式:

$$\begin{aligned} \sigma_{c,d}/\sigma_{c,s} &= 0.00965\lg\dot{\varepsilon} + 1.058 \geqslant 1.0, & \dot{\varepsilon} \leqslant 63.1\mathrm{s}^{-1} \\ \sigma_{c,d}/\sigma_{c,s} &= 0.758\lg\dot{\varepsilon} - 0.289 \leqslant 2.5, & \dot{\varepsilon} > 63.1\mathrm{s}^{-1} \\ \sigma_{t,d}/\sigma_{t,s} &= 0.1425\lg\dot{\varepsilon} + 1.833 \geqslant 1.0, & \dot{\varepsilon} \leqslant 2.32\mathrm{s}^{-1} \\ \sigma_{t,d}/\sigma_{t,s} &= 2.929\lg\dot{\varepsilon} + 0.814 \leqslant 6.0, & \dot{\varepsilon} > 2.32\mathrm{s}^{-1} \end{aligned} \tag{14.2.14}$$

其中 $\sigma_{c,s}$ 和 $\sigma_{t,s}$ 分别是与参考应变率 $\dot{\varepsilon}_s = 1.0 \times 10^{-7}\mathrm{s}^{-1}$ 相对应的抗压强度和抗拉强度.

14.2.3.3　极限强度面

现在, 解决混凝土的多轴强度问题主要采用经验方法, 即集中大量的混凝土三轴强度试验资料, 描绘出主应力空间的破坏包络曲面, 再根据曲面的几何特征, 找到适当的数学表达式, 称之为混凝土的破坏 (强度) 准则. 这些准则源自实验结果, 用于计算混凝土的多轴强度具有足够的准确性, 能够满足工程要求, 但并不完全满足对于混凝土破坏和强度的物理、力学机理的认识需求[15].

经典强度理论有最大主应力理论、莫尔–库仑理论、Tresca 和 von Mises 屈服准则; 三参数破坏准则有 Bresler-Pister 准则、Willam-Warnke 准则、Ottosen 准则和 Hsieh-Ting-Chen 准则[16]; 五参数破坏准则模型有 Willam-Warnke 准则[17]. 另外, 清华大学过镇海、江见鲸[15,17] 在总结分析近年来国内外多轴试验资料和强度准则的基础上, 提出了几个五参数强度准则模型.

动态本构中常用的强度极限面主要有两种, 一种是基于 Johnson-Cook 模型改造的压力相关强度面, 如下面将要介绍的 HJC 模型. 另一种是分式型的压力相关强度面, 如下面将要介绍的 Malvar 模型 (D 模型).

14.2.4　混凝土的动态本构模型

混凝土材料的本构关系对混凝土结构的非线性分析有重大影响, 在连续介质力学中, 有关变形体的本构关系有很多模型或理论, 在建立混凝土的本构关系时, 往往基于已有的理论框架, 再针对混凝土的力学特性, 确定或者适当调整本构关系中各种所需的材料参数. 已有的理论主要有: 弹性理论、非线弹性理论、弹塑性理论、黏弹性、黏塑性理论、断裂力学理论、损伤力学理论和内时理论. 学者们基于不同的理论模型建立了不同的混凝土本构关系. 由于混凝土材料的复杂性, 还没有哪一种理论已被公认可以完全描述混凝土材料的本构关系.

在爆炸冲击、高速撞击等大变形、高应变率的情况下, 混凝土的动态破坏表现得更加复杂, 对于混凝土的本构模型也提出了更高的要求. 下面简单介绍目前比较常用的几种混凝土动态本构模型.

14.2.4.1 HJC 模型 [19]

Holmquist 等参考 Johnson-Cook 模型, 引入损伤度 D 的概念, 提出了 HJC 模型 [20]. HJC 模型中的强度是压力、应变率和损伤度的函数, 如图 14.2.2 所示, 其强度表达式如下:

$$\sigma^* = [A(1-D) + Bp^{*^N}][1 + C\ln(\dot{\varepsilon}^*)] \tag{14.2.15}$$

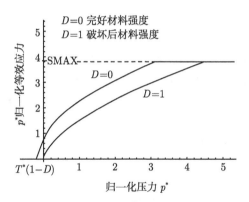

图 14.2.2 HJC 模型的强度函数

损伤度 D 定义为单位体积内损伤体积所占的份额, 它是材料的劣化因子. $D(0 \leqslant D \leqslant 1)$ 由等效塑性应变和塑性体积应变累加得到, 如果 $D \geqslant 1.0$, 则混凝土发生破碎, $D=0$ 表示完好, $D=1$ 表示失效, 其表达式为

$$D = \sum \frac{\Delta\varepsilon_p + \Delta\mu_p}{D_1(p^* + T^*)^{D_2}} \tag{14.2.16}$$

其中 $\Delta\varepsilon_p$ 及 $\Delta\mu_p$ 分别为等效塑性应变增量和塑性体积应变增量. D_1 和 D_2 为材料常数, $p^* = p/f_c'$, $T^* = T/f_c'$, T 是最大静水拉伸强度, f_c' 是混凝土单轴抗压强度.

HJC 模型虽然是一种比较好的本构模型, 但其模型参数过多, 而且参数的确定还存在一定的主观性. 另外, HJC 模型中没有考虑层裂、硬化和偏应力张量第三不变量的影响, 对于混凝土冲击破坏只能给出满足一定精度需求的计算结果, 并不能给出足够多的细节.

14.2.4.2　TCK 模型 [21]

Taylor(1986 年) 及 Chen 基于 Kipp-Grady(1980 年)[22] 的各向同性损伤模型, 结合 Budiansky 和 Connell[23] 给出的含裂纹的等效体积模量和裂纹密度表达式以及 Grady 给出的碎块尺寸表达式, 推导了损伤演化方程, 提出了 TCK 模型 (又称连续损伤模型). TCK 模型中的损伤定义为多微裂纹相互作用与增长引起应力降低的材料体积分数, 加载过程损伤的积累通过材料模量的连续下降来反映. 本构方程主要由裂纹密度、损伤演化规律以及有效模量表达的应力–应变关系三部分组成.

$$D_t = \frac{16}{9} \left(\frac{1 - \bar{\nu}^2}{1 - 2\bar{\nu}} \right) C_d \tag{14.2.17}$$

$$C_d = \frac{5k}{2} \left(\frac{K_{\mathrm{IC}}}{\rho c \dot{\theta}_{\max}} \right)^2 \theta^m \tag{14.2.18}$$

$$\bar{\nu} = \nu \exp \left(-\frac{16}{9} \beta C_d \right) \tag{14.2.19}$$

其中 D_t 是拉伸损伤度, C_d 是裂纹密度; μ 是体积应变; K_{IC} 是断裂韧性; $\dot{\theta}_{\max}$ 是材料断裂之前所经历的最大体积应变率; ρ 是材料密度; c 是材料中的声速; ν 和 $\bar{\nu}$ 分别是未损伤材料和损伤材料的泊松比; β 与材料的卸载有关, $0 \leqslant \beta \leqslant 1$; k 和 m 是材料参数.

压力和偏应力按 (14.2.20) 式计算:

$$
\begin{aligned}
p &= 3K(1 - D_t)\mu \\
S_{ij} &= 2G(1 - D_t)e_{ij}
\end{aligned}
\tag{14.2.20}
$$

其中 p 和 μ 分别是压力和体积应变; S_{ij} 和 e_{ij} 分别是偏应力和偏应变张量; K 和 G 分别是损伤材料的体积模量和剪切模量.

TCK 模型在模拟岩石爆破和岩石、混凝土的动态断裂问题方面取得了成功. 该模型的不足之处在于它不能预报压缩损伤. 因此, 同 Kipp-Grady 模型一样, 也属于拉伸损伤模型. Chen[21] 对 TCK 模型进行了改进, 考虑了压缩加载下与压力相关的非弹性响应, 使用 Drucker-Prager 屈服条件扩展弹性/理想塑性的响应, 并用修正的模型对混凝土的动态断裂进行了模拟, 取得了较好的结果.

14.2.4.3　Malvar 模型 (D 模型)[24]

Malvar 模型又叫做 D 模型, 是在 LS-DYNA 中伪张量模型 [1] 的基础上改进得到的, 因而 D 模型和伪张量模型的屈服面具有相同的形式.

D 模型在伪张量模型的基础上引入初始屈服强度面, 成为一个三极限面的混凝土模型, 如图 14.2.3 所示, 三极限面依次为屈服强度面、最大强度面、残余强度

面, 表达式如下:

$$屈服强度面: \Delta\sigma_y = a_{0y} + \frac{p}{a_{1y} + a_{2y}p}$$

$$最大强度面: \Delta\sigma_m = a_0 + \frac{p}{a_1 + a_2 p} \tag{14.2.21}$$

$$残余强度面: \Delta\sigma_r = \frac{p}{a_{1f} + a_{2f}p}$$

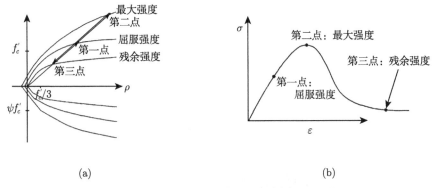

(a)   (b)

图 14.2.3 三极限面 (a) 以及加载过程对应极限面上的位置 (b)

屈服硬化面通过在初始屈服强度面和最大强度面之间线性插值获得, 如 (14.2.22) 式所示:

$$\Delta\sigma = \eta(\Delta\sigma_m - \Delta\sigma_y) + \Delta\sigma_y \tag{14.2.22}$$

η 取值范围为从 0 到 1, η 是修正等效塑性应变 λ 的函数. 修正等效塑性应变 λ 的定义如下:

$$\lambda = \int_0^{\overline{\varepsilon^p}} \frac{\mathrm{d}\overline{\varepsilon^p}}{(1 + p/f_t)^{b_l}} \tag{14.2.23}$$

在加载到达最大强度面之后, 材料开始软化, 软化后的失效面则由最大强度面和残余强度面线性插值得到, 如 (14.2.24) 式所示.

$$\Delta\sigma = \eta(\Delta\sigma_m - \Delta\sigma_r) + \Delta\sigma_r \tag{14.2.24}$$

软化过程 η 的取值范围则是从 1 到 0.

该模型较好地结合了传统的混凝土模型与损伤模型的优点, 能够较好地描述混凝土的大部分性能, 在钢筋混凝土构件的爆炸[25]和侵彻破坏[26]方面有较好的应用, 但是该模型参数多, 确定过程复杂且困难.

14.2.5 混凝土的 RHT 模型 [27-29]

RHT 模型是 AUTODYN 中新近引进的带损伤破坏的混凝土模型, 由德国的 Riedel, Hiermaier 和 Thoma 等研究提出, 由于 RHT 模型是目前最好的混凝土动态本构, 因此这里作一个详细介绍. RHT 混凝土模型分为五个基本部分: 失效强度面、弹性极限面、残余强度面、应变硬化、损伤模型. 可以看出 RHT 模型也是一个三极限面模型, 如图 14.2.4 和图 14.2.5 所示.

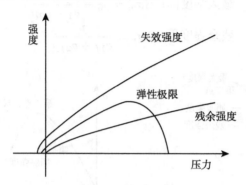

图 14.2.4　屈服面

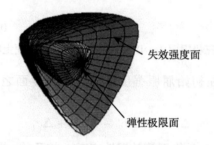

图 14.2.5　三维屈服面

14.2.5.1　失效面

失效面定义为压力、Lode 角 θ 和应变率的函数, 如图 14.2.4 和图 14.2.5 所示.

$$Y_{\text{fail}} = Y_{\text{TXC}}(p) \cdot R_3(\theta) \cdot F_{\text{RATE}}(\dot{\varepsilon}) \tag{14.2.25}$$

其中 $Y_{\text{TXC}}(p)$, $R_3(\theta)$ 和 $F_{\text{RATE}}(\dot{\varepsilon})$ 分别是压力相关项、Lode 角相关项和应变率的函数. $Y_{\text{TXC}}(p)$ 的表达式为

$$Y_{\text{TXC}}(p) = f_c[A(p^* - p^*_{\text{spall}} F_{\text{RATE}}(\dot{\varepsilon}))^N] \tag{14.2.26}$$

f_c 是单轴压缩强度, A 是失效面常数, N 是失效面指数. p^* 是用单轴压缩强度 f_c 归一化的标准压力. p^*_{spall} 是用单轴压缩强度 f_c 归一化的标准层裂压力. $F_{\text{RATE}}(\dot{\varepsilon})$ 是应变率函数. $R_3(\theta)$ 是 Lode 角 θ 的相关函数, 定义为应力第二不变量 σ_{eq}、第三

不变量 $\det(S)$ 和子午线比 Q_2 的函数.

$$R_3(\theta) = \frac{2(1-Q_2^2)\cos\theta + (2Q_2-1)[4(1-Q_2^2)\cos^2\theta + 5Q_2^2 - 4Q_2]^{\frac{1}{2}}}{4(1-Q_2^2)\cos^2\theta + (2Q_2-1)^2} \quad (14.2.27)$$

$$\theta = \frac{1}{3}\arccos\left(\frac{27\det(S)}{2\sigma_{\text{eq}}^3}\right) \quad (14.2.28)$$

$$Q_2 = Q_{2,0} + B_Q \cdot p^*, \quad 0.51 \leqslant Q_2 \leqslant 1 \quad (14.2.29)$$

其中 B_Q 为过渡因子, $Q_{2,0}$ 为初始拉压强度比.

14.2.5.2 弹性极限面与硬化

弹性极限面由失效面得到, 定义为

$$Y_{\text{elastic}} = Y_{\text{fail}} \cdot F_{\text{elastic}} \cdot F_{\text{CAP}}(p) \quad (14.2.30)$$

其中 F_{elastic} 是弹性强度与失效强度之比, $F_{\text{CAP}}(p)$ 是弹性极限盖帽函数, 见 (14.2.31) 式和图 14.2.6.

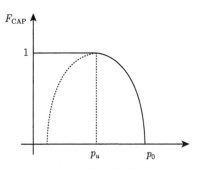

图 14.2.6 弹性极限盖帽函数

$$F_{\text{CAP}}(p) = \begin{cases} 1, & p \leqslant p_u \\ \sqrt{1-\left(\dfrac{p-p_u}{p_0-p_u}\right)^2}, & p_u < p < p_0 \\ 0, & p_0 \leqslant p \end{cases} \quad (14.2.31)$$

其中 $p_0 = \dfrac{f'_c}{3}$, p_u 为单轴压缩应力路径与弹性极限面的交点压力.

硬化模型采用简单的线性硬化模型, 见式 (14.2.32).

$$Y_{\text{harden}} = Y_{\text{elastic}} + \frac{\varepsilon_p}{\varepsilon_{\text{pre}}}(Y_{\text{fail}} - Y_{\text{elastic}}) \quad (14.2.32)$$

其中 ε_p, $\varepsilon_{\mathrm{pre}}$ 分别是当前塑性应变和软化前总的塑性应变, 塑性应变增量 $\Delta\varepsilon_{pl}$ 的表达式为 (14.2.33) 式, 软化前总的塑性应变 $\varepsilon_{\mathrm{pre}}$ 为 (14.2.34) 式.

$$\Delta\varepsilon_{\mathrm{pl}} = \frac{\sqrt{3J_2} - \sigma_Y}{3G} \tag{14.2.33}$$

$$\varepsilon_{\mathrm{pre}} = \frac{Y_{\mathrm{fail}} - Y_{\mathrm{el}}}{3G} \cdot \mathrm{PREFACT} \tag{14.2.34}$$

其中 σ_Y 为加载面强度, PREFACT 为塑性硬化控制参数, Y_{fail} 为失效强度, Y_{el} 为弹性极限强度, G 为剪切模量.

14.2.5.3 残余强度面

残余强度面定义为

$$Y_{\mathrm{residual}}^* = B \cdot p^* M \tag{14.2.35}$$

其中 B 是残余强度面常数, M 是残余失效面指数.

14.2.5.4 损伤度

混凝土软化段采用损伤软化, 其中包括模量的软化和强度的弱化两部分, 如图 14.2.7 所示, 损伤度通过 (14.2.36) 积累.

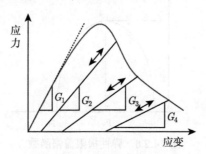

图 14.2.7   损伤软化

$$D = \sum \frac{\Delta\varepsilon_p}{\varepsilon_p^{\mathrm{failure}}} = \sum \frac{\Delta\varepsilon_p}{D_1(p^* - p_{\mathrm{spall}}^*)^{D_2}} \tag{14.2.36}$$

$$p_{\mathrm{spall}}^* = -T^*$$

其中 D_1 和 D_2 为损伤常数, T^* 为拉伸极限压力. 损伤失效强度和损伤剪切模量通过失效面和残余强度面插值得到. $\Delta\varepsilon_p$ 为塑性应变, 采用半径回归法求得. 强度的弱化和弹性模量的软化分别由 (14.2.37) 和 (14.2.38) 式给出.

$$Y_{\mathrm{fracture}}^* = (1 - D)Y_{\mathrm{failure}}^* + DY_{\mathrm{residual}}^* \tag{14.2.37}$$

$$G_{\text{fracture}} = (1 - D)G_{\text{initial}} + DG_{\text{residual}} \tag{14.2.38}$$

其中 G_{initial} 和 G_{residual} 为无损剪切模量和残余剪切模量.

可以看出 RHT 模型充分吸收了混凝土准静态力学特性的研究成果, 对强度面的描述较为细致, 使其包含了压力和应力第三不变量的影响.

14.2.6 混凝土状态方程

混凝土在爆炸和侵彻作用下, 由于体积压缩较大, 在对此类问题进行数值模拟时需要采用能够描述体积压缩的状态方程. 混凝土在静水压作用下的破坏发展如图 14.2.8 所示.

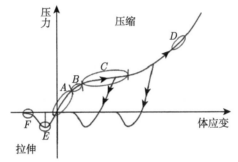

图 14.2.8 混凝土在静水压作用下的破坏 [30]

A: 弹性段; B: 水泥断裂; C: 沿裂纹滑动, 部分裂纹闭合;

D: 孔洞和裂纹闭合; E: 拉伸断裂; F: 完全解体

14.2.6.1 三段式状态方程 [19-20]

混凝土的压力–体积变形关系类似于可压垮的多孔材料, 如图 14.2.8 和图 14.2.9 所示, 图 14.2.9 把变形过程进行了简化, 在压力–体应变曲线上, 把压缩阶段分为三个区, 第一个区是线弹性区,

$$0 < p \leqslant p_{\text{crush}} \tag{14.2.39}$$

第二个区域为过渡区, 此时混凝土内的空洞逐渐被压缩, 从而产生塑性变形

$$p_{\text{crush}} \leqslant p \leqslant p_{\text{lock}} \tag{14.2.40}$$

第三个区域为密实区,

$$p > p_{\text{lock}}$$

状态方程取多项式形式,

$$p = K_1 \bar{\mu} + K_2 \bar{\mu}^2 + K_3 \bar{\mu}^3 \tag{14.2.41}$$

其中 $\bar{\mu} = \dfrac{\mu - \mu_{\text{lock}}}{1 + \mu_{\text{lock}}}$, $\mu = \dfrac{\rho}{\rho_0} - 1$.

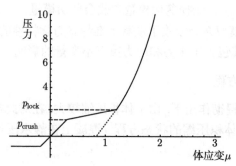

图 14.2.9　三段式状态方程

14.2.6.2　p-α 状态方程 [31]

将混凝土作为多孔材料处理, 在相同的压力、密度和温度下, 如果忽略多孔材料的表面能, 则多孔材料的比内能与其基体材料的相同. 因此, 按照固体材料的状态方程

$$p = f(v_s, e) \tag{14.2.42}$$

多孔材料的状态可以写成

$$p = f\left(\frac{v}{\alpha}, e\right) \tag{14.2.43}$$

考虑到多孔材料中的平均压力接近基体材料中压力的 $\dfrac{1}{\alpha}$, Carroll 和 Holt[32] 修改上式为

$$p = \frac{1}{\alpha} f\left(\frac{v}{\alpha}, e\right) \tag{14.2.44}$$

式中, 孔隙率 $\alpha = v/v_s$, 其中 v 是多孔材料比容, v_s 是在相同压力和温度下在密实固体状态下的比容. 当材料被压缩成完全密实固体时 $\alpha = 1$. 函数 f 的形式可以选用任何状态方程的形式, 通常情况下, 对于混凝土一般选择多项式形式.

$$
\begin{aligned}
p &= A_1\mu + A_2\mu^2 + A_3\mu^3, & \mu &= \frac{\rho}{\rho_0} - 1 \geqslant 0 \\
p &= T_1\mu + T_2\mu^2, & \mu &= \frac{\rho}{\rho_0} - 1 < 0
\end{aligned}
\tag{14.2.45}
$$

其中 A_1, A_2, A_3, T_1, T_2 为材料常数, ρ_0 是多孔材料的初始密度.

14.2.7　钢筋混凝土算法 [33]

钢筋混凝土在工程设计和非线性有限元分析中的计算模型仍以经验性模型为主. 目前主要有分离式、组合式和整体式这三种建模方法. 当研究爆炸作用下钢筋混凝土的局部毁伤时, 分离式钢筋混凝土模型建立起来比较麻烦, 尤其对于复杂结构、高配筋率情况. 组合式和整体式的计算精度较差, 无法直观显示钢筋的毁伤效果. 因此需要找到一种使用方便的改进型分离式钢筋混凝土计算模型. 本书采用加速度和速度约束的方法 [6], 将钢筋单元与混凝土单元进行耦合, 从而实现一种近似于固结的钢筋与混凝土的连接方式, 避免了在通常的分离式钢筋混凝土建模时钢筋与混凝土单元节点必须在相同位置所带来的建模时的烦琐, 如图 14.2.10 和图 14.2.11 所示.

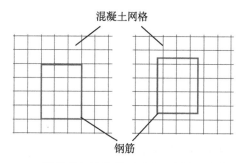

图 14.2.10 梁单元与固体单元重合 (左图)、耦合 (右图)

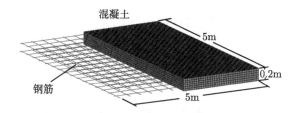

图 14.2.11 钢筋混凝土板和钢筋分布示意图

约束速度的方法为[3]: 首先将钢筋单元节点的动量 M_r 分配给周围混凝土单元的节点

$$M_i^c = M_i^c + h_i \cdot M_r \tag{14.2.46}$$

其中 M_i^c 为编号为 i 的混凝土单元节点动量, M_r 为钢筋单元节点动量, h_i 为由节点位置确定的分配系数, 然后计算新的混凝土节点速度

$$v_i^c = \frac{M_i^c}{m_i^c} \tag{14.2.47}$$

对于八节点六面体单元, 约束钢筋单元的节点速度为

$$v_r = \sum_{i=1,8} h_i v_i^c \tag{14.2.48}$$

约束加速度的方法为: 首先将钢筋节点的质量分配给周围的混凝土单元的节点

$$m_i^c = m_i^c + h_i \cdot m_r \tag{14.2.49}$$

其中 m_i^c 和 m_r 分别为混凝土和钢筋节点质量, 然后将钢筋的节点力 F_r 分配给混凝土单元的节点力 F_i^c

$$F_i^c = F_i^c + h_i \cdot F_r \tag{14.2.50}$$

计算新的混凝土单元节点加速度 a_i^c

$$a_i^c = \frac{F_i^c}{m_i^c} \tag{14.2.51}$$

约束钢筋单元节点的加速度 a_r 为

$$a_r = \sum_{i=1,8} h_i \cdot a_i^c \tag{14.2.52}$$

由于耦合自由度钢筋混凝土模型是一种实质上的固结模型, 其精度和固结钢筋混凝土模型应该是相同的.

14.3　建筑物内爆炸破坏数值模拟

14.3.1　爆炸破坏数值模拟方法

14.3.1.1　流固耦合算法 [1]

对于爆炸毁伤的数值模拟, 本章采用的算法是 LS-DYNA 中的 Euler-Lagrange 耦合算法, 即流体–固体耦合算法. 这种算法非常适合于计算爆炸冲击破坏, 如炸药爆炸对结构的作用、水下爆炸冲击波与水中结构、船体结构与水的相互作用等问题.

流固耦合算法的主要特点是: 在建立几何模型和进行有限元网格划分时, 结构与流体的几何构型与网格可以重叠在一起, 如图 14.3.1 所示. 计算中通过一定的约束方法将固体和流体耦合在一起, 以实现力学参量的传递.

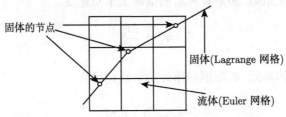

图 14.3.1　Euler-Lagrange 耦合算法 (流固耦合算法)

LS-DYNA3D 程序中采用关键字 *CONSTRAINED_LAGRANGE_IN_SOLID 来实现流体与固体的耦合. 流固耦合算法不需要定义各部分结构之间的复杂接触关系, 而且计算稳定性好. 多物质 Euler 材料与 Lagrange 结构相耦合的算法往往用来计算爆轰气体产物和空气等物质与固体结构的相互作用耦合问题, 通过直接耦合结构网格 (Lagrange 网格) 和流体材料网格 (Euler 网格) 之间的响应, 自动地、精确地算出每一时间步流–固界面处的物理性质, 在这个过程中, 一方面 Euler 材料流动引起的压力载荷通过耦合算法自动作用到结构的有限元网格上, 在这种压力作用下, 结构的有限元网格将发生变形; 另一方面, 结构的变形也反过来影响 Euler 材料的流动和压力值, 这种结构变形和流体载荷间的相互影响使得我们可以得到完全耦合的流体–结构响应. 这种算法的特点是: 网格数目巨大, 求解时间长, 但计算稳定. LS-DYNA 程序中流固耦合算法的主要约束方法有: 加速度约束、加速度和速度约束、加速度和速度法向约束及罚函数约束等.

14.3.1.2　加载爆炸函数法

流固耦合方法是近年来比较常用的爆炸力学数值模拟方法, 在计算结构的爆炸作用响应的同时, 还可以比较准确地了解爆炸冲击波在空气、水等介质中传播时引起的压力分布. 然而在计算大尺寸问题时, 由于同时需要建立固体场和流体场, 因此计算模型往往过于巨大, 在保证精度的情况下甚至无法计算. 而爆炸加载函数法采用直接在固体模型上加载爆炸波, 无须建立流体爆炸场, 可以大大节省计算资源. 例如, 加载爆炸函数方法用于在混凝土板上直接加载爆炸作用, 不需要建立空气耦合场, 耗时大约为流固耦合算法的 1/5.

目前较好的加载爆炸函数方法为 CONWEP 算法 [34], 在 LS-DYNA 中可以通过 Load_blast 关键字来实现, 它通过结合反射压力和入射压力把入射角的影响考虑进来, 其表达式为

$$P_l = P_r \cdot \cos^2 \theta + P_i \cdot (1 + \cos^2 \theta - 2\cos\theta), \quad \cos\theta > 0 \qquad (14.3.1)$$

$$P_l = P_i, \quad \cos\theta < 0 \qquad (14.3.2)$$

其中 P_l 表示加载压力, P_i 表示入射压力, P_r 表示正反射压力. 这种方法可以很方便地将爆炸冲击波作用加载到结构上, 并且被证实对于计算薄壳在爆炸作用下的响应也是有效的. 然而在采用这种方式加载多层网格模型时, 由于模型中单元的失效删除, 会造成加载随之失效, 使加载无法持续下去. 因此, 加载爆炸函数法目前只有在爆炸加载面上材料不发生过多失效的情况下才能得到较好的结果.

14.3.2　建筑物内爆破坏模式分析

为了考察在箱型结构建筑物内爆炸的毁伤效应, 本节对简单混凝土楼房在内部

爆炸的情况进行数值模拟. 混凝土采用 HJC 模型, 参数如表 14.3.1 所示. 参数意义请参考 LS-DYNA 关键词手册[1].

表 14.3.1　混凝土材料常数[19]

$\rho/(\text{kg/m}^3)$	A	B	N	C	f_c/GPa	$S_{\max}$	G/GPa	D_1	D_2
2440	0.79	1.60	0.61	0.007	0.048	7.0	14.86	0.04	1.0
$\varepsilon_{\text{fmin}}$	p_c/GPa	μ_c/GPa	K_1/GPa	K_2/GPa	K_3/GPa	P_1/GPa	μ_1	T/GPa	
0.01	0.016	0.001	85	-171	208	0.08	0.1	0.004	

计算模型及结果见图 14.3.2.

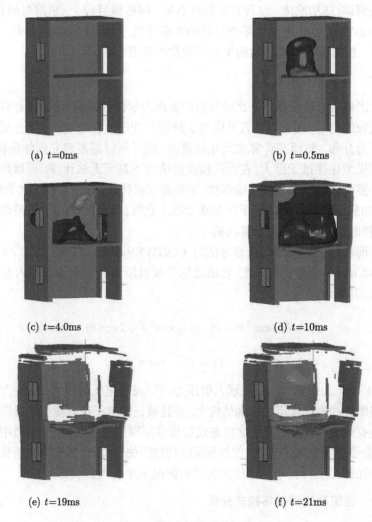

(a) $t=0$ms

(b) $t=0.5$ms

(c) $t=4.0$ms

(d) $t=10$ms

(e) $t=19$ms

(f) $t=21$ms

图 14.3.2　建筑物内部爆炸的破坏情况

从图 14.3.2 所示的计算结果可以看出, 爆炸发生房间的顶部、底部楼板和侧壁都发生了整体的崩塌破坏, 从而会对爆点所在房间的上下左右房间内的人员和设备产生严重毁伤. 当爆炸当量达到某一范围时, 爆炸作用于互相垂直的楼板和墙壁之后, 楼板和墙壁将获得垂直于其表面的变形或者飞散速度.

通过文献调研到的典型内爆压力时程曲线, 可以看出数值模拟得到的压力时程曲线具有典型内爆压力时程曲线的特征, 包括反射冲击波和近似准静态泄爆压力. 如图 14.3.3 所示, 图 14.3.4 为内爆压力载荷的简化模型示意图.

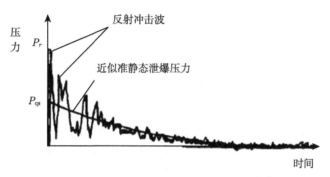

图 14.3.3 典型房间内爆炸的压力波 [35]

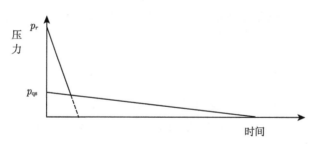

图 14.3.4 房间内爆炸的压力波简化模型 [35]

从计算结果发现, 敞开空间内爆炸对楼板造成的冲击加速度类似于自由场爆炸的压力脉冲波型, 只有一个脉冲. 而房间内爆炸作用下楼板的加速度曲线类似于房间内爆炸作用于壁面的压力载荷曲线, 其持续时间比敞开空间中爆炸引起的加速度更长, 最终则表现为房间内爆炸作用下楼板具有更高的整体速度.

14.4 战斗部侵彻爆炸一体化数值模拟方法

导弹武器或战斗部打击硬目标时, 侵彻和爆炸是一个完整的过程, 因此要对这一过程进行数值模拟的最好方法是侵彻爆炸一体化数值模拟方法. 要完成侵彻爆炸一体化的数值模拟需要考虑几个关键环节, 下面分别述之.

14.4.1　炸药爆炸对目标的破坏作用

以混凝土目标为例, 在实际建模过程中, 混凝土材料采用 Lagrange 网格划分, 炸药、土层和空气材料用多物质 Euler 网格进行划分, 目的是避免黄土层和砂土层材料在炸药爆炸作用下网格变形过大而导致计算停止, 同时也为了模拟当混凝土材料在爆炸作用下产生裂隙后, 炸药爆轰产物进入裂隙中对混凝土材料的抛掷作用. Lagrange 网格和多物质 Euler 网格之间的耦合利用 LS-DYNA 程序中的流–固耦合算法加以实现. 这一方法也可用于静爆过程, 即仅考虑爆炸作用过程的数值模拟.

14.4.2　炸药装备在侵彻过程中与弹体的相互作用

静爆数值模拟中炸药是静止不动的, 即 Euler 网格内材料的初始速度为零, 目前 LS-DYNA 无法给 Euler 网格内的物质设置初始速度. 因此如何使炸药与弹体一起运动成为关键问题. 我们采用的方法是将侵彻弹的壳体用 Lagrange 网格划分, 炸药用在多物质 Euler 网格中采用体积填充的方法进行设置, 同时在壳体与炸药间使用流–固耦合算法. 这样给定壳体初速后, 程序通过流–固耦合方式将炸药带动与壳体一起运动, 并完成混凝土面层侵彻. 在设置的延时时间后炸药起爆, 进而完成炸药爆炸对混凝土层的破坏作用.

14.4.3　弹丸侵彻钢筋混凝土模拟——侵彻接触算法

LS-DYNA 求解侵彻问题通常采用侵彻接触算法, 关键字采用 *CONTACT_ERODING_SURFACE_TO_SURFACE. 图 14.4.1∼ 图 14.4.4给出了利用改进的 RHT 模型计算的结果.

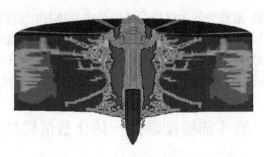

图 14.4.1　600μs 时靶板剖面损伤度分布

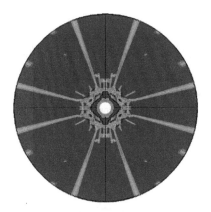

图 14.4.2   迎弹面损伤度分布

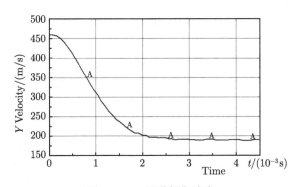

图 14.4.3   钢弹侵彻速度

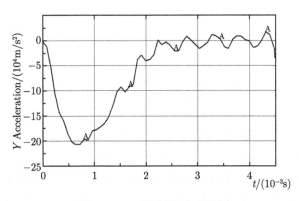

图 14.4.4   钢弹侵彻加速度

从以上数值模拟结果可以看出, LS-DYNA 可以较好地模拟钢弹侵彻混凝土过程, 不但可以得到准确的侵彻剩余速度, 而且可以较好地模拟出混凝土动态破坏产生的裂纹.

14.4.4　边界条件

为保证计算精度, 在建模时考虑了垂直侵彻的对称性, 将 $x-y$ 和 $z-y$ 平面设置为对称面, 即只建立四分之一模型 (斜侵彻时, 建立二分之一模型). 高强度混凝土的上表面为自由面, 两层混凝土的两个侧面设为无反射压力界面, 以模拟侧面的无限大尺寸, 这样可以在尽量满足计算精度的条件下减小混凝土层的几何尺寸. 同样, 为模拟侧面和底部的无限大尺寸, 土层和空气材料的侧面, 以及土层的底部被设为压力流出边界.

14.4.5　物质填充方法

在数值模拟中, 采用 LS-DYNA970 流固耦合的方法使得战斗部中的装药随战斗部壳体一体运动, 由于战斗部运动过程以及爆炸作用过程中均涉及爆轰产物与空气的混合流动, 同一个空间 Euler 网格将有可能填充不同的材料, 因此需要分辨和跟踪不同材料的物质界面. 数值模拟中采用 ALE_MULTI-MATERIAL_GROUP (任意 Euler-Lagrange 多物质群) 关键字来定义处理多物质单元组和界面跟踪问题. 例如采用如图 14.4.5 所示的控制参数可以保持 LS-DYNA 中每个 Part 的分界面:

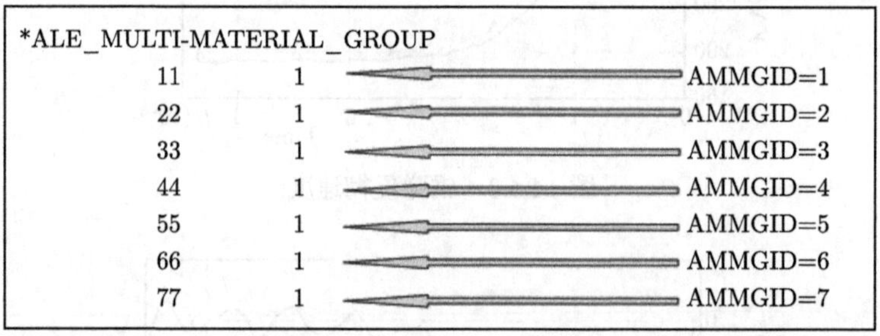

```
*ALE_MULTI-MATERIAL_GROUP
        11           1    ──────────────▶AMMGID=1
        22           1    ──────────────▶AMMGID=2
        33           1    ──────────────▶AMMGID=3
        44           1    ──────────────▶AMMGID=4
        55           1    ──────────────▶AMMGID=5
        66           1    ──────────────▶AMMGID=6
        77           1    ──────────────▶AMMGID=7
```

图 14.4.5　任意 Euler-Lagrange 多物质群关键字示例 [1]

其中 AMMGID(ALE Muti-Material Group ID) 表示 Part 在任意 Euler-Lagrange 多物质群中的编号, 这个编号将在控制不同物质在空间中的初始分布中用到.

为实现战斗部内壳体对炸药的约束, 同时避免在建立有限元模型时对不规则装药形状的网格划分, 通过 INITIAL_VOLUME_FRACTION_GEOMETRY 来对战斗部壳体内填充炸药, INITIAL_VOLUME_FRACTION_GEOMETRY 提供了多种填充方式对空间填充具有 AMMGID 编号的流体. 下面给出 INITIAL_VOLUME_FRACTION_GEOMETRY 的简要说明.

以 LS-DYNA970 版为例, *INITIAL_VOLUME_FRACTION_GEOMETRY 在使用中需要填写三张数据卡, 这些数据卡中包括以下参数:

FMSID: 背景流体 (待处理的流体) 网格.

FMIDTYPE: 流体网格类型 (等于 0 表示 Part set ID, 等于 1 表示 Part ID).

BAMMGID: 初始时流体网格所属物质的 AMMGID.

CONTTYPE: 即将被填充区域的几何形状, 分为以下几种:

(1) 区域通过 Part ID 或 Part Set ID 定义 (注: PID 或 PSID 必须是壳单元);

(2) 区域通过自定义单元表面集 (segment set);

(3) 区域通过平面定义;

(4) 区域通过圆柱体定义;

(5) 区域通过长方体定义;

(6) 区域通过球体定义.

FILLOPT: 填充位置与法向的关系

0: 面法线朝向填充几何区域;

1: 面法线反向填充几何区域.

FAMMG: 填充采用的材料, 是指采用 *ALE_MULTI-MATERIAL_GROUP 卡片定义的多物质组号, 这里填入用做填充材料的 AMMGID 编号.

通常采用上述 CONTTYPE 中的第二种类型, 即通过自定义单元表面集包围所需填充的空间, 这种方法可以对非规则区域进行填充. 具体做法是, 首先, 建立整体 Euler 场, 并由空气填充. 战斗部和模型均处于这一 Euler 场, 战斗部内的装药不必单独建立有限元模型, 只需要在战斗部内留出装药空间即可, 如图 14.4.6 所示.

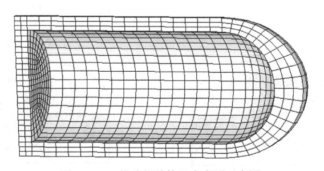

图 14.4.6 战斗部结构及内表面示意图

其次, 战斗部内壁面定义为一个单元表面集, 并给予编号 (segment set ID). 最后, 通过 INITIAL_VOLUME_FRACTION_GEOMETRY 关键字, 把战斗部内表面所围空间填充为炸药. 这里给出一个在 LS-DYNA 计算中采用的 INITIAL_VOLUME_FRACTION_GEOMETRY 关键字设置方法示例, 如图 14.4.7 所示.

```
*INITIAL_VOLUME_FRACTION_GEOMETRY
$ fill the whole pid 3 with AMMG 1=background air
$ FPID/PSID  FIDTYPE    INIAMMGID        <=== card 1: background fluid
        3        1          1
$ fill all elms inside of tank with TNT to get rid of the gas inside.
$ CONTTYPE  FILLOPT    FILAMMGID         <=== card 2: container type: segment-set
        2        0          2
$    SETID    IOPT                       <=== card 3: segment-set ID is 11
        11       1                  0
```

图 14.4.7　初始体积填充关键字说明 [1]

接下来给出一个侵彻弹打击跑道的侵彻爆炸一体化数值模拟算例, 如图 14.4.8 所示.

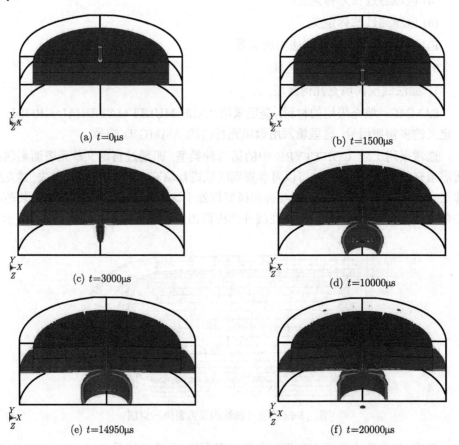

(a) $t=0\mu s$

(b) $t=1500\mu s$

(c) $t=3000\mu s$

(d) $t=10000\mu s$

(e) $t=14950\mu s$

(f) $t=20000\mu s$

图 14.4.8　侵彻爆炸一体化毁伤效果

图 14.4.8 中 (a)~(c) 为侵彻过程, (d)~(f) 为爆炸破坏过程.

14.5 AUTODYN 在毁伤效应研究中的应用

14.5.1 AUTODYN 程序简介

AUTODYN 是美国 Century Dynamic 公司开发的动力学软件, 类似于 LS-DYNA, 可以求解非线性动力学涉及的大变形、高应变率和流固耦合问题. 广泛应用于国防工业中所涉及的爆炸、碰撞、冲击波、侵彻和接触问题, 并以其高精度的计算结果在军工领域取得了良好的声誉.

AUTODYN 包括 AUTODYN2D 和 AUTODYN3D 两个模块, 具有 Lagrange, Euler, ALE 和 SPH 等求解功能, 并支持连接 Joining、相互作用 Interaction、侵蚀 Erosion、重分网格 Rezoning、重映射 Remapping 等技术. 图 14.5.1 给出了火箭两级分离的数值模拟图像[36], 图 14.5.2 给出了 AUTODYN 计算的钢筋混凝土靶板爆炸破坏的结果.

图 14.5.1 火箭两级分离数值模拟[36]

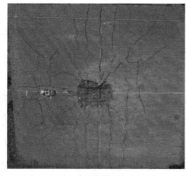

(a) 试验结果   (b) 数值模拟

图 14.5.2 钢筋混凝土靶板爆炸破坏数值模拟[37]

14.5.2　AUTODYN 计算技术与应用

14.5.2.1　映射技术 (REMAP)

AUTODYN 可以将采用一维求解的结果映射到三维模型中去, 采用这种方法可以大大减少轴对称过程数值模拟的计算量. 以爆炸破坏问题为例, 这种方法可以先使用一维网格对球面爆炸波到达目标壁面之前进行数值模拟, 在爆炸波到达目标建筑物时则把球形爆炸波映射到三维空间. 由于前期是一维求解, 对于爆心距目标较远的情况可以大大减小计算量.

14.5.2.2　聚能射流侵彻靶板计算

串联战斗部采用两级装药结构, 前级装药和后级装药结合起来, 共同完成对目标的打击. 前级通常为聚能装药, 前级装药所形成的射流对靶板介质的侵彻作用形成空穴或孔洞, 后级装药的弹丸就可以无阻碍地完成对目标的打击破坏了.

聚能装药主要由主装药、药型罩、壳体、环形起爆器、雷管等组成. 壳体材料为铝, 主装药为 TNT 炸药, 药型罩为铜, 起爆方式为面起爆. 射流形成过程可以采用二维轴对称数值模拟方法.

聚能装药的作用过程可分为两个阶段. 第一阶段为炸药爆轰, 推动药型罩向轴线运动, 这时起作用的是炸药爆轰性能、爆轰波形、药型罩壁厚等; 第二阶段为药型罩各微元运动到轴线发生碰撞, 形成射流和杆体两部分. 下面给出对一种典型聚能装药的计算结果.

计算过程分为两步. ①采用二维轴对称的方法计算聚能装药的射流形成过程. 聚能装药的外壳用 Lagrange 网格, 其余部分均采用 Euler 网格, Lagrange 网格和 Euler 网格之间的接触采用 AUTODYN 的流固耦合算法处理. ②通过映射的方法, 把充分发展的二维轴对称药型罩模型映射到三维空间. 以射流为例, 其基本流程如图 14.5.3 所示.

当考察材料强度对聚能射流侵彻能力的影响时, 模型采用 1/4 结构, 模型的对称面上施加对称约束条件. 除了聚能装药结构以外, 对于多物质 Euler 方法而言, 还需建立足以覆盖整个射流范围的空气网格, 并在模型的边界节点上施加压力外流边界条件, 避免压力在边界上反射. 同时, 在射流可能经过的路径上, 网格划分应尽可能细, 这样才能减少计算中的能量耗散, 而且便于分辨射流轮廓. 但若是模型整体细分, 必然使模型划分的有限元网格数量增大, 从而增加大量的计算时间. 对于圆柱形装药划分网格时, 网格大小沿径向发散, 为保证同一模型的网格大小相对均匀, 对网格沿径向进行了细分.

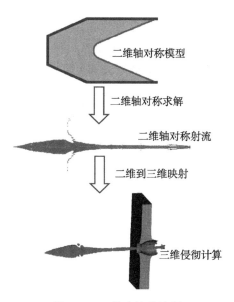

图 14.5.3　基本计算流程

14.5.2.3　射流形成过程数值模拟

对聚能射流药型罩采用二维轴对称模型, 计算所得射流形成过程如图 14.5.4 所示.

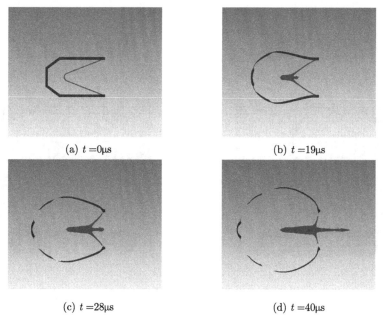

(a) $t = 0\mu s$　　　　　　　　　　(b) $t = 19\mu s$

(c) $t = 28\mu s$　　　　　　　　　　(d) $t = 40\mu s$

图 14.5.4　射流形成过程

　　把如图 14.5.4 的计算结束时刻的数据保存为 *.fil 文件, 建立三维空间网格, 通过 remap 的方式把二维计算结果中的药型罩材料映射到三维空间网格中, 成为三维侵彻体. 然后建立靶板模型, 设定侵彻接触条件, 进行求解. 计算得到的侵彻过程结果如图 14.5.5 所示.

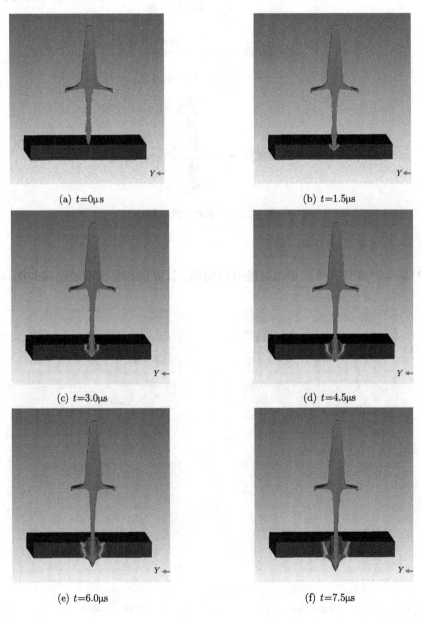

(a) $t=0\mu s$ 　　　　　　　　　　　　　　　　(b) $t=1.5\mu s$

(c) $t=3.0\mu s$ 　　　　　　　　　　　　　　　(d) $t=4.5\mu s$

(e) $t=6.0\mu s$ 　　　　　　　　　　　　　　　(f) $t=7.5\mu s$

图 14.5.5　射流侵彻混凝土板数值模拟结果

AUTODYN 的映射技术还可以应用到空气中和水中爆炸冲击破坏数值模拟中. 在爆炸冲击波没有到达目标之前, 由于爆炸波的球对称性, 采用一维网格进行求解. 当冲击波到达目标时, 把一维冲击波映射 (remap) 到三维空间, 可以大大节约计算时间. 某些传统的显式有限元软件虽然能够模拟爆炸冲击波对结构的冲击破坏, 但在空气网格中消耗了大量计算量, 很难扩展应用到远场爆炸冲击的数值模拟中去, 利用 AUTODYN 的 remap 技术可以较好地对此类问题进行求解分析.

参 考 文 献

[1] LSTC. LS-DYNA Keywords user's manual(971), 2006.

[2] 白金泽. LS-DYNA3D 理论基础与实例分析. 北京: 科学出版社, 2005.

[3] 李裕春, 时党勇, 赵远. ANSYS10.0/LS-DYNA 基础理论与工程实践. 北京: 中国水利水电出版社, 2006: 197.

[4] 时党勇, 李裕春, 张胜民. 基于 ANSYS/LS-DYNA8.1 进行显式动力分析. 北京: 清华大学出版社, 2005.

[5] Hallquist J O. LS-DYNA Theoretical Manual. Livermore: Livermore Software Technology Corporation,1998.

[6] LSTC. LS-DYNA Keywords user's manual(970), 2003.

[7] Bischoff P H, Perry S H. Compressive behaviour of concrete at high strain rates. Material and Structure, 1991, 144: 425-450.

[8] 宁建国. 混凝土材料动态性能的经验公式、强度理论与唯象本构模型. 力学进展, 2006, 36: 389-405.

[9] Schuler H, Mayrhofer C. Spall experiments for the measurement of the tensile strength and fracture energy of concrete at high strain rates. International Journal of Impact Engineering, 2006, 32: 1635-1650.

[10] CEB. Concrete structures under impact and impulsive loading. CEB Bulletin, 1987, 187.

[11] Gebbeken N, Ruppert M. A new material model for concrete in high-dynamic hydrocode simulations. Archive of Applied Mechanics, 2000, 70: 463-478.

[12] Malvar L J, Ross C. A review of strain rate effects for concrete in tension. ACI Materials Journal, 1998, 95:735-739.

[13] Tedesco J W, Ross C A. Strain-rate-dependent constitutive equation for concrete. Journal of Pressure Vessel Technology, 1998, 120:398-405.

[14] Bliuc R. Particularities of the structural behaviour of reinforced high strength concrete slabs. Doctor thesis. School of Aerospace, Civil and Mechanical Engineering, University of New South Wales, 2004.

[15] 过镇海. 混凝土的强度和本构关系——原理与应用. 北京: 中国建筑工业出版社, 2004.

[16]　Ottosen N S. A failure criterion for concrete. J of Engineering Mechanics Division, ASCE, 1977, 103: 527-535.

[17]　江见鲸. 混凝土结构有限元分析. 北京: 清华大学出版社, 2005.

[18]　赵国藩. 高等钢筋混凝土结构学. 北京: 机械工业出版社, 2005.

[19]　Holmquist T J, Johnson G R. A computational constitutive model for concrete subjected to large strains, high strain rates and high pressures. 14th International Symposium on Ballistics, 1995: 591-600.

[20]　张凤国, 李恩征. 大应变、高应变率及高压强条件下混凝土的计算模型. 爆炸与冲击, 2002, 22: 198-202.

[21]　Chen E P. Simulation of Concrete Perforation Based on a Continuum Damage Model. Albuquerque: Sodia National Lab, 1994.

[22]　Grady D E, Kipp M E. Int. J. Rock Meck. Min. Sci. & Geomech. Abstr. 1980, 17: 147-157.

[23]　Budiansky B, Connell R J. Elastic module of a cracked solid. International Journal of Solids and Structures, 1976, 12: 81-97.

[24]　Malvar L J, Crawford J E. A plasticity concrete material model for DYNA3D. International Journal of Impact Engineering, 1997, 19: 847-873.

[25]　Chen X G, Lu F Y, Zhang D. Penetration trajectory of concrete targets by ogived steel projectiles—Experiments and simulations. International Journal of Impact Engineering, 2018, 120: 202-213.

[26]　Yao S J, Zhang D, Chen X G, Lu F Y, Wang W. Experimental and numerical study on the dynamic response of RC slabs under blast loading. Engineering Failure Analysis, 2016, 66: 120-129.

[27]　Riedel W, Thoma K. Penetration of reinforced concrete by BETA-B-500 numerical analysis using a new macroscopic concrete model for hydrocodes. Berlin: 9th International Symposium, Interaction of the Effects of Munitions with Structures, 1999.

[28]　AUTODYN Theory Manual. Century Dynamics Ltd. Horsham, 2000.

[29]　Hansson H, Skoglund P. Simulation of concrete penetration in 2D and 3D with the RHT material model. Swedish Defence Research Agency, 2002.

[30]　Donald J. Development of a constitutive model for numerical simulation of projectile penetration into brittle geomaterials. US Army Corps of Engineers, 1999.

[31]　Wang Z Q, Lu Y, Hao H. A full coupled numerical analysis approach for buried structures subjected to subsurface blast. Computers & Structures, 2005, 83: 339-356.

[32]　Carrol M M, Holt A C. Static and dynamic pore collapse relations for ductile porous materials. J Appl Phys, 1972, 43: 16-26.

[33]　张舵, 卢芳云, 王瑞峰. 钢筋混凝土板在爆炸作用下的破坏研究. 弹道学报, 2008, 20(2): 13-16.

[34]　Randers-Pehrson G, Bannister K A. Airblast loading model for DYNA2D and DYNA3D. Army Research Laboratory, 1997.

[35]　Beshara F B A. Modelling of blast loading on aboveground structures–II, internal blast and ground shock. Computers and Structures, 1994, 51: 597-606.

[36]　Prism Co. Ltd. AUTODYN Introductory Training Course. 2005

[37]　汪维. 钢筋混凝土构件在爆炸载荷作用下的毁伤效应及评估方法研究. 国防科技大学博士学位论文, 2012.

第15章 毁伤试验设计

15.1 概　述

本书第一篇第 4 章已介绍了常见的试验设计方法, 本章将以第 4 章的试验设计理论为基础, 结合导弹毁伤试验的相关特点, 阐述导弹毁伤试验设计的具体问题和方法.

15.1.1 毁伤试验设计的需求分析

15.1.1.1 毁伤试验设计的内涵

本书所指的毁伤试验设计是指各类毁伤试验参数和水平设计, 区别于物理力学量的测量手段和测试方案设计. 毁伤试验设计需要对各种类型的毁伤试验的影响因素、试验次数、试验参数水平进行综合考虑, 以给出各类试验的试验次数以及每次试验的参数水平设计. 科学的毁伤试验设计一方面可以减少试验的次数, 降低试验的重复度和交叉性, 另一方面又可为后续毁伤评估提供科学的试验数据.

本章的毁伤试验设计主要采用第 4 章的 D 最优设计, 通过最优设计减少试验次数、提高试验效率, 并确保可以为后续毁伤效果的评估提供充分的数据源. 毁伤评估阶段最重要的内容是获取毁伤试验参数 (又称为试验设计的影响因素) 和毁伤效果 (又称试验设计的响应变量) 之间的函数关系, 我们将这一关系称为毁伤响应函数. 获取毁伤响应函数需要充分的数据源, 然而毁伤试验的高成本决定了数据源不可能很多, 因而在毁伤试验设计环节就需要进行优化设计, 以确保在能够获得毁伤响应函数的前提下尽可能地减少试验次数, 提高试验效率[1]. 本章中所涉及的毁伤响应函数建模的相关内容详见第 16 章, 本章仅采用形式化描述来处理, 并假设毁伤响应函数的函数形式是已知的.

15.1.1.2 毁伤试验的类型

对导弹武器毁伤相关参数的试验考核方法可以有多种类型, 包括地面试验、飞行试验、等效试验和仿真试验等等[2].

地面毁伤试验是指全程在地面/近地面区域或实验室环境中进行的针对战斗部或战斗部构成单元进行的毁伤效应参数考核与检验性试验, 是最常用的、在研制过程中获得实际毁伤效应数据的主要方式. 利用地面试验可以对战斗部研发过程中与毁伤效应相关的设计参数是否满足设计指标要求进行检验. 通过地面试验可以发现研发设计过程中的不足, 为仿真试验提供验模数据, 为产品的鉴定定型提供试验数据, 为飞行试验奠定基础.

飞行中的毁伤试验是指, 在飞行试验靶场落区建设满足战斗部毁伤效应项目考核要求的靶标、毁伤效应测量设备等保障条件, 以实际或模拟弹道, 通过飞行试验方式考核战斗部毁伤效应相关指标的试验方法. 飞行试验是导弹研制与定型过程中需要进行的重要试验方式, 是检验导弹整体毁伤效能的最直接、最准确的方式. 通过飞行试验可对导弹武器系统总体技术方案设计的正确性, 各系统间的协调性、适应性, 飞行环境的适应性, 战斗部威力与战斗部毁伤效应相关的参数等进行全面的考核. 飞行试验是最能反映作战状态下导弹毁伤性能的试验, 在本书中也称为原型试验, 其他试验都可以看成是飞行试验在某个方面的近似.

等效毁伤试验是毁伤效应飞行试验的一种等效演化方式, 可在不影响毁伤效应考核结果的情况下降低试验成本. 等效试验把毁伤效应飞行试验划分为惰性弹飞行试验和地面全态毁伤试验两个阶段: 在惰性弹飞行试验中, 检验导弹武器系统的相关指标、总体性能, 并测量战斗部 (子弹) 着靶姿态、速度和精度等指标; 在地面全态毁伤试验中, 需要构建考核毁伤效应的模拟靶标以检验战斗部 (子弹) 的毁伤效应. 最后, 在等效毁伤试验结果的基础上, 综合产品研制阶段试验的相关数据对导弹毁伤效能进行评估.

毁伤效应仿真试验是以计算机为工具, 以相似原理、建模理论、系统技术、信息技术以及相关领域专业技术为基础, 通过构造虚拟的毁伤效应试验环境, 在预定的初始条件下, 模拟弹目作用过程, 验证其毁伤效果.

以上四类试验相互补充、相互验证, 共同构成了毁伤效应分析与评估的试验数据源.

15.1.1.3 毁伤试验设计所面临的主要难题

毁伤试验设计应服务于后续毁伤评估, 为毁伤评估提供各类互相补充的试验数据, 但是导弹武器试验的特殊性给毁伤试验设计带来了较大的难题. 总体而言, 武器系统的试验具有以下三个特点:

1) 系统级原型试验具有小子样性

由于地域、经济、政治等多种因素的制约, 武器装备的试验受到各种限制, 只能通过少量或极少量的原型试验或不进行原型试验的情况下对武器作出鉴定.

2) 辅助替代试验品种繁多, 试验具有多源性

由于系统级原型试验样本少, 为了扩充评估的信息源, 实际中常实施各种类型的等效替代试验. 而等效替代试验与原型试验之间存在不可忽视的差异, 使得等效试验信息的可信度受到质疑, 不能直接使用. 一体化的试验设计应该充分考虑各类试验的特点及它们与原型试验之间的差异, 对多种类型的试验进行综合设计, 形成

整体上互相补充的试验设计体系.

3) 先验信息丰富多样, 有待开发利用

由于武器系统十分复杂, 在其全寿命周期的各个环节中贯穿着各种各样的测试, 且武器产品具有继承性, 因此, 武器论证中先验信息十分丰富. 这些先验信息包括: 专家经验、同类型系统的历史试验、本系统中关于子系统的测试性试验、模型信息、试验因素的分布信息等.

上述三个特点又可归结为: 显在信息源 (原型试验) 提供的信息量有限, 而辅助信息源 (等效试验和先验信息) 提供的信息在发掘和使用上存在很多问题. 然而, 武器装备系统十分复杂, 要为武器装备的作战性能指标作出正确的分析与评定, 足够的信息十分关键. 这必然引发评估结论的可信度与试验信息匮乏之间的矛盾. 而随着新军事变革的发展, 武器装备更新换代越来越快, 原型试验次数将越来越少, 开发周期要求越来越短, 使得这种矛盾越来越尖锐.

要缓解这种矛盾, 可以从两个方面入手: 一是在有限资源限制下, 尽可能优化试验方案, 提高可控试验, 特别是原型试验的信息含量, 这属于试验设计的研究范畴; 二是合理地开发和利用先验信息来扩大信息量, 并结合工程背景, 建立一体化的融合模型, 提高评估结论的可信度, 这属于试验评估的研究范畴 [3].

因此, 科学的试验设计和试验评估技术是提高武器系统试验鉴定效率的两个重要方面. 但是, 目前小子样试验鉴定理论关注的重心仍然是试验评估, 并且为降低小子样性的影响, 在评估过程中已形成共识, 即有效利用各种来源的信息, 扩大信息量. 研究领域也涵盖了先验信息的开发、异源试验信息的折合、建模与仿真技术研究、融合评估研究等各个方面. 这是一种在试验已经存在的情况下被动的处理方法, 然而若现场试验的信息量过少, 则任何高超的评估技术都无法从根本上弥补信息匮乏导致的对评估结论可信度的质疑 [4]. 相反, 试验设计所关注的是提高试验的效费比, 以及使数据分析更为容易. 因此, 从信息产生的角度引入试验设计, 将大大提高毁伤试验的效率.

15.1.2 毁伤试验设计的基本步骤

一般而言, 导弹毁伤试验的具体步骤应为: ① 试验前分析, 包括原型试验的地位和作用分析、等效试验相似性分析、原型试验以及各类等效试验的成本与收益分析; ② 试验设计, 包括整体试验计划的设计和具体的实物试验、仿真试验的具体设计; ③ 试验计划和执行, 在试验实施中需要注意测量仪器的选择和测量的精度; ④ 试验后分析, 包括等效试验与原型试验的差异分析、评估结果的精度分析等.

作为其中的关键环节, 毁伤试验设计的基本步骤为:

1) 问题的识别与表述

这一点看似比较简单, 但是在实践中, 确认需要试验的问题却并非易事, 这需要对试验目的有一个全面的考虑, 通常而言吸收多方的意见十分重要, 包括武器系统承建者、使用者、试验方、评估方以及相关分析团体.

为完成毁伤效能评估, 分析者必须具备完成下列活动所需的相关信息: ① 信息 A: 在给定的战场想定和战略战术下, 实现工程性能毁伤到作战性能损伤的转换; ② 信息 B: 实现部件毁伤到目标工程性能度量的转换; ③ 信息 C: 实现弹目初始交会到部件毁伤之间转换. 一般假定信息 A 在设计评估计划时就已知, 因此, 毁伤试验的关键是获得信息 B 和信息 C.

获取这两类信息的潜在信息源包括 [5]: ① 关于材料、部件、现有系统或类似系统的各种子系统的试验; ② 关于现有系统或类似系统的系统级试验结果; ③ 相同武器条件下关于毁伤机理、系统毁伤、系统残余能力的相关战场数据; ④ 关于系统中增加的新材料和新技术的设计信息; ⑤ 关于可控的毁伤试验的工程分析; ⑥ 弹目交会条件下关于系统描述、武器特性、毁伤机理的一体化建模与仿真. 这些信息除从数据库获得外, 大部分都需要通过试验来获得.

2) 响应变量的选择

响应变量应该能为评估过程提供有用的信息, 另外观测仪表的性能也是一个重要考虑因素.

3) 因子、水平和范围的选择

根据选好的响应变量, 结合工程经验分析影响它的所有因素, 并提炼出关键因素作为因子. 因子一旦选定, 就必须选择这些因子的变化范围及特定水平, 同时还必须考虑如何将这些因子控制在所希望的数值上, 以及如何测量这些数据.

4) 试验设计的选择

在选择设计时应该围绕试验目的展开, 在本书第 4 章中结合导弹的特点介绍了一些针对性的试验设计方法, 它与目前经典的最优设计、正交设计、均匀设计、最大熵设计等形形色色的试验设计方法一起构成了试验设计的方法体系.

5) 实施试验

进行试验时, 需要监控试验的过程以确保每件事情都按计划完成. 另外, 还可借试验实施的机会重新审视前面 4 个步骤的决定.

6) 数据测量与统计分析

试验实施后, 数据测量是一个十分重要的环节, 它既要确保获取的数据的精度, 又要保证关键的参数被观测到. 分析数据结果常采用统计方法, 其主要优点是客观性. 回归分析是常用的试验设计数据分析方法. 另外, 在毁伤试验设计中, 将统计方法和良好的工程知识相结合通常有助于得出正确和有意义的结论.

7) 结论和建议

综上所述, 首先提出关于系统的假设, 并进行试验来研究这些假设, 然后再根据试验结果的精度和有效性提出新的假设. 也就是说, 试验是一个迭代的过程. 因此, 在研究一开始就去设计一个单一、庞大和内容广泛的试验是不恰当的. 而应该尽可能序贯地进行试验, 使得有足够的资源来最终完成毁伤评估的目标.

15.2   多源试验的一体化最优设计

15.2.1   引言

如前所述, 毁伤评估的关键是综合各类试验信息获取毁伤响应函数, 包括确定毁伤响应函数的形式并对其中各个参数进行估计. 实物试验和观察是最可靠的研究机械性能或自然现象机理的方法. 然而, 受成本、资源、时间等诸多因素的限制, 原型试验常难于实施或者只能极少量实施, 难以通过原型试验获得准确的毁伤响应函数. 为了扩充评估的信息源, 实际中常实施各种类型的等效替代试验. 早在 1829 年, 法国科学家 Cauchy 就用模型作过梁和板的振动实验. 其后, 在飞机、船舶、车辆机械乃至宇宙飞船的研制过程中, 模型试验都发挥着极其重要的作用 [6]; 在对航天器材、导弹等高可靠性元器件或整机机械进行可靠性论证中, 美、俄等国常采用加速寿命试验来辅助自然试验, 获得了较好的效益 [7]; 在对雷达系统的试验中, 王国玉等利用与期望配试系统性能和工作状态相近的替代雷达来进行实际试验, 并利用替代等效推算方法将结果折合到期望配试状态下 [8]; 在精度评估过程中, 常进行高弹道、小射程试验, 并将精度折合到大射程弹道中 [8-9]; 在空空导弹弹上设备的可靠性论证中, 机载挂飞试验是一个重要的试验阶段 [10]; 在威力检验中, 地面静态试验 [11]、缩比试验 [12-13] 以及各种等效靶试验 [14] 是常用的试验手段; 而随着计算机技术的发展, 数值仿真 [15] 也已成为辅助试验研究的一项重要工具.

替代等效试验是指利用与期望配试系统相似或相近的替代系统所进行的试验. 与此相对, 原型试验是指与期望配试系统几乎完全一致的试验条件下进行的试验. 替代等效试验与原型试验之间存在某种程度的相似性, 这是实施替代等效试验的理论依据, 也是将替代等效试验的结果折合或推算到原型试验状态下的理论依据. 以缩比试验为例, 相似性指的是两种试验的无量纲量相等; 对雷达探测距离等的试验中, 认为系统对替代测试和期望配试雷达系统的影响一样, 如实现可靠检测所需的信噪比相同 [8]; 对于惯导系统的精度, 可认为制导工具误差系数是不变的, 或在关键特征点处二者的偏差相等; 对于等效靶, 它与真实靶在毁伤意义上相似, 如二者的极限穿透速度或剩余侵彻深度相同 [14]; 在挂飞试验和静态试验中, 则认为物理机理是相同的.

由于环境、硬件能力等的限制以及对相似性的简化, 替代等效试验的结果即使通过折合后, 仍与相应的原型试验的结果存在较大的差异. 如越战实践就说明纯静态试验并不能证明反坦克武器火箭筒的有效性, 真实条件下的引信动爆试验是必要

的 [11]. 1987 年美国国会通过议案, 要求所有的大型武器系统在大规模生产之前, 都必须施行全程系统级的实弹试验 (FU SL LFT), 除非能说明 FU SL LFT 试验费用难以承受或难以实施, 并能提供相应的替代等效试验方案. 为了提高等效试验结果的可信度, 常常要对等效试验实施的条件进行限制, 或深入分析物理机理. 然而, 等效试验与原型试验之间的差异无法避免, 如何合理地处理差异成为多源试验一体化设计与评估中的关键问题.

总之, 获取弹目交会初始条件到物理毁伤状态的度量之间的映射的可能信息及来源可分为两类.

一类为先验信息, 包括关于材料、现有系统或类似系统的各种子系统的试验; 类似系统的系统级试验结果; 关于系统中增加的新材料和新技术的设计信息; 关于可控的毁伤试验的物理分析; 关于弹目交会的工程分析等. 通过归纳, 这部分信息可转化为对待估参数的信息、物理模型信息或弹目交会参数的统计信息等.

另一类为现场试验, 包括: 关于现有系统的系统级试验结果; 相同武器条件下关于毁伤机理、系统毁伤、系统残余能力的相关战场数据; 弹目交会条件下关于系统描述、武器特性、毁伤机理的一体化建模与仿真. 简言之, 现场试验指战场观察、系统级原型试验、计算机试验.

在小子样情况下, 如何合理地开发和使用信息, 为毁伤效能评估提供足够的信息量是试验设计的宗旨. 为了扩充评估的信息量, 可从三个方面入手: 一是充分挖掘先验信息, 并将这些信息体现在对试验设计的影响中, 包括物理模型信息、待估参数的信息、因素的分布信息; 二是拓展试验手段, 将缩比试验、等效靶试验、静态试验、仿真试验等各种替代等效试验与飞行试验作为试验信息源, 并融为一体; 三是采用序贯设计思想, 开发试验进行过程中的信息来指导下一阶段试验的设计.

目前关于多源试验信息的融合评估的研究主要是围绕等效折合、可信度的度量以及融合评估这三个方面展开的, 这都是在试验已经进行的情况下被动的处理方法. 为提高评估的可信度, 客观上要求试验的实施也应该追求效费比, 即以有限的成本提供尽可能多的信息, 这正是试验设计的研究内容. 因此, 在小子样试验中引入试验设计是一种必然的趋势. 目前, 试验设计也的确在这方面得到了广泛的应用, 但是传统的试验设计方法所针对的都是同一种类型的试验 [16-19], 无法直接对不同来源的试验进行一体化设计. 文献 [20] 针对现代水中兵器试验鉴定发展需求, 对水中兵器试验提出了一体化试验需求和构想, 探讨了一体化试验多源信息融合的基本方法, 但是该研究尚停留在思想层面, 缺乏具体的技术指导. 导弹的毁伤试验是一类典型的使用替代等效试验的例子. 本节以此为例, 探讨多源试验的一体化最优设计方法, 在 15.2.2 节中给出一体化 D 最优设计的相关理论和算法, 在 15.2.3 节中以侵彻弹动静试验的一体化设计为例, 给出一体化 D 最优设计的应用方法. 基于15.2.2 节的理论方法和 15.2.3 节的应用方法, 可以对导弹试验中多种类型的试验进行一体化设计, 但是在进行一体化设计时将涉及各类替代等效试验与原型试验之间的差异建模和融合建模等, 相关内容详见第 16 章.

15.2.2　一体化 D 最优设计与算法构造

15.2.2.1　概念描述

定义 15.2.1　对于包含 K 种试验的多源试验, 设每一类试验 ξ_k 对应 N_k 次试验, 且 $\sum N_k = N$, 其中 $k = 1, \cdots, K$, 如果通过差异建模, 将它们等效到原型试验状态后的随机误差项满足 $\varepsilon_k \sim N(0, \sigma_k^2)$, 则定义由这 K 种试验 $\{\xi_k\}$ 组成的一体化设计 ξ^c 的信息矩阵为

$$M_{\mathrm{I}}(\xi^c) = \frac{1}{N} \sum_k \sigma_k^{-2} \boldsymbol{F}^{\mathrm{T}}(\xi_k) \boldsymbol{F}(\xi_k) \tag{15.2.1}$$

其中 $\boldsymbol{F}(\xi_k) = (\boldsymbol{f}(z_1), \boldsymbol{f}(z_2), \cdots, \boldsymbol{f}(z_{N_k}))^{\mathrm{T}}$, 而 $\boldsymbol{f}(z_j)$ 的含义参见第 4 章. 为区别起见, 记设计 ξ 的标准信息矩阵为 $M(\xi)$, 根据第 4 章中标准信息矩阵的定义及 (15.2.1) 式有

$$M_{\mathrm{I}}(\xi^c) = \frac{1}{N} \sum_k \sigma_k^{-2} \boldsymbol{F}^{\mathrm{T}}(\xi_k) \boldsymbol{F}(\xi_k) = \frac{1}{N} \sum_k \sigma_k^{-2} \sum_{j=1}^{N_k} f(\boldsymbol{z}_j) f^{\mathrm{T}}(\boldsymbol{z}_j)$$

$$= \frac{1}{N} \sum_{j=1}^{N} \lambda_j f(\boldsymbol{z}_j) f^{\mathrm{T}}(\boldsymbol{z}_j) = \sum_k \frac{N_k}{N} \sigma_k^{-2} M(\xi_k) \tag{15.2.2}$$

其中 $\lambda_j = I_{[1,N_1]} \sigma_1^{-2} + I_{[N_1+1,N_1+N_2]} \sigma_2^{-2} + \cdots + I_{[N-N_K+1,N]} \sigma_K^{-2}$. 显然, 若所有的 σ_k^{-2} 相同, 则一体化的信息矩阵与传统的信息矩阵相同. 实际上, 一体化信息矩阵的实质是对各类试验进行加权, 其权重为方差的逆. 基于信息矩阵, 可以定义各种最优设计准则.

定义 15.2.2　若一体化设计 ξ^c 的信息矩阵为 $M_{\mathrm{I}}(\xi^c)$, 且一体化设计 ξ_{D}^c 满足 $\xi_{\mathrm{D}}^c = \arg\max_{\xi^c} \det M_{\mathrm{I}}(\xi^c)$, 则称 ξ_{D}^c 为一体化 D 最优设计.

由于线性回归模型中待估参数 β 的密集椭球体的体积与 $\det M(\xi)$ 成正比, 而密集椭球体的体积反映了 β 的估计精度. 因此, 标准 D 最优设计就是使得 β 的估计精度最高的观测点集. 同理, 一体化 D 最优设计是使得 β 的融合估计精度最高的几种试验的组合.

定义 15.2.3　若一体化设计 ξ^c 和一体化 D 最优设计 ξ_{D}^c 的信息矩阵分别为 $M_{\mathrm{I}}(\xi^c)$ 和 $M_{\mathrm{I}}(\xi_{\mathrm{D}}^c)$, 则定义 ξ^c 的一体化 D-效率为

$$d^c = \frac{|M_{\mathrm{I}}(\xi^c)|}{|M_{\mathrm{I}}(\xi_{\mathrm{D}}^c)|} = \left| \sum_j \sigma_j^{-2} \boldsymbol{F}^{\mathrm{T}}(\xi_j^c) \boldsymbol{F}(\xi_j^c) \right| \bigg/ \left| \sum_j \sigma_j^{-2} \boldsymbol{F}^{\mathrm{T}}(\xi_{\mathrm{D}j}^c) \boldsymbol{F}(\xi_{\mathrm{D}j}^c) \right| \tag{15.2.3}$$

对于试验者来说, 除了要找到 D 最优设计以外, 更关心的是构造出能够直接应用于实际的 Dn 最优确切设计, 以利于试验的安排, 由此引入 Dn 最优确切设计的概念. 对于 n 点设计, 选择设计空间中的 n 个谱点 $z_1, z_2, \cdots, z_n$ (z_i, z_j 可以相同), 每点具有相同的测度 $1/n$, 由此构成的设计称为 n 点确切设计, 用 $\xi(n)$ 表示. Dn 最优确切设计即为试验点为 n 时, 参数估计精度最高的设计, 它是近似 D 最优的.

定义 15.2.4 对试验次数分别为 N_k 的试验 $\{\xi_k\}$ 组成的一体化设计 $\xi_{\mathrm{D}}^{\mathrm{c}}(n)$, 当且仅当 $M_{\mathrm{I}}(\xi_{\mathrm{D}}^{\mathrm{c}}(n))$ 是非奇异矩阵, 且满足 $\det M_{\mathrm{I}}(\xi_{\mathrm{D}}^{\mathrm{c}}(n)) = \max\limits_{\xi^{\mathrm{c}}(n)} \det M_{\mathrm{I}}(\xi^{\mathrm{c}}(n))$ 时, 称一体化设计 $\xi_{\mathrm{D}}^{\mathrm{c}}(n)$ 是 Dn 最优的.

15.2.2.2 相关结论

结论 15.2.1 对由 K 种试验 $\{\xi_k\}$ 组成的一体化 D 最优设计 $\xi_{\mathrm{D}}^{\mathrm{c}}$, 存在一个标准 D 最优设计 ξ_{D}, 使得 $\xi_{\mathrm{D}}^{\mathrm{c}}$ 与 ξ_{D} 支撑点相同.

证明 对于 K 种试验 $\{\xi_k\}$ 组合而成的一体化设计 ξ^{c}, 有

$$M_{\mathrm{I}}(\xi^{\mathrm{c}}) = \sum_k \frac{N_k}{N} \sigma_k^{-2} M(\xi_k) \tag{15.2.4}$$

对构成 ξ^{c} 的设计 ξ_k: $\xi_k = \begin{bmatrix} z_1^k & z_2^k & \cdots & z_{n_k}^k \\ p_1^k & p_1^k & \cdots & p_{n_k}^k \end{bmatrix}$, $k = 1, 2, \cdots, K$, 有 $n_k \leqslant N_k$ 个支撑点, $p_i^k (i = 1, \cdots, n_k)$ 为支撑点的测度, $\sum\limits_{i=1}^{n_k} p_i^k = 1$, 于是 ξ^{c} 用最优测度可表示为

$$\xi^{\mathrm{c}} = \begin{bmatrix} z_1^1, \cdots, z_{n_1}^1; & \cdots; & z_1^K, \cdots, z_{n_K}^K \\ h_1 p_1^1, \cdots, h_1 p_{n_1}^1; & \cdots; & h_K p_1^1, \cdots, h_K p_{n_K}^K \end{bmatrix} \tag{15.2.5}$$

其中系数 $h_k = N_k/N$. 令 $a_k = N_k \sigma_k^{-2} \big/ \sum\limits_k N_k \sigma_k^{-2}$, 有 $\sum\limits_k a_k = 1$, 则

$$M_{\mathrm{I}}(\xi^{\mathrm{c}}) = \left(\sum_k N_k \sigma_k^{-2} \right) \cdot \frac{1}{N} \sum_k c_k \boldsymbol{F}^{\mathrm{T}}(\xi_k) \boldsymbol{F}(\xi_k)$$

$$= \left(\sum_k N_k \sigma_k^{-2} \right) M \left(\sum_k c_k \xi_k \right) = \left(\sum_k N_k \sigma_k^{-2} \right) M(\xi) \tag{15.2.6}$$

(15.2.6) 式中,

$$\xi = \begin{bmatrix} z_1^1, \cdots, z_{n_1}^1; & \cdots; & z_1^K, \cdots, z_{n_K}^K \\ a_1 p_1^1, \cdots, a_1 p_{n_1}^1; & \cdots; & a_K p_1^1, \cdots, a_K p_{n_K}^K \end{bmatrix} \tag{15.2.7}$$

它表示一个支撑点与 ξ^{c} 相同, 但是支撑点的测度不同的设计. 由

$$\xi_{\mathrm{D}} = \arg\max_{\xi} \det M(\xi) \quad \text{和} \quad \xi_{\mathrm{D}}^{\mathrm{c}} = \arg\max_{\xi^{\mathrm{c}}} \det M_{\mathrm{I}}(\xi^{\mathrm{c}}),$$

有结论成立. 证毕.

根据结论 15.2.1, 可通过对一个标准 D 最优设计进行变换得到 $\xi_{\mathrm{D}}^{\mathrm{c}}$. 构造标准的 D 最优设计已有较为成熟的算法, 其中最常用的是 Fedorov 的迭代法 [21]. 当求得待估模型的一个标准的 D 最优设计 ξ_{D} 后, 搜索测度和为 c_i 的项, 作为第 i 种设计 ξ_i, 于是可以近似得出一个一体化 D 最优设计 $\xi_{\mathrm{D}}^{\mathrm{c}}$.

由于毁伤试验一般是小子样, 不论哪一类替代试验, 所能进行的次数都十分有限, 所以 Dn 最优确切设计更有实际应用价值. 根据定义, 一体化 Dn 最优设计的值实际上仅与 c_k 之间的比值有关, 与其具体取值无关, 在计算中, 保证比值不变, 可适当放大倍数. 当 c_k 都相等时, 该设计与标准 Dn 设计等价. 对一体化设计的构成方案 $\xi_k = \left\{ z_1^k, z_2^k, \cdots, z_{N_k}^k \right\}$, 允许试验点重复, 在每个试验点都有测度 $c_k = \sigma_k^{-2} \Big/ \sum_k N_k \sigma_k^{-2}$, 则有如下结论.

结论 15.2.2   对由 K 种试验 $\{\xi_k\}$ 组成的一体化设计 ξ^{c}, 如果每种试验的次数为 N_k, 一体化 Dn 最优确切设计的目标为: 找到一个谱点测度固定的标准 Dn 最优确切设计.

Dn 最优确切设计理论中, 较为有影响的构造方法有 Fedorov 方法、Wynn-Mitchill 方法、DETMAX 方法等. 罗蕾 [22], 朱伟勇等 [23] 对这些方法进行了改进, 提高了迭代速度. 这些方法的本质都是点交换的迭代算法, 且都不保证每一次设计都是 Dn 最优确切设计.

为区别, 特记谱点测度固定的确切设计为 $\xi^{\mathrm{f}}(n)$, 下面考虑用单点交换法来获得一体化 Dn 最优确切设计. 对所有点重新排序得到点集 $\{z_i\}$, 于是 z_i 对应的测度与顺序 i 有关, 记为 $c(i)$. 定义 $d(\boldsymbol{x}, \xi^{\mathrm{f}}) = \boldsymbol{f}^{\mathrm{T}}(\boldsymbol{x}) M^{-1}(\xi^{\mathrm{f}}) \boldsymbol{f}(\boldsymbol{x})$.

结论 15.2.3   对于谱点测度固定的非退化的设计 $\xi^{\mathrm{f}}(n)$, 其信息矩阵为 $M\left(\xi^{\mathrm{f}}(n)\right)$, 用点 $\boldsymbol{z}$ 去替代 $\xi^{\mathrm{f}}(n)$ 中的点 $\boldsymbol{z}_i$ 后所得的离散设计为 $\tilde{\xi}^{\mathrm{f}}(n)$, 则 $\xi^{\mathrm{f}}(n)$ 的信息矩阵 $M\left(\tilde{\xi}^{\mathrm{f}}(n)\right)$ 满足

$$\left| M\left(\tilde{\xi}^{\mathrm{f}}(n)\right) \right| = \left| M\left(\xi^{\mathrm{f}}(n)\right) \right| \left[1 + c(i)\left(d(\tilde{\boldsymbol{z}}_i) - d(\boldsymbol{z}_i)\right) - c^2(i)\left(d(\tilde{\boldsymbol{z}}_i)d(\boldsymbol{z}_i) - d^2(\tilde{\boldsymbol{z}}_i, \boldsymbol{z}_i)\right) \right] \tag{15.2.8}$$

其中 $d(\tilde{\boldsymbol{z}}_i, \boldsymbol{z}_i) = \boldsymbol{f}^{\mathrm{T}}(\boldsymbol{z}_i) M^{-1}(\xi^{\mathrm{f}}(n)) \boldsymbol{f}(\tilde{\boldsymbol{z}}_i)$, $d(\boldsymbol{z}_i) = d(\boldsymbol{z}_i, \xi^{\mathrm{f}}(n))$, $d(\tilde{\boldsymbol{z}}_i) = d(\tilde{\boldsymbol{z}}_i, \xi^{\mathrm{f}}(n))$.

证明   根据定义 15.2.2, 有

$$M\left(\tilde{\xi}^{\mathrm{f}}(n)\right) = M\left(\xi^{\mathrm{f}}(n)\right) - c(i)\boldsymbol{f}(\boldsymbol{z}_i)\boldsymbol{f}^{\mathrm{T}}(\boldsymbol{z}_i) + c(i)\boldsymbol{f}(\boldsymbol{z})\boldsymbol{f}^{\mathrm{T}}(\boldsymbol{z}) \tag{15.2.9}$$

取 $j = \sqrt{-1}$, 由 $\xi(n)$ 为非退化设计知, $M\left(\xi^{\mathrm{f}}(n)\right)$ 为 $m \times m$ 的非奇异阵, 且 $f(\boldsymbol{x})$ 为

$m \times 1$ 的向量, 于是有

$$\det M\left(\tilde{\xi}^{\mathrm{f}}(n)\right)$$

$$= \det[M\left(\xi^{\mathrm{f}}(n)\right) - c(i)\boldsymbol{f}(\boldsymbol{z}_i)\boldsymbol{f}^{\mathrm{T}}(\boldsymbol{z}_i) + c(i)\boldsymbol{f}(\boldsymbol{z})\boldsymbol{f}^{\mathrm{T}}(\boldsymbol{z})]$$

$$= \det \begin{bmatrix} M\left(\xi^{\mathrm{f}}(n)\right) & c(i)\boldsymbol{f}(\boldsymbol{z}_i) & jc(i)\boldsymbol{f}(\boldsymbol{z}) \\ \boldsymbol{f}^{\mathrm{T}}(\boldsymbol{z}_i) & 1 & 0 \\ j\boldsymbol{f}^{\mathrm{T}}(\boldsymbol{z}) & 0 & 1 \end{bmatrix}$$

$$= \det \begin{bmatrix} M\left(\xi^{\mathrm{f}}(n)\right) & c(i)f(\boldsymbol{z}_i) & jc(i)f(\tilde{\boldsymbol{z}}_i) \\ \boldsymbol{0} & 1 - c(i)f^{\mathrm{T}}(\boldsymbol{z}_i)M^{-1}\left(\xi^{\mathrm{f}}(n)\right)f(\boldsymbol{z}_i) & -jc(i)f^{\mathrm{T}}(\boldsymbol{z}_i)M^{-1}\left(\xi^{\mathrm{f}}(n)\right)f(\tilde{\boldsymbol{z}}_i) \\ \boldsymbol{0} & -jc(i)f^{\mathrm{T}}(\boldsymbol{z}_i)M^{-1}\left(\xi^{\mathrm{f}}(n)\right)f(\tilde{\boldsymbol{z}}_i) & 1 + c(i)f^{\mathrm{T}}(\tilde{\boldsymbol{z}}_i)M^{-1}\left(\xi^{\mathrm{f}}(n)\right)f(\tilde{\boldsymbol{z}}_i) \end{bmatrix}$$

$$= \det M\left(\xi^{\mathrm{f}}(n)\right)\left[1 + c(i)\left(d(\tilde{\boldsymbol{z}}_i) - d(\boldsymbol{z}_i)\right) - c^2(i)\left(d(\tilde{\boldsymbol{z}}_i)d(\boldsymbol{z}_i) - d^2(\tilde{\boldsymbol{z}}_i, \boldsymbol{z}_i)\right)\right]$$

证毕.

令

$$\nabla(\boldsymbol{z}, \boldsymbol{z}_i) = c(i)\left(d(\boldsymbol{z}) - d(\boldsymbol{z}_i)\right) - c^2(i)\left(d(\boldsymbol{z})d(\boldsymbol{z}_i) - d^2(\boldsymbol{z}, \boldsymbol{z}_i)\right) \tag{15.2.10}$$

根据结论 15.2.3, 假定用点 $\boldsymbol{z}$ 去代替 Dn 最优设计 $\xi_{\mathrm{D}}^{\mathrm{f}}(n)$ 中的点 $\boldsymbol{z}_i$ 所得的设计为 $\tilde{\xi}^{\mathrm{f}}(n)$, 那么根据最优设计的定义, 有 $\nabla(\boldsymbol{z}, \boldsymbol{z}_i) \leqslant 0$. 另一方面, 对非 D$n$ 最优设计, 只要存在 $\boldsymbol{z}$ 和点 $\boldsymbol{z}_i$, 满足 $\nabla(\boldsymbol{z}, \boldsymbol{z}_i) > 0$, 那么用 $\boldsymbol{z}$ 去代替一体化设计 $\xi^{\mathrm{f}}(n)$ 中的点 $\boldsymbol{z}_i$ 得 $\tilde{\xi}^{\mathrm{f}}(n)$, 都有

$$\left|M\left(\tilde{\xi}^{\mathrm{f}}(n)\right)\right| > \left|M\left(\xi^{\mathrm{f}}(n)\right)\right|$$

于是从设计 $\xi_0^{\mathrm{f}}(n)$ 出发, 找点 $\boldsymbol{z}$ 和点 $\boldsymbol{z}_i$ 使得 $\nabla(\boldsymbol{z}, \boldsymbol{z}_i) > 0$, 可得 $\xi_1^{\mathrm{f}}(n)$, 继续这种方法, 可构造一系列设计 $\xi_0^{\mathrm{f}}, \xi_1^{\mathrm{f}}, \cdots, \xi_s^{\mathrm{f}}, \cdots$, 满足

$$\det M(\xi_0^{\mathrm{f}}) \leqslant \det M(\xi_1^{\mathrm{f}}) \leqslant \cdots \leqslant \det M(\xi_s^{\mathrm{f}}) \leqslant \cdots \leqslant \det M(\xi_{\mathrm{D}}^{\mathrm{f}})$$

结论 15.2.4 对给定的设计 $\xi_s^{\mathrm{f}}(n)$, $\max\limits_{x, \alpha} \det M(\xi_{s+1}^{\mathrm{f}}) > \det M(\xi_s^{\mathrm{f}})$, 且

$$\lim_{s \to \infty} \det M(\xi_s^{\mathrm{f}})$$

存在.

证明 根据结论 15.2.3, $\det M(\xi_{s+1}^{\mathrm{f}})$ 是 $\nabla_s(\boldsymbol{z}, \boldsymbol{z}_i)$ 的增函数, 因此, 为使 $\det M(\xi_{s+1}^{\mathrm{f}})$ 达到它的最大值, 应取

$$\nabla_s(\boldsymbol{z}_s, \boldsymbol{z}_i) = \max_{\boldsymbol{z}_i} \max_{\boldsymbol{z}} \nabla_s(\boldsymbol{z}, \boldsymbol{z}_i) \tag{15.2.11}$$

只要 $\nabla(\boldsymbol{z}, \boldsymbol{z}_i) > 0$, 就一直选代下去, 由 (15.2.11) 所定义的 $\{\nabla_s\}$ 和 $\{\boldsymbol{z}_s\}$ 所得到的 $\{\xi_s\}$ 满足 $\det M(\xi_0^{\mathrm{f}}) \leqslant \det M(\xi_1^{\mathrm{f}}) \leqslant \cdots \leqslant \det M(\xi_{\mathrm{D}}^{\mathrm{f}})$, 根据有界的单调序列必存在极限这一定理, 可得结论. 证毕.

15.2.2.3　算法构造

根据上一节的结论, 通过构造一个谱点测度固定的标准 Dn 最优确切设计可得到相应的一体化 Dn 最优确切设计, 具体步骤如下:

Step 1　对 K 类试验, 任取一个非退化的且谱点测度固定的 n 点设计 $\xi_0^{\mathrm{f}}(n)$:

$$\xi_0 = \left[\begin{array}{cccc} \xi_{01} & \xi_{02} & \cdots & \xi_{0K} \\ c(1) & c(2) & \cdots & c(K) \end{array} \right]$$

其中 $\xi_{0j} = (z_{N_{j-1}+1}, \cdots, z_{N_{j-1}+N_j})$, 点可以重复.

Step 2　计算信息矩阵 $M\left(\xi_0^{\mathrm{f}}(n)\right)$ 和它的逆 $M^{-1}\left(\xi_0^{\mathrm{f}}(n)\right)$.

Step 3　找一点 $\bar{z}_i$ 和 z_s, 使得 $\nabla_s(z_s, \bar{z}_i) = \max\limits_{\bar{z}_i} \max\limits_{z} \nabla_s(z, z_i)$; 并且用 z_s 替代点 $\bar{z}_i$, 得到下一个设计 $\xi_{s+1}^{\mathrm{f}}(n)$.

Step 4　令 $s = s+1$, 重复 Step 2 和 Step 3, 直到 $\nabla_s(z_s, \bar{z}_i)$ 的值充分靠近 0 为止.

Step 5　取所得设计中测度为 c_k 的支撑点作为第 k 种设计的试验点, 即得所求.

注 15.2.1　结论 15.2.4 说明了序列的单调性, 从结论 15.2.3 的证明来看, $\xi^{\mathrm{f}}(n)$ 为非退化设计是单调性的前提, 因此为保证算法的收敛, 初始设计必须是非退化的, 根据信息矩阵的性质 [16], 若 ξ 的谱点数 $n < k$, 则设计 ξ 为退化的. 因此初始设计的不同观测点数要大于待估参数的个数 k.

注 15.2.2　结论 15.2.4 中 ξ_s^{f} 是收敛的, 设该序列收敛到 $\xi^*(n)$, 但是迭代停止的条件是 $\nabla_s(z_s, \bar{z}_i)$ 充分接近 0, 而从 (15.2.10) 可以看出 $\nabla_s(z_s, \bar{z}_i) = 0$ 不仅只当 ξ_s^{f} 为 Dn 最优时满足, 即 $\xi^*(n)$ 与 $\xi_{\mathrm{D}}^{\mathrm{c}}(n)$ 不一定等价. 但同求解标准 Dn 最优设计的所有迭代算法一样, 该方法的解只与初值有关, 也不能保证每次都能收敛到 Dn 最优确切设计. 为此, C. L. Atwood 给出过一个检验设计为标准 Dn 最优确切设计的必要条件 [24]:

$$|M\left(\xi_{\mathrm{D}}(n)\right)|/|M\left(\xi_{\mathrm{D}}\right)| \geqslant n(n-1)\cdots(n-k+1)/n^m$$

其中 ξ_{D} 是指同条件下的 D 最优设计, m 是待估参数的个数. 它同样适用于本节方法, 但是它仅为必要条件, 即满足该式的设计也不一定就是 Dn 最优的. 因此在实际中可多次设定初值, 选所得结果中 D 效率相对最大的即可.

15.2.2.4　算例分析

例 15.2.1　考虑利用两种不同的试验来归纳线性响应关系:

$$y = \beta_0 + \beta_1 x + \varepsilon, \quad -1 \leqslant x \leqslant 1$$

当试验总数为 3 时, 构造 Dn 最优试验方案 ξ^*.

首先考虑在 $-1 \leqslant x \leqslant 1$ 中, 寻求线性模型的解, 函数向量 $\boldsymbol{f}(z_j)^{\mathrm{T}} = (1 , x)$, 第一类试验点为 x_1, 第二类试验点为 x_2 和 x_3, 于是信息矩阵为

$$
\begin{aligned}
M_{\mathrm{I}}(\xi_3) &= \sum_{j=1}^{3} \lambda_j \boldsymbol{f}(z_j)^{\mathrm{T}} \boldsymbol{f}(z_j) = \sum_{j=1}^{3} \lambda_j \begin{pmatrix} 1 \\ x_j \end{pmatrix} (1 , x_j) \\
&= \begin{bmatrix} \lambda_1 + \lambda_2 + \lambda_3 & \lambda_1 x_1 + \lambda_2 x_2 + +\lambda_3 x_3 \\ \lambda_1 x_1 + \lambda_2 x_2 + +\lambda_3 x_3 & \lambda_1 x_1^2 + \lambda_2 x_2^2 + \lambda_3 x_3^2 \end{bmatrix}
\end{aligned} \tag{15.2.12}
$$

$$
|M_{\mathrm{I}}(\xi_3)| = \lambda_1 \lambda_2 \left(x_1 - x_2 \right)^2 + \lambda_1 \lambda_3 \left(x_1 - x_3 \right)^2 + \lambda_2 \lambda_3 \left(x_2 - x_3 \right)^2 \tag{15.2.13}
$$

这是二次函数, 且在 $-1 \leqslant x_i \leqslant 1$ 内有极小值, 故最大值必在区域边界上. 若两类试验的精度 σ^2 分别为 0.5 和 1. 且后者试验次数为 2, 可得, 当 $x_1 = 1$ 或 -1, $x_2 = 1$, $x_3 = -1$ 时, 取最大值 $|M(\xi_3)| = 6$, 因此一体化 Dn 最优设计方案为 $[1; (1, -1)]$ 或 $[-1; (1, -1)]$.

另一方面, 如果不考虑两类试验的差异, 则 $\begin{bmatrix} x_1 = 1 & x_2 = -1 \\ 2 & 1 \end{bmatrix}$ 或 $\begin{bmatrix} x_1 = 1 & x_2 = -1 \\ 1 & 2 \end{bmatrix}$ 都为最优设计, 因此, $[1; (-1, -1)]$ 和 $[-1; (1, 1)]$ 也被看作一种 Dn 最优设计, 然而它们的实际相对 Dn 效率仅为 0.67.

15.2.3 侵彻弹动静试验一体化设计

本节以侵彻战斗部的动静试验为例, 给出一体化试验设计的流程.

15.2.3.1 动静试验的统一描述

动能侵彻战斗部对机场跑道等目标的打击主要是通过在跑道上形成一定的开坑面积, 使得作战飞机在一定的时间内不能起飞作战, 因此毁伤面积是影响封锁效果的重要指标. 当弹靶固定时, 弹头的着速 v 和着角 α 是影响毁伤面积的重要因素. 动态飞行试验和地面静爆试验是考核弹头爆炸毁伤面积最常用的两种试验. 试验表明[25], 当撞击速度低于 $1000\mathrm{m/s}$ 时, 弹丸在侵彻跑道的过程中基本不变形, 因此, 弹丸作钢体处理.

根据前面的分析, 可把整个毁伤过程分解为侵彻和爆炸两个过程. 记静态试验中弹丸起爆点 (炸深) 和预埋的角度 (姿态角) 分别为 h, θ, 飞行试验的落角和落速为 α, v, 于是毁伤面积 s 可表示为

$$\text{动态试验:} \quad s = g(H(v, \alpha)) + \varepsilon_1, \quad \varepsilon_1 \sim \mathrm{N}(0, \sigma_1^2)$$

$$\text{静态试验:} \quad \tilde{s} = g(h, \theta) + \varepsilon_2, \quad \varepsilon_2 \sim \mathrm{N}(0, \sigma_2^2)$$

上式中 H 是飞行试验中的起爆点深度和弹丸姿态角的向量, 在起爆延迟时间一定的情况下, 其取值由飞行试验的落速、落角 v, α 决定, 可看成 v, α 的向量值函数, σ_1^2, σ_2^2 可以通过试验结果估计. 由于动静试验的因素不同, 为进行一致描述, 将两种试验的分析起点转换到起爆之前, 对动态试验利用侵彻方程, 获得炸前状态, 对静态试验, 进行差异建模. 思路见图 15.2.1.

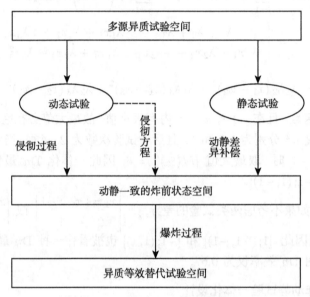

图 15.2.1　动静一体化建模思路

1) 动态试验建模

用转换函数向量 $H = [H_1, H_2]^{\mathrm{T}}$ 表示侵彻过程, 在非跳弹情况下, 可看作连续函数, 其中

$$H_1(v, \alpha) = h, \quad H_2(v, \alpha) = \theta \tag{15.2.14}$$

实际中, 可利用经验公式来近似, 记为 $\widehat{H} = [\widehat{H}_1, \widehat{H}_2]^{\mathrm{T}}$, 即侵彻过程可描述为

$$h = \widehat{H}_1(v, \alpha) + \varepsilon_3, \quad \varepsilon_3 \sim \mathrm{N}(0, \alpha_3^2) \tag{15.2.15}$$

$$\theta = \widehat{H}_2(v, \alpha) + \varepsilon_4, \quad \varepsilon_4 \sim \mathrm{N}(0, \sigma_4^2) \tag{15.2.16}$$

其中 $\varepsilon_3, \varepsilon_4$ 表示经验函数的拟合精度. 侵彻公式的获取有两种途径: ① 依据现有的经验公式, 目前, 各国学者关于侵彻过程进行了较为深入的研究, 已形成了很多精度较高的经验公式; ② 根据已有的试验数据、仿真数据和物理机理归纳.

实际中可结合战斗部引信起爆时间和侵彻深度, 并利用运动方程来近似估计炸深 [26]. 我国防护工程中广泛使用的计算斜侵彻深度的公式为 [27]

$$h = \lambda_1 \lambda_2 \left(m/d^2 \right) K_a v \cos \alpha \tag{15.2.17}$$

其中 h 为侵彻深度, λ_1 为弹形系数, λ_2 为弹径系数, m 为弹重, d 为弹径, v 为着靶速度, α 为着靶角度, K_a 为弹的偏转系数. $\lambda_1, \lambda_2, K_a$ 等参数的值可查表获得[27]. 在侵彻过程中, 因为非轴对称阻力作用, 弹体会在靶体近表面发生方向角改变, 甚至出现跳弹现象. 在非跳弹区, 炸前姿态角 θ 与 α 近似呈线性关系[25], 可以根据相关试验数据归纳 θ 与 α 的关系. 于是获得了 $\widehat{H}$ 的参数化形式, 而结合经验公式的预测效果, 利用 $\hat{\sigma}^2 = \sum_i (y_i - \hat{y}_i)^2 \big/ n$ 可得出估计 $\hat{\sigma}_3^2, \hat{\sigma}_4^2$.

结论 15.2.5 利用侵彻经验公式后, 动态试验的毁伤面积可表示为

$$s = g(\widehat{H}(v, \alpha)) + \varepsilon_{\mathrm{m}} = g(\widehat{h}, \widehat{\theta}) + \varepsilon_{\mathrm{m}}, \quad \varepsilon_{\mathrm{m}} \sim \mathrm{N}(0, \sigma_{\mathrm{m}}^2)$$

证明 根据中值定理, 由 H 连续, 得动态试验毁伤面积的数学期望为

$$
\begin{aligned}
\mathrm{E}(s) &= \mathrm{E}(g(H(v, \alpha))) = \mathrm{E}(g(h, \theta)) = \mathrm{E}(g(\widehat{h} + \varepsilon_3, \widehat{\theta} + \varepsilon_4)) \\
&= \mathrm{E}\left[g(\widehat{h}, \widehat{\theta}) + \frac{\partial g}{\partial h}(\widehat{h} + l\varepsilon_3, \widehat{\theta} + l\varepsilon_4)\varepsilon_3 + \frac{\partial g}{\partial \theta}(\widehat{h} + l\varepsilon_3, \widehat{\theta} + l\varepsilon_4)\varepsilon_4 \right] \\
&= g(\widehat{h}, \widehat{\theta})
\end{aligned}
\tag{15.2.18}
$$

上式中 l 为插值系数, $0 < l < 1$. 另一方面, 根据误差传播公式, 有

$$\sigma_{\mathrm{m}}^2 = (\partial g / \partial h)^2 \sigma_3^2 + (\partial g / \partial \theta)^2 \sigma_4^2 + \sigma_1^2 \tag{15.2.19}$$

于是动态试验的毁伤面积可表示为

$$s = g(\widehat{h}, \widehat{\theta}) + \varepsilon_{\mathrm{m}}, \quad \varepsilon_{\mathrm{m}} \sim \mathrm{N}(0, \sigma_{\mathrm{m}}^2) \tag{15.2.20}$$

证毕.

(15.2.19) 式中 $\partial g / \partial h, \partial g / \partial \theta$ 可根据灵敏度信息或采用摄动法实施仿真试验来获得.

2) 静态试验的差异建模

根据前面的分析, 动静试验之间存在差异, 可以用炸前姿态角和炸深的函数来表示:

$$\tilde{s} - s = \Delta(h, \theta) + \varepsilon_5, \quad \varepsilon_5 \sim \mathrm{N}(0, \sigma_5^2) \tag{15.2.21}$$

于是进行差异补偿后, 静态试验的毁伤面积可表示为

$$\tilde{s} = g(h, \theta) + \Delta(h, \theta) + \varepsilon_s, \quad \varepsilon_{\mathrm{s}} \sim \mathrm{N}(0, \sigma_{\mathrm{s}}^2) \tag{15.2.22}$$

其中 $\sigma_{\mathrm{s}}^2 = \sigma_5^2 + \sigma_2^2$. 可以利用静爆试验和动爆试验数据来获得差异函数的参数化模型. 由于两种试验对应不同的炸点深度和炸前姿态角, 结合毁伤响应函数可建立差异函数. 例如毁伤响应函数取为二阶多项式, 动静差异取为一阶多项式:

$$\Delta(h, \theta) = b_1 h + b_2 \theta + c_2$$

于是对动、静试验数据分别有

$$\begin{cases} s_i = \alpha_1 \hat{h}_i^2 + \alpha_2 \hat{\theta}_i^2 + \alpha_3 \hat{h}_i \hat{\theta}_i + \alpha_4 \hat{h}_i + \alpha_5 \hat{\theta}_i + c_1 \\ \tilde{s}_j = \alpha_1 h_j^2 + \alpha_2 \theta_j^2 + \alpha_3 h_j \theta_j + \alpha_4 h_j + \alpha_5 \theta_j + b_1 h_j + b_2 \theta_j + c_1 + c_2 \end{cases} \tag{15.2.23}$$

其中 s_i 为第 i 发动态试验的毁伤面积, $\hat{h}_i$ 为其炸深估计值, $\hat{\theta}_i$ 为其姿态角估计值, 二者均由经验公式得到. $\tilde{s}_j$ 为第 j 发静态试验的毁伤面积, h_j 为其炸深, θ_j 为其姿态角. 根据动态试验的观测结果, 可得 $a_i(i = 1, \cdots, 5)$ 和 c_1 的估值, 结合静态试验的估计结果, 可得 $b_i(i = 1, 2)$ 和 c_2 的估值. 同时利用预测差异来估计 σ_s^2.

15.2.3.2　融合估计的一般方法

上节通过分析, 介绍了动静试验差异建模的过程, 本节在上节的基础上, 给出模型中参数的融合估计方法.

按照上节的方法, 采用线性模型来近似爆炸过程, 动静试验的毁伤面积分别可以用如下参数化模型来描述

$$s = \sum_i \beta_i q_i(\hat{h}, \hat{\theta}) + \varepsilon_{\mathrm{m}} \tag{15.2.24}$$

$$\tilde{s} = \sum_i \beta_i q_i(h, \theta) + \Delta(h, \theta) + \varepsilon_{\mathrm{s}} \tag{15.2.25}$$

式中, β_i 为待估参数, $q_i(h, \theta)$ 为静态试验炸深 h 和姿态角 θ 的函数, $q_i(\hat{h}, \hat{\theta})$ 为动态试验炸深估计值 $\hat{h}$ 和姿态角估计值 $\hat{\theta}$ 的函数, $q_i(h, \theta)$ 和 $q_i(\hat{h}, \hat{\theta})$ 的函数表达式相同 (参见 (15.2.23) 式), $\hat{h}$ 的 $\hat{\theta}$ 的值由其与飞行试验落速落角 (v, α) 之间的函数关系式 $\hat{H}(v, \alpha)$ 所决定.

对 K 次动态试验和 L 次静态试验的结果进行联合建模, 并写成向量的形式, 得以下联立的模型:

$$\boldsymbol{S}_1 = \boldsymbol{\beta Q}_1 + \boldsymbol{e}_1 \tag{15.2.26}$$

$$\boldsymbol{S}_2 = \boldsymbol{\beta Q}_2 + \Delta + \boldsymbol{e}_2 \tag{15.2.27}$$

其中 $\boldsymbol{S}_1$ 为 K 发动态试验的毁伤面积所构成的列向量, $\boldsymbol{S}_2$ 为 L 发静态试验的毁伤面积所构成的列向量. 而

$$\boldsymbol{Q}_1 = \begin{bmatrix} q_1(\hat{\boldsymbol{H}}(v_1, \alpha_1)) & q_2(\hat{\boldsymbol{H}}(v_1, \alpha_1)) & \cdots & q_m(\hat{\boldsymbol{H}}(v_1, \alpha_1)) \\ q_1(\hat{\boldsymbol{H}}(v_2, \alpha_2)) & q_2(\hat{\boldsymbol{H}}(v_2, \alpha_2)) & \cdots & q_m(\hat{\boldsymbol{H}}(v_2, \alpha_2)) \\ \vdots & \vdots & & \vdots \\ q_1(\hat{\boldsymbol{H}}(v_K, \alpha_K)) & q_2(\hat{\boldsymbol{H}}(v_K, \alpha_K)) & \cdots & q_m(\hat{\boldsymbol{H}}(v_K, \alpha_K)) \end{bmatrix}$$

$$\boldsymbol{Q}_2 = \left[\begin{array}{cccc} q_1(h_1, \theta_1) & q_2(h_1, \theta_1) & \cdots & q_m(h_1, \theta_1) \\ q_1(h_2, \theta_2) & q_2(h_2, \theta_2) & \cdots & q_m(h_2, \theta_2) \\ \vdots & \vdots & & \vdots \\ q_1(h_L, \theta_L) & q_2(h_L, \theta_L) & \cdots & q_m(h_L, \theta_L) \end{array} \right]$$

式中, m 为待估参数的个数, 由面积与炸深和姿态角之间的函数表达式决定, 如 (15.2.23) 式中 $m = 5$.

于是可得信息矩阵为

$$\boldsymbol{M}(\xi) = \left[\begin{array}{c} \sigma_{\mathrm{m}}^{-1}\boldsymbol{Q}_1 \\ \sigma_{\mathrm{s}}^{-1}\boldsymbol{Q}_2 \end{array} \right]^{\mathrm{T}} \left[\begin{array}{c} \sigma_{\mathrm{m}}^{-1}\boldsymbol{Q}_1 \\ \sigma_{\mathrm{s}}^{-1}\boldsymbol{Q}_2 \end{array} \right] = \sigma_{\mathrm{m}}^{-2}\boldsymbol{Q}_1^{\mathrm{T}}\boldsymbol{Q}_1 + \sigma_{\mathrm{s}}^{-2}\boldsymbol{Q}_2^{\mathrm{T}}\boldsymbol{Q}_2 \qquad (15.2.28)$$

15.2.3.3 动静一体化设计的实例

例 15.2.2 考虑动能侵彻弹打击混凝土靶标, 弹靶参数固定时的炸前状态对爆炸效应有影响, 设计相应的动静一体化试验以评估毁伤效能, 其中动态试验次数为 3, 静态试验次数为 6.

动态试验不跳弹时侵彻角 α 的取值范围为 $(50°, 90°)$, 落速的范围为 $(300, 1000)\mathrm{m/s}$; 相应的静爆试验的炸前姿态角 θ 大约取 $(0°, 70°)$, 深度大约取 $(0.4, 1.5)\mathrm{m}$. 假定通过差异建模后得 $\hat{\sigma}_{\mathrm{m}}^2 = 0.8$, $\hat{\sigma}_{\mathrm{s}}^2 = 2.4$, 用二阶多项式来拟合毁伤响应函数.

若不考虑精度, 即采用标准 Dn 最优设计, 根据单点交换法, 求得试验方案为 $(1, 0)$, $(0, 0)$, $(0.50, 0)$, $(0, 1)$, $(1, 1)$, $(0.50, 1)$, $(1, 0.50)$, $(0.50, 0.50)$, $(0, 0.50)$, 相应位置见图 15.2.2(a) 中的 "∗" 点. 考虑两类试验的精度后, 以上面的标准 Dn 最优设计作为初始迭代设计, 根据本节的迭代算法, 可求得第一种一体化 Dn 最优设计方案, 其归一化后动态试验的试验点为 $(1, 0)$, $(0, 0)$, $(0.50, 1)$, 见图 15.2.2(b) 中的 "∗" 点; 静爆试验的试验点为 $(0, 1)$, $(1, 1)$, $(1, 0.65)$, $(0.50, 0.45)$, $(0, 0.55)$, 见图 15.2.2(b) 中的 "o" 点. 或者取第二种一体化 Dn 最优设计方案, 其动态试验的试验点为 $(0, 1)$, $(1, 1)$, $(0.50, 0)$, 见图 15.2.2(c) 中的 "∗" 点; 静爆试验的试验点为 $(1, 0)$, $(0, 0)$, $(1, 0.35)$, $(0.50, 0.55)$, $(0, 0.45)$, 见图 15.2.2(c) 中的 "o" 点. 三种试验方案的总体布局见图 15.2.2.

于是应该在 $(0°, 1.5\mathrm{m})$, $(70°, 1.5\mathrm{m})$, $(0°, 1.5\mathrm{m})$, $(70°, 0.985\mathrm{m})$, $(35°, 0.805\mathrm{m})$ 和 $(0°, 0.895\mathrm{m})$ 处实施静爆试验, 相应的飞行试验所对应的炸前状态为 $(70°, 0.4\mathrm{m})$, $(0°, 0.4\mathrm{m})$ 和 $(35°, 1.5\mathrm{m})$. 根据文献 [25] 的试验数据, 可归纳出 θ 与 α 的关系, 又结合 (15.2.17), 取 $\lambda_1 = 1.14$; $\lambda_2 = 1$; $K_a = 5.8 \times 10^{-7}$, $m/d^2 = 2000$, 可得飞行试验点为 $(50°, 491.3\ \mathrm{m/s})$, $(90°, 302.5\mathrm{m/s})$ 和 $(35°, 1385.0\mathrm{m/s})$. 为保证弹丸不变形, 最后一个飞行试验可取 $(35°, 1000.0\mathrm{m/s})$.

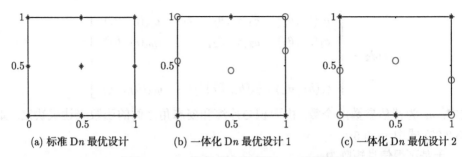

(a) 标准 Dn 最优设计　　(b) 一体化 Dn 最优设计 1　　(c) 一体化 Dn 最优设计 2

图 15.2.2　二阶多项式模型的 Dn 最优设计

对两种试验设计进行比较, 计算可得标准 Dn 最优设计的一体化 Dn 效率仅为 0.798. 通过调节 c_1, 可得标准 Dn 最优设计的一体化 Dn 效率的趋势, 见图 15.2.3. 从中可以看出, 当 c_1 为 0.5 时, 两种试验的精度 σ_k^2 相同, Dn 效率为 1, 随着 c_1 的变大, 即静态试验对动态试验的相对精度降低, 标准 Dn 最优设计的一体化 Dn 效率呈下降趋势, c_1 较大时, Dn 效率下降得较快, 说明 c_1 对最优设计的影响较大.

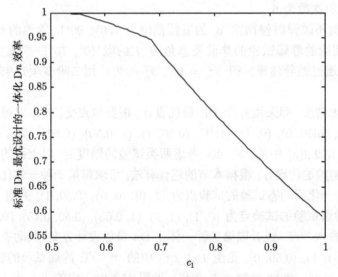

图 15.2.3　标准 Dn 最优设计的一体化 Dn 效率

另一方面, 考虑一体化 Dn 最优设计的稳健性, 即分析参数 σ_k^2 的估计精度对最优设计的影响. 例 15.2.1 中, 最优设计可精确求出, 且可看出它对 c_1 并不敏感. 在本例中, 图 15.2.4 给出了对不同的真值 c_1, 当估计有偏时, 得出的设计方案与正确设计的差异, 其中纵坐标表示在 $c_1 \pm 0.1$ 范围内找出的设计 ξ^* 相对于正确设计 ξDn 的最大差异值: $1 - \min_{\xi^*} |\xi^*| / |\xi Dn|$. 可见 D$n$ 效率差异不超过 0.20, 因此, 本节方法对 c_1 的估值偏差并不十分敏感.

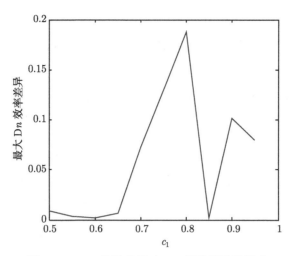

图 15.2.4 c_1 估计偏差对 Dn 最优设计的影响

综上, 一体化最优设计与所选择的参数化模型和各种试验的精度 σ_k^2 有关, 而与差异补偿项无关, 但是估准相互差异函数是估计 σ_k^2 的前提. σ_k^2 的值对最优设计的影响较大, 当 σ_k^2 的估值在一定精度范围内时, 所得设计都是近似可行的.

15.2.4 讨论

本节以毁伤效能评估中的五类试验的一体化 D 最优设计为例探讨了多源试验的一体化设计, 其基本思路是: 通过对等效试验与原型试验之间的差异因素进行分析, 构建相互差异的参数化模型; 进而获得一体化融合估计模型; 以一体化融合估计模型为基础, 提炼一体化最优设计准则, 获得最优设计试验方案. 该思路同样适用于其他类型的多源试验的一体化最优设计问题.

15.3 量纲分析及其在试验设计中的应用

毁伤响应函数实际上是一种由试验数据归纳的经验函数, 15.2 节讨论了一体化最优设计在毁伤响应函数获取中的应用. 本小节考虑结合量纲分析和一体化最优设计来研究毁伤响应函数的获取. 一方面, 利用量纲分析开发物理模型信息, 并实施缩比试验拓展试验技术; 另一方面, 利用最优设计从信息产生的角度合理安排试验, 提高试验效费比.

15.3.1 爆炸缩比试验法

量纲分析不仅是深入分析和研究物理量之间所具有的内在联系的重要手段, 它也是缩比试验实施的理论依据. 缩比试验最常用的做法是采用小尺寸模型弹模拟真实弹, 并从所得的结果总结出全尺寸原型弹的规律, 它不但可以克服原型试验成本高的问题, 而且小尺寸弹也容易实施和控制 [28].

15.3.1.1   概述

进行毁伤试验研究常常是十分困难并且花费高昂的, 因此对于像建筑物这类大型结构的毁伤试验研究通常希望在缩比模型下进行. 关于爆炸效应, Hopkinson 在 1915 年最早提出了立方根比例定律. 立方根比例定律指出, 如果两块同种炸药, 装药的几何形状彼此相似, 但尺寸不同, 在相同大气中爆炸时, 在相同的比例距离 $R/\sqrt[3]{\omega}$ 下就会产生相似的爆炸波, 其中 R 为空间距离, ω 为炸药的 TNT 当量. 爆炸冲击波超压公式 (15.3.1) 便是基于这一定律并结合试验结果得到的.

$$\Delta P = 0.84 \frac{\sqrt[3]{\omega}}{R} + 2.7 \left(\frac{\sqrt[3]{\omega}}{R} \right)^2 + 7 \left(\frac{\sqrt[3]{\omega}}{R} \right)^3 \tag{15.3.1}$$

爆炸与结构相互作用的模型律最早见于 Doering 和 Burkhardt(1944 年) 提出的比例定律 [29-30], 1957 年 Brown 考虑了爆炸波与弹性结构的相互作用, 推出了相应的模型律. 1958 年 Baker 推广了 Brown 的模型律, 提出了适用于线弹性和简单非线性系统的 "复印" 比例定律 [29], 见图 15.3.1, "复印" 比例定律指出了结构响应和爆炸载荷的相似关系. 此后的爆炸缩比试验研究大多围绕这一定律展开 [31-32]. 国内也开展了一部分爆炸作用的爆炸缩比试验研究, 对包括空气中 [30]、土中 [33]、水下 [34] 爆炸作用下的模型化试验进行了研究.

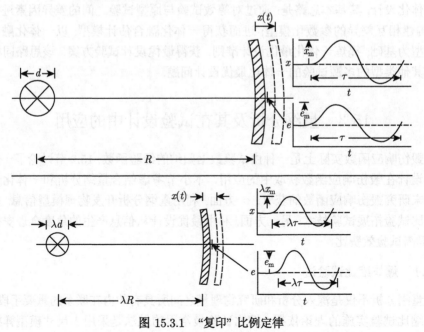

图 15.3.1   "复印" 比例定律

15.3.1.2 几何相似律

相似是指模型和原型对应的相似准数完全相等. 对于存在相似关系的原型 (prototype) 和模型 (model) 都有如下物理规律 [35]

$$a^p = f(a_1^p, a_2^p, \cdots, a_n^p)$$
$$a^m = f(a_1^m, a_2^m, \cdots, a_n^m) \tag{15.3.2}$$

(15.3.2) 式中上标 p 表示原型, m 表示模型. 设有 k 个独立的量纲, 根据 Π 定理, (15.3.2) 可以推出如下无量纲函数关系式

$$\Pi^p = \Phi(\Pi_1^p, \Pi_2^p, \cdots, \Pi_{n-k}^p)$$
$$\Pi^m = \Phi(\Pi_1^m, \Pi_2^m, \cdots, \Pi_{n-k}^m) \tag{15.3.3}$$

原型与模型之间相似的要求是相似准数相等, 即

$$\Pi^p = \Pi^m, \Pi_1^p = \Pi_1^m, \Pi_2^p = \Pi_2^m, \cdots, \Pi_{n-k}^p = \Pi_{n-k}^m \tag{15.3.4}$$

下面介绍简单弹塑性结构在爆炸作用下响应规律的量纲分析. 用应变 ε 表示结构的响应, ε 可以写成多个主定量的函数:

$$\varepsilon = f(\omega, R, \rho_0, a_0, \gamma, \rho_{st}, \sigma_i, E_i, E_{\text{tangent}}, L, t) \tag{15.3.5}$$

式中这些主定量为: 爆能 ω, 距离 R, 空气密度 ρ_0, 空气声速 a_0, 空气比热比 γ, 结构材料密度 ρ_{st}, 结构材料的屈服应力 σ_i, 结构材料的弹性模量 E_i, 结构材料的塑性模量 E_{tangent}, 结构的特征长度 L, 时间 t. 这里假定重力的影响是可以忽略的. 这种假设在爆炸直接作用阶段是合理的, 但是对于爆炸损伤之后的结构在重力作用下的倒塌问题则不再适用. 利用 Π 定理, (15.3.5) 式可以写成无量纲形式:

$$\varepsilon = F\left(\frac{\omega}{\rho_0 a_0^2 R^3}, \frac{R}{L}, \frac{E_i}{\rho_0 a_0^2}, \frac{\rho_{st}}{\rho_0}, \frac{E_i}{\sigma_i}, \frac{E_{\text{tangent}}}{\sigma_i}, \frac{t E_i^{\frac{1}{2}} \rho_{st}^{-\frac{1}{2}}}{L}, \gamma\right) \tag{15.3.6}$$

假定在相同的空气中, 并且模型和原型采用同种材料时, 如果满足下式:

$$\frac{\sqrt[3]{\omega_p}}{\sqrt[3]{\omega_m}} = \frac{R_p}{R_m} = \frac{L_p}{L_m} = \frac{t_p}{t_m} = s \tag{15.3.7}$$

则两个系统几何相似. 在按照几何相似比确定的时间点上, 可以得到

$$\varepsilon_m = \varepsilon_p \tag{15.3.8}$$

其中 s 为相似比. 这便是爆炸作用的 "复印" 比例定律 [29]. 可以看出, 当药包尺寸、爆心距和模型几何尺寸采用同一相似比, 同时模型选材与原型相同时, 即可保证试验相似. 其中所有具有压力和速度量纲的量是相等的, 所有响应时间和位移的比例因子与长度比例因子相同. 应变本身是无量纲的, 在时间相似点上, 模型和原型的应变是相等的.

15.3.1.3　影响几何相似律的因素

影响几何相似率的因素包括如下四个方面:

1) 应变率

已知在几何相似律满足的情况下,

$$\frac{L_p}{L_m} = \frac{t_p}{t_m} = s, \quad \varepsilon_p = \varepsilon_m \tag{15.3.9}$$

从而可以得到 $\dfrac{\dot{\varepsilon}_p}{\dot{\varepsilon}_m} = \dfrac{L_m}{L_p} = \dfrac{1}{s}$. 即在几何相似的条件下, 如果在原型和模型中正在理想地按照复印比例定律发生着某一相似过程, 则原型和模型中的应变率之比为 $\dfrac{1}{s}$. 例如, 当 $\dfrac{L_p}{L_m} = 2$ 时, $\dfrac{\dot{\varepsilon}_p}{\dot{\varepsilon}_m} = \dfrac{L_m}{L_p} = \dfrac{1}{2}$. 下面简单考察应变率对相似律带来的误差. 以 HJC 模型中对于应变率的描述来看, HJC 模型的应变率硬化项系数 $C = 0.007$[36], 当 $\dfrac{\dot{\varepsilon}_p}{\dot{\varepsilon}_m} = \dfrac{L_m}{L_p} = \dfrac{1}{4}$, 应变率 $\dot{\varepsilon}_p = 500\text{s}^{-1}$ 时, 有

$$\dot{\varepsilon}_p^* = 500, \quad \dot{\varepsilon}_m^* = 2000, \quad \frac{1 + C\ln(\dot{\varepsilon}_p^*)}{1 + C\ln(\dot{\varepsilon}_m^*)} = 0.9907 \tag{15.3.10}$$

可以看出, 在 1/4 缩比模型中, 当 HJC 模型可以合理描述混凝土的应变率效应时, 这种应变率引起的差异是可以忽略的. 但是在计算应变率依赖性很强的材料时, 这种应变率引起的差异是不可以忽略的.

2) 重力

在重力场中, 原型和模型的几何比例为 $L_p/L_m = s$, 则原型和结构中对应截面面积比 $A_p/A_m = s^2$, 在材料相同的情况下, 截面承重力和体积比相同, 即

$$\frac{M_p g}{M_m g} = \frac{\rho_p L_p^3}{\rho_m L_m^3} = s^3 \tag{15.3.11}$$

则重力产生的应力部分之比为

$$\frac{M_p g/s^2}{M_m g} = s \tag{15.3.12}$$

因此, 在缩比实验中, 除非可以把重力加速度增加 s 倍, 否则几何相似律是无法得到满足的. 然而在爆炸和冲击实验中, 快速加载造成的局部加速度往往可以到达 $10^1 \sim 10^4$g, 因此如果缩比倍数 $s \leqslant 10$, 则在局部爆炸损伤过程中, 重力加速度对于几何相似律的影响也是可以忽略的.

3) 断裂强度尺寸效应

混凝土是一种准脆性材料, 针对混凝土强度的尺寸效应, 无论是在国外还是国内 [37-41] 都开展了广泛的研究, 其中以 Bazant 的理论最为著名 [38], 其表达式为

$$\sigma_N = \frac{B f_t'}{\sqrt{1 + \beta}}, \quad \beta = \frac{D}{D_0} \tag{15.3.13}$$

其中, B 为无量纲常数, 只和几何形状相关, 与尺寸无关; D_0 为材料常数, 表示了材料的某种特征长度; f_t' 为混凝土拉伸强度; D 为实验中结构的特征尺寸. 可以看出, 小尺寸模型中发生失稳断裂需要的应力比几何相似的大尺寸原型中要大, 这就使得几何相似律中应力不变的要求不再满足. 这也限制了我们进一步缩小模型来模拟试验的下限.

4) 材料的非均匀性

在建筑物的爆炸毁伤试验中, 混凝土材料的非均匀性不但通过强度的尺寸效应影响几何相似律的准确性, 而且直接在材料性能的均匀性上制约缩比的适用范围. 如果缩比模型与原型建筑物采用相同的混凝土, 在原型中楼板厚度 $H_p = 20$cm, 骨料尺寸 $d = 2$cm, 有 $d/H_p = 1/10$; 如果缩比试验中的相似比

$$\frac{H_m}{H_p} < \frac{d}{H_p} \tag{15.3.14}$$

则模型厚度将小于骨料尺寸, 这种情况下混凝土已经无法表现出均匀稳定的力学性能, 模型试验的精度也无从谈起.

综上所述, 影响几何相似律的因素包括应变率、重力、破坏强度的尺寸效应和材料的非均匀性四个方面. 在可以忽略它们影响的情况下, 在时间相似点上, 模型和原型的应变是相等的. 对于爆炸破坏过程, 在不考虑倒塌时可以忽略重力效应. 初步研究表明混凝土应变率效应对于相似性的影响并不明显. 而对混凝土的组分进行缩比在某种意义上相当于采用不同材料进行模型化试验, 这就使得问题变得复杂了. 另外, 目前针对静态情况下结构强度的尺寸效应研究比较多, 针对动态破坏情况下强度的尺寸效应研究还处于起步阶段.

15.3.2 毁伤效应的量纲分析

毁伤面积是衡量动能侵彻战斗部对机场跑道等目标打击效果的重要指标. 动能弹打击混凝土需要经过侵彻和爆炸两个过程, 影响最终毁伤面积的因素主要来自于弹、靶和弹目交会参数三个方面. 为进行量纲分析, 假设: ① 不考虑介质应变率的影响, 忽略介质的黏性和热传导; ② 混凝土各向同性, 且为脆性材料; ③ 忽略爆轰产物初始压力的泄漏; ④ 炸药装药瞬时爆轰. 可得影响毁伤效果的主要因素共 21 个, 见表 15.3.1.

对混凝土介质, 为了获得最佳的毁伤效果, 战斗部必须侵彻到一定深度再爆炸, 常把它的碎石层等效为一定厚度的土壤介质, 且假定土壤密度一定. 当炸药种类一定时, 不考虑弹丸的旋转, 可将毁伤响应函数用毁伤面积的等效半径 r 表示为

$$r = f(m, R, L, D, \rho_p, E_p, G_p, \sigma_p, v_p; V, \alpha; \rho_t, E_t, G_t, \sigma_t, v_t, C, h, H, \theta) \tag{15.3.15}$$

表 15.3.1　影响毁伤面积的因素

分类	影响因素
混凝土	炸深 H, 靶板厚度 h
靶板	弹性模量 E_t, 切变模量 G_t, 屈服强度 σ_t, 密度 ρ_t, 泊松比 v_t, 土壤介质中声速 C
弹体	弹头曲率半径 R, 直径 D, 长度 L, 炸前姿态角 θ
站斗部	装药量 m, 弹性模量 E_p, 剪切模量 G_p, 屈服强度 σ_p, 密度 ρ_p, 泊松比 v_p, 装药类型
弹目交会	着速 V, 入射角度 α, 转速 ω

　　试验表明, 当弹丸在低速侵彻硬目标时, 弹丸材料的强度大于冲击压力, 弹丸在侵彻过程中不破坏、不变形, 因此可不考虑弹丸材料强度对侵彻的影响, 于是变量缩减为 15 个, 各量的量纲见表 15.3.2.

表 15.3.2　各物理量的量纲

物理量名称	符号	量纲	物理量名称	符号	量纲
毁伤半径	r	L	靶板弹性模量	E_t	$ML^{-1}T^{-2}$
弹丸质量	m	M	靶板剪切模量	G_t	$ML^{-1}T^{-2}$
弹头曲率半径	R	L	靶板屈服强度	σ_t	$ML^{-1}T^{-2}$
弹丸长度	L	L	靶板密度	ρ_t	ML^{-3}
弹丸直径	D	L	靶板 Poisson 比	v_t	无量纲
弹丸材料密度	ρ_p	ML^{-3}	土壤中声速	C	LT^{-1}
弹丸着速	V	LT^{-1}	靶板厚度	h	L
入射角度	α	无量纲	炸前深度	H	L

　　根据 Π 定理, 取 ρ_t, D, σ_t 作为基本量, 则上述关系可表示为

$$\frac{r}{D} = g\left(\frac{L}{D}, \frac{R}{D}, \frac{m}{\rho_t D^3}, \frac{\rho_p}{\rho_t}, \frac{G_p}{\sigma_t}, \frac{E_t}{\sigma_t}, \frac{mV^2}{D^3\sigma_t}, \frac{mC^2}{D^3\sigma_t}, \frac{h}{D}, \frac{H}{D}, v_t, \alpha\right) \tag{15.3.16}$$

　　可见, 经过量纲分析, 可将变量缩减为 12 个. 如果在模型试验和原型试验中, 弹靶选用相同的材料, 具有相同的力学性能, 那么相似性准则为

$$\frac{L}{L'} = \frac{R}{R'} = \frac{D}{D'} = \frac{H}{H'} = \frac{h}{h'}, \quad \theta = \theta', \quad \frac{m}{m'} = \frac{D^3}{D'^3}, \quad V = V' \tag{15.3.17}$$

即两种试验体系下, 弹体几何形状和靶板尺寸都相似, 入射速度和角度也相同, 两个体系在时间上也必须相似, 而爆炸深度受入射速度、角度和引信延时所控制, 因此二者的引信延时也相似.

　　在实际中可以依据从简到繁的准则开展试验研究, 即: ① 弹靶固定时, 考虑弹目交会参数 α, V 对毁伤面积的影响; ② 固定靶, 考虑装药量、炸深 H、姿态角 θ 和 V 对毁伤面积的影响; ③ 综合考虑靶材料、厚度、弹丸装药、形状、弹目交会参数对毁伤面积的影响.

如果弹靶材料都固定, 则材料泊松比和弹性模量、混凝土及弹体的密度都可以视为常数, 所以将毁伤响应函数简化为

$$\frac{r}{D} = g_1 \left(\frac{L}{D}, \frac{R}{D}, \frac{m}{\rho_t D^3}, \frac{mV^2}{D^3 \sigma_t}, \frac{h}{D}, \frac{H}{D}, \alpha \right) \tag{15.3.18}$$

进一步, 若弹的形状参数和靶板厚度固定, 则可简化为 $\dfrac{r}{D} = g_2 \left(\dfrac{m^{1/2}V}{H^{3/2}\sigma_t^{1/2}}, \alpha \right)$.

类似地, 若采用静爆试验, 则响应函数为

$$\frac{r}{D} = g_4 \left(\frac{L}{D}, \frac{R}{D}, \frac{m}{\rho_t D^3}, \frac{H}{D}, \frac{h}{D}, \theta \right) \tag{15.3.19}$$

其中 θ 为炸前姿态角. 当弹靶参数固定时, 可简化为 $\dfrac{r}{D} = g_5 \left(\dfrac{m}{\rho_t H^3}, \theta \right)$.

15.3.3 缩比试验与原型试验的差异建模

根据上一节的量纲理论可进行缩比试验设计, 受各种因素的影响, 缩比试验与原型试验之间存在不可忽视的差异. 总的而言, 影响相似率的因素可大致分为两类: 一类是随机项, 只能尽量降低; 另一类是为简化相似准则, 未进行缩比的项, 或为简化而忽略的项. 对于后者, 目前常用的做法是在拟合公式中乘以修正系数加以补偿[42], 但这种处理十分粗略. 下面通过 15.2 节的方法建立相互差异的参数化模型.

例 15.3.1 根据文献 [43] 提供的两种直径不同的弹丸侵彻混凝土靶标的侵彻试验, 建立相互差异的参数化模型.

根据量纲分可知, 当原型和模型弹的材料和靶标材料相同, 且弹呈几何相似时, 侵彻经验公式等价于

$$H_{\max}/D = f \left(V m^{1/2}/D^{3/2} \sigma_t^{1/2} \right)$$

其中 $H_{\max}$ 为侵彻深度, σ_t 为常数, 又满足几何相似率, 即 m/D^3 为常数, 如果只考虑变化量的影响, 则上式可简化表示为 $H_{\max}/D = f(V)$.

如果用二阶多项式表示侵彻经验公式和相互差异函数, 则原型试验的侵彻公式可表示为

$$H_{\max}/D = a_1 V^2 + a_2 V + a_3$$

差异函数为 $\Delta = b_1 V^2 + b_2 V + b_3$, 则缩比试验的侵彻公式为

$$\tilde{H}_{\max}/D = (a_1 + b_1) \cdot V^2 + (a_2 + b_2) \cdot V + (a_3 + b_3)$$

需要说明的是, 上面两式中系数 a_i, b_i 的取值依赖于主定量的物理量纲单位.

根据文献 [43] 中的 7 组 1/2 缩比试验和 11 组原型试验的数据, 进行参数估计得差异函数为

$$\Delta = 0.0001V^2 - 0.0657V + 12.0022$$

并估计随机偏差的方差 $\tilde\sigma^2$ 为 6.31. 而若采用一阶多项式表示相互差异函数, 则可得差异函数: $\Delta = 0.0096V - 4.3195$, 且随机偏差的方差为 8.36. 从差异函数来看, 原型试验和缩比试验之间存在较为明显的差异.

15.3.4　一体化 Dn 最优确切设计

假定对原型试验和缩比试验分别进行了 N_1 和 N_2 次观测, $N_1 + N_2 = N$, 且相应的回归模型为

(1) 原型试验: $y = \boldsymbol\beta^{\mathrm T} \boldsymbol f(\boldsymbol x) + \varepsilon_1,\ \varepsilon_1 \sim \mathrm N(0, \sigma_1^2)$;

(2) 缩比试验: $y - \Delta(\boldsymbol x) = \boldsymbol\beta^{\mathrm T} \boldsymbol f(\boldsymbol x) + \varepsilon_2,\ \varepsilon_2 \sim \mathrm N(0, \sigma_2^2)$.

式中, y 为毁伤试验的测量结果, $\boldsymbol x$ 为影响毁伤试验结果的所有因素所构成的向量.

进行 N 次试验后, 用 $\xi_k\ (k=1,2)$ 分别表示试验集合. 令

$$\boldsymbol F(\xi_k) = \begin{bmatrix} f_1(z_{k1}) & f_2(z_{k1}) & \cdots & f_m(z_{k1}) \\ f_1(z_{k2}) & f_2(z_{k2}) & \cdots & f_m(z_{k2}) \\ \vdots & \vdots & & \vdots \\ f_1(z_{kN_k}) & f_2(z_{kN_k}) & \cdots & f_m(z_{kN_k}) \end{bmatrix} \tag{15.3.20}$$

于是, 适合于实际应用的一体化 Dn 最优设计 $\xi_{\mathrm D}^{\mathrm c}$ 满足: $\xi_{\mathrm D}^{\mathrm c} = \arg \max\limits_{\xi^{\mathrm c}(N)} \det M(\xi^{\mathrm c}(N))$.

例 15.3.2　考虑动能侵彻弹打击混凝土靶标的静态试验, 当弹靶参数固定时, 分析炸前状态对爆炸效应的影响, 其中原型试验次数为 3, 缩比试验次数为 6.

根据上节的量纲分析, 由 (5.3.18) 式变换形式得到炸前姿态角、炸深、装药量对毁伤面积的影响关系为

$$r/H = g(m/H^3, \theta)$$
$$= \beta_0 + \beta_1 m/H^3 + \beta_2 \cos\theta + \beta_3 (m/H^3)^2 + \beta_4 \cos^2\theta + \beta_5 (m/H^3)\cos\theta$$

仍然需要说明的是, 上式中系数 β_i 的取值与主定量的物理量纲单位相关.

将 $\cos\theta$ 看作变量, 考虑无量纲量 $\cos\theta$ 和 m/H^3 在归一化后的参数范围 $[0,1]$ 内的最优设计. 若将缩比试验进行误差补偿等效到原型试验状态后, 两种试验的精度比 $\sigma_2^2/\sigma_1^2 = 3.00$.

若不考虑两类试验的差异, 可求得标准 Dn 最优设计为 $(1,0)$, $(0,0)$, $(0.50,0)$, $(0,1)$, $(1,1)$, $(0.50,1)$, $(1,0.50)$, $(0.50,0.50)$ 和 $(0,0.50)$. 任取其中 3 个作为原型

试验, 并作为迭代的初值, 采用单点交换法, 可得一组结果, 其中 D 效率最大的为 $(1, 0)$, $(0, 0)$, $(0.50, 1)$ 和 $(0, 1)$, $(1, 1)$, $(1, 1)$, $(1, 0.55)$, $(0.50, 0.45)$, $(0, 0.60)$. 另外, 根据其他多组初值, 所收敛到的 D 效率最大的设计也是这个解, 于是将其作为所求设计. 试验实施时, 两个无量纲量的试验点根据其具体参数范围, 通过线性变换得到.

比较可得, 标准 Dn 最优设计相对于本节设计的一体化 Dn 效率仅为 0.86. 而若不进行量纲分析, 则涉及的因素为 3 个, 若用二阶多项式拟合, 则试验次数应多于 9. 如果仅实施原型试验, 尽管参数估计精度会提高, 但是成本增加将更多. 综上, 本节方法不仅可以节约试验成本, 还能保证毁伤响应函数的精度.

15.3.5 小结

毁伤响应函数的获取是毁伤效能评估中的关键环节, 在物理推导很难实现的情况下, 试验归纳是主要的研究手段. 在试验研究之前, 量纲分析是一项有用的理论工具, 一方面, 通过它可以减少主定量的个数; 另一方面, 它是缩比试验实施的理论依据. 但是量纲分析的作用毕竟是有限的和非实质性的, 而将量纲分析同试验得出的或通过数学途径从运动方程得出的经验规律相结合, 往往可以获得相当重要的结果.

武器系统对目标的毁伤过程十分复杂, 试验是探索其性能的有效工具, 本节一直着力强调的是试验设计的思想, 即从信息产生的角度研究试验, 提高效费比. 同时在对各种试验信息的综合使用和设计的过程中, 应该重视试验之间存在的差异, 本章提出了差异建模的思路, 但是各种试验之间的差异十分复杂, 仍有很多方面有待研究.

参 考 文 献

[1] 黄寒砚, 王正明, 田占东. 子母弹毁伤效果的均匀设计优化. 弹道学报, 2008, 20(1): 22-25.

[2] 周旭. 导弹毁伤效能试验与评估技术. 北京: 国防工业出版社, 2014: 84-95.

[3] 黄寒砚, 王正明. 武器毁伤效能评估综述及系统目标毁伤效能评估框架研究. 宇航学报, 2009, 30(3): 827-836.

[4] 黄寒砚, 段晓君, 王正明. 考虑先验信息可信度的后验加权 Bayes 估计. 航空学报, 2008, 29(5): 1245-1251.

[5] Nelson M K. Vulnerability and lethality assessment: The role of full-up system level live-fire testing and evaluation. ADA377058, 2000.

[6] 郭勤涛, 张令弥, 费庆国. 用于确定性计算仿真的响应面法及其试验设计研究. 航空学报, 2006, 26(1): 55-61.

[7] Loren S R, Ian A W. Accelerated aging testing of energetic components—a current as-

sessment of methodology. Las Vegas: 36th AIAA/ASME/SAE/ASEE Joint Propulsion Conference and Exhibit, 2000.

[8] 王国玉, 汪连栋, 阮祥新. 雷达对抗试验替代等效推算原理与方法. 北京: 国防工业出版社, 2002.

[9] 段晓君, 周海银, 姚静. 精度评定的分解综合及精度折合. 弹道学报, 2005, 17(2): 42-48.

[10] 陈万创, 李爱国. 空空导弹综合环境可靠性试验剖面研究. 上海航天, 2005, (4): 41-44.

[11] Klopcic J T, Reed H L. Historical perspectives on vulnerability/lethality analysis. ADA361816, 1999.

[12] 陈小伟, 张方举, 杨世全, 等. 动能深侵彻弹的力学设计 (III): 缩比实验分析. 爆炸与冲击, 2006, 26(2): 105-114.

[13] 翟红波, 李芝绒, 苏健军, 等. 多点同步内爆炸下典型舱室的毁伤特性. 振动与冲击, 2018, 37(2): 170-174, 181.

[14] 赵国志, 杨玉林. 动能弹对装甲目标毁伤评估的等效靶模型. 南京理工大学学报, 2003, 27(5): 509-514.

[15] 吴晓颖, 李帆, 张万君, 等. 装备毁伤模拟试验方案的设计与优化. 四川兵工学报, 2014, 35(10): 5-7.

[16] 王万中. 试验的设计与分析. 北京: 高等教育出版社, 2004: 1-16.

[17] Melas V B. Functional Approach to Optimal Experimental Design. New York: Springer Science+ Business Media, 2006.

[18] Pukelsheim F. Optimal Designs of Experiments. New York: John Wiley & Sons, 1993.

[19] 邓南明, 邓新文. 均匀设计法在鱼雷尾流自导试验设计中的应用. 水下无人系统学报, 2018, 26(2): 180-184.

[20] 朱文振, 叶豪杰, 王昊. 水中兵器一体化试验总体设计探讨. 计算机测量与控制, 2017, 25(10): 285-287.

[21] Fedorov V V. Theory of Optimal Experiments. New York: Academic Press, 1972: 72-75.

[22] 罗蕾. 构造 Dn-最优确切设计的离散构造法及其应用. 沈阳大学学报 (自然科学版), 1998, (2): 38-42.

[23] 朱伟勇, 段晓东, 唐明, 等. 最优设计在工业中的应用. 沈阳: 辽宁科学技术出版社, 1993.

[24] Atwood C L. Optimal and efficient designs of experiments. Annals of Mathematics Statistics, 1969, 40: 1570-1602.

[25] 马爱娥, 黄风雷. 弹体斜侵彻钢筋混凝土的试验研究. 北京理工大学学报, 2007, 27(6): 482-486.

[26] 张国伟. 终点效应及其应用技术. 北京: 国防工业出版社, 2006, 2: 179-201.

[27] 吕晓聪, 许金余. 弹体对钢纤维混凝土侵彻深度的计算研究. 弹箭与制导学报, 2006, 26(1): 89-92.

[28] 黄寒砚, 王正明. 基于量纲分析和最优设计的毁伤响应函数获取. 航空学报, 2009, 30(12): 2354-2362.

[29] 贝克 W E. 空中爆炸. 江科译. 北京: 原子能出版社, 1982.

[30] 郭仕贵, 康兴科, 刘宝字. 复杂结构对爆炸响应的模化研究. 爆破器材, 1998, 2(1): 21-24.

[31] Neuberger A, Peles S, Rittel D. Scaling the response of circular plates subjected to large and close-range spherical explosions. Part I: Air-blast loading. International Journal of Impact Engineering, 2007, 34(5): 859-873.

[32] Neuberger A, Peles S, Rittel D. Scaling the Response of Circular Plates Subjected to Large and Close-Range Spherical Explosions. Part II: Buried Charges. International Journal of Impact Engineering, 2007, 34(5): 859-873.

[33] 凌贤长, 胡庆立, 欧进萍, 等. 土–结爆炸冲击相互作用模爆试验相似设计方法. 岩土力学, 2004, 25(8): 1249-1253.

[34] 曾心平. 复杂非线性系统爆炸冲击试验模化分析. 舰船科学技术, 1989, 5: 47-57.

[35] 赵亚溥. 断裂力学中的相似方法. 力学进展, 1998, 28(3): 323-338.

[36] Holmquist T J, Johnson G R, Cook W H. A computational constitutive model for concrete subjected to large strains// high strain rates and high pressures. 14th International Symposium on Ballistics, 1993: 591-600.

[37] 曹菊珍, 李恩征, 梁龙河, 等. 材料动力学特征的尺寸效应探讨. 乌鲁木齐: 中国空气动力学学会物理气体动力学专业委员会学术交流会会议, 2003.

[38] Bazant Z P, Chen E P. Scaling of structure failure. American Society of Mechanical Engineers, 1997, (12): 593-627.

[39] 黄海燕, 张子明. 混凝土的尺寸效应. 混凝土, 2004, 3: 8-9.

[40] 钱觉时, 黄煜镔. 混凝土强度尺寸效应的研究进展. 混凝土与水泥制品, 2003, (3): 1-5.

[41] Pijaudier-Cabot G, Haidar K. Non-local damage model with evolving internal length. International Journal for Numerical and Analytical Methods in Geomechanics, 2004, 28(7/8): 633-652.

[42] 武海军, 黄风雷, 陈利. 动能弹侵彻钢筋混凝土相似性分析. 兵工学报, 2007, 28(3): 276-280.

[43] 许三罗, 相恒波. 射弹侵彻混凝土中相似理论的应用及误差分析. 弹箭与制导学报, 2007, 27(3): 123-126.

第16章 毁伤效能的融合评估方法

16.1 毁伤评估的内涵

16.1.1 毁伤评估的定义

远程压制、精确打击、高效毁伤是现代战争追求的三大目标. 其中, 高效毁伤研究战斗部或弹药对各类打击目标发挥最佳毁伤效果的理论、方法和手段, 是大幅度提高各类导弹武器终点毁伤效应、完成预定作战使命的关键, 对增强武器装备作战能力、提高作战效费比具有重要作用. 为了准确地认识各种战斗部的毁伤效能, 并为未来新型武器的设计、战场作战运用提供依据, 必须研究武器毁伤效能评估方法.

导弹毁伤效能评估是综合考虑战役战术目的、战场环境、火力力量、目标特性等因素, 对导弹实际毁伤效果进行分析和评定的过程, 是实施火力协调、火力分配的主要依据, 是确保圆满完成毁伤战斗任务的基础 [1]. 图 16.1.1 给出了毁伤效能评估在导弹毁伤任务中的定位. 从图 16.1.1 可以看出, 毁伤效能评估是决定战斗是否停止或者火力打击如何调整的关键.

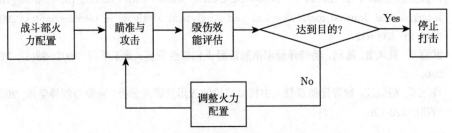

图 16.1.1 武器系统毁伤效能评估在导弹毁伤任务中的定位

常规导弹毁伤效能评估主要包括试验条件下的毁伤效能评估和战场条件下的毁伤效果评估.

试验条件下的毁伤评估主要是依赖有限的各类试验数据, 通过建立特定战斗部毁伤特定目标的毁伤评估指标体系, 同时借助数学和力学手段对试验数据进行建模、分析和处理, 得到针对各个毁伤评估指标的评估方法, 从而完成对武器的毁伤效能评估.

战场条件下的毁伤效果评估 [2], 主要是依据战场侦察手段 (卫星、无人机、谍报人员等) 进行战场毁伤信息的获取、传输、分析和反馈的过程, 通俗地说也就是 "看一看打得怎样" 的过程, 在外军的有关研究中称之为基于 "归纳法" 的毁伤评估.

不可否认, 全面获取战场毁伤信息, 在目前技术手段下, 不论是对我国还是对其他军事强国, 都仍然是一个非常困难的问题, 需要在战场布置大量各种传感器才能达到目的 (这正是美军的未来战斗系统 (FCS) 所关注的主要问题). 因此, 除了基于 "归纳法" 的毁伤评估, 基于 "演绎法" 的毁伤评估仍然不能忽视. 基于 "演绎法" 的毁伤评估是指, 根据目标易损特性、武器毁伤效能以及先验的毁伤试验信息, 进行毁伤效果的预测或推测. 在战场侦察手段有限的条件下, 基于 "演绎法" 的毁伤评估往往是战斗毁伤评估的重要辅助手段. 它实际上是将试验条件下的毁伤评估结果推广到战场条件下, 并进行预测, 因此其本质仍然是试验条件下的毁伤评估.

据此, 本章将主要讨论试验条件下的毁伤评估. 其目的是对导弹的打击效果建立相应的毁伤效应数据库或工程化的毁伤函数, 一方面为导弹的研制和定型提供依据, 另一方面通过所建立的毁伤效应库对导弹作战效果进行预测, 从而为战场的作战能力分析和火力运用方案制定提供依据. 以下, 如无特别声明均指试验条件下的毁伤评估.

毁伤效能的评估主要根据以下四种试验完成: 一是导弹在定型过程中进行的多次实际飞行试验; 二是战斗部研制过程中的地面试验; 三是利用经飞行试验校正过的数值模拟模型模拟出的较大量的毁伤仿真试验; 四是飞行试验的等效毁伤试验. 通过对这四类试验的试验结果进行统计、分析和融合评估, 即可得到相应的毁伤效能评估结果. 毁伤效能评估的全过程主要涉及毁伤试验的设计、毁伤试验数据的获取、各类毁伤数据的融合评估等. 有关毁伤试验数据的获取已经在第 13 章进行了介绍, 第 15 章也介绍了毁伤试验的设计方法, 本章主要介绍毁伤效能的融合评估方法及相关案例.

鉴于导弹武器战斗部和打击目标的多样性, 而不同的战斗部和作战目标对应的毁伤评估体系并不相同, 因此本章主要针对下面两种典型战斗部对相应目标的毁伤效果进行研究: 一是侵彻战斗部对机场跑道的毁伤; 二是侵爆战斗部对建筑物的毁伤.

16.1.2 毁伤评估的常用方法

毁伤效能评估的研究包括很多方面: 毁伤评估的试验技术、建模与仿真技术、毁伤度量与定量计算、毁伤效能优化等. 但是, 从本质上看, 毁伤评估的试验技术、数值建模与仿真技术应该属于数据源获取层面, 目的是为毁伤效应信息库或工程化毁伤函数的建立提供多样的、充分的数据, 解决武器试验小子样带来的问题. 毁伤效能优化则属于战场应用层次, 是在试验评估基础上的深化. 只有毁伤效果度量和定量计算才是真正意义上的试验条件下的毁伤评估. 因此, 以下主要阐述有关毁伤度量和定量计算方面的研究方法.

关于毁伤评估方法的研究, 针对不同的目标、不同的战斗部均有相应的研究, 主要评估方法可以概括为以下几类 [3]:

(1) 毁伤概率评估法. 这种方法综合考虑战斗部的命中概率以及在命中条件下的条件毁伤概率, 并以毁伤概率来度量目标毁伤的可能性. 其中命中条件下目标的毁伤概率 (简称条件毁伤概率) 与命中发数及命中点位置之间的函数关系是研究的关键, 也称这种关系为毁伤律. 目前主要的毁伤律有: 0-1 毁伤律、阶梯毁伤律、指数毁伤律以及破片毁伤律等. 毁伤律中涉及一些基本参数, 这些参数依赖于一手的毁伤数据, 例如各等级破片的数量、质量等, 而这些往往是较难获取的 [4-7].

文献 [8] 针对冲击波对建筑物内目标的毁伤概率评估及瞄准点选定问题进行了研究, 提出了体积毁伤概率的概念, 并给出了计算方法. 通过研究冲击波在建筑物中的传播规律, 建立了一种等效的冲击波峰值超压分布模型, 运用网格划分的方法, 得到了建筑物中毁伤概率最大的理想炸点.

(2) 毁伤树评估法. 这种方法的基本思路是, 根据目标的部件组成及功能分区, 构建目标的毁伤树. 先确定目标的关键部件以及它们与目标结构和功能之间的关系 (并联或者串联), 据此建立目标在特定毁伤等级下的毁伤树, 在此基础上利用毁伤树的逻辑关系计算目标毁伤概率, 实现毁伤效能评估. 这种方法构造毁伤树的基本步骤为: 首先, 将目标按功能划分为若干个功能子系统; 其次, 对目标功能系统和部件的毁伤效应进行分析, 确定出目标关键部件; 再次, 分析目标的各毁伤等级, 将关注的毁伤等级作为毁伤树的顶层事件; 然后, 结合目标关键部件的毁伤状态, 找出导致目标毁伤至该等级的根本原因, 将之定义为底事件; 最后, 将分析出的底事件用合适的逻辑关系向上与顶事件相连, 形成各级中间事件, 得到目标毁伤树.

毁伤树分析方法中涉及两个主要的结构图, 一个是目标关键部件结构图, 另一个是毁伤树结构图. 目标关键部件的示意图见图 16.1.2, 而目标毁伤树示意图见图 16.1.3, 二者在本质上是相联系的.

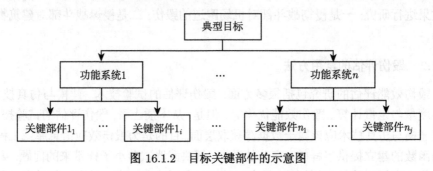

图 16.1.2　目标关键部件的示意图

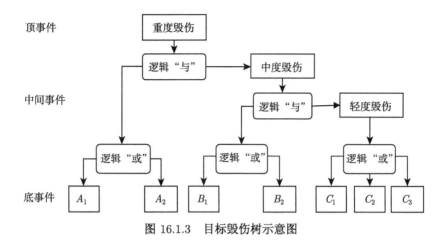

图 16.1.3   目标毁伤树示意图

如文献 [9] 将巡航导弹制导系统的毁伤程度指标定义为其精确制导功能的丧失, 以巡航导弹的落点误差结合制导系统功能失效的时间为损伤程度的衡量准则, 建立了相应的毁伤树, 并将对巡航导弹的毁伤定义为如下三个等级: ① M 级毁伤; ② F 级毁伤; ③ K 级毁伤.

文献 [10] 针对破片式战斗部对典型相控阵雷达的毁伤评估问题进行了研究, 对某典型相控阵雷达进行了结构和功能分析, 建立了破片式战斗部对相控阵雷达的毁伤树评估模型. 在此基础上计算了某终点条件下脱靶面上的毁伤概率分布, 得到各级别毁伤对应的最佳脱靶方位.

文献 [11] 针对地空导弹装备易损性分析及毁伤评估问题, 以装备功能组成为依据, 建立其毁伤树模型, 在分析杀伤战斗部毁伤机理并验证其科学性的基础上, 结合装备几何模型、物理模型及功能模型设计开发了毁伤评估仿真系统.

(3) 降阶态评估方法. 该方法将毁伤评估分成了 "物理毁伤" "功能毁伤" "系统评估" 三个层次, 通过建立部件物理毁伤到系统功能的数据变换关系, 并以系统功能降阶态概率分布统计分析值作为度量指标对目标毁伤情况进行评估. 降阶态评估方法的主要步骤如下: ① 对目标功能子系统进行划分, 将目标按功能划分为若干个子系统; ② 对各功能子系统进行降阶态定义, 每一个降阶态均代表该功能子系统遭受一定程度的功能毁伤; ③ 按照上述毁伤树的构造方法进行降阶态毁伤树构造; ④ 结合弹目交会的初始条件, 对部件毁伤态向量分布进行计算; ⑤ 根据降阶态毁伤树的逻辑结构, 以部件毁伤向量分布为入口参数, 对降阶态毁伤树进行逻辑运算; ⑥ 利用 Monte Carlo 运算, 多次实施步骤④和步骤⑤的运算, 统计其中系统功能降阶态的发生次数, 以此得到系统功能降阶态概率分布.

降阶态评估方法的实施过程见图 16.1.4.

文献 [12] 建立了破片式战斗部对飞机类目标的毁伤评估模型, 包括目标及战斗部破片场的描述、部件的毁伤准则、破片场与目标的交会分析、部件及目标毁伤评估等内容. 通过毁伤树图分析了部件毁伤与目标毁伤之间的关系, 并由部件毁伤概率得到飞机目标毁伤概率. 该模型可以评估任意弹目交会条件下, 破片式战斗部对飞机类目标的毁伤能力, 可应用于战斗部设计与优化、整个武器系统的效能评估、飞机易损性以及战场生存能力评估.

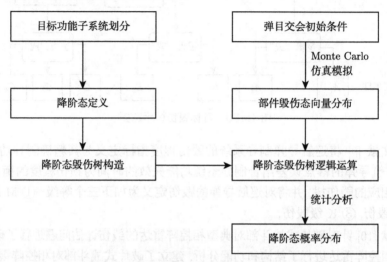

图 16.1.4　降价态评估方法实施过程

(4) 毁伤指数评估法. 毁伤指数评估法主要用于武器对大型、复杂的系统目标的毁伤评估. 毁伤指数法综合考虑战斗部命中概率、目标单元毁伤度、目标单元影响因子等要素, 用单元影响因子做权对各个单元毁伤程度进行求和, 得到目标毁伤程度, 在此基础上用命中概率为权值, 对目标毁伤程度进行加权求和, 得到对命中概率和毁伤程度的综合度量, 称为毁伤指数.

记 $E(\mu_x, \mu_z)$ 表示战斗部瞄准 (μ_x, μ_z) 点对目标进行打击时的毁伤指数, $\varphi(x, z)$ 为战斗部命中 (x, z) 点的概率密度, $D(x, z)$ 为战斗部命中 (x, z) 点对目标的毁伤程度, 则毁伤指数的定义表达式为

$$E(\mu_x, \mu_z) = \iint\limits_{\Omega} \varphi(x, z) D(x, z) \mathrm{d}\sigma$$

将区域 Ω 划分为 M 个子区域, 将积分近似为若干个小区域内的求和, 则得

$$E(\mu_x, \mu_z) = \sum_{m=1}^{M} [\varphi(\xi_m, \eta_m)\Delta\sigma_m] D(\xi_m, \eta_m)$$

$$= \sum_{m=1}^{M} \left(\iint\limits_{\Omega_m} \varphi(x, z)\mathrm{d}\sigma \right) D(\xi_m, \eta_m)$$

其中 Ω_m 为第 m 个子区域 $(m = 1, \cdots, M)$, $\Delta\sigma_m$ 为 Ω_m 的面积, (ξ_m, η_m) 为 Ω_m 内任意一点.

进一步记 $p(m) = \iint\limits_{\Omega_m} \varphi(x, z)\mathrm{d}\sigma$, 表示命中子区域 Ω_m 的概率, 同时记 $D(m) = D(\xi_m, \eta_m)$ 表示命中子区域 Ω_m 后对目标造成的毁伤程度, 则得到毁伤指数的如下表达式

$$E(\mu_x, \mu_z) = \sum_{m=1}^{M} p(m)D(m)$$

毁伤指数评估法中涉及两大主要参数的计算, 一个是命中概率 $p(m)$, 另一个是目标毁伤程度 $D(m)$. 其中命中概率 $p(m)$ 的计算可以通过假设战斗部的落点服从二维正态分布得到, 该正态分布的均值为 (μ_x, μ_z), 方差由其 CEP 决定. 战斗部命中子区域 Ω_m 后对目标造成的毁伤程度 $D(m)$ 的计算则需要通过对目标划分为若干个单元来实现, 其计算表达式如下:

$$D(m) = \sum_{k=1}^{K} s(m, k)A(k)$$

式中, K 为目标单元个数, $s(m, k)$ 为第 k 个目标单元的毁伤程度, 而 $A(k)$ 为第 k 个目标单元的影响因子. 这里 $s(m, k)$ 的计算依赖于毁伤效应参数和目标单元毁伤准则两个方面. 而 $A(k)$ 则由目标易损性分析得到.

毁伤指数评估法综合了精度与毁伤两个过程, 可以实现复杂目标的毁伤评估, 并可以解决瞄准点选取、用弹量等重要的作战参数选择问题, 是连接试验评估与作战运用的重要方法. 但是毁伤指数的计算依赖于目标毁伤效应参数和目标单元毁伤准则, 二者均需要底层毁伤数据的支撑, 而这往往是毁伤评估中的难点, 因此如何获取这两个数据并顺利向毁伤指数过渡是毁伤指数法的研究重点.

文献 [13] 针对常规导弹打击体目标时的瞄准点选择方法进行了研究. 在综合考虑命中概率和引信作用误差的基础上, 确定体目标各作用单元的打击概率, 根据各功能区功能毁伤程度和功能重要性系数, 计算目标整体功能的毁伤, 建立基于体目标功能毁伤的瞄准点选取方法.

文献 [14] 针对动能杆侵彻目标靶的毁伤评估问题, 从有限元角度出发, 在数值模拟的基础上, 提出了单根动能杆的毁伤指数计算模型.

(5) 目标易损性空间分析法. 目标易损性/战斗部威力 (V/L) 两个术语分别从防御和进攻这两个不同的角度诠释了同一物理过程. 毁伤效能评估包括了易损性/威力相关的研究工作.

导弹对目标的毁伤是一个极为复杂的过程, 它涉及被攻击目标的性能、结构特性参数以及武器弹药的有关性能参数, 也与它们的相互作用过程有关. 为了将易损

性研究过程中错综复杂的关系清晰明确地表示出来, 经过众多学者多年的探索研究, Deitz 和 Starks[15] 在 20 世纪 80 年代末提出了易损性分析空间的概念, 他们将易损性分析过程划分为四个层次: 空间 1 为弹目交会初始参数空间; 空间 2 为部件破坏状态; 空间 3 为目标工程性能度量; 空间 4 为目标作战性能度量. 并用映射 O_{12}, O_{23} 和 O_{34} 分别表示各空间之间的转换关系, 易损性分析的目标就是获得空间 3 或空间 4 的状态. 在此基础上, Deitz, Klopcic, Starks 和 Walbert 用 "层面" 替代 "空间" 的概念, 开始了 V/L 分类法数学框架的研究. Ruth 和 Hanes[16] 引入了时间的概念, 进一步完善了 V/L 分类法的处理框架.

总体而言, V/L 分析的框架研究朝两个方向进行:

一是以 Walbert 为首的关于 V/L 分类法的数学框架的研究, 以增强该方法的理论性. 如 Walbert[17] 给出了易损性向量空间, 并引入了距离概念, 从而在数学上规范了一些常用的毁伤评估工具. 但是, 该方面的研究相对较少.

另一个更为广泛的研究则是将分类法的内涵和外延进一步拓展, 主要表现为向目标生存能力和武器效能评估的相关活动进行拓展. 即从目标毁伤的前因 (水平 0, -1, -2, $\cdots$) 和后果 (水平 5, 6, $\cdots$) 两个方向拓展, 并根据评估需要, 赋予了原易损性层面新的意义. 如增加层面 0, 表示武器和目标初始想定, 形成 5 层结构. 但是, 过多的向后拓展势必会模糊 V/L 处理过程最基本的逻辑结构. Klopcic[18] 提出将这种 5 层的 V/L 分类结构作为效能评估的通用过程, 对复杂的问题, 通过分析划分为多个 V/L 分类块, 并将前因的层次 4 作为下一块的层次 0, 从而形成一种链状分析过程. 为与其他拓展 V/L 分类法区别, Klopcic 将该处理过程定义为 KSW 过程. 类似地, Deitz 等 [19] 将整个武器系统性能看作 MOPs, 将与作战使命相关的任务看作 MOEs, 将子系统看作武器体系 (系统的系统) 的层次 1, 并通过映射获得组合层面 2, 3, 4, 从而构建了武器系统效能评估的框架. Roach[20] 则提出了战场毁伤修复方法, 该方法在常规 V/L 处理过程中层面 2 处引入修复映射, 进一步拓展了 V/L 处理框架. 常规 V/L 分析为自顶向下的处理过程, 而自底向上的映射过程则提供了一种效能分解的方法.

上述两个方向的深入研究进一步完善和清晰了 V/L 分类法的理论结构, 使得 V/L 分类法不仅成为一个分析评估过程, 也成为一个重要的信息管理工具. 尽管 V/L 分类法的功能越来越强大, 其作用已突破威力和易损性分析的初衷, 但是其最重要的作用仍然是将毁伤效能评估中各种相关信息、算子的毁伤度量等关系纳入数学分析的体系下. 图 16.1.5 给出了一种 6 级层次法的框架结构 [15], 从中可以了解毁伤效能评估中的各种关系.

其中, 各种层面的意义为:

层面 -1: 确定是否开火的物理参数.

层面 0: 战斗部发射的初始条件.

层面 1: 武器弹药及其所攻击目标的特性参数以及所有可能的弹目交会情况. 其中的每一点代表某一特定弹目交会的初始参数, 包括弹药的命中点、方位等与弹目交会有关的参数.

层面 2: 部件破坏状态, 表示弹目相互作用后, 目标遭到破坏的物理状况. 因此空间 2 是物理空间, 其中的每个点表示一个部件破坏向量.

层面 3: 目标工程性能度量 MOPs (measurement of performances), 度量由于要害部件的破坏造成的目标某些工程性能的损失.

层面 4: 目标作战效能度量 MOEs (measurement of effectiveness).

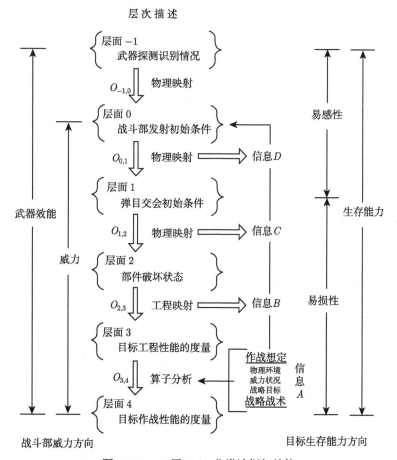

图 16.1.5　6 层 V/L 分类法框架结构

图 16.1.5 中的各个向下的箭头代表这几个空间之间的变换关系, 其中:

$O_{1,2}$ 由弹目交会初始条件得出部件的物理破坏情况, 可以预计, 即使对于层面 1 的同一个点, 层面 2 也会有不同的点与之相对应. 因此, 从数学意义上说, $O_{1,2}$ 不是一一映射.

$O_{2,3}$ 将部件破坏状态映射到目标工程性能的损失上. 由于对不同的目标或不同的作战任务, 使用者所关心的性能有很大差别, 所以该层面包含许多性能子空间. 根据定义, $O_{2,3}$ 为多对一的映射.

$O_{3,4}$ 将目标工程性能的损失映射到作战性能的损失上.

$O_{-1,0}$ 确定是否开火, 以及战斗部的发射条件.

$O_{0,1}$ 导出弹头散布的统计分布.

从图 16.1.5 中可以看出, 无论是威力评估还是易损性分析, 毁伤评估相关工作的任务核心都是层面 1 到层面 4 的转换过程, 其最终目的都是要获得层面 3 和层面 4 的状态. 因此 V/L 分层法明确了毁伤效能评估的任务, 说明了各种模型、数据、信息的作用, 奠定了 V/L 研究的框架.

16.1.3　本书中毁伤评估的流程

本书的毁伤评估流程将以图 16.1.5 为基础来展开, 研究中将结合不同目标的特点, 建立起对应于各个层面的毁伤指标体系, 结合多源试验数据及其他毁伤指标评估方法, 得到各空间毁伤指标的融合评估结果.

图 16.1.6 给出了本书的毁伤评估的流程. 本章的编排也正是按照这个流程来展开的, 首先在 16.2 节中定义毁伤评估指标体系, 16.3 节围绕毁伤响应函数的获取展开, 其中包括各类试验数据的差异建模等预处理工作, 16.4 节围绕毁伤效能的评估与运用展开, 在 16.3 节的基础上对各空间层次的指标进行融合评估与计算.

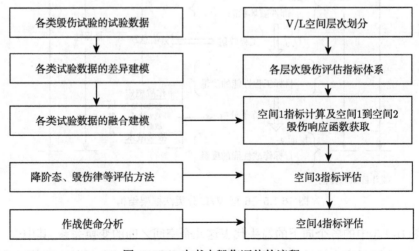

图 16.1.6　本书中毁伤评估的流程

上述流程中关于空间 1 到空间 2 的转换关系的研究最为薄弱, 尽管它是整个毁伤效能评估中最为关键的环节. 本章将着重研究从空间 1 到空间 2 的转换关系, 如 15.1 节所述, 称描述这种转换的数学关系为**毁伤响应函数**. 它通过一系列的数学公式, 表述了武器弹药的特征参数、所攻击目标的特征参数、所有可能的弹目交会状态向量, 对目标遭到破坏后的物理状态向量之间的影响关系. 毁伤响应函数的获取是整个毁伤评估的关键环节. 另外, 毁伤响应函数在快速作战决策支持、战斗部威力设计、靶场建设等方面都有很高的应用价值.

实战信息缺乏时, 实弹试验是最为可信和主要的信息来源. 目前, 很多军事强国可以依托大量的数据资源来获取该转换关系. 但是, 就我国现状而言, 受成本资源等诸多因素的限制, 战例与靶场原型试验信息都非常有限. 为了扩充评估的信息源, 需要实施各种类型的等效替代试验, 其中地面静爆试验、缩比试验以及各种等效靶试验是常用的试验手段 [3], 随着计算机技术的发展, 数值仿真也成为毁伤评估的一个重要工具. 与原型试验相比, 各种等效试验都存在显著的偏差, 直接使用会影响评估结论的准确性. 因此, 如何合理地融合多源试验是毁伤响应函数获取中最为关键的内容, 也是本章的重点.

目前关于毁伤响应函数的获取研究可以从物理分析和数学分析两个角度展开. 为了方便工程预测, 人们根据经验建立起来一些常用的工程计算方法 [21-22], 以及一些简单的爆炸毁伤函数 [23], 包括破坏距离法、破坏等级法、爆炸拆除公式等. 量纲分析理论、空腔膨胀理论、能量守恒定律等是最为常见的物理分析工具. 这些毁伤响应函数一般形式比较简单, 其建立和使用都是基于对毁伤范围进行的宏观大致描述, 精度不高. 另一方面, 从纯数据分析的角度构造毁伤响应函数是将毁伤过程看作一个黑盒, 利用回归分析来归纳响应关系. 文献 [24] 曾利用均匀设计法对数值仿真试验进行设计, 进而归纳出了某侵彻弹毁伤面积与弹目交互初始参数之间的响应关系. 但是, 当考虑因素比较多时, 需要的试验次数很多, 尽管各种小子样条件下的参数估计手段不断涌现, 如支持向量机 [25]、偏最小二乘回归 [26] 等, 但是仍无法弥补样本量少导致的对评估结果可信度的质疑. 另外, 从纯数学处理所得的函数大多为量纲不对齐的, 且物理意义不明显.

因此, 结合物理机理与数据分析的半理论半经验方法是对毁伤响应函数等一类经验公式进行归纳的研究方向 [30], 但是现有方法仍是一种被动的试验处理方法, 缺乏对试验的一体化设计, 对此第 15 章已作了专门阐述. 另一方面, 等效试验与原型试验之间存在差异, 目前一些学者在进行模爆缩比试验和数值模拟时已对该差异进行了考虑 [27-28], 也认识到由于等效试验样本量相对较大, 若直接融合, 替代试验信息会 "淹没" 原型试验信息. 因此, 在融合评估时, 各种来源的信息必须区别对待, 对各种等效试验源进行差异建模和分析, 再进行融合评估, 是一种比较科学的做法 [29]. 关于偏差的建模, 文献 [30] 基于仿真数据和观测数据, 通过尺度因子和偏差函数来量化仿真模型与观测模型的差异. 而对小子样试验信息的一体化评估, 则仅限于定性研究.

综上所述, 原型试验 (靶场、战场试验) 的小子样性以及等效试验差异的存在性是毁伤响应函数获取中的主要特点, 合理地开发先验信息和拓展试验技术, 是研究该问题的突破口.

需要注意的是, 由于毁伤评估过程中所涉及的评估指标体系的建立、毁伤标准的制定等与具体的目标及其功能相关, 此处不能一一展开, 仅以侵彻弹打击机场跑道和侵爆弹打击建筑物为例进行阐述.

16.2   典型目标毁伤评估指标体系

建立具有一定层次的指标体系是进行毁伤评估的基础, 利用该指标体系可以实现与 V/L 空间的快速对应, 并与毁伤响应函数进行联系. 如在对机场跑道的毁伤评估中, 将全面封锁机场跑道的概率和全面封锁机场跑道的时间定义为功能性指标, 用于评估跑道的整体毁伤情况, 而将有效毁伤面积定义为跑道的物理毁伤, 并阐述了封锁概率、封锁时间与跑道毁伤面积、子弹数等参数之间的关系 [31-35].

进行毁伤评估或者毁伤效果预测首先要解决的是毁伤效果的刻画问题, 也就是需要制定火力毁伤评估标准. 火力毁伤标准主要根据战役目的、目标性质、战场环境等进行综合分析确定. 火力毁伤标准一般用毁伤程度来表示, 包括: 轻度毁伤、中度毁伤和重度毁伤. 轻度毁伤是指目标功能有一定下降, 但不影响继续发挥作用, 毁伤程度一般在 10% 左右. 中度毁伤是指目标的主要功能明显下降, 在一定时间内不能发挥正常作用, 平均毁伤指数达 30%. 重度毁伤是指目标核心部位被摧毁或功能丧失, 平均毁伤指数达到 60% 以上. 俄军将毁伤效果表述为: 消灭、压制、破坏和疲惫等. 对单个目标通常进行 "消灭", 毁伤程度达到 80%~90%; 对集群目标既可进行 "消灭", 也可进行 "压制", "消灭" 的毁伤程度为 50%~60%, "压制" 的毁伤程度通常为 30%.

但是毁伤程度是一个比较主观的概念, 仍然需要一些客观的指标来衡量, 也就是需要建立起各种典型目标毁伤评估的指标体系, 并依据此体系对毁伤程度进行等级划分.

16.2.1   机场跑道毁伤评估指标体系

由于毁伤评估包括物理毁伤、功能毁伤和系统毁伤三个层次 [36], 因此, 在毁伤评估指标体系的建立上, 也应该按照这一划分方法得到各个层次上的评估指标.

侵彻封锁子母弹的主要打击对象为机场跑道, 机场跑道的主要功能在于提供飞机起降的场所, 而飞机能否起降又主要取决于跑道遭受打击以后其表面被破坏的情况. 侵彻封锁子母弹打击机场跑道后, 众多的子弹侵彻入跑道内部一定深度, 然后再起爆, 在跑道上产生一定大小的弹坑、裂纹、空腔等毁伤形式, 影响飞机的起降. 由于裂纹、空腔等毁伤形式的影响可等效为弹坑的影响, 因此衡量跑道局部物理毁伤情况的指标主要有: 弹坑的等效大小、弹坑的深度、弹坑的个数、弹坑的密集度、弹坑分布的均匀度、弹坑散布的半径等.

子母弹对机场跑道打击的战略目标是实现对跑道的封锁, 以使机场失去起降飞机的功能, 因此, 衡量跑道作战性能毁伤情况的指标是 [37]: ① 是否可以达到封锁机场的目的, 在多大概率上可实现封锁机场; ② 封锁时间能维持多长. 因此, 将跑道被封锁的概率及封锁时间作为毁伤评估的综合指标 (即最终的指标).

忽略敌方的修复能力不计, 对一个固定的跑道而言, 跑道封锁概率及跑道封锁时间的计算涉及三个方面的内容 [29,38]: 命中跑道的弹坑位置分布、有效毁伤的弹坑数目、弹坑的大小. 其中, 命中跑道的弹坑位置分布指的是子弹在跑道上的散布特性 (包括散落半径、散落均匀性以及散布的密集度); 有效毁伤的弹坑数目指的是, 落在跑道上并爆炸的子弹中所造成的弹坑可对飞机的起降产生明显影响的坑的数目; 弹坑的大小指可对飞机起降产生有效影响的坑的尺寸, 包括弹坑的面积和深度. 由于不同毁伤形式可以采用统一的等效毁伤面积来描述, 因此这里的面积即指等效面积. 于是, 等效毁伤面积、毁伤深度、子弹的上靶率等就构成了支撑第一层指标的第二层指标, 而子弹散布半径、子弹散布的均匀性、成爆率等则构成了支撑第二层评估指标的第三层评估指标, 从第一层到第三层依次对应目标的作战性能毁伤、部件物理毁伤和弹目初始参数.

具体而言, 涉及的评估内容如下.

1) 导弹及弹目交会的初始参数指标

(1) 装药量.

这是导弹本身固有的指标.

(2) 母弹落点精度.

融合现有几发飞行试验的遥外测数据、落点数据、平台数据、导航模型, 对母弹的综合打击精度进行估计, 给出母弹落点精度的 CEP 估计值, 详见第二篇.

(3) 子弹抛撒半径.

(4) 子弹抛撒盲区.

(5) 子弹散布均匀性.

分多发和单发母弹的子弹散布均匀性的评估. 包括 [39-40]:

(i) 周向均匀性.

以子弹的散布中心为圆心, 以高斯北或射向为起始线, 将子弹散布平面划分为几个等分区域, 每个扇形区域内的飞行有效子弹数量不小于飞行有效子弹总数的某个比值时, 认为周向均匀性满足要求.

(ii) 径向均匀性.

以子弹的散布中心为圆心, 将飞行有效子弹到散布中心距离从小到大排序, 以最小距离与最大距离构成圆环, 按面积等分为几个圆环, 每个环形区域内的飞行有效子弹数量不小于飞行有效子弹总数的某个比值时, 认为径向均匀性满足要求.

(6) 有效子弹数量 (包含成爆率与子弹总数).

有效子弹是指剔除未找到的子弹、哑弹、飞行故障子弹后的子弹.

(7) 子弹的落速、落角分布范围.

子弹的着靶速度分布、均值及方差, 着靶子弹的着靶角度分布、均值及方差, 这些将影响到后续每个子弹的局部打击效果. 可采用试验设计的思想, 结合毁伤面积的评估, 给出最优落速与落角. 当子弹群的落速、落角与最优落速、落角充分接近时, 认为达到了指标要求.

2) 跑道的部件物理毁伤指标

(1) 子弹爆炸效能的评估 (平均等效毁伤面积及毁伤深度).

子弹的威力用毁伤面积来衡量, 评估单次飞行试验的平均毁伤面积是否达到标准. 当同时满足子弹散布性能和子弹爆炸效能要求时, 认为单次飞行试验毁伤效能合格.

(2) 上靶率.

上靶率由母弹的精度及抛撒性能决定, 将影响后续综合评估指标 (封锁时间和封锁概率) 的计算.

3) 跑道的作战性能毁伤指标

(1) 封锁概率综合评估.

采用跑道封锁概率和命中概率作为跑道毁伤的度量指标, 可以通过 Monte Carlo 仿真方法来估计封锁概率.

(2) 封锁时间的综合评估.

类似于封锁概率的计算, 通过 Monte Carlo 仿真方法来计算封锁时间, 其结果依赖于对方的修复能力.

这些指标之间不是相互独立的, 而是相辅相成的, 形成一种比较完善的层次关系, 相互关系如下.

目标作战性能毁伤度量: 封锁概率和封锁时间, 它们描述了导弹对机场跑道的整体功能毁伤情况. 定义了封锁概率和封锁时间后, 基本能据此计算出封锁跑道所需要的用弹量和实施第二波次打击封锁的时间, 并由此完成对作战的决策支持.

目标部件物理毁伤度量: 等效毁伤面积、毁伤深度、子弹的上靶率, 它们描述了导弹对机场跑道的物理毁伤情况. 根据这些评估指标, 可将机场跑道的毁伤划分为若干等级, 如定义重度、中度和轻度三个等级.

(1) 重度毁伤: 毁伤面积很大, 无法修复, 或由于修复时间过长放弃修复;

(2) 中度毁伤: 毁伤面积较大, 飞机无法跨越, 抢修时间较长;

(3) 轻度毁伤: 有一定的毁伤面积, 飞机可跨越, 抢修时间较短, 修复方式可采用 AM-2 道面板和折叠式玻璃纤维道面板等铺设.

导弹及弹目交会初始参数包括: 导弹的精度、导弹的装药量、成爆率、子弹抛撒半径、抛撒盲区、抛撒均匀性、子弹的着靶速度及角度, 它们描述了导弹自身的装药、爆炸以及抛撒等性能.

16.2.2　建筑物毁伤评估指标体系

侵爆战斗部打击的主要目标之一为建筑物, 包括建筑物本身以及建筑物内人员和设备. 下面以侵爆弹对建筑物的毁伤为例来建立其毁伤评估指标体系.

衡量建筑物及建筑物内相关人员、设备的局部毁伤情况的指标有: 建筑物被毁伤房间的数量、毁伤房间的空间分布、对人员及设备形成各等级毁伤的范围.

对于建筑物被毁伤房间的数量、毁伤房间的空间分布这两个指标, 由于对同一建筑结构的建筑物的毁伤多出现在炸点周围, 因此可利用毁伤半径来描述房间的毁坏情况. 实际试验表明, 在一定药量情况下, 建筑物内部的毁伤通常表现为十字形毁伤分布, 因此, 通过对爆点周围上下、前后、左右分别采用不同的毁伤半径来描述, 即可得到毁伤房间的空间分布情况. 而门窗等的毁伤基本起不到战术作用, 这里不予考虑. 因此, 就房间的毁伤而言, 主要考虑其沿上下、前后、左右三个方向的毁伤半径.

对于建筑物内人员和设备的毁伤, 能起到毁伤作用的主要有两个因素: ① 建筑物或其构件的倒塌、次生破坏作用, 使得人员和设备被毁伤; ② 由于冲击波超压的作用, 使人或设备受到伤害.

因此考虑人员和设备的毁伤情况时, 需要取建筑物毁伤半径与冲击波超压毁伤半径中的大者. 由于冲击波超压对人员和设备的毁伤半径通常大于建筑物的毁伤半径, 因此可只考虑冲击波超压的毁伤半径.

类似建筑物的结构毁伤一样, 可定义对人员和设备的沿上下、前后、左右三个方向的毁伤半径, 不同的是建筑物结构的毁伤半径可以通过试验的爆炸效果测量获得, 而人员设备的毁伤半径需要依赖分布在各个房间内的冲击波超压传感器的测量数据获得, 即通过对冲击波超压数据进行分析, 得到其空间分布, 再进一步划定人员和设备受到各等级毁伤的范围.

在功能指标上, 考虑到建筑物及其附属设备、人员是一个集合体, 其功能比较复杂, 只能从整体上对建筑物系统的毁伤情况作判定. 因此, 将侵爆弹对指定建筑物系统的各种毁伤等级的概率定义为整体毁伤评估的综合指标, 即目标作战性能毁伤指标. 对建筑物系统而言, 其毁伤效果的等级划分依据为人员、设备以及建筑物产生各种不同程度毁伤的空间范围. 进而, 对于人员、设备及建筑物产生各种不同程度毁伤的半径就构成了支撑目标作战性能毁伤指标的二级指标, 即目标的工程性能毁伤指标. 这样, 即可依据这些半径判断建筑物系统的整体毁伤情况, 例如可使用以下标准来判断建筑物系统的毁伤等级:

(1) 严重毁伤: 建筑物、人员和设备产生严重毁伤的半径分别大于 r_1, r_2, r_3;

(2) 中度毁伤: 建筑物、人员和设备产生严重毁伤的半径分别大于 r_1', r_2', r_3';

(3) 轻度毁伤: 建筑物、人员和设备产生严重毁伤的半径分别大于 r_1'', r_2'', r_3''.

在各种不同程度的毁伤半径的计算过程中, 将涉及人员、设备以及房间的各种毁伤程度的判定问题, 可以查阅相关的毁伤标准, 其中房间毁伤效果的等级划分依据为:

(1) 轻度毁伤: 墙面或楼板出现裂纹.

(2) 中度毁伤: 墙面或楼板有局部隆起.

(3) 严重毁伤: 墙面或楼板有大面积崩塌.

在对目标工程性能指标的评估中, 影响评估指标的主要因素为弹本身的战技指标以及弹目交会的参数, 如着靶的速度和角度等. 这种弹本身的战技指标和弹目交会的参数一起构成了初始参数空间, 为最底层的指标.

具体而言, 其指标体系的构成如下:

1) 初始参数

(1) 弹的装药量.

(2) 弹的着靶精度.

可类似于侵彻弹的评估方法, 通过融合现有几发飞行试验的遥外测数据、落点数据、平台数据、导航模型, 对弹的综合打击精度进行估计, 给出弹落点精度的 CEP 估计值.

(3) 弹的落点姿态 (着靶角度) 与速度.

可根据现有几发数据进行着靶角度统计规律的分析与评估.

(4) 弹爆炸产生的冲击波超压强度及分布.

2) 部件破坏状态度量

主要采用建筑物各部件的最大变形 (如挠度) 来度量部件的破坏状态. 例如在梁构件动态变形过程中, 跨中位置的最大变形 (即挠度) 可以用来作为构件损伤度的判定依据. 假设构件的最大破坏挠度阈值为 x_m, 则对于某一爆炸条件下构件的跨中最大挠度和其损伤度对应关系为

$$D = \frac{x - x_e}{x_m - x_e} \tag{16.2.1}$$

式中, x_e 是弹性极限挠度, x_m 是极限挠度.

3) 目标工程性能毁伤度量

(1) 建筑物产生各级毁伤的半径;

(2) 人员产生各级毁伤的半径;

(3) 设备产生各级毁伤的半径.

4) 目标作战性能毁伤度量

(1) 轻度毁伤的概率;

(2) 中度毁伤的概率;

(3) 重度毁伤的概率.

16.3   各类试验的差异建模

如第 15 章所述, 导弹在研制、生产及试验过程中, 通常需要进行多种类型的试验, 通过这些不同类型的试验进行毁伤指标评估和鉴定. 但是, 各类试验的条件不同, 所得结果与原型试验之间必定存在差异, 这种差异直接影响了相关评估结论的给出. 为此, 需对各类试验与原型试验的差异进行建模与补偿. 导弹毁伤效能评估中的关键环节是获取弹目交会初始条件到物理毁伤状态的度量之间的映射关系, 这一映射关系描述了部件的物理毁伤与弹、靶和弹目交会参数之间的影响关系, 我们称这一关系为毁伤响应函数. 可用函数形式表示为

$$y = f(\boldsymbol{x}) + \varepsilon = f(x_1, \cdots, x_p) + \varepsilon \tag{16.3.1}$$

其中 y 是表征部件破坏状态的指标, 如毁伤面积、毁伤概率等, $\boldsymbol{x} = (x_1, \cdots, x_p)$ 是影响效能指标的因素, 分别来自战斗部、环境、目标三个方面, 记所有因素的可能的取值域为 U. 各个试验之间的差异主要表现在模型 (16.3.1) 中的回归函数 $f(\boldsymbol{x})$ 方面有区别, 这使得在利用多类试验融合进行毁伤响应函数获取时会存在问题. 因此这里所指的差异建模就是给出各类试验的响应式与原型试验的响应式的区别, 在此基础上通过下一节的融合建模来综合得到毁伤响应函数.

在导弹威力试验中, 针对真实靶标的飞行试验 (动爆试验) 是原型试验; 而缩比试验、地面静爆试验、等效靶试验和数值试验是四种常见的等效试验. 下面对这几种等效试验与原型试验的差异进行建模, 在此之前需要先解决不同毁伤形式的度量与折合问题.

16.3.1   不同毁伤形式的量化与毁伤效果折合

由于毁伤形式的多样化, 且不同毁伤形式对毁伤效果的影响互不相同, 在毁伤响应函数的获取和毁伤效果评估的过程中, 首要解决的问题是不同毁伤形式的量化和毁伤效果的折合问题, 也就是解决 (16.3.1) 式中 y 的度量问题. 本节主要讨论该问题.

16.3.1.1　侵彻弹打击机场跑道

侵彻弹打击机场跑道可以分单枚子弹的毁伤形式和多枚子弹 (子弹群) 的综合毁伤形式两个层次.

首先探讨单枚子弹有效毁伤形式的定量描述问题. 由不同的弹靶材料、不同的落速和落角, 造成了不同的子弹在起爆前具有不同的炸点深度和炸前姿态角, 所以单枚子弹对多层混凝土机场跑道可能形成多种毁伤形式, 常见的形式有弹坑、空腔、隆起和错台等. 对单枚子弹常见的几种毁伤形式的定量描述工作需解决以下的问题: ① 怎样才算有效的毁伤形式. ② 对不同的毁伤形式如何进行统一的定量描述.

1) 有效毁伤形式的确定

根据子母弹侵彻封锁战斗部限制敌战机起飞和封锁机场跑道的战术目的, 单枚子弹的有效毁伤形式需要根据不同的毁伤形式对战机起飞的影响来确定, 其中涉及很多战机的参数. 如弹坑的影响主要看弹坑尺寸是否大于战机的机轮尺寸甚至是轮间距尺寸, 如果是, 那么当战机在跑道上起飞滑行时, 机轮就可能陷入弹坑之中, 造成飞机起落架的损坏, 并终止飞机起飞. 其他毁伤形式有效性的判定方法这里不再详述. 关于战机起飞所需的升降距离, 参见文献 [42].

2) 有效毁伤形式的定量描述

需要说明, 以上介绍的这些常见毁伤形式并不是单独出现, 通常都是以弹坑毁伤为主, 同时伴有空腔、隆起、错台和裂缝等, 隆起一般出现在弹坑边缘, 如图 16.3.1 所示, 多种毁伤形式组合形成面积毁伤.

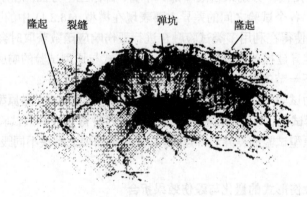

图 16.3.1　以弹坑为主并伴随其他毁伤形式的示意图

考虑到子母弹侵彻战斗部的作战目的是对机场跑道进行面积毁伤, 因此可以用毁伤面积指标对各种有效毁伤形式进行量化, 其量化思路如图 16.3.2 所示.

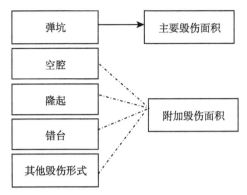

图 16.3.2 有效毁伤形式统一定量描述示意图

下面讨论子弹群综合毁伤形式的定量描述问题. 子母弹侵彻战斗部的作战目的是限制飞机起飞, 并封锁机场跑道, 所以本节从此入手来建立子弹群综合毁伤形式的定量描述. 先介绍几个面积的概念.

(1) 跑道总面积 (S_{total})、子弹直接毁伤面积 (S_d)、未受损面积 (S_u)、失效面积 (S_f) 和可用面积 (S_a).

跑道总面积的概念很简单, 若不考虑辅助跑道等情况, 跑道总面积就是其长度和宽度决定的矩形面积. 子弹直接毁伤面积在一般情况下等同于单枚子弹的毁伤面积, 而未受损面积就是总面积除去子弹直接毁伤面积以外的面积, 也即

$$S_u = S_{\text{total}} - S_d \tag{16.3.2}$$

而机场跑道的失效面积 S_f 和可用面积 S_a 的概念稍复杂一些, 与子弹着靶点的分布、飞机起降窗口 (或起降窗口) 的大小以及搜索方式等情况有关. 飞机在机场跑道上起飞, 需要一定长度和宽度的连续矩形区域, 如果这个矩形区域的完整性和连续性受到破坏, 就会有失效面积的产生, 而失效面积的大小与子弹直接毁伤面积的分布、飞机起降窗口的大小以及其相应的搜索算法都有关系. 假定飞机起降所需要的最小起降窗口的长度为 L_0, 宽度为 W_0, 并只考虑飞机沿着跑道走向起飞的情况, 图 16.3.3 说明了失效面积的概念及其与子弹直接毁伤面积、未受损面积的关系.

图 16.3.3 中, (a) 是在机场跑道端头附近的情况, 此时由于子弹直接毁伤的原因, 从端头向右的飞机起降窗口的完整性被破坏, 飞机不能在此起降窗口中正常起飞, 形成失效面积; (b) 是机场跑道中部的情况, 此时飞机起降窗口的连续性被破坏, 同样形成失效面积. 可以看出, 失效面积包括子弹直接毁伤面积, 也包括部分未受损面积, 也即是子弹直接毁伤面积与部分未受损面积的和. 但是这部分未受损面积的确定就与子弹着靶点分布以及飞机起降窗口的搜索算法有关了, 给定子弹着靶点

的分布和起降窗口的搜索算法 (见 16.4.3 节), 失效面积的大小便可确定, 进而可以得到跑道残存的可用面积.

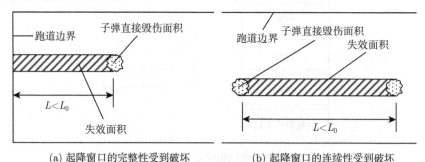

(a) 起降窗口的完整性受到破坏　　　　(b) 起降窗口的连续性受到破坏

图 16.3.3　失效面积的说明示意图

纵轴表示机场跑道的宽度方向, 横轴表示机场跑道的长度方向

(2) 综合毁伤形式的定量描述方法.

在已知子弹群着靶点分布的情况下, 可以定义一个综合毁伤度的变量 D, 其计算方法如下:

$$D = 1 - S_a/S_{\text{total}} \tag{16.3.3}$$

或者

$$D = S_f/S_{\text{total}} \tag{16.3.4}$$

式中 S_a 为跑道可用面积, S_{total} 为跑道总面积, S_f 为跑道失效面积, 满足 $S_f = S_{\text{total}} - S_a$.

显然, 如果子弹群着靶点分布具有一定程度的均匀性 (即不出现集中在跑道某特定位置的情况), 综合毁伤度 D 可以对子弹群的综合毁伤形式进行统一定量描述. 当跑道没有受到打击时, $S_a = S_{\text{total}}$ 或者 $S_f = 0$, 此时的综合毁伤度 D 为 0; 当跑道受到充分打击, 子弹群着靶点大量分布于跑道各处, 以致无法搜索到完整的起降窗口, 有 $S_a = 0$ 或者 $S_f = S_{\text{total}}$, 此时的综合毁伤度 D 为 1; 其余的毁伤情况, 综合毁伤度的值介于 0 和 1 之间.

16.3.1.2　侵爆弹打击典型建筑

整体建筑物的毁伤可以分为定性描述和定量描述两种方法 [43].

1) 定性描述方法

(1) 摧毁: 完全损毁;

(2) 严重毁伤: 一个或多个关键结构需要重新建设或者替换, 并且相关结构或设备也需要维修或者替换, 否则建筑物的任何功能都无法使用;

(3) 中度毁伤: 一个或多个关键结构需要大修, 并且相关结构或设备也需要维修或者替换, 否则建筑物的主要功能无法使用;

(4) 轻度毁伤: 不明显减弱目标的主要功能, 但是需要维修来实现其全部功能.

上述定性描述方法需要专业人员对毁伤目标进行评估, 来划分毁伤程度, 具有一定的人为性.

2) 定量描述方法

按照毁伤建筑面积 S_{destroy} 与整体建筑面积 S_{intact} 之比 $R = S_{\text{destroy}}/S_{\text{intact}}$ 来划分整体建筑物的毁伤程度, 按比值从大到小分为摧毁、严重毁伤、中度毁伤和轻度毁伤四个层次, 判断标准如下:

(1) 摧毁: $R = 75\% \sim 100\%$;

(2) 严重毁伤: $R = 45\% \sim 75\%$;

(3) 中度毁伤: $R = 15\% \sim 45\%$;

(4) 轻度毁伤: $R = 1\% \sim 15\%$.

16.3.2 地面试验与原型试验的差异建模

地面静爆试验具有可控 (不用考虑命中点) 和成本相对较低等优点, 本书中又称静爆试验. 但是静爆试验和动态试验是有差异的, 动态试验是必需的, 火箭筒引信在地面试验和越战中的不一致表现就是一个典型的例子 [44]. 从本质上讲, 这种差异主要来源于二者试验条件的不一致. 以侵彻战斗部为例, 在动爆试验过程中主要需要经过侵彻和爆炸两个过程. 首先, 导弹以一定的速度和角度着靶, 并侵彻入靶内, 直到受到阻力停止侵彻 (或引信起爆), 这称为侵彻过程. 在侵彻过程完成后, 导弹将以一定的姿态和自身状态处于靶内, 而靶的状态也由于侵彻过程的作用发生了一定的结构变化, 此时再起爆, 实现对靶进行破坏的作用, 该过程称为爆炸过程. 而静爆试验中, 战斗部被预先以一定的姿态埋在靶内一定深度处, 然后再通过引信起爆, 它只有爆炸过程, 而无侵彻过程. 因此两种试验在起爆深度、起爆姿态、弹的炸前状态及靶的炸前状态等方面都存在不一致性, 而这些因素在动爆试验中均不可能严格控制.

对比两类试验的实施过程, 可发现导致动爆与静爆试验存在差异的主要原因有:

(1) 二者的炸点深度可能不一致, 静爆和动爆最终的炸深可能存在较大差别.

(2) 二者的弹在靶内起爆前的姿态 (即弹位于靶内时的倾斜角度) 可能不一致, 动爆试验具体的炸前姿态是未知的. 通过数值模拟试验发现, 这种炸前姿态的不一致确实会引起试验结果的差异性.

(3) 二者的弹在靶内起爆前的状态不一致, 动爆试验在侵彻过程中一般会导致弹体的变形, 而这在静态试验中是不存在的.

(4) 二者起爆前, 弹的速度可能不一致. 动爆试验在起爆时可能会有剩余速度存在, 而静态试验没有;

(5) 二者起爆时靶的状态不一致. 这种不一致一方面是由于靶本身各个部分的材料与结构存在较大差异, 另一方面的原因是因为动爆侵彻过程中产生了对靶的破坏, 静态在预埋时同样通过开坑破坏了靶, 但这两种破坏是很不一样的.

通过上述分析发现, 在给出动爆试验与静态试验是否存在差异的结论时, 通过分析二者的试验条件是否一致来判定二者是否一致是非常困难的; 要进一步通过量化这些因素来完成差异的建模与补偿就更难了.

16.3.2.1 全程响应函数建模方法

从上述动爆与静爆试验的差别可以看出, 要完成二者的差异建模, 必须分析二者的物理过程, 找出二者在初始参数和末端参数上的差异. 为此可以将动爆过程进行分解, 用 $g(\cdot)$ 表示爆炸过程, 用 $h(\cdot)$ 表示侵彻过程, 如果不考虑弹靶在侵彻过程中的变形, 那么静爆试验可描述为

$$y = g(z_1, z_2, \cdots, z_K) + \varepsilon \tag{16.3.5}$$

式中, $(z_1, z_2, \cdots, z_K)$ 表示爆炸过程的初始参数, 包括弹在靶中起爆时的姿态、深度、速度等等, 这也正好是侵彻过程的末端参数.

另一方面用 $(z_1', z_2', \cdots, z_K') = h(x_1, x_2, \cdots, x_p)$ 描述相应动爆试验所对应的侵彻过程, 其中 $(x_1, x_2, \cdots, x_p)$ 为侵彻阶段的初始参数. 动静差异源自 $(z_1', \cdots, z_K')$ 与静爆初始参数 $(z_1, \cdots, z_K)$ 的不一致. 于是静爆试验的观测模型为

$$y = g(z_1, z_2, \cdots, z_K) + \varepsilon = g(z_1', \cdots, z_K') + \sum_i \frac{\partial g(z_1', \cdots, z_K')}{\partial z_i}(z_i - z_i') + \varepsilon'$$

$$= f(x_1, x_2, \cdots, x_p) + \delta(x_1, x_2, \cdots, x_p) + \varepsilon' \tag{16.3.6}$$

其中 $f(x_1, x_2, \cdots, x_p)$ 是 $g(\cdot)$ 和 $h(\cdot)$ 两个函数复合后得到的复合函数, 代表整个侵彻与爆炸过程的响应函数, 满足 $f(x_1, x_2, \cdots, x_p) = g(h(x_1, x_2, \cdots, x_p))$. 而 $\delta(x_1, x_2, \cdots, x_p)$ 是将 $\sum_i \frac{\partial g(z_1', \cdots, z_K')}{\partial z_i}(z_i - z_i')$ 中的 $(z_1', \cdots, z_K')$ 用 $(z_1', z_2', \cdots, z_K') = h(x_1, x_2, \cdots, x_p)$ 代替以后的结果, 此即为动静试验的差异项.

综上, 在动静差异的建模中可以通过对两个阶段进行分开建模来完成, 为此需要分别得到两个阶段的毁伤响应函数, 并将二者按上述过程进行复合. 在获得两个阶段精确的毁伤响应函数后, 可以按照上述过程进行分析, 得到差异模型.

16.3.2.2 力学建模方法

下面以侵爆弹打击建筑物为例, 采用力学的方法对其动静差异进行简单分析 [45].

1) 装药运动的影响

当装药的运动速度很高, 可以和爆炸产物的平均飞散速度相比拟时, 运动装药爆炸所产生的能量要比静止爆炸大很多, 有的可以增加一倍以上, 这就会使爆炸作用场产生明显的变化. 当装药运动的方向与爆炸产物飞散的方向一致时, 装药运动方向上的爆炸效应增大.

设装药以速度 u_0 运动时, 其在空气中爆炸时形成的冲击波阵面的初始压力为 P_x. 速度为 D_x, 而静态时的冲击波速度和压力分别为 D_{x0} 和 P_{x0}, 若 ρ_a 为未扰动空气的密度, u_{x0} 为静态时的爆轰产物的速度, 那么

$$\frac{D_x}{D_{x0}} = \frac{u_{x0} + u_0}{u_{x0}}$$

$$\frac{P_x}{P_{x0}} = \left(\frac{u_{x0} + u_0}{u_{x0}}\right)^2$$

显然, 运动装药比静止装药在运动方向上形成的冲击波速度和压力都要大. 根据能量相似原理, 可以把运动装药携带的动能所引起的能量增加看成装药量的增加, 即相当于等效药量 ω_{de} 为

$$\omega_{de} = \frac{Q_v + \dfrac{1}{2}u_0^2}{Q_v}\omega$$

其中 Q_v 为单位质量装药的爆热. 单位质量 TNT 的爆热约为 $4.568\times10^6\mathrm{J/kg}$. 假设侵爆弹的速度约为 $u_0 = 400\mathrm{m/s}$, 单位质量装药的动能为 $\dfrac{1}{2}u_0^2$, 则

$$\omega_{de} = \frac{Q_v + \dfrac{1}{2}u_0^2}{Q_v}\omega = 1.035\omega$$

因此在装药运动方向上等效质量相当于增加了 3.5%. 在这种情况下, 可以认为装药运动引起的总的能量增加是可以忽略不计的. 但如果 $u_0 = 1000\mathrm{m/s}$, 则这个差别将达到 11%.

2) 战斗部整体运动的影响

假定 $u_0 = 400\mathrm{m/s}$, 当考虑战斗部壳体动能 $\dfrac{1}{2}m_w u_0^2$ 以后, 等效装药量为

$$\omega_{de} = \frac{m_e\left(Q_v + \dfrac{1}{2}u_0^2\right) + \dfrac{1}{2}m_w u_0^2}{m_e Q_v}\omega = 1.1051\omega$$

其中 m_e 表示炸药质量, m_w 表示战斗部重量 (或者弹体的总重量). 从上面计算结果可以看出, 加入了战斗部的动能, 相当于等效装药量增加了 10%, 仍然无法在总

体上带来明显的能量增加. 因此对于这种侵爆弹, 从总体能量上来看动静差异并
不大.

3) 小结

通过以上分析, 可以认为侵爆弹的静态和动爆试验之间, 不会由于侵爆弹的动
能而有明显的差别. 可能引起的差别主要来自以下两方面. 其一, 战斗部的运动引
起爆炸作用具有一定的方向性, 也就是在战斗部运动方向上爆炸作用会有一定的增
强. 其二, 战斗部的侵彻作用, 会给靶标造成局部的损伤. 对于打击建筑物而言, 在
剪力墙结构中, 这种侵彻作用并不会带来明显的结构毁伤, 而在框架填充墙结构中,
如果侵彻部位没有发生在框架上, 而是发生在填充墙上的话, 也不会给结构带来明
显的毁伤, 至少这种侵彻毁伤作用相对于爆炸毁伤作用是可以比较小的. 因此, 这
种情况下侵爆弹的动静差异也不十分明显.

16.3.2.3   差异的参数化建模与补偿

上述两种方法分别从数学建模和物理建模的角度, 针对侵彻战斗部和侵爆战斗
部, 对其动静差异进行了建模. 如前所述, 动、静差异产生的原因非常复杂, 包括炸
点深度、炸前姿态、炸前状态等不一致所引起的差异, 要通过量化这些因素来完成
差异的建模与补偿很难. 因此, 本节将转换思路, 不建立全程响应函数模型, 也不考
虑差异产生的物理模型, 而拟通过对二者的试验数据进行分析, 来建立差异分析与
补偿的参数化方法 [46]. 下面以侵彻战斗部为例, 通过融合异类试验数据, 建立参数
化的毁伤响应模型, 研究动爆与静态试验数据差异的参数化建模及补偿方法. 其基
本步骤为:

Step 1   对动爆试验, 采用侵彻过程与爆炸过程分离的方法, 利用导弹着靶的
初始条件, 对侵彻过程进行模拟计算, 得到其炸点深度和炸前姿态角, 以此作为动
爆试验的试验条件, 也可以采用相关经验公式求其炸点深度和炸前姿态角 [47-48];

Step 2   利用静态试验数据, 初步建立毁伤效果关于炸点深度及炸点姿态的
毁伤响应函数;

Step 3   综合动爆与静态试验数据, 建立基于动爆与静态数据的联合响应
模型;

Step 4   对模型中的参数进行估计, 对比动爆与静态的毁伤响应函数, 得到二
者的差异.

设两类试验的弹、靶条件相同, 不同的是二者的弹靶交会条件, 通过侵爆分离
数值模拟方法对动爆结果进行处理后, 这种不同就进一步反映在炸点深度和炸前姿
态上. 设经过侵爆分离数值模拟方法处理后, 得到各发动爆试验的炸点深度为 h_i,
$i = 1, \cdots, N_1$, 炸前姿态角为 θ_i, $i = 1, \cdots, N_1$, 毁伤面积为 S_i, $i = 1, \cdots, N_1$, 式中
N_1 为动爆试验次数. 设静态试验的炸点深度为 h_i^*, $i = 1, \cdots, N_2$, 炸前姿态角为

θ_i^*, $i = 1, \cdots, N_2$, 毁伤面积为 S_i^*, $i = 1, \cdots, N_2$, 式中 N_2 为静态试验次数. 建立的毁伤响应函数模型为毁伤面积与炸点深度及炸前姿态角之间的经验关系式, 即

$$S = f(h, \theta) \tag{16.3.7}$$

式中, $f(h, \theta)$ 为毁伤响应函数, 并且 f 对于动静试验有相同的函数形式.

按 (16.3.7) 式建立毁伤响应函数后, 可利用试验数据 h_i, θ_i, S_i, $i = 1, \cdots, N_1$ 及 h_i^*, θ_i^*, S_i^*, $i = 1, \cdots, N_2$, 建立如下 $N_1 + N_2$ 个响应方程

$$S_i = f(h_i, \theta_i), \quad i = 1, \cdots, N_1 \tag{16.3.8}$$

$$S_j^* = f(h_j^*, \theta_j^*), \quad j = 1, \cdots, N_2 \tag{16.3.9}$$

其中响应函数 $f(h, \theta)$ 的函数表达式一般可用低阶多项式来描述, 也可采用有确切物理意义的模型. (16.3.8), (16.3.9) 两式在建模的过程中只考虑了动静试验在爆点深度及炸前姿态角上的不同, 而没有考虑其他更复杂的因素, 因此, 模型 (16.3.8), (16.3.9) 不能完全准确地描述动静试验结果. 为使模型 (16.3.8), (16.3.9) 能更好地描述试验, 把其他因素所带来的动静差异看成是一种系统误差来建模, 即在模型 (16.3.9) 中引入动静差异的误差项, 从而将模型改写为

$$S_j^* = f(h_j^*, \theta_j^*) + w_j, \quad j = 1, \cdots, N_2 \tag{16.3.10}$$

其中 w_j 为第 j 次试验的动静差异项. 为了能从 (16.3.10) 式中给出毁伤响应函数及动静误差的估计结果, 一般可假设其他的因素所引起的动静差异可用某种模型来描述. 以线性模型为例, 模型 (16.3.10) 可改写为

$$S_j^* = f(h_j^*, \theta_j^*) + a_1 h_j^* + b_1 \theta_j^* + c_1', \quad j = 1, \cdots, N_2 \tag{16.3.11}$$

式中 a_1, b_1, c_1' 为待估的系统误差参数. 确定模型 (16.3.8), (16.3.11) 中的响应函数 $f(h, \theta)$ 的表达式以后, 即可联立这两个模型, 得到毁伤响应函数与系统误差模型系数 a_1, b_1, c_1' 的参数估计值, 从而完成动静差异的补偿.

假设响应函数 $f(h, \theta)$ 可用二次多项式来描述, 即

$$f(h, \theta) = \alpha_1 h^2 + \alpha_2 \theta^2 + \alpha_3 h\theta + \alpha_4 h + \alpha_5 \theta + c_1 \tag{16.3.12}$$

根据联合建模的思想 [45], 联合 (16.3.8), (16.3.11) 及 (16.3.12) 后的参数估计模型为

$$\begin{cases} S_i = \alpha_1 h_i^2 + \alpha_2 \theta_i^2 + \alpha_3 h_i \theta_i + \alpha_4 h_i + \alpha_5 \theta_i + c_1, \quad i = 1, \cdots, N_1 \\ S_j^* = \alpha_1 h_j^{*2} + \alpha_2 \theta_j^{*2} + \alpha_3 h_j^* \theta_j^* + (\alpha_4 + a_1) h_j^* + (\alpha_5 + b_1) \theta_j^* + c_2, \quad j = 1, \cdots, N_2 \end{cases} \tag{16.3.13}$$

式中 $c_2 = c_1' + c_1$. 对模型 (16.3.13) 进行参数估计, 即可得到动静差异模型和相应的毁伤响应函数. 值得注意的是, 此时所获得的毁伤响应函数中的参数是融合动、静试验数据得到的, 比仅使用动爆数据进行估计得到的参数更准确. 因此, 这种动静差异的参数建模方法不但能给出动静差异的规律性研究成果, 也能提高毁伤响应函数的准确度.

16.3.3　等效试验与原型试验的差异建模

受成本和其他因素的限制, 有些试验中不可能采用真实靶标, 而采用替代靶标进行试验. 目标毁伤等效靶是为了研究弹药对目标的毁伤效果而建立的一套靶板系统, 它必须能够描述其原型在毁伤作用下所表现出的易毁性特征. 因此, 等效靶在毁伤意义上与目标近似. 同一毁伤元在相同攻击条件下对两靶板的极限穿透速度或剩余侵彻深度相同是最常用的靶板等效原则 [27,44].

尽管等效靶与真实靶在毁伤考核性能方面具有较高的相似性, 但难免存在差异 [27,48], 这些差异主要表现在:

(1) 为简化模型, 建立了一系列假设, 忽略了毁伤过程中弹靶的形变、热效应等能量损失、材料的不均匀性等;

(2) 极限穿透速度的求解需要用到测量数据或经验公式, 这些经验公式或测量会带来误差;

(3) 对结构复杂的装甲, 其毁伤机理与均质装甲存在差异. 这些差异可以通过优化靶板来尽量降低, 但无法避免, 我们也用形如 (16.3.6) 式的差异模型来描述.

根据上面的讨论, 等效试验的共性是: 等效系统的模型与原型系统的模型相似或相同, 但是影响因素的取值不同. 当系统响应对偏差项不敏感或偏差不大时, 两类试验的系统性差异很小, 但实际中, 这种差异不能忽略 [28,48-49]. 试验的差异建模的目的是建立等效试验下的观测 $\tilde{y}$ 与相应的原型试验下的观测 y 之间的关系. 常用思路有两种: 一是等效折合方法, 即利用相似理论将替代试验下的观测折算到原型试验下, 受认识的局限, 折合也存在误差; 二是差异补偿方法, 建立两类试验之间的差异函数. 本书所讨论的差异模型考虑折合后的偏差, 因此可将 (16.3.6) 式描述为

$$\Delta(\boldsymbol{x}) = y - \tilde{y} = \delta(x_1, x_2, \cdots, x_p) + \varepsilon' \tag{16.3.14}$$

式中 $\boldsymbol{x} = (x_1, x_2, \cdots, x_p)$ 为差异产生的因素, $\Delta(\boldsymbol{x})$ 为两种试验的差异值.

差异建模的途径有两种: 一是根据物理机理进行理论推导; 二是试验归纳. 由于毁伤过程十分复杂, 理论推导很难实现, 因此试验归纳是获取差异函数的主要方法. 需要指出的是, (16.3.14) 式中, 根据关心问题的不同, 并非所有的差异影响项 $x_1, x_2, \cdots, x_p$ 都会被选作试验的因素, 它们中很多为背景因素, 在分析时差异影响

表现为差异函数中常数项和随机项, 因此下面仅讨论 (16.3.14) 中的因素项为观测中可控因素的情况.

可以用线性或非线性参数化模型来对 Δ 近似描述, 分别为

$$\Delta(\boldsymbol{x}) = \delta(\boldsymbol{\alpha}, \boldsymbol{x}) + \varepsilon', \quad \varepsilon' \sim \mathrm{N}(0, \tilde{\sigma}^2) \tag{16.3.15}$$

$$\Delta(\boldsymbol{x}) = \boldsymbol{\alpha}^{\mathrm{T}} \boldsymbol{\delta}(\boldsymbol{x}) + \varepsilon', \quad \varepsilon' \sim \mathrm{N}(0, \tilde{\sigma}^2) \tag{16.3.16}$$

(16.3.16) 式中, 向量 $\boldsymbol{\alpha} = (\alpha_1, \alpha_2, \cdots, \alpha_k)^{\mathrm{T}}$ 表示 $k \times 1$ 的待估参数向量, $\boldsymbol{x} = (x_1, \cdots, x_p)^{\mathrm{T}}$ 表示试验中考虑的可控参数, 或称为试验的因素. $\boldsymbol{\delta}(\boldsymbol{x}) = (\delta_1(\boldsymbol{x}), \delta_2(\boldsymbol{x}), \cdots, \delta_k(\boldsymbol{x}))^{\mathrm{T}}$ 表示定义在 $\mathbb{R}^p$ 的紧子集 Ω 上的 k 个线性独立的回归函数, ε' 表示随机偏差项. 工程中常采用线性模型来近似响应函数, 因此, 应用中也多采用线性模型来建立差异函数.

历史观测数据和仿真试验是获取 Δ 的近似描述的主要信息来源. 由于没有对应于相同 $\boldsymbol{x}$ 的观测数据 y 和 $\tilde{y}$, 本书的思路是, 分别根据两类历史试验数据获取相应状态下的毁伤响应函数, 再通过互相预测来估计差异项.

考虑用线性回归模型来表示毁伤响应函数:

$$y = \boldsymbol{\beta}^{\mathrm{T}} \boldsymbol{f}(\boldsymbol{x}) + \varepsilon \tag{16.3.17}$$

其中向量 $\boldsymbol{f}(\boldsymbol{x}) = (f_1(\boldsymbol{x}), f_2(\boldsymbol{x}), \cdots, f_m(\boldsymbol{x}))^{\mathrm{T}}$ 表示定义在 $\mathbb{R}^p$ 的紧子集 Ω 上的 m 个线性独立的回归函数, $\boldsymbol{\beta} = (\beta_1, \beta_2, \cdots, \beta_m)^{\mathrm{T}}$ 表示 $m \times 1$ 的待估参数向量.

结合差异模型可得等效试验的毁伤响应函数为

$$\tilde{y} = \boldsymbol{\beta}^{\mathrm{T}} \boldsymbol{f}(\boldsymbol{x}) - \boldsymbol{\alpha}^{\mathrm{T}} \boldsymbol{\delta}(\boldsymbol{x}) + \varepsilon'' \tag{16.3.18}$$

式中, $\varepsilon'' = \varepsilon - \varepsilon'$. 于是, 分别根据原型与替代试验的历史试验数据即可获得 (16.3.17), (16.3.18) 的表达式, 并得到 $\boldsymbol{\alpha}$ 的估计结果, 从而得到试验差异的参数化模型. 另一方面, 对随机偏差的方差估计为 $\tilde{\sigma}^2 = \sum_i (y_i - \hat{y}_i)^2 / (n_2 - k)$, 其中, y_i 和 $\hat{y}_i$ 分别为等效试验的观测值和考虑差异后的预测值, 个数为 n_2, k 为所有待估参数的个数, 包括 $\boldsymbol{\beta}$ 和 $\boldsymbol{\alpha}$ 中的参数.

16.3.4 缩比试验与原型试验的差异建模

缩比试验最常用的做法是采用小尺寸模型弹模拟真实弹, 它是建立在相似理论的基础上的. 相似理论通过一系列的相似法则限定了模型试验与原型试验相似所必须满足的条件. 其中, 量纲分析法是最常用的相似法则建立基础. 对由模型 (16.3.1) 描述的物理系统, 使用量纲分析法有

$$\Pi = g(\Pi_1, \Pi_2, \cdots, \Pi_s) + \varepsilon \tag{16.3.19}$$

式中 $\Pi_1, \Pi_2, \cdots, \Pi_s$ 为物理系统的 s 个无量纲量 (Π 项), g 为该物理系统的系统描述函数. 若两个系统相似, 则有: $\Pi = \Pi'$, $\Pi_i = \Pi_i'$ $(i = 1, \cdots, s)$.

缩比试验可克服原型试验成本高的问题, 而且小尺寸弹也容易实施和控制. 但是在理论上相似的两个系统, 在实施过程中, 受各种因素的影响, 并不可能完全相似, 文献 [28] 总结了可能造成差异的四种原因. 总的而言, 这些影响因素大致可分为两类: 一类是随机影响项, 如测量误差、材料不均匀等; 另一类是无法缩比的项, 包括重力场、材料的某些性能等. 因此对于缩比试验, 一方面要控制缩比模型的尺度底线以降低这些因素的影响; 另一方面, 也需要通过差异建模来分析这部分误差.

若一个系统的无量纲描述模型为 (16.3.19), 进行缩比试验的倍数为 l, 未进行等比例缩放项为 Π_s, 根据中值定理, 进行缩比试验后, 所获得的观测实际上为

$$\Pi = g(\Pi_1, \Pi_2, \cdots, \Pi_s') = g(\Pi_1, \Pi_2, \cdots, \Pi_s) + \frac{\partial g(\Pi_1, \Pi_2, \cdots, \tilde{\Pi}_s)}{\partial \Pi_s} (\Pi_s' - \Pi_s)$$

$$(16.3.20)$$

其中 $\tilde{\Pi}_s$ 介于 Π_s 与 Π_s' 之间, 上式后面一部分为差异项, 它与缩比倍数和所有的 Π 项有关, 可见当缩比倍数不大或差异 Π 项的灵敏度不高时, 两类试验之间的差异很小. 对多个因素项未进行等比例缩放时的差异与此类似. 为简化, 将考虑差异后的观测模型表示为

$$\Pi = g(\Pi_1, \Pi_2, \cdots, \Pi_s) + \delta(\Pi_1, \Pi_2, \cdots, \Pi_s, l) + \varepsilon' \qquad (16.3.21)$$

下面利用这种方法来建立相互差异的参数化模型.

例 16.3.1　根据文献 [28] 提供的两种直径不同的弹侵彻混凝土靶标的侵彻试验, 建立相互差异的参数化模型.

根据量纲分析, 可知当原型和模型弹材料和靶标材料相同, 且弹呈几何相似时, 侵彻经验公式等价于

$$H_{\max}/D = f\left(Vm^{1/2}/D^{3/2}\sigma_t^{1/2}\right)$$

其中 $H_{\max}$ 为侵彻深度, σ_t 为常数, 又满足几何相似率, 即 m/D^3 为常数, 所以上式可简化表示为 $H_{\max}/D = g(V)$.

如果用二阶多项式表示侵彻经验公式和相互差异函数, 则原型试验的侵彻公式可表示为

$$H_{\max}/D = a_1 V^2 + a_2 V + a_3$$

差异函数为 $\Delta = b_1 V^2 + b_2 V + b_3$, 则缩比试验的侵彻公式为

$$\tilde{H}_{\max}/D = (a_1 + b_1) \cdot V^2 + (a_2 + b_2) \cdot V + (a_3 + b_3)$$

根据文献 [28] 中的 7 组 1/2 缩比试验和 11 组原型试验的数据, 进行参数估计得差异函数为

$$\Delta = 0.0001V^2 - 0.0657V + 12.0022$$

并估计随机偏差的方差 $\tilde{\sigma}^2$ 为 6.31. 而若采用一阶多项式表示相互差异函数, 则可得差异函数: $\Delta = 0.0096V - 4.3195$, 且随机偏差的方差为 8.36. 从差异函数来看, 原型试验和缩比试验之间存在较为明显的差异.

16.3.5 数值模拟试验与原型试验的差异建模

导弹的终点毁伤效应仿真是毁伤效能评估的重要工具, 它通过三个守恒方程 (质量守恒、动量守恒、能量守恒), 结合描述材料性能的本构方程、物态方程以及其他控制方程, 形成封闭的偏微分方程组, 再根据相应的初始条件、边界条件等定解条件, 求解该偏微分方程组. 毁伤效应仿真的主要工作就是利用各种方法, 计算、分析、处理、应用偏微分方程组的数值解. 对此目前已有一些常用的仿真软件, 如 LS-DYNA, 可参考本书第 14 章.

仿真试验能部分取代动态试验的前提是有正确的仿真模型, 仿真试验与真实试验之间的误差来源于以下几个方面:

(1) 仿真模型与真实模型存在差异. 例如有些材料本构模型等十分复杂, 无法精确建模.

(2) 数值方法带来的误差. 这主要来源于有限元计算中网格剖分的精度.

(3) 其他方面的误差, 包括各种外界影响.

关于仿真试验与实物试验的差异, 可以通过仿真模型的 VVA 来进行分析, 得出形如 (16.3.6) 式的表达式, 从而完成其与原型试验间的差异建模.

16.4 毁伤效果的融合评估方法

16.4.1 毁伤响应函数构造方法

毁伤响应函数的研究可以采用的方法包括: 以实验为基础的经验法、解析法 (近似分析法)、半经验法 (以数值模拟和近似分析相结合为基础) 等, 由于经验法和解析法都有各自的局限, 而半经验法与经验公式相比, 所需的实验数据较少, 而且有理论作基础, 具有适用范围广的特点, 因此备受关注 [50-51]. 本节将重点研究毁伤响应函数构造的半经验法, 其中实验数据的获取主要依赖于数值模拟计算.

16.4.1.1 获取毁伤响应函数的方法

物理学研究的过程中, 人们经常尝试通过试验和推导, 用比较简单的数学公式来描述一个物理过程. 在终点毁伤效应的研究中, 这种方法应用尤为广泛, 以侵彻

过程为例, 目前计算弹体对混凝土及岩石等脆性材料靶的侵彻深度的经验公式不下 20 种. 总体而言, 有回归型与相似型两大类经验公式的获取方法.

1) 基于数理统计的回归型响应函数获取方法

经验公式的归纳可以归结为对响应变量和影响因素之间的响应函数的求解, 用函数形式表示为

$$y = F(x_1, x_2, \cdots, x_p) + \varepsilon \tag{16.4.1}$$

其中 y 是目标, $\boldsymbol{x} = (x_1, x_2, \cdots, x_p)^{\mathrm{T}}$ 是影响因素, F 是响应函数, 其定义域是我们所关心的区域或参数的经验范围. 如果 F 为可微函数, 可用线性模型来表示:

$$y = \boldsymbol{\beta}^{\mathrm{T}} \boldsymbol{f}(\boldsymbol{x}) + \varepsilon \tag{16.4.2}$$

其中向量 $\boldsymbol{\beta} = (\beta_1, \beta_2, \cdots, \beta_k)^{\mathrm{T}}$ 为 $k \times 1$ 的待估参数向量, $\boldsymbol{f}(\boldsymbol{x}) = (f_1(\boldsymbol{x}), f_2(\boldsymbol{x}), \cdots, f_k(\boldsymbol{x}))^{\mathrm{T}}$ 为定义在 $\mathbb{R}^p$ 的紧子集 Ω 上的 $k \times 1$ 线性独立的回归函数向量, 一般而言, 假定 $\varepsilon \sim \mathrm{N}(0, \sigma^2)$.

回归分析根据已有试验点 $z_1, z_2, \cdots, z_n$ 的观测来估计未知参数 $\boldsymbol{\beta}$, 这是一种被动的数据处理过程. 回归设计通过在试验空间 Ω 中选择适当的试验点集 $\xi = \{z_1, z_2, \cdots, z_n\}$, 使得试验方案具有某种优良性 [52]. 例如, 正交设计使得信息矩阵为对角阵, 从而使得统计分析极为简便; 旋转设计使得 LSE 的回归方程精度规律比较清楚; 最优设计使得 LSE 的估计更为精确.

回归分析和回归设计分别从被动和主动处理数据的角度来获取回归型经验公式, 相比之下回归设计更为重要. 但是, 这两种方法所获得的经验公式都是直接从数据拟合而来, 往往并不能表达具体的物理意义, 并且不符合量纲齐次性, 这是一个明显不足. 另一方面, 回归因素的个数 N 与试验数据关系密切, 随着因素个数的增加, 试验次数增加得很快.

下面以均匀设计为例, 介绍采用回归分析方法获取毁伤响应函数的过程 [24].

以均匀设计法来安排仿真试验, 考虑的可控参数为侵彻速度和侵彻角度, 具体的参数范围可以根据导弹的实际设计情况给出. 根据侵彻弹的介绍, $v < 200 \sim 300\mathrm{m/s}$ 时, 弹丸侵彻深度很小甚至可能从入口漏斗坑中反弹出来, 且试验表明 [53], 当弹丸速度低于 $1000\mathrm{m/s}$ 时, 侵彻过程中弹丸基本不变形, 而对混凝土靶撞击着角在 $45° \sim 50°$ 几乎全部发生跳弹. 因此, 这里取值范围为: 侵彻速度 v 为 $300 \sim 1000\mathrm{m/s}$; 侵彻角度 α 为 $50° \sim 90°$. 考虑到计算量问题, 选用均匀设计表 $U_7^*(7^4)$, 设计了 7 组试验, 其均匀度偏差为 0.16. 根据经验, 为了确保最终的回归效果, 选表时要特别注意偏差的控制, 最好在 0.20 以下. 通过数值仿真, 并统计出每次的有效毁伤面积, 见表 16.4.1.

通过回归分析来分析试验数据, 归纳毁伤面积 S_D 与侵彻角 α 和侵彻速度 v

之间的响应函数. 选用多元二次型多项式进行拟合, 初始模型为

$$S_D = a + b\alpha + cv + d\alpha^2 + ev^2 + f\alpha v + \varepsilon \tag{16.4.3}$$

其中 ε 为模型随机误差, a, b, c, d, e, f 为待估参数.

结合单因素效应分析的一系列试验结果 (表 16.4.2), 可以检验均匀设计的效果.

表 16.4.1　均匀设计方案

编号	α	v	S_D
1	50	700	7.02
2	60	550	7.45
3	70	800	5.85
4	80	650	9.26
5	85	500	8.25
6	87.5	750	5.95
7	90	600	8.26

表 16.4.2　单因素试验结果

编号	α	v	S_D
8	90	800	3.69
9	90	700	7.74
10	90	650	6.98
7	90	600	8.26
11	90	500	8.24
4	80	650	9.26
12	70	650	9.42
13	60	650	8.66
14	50	650	6.82

下面分三种情况对响应函数进行拟合, 得到三组回归函数, 第一种情况只利用表 16.4.1 的数据, 第二种情况只利用表 16.4.2 的数据, 第三种情况综合利用所有两个表的数据.

仅使用表 16.4.1 的数据得到的回归函数为

$$S_D = -80.9203 + 0.9824\alpha + 0.1747v - 0.0045\alpha^2 - 0.0001v^2 - 0.0005\alpha v \tag{16.4.4}$$

仅使用表 16.4.2 的数据无法得到一个稳定的回归函数. 为了与表 16.4.1 所得的响应函数进行比较, 选择初始系数值 $[1, 0, 0, 0, 0, 0]$ 进行非线性迭代, 得到回归函数为

$$S_D = 0.8400 + 0.3042\alpha + 0.0203v - 0.0055\alpha^2 - 0.0001v^2 + 0.0007\alpha v \tag{16.4.5}$$

综合表 16.4.1 与表 16.4.2 的试验数据得到的回归函数为

$$S_{\mathrm{D}} = -71.7556 + 0.9307\alpha + 0.1518v - 0.0044\alpha^2 - 0.0001v^2 - 0.0004\alpha v \quad (16.4.6)$$

三个回归函数拟合的残差图见图 16.4.1, 相应的响应曲面见图 16.4.2. 对比图 16.4.1 和图 16.4.2, 可以发现, 按均匀设计法进行试验得到的响应曲面非常接近综合试验的响应曲面; 其拟合残差也与通过综合试验得出的拟合残差近似, 且远小于其他试验方案的残差. 单因素试验点无法得到稳定的响应函数, 虽然这是一种比较极端的情况, 但是它很大程度上说明了试验点的选取对响应函数估计影响很大.

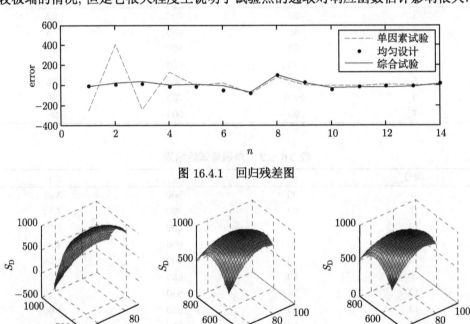

图 16.4.1   回归残差图

(a) 单因素试验   (b) 均匀设计   (c) 综合试验

图 16.4.2   三个回归方程对应的响应曲面图

2) 基于量纲分析的相似型响应函数获取方法

量纲分析法是在物理领域中建立数学模型的一种方法, 它是在经验和试验的基础上, 利用物理定律的量纲齐次原则, 确定各物理量之间的关系. 根据量纲理论, 若一个物理现象与 p 个物理量有关, 在该 p 个物理量中含有 k 个独立的量纲, 则该物理现象可以用 $p - k$ 个无量纲量来表达. 设物理系统有 s 个无量纲量 (Π 项)$\Pi_1, \Pi_2, \cdots, \Pi_s$, 其中 $s = p - k$, 那么系统描述函数 (16.4.2) 等价于

$$\Pi = g(\Pi_1, \Pi_2, \cdots, \Pi_s) + \varepsilon \quad (16.4.7)$$

利用量纲分析法进行经验公式归纳的过程为: ① 选择系统的主定变量及其量纲; ② 无量纲量的推导可利用扩充法、Ⅱ 定理等; ③ 相似型经验公式的获取需要结合试验观测, 将式 (16.4.7) 表示成函数关系, 比如可以写成总和或总积关系的形式. 当各种外界条件都很理想时, 它们也确实符合大多数物理现象的实际. 相似型经验公式的详细求解过程可参考文献 [54].

相似型经验公式具有很多优点, 主要有: ① 精确度较高; ② 试验次数可以减少; ③ 所建成的经验公式在给定的数值范围内实用性强; ④ 不必事先选择方程的曲线 (或曲面) 类型.

但由于相似型经验公式中物理因素间的相互作用是通过各种无量纲组合来反映的, 这使得它也存在许多问题 [54]: ① 对测试设备精度以及试验方案和环境的要求严格; ② 无量纲组合的处理中, 只将一个 Ⅱ 项作为某一试验单元的变量, 而其余 Ⅱ 项保持常值, 当模型 "畸变" 时, 难以建立; ③ 由无量纲组合构成的经验公式一般采取乘积关系和总和关系两种形式, 在反映事物本质上存在一定的局限性.

由此可见, 两种经验公式各有所长和所短. 如果在应用中结合两者的优势, 则不仅可以减少试验次数, 而且可以提高结果的实用性.

16.4.1.2 侵彻战斗部毁伤响应函数获取

本节侵彻弹的毁伤函数的构建是在弹靶结构和材料性质固定的情况下, 着重考虑子弹的着靶状态 (落速、落角) 两个影响因素, 结合试验设计方法, 进行不同水平划分的数值仿真试验, 通过非线性回归的方法, 建立子弹的着靶状态参量 (落速、落角) 与毁伤面积之间的函数关系, 即动爆毁伤函数. 具体的步骤如下 [55]:

Step 1   针对一种典型弹和典型靶, 结合试验设计开展不同炸深和炸前姿态角条件下的静爆过程数值模拟, 建立炸点深度 (炸深) 和炸前姿态角与毁伤面积之间的量化关系.

Step 2   针对一种典型弹和典型靶, 结合试验设计开展不同落速落姿条件下侵彻过程数值模拟, 建立初始落速落角与炸深和炸前姿态角之间的量化关系.

Step 3   综合上述两个步骤建立起着靶状态与毁伤面积的量化对应关系.

下面对三个过程进行分别论述.

1) 静爆过程数值模拟

由于静爆过程可能同时受炸点深度和炸前姿态两个因素的影响, 为了有效地认识这二者的影响规律, 先对这两个因素采取单因素分析方法, 分别分析二者的影响规律. 在确认了二者的影响规律后, 再按照正交设计方法补充设计数值模拟试验, 并获得试验结果, 最后利用回归分析方法建立起静爆毁伤效果与炸点深度及炸前姿态的经验关系式.

(1) 炸点深度对于毁伤效应的影响.

分别计算装药中心距地表若干个深度处爆炸的毁伤效应后发现, 炸点深度对毁伤效果起决定性作用. 浅炸时, 炸药能量直接作用于混凝土面层上, 由于表面拉伸波和底下土层的作用, 向上会形成漏斗坑, 向下会产生一个介质破碎较粗的松动爆破区; 深炸时, 炸药能量不能或者只能少量直接作用于混凝土, 因此破碎区较小, 破坏形式以表面隆起、内部空腔以及裂缝为主.

从不同深度下的模拟计算结果看, 存在一个最佳炸深, 大于或小于最佳深度时毁伤面积均呈减小趋势. 图 16.4.3 为某组数值模拟条件下, 毁伤面积与炸点深度的曲线关系图, 图中结果表明, 最佳炸深确实存在.

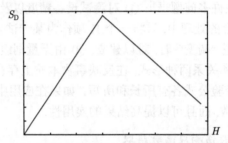

图 16.4.3　毁伤面积与炸点深度的关系

横轴为炸点深度, 纵轴为毁伤面积

(2) 炸前姿态角度对毁伤效应的影响.

分别计算最佳炸深处, 多个姿态角所对应的爆炸毁伤效应, 结果表明炸药炸前姿态对毁伤效果有影响. 就条形装药而言, 在某一深度下, 药量集中的越多, 对混凝土的毁伤区域越大, 而药量在某一深度的集中程度是随着姿态角度的增加而减小的, 所以水平姿态下的毁伤面积要明显大于垂直情况. 数值计算结果也表明水平姿态时的毁伤效果最好, 最佳炸深处毁伤面积与炸前姿态角的关系见图 16.4.4.

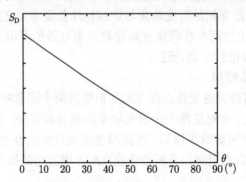

图 16.4.4　最佳炸深处毁伤面积与炸前姿态角的关系

横轴为炸前姿态角, 单位: 度, 纵轴为毁伤面积

(3) 补充数值试验与静爆毁伤函数.

为了由数值模拟结果回归得到毁伤响应函数, 根据正交设计原理设计了多个姿态角和炸点深度交互情况下的静爆数值模拟试验. 通过数值模拟可以很直观地看出毁伤面积随炸深和姿态角的变化规律: 最优炸深存在于某个小范围内, 从最优炸深开始, 随着炸深的增加或减小, 毁伤面积明显减小; 随着姿态角的增大, 毁伤面积呈单调下降趋势.

假设由数值模拟所得到的一组计算结果为 $S_i, \theta_i, h_i, i = 1, \cdots, N$, 其中 θ_i, h_i 为第 i 次模拟所对应的炸前角度和炸点深度, S_i 为对应 θ_i, h_i 的毁伤面积, N 为试验次数. 对这组试验数据, 采用回归分析的方法进行处理, 即可得到毁伤面积关于炸前角度和炸点深度的函数响应关系.

在回归模型参数估计过程中, 若出现设计矩阵病态的问题, 则需要考虑变量的筛除, 可采用向前或向后变量删除方法, 见文献 [46].

基于以上关系即可确立毁伤面积与炸深和炸前姿态角之间的量化关系, 接下来只需确立侵彻过程中初始落速落姿与炸前瞬间的炸深和姿态角的对应关系, 就可确立以落速落姿为自变量的毁伤函数关系了.

2) 侵彻过程数值模拟

由于目前飞行试验中着靶状态参数 (落速、落角) 仍然难以准确测量, 而着靶状态将直接影响最终的毁伤效果. 从前面静爆研究的结论已经确定了炸深与炸前姿态及毁伤面积的定量关系, 只要确立了着靶状态与炸前状态的对应关系后, 就可以明确着靶状态与最终毁伤效果的定量关系.

本节研究的目的是通过数值仿真对各种侵彻速度和角度条件下的侵彻过程进行模拟, 在典型弹靶条件下, 确定侵彻速度和角度与炸前状态的量化关系.

通过利用试验设计方法设计相应的数值模拟计算方案, 并进行数值模拟后, 同样可对炸点深度与炸前姿态角关于落速、落角的关系进行回归, 得到炸点深度和炸前姿态关于落速、落角的关系 $h(v, \alpha)$ 和 $\theta(v, \alpha)$, 其中 v 代表子弹的落速, α 代表子弹的落角.

将两部分的回归结果结合后, 可进一步考察考虑药量的动爆毁伤函数. 考虑与装药量有关的毁伤函数时, 可采用量纲分析方法得出在混凝土多层介质内爆炸毁伤效应的函数表达式, 用一定数量的试验数据通过回归分析得到函数表达式的系数, 具体见 16.4.1.1 节中的示例.

16.4.1.3 侵爆战斗部响应函数获取

1) 构件损伤度的响应函数获取

如 16.2.2 节所示, 对于建筑物部件的损伤而言, 可以用构件跨中最大挠度等作为指标. 在给定爆炸相关参数后, 同样需要获得跨中最大挠度 $x(t)$ 关于爆炸冲量和载荷的相关响应函数. 对此可采取数值模拟的方法获得相关试验结果, 在此基础上再利用回归分析方法拟合出响应函数.

这里, 梁在爆炸载荷作用下的动态响应如图 16.4.5 所示.

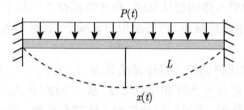

图 16.4.5　钢筋混凝土梁在爆炸载荷作用下的动态响应

使用矩形载荷来近似爆炸载荷, 如图 16.4.6 所示, 其中 P_m 为峰值压力, t_{load} 为载荷加载时间, 因此冲量 $I = P_m t_{\text{load}}$.

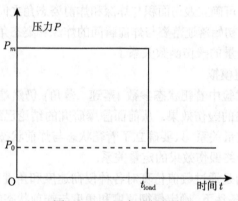

图 16.4.6　压力时程曲线

以某典型梁为例, 假定梁构件支座转角为 12° 时构件发生完全破坏, 构件损伤度为 1; 构件在挠度小于等效弹性极限挠度时发生弹性变形, 即损伤度为 0. 因此可以得出 P-I 图的两条边界 P-I 曲线. 对不同压力和冲量组合加载下构件动态响应进行试算, 得到相关计算数据. 利用此数据进行拟合, 得到跨中最大挠度 x 与冲量 I 和载荷 P 之间的回归关系式如下:

$$
\begin{aligned}
x = {} & 423.724 - 0.8057I + \frac{3924.2056}{P-50} - 31.3776\frac{I}{P-50} + 0.000452I^2 \\
& + \frac{211523.83}{(P-50)^2} + 350.622\frac{I}{(P-50)^2} - 0.005097\frac{I^2}{P-50}
\end{aligned}
\tag{16.4.8}
$$

其平均误差为 16.3, 原始数据曲面与回归曲面之间的对比见图 16.4.7, 其中各物理量的单位分别取 I: kPa·ms, P: kPa, x: mm.

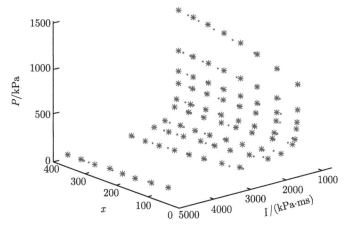

图 16.4.7 拟合前后对比图 ('*'-原始数据, '·'-拟合后的数据)

关系式 (16.4.8) 在获取过程中存在拟合不充分的问题, 归根结底是因为拟合基函数选取还不够合理, 这需要我们进一步结合物理分析, 得到更为恰当的拟合基函数.

2) 毁伤半径的响应函数获取

当炸药位置处于建筑物结构内部时, 对于特定当量的炸药爆炸, 其对应的毁伤房间数趋于定值, 建立能够描述炸药在建筑物内部爆炸引起毁伤房间数与物理和几何参数之间的函数关系, 即为建筑物内爆炸毁伤函数.

以 d 表示建筑物内爆炸的破坏半径, 进行量纲分析, 有

$$d = f(\omega, \sigma_s, \rho_s, L, H, a_0, \rho_0) \tag{16.4.9}$$

其中 ω 为装药 TNT 当量, 采用能量的单位 (J), σ_s 为结构材料的强度, ρ_s 为结构材料的密度, L 和 H 分别为结构开间的特征长度和结构特征厚度, a_0 为空气声速, ρ_0 为空气密度.

选择不同的主定量, 使用 Π 定律后, 可以得到

$$\Pi = F(\Pi_1, \Pi_2, \Pi_3, \Pi_4) \tag{16.4.10}$$

$$\Pi = \frac{d}{L}, \quad \Pi_1 = \frac{\omega}{L^3 \sigma_s}, \quad \Pi_2 = \frac{H}{L}, \quad \Pi_3 = \frac{\rho_s}{\rho_0}, \quad \Pi_4 = \frac{\sigma_s}{\rho_0 a_0^2} \tag{16.4.11}$$

(16.4.11) 式中, Π_1 也可以写为 $\dfrac{\omega/L^3}{\sigma_s}$, 其中 ω/L^3 为单房间内炸药密度, 把 (16.4.10) 和 (16.4.11) 式代入 (16.4.9) 中可得

$$d = L \cdot F\left(\frac{\omega}{L^3 \sigma_s}, \frac{H}{L}, \frac{\rho_s}{\rho_0}, \frac{\sigma_s}{\rho_0 a_0^2}\right) \tag{16.4.12}$$

对于建筑物采用的不同材料, 比如砖混、钢筋混凝土, 进行多次试验, 利用这些试验的结果来拟合表达式.

建筑物爆炸试验的成本较高, 可以通过一些缩比试验、数值模拟结果来获得试验数据.

16.4.2　各类毁伤试验的融合评估方法

设计并实施各种类型的替代等效试验的目的是获得毁伤响应函数的参数化形式, 在获得了多类毁伤试验的结果后, 就可以在利用 16.3 节中差异模型的基础上, 融合这些不同类型的试验获得一个更准确全面的毁伤响应函数. 这里之所以说更准确是因为, 不同的试验考虑了不同的影响因素, 从不同的侧面反映了导弹的毁伤性能, 在原型试验极其有限的情况下, 融合利用这些试验无疑可以弥补原型试验的不足, 提高毁伤响应函数的准确性.

下面, 用 z_i 表示 x 的一次观测, 如果进行了 N 次观测, 得到 N 组观测值, 根据惯例, 可称这个观测有限集 $\xi_N = \{z_1, z_2, \cdots, z_N\}$ 为一个试验设计, 因此, z_i 也可称为试验设计的支撑点 (谱点).

如果对 K 种试验, 分别进行了 N_k 次观测, $\sum N_k = N$. 考虑有三种类型试验的参数化模型:

(1) 原型试验: $y = \boldsymbol{\beta}^{\mathrm{T}} \boldsymbol{f}(\boldsymbol{x}) + \varepsilon_1, \varepsilon_1 \sim \mathrm{N}(0, \sigma_1^2)$;

(2) 替代试验 1: $y - \Delta_2(\boldsymbol{x}) = \boldsymbol{\beta}^{\mathrm{T}} \boldsymbol{f}(\boldsymbol{x}) + \varepsilon_2, \varepsilon_2 \sim \mathrm{N}(0, \sigma_2^2)$;

(3) 替代试验 2: $y - \Delta_3(\boldsymbol{x}) = \boldsymbol{\beta}^{\mathrm{T}} \boldsymbol{f}(\boldsymbol{x}) + \varepsilon_3, \varepsilon_3 \sim \mathrm{N}(0, \sigma_3^2)$;

进行 N 次试验后, 用 ξ_k $(k = 1, 2, 3)$ 分别表示三种类型试验的集合. 令 $\boldsymbol{\theta}_2 = (\Delta_2(z_{21}), \Delta_2(z_{22}), \cdots, \Delta_2(z_{2N_2}))^{\mathrm{T}}$ 为原型试验与替代试验 1 的差异向量, $\boldsymbol{\theta}_3 = (\Delta_3(z_{31}), \Delta_3(z_{32}), \cdots, \Delta_3(z_{3N_3}))^{\mathrm{T}}$ 为原型试验与替代试验 2 的差异向量. 观测响应向量分别为 $\boldsymbol{Y}_k = (y_{k1}, y_{k2}, \cdots, y_{kN_k})^{\mathrm{T}}$, 随机误差向量为 $\boldsymbol{e}_k$, 于是 $\mathrm{E}(\boldsymbol{e}_k) = 0$, $\mathrm{Cov}(\boldsymbol{e}_k) = \sigma_k^2 \boldsymbol{I}_{N_k}$, 又令

$$\boldsymbol{F}(\xi_k) = \begin{bmatrix} f_1(z_{k1}) & f_2(z_{k1}) & \cdots & f_m(z_{k1}) \\ f_1(z_{k2}) & f_2(z_{k2}) & \cdots & f_m(z_{k2}) \\ \vdots & \vdots & & \vdots \\ f_1(z_{kN_k}) & f_2(z_{kN_k}) & \cdots & f_m(z_{kN_k}) \end{bmatrix} \quad (k = 1, 2, 3) \qquad (16.4.13)$$

可得观测的融合估计模型为

$$\begin{bmatrix} \boldsymbol{Y}_1 \\ \boldsymbol{Y}_2 - \boldsymbol{\theta}_2 \\ \boldsymbol{Y}_3 - \boldsymbol{\theta}_3 \end{bmatrix} = \begin{bmatrix} \boldsymbol{F}(\xi_1) \\ \boldsymbol{F}(\xi_2) \\ \boldsymbol{F}(\xi_3) \end{bmatrix} \cdot \boldsymbol{\beta} + \begin{bmatrix} \boldsymbol{e_1} \\ \boldsymbol{e_2} \\ \boldsymbol{e_3} \end{bmatrix} \qquad (16.4.14)$$

令 $\boldsymbol{Y} = \left(\sigma_1^{-1}\boldsymbol{Y}_1, \sigma_2^{-1}(\boldsymbol{Y}_2 - \boldsymbol{\theta}_2), \sigma_3^{-1}(\boldsymbol{Y}_3 - \boldsymbol{\theta}_3)\right)^{\mathrm{T}}$, $\boldsymbol{X} = \left[\sigma_1^{-1}\boldsymbol{F}(\xi_1), \sigma_2^{-1}\boldsymbol{F}(\xi_2),\right.$ $\left.\sigma_3^{-1}\boldsymbol{F}(\xi_3)\right]^{\mathrm{T}}$, 可获得 $\boldsymbol{\beta}$ 的最小二乘估计为

$$\hat{\boldsymbol{\beta}} = (\boldsymbol{X}^{\mathrm{T}}\boldsymbol{X})^{-1}\boldsymbol{X}^{\mathrm{T}}\boldsymbol{Y} \tag{16.4.15}$$

其中

$$\boldsymbol{X}^{\mathrm{T}}\boldsymbol{Y} = \begin{bmatrix} \sigma_1^{-1}\boldsymbol{F}(\xi_1) \\ \sigma_2^{-1}\boldsymbol{F}(\xi_2) \\ \sigma_3^{-1}\boldsymbol{F}(\xi_3) \end{bmatrix}^{\mathrm{T}} \begin{bmatrix} \sigma_1^{-1}\boldsymbol{Y}_1 \\ \sigma_2^{-1}(\boldsymbol{Y}_2 - \boldsymbol{\theta}_2) \\ \sigma_3^{-1}(\boldsymbol{Y}_3 - \boldsymbol{\theta}_3) \end{bmatrix}$$
$$= \sigma_1^{-2}\boldsymbol{F}^{\mathrm{T}}(\xi_1)\boldsymbol{Y}_1 + \sigma_2^{-2}\boldsymbol{F}^{\mathrm{T}}(\xi_2)(\boldsymbol{Y}_2 - \boldsymbol{\theta}_2) + \sigma_3^{-2}\boldsymbol{F}^{\mathrm{T}}(\xi_3)(\boldsymbol{Y}_3 - \boldsymbol{\theta}_3) \tag{16.4.16}$$

$$\boldsymbol{X}^{\mathrm{T}}\boldsymbol{X} = \begin{bmatrix} \sigma_1^{-1}\boldsymbol{F}(\xi_1) \\ \sigma_2^{-1}\boldsymbol{F}(\xi_2) \\ \sigma_3^{-1}\boldsymbol{F}(\xi_3) \end{bmatrix}^{\mathrm{T}} \begin{bmatrix} \sigma_1^{-1}\boldsymbol{F}(\xi_1) \\ \sigma_2^{-1}\boldsymbol{F}(\xi_2) \\ \sigma_3^{-1}\boldsymbol{F}(\xi_3) \end{bmatrix}$$
$$= \sigma_1^{-2}\boldsymbol{F}^{\mathrm{T}}(\xi_1)\boldsymbol{F}(\xi_1) + \sigma_2^{-2}\boldsymbol{F}^{\mathrm{T}}(\xi_2)\boldsymbol{F}(\xi_2) + \sigma_3^{-2}\boldsymbol{F}^{\mathrm{T}}(\xi_3)\boldsymbol{F}(\xi_3) \tag{16.4.17}$$

因此, 对于有 K 种替代试验, 且等效折算到原型试验后随机误差的方差为 σ_k^2, 则待估参数 $\boldsymbol{\beta}$ 的融合估计结果为

$$\hat{\boldsymbol{\beta}} = \sum_k \sigma_k^{-2}\boldsymbol{F}^{\mathrm{T}}(\xi_k)(\boldsymbol{Y}_k - \boldsymbol{\theta}_k) \Big/ \sum_k \sigma_k^{-2}\boldsymbol{F}^{\mathrm{T}}(\xi_k)\boldsymbol{F}(\xi_k) \tag{16.4.18}$$

由 (16.4.18) 不难得出如下结论: 融合 K 种等效折合后方差分别为 σ_k^2 的试验之后, 线性回归模型中待估参数 $\boldsymbol{\beta}$ 的多源融合估计 $\hat{\boldsymbol{\beta}}$ 满足:

$$\mathrm{E}\hat{\boldsymbol{\beta}} = \boldsymbol{\beta}, \quad \mathrm{Cov}\hat{\boldsymbol{\beta}} = \left(\sum_k \sigma_k^{-2}\boldsymbol{F}^{\mathrm{T}}(\xi_k)\boldsymbol{F}(\xi_k)\right)^{-1} \tag{16.4.19}$$

根据 (16.4.19) 可知, 当添加等效替代试验后, 可以提高参数估计的精度. 而替代等效试验的精度越高, 即 σ_k^2 越小, 则精度提高得越大, 而若替代等效试验的精度过低, 则其影响很小, 这样的等效试验意义不大. 在实际问题中, 由于原型试验成本实在太高, 所进行的试验次数太少, 使得试验次数少于待估参数的个数, 即所得设计为退化的. 为了估计参数, 必须补充替代试验.

16.4.3 各指标的量化评估方法

16.4.3.1 侵彻弹相关指标的评估

获得融合估计的毁伤响应函数后, 在各指标的计算中就可用它进行融合评估. 对侵彻弹而言, 根据 16.2 节的评估指标体系, 主要有毁伤面积、成坑深度、上靶率、

封锁概率和封锁时间等指标. 其中毁伤面积和成坑深度可以直接通过多次 Monte Carlo 仿真求平均的方法来计算 [56]. 封锁概率和封锁时间虽然也可以通过 Monte Carlo 仿真来实现, 但是每次仿真中还需要确定是否封锁或者封锁的时间, 因而相对来说更为复杂一些. 下面先讨论毁伤面积与成坑深度的计算.

1) 计算流程

计算时采用 Monte Carlo 仿真方法, 流程见图 16.4.8.

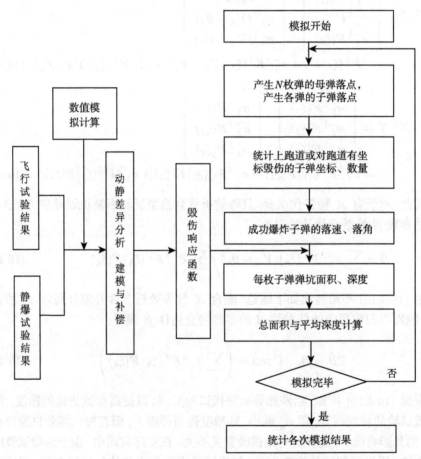

图 16.4.8　平均面积与深度的综合计算方法

2) 单次模拟结果统计

由于子弹群的抛撒具有较好的均匀性, 在单次模拟过程中一般不易出现叠加毁伤的情况, 因此单次模拟结果的统计可采用直接求和或取平均的方法得到.

设共有母弹 M 枚, 其中第 i 枚母弹中成功着靶并爆炸的子弹数为 N_i, 则单次 (设为第 k 次) 模拟计算的结果为

$$\text{总的毁伤面积 } S_k = \sum_{i=1}^{M}\sum_{j=1}^{N_i} S_{i,j} \tag{16.4.20}$$

$$\text{平均成坑深度 } h_k = \frac{\sum_{i=1}^{M}\sum_{j=1}^{N_i} h_{i,j}}{\sum_{i=1}^{M} N_i} \tag{16.4.21}$$

其中 $S_{i,j}$ 为单枚子弹的毁伤面积, $h_{i,j}$ 为单枚子弹的成坑深度, 由毁伤响应函数计算得到.

3) 综合指标计算

设共进行了 N 次 Monte Carlo 仿真, 每次仿真得到的毁伤总面积和平均深度分别为 $S_k, h_k, k=1,\cdots,N$, 对 N 次试验结果进行综合, 得到综合毁伤面积和成坑深度的计算结果, 分别为

$$S = \frac{\sum_{k=1}^{N} S_k}{N}, \quad h = \frac{\sum_{k=1}^{N} h_k}{N} \tag{16.4.22}$$

此外还可统计二者的均方差

$$\sigma_S = \sqrt{\frac{\sum_{k=1}^{N}(S_k - S)^2}{N}}, \quad \sigma_h = \sqrt{\frac{\sum_{k=1}^{N}(h_k - h)^2}{N}} \tag{16.4.23}$$

侵彻弹其他指标的评估以及侵爆弹的评估可以采用类似的思路进行动、静试验数据的综合评估.

下面, 再考虑封锁概率和封锁时间的量化计算, 这两者通过一个算法流程可实现, 基本的方法都是采用 Monte Carlo 方法进行多次模拟求平均, 但是与图 16.4.8 不同的是, 每次模拟计算中需要判断是否封锁 (通过搜索起降窗口来实现) 以及计算此次封锁的时间, 具体流程见图 16.4.9.

其中封锁概率的量化评估过程见 6.4.2 节, 在此介绍封锁时间的量化评估方法.

1) 封锁时间计算模型

机场跑道遭到集束战斗部的攻击后, 飞机会在跑道上找一块任何可能起降的合适地面, 即起降窗口, 进行起降. 飞机的起降模式有两种: 一种为沿机场长度方向起降, 另一种为飞行方向与跑道长度方向成一夹角来起降, 见图 16.4.10.

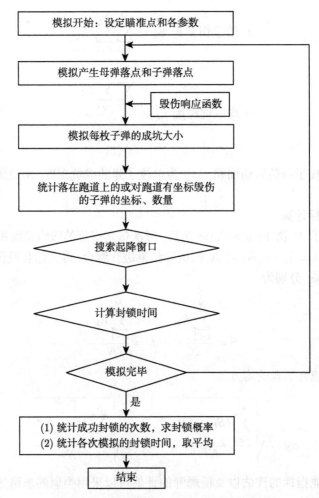

图 16.4.9   封锁概率与封锁时间的计算流程

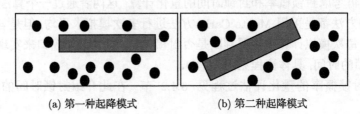

(a) 第一种起降模式   (b) 第二种起降模式

图 16.4.10   飞机起降模式

另一方面, 在跑道破坏后, 机场方必然要在最短的时间内完成抢修工作, 恢复机场的运行能力, 其首要目标是在被破坏的飞行场区内确定出一块抢修工程量较小, 可满足飞机短期飞行使用要求的最小起降窗口. 紧急跑道维修有三种情况:

① 修复最少数量的坑; ② 修复平均数量的坑; ③ 修复出最易达的路径. 后两种情况的计算可以直接根据落点情况计算, 比较简单; 第一种情况涉及最小工作量修理区域的选择, 相对比较复杂.

以下讨论情况①的修复时间的计算问题, 也即最少封锁时间的计算.

当子母弹对机场实施攻击后, 其维持封锁状态的时间取决于对方反封锁的能力. 对方反封锁一般包括以下四部分的内容: 对机场跑道损毁情况的判定; 快速确定应急跑道修复方案; 排弹分队在确定的修复区域及其周围一定距离内排除封锁目标的子弹; 跑道抢修分队迅速填补弹坑和修复跑道. 这个反封锁过程所需要的时间 T_w 为 [57-58]

$$T_w = T_q + T_d + T_p + T_x \tag{16.4.24}$$

其中 T_q 为机场跑道损毁情况判定需要的时间; T_d 为确定应急跑道修复方案需要的时间; T_p 为排弹分队在确定修复区域完成任务所需的作业时间; T_x 为跑道抢修分队在修复区域修复跑道所需的时间. T_q, T_d, T_p 三个所需时间都比较好确定, 其中 T_q, T_d 可取一个均值来表示, 而对一般子母弹, 排弹时间 T_p 也固定. 另外跑道抢修分队填补弹坑也有标准时间, 一般修理第一个坑的时间为 t_1, 其余的每个坑时间为 $t_2(< t_1)$. 因此, 封锁时间计算的核心就是, 搜索可满足飞机短期飞行使用要求的起降窗口, 并使该窗口内具有最少数量的弹坑, 同时确定需要修复的弹坑数 K, 如下式所示.

$$T_x = (K - 1) \cdot t_2 + t_1 \tag{16.4.25}$$

子弹落点散布的随机性导致了最小起降窗口的存在与否不确定, 同时满足飞机短期飞行使用要求的最小起降窗口位置及修复弹坑数也不确定. 因此, 给定战技指标的子母弹打击给定跑道后, 弹坑修复时间 T_x 是一个平均的概念.

类似跑道封锁概率的评估, 采用 Monte Carlo 方法估计平均弹坑修复时间 T_x.

2) 子弹落点模拟模型

子弹落点参数和落点散布规律是计算子母弹毁伤效果的前提条件, 用 Monte Carlo 方法计算侵彻子母弹对机场跑道的封锁情况 (封锁概率和封锁时间). 获得子弹散布的步骤包括, 瞄准点位置计算、母弹落点的产生、子弹落点的产生以及有效子弹的判定, 具体计算过程参见 6.4.1 节.

3) 搜索算法

这里重点介绍两种方法: 区域搜索法和随机抽样搜索法.

区域搜索法的思路是, 依次在一块与起降窗口等长的区域内搜索内找出该区域内需要维修弹坑数最少的满足飞机短期飞行使用要求的最小起降窗口, 并依次排除每一个子弹对后续区域的影响, 最后可得到在整体区域内需要维修弹坑数最少的满足飞机短期飞行使用要求的最小起降窗口.

其计算步骤如下:

Step 1　将所有有效的 m 个子弹的落点按照 X 坐标进行升序排列, 得到有效毁伤子弹落点的 X 坐标序列 $\{X_i\}$, 同时可得 Y 坐标序列 $\{Y_i\}$.

Step 2　首先在坐标 $X = -l/2 - r_{\max}, Y = 0$ 处虚拟一枚子弹, 从第 0 枚子弹开始对跑道进行起降窗口的搜索.

Step 3　第 i 枚子弹起始区域内需要维修弹坑数最少的满足飞机短期飞行使用要求的最小起降窗口的搜索方法是, 以第 i 枚子弹 (X_i, Y_i) 为起点, 对 X 方向上长为 $X_i + r_i + l_w + r_{\max}$, Y 方向上宽为 $(W + 2r_{\max})$ 的区域进行是否存在最小起降窗口的判断, 搜索区域见图 16.4.11.

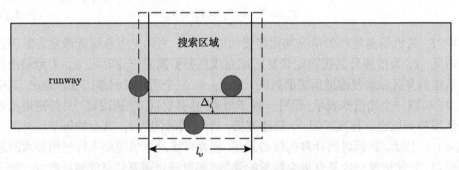

图 16.4.11　最小起降窗口搜索区域

起降窗口存在与否的判断等价于 Y 方向上存在宽于 B_w 的空白区域. 将图 16.4.11 中搜索区域中的 K 枚子弹的落点按照 Y 方向坐标进行升序排列, 得到子弹在 Y 方向坐标序列 $\{Y_i''\}$ 和相应的等效毁伤半径序列 $\{r_i''\}$, 其中 $i = 1, 2, \cdots, n$; n 为落入该区域的子弹个数. 然后根据 $\{Y_i''\}$ 和 $\{r_i''\}$ 序列求解该区域中相邻子弹以及 Y_1'' 和 Y_n'' 与跑道边缘之间空白区域的宽度 Δ_i:

$$\Delta_i = \begin{cases} Y_i'' - r_i'' + W/2, & i = 1 \\ (Y_i'' - r_i'') - (Y_{i-1}'' + r_{i-1}''), & 1 < i \leqslant n \\ W/2 - (Y_{i-1}'' + r_{i-1}''), & i = n+1 \end{cases} \tag{16.4.26}$$

如果 (16.4.26) 式中 $\Delta_i < 0$, 则取 $\Delta_i = 0$.

同理, 可求得相隔 k 枚子弹的两枚弹之间的空白区域的宽度 Δ_i^k 为

$$\Delta_i^k = \begin{cases} Y_{k+i}'' - r_{k+i}'' + W/2, & i = 1 \\ (Y_{k+i}'' - r_{k+i}') - (Y_{i-1}'' + r_{i-1}''), & 1 < i \leqslant n-k \\ W/2 - (Y_{i-1}'' + r_{i-1}''), & i = n-k+1 \end{cases} \tag{16.4.27}$$

如果之前搜索区域的最小修复弹坑数为 R_k, 则依次判断相隔 k $(1 \leqslant k \leqslant R_k)$

枚子弹的弹间距 $\Delta_{\max}^k = \max\{\Delta_i^k\}$, 是否满足 $\Delta_{\max}^k \geqslant B_w$, 显然, 总可以找出一个最小的 k, 即对应已搜索区域的最小修复弹坑数 R_k.

Step 4 如果 $R_k = 0$, 则表示存在起降窗口, 搜索停止; 如果 $R_k > 0$, 则已搜索区域不存在起降窗口, 需要继续搜索, 搜索区域移至以下一个子弹 (X_{i+1}, Y_{i+1}) 为起点的区域, 继续判断. 当 $X_{i+1} + l_w > l$ 时, 搜索完成. 若不存在起降窗口, 则得到一个修复区域以及相应的修复弹坑数, 记为 K^*.

Step 5 根据 K^*, 由 (16.4.25) 式可得本次仿真的 T_x. 重复上述过程 N 次, 可得最小修复弹坑数的平均修复时间为: $\hat{T}_x = \dfrac{\sum T_x}{N}$.

随机抽样法考虑与机场横向成倾斜角度的升降区域的搜索. 该方法的思路是在每次区域搜索时, 随机生成 M 个与满足飞机短期飞行使用要求的最小起降窗口等尺寸的区域, 获得其中受子弹影响最少的区域, 作为该次仿真需要维修的区域. 理论上讲, 当 M 趋于无穷大时, 判断是真的. 通过 Monte Carlo 和随机抽样法计算封锁概率和封锁时间的步骤如下:

Step 1 根据上述方法建立跑道坐标系, 利用数值模拟法产生一轮攻击子母弹的落点, 判断出有效的毁伤子弹.

Step 2 用参数 (x, y, φ) 表示生成的起降窗口, 其中 (x, y) 表示窗口的中心坐标, φ 表示窗口横轴与 X 方向的夹角. 随机生成参数为 (x, y, φ)、与起降窗口等尺寸的矩形, 生成方法见 6.3.2 节.

Step 3 对每个窗口矩形, 统计对该窗口矩形有影响的子弹数, 即判断其扩展区域内含有多少子弹. 如果不含子弹, 表示存在最小起降窗口, 停止生成窗口, 否则, 继续回到 Step2, 直到生成次数达到 M 次. 并得出具有最小影响子弹数的矩形窗口, 即为本次仿真中实施修复的满足飞机短期飞行使用要求的最小起降窗口. 根据其中的子弹数 K^*, 计算修复时间 T_x.

Step 4 重复前三步 N 次, 统计其中封锁成功的次数, 记为 N_{block}, 则封锁概率为 DPR $= N_{\text{block}}/N$, 平均封锁时间为 $\hat{T}_x = \dfrac{\sum T_x}{N}$.

从以上指标的计算中可以看出, 毁伤响应函数在其中所起的作用主要是支撑了底层毁伤数据的生成, 可以据此完成从弹目参数到毁伤效果的转化.

16.4.3.2 侵爆弹相关指标的评估

侵爆弹的各评估指标的计算中, 着靶精度、着靶姿态及速度可根据实际的试验结果进行评估, 其他直接用于描述毁伤情况的指标 (物理毁伤和功能毁伤指标) 可采用类似侵彻弹的方法, 根据实际评估出来的落点精度, 通过 Monte Carlo 方法进行模拟打靶, 统计每次打靶的毁伤情况, 进行综合评估.

假设已通过动静试验数据的综合分析获得毁伤效果关于着靶位置、速度及姿态的毁伤响应函数 f, 则可由 Monte Carlo 方法计算平均毁伤半径及各毁伤等级的概率.

其中平均毁伤半径的具体计算流程是:

Step 1　利用导弹的 CEP 及落点分布等, 利用随机数产生方法仿真产生着靶位置、速度和着靶角度等参数;

Step 2　利用动静综合分析所得到的毁伤响应函数 f, 将产生的着靶位置、速度和着靶角度等参数代入毁伤响应函数 f 的表达式中, 计算当次模拟的各个方向毁伤半径;

Step 3　对上述过程进行多次循环, 求平均后, 得到各个方向平均毁伤半径的分布.

各毁伤等级概率的具体计算流程是:

Step 1　依据导弹的 CEP 及落点分布等, 采用随机数产生方法仿真产生着靶位置、速度和着靶角度等参数;

Step 2　利用动静综合分析所得到的毁伤响应函数 f, 将产生的着靶位置、速度和着靶角度等参数代入毁伤响应函数 f 的表达式中, 计算当次模拟的各个方向毁伤半径;

Step 3　由目标位置和毁伤判据判断当次模拟目标的毁伤级别, 并记录其毁伤程度;

Step 4　对上述过程进行多次循环, 将得到的各种毁伤等级的次数除以总的模拟次数, 即得各毁伤等级的概率.

例如, 如果共进行了 N 次模拟, 其中有 N_1 次模拟结果为重度毁伤, N_2 次模拟结果为中度毁伤, N_3 次模拟结果为轻度毁伤, 且 $N = N_1 + N_2 + N_3$, 则该型号弹对该型目标的重度毁伤概率为 $\dfrac{N_1}{N}$, 中度毁伤概率为 $\dfrac{N_2}{N}$, 轻度毁伤概率为 $\dfrac{N_3}{N}$.

16.4.4　对典型目标的综合毁伤评估

下面以侵彻弹打击机场跑道为例, 阐述其综合毁伤评估过程.

跑道和武器的数据同 6.4.2 节和 16.4.3.1 节中的数据.

机场的修复能力 [59]: 机场损伤情况判定时间为 39min, 确定满足飞机短期飞行使用要求的最小起降窗口的时间为 20min; 弹坑修复为第一个需要 65min, 以后每个 35min, 不考虑哑弹移除.

1) 散落半径、均匀性评估

例 16.4.1　仿真获得落点散布图, 从中得出关于弹的散布半径及散布均匀性的评估结果为:

散布中心: [23.3　−4.27]; 散落半径: 104.4m.

散布满足径向均匀性和角向均匀性.

2) 封锁面积的统计计算

例 16.4.2 假设预先已得到一组实际测量结果, 按均匀设计方法设置侵彻速度和角度的取值水平, 进行数值模拟计算, 利用式 $S = a + bv + c\alpha + dv\alpha + ev^2 + f\alpha^2$ 进行回归, 其中 (a, b, c, d, e, f) 为待估参数, α 为角度, 取值单位为度, v 为速度, 取值单位为 m/s. 得到子弹的毁伤面积与落速和落角的关系为

$$S = -85 + 0.9824\alpha + 0.174v - 0.005\alpha^2 - 0.0001v^2 - 0.0005v \cdot \alpha$$

成坑深度与落速、落角的关系为

$$h = 0.1 - 0.008\alpha + 0.0045v - 0.00003v \cdot \alpha$$

其中面积的拟合误差均方差为 0.3m^2, 深度的拟合误差均方差为 0.01m. 说明低阶多项式模型可较好地描述毁伤规律, 具有较高的精度.

采用 16.4.3 节的 Monte Carlo 仿真方法, 仿真 3000 次以后的计算结果见表 16.4.3. 从表 16.4.3 的数值可以看出, 仿真 3000 次后毁伤面积的计算结果与单次仿真评估结果之间的差异很大, 因此可认为单次评估受随机因素的影响很大, 评估结果普适性差, 而 Monte Carlo 仿真能很好地抑制随机因素的影响, 得到稳健的评估结果.

表 16.4.3 毁伤面积与弹坑深度计算结果

	综合评估值		单次评估最大值	单次评估最小值
	均值	均方差		
S/m^2	520.0577	33.0429	568.6585	318.1380
h/m	0.8198	0.0173	0.8771	0.7627

3) 封锁时间与封锁概率计算

例 16.4.3 分别采用区域搜索法和基于随机抽样的搜索法来计算跑道封锁概率和封锁时间, 其中 Monte Carlo 仿真的次数均为 3000 次, 基于随机抽样的搜索法中抽样次数为 10000 次. 相关计算结果见表 16.4.4.

表 16.4.4 封锁时间与封锁概率计算结果

方法	命中概率	封锁概率	弹坑修复时间/min	弹坑评估时间/min	总封锁时间/min
区域搜索法	0.087	0.737	65.536	182.7	278.236
基于随机抽样的搜索	0.087	0.691	63.265	182.7	275.965

从表 16.4.4 可以看出, 两种方法的命中概率结果相同, 但是由于区域搜索法只考虑第一种起降模式, 其封锁概率和弹坑修复时间计算结果大于综合考虑两种起降

模式的随机抽样法. 然而, 为了保证计算精度, 随机抽样法中随机抽样次数取值很大, 使得后者的计算时间远远大于前者. 因此在粗略估计敌方封锁时间时, 可以选用区域搜索法, 并且该方法确定的弹坑修复位置更容易确定; 但需要更客观评价封锁情况时, 可以选用基于随机抽样的方法.

4) 封锁所需母弹数的计算

例 16.4.4　若认为封锁概率大于 0.8 所需的母弹数为封锁机场所需的母弹数, 则可以通过封锁概率的计算, 反过来获得封锁跑道所需要的母弹数. 对于不同类型的跑道, 由于跑道厚度不同, 毁伤坑的面积应该不同, 为简单起见, 这里所用的弹坑面积一样, 且假定对跑道的瞄准点均匀排列. 表 16.4.5 为不同母弹数下的命中概率和封锁概率计算结果, 其中采取的封锁窗口计算方法为区域搜索法, 仿真次数为3000 次.

表 16.4.5　封锁概率计算结果

母弹数	命中概率	封锁概率
15	0.2507	0.6577
17	0.2514	0.7873
18	0.2506	0.8170
20	0.2517	0.8997

因此, 按照封锁概率大于 80% 的要求, 封锁机场所需的母弹数为 18.

16.5　精度指标对毁伤效果的影响分析

16.5.1　侵彻战斗部精度对毁伤效果的影响

上面已指出, 侵彻封锁子母弹的综合毁伤效果主要由封锁概率和封锁时间决定. 根据封锁概率和封锁时间的定义, 影响封锁概率和封锁时间计算的导弹战技指标主要包括: ① 母弹的 CEP; ② 子弹群的抛撒半径; ③ 子弹的平均威力半径; ④ 每枚母弹所携带的子弹数; 等等.

下面通过仿真的方法, 给出这些战技指标的取值与封锁概率和封锁时间之间的定量、定性关系, 特别是精度指标对毁伤效果的影响.

首先, 通过仿真不同抛撒半径和 CEP 条件下, 封锁概率达到 80% 以上所需的母弹数的变化, 来确定抛撒半径和 CEP 对作战性能的影响.

与例 6.4.1 一致, 假定跑道和武器数据如下 [35]:

跑道: 机场跑道总长 3000m, 跑道总宽 50m, 用于飞机起降的最小起降窗口长800m, 最小起降窗口宽 20m;

武器: 武器精度 CEP = 200m, 母弹抛撒半径 $R = 300$m, 子弹个数 $N_{\rm m} = 70$, 子弹威力半径 $r = 2$m, 武器数量 $W_n = 10$.

仿真次数: 3000 次. 通过多次计算结果比较了各种抛撒半径及 CEP 条件下封锁概率的值, 结果表明母弹投射精度 (CEP) 对飞机跑道的毁伤效应影响很大, 精度越高, 封锁概率越大, 封锁机场所需要的母弹数越少.

再通过均匀试验设计方法, 仿真不同抛撒半径 R、CEP、威力半径 r 下封锁概率 DPR 的值, 以此获得封锁概率与这三个参数的定量关系. 表 16.4.6 为一定 CEP、抛撒半径及子弹威力半径的情况下封锁概率的计算结果.

表 16.4.6　封锁概率与各分指标之间的定量关系

序号	CEP/m	抛撒半径/m	弹孔半径/m	封锁概率
1	50	150	3.5	1
2	75	300	1.5	0.9597
3	100	125	5	0.9207
4	125	250	3	0.9770
5	150	100	1	0.3177
6	175	225	4.5	0.8647
7	200	75	2.5	0.0670
8	225	200	0.5	0.3943
9	250	50	4	0.0070
10	300	175	2	0.1783

通过对表 16.4.6 的结果进行回归, 得到封锁概率 DPR 关于 CEP、抛撒半径 R 以及威力半径 r 的关系如下:

$$\text{DPR} = -13.3351 + 0.0805\text{CEP} + 0.1061R - 1.2589r - 0.0004 \cdot \text{CEP} \cdot R$$
$$- 0.0082\text{CEP} \cdot r + 0.0083 \cdot r \cdot R - 0.0002 \cdot R^2 + 0.2395 \cdot r^2$$

实际应用上式时, 考虑到封锁概率的范围在 0 和 1 之间, 需要对上式中小于 0 的封锁概率值进行收尾, 大于 1 的封锁概率进行截尾.

从表 16.4.6 可以看出, 精度是影响毁伤效果的一个很重要的因素, 要提高毁伤效能, 应尽可能地提高子母弹的精度. 同时抛撒半径也影响了封锁概率, 对于不同的投射精度, 都存在一个最佳的抛撒半径与之组合后得到的封锁概率最大. 因此为了提高子母弹的毁伤效能, 对于不同的打击精度要设计出与之相适应的抛撒半径.

对于封锁时间, 可以通过同样的方式, 研究其规律. 图 16.4.12 为封锁时间随 CEP 的变化规律, 表 16.4.7 为同一型弹, 母弹数固定同时假定各枚母弹所携带的子弹数相同的情况下, 母弹的 CEP 和单枚母弹所携带的子弹数对封锁时间计算的影响.

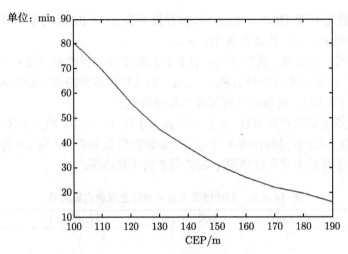

图 16.4.12　CEP 对封锁时间的影响分析

表 16.4.7　封锁时间 (s) 与 CEP、子弹数之间的定量关系

CEP/m	子弹数					
	40	50	60	70	80	90
100	63.902	80.748	92.166	107.542	121.372	140.158
110	52.116	69.652	73.616	86.178	101.096	112.526
120	43.496	56.284	56.230	71.748	81.250	92.750
130	36.140	45.444	61.872	53.542	66.760	74.962
140	30.698	38.212	47.646	48.044	52.690	60.322
150	25.352	31.152	37.944	45.84	40.024	52.05
160	21.460	26.016	31.840	43.218	33.808	43.228
170	18.978	21.994	27.076	37.662	32.576	36.856
180	15.532	19.736	22.654	28.118	33.044	31.170
190	12.348	16.276	19.448	24.124	31.530	27.250

注: 表中横行标题为子弹数目, 纵栏标题为 CEP(m), 带三位小数的数字为封锁时间(s)

图 16.4.12 和表 16.4.7 表明, 随着导弹命中精度的提高, 封锁时间增加, 同时随着母弹所携带的子弹数增多, 封锁时间也不断增加. 表 16.4.7 中的参数变化范围参考了文献 [35] 和文献 [41] 中参数的取值.

16.5.2　侵爆战斗部精度对毁伤效果的影响

由 16.2.2 节知, 侵爆战斗部的综合毁伤指标为形成各等级毁伤程度的概率, 数值模拟结果显示, 对侵爆战斗部打击典型建筑物而言, 战斗部的炸点位置、剩余速度等对毁伤效果的影响都很小, 因此各项战术指标中会影响整体毁伤效果的指标主要有: 着靶的精度 (即导弹的精度)、装药量.

通过分析可以发现, 毁伤概率受导弹的精度影响比较大, 随 CEP 的增大毁伤概率迅速降低. 毁伤房间数与毁伤概率随药量的增加而增大, 但是增加的速度比较缓慢. 综上所述, 提高导弹精度和增加战斗部装药量都可以加大对人员、建筑的毁伤概率, 但是, 提高导弹的精度将会收到更好的效果.

参 考 文 献

[1] James G D, Charles E S. Battle damage assessment the ground truth. Joint Force Quarterly, 2005, (37): 59-64.

[2] 付文宪, 李少洪, 洪文. 基于高分辨率 SAR 图像的打击效果评估. 电子学报, 2003, 31(9): 1290-1294.

[3] 周旭. 导弹毁伤效能试验与评估. 北京: 国防工业出版社, 2014: 407-429.

[4] 丁达理, 刘子阳, 黄长强. 某型主动雷达末制导导弹毁伤目标效能评估. 弹箭与制导学报, 2004, 24(4): 287-289.

[5] 隋树元, 王树山. 终点效应学. 北京: 国防工业出版社, 2000.

[6] 罗宇, 黄风雷, 刘彦. 反辐射导弹对某型雷达目标毁伤能力的评估. 弹箭与制导学报, 2005, 25(S1): 139-141.

[7] 彭征明, 李云芝, 罗小明. 反辐射导弹毁伤能力评估研究. 装备指挥技术学院学报, 2005, 16(3): 15-18.

[8] 李伟, 方洋旺, 伍友利, 等. 冲击波毁伤评估方法. 空军工程大学学报, 2015, 16(4): 92-95.

[9] 陈健, 米双山, 易胜, 孙韬. 巡航导弹制导系统毁伤模型研究. 弹道学报, 2004, 16(3): 44-49.

[10] 李超, 李向东, 葛贤坤. 破片式战斗部对典型相控阵雷达毁伤评估. 弹道学报, 2015, 27(1): 80-84.

[11] 王宏, 阳家宏, 杨薛军, 等. 地空导弹装备易损性分析及毁伤评估仿真研究. 现代防御技术, 2016, 44(4): 109-116.

[12] 司凯, 李向东, 郭超, 等. 破片式战斗部对飞机类目标毁伤评估方法研究. 弹道学报, 2017, 29(4): 52-57.

[13] 童丽, 周旭, 赵玉立. 基于体目标功能毁伤的瞄准点选取方法. 弹箭与制导学报, 2010, 30(1): 131-134.

[14] 王迎春, 王洁, 杜安利. 动能杆侵彻目标靶毁伤效果研究. 高压物理学报, 2014, 28(2): 197-201.

[15] Deitz P H, Starks M W. The generation, use, and misuse of "PKs" in vulnerability/lethality analysis. Military Operations Research, 1999, 4(1): 19-33.

[16] Ruth B G, Hanes P J. A time-discrete vulnerability/lethality (V/L) process structure. ADA320349, 1996.

[17] Walbert J N. The mathematical structure of the vulnerability spaces. ADA288854, 1994.

[18]　Klopcic J T. The vulnerability/lethality taxonomy as a general analytical procedure. ADA364475, 1999.

[19]　Deitz P H, Sheehan J, Harris B, Wong A B. A general framework and methodology for analyzing weapon systems effectiveness. ADA405473, 2001.

[20]　Roach L K. A methodology for battle damage repair (BDR) analysis. ADA276083, 1994.

[21]　Lu Y, Xu K. Prediction of debris launch velocity of vented concrete structures under internal blast. International Journal of Impact Engineering, 2007, 34(11): 1753-1767.

[22]　郑全平, 钱七虎, 周早生, 等. 钢筋混凝土震塌厚度计算公式对比研究. 工程力学, 2003, 20(3): 47-53.

[23]　沈德家, 侯岳衡. 爆炸对结构局部作用重叠破坏的探讨. 防护工程, 2003, (25): 1-5.

[24]　黄寒砚, 王正明, 田占东. 子母弹毁伤效果的均匀设计优化. 弹道学报, 2008, 20(1): 22-25.

[25]　李明山, 王正明, 张仪. 基于均匀试验设计的支持向量回归参数选择方法. 系统仿真学报, 2008, 20(8): 2195-2199.

[26]　李明山, 谢美华, 黄寒砚, 王卫威. 基于偏最小二乘的向后删除变量法及其在均匀设计中的应用. 飞行器测控学报, 2007, 26(3): 62-67.

[27]　杨玉林, 赵国志, 张巨香. 先进装甲对动能弹防护能力的均质等效靶研究. 弹道学报, 2003, 15(2): 64-67, 72.

[28]　许三罗, 相恒波. 射弹侵彻混凝土中相似理论的应用及误差分析. 弹箭与制导学报, 2007, 27(3): 123-126.

[29]　黄寒砚, 王正明. 子母弹对机场跑道封锁时间的计算方法与分析. 兵工学报, 2009, 30(3): 295-300.

[30]　Kennedy M C, O'Hagan A. Bayesian calibration of computer models. Journal of the Reyal Statistical Society B, 2001, 63(3): 425-464.

[31]　李亚雄, 刘新学, 舒健生. 两种子母弹抛撒模型对跑道失效率的影响分析. 弹箭与制导学报, 2005, 25(2): 48-50.

[32]　李新其, 谭守林, 李红霞. 不同任务要求下子母弹毁伤机场目标耗弹量算法研究. 弹箭与制导学报, 2005, 25(2): 538-540.

[33]　李向东, 董旭意. 子弹数目对子母弹毁伤效能的影响研究. 弹道学报, 2001, 16(41): 36-40.

[34]　雷宁利, 唐雪梅. 侵彻子母弹对机场跑道的封锁概率计算研究. 系统仿真学报, 2004, 16(9): 2030-2032.

[35]　舒健生, 陈永胜. 对现有跑道失效率模拟模型的改进. 火力与指挥控制, 2004, 29(2): 99-102.

[36]　Roach L K. A methodology for battle damage repair (BDR) analysis. Army Research Laboratory, ARL-TR-330, 1994.

[37]　舒健生. 常规导弹毁伤指标及其计算方法研究. 西安工程学院学报, 1998, 4: 78-81.

[38]　黄寒砚, 王正明, 袁震宇, 等. 跑道失效率的计算模型与计算精度分析. 系统仿真学报, 2007, 19(12): 2661-2664.

[39] 唐雪梅, 徐文旭. 导弹子母弹抛撒的均匀性指标的确定及评定方法. 系统工程与电子技术, 1999, 21(1): 11-14.

[40] 金文奇, 崔德山, 邓波. 关于圆内均匀分布的检验与估计. 兵工学报, 2001, 22(4): 468-472.

[41] 杨云斌, 张建伟, 钱立新, 等. 反跑道集束战斗部毁伤概率研究. 计算机仿真, 2003, 20(8): 12-15.

[42] 舒健生, 王运吉, 朱昱. 子母弹抛撒半径对机场毁伤效果影响分析. 火力与指挥控制, 2001, 26(3): 49-50.

[43] Leininger L D, Derivation of probabilistic damage definitions from high fidelity deterministic computations. UCRL-TR-208074, 2004.11.

[44] Klopcic J T, Reed H L. Historical perspectives on vulnerability/lethality analysis. ADA361816, 1999.

[45] 北京工业学院八系. 爆炸及其作用 (下册). 北京: 国防工业出版社, 1979.

[46] 谢美华. 导弹动、静试验差异的参数化建模及补偿. 控制理论与应用, 2009, 26(10): 1130-1132.

[47] 付文宪, 李少洪, 洪文. 基于高分辨率 SAR 图像的打击效果评估. 电子学报, 2003, 31(9): 1290-1294.

[48] 米双山, 何剑彬, 张锡恩, 陈健. 战斗损伤仿真中的等效靶与破片终点速度研究. 兵工学报, 2005, 26(5): 605-608.

[49] 陈小伟, 张方举, 杨世全, 等. 动能深侵彻弹的力学设计 (III): 缩比实验分析. 爆炸与冲击, 2006, 26(2): 105-114.

[50] 许陈虎, 陈斌, 宋殿义. 一种计算射弹侵彻混凝土深度的半理论半经验公式. 实验力学, 2004, 20: 95-98.

[51] 王成华, 史利平, 徐孝诚. 混凝土靶侵彻计算的半经验法. 强度与环境, 2007, 34(2): 31-37.

[52] 王万中. 试验的设计与分析. 北京: 高等教育出版社, 2004: 324-355.

[53] 马爱娥, 黄风雷. 弹体斜侵彻钢筋混凝土的试验研究. 北京理工大学学报, 2007, 27(6): 482-486.

[54] 徐挺. 相似方法及其应用. 北京: 机械工业出版社, 1995: 55-65.

[55] 荆松吉, 卢芳云, 张震宇, 等. 混凝土复合介质内爆炸毁伤效应的模化方法研究. 弹箭与制导学报, 2008, 28(2): 22-25.

[56] 谢美华, 李明山, 田占东. 基于毁伤响应函数的机场跑道毁伤评估指标计算. 弹道学报, 2008, 20(2): 70-73.

[57] 王华, 焦国太, 宋丽萍. 配用多模引信的多模弹药封锁机场模型研究. 探测与控制学报, 2003, 25(3): 17-20.

[58] 许巍. 机场最小起降窗口模糊优选理论模型. 交通运输工程学报, 2005, 5(1): 57-60.

[59] 梁敏, 杨骅飞. 机场封锁与反封锁对抗中的封锁效能计算模型. 探测与控制学报, 2003, 25(2): 50-54.

第17章 常规导弹毁伤效应的快速仿真和可视化技术

17.1 引 言

常规导弹毁伤效应快速仿真分析技术涉及爆炸力学、统计与评估方法、计算机仿真等领域,属于典型的交叉学科问题.如果能够进一步将毁伤效应快速仿真分析与战术仿真相结合,实现具有物理力学基础的作战仿真,将能够为装备作战试验与毁伤评估提供坚实的技术支撑.

目前美国和欧洲的部分国家都在积极开展常规武器毁伤效应快速仿真分析系统的开发研制工作.例如,荷兰的 TNO 国防实验室较早地开展了这方面的研究和系统开发工作,已经形成了大量的计算模型和代码,尤其在空空、地空导弹打击空中飞行目标的毁伤仿真分析方面具有相当成熟的技术,该实验室推出的软件系统在美国和欧洲部分国家的国防研究部门与军方得到了大量应用.另外,瑞典陆军开发的 AVAL 系统值得关注,该系统也是毁伤仿真分析的重要工具. AVAL 系统集成了多种常规武器毁伤元素,包括冲击波、破片、射流、射弹 (EFP) 和穿甲弹芯等,考虑了多种毁伤效应,包括侵彻、引爆、引燃、结构损坏和燃油泄露等,在支持作战仿真和任务规划方面具有相当的实用价值.国内,国防科技大学、中国工程物理研究院、北京理工大学和各军兵种研究院、国防工业部门相关单位也正在进行相关系统研制.

基于有限元、有限差分或无网格方法的数值模拟虽然可以对常规武器毁伤效应进行预测和评估,但是对于武器毁伤过程,如冲击波传播、侵彻破坏等过程,此类数值模拟往往需要耗费大量的时间,甚至多达数百小时,实际上很难直接支撑作战试验和任务规划.因此,急需建立快速简便、准确可靠的爆炸冲击响应计算机仿真方法.国外军事强国非常重视毁伤过程快速分析软件的开发,并形成一些相关软件,如表 17.1.1 所示.

SURVIVE 是由英国国防评估和研究局、UK MOD's Vulnerability Reduction Strategy 以及 QinetiQ 公司开发的通用目标易损性分析软件,舰船易损性分析是 SURVIVE 的强项,其功能包括内外爆炸、水淹稳定性、侵彻破片、烟/火疏散等. SURVIVE 是目前调研到的在毁伤快速仿真领域功能和界面方面做得最好的软件.

表 17.1.1 中 AVAL 最初由瑞典陆军开发,由于受信息技术和经验的限制,瑞

典陆军开发 AVAL 的过程是一个长期积累的过程. 瑞典在 20 世纪 60 年代开发的 V/L 模型最初只为瑞典国防研究处 (FOI) 所使用, 之后被瑞典最大的武器弹药制造公司 Bofors AB 所采用. 在 Bofors AB 和其他参与者的共同研发下, 形成了针对地面、空中和海上目标, 包括不同武器类型仿真模型的 AVAL 系统. 现在已经成为北大西洋公约组织内部通用软件, 并且由各组成国共同承担扩展开发的任务. 此类毁伤分析软件既保证了仿真结果的工程实用性, 同时又大大提高了毁伤分析的速度, 使得毁伤仿真分析能够直接支撑作战火力规划、目标易损性分析等实际应用.

表 17.1.1   国外军事强国常用毁伤仿真分析系统

系统名称	国家	备注
COVART	美国	可以确定在单个侵彻体打击下地面和空中目标的易损区域与修复时间, 包括动能侵彻或高爆炸药的作用
BEEM	美国	在各种爆炸装置作用下, BEEM 可以给出对于附近人员和建筑物的破坏程度, 并给出对于设施的危险评估
TANKILL	加拿大	对装甲坦克的易损性分析
TARVAC	荷兰	TNO 国防实验室研制, 对多种类型目标的易损性评估
AVAL	瑞典	FMV (国防装备管理局) 研制, 能实现对多目标的毁伤预测与易损性评估
SURVIVE	英国	QinetiQ 公司开发的通用舰船生命力分析与评估软件
HDBTDC AOA	美国	ACC(空军战斗司令部) 研制, 对打击深埋坚固地下工程的易损性/毁伤效能评估

本章首先针对爆炸冲击波毁伤、侵彻毁伤和破片战斗部毁伤这三种毁伤过程的快速仿真方法进行介绍, 然后对毁伤仿真场景的设置和可视化做一个简单介绍.

17.2   常规炸药爆炸冲击波毁伤快速仿真

战斗部爆炸产生的爆炸冲击波是一种重要的毁伤元素. 在目标遭受爆炸作用的毁伤分析中, 关键因素之一就是确定目标承受的爆炸冲击波载荷. 超压和冲量是载荷的两个主要参数, 目前很多目标在爆炸冲击波作用下的毁伤准则也主要是由这两个参数决定, 如超压判据、冲量判据、超压冲量联合判据.

对于球形装药爆炸产生的冲击波在空气中的传播, 国内外均进行了广泛深入的研究, 形成了比较完善的基础理论. 通过爆炸相似率和量纲分析方法, 在试验数据的基础上, 建立了冲击波超压、冲量、持续时间等参数的计算公式. 在美国陆军、海军和空军部门联合推出的技术手册 TM5-1300, 即《结构抗偶然爆炸设计手册》中, 对于爆炸冲击波载荷的外爆载荷进行了比较系统的研究, 通过一系列的试验和数值研究手段, 建立了适用于工程计算的公式和图表, 用于预测不同质量的炸药在不同爆炸位置起爆后作用在结构上的反射超压时程曲线的各个参数.

对于建筑物目标载荷的快速计算, 国内外也有比较广泛的研究. TM5-1300 中比较系统地研究了作用于目标表面的爆炸冲击波载荷, 给出了适用于工程计算的公式和大量试验数据图表来计算不同质量的炸药在不同爆炸位置起爆后作用在结构上的载荷参数. 国内一些学者通过试验和数值模拟的方法对爆炸冲击波绕过墙体的过程进行了研究, 得到了不同爆距和装药量下墙体所受爆炸载荷的变化规律以及爆炸冲击波绕过墙体后压力的变化规律. 然而, 上述爆炸载荷的预测公式和图表一般是针对几何结构比较简单的如墙面 (平面)、房屋 (六面体) 等建立, 对于几何外形不太规则的目标, 如飞机、车辆、雷达目标等, 这些公式则不再适用. CONWEP 是一种爆炸加载模型, 之后被引入著名的非线性动力学软件 LS-DYNA3D 中, 用来模拟单爆源爆炸冲击加载. 该模型考虑了入射角度对冲击波反射压力的影响, 但没有考虑绕射和反射载荷效应. 使用该模型时, 需人为指定加载面, 计算载荷时只考虑爆源与目标载荷面的夹角, 没有考虑到面元之间遮挡引起的载荷变化. 该模型本质上是一种斜入射情况下爆炸冲击波压力载荷的计算模型, 对于爆炸冲击波的地面反射、加强、马赫波的产生等情况并没有给出快速的建模方法.

17.2.1　爆炸载荷基本参数

爆炸载荷有如下基本参数: 超压峰值、比冲量、冲击波持续时间、冲击波到达时间、压力时程曲线等. 利用这些参数可以准确地对爆炸载荷的作用进行描述.

自由空气场爆炸产生的冲击波典型压力时程曲线如图 17.2.1 所示, P_0 为目标点的大气压, 自由空气中的爆源起爆后产生的冲击波经过时间 t_A 到达目标点, 目标点处的压力瞬间上升至峰值 P_{so} (又称为超压峰值 ΔP_m). 随着冲击波向前传播, 目标点处的压力逐渐下降, 经过时间 t_0 后恢复到大气压, t_0 也称为正压持续时间. 之后, 目标点处的压强并不是停留在大气压上, 而是随着冲击波的向前传播而继续下降至负压, 直到降到负的峰值 P_0^-, 然后逐渐恢复到大气压强, 负压的持续时间为 t_0^-.

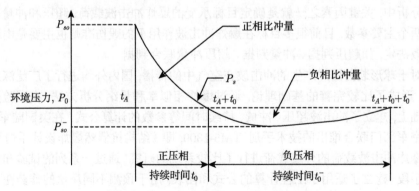

图 17.2.1　爆炸冲击波典型压力时程曲线

17.2.1.1 超压峰值

相似律是科学研究中一个常用的基本定律. 采用试验的方法对爆炸冲击波进行研究操作难度较高且花费极大, 尤其是大型的原型试验, 而爆炸相似定律可以将小型的爆炸冲击波试验结果以一定的规律推广到其他模型中.

经验表明, 爆炸波的超压峰值和作用时间均是比例距离 Z 的函数.

$$P_{so} = \Phi_1(Z) \tag{17.2.1}$$

$$t_0 = \Phi_2(Z) \tag{17.2.2}$$

式中比例距离 Z 的定义为

$$Z = \frac{R}{\sqrt[3]{W}} \tag{17.2.3}$$

其中 W 为装药量或等效 TNT 当量, R 为传感器距爆心距离或爆炸波传播距离.

通过以上规律可以发现, 两个当量不同的炸药在不同的位置起爆, 在其他条件相同的情况下, 在同一比例距离处冲击波的超压峰值、持续时间和比冲量相同, 这就是所谓的爆炸相似律. 而对于波阵面上的其他冲击波参数, 比如质点速度、动压等都能够满足以上规律.

超压是造成目标毁伤的重要原因之一. 冲击波波阵面上的超压最大值称为超压峰值. 在某一观测点上, 超压峰值主要取决于以下三个因素:

(1) 装药量 W, 炸药密度 ρ_W, 炸药爆轰速度 D (D 与炸药的种类有关);

(2) 空气的初始状态, 压力 P_0 和密度 ρ_0, 绝热指数 γ;

(3) 冲击波传播的距离 R.

若忽略空气本身热传导的作用, 则超压关系可表示为

$$P_{so} = \phi(W, \rho_W, D, P_0, \rho_0, R, \gamma) \tag{17.2.4}$$

根据白金汉定理, 选取 P_0, R 为基本量纲单位, 将上式中的各量组成无量纲量, 有

$$\frac{P_{so}}{P_0} = \phi_1\left(\frac{W}{\rho_0 R^3}, \frac{\rho_W}{\rho_0}, \frac{D}{\sqrt{P_0/\rho_0}}, \gamma\right) \tag{17.2.5}$$

当炸药不变 (ρ_W, D 都是常数), 周围介质的初始状态不变 (P_0, ρ_0 和 γ 都是常数) 时, 上式又可写为 [1]

$$P_{so} = A_0 + A_1 \frac{1}{Z} + A_2 \frac{1}{Z^2} + A_3 \frac{1}{Z^3} + \cdots = \sum_{n=0}^{\infty} A_n \frac{1}{Z^n} \tag{17.2.6}$$

参数 $A_0, \cdots, A_n$ 由试验或曲线拟合确定. 著名的萨道夫斯基公式即采用这一形式, 给出了球形 TNT 裸炸药在无限空中爆炸时的超压峰值计算公式.

$$P_{so} = 0.84 \left(\frac{\sqrt[3]{W_{\text{TNT}}}}{R} \right) + 2.7 \left(\frac{\sqrt[3]{W_{\text{TNT}}}}{R} \right)^2 + 7.0 \left(\frac{\sqrt[3]{W_{\text{TNT}}}}{R} \right)^3 \qquad (17.2.7)$$

由于这种形式很难满足量纲一致性, 通常在确定系数 $A_0, \cdots, A_n$ 时要指定特定量纲, 比如上式系数适用的量纲为: Δp_m 的单位是 atm, W_{TNT} 的单位是 kg, R 的单位是 m.

17.2.1.2　正压作用时间

冲击波正压持续时间与冲击波超压峰值一样, 同样是评估目标破坏程度的一个重要参数. J. Henrych 根据大量现场试验, 提出了与比例距离相关的正压持续时间 t_0 的计算公式:

$$\frac{t_0}{\sqrt[3]{W}} = 10^{-3}(0.107 + 0.444Z + 0.264Z^2 - 0.129Z^3 + 0.0335Z^4), \quad 0.05 \leqslant Z \leqslant 3$$
$$(17.2.8)$$

式中, t_0 的单位为 s, W 的单位为 kg.

17.2.1.3　冲量

冲量是冲击波压力从到达时刻 t_A 到正压相结束时刻 $t_A + t_0$ 与时间轴围成的面积:

$$i_s = \int_{t_A}^{t_A+t_0} [P_s(t) - P_0] \mathrm{d}t \qquad (17.2.9)$$

对于结构的动态响应计算来说, 正压相超压峰值和冲量是最重要的两个参数. J. Henrych 根据试验得到比冲量的计算公式为

$$\begin{cases} \dfrac{i_s}{\sqrt[3]{W}} = 6630 - 11150Z^{-1} + 6290Z^{-2} - 1004Z^{-3}, & 0.4 \leqslant Z \leqslant 0.75 \\ \dfrac{i_s}{\sqrt[3]{W}} = -322 + 2110Z^{-1} - 2160Z^{-2} + 801Z^{-3}, & 0.75 < Z \leqslant 3 \end{cases} \qquad (17.2.10)$$

式中, i_s 的单位为 Pa·s, W 的单位为 kg. 当等效成三角形载荷时, 超压作用时间可由比冲量和超压峰值计算得到

$$t_0 = \frac{2i_s}{P_{s_0}} \qquad (17.2.11)$$

17.2.1.4　超压随时间的变化规律

对结构进行动力学分析求解时要求了解目标点处压力随时间的变化规律, 在实际情况中, 为了方便相关的计算, 通常会把非常复杂的爆炸冲击波压力时程曲线理

想化成指数衰减的形式或者是三角形直线衰减的形式. 这种简化方法一般对工程
应用来说是满足精度要求的.

(1) 指数形式表达式:

$$P_s = P_{so}\left(1 - \frac{t - t_A}{t_0}\right)\exp\left[-\frac{\alpha(t - t_A)}{t_0}\right] \qquad (17.2.12)$$

式中, α 为冲击波波形常数支配的曲线衰减率.

(2) 三角形直线形式表达式:

$$P_s = P_{so}\left(1 - \frac{t - t_A}{t_0}\right) \qquad (17.2.13)$$

将爆炸冲击波时间剖面等效成三角形的时候, 原则是要求超压峰值的最大值与
真实情况保持一致.

17.2.2 作用于建筑物外部的爆炸载荷

对于地面上的建筑物结构, 由于建筑物相对于冲击波传播方向的朝向不同, 每
一个外表面会经历不同的爆炸载荷, 必须单独地考虑迎波面、背波面和顶部表面上
的载荷. 而由于外围结构的破坏, 冲击波从开口进入建筑物内部, 与建筑物内部构
件发生互相作用, 这是一个更为复杂的过程. 本节首先对外爆载荷下建筑物外表面
以及内部的爆炸载荷进行研究, 将冲击波传播过程进行简化, 提出快速计算方法.

作用于地面建筑物上的爆炸载荷与超压峰值、冲量、动态压力和持续时间等入
射波的冲击波特性以及结构的几何尺寸、方位朝向等属性有关, 冲击波与建筑物之
间的相互作用是一个非常复杂的过程.

如图 17.2.2 所示, 对于地上的建筑物, 基于建筑物相对于冲击波传播方向的朝
向, 每一个表面都会经历不同的爆炸载荷. 反射压力会在面向爆炸源的建筑物一侧
显现出来. 当冲击波在传播过程中遇到某个结构表面时 (这个面朝向爆心), 因反射
作用使得压力急剧上升并改变传播方向产生反射波, 这个反射压力的值是入射波的
超压峰值和该表面与冲击波波阵面传播方向夹角的函数. 在这之后, 冲击波沿结构
边缘发生绕射, 先是传播到结构两侧和顶部, 然后是背面, 背面有来自侧面和顶面
绕射的两个冲击波相互作用. 建筑物上每一个与冲击波传播方向平行的面上的爆
炸载荷相似, 如屋顶和侧墙. 而建筑物背面的爆炸载荷将极大地受表面角落冲击波
的涡流影响, 通常会小于侧面和顶面的爆炸载荷. 除了超压以外, 这些建筑物表面
还承受阻压, 阻压是动态压力和阻力系数的函数. 可以假定建筑物表面所受到的总
压力是入射压力或反射压力与阻压的代数和. 所以, 对于完全封闭式的矩形建筑物
结构, 必须分别考虑迎波面、背波面以及侧面和顶面表面上的载荷.

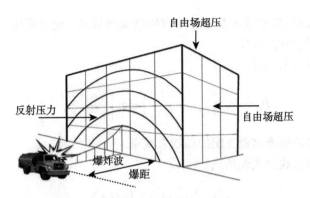

图 17.2.2　作用在建筑物表面的爆炸载荷

17.2.2.1　反射压力

如果爆炸产生的冲击波传播到地面或者在传播过程中遇到障碍物或结构物, 将在地面、障碍物或结构物的表面产生反射, 反射波与入射波相互作用, 使作用在物体表面的冲击波压力峰值和总冲量都得到加强. 图 17.2.3 给出了自由场空气爆炸的冲击波经无限大刚性平面反射后产生的反射波和入射波超压时程曲线的对比. 由图可以看出, 经反射后, 反射波的正压力峰值、负压力峰值绝对值、正冲量以及负冲量的绝对值均有不同程度的提高, 提高的幅度与入射波压力峰值 P_{so}、入射角以及目标建筑物和炸药起爆位置之间的距离等因素有关.

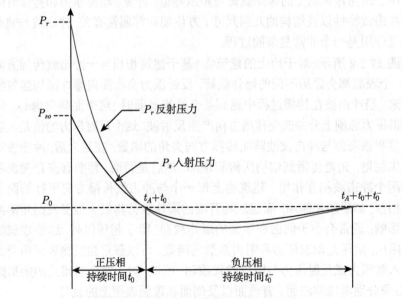

图 17.2.3　爆炸冲击波典型压力时程曲线

　　某一表面上反射爆炸载荷的大小取决于该表面与爆炸波传播方向之间的角度, 即入射角. 当建筑物的尺寸与爆距相比明显较小时, 冲击波以一定角度向建筑物传播, 建筑物表面上每一个点的入射角可以视为相同, 角度的差别可以忽略不计. 根据反射面上的入射超压峰值与入射角的值, 利用图 17.2.4 可以预测该表面的反射压力峰值和反射冲量. 图 17.2.4 中的纵坐标为反射压力系数 $C_{R\alpha}$, 是反射压力峰值与超压峰值之比, 参考式 (17.2.14), 而反射压力峰值等于反射压力系数乘以超压峰值.

$$C_{R\alpha} = P_{R\alpha}/P_{SO} \tag{17.2.14}$$

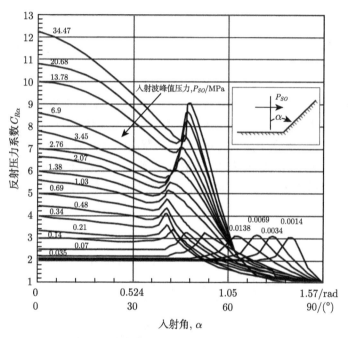

图 17.2.4　反射压力峰值与入射角之间的关系

17.2.2.2　等效计算方法

　　上述方法适用于计算绕射影响下建筑物非迎爆面上某一个表面的平均爆炸载荷, 不能得到任意特定点的爆炸载荷, 但表面上各个部分的爆炸载荷还是可以区别的, 本节提出了一种简化的计算方法来计算建筑物任意表面上任意特定点的爆炸冲击波参数. 该方法是, 将绕射的影响等效成直射的作用, 爆距取修正距离 Rm, 假设作用在目标点的爆炸载荷与距离爆源 Rm 处的相等. 对于冲击波绕射到侧墙和顶面的情况, 如图 17.2.5(a) 所示, 爆炸波在建筑物 BE 棱边发生绕射, 取在所有通过棱边 BE 的绕射路径中路程最短的一条作为参考 [2].

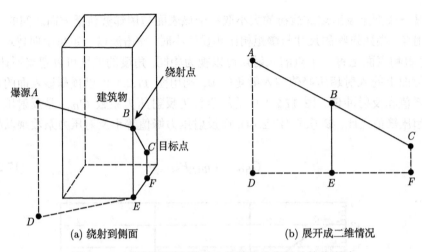

(a) 绕射到侧面　　　　　　　　　　(b) 展开成二维情况

图 17.2.5　绕射到侧面的冲击波等效为直射的简化方法

爆炸冲击波发生绕射后, 强度会有明显的衰减, 而且越靠近墙面衰减越明显. 为了更好地描述这种现象, 在上述公式上再乘以一个衰减因子 $(1+\sin\beta)$, β 是射线 AB 与 C 点 (图 17.2.6) 所在平面的夹角, 绕射到背面的衰减因子为 $(1+\sin 90^\circ +\sin\beta)$, 即 $(2+\sin\beta)$. 根据研究经验发现, 这种工程等效方法在计算超压时乘以衰减因子比较准确, 在计算冲击波到达时间和正压持续时间时则不需要乘以衰减因子.

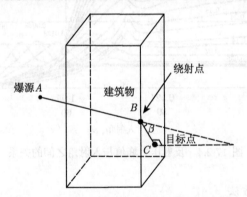

图 17.2.6　射线 AB 与 C 点所在平面的夹角

17.2.2.3　计算结果

爆炸发生在距离目标建筑物水平距离 $D = 20\mathrm{m}$ 处的地面, 炸药的 TNT 当量 $W = 300\mathrm{kg}$. 目标建筑物的几何尺寸为 $B = 5\mathrm{m}$, $L = 10\mathrm{m}$, $H = 10\mathrm{m}$. 爆炸冲击波在 3ms 内迅速到达目标建筑物上, 由于反射作用, 在建筑物的迎波面产生了反射压力. 图 17.2.7 给出了炸药引爆后目标建筑物上的压力峰值云图. 由图 17.2.7 可知, 建筑物迎波面上的超压峰值明显大于其他面, 且底部的超压峰值最大, 达到 304.8kPa. 随着高度的增加, 离爆炸中心的距离也在增大, 同时地面反射作用在减小, 所以超压峰值沿着建筑物的高度方向在逐渐减小.

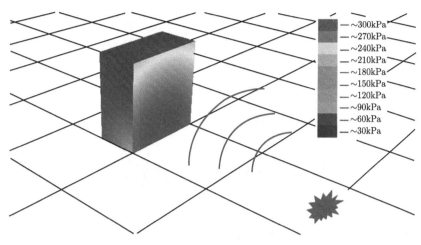

图 17.2.7 压力峰值云图

爆炸冲击波传播到目标建筑物上之后, 一部分被反射回来, 还有部分爆炸冲击波绕过建筑物继续传播, 同时在结构边缘发生绕流现象. 从图中可以看出, 同样是建筑物底部, 侧面的峰值压力为 70.53kPa, 仅为正面峰值压力的四分之一. 此外, 沿着建筑物的高度方向, 超压峰值随着建筑物高度的增大而减小. 爆炸冲击波在通过侧面和顶面后, 到达建筑物的后面, 由于多次绕射导致的衰减, 背面的峰值压力不到 18kPa, 相比建筑物正面的峰值压力小得多.

17.2.3 作用在建筑物内部构件上的爆炸载荷

当冲击波作用于建筑物上时, 比较脆弱的构件, 如门、窗等会立刻被破坏 (大约一毫秒左右), 随后爆炸冲击波将由这些洞口涌入建筑物的内部, 对建筑物内部的构件造成威胁. 突然释放出来的高压将使得每个洞口都产生一个新的冲击波传播, 并进一步波及整个结构内部. 内部的冲击波在初期相对于入射到建筑物外部的压力是比较弱的, 但是随着冲击波在内部构件上的多次反射, 压力可能会发生局部增强现象, 是一个非常复杂的过程.

17.2.3.1 内部构件爆炸距离修正

由于建筑物真实结构远远比一个简单的矩形结构复杂, 外爆载荷加载方法便不再适用于对建筑物进行全面的分析. 对于作用于内部构件上的载荷的计算, 本节提出一种简化的计算方法, 如图 17.2.8 所示, 红色部分是目标构件, 将爆心与其形心做连线, 该线段依次穿过了构件 $B1$ 和构件 $B2$, 可以近似认为影响目标构件损伤的主要因素有以下几点: ① 构件 $B1$, $B2$ 的损伤程度; ② 目标构件与爆心之间的距离; ③ $B1$, $B2$ 所在房间体积; ④ 装药量 [2].

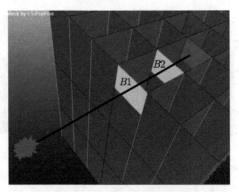

图 17.2.8　等效距离模型

根据简化方法, 与将绕射等效为直射来计算建筑物外表面爆炸载荷的方法类似, 将冲击波通过洞口进入建筑物内部这一复杂的传播过程也简化成直射的作用来计算. 然而, 冲击波作用在表面后再由洞口传入内部的这个过程中能量会削弱, 考虑能量的损失, 引入等效距离 R_E 来说明爆炸载荷的折减, 假设作用在目标点上的爆炸载荷与距离爆源 R_E 处的相等. 计算式如下:

$$R_E = R_0 + \sum_{i=1}^{m} S \cdot H_i (1 - D_i) \tag{17.2.15}$$

式中 R_0 为爆心与构件形心之间的直线距离; S 为修正系数; m 为连线穿过的面构件个数, 没有则取值 0, i 为连线穿过的第 i 个面构件; D_i 为连线依次穿过的构件的损伤度, 损伤度 0, 0.2, 0.5, 0.8, 1 分别对应极轻度损伤、轻度损伤、中度损伤、重度损伤、极重度损伤五个损伤程度 [3]; H_i 为构件厚度.

17.2.3.2　计算结果示例

下面假设某大楼遭受汽车炸弹袭击, 在位于正立面中心 10m 处的位置起爆, 炸药当量为 1 吨 TNT, 结合结构毁伤判据可以得到计算结果如图 17.2.9 所示, 显示外墙玻璃全部破坏, 对冲击波几乎没有抵抗力. 钢筋混凝土构件损失严重, 大楼整体 15% 的主要结构构件遭受极重度破坏, 13% 为重度破坏, 15% 为中度破坏, 20% 为轻度破坏, 37% 为极轻度破坏.

大楼前部 33% 的主要结构构件为极重度破坏, 8% 为重度破坏, 28% 为中度破坏, 31% 为轻度破坏. 这是由传播到建筑物上的冲击波经反射在建筑物表面产生了很大的反射超压造成的. 建筑物后部没有产生严重破坏和重度破坏, 5% 为中度破坏, 10% 为轻度破坏. 而且大部分破坏位于大楼底部. 这是由于大楼主入口是简单的玻璃门, 玻璃粉碎后, 爆炸冲击波穿透大楼的入口, 大楼的中庭犹如漏斗, 将爆炸冲击波导入大楼内, 猛烈撞击三楼楼板的底部和大楼后部 (图 17.2.10).

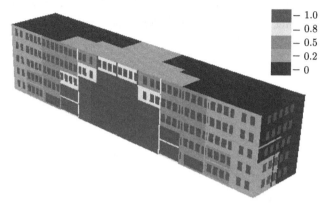

图 17.2.9 大楼整体破坏情况计算结果 [3]

图 17.2.10 大楼后面破坏情况计算结果

17.3 钻地弹深/斜/多层侵彻弹道快速仿真

17.3.1 侵彻过程的理论分析 [4]

弹体侵彻的理论分析大多基于空腔膨胀分析模型, 同时弹体侵彻还应考虑靶体的自由面效应和弹靶接触分离行为的影响. 此外, 在弹体侵彻混凝土等脆性材料时存在开坑衰减效应, 在对侵彻过程进行分析和数值仿真时还需要用到一些外弹道学基本理论 [5].

为了便于对侵彻问题进行理论分析, 在空间建立两个坐标系: 全局坐标系 $(OXYZ)$ 和随体坐标系 $(oxyz)$. ① 全局坐标系: 以弹体初始着靶点为坐标原点, 垂直于靶体表面为 Z 轴方向, X 轴和 Y 轴方向按实际分析需要进行选取. 在侵彻过程中, 全局坐标系固定不动, 在全局坐标系下表示的各变量称为全局变量, 如质心坐标 (X, Y, Z)、弹体质心速度 (V_x, V_y, V_z) 等. ② 随体坐标系: 以弹体质心位置为坐标原点, 弹体轴线方向为 z 轴、x 轴和 y 轴选取按实际分析需要进行选取,对于弹体垂直侵彻的情况, 全局坐标系和随体坐标系在初始时刻重合.

17.3.1.1　解析载荷模型

弹体侵彻过程中的受力主要分为弹靶接触面上的法向阻力和切向摩擦力, 图 17.3.1 中弹体斜侵彻受力示意图所示为弹体斜侵彻时的受力.

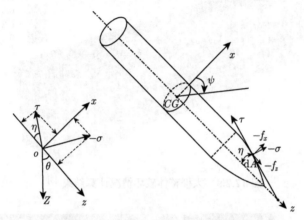

图 17.3.1　弹体斜侵彻受力示意图

f_x, f_z 分别为弹体所受合力在随体坐标系下 x 轴和 z 轴的分量, η 为弹体表面上点的切线与弹轴的夹角, ψ 为弹体表面上点的方位角, 定义为由 x 轴到该点在 oxy 平面上投影点与弹体横截面圆心连线的角度, σ 和 τ 分别为弹体所受法向阻力和切向摩擦力, θ 为弹体初始倾斜角.

对于脆性材料如混凝土材料, 根据空腔膨胀分析理论确定弹靶接触面上的法向应力为

$$\boldsymbol{\sigma}_n = \left(R + \rho_t \boldsymbol{\nu}_n^2\right) \boldsymbol{n} \qquad (17.3.1)$$

其中 ν_n 为弹体表面的法向速度, $\boldsymbol{n}$ 为弹靶接触点外法向单位向量, ρ_t 为靶体密度, R 为弹体侵彻所受靶体的静阻力, 常用的经验公式为

$$R = S_c f_c', \quad S_c = \begin{cases} 72.0 f_c'^{-0.5} \\ 82.6 f_c'^{-0.544} \end{cases} \qquad (17.3.2)$$

式中, f_c' 为混凝土的无约束抗压强度. 此外, Rosenberg 等也通过试验数据的拟合得到了求解靶体静阻力的公式如下:

$$R = 0.22 \ln(f_c') - 0.285 \qquad (17.3.3)$$

式中, R 的单位取 GPa, f_c' 的单位取 MPa, 计算得到的靶体静阻力比公式 (17.3.2) 计算得到的阻力略大.

弹体侵彻过程中弹体和靶体之间存在摩擦力, 摩擦系数一般认为与侵彻速度有关, 本书中出于简化考虑认为摩擦系数 c_f 不变. 此外, 弹体自转产生的影响可以认为是改变了摩擦系数, 因此出于简化考虑, 在之后求解中不考虑弹体绕弹轴的自转角速度. 摩擦力计算如公式 (17.3.4) 所示:

$$\boldsymbol{f} = c_f \sigma_n \boldsymbol{\tau} \tag{17.3.4}$$

其中 $\boldsymbol{\tau}$ 为摩擦力方向上的单位向量, 计算公式如公式 (17.3.5) 所示:

$$\boldsymbol{\tau} = \frac{(\boldsymbol{v} \times \boldsymbol{n}) \times \boldsymbol{n}}{|(\boldsymbol{v} \times \boldsymbol{n}) \times \boldsymbol{n}|} \tag{17.3.5}$$

17.3.1.2 自由面效应

弹体斜侵彻时, 由于靶体自由表面传入的稀疏波的影响, 不能满足空腔膨胀分析中的无限大介质空间假定, 在理论推导时需要构造修正函数对弹体受力进行改进. Warren 和 Poormon[6] 与 Warren 等 [7] 利用有限球形空腔膨胀理论构造了一个修正函数, 函数取值与无量纲距离 a/d 相关, 其中 $d = d^* + a$. 如图 17.3.2 自由面效应示意图所示, a 为弹体表面某点对应的弹体半径, 即是球形空腔膨胀理论中的空腔半径.

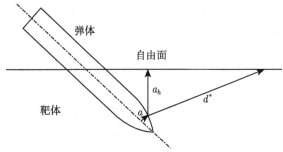

图 17.3.2　自由面效应示意图

自由面效应修正项表达式的形式之一如公式 (17.3.6) 和公式 (17.3.7) 所示,

$$f_{\text{freesurface}}(d, a, \dot{a}) = \begin{cases} \dfrac{\sigma_r(a)}{\sigma_r(a)_{d \to \infty}}, & d \geqslant b \\ 0, & d < b \end{cases} \tag{17.3.6}$$

$$\sigma_r(a) = 2\rho_t \dot{a}^2 \left[\frac{1}{\alpha\lambda - 4} - \frac{1}{\alpha\lambda - 1} \right] - \frac{\tau}{\lambda} + \left(\frac{2E}{3\tau} \right)^{\alpha\lambda/3} \left[\frac{2\tau}{3} \left[1 - \left(\frac{b}{d} \right)^3 \right] \right]$$

$$+ 2\rho_t \dot{a}^2 \left[\frac{\alpha\lambda}{\alpha\lambda - 1} \left(\frac{3\tau}{2E} \right)^{1/3} - \frac{1}{4} \frac{\alpha\lambda}{\alpha\lambda - 4} \left(\frac{3\tau}{2E} \right)^{4/3} - \left(\frac{a}{d} \right) + \frac{1}{4} \left(\frac{a}{d} \right)^4 \right] + \frac{\tau}{\lambda} \tag{17.3.7}$$

其中 E 为材料杨氏模量, τ 和 λ 为材料的剪切强度和压力相关系数, $b = a(2E/3Y)^{1/3}$ 为球形空腔膨胀理论中的塑形区半径, $\alpha = 6/(3+2\lambda)$ 为计算引入的中间量.

17.3.1.3　开坑效应

弹体垂直侵彻脆性材料靶体时会形成一定深度的锥形弹坑, 之后弹体侵彻形成的坑道尺寸大致和弹体直径相同, 弹体侵彻区域一般由此分为开坑区和隧道区. 在开坑阶段, 由于靶体材料破碎后向外抛出, 因此弹体所受阻力随着侵彻深度增加而递增. 考虑弹体从开坑区到隧道区侵彻过程中表面法向阻力变化的连续性, 何涛 [8] 认为弹体表面所受阻力随侵彻深度线性增加. 基于类似考虑, 参照自由面效应修正函数 (17.3.6), 此处引入开坑效应函数 $f_{\text{crater}}(h)$, 其表达式如公式 (17.3.8) 所示:

$$f_{\text{crater}}(h) = \begin{cases} \dfrac{h}{10r_p}, & h \leqslant 10r_p \\ 0, & h > 10r_p \end{cases} \tag{17.3.8}$$

其中 h 为弹体表面某点对应的侵彻深度, r_p 为弹体半径.

对于脆性材料靶体的侵彻, 如果选取的开坑深度较小, 由于自由面效应的存在可以不考虑开坑效应的作用效果, 在这种情况下两种效应产生的效果都是减小弹体表面受力, 可以统称为开坑阶段; 如果选取开坑深度较大时, 则需要单独考虑开坑效应, 将开坑效应函数作为一项因子与弹体载荷函数相乘进行修正.

17.3.1.4　弹体运动理论

对于弹体运动方程的求解, 关键在于弹体受力情况以及弹体运动姿态的描述. 本书将弹体表面划分成相互毗连的面微元, 弹体的受力即为所有面微元所受的合力, 弹体所受力矩也是将面微元的力矩进行矢量相加求出. 弹体在侵彻过程中受到沿表面法向向内的靶体阻力和沿表面切向的摩擦力. 对于弹体质心的平动问题, 弹体表面所受的合力可以认为作用在弹体质心上. 对于弹体绕质心的定点转动问题, 则根据各个面微元相对于质心位置的力矩进行矢量相加, 用以求解弹体的转动角速度.

刚体的位移是平动加转动, 类似地, 对于弹体运动问题的求解也应转化为分别求解弹体质心的平动问题和弹体绕质心的转动问题. 在进行弹体运动分析时, 出于求解方便的考虑, 需要在随弹体运动的随体坐标系中求解弹体的关键力学参量和运动参量. 此外, 全局坐标系的设置和后面使用软件建模所用坐标系相一致.

弹体质心的平动问题通过牛顿第二定律求解. 在理论推导中, 运动方程使用矢量表示方式较为简洁, 为了编程计算和实时显示的需要, 在此将运动分析都分解到

三个坐标轴方向上. 由牛顿运动定律可得弹体运动方程如下:

$$\begin{cases} M\ddot{X} = F_x \\ M\ddot{Y} = F_y \\ M\ddot{Z} = F_z \end{cases} \qquad (17.3.9)$$

其中 F_x, F_y, F_z 分别为弹体所受合力的三个分量, X, Y, Z 分别为弹体在全局坐标系下 X, Y, Z 方向的全局位移.

弹体绕质心的转动问题通过角动量定理进行求解. 在问题分析前需要首先对弹体沿三个坐标轴方向的转动惯量进行求解, 出于简化考虑可以将弹体近似成一根长圆柱, 从而可以应用相应的转动惯量公式. 由于最终需要编程模拟, 所以对于转动惯量的求解将进行数值计算. 主要方法是: 垂直于弹体轴向将弹体切割成足够多的体微元, 每一个体微元可以近似当做是厚度很小的圆盘进行计算, 总的转动惯量为各体微元的转动惯量之和.

对于弹体绕质心转动问题, 出于简化分析需要, 在求解前作出如下基本假定:

(1) 弹体转动过程中不变形, 当做刚体处理;

(2) 每次弹体改变姿态时的瞬时转动等效为按照既定顺序绕不同坐标轴的多次转动;

(3) 已经求解得到的合力和合力矩在弹体转动的过程中保持不变.

上述假设中所指出的既定顺序是指在当前时间间隔内, 弹体的转动等效为按照如图 17.3.3 所示的顺序进行转动. 即, 先沿初始坐标系的 y 轴旋转 θ_{y1} 角度, 之后沿当前随体坐标系的 x 轴旋转 θ_{x2} 角度, 最后沿自身轴线即当前随体坐标系的 z 轴旋转 θ_{z3} 角度. 转动顺序的设置类比刚体定点转动的欧拉角概念.

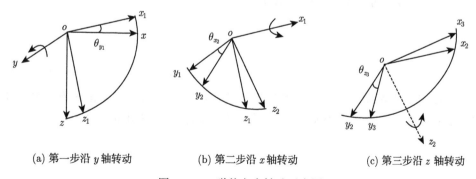

(a) 第一步沿 y 轴转动   (b) 第二步沿 x 轴转动   (c) 第三步沿 z 轴转动

图 17.3.3   弹体定点转动示意图

在分析弹体旋转的时候, 弹体所受合力矩已知, 因此根据角动量定理得到

$$\begin{cases} I_{\text{tran}}\ddot{\theta}_x = L_x \\ I_{\text{tran}}\ddot{\theta}_y = L_y \\ I_{\text{tran}}\ddot{\theta}_z = L_z \end{cases} \tag{17.3.10}$$

其中 I_{axis} 和 I_{tran} 分别为弹体沿轴线和沿垂直轴线的惯性主轴的转动惯量, L_x, L_y, L_z 分别为弹体所受合力矩在初始坐标系下的三个分量.

弹体转动角度较小时, 由于无限小转动可以表示为矢量, 因此弹体定点转动的瞬时角速度可以用三次转动的角速度矢量相加得到, 即为公式 (17.3.11).

$$\boldsymbol{\omega} = \boldsymbol{\omega}_{y_1} + \boldsymbol{\omega}_{x_2} + \boldsymbol{\omega}_{z_3} \tag{17.3.11}$$

如果想要得到弹体定点旋转前后两个坐标系的变换矩阵, 首先需要求出每次转动的角度, 即分别求出 θ_{y_1}, θ_{x_2} 和 θ_{z_3}. 根据图 17.3.3 所示的几何关系, 可以将三次转动的角速度分别投影到初始坐标系上. 下面按照转动顺序逐次进行相应分析.

第一步, 弹体绕 y 轴进行旋转, 此时弹体的转动角速度 ω_{y_1} 等于弹体初始坐标系 y 轴转动的角速度 ω_y, 即公式 (17.3.12).

$$\omega_{y_1} = \omega_y \tag{17.3.12}$$

第二步, 弹体绕 x_1 轴转动, 由于 x_1 轴方向的矢量可以分解为沿 x 轴和 z 轴的矢量之和, 因此弹体的转动角速度 ω_{x_2} 可以由弹体绕 x 轴的角速度 ω_x 和 z 轴的角速度 ω_z 的线性组合得到, 具体计算如公式 (17.3.13) 所示, 计算需要用到第一步转动的欧拉角 θ_{y_1}.

$$\omega_{x_2} = \omega_x \cos\theta_{y_1} - \omega_z \sin\theta_{y_1} \tag{17.3.13}$$

此外, 弹体绕 y_1 轴转动的角速度和绕 z_1 轴转动的角速度同样可以由 ω_x, ω_y 和 ω_z 表示出来, 如公式 (17.3.14) 和公式 (17.3.15) 所示.

$$\omega_{y_2} = \omega_y \tag{17.3.14}$$

$$\omega_{z_2} = \omega_x \sin\theta_{y_1} + \omega_z \cos\theta_{y_1} \tag{17.3.15}$$

第三步, 弹体绕 z_2 轴转动, 弹体的转动角速度 ω_{z_3} 同样可以首先表示为弹体关于 y_1 轴的角速度 ω_{y_2} 和关于 z_1 轴的角速度 ω_{z_2} 的线性相加, 见公式 (17.3.16):

$$\omega_{z_3} = -\omega_{y_2} \sin\theta_{x_2} + \omega_{z_2} \cos\theta_{x_2} \tag{17.3.16}$$

将式 (17.3.14) 和式 (17.3.15) 代入式 (17.3.16), 求得 ω_{z_3} 如下.

$$\omega_{z_3} = \omega_x \cos\theta_{x_2} \sin\theta_{y_1} - \omega_y \sin\theta_{x_2} + \omega_z \cos\theta_{x_2} \cos\theta_{y_1} \tag{17.3.17}$$

综上所述, 弹体旋转时三个欧拉角的角速度为 $\omega_{y_1}, \omega_{x_2}$ 和 ω_{z_3}, 也即 $\dot{\theta}_{y_1}, \dot{\theta}_{x_2}$ 和 $\dot{\theta}_{z_3}$, 用已知角速度分量表示如下.

$$\begin{pmatrix} \dot{\theta}_{y_1} \\ \dot{\theta}_{x_2} \\ \dot{\theta}_{z_3} \end{pmatrix} = \begin{bmatrix} 0 & 1 & 0 \\ \cos\theta_{y_1} & 0 & -\sin\theta_{y_1} \\ \cos\theta_{x_2}\sin\theta_{y_1} & -\sin\theta_{x_2} & \cos\theta_{x_2}\cos\theta_{y_1} \end{bmatrix} \begin{pmatrix} \omega_x \\ \omega_y \\ \omega_z \end{pmatrix} \quad (17.3.18)$$

其中, ω_x, ω_y 和 ω_z 分别为弹体瞬时角速度在转动前初始坐标系下的三个分量.

按照 $\theta_{y_1}, \theta_{x_2}$ 和 θ_{z_3} 的顺序进行计算即可得到三个转动角, 进而得到三次转动分别对应的转动矩阵如下:

$$\boldsymbol{\lambda}_1 = \begin{bmatrix} \cos\theta_{y_1} & 0 & -\sin\theta_{y_1} \\ 0 & 1 & 0 \\ \sin\theta_{y_1} & 0 & \cos\theta_{y_1} \end{bmatrix} \quad (17.3.19)$$

$$\boldsymbol{\lambda}_2 = \begin{bmatrix} 1 & 0 & 0 \\ 0 & \cos\theta_{x_2} & \sin\theta_{x_2} \\ 0 & -\sin\theta_{x_2} & \cos\theta_{x_2} \end{bmatrix} \quad (17.3.20)$$

$$\boldsymbol{\lambda}_3 = \begin{bmatrix} \cos\theta_{z_3} & \sin\theta_{z_3} & 0 \\ -\sin\theta_{z_3} & \cos\theta_{z_3} & 0 \\ 0 & 0 & 1 \end{bmatrix} \quad (17.3.21)$$

转动前后坐标之间的投影关系分别如公式 (17.3.22) 和公式 (17.3.23) 所示, 其中 lx, ly, lz 为随体坐标, gx, gy, gz 为全局坐标.

$$\begin{pmatrix} lx & ly & lz \end{pmatrix}^{\mathrm{T}} = \boldsymbol{\lambda}_3\boldsymbol{\lambda}_2\boldsymbol{\lambda}_1 \begin{pmatrix} gx & gy & gz \end{pmatrix}^{\mathrm{T}} \quad (17.3.22)$$

$$\begin{pmatrix} gx & gy & gz \end{pmatrix}^{\mathrm{T}} = \boldsymbol{\lambda}_1^{\mathrm{T}}\boldsymbol{\lambda}_2^{\mathrm{T}}\boldsymbol{\lambda}_3^{\mathrm{T}} \begin{pmatrix} lx & ly & lz \end{pmatrix}^{\mathrm{T}} \quad (17.3.23)$$

以上所描述的是对弹体一次定点瞬时转动的分析, 对于持续的定点转动, 则通过式 (17.3.24) 计算变换矩阵 $\boldsymbol{\lambda}$, 即可得到任意时刻随体坐标与全局坐标之间的转换关系.

$$\boldsymbol{\lambda} = \boldsymbol{\lambda}_{3n+3}\boldsymbol{\lambda}_{3n+2}\boldsymbol{\lambda}_{3n+1}\cdots\boldsymbol{\lambda}_3\boldsymbol{\lambda}_2\boldsymbol{\lambda}_1, \quad n > 0 \quad (17.3.24)$$

弹体求解过程通过对时间步长进行离散实现, 在每一个计算时间步长内, 弹体合力认为是弹体所有表面单元所受力之和. 在随体坐标系下, 对于弹体表面单元, 主要计算其表面载荷, 包括法向阻力和切向摩擦力. 此外, 对于自由面效应函数、开坑效应函数和弹靶接触分离函数分别进行计算, 将相应结果作为修正因子与弹体表面载荷相乘得到弹体表面受力, 进而得到表面单元相对于弹体质心的力矩. 将所有表面单元受力和力矩相加, 即为当前时刻弹体总体受力和力矩. 对于弹体速度和位移的计算需要在全局坐标系下进行, 通过坐标变换矩阵得到弹体受力和力矩在全局坐标系下沿各坐标轴的分量, 进而进行运动方程求解, 得到当前时刻结束时弹体的位置和姿态.

17.3.2　侵彻快速仿真程序与示例

根据上面对于弹体三维侵彻过程的理论分析, 可以编写弹体侵彻快速仿真程序. 本小节针对不同类别的侵彻问题编写二维仿真程序和三维仿真程序, 从而对影响弹体侵彻行为的各参量进行仿真研究.

17.3.2.1　弹体建模

弹体模型通过输入参数自主建模或使用软件建模两种方式获得, 如图 17.3.4 所示, 两种方法进行建模都存在相应的优势和缺陷.

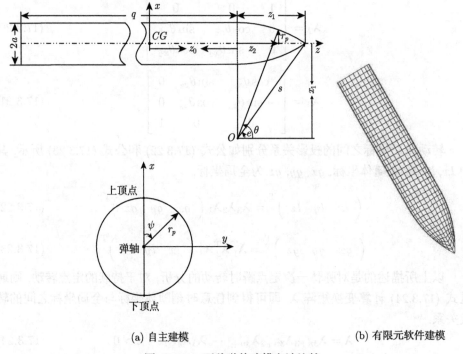

(a) 自主建模　　　　　　　　　　　　　　　　　　(b) 有限元软件建模

图 17.3.4　两种弹体建模方法比较

自主建模是指在仿真前通过输入弹体参数进而建立弹体模型并划分网格, 该方法的优点是建模速度快, 建模过程简便, 但是存在弹体表面网格划分不均匀的缺点. 即所建立模型中弹头部分网格紧密, 无论怎样设置弹体初始参数, 弹体尾部网格总是较为稀疏.

另一种弹体建模方法是使用 ANSYS 等软件建立弹体模型,并进行弹体网格划分. 该方法建立的弹体模型网格单元比较均匀,在输入程序计算时能有效避免网格畸变现象. 但是软件建模也存在不足之处,即每次改变弹体参数或初始姿态时都需要进行重新建模,实际应用中建模过程相对烦琐. 解决方法是,在现有程序基础上编写接口与其他软件相衔接,实现输入参数后由程序自动使用软件建模的功能.

使用仿真程序分别对刚性弹垂直侵彻半无限靶、斜侵彻半无限靶、侵彻多层靶的侵彻过程进行数值仿真,仿真时间在几十秒到几分钟之间,下面给出几个仿真实例.

17.3.2.2 刚性弹垂直深侵彻单层靶

对弹体垂直深侵彻半无限素混凝土靶过程进行仿真,弹体初始侵彻速度分别为600m/s、800m/s,弹靶分离角设置为 5°,仿真结果如图 17.3.5 弹体垂直深侵彻仿真结果所示.

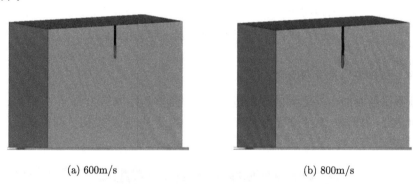

(a) 600m/s   (b) 800m/s

图 17.3.5 弹体垂直深侵彻仿真结果

仿真程序得到的侵彻深度比半经验公式计算的结果大,误差控制在 15% 内,随着侵彻速度的提高,误差逐渐减小.

17.3.2.3 刚性弹斜侵彻单层靶

对弹体斜侵彻半无限素混凝土靶过程进行仿真,弹体初始倾斜角为 30°,初始侵彻速度分别为 600m/s, 800m/s,弹靶分离角设置为 5°,无初始攻角,仿真结果如图 17.3.6 所示.

随着侵彻初速增加,弹体侵彻深度逐渐增大. 由于靶体自由表面的影响,弹体侵彻弹道随侵彻速度增加逐渐趋于平直.

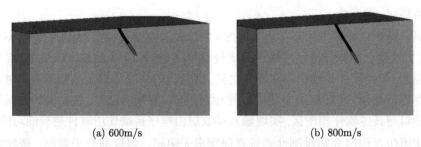

(a) 600m/s　　　　　　　　　　　　(b) 800m/s

图 17.3.6　弹体斜侵彻半无限靶仿真结果

弹体侵彻存在初始攻角时, 侵彻过程仿真结果如图 17.3.7 所示.

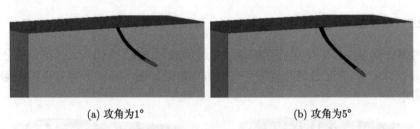

(a) 攻角为1°　　　　　　　　　　　　(b) 攻角为5°

图 17.3.7　弹体带攻角斜侵彻半无限靶仿真结果

17.3.2.4　刚性弹侵彻多层靶体

对弹体斜侵彻多层靶体的过程进行仿真, 弹体初始倾斜角为 30°, 初始侵彻速度为 800m/s, 弹靶分离角设置为 5°, 存在初始攻角时, 弹体侵彻过程仿真结果如图 17.3.8 所示.

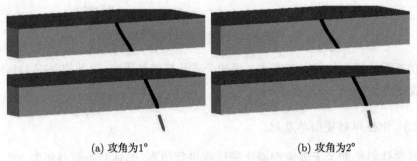

(a) 攻角为1°　　　　　　　　　　　　(b) 攻角为2°

图 17.3.8　弹体带攻角斜侵彻多层靶体仿真结果

从图 17.3.8 中可以看出, 相比于弹体侵彻半无限靶, 弹体侵彻有限厚多层靶后弹体姿态偏转更大. 图 17.3.9 为军用机库的典型结构, 图 17.3.10 为侵彻弹打击机库的快速弹道计算结果. 可见, 通过仿真程序能够快速分析可能的跳弹情况.

图 17.3.9 军用机库

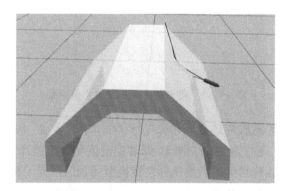

图 17.3.10 侵彻弹打击机库快速弹道计算

17.4 破片战斗部毁伤仿真

破片是常规战斗部的主要毁伤元素之一, 破片群利用装药爆炸驱动获得动能, 通过高速侵彻、引燃和引爆等作用来毁伤目标, 用于对付地面轻装甲目标及人员目标. 在对破片战斗部的毁伤评估计算中, 主要涉及两个方面, 一是对战斗部爆炸形成破片场的快速仿真, 二是计算已知破片场对目标的毁伤效果.

17.4.1 破片场生成计算

根据导弹类型和相关信息生成战斗部的破片场数据, 包括静爆破片场数据生成和动爆破片场数据生成两部分. 导弹类型包括自然破片整体弹、预制破片整体弹、自然破片子母弹、预制破片子母弹等.

静爆破片场数据涉及的参数有破片大小和排布、破片初速、破片静爆飞散规律等. 下面以简单模型整体弹为例介绍静态破片场的生成方法. 图 17.4.1 中对战斗部建立本地直角坐标系, 在破片分布均匀的情况下, 虚线为破片飞散的平均方向, θ 就是飞散方位角, $\Delta\theta$ 就是破片的飞散束宽度. 一般地, 有了破片初速和飞散方位角、飞散束宽度, 就确定了破片的静爆飞散特性, 通过一定的随机处理即可生成静态破片场.

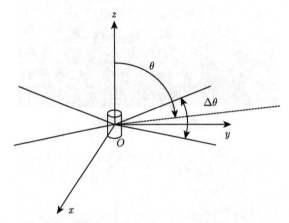

图 17.4.1　静态破片场本地直角坐标系

动态破片场由静态破片场结合导弹飞行、打击参数生成. 程序首先由导弹的飞行方位角、打击角、飞行速度、打击点、爆高期望值和均方差计算出导弹起爆位置. 然后将静态破片场破片自身的当地坐标系转换至场景的世界坐标系. 最后将破片的静态飞散初速度与导弹速度进行矢量叠加, 生成破片的动态初速度, 如图 17.4.2 破片场生成示意.

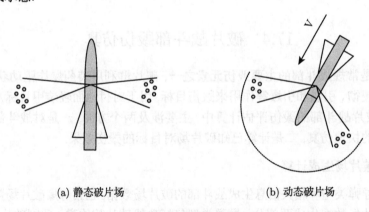

(a) 静态破片场　　　　　　　　　　(b) 动态破片场

图 17.4.2　破片场生成示意

动态破片场计算的另一项工作是计算破片的速度衰减和破片场的运动. 由于空气阻力的作用, 破片被炸药爆炸能量抛射出来以后, 随着飞行距离的增加, 速度的大小将衰减.

假设破片沿直线飞行, 不考虑重力影响, 破片的衰减方程为

$$V_x = V_d \exp\left(-\frac{c\rho AX}{2M_f}\right) \tag{17.4.1}$$

其中 V_x 为破片存速, V_d 为破片动态初速, X 为破片飞行距离, A 为破片随机迎风面积, M_f 为破片质量, ρ 为当地空气密度, c 是空气阻力系数, 为无量纲量.

根据破片的动爆飞散特性, 再利用得到的破片速度及飞行距离与时间的相关性, 便可以对破片场的运动进行监视, 获得破片场的分布及运动形态.

17.4.2 轻装甲目标建模

这里的轻装甲目标主要考虑地面停放的飞机、雷达天线、变压器、轻装甲车辆、导弹发射车等. 目标的几何形状通常可以用三角形网格来等效, 图 17.4.3 示意给出了地面飞机目标的形状等效情况.

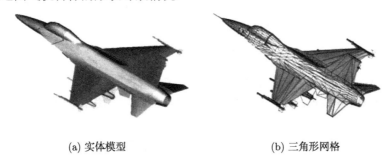

(a) 实体模型   (b) 三角形网格

图 17.4.3 目标形状等效示意图

本书主要利用三角形网格对目标形状进行等效, 三角形网格面元的数量决定了网格对目标实体模型的逼真程度. 首先利用三维 CAD 建模软件实现对目标实体的建模, 然后转化成有限元 K 文件格式, 再将 K 文件描述的模型在程序中读入, 进行后续计算. 图 17.4.4 给出了目标模型建立的方式之一.

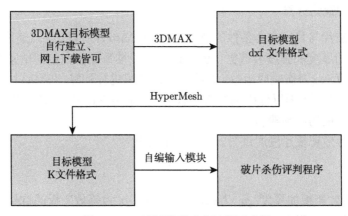

图 17.4.4 目标模型建立过程示意图

17.4.3　弹目交会计算

弹目交会计算部分要计算破片场中的破片是否命中目标、命中哪个目标、命中目标的具体位置. 要获得破片与目标的交会条件, 首先需要对破片飞行弹道进行计算. 在已知破片动爆飞散特性的情况下, 可以用下式描述单个破片的射线飞行弹道:

$$P = P_0 + SV \qquad\qquad (17.4.2)$$

(17.4.2) 式中, V 是破片的飞行速度单位矢量, P_0 是破片初始位置矢量, P 是破片的当前位置矢量, S 是破片飞行距离. 需要指出, 破片飞行时间较短, 重力对其弹道的影响比较有限, 因此不考虑重力的影响.

有了 (17.4.3) 式所示的破片射线弹道方程, 再考虑到目标都由三角形面元组成, 获得破片和目标的交会条件就成了射线与三角形所确定的平面的求交问题. 三角形面元所在平面可以用如下点法式平面方程表示:

$$(Q - Q_0) \cdot n = 0 \qquad\qquad (17.4.3)$$

联立 (17.4.2) 式和 (17.4.3) 式, 通过求解这个线性方程组获得破片命中目标的位置、交会条件等数据, 如图 17.4.5 破片和目标的相互作用示意图所示.

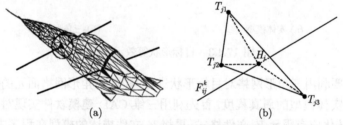

(a)　　　　　　　　　　　　(b)

图 17.4.5　破片和目标的相互作用示意图

17.4.4　侵彻毁伤计算

在已知破片与目标交会条件的情况下 (即已知破片质量、终点速度、着角、目标受弹区域的厚度和强度等数据), 就可以根据侵彻数据和在侵彻试验数据基础上提炼的工程算法 (毁伤响应函数) 对破片毁伤情况进行计算, 获得破片对目标区域的侵彻毁伤效果. 下面以低碳钢等效靶板为例, 采用 THOR (绍尔) 侵彻方程计算破片对目标靶板的侵彻毁伤.

目标的等效靶板厚度通过公式 (17.4.4) 给出.

$$h = \frac{h_0 \sigma_0}{\sigma} \qquad\qquad (17.4.4)$$

式中, h 为等效靶板的厚度, h_0 为原部件的厚度, σ 为等效靶板的抗拉强度, σ_0 为原部件材料的抗拉强度.

THOR 侵彻方程是 20 世纪 60 年代初建立的, 可用于估算低速碰撞时破片的剩余速度和剩余质量, 计算剩余速度的 THOR 方程为

$$V_r = V_d - k(hA)^{\alpha} M_f^{\beta} (\sec \theta)^{\gamma} V_d^{\lambda} \tag{17.4.5}$$

计算剩余质量的 THOR 方程为

$$M_r = M_f - 10^c (hA)^{\alpha_1} M_f^{\beta_1} (\sec \theta)^{\gamma_1} V_d^{\lambda_1} \tag{17.4.6}$$

式中, 破片初速度 V_d 和剩余速度 V_r 以 m/s 计, 靶厚 h 以 cm 计, 破片平均迎风面积 A 以 cm^2 计, 破片着靶质量 M_f 和穿透后剩余质量 M_r 以克计量. 其中 $\alpha, \beta, \gamma,$ λ 等参数根据实际靶标材料确定. 图 17.4.6 是杀爆弹打击飞机目标的仿真计算结果. 可见, 射击线算法可以用于大场景的杀爆弹毁伤试验分析, 指导靶场目标效应物布置、毁伤效果预示及数据测量等工作.

图 17.4.6　杀爆弹打击飞机目标的仿真计算

17.5　可视化引擎的选择及毁伤场景和地形仿真

毁伤效应可视化模块是常规武器半实物仿真系统研制的一个关键点. 毁伤效应可视化模块不但要能逼真再现导弹毁伤过程, 同时还必须具有一定的交互性, 比如不同视角的切换、局部场景的缩放、图形对象的拾取等, 以配合完成辅助战场决策的作用, 而不是单纯的动画演示.

17.5.1　可视化引擎的选择

目前国内进行战场仿真可视化的开发工具有以下几种:

1) MultiGen 产品系列技术

MultiGenCreator 系列软件是美国 MultiGen 公司新一代实时仿真建模软件. 它可在满足实时性的前提下生成面向仿真的、逼真性好的大面积场景, 同时它的 OpenFlight 格式在实时三维领域成为最流行的图像格式, 搭配虚拟现实工具 Vega, 可以生成优质的仿真可视化模块. 但是它的缺点也很明显: 结构复杂、价格昂贵、

目前并不支持汉字包、不能完全作自主版权的开发与应用. 所以总体来说 MultiGen
系列产品比较适用于大型的仿真开发与应用, 它的开发量比较大, 造价高, 并不适
合中小型以 PC 为平台的应用.

2) IDL+3DBrowser

IDL 是进行数据分析、可视化表现和应用开发的理想软件工具. IDL 的特性
包括: 高级图像处理能力、交互式二维和三维图形技术、操作系统平台无关等.
3DBrowser 是数据三维景观透视漫游软件, 它利用正射影像和 DEM 数据, 重构真
实的地形地貌, 并能引入其他静态模型的工程文件, 生成逼真的三维场景, 能实施
快速漫游, 支持 OpenGL 和 DirectX 图形显示引擎. IDL 和 3DBrowser 可以默契地
配合, 完成三维战场建模与视景仿真的系统要求, 适用于中小型 PC 上的三维视景
仿真的应用, 并且造价相对低廉.

3) OpenGL

OpenGL 最初是 SGI 公司为其图形工作站开发的独立于窗口系统、操作系统
和硬件系统环境的图形开发环境, 目前已被广泛使用, 被大量厂商所支持, 成为事
实上的图形标准库. 其优点是能运行于多种操作系统平台, 提供大量 3D 变换操
作函数, 可与多种程序设计语言相结合, 能够用于开发自主版权的应用. 但缺点是
OpenGL 不提供任何窗口管理、输入管理和事件响应机制, 因此这些功能必须使用
所在平台的用户接口实现, 与此类似, OpenGL 不提供用于描述复杂三维物体模型
的高层次命令或者函数, 用户需借助于第三方的建模软件工具实现静态建模, 这些
都增加了开发的难度和复杂性. 总的来说, 虽然存在一定的难度, 但是利用 OpenGL
进行有限规模的仿真可视化开发是比较适合的.

根据以上三种主流的仿真可视化技术的特点和对仿真系统的总体功能设计, 采
用 OpenGL 图形库来进行导弹毁伤全过程的一体可视化显示工作, 基本方案是, 采
用第三方软件工具完成 3D 静态建模, 编制可视化主程序对 3D 模型及场景进行控
制并显示.

17.5.2　地形仿真

采用 OpenGL 作为可视化引擎, 但 OpenGL 不提供用于描述复杂三维物体模
型的高层次命令或者函数, 为了实现毁伤环境显示, 必须构造一些特殊的类, 专门
为毁伤过程提供场景与环境支持. 而毁伤场景中最基本的实体就是地形.

在数字地形中, 坐标 (x, y) 被离散化成网格状, $Z(i, j)$ 表示网格点 (i, j) 处的标
高, 其中 $(i, j = 0, 1, 2, \cdots)$. 由于地形本身的非解析性 [9], 试图用某种代数式或样
条插值进行曲面拟合的方法来建立地形的整体数学描述是比较困难的, 因此一般采
用三维空间离散的采样值描述地形. 为此, 选用什么样的地形模型和多大的采样间
隔表示实际的地形, 显得十分重要. 最常用的地形模型有台阶模型、四边形网格以

及三角形面无模型三种表示方法 [10].

四边形网格地形模型, 即 DEM 模型, 把地面看成是由一个个小四边形构成的网格, 其中小四边形顶点的高度为当地的地形高度. 用这种方法确定的地形, 每个小分区需四个高度值, 所需的存储量较大, 但精度较高. 缺点是: 网格间隔是相同的, 因此不很灵活. 例如, 对于一块非常复杂的山峰, 大间隔的网格就不能精确表示地形. 相反, 对于一块平整的平地, 就没有必要用很细的网格来表示. 因此当一片地形中既有大片平地, 又有突兀的山峰时, 为了比较精确地复现其地貌, 就必须要采用非常小的网格间隔. 这样不但加大了存储量, 而且增加了地形绘制负担. 采用不规则三角网格地形模型, 即 TIN 模型, 是为有效表示地形专门设计的另一种方法. 不规则的空间资料不仅限于点状资料, 一个表面可以由不规则的空间点、线和多边形来近似表示. 在地球表面, 这些点状或线状要素对应于山峰、沟壑、坡度变化点、山脊、河道以及岸线, 这些特征定义了地球表面的框架. 线状、面状顶点首先转化为有 x, y, z 值的点, 然后这些点按照某种规则连接成相互邻接但互不重叠的三角形面元 [11]. 因为采样点可以不均匀分布, 所以可以处于最优位置, 因此 TIN 可以用比其他数据模型更少的点来准确地表示一个面. 地形数据一般用立体解析测图仪从航空图片中获取. 另外, 大地测量、工程测量以及 GPS 采集的资料也是常用的数据来源.

采集数据一般为地面关键点的数据, 由于地形本身的非解析性, 所以采集数据一般是不规则的散乱点. 需要做的就是把这些采集数据通过反求重构, 建立起它们的三维立体模型, 即地形. 由于数据的不规则性, 很难直接重构出规则网格地形模型, 所以, 通常的方法就是首先将这些采集数据进行三角剖分, 即重构出不规则的三角网格地形, 然后, 根据需要再利用插值算法, 将不规则三角网格地形转换为规则网格地形. 对采集数据进行三角剖分有不同的方法, 其效果也不一样, 大致可分为以下四种类型 [12].

(1) 普通三角剖分: 把各个观测点成对地用线段连接起来, 形成互不相交的三角形, 直到所有可能的三角形都被绘出, 且所有的三角形加起来构成一个凸多边形. 如果对初始条件进行限制, 反复剖分, 可以避免不希望的特长锐角三角形.

(2) 优化的三角剖分: 该方法使所有的三角形边长之和最小. 然而, 满足这个条件的剖分结果并不唯一.

(3) 最优化的三角剖分: 要求在边长局部最短的标准下剖分.

(4) Delaunay 三角剖分: 这种剖分是由经过三个或三个以上的观测点, 其内部不含其他任何数据点的所有圆周来实现的. 这意味着所有样本点与它们最接近的两个临界点连接成三角形.

Delaunay 三角剖分与其他三角剖分方法相比有下列优点:

(a) 三角形尽可能等角, 这样减少了由于细长三角形可能引起的数值精度

问题;

(b) 确保表面上的任何点都尽可能地接近一个节点;

(c) 剖分结果与点处理的顺序无关;

(d) 有利于避免出现锐角三角形. 该方法具有紧凑性和等角性, 有利于变量变异性质的度量, 有利于基于领域的内插技术的完成.

基于以上原因, 本书的可视化系统毁伤场景采用 Delaunay 三角剖分算法及其插值算法重构地形.

17.5.3   场景生成案例

以 100m^3 沙堆为地形样本, 用激光测距仪获取样本表面特征点的坐标数据, 样本照片和部分特征点数据如图 17.5.1 和图 17.5.2 所示.

图 17.5.1   地形样本

图 17.5.2   地形样本特征点坐标采集

由于地形天然具有 x, y 方向凸的性质, 首先对特征点进行 xOy 平面的二维

Delaunay 剖分, 获得特征点及剖分三角形的索引, 然后将点的坐标扩展为三维, 再调用 OpenGL, 以同样的索引绘制以三维坐标为顶点的三角形, 就得到了样本地形的不规则三角网格模型. 这种方法不必进行复杂的空间三角剖分 [13] 而得到了三维不规则三角网格模型.

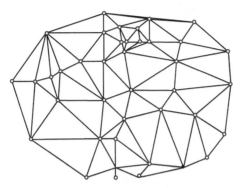

图 17.5.3   特征点数据二维三角剖分

图 17.5.4   二维三角剖分三维重构

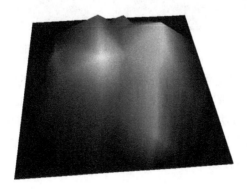

图 17.5.5   样本的不规则三角网格模型

在获得样本地形的不规则三角网格模型的基础上, 再对其进行规则化插值, 即获得样本地形的规则网格模型, 如图 17.5.6 所示.

图 17.5.6　样本地形的规则网格模型

　　在三角剖分算法稳定后, 将其应用于毁伤环境的地形生成算法, 嵌入常规武器毁伤效应的可视化系统中, 再将地形数据的数据结构扩充, 使之包含地球物理信息, 便可基本实现毁伤环境的可视化, 如图 17.5.7 所示.

图 17.5.7　常规武器毁伤效应可视化系统中的地形

　　基于以上应用和讨论可知, OpenGL 具有灵活、高效的特点, 与编程平台交互方便, 基于 OpenGL 编程实现可视化系统完全可行; 以 Delaunay 算法实现的地形特征数据重构地面的方法具有快速高效地形还原能力, 适于 PC 平台上的仿真与可视化应用; 二维三角剖分得到三维不规则三角网格模型的方法充分利用了地形的特殊性, 获得了较好的运行效率.

17.6　侵彻子母弹毁伤机场跑道过程的三维可视化

　　可视化仿真技术在武器系统的先期概念演示、虚拟试验验证和作战效能评估中的应用已经非常普遍, 特别是三维可视化仿真技术的出现, 使仿真过程表现得以突破传统的文本文字、曲线、图表等方式, 实现表现手段多样性、表现效果逼真性、表现过程交互性的和谐统一[14]. 子母弹对机场毁伤的仿真是一个大型的复杂动态系统过程, 由于涉及母弹的发射, 主动段、自由段和再入段飞行, 以及末弹道子弹抛撒, 子弹终点效应等众多过程的仿真, 系统作用空域超大, 系统参与实体众多, 实体间动态交互复杂, 因此可视化仿真难度较大. 对于三维可视化系统设计而言, 主要是要考虑子弹终点效应的表现需求.

在对子母弹机场毁伤过程三维可视化表现需求分析的基础上, 本节提出基于OpenGL[14]与有限元求解器相结合的可视化方法, 设计系统的场景组织结构和可视化系统体系结构. 下面介绍实现子弹侵彻过程三维可视化效果的关键技术.

17.6.1 侵彻子母弹对机场毁伤及其三维可视化需求

1) 侵彻子母弹对机场毁伤

能够对机场跑道进行有效毁伤的子弹一般是侵彻弹. 作用效果包含侵彻和爆破产生的破坏. 侵彻战斗部作用于机场跑道的毁伤效应一般分为弹坑、空腔、隆起和错台四种, 但毁伤类型并不是单一出现的, 往往以弹坑为主, 其他毁伤类型相互伴生. 并且, 子弹分为延时和非延时两种类型.

2) 侵彻子母弹对机场毁伤仿真系统三维可视化需求

根据侵彻子母弹对机场毁伤过程的特点, 其三维可视化系统应满足以下要求:

(a) 要表现出母弹发射、飞行及末弹道子弹抛撒等过程.

三维可视化系统要展现导弹发射, 主动段、自由段、再入段飞行, 子弹抛撒过程, 使观察者对整个子母弹的弹道过程有清楚直观的认识.

(b) 要表现子弹侵彻、成坑等细节.

三维可视化系统要展示子弹侵彻、成坑的详细过程. 不管是惯性动能抛撒还是抛撒药燃气抛撒, 子弹都将以一定的自旋以及一定的落速和落角攻击机场跑道; 在不同的抛撒方式下, 子弹落点的分布将不一样. 成功着靶的子弹需要真实地再现其攻击过程及打击效果, 脱靶的子弹也需要展现其落点、弹坑及一定的爆炸效果. 延时子弹的攻击过程与毁伤效果更为复杂, 一般为先形成侵彻弹坑, 经过一段时间的延时后再引爆.

(c) 要表现出包含地形、地物、机场等主体的大规模场景.

三维可视化系统要展示的系统场景较大, 各种网格及几何图元较多, 需要以一定的细节层次地展现地形地物、飞机模型及机场和建筑物等对象, 机场必须具有与真实机场相应的实际尺寸, 弹坑在机场上的分布应该是可测量、可标注的.

(d) 机场的毁伤程度需要直观展现.

三维可视化系统还必须能直观地展现机场的毁伤程度, 经过一个或多个波次的攻击之后, 机场还具有多大的起降承载能力, 弹坑、空腔、错台和隆起等毁伤效果及其对飞机起降的影响都需要直观而真实地表现, 同时, 三维可视化系统要能展现飞机的起降路径或起降窗口.

17.6.2　三维可视化系统设计

为了实现侵彻子母弹对可视化的需求, 本节提出基于 OpenGL[15] 与有限元求解器相结合的侵彻子母弹毁伤场景可视化方法, 设计并实现了其场景组织方式和系统体系结构.

1) 侵彻子母弹毁伤场景可视化方法

传统的可视化系统以诸如地形匹配、碰撞检测、粒子系统等技术对现实世界进行虚拟仿真, 追求沉浸感和与虚拟对象的交互能力, 但是这种仿真往往是粗粒度的 [16], 例如, 对爆炸的展现往往停留在烟雾、火光和纹理等层面. 这显然不能满足侵彻过程对可视化的需求, 本节提出基于 OpenGL 与有限元求解器相结合的侵彻子母弹毁伤场景可视化方法, 希望既能实现导弹飞行、子弹抛撒等宏观层面的仿真展示, 又能实现具有物理真实性的侵彻过程的细粒度可视化. 实现方法是以 ANSYS/LS-DYNA 等有限元软件作为数值求解器, 可视化系统通过有限元软件二次开发接口设置侵彻的初始条件和参数 (一般以某个落点为中心, 面积 $2m^2$ 的跑道作为求解对象) 并提交数值求解器, 数值求解器以 cluster 模式在 intel 集群环境下进行并行计算, 其不同时刻的计算结果以文件形式存储于预定文件夹. 当数值计算结束时, 可视化系统读入所有计算结果文件并建立显示列表, 以一定的时间间隔在机场相应的位置处嵌入有限元几何图形. 场景中的地形以 9m 间隔 DEM 网格数据渲染完成, 机场以 1m 网格间隔渲染, 子母弹通过三维建模软件完成建模, 并以文件形式被读入. 为了实现对侵彻过程的全方位观察, 可视化系统提供 9 种相机模式, 如前视跟踪、后视跟踪、侧视跟踪、渐远跟踪、绕飞跟踪以及受控漫游等 [17].

2) 侵彻子母弹毁伤场景图组织结构

设计好场景表现方式后, 还要对系统场景图进行有效的组织 [18]. 场景图表示场景的各个对象及对象之间的相互关系, 是图形对象的一种层次化面向对象的数据结构. 侵彻子母弹毁伤场景组织结构如图 17.6.1 所示.

(1) 几何模型: 按照系统表现的需求将场景中的几何模型对象划分为静态和动态两类. 静态对象是指存在于仿真环境中, 相对位置静止, 不具有数据驱动特征, 不会改变外形、纹理等特性的实体, 包括地形、机场跑道、飞机等可视化对象; 动态对象是指仿真环境中具有数据驱动特征的对象, 其运动受计算模块或路径库的控制, 某些对象的碰撞、交会的可视化实现需借助有限元数值求解器 [19]. 主要包括母弹、子弹、侵彻弹坑等.

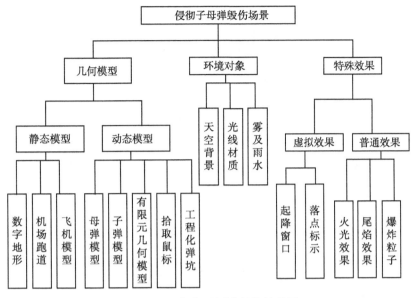

图 17.6.1 侵彻子母弹毁伤场景图

(2) 环境对象: 是对自然环境的仿真描述. 包括天空背景、光照材质、雾、雨、水等.

(3) 表现效果: 包括普通效果和虚拟效果. 普通效果包括火光、导弹尾焰、爆炸等. 虚拟效果是指真实物理世界不能直接看见却需要在可视化场景中进行展现以方便理解的效果, 包括机场受到攻击后的起降窗口及导弹预瞄点标示图形等.

3) 基于侵彻子母弹毁伤三维可视化系统的体系结构

侵彻子母弹毁伤三维可视化系统是常规导弹毁伤效能评估仿真系统的子系统, 系统按照 HLA 仿真规范进行开发, 主要由想定生成及联邦管理子系统、数值求解子系统、三维可视化子系统、仿真评估子系统组成. 侵彻子母弹毁伤三维可视化子系统接收来自想定生成及联邦管理子系统的初始配置参数和调度信息, 还接收弹道数据生成子系统的实体数据和事件等, 是整个系统的表现联邦成员, 主要由图 17.6.2 所示的几个模块组成.

4) 仿真系统的三维可视化模块实现

由于本仿真系统的三维可视化模块不但要实现一般几何模型的绘制, 而且要完成有限元数值计算结果模型的重绘, 并保证足够的重绘帧频. 而一个计算结果可能就有上百兆数据, 包含几百万个单元的索引和定点坐标信息, 这些数据最终要通过显卡的刷新来实现重绘, 若不加处理, 这对当前显卡来说无疑是达不到的. 目前比较流行的处理方法有 LOD (即细节层次模型法)、ProgressiveMesh (即渐变网格法) 等, 但这些算法都无法解决本系统近距离观察模型时高细节层次的要求. 注意到计算结果往往有多层单位组成的特点, 本系统采用内部单元剔除法, 即通过判断单元的可见性从而决定该单元是否提交显卡重绘. 由于显存容量有限, 因此, 相对于显卡来说, CPU 负荷更小, 本方法通过均衡 CPU 和显卡的工作量, 较好地实现了大型有限元数值计算结果模型的显示与重绘.

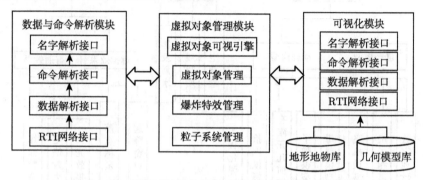

图 17.6.2　侵彻子母弹毁伤的三维可视化系统体系结构

5) 仿真系统中毁伤结果嵌入方法研究

(1) 直接读入有限元计算数据. 通过 CstdioFile 类读入有限元软件 LS-DYNA 计算结果文件里的数据流, 并以 ASCII 码存储计算结果文件. 可以比较方便地发现其存储规律, 这类文件的内容一般由几个数据段组成, 而对可视化系统有意义的数据段主要由关键字 *NODE 和 *ELEMENT_SOLID 标示. *ELEMENT_SOLID 数据段的每行数据由单元索引号、材料属性、有限单元的八个几何顶点索引值组成, 而 *NODE 数据段的每行数据由几何顶点的索引号和几何顶点的三个双精度坐标组成. *ELEMENT_SOLID 数据段的索引指向的这八个顶点构成一个六面体, 但并没有这些顶点的直接几何关系信息. 由于 OpenGL 中并没有直接绘制六面体的命令, 所以这八个顶点的几何关系需要重构. 由重构后的共面顶点索引建立面结构类型的数组或链表, 再以面数组和单元索引为元素构造有限单元结构体数组.

构造好这些几何单元数组后, 在显示列表中通过 glBegin(GL_QUADS) 以两重循环方式绘制有限单元几何模型, 不同的数据文件可以构造不同的显示链表. 最后在可视化类的 OnPaint() 函数或 OnDraw() 函数中调用这些显示链表, 从而实现侵彻过程的三维可视化. 具体算法如下.

首先定义数据结构:

```
struct Node{
    int index;
    double x;
    double y;
    double z;
```

```
    int num1;
    int num2;
};
```

此结构定义与.K 文件对应的顶点, 实现顶点坐标读入.

```
struct SolidElement{
    int index;
    int num;
    int vertext[8];
};
```

此结构定义与.K 文件对应的单元, 实现单元索引信息读入.

```
struct FACE_NODE{
    int index;
    double x;
    double y;
    double z;
};
```

此结构定义面节点信息, 由重构算法填充.

```
struct Shell_elemente {
    int index;
    int num;
    int vertextindex[4];
};
```

此结构定义壳单元信息, 由重构算法填充.

```
typedef struct
{
    double el_x;
    double el_y;
    double el_z;
}EL_VER;
```

此结构定义壳单元顶点信息, 由重构算法填充.

```
typedef struct
{
    EL_VER facever[4];
    int faceverindex[4];
    POI face_norm;
```

```
}EL_FACE;
```
此结构定义壳单元面信息, 由重构算法填充.
```
typedef struct
{
    EL_FACE el_face[6];
    int ele_index;
}S_ELEMENT;
```
此结构定义最终绘制面信息, 由重构算法填充.
```
typedef struct
{
    SHELL_EL_FACE el_face;
    int ele_index;
}S_ELEMENT_FACE;
```
此结构定义单元面信息, 由重构算法填充.

重构算法如下.

定义并计算每个面法线截距:
```
tempx=nodeArray.GetAt(ele_ver_index[j]).x;
        if (tempx!=x_tab1) {
                x_tab2=tempx;
                }
        if (x_tab1>x_tab2)
        {
                tempx=x_tab2;
                x_tab2=x_tab1;
                x_tab1=tempx;
        }
```
从而判断出共面的点.

(2) 利用工程化毁伤响应函数生成数据

　　下面给出一个利用工程化毁伤函数实现侵彻爆炸毁伤形成弹坑的一个可视化例子. 根据已有的研究结果, 侵彻战斗部 (子弹) 有效毁伤面积与战斗部起爆深度 (炸深) 和战斗部起爆前的姿态角有关 [21]. 通过试验和数值模拟结果, 回归得到静爆条件下有效毁伤面积与炸深和姿态角的函数关系为

$$S = A_1 + A_2\theta + A_3 H + A_4 H\theta + A_5 H^2 + A_6 \theta^2 \tag{17.6.1}$$

其中 S 为有效毁伤面积 (单位: m^2), $A_1, A_2, A_3, A_4, A_5, A_6$ 为常数, θ 为姿态角 (单

位: °), H 为炸深 (单位: m).

对动爆情况, 子弹在起爆前先经历了对目标靶的撞击侵彻过程, 初始侵彻速度和角度对起爆前的深度和姿态有重要影响, 即存在炸深、姿态角与子弹落速、落角的函数关系:

$$H = B_1 + B_2 V \alpha \tag{17.6.2}$$

结合上面两个公式, 最终得到有效毁伤面积与子弹落速、落角的关系为

$$
\begin{aligned}
S &= F\left(H(V,\alpha), \theta(V,\alpha)\right) \\
&= A_1 + A_2\theta(V,\alpha) + A_3 H(V,\alpha) + A_4 H(V,\alpha)\theta(V,\alpha) + A_5 H^2(V,\alpha) + A_6\theta^2(V,\alpha)
\end{aligned}
\tag{17.6.3}
$$

仿真系统中, 考虑弹坑宏观外型近似于侵彻战斗部在岩土中爆炸的作用效果, 即弹坑横截面为有凸起外沿的漏斗型, 如图 17.6.3 所示. 在炸深与弹坑实际可见深度的关系尚不明确的情况下 (既有回填土的影响, 又有冲击波挤压底层土壤的影响), 假设弹坑的实际可见深度约等于炸深. 另外, 再考虑到有效毁伤半径不等同于弹坑半径, 在有效毁伤面积的近圆假设基础上, 综合后得到弹坑的横截面信息, 如图 17.6.3 中所标注, 这样就可以利用这些信息实现毁伤弹坑的可视化.

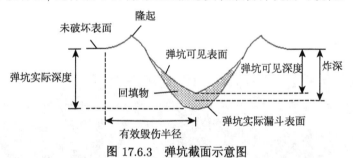

图 17.6.3　弹坑截面示意图

有时为了更好地展示弹坑, 需要将弹坑从中间 "剖开", 以显示弹坑截面, 同时为了增加真实感, 在弹坑附近增加随机裂纹, 其截面模式或完整模式的弹坑显示效果如图 17.6.4 所示.

(a) 截面模式　　　　　　　　(b) 完整模式

图 17.6.4　弹坑界面显示效果

17.6.3　侵彻弹毁伤一体化仿真系统运行与评估实例

图 17.6.5～图 17.6.13 展示了系统从参数设置、物理仿真到毁伤评估全过程的可视化图像.

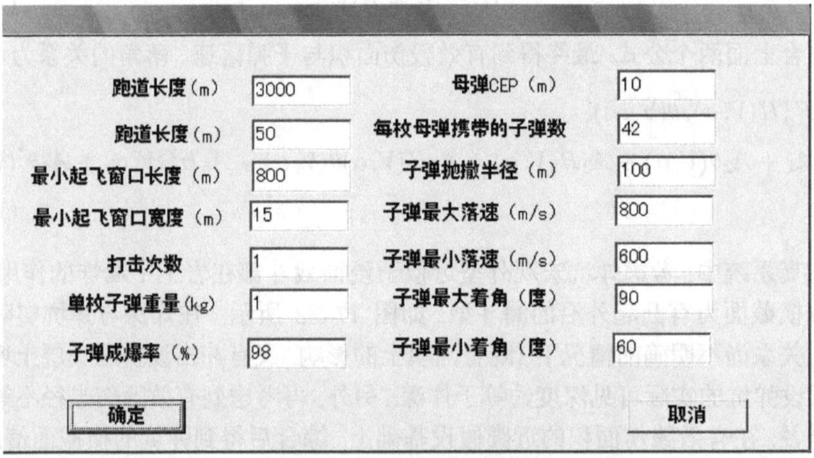

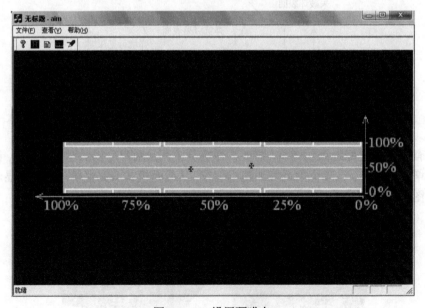

图 17.6.5　设置弹目参数

图 17.6.6　设置预瞄点

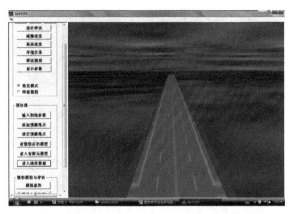

图 17.6.7 读入地形后的初始仿真场景

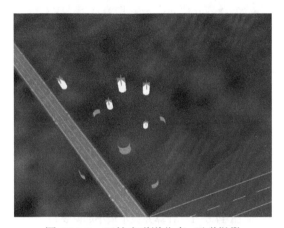

图 17.6.8 开始末弹道仿真, 子弹抛撒

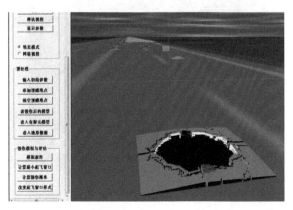

图 17.6.9 子弹着靶侵彻后爆炸形成的弹坑显示 (来源于有限元计算数据)

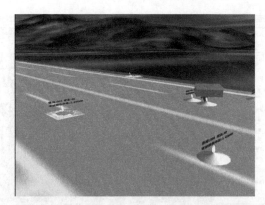

图 17.6.10　数值计算的弹坑与由工程化毁伤效应函数获得的弹坑显示

图 17.6.11　计算并显示最小起降窗口

图 17.6.12　另一种最小起降窗口显示样式

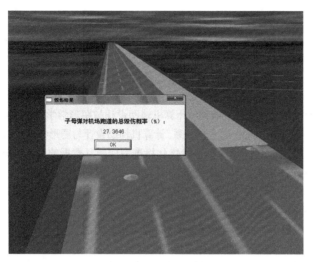

图 17.6.13　基于多次仿真结果的毁伤概率计算

17.6.4　小结

应用表明, 以 OpenGL 的图形函数结合 LS-DYNA 的数值结果进行侵彻子母弹机场毁伤效应的三维可视化, 取得了快速流畅的可视化效果, 对侵彻战斗部机场毁伤的四种典型终点毁伤模式弹坑、空腔、隆起和错台, 及其后续破坏效应具有良好的半实物仿真能力, 对破坏后的机场起降能力分析和毁伤概率计算具有很好的辅助分析能力.

参 考 文 献

[1] 胡玉涛. 卢芳云, 蒋邦海, 等. 钢弹斜侵彻石灰岩的数值计算. 第十一届全国冲击动力学学术会议论文集, 2013: 51.

[2] 李殷. 建筑物爆炸破坏快速评估技术研究. 国防科技大学硕士学位论文, 2015.

[3] 汪维. 钢筋混凝土构件在爆炸载荷作用下的毁伤效应及评估方法研究. 国防科技大学博士学位论文, 2012.

[4] 陈旭光. 钻地弹深/斜侵彻过程的快速算法研究. 国防科技大学硕士学位论文, 2014.

[5] 王松川. 弹体斜侵彻弹道快速预测方法研究. 国防科技大学硕士学位论文, 2011.

[6] Warren T, Poormon K. Penetration of 6061-T6511 aluminum targets by ogive-nosed VAR 4340 steel projectiles at oblique angles: Experiments and simulations. International Journal of Impact Engineering, 2001, 25: 993-1022.

[7] Warren T, Hanchak S, Poormon K. Penetration of limestone targets by ogive-nosed VAR 4340 steel projectiles at oblique angles: Experiments and simulations. International Journal of Impact Engineering, 2004, 30: 1307-1331.

[8]　何涛. 动能弹在不同材料靶体中的侵彻行为研究. 中国科学技术大学博士学位论文, 2007.

[9]　柯映林, 周儒荣. 三维散乱点的 C 曲面插值及应用. 南京航空航天大学学报, 1992, 24(2): 187-192.

[10]　周晓云, 何大曾, 朱心雄. 实现平面上散乱数据点三角剖分的新算法. 计算机辅助设计与图形学学报, 1994, 6(4): 256-259.

[11]　周培德. 平面点集三角剖分的算法. 计算机辅助设计与图形学学报, 1996, 8(4): 259-264.

[12]　闵卫东, 唐泽圣. 三角网格中的数量关系. 计算机辅助设计与图形学学报, 1996, 8(2): 81-86.

[13]　姜寿山, 杨海成, 候增选. 用空间形状优化标准完成散乱数据的三角剖分. 计算机辅助设计与图形学学报, 1995, 7(4): 241-249.

[14]　王文广, 雷永林, 赵雯, 等. NMD 系统对抗过程三维可视化关键技术研究. 系统仿真学报, 2005, 17(10): 2406-2409.

[15]　Richard S Wright. OpenGL 超级宝典. 潇湘工作室译. 北京: 人民邮电出版社, 2010.

[16]　和平鸽工作室. OpenGL 高级编程与可视化系统开发. 北京: 中国水利水电出版社, 2002.

[17]　游熊. 基于虚拟现实技术的战场环境仿真. 测绘学报, 2002, 31(1): 7-11.

[18]　裴永生, 阎雪萍, 李明哲, 等. 用于多点成形数值模拟的 LS-DYNA 二次开发软件. 吉林大学学报, 2002, 32(3): 26-29.

[19]　尚晓江等. ANSYS/LS-DYNA 动力分析方法与工程实例. 北京: 中国水利水电出版社, 2006.

[20]　王祖尧, 张为华, 齐照辉. 弹道导弹攻防仿真系统设计及实现. 弹箭与制导学报, 2006, 26(4): 381-383.

[21]　荆松吉, 卢芳云, 张震宇, 等. 混凝土复合介质内爆炸毁伤效应的模化方法研究. 弹箭与制导学报, 2008, 28(2): 93-96.

第三篇 思 考 题

III.1 图 III.1.1 是武器的基本分类, 请简述常规武器战斗部有哪些主要类型, 分别有怎样的原理结构和威力参数?

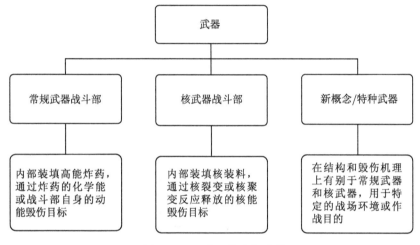

图 III.1.1 武器战斗部分类

参考答案:

战斗部是各类弹药 (包括导弹) 等武器系统毁伤目标的最终毁伤单元. 各类武器弹药借助于相应的投射系统, 将战斗部准确地投射到预定目标处或附近, 适时引爆战斗部并产生毁伤元 (如冲击波或高速侵彻体等), 实现对目标的毁伤. 毫无疑问, 战斗部是各类弹药的一个重要部件.

通常可以将战斗部分为常规战斗部和核战斗部两大类. 常规战斗部内部装填高能炸药, 以炸药的化学能或战斗部自身的动能作为毁伤目标的能量; 核战斗部内部装填核装料 (核裂变或核聚变材料), 以核裂变或核聚变反应释放的核能作为毁伤目标的能量. 虽然核战斗部威力巨大, 但由于众所周知的原因, 在实际作战中运用的可能性较低.

目前常规战斗部仍然是实战应用最广泛的战斗部. 常规战斗部依据其结构原理的差异, 主要分为爆破战斗部、破片战斗部、聚能破甲战斗部、穿甲侵彻战斗部、子母弹战斗部. 核战斗部依据其主要的核反应类型, 主要分为核裂变战斗部与核聚变战斗部. 除了常规战斗部和核战斗部以外, 也存在一些特种武器战斗部, 以实现一些特殊功能. 这类战斗部随着军事任务的多样化需求, 正得到快速发展.

III.2 武器毁伤有哪些基本毁伤效应？核武器的毁伤效应有哪些特点？如果核爆发生在地下、空中或高空, 其爆炸现象和毁伤效应会有什么不同？

参考答案:

武器毁伤效应定义: 武器弹药将自身释放出的能量作用于目标, 使目标产生结构或功能损伤破坏的现象.

力学破坏作用: 爆炸冲击波引起的毁伤效应和杀伤元素的侵彻毁伤效应.

光、热辐射效应: 爆炸产生的热流、强烈光谱或高速粒子流碰击造成的毁伤.

放射性效应: 核爆后的 γ 射线和中子流的贯穿辐射, 及放射性沾染引起的毁伤效应.

生化效应: 生化武器产生的病菌、毒素和污染等效应.

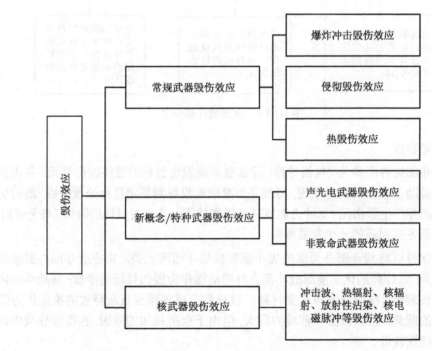

图 III.2.1　毁伤效应分类

III.3 目标可以按照下图进行大致分类, 您觉得不同类型战斗部/弹头与典型打击目标应该如何匹配才能实现高效毁伤？

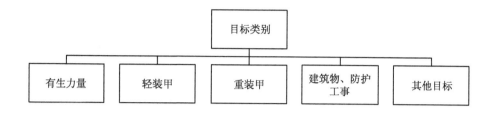

参考答案:

战斗部与目标匹配关系参见表 III.3.1.

表 III.3.1　战斗部与目标匹配表

类型	毁伤元	打击目标类型
爆破战斗部	爆轰产物、冲击波	地面建筑物、有生力量
杀爆/破片战斗部	破片群、冲击波	有生力量, 轻装甲目标
破甲战斗部	射流、靶后碎片	坦克、装甲目标、舰船、地堡
穿甲战斗部	侵彻体、靶后碎片	坦克、装甲目标
侵爆战斗部	侵彻体、爆轰产物、冲击波	装甲目标、建筑物、地下工事、机场跑道、舰船
云爆战斗部	爆轰产物、冲击波、热、缺氧	地面建筑物、有生力量、轻装甲目标
温压战斗部	爆轰产物、冲击波、热、缺氧	地面建筑物、坑道/隧道等密闭和半密闭空间目标
电磁脉冲武器	电磁脉冲	指挥信息系统、电子设备
激光武器	激光	无人机、飞机、导弹/航弹、高空目标

III.4 在机械化、信息化、智能化相融合已成为鲜明时代特征的今天, 您觉得常规武器战斗部会有怎样的发展趋势? 从近两年的局部战争特点分析, 有人说战争已进入无人作战时代, 您怎么看?

参考答案:

战争形态已经发巨大变化, 这一变化中, 机械化和信息化是基础, 智能化是发展趋势, 更加注重智能化手段对作战规划和打击过程的技术支撑.

III.5 研究表明, 空气中爆炸压力满足霍普金森比例定律 (如图 III.5.1 所示), 请说明霍普金森比例定律的含义, 如何应用该定律建立爆炸波随距离的衰减公式 (如下列公式所示). 假设爆炸发生在无限大介质中, 请简述无限空气、水和岩土中爆炸的基本现象和差异.

参考答案:

空气和水可以当作均匀流体, 其中空气具有较强的可压缩性, 水可以近似为不可压缩流体, 水中爆炸容易产生气泡脉动效应. 岩土通常是非均质固体, 岩土中爆炸会产生裂纹和开坑效应, 同时由于岩土在不同地域的力学性能差别较大, 因此岩土中爆炸的现象更加复杂.

图 III.5.1 表示了几何相似律.

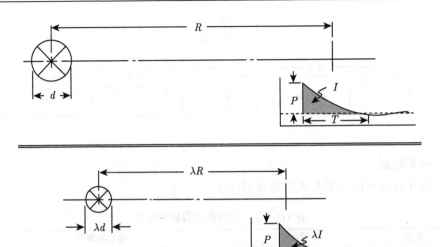

图 III.5.1   爆炸几何规律图

从几何相似律可以看出, 大当量、远距离和小当量、近距离在几何相似的条件下能够产生相同的爆炸超压. 由于装药尺寸正比于当量的三分一次方, 因此当两次爆炸的 $\dfrac{\sqrt[3]{W_1}}{R_1} = \dfrac{\sqrt[3]{W_2}}{R_2}$ 时, W_1 爆炸当量在 R_1 距离处与 W_2 爆炸当量在 R_2 距离处具有相同的爆炸波, 利用这一特性可以把爆炸波峰值超压经验公式写为 $\dfrac{\sqrt[3]{W_{TNT}}}{R}$ 的函数, 著名的萨道夫斯基公式即采用了如下形式:

$$\Delta P_m = 0.84 \left(\frac{\sqrt[3]{W_{TNT}}}{R} \right) + 2.7 \left(\frac{\sqrt[3]{W_{TNT}}}{R} \right)^2 + 7.0 \left(\frac{\sqrt[3]{W_{TNT}}}{R} \right)^3$$

式中 W_{TNT} 表示实际装药所对应的 TNT 当量.

III.6 空气中爆炸是常见的武器毁伤效应之一, 图 **III.6.1** 是爆炸瞬间的图像, 请说明爆炸产生了什么毁伤元, 并画出空气中爆炸冲击波的典型波形结构, 在图中标出关键的爆炸威力参数, 如超压峰值、正压持续时间等.

参考答案:

爆炸波的典型波形如图 III.6.2 所示.

III.7 请以破片战斗部为例, 说明破片战斗部的基本威力参数有哪些, 如何定量表征破片战斗部的威力参数? 您认为在战场上破片战斗部如何使用才可以最大限度地发挥毁伤效能.

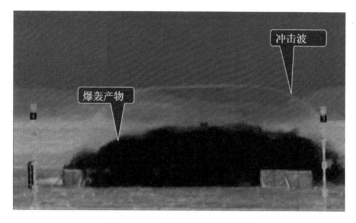

图 III.6.1　爆轰产物与冲击波

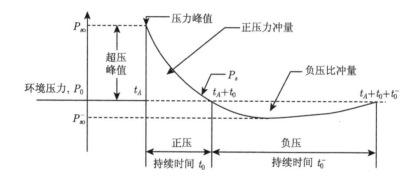

图 III.6.2　爆炸冲击波典型波形

参考答案:

基本威力参数有破片速度、破片动能、破片质量分布、破片空间分布 (飞散角、方向角) 等. 通过新的技术, 一方面提高弹目交会的精度, 另一方面将传统周向均匀分布的破片场尽可能集中在目标方向, 可以提高杀伤威力.

III.8 有哪些技术途径可以使聚能装药结构产生不同的毁伤元, 如图 III.8.1 所示. 试比较聚能射流 (Shaped Jet)、爆炸成型弹丸 (EFP) 和聚能杆式侵彻体 (JPC) 的特点, 并简述它们的产生原理. 请说明它们在武器战斗部中各有什么实际应用?

参考答案:

射流 (Shaped Jet)、EFP 和 JPC 的有关数据对比在下表中 (表中 d 为装药口径). 无论是产生机理还是作用威力, JPC 都是介于 Jet 和 EFP 之间的一种毁伤元. 从表 III.8.1 可以看出, 尽管 JPC 装药形成的聚能杆式侵彻体不能像 EFP 那样在

1000 倍装药口径的距离上保持全程稳定飞行, 但由于聚能杆式侵彻体所具有的高初速、大质量和相对大的比动能, 它在 50 倍装药口径距离上能够保持稳定飞行并对目标实施有效打击.

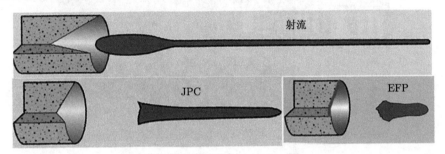

图 III.8.1　聚能装药结构产生的不同毁伤元

表 III.8.1　三种装药结构有关数据对比

	速度/(km/s)	有效作用距离	侵彻深度	侵彻孔径	药型罩利用率
聚能射流	5.0~8.0	3~8 d	5~10 d	0.2~0.3 d	10%~30%
EFP	1.7~2.5	1000d	0.7~1 d	0.8 d	100%
JPC	3.0~5.0	50 d	> 4 d	0.45 d	80%

III.9 从作战运用角度, 目标易损性应该有哪些内容? 请简述表 **III.9.1** 中各内容之间的关系.

表 III.9.1　目标易损性内涵

层面	物理毁伤	功能毁伤
基本内容	毁伤定义: 材料结构破坏的程度 对应判据: 部件对载荷相应的阈值	毁伤定义: 目标能力损失的程度 对应判据: 部件 / 系统功能对加载条件和物理毁伤的依赖性
表现	破孔、变形、震塌、解体等	功能失效, 时效性, 可修复性
表征	对应物理破坏程度 (的概率)	对应能力损失程度 (的概率)
转换映射	易损性构效关系: 功能毁伤对物理毁伤的依赖性——专家判断、毁伤树等	

参考答案:

参考 III.10 题.

III.10 举例说明您对图 **III.10.1** 易损性空间层次化划分的理解, 可以如何进行目标易损性分析?

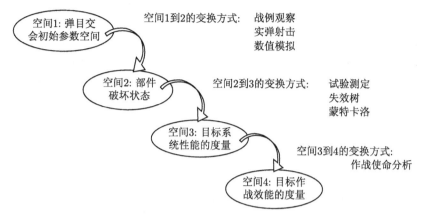

图 III.10.1　目标易损性分析思路

参考答案:

以反舰导弹打击舰船目标为例, 参考图 III.10.2 进行分析.

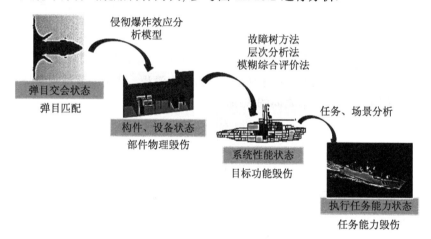

图 III.10.2　导弹打击舰船的易损性分析思路 [1]

III.11 毁伤评估有哪些内涵, 请问武器毁伤效能评估与目标毁伤效果评估之间有何关系? 你认为现代作战应如何进行作战火力筹划才能实现武器高效毁伤? 对火力方案进行量化计算的链路应该包括哪些环节?

参考答案:

毁伤评估包含武器毁伤效能评估和目标毁伤效果评估, 前者用于武器作战前的毁伤效果预测, 后者用于武器打击后的目标毁伤结果评定. 毁伤效能评估其实是提供了以数据为驱动的火力运用提前推演. 知己知彼, 百战不殆, 现代信息化战争条件下更需要以毁伤预测的信息为前提, 一切运筹帷幄, 成竹在胸, 科学地设计战争、运用武器, 以实现高效毁伤、决胜千里.

III.12 目标易损性可以如何表征? 请说明目标易损性分析与武器战斗部威力分析的区别和联系, 它们在作战运用中各有什么实际作用? 请参考图 **III.12.1** (横轴为破片速度、纵轴为破片质量) 说明, 怎样结合目标易损性和武器毁伤能力对作战效果进行预测, 以支撑量化的火力筹划计算?

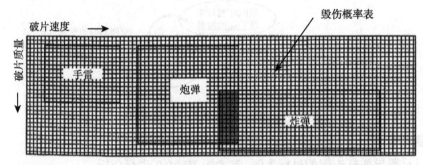

图 III.12.1　毁伤概率表: 毁伤元参数、特定武器性能与目标易损性的关系 [13]

参考答案:

目标易损性可以通过目标毁伤概率计算、易损性分布等形式来表征.

III.13 图 **III.13.1** 给出了美军联合火力打击流程, 请说明流程中各环节的任务内容、作用意义和各环节之间的关系.

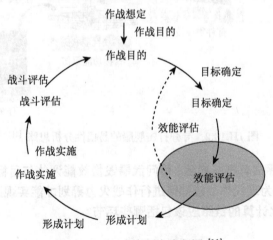

图 III.13.1　火力打击流程图 [11]

参考答案:

首先明确作战目的, 然后根据作战目的确定打击的目标, 再根据武器效能来分析用什么弹、怎么打才能达到打击目的, 由此确定打击方案, 形成计划. 之后才是进行作战实施, 并对打击后的效果进行战斗评估. 接下来进入第二个流程闭环. 其中武器效能评估是支撑联合火力打击流程的重要环节.[11]

III.14 导弹毁伤试验主要包含哪些内容, 可以分为哪些类型, 一般有什么方法? 试思考靶场试验条件下的毁伤评估与战场条件下的毁伤评估之间关系.

参考答案:

导弹毁伤试验包括静爆试验、动爆试验、飞行试验、等效试验等. 靶场试验主要考核导弹武器的威力性能, 也可以考核对目标的毁伤效应, 战场条件下毁伤评估主要是通过目标毁伤效果评估导弹的实战毁伤效能.

III.15 毁伤效应和毁伤效能有什么区别和联系? 结合图 III.15.1 说明物理毁伤效应如何与用弹量测算发生关联, 以形成对用弹量计算的科学支撑.

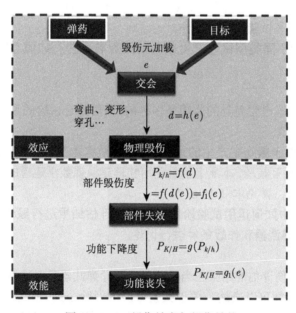

图 III.15.1　毁伤效应与毁伤效能

参考答案:

毁伤效应主要描述弹目交会引起的物理效应, 毁伤效能主要通过概率来表征武器的作战毁伤能力. 图中 e 表示毁伤元加载, d 表示毁伤效应, 比如弯曲、变形和破孔等物理结果. $P_{k/h}$ 表示部件毁伤概率, 可以代表部件某种功能丧失的程度, $P_{K/H}$ 为目标毁伤或杀伤概率, 可以表示目标相应功能丧失的程度.

III.16 毁伤评估中不可避免地会涉及到多类试验, 在试验设计阶段应注意哪些问题? 请结合实际工作进行讨论分析.

参考答案:

武器毁伤试验及毁伤效果评估是一项系统性工作, 包含的试验类型多样, 不同的试验在试验设计的顶层设计中均属于分解设计, 用于验证某些局部层面的性能, 其所对应的参数有些是实战条件下的, 有些不是实战条件下的, 不同试验之间不可避免地会产生差异. 为了在最终融合评估时能充分发挥作用, 需要在试验设计阶段做好如下工作:

1) 充分分析所有可能影响毁伤效果的因素, 在此基础上做好试验的全局设计和分解设计工作, 避免遗漏.

2) 明确不同试验所验证的参数, 确定哪些参数是实战条件下的, 哪些不是. 同时明确试验中可能产生的误差以及各类试验可能产生的差异, 为后续毁伤评估奠定基础.

3) 根据阶段性试验的结果进行评估, 结合试验设计理论确定是否需要进行补充试验, 并完成补充试验的设计工作.

III.17　各种不同类型试验产生差异的原因有哪些? 如何在毁伤评估中加以考虑?

参考答案:

分析: 不同试验产生差异的原因是多样的, 需要结合试验的具体条件展开分析, 参见本书第 16.3 节.

处理方法: 对于毁伤中产生的差异, 无法从数据本身进行分析或扣除, 需要利用多种数据进行相互校验, 本质上就是利用物理建模或数学建模的方法对其中系统性的差异予以剔除, 详见本书 16.3 节.

III.18　实战中如何运用试验阶段所获得的评估结果进行毁伤效果快速预测? 请结合特定的导弹武器和作战条件进行讨论.

参考答案:

客观地说, 毁伤评估的结果应当是足以反映导弹武器受多种战场因素综合影响后的毁伤效果, 比如可以表达为关于毁伤效应的经验公式. 在经验公式足够准确、战场相关参数也非常全面准确的情况下, 可以直接利用该公式进行对相应毁伤效果的快速预测. 当然, 很多情况下这两个先决条件都有可能不成立, 这时可以根据已知的相关条件, 结合战场仿真进行毁伤效果的预测, 仿真时很多局部毁伤效果可以根据毁伤评估的结果进行模拟, 具体可以参见本书第 17 章的相关做法.

III.19　武器投射精度对毁伤效果有何影响, 在作战中应该如何融合投射精度和毁伤威力进行毁伤效能评估?

参考答案:

投射精度越高越容易控制毁伤效果的范围和程度. 总的来讲, 武器投射精度越高, 对于武器威力大小的要求就越低 [1], 但对于武器威力的要求是, 其毁伤能力必须满足对目标造成所需毁伤的要求, 其威力半径应该能覆盖命中精度不足所引起的脱靶量.

III.20 现有毁伤评估体系中有关毁伤试验数据的运用存在哪些问题? 如何运用融合评估的思想加以规范? 请结合自身工作实际加以讨论.

参考答案:

存在的问题:

1) 各种战斗部研制和武器系统定型过程中, 积累了大量战斗部威力试验数据和毁伤效应试验数据, 但是所获取的数据较为零散、不系统, 缺乏统一的规范和设计, 难以支撑实战下的毁伤评估.

2) 数据处理方法不规范, 各类试验数据单独运用的现象比较普遍, 数据未能实现有效整合, 导致数据未能得到充分利用, 数据之间的相关分析、差异分析以及融合评估欠缺, 急需深入发掘、整合和科学利用.

解决问题的思路:

1) 在试验设计的理论框架下进行试验数据获取的顶层设计. 以完成整个武器系统战场条件下的毁伤评估为最终目的, 以试验设计理论为基础, 考虑战场条件下所有影响毁伤效果的因素, 对战斗部及整个武器系统研制和试验中所涉及的各类试验进行分解设计, 明确各类试验所处的参数条件、所验证的因素, 从而完成一体化试验的顶层设计.

2) 在顶层设计的基础上, 利用融合评估理论进行数据的综合运用. 各类试验数据除了验证局部试验的效果以外, 均应为毁伤效能的融合评估提供支撑. 为此需要在顶层设计的基础上, 分析各类数据所对应的参数条件, 分析其在融合评估中所起的作用, 对其可能存在的差异进行分析和建模, 在此基础上按照本书第 16 章融合评估理论进行综合运用, 以获得最终的毁伤响应函数.

III.21 如何理解毁伤评估中概率计算的重要性. 结合图 III.21.1 并利用目标的总杀伤概率计算, 说明 "命中即毁伤" 和 "发现即毁伤" 的含义.

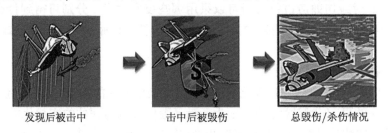

发现后被击中　　　　　击中后被毁伤　　　　　总毁伤/杀伤情况

图 III.21.1　从发现到毁伤的主要过程

参考答案:

P_K 为目标的总杀伤概率, 表示目标在战场环境下被毁伤的整体概率; P_D 为目标被发现的概率, 描述了对目标的侦察问题; $P_{H/D}$ 为目标被发现后的击中概率, 描述了投射精度问题; $P_{K/H}$ 为目标被击中后的杀伤概率, 描述了目标易损性问题. 上述基本定义中符号缩写的含义为, K 代表 *Kill*, D 代表 *Detect*, H 代表 *Hit*. 那么目标的总杀伤概率可以写成

$$P_K = P_D P_{H/D} P_{K/H} \qquad\qquad (\text{III.21.1})$$

下面给出两个特殊的例子来说明一下式 (III.21.1) 的应用.[1]

例 1: 重机枪对人员的杀伤概率计算.

分析: 这是一个威力与易损性之间过匹配的问题 (*overmatched*). 常说的大炮打蚊子就是这种情况, 这时目标的易损性不再是中心问题. 这种情况下, 通常假设 $P_{K/H} = 1$. 于是式 (III.21.1) 可以写成

$$P_K = P_D P_{H/D} \qquad\qquad (\text{III.21.2})$$

从 (III.21.2) 式可以看出. 总的杀伤概率就等于发现概率以及发现之后的击中概率. 我们通常说的 "命中即毁伤" 就是这种情况.

例 2: 核导弹攻击普通目标 (不考虑被拦截的情况) 的毁伤概率计算.

分析: 这同样是一个威力与易损性之间过匹配的问题, 同时由于核武器毁伤半径足够大, 以至于不需要考虑投射精度. 这种情况下, 可以假设 $P_{H/D} = 1, P_{K/H} = 1$. 于是式 (III.21.1) 可以写成

$$P_K = P_D \qquad\qquad (\text{III.21.3})$$

从 (III.21.3) 式可以看出, 总的杀伤概率就等于发现概率. 这种情况就是我们通常所说的 "发现即毁伤".

上面只是通过两个比较特殊的例子来说明毁伤概率公式的意义, 实际情况下, $P_D, P_{H/D}, P_{K/H}$ 需要详细计算才能得到.

III.22 对毁伤效应进行分析可以采用哪些技术途径? 分别可得到什么结果? 如何融合从不同途径得到的各种类型的计算、仿真、试验结果进行武器毁伤效能评估?

参考答案:

毁伤效应归于物理毁伤, 因此基于有限元等数值方法的模拟计算可以获得比较详细的毁伤结果, 但时效性比较差; 为了满足毁伤预测与评估的实战化需求, 基于建模与仿真的快速计算方法是获得这些物理毁伤的另一条途径. 另外, 毁伤试验也是获取毁伤效应数据的一个可靠途径, 还为所有计算方法和仿真结果提供了验证手段. 武器毁伤效能评估定位于对目标功能毁伤的评定, 体现了物理毁伤的更高层面, 各种途径获得的毁伤效应是其数据基础, 但不同目标和不同功能在表征参数和

模型方法上都具有特异性, 因此需要通过建立合理的构效映射关系, 将目标物理毁伤的现象转换成功能毁伤的结果.

III.23 有哪些数值方法可用于毁伤效应仿真分析? 基于数值模拟的毁伤效应分析一般有怎样的流程, 涉及哪些关键环节? 目前主要有哪些商业软件可用于毁伤效应分析?

参考答案:

常见的方法主要有有限元、有限差分和有限体积方法等, 另外还有一些非网格方法如离散元、物质点、光滑粒子动力学等, 数值模拟一般流程包括建模、参数设置、求解、后处理几个环节. 目前用于爆炸冲击动力学过程数值模拟的常见国外商用软件主要有 ANSYS/LS-DYNA、AUTODYN 等. 国产商业软件也有部分在推广中.

III.24 如果一个复杂目标由多个组件构成, 例如图 III.24.1, 如何从组件的毁伤概率分析目标的毁伤概率.

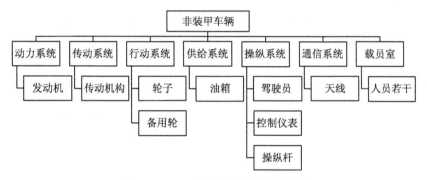

图 III.24.1　非装甲车辆组件构成图

参考答案:

失效树分析方法 (Fault Tree Analysis, FTA) 可用于分析目标的构效关系分析. 该方法于 1961 年由美国贝尔实验室的沃森 (Watson) 等在 "民兵" 导弹发射控制系统中最早开始应用, 其后波音公司对 FTA 作了修改使其能用计算机进行处理. FTA 现已成为分析各种复杂系统可靠性的重要方法之一. FTA 法是一种图形演绎和逻辑推理相结合的分析方法. 这种方法不仅能够对系统可靠性作分析, 还可以分析系统的各种失效状态. 应用 FTA 法进行分析的过程, 也是对系统中组件内在联系进行深入认识的过程.[1,10]

参 考 文 献

[1]　卢芳云等. 武器战斗部投射与毁伤. 北京: 科学出版社, 2013.10.

[2] 谢美华, 李明山, 田占东. 基于数值模拟的机场跑道毁伤评估指标计算. 弹道学报, 2008, 20(2): 70~73.

[3] 马晓明, 晏卫东, 刘延青等. 复杂舰船目标毁伤评估模型建立方法研究. 火力与指挥控制. 2018, 43(7): 113~119.

[4] 陈材, 石全, 尤志峰等. 基于功能损伤的装备有效毁伤幅员仿真方法研究. 兵工学报, 2020, 41(1): 1~3.

[5] 李洪涛, 奚慧巍, 李佳橦等. 反舰鱼雷毁伤效能评估指标体系研究. 水下无人系统学报. 2020, 28(5): 571~576.

[6] 隋树元, 王树山. 终点效应学. 北京: 国防工业出版社, 2000.

[7] Roach L K. A Methodology for Battle Damage Repair (BDR) Analysis. Army Research Laboratory, ARL-TR-330, 1994.

[8] Walbert J N. The Mathematical Structure of the Vulnerability Spaces. Army Research Laboratory, ARL-TR-634, 1994.

[9] 王海福, 卢湘江, 冯顺山. 降阶态易损性分析方法及其实施. 北京理工大学学报, 2002, 2(2): 214~216.

[10] 李守仁. 可靠性工程. 第一版. 哈尔滨: 哈尔滨船舶工程学院出版社. 1991.

[11] 卢芳云等. 武器毁伤与评估. 北京: 科学出版社, 2021.

[12] Deitz P H, Jr. Reed H L, Klopcic J T, et al. Fundamentals of Ground Combat System Ballistic Vulnerability/Lethality. Virginia: American Institute of Aeronautics Astronautics , Inc., 2009.

[13] Driels M R. Weaponeering: Conventional Weapon System Effectiveness. Virginia: American Institute of Aeronautics Astronautics, Inc., 2013.

索　引